AF559516

DELIUS KLASING

Wartung und Reparatur

Matthew Coombs

BMW

R nineT

Modelle:

R nineT	1170 cm³	seit 2014
Scrambler	1170 cm³	seit 2016
Pure	1170 cm³	seit 2017
Racer	1170 cm³	seit 2017
Urban G/S	1170 cm³	seit 2017

Delius Klasing Verlag

Die englische Originalausgabe mit dem Titel
»BMW R nineT, Scrambler, Pure, Racer & Urban G/S Service and Repair manual«
erschien 2018 bei Haynes Publishing

Bibliografische Information der Deutschen Nationalbibliothek
Die Deutsche Nationalbibliothek verzeichnet diese Publikation
in der Deutschen Nationalbibliografie; detaillierte bibliografische
Daten sind im Internet über http://dnb.dnb.de abrufbar.

1. Auflage
ISBN 978-3-667-11694-9
Die Rechte für die deutsche Ausgabe liegen beim
Verlag Delius Klasing & Co. KG, Bielefeld.

Übertragen und bearbeitet von Udo Stünkel
Umschlaggestaltung: Gabriele Engel
Satz: Michaela Röhler, feschart print- und webdesign, Leopoldshöhe
Gesamtherstellung: Print Consult, München
Printed in Czech Republic 2019

Delius Klasing Verlag, Siekerwall 21, D - 33602 Bielefeld
Tel.: 0521/559-0, Fax: 0521/559-115
E-Mail: info@delius-klasing.de
www.delius-klasing.de

Inhalt

BMW – Immer etwas anders

von Julian Ryder

Vom Flugmotor zum Motorrad

Seit sich die Bayerischen Motorenwerke mit Zweirädern beschäftigen, kann man die Firmenphilosophie damit umschreiben, dass BMW immer etwas anderes als die Konkurrenz bauen wollte. Man beachtete die Mitbewerber im wesentlichen nur, um herauszufinden, was diese nicht bauten, und stieß dann mit innovativer Technik in diese Nische. Die erste echte BMW, die R 32 von 1923, war die weltweit erste eigenständige Neukonstruktion im Motorradbau seit Ende des Ersten Weltkrieges. Ohne Rücksicht auf Traditionen und etablierte Praktiken begründete diese Maschine die deutsche Motorenbau-Schule und stand Pate für fast alle in den folgenden 85 Jahren vorgestellten BMW-Motorräder: der längs eingebaute Boxermotor. BMW hatte jedoch weder das Arbeitsprinzip noch den Motor erfunden. Die 1917 gegründete Firma BMW hatte im Ersten Weltkrieg die leistungsstärksten deutschen Flugmotoren gebaut, doch der Versailler Vertrag verbot den Deutschen den Weiterbau von Flugzeugen. Chefkonstrukteur Max Friz besorgte sich eine englische Douglas und baute dessen quer installierten Boxer-Motor nach, den er dann an Victoria in Nürnberg verkaufte. Schließlich wurde dieser Motor auch in ein eigenes Fahrzeug namens Helios eingebaut, doch ein großer Erfolg wurde diese Maschine nicht – auch weil der hintere Zylinder unter Kühlungsproblemen litt. Der weiß/blaue Propeller war an dieser Maschine ebenfalls noch nicht zu sehen, weshalb die Erfolgsstory offiziell erst anfing, als Victoria OHV-Motoren haben wollte und den Vertrag mit BMW kündigte. Friz drehte den Seitenventil-Motor, sodass beide Zylinder seitlich im Wind lagen und die Kraft, wie beim Auto, über die längs liegende Kurbelwelle, eine Einscheiben-Trockenkupplung und ein Dreigang-Getriebe direkt auf die Kardanwelle übertragen wurde. Diese R 32 genannte 500-cm³-Maschine wurde der Durchbruch. Das geschlossen aufgebaute System und die Perfektion der gesamten Konstruktion beeindruckte das Publikum auf dem Pariser Salon 1923. Zuverlässig, gut verarbeitet und sehr bequem, nur etwas schwer und behäbig war die Maschine – all das sollte fortan bei BMW zur Tradition werden.

Schnell wurde das neue Konzept erweitert und verfeinert. Die 1925 vorgestellte R 37 erzeugte bei gleichem Hubraum (und dem von Douglas übernommenen Bohrung/Hub-Verhältnis von 68 x 68 mm), doch mit im Zylinderkopf hängenden Ventilen sportliche 16 PS. Gleichzeitig wurde mit der R 39 die erste Viertelliter-Einzylindermaschine vorgestellt. Die R 63 mit 735 cm³ wurde ab 1928 die Basis für schwere sportliche Maschinen und Rekordfahrzeuge. Auch 1928 erwarb BMW in Eisenach die Dixi-Werke und baute den Austin 7 mit Linkslenkung als erstes Auto der Werksgeschichte in Lizenz nach.

Die dreißiger Jahre waren die Ära der Geschwindigkeitsrekorde zu Land, zu Wasser und in der Luft, und der Name Ernst Henne wurde nicht weniger als zehnmal in den Rekordbüchern verzeichnet – achtmal mit Zweirädern und zweimal als Gespannfahrer. Die ersten Rekorde erzielte er mit einer Kompressor-R 63, aber 1936 fuhr er mit einer 500er R 5, die als Besonderheiten die erste ölgedämpfte Telegabel im Serienbau und zwei kettengetriebene Nockenwellen und dadurch kürzere Stößelstangen aufwies und damit drehzahlfester war. Geschlossen wurden die Ventile jetzt mit Haarnadel- statt Schraubenfedern. Auf Basis dieses Motors wurde auch eine reine Rennmaschine vorgestellt, deren beiden jeweils obenliegenden Nockenwellen über Königswellen angetrieben wurden. Mit einem Kompressor versehen wurde diese Maschine der Schrecken aller Rennstrecken und »Schorsch« Meier gewann 1939 als erster Ausländer auf einer ausländischen Maschine die Senior Tourist Trophy auf der Isle of Man. Nach dem Zweiten Weltkrieg wurde diese Maschine ohne Kompressor weiterentwickelt.

Während des Krieges wurde die Produktion bei BMW auf Militärfahrzeuge umgestellt, zunächst baute man die veraltete seitengesteuerte R 12, dann die moderne überschwere R 75, hauptsächlich als Gespann für die Wehrmacht, außerdem natürlich wieder Flugzeugmotoren. Der verlorene Krieg traf den Rüstungskonzern BMW besonders hart: Das Werk in Eisenach (in das 1941 die Motorradproduktion verlegt wurde) war an die Russen verloren und die Amerikaner demontierten die Hallen in München. Erst 1948 konnte wieder langsam die Produktion der Einzylindermaschine R 24 gestartet werden. Zwei Jahre später verließ mit der R 51/2 der erste Nachkriegs-Boxer das Fließband, allerdings als kaum veränderte Nachfolgerin der Vorkriegsversion R 51. Zwar gab es keine Seitenventil-Motoren mehr, doch war man fahrwerksmäßig etwas in Rückstand geraten. Ab 1955 führt BMW das Vollschwin-

Die R 75/5 markierte BMWs Eintritt in das neue Motorrad-Zeitalter.

Bayerischer Supersportler der 1970er-Jahre: BMW R 100 S

gen-Fahrwerk ein, also eine moderne Hinterradschwinge statt der Geradewegfederung, und eine geschobene Earles-Schwinge für das Vorderrad, zum einen wegen der Entwicklungs-Sackgasse im Telegabelbau, zum anderen für besseres Fahrverhalten im Beiwagenbetrieb. Die Maschinen hießen jetzt R 50, R 60 und R 69. Außerhalb Deutschlands verkauften sich diese teuren Maschinen nur in den USA gut. Ende der fünfziger Jahre ging der Verkauf von Motorrädern weltweit stark zurück und die schlecht laufende Auto-Sparte hatte die Firma inzwischen soweit in die Krise getrieben, dass BMW fast an Mercedes verkauft werden musste. In letzter Minute fand sich mit Herbert Quandt ein Geldgeber und neu entwickelte Autos retteten die Firma. Die Sportmaschine R 69 S mit 42 PS musste als eines der schnellsten Serienmotorräder der Welt ab 1960 den guten Ruf verteidigen. Gegen Ende des Jahrzehnts konnten die US-Ausführungen dieses Modells mit einer neuartigen Telegabel geordert werden – und für den Wiederaufstieg des Motorrades zu Beginn der Siebziger hatte man sich etwas ganz neues vorgenommen...

Das neue Werk in Spandau und der neue Boxer

Da die Autoproduktion in München immer mehr Platz benötigte, der Staat die Industrie-Ansiedlung auf der »Insel« West-Berlin förderte und sowieso eine völlig neue Baureihe geplant war, zog Ende der sechziger Jahre die Motorradsparte der BMW AG in ein ehemaliges Siemens-Werk nach Berlin-Spandau um. Hier wurde ab 1969 die »/5«-Reihe mit 500er, 600er und 750er Maschinen gebaut. Die Weiterentwicklungen hießen entsprechend /6 und /7.

Zwar konnte der engagierte Tourenfahrer schon vorher seine Maschine mit verschiedenen Verkleidungen ausrüsten, doch wurde im Jahre 1976 mit der RS-Reihe das weltweit erste Motorrad mit serienmäßiger Vollverkleidung vorgestellt. Die sportliche Maschine war nicht nur schnittig, auch der Windschutz war sehr effektiv. Mit einer höheren Scheibe und Verbreiterungen kam kurz danach die ebenso erfolgreiche RT als Tourer. Beide Maschinen waren sehr bequem und konnten mit Koffersystemen ausgerüstet werden, sodass einer großen Reise nichts mehr im Wege stand.

Als nächstes überraschten die bayerischen Berliner 1980 die Welt mit der R 80 G/S, einer (damals) riesigen Enduro mit über 180 kg Leergewicht. Schon seit langem hatte das Werk mit Sport-Enduros bei den internationalen Sechstagerennen erfolgreich mitgewirkt und 1981 gewann Hubert Auriol mit einer BMW die Rallye Paris–Dakar – eine bessere Werbung konnte es nicht geben.

Die K-Reihe

Gegen Ende der siebziger Jahre sah der gute alte Boxer trotz inzwischen 950 cm³ Hubraum gegen die Konkurrenz aus Japan ziemlich alt aus und die Entwicklungsabteilung musste sich etwas neues überlegen. Weil man bekanntlich immer etwas anderes bauen wollte und es die Honda Goldwing schon gab, fiel ein Vierzylinder-Boxer ins Wasser. Im Jahre 1983 wurde die neue BMW schließlich der Öffentlichkeit vorgestellt. Man hatte etwas ganz neues konstruiert (wenn man einen Prototypen der englischen Firma Ariel aus den fünfziger Jahren einmal außer Acht lässt) und einiges Traditionelles bewahrt. Konkret wurde ein wassergekühlter Vierzylinder-Reihenmotor längs und auf die Seite gekippt, mittragend unter einen Brückenrahmen gehängt und so weiterhin liegende Zylinder und eine direkte Linie für den Kardan-Antrieb erhalten. Wie schon bei der G/S kam eine Einarmschwinge zum Einsatz, die die Radmontage erleichterte. Die wegen ihres prägnanten Motors auch »Fliegender Ziegelstein« genannten K-Reihe kam als RS, RT und ohne Verkleidung daher.

Es war klar, dass BMW die K-Reihe, von der nach kurzer Zeit auch eine 750er Dreizylinder angeboten wurde, prädestinierte und damit über geraume Zeit den Boxer ablösen wollte. Doch die Kundschaft sah das anders. Genau-

Unverkleideter Vierventil-Boxer für die Straße: Die R 1150 R Rockster von 2003

Die R 1200 R mit OHC-Motor von 2006 …

so wie Porsche, die ihrer Kundschaft wassergekühlte Frontmotoren schmackhaft machen wollten, mussten auch die Bayern einsehen, dass ihr Klientel luftgekühlte Boxermotoren mehr als alles andere liebte. Immer wieder totgesagt, wurde der alte Zweiventil-Boxer bis 1996 angeboten. Zwischendurch hatte man die K mit Vierventiltechnik und ABS ausgerüstet, doch als neuester Stand der Motorradtechnik wurde 1993 nichts anderes als ein luftgekühlter Zweizylinder-Boxer vorgestellt. Mit den hochliegenden Nockenwellen, Vierventiltechnik und Einspritzung war die Boxer-BMW auch nach einem dreiviertel Jahrhundert gut für die Zukunft gerüstet.

Die neuen Vierventil-Boxer

Für die traditionelle Kundschaft des Hauses BMW war die Vorstellung des neuen Boxers ein Schock. Obwohl man seit der K-Reihe auf Überraschungen aus München gefasst war, hielten nicht wenige den Atem an, als der Boxer des 21. Jahrhunderts enthüllt wurde. Bewusst stellte BMW zunächst nur den Motor und erst später das ganze Fahrzeug der Öffentlichkeit vor. Außer zwei Zylindern und zwei Rädern erinnerte nichts mehr an die Ahnen der /5-Reihe.

Benzineinspritzung und Vierventiltechnik waren zu Beginn der neunziger Jahre eigentlich keine revolutionären Zutaten, einige Spezialisten hatten auch schon die alten Boxer damit ausgerüstet. Um den Motor nicht zu breit bauen zu lassen, hatten die Konstrukteure auf halbhoch im Zylinderkopf liegende Nockenwellen zurückgegriffen (wie sie inzwischen auch bei Moto Guzzis V-Motoren verwendet wurden), und die vier Ventile wurden über kurze Stößel und Gabelkipphebel geöffnete. Die Nockenwellen wurden über Ketten angetrieben. Der Antrieb nach hinten erfolgte konventionell über eine Einscheiben-Trockenkupplung, ein angeflanschtes Fünfgang-Getriebe und den bereits aus den alten Enduros bekannten einarmigen Paralever-Kardanantrieb. Doch dann kam das Fahrwerk: Einen Rahmen im eigentlichen Sinne gab es nicht, vorne an den Motor war die Vorderradführung montiert, hinten wurde noch ein fragiles Rahmenheck und eine Stoßdämpferaufnahme angeschraubt. Bewusst hatte man zunächst die RS vorgestellt, denn mit ihrer Verkleidung verdeckte sie die völlig neuartige Vorderradführung, die von weitem aussah, wie eine herkömmliche Telegabel. Bei genauem Hinsehen konnte man die an den Motor gebaute Schwinge und den daran montierten und gegen den Lenkkopf abgestützten Stoßdämpfer entdecken. Mit dem System wollte BMW Lenk-, Brems- und Feder-Kräfte voneinander trennen und gleichzeitig die Federung komfortabler gestalten. Das Telegabel-typische Bremsnicken gehörte so trotz langer Federwege der Vergangenheit an. Mehr Sicherheit ins Fahrwerk brachte das aufpreispflichtige ABS, auch ein Dreiwege-Katalysator gehörte beim neuen Boxer zunächst zur Extra-, bald zur Serienausstattung. Trotz des Schocks kam die neue Maschine weltweit überraschend gut an, sodass das Werk 1994 die neue Enduro R 1100 GS vorstellte, die mit ihren Nachfolgern fortan zu den meistverkauften Motorrädern der Welt gehören sollte. Die Freunde des unverkleideten Motorrades mussten sich noch ein Jahr gedulden, bis die R 850 bzw. 1100 R (Roadster) vorgestellt wurden – Allround-Motorräder der klassischen Art, mit denen man von A nach B fahren kann, die aber auch viel Spaß bereiten können. 1996 kam schließlich der Langstrecken-Tourer R 1100 RT ins Programm. Mit Koffern und verstellbarer Windschutzscheibe bot die Maschine alles, was zweirädrige Wohnmobilisten sich wünschten. Damit war das Programm eigentlich komplett, doch BMW hatte einen bis dahin völlig unbeachteten Markt entdeckt: Softchopper – oder Cruiser, wie sie heute heißen. R 1200 C hieß für viele der Traum des Jahres 1998, den James Bond in »Golden Eye« etwas unsachgemäß in Szene setzte. Ein Jahr darauf erschien die nicht nur optisch schnelle R 1100 S für Freunde der sportlichen Fahrweise – und für diejenigen, die eine Maschine mit »Underseat«-Auspuff auch mal mit Koffern und Heizgriffen ausrüsten wollten. Die später auch als Boxer-Cup-Replika angebotene Maschine war die erste BMW mit einem Sechsganggetriebe und einer hydraulisch betätigten Kupplung. Durch

… und mit DOHC-Motor ab 2011.

Die R nineT in der einsitzigen Variante von 2017

Die Scrambler von 2016

um 2 mm vergrößerte Kolben entstand im Jahre 2000 zunächst die R 1150 GS, deren Motor später auch in die R, die RS und die RT transplantiert wurde.
Zehn Jahre nach den ersten Vierventil-Boxern wurde 2004 die dritte Generation in Form der R 1200 GS vorgestellt. Weil sich die neue Maschine trotz einer gewissen »Evolution« stark von den Vorgängern unterschied, kann sie als völlig neues Modell betrachtet werden. Alleine die Gewichtsreduzierung von 30 kg gibt Hinweise darauf, was sich alles verändert haben könnte. Der Motor wurde erleichtert und beherbergte erstmals eine Ausgleichswelle. Beim neuen Fahrwerk wurde die Anlenkung des Stoßdämpfers von unten nach oben verlegt. Und neben vielen kleinen Verbesserungen war die wesentlichste Neuerung wohl die Umstellung der Elektrik auf das »Single-Wire-System« mit einem aus dem Automobilbau bekannten CAN-Bus-Stromkreis, der einen umfangreichen Kabelbau ersetzte und Gewicht einsparte. Der Wegfall von Sicherungen und Relais (außer dem Anlasserrelais) sowie ein Selbstdiagnosesystem waren weitere Vorzüge dieser erstmals im Motorradbau verwendeten Elektrik.

Die Pure von 2017

Retro-Boom

Als irgendwann die Retro-Welle in Bewegung kam, nahmen sich einige Schrauber auch der bis dahin in »coolen« Kreisen eher verschmähten Bajuwaren-Boxer an, montierten einen breiten Lenker, schmale Schutzbleche und Stollenreifen und umwickelten die Krümmer mit Gewebeband – fertig war der »Dirt-Tracker«. Auf den Preisschildern standen hohe Zahlen und die Gebrauchtpreise schossen entsprechend in die Höhe. Plötzlich gehörten BMWs genauso wie Harleys und alte Engländer in der Szene dazu. Motorräder, die im Neuzustand alles andere als interessant waren, wurden einer Post-Apokalypse-Behandlung unterzogen und bis

Die Racer von 2017

auf das Allernötigste zu Café-Racern gestrippt.

Bei BMW stand der 90. Geburtstag an und man suchte nach einem geeigneten Weg, um diesen Meilenstein zu markieren. Die Antwort war die R nineT – bald »Ninette« genannt – von 2014. Mit Upsidedown-Teleskopgabel (statt Telelever), flachem Lenker, Alutank, Speichenrädern, flacher Sitzbank und vor allem dem »alten« luft/ölgekühltem Boxermotor sah die Maschine richtig gut aus. Als Rahmenheck konnte ein kurzes Modell samt Alu-Bürzel für den Solisten oder eine stabile Ausführung für den Zweipersonenbetrieb gewählt werden; beide Varianten waren rasch austauschbar. Zahlreiche weitere Möglichkeiten der Individualisierung waren beim freundlichen BMW-Händler zu bekommen.

2016 erschien ein »Scrambler«-Ableger – Triumph und Ducati hatten es vorgemacht. Die Maschine war mit einem 19-Zoll-Vorderrad, einem halbhohen Auspuff und einem höheren Lenker ausgerüstet. Weil die ursprüngliche nineT in der Basisversion etwas teuer geraten war, trug die Scrambler eine konventionelle Telegabel samt Gummimanschetten und Gussräder, für die es gegen Aufpreis aber Ersatz mit Drahtspeichen gab.

Ein Jahr nach der Scrambler kamen drei weitere Varianten, angeführt von der »R nineT Pure«, deren Purismus sich durch einen Stahlblechtank, eine konventionelle Gabel, Gussräder und fehlendem Bordcomputer sowie Drehzahlmesser auszeichnete. Dennoch wurde die Pure ein ansehnliches Motorrad.

Begleitet wurde die Pure von der mit kleiner Lampenmaske, großem Vorderrad samt klassischem Enduro-Schutzblech und blau/weiß/roter Farbgebung an die Ur-G/S von 1980 erinnernde »Urban G/S«. Mit 221 kg wog die Urban zwar fast 30 kg mehr als ihr Urahn, aber auch nahezu 30 kg weniger als die aktuelle »echte« R 1250 GS in der Basisversion.

Dritte im Bunde war die »Racer« mit Stummellenker, rahmenfester Halbverkleidung und Heckbürzel. Dank einfacher Federelemente konnte bei allen drei Neuheiten der Preis auf – für BMW-Verhältnisse – moderaten Höhen gehalten werden.

Seit ihrem Erscheinen erzielen die Retro-Boxer gute Verkaufszahlen, was belegt, dass heute viele Kunden nicht auf den neuesten Technik-Hype und »Höher-Schneller-Weiter« stehen, sondern ein überschaubares und ansehnliches Stück Motorradbau bevorzugen.

Die Urban G/S von 2017

Danksagung

Wir danken der Firma CW Motorcycles aus Dorchester, die uns die in diesem Buch behandelten Motorräder zur Verfügung gestellt hat. Außerdem möchten wir uns bei der Cooper-Avon Reifen Company für die Unterstützung und technische Beratung zum Thema Reifen sowie der NGK Spark Plugs (UK) Ltd. bedanken, die uns beim Thema Zündkerzen weiter geholfen hat. Dank auch an Draper Tools, die uns einige der gezeigten Werkzeuge zur Verfügung gestellt haben. Einige Fotos stammen von BMW (GB) Ltd. Die Einleitung »BMW – Immer etwas anders« wurde von Julian Ryder geschrieben.

Zu diesem Buch

Der Sinn dieses Buches ist es, Ihnen zu helfen, mit Ihrem Motorrad viel Freude zu haben. Diese Hilfe kann auf verschiedenen Wegen geschehen: Sie können entscheiden, welche Arbeiten erledigt werden müssen und was Sie davon selbst ausführen können; Ihnen werden Informationen zur Instandhaltung und Pflege Ihrer Maschine gegeben; es werden Ihnen Diagnosen und Reparatur-Reihenfolgen angeboten, um Störungen zu beseitigen.

Wir wünschen uns, dass Sie mit diesem Handbuch viele Arbeiten selber erledigen können. Bei vielen simplen Arbeiten kann es einfacher sein, sie selber auszuführen, als einen Werkstatt-Termin auszumachen und das Motorrad zum Händler zu bringen und später dort wieder abzuholen. Noch wichtiger ist, dass man schon viel Geld sparen kann, wenn man auch nur einige Vorarbeiten erledigt – noch mehr, wenn man alle Reparaturen selber ausführt. Ebenfalls ein wichtiger Punkt ist das gute Gefühl, das entsteht, wenn Sie eine Arbeit erfolgreich zu Ende gebracht haben.

Alle Bezeichnungen für rechts und links beziehen sich auf die Einbaulage in Fahrtrichtung.

Obwohl wir sehr bemüht gewesen sind, die Richtigkeit der Informationen in diesem Buch zu gewährleisten, kommt es immer wieder vor, dass Motorrad-Hersteller während der Produktion technische Veränderungen vornehmen, von denen wir nichts wissen. Autor und Verlag können deshalb keine Verantwortung für Fehlinformationen übernehmen, die dem Kunden Schaden oder Verletzungen zugefügt haben.

Identifikatiosnummern

Rahmen- und Motornummern

Die Rahmennummer findet sich links hinter dem Lenkkopf im Rahmen-Vorderteil und ist rechts unten im Heckrahmen eingeschlagen. Die Motornummer ist unter dem rechten Zylinder in das Motorgehäuse eingeschlagen. Die Getriebenummer ist unterhalb des Anlassers ins Gehäuse eingeschlagen. Die Rahmennummer ist in den Fahrzeugpapieren eingetragen. Um der Polizei das Wiederfinden einer gestohlenen Maschine zu erleichtern, sollte man sich auch die Motor- und Getriebenummer notieren. Außerdem ist unter dem Fahrersitz ein Farbcode angegeben, mit dem lackierte Teile und Lacke zugeordnet werden können.
Die Arbeitsanleitungen in diesem Handbuch werden nach Modellnamen (z. B. »Pure«) unterschieden. Falls nötig, werden zusätzlich die Baujahrs-Angaben angegeben. Die nebenstehende Tabelle zeigt verschiedenen Modelle mit Seriennummern und Markt-Codierungen. Beachten Sie, dass das Baujahr nicht mit dem Jahr der Erstzulassung übereinstimmen muss!

Modell	Serie	Baujahre	Markt-Codierung
R nineT	K 21	2014 bis 2016	0A06 (EU), 0A16 (US)
R nineT	K 21 11	Ab 2017	0J01 (EU), 0J03 (US)
R nineT Pure	K 22	Ab 2017	0J11 (EU), 0J13 (US)
R nineT Racer	K 32	Ab 2017	0J21 (EU), 0J23 (US)
R nineT Scrambler	K 23	Ab 2016	0J31 (EU), 0J33 (US)
R nineT Urban G/S	K 33	Ab 2017	0J41 (EU), 0J43 (US)

Die Rahmennummer findet sich hinter dem Lenkkopf auf dem Typenschild …

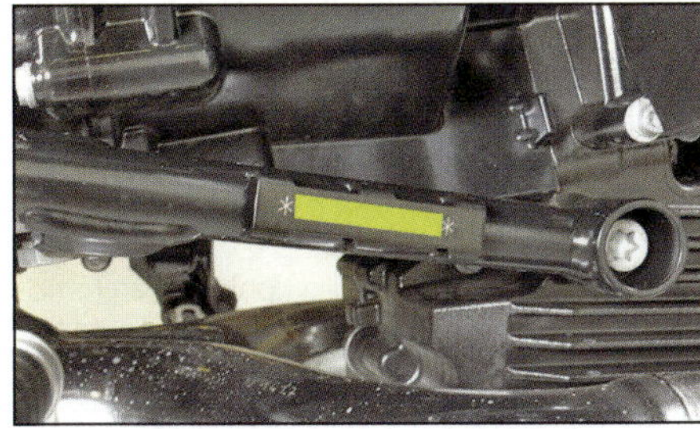

… und ist rechts ins untere Rohr des Heckrahmens eingeschlagen.

Die Motornummer ist ins Motorgehäuse unterhalb des rechten Zylinders eingeschlagen.

Die Getriebenummer sitzt links unterhalb des Anlassers.

Ersatzteilkauf

Wenn Ersatzteile beschafft werden sollen, ist es wichtig, genau herauszufinden, um was für ein Modell es sich handelt. Manchmal reicht es, den Typ (z. B. »Pure«) zu benennen, oft ist es notwendig, das Produktions- (oder besser: Modell-) Jahr anzugeben. Ein Modelljahr beginnt nach den Sommerferien des Vorjahres, d. h. eine 2018er R nineT kann von September 2017 bis August 2018 gebaut worden sein. Beachten Sie, dass das Modelljahr nicht mit der ersten Zulassung in Ihren Papieren übereinstimmen muss.
Um Ihre Maschine zu identifizieren, müssen die kompletten Motor- und Fahrgestellnummern notiert und dem BMW-Händler vorgelegt werden, damit dieser anhand seiner Informationen entscheiden kann, welche Ersatzteile infrage kommen, da auch während der laufenden Produktion Bauteile geändert worden sein können.
Um absolut sicher zu gehen, dass das Ersatzteil auch passt, ist es am besten, das alte Teil mit zum Händler zu nehmen. Falls bereits früher Ersatzteile verbaut worden sind, kann es sein, dass modifizierte Teile alte ersetzt haben und dafür am Fahrzeug auch andere Teile geändert worden sind. Begutachten Sie hierfür alle infrage kommenden Komponenten.
Ordern Sie Ersatzteile bei einem BMW-Vertragshändler oder einer autorisierten Werkstatt. Hier wird sichergestellt, dass die richtigen Teile verkauft oder bestellt werden. Verschleißteile wie Öl- und Luftfilter, Bremsbeläge, Zündkerzen, Lampen und elektrische Teile, Schmiermittel oder Reifen können auch kostengünstig im Zubehörhandel beschafft werden – achten Sie jedoch darauf, dass diese Teile zugelassen sind und der Originalqualität entsprechen. Denken Sie daran: Sollte zum Beispiel durch einen Nachrüst-Ölfilter die Motorschmierung aussetzen, könnte der Hersteller sich weigern, Garantieleistungen zu übernehmen.

Tägliche Kontrollen

Anmerkung: *Die hier angegebenen Kontrollen entsprechen den in Ihrer Bedienungsanleitung angegebenen Hinweisen und sollten vor jeder Fahrt bzw. bei jeder dritten Tankpause durchgeführt werden. Die Zündung muss dabei ausgeschaltet sein. Nach jedem Einschalten der Zündung führt die Bord-Elektronik, das ABS und ggf. das ASC eine Selbstdiagnose durch.*

1 Kontrolle des Motorölpegels

Vor Beginn:

Anmerkung: *BMW schreibt vor, den Ölpegel bei warmem Motor zu kontrollieren.*

✔ Der Ölstand kann durch das Sichtfenster, das sich links im Motorgehäuse befindet, kontrolliert werden. Wischen Sie das Glas sauber, um den Pegel besser erkennen zu können.

✔ Der Ölpegel hängt von der Motortemperatur ab. BMW schreibt vor, den Ölpegel nur bei warmgefahrenem Motor zu kontrollieren (empfohlen werden ca. 50 km). Im kalten Zustand darf das Öl nicht weit über der MIN-Markierung stehen. Erhöht man den niedrigen Pegel eines kalten Motors auf den MAX-Wert, wäre bei warmem Motor zu viel Öl im Motor, das wieder abgelassen werden muss.

✔ Fahren Sie mit dem Motorrad, um es auf Betriebstemperatur zu bringen. Schalten Sie dann den Motor ab und stellen Sie das Motorrad gerade auf eine ebene Fläche. Warten Sie mindestens fünf Minuten, damit sich der Ölstand stabilisieren kann. Diese Beruhigungszeit ist wichtig, da das Öl aus den Zylinderköpfen erst zurückfließen muss, und solange ein falscher Ölstand abgelesen würde.

Vorsichtsmaßnahmen:

- Wenn regelmäßig Öl nachgegossen werden muss, ist nach den Gründen des Ölverlustes zu suchen. Öl kann an einer defekten Ablassschrauben-Dichtung oder an den Anschlüssen der Ölkühlerleitungen austreten (siehe Kapitel 1 oder 2). Wird unten an der Verbindung zwischen Motor und Getriebe ein Leck festgestellt, kann anhand des Geruches herausgefunden werden, ob es sich um Motoröl oder Getriebeöl handelt. Wenn keine Anzeichen von Lecks an Verbindungen und Dichtungen festzustellen sind, wird das Öl vom Motor verbrannt (siehe *Fehlersuche*).
- Fahren Sie niemals mit einem unterhalb der MIN-Markierung liegenden Ölpegel und füllen Sie den Motor nicht über die MAX-Markierung mit Öl auf.

Das richtige Öl

- Benutzen Sie von den angegebenen Öltypen und Viskositäten immer gutes Qualitätsöl und füllen Sie den Motor nicht zu voll. BMW empfiehlt »BMW Motorrad Advantec Pro« mit der Viskosität 15W/50.
- Die Differenz zwischen der MIN und MAX-Markierung beträgt etwa einen halben Liter.

Öltyp	API-Klasse SJ / JASO MA2 oder höher
Ölviskosität	15W/50

1 Kontrollieren Sie den Ölstand durch das Fenster an der linken Motorseite. Wischen Sie das Öl-Kontrollfenster sauber. Der Ölstand muss sich bei geradestehender Maschine im Fenster einpegeln.

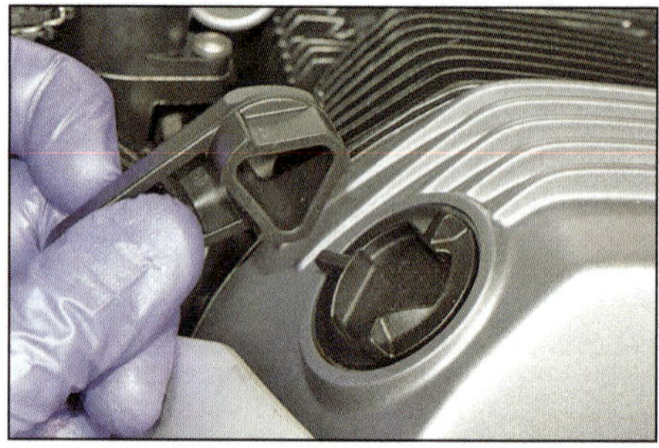

2 Wenn der Ölstand sich unterhalb des Fensters befindet, muss der Einfülldeckel oben im Ventildeckel des rechten Zylinders mit dem Spezialschlüssel aus dem Bordwerkzeug …

3 … herausgeschraubt werden.

4 Füllen Sie den Motor mit dem vorgeschriebenen Öl auf, bis der Pegel im Fenster den oberen Rand erreicht hat. Füllen Sie nicht zu viel Öl auf!

5 Der O-Ring des Einfülldeckels muss korrekt sitzen und darf keine Beschädigungen oder Alterungserscheinungen aufweisen.

6 Setzen Sie anschließend den Deckel wieder auf und drehen Sie ihn fest.

2 Kontrolle der Bremsflüssigkeit

Vor Beginn:

✔ Für die Kontrolle des Flüssigkeitsstandes in der Vorderradbremse wird der Lenker gedreht, sodass der Deckel des Hauptbremszylinders so waagerecht wie möglich steht.

✔ Stellen Sie sicher, dass Sie die richtige Bremsflüssigkeit haben – DOT 4 ist vorgeschrieben. Legen Sie Lappen um die Behälter, um Lackschäden durch Spritzer zu vermeiden.

Vorsichtsmaßnahmen:

- Der Flüssigkeitsstand in den beiden Ausgleichsbehältern nimmt mit zunehmendem Verschleiß der Bremsbeläge ab – kontrollieren Sie diese regelmäßig (siehe Kapitel 1). Wenn ein Flüssigkeitsbehälter wiederholt nachgefüllt werden muss, ist dies ein Indiz für ein Leck im Bremssystem, welches sofort repariert werden muss.
- Achten Sie auf Undichtigkeiten an den Hydraulikschläuchen und entsprechenden Bauteilen – falls welche gefunden werden, müssen sie sofort beseitigt werden.
- Prüfen Sie die Funktion beider Bremsen, bevor Sie mit der Maschine fahren. Wenn Luftblasen im System sind (schwammiges Gefühl im Hebel oder Pedal), muss es entlüftet werden (siehe Kapitel 5).

Warnung: Bremsflüssigkeit kann zu Augenverletzungen führen und Lackoberflächen angreifen, bewahren Sie deshalb beim Umgang hiermit größte Sorgfalt. Beim Eingießen sollten gefährdete Teile mit Lappen bedeckt sein. Benutzen Sie keine Bremsflüssigkeit, die längere Zeit offen gestanden hat, da sie Feuchtigkeit aus der Luft absorbiert, was zu einem gefährlichen Verlust an Bremswirkung führen kann.

Vorderradbremse

1 Der Flüssigkeitspegel ist durch das Fenster im Ausgleichsbehälter sichtbar – er muss oberhalb der »LOWER«-Linie stehen.

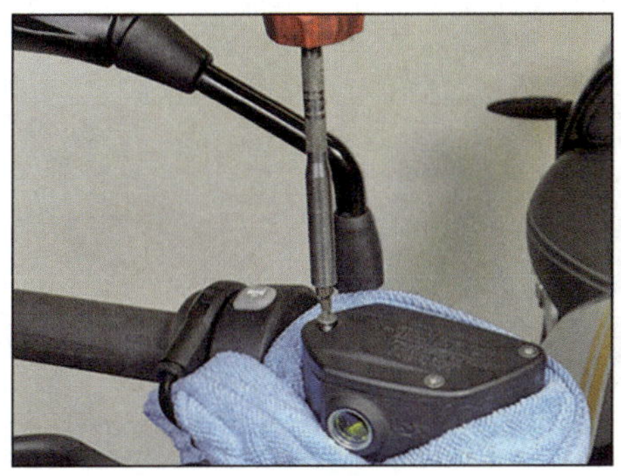

2 Um Flüssigkeit aufzufüllen, müssen zunächst die Schrauben gelöst und der Deckel samt Platte (nicht bei R nineT bis 2016) und die Manschette entfernt werden.

3 Füllen Sie stets frische DOT-4-Bremsflüssigkeit auf, ...

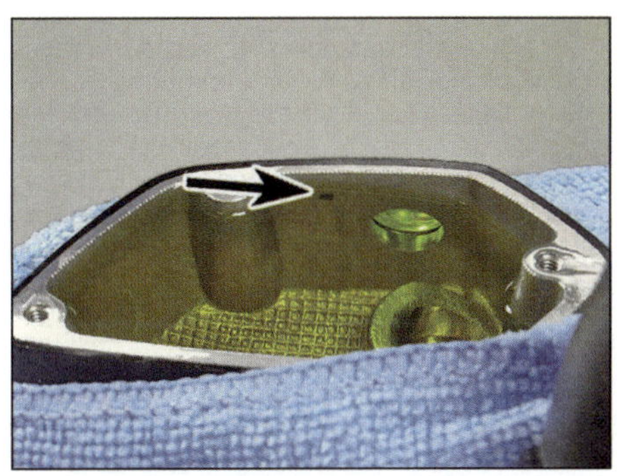

4 ... bis der Pegel an der Rippe (Pfeil) der Innenwand steht. Füllen Sie niemals mehr auf und vermeiden Sie Spritzer (siehe Warnung oben).

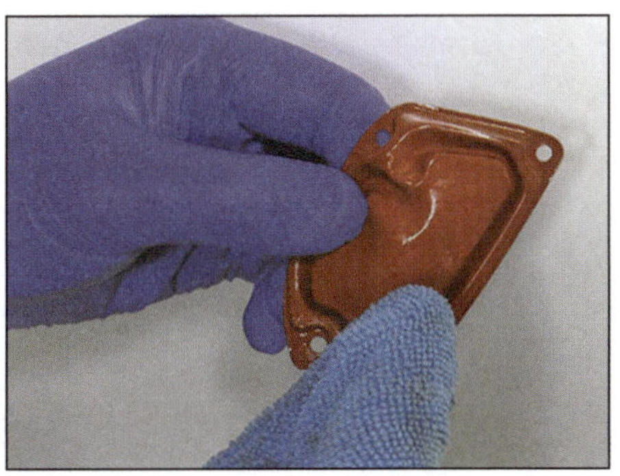

5 Wischen Sie mit einem Lappen Ablagerungen aus der Manschette.

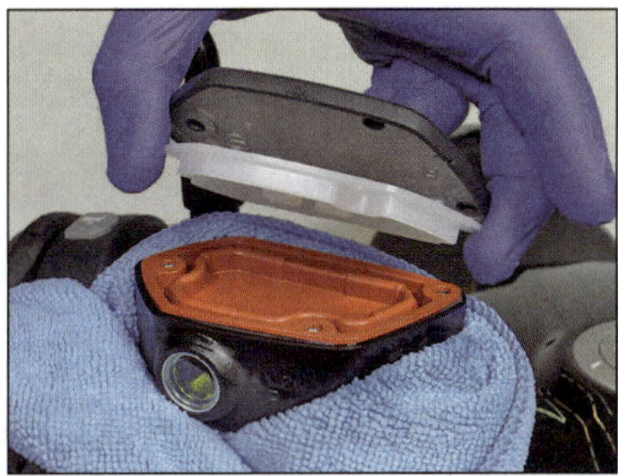

6 Legen Sie die Manschette korrekt gefaltet auf, installieren Sie die Platte (nicht bei R nineT bis 2016) und den Deckel und ziehen Sie die Schrauben sorgfältig an.

Hinterradbremse

1 **Der durch das Gehäuse des Ausgleichsbehälters sichtbare Flüssigkeitspegel muss zwischen den MAX- und MIN-Linien stehen – lassen Sie ihn nicht unter MIN absinken.**

2 **Um Flüssigkeit aufzufüllen, muss der Behälter festgehalten und der Deckel abgeschraubt werden, bevor er samt Manschette entfernt wird.**

3 **Füllen Sie den Ausgleichsbehälter mit frischer DOT 4-Bremsflüssigkeit bis zur MAX-Markierung auf – aber nicht darüber hinaus! Vermeiden Sie Spritzer (siehe Warnung auf der vorherigen Seite).**

4 **Achten Sie beim Einsetzen der Manschette auf ihren korrekten Sitz. Installieren Sie den Deckel und drehen Sie ihn sorgfältig fest. Achten Sie darauf, dass der Behälter in seinen Halter geklemmt ist.**

3 Federung, Lenkung und Antrieb

Federung und Lenkung:

- Überprüfen Sie, ob die Vorderrad- und Hinterradfederung weich und klemmfrei arbeitet.
- Kontrollieren Sie, ob die Federung ggf. auf die Erfordernisse eingestellt ist – siehe Kapitel 4.
- Überprüfen Sie, ob die Lenkung sich weich von Anschlag zu Anschlag bewegt.

Getriebe und Endantrieb:

- Kontrollieren Sie, ob am Getriebe oder Kardanantrieb Öl austritt. Kontrollieren Sie ggf. den Getriebeölpegel (siehe Kapitel 1, Sektion 14). Leckt das Endantriebsgehäuse, muss es von einer BMW-Werkstatt kontrolliert werden. Details zur Kontrolle und den Wechsel des Endantrieb-Öls sind in Kapitel 1, Sektion 13 beschrieben. Falls an einem Dichtring des Getriebes oder des Endantriebs Öl austritt, müssen die entsprechenden Hinweise in den Kapiteln 2 und 4 beachtet werden.

4 Ordnungsgemäßer Zustand und Sicherheit

Licht und Signale:

- Nehmen Sie sich etwas Zeit und kontrollieren Sie, ob Scheinwerfer, Rücklicht, Bremslicht, Instrumentenbeleuchtung und Blinker korrekt funktionieren.
- Prüfen Sie die Funktion der Hupe.
- Ein funktionierender Tachometer ist gesetzlich vorgeschrieben.

Sicherheit:

- Überprüfen Sie, ob der Gasgriff leichtgängig ist und jederzeit und in allen Lenkerpositionen von alleine wieder schließt.
- Testen Sie, ob der Motor ausgeht, wenn man den Not-Schalter betätigt.
- Prüfen Sie, ob die Federn des Seitenständers und ggf. des Hauptständers die Stützen im eingeklappten Zustand sicher an der Maschine halten.

Kraftstoff:

- Es mag überflüssig klingen, aber überprüfen Sie, ob Sie genug Benzin für die bevorstehende Fahrt im Tank haben.
- Wenn irgendwo Kraftstoff ausläuft, müssen sie Ursachen hierfür sofort beseitigt werden.
- Vergewissern Sie sich, dass der verwendete Kraftstoff mindestens 95 Oktan hat und kein Blei enthält (siehe Kapitel 3), da hierdurch der Katalysator zerstört werden würde.

5 Kontrolle des Kupplungsflüssigkeits-Pegels

Vor Beginn

✔ Bewegen Sie vor der Kontrolle den Lenker so, dass der Ausgleichsbehälter möglichst waagerecht steht.

✔ BMW empfiehlt die Verwendung von Hyspin V 10-Hydraulikflüssigkeit – benutzen Sie keine herkömmliche Bremsflüssigkeit! Legen Sie Lappen um die Behälter, um Lackschäden durch Spritzer zu vermeiden.

Vorsichtsmaßnahmen

- Der Pegel sinkt durch den normalen Kupplungsverschleiß ab. Füllen Sie den Ausgleichsbehälter nicht zu voll!
- Wenn der Ausgleichsbehälter regelmäßig nachgefüllt werden muss, ist dies ein Zeichen für ein Leck irgendwo im System, das unverzüglich behoben werden muss.
- Achten Sie auf austretende Flüssigkeit an den Leitungen und Anschlüssen und beseitigen Sie das Problem.

1 Außer bei der R nineT bis 2016 ist der Pegel durch das Fenster im Ausgleichsbehälter erkennbar – er muss über der »LOWER«-Linie stehen.

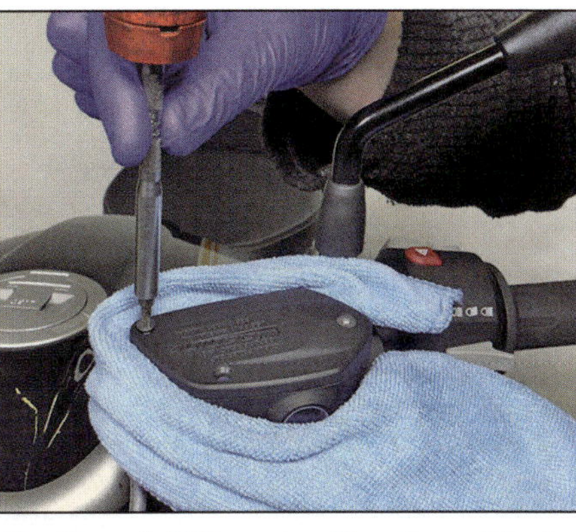

2 Zum Auffüllen der Kupplungsflüssigkeit (und die Kontrolle bei R nineT-Modellen bis 2016) müssen zunächst die Schrauben gelöst und der Deckel samt Platte (nicht bei R nineT bis 2016) und die Manschette entfernt werden.

3 Füllen Sie frische Hyspin-V10-Hydraulikflüssigkeit...

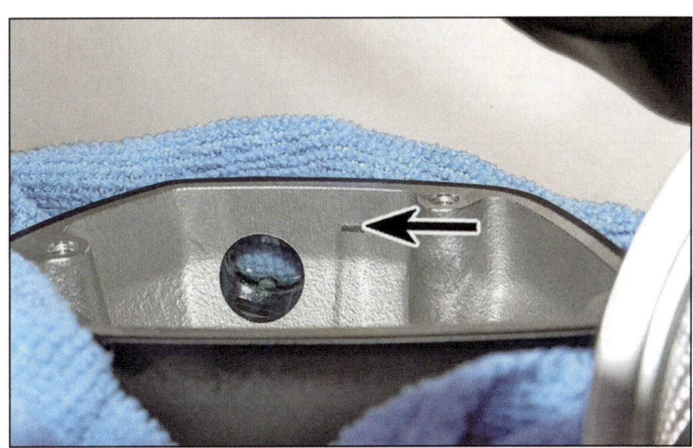

4 ...bis der Pegel an der Rippe (Pfeil) der Innenwand steht. Füllen Sie niemals mehr auf und vermeiden Sie Spritzer (siehe Warnung oben).

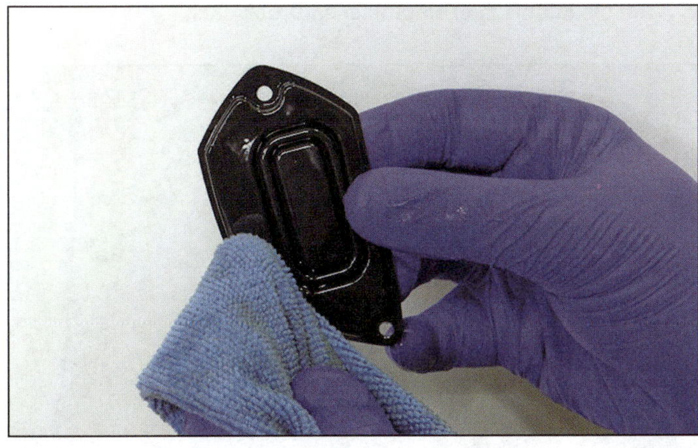

5 Wischen Sie mit einem Lappen Ablagerungen aus der Manschette.

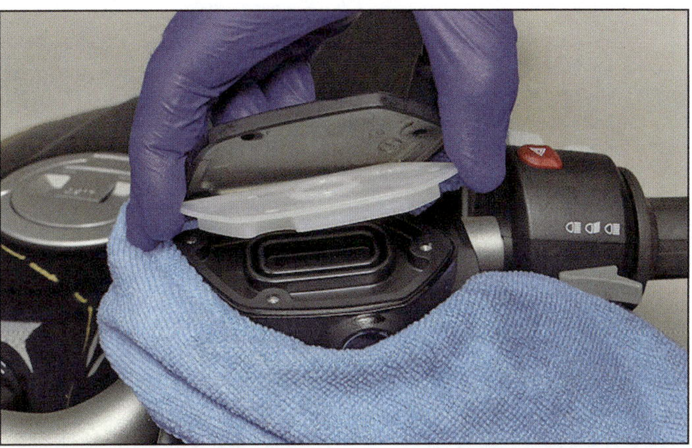

6 Legen Sie die Manschette korrekt gefaltet auf, installieren Sie die Platte (nicht bei R nineT bis 2016) und den Deckel und ziehen Sie die Schrauben sorgfältig an.

6 Reifen

Der richtige Reifendruck

- Der Luftdruck muss bei **kaltem** Reifen überprüft werden, nicht direkt nach der Fahrt – hierbei wird der Reifen warm und der Luftdruck steigt. Extrem niedriger Reifenluftdruck kann den Reifen auf der Felge rutschen oder sogar abspringen lassen. Zu hoher Druck lässt das Profil in der Mitte stark verschleißen und sorgt für unsicheres Fahrverhalten.
- Benutzen Sie ein genaues Messgerät.
- Ein richtiger Luftdruck erhöht die Lebensdauer der Reifen und sorgt für beste Fahrstabilität und optimalen Fahrkomfort.
- Bei Modellen mit Reifendruck-Überwachung (RDC) werden dessen Sensoren ab etwa 30 km/h durch die Zentrifugalkräfte aktiviert. Der Luftdruck wird nach dem Halten etwa für 15 Minuten angezeigt. Die Messergebnisse werden ungeachtet der tatsächlichen Reifentemperatur auf 20 °C umgerechnet angezeigt. Falls der Reifendruck bis kurz vor den Warnbereich abfällt, werden im Cockpit das gelbe Warnsymbol und das Reifensymbol aktiviert. Fällt der Druck weiter, beginnt das Warnsymbol rot zu blinken.

Vorsichtsmaßnahmen

- Wenn ständig Luft nachgefüllt werden muss, ist dieses ein Indiz dafür, den Reifen dringend zu kontrollieren.
- Kontrollieren Sie die Reifen sorgfältig auf Risse, Schnitte, eingedrungene Nägel oder andere scharfe Dinge sowie erhöhte Abnutzung. Die Benutzung eines Motorrades mit stark abgefahrenen Reifen ist extrem gefährlich, auch die Straßenlage und Traktion verschlechtert sich stark.
- Kontrollieren Sie den Zustand der Reifenventile und achten Sie auf festsitzende Schutzkappen.
- Entfernen Sie alle Nägel und Steine, die sich in das Reifenprofil gesetzt haben.
- Wenn eine Beschädigung offensichtlich ist oder ungewöhnlich hoher Druckverlust auftritt, muss sofort Rat bei einem Reifenhändler gesucht werden.

Reifenprofiltiefe

Zurzeit muss ein Reifen laut Gesetz eine Mindestprofiltiefe von 1,6 mm aufweisen – und zwar an der am stärksten abgefahrenen Stelle. Viele Fahrer wechseln die Reifen sicherheitshalber bei einer Profiltiefe von 2 mm.

- Viele heutige Reifen besitzen Profiltiefen-Indikatoren, auf die an den Flanken mit Dreiecken oder der Bezeichnung TWI hingewiesen wird. Diese Markierungen müssen nicht unbedingt den gesetzlichen Vorgaben in Deutschland entsprechen! Ist das Profil bis auf diese Erhebungen abgefahren, muss der Reifen spätestens gewechselt werden.

Reifendruck

Modell	Vorne	Hinten
R nineT – bis 2016	2,5 bar	2,5 bar (nur Fahrer), 2,9 bar (mit Beifahrer)
R nineT – ab 2017, Pure, Racer	2,5 bar	2,7 bar (nur Fahrer), 2,9 bar (mit Beifahrer)
Scrambler, Urban G/S	2,5 bar	2,9 bar (bei allen Beladungen)

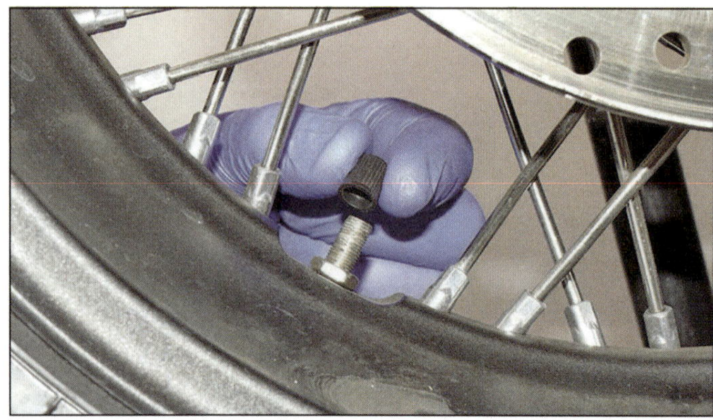

1 Schrauben Sie die Ventilkappe ab.

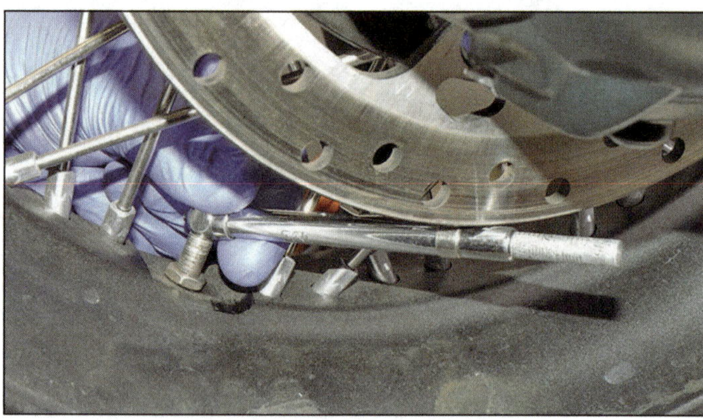

2 Kontrollieren Sie den Luftdruck nur bei <u>kaltem</u> Reifen und füllen Sie nur bis zum empfohlenen Druck nach.

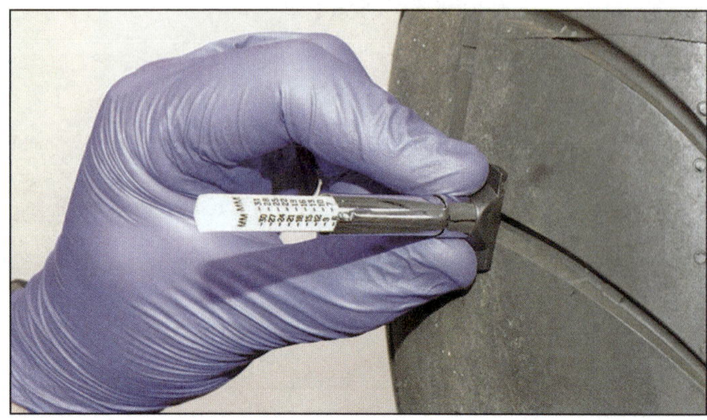

3 Die Profiltiefe wird mithilfe eines Profiltiefenmessers in der Mitte des Reifens gemessen.

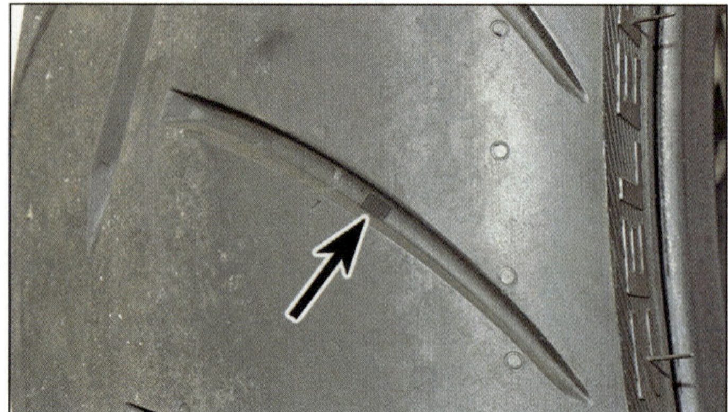

4 Der Profiltiefen-Indikator (A) und der Hinweis (B) (TWI = Tread Wear Indicator) auf der Reifenflanke.

Maße und Gewichte

R nineT (bis 2016)

Radstand	1476 mm
Gesamtlänge	2085 mm
Gesamtbreite	890 mm
Gesamthöhe	1265 mm
Sitzhöhe (vorne)	
Standard	785 mm
niedriger Sitz	775 mm
Leergewicht (fahrbereit und vollgetankt)	222 kg
Maximale Zuladung	208 kg

R nineT (ab 2017)

Radstand	1487 mm
Gesamtlänge	2110 mm
Gesamtbreite	900 mm
Gesamthöhe	1265 mm
Sitzhöhe (vorne)	803 mm
Leergewicht (fahrbereit und vollgetankt)	222 kg
Maximale Zuladung	208 kg

Pure

Radstand	1493 mm
Gesamtlänge	2105 mm
Gesamtbreite	900 mm
Gesamthöhe	
Standard	1240 mm
Abgesenktes Fahrwerk	1210 mm
Sitzhöhe (vorne)	
Standard	805 mm
Abgesenktes Fahrwerk	775 mm
Leergewicht (fahrbereit und vollgetankt)	219 kg
Maximale Zuladung	211 kg

Racer

Radstand	1491 mm
Gesamtlänge	2105 mm
Gesamtbreite	920 mm
Gesamthöhe	1105 mm
Sitzhöhe (vorne)	805 mm
Leergewicht (fahrbereit und vollgetankt)	220 kg
Maximale Zuladung	210 kg

Scrambler

Radstand	1527 mm
Gesamtlänge	2175 mm
Gesamtbreite	880 mm
Gesamthöhe	1330 mm
Sitzhöhe (vorne)	820 mm
Leergewicht (fahrbereit und vollgetankt)	222 kg
Maximale Zuladung	210 kg

Urban G/S

Radstand	1527 mm
Gesamtlänge	2175 mm

Gesamtbreite	880 mm
Gesamthöhe	1330 mm
Sitzhöhe (vorne)	
Standard	850 mm
niedriger Sitz	820 mm
Leergewicht (fahrbereit und vollgetankt)	221 kg
Maximale Zuladung	209 kg

Motor (alle Modelle)

Typ	Viertakt-Zweizylinder-Boxer, öl/luftgekühlt
Hubraum	1170 cm^3
Bohrung x Hub	101 x 73 mm
Verdichtungsverhältnis	12,0 : 1
Nockenwellen	je zwei obenliegende (DOHC), per Kette angetrieben
Ventile	4 radial angeordnete Ventile je Zylinder
Kupplung	Einscheiben-Trockenkupplung, hydraulisch betätigt
Getriebe	angeblockt, 6 Gänge in konstantem Eingriff
Endantrieb	Kardanwelle mit 2 Kreuzgelenken, Winkeltrieb
Kraftstoffsystem/Motorsteuerung	
R nineT (2014)	BMS-KP
R nineT (2015 und 2016)	BMS-X
R nineT (ab 2017), alle Pure, Scrambler, Racer und Urban G/S	BMS-MP

Fahrwerk (alle Modelle)

Typ	Stahl-Gitterrohrrahmen, Antriebseinheit als tragendes Element
Lenkkopfwinkel und Nachlauf	
R nineT (bis 2016)	64,5°, 102,5 mm
R nineT (ab 2017)	63,2°, 107,9 mm
Pure	63,4°, 105,0 mm
Racer	63,6°, 103,9 mm
Scrambler, Urban G/S	61,5°, 110,6 mm

Vorderradfederung

Typ	
R nineT	Sachs-Upsidedown-Telegabel (46 mm Tauchrohr-Durchmesser)
Pure, Scrambler, Racer und Urban G/S	Showa-Telegabel (43 mm Standrohr-Durchmesser)
Federweg	
R nineT	120 mm
Pure	
Standard-Fahrwerk	125 mm
Abgesenktes Fahrwerk	105 mm
Scrambler, Racer und Urban G/S	125 mm
Einstellmöglichkeiten (nur R nineT ab 2017)	Federvorspannung, Zugstufe (rechter Gabelholm), Druckstufe (linker Gabelholm)

Hinterradfederung

Typ	BMW-Paralever	
Federweg (gemessen am Hinterrad)		
R nineT, Racer	120 mm	
Pure		
Standard-Fahrwerk	125 mm	
Abgesenktes Fahrwerk	105 mm	
Scrambler und Urban G/S	140 mm	
Einstellmöglichkeiten	Federvorspannung und Dämpfung	
Reifengröße	**vorne**	**hinten**
R nineT, Pure, Racer	120/70 ZR 17	180/55 ZR 17
Scrambler		
Standard-Fahrwerk	120/70 R 19	170/60 R 17
Abgesenktes Fahrwerk	120/70 ZR 17	180/55 ZR 17
Urban G/S	120/70 R 19	170/60 R 17
Bremsen		
Vorderradbremse	zwei 320 mm-Scheiben mit Vierkolben-Festsätteln	
Hinterradbremse	eine 265 mm-Scheibe mit Zweikolben-Schwimmsattel	

Modellentwicklung

Die in diesem Buch behandelten Modelle werden von luft/ölgekühlten DOHC-Boxermotoren mit 1170 cm³ Hubraum angetrieben, die von 2010 bis 2012 in allen R 1200-Modellen Verwendung fanden und dort nach und nach durch wassergekühlte Triebwerke abgelöst wurden. In jedem Zylinderkopf steuern zwei obenliegende Nockenwellen (DOHC) per Schlepphebel vier Ventile. Diese Wellen liegen horizontal, sodass jede von ihnen ein Einlass- und ein Auslassventil betätigt. Für eine optimale Brennraumform sind die Ventile radial angeordnet, was konisch geschliffene Nocken erforderlich macht. Der Antrieb der Nockenwellen per Ketten erfolgt weiterhin über eine Zwischenwelle, die sich direkt unter der Kurbelwelle dreht und von dieser ebenfalls mit einer Kette auf halbe Drehzahl gebracht wird. Das korrekte Ventilspiel wird mithilfe von unter den Schlepphebeln liegenden Einstellplättchen (»Shims«) sichergestellt.

Die Motoren verfügen über eine Ausgleichswelle, die sich innerhalb der Zwischenwelle mit Kurbelwellendrehzahl dreht und per Zahnräder angetrieben wird. Die Ausgleichswelle trägt zwei Gewichte – eines liegt hinten unter der Kupplung und das andere ist in das Antriebszahnrad integriert.

Zylinder, Köpfe und das Motorgehäuse bestehen aus einer Aluminiumlegierung und das Gehäuse ist vertikal geteilt. Das Getriebe befindet sich in einem separaten Gehäuse, welches hinten an den Motor geschraubt ist. Die Lichtmaschine sitzt oben auf dem Motor und wird vom vorderen Kurbelwellenstumpf aus per Keilrippenriemen angetrieben.

Das Motoröl befindet sich innerhalb des Motorgehäuses und eine von der Zwischenwelle aus angetriebene zweiteilige Ölpumpe versorgt zum einen den Schmierkreis und zum anderen den Kühlkreis. Das Motorsteuergerät überwacht die Öltemperatur; vor dem Motor sitzt ein Ölkühler.

Die Motorleistung wird zunächst auf die direkt an die Kurbelwelle geschraubte Einscheiben-Trockenkupplung übertragen, welche hydraulisch betätigt wird. Über die Getriebe-Eingangswelle und sechs Zahnradpaare auf der Zwischen- und der Ausgangswelle wird die Leistung auf die mit einem »Paralever«-Momentausgleich ausgerüstete Kardanwelle und den Winkeltrieb zum Hinterrad übertragen.

Das von BMW selbst entwickelte Motormanagement (je nach Modell BMS-KP, BMS-X oder BMS-MP genannt) überwacht, regelt und koordiniert die Kraftstoffversorgung und die Zündung. Das System wird von der Kontrolleinheit gesteuert und eine zweite Einheit – die Zentrale Fahrzeug-Elektronik (ZFE) – ist bei der R nineT bis 2016 verantwortlich für die Überwachung und die Steuerung aller anderen elektrischen Systeme wie die Beleuchtung, die Schalter und Zubehör. Die zwei Einheiten sind für Funktionen wie das Starten und die Wegfahrsperre miteinander verbunden.

Das Steuergerät arbeitet mit der Motordrehzahl und der Drosselklappenstellung als Basis, um eine optimale Motorfunktion sicherzustellen. Zusätzliche Informationen von Temperatursensoren, Öldruck-, Getriebepositions- und Klopfsensoren sowie der Abgasanalyse durch die Lambdasonde verfeinern mithilfe von einprogrammierten Kennfeldern und Korrekturwerten die eingespritzte Kraftstoffmenge und den exakten Zündzeitpunkt für jeden gegebenen Umstand. Zusätzlich verfügt das Motormanagement-System über eingebaute Diagnosefunktionen, die alle Daten für Fehlermeldungen speichern.

Alle Modelle verfügen über Überwachungsbereich-Netzwerk- (CAN-Bus-) Technologie, um Informationen zwischen den Kontrolleinheiten, den Sensoren und den elektrischen Verbrauchern auszutauschen. Dies erlaubt einen schnellen und zuverlässigen Datentransfer durch das gesamte Bordnetz. Es ermöglicht außerdem eine umfassende Diagnose des gesamten Systems von einem zentralen Punkt aus.

Einen Rahmen im traditionellen Sinne gibt es nicht – die Vorderradfederung sowie die Hinterradfederung samt ihrer Hilfsrahmen sind direkt an die Antriebseinheit geschraubt; die Hilfsrahmen sind nicht miteinander verbunden.

Vorderradfederung und Lenkung werden von einer im Frontrahmen geführten Teleskopgabel übernommen; diese ist bei der nineT als Upsidedown-Gabel (von Sachs) ausgeführt, bei allen anderen Modellen ist eine konventionelle Showa-Gabel montiert.

Die Hinterradfederung wird von einer Paralever-Einarmschwinge mit zentralem Federbein übernommen. Die Kardanwelle zum Hinterrad ist innerhalb dieser Schwinge gelagert. Durch einen zweiten Drehpunkt vor dem Endantrieb und einen Verbindungshebel werden die bei festen Antrieben entstehenden Aufstellmomente beim Lastwechsel nahezu aufgehoben.

An beiden Rädern befinden sich hydraulisch betätigte Scheibenbremsen, die über ein ABS betätigt sind. Die beiden Sättel der vorderen Doppelscheibenbremse verfügen über jeweils zwei Paare gegenüberliegender Kolben, während die eine Scheibe am Hinterrad mit einem Zweikolben-Schwimmsattel verzögert wird.

Alle Modelle können mit verschiedenen Extras ausgerüstet werden – entweder bei der Bestellung ab Werk oder als käufliches Zubehör. Zu den ab Werk angebotenen Optionen gehören je nach Modell Heizgriffe, eine Automatische Stabilitätsregelung (ASC), ein gebürsteter Alutank, eine Alarmanlage, LED-Blinker, ein abgesenktes Fahrwerk und Drahtspeichenräder. Optionales Zubehör kann beim BMW-Händler gekauft und nötigenfalls in dessen Werkstatt montiert werden.

R nineT (K 21)

Die im September 2013 eingeführte R nineT war mit Drahtspeichenrädern, einer nicht einstellbaren Upsidedown-Telegabel von Sachs und radial montierten Vorderradbremssätteln von Brembo ausgerüstet. Der ebenfalls von Sachs gefertigte Hinterradstoßdämpfer war in der Federvorspannung und der Zugdämpfung einstellbar. Die Auspuffanlage mündete links in zwei übereinanderliegende Schalldämpfer. Die Sitzbank war zweiteilig, der Rücksitz konnte samt Hilfsrahmen demontiert werden.

R nineT (K21 II)

Ab Modelljahr 2017 war die Vorderradgabel in der Federvorspannung, der Zugstufe (rechter Gabelholm) und der Druckstufe (links) einstellbar. Geändert wurden auch die Instrumente sowie die Geberzylinder für die Vorderradbremse und die Kupplung. Aufgrund der Ausweitung der Retro-Serie wurde die R nineT ab jetzt als »Roadster« angeboten.

R nineT Scrambler (K 23)

Die im September 2015 eingeführte Scrambler war der erste Ableger der R nineT. An der konventionell aufgebauten und nicht einstellbaren Showa-Telegabel (mit Faltenbälgen) saßen »nicht-radial« verschraubte Brembo-Bremssättel. Der Hinterradstoßdämpfer war in der Federvorspannung und der Zugdämpfung einstellbar. Serienmäßig rollte die Scrambler auf Gussrädern, Drahtspeichenräder waren optional erhältlich. Die Auspuffanlage mündete links in zwei halbhoch übereinanderliegende Schalldämpfer. Weitere Unterschiede zur R nineT waren die Doppelsitzbank und die weniger umfangreichen Instrumente.

Die Scrambler X war eine Variante mit Drahtspeichenrädern (mit Stollen- oder Straßenreifen), Heizgriffen und LED-Blinkern.

R nineT Pure (K 22)

Die im September 2016 eingeführte Pure konnte mit konventionell aufgebauter und nicht einstellbarer Showa-Telegabel, »nicht-radial« verschraubte Brembo-Bremssättel, Gussrädern Stahlblech-Tank, Einzelschalldämpfer und weniger umfangreicher Instrumentierung deutlich preiswerter angeboten werden als die Ur-nineT. Wie bei dieser war der Hinterradstoßdämpfer in der Federvorspannung und der Zugdämpfung einstellbar und die Sitzbank zweiteilig, sodass der Rücksitz samt Hilfsrahmen demontiert werden konnte.

Neben der Standardversion gab es eine »Pure C« mit Drahtspeichenrädern, verchromtem Auspuff, Heizgriffen und LED-Blinkern.

R nineT Racer (K 32)

Die im September 2016 eingeführte Racer war wie die Pure mit konventionell aufgebauter und nicht einstellbarer Showa-Telegabel, »nicht-radial« verschraubte Brembo-Bremssättel, Gussrädern, Stahlblech-Tank und Einzelschalldämpfer ausgerüstet. Der Hinterradstoßdämpfer war in der Federvorspannung und der Zugdämpfung einstellbar. Die Lenkerstummeln waren in die obere Gabelbrücke integriert und die Fußrasten etwas zurückversetzt. In der rahmenfesten Verkleidung saß das mit zwei Instrumenten ausgerüstete Cockpit, welches später auch an die R nineT montiert werden sollte. Die Racer gab es nur mit Einzelsitz und Höcker.

Neben der Standardversion gab es eine »Racer S« mit Drahtspeichenrädern, verchromtem Auspuff, Heizgriffen und LED-Blinkern.

R nineT Urban G/S (K 33)

Die im September 2016 eingeführte Urban G/S war wie die Pure mit konventionell aufgebauter und nicht einstellbarer Showa-Telegabel, »nicht-radial« verschraubte Brembo-Bremssättel, Gussrädern (vorn: 19 Zoll), Stahlblech-Tank und Einzelschalldämpfer ausgerüstet. Der Hinterradstoßdämpfer war in der Federvorspannung und der Zugdämpfung einstellbar. Der Scheinwerfer war von einer kleinen Verkleidung umgeben, in der auch eine weniger umfangreicher Instrumentierung steckte. Eine Doppelsitzbank mit orangefarbenem Bezug war serienmäßig.

Die Urban G/S X war eine Variante mit Drahtspeichenrädern (mit Stollen- oder Straßenreifen), verchromter Auspuffblende, Heizgriffen und LED-Blinkern.

Sicherheit geht vor!

Professionelle Mechaniker haben während ihrer Ausbildung viel über Arbeitssicherheit gelernt. Doch auch der Enthusiast sollte sich bei seinen Tätigkeiten die Zeit nehmen, um sicherzustellen, dass er sich nicht unnötig in Gefahr begibt. Eine kurze Unachtsamkeit kann genauso zu einem Unfall führen wie die Nichtbeachtung simpler Vorsichtsmaßnahmen.

Es gibt unendlich viele Möglichkeiten, einen Unfall herbeizuführen – und es kann hier keine umfassende Liste aller Gefahren wiedergegeben werden; vielmehr soll auf das Risiko hingewiesen und auf eine sichere Herangehensweise an alle Arbeiten am Motorrad aufmerksam gemacht werden.

Asbest

• Verschiedene Reibmaterialien, Isolierungen und Dichtungen (z. B. Brems- und Kupplungsbeläge, Kopfdichtungen, Hitzeschilde, usw.) können Asbest enthalten. Absolute Vorsicht ist beim Einatmen des Staubs solcher Teile geboten, da dieser äußerst gesundheitsschädlich ist. Im Zweifelsfall sollte man immer davon ausgehen, dass Asbest enthalten ist.

Feuer

• Denken Sie immer daran, dass Benzin leicht entzündbar ist. Rauchen Sie niemals bei der Arbeit am Fahrzeug, und lassen Sie keine offenen Flammen in die Nähe kommen. Hiermit ist das Feuerrisiko jedoch noch nicht gebannt, denn Funken durch einen elektrischen Kurzschluss, das Aufeinanderschlagen zweier Metallteile, der unbedachte Einsatz von Werkzeugen oder die statische Aufladung des Körpers oder der Kleidung können in geschlossenen Räumen Benzindämpfe entzünden, die sich zu einem hochexplosiven Gemisch entwickelt haben. Verwenden Sie Benzin niemals als Reinigungsmittel, sondern benutzen Sie ungefährliche Lösungsmittel.

• Trennen Sie vor jeder Arbeit am Kraftstoff- oder Zündsystem den Masseanschluss (–) von der Batterie. Lassen Sie niemals Benzin auf den heißen Motor oder Auspuff tropfen.

• Es wird empfohlen, in der Garage oder der Werkstatt einen für brennende Flüssigkeiten geeigneten Feuerlöscher griffbereit zu halten. Löschen Sie niemals brennendes Benzin oder unter Strom stehende Teile mit Wasser!

Dämpfe

• Manche Dämpfe sind hochgiftig und können schnell zur Bewusstlosigkeit oder gar zum Tod führen, wenn sie in einer bestimmten Konzentration eingeatmet werden. Benzindämpfe gehören genauso dazu wie Dämpfe von Lösungsmitteln wie Trichlorethylen. Sämtlicher Umgang mit solch flüchtigen Stoffen darf nur in gut belüfteten Bereichen geschehen.

• Bei der Verwendung von Reinigungs- oder Lösungsmitteln müssen stets sorgfältig die Anwendungshinweise durchgelesen werden. Benutzen Sie niemals Stoffe aus unbeschrifteten Behältern, und mischen Sie niemals verschiedene an sich harmlose Lösungsmittel – sie können giftige Dämpfe freisetzen.

• Lassen Sie niemals einen Verbrennungsmotor in geschlossenen Räumen laufen. Auspuffgase enthalten Kohlenmonoxid, das extrem giftig ist. Wenn ein Motor gestartet werden muss, hat dies möglichst im Freien zu geschehen, zumindest ist die Maschine so hinzustellen, dass der Auspuff nach draußen zeigt.

Batterie

• Setzen Sie die Batterie nie offenem Feuer oder Funken aus, da sie immer etwas Wasserstoff abgibt, der hochexplosiv ist.

• Trennen Sie vor der Arbeit am Kraftstoff- oder Zündsystem den Masse-Anschluss (–) von der Batterie – außer, die Stromzufuhr wird ausdrücklich verlangt.

• Lockern Sie beim Laden der Batterie die Einfüllstopfen. Laden Sie die Batterie nicht mit einer zu hohen Rate, da sie hierdurch beschädigt wird.

• Seien Sie beim Auffüllen, Reinigen und Tragen der Batterie vorsichtig. Die Batteriesäure ist auch im verdünnten Zustand stark ätzend. Haut- und Augenkontakt muss durch das Tragen von Gummihandschuhen und einer Schutzbrille mit Gesichtsschutz vermieden werden. Muss die Batteriesäure selber vorbereitet werden, darf nur die Säure langsam dem Wasser zugefügt werden – kippen Sie niemals das Wasser in die Säure!

Elektrizität

• Beim Einsatz von Elektrowerkzeugen, Lampen usw. muss immer ein korrekter Stromanschluss und ggf. Masseanschluss sichergestellt sein. Verwenden Sie keine Elektrogeräte in feuchter Umgebung oder in der Nähe von Benzin oder Benzindämpfen. Achten Sie darauf, dass alle Geräte und das Stromnetz den Sicherheitsstandards entsprechen.

• Einen starken Stromschlag kann man beim Berühren bestimmter Teile der elektrischen Anlage bekommen, so zum Beispiel beim Anfassen der Zündkabel bei laufendem oder durchgedrehtem Motor – und besonders, wenn Bauteile feucht sind oder eine defekte Isolierung haben. Bei elektronischen Zündanlagen kann die Zündspannung lebensgefährlich sein!

Niemals ...

✘ den Motor starten, ohne geprüft zu haben, dass sich das Getriebe im Leerlauf befindet.

✘ plötzlich den Deckel eines heißen Kühlsystems entfernen, sondern ihn mit Lappen abdecken und langsam den Druck ablassen, um sich nicht durch austretendes Kühlmittel zu verbrühen.

✘ aus einem heißen Motor Öl ablassen, sondern ihn erst etwas abkühlen lassen, um sich nicht zu verbrennen.

✘ Teile eines heißen Motors oder Auspuffs anfassen, um sich nicht zu verbrennen.

✘ Bremsflüssigkeit oder Kühlmittel auf Lack oder Kunststoffteile gelangen lassen.

✘ giftige Flüssigkeiten wie Benzin, Bremsflüssigkeit oder Frostschutzmittel mit dem Mund ansaugen oder auf die Haut gelangen lassen.

✘ Staub einatmen, der gesundheitsschädlich sein kann (siehe oben unter Asbest).

✘ Öl oder Fett auf dem Boden belassen, sondern es aufwischen, bevor jemand darauf ausrutscht.

✘ verschlissene Werkzeuge benutzen, da man damit abrutschen und sich verletzen kann.

✘ schwere Dinge wie Motoren allein heben, sondern einen Assistenten zu Hilfe holen.

✘ in Zeitnot arbeiten oder die Arbeit auf gefährlichen Wegen abkürzen.

✘ Kindern oder Tieren ermöglichen, sich in der Nähe eines unbeobachteten Fahrzeugs aufzuhalten.

✘ einen Reifen über den erlaubten Maximaldruck aufpumpen. Abgesehen von der Überlastung der Karkasse kann er in Extremfällen platzen.

Stets ...

✔ dafür sorgen, dass die Maschine sicher steht. Besonders wichtig ist dies, wenn die Maschine für den Ausbau eines Rades oder einer Radaufhängung aufgebockt wird.

✔ festsitzende Schrauben oder Muttern vorsichtig lockern. An einem Schlüssel zu ziehen ist immer besser als ihn zu drücken, damit man beim Abrutschen nicht auf die Maschine stößt.

✔ beim Einsatz von Bohrern, Schleifern und anderen Maschinen eine Schutzbrille tragen.

✔ beim Arbeiten in schmutzigen Bereichen die Hände mit Schutzcreme versehen, die nicht nur vor Infektionen schützt, sondern auch das Reinigen erleichtert. Längerer Kontakt mit Motoröl kann ein Gesundheitsrisiko sein. Passen Sie auf, dass die Hände durch die Creme nicht rutschig werden.

✔ Kleidungsstücke wie Ärmel, Halstücher oder lange Haare außerhalb des Arbeitsbereichs beweglicher Teile halten.

✔ Schmuck und Uhren vor der Arbeit – besonders an elektrischen Bauteilen – ablegen.

✔ den Arbeitsbereich sauber und geordnet halten, um nicht über herumliegende Teile zu fallen.

✔ beim Zusammendrücken von Federn für den Aus- oder Einbau vorsichtig sein. Spannen und Entspannen Sie Federn nur mit geeigneten Werkzeugen, die die Feder nicht plötzlich wegspringen lassen.

✔ aufpassen, dass Hebevorrichtungen genügend Tragkraft für die zu verrichtende Arbeit haben.

✔ jemanden regelmäßig die Arbeit kontrollieren lassen, wenn man allein am Fahrzeug arbeitet.

✔ die Arbeit in einer logischen Reihenfolge ausführen und anschließend prüfen, ob alles korrekt montiert und gesichert ist.

✔ daran denken, dass die Sicherheit des Fahrzeugs auch Ihre eigene Sicherheit und die anderer bedeutet. Bei jedem Zweifel muss professioneller Rat eingeholt werden.

• Da man sich trotz des Befolgens dieser Hinweise verletzen kann, muss dafür gesorgt werden, dass immer jemand (nötigenfalls per Telefon) erreichbar ist, der einem zu Hilfe kommen kann.

Kapitel 1
Einstellungs- und Wartungsarbeiten

Inhalt (in alphabetischer Reihenfolge, die Zahlen geben die Nummerierung in den grauen Feldern wieder)

Schwierigkeitsgrade

Leicht. Für Anfänger mit wenig Erfahrung geeignet. 

Relativ leicht. Für Anfänger mit etwas Erfahrung geeignet. 

Relativ schwierig. Geeignet für geübte Selbstschrauber. 

Schwer. Geeignet für Selbstschrauber mit viel Erfahrung. 

Sehr schwer. Geeignet für Experten und Profis. 

Technische Daten

Motor

Zündkerzen-Typ . . . . . NGK MAR8B-JDS
Ventilspiel (KALTER Motor)
 Einlassventile . . . . . 0,13 bis 0,23 mm
 Auslassventile . . . . . 0,30 bis 0,40 mm

Fahrzeug-Komponenten

Bremsbelag-Verschleißgrenze . . . . . 1,0 mm
Bremsscheibenstärke (min.)
 vorne . . . . . 4,0 mm
 hinten . . . . . 4,5 mm
Gaszug-Spiel . . . . . 2 bis 3 mm am Gasgriff-Flansch

Schmiermittel und Flüssigkeiten

Motoröl – Typ . . . . . API SJ /JASO MA2 oder höher – z. B. BMW Motorrad Advantec Pro
Motoröl – Viskosität 15W/50
Motoröl – Füllmenge . . . . . 4,0 Liter
Getriebeöl – Typ . . . . . BMW Synthetik OSP
Getriebeöl – Füllmenge . . . . . 0,7 Liter
Endantrieb-Öl – Typ . . . . . BMW Synthetik OSP
Endantrieb-Öl – Füllmenge . . . . . 0,18 Liter
Bremsflüssigkeit . . . . . DOT 4
Kupplungsflüssigkeit . . . . . Hyspin V10
Verschiedenes
 Lenkkopf- und Schwingenlager . . . . . EP2-Hochtemperatur-Lithiumfett (säurefrei)
 Kupplungs- und Handbremshebel . . . . . Wälzlager-Schmierfett, z. B. Klüberplex BEM 34-132
 Gasgriff . . . . . Trockenfilm
 Bowdenzüge . . . . . Bowdenzugspray
 Fußrastengelenke . . . . . Montagefett, z. B. Staburags NBU 30 PTM

Anzugsdrehmomente

	Nm
Endantrieb-Ölablassschraube	20
Endantrieb-Öleinfüllschraube	20
Getriebeöl-Einfüllstopfen	30
Getriebeöl-Ablassschraube	30
Lenkkopflager-Einstellring	15
Lenkkopflager-Konterring	siehe Sektion 7
Motoröl-Ablassschraube	32
Motorölfilter	11
Zündkerzen	12

1 Wartungsplan

Anmerkung: *Die Instrumente aller Modelle sind mit einer Inspektions-Anzeige ausgerüstet, die nach dem Einschalten der Zündung und der Selbstkontrolle kurze Zeit die Kilometer (in 100er-Schritten) bzw. Zeit bis zur nächsten Inspektion erscheinen lässt, sobald diese innerhalb des nächsten Monats oder der nächsten 1000 km stattfinden muss. Wenn (außer bei der R nineT bis 2016) eine Inspektion überfällig ist, wird permanent das Wort SERVICE angezeigt. Die Inspektionsanzeige muss von einer BMW-Werkstatt oder mithilfe eines Auslesegeräts (siehe Kapitel 3, Sektion 14) zurückgesetzt werden.*

Täglich (bei jeder dritten Tankpause)

- ☐ Siehe unter *Tägliche Kontrollen* am Anfang dieses Handbuches

Nach den ersten 1000 km

Anmerkung: *Normalerweise wird die Erstinspektion nach 1000 km durch eine BMW-Fachwerkstatt durchgeführt. Danach werden große Inspektionen in den im Plan vorgesehenen Intervallen vorgenommen.*

Alle 10 000 km oder jährlich

- ☐ Wechsel des Motoröls und des Ölfilters (Sektion 3)
- ☐ Kontrolle der Gaszüge (Sektion 4)
- ☐ Kontrolle der Bremsen (Sektion 5)
- ☐ Kontrolle der Kupplung (Sektion 6)
- ☐ Kontrolle der Lenkkopflager (Sektion 7)
- ☐ Kontrolle der Speichen – Drahtspeichenräder (siehe Kapitel 5)
- ☐ Kontrolle des Ständers (Sektion 8)
- ☐ Kontrolle der Fußrasten und aller Hebel (Sektion 9)
- ☐ Kontrolle aller Lampen und Blinker (siehe Kapitel 7)

Alle 10 000 km

- ☐ Kontrolle und Einstellung des Ventilspiels (Sektion 10)

Alle 20 000 km

- ☐ Ersetzen der Zündkerzen (Sektion 11)
- ☐ Ersetzen des Luftfilters (Sektion 12)

Alle 20 000 km oder 2 Jahre

- ☐ Wechsel des Endantrieb-Öls (Sektion 13)

Alle 30 000 km

- ☐ Wechsel des Gabelöls – nur R nineT mit Upsidedown-Gabel (siehe Kapitel 4)

Nach einem Jahr, dann alle 40 000 km oder 2 Jahre

- ☐ Wechsel des Getriebeöls (Sektion 14)

Nach einem Jahr, dann alle 2 Jahre

- ☐ Wechsel der Bremsflüssigkeit (siehe Kapitel 5)

Alle 40 000 km oder 6 Jahre

- ☐ Ersetzen des Lichtmaschinen-Keilrippenriemens (Sektion 15)

Kontrollen ohne Intervallvorgaben

- ☐ Festigkeitskontrolle aller Schrauben und Muttern (Sektion 16)
- ☐ Kontrolle der Batterie (siehe Kapitel 7)
- ☐ Kontrolle der Räder, Radlager und Reifen (Sektion 17)
- ☐ Kontrolle der Vorder- und Hinterradfederung (Sektion 18)

Wo befindet sich was auf der rechten Seite?

1 Federvorspannungs-Einsteller d. Hinterradfederung (R nineT)
2 Fußbremsen-Ausgleichsbehälter
3 Federvorspannungs-Einsteller d. Hinterradfederung (Pure, Racer, Scrambler, Urban G/S)
4 Luftfilter
5 Zündkerzen
6 Handbremsen-Ausgleichsbehälter
7 Gaszugeinsteller
8 Federvorspannungs- und Zugstufen-Einsteller d. Gabel (R nineT ab 2017)
9 Motornummer
10 Motoröl-Ablassschraube
11 Motoröl-Einfülldeckel
12 Rahmennummer am Heckrahmen
13 Getriebeöl-Einfüll- und Kontrollstopfen
14 Getriebeöl-Ablassschraube
15 Endantriebsöl-Ablassschraube

Wo befindet sich was auf der linken Seite?

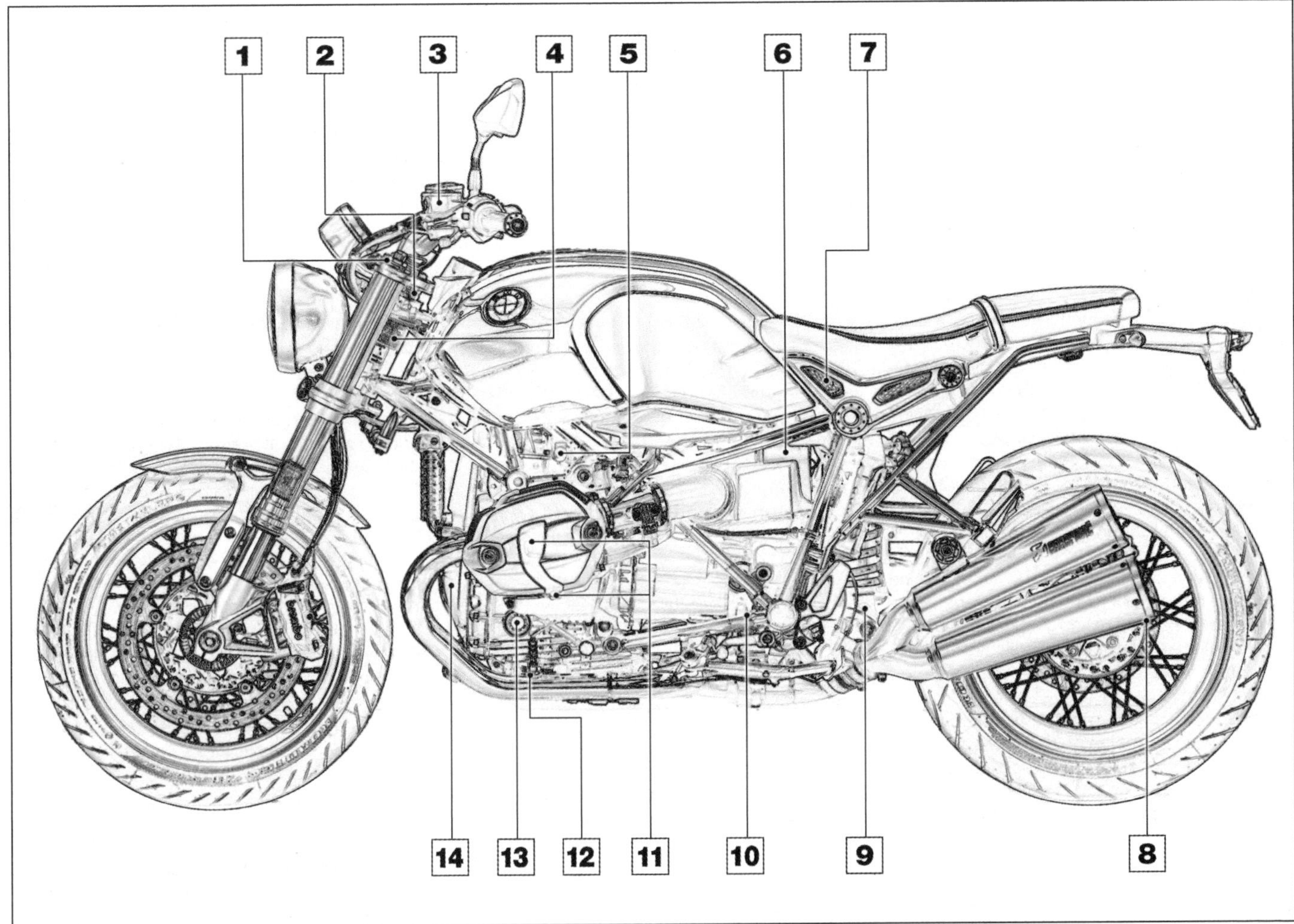

1 Federvorspannungs- und Druckstufen-Einsteller d. Gabel (R nineT ab 2017)
2 Lenkkopflager-Einstellring
3 Kupplungshydraulik-Ausgleichsbehälter
4 Rahmennummer am Frontrahmen
5 Bordsteckdose
6 Batterie
7 Sicherungshalter (spätere Modelle)
8 Endantriebsöl-Einfüll- und Kontrollschraube
9 Dämpferverstellung der Hinterradfederung
10 Getriebenummer
11 Zündkerzen
12 Motorölfilter
13 Motorölpegel-Sichtfenster
14 Lichtmaschinen-Antriebsriemen

2 Allgemeine Informationen

1 Dieses Kapitel soll dem Hobbyschrauber helfen, sein Motorrad immer in einem sicheren und technisch guten Zustand zu halten, sodass es immer voll leistungsfähig ist und lange hält.
2 Die Entscheidung, wo und wann man mit den Routinekontrollen anfangen soll, hängt von verschieden Faktoren ab. Wenn die Garantieperiode der Maschine gerade abgelaufen ist und bisherige Inspektionen von einer Werkstatt vorgenommen wurden, kann man mit der nächsten Routinekontrolle bis zum nächsten vorgeschriebenen Kilometerstand oder Zeitablauf warten. Wenn Sie die Maschine schon einige Zeit haben, aber schon lange keine Inspektion haben machen lassen, sollten Sie mit dem nächsten Intervall beginnen und einige zusätzliche Kontrollen vornehmen, um sicherzugehen, dass nichts Wichtiges übersehen wurde. Wenn gerade eine große Motor-Überholung durchgeführt worden ist, sollten Sie die Service-Intervalle von Anfang an beginnen. Wenn Sie eine gebrauchte Maschine erworben haben und keine Informationen über ihre Geschichte und Wartung haben, sollten Sie sich für eine Komplettkontrolle aller Punkte entscheiden und dann mit den normalen Intervallen weitermachen.
3 Vor Beginn jeglicher Wartungsarbeiten sollte das Motorrad sorgfältig gereinigt werden – besonders im Bereich des Ölfilters, der Zündkerzen, Ventildeckel, Seitendeckel usw. Saubere Teile schützen davor, dass während der Arbeit Schmutz in den Motor eindringt, außerdem lassen sie Verschleiß und Beschädigungen besser erkennen.
4 Wichtige Wartungshinweise sind oft auf Aufklebern vermerkt, die am Motorrad angebracht sind. Wenn diese Informationen sich von den in diesem Buch angegeben unterscheiden, richten Sie sich nach denen am Motorrad.

3.3a Verwenden Sie den Schlüssel aus dem Bordwerkzeug . . .

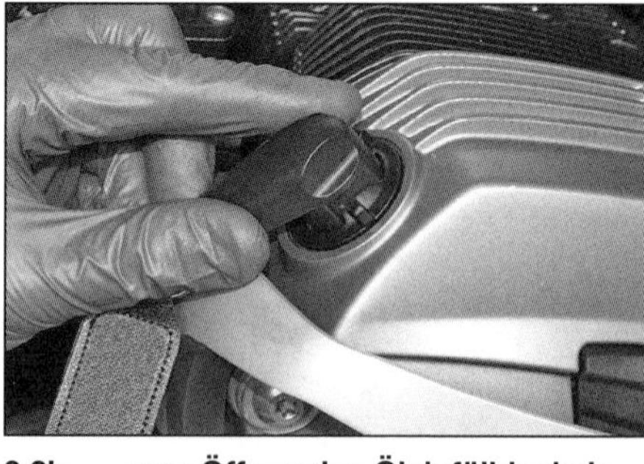

3.3b . . . zum Öffnen des Öleinfülldeckels.

5 Viele Schrauben an diesen Motorrädern sind Torxschrauben, sodass entsprechendes Werkzeug vorhanden sein muss. Es sollten auch entsprechende Bits beschafft werden, die auf einen Drehmomentschlüssel gesteckt werden können.

Lesen Sie vor Arbeitsbeginn die Hinweise in der Sektion »Sicherheit geht vor!«

3 Motoröl und Ölfilter

Spezialwerkzeug: *Für diese Arbeit wird ein Filterschlüssel benötigt (Abbildung 3.5a).*

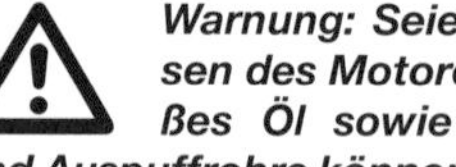

Warnung: Seien Sie beim Ablassen des Motoröls vorsichtig! Heißes Öl sowie heiße Motorteile und Auspuffrohre können zu schweren Verbrennungen führen.

1 Ein regelmäßiger Öl- und Filterwechsel ist die wichtigste Wartungsarbeit für den Erhalt eines Motorrades. Das Öl ist nicht nur zur Schmierung von Motorinnereien da, sondern auch zur Kühlung, Reinigung, Abdichtung und zum Materialschutz. Aufgrund dieser Anforderungen trägt das Motoröl einen hohen Grad an Verantwortung für die Funktion des Motors und muss deshalb mitsamt Filter regelmäßig ersetzt werden. Der Preisunterschied zwischen einem guten und einem billigen Öl macht sich im Verhältnis zu einem Motorschaden auf keinen Fall bezahlt. Tauschen Sie bei jedem Ölwechsel auch den Ölfilter aus.
2 Wärmen Sie den Motor zunächst auf, damit das Öl besser abfließt. Stützen Sie das Motorrad auf einer ebenen Fläche senkrecht ab.
3 Positionieren Sie einen möglichst sauberen Behälter unter dem Motor, der das Altöl aufzunehmen kann. Öffnen Sie mithilfe des dem Bordwerkzeug beigefügten Spezialschlüssels den Öl-Einfülldeckel im rechten Ventildeckel, um das Gehäuse zu belüften – und zur Erinnerung daran, dass sich kein Öl im Motor befindet (siehe Abbildungen).

Ein Ölauffangbehälter kann leicht aus einem alten Fünfliter-Ölkanister hergestellt werden, indem man die Vorderseite herausschneidet und den Kanister auf den Rücken legt.

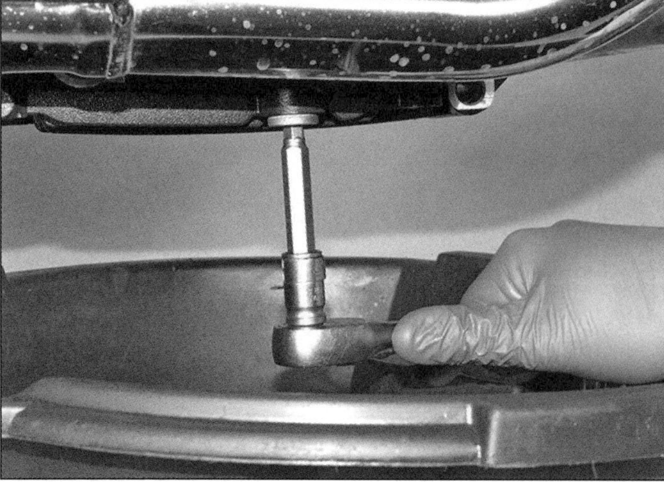

3.4a Lösen Sie die Ablassschraube . . .

3.4b . . . und lassen Sie das Motoröl in den Behälter ablaufen.

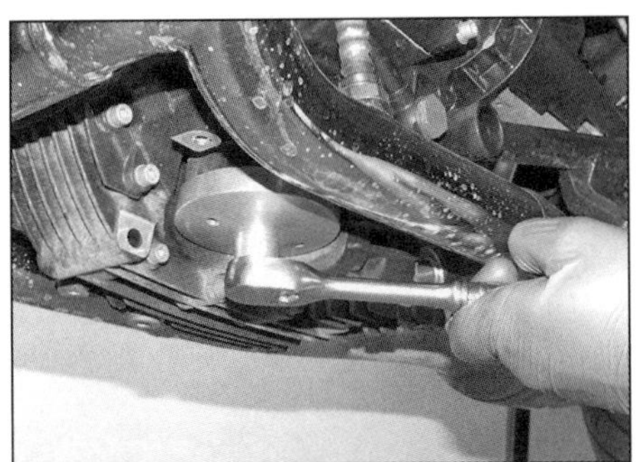

3.5a Lösen Sie mit dem speziellen Ölfilterschlüssel die Filterkartusche ...

3.5b ... und gießen Sie das Öl aus

3.6 Rüsten Sie die Ablassschraube mit einem neuen Dichtring aus.

3.7a Schmieren Sie den Dichtring ...

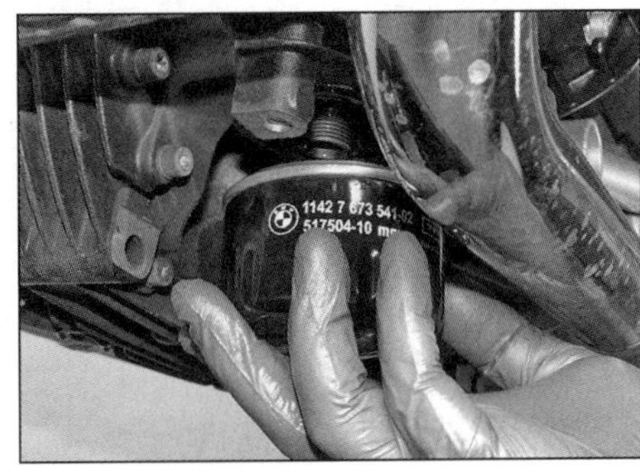

3.7b ... und drehen Sie die neue Filterkartusche auf den Stutzen.

3.8a Füllen Sie Motoröl auf, ...

3.8b ... bis der Pegel in der Mitte des Fensters steht.

3.8c Kontrollieren Sie den O-Ring im Ventildeckel ...

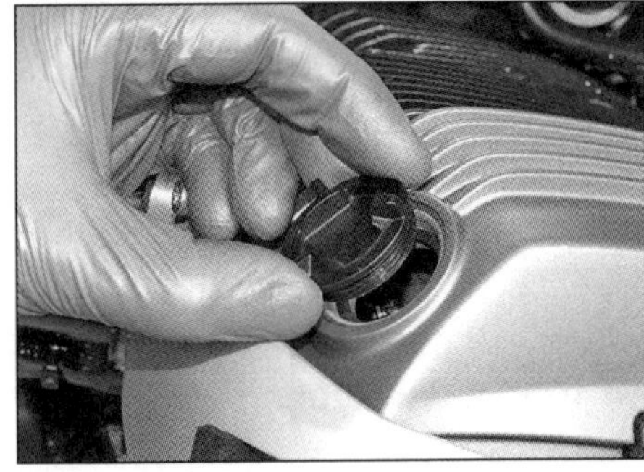

3.8d ... und installieren Sie den Öleinfülldeckel.

1

4 Schrauben Sie die Ölablassschraube unten am Motor heraus und lassen Sie das Öl in den Behälter fließen (siehe Abbildungen). Die Dichtscheibe sollte nach jedem Ölwechsel ersetzt werden.

5 Stellen Sie den Auffangbehälter jetzt unter den Ölfilter und lösen Sie diesen mithilfe eines Steck-Ölfilterschlüssels (siehe Abbildungen) – BMW bietet unter der Teilenummer 114661 ein solches Werkzeug an. Wenn der Filter abgeschraubt ist, kann das darin befindliche Öl in den Auffangbehälter gegossen werden.

6 Wenn das Öl vollständig aus dem Motor gelaufen ist, muss die Ölablassschraube mit einem neuen Dichtring ausgerüstet und mit 32 Nm angezogen werden (siehe Abbildung) – Überdrehen kann schnell das Gewinde beschädigen!

7 Benetzen Sie den Gummi-Dichtring des neuen Filters mit sauberem Motoröl und füllen Sie die Filterkartusche mit etwas frischem Öl auf. Schrauben Sie den Filter dann auf seinen Stutzen, bis er handfest sitzt (siehe Abbildungen). Ziehen Sie den Filter jetzt mithilfe des auf den Drehmomentschlüssel gesteckten Filterschlüssels mit 11 Nm an. Zu starkes Anziehen würde die Dichtung beschädigen.

8 Füllen Sie den Motor mit dem vorgeschriebenen Öl auf (siehe *Tägliche Kontrollen*), bis der Pegel etwa in der Mitte des Schauglases steht (siehe Abbildungen). Kontrollieren Sie den Dichtring des Einfülldeckels und drehen Sie diesen sorgfältig ein (siehe Abbildungen).

9 Starten Sie den Motor und lassen Sie ihn einige Sekunden laufen, damit das Öl in den Filter und alle Ölkanäle gelangt. Kontrollieren Sie den Pegel erneut – wahrscheinlich muss etwas Öl nachgefüllt werden. Führen Sie eine Probefahrt durch, um den Motor auf Betriebstemperatur zu bringen. Stützen Sie das Motorrad senkrecht ab und kontrollieren Sie nach etwa fünf Minuten erneut den Ölpegel – er sollte knapp unter dem oberen Rand des Schauglases stehen; füllen Sie nötigenfalls etwas Öl nach. Füllen Sie nicht zu viel Motoröl auf!

10 Kontrollieren Sie die Bereiche um die Ablassschraube und den Ölfilter herum auf Undichtigkeiten.

11 Das alte Motoröl kann nicht mehr verwendet werden und muss in einen auslaufsicheren Behälter gefüllt werden. Jeder Händler, der technische Öle verkauft, ist auch dazu verpflichtet, entsprechende Mengen Altöl zurückzunehmen und zur fachgerechten Entsorgung

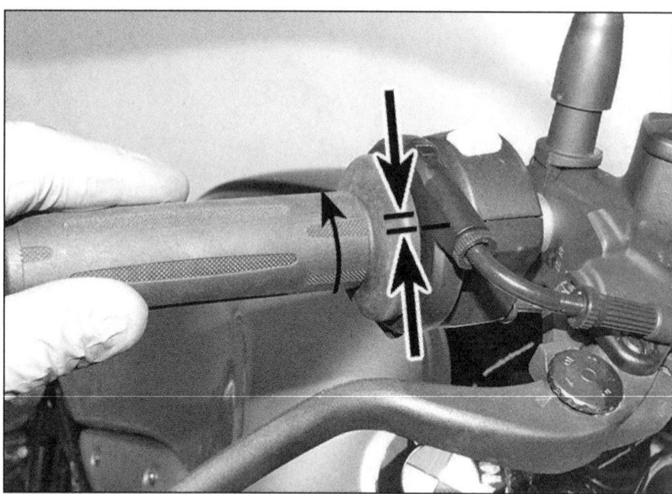

4.2 Am Bund des Gasgriffs muss ein Spiel von 2 bis 3 mm ermittelt werden.

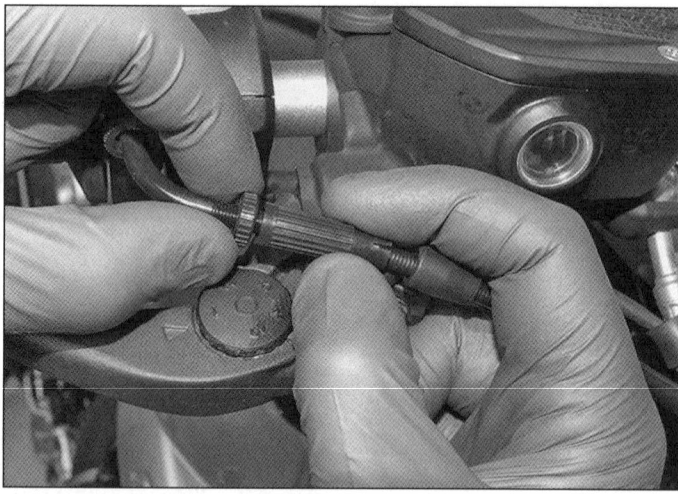

4.3 Ziehen Sie die Kappe zurück, lockern Sie den Konterring und verdrehen Sie den Einsteller entsprechend.

oder zum Recycling zu bringen. Lassen Sie nie Altöl in die Kanalisation gelangen oder im Boden versickern!

Praxis TiPP ***Kontrollieren Sie sorgfältig Ihr Altöl. Wenn es stark metallisch schimmert, können es Spuren vom Einfahren eines neuen Motors sein – oder aber Anzeichen ungenügender Schmierung. Wenn sich kleine Metallbrocken oder Splitter im Öl finden, läuft in Ihrem Motor etwas entschieden falsch, und die Maschine muss zur Inspektion und Reparatur zerlegt werden.***

4 Gasbowdenzüge

Spiel

Kontrolle und Einstellung

1 Der Gasgriff muss sich ungeachtet der Lenkerstellung bis zum Vollgas-Anschlag öffnen lassen und selbstständig wieder schließen – andernfalls müssen die Gaszüge kontrolliert und geschmiert werden (siehe Schritte 7 bis 14).

2 Bei geradeaus stehendem Vorderrad muss am Bund des Gasgriffs ein Spiel von 2 bis 3 mm ermittelt werden, bevor sich das Zugseil strafft und die Drosselklappen zu öffnen beginnt (siehe Abbildung).

3 Für eine Einstellung muss die Kappe am inneren Ende des Einstellers zurückgezogen, dessen Konterring gelockert und der Einsteller entsprechend hinein- oder herausgedreht werden (siehe Abbildung). Betätigen Sie mehrmals den Gasgriff, damit sich der Zug setzt, und ziehen Sie den Konterring wieder an. Schieben Sie die Kappe wieder auf den Einsteller. Wenn der Einsteller an seine Grenzen stößt, muss der Gaszug ersetzt werden (siehe Kapitel 3).

Drosselklappen-Synchronisation

4 Damit der Motor sanft und vibrationsarm läuft, müssen sich die Drosselklappen beim Öffnen des Gasgriffs gleichmäßig öffnen. Diese Synchronisation muss bei laufendem Motor mithilfe eines BMW-Diagnosegeräts durchgeführt werden, das den Unterdruck im Ansaugtrakt misst und gleichzeitig die Standgas-Stellmotoren in einer fixierten Position sichert, damit sie nicht in den Synchronisationsprozess eingreifen und diesen behindern.

5 Eine grobe Synchronisation kann – beispielsweise nach dem Austausch von Bowdenzügen – auch ohne Diagnosegerät durchgeführt werden. Entfernen Sie zunächst die Verkleidung links unter dem Tank (siehe Abbildung). Ziehen Sie an beiden Drosselklappengehäusen die Kappen der Muttern ab und entfernen Sie die Abdeckungen (siehe Abbildungen). Prüfen Sie, ob beide Bowdenzüge ein vergleichbares leichtes Spiel aufweisen und beide Betätigungen an den Anschlägen anliegen (siehe Abbildung). Betätigen Sie jetzt langsam den Gasgriff und prüfen Sie, ob sich beide Betätigungen gleichzeitig zu bewegen beginnen und die Drosselklappen öffnen. Falls sich eine Drosselklappe früher öffnet, muss am Gaszug-Einsteller der anderen die Kontermutter gelockert und der Einsteller gegen den Uhrzeigersinn verdreht werden, bis sich beide Drosseln gleichzeitig öffnen. Ziehen Sie die Kontermutter wieder an und wiederholen Sie die Kontrolle (Abbildung 4.5d). Nach einer solchen Prüfung und nach dem Austausch von Gaszügen sollte möglichst bald eine Synchronisation mit einem BMW-Diagnosegerät durchgeführt werden. Montieren Sie alle entfernten Kappen und Abdeckungen.

6 Die Verschlusskappen der BMW-Synchrontester-Anschlüsse müssen fest sitzen (siehe Abbildung). Lockere oder fehlende Kappen sorgen für schwache Motorleistung und lassen das Motorsteuergerät einen Fehler aufzeichnen (siehe Kapitel 3).

4.5a Lösen Sie die zwei Schrauben und entfernen Sie die Verkleidung links unter dem Tank.

4.5b Ziehen Sie die Kappe von der Mutter...

4.5c ... und heben Sie die Abdeckung ab.

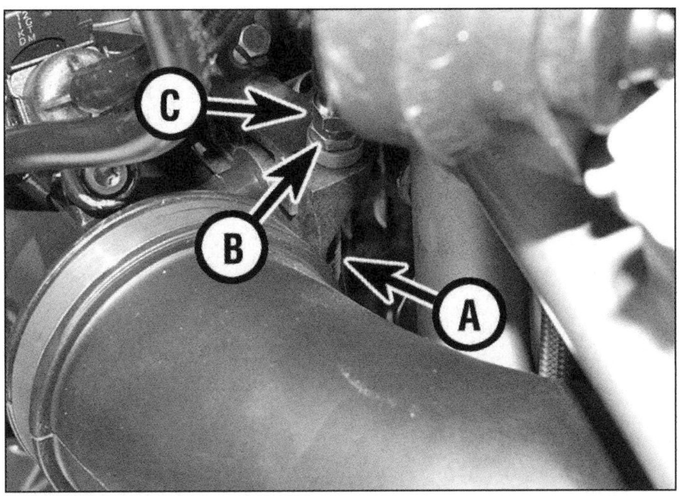

4.5d Prüfen Sie das Spiel am Gaszug (A). Kontermutter (B) und Gaszug-Einsteller (C)

4.6 Kappe am Stutzen des rechten Drosselklappengehäuses. Links sitzt je nach Modell entweder eine Kappe oder der Schlauch der Verdunstungsregelung.

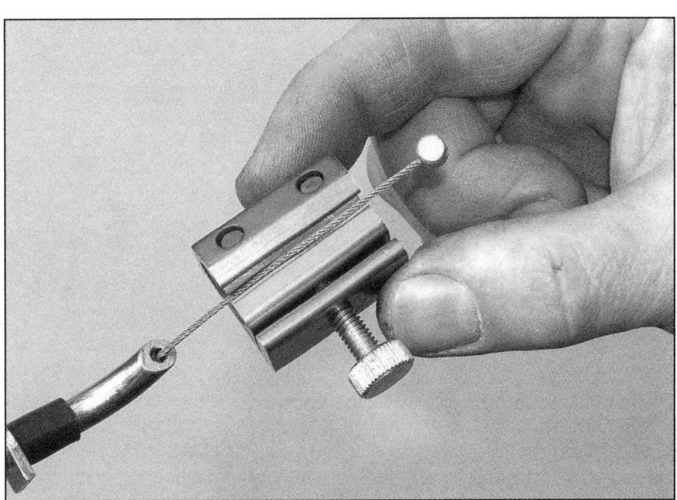

4.8 Anschluss eines Bowdenzugölers an den Gasbowdenzug

Bowdenzüge –

Kontrolle und Schmieren

7 Wenn der Gasgriff klemmt, wird wahrscheinlich ein defekter Bowdenzug Schuld daran sein. Bauen Sie die Züge aus (siehe Kapitel 3) und schmieren Sie sie folgendermaßen:

8 Beachten Sie die Ausrichtung des Bowdenzugölers zur Hülle und zum Stahlseil und schieben Sie ihn über das Seil (siehe Abbildung).

9 Drücken Sie die Hülle in den Ausschnitt des Schmier-Adapters und ziehen Sie die Klemmschraube an, bis sie fest sitzt (siehe Abbildung).

Anmerkung: *Wird die Schraube nicht fest genug angezogen, tritt der Schmierstoff seitlich aus dem Adapter aus.*

10 Schließen Sie die Sprühdose an den Adapter an und drücken Sie den Knopf solange, bis das Schmiermittel sich in der gesamten Hülle verteilt hat (siehe Abbildung). Verwenden Sie ein spezielles Bowdenzug-Schmiermittel.

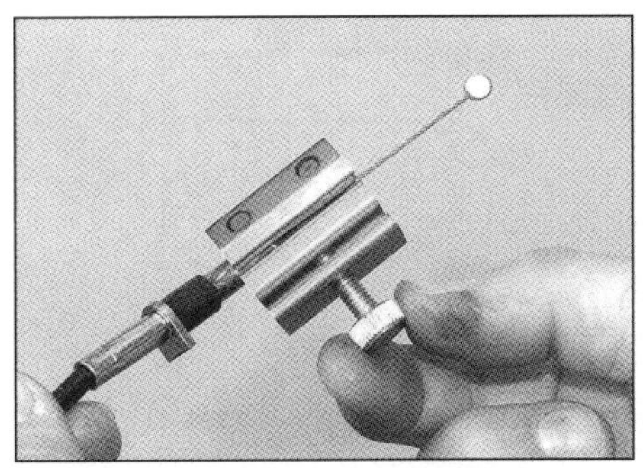

4.9 Der Adapter muss das Zugseil und die Hülle fest umgreifen.

4.10 Schließen Sie die Sprühdose an den Adapter an.

5.7 Weitenversteller am Serien-Handbremshebel

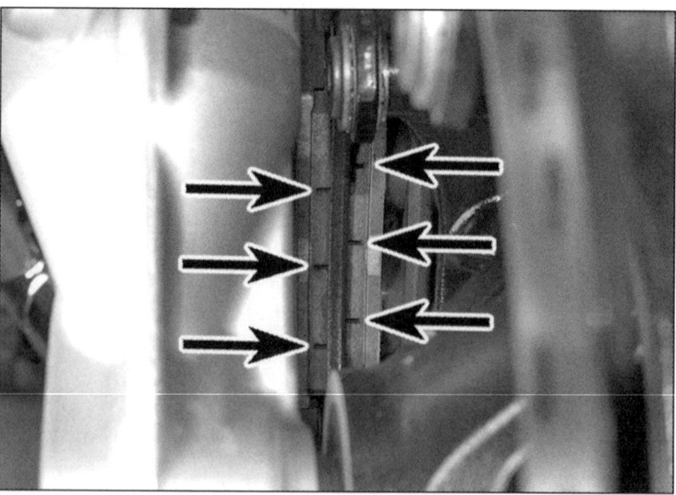

5.10 Verschleißanzeigen der Vorderrad-Bremsbeläge

11 Trennen Sie den Adapter und prüfen Sie, ob das Seil sich frei in der Hülle bewegt – falls nicht, muss der Bowdenzug ersetzt werden.
12 Bei demontierten Bowdenzügen kann die Funktion des Gaszug-Verteilers überprüft werden (siehe Kapitel 3).
13 Der Gasgriff muss sich frei auf dem Lenker drehen. Schmutz und mangelnde Schmierung können für Schwergängigkeit sorgen. Lösen Sie das Lenkerenden-Gewicht und ziehen Sie den Gasgriff ab. Reinigen Sie den Lenker und den inneren Bereich des Gasgriffs, schmieren Sie die Teile mit Trockenfilm und installieren Sie den Griff in der entgegengesetzten Ausbaureihenfolge.
14 Installieren Sie die Bowdenzüge und achten Sie auf eine korrekte Verlegung (siehe Kapitel 3). Klemmt die Betätigung immer noch, müssen die Drosselklappengehäuse auf klemmende Drosselklappen untersucht werden (siehe Kapitel 3).

Warnung: Drehen Sie bei im Standgas laufendem Motor den Lenker von Anschlag zu Anschlag – verändert sich dabei die Drehzahl, ist ein Zug falsch verlegt. Korrigieren Sie diesen potentiell gefährlichen Zustand unverzüglich!

5 Bremssystem

Bremssystem-Kontrolle

1 Prüfen Sie, ob alle Bremsenbefestigungen fest sitzen.
2 Kontrollieren Sie die Bremsflüssigkeitspegel in beiden Ausgleichsbehältern (siehe *Tägliche Kontrollen*).
3 Prüfen Sie die Bremsbeläge und die Bremsscheiben auf Verschleiß (siehe Schritte 10 bis 16).
4 Kontrollieren Sie die Schläuche und ihre Anschlüsse auf Undichtigkeiten und Schäden.
5 Wenn sich der Bremshebel oder das Pedal schwammig anfühlt, wird wahrscheinlich Luft in das System eingedrungen sein, sodass es entlüftet werden muss – die Prozedur ist in Kapitel 5 beschrieben.

Handbremshebel

6 Kontrollieren Sie den Bremshebel auf lockeren Sitz, raue Funktion, übermäßiges Spiel, Verbiegungen und andere Schäden. Demontieren Sie den Hebel nötigenfalls, reinigen Sie ihn und schmieren Sie ihn mit frischem Fett (siehe Kapitel 5).
7 Der Handbremshebel ist mit einer Weitenverstellung ausgerüstet, um den Abstand zum Lenkergriff zu verändern (siehe Abbildung). Drücken Sie den Hebel nach vorne und drehen Sie den Einsteller, um den Abstand zu verändern – bei Position 1 ist der Abstand am geringsten, bei Position 4 oder 5 (je nach Modell) ist der Hebel am weitesten vom Lenkergriff entfernt. Richten Sie die Ziffer immer exakt zum Dreieck am Hebel aus.

Anmerkung: *Die optional erhältlichen gefrästen Hebel sind mit anderen Einstellern ausgerüstet (Abbildung 6.6b).*

Fußbremspedal

8 Kontrollieren Sie das Pedal auf lockeren Sitz, raue Funktion, übermäßiges Spiel, Ver-

5.11a Wenn hier die Bremsscheibe sichtbar ist, müssen die Hinterradbremsbeläge ersetzt werden.

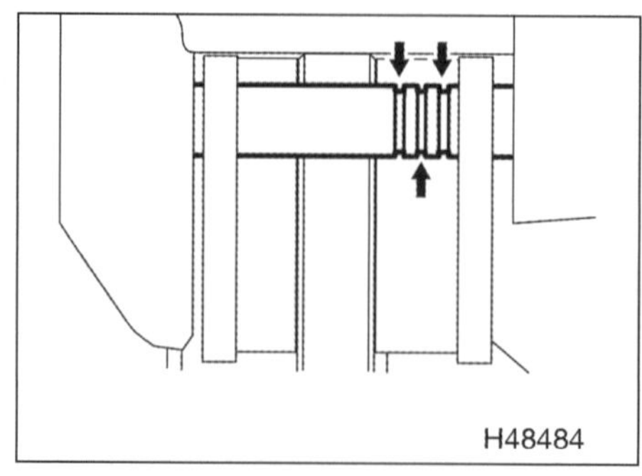

5.11b Verschleißanzeigen am Bremsbelagstift

5.15 Messen Sie die Stärke der Bremsscheibe mit einer Mikrometerschraube.

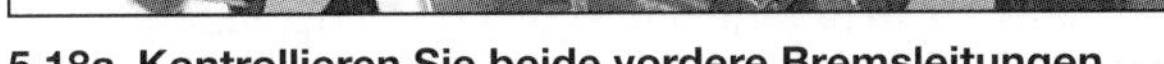
5.18a Kontrollieren Sie beide vordere Bremsleitungen . . .

5.18b . . . und die hintere Bremsleitung.

biegungen und andere Schäden. Ersetzen Sie alle schadhaften Teile. Prüfen Sie das Bremspedal-Spiel (siehe Kapitel 4, Sektion 3).

Bremslicht

9 Stellen Sie sicher, dass das Bremslicht leuchtet, wenn der vordere Bremshebel gezogen oder das Bremspedal getreten wird. Der Bremslichtschalter der Vorderradbremse befindet sich innerhalb des ABS-Modulators. Der Hinterrad-Bremslichtschalter sitzt innerhalb des rechten Pedalhalters – wenn sie nicht richtig funktionieren, müssen sie kontrolliert werden (siehe Kapitel 7).

Bremsbelag-Verschleißkontrolle

Anmerkung: *Ungleichmäßiger Belagverschleiß in einem der Bremssättel ist ein Hinweis auf einen klemmenden Kolben – wechseln Sie nach Kapitel 5, um die Kolben auszubauen und zu reinigen.*

10 Der Belagverschleiß kann ohne den Ausbau der Beläge festgestellt werden. An den vorderen Bremssätteln weist das Belagmaterial im unteren Bereich Verschleißnuten auf, die von vorne erkennbar sind (siehe Abbildung). Sind die Beläge bis zum Boden der Nuten verschlissen, müssen sie ersetzt werden (siehe Kapitel 5).
11 An der Hinterradbremse zeigt eine Bohrung an der Rückseite des inneren Belages die Verschleißgrenze an (siehe Abbildung). Ist von links betrachtet die Bremsscheibe durch die Bohrung sichtbar, müssen die Beläge ersetzt werden (siehe Kapitel 5). Außerdem ist der hintere Belagstift mit Verschleißnuten versehen (siehe Abbildung). Wenn drei Nuten sichtbar sind, ist das Belagmaterial noch zu 75 % vorhanden, bei zwei Nuten sind es 50 % und bei einer Nut nur noch 25 %. Falls keine Nut mehr sichtbar ist, sind die Bremsbeläge verschlissen.
12 Nötigenfalls können die Bremsbeläge für eine genauere Inspektion ausgebaut werden – der hintere Bremssattel muss dazu zerlegt werden (siehe Kapitel 5). Im ausgebauten Zustand kann die Stärke des Belagmaterials gemessen werden – liegt der Wert nahe bei oder gar unter 1 mm, sind die Beläge zu ersetzen.
13 Ersetzen Sie ggf. immer alle Beläge eines Rades (vorne also alle vier Stück) (siehe Kapitel 5).

Bremsscheiben

14 Kontrollieren Sie alle drei Bremsscheibe auf Verschleiß, Beschädigungen und tiefe Riefen. Leichte Kratzer sind nach Gebrauch normal und beeinflussen nicht die Bremswirkung. Tiefe Riefen und Rillen beeinträchtigen jedoch die Funktion und erhöhen den Belagverschleiß (siehe Abbildung). Eine verschlissene Bremsscheibe kann ggf. von einer Fachwerkstatt geschliffen werden – ansonsten ist sie zu ersetzen (siehe Kapitel 5).
15 Messen Sie die Stärke der Bremsscheiben im Verschleißbereich und vergleichen Sie das Ergebnis mit den Angaben in den technischen Daten (siehe Abbildung). Falls eine Scheibe unterhalb der Verschleißgrenze liegt, muss sie ersetzt werden (siehe Kapitel 5).
16 Folgen Sie der Prozedur in Kapitel 5, um Bremsscheiben auf Seitenschlag zu überprüfen.

Bremsflüssigkeits-Wechsel

17 Die Bremsflüssigkeit muss alle zwei Jahre gewechselt werden – folgen Sie den Hinweisen in Kapitel 5.

Bremsleitungen

18 Die flexiblen Hydraulikschläuche sind sogenannte Stahlflex-Leitungen, die üblicherweise eine lange Haltbarkeit aufweisen. Trotzdem müssen sie regelmäßig auf Schäden und Lecks untersucht werden – besonders an den Anschlüssen und an Durchführungen, wo Scheuerstellen entstehen können (siehe Abbildungen). Schadhafte Leitungen müssen ersetzt werden (siehe Kapitel 5).
19 Wird eine Bremsleitung gelöst, tritt Luft ins Bremssystem ein, sodass es entlüftet werden muss. Folgen Sie für den Austausch der Bremsleitungen den Anweisungen in Kapitel 5. Rüsten Sie die Anschluss-Augen immer auf beiden Seiten mit neuen Dichtscheiben aus.

Dichtungen an Geberzylinder und Bremssätteln

20 Hydraulikdichtungen altern mit der Zeit – besonders, wenn das Motorrad lange steht. Sie verlieren ihre Flexibilität, führen zu klemmenden Kolben, Flüssigkeitsverlusten oder dem Eindringen von Luft oder Schmutz. Beachten Sie für Details und die Verfügbarkeit von Reparatursets die Hinweise in Kapitel 5.

6 Kupplung

1 Die hydraulisch betätigte Kupplung kann nicht eingestellt werden.
2 Kontrollieren Sie den Pegel im Ausgleichsbehälter (siehe *Tägliche Kontrollen*).

Anmerkung: *Der Pegel sinkt durch den normalen Verschleiß der Kupplungsbeläge leicht ab.*

3 Inspizieren Sie den Hydraulikschlauch und seine Anschlüsse sowie den Geberzylinder am Lenker und den Ausrückzylinder hinten am Getriebe auf austretende Flüssigkeit, Risse, Porösität und Verschleiß.
4 Werden Lecks oder Schäden entdeckt, müssen sie unverzüglich repariert werden. In Kapitel 2 finden sich Details über die Bauteile der Kupplungshydraulik.

6.6a Weitenversteller am Serien-Kupplungshebel

6.6b Weitenversteller am gefrästen Kupplungshebel (optional erhältlich)

5 Kontrollieren Sie die Funktion der Kupplung. Falls die Anlage Luft gezogen hat (bemerkbar durch ein schwammiges Gefühl und Schwierigkeiten beim Gangwechsel), muss sie entlüftet werden (siehe Kapitel 2). Falls die Kupplung schwergängig arbeitet, muss der Kupplungshebel demontiert, gereinigt und geschmiert werden; nötigenfalls müssen der Geber- und der Ausrückzylinder überprüft werden (siehe Kapitel 2).

6 Der Kupplungshebel ist mit einer Weitenverstellung ausgerüstet, um den Abstand zum Lenkergriff zu verändern (siehe Abbildung). Drücken Sie den Hebel nach vorne und drehen Sie den Einsteller, um den Abstand zu verändern – bei Position 1 ist der Abstand am geringsten, bei Position 4 oder 5 (je nach Modell) ist der Hebel am weitesten vom Lenkergriff entfernt. Richten Sie die Ziffer immer exakt zum Dreieck am Hebel aus. Die optional erhältlichen gefrästen Hebel sind mit anderen Einstellern ausgerüstet (siehe Abbildung).

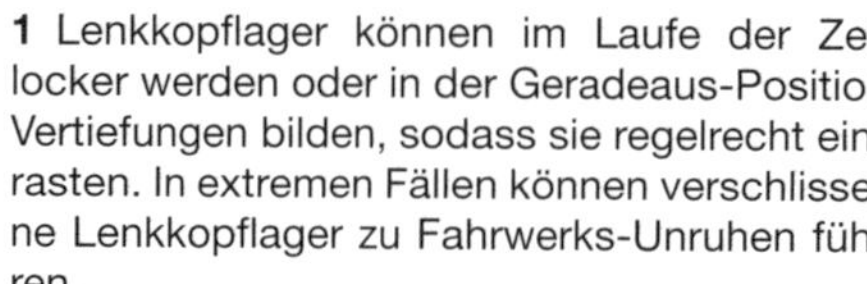

7 Lenkkopflager

1 Lenkkopflager können im Laufe der Zeit locker werden oder in der Geradeaus-Position Vertiefungen bilden, sodass sie regelrecht einrasten. In extremen Fällen können verschlissene Lenkkopflager zu Fahrwerks-Unruhen führen.

2 Stützen Sie das Motorrad entsprechend ab, um das Vorderrad vom Boden abzuheben. Die kann mithilfe eines Heck-Montageständers und einer durchgeschobenen und rechts verkeilten Stange und einem unter dem Motor angesetzten Wagenheber geschehen (siehe Abbildungen). Beim BMW-Händler sind spezielle Montageständer für diese Radaufhängungen erhältlich. Achten Sie bei allen Abstützmethoden darauf, dass das Motorrad sicher steht.

Kontrolle

3 Trennen Sie den Lenkungsdämpfer von der unteren Gabelbrücke (siehe Kapitel 4).

4 Stellen Sie das Vorderrad geradeaus und bewegen Sie den Lenker langsam von Anschlag zu Anschlag – dies muss sanft und freigängig geschehen (beachten Sie mögliche Behinderungen durch Kabel, den Gaszug und Bremsleitungen). Einrastungen und rau laufende oder schwergängige Lager sollten hierbei fühlbar sein. Stellen Sie das Vorderrad wieder geradeaus und klopfen Sie es vorn seitlich an – es muss unter seinem Eigengewicht bis zum Anschlag schwenken und so anzeigen, dass die Lager nicht zu fest angezogen sind. Führen Sie die Kontrolle in die andere Richtung durch. Schwergängige Lager können ggf. eingestellt werden; bei einrastenden oder rau laufenden Lagern muss die Gabel ausgebaut werden, um die Lager abzuschmieren oder auszutauschen (siehe Kapitel 4).

7.2a Dieses Motorrad ist vorn mit einem Rangierwagenheber und hinten mit einem Montageständer abgestützt, ...

7.2b ... bei dem die durch den Endantrieb geschobene Stange mit Hölzern verkeilt ist, um die Maschine nicht kippen zu lassen.

7.5 Prüfen Sie das Lenkkopflagerspiel, indem Sie an der Gabel drücken und ziehen – beachten Sie den Praxis-Tipp!

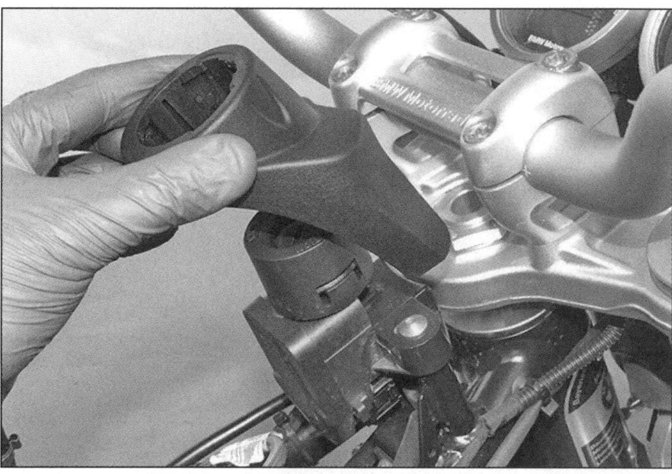

7.8 Befreien Sie die Zündschloss-Abdeckung.

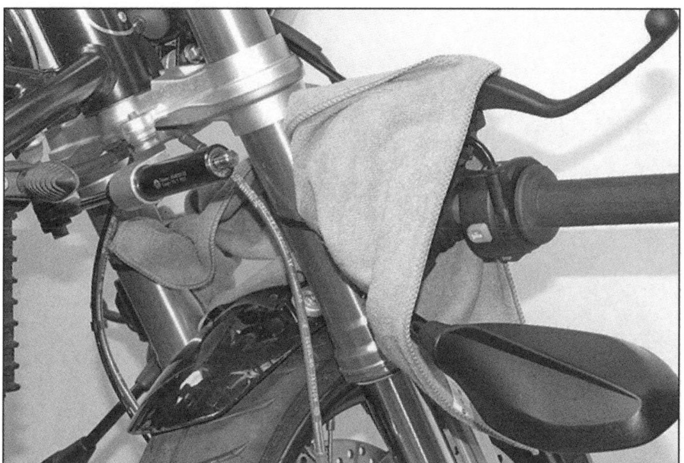

7.11a Befreien Sie den Lenker und legen Sie ihn unter dem Scheinwerfer ab.

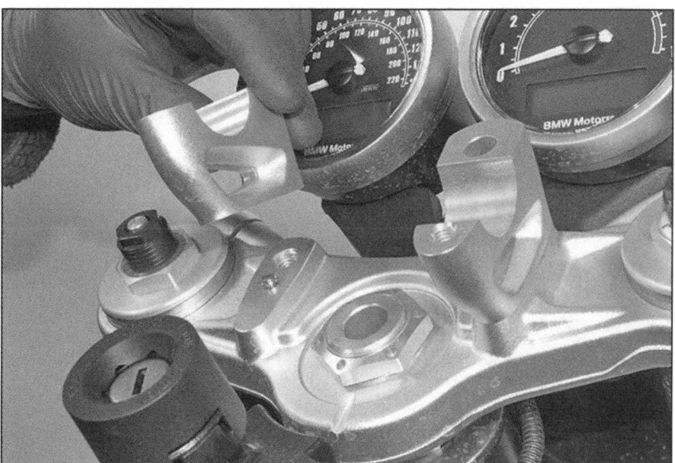

7.11b Die Lenkerhalter sitzen auf in der Gabelbrücke steckenden Stiften.

5 Greifen Sie unten an die Achsaufnahmen und bewegen Sie die Gabel sanft vor und zurück (siehe Abbildung) – jegliches Spiel in den Lenkkopflagern sollte hierbei fühlbar sein. Stellen Sie die Lager nötigenfalls ein.

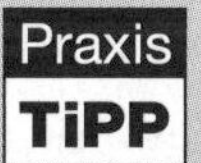

Ziehen und drücken Sie nicht zu stark – sanfte Bewegungen reichen aus. Verwechseln Sie Lenkkopflagerspiel nicht mit Bewegungen zwischen dem Motorrad und der Abstützung oder zwischen dieser und dem Untergrund. Ebenfalls darf Spiel in den Lenkkopflagern nicht mit verschlissenen Gleitbuchsen in der Gabel verwechselt werden!

Einstellung

Spezialwerkzeug: *Für die Einstellung nach Gefühl werden ein Hakenschlüssel oder ein Dorn benötigt, die in die Nuten des Einstellrings greifen. Für die Einstellung mit dem vorgegebenen Anzugsdrehmoment wird das BMW-Werkzeug mit der Teilenummer 313 721 benötigt.*

6 Demontieren Sie bei der Racer und der Urban G/S die Frontverkleidung (siehe Kapitel 6).
7 Demontieren Sie den Tank (siehe Kapitel 3).
8 Entfernen Sie die Zündschloss-Abdeckung (siehe Abbildung).
9 Schützen Sie ggf. den Scheinwerfer mit mehreren Lappen vor möglicherweise abrutschenden Werkzeugen.
10 Falls noch nicht geschehen, muss der Lenkungsdämpfer von der unteren Gabelbrücke getrennt werden (siehe Kapitel 4).
11 Demontieren Sie bei allen Modellen außer der Racer den Lenker, aber trennen Sie keine Kabel, Bowdenzüge und Hydraulikleitungen (siehe Kapitel 4), umwickeln Sie ihm mit Lappen und legen Sie ihn unter dem Scheinwerfer ab (siehe Abbildung). Befreien Sie die Lenkerhalter von der Gabelbrücke (siehe Abbildung). 1
12 Lockern Sie an beiden Seiten der oberen Gabelbrücke die Standrohr-Klemmschrauben (siehe Abbildung).

7.12 Standrohr-Klemmschraube in der oberen Gabelbrücke

7.13a Schützen Sie die Lenkschaftmutter mit Isolierband, ...

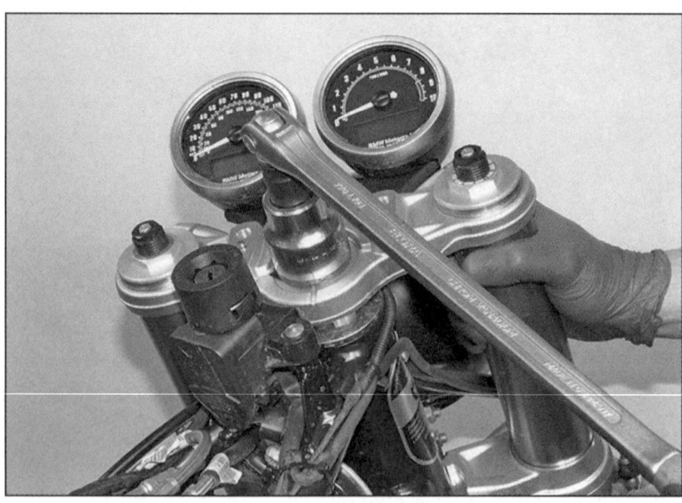

7.13b ... lösen Sie sie ...

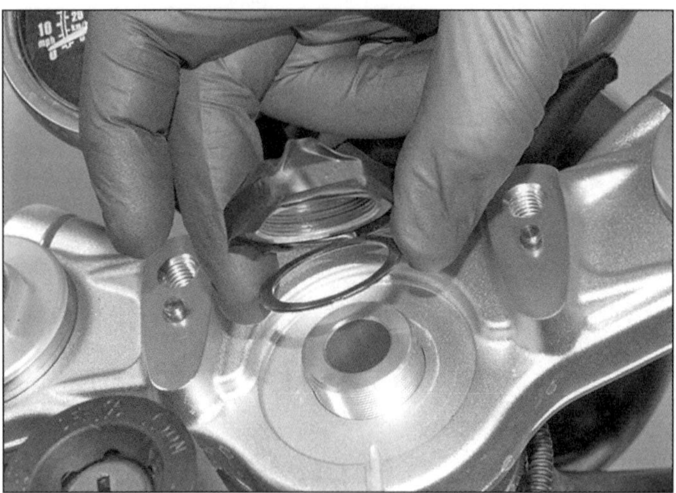

7.13c ... und entfernen Sie sie samt der Scheibe.

7.14 Heben Sie die obere Gabelbrücke samt der Instrumente von der Gabel.

13 Umwickeln Sie die Lenkschaftmutter zum Schutz mit einer Lage Isolierband, lösen Sie sie und entnehmen Sie die Scheibe (siehe Abbildungen).

14 Heben Sie die obere Gabelbrücke samt der Instrumente von der Gabel und legen Sie sie mit Lappen geschützt sicher ab (siehe Abbildung).

15 Entfernen Sie die Laschenscheibe unter Beachtung ihrer Einbaulage (siehe Abbildung). Lockern Sie den Konterring mit einem Hakenschlüssel oder dem BMW-Spezialwerkzeug – er sollte nur handfest gesichert sein (siehe Abbildung).

16 Falls der Hakenschlüssel verwendet wird, muss damit der Einstellring soweit gelockert werden, bis jeglicher Druck von den Lagern abgebaut ist; ziehen Sie ihn dann wieder an, bis kein Spiel mehr vorhanden ist – und ein kleines Stück weiter (siehe Abbildung). Lockern Sie den Einstellring jetzt wieder und ziehen Sie ihn erneut an, bis kein Spiel mehr vorhanden ist und die Lenkung frei von Anschlag zu Anschlag bewegt werden kann. Ziehen Sie hierfür den Ring nur ein kleines Stück weiter und wiederholen Sie die oben beschriebene Kontrolle, bis die Lager korrekt eingestellt sind – stützen Sie dabei den Lenker und die obere Gabelbrücke sicher ab. Ziel ist es, den Einstellring so auszurichten, dass die Lager unter sehr leichter Last stehen, um sämtliches Spiel zu eliminieren.

Achtung: Achten Sie darauf, die Lager nicht unter hohen Druck zu setzen, da sie hierbei beschädigt werden können!

17 Falls das BMW-Spezialwerkzeug 313 721 verwendet wird, müssen der Konterring abgeschraubt und der Gummiring entfernt werden (siehe Abbildung). Lockern Sie den Einstellring etwas und ziehen Sie ihn mit 15 Nm an. Wiederholen Sie die oben beschriebene Kontrolle, um sicherzugehen, dass die Lager korrekt eingestellt sind – stützen Sie dabei den Lenker und die obere Gabelbrücke sicher ab.

18 Installieren Sie ggf. die Gummischeibe und den Konterring (Abbildung 7.17). Drehen Sie den Konterring auf, bis er am Gummiring anliegt, und dann um so viel weiter, bis seine Nuten erstmals mit denen des Einstellrings fluchten – er muss nicht fest sitzen! Legen Sie die Laschenscheibe auf, sodass ihre Laschen in die Nuten des Konterrings und des Einstellrings greifen (Abbildung 7.15a).

19 Schieben Sie die obere Gabelbrücke samt Instrumenten auf die Standrohre und den Lenkschaft (Abbildung 7.14). Legen Sie die Scheibe auf und ziehen Sie die Lenkschaftmutter mit 100 Nm an (Abbildung 7.13c). Ziehen Sie anschließend die Standrohr-Klemmschrauben mit 19 Nm an (Abbildung 7.12).

20 Kontrollieren Sie erneut das Lenkkopflagerspiel und stellen Sie es nötigenfalls ein (siehe oben).

7.15a Heben Sie die Laschenscheibe ab . . .

7.15b . . . und lockern Sie den Konterring.

7.16 Lockern Sie den Einstellring mit einem Hakenschlüssel.

7.17 Entfernen Sie den Konterring und die Gummischeibe.

21 Montieren Sie den Lenkungsdämpfer und alle anderen entfernten Komponenten in der umgekehrten Ausbaureihenfolge.

Schmieren

22 Das Fett in den Lenkkopflagern nimmt mit der Zeit Schmutz auf, härtet aus oder wird ausgewaschen, sodass es gelegentlich erneuert werden muss. Wenn eine Gabel nach längerer Zeit ausgebaut wird, sollten auch die Lager befreit, gereinigt und mit frischem Fett versehen werden (siehe Kapitel 4).

8.2 Prüfen Sie den Zustand der Ständerfedern.

8 Seitenständer

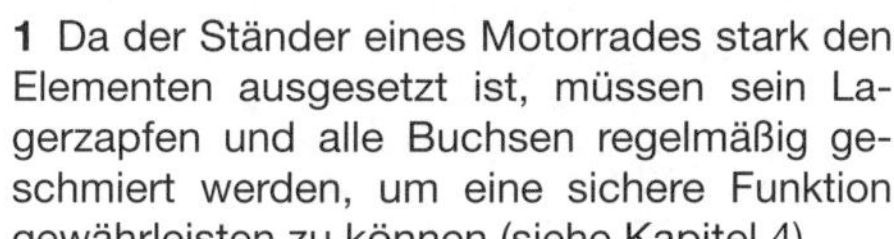

1 Da der Ständer eines Motorrades stark den Elementen ausgesetzt ist, müssen sein Lagerzapfen und alle Buchsen regelmäßig geschmiert werden, um eine sichere Funktion gewährleisten zu können (siehe Kapitel 4).

2 Die Ständerfedern müssen auf Beschädigungen und Ermüdung überprüft werden (siehe Abbildung). Die Federn müssen den Ständer während der Fahrt sicher an der Maschine halten. Eine ermüdete oder gebrochene Feder muss unverzüglich ersetzt werden, da ein während der Fahrt ausklappender Ständer lebensgefährlich ist (siehe Kapitel 4).

1

9 Schmierpunkte

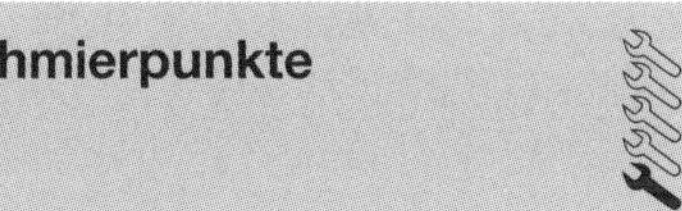

1 Da die Hebel, Bowdenzüge und anderen Komponenten des Motorrades stark den Elementen ausgesetzt sind, müssen sie regelmäßig geschmiert werden, um eine sichere Funktion gewährleisten zu können.

2 Je nach verwendetem Schmiermittel und Bauteil kann es sinnvoll sein, die Baugruppe zunächst zu demontieren und zu reinigen, bevor frisches Schmiermittel aufgetragen wird.

Achtung: Der Lagerzapfen des Bremspedals darf nicht geschmiert werden! Er ist mit PTFE (»Teflon«) beschichtet und Schmiermittel kann diese Schicht beschädigen.

10.4 Die Steuerzeitenmarkierungen müssen zueinander zeigen.

10.5 Alle Schlepphebel müssen etwas Spiel aufweisen.

10.7 Prüfen Sie das Ventilspiel mit einer Fühlerlehre.

10.9a Befreien Sie den Sicherungsring . . .

3 Das für die jeweilige Baugruppe empfohlene Schmiermittel ist in den technischen Daten dieses Kapitels angegeben. Beachten Sie, dass für die Fußrasten-Gelenke Mehrzweckfett verwendet werden darf, falls das von BMW empfohlene Spezialfett nicht verfügbar ist. Falls Schmiermittel aus der Sprühdose verwendet wird, kann es an den Gelenkspalten aufgetragen werden, sodass es sich in das Gelenk einarbeitet und keine Zerlegung nötig ist; allerdings empfiehlt sich diese generell, um Schmutz, Korrosion und altes Fett zu entfernen.

4 Verwenden Sie Fett sparsam, da Schmutz daran haftet und so an die Kontaktflächen gelangen kann, um den Verschleiß zu beschleunigen.

5 Beachten Sie zum Schmieren der Gaszüge die Hinweise in Sektion 4.

10.9b . . . und entnehmen Sie den Schlepphebel.

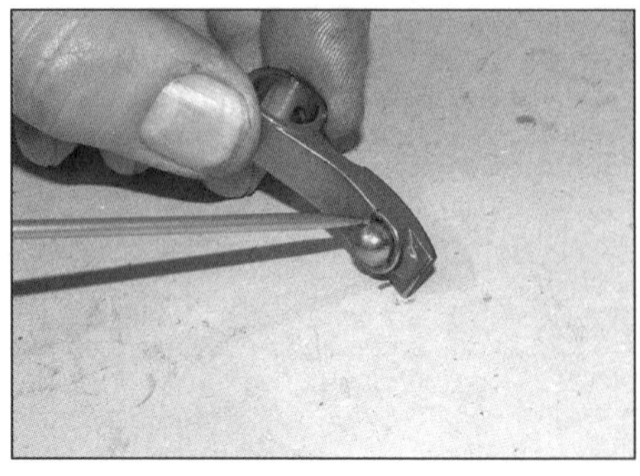

10.9c Der Shim sitzt unten im Schlepphebel.

10.10 Messen Sie die Stärke des Shims mit einer Bügelmessschraube nach.

10.14a Sichern Sie die Schlepphebel mit neuen Sicherungsringen . . .

10.14b . . . und verdrehen Sie denjenigen des oberen Auslassventils wie gezeigt.

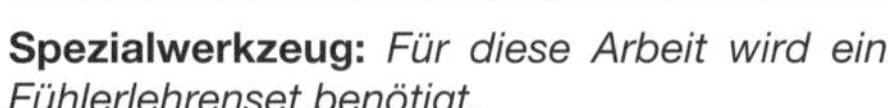

10 Ventilspiel

Spezialwerkzeug: *Für diese Arbeit wird ein Fühlerlehrenset benötigt.*

Kontrolle

1 Der Motor muss für die Ventilspielkontrolle absolut kalt sein – am besten lässt man ihn über Nacht abkühlen. Stützen Sie das Motorrad möglichst hinten mit einem Montageständer ab, sodass das Hinterrad nicht den Boden berührt (siehe Sektion 7, Schritt 2).

2 Schrauben Sie die (außen sitzenden) Primär-Zündkerzen heraus (siehe Sektion 11).

3 Stellen Sie einen geeigneten Behälter unter den zu bearbeitenden Zylinderkopf, um auslaufendes Öl aufzufangen. Entfernen Sie dann den Ventildeckel (siehe Kapitel 2).

4 Arbeiten Sie immer nur an einer Seite des Motors. Zur Kontrolle des Ventilspiels muss der entsprechende Kolben im oberen Totpunkt (OT) des Verdichtungstaktes stehen. Um den Motor in diese Position zu bringen, wird entweder von einem Assistenten bei eingelegtem hohen Gang das Hinterrad langsam in Fahrtrichtung gedreht, oder nach dem Entfernen des Keilriemendeckels die Kurbelwelle direkt am Riemenrad im Uhrzeigersinn gedreht (siehe Sektion 15). Der Kolben steht im Verdichtungs-OT, wenn die Markierungen an den Nockenwellen zueinander zeigen (siehe Abbildung).

Anmerkung: *Wenn der eine Kolben im Verdichtungs-OT steht, befindet sich der andere im OT des Gaswechseltaktes – die Markierungen seiner Nockenwellen zeigen voneinander weg.*

Achtung: Der Motor darf nur in seiner normalen Drehrichtung – von vorne gesehen im Uhrzeigersinn – gedreht werden.

5 Steht der Kolben im Verdichtungs-OT, sind alle Ventile geschlossen, und an den Schlepphebeln muss leichtes Spiel feststellbar sein (siehe Abbildung).

6 Erstellen Sie eine Tabelle oder Skizze, um jedem Ventil das gemessene Spiel zuordnen zu können.

7 Kontrollieren Sie das Spiel aller Ventile, indem Sie ein Fühlerlehrenblatt der korrekten Stärke (siehe *Technische Daten*) zwischen die Nockenwelle und den Schlepphebel schieben – es sollte sich wie durch ein dickes Buch ziehen lassen (siehe Abbildung). Verwechseln Sie nicht die unterschiedlichen Einstellwerte für die Ein- und Auslassventile! Lässt sich das Fühlerlehrenblatt nur schwer, gar nicht oder mit Spiel einführen, ist das Ventilspiel nicht korrekt, sodass es mithilfe anderer Fühlerlehrenblätter ermittelt werden muss. Notieren Sie die tatsächlichen Werte.

Einstellung

8 Nachdem die Werte aller Ventile notiert wurden, müssen bei denjenigen Ventilen, deren Spiel außerhalb der Vorgaben liegt, die zwischen den Schlepphebeln und den Ventilschäften liegenden Einstellplättchen (»Shims«) durch solche ersetzt werden, die den korrekten Wert sicherstellen.

9 Der Wechsel der Shims macht den Ausbau des entsprechenden Schlepphebels nötig. Befreien Sie den Sicherungsring des Hebels und ziehen Sie diesen von seiner Welle (siehe Abbildungen). Der Shim wird in der Vertiefung des Schlepphebels sitzen – lassen Sie ihn beim Ausbau nicht herunterfallen (siehe Abbildung). Der Sicherungsring muss später durch ein Neuteil ersetzt werden.

10 Die Stärke des Shims ist an seiner Außenseite angegeben (so bedeutet z. B. »5.300X«, dass der Shim 5,3 mm stark ist), doch sollte sicherheitshalber nachgemessen werden (siehe Abbildung). Falls ein Shim verschlissen und dünner als angegeben ist, muss seine tatsächliche Stärke in der Berechnung berücksichtigt werden.

11 Vergleichen Sie die ermittelten Werte mit den Vorgaben, um die korrekte Shimstärke herauszufinden. Falls das gemessene Spiel z. B. zu gering ist, muss die Differenz vom vorhandenen Shim subtrahiert werden, um die Stärke des neuen Shims zu ermitteln.

12 Neue Shims sind mit 0,05 mm-Abstufungen von 4,6 bis 5,7 mm Stärke beim BMW-Händler zu bekommen.

Anmerkung: *Falls die exakte benötigte Shimstärke nicht erhältlich ist, muss ein Shim der nächsten erhältlichen Größe beschafft werden – werden z. B. 5,33 mm benötigt, muss ein 5,35 mm-Shim gekauft werden. Liegt das erforderliche Shim-Maß über 5,7 mm, sitzt wahrscheinlich das Ventil aufgrund von Kohleablagerungen nicht korrekt oder ist beschädigt – bauen Sie es für eine Kontrolle aus (siehe Kapitel 2).*

13 Installieren Sie einen Ersatzshim mit Öl geschmiert in den Ausschnitt des Schlepphebels (Abbildung 10.9c). Wenn der Shim korrekt sitzt, wird der Hebel mit Öl geschmiert und über dem Ventilschaft in Position gebracht.

14 Sichern Sie den Schlepphebel mit einer **neuen** Sicherungsscheibe – deren Öffnung muss beim oberen Auslassventil zum Zylinderkopf zeigen (siehe Abbildungen).

15 Drehen Sie die Kurbelwelle einige Umdrehungen, damit sich alle neuen Shims setzen können. Richten Sie die Steuerzeitenmarkierungen wieder korrekt aus und wiederholen Sie die Ventilspiel-Kontrolle (Schritte 4 bis 7).

16 Wiederholen Sie die Prozedur an den Ventilen des anderen Zylinders – hier müssen wieder die Markierungen der Nockenwellen zueinander zeigen (Abbildung 10.4), um anzuzeigen, dass der Kolben im OT des Verdichtungstaktes steht.

17 Schmieren Sie zum Schluss die Teile des Ventiltriebs, die Schlepphebel und die Nocken-

11.1a Zwischen der äußeren Abdeckung und dem Zylinderkopf sitzt eine Hülse auf der Schraube.

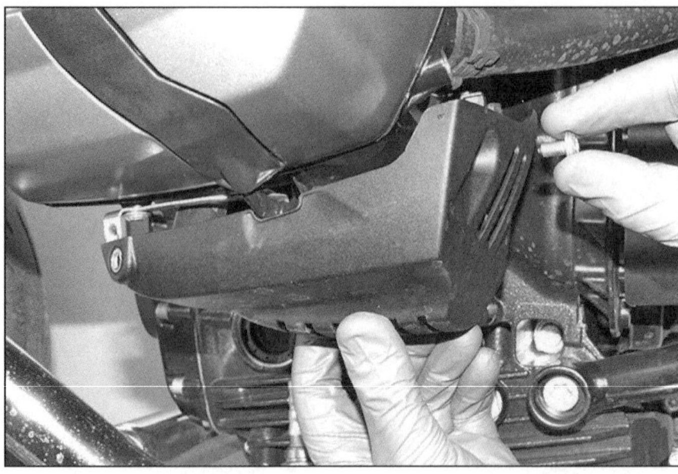

11.1b Demontieren Sie die untere Zylinderkopf-Abdeckung.

wellen mit frischen Motoröl und montieren Sie die Ventildeckel (siehe Kapitel 2).

18 Montieren Sie alle entfernten Bauteile in der umgekehrten Ausbaureihenfolge.

11 Zündkerzen

Spezialwerkzeug: *Für diese Arbeit werden ein Zündspulen-Abzieher (BMW-Teilenummer 123562) und ggf. eine Draht-Lehre benötigt (Abbildungen 11.4a und 11.9).*

11.1c Die optionale verrippte Abdeckung ist mit drei Schrauben gesichert.

Anmerkung 1: *Die Zündspulen sind in die Kerzenstecker integriert. Um Schäden an den Anschlusskabeln zu vermeiden, müssen sie vor dem Entfernen der Stecker/Spulen-Einheit getrennt werden. Versuchen Sie nicht, die Zündspulen ohne das Spezialwerkzeug von den Zündkerzen zu ziehen. Lassen Sie die Stecker/Spulen-Einheiten nicht auf den Boden fallen.*

Anmerkung 2: *Stellen Sie sicher, dass Ihr Zündkerzenschlüssel die richtige Größe von 14 mm hat.*

Ausbau

1 Demontieren Sie ggf. die äußere und untere Zylinderkopfabdeckung (siehe Abbildungen). Bei Modellen mit optionalem »Zweiventil«-Deckel müssen dessen drei Schrauben gelöst werden (siehe Abbildung).

2 Befreien Sie die Abdeckung des Primär-Kerzensteckers in die gezeigte Richtung, um ihn nicht zu beschädigen (siehe Abbildungen).

3 Lösen Sie vorsichtig den Primärzündspulen-Kabelstecker aus der Sicherungslasche und trennen Sie den Stecker (siehe Abbildung).

4 Ziehen Sie mit dem Spezialwerkzeug die Zündspule von der Primär-Zündkerze (siehe Abbildungen).

5 Lösen Sie das Primärzündspulen-Kabel aus der Führung an der Sekundärzündspule (siehe Abbildung).

6 Ziehen Sie die Sekundärzündspule von der unteren Sekundärzündkerze (siehe Abbildung) – trennen Sie nötigenfalls den Kabelstecker.

Anmerkung: *Die Sekundärzündspulen der beiden Zylinder unterscheiden sich – markieren Sie sie nötigenfalls, um sie später wieder richtig zuordnen zu können.*

7 Schrauben Sie die Zündkerzen mit dem BMW-Kerzenschlüssel (Teilenummer 123611) oder einem dünnwandigen und ausreichend langen 14-mm-Steckschlüssel aus dem Zylinderkopf (siehe Abbildungen).

8 Inspizieren Sie die Elektroden auf Verschleiß. Sowohl die Mittel- als auch die Masseelektroden dürfen nicht abgerundet sein, Letztere muss auch eine gleichmäßige Dicke aufweisen. Achten Sie auf starke Ablagerungen und Anzeichen eines gebrochenen oder abgesplitterten Isolators rund um die Mittelelektrode. Vergleichen Sie Ihre Zündkerzen mit den farbigen Zündkerzenbildern auf der Innen-

11.2a Ziehen Sie die Abdeckung unten zur Seite ab, um die Haken aus den Laschen zu befreien, . . .

11.2b . . . und beachten Sie, wie die oberen Laschen sitzen.

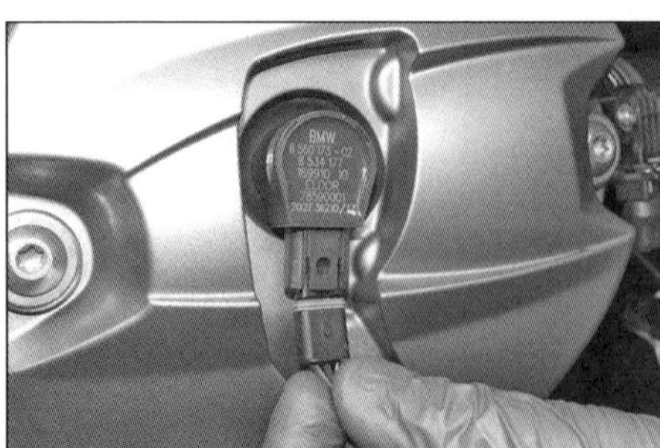

11.3 Trennen Sie den Stecker der Primärzündkerzen-Spule.

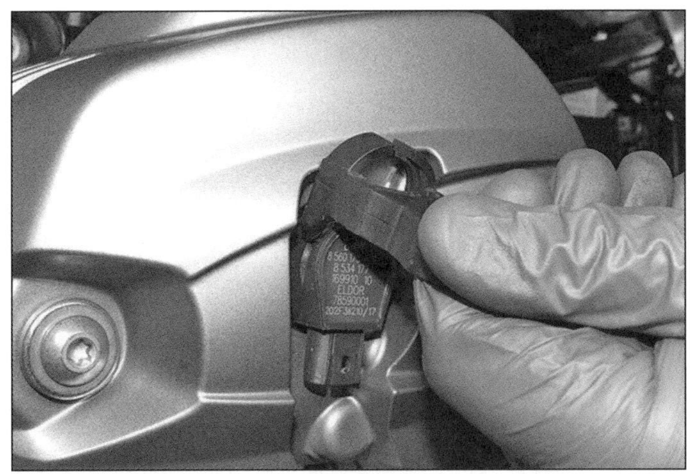
11.4a Setzen Sie das Spezialwerkzeug an ...

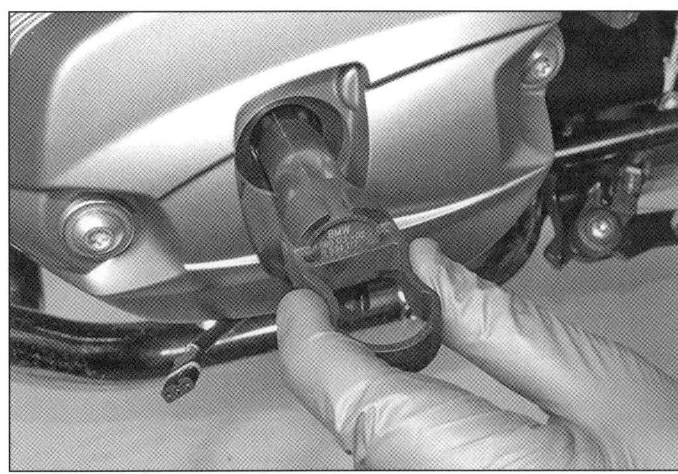

11.4b ... und ziehen Sie die Zündspule ab.

11.5 Befreien Sie das Primärspulen-Kabel.

11.6 Ziehen Sie die Sekundärzündkerzen-Spule ab und trennen Sie nötigenfalls den Stecker.

11.7a Drehen Sie die Primär-Zündkerze mit einem langen Steckschlüssel heraus ...

seite des Rückumschlags dieses Buches. Diese Zündkerzen lassen sich kaum reinigen, sodass sie im Zweifel ersetzt werden sollten.

Einbau

9 BMW schreibt vor, NGK-Zündkerzen des Typs MAR8B-JDS zu verwenden. Deren Elektrodenabstand ist ab Werk korrekt eingestellt; führen Sie eine Sichtkontrolle durch, um sicherzustellen, dass beide Masseelektroden den gleichen Abstand zur Mittelelektrode haben (siehe Abbildung). Falls eine Zündkerze heruntergefallen oder anderweitig beschädigt ist, muss sie durch ein Neuteil ersetzt werden – versuchen Sie nicht, die seitlichen Elektroden zu verbiegen!

10 Achten Sie darauf, dass die Zündkerzen mit einem Dichtring ausgerüstet sind.

11 Da Zylinderköpfe aus Aluminium hergestellt werden, muss bei diesem weichen Ma-

1

11.7b ... und schrauben Sie auch die Sekundär-Zündkerze heraus.

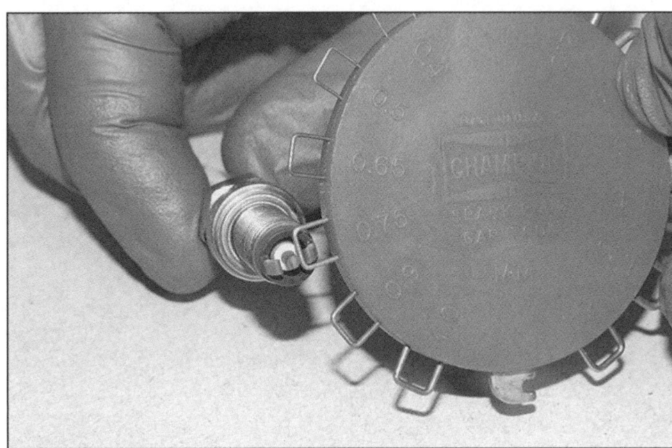
11.9 Prüfen Sie ggf. mit einer Drahtlehre, ob der Elektrodenabstand an beiden Seiten gleich ist.

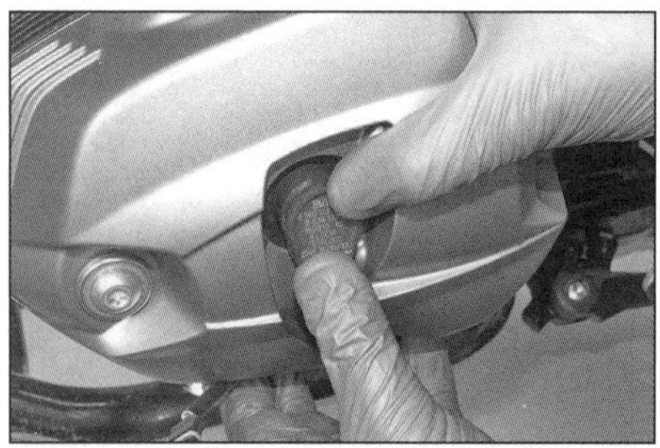

11.12 Die Primärspulen müssen fest auf die Zündkerzen gedrückt werden, um einzurasten.

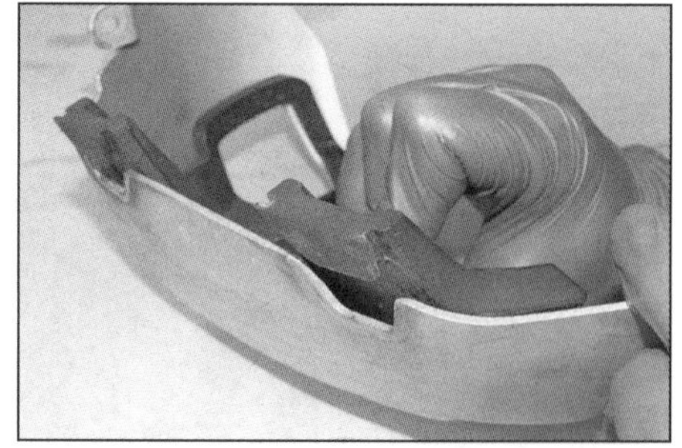

11.13 Die Dämpfer müssen korrekt in den Ausschnitten sitzen.

Praxis TiPP ***Wenn die Zündkerzen sich schwer einsetzen lassen, kann man ein Schlauchende über den Isolator schieben, um die Kerzen damit eindrehen zu können. Der Schlauch wird überrutschen, wenn die Zündkerze im Gewinde verkantet und man ist vor beschädigten Gewinden sicher.***

terial sehr auf Beschädigung der Kerzengewinde geachtet werden. Drehen Sie deshalb die Kerzen per Hand in den Motor. Nachdem sie handfest gezogen sind, werden sie mit dem Schlüssel bis zum vorgeschriebenen Drehmoment von 12 Nm angezogen. Wenn kein Drehmomentschlüssel zur Hand ist, wird die Kerze nach dem handfesten Anziehen um den vom Zündkerzenhersteller vorgegebenen Wert weiter angezogen. Zu fest angezogene Kerzen können schnell das Gewinde zerstören!

12 Installieren Sie die kombinierten Zündspulen-Kerzenstecker korrekt auf die Zündkerzen (siehe Abbildung). Achten Sie darauf, dass die Kabelanschlüsse im Stecker sauber sind, und schließen Sie die Kabel an. Sichern Sie das Primärzündspulenkabel in den Führungen (Abbildung 11.5).

12.2 Schneiden Sie die Kabelbinder auf, um den Kabelbaum vom Rahmen zu befreien.

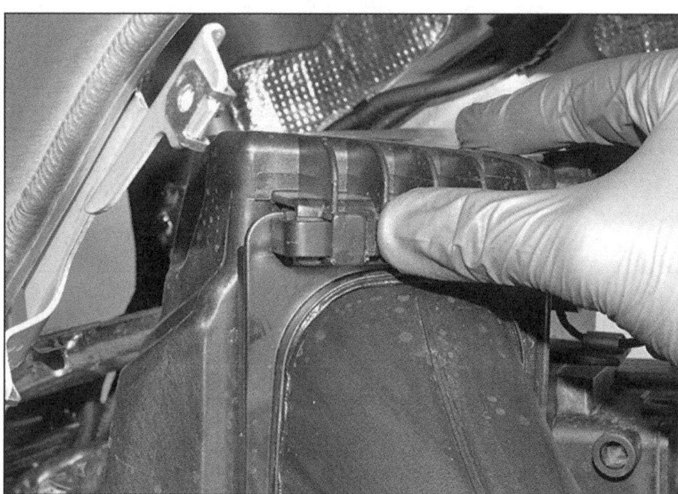

12.3a Lösen Sie oben und unten die Clips des Ansaugrohrs, ...

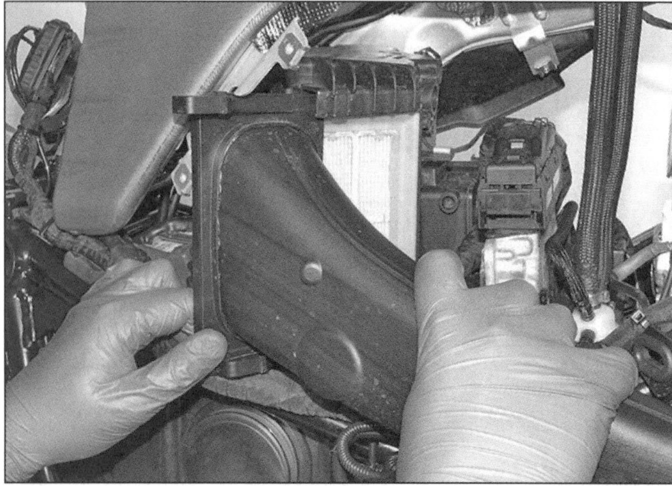

12.3b ... drücken Sie den Kabelbaum herunter und ziehen Sie das Rohr zur Seite ab, ...

12.3c ... um den Zapfen aus der Gummiöse zu befreien.

12.4 Entfernen Sie das Filterelement.

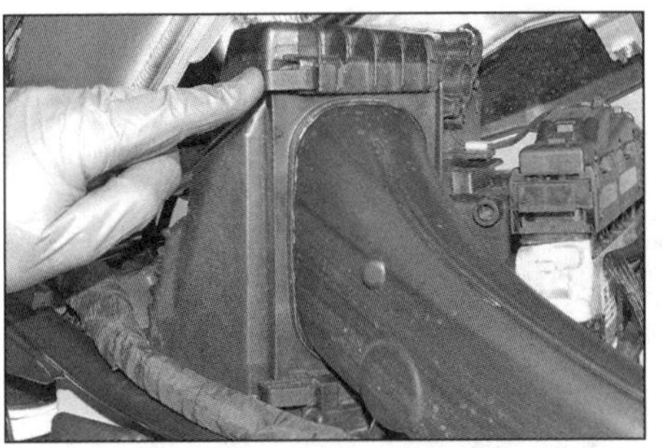

12.5b Drücken Sie die Clips ein, bis sie hörbar einrasten.

13 Installieren Sie die Primärzündkerzen-Abdeckungen, sodass der Clip einrastet (Abbildungen 11.2b und a). Montieren Sie ggf. die Aluminium-Abdeckungen mit den korrekt ausgerichteten Gummidämpfern (siehe Abbildung). Installieren Sie die Zylinderkopf-Abdeckungen (Abbildungen 11.1b und a).

Ausgerissene Kerzengewinde können mit Gewindeeinsätzen wieder repariert werden. Beachten Sie hierzu die* Werkzeug- und Werkstatt-Tipps *im Anhang.

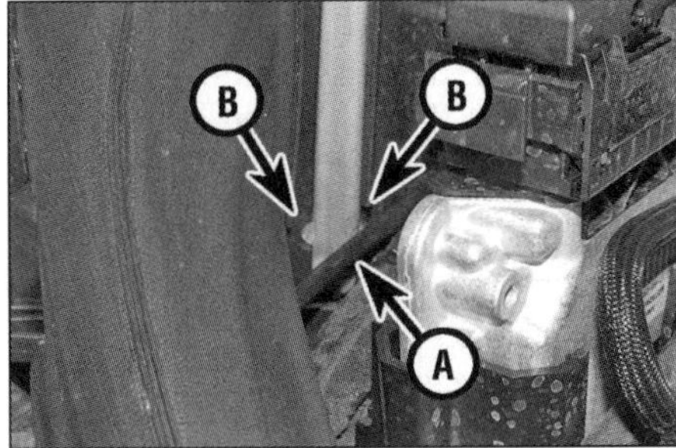

12.5a Der Gaszug (A) muss in den Ausschnitten (B) liegen.

13.3 Endantriebsöl-Einfüllstopfen samt Dichtscheibe

12 Luftfilter

Achtung: Wenn das Motorrad ständig in staubiger oder schmutziger Umgebung gefahren wird, muss der Filter öfter ersetzt werden.

1 Demontieren Sie den Tank (siehe Kapitel 3).
2 Befreien Sie unterhalb des Ansaugrohrs den Kabelbaum vom Rahmenrohr (siehe Abbildung).
3 Lösen Sie die oberen und unteren Clips, die das Ansaugrohr am Luftfiltergehäuse sichern, ziehen Sie nach außen und befreien Sie seinen Zapfen aus der Gummiöse, um ihn zu entfernen (siehe Abbildungen).
4 Heben Sie das Filterelement heraus und entsorgen Sie es (siehe Abbildung).
5 Installieren Sie das neue Filterelement – achten Sie darauf, dass der Gaszug in den Ausschnitten verlegt ist (siehe Abbildung). Installieren Sie das Ansaugrohr in der umgekehrten Ausbaureihenfolge – seine Clips müssen hörbar einrasten (siehe Abbildung sowie Abbildungen 12.3c bis a).
6 Sichern Sie den Kabelbaum mit neuen Kabelbindern am Rahmenrohr (Abbildung 12.2).
7 Montieren Sie den Tank (siehe Kapitel 3).

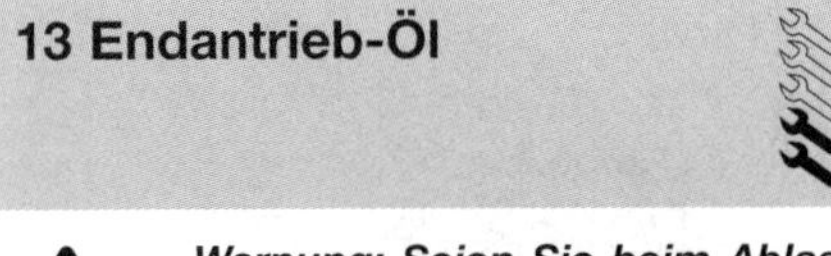

13 Endantrieb-Öl

Warnung: Seien Sie beim Ablassen des Öls vorsichtig – der Auspuff, das Antriebsgehäuse und das Öl selbst können sehr heiß sein!

1 Fahren Sie mit dem Motorrad eine Runde, damit sich das Öl erwärmt und besser ablaufen kann. Stützen Sie das Motorrad auf eine ebene Fläche ab.
2 Demontieren Sie das Hinterrad (siehe Kapitel 5).
3 Lösen Sie den Einfüllstopfen links am Endantriebsgehäuse, damit dies gut belüftet wird (siehe Abbildung) – die Dichtscheibe muss später erneuert werden. Befreien Sie die Magnetspitze des Stopfens von sämtlichen Metallpartikeln (geringe Ablagerungen sind normal und kein Grund zur Besorgnis – größere Splitter erfordern jedoch genauere Überprüfungen des Winkeltriebs).
4 Stellen Sie einen sauberen Auffangbehälter unter das Gehäuse, lösen Sie die Ablassschraube und lassen Sie das Öl vollständig ablaufen (siehe Abbildungen) – der O-Ring der Ablassschraube muss später erneuert werden.

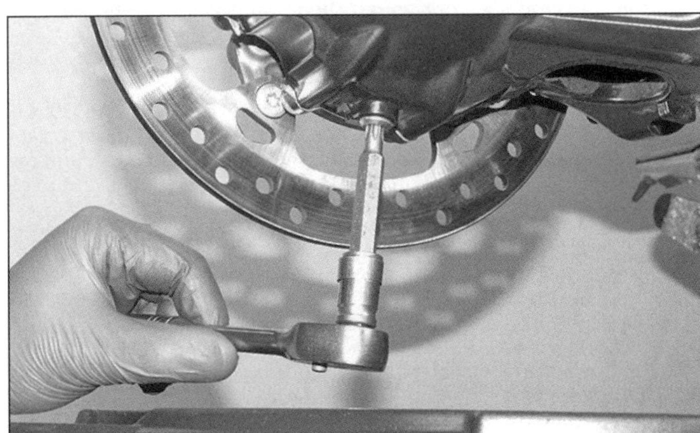

13.4a Lösen Sie am Endantrieb die Ölablassschraube . . .

13.4b . . . und lassen Sie das Öl ablaufen.

13.5 Installieren Sie den neuen O-Ring in die Nut der Ablassschraube.

13.6a Saugen Sie mit der Spritze exakt 180 ml Getriebeöl an . . .

13.6b . . . und füllen Sie es in den Endantrieb.

14.4a Getriebeöl-Einfüllstopfen

14.4b Getriebeöl-Ablassschraube

14.4c Lassen Sie das Öl vollständig ablaufen.

14.4d Entfernen Sie die Dichtscheiben der Ablassschraube und der Einfüllschraube.

14.5 Rüsten Sie die Ablassschraube mit einer neuen Dichtung aus und ziehen Sie sie mit 30 Nm an.

5 Nachdem das Öl vollständig abgetropft ist, wird die mit einem neuen O-Ring versehene Ablassschraube installiert und mit 20 Nm angezogen (siehe Abbildung) – zu festes Anziehen würde das Gehäuse beschädigen.

6 Füllen Sie 0,18 Liter frisches Getriebeöl (BMW Synthetik OSP) in das Gehäuse – entweder mit einer ausreichend dimensionierten Einwegspritze (in der sich noch keine anderen Flüssigkeiten befanden) samt Schlauch (siehe Abbildungen) oder dem BMW-Einfüllwerkzeug mit der Teilenummer 342551.

7 Installieren Sie schließlich die mit einer neuen Dichtung versehene Ablassschraube (Abbildung 13.3) und ziehen Sie sie mit 20 Nm an – zu festes Anziehen würde das Gehäuse beschädigen.

8 Montieren Sie das Hinterrad (siehe Kapitel 5).

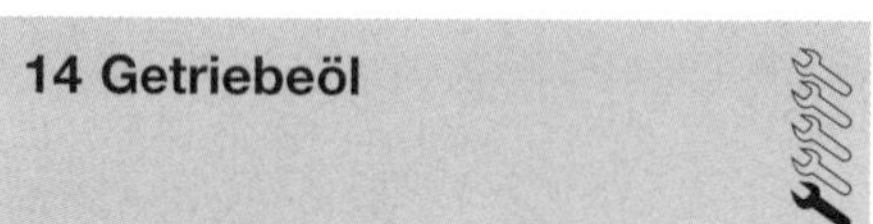

14 Getriebeöl

Warnung: Seien Sie beim Ablassen des Öls vorsichtig – der Auspuff, Motor und Getriebe und das Öl selbst können sehr heiß sein!

1 Fahren Sie mit dem Motorrad eine Runde, damit sich das Öl erwärmt und besser ablaufen kann. Stützen Sie das Motorrad dann mit einem Montageständer senkrecht auf eine ebene Fläche ab.

2 Der Einfüllstopfen und die Ablaufschraube sind von der rechten Seite zugänglich.

Ein Ölauffangbehälter kann leicht aus einem alten Einliter-Ölbehälter hergestellt werden, indem man die Vorderseite herausschneidet und den Behälter auf den Rücken legt.

14.6a Füllen Sie Getriebeöl . . .

14.6b . . . bis zum unteren Rand der Einfüllbohrung auf.

14.7 Rüsten Sie den Einfüllstopfen mit einer neuen Dichtung aus und ziehen Sie ihn mit 30 Nm an.

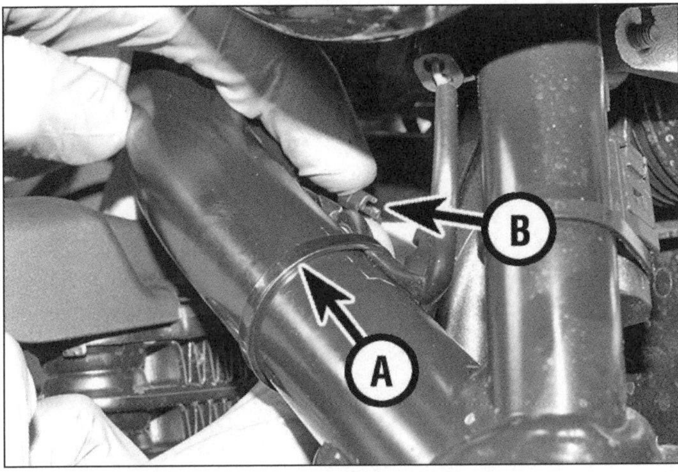

15.2a Schneiden Sie den Kabelbinder (A) auf und öffnen Sie den Clip, um das Kabel zu befreien . . .

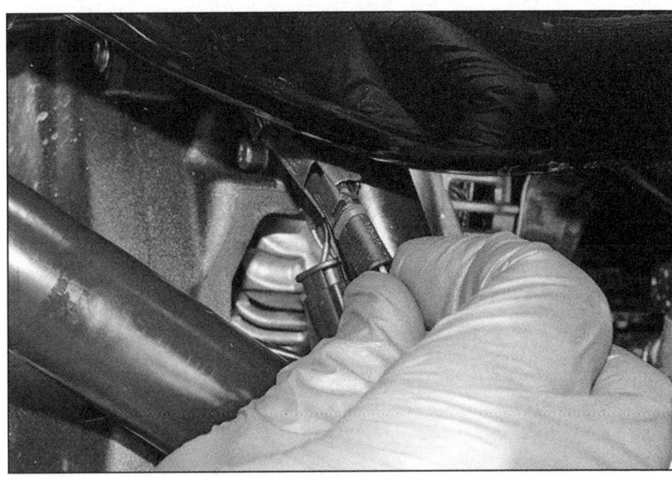

15.2b . . . und den Stecker des Blinkerkabels zu trennen.

3 Stellen Sie einen sauberen Auffangbehälter unter das Getriebe.

4 Lösen Sie zur Belüftung des Getriebes den Einfüllstopfen, lösen Sie dann den Ablassstopfen und lassen Sie das Öl in den Behälter fließen (siehe Abbildungen). Die Dichtscheiben beider Schrauben müssen später erneuert werden. Befreien Sie die Magnetspitze der Ablassschraube von sämtlichen Metallpartikeln (siehe Abbildung). Geringe Ablagerungen sind normal und kein Grund zur Besorgnis – größere Splitter erfordern jedoch genauere Überprüfungen der Getriebebauteile.

5 Wenn das Öl vollständig abgelaufen ist, wird die mit einem neuen Dichtring ausgerüstete Ablassschraube eingeschraubt und mit 30 Nm angezogen (siehe Abbildung) – zu festes Anziehen würde das Gewinde im Gehäuse beschädigen.

6 Füllen Sie 0,7 Liter frisches Getriebeöl (BMW Synthetik OSP) auf (siehe Abbildungen).

7 Installieren Sie den mit einer neuen Dichtscheibe ausgerüsteten Einfüllstopfen und ziehen Sie ihn mit 30 Nm an (siehe Abbildung) – zu festes Anziehen würde das Gewinde im Gehäuse beschädigen.

15 Lichtmaschinen-Keilrippenriemen

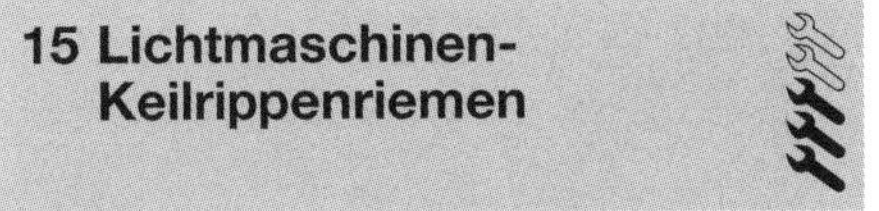

Spezialwerkzeug: *Für diese Arbeit wird ein Keilrippenriemen-Einbauwerkzeug benötigt (siehe Schritt 8).*

1 Der Lichtmaschinenriemen sitzt hinter dem vorderen Motordeckel.

2 Trennen Sie bei allen Modellen außer der Urban G/S die vorderen Blinkerstecker (siehe Abbildungen).

3 Lösen Sie die Ölkühler-Schrauben, befreien Sie den Kühler und legen Sie ihn mit Lappen geschützt auf das Vorderradschutzblech (siehe Abbildung) – bei der Racer sichern die Ölkühler-Schrauben auch den Verkleidungsträger (siehe Abbildung).

15.3a Lösen Sie die Ölkühlerschrauben . . .

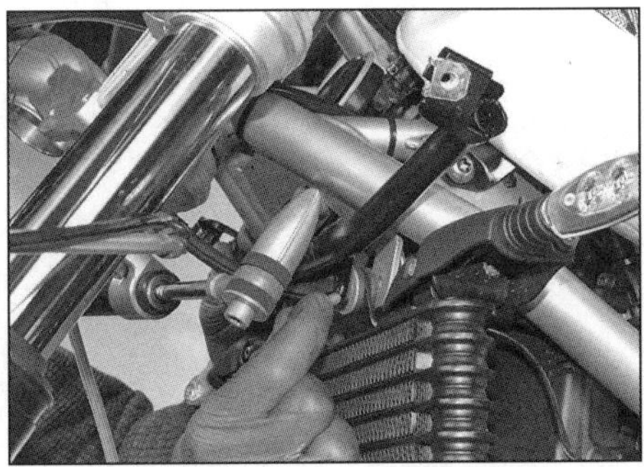

15.3b . . . und entfernen Sie bei der Racer den Verkleidungsträger.

15.4a Lösen Sie mit einer geeigneten Verlängerung samt Gelenk die beiden oberen Schrauben des vorderen Motordeckels.

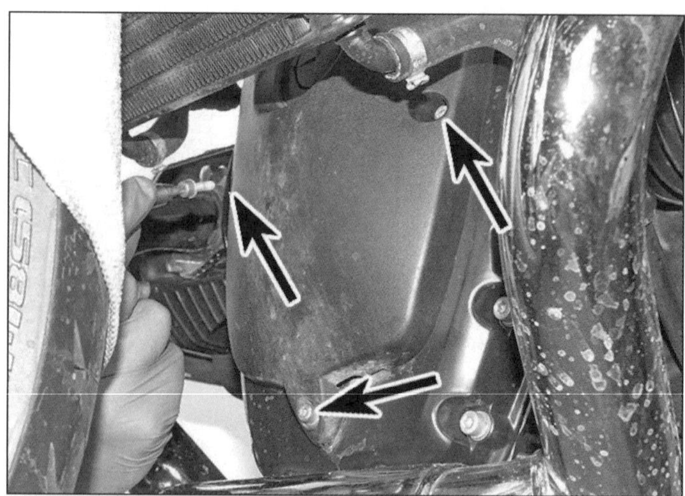

15.4b Lösen Sie die drei unteren Deckelschrauben . . .

15.4c . . . und nehmen Sie den Deckel ab.

15.5 Drehen Sie die Riemenscheibe und führen Sie den Riemen herunter.

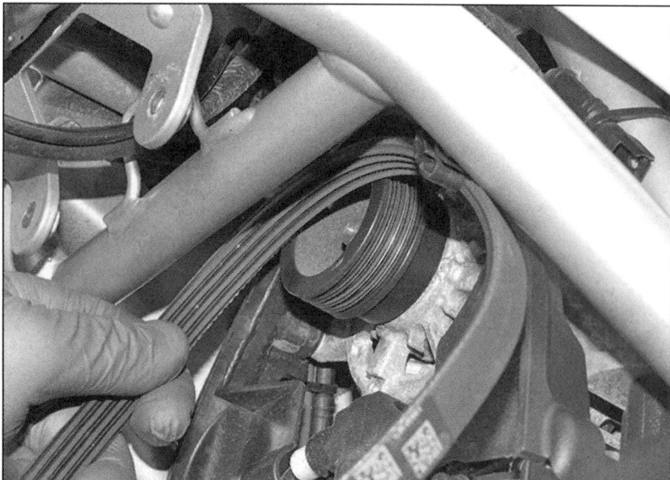

15.7 Heben Sie den Riemen ab und entfernen Sie ihn.

15.8a Legen Sie den Riemen über das Werkzeug, . . .

15.8b . . . setzen Sie dies an der Mutter an und drehen Sie es im Uhrzeigersinn, . . .

15.8c . . . um den Riemen auf die Scheibe zu führen.

15.9a Legen Sie den Riemen links an der Kurbelwellen-Riemenscheibe an . . .

15.9b . . . und drehen Sie die Scheibe im Uhrzeigersinn, um den Riemen vollständig aufzulegen

4 Lösen Sie die Schrauben des Keilriemendeckels und entnehmen Sie diesen (siehe Abbildungen).
5 Stecken Sie links über der Kurbelwellen-Riemenscheibe einen großen Schraubendreher oder Reifenmontierhebel unter den Riemen und hebeln Sie diesen über die Scheibe. Drehen Sie die Kurbelwelle mit einem an der Riemenscheibenmutter angesetzten Schlüssel (von vorne betrachtet) im Uhrzeigersinn (normale Drehrichtung) und führen Sie dabei den Riemen vorsichtig von der Scheibe herunter (siehe Abbildung).
6 Alternativ kann zum Schutz des Riemens (falls dieser wiederverwendet werden soll) aus einem alten Ölkanister ein 15 x 6 cm großes Stück Plastik geschnitten werden, welches beim Drehen der Kurbelwelle unter den Riemen geschoben wird. Wenn das Plastik um die untere Hälfte des Riemenrades liegt, kann der Riemen vorsichtig unten abgehebelt werden.
7 Heben Sie den Riemen von der Lichtmaschinen-Riemenscheibe (siehe Abbildung).
8 Zum Einbau eines neuen Keilrippenriemens wird das BMW-Werkzeug mit der Teilenummer 123 591 empfohlen. Legen Sie den neuen Riemen korrekt über die Lichtmaschinen-Scheibe (Abbildung 15.7), setzen Sie das Werkzeug über die Mutter der Kurbelwellenscheibe und richten Sie das untere Ende des Riemens zum Werkzeug aus (siehe Abbildung). Drehen Sie die Kurbelwelle im Uhrzeigersinn und heben Sie den neuen Riemen auf das untere Riemenrad, bis er korrekt sitzt. Entnehmen Sie das Werkzeug (siehe Abbildung) und drehen Sie die Kurbelwelle mit dem Schlüssel weiter, damit er sich vollständig in die Nut setzt (siehe Abbildung).

Achtung: Versuche, den neuen Keilrippenriemen direkt über die Riemenscheibe zu hebeln würde zu Schäden am Riemen und/oder am Riemenrad führen. Beides hätte eine verkürzte Lebensdauer des neuen Riemens zur Folge.

9 Um den Keilrippenriemen von Hand zu montieren, muss er zunächst korrekt über die Lichtmaschinen-Scheibe gelegt werden (Abbildung 15.7) und dann links an der Kurbelwellen-Riemenscheibe angesetzt. Drehen Sie die Scheibe im Uhrzeigersinn, um den Riemen vollständig aufzulegen (siehe Abbildungen).
10 Montieren Sie den vorderen Motordeckel (Abbildungen 15.4c, b und a) – überdrehen Sie dabei nicht die Schrauben.
11 Die Halteösen des Ölkühlers müssen mit den Hülsen ausgerüstet sein (siehe Abbildung), bevor der Ölkühler montiert wird (Abbildungen 15.3a oder b). Verbinden und sichern Sie die Blinkerkabel (Abbildungen 15.2b und a).

15.11 In jeder Gummiöse des Ölkühlers muss eine Hülse stecken.

17.1 Kontrollieren Sie die Ventilkappe.

17.2 Die Auswuchtgewichte müssen fest an der Felge sitzen.

17.7 Prüfen Sie das Spiel der Vorderradlager.

17.10 Prüfen Sie das Spiel in der Hinterradaufnahme.

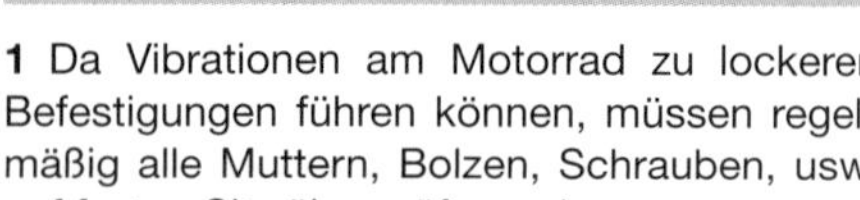

16 Schrauben und Muttern

1 Da Vibrationen am Motorrad zu lockeren Befestigungen führen können, müssen regelmäßig alle Muttern, Bolzen, Schrauben, usw. auf festen Sitz überprüft werden.
2 Geben Sie besondere Acht auf:

a) Zündkerzen
b) Einfüll- und Ablassschrauben am Motor und Getriebe
c) Schalthebel-, Bremshebel- und Pedal-Bolzen
d) Fußrasten- und Ständerbefestigungen
e) Motorhaltebolzen
f) Stoßdämpferbefestigungen
g) Lenker-Klemmschrauben
h) Vorderradachsenmutter und Klemmschraube
i) Gabelbrückenklemmschrauben
j) Hinterradbolzen
k) Bremssattelbefestigungen
l) Bremsschlauchanschlussschrauben und Entlüftungsschrauben
m) Bremsscheibenbolzen
n) Auspuffschrauben/Muttern

3 Wenn ein Drehmomentschlüssel zur Hand ist, müssen die am Beginn dieses oder anderer Kapitel beschriebenen Anzugsdrehmomente überprüft werden – lösen Sie dazu die Schrauben, Muttern und Bolzen zunächst und ziehen Sie sie wieder vorschriftsmäßig an.

17 Räder und Radlager

Allgemein

1 Prüfen Sie den festen Sitz der Ventilkappe (siehe Abbildung). Kontrollieren Sie das ggf. vorhandene Ventilgummi auf Schäden und Porösität und lassen Sie es nötigenfalls erneuern. Bei Modellen mit Reifendrucksensoren sitzen diese innerhalb des Ventils – hierauf wird durch einen Aufkleber an der Felge hingewiesen.
2 Prüfen Sie, ob ggf. vorhandene Auswuchtgewichte fest an die Felge geklebt sind (siehe Abbildung). Gibt es Anzeichen für ein verlorenes Gewicht, muss das Rad von einem Reifenspezialisten neu ausgewuchtet werden.
3 Prüfen Sie, ob die Räder rund laufen und korrekt zueinander ausgerichtet sind (siehe Kapitel 5).

Gussräder

4 Gussräder sind praktisch wartungsfrei, sollten aber regelmäßig gereinigt und auf Brüche und andere Beschädigungen untersucht werden. Schäden an Gussrädern sind nur bedingt reparierbar – fragen Sie ggf. bei einem entsprechenden Fachbetrieb nach.

18.2 Komprimieren Sie die Gabel und lassen Sie sie entspannen, um ihre Funktion zu prüfen.

18.3 Inspizieren Sie den Bereich um die Staubdichtungen herum auf Undichtigkeiten – gezeigt an einer Upsidedown-Gabel.

Drahtspeichenräder

5 Begutachten Sie die Speichen auf Beschädigung, Brüche und Korrosion. Eine lockere Speiche kann vorsichtig nachgezogen werden. Eine gebrochene oder verbogene Speiche muss unverzüglich erneuert werden, da die benachbarten Speichen die Last aufnehmen müssen, dadurch stark beansprucht werden und ebenfalls brechen können. Ungleichmäßig gespannte Speichen lassen die Felge verziehen. Wechseln Sie nach Kapitel 5, um Informationen über den Rundlauf von Rädern zu erhalten, und bringen Sie das Rad zu einem BMW-Händler oder in eine Radspannerei, um es richten zu lassen.

Anmerkung: *Bei mehreren zwischen Februar und Juni 2018 gebauten Motorrädern haben sich Speichen aufgrund eines Produktionsfehlers gelockert – BMW hat seine Händler und Werkstätten über dieses Problem informiert. Kontrollieren Sie bei Modellen aus dieser Bauzeit regelmäßig die Festigkeit der Speichen!*

Vorderradlager

6 Die Radlager im Vorderrad verschleißen mit der Zeit und können die Fahreigenschaften der Maschine erheblich verschlechtern.

7 Stützen Sie das Motorrad mit geeigneten Stützen (siehe Sektion 7, Schritt 2) ab, um das Vorderrad zu entlasten und lassen Sie es von einem Assistenten senkrecht halten. Kontrollieren Sie bei vom Boden abgehobenem Vorderrad durch Ziehen und Drücken des Rades gegen die Achse, ob irgendein Spiel in den Lagern festzustellen ist (siehe Abbildung). Drehen Sie außerdem das Rad und prüfen Sie, ob es weich rollt.

8 Wenn Spiel festgestellt wurde oder das Rad sich nicht weich dreht (und dieses nicht auf eine schleifende Bremse zurückzuführen ist), müssen das Rad ausgebaut und die Radlager auf Verschleiß oder Beschädigung kontrolliert werden (siehe Kapitel 5).

Hinterradlager

9 Im Hinterrad selbst gibt es keine Radlager. Das Hinterrad ist mit der Bremsscheibe zusammen an den Endantrieb geschraubt, der die Lager beinhaltet. Bevor Sie das Spiel kontrollieren, muss überprüft werden, ob die Hinterradbolzen sich nicht gelockert haben. Ziehen Sie die Radbolzen gleichmäßig bis zu einem Drehmoment von 60 Nm an.

10 Stützen Sie das Motorrad mit einer geeigneten Montagestütze ab (siehe Sektion 7, Schritt 2). Kontrollieren Sie bei vom Boden abgehobenem Hinterrad durch Ziehen und Drücken des Rades gegen den Endantrieb, ob irgendein Spiel in den Lagern festzustellen ist (siehe Abbildung). Wenn in den Endantrieb-Lagern Spiel festzustellen ist, muss bei einem BMW-Händler Rat eingeholt werden.

Anmerkung: *Im Hinterrad gefühltes Spiel kann durch verschlissene Lager in der Schwinge oder dem Paralever entstehen (siehe Sektion 18).*

18 Federung

1 Die Bauteile der Federung müssen immer in gutem Zustand sein, um die Sicherheit des Fahrers zu gewährleisten. Lockere, verschlissene oder beschädigte Radführungs-Bauteile beeinträchtigen das Fahrverhalten und die Kontrolle über die Maschine und stellen dadurch eine potentielle Gefahr dar.

Vorderradfederung

2 Kontrollieren Sie, ob die Vorderradfederung weich und klemmfrei arbeitet. Drücken Sie dazu den Lenker herunter und lassen Sie die Gabel wieder ausfedern (siehe Abbildung).

3 Begutachten Sie die Staubkappen auf Undichtigkeiten – heben Sie bei der Scrambler und der Urban G/S dazu die Manschetten unten an (siehe Abbildung). Wenn Öl austritt, müssen die Dichtringe ausgewechselt werden (siehe Kapitel 4).

Hinterradfederung

4 Begutachten Sie den Hinterradstoßdämpfer auf Ausbrüche und Undichtigkeit. Wenn Lecks festgestellt werden, muss der Stoßdämpfer ausgetauscht werden (siehe Kapitel 4). Prüfen Sie, ob die obere und untere Aufnahme fest sitzt.

5 Mithilfe eines Assistenten, der das Motorrad hält, wird die Hinterradfederung durch Drücken auf das Heck einige Male zusammengedrückt (siehe Abbildung). Die Federung muss frei arbeiten können. Wenn etwas klemmt, muss das fehlerhafte Teil gefunden und ersetzt werden. Das Problem kann durch den Stoßdämpfer oder Schwingen-Komponenten hervorgerufen werden.

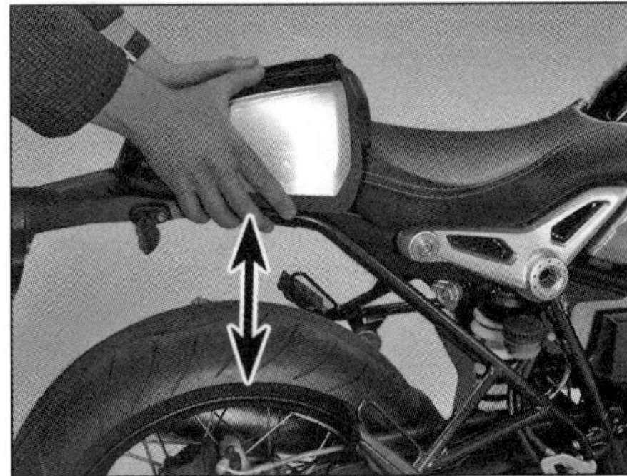

18.5 Drücken Sie das Heck herunter, um die Funktion des Stoßdämpfers zu prüfen.

18.6 Prüfen Sie, ob die Stoßdämpferaufnahmen Spiel haben.

18.7 Versuchen Sie, die Schwinge seitlich zu bewegen.

6 Greifen Sie das vom Boden abgehobene Hinterrad und ziehen Sie es nach oben – es darf kein nennenswertes Spiel festgestellt werden, bevor der Stoßdämpfer zu arbeiten beginnt (siehe Abbildung) – andernfalls müssen die Stoßdämpferhalterungen auf Festigkeit und Verschleiß überprüft werden.

7 Stützen Sie das Motorrad mit einer geeigneten Montagestütze ab (siehe Sektion 7, Schritt 2), sodass das Hinterrad entlastet ist. Lassen Sie einen Assistenten das Motorrad senkrecht abstützen. Greifen Sie bei vom Boden abgehobenem Hinterrad die Schwinge und drücken Sie sie zu beiden Seiten, um das Schwingenlagerspiel zu kontrollieren (siehe Abbildung). Spiel kann durch verschlissene Lager oder lockere Lagerzapfen hervorgerufen werden.

8 Kontrollieren Sie zuerst die Festigkeit der Lagerbolzen (siehe Kapitel 4). Entfernen Sie dann das Hinterrad (siehe Kapitel 5) und den Stoßdämpfer (siehe Kapitel 4), um einen guten Zugang zu den Schwingen-Bauteilen zu erhalten. Die Schwinge muss sich weich über die Bolzen bewegen und darf nicht klemmen oder rau laufen. Es darf kein Seiten- oder Höhen-Spiel feststellbar sein.

9 Prüfen Sie als Nächstes die Lager zwischen der Schwinge und dem Endantriebsgehäuse (siehe Abbildung).

10 Wenn Lagerschäden oder Spiel festgestellt werden, muss die Schwinge ausgebaut werden, damit die Schwingen- und Endantrieb-Lager inspiziert werden können (siehe Kapitel 4).

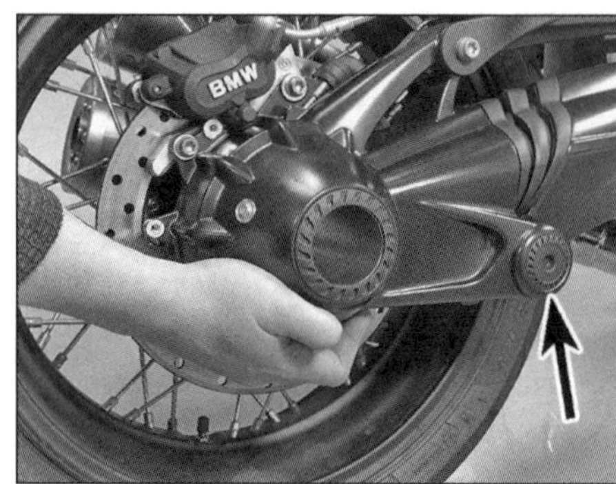

18.9 Prüfen Sie, ob in den Lagern zwischen der Schwinge und dem Endantriebsgehäuse Spiel vorhanden ist.

Kapitel 2
Motor, Kupplung und Getriebe

Inhalt (in alphabetischer Reihenfolge, die Zahlen geben die Nummerierung in den grauen Feldern wieder)

Schwierigkeitsgrade

Leicht. Für Anfänger mit wenig Erfahrung geeignet. 

Relativ leicht. Für Anfänger mit etwas Erfahrung geeignet. 

Relativ schwierig. Geeignet für geübte Selbstschrauber. 

Schwer. Geeignet für Selbstschrauber mit viel Erfahrung. 

Sehr schwer. Geeignet für Experten und Profis. 

Technische Daten

Allgemein

Zylinder-Identifikation	Nr. 1: links, Nr. 2: rechts
Hubraum	1170 cm³
Bohrung x Hub	101 x 73 mm
Verdichtungsverhältnis	12,0 : 1
Zylinderkompression	
Gut	14 bar
Vertretbar	12 bar
Schlecht	10 bar oder weniger
Motoröldruck (bei 80 °C)	
bei Standgas	0,8 bar (min.)
bei 4000/min	3,5 bar (min.)

Ventile und Führungen

Ventilspiel	siehe Kapitel 1	
Ventil-Radialspiel in Führungen	**Standard**	**Verschleißgrenze**
Einlass	0,023 bis 0,043 mm	0,15 mm
Auslass	0,040 bis 0,066 mm	0,17 mm
Ventilführungsdurchmesser	5,50 bis 5,512 mm	

Zylinder

Bohrung – Durchmesser	**Standard**	**Verschleißgrenze**
Gruppe A	100,992 bis 101,000 mm	101,050 mm
Gruppe B	101,000 bis 101,008 mm	101,058 mm
Gruppe A/B	100,992 bis 101,008 mm	101,058 mm
Ovalität – Verschleißgrenze (max.)		
20 mm von oben	0,010 mm	
100 mm von oben	0,015 mm	
Zylinder-Stehbolzen – Einbauhöhe	159,5 bis 161,5 mm	

Kolben

Kolbendurchmesser – Messpunkt 6 mm oberhalb des unteren Hemdrandes und 90° zum Kolbenbolzen	**Standard**	**Verschleißgrenze**
Gruppe A/B		
R nineT bis 2016	100,953 bis 100,977 mm	100,9 mm
alle anderen Modelle	100,925 bis 100,937 mm	100,9 mm
Spiel zwischen Kolben und Zylinder	0,055 bis 0,075 mm	0,12 mm
Kolbenbolzen – Durchmesser	21,995 bis 22,000 mm	21,96 mm

Kolbenringe

Einbaurichtung	»TOP« nach oben	
Stoßspiel (eingebaut)	**Standard**	**Verschleißgrenze**
Oberer und 2. Ring	0,1 bis 0,3 mm	0,8 mm
Ölabstreifring	0,3 bis 0,6 mm	1,2 mm

Pleuel

	Standard	**Verschleißgrenze**
Oberes Pleuelauge – Innendurchmesser	24,0 bis 24,021 mm	
Spiel zwischen Kolbenbolzen und Pleuelauge	0,015 bis 0,030 mm	0,06 mm
Pleuelfußlagerschalen-Markierung – Farbcode am Rand		
Pleuelstangen-Seite	blau	
Untere Pleuelfuß-Hälfte	rot	
Pleuelfuß-Durchmesser ohne Lagerschalen	51,000 bis 51,013 mm	
Hubzapfen-Durchmesser – Farbmarkierung an vorderer Kurbelwange		
Stufe 0	47,975 bis 47,991 mm (keine Farbmarkierung)	
Stufe 1 – Untermaß -0,25 mm	47,725 bis 47,741 mm (Farbmarkierung)	
Pleuelfußlager-Breite	24,665 bis 24,795 mm	
Pleuelfuß-Radialspiel	0,025 bis 0,075 mm	0,13 mm
Pleuelfuß-Axialspiel	0,130 bis 312 mm	0,5 mm
Gewichtsklassen-Identifikation		
2 weiße Punkte (Klasse 0)	559,0 bis 564,9 g	
2 blaue Punkte (Klasse 1)	565,0 bis 570,9 g	
3 weiße Punkte (Klasse 2)	571,0 bis 576,9 g	
3 gelbe Punkte (Klasse 3)	577,0 bis 582,9 g	
1 blauer Punkt (Klasse 4)	583,0 bis 588,9 g	

Ölpumpen

Pumpenrotor-Breite	
Pumpe 1 (Kühlkreis)	10,965 mm
Pumpe 2 (Schmierkreis)	9,965 mm
Axialspiel – Verschleißgrenze (max.)	0,25 mm

Kurbelwelle und Lager

	Standard	**Verschleißgrenze**
Kurbelwellen-Identifikation – Farbmarkierung an vorderer Kurbelwange		
Stufe 0	keine Farbmarkierung	
Stufe 1 – Untermaß (-0,25 mm)	Farbmarkierung	
Kurbelwellen-Axialspiel	0,125 bis 0,208 mm	0,24 mm
Hauptlager-Radialspiel	0,023 bis 0,07 mm	0,095 mm
Hauptlagerbohrung im Motorgehäuse	64,960 bis 64,979 mm	

Hauptlagerschalen-Identifikation –

Farbmarkierung am Rand der Lagerschale		
Stufe 0	**Grün**	**Gelb**
Lagerschalen-Innendurchmesser	59,971 bis 60,005 mm	59,718 bis 59,968 mm
Wellenzapfen-Außendurchmesser	59,939 bis 59,948 mm	59,949 bis 59,958 mm

Stufe 1 (geschliffene Kurbelwelle)		
Lagerschalen-Innendurchmesser	59,721 bis 59,755 mm	59,751 bis 60,001 mm
Wellenzapfen-Außendurchmesser	59,689 bis 59,698 mm	59,699 bis 59,708 mm
Wellenlagerzapfen-Breite	25,02 bis 25,053 mm	

Führungslagerschalen-Identifikation –

Farbmarkierung am Rand der Lagerschale		
Stufe 0	**Grün**	**Gelb**
Wellenzapfen-Außendurchmesser	59,939 bis 59,948 mm	59,949 bis 59,958 mm
Stufe 1 (geschliffene Kurbelwelle)		
Wellenzapfen-Außendurchmesser	59,689 bis 59,698 mm	59,699 bis 59,708 mm
	Standard	**Verschleißgrenze**
Führungslager-Radialspiel	0,020 bis 0,066 mm	0,095 mm
Führungslager-Breite	24,89 bis 24,94 mm	

Zwischenwelle

	Standard	**Verschleißgrenze**
Radialspiel		
vorne	0,025 bis 0,075 mm	0,17 mm
hinten	0,020 bis 0,062 mm	0,17 mm

Kupplung

Belagscheiben-Stärke (Verschleißgrenze)	4,4 bis 4,6 mm
Kupplungsflüssigkeit	Hyspin V10

Getriebe

Übersetzungsverhältnis (Anzahl der Zähne)	
1. Gang	2,375 : 1 (38/16)
2. Gang	1,696 : 1 (39/23)
3. Gang	1,296 : 1 (35/27)
4. Gang	1,065 : 1 (33/31)
5. Gang	0,939 : 1 (31/33)
6. Gang	0,848 : 1 (28/33)
Primärübersetzung	1,737 : 1
Endantrieb-Übersetzung	2,91 : 1 (11/32)
Eingangswelle – Länge komplett	162,0 bis 162,05 mm
Zwischenwelle	
Länge komplett	181,85 bis 181,9 mm
4.-Gangrad – Axialspiel	0,1 bis 0,5 mm
5.-Gangrad – Axialspiel	0,1 bis 0,25 mm
Ausgangswelle	
Länge vorderer Bereich	117,50 bis 117,55 mm
Länge komplett	184,60 bis 184,65 mm
1.-Gangrad – Axialspiel	0,15 bis 0,3 mm
2.-Gangrad – Axialspiel	0,15 bis 0,4 mm
3.-Gangrad – Axialspiel	0,15 bis 0,3 mm
6.-Gangrad – Axialspiel	0,15 bis 0,35 mm
Schaltgabeln	
2./3.-Gang-Schaltgabel – Breite der Kontaktfläche	4,825 bis 4,90 mm
1./6.- und 4./5.-Gang-Schaltgabel – Breite der Nuten	4,050 bis 4,125 mm
Schaltnut-Hülsen	
Schaltgabelausschnitt-Breite (2./3.-Gang-Schaltnut)	5,0 bis 5,1 mm
Schaltnut-Gabelbreite (1./6.- und 4./5.-Gang)	3,9 bis 4,0 mm
2./3.-Gang-Schaltnut – Axialspiel	0,10 bis 0,275 mm
Schaltgabel-Radialspiel (1./6.- und4./5.-Gang)	0,05 bis 0,225 mm
Schaltwalze – Gesamtlänge	141,4 bis 141,5 mm

Anzugsdrehmomente

	Nm
Ansaugrohr-Schrauben	8
Ausgleichswellengewicht-Schraube	
Erstanzug	10
Endanzug	um 90° weiter
Ausgleichswellenrad-Mutter	75
Getriebe-Befestigungsschrauben	19
Getriebedeckelschrauben	10
Gangsensor-Schrauben	9
Klopfsensor-Schraube	19
Kupplungsausrückzylinder-Befestigungsschrauben	8

Kupplungsgeberrückzylinder-Klemmschrauben	8
Kupplungsdeckelschrauben	12
Kupplungsflansch-Schrauben	
Schritt 1	40
Schritt 2	um 40° weiter
Kupplungsschlauch-Anschluss	
Flanschmutter an Geberzylinder (R nineT bis 2016)	7
Anschlussschraube an Geberzylinder (alle anderen)	30
Anschlussschraube an Ausrückzylinder (alle Modelle)	22
Kurbelwellensensor-Schraube	8
Motorbefestigungen	
Frontrahmen	
Vorderer Motorbolzen/Mutter	100
Mittlerer Motorbolzen/Mutter	70
Hintere Motorbolzen	38
Heckrahmen	
Obere Bolzen (M10)	38
Untere Bolzen (M12)	66
Hinterer Bolzen (M8)	19
Motordeckel (vorne)	5
Motorentlüftungsstutzen	8
Motorgehäuseschrauben	
M6-Schrauben	8
M8-Schrauben	19
M10-Schrauben	
Schritt 1	25
Schritt 2	um 90° weiter
Nockenwellenhalter-Schrauben	10
Nockenwellenritzel-Schrauben	65
Ölansaugsieb-Schrauben	8
Öldruckschalter	30
Ölkanal-Stopfen	30
Ölkühlerrücklaufrohr-Anschlussschraube	35
Ölkühler-Befestigungsschrauben	19
Ölkühlerzulaufrohr-Anschlussschraube	8
Ölleitungs-Anschlussschraube (innen)	25
Ölleitungshalter-Schrauben (innen)	8
Ölpumpen-Befestigungsschrauben	
Schritt 1	4
Schritt 2	um 90° weiter
Öltemperatursensor	16
Öl-Überdruckventil	42
Pleuelfuß-Schrauben	
Schritt 1	5
Schritt 2	20
Endanzug	um 105° weiter
Riemenscheiben-Mutter auf Kurbelwelle	
Schritt 1	40
Schritt 2	140
Schalthebel-Klemmschraube	8
Schaltwellen-Arretierhebel	8
Steuerkettenführungs- und Spannerschienenschrauben (M6)	8
Steuerkettenführungs- und Spannerschienenschrauben (M10)	18
Steuerkettenführungs-Schrauben (oben)	10
Steuerkettenspanner	45
Primärtriebdeckel-Schrauben	9
Temperatursensor (Zylinderkopf)	10
Ventildeckel-Schrauben	10
Ventildeckel-Anschlagblock-Schrauben	8
Zwischenwellen-An- und Abtriebsritzelschrauben	8
Zwischenwellen-Kettenspannerschrauben	8
Zylinderkopfschrauben	
M6-Schrauben	9
M8-Schrauben	20
M10-Mutter	
Schritt 1	10
Schritt 2	um 75° weiter
Endanzug	um 75° weiter
Zylinder-Schrauben (M6)	8

1 Allgemeine Informationen

1 Der luft/ölgekühlte Zweizylinder-Boxermotor ist (hinsichtlich der Kurbelwelle) längs mit den Rahmensegmenten verbunden. Die vier Ventile pro Zylinder werden über je zwei obenliegende Nockenwellen und Schlepphebel gesteuert. Die beiden Steuerketten werden von einer Zwischenwelle angetrieben, die wiederum per Kette von der Kurbelwelle auf halbe Drehzahl untersetzt wird. Innerhalb der Zwischenwelle dreht sich (mit Kurbelwellendrehzahl) eine über Zahnräder angetriebene Ausgleichswelle.

2 Der vertikal geteilte Motor und das angeflanschte Getriebe bestehen aus einer Aluminiumlegierung, dazwischen arbeitet eine Einscheiben-Trockenkupplung.

3 Das Motorgehäuse beinhaltet einen Ölsumpf und eine Druckumlaufschmierung mit zwei von der Zwischenwelle angetriebenen Zahnringpumpen, einen Ölfilter mit Überdruckventil, ein Rücklaufventil und einen Öldruckschalter. Der vordere Rotor pumpt das Öl durch den Ölkühler-Kreislauf, der hintere Rotor ist für die Druckschmierung zuständig.

4 Die Kurbelwelle überträgt die Kraft direkt auf die Einscheiben-Trockenkupplung. Von hier aus wird die Eingangswelle des Dreiwellen-Sechsganggetriebes angetrieben, die einen Ruckdämpfer besitzt. Der Endantrieb erfolgt über eine Kardanwelle auf den Winkeltrieb des Hinterrades.

5 Die Lichtmaschine sitzt oben auf dem Motor und wird vom vorderen Kurbelwellenstumpf aus per Keilrippenriemen angetrieben.

2 Komponenten
Zugang

Arbeiten, die bei eingebautem Motor möglich sind.

1 Die unten aufgelisteten Komponenten und Teile können demontiert werden, ohne dass der Motor ausgebaut werden muss.

a) Ölkühler und Schläuche
b) Ventildeckel
c) Steuerkettenspanner
d) Schlepphebel und Nockenwellen
e) Zylinderköpfe und Ventile
f) Zylinder, Kolben und Kolbenringe
g) Pleuelstangen und Pleuelfußlager (beachten Sie Sektion 15!)
h) Lichtmaschinen-Keilrippenriemen und Riemenscheiben
i) Lichtmaschine
j) Ausgleichswellen-Antriebsräder
k) Zwischenwellen-Ritzel und Kette
l) Ölpumpe und Überdruckventil
m) Anlassermotor
n) Kupplungs-Ausrückzylinder

3.5 Das Gewinde des Adapters muss zu dem der Zündkerze passen – dieser passt in zwei verschiedene Kerzengewinde.

Arbeiten, die das Entfernen des Front- oder Heckrahmens erfordern.

2 Es ist erforderlich, den Front- oder den Heckrahmen und die Federsysteme oder alle Fahrwerksteile zu entfernen, um Zugang zu den folgenden Baugruppen zu erhalten.

a) Getriebe
b) Kupplung
c) Zwischenwelle
d) Steuerketten, Spannerschienen und Führungsschienen
e) Kurbelwelle und Hauptlager
f) Ölansaugsiebe

3 Motorverschleiß
Einschätzung

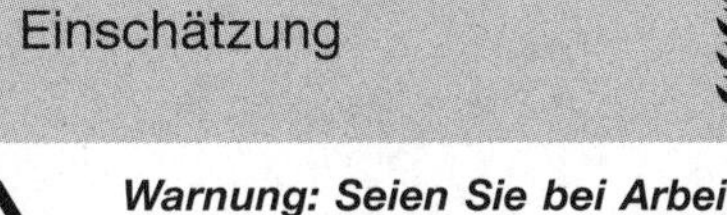

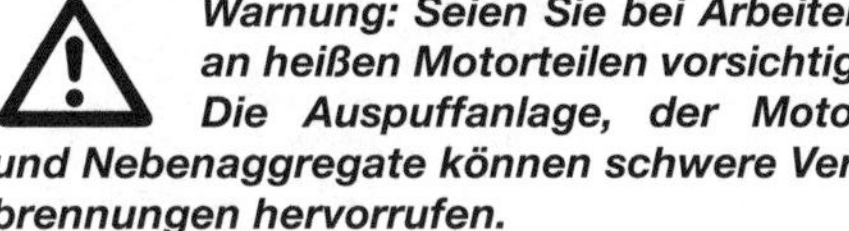

Warnung: Seien Sie bei Arbeiten an heißen Motorteilen vorsichtig! Die Auspuffanlage, der Motor und Nebenaggregate können schwere Verbrennungen hervorrufen.

Kontrolle der Zylinderkompression

Spezialwerkzeug: *Für diese Arbeit werden ein Kompressionstester mit einem passenden Gewindeadapter (Abbildung 3.5) sowie ein Zündspulen/Kerzenstecker-Abziehwerkzeug benötigt.*

Anmerkung: *Dieser Test wird bei getrennten Zündspulen durchgeführt, sodass ein Fehlercode gespeichert werden kann, der sich nur mithilfe eines Diagnosegeräts löschen lässt.*

1 Schwache Motorleistung kann unter anderem durch undichte Ventile, eine beschädigte Zylinderkopfdichtung oder verschlissene Kolben, Kolbenringe oder Zylinderwandungen hervorgerufen werden. Ein Kompressionstest kann solche Probleme aufdecken.

2 Vor dem Test muss sichergestellt sein, dass das Ventilspiel in Ordnung ist (siehe Kapitel 1).

3.6 Drehen Sie den Adapter in das Kerzengewinde.

3 Führen Sie eine kleine Fahrt durch, um den Motor auf Betriebstemperatur zu bringen, schalten Sie dann die Zündung aus.

4 Folgen Sie den Anweisungen in Kapitel 1, Sektion 11, ziehen Sie die kombinierten Zündspulen/Kerzenstecker von allen vier Zündkerzen und schrauben Sie die beiden (äußeren) Primär-Zündkerzen aus den Zylinderköpfen.

5 Wählen Sie einen zum Zündkerzengewinde passenden Adapter aus und verbinden Sie ihn mit dem Schlauch des Kompressionsprüfers (siehe Abbildung).

6 Drehen Sie den Adapter in das Zündkerzengewinde des ersten Zylinders und installieren Sie das Messgerät (siehe Abbildung).

7 Schalten Sie die Zündung ein, öffnen Sie den Gasgriff vollständig und drehen Sie den Motor mit dem Anlasser durch, bis sich die Kompressionstester-Nadel stabilisiert hat – dies sollte spätestens nach zwei Motorumdrehungen der Fall sein (siehe Abbildung). Notieren Sie das Messergebnis und wiederholen Sie die Prozedur am anderen Zylinder. Schalten Sie anschließend die Zündung aus.

8 Liegen die Werte über 12 bar und sind relativ gleich, ist der Motor in Ordnung. Besteht ein größerer Unterschied zwischen den Werten oder liegt einer unter 10 bar, ist die Inspektion eines oder beider Zylinderköpfe sowie ggf. der Kolben und Zylinder nötig (siehe Sektionen 10 bis 14).

9 Folgen Sie den Anweisungen in Kapitel 1 und installieren Sie die Zündkerzen und ihre Stecker.

3.7 Drücken Sie den Anlasserknopf, bis sich die Messuhr stabilisiert.

Anmerkung: *Ein zu hoher Kompressionsdruck (über ca. 15 bar) weist auf übermäßige Kohleablagerungen im Brennraum und auf dem Kolben hin. Ist dies der Fall, muss der Zylinderkopf demontiert und der Brennraum gereinigt werden. Mit modernen Kraftstoffen und einem gut eingestellten Motor sollten solche Ablagerungen nicht entstehen.*

Öldruck-Kontrolle

Spezialwerkzeug: *Für diese Arbeit werden ein Öldruckprüfer mit einem entsprechenden Gewindeadapter benötigt; BMW bietet entsprechende Werkzeuge unter den Teilenummern 114 605, 114 601 und 114 602 an.*

Anmerkung: *Auch wenn der Motor in einem guten Zustand zu sein scheint, kann eine Öldruckkontrolle nützliche Informationen über den Zustand der Motor-Innereien geben.*

10 Zur Kontrolle des Öldrucks sind ein geeignetes Druckprüfgerät und ein Adapter nötig, der in das Motorgehäuse geschraubt werden muss – beachten Sie die in Sektion 3 des Anhangs gezeigten Beispiele.

11 Lassen Sie den Motor normale Betriebstemperatur erreichen (dies ist der Fall, sobald der Ölkühler warm wird) und schalten Sie die Zündung aus. Solange das Öl noch nicht warm ist, ist es »zäh« und es werden falsche Drücke gemessen. Stützen Sie das Motorrad aufrecht stehend ab. Falls der Ölkühler nicht warm wird, kann am Thermostaten ein Defekt vorliegen (siehe Sektion 19).

12 Entfernen Sie bei der R nineT bis 2016 den Öldruckschalter (siehe Kapitel 7). Schrauben Sie bei allen anderen Modellen den links zwischen dem Zylinder und dem Öl-Schauglas sitzenden Ölkanalstopfen aus dem Motorgehäuse (siehe Abbildung). Schrauben Sie umgehend den Adapter ins Gehäuse und verbinden Sie den Druckprüfer damit. Der Öldruckschalter oder Ölkanalstopfen muss später mit einer neuen Dichtscheibe installiert werden.

13 Starten Sie den Motor, lassen Sie ihn im Standgas laufen und notieren Sie das Messergebnis. Erhöhen Sie die Drehzahl auf 4000/min und notieren Sie auch hier den gemessenen Öldruck. Schalten Sie den Motor ab, entfernen Sie den Druckprüfer und den Adapter. Drehen Sie den Öldruckschalter oder Ölkanalstopfen unter Verwendung einer neuen Dichtscheibe ins Motorgehäuse und ziehen Sie ihn mit 30 Nm an

14 Der Öldruck muss im Standgas bei mindestens 0,8 bar liegen und bei 4000/min auf mindestens 3,5 bar steigen. Liegt der Wert deutlich niedriger, klemmt entweder das Überdruckventil im geöffneten Zustand, sind das Ansaugsieb oder der Ölfilter blockiert, ist die Ölpumpe verschlissen, oder sind andere Teile des Motors stark verschlissen oder beschädigt.

3.12 Position des Ölkanalstopfens

15 Begonnen sollte die Diagnose mit der Kontrolle des Überdruckventils (siehe Sektion 19) und dem Einbau eines neuen Ölfilters (siehe Kapitel 1). Als Nächstes wird die Ölpumpe inspiziert (siehe Sektion 19) und schließlich das Ansaugsieb untersucht (siehe Sektion 22) – der letzte Punkt erfordert die Demontage des Motors und das Trennen des Motorgehäuses. Ist bis hierher alles in Ordnung, werden die Kurbelwellenlager verschlissen sein, sodass der Motor überholt werden muss.

16 Ist der Öldruck zu hoch, wird entweder ein Ölkanal verstopft sein, der Druckregler im geschlossenen Zustand klemmen oder das Öl die falsche Viskosität haben.

4.6 Heben Sie den Clip an und befreien Sie das Gasbowdenzug-Verteilergehäuse.

4.7a Die verpressten Schellen können mit einer Zange (siehe Abbildung 10.7) oder mit einem solchen Spezialwerkzeug gelöst . . .

4.7b . . . und auf den Schlauch geschoben werden, . . .

4.7c . . . bevor dieser abgezogen wird.

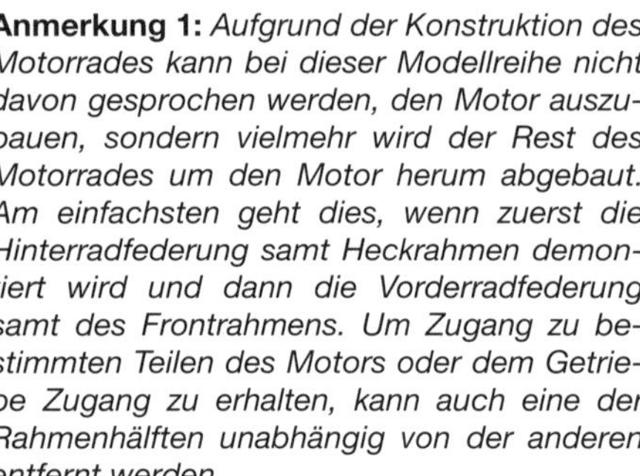

4 Motor
Ausbau und Einbau

Anmerkung 1: *Aufgrund der Konstruktion des Motorrades kann bei dieser Modellreihe nicht davon gesprochen werden, den Motor auszubauen, sondern vielmehr wird der Rest des Motorrades um den Motor herum abgebaut. Am einfachsten geht dies, wenn zuerst die Hinterradfederung samt Heckrahmen demontiert wird und dann die Vorderradfederung samt des Frontrahmens. Um Zugang zu bestimmten Teilen des Motors oder dem Getriebe Zugang zu erhalten, kann auch eine der Rahmenhälften unabhängig von der anderen entfernt werden.*

Anmerkung 2: *Die in diesem Buch behandelten Motorräder können einer Vielzahl optionaler Elektrik-Bauteile ausgerüstet sein. Bei der Arbeit am Motorrad muss darauf geachtet werden, dass alle relevanten Elektrik-Komponenten bei der Demontage getrennt und beim Zusammenbau wieder angeschlossen werden. Um sicherzugehen, dass alles korrekt verlegt und verbunden ist, können beim Zerlegen angefertigte Fotos hilfreich sein. Vor dem Trennen irgendeiner elektrischen Verbindung muss immer der Masseanschluss (–) der Batterie gelöst werden.*

Ausbau

1 Demontieren Sie bei der Racer die Verkleidung (siehe Kapitel 6).
2 Demontieren Sie den Tank (siehe Kapitel 3).
3 Bauen Sie die Batterie aus (siehe Kapitel 7)
4 Wenn der Motor (speziell an seinen Aufhängungen) verschmutzt ist, muss er zuerst gründlich gereinigt werden. Hierdurch wird nicht nur die Arbeit erleichtert, sondern auch ausgeschlossen, dass Schmutz in empfindliche Teile geraten kann.
5 Lassen Sie das Motoröl ab und entfernen Sie den Ölfilter (siehe Kapitel 1). Wenn Arbeiten am Getriebe ausgeführt werden sollen, muss auch das Getriebeöl abgelassen werden (siehe Kapitel 1).
6 Entfernen Sie das Luftfilter-Ansaugrohr (siehe Kapitel 1, Sektion 12). Befreien Sie das Gasbowdenzug-Verteilergehäuse vom Luftfiltergehäuse (siehe Abbildung).
7 Lösen Sie die Schellen des zwischen dem linken Zylinderkopf und dem Luftfiltergehäuse sitzenden Motorentlüftungsschlauchs und ziehen Sie diesen ab (siehe Abbildungen).
8 Demontieren Sie beide Drosselklappengehäuse (siehe Kapitel 3).
9 Entfernen Sie die Auspuffanlage samt Auspuffklappen-Servo (siehe Kapitel 3).
10 Entfernen Sie bei der R nineT bis 2016 das ZFE-Steuergerät (siehe Kapitel 3, Sektion 15). Lösen und befreien Sie das Kabel des Hinterradsensors (siehe Abbildung).
11 Befreien Sie bei der R nineT ab 2017 sowie allen Pure-, Racer-, Scrambler- und Urban G/S-Modellen den Kunststoffzapfen der oben am Heckrahmen sitzenden Abdeckung und entfernen Sie diese (siehe Abbildungen). Öffnen Sie die Kabelbinder, die den Kabelbaum am Schutzblech und Heckrahmen sichern, und trennen Sie oben am Schutzblech die Stecker (siehe Abbildungen). Lösen und befreien Sie das Kabel des Hinterradsensors (siehe Abbildung). Befreien Sie die Hauptrelais-Verkabelung und trennen Sie den Relaishalter vom Verdunstungsbehälter (siehe Abbildungen).

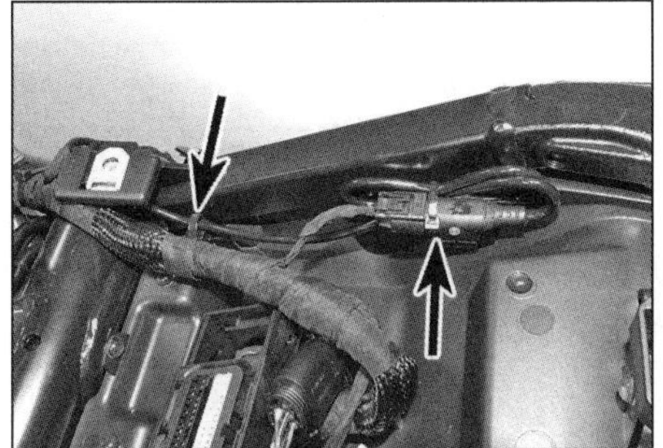

4.10 Öffnen Sie den Kabelbinder und trennen Sie den Stecker des Hinterradsensors.

4.11a Ziehen Sie das Mittelstück des Zapfens heraus, . . .

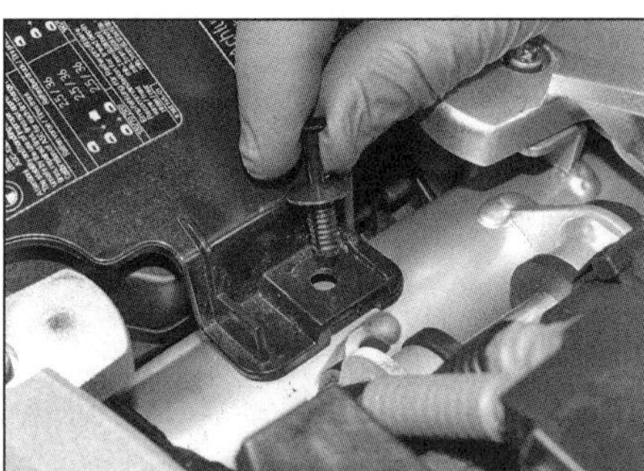

4.11b . . . um diesen zu befreien.

4.11c Entfernen Sie die Abdeckung – beachten Sie, wie die hinteren Laschen positioniert sind.

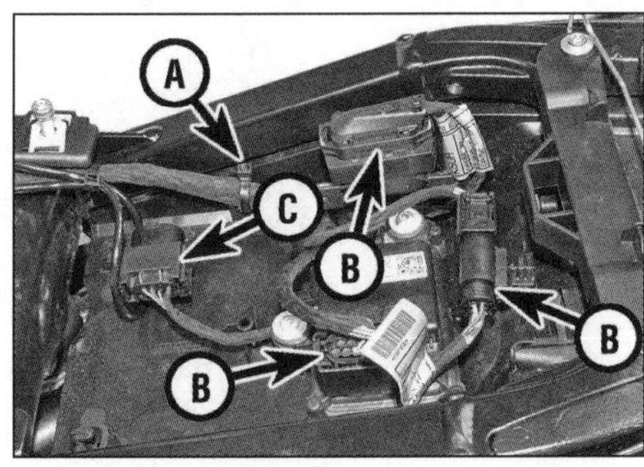

4.11d Öffnen Sie den Kabelbinder (A) und trennen Sie die Stecker (B). Befreien Sie entweder den Stecker (C) . . .

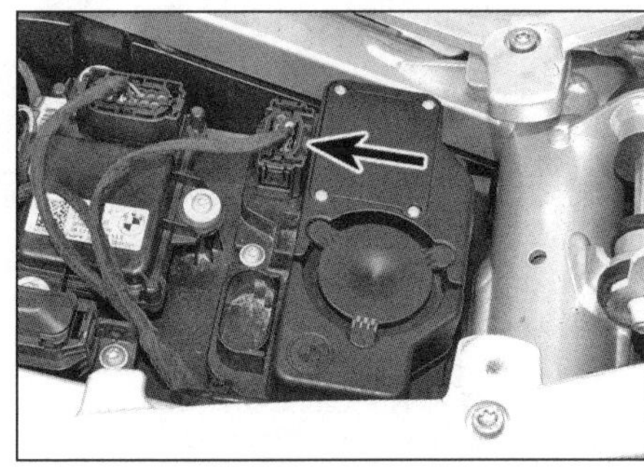

4.11e . . . oder trennen Sie ihn vom Alarmanlagen-Steuergerät.

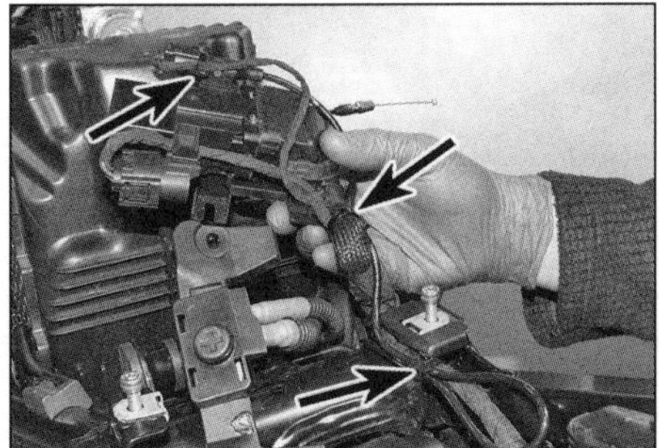

4.11f Öffnen Sie die Kabelbinder (Pfeile), um die Verkabelung des Hinterradsensors zu befreien, trennen Sie seinen Stecker und befreien Sie ihm vom Basismodul.

4.11g Öffnen Sie die Kabelbinder . . .

4.11h . . . und befreien Sie den Relaishalter.

4.12 Befreien und trennen Sie den Stecker des Ventils.

4.13a Lösen Sie die Schraube und heben Sie den Schalter unter Beachtung seiner Einbaulage ab.

12 Trennen Sie bei Modellen mit Verdunstungsregelung den Stecker des Rückführungsventils (siehe Abbildung).

13 Trennen Sie den Seitenständerschalter und befreien Sie das Schalterkabel sowie den Kupplungsschlauch vom Heckrahmen (siehe Abbildungen).

14 Befreien Sie das Kabel des Hinterrad-Bremslichtschalters und trennen Sie den Stecker (siehe Abbildungen). Öffnen Sie alle Kabelbinder, die das Kabel an der Bremsleitung und am Heckrahmen sichern, und befreien Sie es – merken Sie sich seine Verlegung.

15 Befreien Sie das Kabel des Lufttemperatursensors vom Luftfiltergehäuse und trennen Sie seinen Stecker (siehe Abbildungen).

16 Stützen Sie den Motor ab – BMW bietet hierfür eine Hebevorrichtung samt Adapter (Teilenummern 001 571, 001 572 und 001 575) an; nötigenfalls kann auch eine Abstützung wie gezeigt selbst gebaut werden (siehe Abbildungen). Wir haben zusätzlich die Zylinder mit Spanngurten an der Hebebühne gesichert (siehe Abbildung) – hierzu müssen zunächst die Zündspulen entfernt und alle Kabel der in den Zylinderköpfen sitzenden Sensoren befreit werden (siehe Schritt 28); achten Sie darauf, dass die Spanngurte nicht die Sensoren berühren (siehe Abbildungen). Falls keine Hebebühne vorhanden ist, kann eine große und dicke Sperrholzplatte unter den Motor gelegt werden, sodass die Stütze mittig darauf steht;

4.13b Öffnen Sie die Kabelbinder, um das Kabel des Seitenständers und den Kupplungsschlauch zu befreien; lösen Sie den Schlauch auch aus der Klemme (A).

4.14a Befreien Sie das Kabel des Hinterrad-Bremslichtschalters vom Fußrastenträger (gezeigt an der R nineT von 2017) . . .

4.14b . . . und trennen Sie seinen Stecker.

4.15a Das Lufttemperatursensorkabel ist bei der R nineT bis 2016 in zwei Clips . . .

jetzt können die Spanngurte unter der Platte entlang geführt werden, sodass der Motor dagegen verzurrt werden kann. Wichtig ist, dass der Motor sicher gehalten wird und in keine Richtung umkippen kann, während die Rahmen-Segmente demontiert werden (hierbei verlagert sich der Schwerpunkt!). Zum Schluss steht nur noch der Motor samt Getriebe auf der Bühne oder der Platte (siehe Abbildung).

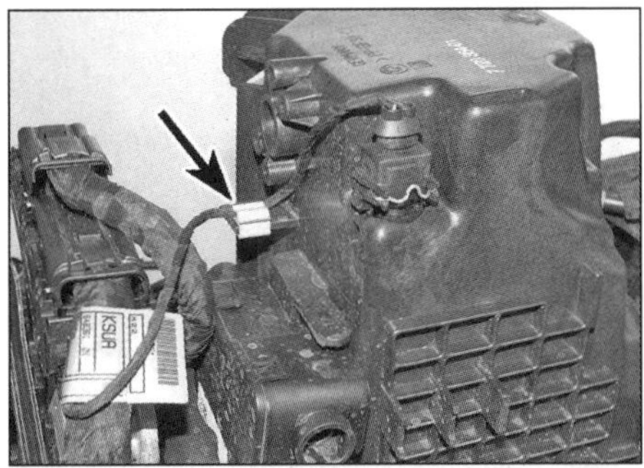

4.15b ... und bei allen anderen Modellen in einem Clip am Luftfiltergehäuse gesichert.

4.15c Drücken Sie den Drahtbügel ein, um den Stecker vom Sensor zu trennen.

4.16a Wir haben einen großen Rangierwagenheber unter den Motor gestellt und ein Stück Holz zwischen ihn und den vorderen Bereich des Motors gelegt, um ihn waagerecht zu halten.

4.16b Der Motor wurde dann mit dem Wagenheber verschraubt – an der Ölwanne befindet sich eine Bohrung für den BMW-Adapter.

4.16c Um die Zylinderköpfe und unter der Hebebühne entlang geführte Spanngurte sorgen für seitliche Stabilität...

4.16d ...– beachten Sie, dass die Gurte nicht die Sensoren beschädigen.

4.16e Nachdem der Frontrahmen und der Heckrahmen entfernt sind, bleibt die gut gesicherte Antriebseinheit übrig.

2

4.19a Lösen Sie den Drahtbügel, drücken Sie ihn herum, ...

4.19b ... ziehen Sie ihn heraus ...

4.19c ... und ziehen Sie den Kugelkopf des Schaltgestänges ab.

4.20a Anschlussschrauben der Hinterrad-Bremsleitungen am ABS-Modulator

4.20b Befreien Sie die äußere Bremsleitung, ...

4.20c ... ziehen Sie die Clips heraus ...

Heckrahmen

17 Entfernen Sie das Hinterrad (siehe Kapitel 5).

18 Demontieren Sie den Stoßdämpfer, die Schwinge und die Kardanwelle (siehe Kapitel 4).

19 Entfernen Sie den Drahtbügel, der das Schaltgestänge am Schaltwellenhebel sichert, und ziehen Sie den Kugelkopf ab (siehe Abbildungen).

20 Umwickeln Sie den ABS-Modulator mit einem sauberen Lappen, um Bremsflüssigkeitsspritzer aufzunehmen. Lösen Sie dann die Anschlussschrauben der Hinterrad-Bremsleitungen (siehe Abbildung) – die Dichtscheiben müssen später erneuert werden. Dichten Sie die Öffnungen des Modulators und die Leitungen ab, um keinen Schmutz eindringen zu lassen. Befreien Sie die Bremsleitung aus dem äußeren unteren Clip und ziehen Sie dann die Clips aus dem Rahmen, um das innere Rohr aus dem unteren Clip zu befreien (siehe Abbildungen). Positionieren Sie die Leitungen so, dass sie frei sind und zusammen mit dem Heckrahmen entfernt werden können.

21 Prüfen Sie, ob alle mit dem Frontrahmen und dem Motor verbundenen Kabel und Leitungen vom Heckrahmen befreit sind. Genauso müssen alle mit dem Heckrahmen verbundenen Kabel und Leitungen vom Motor und Frontrahmen getrennt sein (siehe Abbildung).

22 Lassen Sie einen Assistenten den Heckrahmen abstützen und lösen Sie seine Befestigungen zum Motor und Getriebe: rechts je eine oben (M10), unten (M12) und hinten (M8) und links je eine oben (M10) und unten (M12).

4.20d ... und befreien Sie die innere Leitung.

Ziehen Sie dann den Heckrahmen vorsichtig nach hinten ab (siehe Abbildungen).

23 Falls das Getriebe vom Motor getrennt werden soll, muss jetzt der Anlasser demontiert werden (siehe Kapitel 7).

24 Jetzt kann das Getriebe vom Motor getrennt werden – um es zu überholen, Zugang zur Kupplung zu erhalten oder das Gewicht des Motors zu reduzieren, falls dieser auf die Werkbank gehoben werden soll (siehe Sektion 26).

Frontrahmen

25 Entfernen Sie das Motorsteuergerät (DME) (siehe Kapitel 3, Sektion 15) und lösen Sie die Schrauben seines Halters (siehe Abbildungen).

26 Trennen Sie den Lichtmaschinenstecker und ziehen Sie dann die Kappe der Anschlussmutter ab, um diese zu lösen und das Hauptstromkabel zu befreien (siehe Abbildungen). Demontieren Sie nötigenfalls die Lichtmaschine, um das Gewicht des Motors zu reduzieren (siehe Kapitel 7).

4.21 Achten Sie auf alle zu lösenden Kabelbinder – gezeigt an der R nineT von 2016.

27 Lösen Sie oben am Motorgehäuse die Schraube des Massekabels und befreien Sie dies (siehe Abbildung).

28 Demontieren Sie die Primär- und Sekundär-Zündspulen (siehe Kapitel 1, Sektion 11) und befreien Sie deren Kabel vom Motor. Trennen Sie rechts am Motor die Stecker des Nockenwellensensors, des Temperatursensors und des Klopfsensors (siehe Abbildungen). Schneiden Sie den Kabelbinder auf, der die Kabel am Zylinder sichert, und lösen Sie die Schraube des Massekabels (siehe Abbildung). Öffnen Sie links am Motor den Kabelbinder und trennen Sie den Stecker des Klopfsensors. Lösen Sie die Schraube, die das Massekabel am Zylinderkopf sichert.

4.22a Lösen Sie zuerst die Schraube hinten am Getriebe, ...

4.22b ... dann an beiden Seiten die untere Schraube ...

4.22c ... und schließlich an beiden Seiten die obere Schraube, um den Heckrahmen zu befreien.

4.25a Die Halterung des Motorsteuergerät ist links mit einer...

4.25b ... und rechts mit zwei Schrauben gesichert.

4.26a Trennen Sie den Lichtmaschinenstecker.

4.26b Ziehen Sie dann die Kappe der Anschlussmutter ab ...

4.26c ... und befreien Sie das Hauptstromkabel.

4.27 Schraube des Massekabels

4.28a Trennen Sie die Stecker des Nockenwellensensors, ...

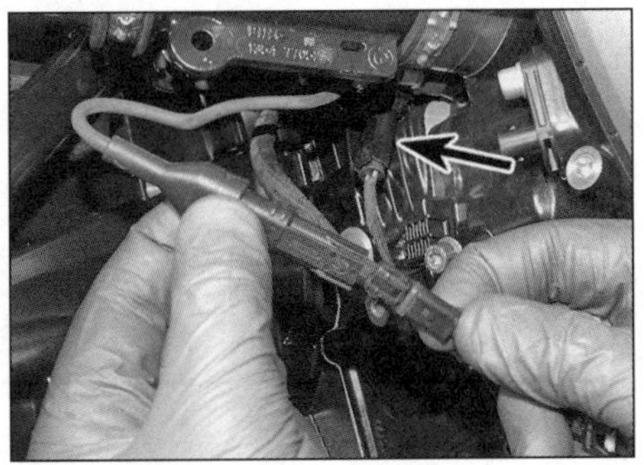
4.28b ... des Temperatursensors und des Klopfsensors (Pfeil).

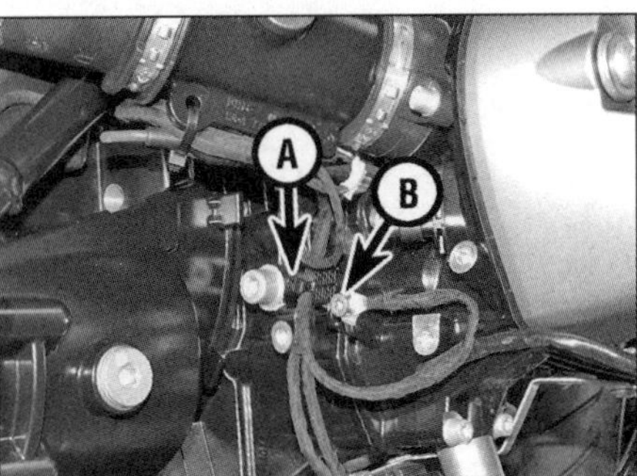

4.28c Öffnen Sie den Kabelbinder (A) und lösen Sie die Schraube des Massekabels (B).

4.29 Stecker des Öltemperatursensors

4.30 Stecker des Kurbelwellensensors

4.31 Stecker des Öldruckschalters (nur bei R nineT bis 2016)

4.32 Stecker des rechten vorderen Blinkerkabels

4.33 Stellen Sie das Schwallblech sicher.

4.34a Entfernen Sie die Kappe und lösen Sie die Mutter des Batteriekabels.

4.34b Ziehen Sie den Stecker ab.

4.35a Befreien Sie den Stecker des Gangsensors aus dem Halter, ...

4.35b ... öffnen Sie den Kabelbinder und trennen Sie den Stecker.

4.36a Befreien Sie den Kupplungs-Ausrückzylinder ...

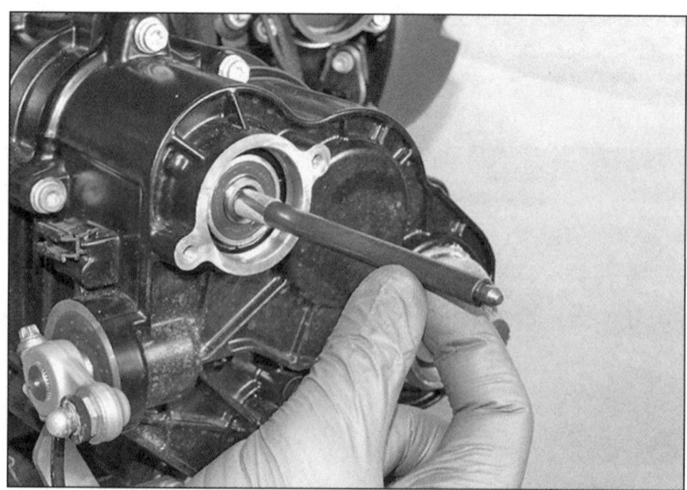

4.36b ... und ziehen Sie die Kupplungs-Druckstange heraus.

4.37 Die zusätzliche Stütze unter der Gabelbrücke stützt den Motor samt Frontrahmen nach dem Ausbau der Gabel.

29 Trennen Sie den Stecker des Öltemperatursensors (siehe Abbildung).
30 Befreien und trennen Sie den Stecker des Kurbelwellensensors (siehe Abbildung).
31 Trennen Sie bei der R nineT bis 2016 links am Motor den Stecker des Öldruckschalters (siehe Abbildung).
32 Befreien und trennen Sie bei allen Modellen außer der Urban G/S an beiden Seiten die Stecker der vorderen Blinkerkabel (siehe Abbildung).
33 Entfernen Sie den Ölkühler samt seiner Leitungen und der Blinker (außer bei der Urban G/S). Entfernen Sie dann den rechten Rohrstutzen – beachten Sie dazu die Hinweise in Sektion 6. Entfernen Sie das Schwallblech oben aus dem Thermostaten (siehe Abbildung). Umwickeln Sie die Enden der Leitungen z. B. mit Frischhaltefolie, um keinen Schmutz eindringen zu lassen. Beim Verbinden muss das linke Rohr mit einer neuen Dichtscheibe und das rechte Rohr mit einem neuen O-Ring ausgerüstet werden.
34 Falls der Anlasser am Motor verbleiben soll, muss die Kappe der Anschlussmutter abgezogen, diese gelöst und das Batteriekabel getrennt werden. Trennen Sie dann den Kabelstecker (siehe Abbildungen).
35 Befreien und trennen Sie den Stecker des Gangsensors (siehe Abbildungen).
36 Lösen Sie hinten am Getriebe die Schrauben, die den Kupplungs-Ausrückzylinder daran sichern. Positionieren Sie den Zylinder abseits des Motors, sodass er zusammen mit dem Frontrahmen entfernt werden kann (siehe Abbildung). Ziehen Sie die Kupplungs-Druckstange heraus, um sie sicherzustellen (siehe Abbildung) – beachten Sie ihre Einbaurichtung und den an ihr sitzenden Dichtring.
37 Prüfen Sie, ob alle Kabel, Schläuche und Rohre von der Antriebseinheit getrennt sind, und stellen Sie sicher, sodass sie beim Ausbau des Frontrahmens gut abgestützt ist (siehe Abbildung).
38 Entfernen Sie den Scheinwerfer (siehe Kapitel 7), das Vorderrad (siehe Kapitel 5) und die Gabelholme (siehe Kapitel 4).
39 Schützen Sie die Zylinderkühlrippen mit Lappen oder Klebeband, um sie bei der Demontage des Frontrahmens nicht zu beschädigen.
40 Lösen Sie an beiden Seiten die hinteren Schrauben, die den Frontrahmen mit dem Motor verbinden (siehe Abbildung). Lösen Sie die Muttern von den vorderen und mittleren Schrauben (siehe Abbildung). Notieren Sie die Einbaurichtungen der Schrauben, um sie wieder genauso zu installieren; bei dem von uns fotografierten Modell waren die Schrauben von links eingesetzt und rechts die Muttern aufgedreht. Bei R der nineT bis 2016 kann unter dem Kopf der mittleren Schraube eine Scheibe liegen.

4.40a Lösen Sie an beiden Seiten die hinteren Schrauben.

4.40b Lösen Sie die Muttern von den vorderen und mittleren Schrauben.

4.41a Ziehen Sie die Schrauben heraus . . .

4.41b . . . und heben Sie den Frontrahmen vorsichtig ab.

41 Lassen Sie einen Assistenten den Frontrahmen halten, ziehen Sie die vorderen und mittleren Schrauben heraus und heben Sie den Frontrahmen vorsichtig ab (siehe Abbildungen).

Warnung: Der Motor ist sehr schwer. Es wird wärmstens empfohlen, ihn mit der Hilfe von mindestens einem Assistenten anzuheben. Ein herunterfallender Motor kann schwere Verletzungen hervorrufen und selbst stark beschädigt werden.

Einbau

42 Der Einbau entspricht der umgekehrten Ausbaureihenfolge – beachten Sie dabei folgende Punkte:

- Bei der R nineT bis 2016 muss die Führungshülse für die mittlere Schraube des Frontrahmens samt ihrer O-Ringe, der Schraube und der Mutter durch Neuteile ersetzt werden – stecken Sie sie in die Schraubenbohrung oben im Motorgehäuse.
- Stellen Sie sicher, dass die Antriebseinheit in der richtigen Höhe für die Montage der Front- und Heck-Baugruppen steht und sicher abgestützt ist.
- Achten Sie bei der Montage des Frontrahmens darauf, dass keine Kabel zwischen Motor und Rahmen eingequetscht werden. Alle Kabel müssen korrekt verlegt und gesichert werden.
- Reinigen Sie die Gewinde der Frontrahmen-Schrauben und tragen Sie frische Sicherungspaste auf. Installieren Sie die Schrauben von der ursprünglichen Seite und ziehen Sie sie bzw. die Muttern zunächst handfest an. Ziehen Sie sie anschließend in der folgenden Reihenfolge an: zuerst die rechte hintere Schraube mit 38 Nm; kontern Sie dann den Kopf der vorderen Schraube und ziehen Sie ihre Mutter mit 100 Nm an; kontern Sie anschließend den Kopf der mittleren Schraube und ziehen Sie ihre Mutter mit 70 Nm an. Ziehen Sie schließlich die linke hintere Schraube mit 38 Nm an.
- Schließen Sie die Ölkühlerleitungen an (siehe Sektion 6).
- Montieren Sie das Getriebe (siehe Sektion 26).
- Schieben Sie die Kupplungs-Druckstange ein und montieren Sie den Ausrückzylinder hinten ans Getriebe (Abbildungen 4.36b und a).
- Montieren Sie ggf. den Anlasser, bevor der Heckrahmen angeschraubt wird.
- Achten Sie bei der Montage des Heckrahmens darauf, dass keine Kabel zwischen Motor und Rahmen eingequetscht werden. Alle Kabel müssen korrekt verlegt und gesichert werden. Erneuern Sie entweder die oberen Schrauben des Heckrahmens oder reinigen Sie die Gewinde der alten Schrauben und tragen Sie frische Sicherungspaste auf. Installieren Sie alle Schrauben zunächst

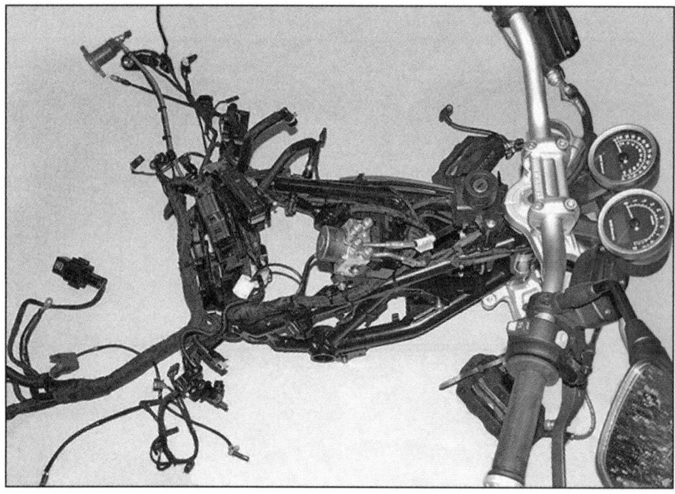

4.41c Der befreite Frontrahmen samt Gabelbrücken, Bremssätteln und anderen Anbauteilen.

4.42 Verwenden Sie beim Anschließen der Bremsleitungen neue Dichtscheiben.

handfest und ziehen Sie dann an beiden Seiten die oberen M10-Schrauben mit 38 Nm, die unteren M12-Schrauben mit 66 Nm und rechts die hintere M8-Schraube mit 19 Nm an.

- Installieren Sie die Gabelholme, die Kardanwelle, die Schwinge samt Endantrieb und den Stoßdämpfer (siehe Kapitel 4).
- Montieren Sie die Bremssättel und die Räder (siehe Kapitel 5).
- Verbinden Sie die Bremsleitungen unter Verwendung neuer Dichtscheiben mit dem ABS-Modulator (siehe Abbildung). Füllen Sie das Bremssystem mit Bremsflüssigkeit auf und entlüften Sie es (siehe Kapitel 5).
- Installieren Sie die Drosselklappengehäuse und die Gasbowdenzüge, wie in Kapitel 3 beschrieben.
- Füllen Sie den Motor und das Getriebe mit den entsprechenden Ölen auf (siehe Kapitel 1).
- Prüfen Sie vor der ersten Fahrt die Funktion aller elektrischen Bauteile sowie der Bremsen und Federelemente.

5 Motorüberholung
Allgemeine Informationen

Zerlegen

1 Vor dem Zerlegen des Motors muss dieser ordentlich gereinigt und entfettet werden. Hierdurch wird einer Verschmutzung der Motorbauteile vorgebeugt und außerdem ein leichteres und sauberes Arbeiten ermöglicht. Mit einem schwer entflammbaren Lösungsmittel (Petroleum oder Kerosin) oder besser noch einem spezielles Maschinen-Entfettungsmittel wie Gunk und alten Pinseln oder Zahnbürsten werden die verschiedenen Ecken und Winkel gereinigt. Passen Sie auf, dass kein Lösungsmittel oder Wasser an elektrische Teile oder in die Ein- und Auslasskanäle gerät.

Warnung: Die Verwendung von Benzin als Reinigungsmittel sollte aufgrund des hohen Entzündungs- und Gesundheitsrisikos vermieden werden.

2 Wenn der Motor sauber und trocken ist, muss ein sauberer Arbeitsbereich geschaffen werden – eine Werkbank eignet sich gut für alle Dinge, die vom Motorrad demontiert wurden. Halten Sie eine Ansammlung von Behältern und Plastiktüten bereit, damit zusammengehörige Einzelteile in übersichtlichen Gruppen gelagert werden können. Papier und Stift sollten für Notizen und Markierungen ebenso vorhanden sein wie ein Vorrat an sauberen Lappen. Ist der Motor ausgebaut worden (siehe Sektion 4), kann er mit einem Assistenten auf die Werkbank gehoben werden.

Eine nützliche Motorhalterung kann aus zu einem Rechteck verschraubten kurzen Kanthölzern (ca. 5 x 10 cm) hergestellt werden. Diese Stütze sollte gerade so groß bemessen sein, dass das Motorgehäuse darin stehen kann. Mit weiteren Holzblöcken können die Zylinder abgestützt werden.

3 Vor Beginn der Arbeit muss man sich die entsprechenden Sektionen durchlesen, um eine genaue Vorstellung von den auszuführenden Tätigkeiten zu erhalten. Bei der Zerlegung der verschiedenen Motorkomponenten sollte man sich merken, dass große Kraftanstrengung kaum nötig ist – es sei denn, dies wird extra erwähnt. In vielen Fällen, in denen sich Teile hartnäckig weigern, auseinanderzugehen, liegt ein unkorrekter Demontageversuch vor. Bei jedem Zweifel muss im Text nachgelesen werden.

4 Beim Zerlegen des Motors müssen »Paare« zusammengepackt werden (Zahnräder, Kolben und Zylinder, Pleuel, Ventile, usw., die im Motor zusammenarbeiten). Diese Paare dürfen nur als Einheit erneuert oder weiterverwendet werden.

5 Die Zerlegung der Motor/Getriebe-Baugruppe muss nach den folgenden generellen Regeln und unter Berücksichtigung der entsprechenden Sektionen vorgenommen werden.

a) *Entfernen Sie den Anlasser (falls noch nicht beim Ausbau des Motors geschehen).*
b) *Entfernen Sie das Getriebe (falls noch nicht beim Ausbau des Motors geschehen).*
c) *Entfernen Sie die Lichtmaschine (siehe Kapitel 7).*
d) *Entfernen Sie die Ventildeckel.*
e) *Entfernen Sie die Steuerkettenspanner.*
f) *Entfernen Sie die Nockenwellen/Schlepphebel-Baugruppen.*
g) *Entfernen Sie die Zylinderköpfe.*
h) *Entfernen Sie die Zylinder.*
i) *Entfernen Sie die Kolben.*
j) *Entfernen Sie die Ausgleichswellen-Zahnräder und die Ausgleichswelle.*
k) *Entfernen Sie die Zwischenwellen-Antriebskette, den Spanner und die Ritzel.*
l) *Entfernen Sie die Ölpumpe.*
m) *Trennen Sie die Motorgehäusehälften.*
n) *Entfernen Sie die Kurbelwelle und Pleuelstangen.*
o) *Entfernen Sie die Zwischenwelle, die Steuerketten und die Spannerschienen.*

6 Der Zugang zur Kupplung, zur Schaltwalze, den Schaltgabeln und den Getriebewellen ist nach dem Trennen des Getriebes möglich.

Zusammenbau

7 Der Zusammenbau erfolgt in der umgekehrten Zerlegungsreihenfolge.

6 Ölkühler und Ölleitungen

Spezialwerkzeug: *Für diese Arbeit wird eine Schlauchschellenzange benötigt (Abbildung 6.8) – BMW bietet unter der Teilenummer 131 500 ein solches Werkzeug an.*

Ölkühler

Anmerkung: *Wenn der Motor gerade in Betrieb war, muss man ihm etwas Zeit zum Abkühlen lassen. Das Öl sickert dabei langsam aus dem Kühler in den Motor, sodass bei der Demontage nicht so viel aufgefangen werden muss.*

1 Der Ölkühler sitzt unter dem Tank vor dem Motor.

2 Demontieren Sie bei allen Modellen außer der Urban G/S die vorderen Blinker (siehe Kapitel 7).

3 Lassen Sie nötigenfalls das Motoröl ab (siehe Kapitel 1). Alternativ muss ein geeigneter Behälter bereitgehalten werden, um das beim Trennen der Ölkühlerleitungen austretende Öl aufzusammeln.

Anmerkung: *Nachdem die Leitungen getrennt wurden, sollten sie aufrecht gesichert und vor eindringendem Schmutz geschützt werden.*

Warnung: Seien Sie beim Trennen der Ölleitungen vorsichtig, um sich nicht am heißen Öl zu verbrennen!

4 Trennen Sie die Schellen der Ölschläuche (siehe Abbildung) und ziehen Sie diese ab – hebeln Sie sie nötigenfalls etwas vom Stutzen ab, um Silikonspray einzusprühen und das Abziehen zu erleichtern.

6.4 Eine Quetschschelle lässt sich am einfachsten mit einem Seitenschneider öffnen.

6.5 Lösen Sie die zwei Schrauben und entfernen Sie den Kühler.

6.7 Entfernen Sie die Hülsen und kontrollieren Sie die Gummibuchsen.

6.8 Sichern Sie die Ölkühlerschläuche mit Schraubschellen oder verpressen Sie neue Quetschschellen mit dem korrekten Werkzeug.

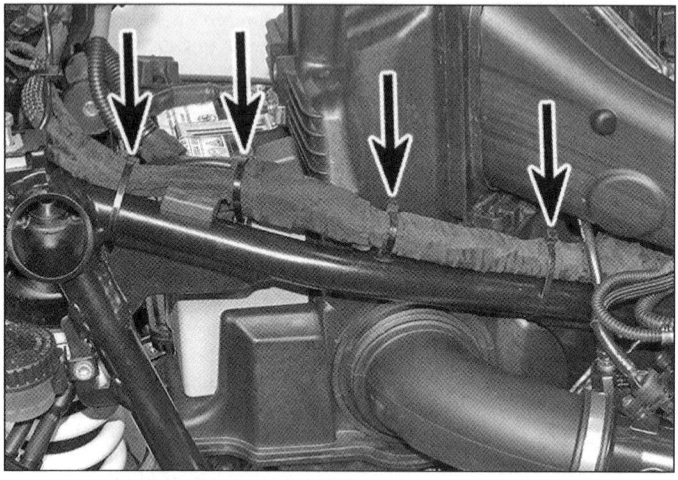

6.11a Schneiden Sie die Kabelbinder auf, um den Kabelbaum vom Rahmen zu befreien.

6.11b Lösen Sie oben und unten die Clips des Ansaugrohrs, ...

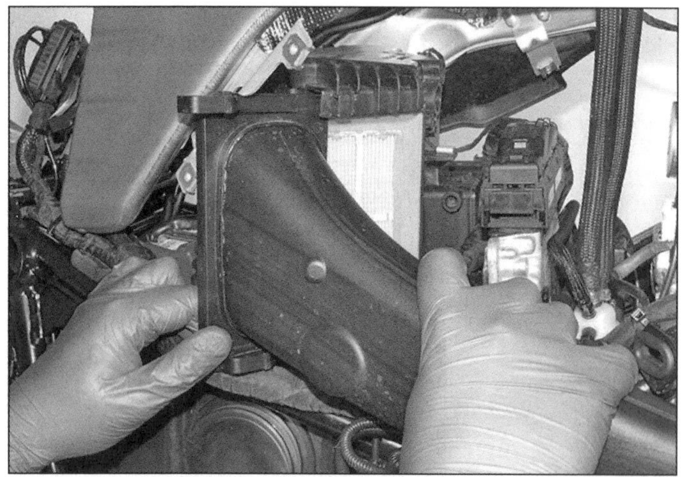

6.11c ... drücken Sie den Kabelbaum herunter und ziehen Sie das Rohr zur Seite ab, ...

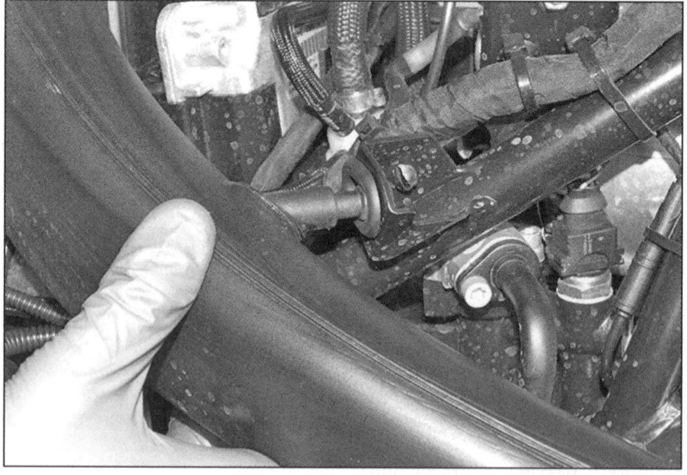

6.11d ... um den Zapfen aus der Gummiöse zu befreien.

5 Lösen Sie die zwei Ölkühler-Schrauben und entfernen Sie den Kühler (siehe Abbildung) – beachten Sie die Hülsen in den Gummibuchsen (Abbildung 6.7).

6 Kontrollieren Sie den Ölkühler auf sichtbare Schäden und befreien Sie ihn von der Rückseite her mit Wasser oder vorsichtig eingesetzter Druckluft von Partikeln, Insekten und Ablagerungen, die den Luftstrom behindern können. Wenn die Kühlrippen verbogen sind, können Sie vorsichtig mit einem kleinen Schraubendreher wieder gerichtet werden.

6.12a Lösen Sie die Schraube des Rohrhalters.

6.12b Lösen Sie die Anschlussschraube und ziehen Sie das Rohr heraus.

6.12c Lösen Sie die Schrauben des Stutzens . . .

Verbogene oder abgebrochene Rippen beeinträchtigen die Kühlwirkung, sodass der Motor überhitzen kann. Ein stark beschädigter Ölkühler muss ersetzt werden.

7 Kontrollieren Sie die Gummiösen des Ölkühlers und erneuern Sie sie nötigenfalls (siehe Abbildung).

8 Der Einbau entspricht der umgekehrten Ausbaureihenfolge. Sichern Sie die Schläuche mit neuen Schellen – besorgen Sie sich welche zum Schrauben oder die Original-Schellen und eine Spezialzange (siehe Abbildung). Ziehen Sie die Ölkühlerschrauben mit 8 Nm an.

9 Kontrollieren Sie den Motorölpegel und füllen Sie ggf. Öl nach (siehe *Tägliche Kontrollen* und Kapitel 1).

Ölleitungen

10 Stützen Sie das Motorrad senkrecht ab; falls kein geeigneter Montageständer vorhanden ist und das Motorrad nur auf dem Seitenständer stehen kann, muss das Motoröl abgelassen werden, bevor links am Motor die Rücklaufleitung getrennt wird.

11 Um Zugang zur rechts sitzenden Zufuhrleitung zu erhalten, muss der Tank entfernt werden (siehe Kapitel 3). Befreien Sie unterhalb des Ansaugrohrs den Kabelbaum vom Rahmenrohr (siehe Abbildung). Lösen Sie die oberen und unteren Clips, die das Ansaugrohr am Luftfiltergehäuse sichern, ziehen Sie nach außen und befreien Sie seinen Zapfen aus der Gummiöse, um ihn zu entfernen (siehe Abbildungen).

12 Um rechts die Zulaufleitung zu trennen, muss zuerst ihr oberes Ende vom Ölkühler getrennt werden (siehe Schritt 4). Lösen Sie die Schraube des Rohrhalters und die Schraube, die das Rohr im Stutzen oben am Motorgehäuse sichern, und ziehen Sie das Rohr heraus (siehe Abbildungen). Lösen Sie nötigenfalls die Schrauben, die den Stutzen am Motor sichern, und ziehen Sie ihn ab (siehe Abbildungen) – seien Sie beim Trennen auf austretendes Öl vorbereitet und merken Sie sich die Einbaurichtung der Leitung. Verlieren Sie nicht das Ölleitblech oben am Thermostaten (Abbildung 4.33). Entfernen Sie die O-Ringe vom Rohr und unten vom Stutzen (siehe Abbildungen).

6.12d . . . und ziehen Sie diesen ab.

6.12f O-Ring am Anschlussstutzen

13 Um links die Rücklaufleitung zu trennen, muss zuerst ihr oberes Ende vom Ölkühler getrennt werden (siehe Schritt 4). Lösen Sie die Schraube des Rohrhalters und die Anschlussschraube am Motorgehäuse; seien Sie auf austretendes Öl vorbereitet und stellen Sie die Dichtscheibe sicher (siehe Abbildung). Entfernen Sie das Rohr unter Beachtung seiner Einbaurichtung.

14 Bevor rechts die Zulaufleitung verbunden wird, müssen alle Dichtflächen gereinigt werden. Rüsten Sie den Stutzen (falls entfernt) und das Rohr mit einem neuen O-Ring aus und schmieren Sie diese(n) mit frischem Motoröl (Abbildungen 6.12f und e). Drücken Sie den Stutzen ins Motorgehäuse und/oder das Rohr in den Stutzen und ziehen Sie die Schraube(n) mit 8 Nm an (Abbildungen 6.12d, c und b). Installieren Sie die Schraube des Rohrhalters (Abbildung 6.12a).

6.12e O-Ring am Rohrstutzen

6.13 Rücklaufrohr-Befestigungsschraube (A) und Anschlussschraube (B)

15 Bevor links die Rücklaufleitung verbunden wird, müssen alle Dichtflächen am Motorgehäuse, am Rohranschluss und an der Anschlussschraube gereinigt werden. Rüsten Sie den Anschluss an beiden Seiten mit neuen Dichtscheiben aus, installieren Sie die Schraube und ziehen Sie sie mit 35 Nm an (Abbildung 6.13). Installieren Sie die Schraube des Rohrhalters.

16 Kontrollieren Sie den Motorölpegel und füllen Sie ggf. Öl nach (siehe *Tägliche Kontrollen*).

7.3a Lösen Sie die Ventildeckelschrauben . . .

7.3b . . . und ziehen Sie den Deckel ab.

7.4a Entnehmen Sie die äußere Ventildeckeldichtung . . .

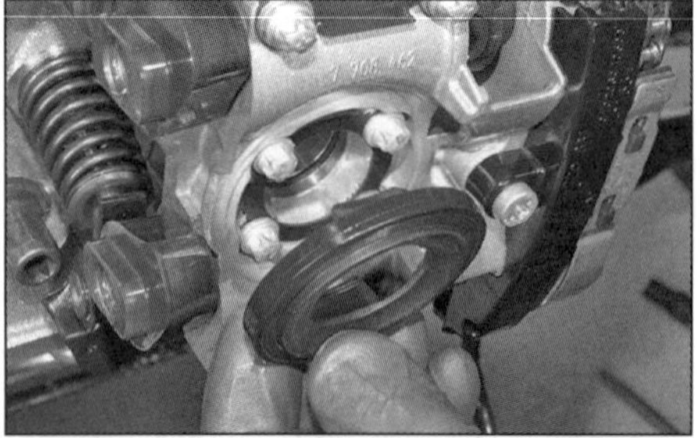
7.4b . . . und den Dichtring der Zündkerzenbohrung.

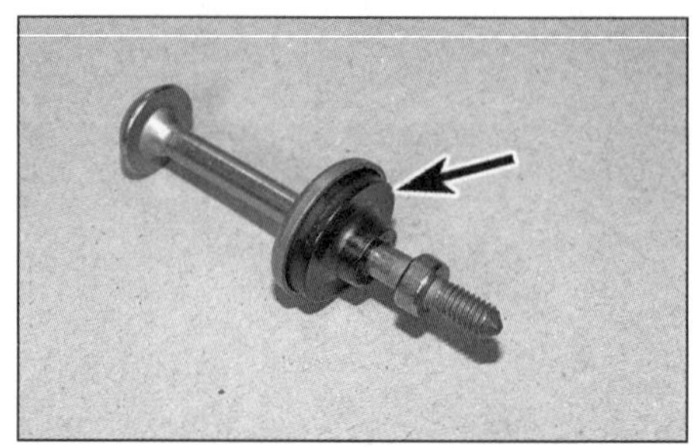
7.5 Dichtstopfen der Ventildeckelschrauben

7 Ventildeckel

Ausbau

1 Stützen Sie das Motorrad senkrecht ab. Entfernen Sie den Zündspulen-Kerzenstecker der Primär-Zündkerze (siehe Kapitel 1, Sektion 11).

2 Positionieren Sie einen Behälter unter dem Ventildeckel, um austretendes Öl aufzufangen, wenn dieser entfernt wird.

3 Lösen Sie die Ventildeckelschrauben und ziehen Sie den Deckel vom Zylinderkopf (siehe Abbildungen). Falls er klemmt, muss er rundherum mit einem weichen Hammer oder Holz abgeklopft werden – versuchen Sie nicht, ihn abzuhebeln, da dies die Dichtflächen zerstören würde.

4 Beachten Sie die innere und äußere Ventildeckeldichtung und stellen Sie sie nötigenfalls sicher (siehe Abbildungen).

5 Inspizieren Sie die Schrauben-Dichtungen (siehe Abbildung). Wenn sie beschädigt oder spröde sind oder nicht mehr richtig abdichten, müssen neue Schrauben beschafft werden – die Dichtungen lassen sich nicht separat ersetzen.

6 Beachten Sie die Einbaulage des Stützblocks und stellen Sie ihn ggf. sicher, falls er locker ist (siehe Abbildung). Lösen Sie nötigenfalls die Schraube der Deckelstütze und entnehmen Sie diese (siehe Abbildung).

7 Die innere und äußere Ventildeckeldichtung ist wiederverwendbar, solange keine Beschädigungen oder Porösität auftreten. Bei Anzeichen von Undichtigkeit müssen sie ersetzt werden.

Einbau

8 Reinigen Sie die Dichtflächen des Zylinderkopfes und des Ventildeckels mit Lösungsmittel. Beachten Sie, dass der rechte Deckel den Öleinfüllstopfen beinhaltet.

9 Falls entfernt, wird das Gewinde der Deckelstützen-Schraube gereinigt und mit Sicherungspaste (mittelfest) versehen, bevor die Stütze angesetzt und die Schraube sorgfältig angezogen wird (Abbildungen 7.6c und b). Stellen Sie sicher, dass der Stützblock fest in seinen Sitz gedrückt ist (Abbildung 7.6a).

10 Legen Sie die äußere Ventildeckeldichtung so auf den Zylinderkopf, dass die Halbkreise um die Angüsse im Kopf liegen (Abbildung 7.4a). Legen Sie die innere Dichtung um die Zündkerzenbohrung (siehe Abbildungen). Drücken Sie die innere Dichtung auf – ihre Laschen müssen wie gezeigt ausgerichtet sein.

11 Stellen Sie sicher, dass die Öffnung der Sicherungsscheibe am oberen Auslass-Schlepphebels zum Zylinderkopf zeigt (siehe Abbildung).

12 Setzen Sie den Ventildeckel so an den Zylinderkopf, dass die Dichtungen in Position bleiben, ziehen Sie die Schrauben dann zunächst handfest an (Abbildungen 7.3b und a).

13 Wenn der Ventildeckel korrekt sitzt, werden seine Schrauben mit 10 Nm angezogen.

14 Installieren Sie den Zündspulen-Kerzenstecker der Primär-Zündkerze (siehe Kapitel 1, Sektion 11).

15 Kontrollieren Sie den Motorölpegel und füllen Sie ggf. Öl nach (siehe *Tägliche Kontrollen*).

7.6a Entnehmen Sie den Stützblock.

7.6b Lösen Sie die Schraube der Deckelstütze.

7.10a Die Arretierpunkte der Dichtung müssen korrekt ins Gehäuse greifen.

7.10b Installieren Sie die innere Dichtung mit den Laschen nach unten und oben, sodass sie in die Ausschnitte greifen.

7.11 Der Sicherungsring des oberen Auslassventils muss wie gezeigt verdreht sein.

8 Steuerkettenspanner

Anmerkung: *Die Steuerkettenspanner können bei eingebautem Motor demontiert werden.*
Spezialwerkzeug: Für diese Prozedur wird ein OT-Arretierstift benötigt (siehe Schritt 8).

Ausbau

1 Der linke Steuerkettenspanner sitzt oben am Zylinder, der rechte sitzt unten am Zylinder (siehe Abbildungen).
2 Stützen Sie das Motorrad mit einer geeigneten Stütze senkrecht ab.
3 Entfernen Sie die Primär-Zündkerzen (siehe Kapitel 1).

Linker Kettenspanner

4 Befreien Sie das linke Drosselklappengehäuse (siehe Kapitel 3) und sichern Sie es mit einem Kabelbinder, um den Gaszug nicht unter Last zu setzen.
5 Demontieren Sie den Ventildeckel (siehe Sektion 7).
6 Bevor der Kettenspanner entfernt werden kann, muss der Kolben des linken Zylinders in den oberen Totpunkt (OT) des Verdichtungstaktes gebracht werden. Lassen Sie hierzu einen Assistenten das Hinterrad bei eingelegtem hohen Gang vorwärts drehen – oder entfernen Sie den vorderen Motordeckel und drehen Sie die Kurbelwelle mit einem am unteren Riemenrad angesetzten Schlüssel im Uhrzeigersinn.

Achtung: Drehen Sie den Motor immer nur in die normale Drehrichtung!

7 Bei im Verdichtungs-OT stehendem Kolben sind alle Ventile des Zylinders geschlossen und die Steuerzeitenmarkierungen an den Enden der Nockenwellen zeigen zueinander (siehe Abbildung).
8 Stecken Sie den OT-Arretierstift in die Bohrung rechts in der Kupplungsglocke (vorne am Getriebegehäuse) (siehe Abbildung). Der Stift muss durch die Kupplung bis in eine Bohrung im Motorgehäuse geführt werden. BMW bietet für diesen Zweck ein Spezialwerkzeug (Teilenummer 112 650) an, doch lässt sich ein passender Stift auch leicht selbst anfertigen (siehe *Werkzeug-Tipp*).

8.1a Steuerkettenspanner des linken Zylinders

8.1b Steuerkettenspanner des rechten Zylinders

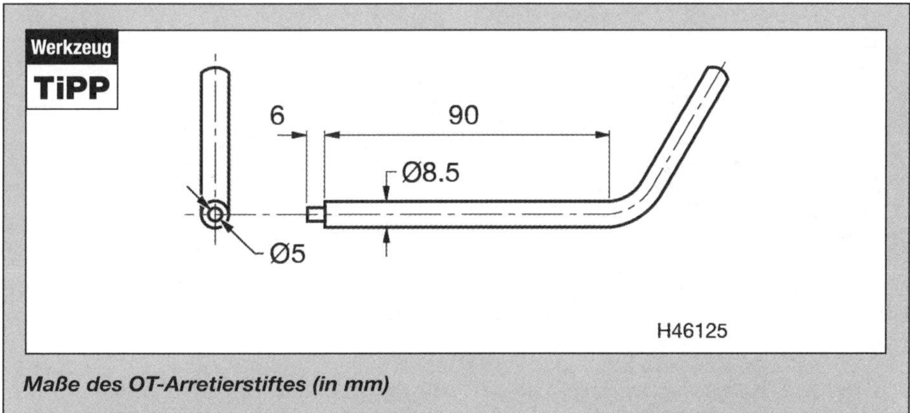

Maße des OT-Arretierstiftes (in mm)

8.7 Korrekte Ausrichtung der Steuerzeitenmarkierungen

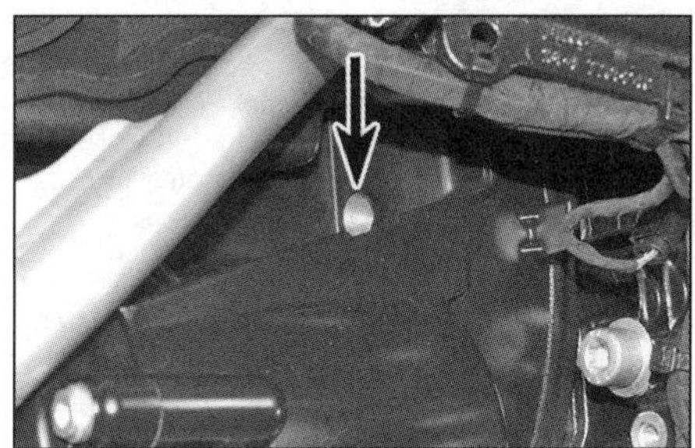
8.8 Stecken Sie den OT-Arretierstift in die Bohrung rechts in der Kupplungsglocke.

2

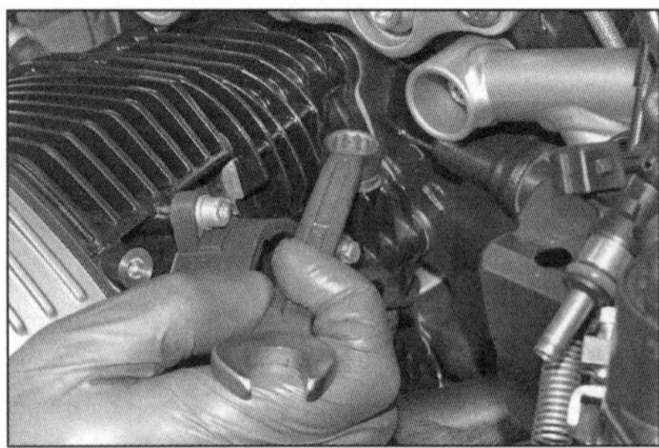
8.9a Lösen Sie den linken Steuerkettenspanner...

8.9b ... und ziehen Sie ihn heraus.

8.9c Entfernen Sie die Feder...

8.9d ... und ziehen Sie mit einem Magneten und den Kolben heraus.

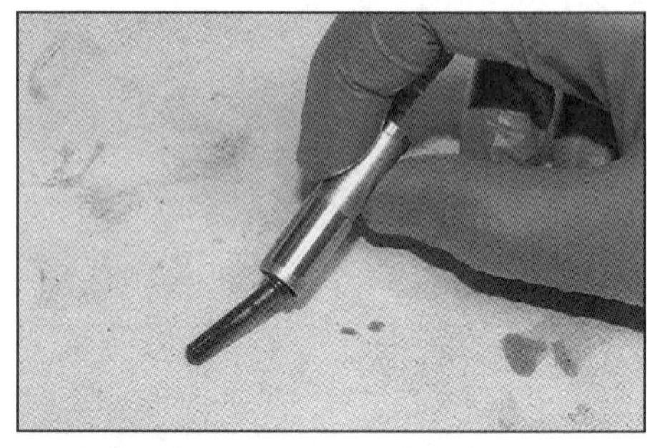
8.9e Klopfen Sie die Feder-Führung aus dem Kolben.

8.15 Bauen Sie den rechten Steuerkettenspanner aus.

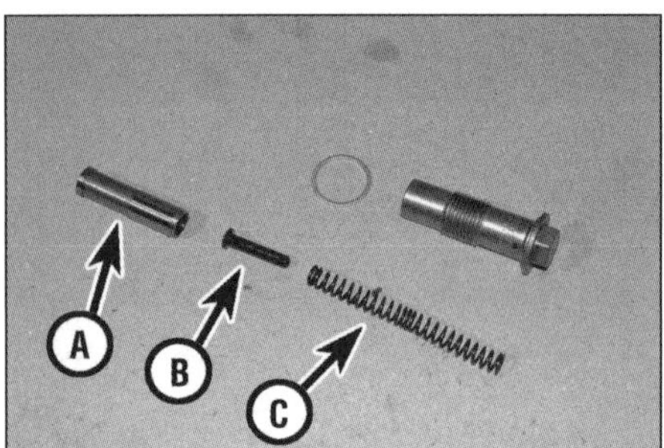

8.16a Kolben (A), Feder-Führung (B) und Feder (C) des linken Steuerkettenspanners

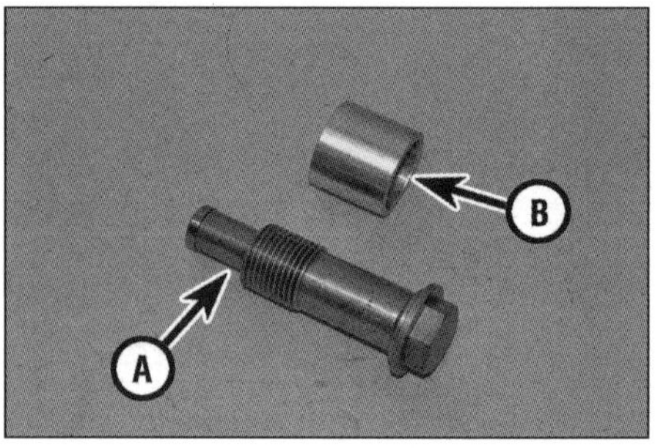

8.16b Kolbenbaugruppe (A) und Hülse (B) des rechten Steuerkettenspanners

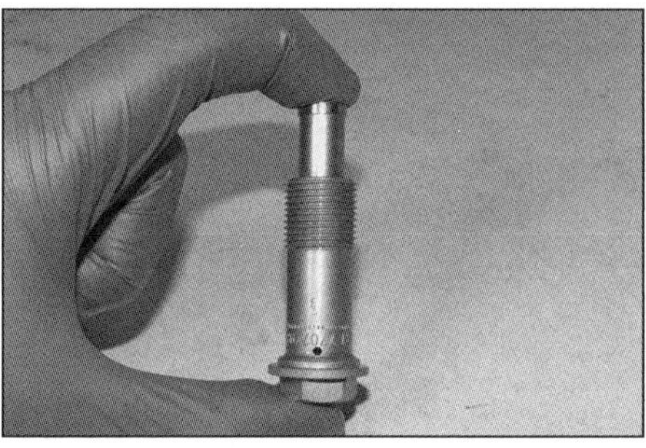
8.17 Prüfen Sie die Funktion des Steuerkettenspanners.

9 Lösen Sie den Steuerkettenspanner und ziehen Sie ihn heraus (siehe Abbildungen) – die Dichtscheibe muss später erneuert werden (Abbildung 8.21c). Entfernen Sie die Feder und den Kolben, befreien Sie anschließend die Feder-Führung aus dem Kolben (siehe Abbildungen).
10 Folgen Sie den Hinweisen in den Schritten 16 bis 18, um den Spanner zu kontrollieren.

Rechter Kettenspanner

11 Demontieren Sie den Ventildeckel (siehe Sektion 7).
12 Bevor der Kettenspanner entfernt werden kann, muss der Kolben des rechten Zylinders in den oberen Totpunkt (OT) des Verdichtungstaktes gebracht werden – folgen Sie hierzu den Hinweisen in Schritt 6.

Achtung: Drehen Sie den Motor immer nur in die normale Drehrichtung!

13 Bei im Verdichtungs-OT stehendem Kolben sind alle Ventile des Zylinders geschlossen und die Steuerzeitenmarkierungen an den Enden der Nockenwellen zeigen zueinander (Abbildung 8.7).
14 Stecken Sie den OT-Arretierstift in die Bohrung rechts in der Kupplungsglocke (siehe Schritt 8).
15 Stellen Sie einen Behälter unter den Motor, in den austretendes Motoröl ablaufen kann. Lösen Sie den Steuerkettenspanner und ziehen Sie ihn heraus – beachten Sie die Hülse (siehe Abbildung).

Kontrolle

16 Begutachten Sie die Spanner-Komponenten auf Verschleiß, Riefen und andere Schäden (siehe Abbildungen).
17 Setzen Sie den linken Kettenspanner wieder zusammen Prüfen Sie bei beiden Spannern, ob sich der Spannerkolben frei im Gehäuse bewegen kann und die Feder gut gespannt ist (siehe Abbildung).
18 Wenn irgendwelche Bauteile verschlissen oder schadhaft sind, muss ein neuer Steuerkettenspanner montiert werden.

Einbau

Linker Kettenspanner

19 Stellen Sie sicher, dass der Kolben im Verdichtungs-OT steht und die Steuerzeitenmarkierungen an den Enden der Nockenwellen zueinander zeigen (Abbildung 8.7).
20 Stecken Sie den OT-Arretierstift in die Bohrung rechts in der Kupplungsglocke (Abbildung 8.8).
21 Stecken Sie die Feder-Führung in die Feder und installieren Sie beides zusammen mit der Führung voran in den Kolben (siehe Abbil-

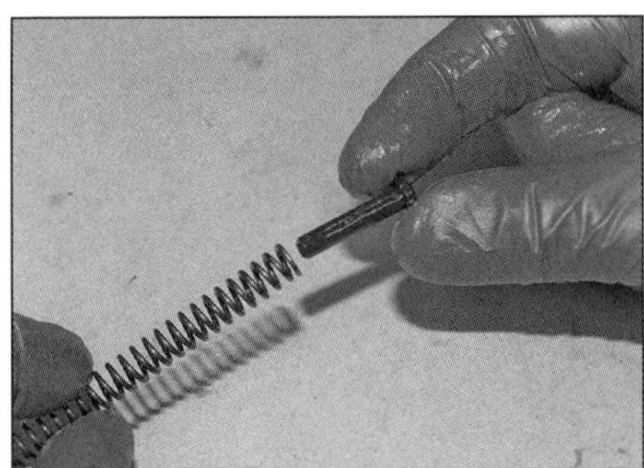
8.21a Stecken Sie die Feder-Führung in die Feder...

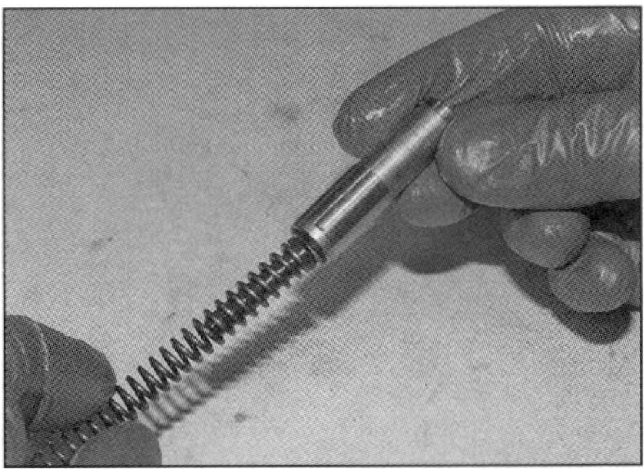
8.21b ... und installieren Sie beides zusammen in den Kolben.

8.21c Rüsten Sie das Spannergehäuse mit einer neuen Dichtscheibe aus.

8.21d Installieren Sie die Spanner-Baugruppe, ...

8.21e ... drücken Sie sie gegen die Feder herunter und drehen Sie sie zunächst von Hand ein, um sicherzugehen, dass sie nicht verkantet.

8.26 Vergessen Sie beim rechten Kettenspanner nicht die Hülse!

dungen). Rüsten Sie das Spannergehäuse mit einer neuen Dichtscheibe aus (siehe Abbildung), installieren Sie die Kolben-Baugruppe, schmieren Sie das Spannergewinde mit etwas Öl und ziehen Sie ihn mit 45 Nm an (siehe Abbildungen).

22 Entfernen Sie den OT-Arretierstift.

23 Montieren Sie alle verbliebenen Komponenten in der umgekehrten Ausbaureihenfolge. Kontrollieren Sie den Motorölpegel und füllen Sie ggf. Öl nach (siehe *Tägliche Kontrollen*).

Rechter Kettenspanner

24 Stellen Sie sicher, dass der Kolben im Verdichtungs-OT steht und die Steuerzeitenmarkierungen an den Enden der Nockenwellen zueinander zeigen (Abbildung 8.7).

25 Stecken Sie den OT-Arretierstift in die Bohrung rechts in der Kupplungsglocke (Abbildung 8.8).

26 Schieben Sie die Hülse über den Spanner (siehe Abbildung), legen Sie eine neue Dichtscheibe auf und ziehen Sie den Spanner mit 45 Nm an.

27 Entfernen Sie den OT-Arretierstift.

28 Montieren Sie alle verbliebenen Komponenten in der umgekehrten Ausbaureihenfolge.

29 Kontrollieren Sie den Motorölpegel und füllen Sie ggf. Öl nach (siehe *Tägliche Kontrollen*).

9 Nockenwellen und Schlepphebel

Achtung: Der Motor muss vollständig abgekühlt sein, bevor mit dieser Arbeit begonnen werden kann – andernfalls besteht die Gefahr des Zylinderkopf-Verzuges!

Anmerkung: *Die Schlepphebel und die Nockenwellen können bei eingebautem Motor demontiert werden. Ignorieren Sie bei ausgebautem Motor entsprechende Schritte.*

Spezialwerkzeuge: *Für diese Arbeit werden ein OT-Arretierstift (siehe Sektion 8), ein Nockenwellen-Arretierwerkzeug (siehe Schritt 45) und ein Steuerkettenspannungs-Einsteller (siehe Schritt 46) benötigt.*

Ausbau

Linke Seite

1 Demontieren Sie den Steuerkettenspanner (siehe Sektion 8).

2 Lösen Sie die Schraube des Motorentlüftungs-Stutzens und entfernen Sie diesen (siehe Abbildungen).

2

9.2a Lösen Sie die Schraube...

9.2b ... und entfernen Sie den Stutzen der Motorentlüftung.

9.3 Schrauben der Nockenwellenritzel.

9.4a Lösen Sie die Schrauben ...

9.4b der oberen Führungsschiene ...

9.4c ... und heben Sie diese ab.

9.5a Entfernen Sie die Ritzelschraube samt Scheibe.

9.5b Beachten Sie die Anschrägung an der Ritzel-Innenseite.

9.6a Entfernen Sie die Schraube und das Entlüftungsrad.

3 Kontern Sie die entsprechende Nockenwelle vorne mit einem 15er-Schlüssel und lockern Sie die Schrauben der Nockenwellenritzel (siehe Abbildung).

4 Lösen Sie die Schrauben der oberen Steuerketten-Führungsschiene und entnehmen Sie diese (siehe Abbildungen).

5 Entfernen Sie die Schraube des oberen Nockenwellenritzels samt Scheibe (siehe Abbildung). Entnehmen Sie das Ritzel unter Beachtung seiner Einbaulage und befreien Sie es aus der Kette (siehe Abbildung).

6 Entfernen Sie die Schraube des unteren Nockenwellenritzels samt Entlüftungsrad (siehe Abbildung). Heben Sie die Kette vom unteren Ritzel ab und entnehmen Sie es unter Beachtung seiner Einbaulage (siehe Abbildung).

7 Lösen Sie den Lagerbolzen der oberen linken Kettenspannerschiene und entnehmen Sie diese (siehe Abbildungen).

9.6b Beachten Sie die Anschrägung an der Ritzel-Innenseite.

9.7a Lösen Sie den Lagerbolzen . . .

9.7b . . . und entfernen Sie die obere Spannerschiene.

9.8a Lösen Sie die sechs Schrauben . . .

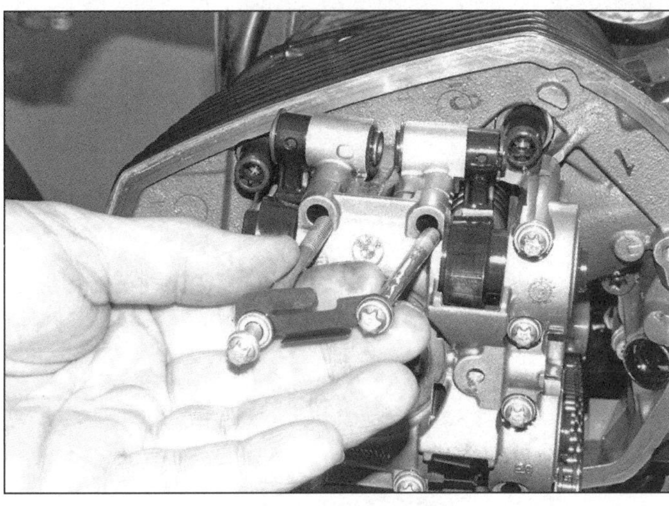

9.8b . . . und entnehmen Sie das Federblech.

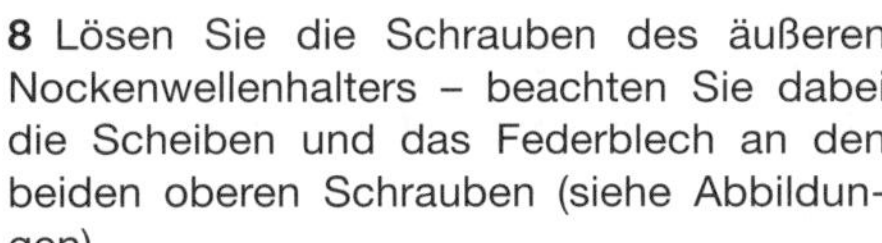

8 Lösen Sie die Schrauben des äußeren Nockenwellenhalters – beachten Sie dabei die Scheiben und das Federblech an den beiden oberen Schrauben (siehe Abbildungen).

9 Lösen Sie um die Primärzündkerzen-Bohrung herum die vier Schrauben und entfernen Sie den Dichtringhalter (siehe Abbildung).

10 Heben Sie den Nockenwellenhalter ab – verlieren Sie dabei nicht die Ventilspiel-Einstellplättchen (siehe Abbildung). Entfernen Sie die untere Dichtung (Abbildung 9.35) – falls sie beschädigt ist, muss sie später erneuert werden.

11 Entfernen Sie die Ventilspiel-Einstellplättchen (»Shims«) (siehe Abbildung) und lagern Sie sie (zusammen mit den Schlepphebeln) so in einem geeigneten und entsprechend markierten Behälter mit acht Fächern oder kleinen Beuteln, damit sie später wieder an ihre ursprünglichen Positionen gelangen können und das korrekte Ventilspiel gewährleistet bleibt.

12 Beachten Sie die im Nockenwellenhalter sitzenden Passstifte und stellen Sie sie sicher, falls sie locker sind (siehe Abbildung).

9.9 Entfernen Sie den Dichtringhalter.

9.10 Entfernen Sie den Nockenwellenhalter.

9.11 Entfernen Sie die Shims.

9.12 Positionen der Passstifte

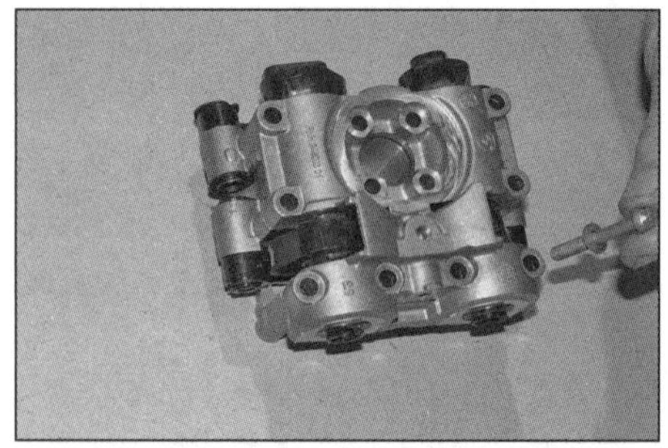

9.13a Lösen Sie die Schraube ...

9.13b ... und heben Sie die obere Nockenwellenhalter-Hälfte ab.

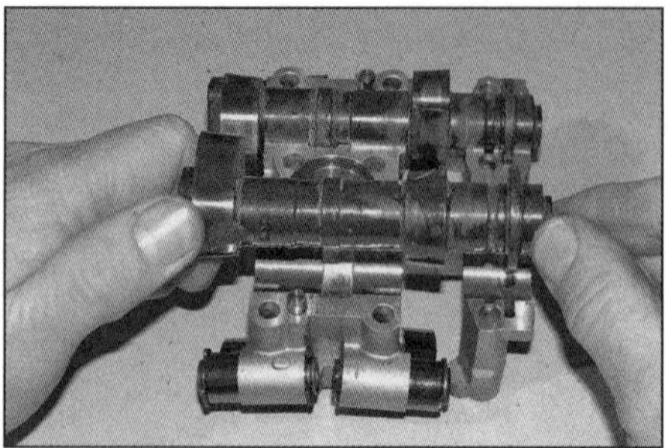

9.14 Heben Sie die Nockenwellen heraus.

9.15a Entnehmen Sie die innere Dichtung.

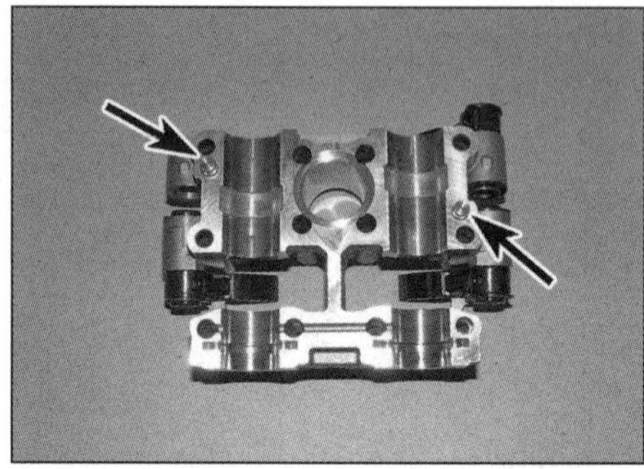
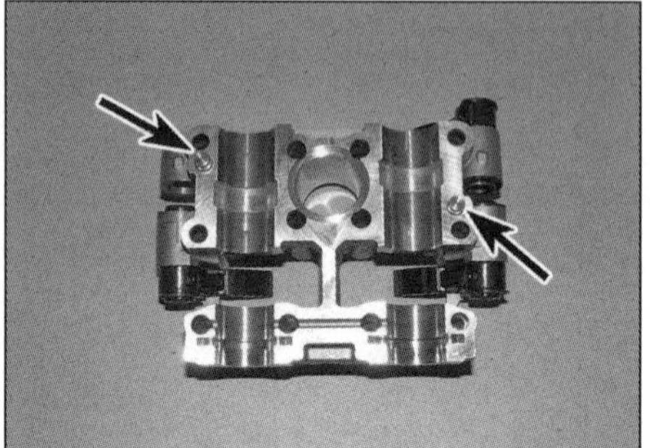

9.15b Beachten Sie die zwei Passstifte.

9.16a Ziehen Sie die Sicherungsscheibe heraus ...

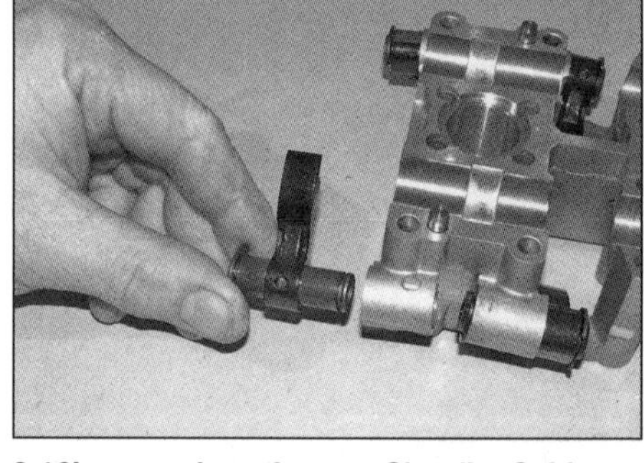

9.16b ... und entfernen Sie die Schlepphebel samt Wellen.

13 Lösen Sie die mit einer Scheibe versehene Schraube, die beide Nockenwellenhalter-Hälften miteinander verbindet, und heben Sie die obere Hälfte ab (siehe Abbildungen).

14 Heben Sie die Nockenwellen heraus – merken Sie sich ihre Einbaupositionen (siehe Abbildung).

15 Entfernen Sie den inneren Dichtring des Nockenwellenhalters (siehe Abbildung) – falls er beschädigt ist, muss er später erneuert werden. Beachten Sie die unten im Nockenwellenhalter sitzenden Passstifte und stellen Sie sie sicher, falls sie locker sind (siehe Abbildung).

16 Ziehen Sie mit einer geeigneten Zange die Sicherungsscheiben ab, mit denen die Schlepphebel und ihre Wellen gesichert sind, und entfernen Sie diese (siehe Abbildungen). Halten Sie Schlepphebel und Wellen zusammen und markieren Sie die Wellen entsprechend ihrer Positionen im Halter. Die Sicherungsscheiben müssen später erneuert werden.

Rechte Seite

17 Demontieren Sie den Steuerkettenspanner (siehe Sektion 8). Falls links die Nocken-

9.18 Lockern Sie die Ritzelschrauben.

9.19a Lösen Sie die Schrauben, ...

9.19b ... um die obere Führungsschiene zu befreien.

9.20a Öffnen Sie den Kabelbinder (A) und lösen Sie die Schraube (B)...

9.20b ... und ziehen Sie den Nockenwellensensor heraus – beachten Sie den O-Ring.

9.21 Entfernen Sie das obere Nockenwellenritzel.

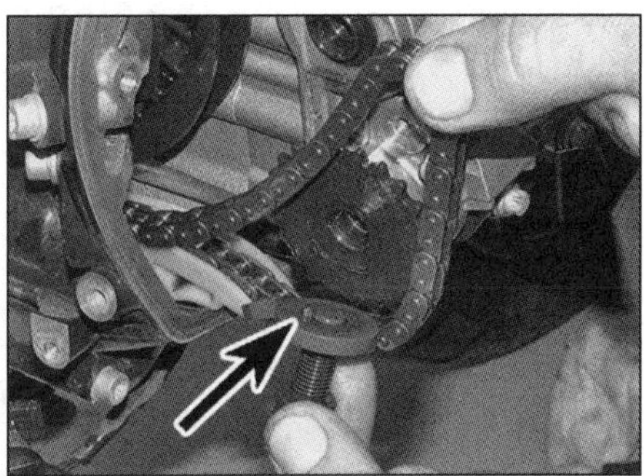

9.22 Beachten Sie die Ausrichtung der Lasche.

wellen bereits demontiert sind, muss die linke Steuerkette stramm gehalten werden, während die Kurbelwelle gedreht wird, um den rechten Kolben in den Verdichtungs-OT zu bringen.

18 Kontern Sie die entsprechende Nockenwelle vorne mit einem 15er-Schlüssel und lockern Sie die Schrauben der Nockenwellenritzel (siehe Abbildung).

19 Lösen Sie die Schrauben der oberen Steuerketten-Führungsschiene und entnehmen Sie diese (siehe Abbildungen).

20 Öffnen Sie den Kabelbinder des Nockenwellensensor-Kabels, lösen Sie die Sensorschraube und ziehen Sie den Sensor aus dem Zylinderkopf (siehe Abbildungen) – der O-Ring muss später erneuert werden.

21 Entfernen Sie die Schraube des oberen Nockenwellenritzels samt Scheibe, ziehen Sie das Ritzel unter Beachtung seiner Einbaulage von der Nockenwelle und befreien Sie es aus der Kette (siehe Abbildung).

22 Entfernen Sie die Schraube des unteren Nockenwellenritzels samt Sensor-Auslöser. Beachten Sie, wie die Lasche innerhalb des Auslösers in die kleine Bohrung des Ritzels greift (siehe Abbildung). Heben Sie die Kette vom unteren Ritzel ab und entnehmen Sie es unter Beachtung seiner Einbaulage.

9.23 Führungsschienen-Schraube

23 Lösen Sie die Schraube der Steuerketten-Führungsschiene (siehe Abbildung).

24 Folgen Sie den Hinweisen in den Schritten 8 bis 16, um die Nockenwellenhalter samt Wellen auszubauen.

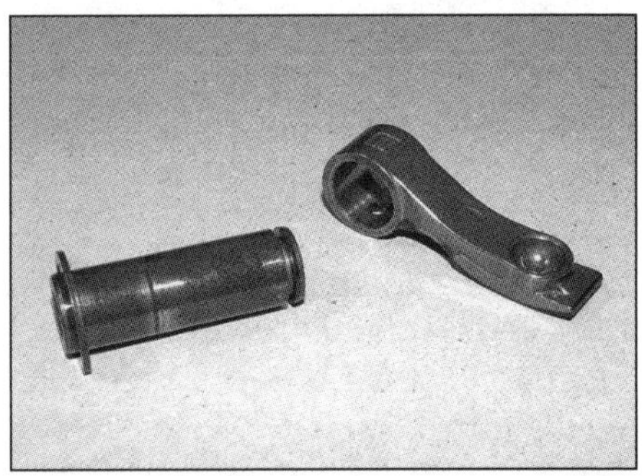

9.25 Prüfen Sie den Schlepphebel und seine Welle auf Verschleiß.

Kontrolle

25 Inspizieren Sie die Lager-Gleitflächen der Schlepphebel auf Verschleiß, Riefen, Abplatzungen und Ausbrüche (siehe Abbildung). Begutachten Sie die Oberflächen der Schlepphebelwellen auf Verschleiß und Ausbrüche. Die Schlepphebel müssen spielfrei auf ihren Wellen gleiten können – in irgendeiner Weise verschlissene Komponenten müssen ersetzt werden.

2

26 Kontrollieren Sie die Lagerflächen des Nockenwellenhalters und die Lagerzapfen der Nockenwellen (siehe Abbildungen).
27 Kontrollieren Sie die Nocken auf Anlassfarben durch Überhitzung (blaue Erscheinung), Kerben, Absplitterungen, Ausbrüche und Risse. Bei Beschädigungen oder starkem Verschleiß muss die Nockenwelle ersetzt werden.
28 Prüfen Sie die Nockenwellenritzel auf Verschleiß, gebrochene Zähne und andere Schäden (siehe Abbildung). Falls ein Ritzel beschädigt ist, müssen auch die Kette und das Antriebsritzel auf der Zwischenwelle genauer untersucht werden (siehe Sektion 25).
29 Blasen Sie möglichst alle Ölkanäle mit Druckluft aus.

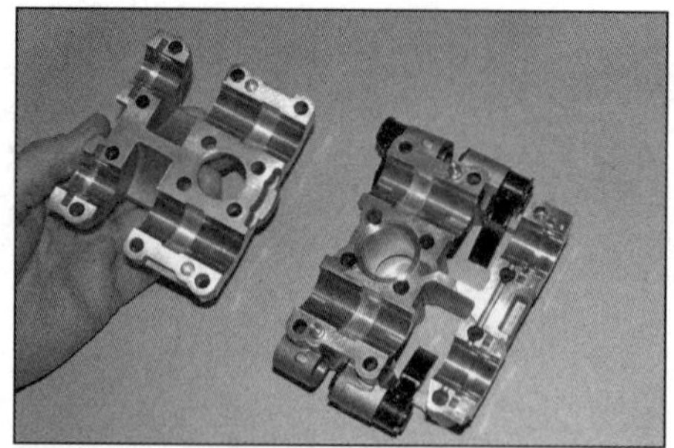

9.26a Begutachten Sie die Lagerflächen der Nockenwellenhalter-Hälften ...

9.26b ... und die Gleitflächen der Nockenwellen auf Verschleiß.

Einbau

Anmerkung: *Falls die Nockenwellen beider Zylinderköpfe demontiert wurden, muss der entsprechende Kolben mithilfe der Steuerzeitenmarkierungen an den Zahnrädern der Kurbelwelle und der Ausgleichswelle in den Verdichtungs-OT gebracht werden (siehe Sektion 17).*

Linke Seite

30 Schmieren Sie die Schlepphebelwellen mit frischem Motor und schieben Sie die Hebel auf. Installieren Sie die Baugruppen in den Halter und sichern Sie sie mit neuen Sicherungsscheiben (Abbildungen 9.16b und a).
31 Stellen Sie sicher, dass die Passhülsen in der unteren Hälfte des Nockenwellenhalters stecken (Abbildung 9.15b). Installieren Sie oben nötigenfalls einen neuen Dichtring (Abbildung 9.15a).
32 Schmieren Sie die Nockenwellen-Lagerflächen und legen Sie die Wellen in den Halter (siehe Abbildung).
33 Drücken Sie die obere Halterhälfte fest auf und installieren Sie die Schraube samt Scheibe zunächst handfest (Abbildungen 9.13b und a).
34 Schmieren Sie die Shims und installieren Sie sie in ihre Schlepphebel-Ausschnitte (Abbildung 9.11). Es ist extrem wichtig, dass die Shims an ihre ursprünglichen Positionen gelangen, da andernfalls das Ventilspiel nicht korrekt ist!
35 Installieren Sie unten nötigenfalls einen neuen Dichtring (siehe Abbildung).
36 Positionieren Sie die Nockenwellen so, dass die Steuerzeitenmarkierungen zueinander zeigen, und setzen Sie den Nockenwellenhalter am Zylinderkopf an (siehe Abbildungen). Installieren Sie die äußeren Befestigungsschrauben samt Scheiben zunächst handfest (Abbildung 9.8a) – vergessen Sie nicht die Scheiben und das Federblech (Abbildung 9.8b).
37 Installieren Sie den Dichtringhalter sowie die Schrauben samt Scheiben (Abbildung 9.9).

9.28 Inspizieren Sie die Nockenwellenritzel auf Verschleiß.

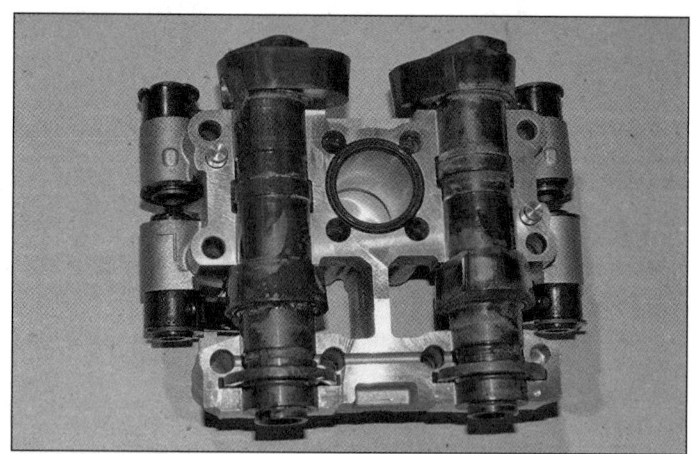

9.32 Einbaupositionen der Nockenwellen

9.35 Installieren Sie die untere Dichtung in den Nockenwellenhalter.

9.36a Richten Sie den Nockenwellenhalter aus ...

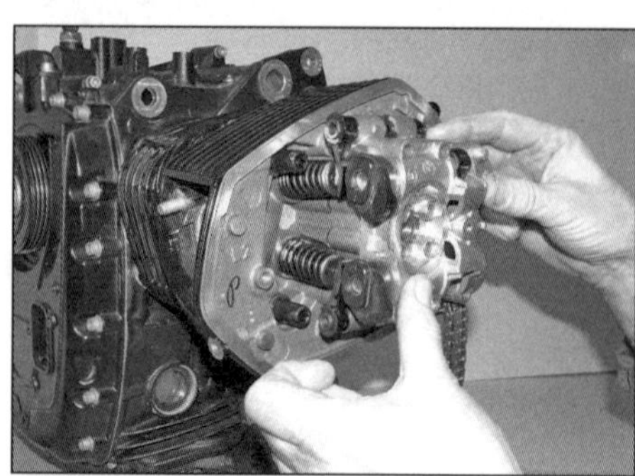

9.36b ... und sichern Sie ihn am Zylinderkopf.

9.45a Richten Sie die Steuerzeitenmarkierungen aus . . .

9.45b . . . und setzen Sie das Arretierwerkzeug an.

9.46a Setzen Sie den Kettenspannungs-Einsteller wie gezeigt ein, . . .

9.46b . . . installieren Sie den Adapter . . .

9.46c . . . und ziehen Sie den Einsteller an.

38 Wenn alle Komponenten korrekt sitzen, werden die Nockenwellenhalter-Schrauben schrittweise und über Kreuz bis zum Drehmoment von 10 Nm angezogen.

39 Montieren Sie die obere Steuerketten-Spannerschiene und ziehen Sie den Lagerbolzen mit 8 Nm an (Abbildungen 9.7b und a).

40 Legen Sie die Steuerkette um das untere Nockenwellenritzel und richten Sie dies mit der abgerundeten Seite zur Nockenwelle aus (Abbildung 9.6b). Installieren Sie das Entlüftungsrad und drehen Sie die Schraube handfest ein (Abbildung 9.6a).

41 Legen Sie die Steuerkette um das obere Nockenwellenritzel und richten Sie dies mit der abgerundeten Seite zur Nockenwelle aus (Abbildung 9.5b). Installieren Sie die Ritzelschraube samt Scheibe und drehen Sie sie handfest ein (Abbildung 9.5a).

42 Installieren Sie die obere Steuerkettenführung und ziehen Sie die Schrauben mit 10 Nm an (Abbildungen 9.4c, b und a).

43 Sichergehend, dass der Kolben im Verdichtungs-OT steht, wird der OT-Arretierstift installiert.

44 Lockern Sie die Befestigungsschrauben der oberen und unteren Nockenwellenritzel, damit die Ritzel ohne die Nockenwellen gedreht werden können.

45 Sichergehend, dass die Steuerzeitenmarkierungen der Nockenwellen korrekt zueinander ausgerichtet sind, wird das Nockenwellen-Arretierwerkzeug (BMW-Teilenummer 111 511) angesetzt (siehe Abbildungen).

46 Um die Spannung der linken Steuerkette korrekt einzustellen, werden das BMW-Werkzeug mit der Teilenummer 111 512 sowie ein Ratschenschlüssel (Teilenummer 111 514) benötigt. Richten Sie den Kettenspannungs-Einsteller so ein, dass der äußere Rand unterhalb des inneren liegt, und installieren Sie ihn (siehe Abbildung). Montieren Sie den Adapter und ziehen Sie mithilfe des Ratschenschlüssels den Einsteller an, bis er auslöst, dann wird er drei weitere Male angeklickt (siehe Abbildungen).

47 Bringen Sie am oberen Nockenwellenritzel einen Tropfen Farbe als Passmarke an (siehe Abbildung).

48 Ziehen Sie den OT-Arretierstift heraus und drehen Sie die Kurbelwelle zwei volle Umdrehungen in die normale Drehrichtung durch – die Nockenwellenritzel machen dabei nur eine Umrundung und kehren zu ihren ursprünglichen, von den Passmarken angezeigten Positionen zurück (Abbildung 9.47). Installieren Sie den OT-Arretierstift wieder.

49 Ziehen Sie den Kettenspannungs-Einsteller an, bis er auslöst, dann wird er ein weiteres Mal angeklickt (Abbildung 9.46c).

50 Ziehen Sie die Nockenwellenritzel-Schrauben mit 65 Nm an (siehe Abbildung).

2

9.47 Markieren Sie die Position des oberen Ritzels.

9.50 Ziehen Sie beide Nockenwellenritzel-Schrauben mit 65 Nm an.

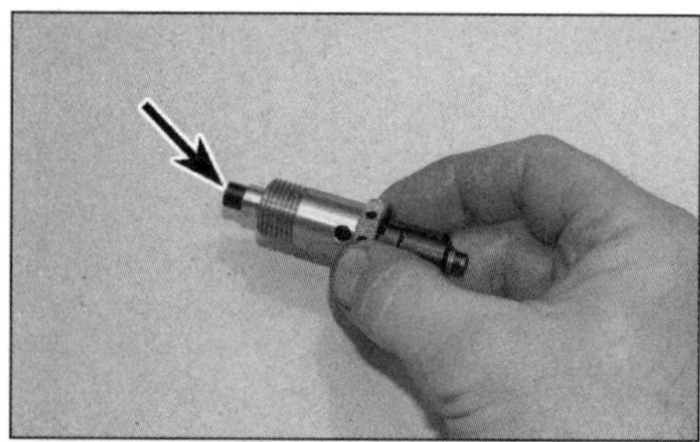

9.64a Richten Sie den Einsteller wie gezeigt ein.

51 Ziehen Sie den OT-Arretierstift heraus und entfernen Sie das Nockenwellen-Arretierwerkzeug.

52 Drehen Sie die Kurbelwelle **gegen** die normale Drehrichtung, bis der Kettenspannungs-Einsteller entlastet ist und entfernt werden kann.

53 Installieren Sie die Steuerkettenspanner-Baugruppe (siehe Sektion 8).

54 Installieren Sie den Stutzen der Motorentlüftung. Reinigen Sie das Gewinde seiner Schraube, versehen Sie es mit Sicherungspaste (mittelfest) und ziehen Sie die Schraube mit 8 Nm an (Abbildungen 9.2b und a).

55 Kontrollieren Sie das Ventilspiel (siehe Kapitel 1).

56 Stellen Sie vor der Montage des Ventildeckels sicher, dass am oberen Auslassventil-Schlepphebel das offene Ende des Sicherungsrings zum Zylinderkopf zeigt (Abbildung 7.11).

57 Installieren Sie die verbliebenen Bauteile in der umgekehrten Ausbaureihenfolge.

Rechte Seite

58 Folgen Sie den Hinweisen in den Schritten 30 bis 38, um die Nockenwellen und ihren Halter zu montieren.

59 Installieren Sie die Schraube der Steuerkettenführungsschiene und ziehen Sie sie mit 8 Nm an (Abbildung 9.23).

60 Folgen Sie den Hinweisen in den Schritten 40 bis 42, um die Steuerkette, die Ritzel und die obere Führungsschiene zu montieren. Stellen Sie sicher, dass der Auslöser des Nockenwellensensors korrekt an der Außenseite des unteren Nockenwellenritzels sitzt.

61 Montieren Sie den Nockenwellensensor mit einem neuen O-Ring und ziehen seine Schraube sorgfältig an (Abbildungen 9.20b und a).

62 Sichergehend, dass der Kolben im Verdichtungs-OT steht, wird der OT-Arretierstift installiert (siehe Sektion 8).

63 Folgen Sie den Hinweisen in den Schritten 44 und 45, um die Schrauben der Nockenwellenritzel zu lockern und das Nockenwellen-Arretierwerkzeug anzusetzen.

64 Um die Spannung der rechten Steuerkette korrekt einzustellen, werden das BMW-Werkzeug mit der Teilenummer 111 512, eine Einsteller-Hülse (Teilenummer 111 513) sowie ein Ratschenschlüssel (Teilenummer 111 514) benötigt. Richten Sie den Kettenspannungs-Einsteller so ein, dass das mittlere Gewinde so weit wie möglich eingedreht ist, installieren Sie dann den Einsteller und die Hülse (siehe Abbildungen). Montieren Sie den Adapter und ziehen Sie mithilfe des Ratschenschlüssels den Einsteller an, bis er auslöst, dann wird er drei weitere Male angeklickt (siehe Abbildung).

65 Bringen Sie am oberen Nockenwellenritzel einen Tropfen Farbe als Passmarke an (siehe Abbildung).

66 Ziehen Sie den OT-Arretierstift heraus und drehen Sie die Kurbelwelle zwei volle Umdrehungen in die normale Drehrichtung durch – die Nockenwellenritzel machen dabei nur eine

9.64b Installieren Sie den Einsteller samt Hülse . . .

9.64c . . . und ziehen Sie ihn an.

9.65 Markieren Sie die Position des oberen Ritzels.

10.7 Entfernen Sie den Schlauch der Motorentlüftung.

10.8a Verfolgen Sie das Kabel des Temperatursensors ...

10.8b ... und trennen Sie seinen Stecker.

10.8c Lösen Sie die Schraube des Massekabels.

10.8d Lösen Sie die Schraube, ...

10.8e ... beachten Sie die Dichtscheibe ...

10.8f ... und entfernen Sie die Steuerketten-Führungsschiene.

Umrundung und kehren zu ihren ursprünglichen, von den Passmarken angezeigten Positionen zurück (Abbildung 9.65). Installieren Sie den OT-Arretierstift wieder.

67 Ziehen Sie den Kettenspannungs-Einsteller an, bis er auslöst, dann wird er ein weiteres Mal angeklickt.

68 Ziehen Sie die Nockenwellenritzel-Schrauben mit 65 Nm an.

69 Folgen Sie den Hinweisen in den Schritten 51 und 52, um den Steuerkettenspanner zu installieren (siehe Sektion 8).

70 Kontrollieren Sie das Ventilspiel (siehe Kapitel 1).

71 Stellen Sie vor der Montage des Ventildeckels sicher, dass am oberen Auslassventil-Schlepphebel das offene Ende des Sicherungsrings zum Zylinderkopf zeigt (Abbildung 7.11).

72 Installieren Sie die verbliebenen Bauteile in der umgekehrten Ausbaureihenfolge.

10 Zylinderköpfe
Ausbau und Einbau

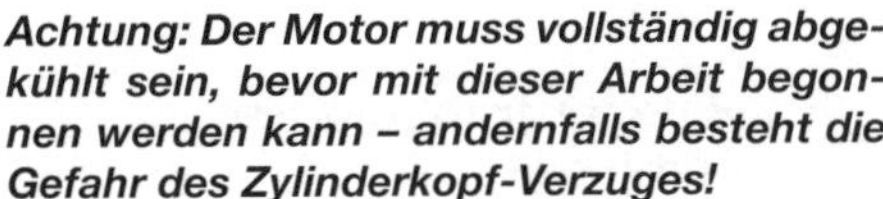

Achtung: Der Motor muss vollständig abgekühlt sein, bevor mit dieser Arbeit begonnen werden kann – andernfalls besteht die Gefahr des Zylinderkopf-Verzuges!

Anmerkung: *Die Zylinderköpfe können bei eingebautem Motor demontiert werden. Ignorieren Sie bei ausgebautem Motor entsprechende Schritte.*

10.9 Entfernen Sie die unteren Abdeckungs-Halterungen.

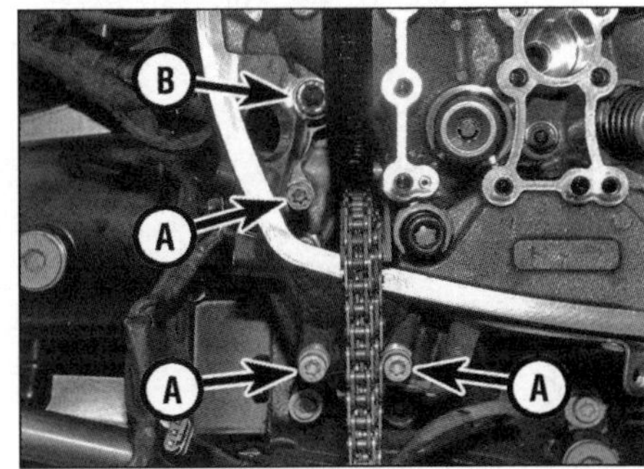

10.10 M6-Schrauben (A), M8-Schraube (B)

Spezialwerkzeug: *Zum Anziehen der Zylinderkopfmuttern wird eine Gradscheibe benötigt.*

Ausbau

1 Trennen Sie das Massekabel (–) von der Batterie (siehe Kapitel 7).

2 Entfernen Sie die Auspuffanlage (siehe Kapitel 3).

3 Entfernen Sie die Drosselklappengehäuse (siehe Kapitel 3).

4 Entfernen Sie die Ventildeckel (siehe Sektion 7).

5 Entfernen Sie die Steuerkettenspanner (siehe Sektion 8).

6 Demontieren Sie die Schlepphebel und Nockenwellen (siehe Sektion 9).

7 Öffnen Sie links am Motor die Schellen des Entlüftungsschlauchs und entfernen Sie diesen (siehe Abbildung sowie Abbildungen 4.7a, b und c). Lösen Sie die Schraube des Massekabels (Abbildung 10.8c).

8 Verfolgen Sie rechts am Motor das Kabel des Temperatursensors und trennen Sie es am Stecker (siehe Abbildungen). Lösen Sie die Schraube des Massekabels (siehe Abbildung). Lösen Sie die Schraube der Steuerketten-Führungsschiene und ziehen Sie diese heraus (siehe Abbildungen) – die Dichtscheibe muss später ersetzt werden.

9 Öffnen Sie unterhalb beider Zylinder die Kabelbinder und entfernen Sie die Halter (siehe Abbildung).

10 Zurzeit nur an einer Motorseite arbeitend werden saubere Lappen in den Steuerkettenschacht gestopft, damit nichts hineinfällt. Lösen Sie dann die drei M6-Schrauben und die einzelne M8-Schraube des Zylinderkopfes (siehe Abbildung).

10.11a Lösen Sie die vier Zylinderkopfmuttern, ...

10.11b ... beachten Sie die Scheiben.

10.12 Ziehen Sie den Zylinderkopf ab.

10.13 Entfernen Sie die Zylinderkopfdichtung.

10.14 Stellen Sie den Passstift und die Passhülse sicher.

11 Lockern Sie schrittweise und über Kreuz die vier Zylinderkopfmuttern und entfernen Sie sie samt ihrer Scheiben (siehe Abbildungen).

12 Ziehen Sie den Zylinderkopf von den Stehbolzen (siehe Abbildung). Falls er klemmt, kann er rund herum mit einem weichen Hammer abgeklopft werden. Keinesfalls darf versucht werden, ihn mit einem Schraubendreher oder Ähnlichem abzuhebeln – dies würde die Dichtfläche zerstören!

10.25 Ziehen Sie die Zylinderkopfmuttern in einem Zug um 75° weiter.

13 Entfernen Sie die Zylinderkopfdichtung (siehe Abbildung).

14 Kontrollieren Sie, ob der Passstift und die Passhülse fest im Zylinder stecken und alle Stehbolzen fest ins Motorgehäuse gedreht sind (siehe Abbildung).

15 Kontrollieren Sie die Zylinderkopfdichtung und die Dichtfläche des Kopfes auf Anzeichen von Undichtigkeit, die ein Indiz für Verzug sein könnte. Die alte Zylinderkopfdichtung muss auf jeden Fall ersetzt werden.

16 Entfernen Sie alle Reste alten Dichtmaterials vom Zylinder und Kopf. Wenn Sie einen Schaber benutzen, achten Sie darauf, das weiche Aluminium nicht zu zerkratzen. Passen Sie auf, dass kein Dichtmaterial in das Kurbelgehäuse oder Ölbohrungen fällt.

17 Entfernen Sie am rechten Zylinderkopf nötigenfalls den Temperatursensor (siehe Kapitel 3).

18 Lösen Sie nötigenfalls die Schrauben des Ansaugstutzens und entfernen Sie diesen unter Beachtung seiner Einbauposition.

Einbau

19 Falls entfernt, wird der Temperatursensor installiert (siehe Kapitel 3). Montieren Sie den Ansaugstutzen und ziehen Sie seine Schrauben mit 8 Nm an.

20 Zurzeit nur an einer Motorseite arbeitend wird sichergestellt, ob die Passhülsen im Zylinder stecken (Abbildung 10.14).

21 Legen Sie die neue Zylinderkopfdichtung über die Stehbolzen und Passungen auf den Zylinder – alle Bohrungen müssen zueinander ausgerichtet sein (Abbildung 10.13). Verwenden Sie auf keinen Fall die alte Dichtung wieder!

22 Setzen Sie den Zylinderkopf vorsichtig über die Stehbolzen auf den Zylinder und führen Sie dabei die Steuerkette und je nach Seite die Spanner- oder Führungsschiene durch den Schacht.

23 Drehen Sie die Zylinderkopfmuttern (mit dem Bund voran) samt Scheiben handfest auf die Stehbolzen (Abbildung 10.11b).

24 Installieren Sie die M8-Schraube sowie die drei M6-Schrauben handfest (Abbildung 10.10).

25 Ziehen Sie die Muttern schrittweise und über Kreuz zunächst mit 20 Nm an. Ziehen Sie sie anschließend im zweiten Durchgang mit einer Gradscheibe (siehe *Werkzeug- und Werkstatt-Tipps*) über Kreuz mit 75° weiter. Wiederholen Sie diesen Durchgang für den Endanzug (siehe Abbildung).

26 Ziehen Sie die M8-Schraube mit 20 Nm an, ziehen Sie dann die drei M6-Schrauben mit 9 Nm an.

27 Installieren Sie rechts die Steuerketten-Führungsschiene (Abbildung 10.8f). Rüsten Sie die Schraube mit einer neuen Dichtscheibe aus und ziehen Sie sie mit 18 Nm an.

28 Folgen Sie den Hinweisen in Sektion 9, um die Schlepphebel und Nockenwellen zu installieren.

29 Montieren Sie die verbliebenen Komponenten in der umgekehrten Ausbaureihenfolge – beachten Sie dabei folgende Punkte:

- Kontrollieren Sie das Ventilspiel und korrigieren Sie es nötigenfalls (siehe Kapitel 1).
- Kontrollieren Sie den Motorölpegel und füllen Sie ggf. Öl nach (siehe *Tägliche Kontrollen*).

11 Zylinderköpfe und Ventile
Überholen

1 Aufgrund der Komplexität dieser Arbeit und der notwendigen Werkzeuge und Ausrüstungen müssen die meisten Motorradbe-

11.8a Die Federpresse muss korrekt auf der Feder und dem Ventilteller sitzen.

11.8b Entfernen Sie die Keile, sobald sie frei sind.

11.9a Entfernen Sie den Federteller...

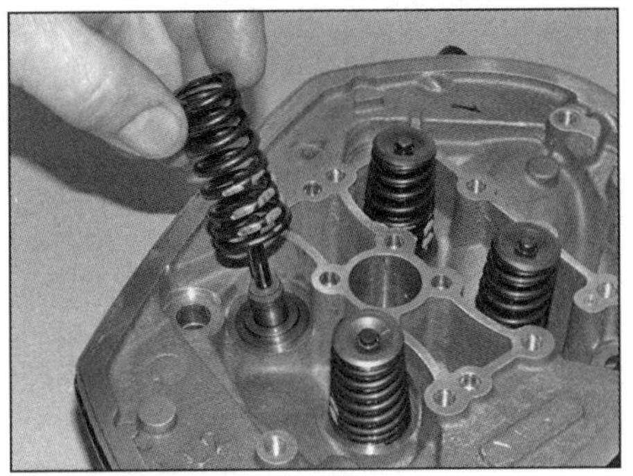

11.9b ... und die Ventilfeder.

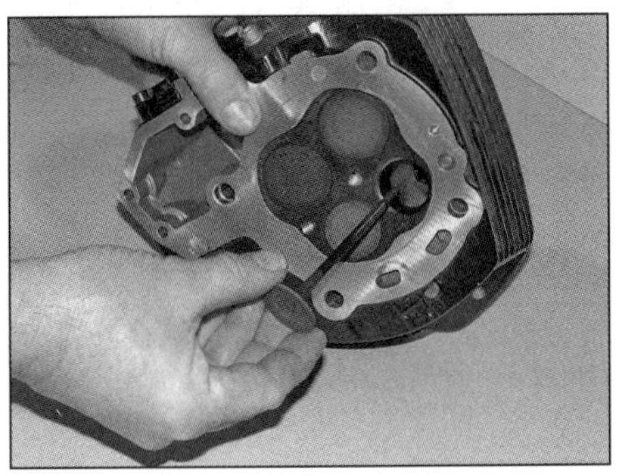

11.10a Ziehen Sie das Ventil heraus.

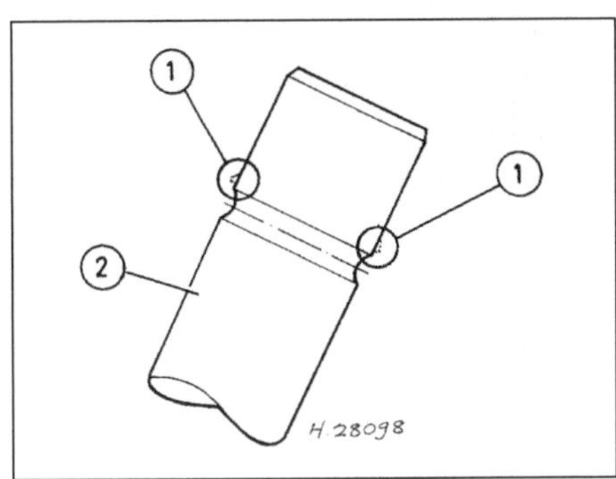

11.10b Falls sich der Ventilschaft (2) nicht durch die Führung ziehen lässt, müssen an den Keilnuten (1) alle Grate entfernt werden.

sitzer Arbeiten an den Ventilen, Ventilsitzen und Ventilführungen einer professionellen Werkstatt überlassen. Ob die Ventile gut sitzen und abdichten, lässt sich jedoch leicht überprüfen, indem man etwas Lösungsmittel in die Ein- und Auslasskanäle füllt und prüft, ob es in den Brennraum sickert – ist dies der Fall, muss das entsprechende Ventil überholt werden.

2 Mithilfe einer für Motorradmotoren geeigneten Ventilfederpresse können die Ventile aus dem Zylinderkopf gebaut und alle Komponenten gereinigt sowie auf Verschleiß überprüft werden. Hierbei lässt sich auch ermessen, wie umfangreich die Überholung ausfallen muss. Wenn die Ventile nicht geschliffen werden müssen, kann der Zylinderkopf wieder zusammengebaut werden.

3 Die Werkstatt wird die Ventile und Federn ausbauen, die Ventile und Ventilsitze überarbeiten oder austauschen, die Ventilführungen erneuern, die Ventilfedern, Keile und Federteller kontrollieren und nötigenfalls ersetzen, außerdem die Ventilschaftdichtungen austauschen und alles wieder montieren.

4 Nach erfolgter Ventilüberholung ist der Zylinderkopf in einem neuwertigen Zustand. Wenn Sie den Kopf zurückerhalten, sollten Sie ihn vor dem Einbau sorgfältig reinigen und von Metallspänen und Schleifmittelresten befreien, die von der Überholung stammen können. Alle Löcher und Kanäle sollten möglichst mit Druckluft ausgeblasen werden.

Zerlegen

Spezialwerkzeug: *Für diese Arbeit ist eine für Motorradmotoren geeignete Ventilfederpresse absolut unerlässlich.*

5 Vor Arbeitsbeginn muss sichergestellt sein, dass die Ventile und ihre zugehörigen Bauteile so gelagert werden, dass später jedes Teil wieder genau an seinen Platz im richtigen Zylinderkopf eingebaut werden kann. Eine Möglichkeit ist die Beschaffung eines Behälters mit acht Fächern (z.B. eines Eierkartons), die für jedes Ventil beschriftet werden (links oder rechts, Ein- oder Auslass, oben oder unten). Alternativ tun es auch beschriftete Plastikbeutel.

6 Entfernen Sie nötigenfalls den Temperatursensor (siehe Kapitel 3) (Abbildung 10.8a) – falls der Zylinderkopf bearbeitet werden muss, besteht die Gefahr einer Beschädigung des Sensors, sodass er besser sichergestellt werden sollte.

7 Falls noch nicht geschehen, muss der Zylinderkopf von allen Resten alter Dichtungen befreit werden. Wenn ein Schaber benutzt wird, muss aufgepasst werden, dass das weiche Aluminium nicht zerkratzt oder abgehobelt wird.

Wechseln Sie zu den Werkzeug- und Werkstatt-Tipps im Anhang, um mehr über das Entfernen von Dichtungen zu erfahren.

8 Drücken Sie die Federn des ersten Ventils mit der Federpresse zusammen – achten Sie darauf, dass sie richtig sitzt (siehe Abbildung) und pressen Sie die Federn nicht mehr als nötig. Entfernen Sie die Keile – entweder mit einer Spitzzange, einer Pinzette, einem Magneten oder einem Schraubendreher mit etwas Fett an der Spitze (siehe Abbildung).

9 Lösen sie vorsichtig die Federpresse und entfernen Sie den Federteller – beachten Sie seine Einbaulage – und die Feder (siehe Abbildungen).

10 Drücken Sie das Ventil in den Kopf und ziehen Sie es nach unten heraus – falls es in der Führung klemmt und sich nicht hindurchziehen lässt, muss es zurückgedrückt und der Bereich um die Keilnut mit einer sehr feinen Feile oder einem Nassschleifstein entgratet werden (siehe Abbildungen).

11.11a Ventilfedersitz

11.11b Ziehen Sie die Ventilschaftdichtung mit einer geeigneten Zange ab.

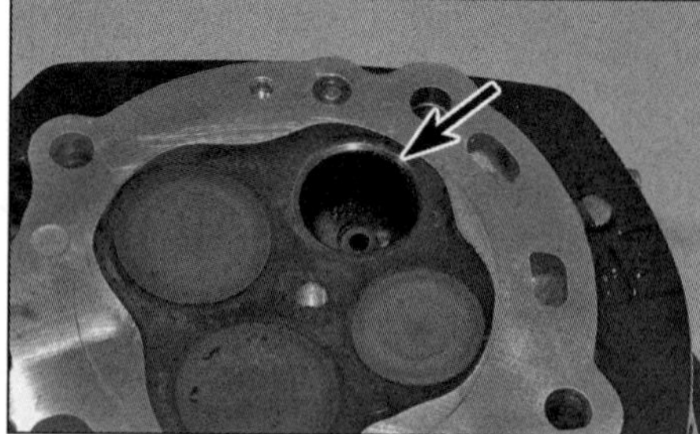

11.17 Begutachten Sie den Ventilsitz.

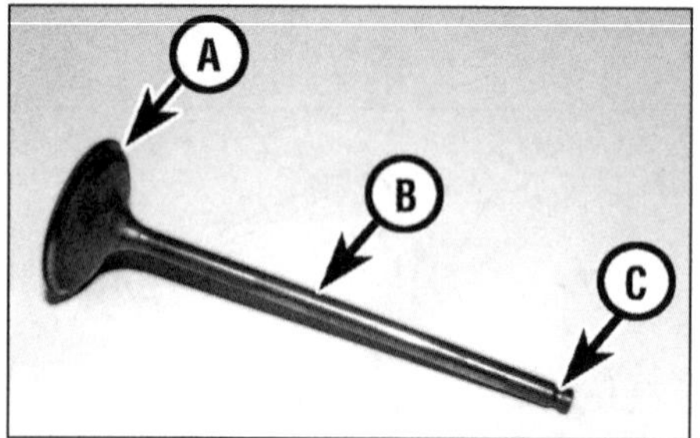

11.18 Ventilteller (A), Ventilschaft (B), Keilnuten (C)

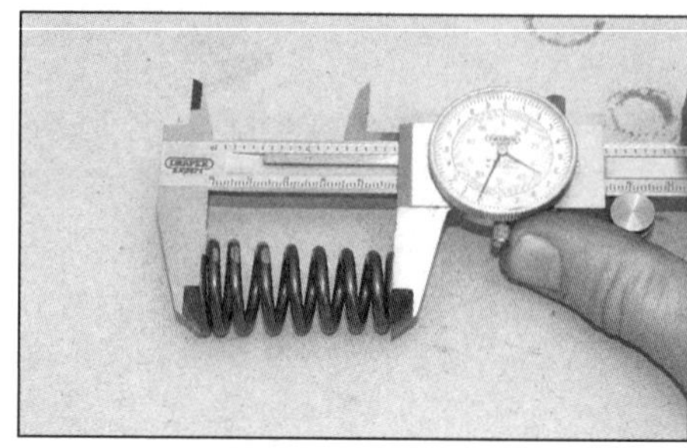

11.20 Messen Sie die freie Länge der Ventilfeder.

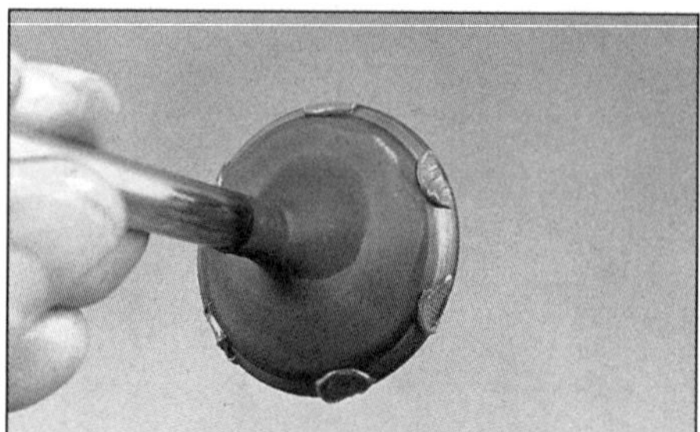

11.24 Geben Sie sparsam und gut verteilt Schleifpaste auf die Dichtflächen – nicht auf den Schaft.

11 Ziehen Sie mit einer Zange oder einem anderen geeigneten Werkzeug die Ventilschaftdichtung von der Ventilführung (siehe Abbildungen) – sie muss später erneuert werden. Beachten Sie die Einbaulage des Federsitzes und nehmen Sie diesen ab.

12 Wiederholen Sie die Prozedur an den anderen Ventilen und achten Sie darauf, dass die Einzelteile genau wieder dem entsprechenden Kanal im Zylinderkopf zugeordnet werden.

13 Kratzen Sie vorsichtig die Kohleablagerungen aus dem Brennraum. Nach einer groben Reinigung kann eine Handdrahtbürste oder Stahlwolle eingesetzt werden – benutzen Sie niemals einen elektrisch betriebenen Drahtbürsten-Aufsatz, da das weiche Aluminium leicht abgetragen werden kann. Als Nächstes wird der Zylinderkopf mit Lösungsmittel gereinigt und sorgfältig getrocknet. Druckluft beschleunigt das Trocknen und sorgt dafür, dass alle Löcher und Ecken sauber werden.

14 Schaben Sie alle Kohleablagerungen von den Ventilen und reinigen Sie Ventilteller und Schäfte anschließend mit einem Drahtbürstenaufsatz für die Bohrmaschine. Achten Sie darauf, dass die Ventile nicht durcheinandergeraten.

15 Reinigen Sie alle Ventilfedern, Keile, Federteller und -Sitze mit Lösungsmittel und trocknen Sie sie sorgfältig. Reinigen Sie immer nur die Teile eines Ventils zurzeit, um Verwechslung zu vermeiden.

Kontrolle

16 Inspizieren Sie den Zylinderkopf sorgfältig auf Risse und andere Beschädigungen. Wenn Risse festgestellt werden, muss der Zylinderkopf gegen ein Neuteil ausgetauscht werden.

17 Begutachten Sie die Ventilsitze im Brennraum (siehe Abbildung). Wenn sie Ausbrüche, Risse oder Verbrennungen zeigen, übersteigt die notwendige Arbeit die Möglichkeiten eines Hobbyschraubers. Prüfen Sie die Breite des Ventilsitzes – wenn sie ungleichmäßig ist, wird eine Ventilsitzüberholung nötig (siehe Schritt 1).

18 Inspizieren Sie den Ventilteller sorgfältig auf Risse, Ausbrüche und verbrannte Stellen und begutachten Sie den Ventilschaft und die Keilnuten auf Riefen und Risse (siehe Abbildung). Drehen Sie das Ventil und kontrollieren Sie dabei, ob es Anzeichen auf Verzug gibt. Begutachten Sie das Ende des Schaftes auf Ausbrüche und übermäßigen Verschleiß. Irgendeines der oben beschriebenen Anzeichen bedeutet, dass das Ventil ersetzt werden muss.

19 Falls die notwendigen Messinstrumente zur Hand sind, werden die Ventile in ihre Führungen gesteckt und das Radialspiel ermittelt. Messen Sie dann den Innendurchmesser der Führung. Vergleichen Sie die Ergebnisse mit den Vorgaben in den technischen Daten – kommt dabei heraus, dass die Führungen verschlissen sind, muss der Zylinderkopf von einer BMW-Werkstatt inspiziert werden.

Anmerkung: *Kohleablagerungen im unteren Bereich der Auslassventilführung(en) weisen auf einen Verschleiß am Schaft oder der Führung hin.*

20 Kontrollieren Sie die Enden der Ventilfedern auf Verschleiß und Ausbrüche. Messen Sie die freie Länge der Federn und vergleichen Sie sie mit den Angaben in den Technischen Daten (siehe Abbildung). Ist eine Feder kürzer, so ist sie ermüdet und es müssen alle Ventilfedern ersetzt werden.

21 Kontrollieren Sie die Federteller und Keile auf sichtbaren Verschleiß und Brüche. Alle fraglichen Teile sollten nicht wiederverwendet werden, da bei ihrem Ausfall im Motorbetrieb sehr große Schäden entstehen können.

22 Wenn die Inspektion erkennen lässt, dass keine Überholung notwendig ist, können die Bauteile des Ventiltriebs wieder in den Zylinderkopf installiert werden.

Zusammenbau

23 Unabhängig von einer vorangegangenen Ventilüberholung müssen die Ventile vor dem Einbau in den Kopf eingeschliffen (geläppt) werden, um die Dichtigkeit an den Ventilsitzen sicherzustellen. Für diese Arbeit benötigt man grobe und feine Ventilschleifpaste sowie einen Ventildreher. Wenn dieses Werkzeug nicht zur Hand ist, kann auch ein Stück Gummi- oder Plastikschlauch über den in der Führung steckenden Ventilschaft geschoben und das Ventil damit gedreht werden.

24 Geben Sie etwas von der groben Schleifpaste auf die Ventildichtfläche (siehe Abbildung). Schmieren Sie den Ventilschaft mit Motoröl und stecken Sie das Ventil in die Führung.

Anmerkung: *Gehen Sie sicher, dass das Ventil in der richtigen Führung steckt, und dass keine Schleifpaste an den Ventilschaft gerät.*

25 Befestigen Sie den Ventildreher (oder den Schlauch) am Ventil und drehen sie ihn zwischen den Handflächen. Hin- und herdrehen ist dem Drehen in einer Richtung vorzuziehen (sie-

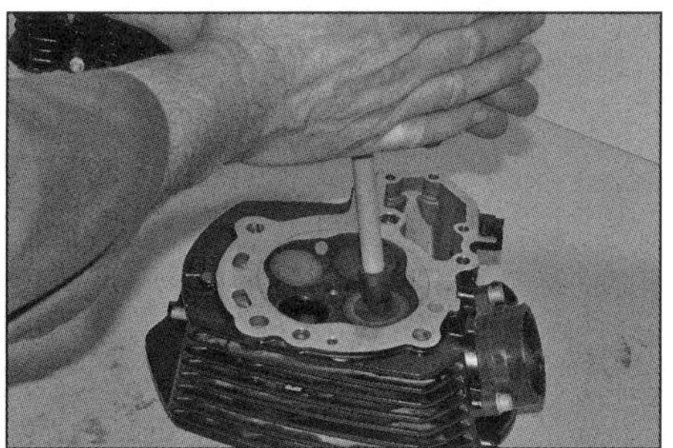

11.25a Bewegen Sie den Ventildreher zwischen den Handflächen hin und her.

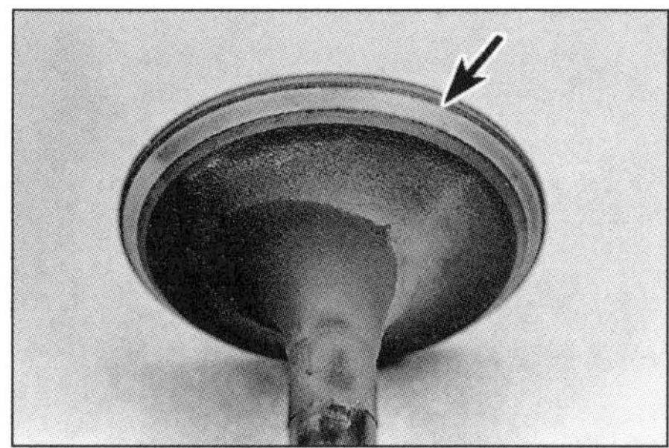

11.25b Der Ventilteller...

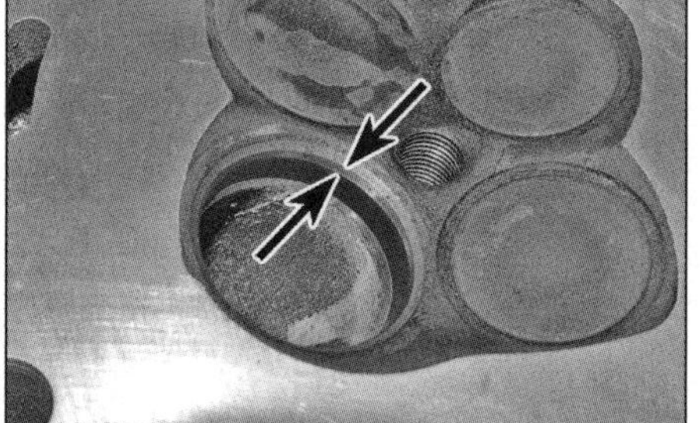

11.25c ... und der Ventilsitz müssen eine gleichmäßige Kontaktfläche aufweisen.

11.30 Drücken Sie die Ventilschaftdichtung auf, bis sie einrastet.

he Abbildung). Heben Sie das Ventil regelmäßig vom Sitz und verteilen Sie die Paste ordentlich. Setzen Sie das Schleifen solange fort, bis die Dichtflächen am Ventil und am Sitz eine gleichmäßige Breite und am ganzen Umfang keine Unterbrechungen haben (siehe Abbildungen).

26 Ziehen Sie vorsichtig das Ventil aus der Führung und wischen Sie alle Schleifpasten-Reste ab. Reinigen Sie das Ventil mit Lösungsmittel und wischen Sie den Ventilsitz sorgfältig mit einem Tuch ab.

27 Wiederholen Sie den Arbeitsgang mit der Feinschleifpaste, verfahren Sie mit den anderen Ventilen genauso.

28 Arbeiten Sie immer nur an einem Ventil. Schmieren Sie den Ventilschaft mit frischem Motoröl und installieren Sie das Ventil in seine Führung.

29 Installieren Sie den Federsitz mit dem Bund nach oben.

30 Drücken Sie die Ventilschaftdichtung mit einem geeigneten langen Steckschlüsseleinsatz herunter, bis sie über der Ventilführung einrastet (siehe Abbildung). Spannen oder Drehen der Dichtung sollte unterbleiben, da sonst die Abdichtung gegen den Ventilschaft beeinträchtigt werden kann. Ebenfalls darf sie nicht mehr demontiert werden, da sie dadurch beschädigt werden kann. Entfernen Sie ggf. die Kunststoffhülse.

31 Setzen Sie die Feder mit der farbig markierten Seite nach unten auf (Abbildung 11.9b).

32 Installieren Sie den Federteller mit dem Bund nach unten in die Feder (Abbildung 11.9a).

33 Versehen Sie die Keilnuten mit etwas Fett, um die Keile bei der Montage in Position zu halten. Drücken Sie die Ventilfeder mit der Federpresse zusammen und installieren Sie die Keile (Abbildung 11.8b). Komprimieren Sie die Feder nicht mehr als nötig. Achten Sie darauf, dass die Keile sicher in ihrer Nut sitzen, und lösen Sie die Presse.

34 Wiederholen Sie die Prozedur mit den anderen Ventilen.

35 Stützen Sie den Zylinderkopf so auf Hölzern, dass die Ventile nicht den Boden berühren können, und schlagen Sie sehr sanft auf die Ventilschäfte, damit die Keile sich in den Nuten setzen können (siehe Abbildung).

Praxis **TiPP** ***Kontrollieren Sie die Dichtigkeit der Ventile durch das Einfüllen von Lösungsmittel in den jeweiligen Kanal. Wenn die Flüssigkeit am Ventil vorbei in den Brennraum läuft, muss der Einschleifvorgang bei diesem Ventil wiederholt werden.***

12 Zylinder

Anmerkung 1: *Die Zylinder können demontiert werden, während der Motor im Fahrwerk sitzt.*

Ausbau

1 Entfernen Sie die Zylinderköpfe (siehe Sektion 10). Belassen Sie den OT-Arretiersstift in seiner Bohrung.

2 Trennen Sie den Stecker des Klopfsensors (siehe Abbildung). Lösen Sie nötigenfalls die Befestigungsschraube und entfernen Sie den Sensor.

11.35 Klopfen Sie auf den Ventilschaft, damit sich die Keile setzen.

12.2 Trennen Sie den Stecker des Klopfsensors.

12.3a Lösen Sie die Schraube...

12.3b ...und befreien Sie die Führungsschiene.

12.4 Lösen Sie die drei M6-Schrauben.

12.5 Ziehen Sie den Zylinder soweit ab, bis Zugang zum Kolbenbolzen besteht.

12.6a Entfernen Sie den Seegerring...

12.6b ...und ziehen Sie den Kolbenbolzen heraus.

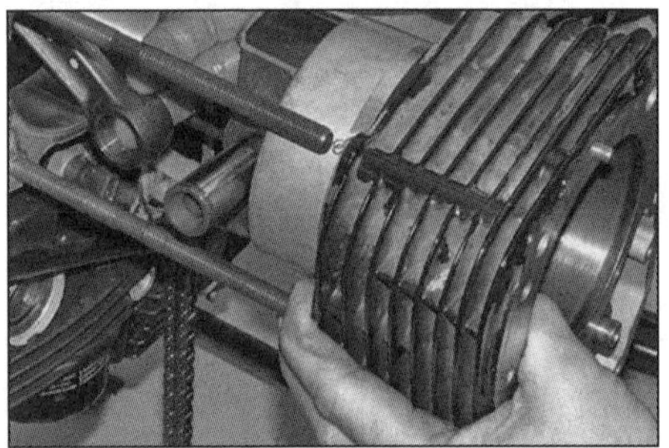
12.7 Ziehen Sie den Zylinder samt Kolben ab.

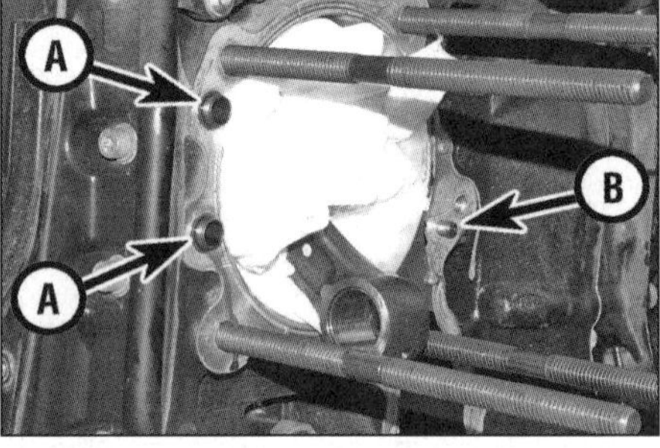

12.8 Entfernen Sie die O-Ringe (A) und ggf. den Passstift (B).

12.9 Die größeren Ventiltaschen für die Einlassventile liegen hinten.

3 Lösen Sie links die Schraube der Steuerkettenführungsschiene und ziehen Sie diese heraus (siehe Abbildungen) – die Dichtscheibe muss später ersetzt werden.
4 Verstopfen Sie den Steuerkettenschacht mit sauberen Lappen, damit nichts hineinfallen kann. Lösen Sie dann die drei M6-Schrauben, mit denen der Zylinder am Motorgehäuse gesichert ist (siehe Abbildung).
5 Ziehen Sie den Zylinder soweit ab, bis der Kolbenbolzen zugänglich ist (siehe Abbildung). Die zwischen dem Zylinder und dem Motorgehäuse sitzende Dichtmasse kann eine stark klebende Wirkung haben – falls sich der Zylinder nicht löst, muss er rundherum mit einem weichen Holz- oder Gummihammer abgeklopft werden, um ihn vom Motorgehäuse zu lösen. Benutzen Sie keinesfalls einen Schraubendreher, um ihn vom Gehäuse abzuhebeln – die Dichtflächen würden dadurch zerstört werden!
6 Entfernen Sie vorsichtig an beiden Seiten die Kolbenbolzen-Sicherungsringe (siehe Abbildung) – sie müssen später erneuert werden. Drücken Sie den Kolbenbolzen nach vorne, um den Kolben vom Pleuel zu befreien (siehe Abbildung). Merken Sie sich die Einbaurichtung des Kolbenbolzens.
7 Stützen Sie das Pleuel und ziehen Sie den Zylinder mit dem darin steckenden Kolben von den Stehbolzen (siehe Abbildung). Stopfen Sie anschließend saubere Lappen um das Pleuel herum in die Gehäuseöffnung – so wird die Pleuelstange geschützt und es gelangen keine Fremdkörper in das Motorgehäuse.
8 Entfernen Sie die zwei Ölkanal-O-Ringe – sie müssen später erneuert werden (siehe Abbildung).

Anmerkung: *Die O-Ringe sind sehr dünn und können in der Dichtmasse verschwunden sein. Stellen Sie nötigenfalls den Passstift sicher.*

9 Ziehen Sie den Kolben vorsichtig aus dem Zylinder, um die Kolbenringe nicht zu beschädigen. Markieren Sie die Kolben entsprechend ihrer Einbauposition (rechts oder links) – die tieferen Ventiltaschen gehören nach hinten (siehe Abbildung). Stecken Sie den Kolbenbolzen in den Kolben, um ihn später richtig herum installieren zu können.
10 Befreien Sie die Verbindungsflächen des Zylinders und des Motorgehäuses von jeglichem alten Dichtungsmaterial. Wenn Sie einen Schaber benutzen, achten Sie darauf, das weiche Leichtmetall nicht zu zerkratzen oder abzuhobeln. Passen Sie auf, dass kein Dichtungsmaterial in das Motorgehäuse oder die Ölkanäle gelangt. Falls die Passhülsen außen im Zylinder locker sind,

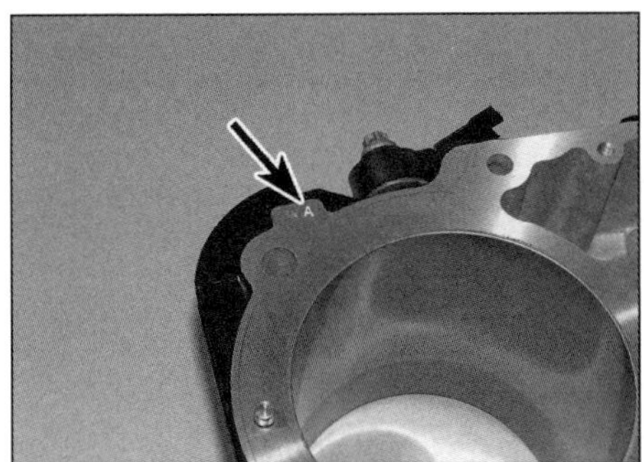

12.13 Buchstabe der Zylinder-Toleranzgruppe

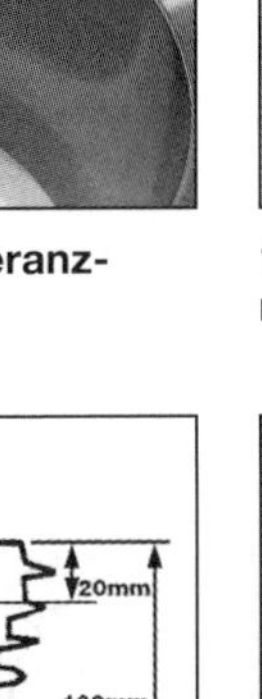

12.14b ... in den gezeigten Bereichen.

müssen sie sichergestellt werden (Abbildung 10.14).

Kontrolle

11 Die Zylinderbohrungen sind mit sehr widerstandsfähigem Material beschichtet, das ein Motorleben lang halten sollte, solange keine gebrochenen Kolbenringe oder Kolbenfresser aufgetreten sind.

12 Inspizieren Sie die Zylinderbohrung sorgfältig auf Kratzer und Riefen. Werden Schäden festgestellt, obwohl der Innendurchmesser noch im Toleranzbereich liegt (siehe *Technische Daten*), muss bei einer BMW-Werkstatt oder einem Motoren-Instandsetzer Rat darüber eingeholt werden, ob der Zylinder weiterverwendet werden kann. Die Zylinder können nicht aufgebohrt werden und es sind keine Übermaßkolben erhältlich.

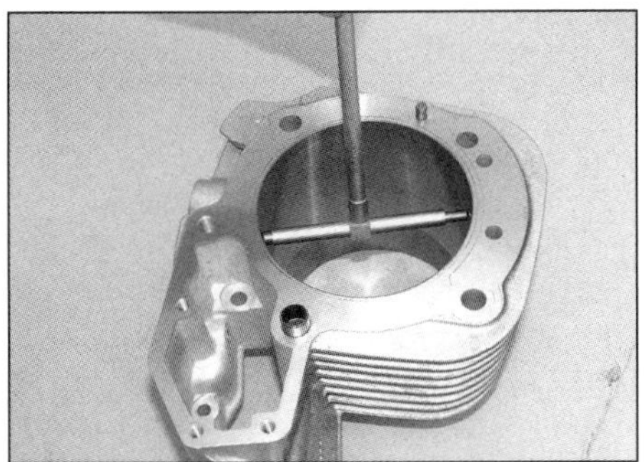

12.14a Vermesse Sie den Zylinder mit einem geeigneten Messgerät...

12.20 Bringen Sie den Kolben in diese Position.

13 Ab Werk werden Zylinder und Kolben in den Herstellungstoleranz-Gruppen A und B zueinander abgestimmt. Ersatzteil-Baugruppen sind beim BMW-Händler als Toleranzgruppe A/B erhältlich. Der Buchstabe der Gruppe ist oben im Zylinder außerhalb der Dichtfläche zum Zylinderkopf eingeschlagen (siehe Abbildung).

14 Mit geeigneten Messgeräten kann der Durchmesser des Zylinders festgestellt werden, um Verschleiß und Ovalität zu ermitteln (siehe Abbildung). Messen Sie in 2 und 10 cm Tiefe, jeweils parallel zum Kolbenbolzen und im rechten Winkel dazu – es müssen also insgesamt vier Ergebnisse festgestellt werden (siehe Abbildung).

15 Vergleichen Sie die Ergebnisse mit den technischen Daten am Anfang dieses Kapitels und ermitteln Sie anhand der Differenzen möglichen ovalen Verschleiß.

16 Falls der Zylinder über seine Verschleißgrenzen hinaus verschlissen oder oval geworden ist, muss er ersetzt werden.

Anmerkung: *Zylinder und Kolben sind nur als Set erhältlich, das inklusive aller Neuteile zu montieren ist (siehe Sektion 13, Schritt 12).*

Einbau

17 Prüfen Sie, ob der OT-Arretierstift in seiner Bohrung steckt.

18 Kontrollieren Sie, ob die Dichtflächen des Zylinders und des Motorgehäuses sauber und ölfrei sind. Prüfen Sie, ob die Stehbolzen fest sitzen – wechseln Sie nötigenfalls nach Sektion 22, um sie anzuziehen.

19 Falls entfernt, müssen die Passhülsen in das Motorgehäuse installiert werden. Rüsten Sie die Passhülsen mit neuen Ölkanal-O-Ringen aus (Abbildung 12.8).

20 Kontrollieren Sie, ob die Kolbenring-Öffnungen korrekt ausgerichtet sind, und installieren Sie den Kolben richtig herum in den Zylinder (siehe Sektion 13). Drücken Sie den Kolben hinein, bis die Kolbenbolzenbohrung unten zugänglich ist (siehe Abbildung) – drücken Sie ihn nicht zu weit, damit der Ölabstreifring nicht herausspringt.

21 Verteilen Sie ein geeignetes Dichtmittel gleichmäßig auf der unteren Dichtfläche des Zylinders (siehe Abbildungen).

Achtung: Tragen Sie nicht zu viel Dichtmasse auf, da sie herausquetscht und Ölkanäle verstopfen kann.

12.21a Verteilen Sie die Dichtmasse gleichmäßig...

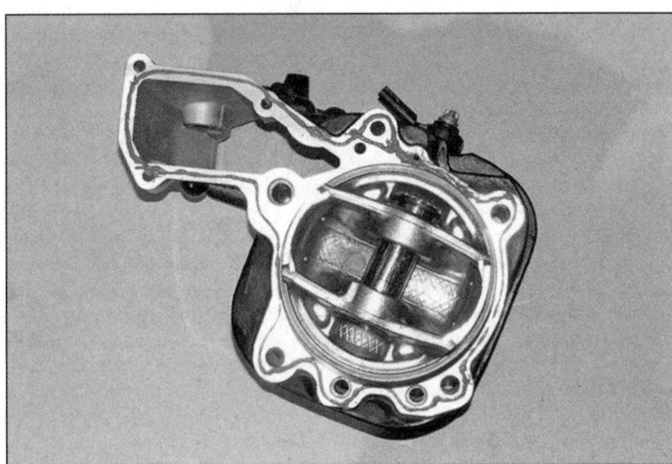

12.21b ... auf der Dichtfläche des Zylinders.

22 Schieben Sie vorsichtig den Zylinder über die Stehbolzen (siehe Abbildung). Prüfen Sie, ob der Kolben korrekt positioniert ist – die größeren Ventiltaschen kommen nach hinten und die kleineren nach vorn. Entfernen Sie die Lappen aus dem Motorgehäuse.

23 Schieben Sie den Zylinder in Richtung Motorgehäuse, die Steuerkette muss dabei durch den Kettenschacht geführt werden. Führen Sie beim Aufschieben des Zylinders das obere Pleuelauge in den Kolben – dieser muss evtl. leicht verdreht werden, um ihn zum Pleuel auszurichten; achten Sie aber darauf, den Kolben nicht aus dem Zylinder zu ziehen.

24 Schmieren Sie den Kolbenbolzen mit Motoröl und drücken Sie ihn von vorne durch den Kolben und das Pleuelauge. Sichern Sie ihn an beiden Seiten mit neuen Sicherungsringen (siehe Abbildung).

25 Drücken Sie den Zylinder bis aufs Motorgehäuse (siehe Abbildung).

26 Sichern Sie den Zylinder mit den M6-Schrauben und ziehen Sie diese mit 8 Nm an (Abbildung 12.4).

27 Installieren Sie links die Steuerkettenführungsschiene (Abbildung 12.3b). Rüsten Sie die Schraube mit einer neuen Dichtscheibe aus und ziehen Sie sie mit 18 Nm an.

28 Falls entfernt, wird der Klopfsensor installiert und seine Schraube mit 19 Nm angezogen – dieser Anzugswert ist für die Funktion des Sensors entscheidend, andernfalls würde er falsche Daten liefern. Verbinden Sie den Sensorkabelstecker (Abbildung 12.2).

29 Falls entfernt, werden die Passhülsen außen in den Zylinder gesteckt. Montieren Sie den Zylinderkopf (siehe Sektion 10).

12.22 Schieben Sie den Zylinder über die Stehbolzen in die Einbauposition für den Kolbenbolzen.

12.24 Sichern Sie den Kolbenbolzen an beiden Seiten mit neuen Seegerringen.

12.25 Führen Sie die Steuerkette durch den Schacht, während der Zylinder heruntergedrückt wird.

13 Kolben

Anmerkung: *Die Kolben können bei eingebautem Motor demontiert werden.*

Spezialwerkzeug: *Für diese Arbeit empfiehlt sich eine Kolbenringzange.*

Ausbau

1 Demontieren Sie den entsprechenden Zylinder samt Kolben (siehe Sektion 12) (Abbildung 12.7). Neue Kolben sind mit Markierungen zu ihrer Gewichtsklasse, der Toleranzgruppe (AB), der Einbaulage (links oder rechts) und der Einbaurichtung bedruckt, doch diese verschwinden, nachdem der Motor in Betrieb gewesen ist. Sorgen Sie dafür, dass ein Kolben korrekt markiert wird, um wieder an seine ursprüngliche Einbauposition zu gelangen. Falls beide Kolben entfernt wurden, dürfen sie nur separat bearbeitet werden, um nichts zu verwechseln.

2 Bevor die Inspektion durchgeführt werden kann, müssen die Kolbenringe entfernt und der Kolben gereinigt werden.

3 Befreien Sie die Ringe mit den Daumen oder dünnen Blechstreifen (z. B. alten Fühlerlehrenblättern) vom Kolben (siehe Abbildungen) – sie dürfen hierbei nicht geknickt oder verkantet werden. Beachten Sie die Einbaulage der einzelnen Ringe, wenn Sie sie wiederverwenden wollen. Alle Ringe sind auf der Oberseite mit »TOP« markiert. Der ganz unten liegende Ölabstreifring ist mit einem dahinter liegenden Expander ausgerüstet.

4 Schaben Sie die Ölkohle vom Kolbenboden. Eine weiche Drahtbürste oder feiner Schmirgelleinen kann zur Nacharbeit verwendet werden. Benutzen Sie keinesfalls einen Drahtbürstenaufsatz auf einer Bohrmaschine – das Kolbenmaterial ist sehr weich und würde abgetragen werden.

5 Die Kolbenring-Nuten können mit einem Spezialwerkzeug, aber auch mit einem abgebrochenen Stück eines alten Kolbenrings von Kohleresten befreit werden. Seien Sie vorsichtig, dass kein Kolben-Metall entfernt wird und die Seiten der Nut nicht gequetscht oder eingekerbt werden.

6 Wenn die Kohleablagerungen entfernt sind, wird jeder Kolben mit Lösungsmittel gereinigt und anschließend getrocknet. Gehen Sie sicher, dass die Ölrücklaufbohrungen unter dem Ölabstreifring sauber sind. Wenn die Identifikationsmarkierung beim Ausbau entfernt wurde, muss sie erneut angebracht werden (L oder R).

Kontrolle

7 Begutachten Sie den Kolben auf Brüche am Hemd, an den Bolzenaugen-Wulsten und den Kolbenringstegen (siehe Abbildung). Normaler Kolbenverschleiß zeigt sich in vertikalen Spuren auf der Lauffläche und leichtem Spiel des oberen Kolbenringes in seiner Nut. Wenn das Hemd Klemm- oder Fresspuren zeigt, wer-

13.3a Entfernen Sie die Kolbenringe vorsichtig mit den Händen . . .

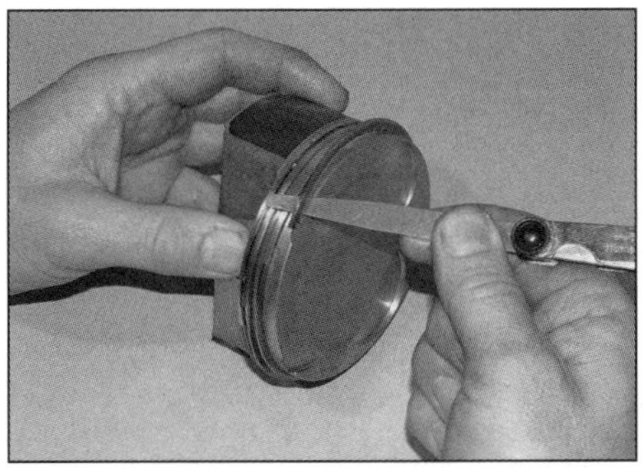

13.3b . . . oder mit einem dünnen Blechstreifen – z. B. einer Fühlerlehre.

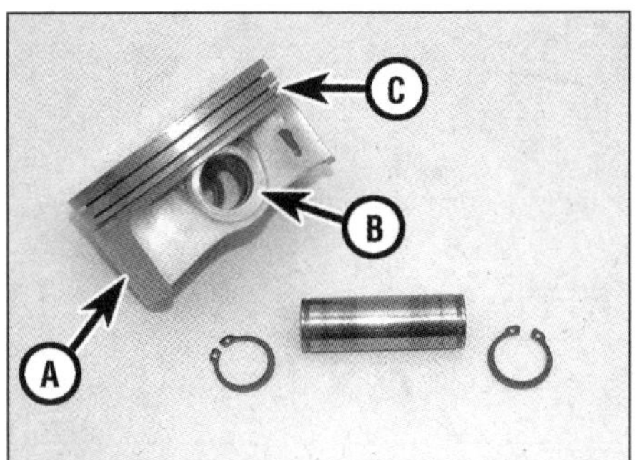

13.7 Inspizieren Sie das Kolbenhemd (A), den Wulst um die Kolbenbolzenbohrung (B) und die Kolbenringstege (C).

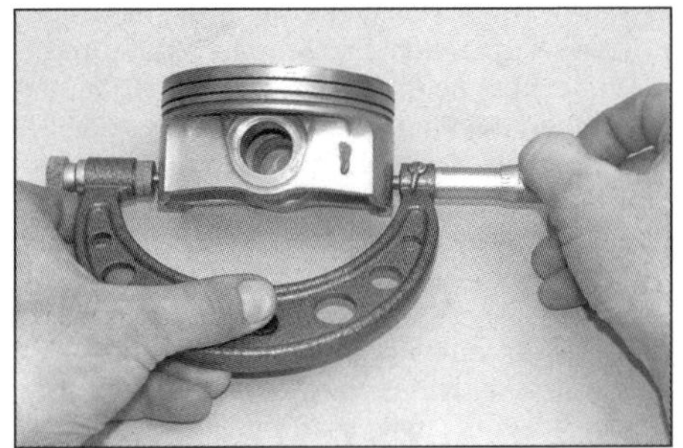

13.9 Messen Sie den Durchmesser des Kolbens 6 mm oberhalb seines unteren Randes.

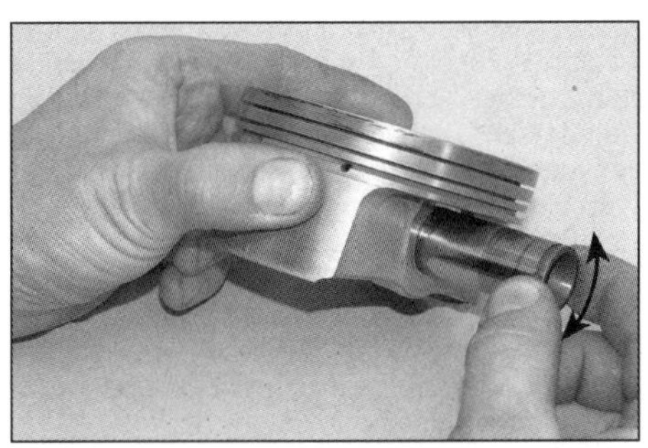

13.11 Versuchen Sie, den Kolbenbolzen im Kolben zu kippen – es darf kein Spiel feststellbar sein.

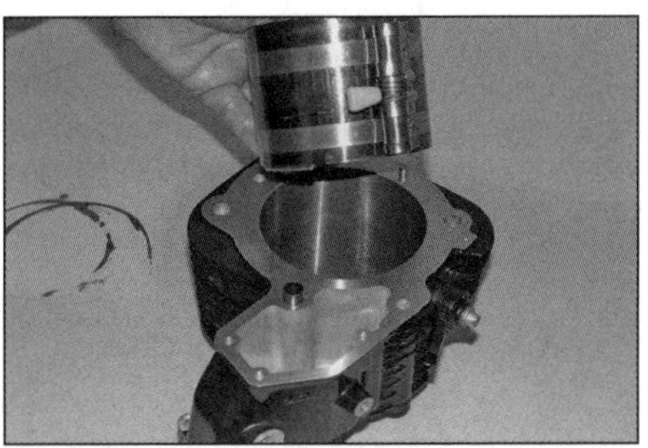

13.16 Installieren Sie den Kolben von oben in den Zylinder.

den Kolben und Zylinder wahrscheinlich verschlissen sein. Der Motor kann aber auch wegen mangelnder Schmierung an Überhitzung gelitten haben und/oder eine abnormale Verbrennung sorgte für extrem hohe Temperaturen. Die Ölpumpe muss gründlich kontrolliert werden (siehe Sektion 19), nötigenfalls sollte die Motorsteuerung von einer BMW-Werkstatt untersucht werden.

8 Ein Loch im Kolbenboden ist ein Zeichen für abnormale Verbrennung (durch Frühzündung). Verbrannte Stellen am Rand des Bodens weisen auf Klingeln oder Klopfen hin. Der im Zylinder sitzende Klopfsensor sollte dies registrieren und die Zündung entsprechend verstellen, um es zu verhindern – wenn er jedoch ausgefallen oder falsch montiert ist, kann das Steuergerät die Zündung nicht korrekt anpassen. Wenn eines dieser Probleme existiert, müssen die Gründe beseitigt werden, damit die Schäden sich nicht fortsetzen.

9 Messen Sie den Kolbendurchmesser 6 mm oberhalb des unteren Hemd-Randes und 90° zum Kolbenbolzen (siehe Abbildung). Vergleichen Sie das Ergebnis mit den Angaben in den technischen Daten – wenn der Kolben die Verschleißgrenze erreicht oder überschreitet, müssen Kolben und Zylinder als Set ersetzt werden.

10 Subtrahieren Sie den Kolbendurchmesser vom Bohrungs-Durchmesser (siehe Sektion 12), um das Spiel zwischen Kolben und Zylinder zu errechnen – wenn das Ergebnis an irgendeiner Stelle 0,12 mm übersteigt, müssen Kolben und Zylinder als Set ersetzt werden (siehe Sektion 12).

11 Geben Sie sauberes Motoröl auf den Kolbenbolzen, schieben Sie ihn teilweise in den Kolben und fühlen Sie, ob Spiel vorhanden ist – es darf keines fühlbar sein (siehe Abbildung).

12 Kolben und Kolbenringe müssen immer paarweise ersetzt werden. Wenn also ein neuer Kolben nötig wird, muss auch der andere erneuert werden, um keine unterschiedlichen Gewichte zu erhalten und dadurch Motorvibrationen zu erzeugen.

Einbau

13 Prüfen Sie, ob der OT-Arretierstift in seiner Bohrung steckt. Arbeiten Sie zurzeit nur an einer Seite des Motors.

14 Installieren Sie die Kolbenringe und sorgen Sie dafür, dass ihre Öffnungen korrekt ausgerichtet sind (siehe Sektion 14).

15 Schmieren Sie den Kolben, seine Ringe und die Innenseite der Kolbenring-Zange mit Motoröl. Installieren Sie die Zange über die Ringe und ziehen Sie sie weit genug an, um die Ringe in ihre Nuten zu drücken, aber nicht so fest, dass sie am Kolben anliegen – während der Kolben in die Zylinderbohrung gedrückt wird, muss die Zange abgezogen werden können. Sobald die Zange positioniert ist, darf sie nicht mehr gedreht werden, da sich hierdurch die Öffnungen der Ringe verdrehen.

16 Schmieren Sie die entsprechende Zylinderbohrung mit frischem Motoröl und installieren Sie den Kolben von oben in den Zylinder (siehe Abbildung) – der linke Kolben muss mit einem »L« und der rechte mit einem »R« markiert sein (siehe Schritt 1); auch muss darauf geachtet werden, dass die größeren Ventiltaschen hinten liegen. Drehen Sie den Kolben nach dem Einbau in den Zylinder nicht, da sich hierbei die Kolbenringe verdrehen können.

17 Drücken Sie den Kolben langsam in die Bohrung (siehe Abbildung) – falls ein Kolbenring am Rand der Bohrung aufliegt, muss die Zange etwas weiter angezogen werden, um den Ring in die Bohrung gleiten zu lassen.

Achtung: Drücken Sie den Kolben nicht mit Gewalt herunter – dies würde nur die Ringe brechen lassen!

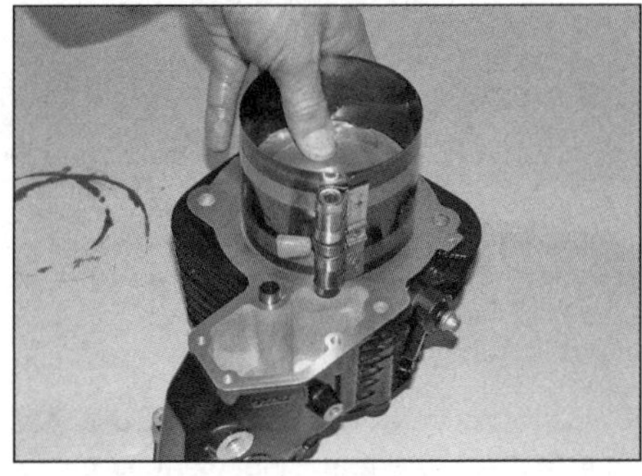

13.17 Schieben Sie den Kolben vorsichtig in den Zylinder . . .

13.18a ... und entfernen Sie die Kolbenringzange.

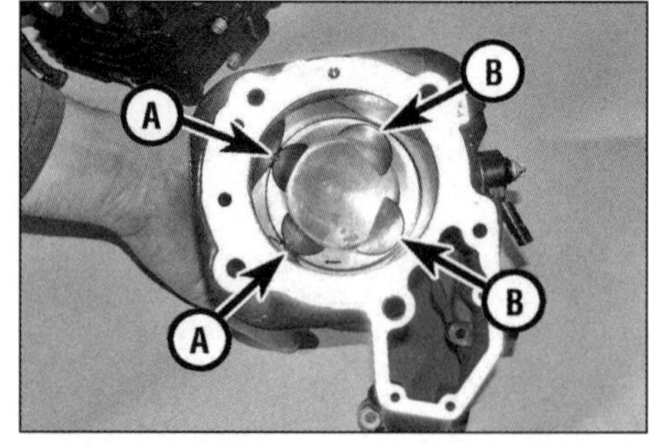

13.18b Die kleineren Ventiltaschen für die Auslassventile (A) liegen vorne, die großen der Einlassventile (B) hinten.

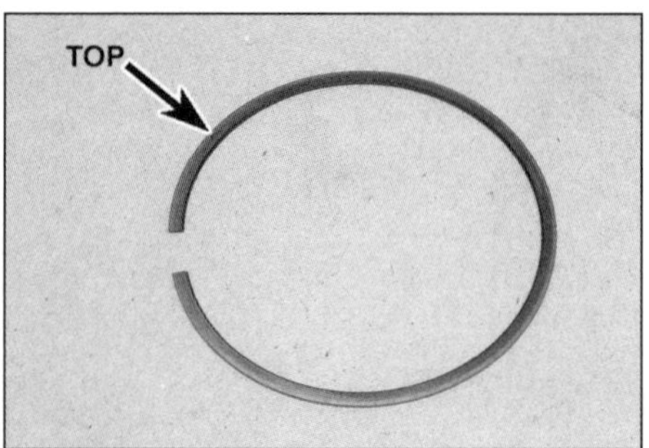

14.3 Die Kolbenringe sind oben mit »TOP« markiert.

18 Die Kolbenringzange wird freikommen, sobald der Kolben sicher im Zylinder steckt (siehe Abbildungen).

19 Folgen Sie den Hinweisen in Sektion 12, um den/die Kolben samt Zylinder zu montieren.

14 Kolbenringe

1 Bei einer Motorüberholung ist es immer sinnvoll, die Kolbenringe zu erneuern. Vor dem Einbau neuer Ringe muss ihr Stoßspiel im eingebauten Zustand überprüft werden.

2 Prüfen Sie zuerst, ob die Zylinderbohrung noch im Toleranzbereich liegt (siehe Sektion 12).

3 Sortieren Sie die Kolben und die neuen Ringe dem Zylinder zu, in dem auch die Messung stattgefunden hat. Die Oberseite aller Ringe ist mit »TOP« markiert (siehe Abbildung). Der ganz unten liegende Ölabstreifring ist mit einem dahinter liegenden Expander ausgerüstet.

4 Zur Messung des Stoßspiels jedes eingebauten Kolbenrings muss dieser von oben in den Zylinder eingeführt und mithilfe des hinein gedrückten Kolbens in rechtwinkelige Lage gebracht werden. Er muss etwa 20 mm unterhalb des oberen Zylinderrandes liegen. Mit einer Fühlerlehre wird das Stoßspiel der Ringöffnung gemessen und der Wert mit den technischen Daten verglichen (siehe Abbildung). Beachten Sie, dass sich die Werte der beiden (oberen) Kompressionsringe vom Ölabstreifring unterscheiden.

5 Wenn das Spiel größer oder kleiner ist als angegeben, überprüfen Sie die anderen Ringe, um sicherzugehen, dass sie die Ringe dem richtigen Zylinder zugeordnet haben. Zu viel Stoßspiel ist nicht kritisch, solange die Verschleißgrenze eingehalten wird.

6 Der Ölabstreifring muss als unterer zuerst aufgesetzt werden. Er besteht aus zwei Teilen – dem Expander und dem Führungsring. Ziehen Sie den Expander weit genug auseinander, um ihn von oben über den Kolben in seine Nut zu schieben, drücken Sie dann die Enden wieder zusammen. Stellen Sie sicher, dass der gerade Draht nicht aus einem Ende der Wicklung gezogen wird. Installieren Sie jetzt den Führungsring über den Expander – »TOP« muss oben sichtbar sein und die Öffnung gegenüber derjenigen des Expanders liegen. Spannen Sie den Ring beim Einbau nicht weiter als nötig. Um die Bruchgefahr zu minimieren, sollte er über dünne Blechstreifen geschoben werden (Abbildung 13.3b).

7 Nachdem der Ölabstreifring vollständig montiert ist, muss geprüft werden, ob er sich sanft in seiner Nut drehen lässt.

8 Als Nächstes wird der zweite Kompressionsring mit der »TOP«-Markierung nach oben in die mittlere Ringnut installiert – benutzen Sie wieder dünne Blechstreifen.

9 Installieren Sie schließlich den oberen Kompressionsring auf die gleiche Weise in die obere Kolbenringnut.

10 Wenn die Ringe korrekt installiert sind, wird geprüft, ob sie sich frei und ohne zu klemmen drehen lassen.

11 Bevor der Kolben in den Zylinder geführt wird, müssen die Öffnungen der Ringe um 120° zueinander verdreht werden. Korrekt montiert muss die Öffnung des Ölabstreif-Führungsrings nach oben, die Öffnung des zwei-

14.4 Messen Sie das Stoßspiel des eingebauten Rings mit einer Fühlerlehre.

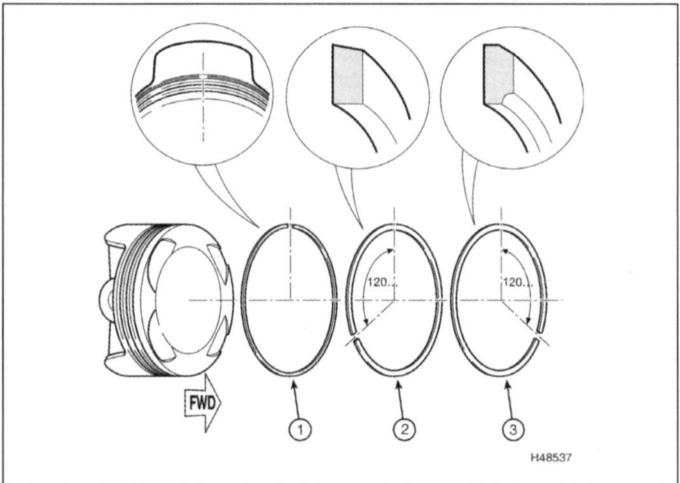

14.11 Öffnungen und Profile der drei Kolbenringe
1 Ölabstreifring
2 Zweiter Kompressionsring
3 Oberer Kompressionsring

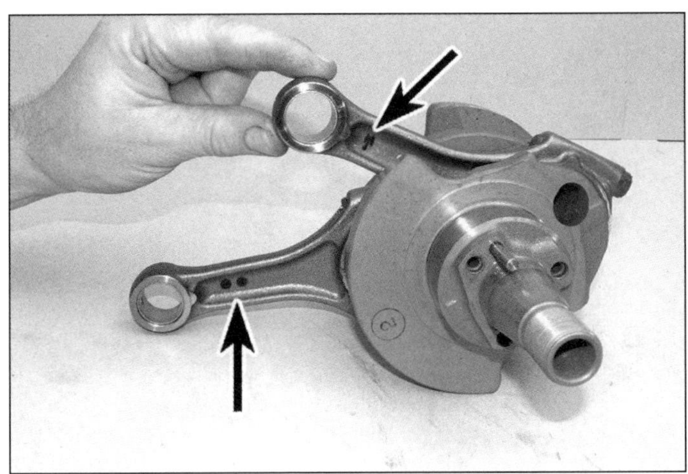

15.10a Bringen Sie Markierungen an der Pleuelstange...

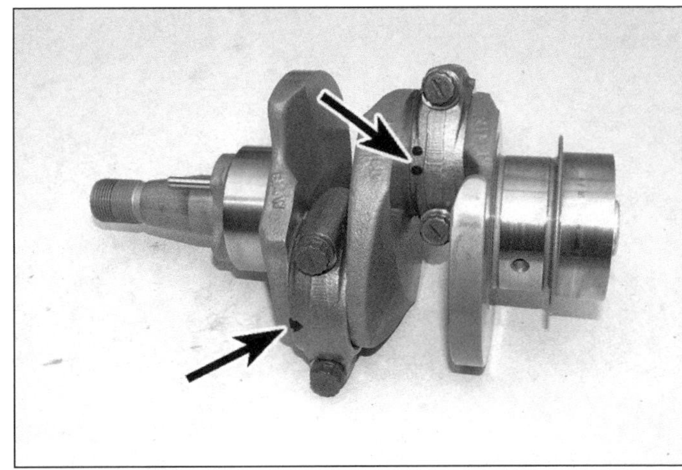

15.10b ... und an dem Pleueldeckel an, um die Teile ihrem Zylinder zuordnen zu können.

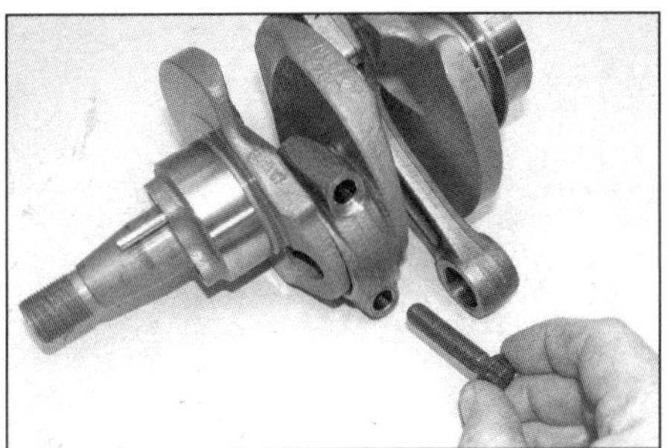

15.11a Lösen Sie die Pleuelfußschrauben...

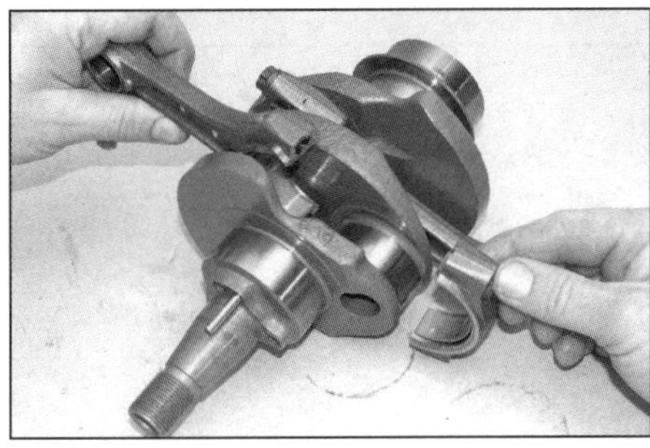

15.11b ... und trennen Sie das Pleuel.

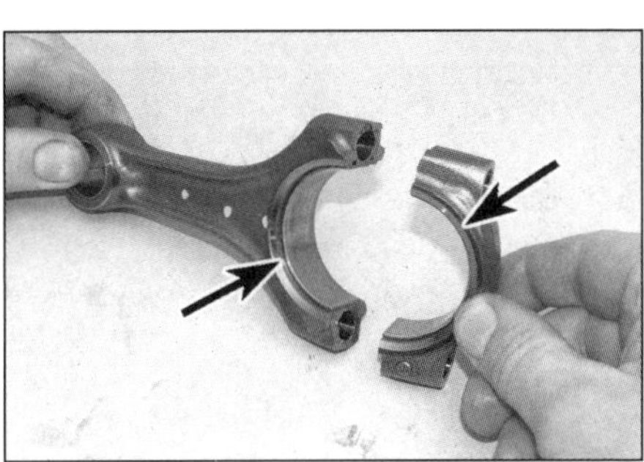

15.11c Die Pleuelstange, der Pleueldeckel und die Lagerschalen müssen zusammengehalten werden.

ten Kompressionsrings nach vorne unten und diejenige des oberen Rings nach hinten unten zeigen (siehe Abbildung).

15 Pleuelstangen

Anmerkung 1: *Die Pleuel können bei eingebautem Motor demontiert werden, doch sind die Pleuelfußschrauben nur durch die gegenüberliegende Zylinderöffnung zugänglich. Es müssen also immer beide Zylinder demontiert werden, wenn ein Pleuel entfernt werden soll. Eine akkurate Ermittlung des Hubzapfen-Verschleißes erfordert den Ausbau und das Öffnen des Motors, damit Zugang zur Kurbelwelle besteht.*

Anmerkung 2: *Bei den Pleuelfußschrauben handelt es sich um Dehnschrauben, die nach jeder Montage durch Neuteile ersetzt werden müssen.*

Spezialwerkzeug: *Für den Anzug der Pleuelfußschrauben wird eine Gradscheibe benötigt.*

Ausbau

Motor im Fahrwerk

1 Demontieren Sie die Zylinderköpfe (siehe Sektion 10) sowie die Zylinder samt Kolben (siehe Sektion 12).

2 Drehen Sie die Kurbelwelle so, dass Sie den besten Zugang zu den Pleuelfußschrauben des zu entfernenden Pleuels erhalten.

3 Markieren Sie mit Farbe oder einem Filzstift die Zylinder-Zuordnung der Pleuelstange und des Pleueldeckels (L oder R) (Abbildungen 15.10a und b). Markieren Sie mit einem Pfeil nach vorne die Einbaurichtung der Bauteile.

4 Lösen Sie die Pleuelfußschrauben und trennen Sie den Pleueldeckel und seine Lagerschale vom Hubzapfen (Abbildungen 15.11a und b).

Achtung: Achten Sie darauf, dass keine der Lagerschalen in das Motorgehäuse fällt.

5 Ziehen Sie das Pleuel und seine Lagerschale von der anderen Seite des Motors her ab. Halten Sie die Bauteile eines Pleuels zusammen, um einen korrekten Einbau zu gewährleisten.

6 Entfernen Sie nötigenfalls auf die gleiche Weise das andere Pleuel von der Kurbelwelle.

Ausbau

Motor demontiert

7 Trennen Sie die Motorgehäusehälften (siehe Sektion 22).

8 Heben Sie die Kurbelwelle heraus, ohne die Lagerschalen des Haupt- und des Führungslagers zu verlieren (siehe Sektion 24).

9 Messen Sie vor dem Entfernen der Pleuel deren Axialspiel. Schieben Sie dazu ein Pleuel zu einer Seite des Hubzapfens, um mit einer Fühlerlehre das Spiel zwischen dem Pleuelfuß und der Kurbelwelle zu ermitteln – liegt es über 0,5 mm, muss das Pleuel ersetzt werden.

10 Markieren Sie mit Farbe oder einem Filzstift die Zylinder-Zuordnung der Pleuelstange und des Pleueldeckel (L oder R) (siehe Abbildungen). Markieren Sie mit einem Pfeil nach vorne die Einbaurichtung der Bauteile.

11 Lösen Sie die Pleuelfußschrauben und trennen Sie den Pleueldeckel und seine Lagerschale vom Hubzapfen (siehe Abbildungen). Halten Sie die Bauteile eines Pleuels zusammen, um einen korrekten Einbau zu gewährleisten (siehe Abbildung).

12 Entfernen Sie nötigenfalls auf die gleiche Weise das andere Pleuel von der Kurbelwelle.

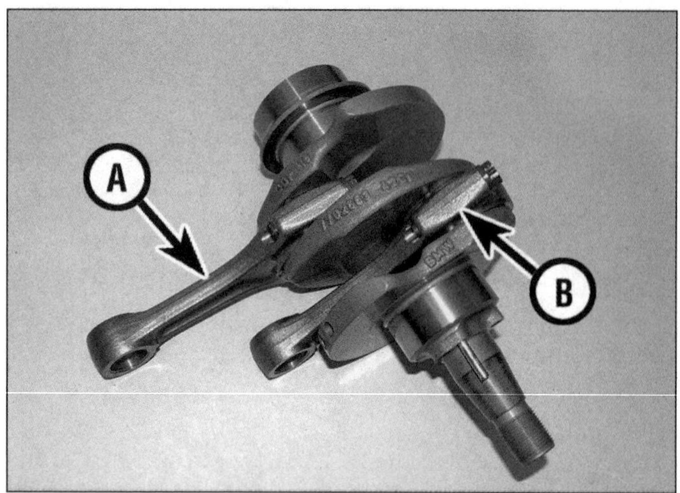

15.13 An der Pleuelstange (A) oder dem Pleueldeckel (B) sind Gewichtsklassen-Markierungen angebracht.

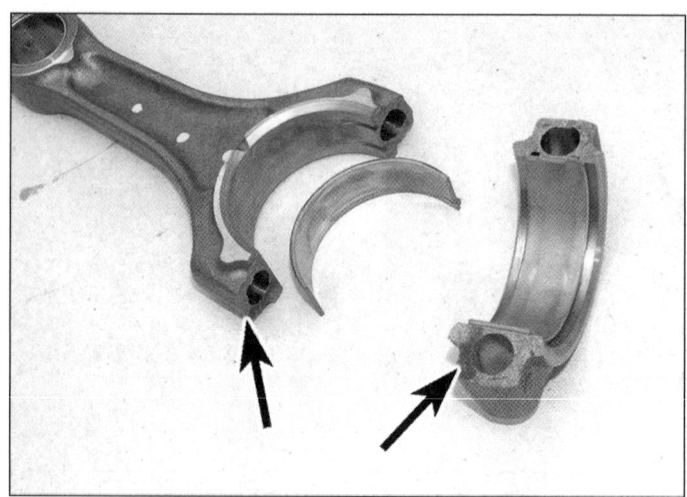

15.14 Das Pleuel wurde als Ganzes gegossen und dann gebrochen, sodass unebene Kontaktflächen entstehen.

15.16a Messen Sie den Außendurchmesser des Kolbenbolzens . . .

15.16b . . . und den Innendurchmesser des oberen Pleuelauges.

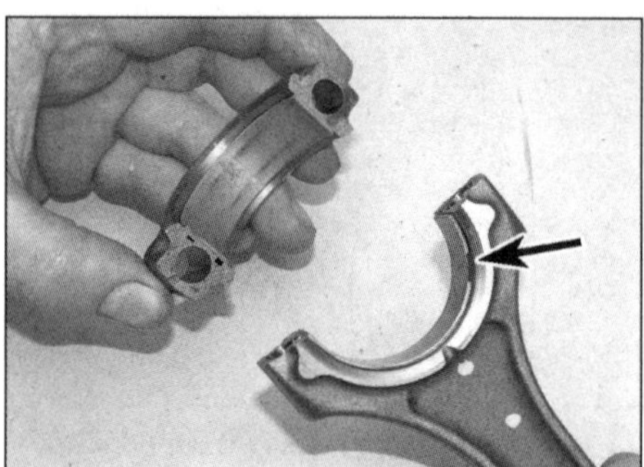

15.17 Begutachten Sie die Lagerschalen – beachten Sie die Farbmarkierung (Pfeil).

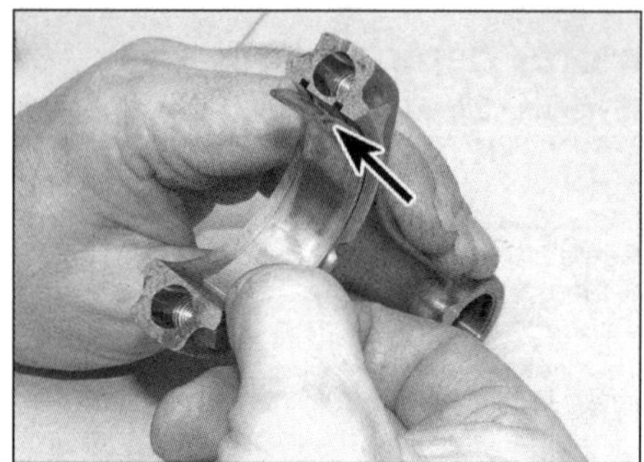

15.18 Befreien Sie die Lagerschalen vorsichtig mit den Fingern – beachten Sie die Arretierlasche (Pfeil).

15.22 Messen Sie den Durchmesser des Hubzapfens an verschiedenen Stellen.

15.24 Messen Sie den Pleuelfuß-Innendurchmesser mit installierten Lagerschalen.

Kontrolle

13 Die Pleuel werden entsprechend ihrer Gewichtsklasse als Paar montiert. Die Gewichtsklasse wird durch seitlich angebrachte farbige Punkte (weiß, blau oder gelb) repräsentiert – beachten Sie dazu die technischen Daten am Anfang des Kapitels (siehe Abbildung).

14 Die Pleuel wurden aus einem Stück geschmiedet und anschließend »bruchgetrennt«, sodass sie nur in einer Position wieder montiert werden können (siehe Abbildung). Beschädigen Sie die Kontaktflächen nicht – wenn sie nicht mehr perfekt passen, muss das Pleuel ersetzt werden.

15 Inspizieren Sie die Pleuel auf Risse und andere sichtbare Schäden.

16 Um das obere Pleuelauge zu kontrollieren, wird der entsprechende Kolbenbolzen mit frischem Motoröl geschmiert und in das Pleuel geschoben, um das Spiel zu prüfen. Messen Sie den Außendurchmesser des Kolbenbolzens und den Innendurchmesser des Pleuelauges (siehe Abbildungen) und subtrahieren Sie den ersten Wert vom zweiten. Liegt das Ergebnis über 0,06 mm, muss überprüft werden, welches Teil verschlissen ist und ersetzt werden muss. Wiederholen Sie die Messungen mit dem anderen Pleuel.

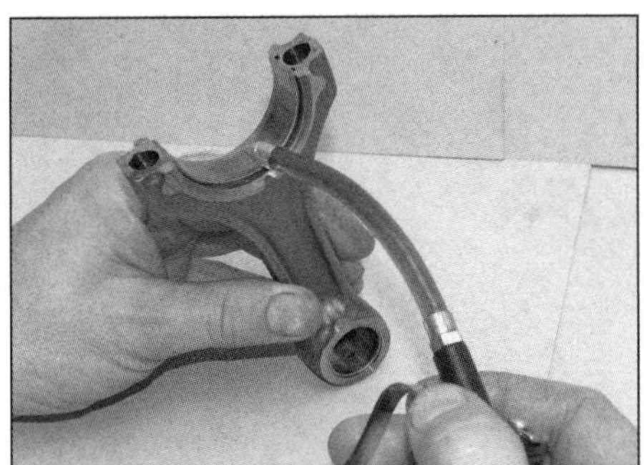

15.27 Schmieren Sie die Lagerschalen großzügig mit frischem Motoröl.

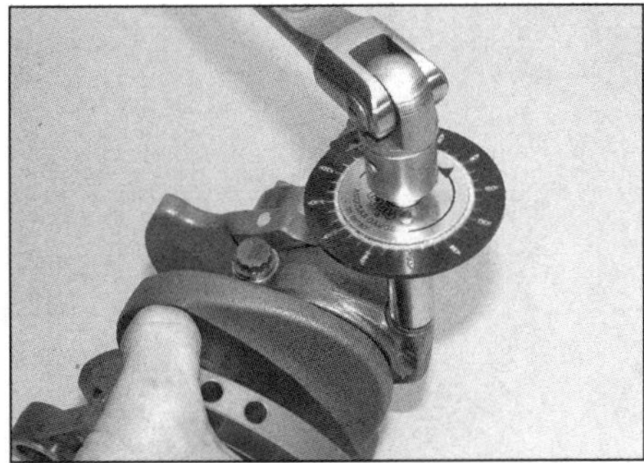

15.30 Ziehen Sie die Pleuelfußschrauben zum Schluss mithilfe einer Gradscheibe in einem Zug um 105° weiter.

Anmerkung: *Wenn ein neues Pleuel beschafft werden soll, muss es die gleiche Gewichtsklasse haben wie das im Motor verbleibende Pleuel (siehe Schritt 13).*

17 Begutachten Sie die Pleuelfuß-Lagerschalen (siehe Abbildung). Bei Anzeichen von Verschleiß an den Gleitflächen muss der Hubzapfen kontrolliert werden. Der verschlissene Hubzapfen einer Standard-Kurbelwelle kann geschliffen und mit Untermaß-Lagerschalen (+ 0,25 mm) ausgerüstet werden. Wenn die Kurbelwelle bereits geschliffen wurde (was durch Farbmarkierungen an der vorderen Kurbelwange angezeigt wird), muss sie ersetzt werden. Bei jeglichem Zweifel über den Zustand der Kurbelwelle sollte eine BMW-Werkstatt zurate gezogen werden.

18 Falls die Lagerschalen Anzeichen normalen Verschleißes aufweisen, müssen sie ersetzt werden – tauschen Sie immer die Schalen beider Pleuelfußlager als Set. Die Lagerschalen sind je nach Einbaulage am Rand rot oder blau markiert (Abbildung 15.17) – Schalen mit roten Punkten sitzen in der Pleuelstange und schalen mit blauen Punkten sitzen in der Pleuelfuß-Unterseite. Entfernen Sie die Lagerschalen, indem Sie sie mit den Fingern seitlich herausdrücken (siehe Abbildung).

19 Prüfen Sie das Pleuelfußlager auf radiales Spiel. Montieren Sie die untere Pleuelfußhälfte an die Pleuelstange – achten Sie auf einen perfekten Sitz –, installieren Sie die alten Pleuelfußschrauben und ziehen Sie sie wie in Schritt 30 beschrieben an. Messen Sie den Innendurchmesser des Pleuelfußes – liegt das Ergebnis über 51,013 mm, muss das Pleuel ersetzt werden (siehe Anmerkung in Schritt 16).

20 Lassen Sie die Pleuelstangen bei einem BMW-Händler auf Verzug und Verbiegung kontrollieren, wenn Sie über ihren Zustand im Zweifel sind. Beachten Sie, dass die Pleuel aus Sintermetall bestehen, und nicht ohne Bruch-Risiko gerichtet werden können.

Kontrolle des Lagerspiels

Anmerkung: *Diese Prozedur kann nur ausreichend akkurat durchgeführt werden, wenn die Kurbelwelle aus dem Motorgehäuse befreit ist (siehe Sektion 24).*

21 Unabhängig davon, ob neue Lagerschalen eingebaut wurden oder die alten wiederverwendet werden, sollte vor dem Zusammenbau des Motors das Pleuelfuß-Lagerspiel gemessen werden. Dieses muss mit einer Mikrometerschraube und einem Innenmessgerät durchgeführt werden.

22 Messen Sie zuerst den Hubzapfen an verschiedenen Stellen, um Ovalität und ungleichmäßigen Verschleiß festzustellen (siehe Abbildung). Vergleichen Sie die Ergebnisse mit den Angaben in den technischen Daten. Wurde die Kurbelwelle bereits einmal auf Untermaß geschliffen, sollte dies mit Farbmarkierungen auf der vorderen Kurbelwange sichtbar gemacht worden sein.

23 Reinigen Sie jetzt am entsprechenden Pleuel die Rückseiten der Lagerschalen sowie deren Sitze mit Lösungsmittel. Drücken Sie die Lagerschalen so in ihre Sitze, dass die Arretierlaschen in die Nuten greifen (Abbildung 15.18). Die Schalen müssen in ihren korrekten Positionen sitzen und die Gleitfläche darf nicht mit den Fingern berührt werden.

24 Montieren Sie die Pleuelfußhälften. Sichergehend, dass die Bruchhälften perfekt zueinanderpassen, werden die alten Pleuelfußschrauben an den Unterseiten der Köpfe mit Motoröl geschmiert und wie in Schritt 30 beschrieben angezogen. Messen Sie den Durchmesser des Pleuelfußes und vergleichen Sie das Ergebnis mit den Angaben in den technischen Daten (siehe Abbildung). Beachten Sie die Hinweise in Schritt 22, um eine Untermaß-Kurbelwelle mit entsprechenden Lagerschalen der Stufe 1 zu identifizieren.

25 Subtrahieren Sie den Hubzapfendurchmesser vom Pleuelfußdurchmesser, um das Lagerspiel zu ermitteln – der Wert darf nicht über 0,13 mm liegen.

26 Wenn für die Kontrolle die originalen Lagerschalen verwendet wurden und das Spiel liegt im Toleranzbereich, können sie wiederverwendet werden. Ist das Spiel größer als 0,13 mm, aber der Hubzapfen ist in Ordnung (siehe Schritt 22), werden neue Lagerschalen montiert und die Messung wiederholt.

Anmerkung: *Ersetzen Sie immer die Lagerschalen beider Pleuelfüße gleichzeitig.*

Einbau

27 Arbeiten Sie zurzeit immer nur an einem Pleuel. Drücken Sie die Lagerschalen in ihre Sitze (siehe Schritt 23). Schmieren Sie die Schalen und den Hubzapfen großzügig mit frischem Motoröl (siehe Abbildung).

28 Schmieren Sie die **neuen** Pleuelfußschrauben mit frischem Motoröl.

29 Installieren Sie das Pleuel richtig herum an seinen Hubzapfen (siehe Schritt 10). Sichergehend, dass die Bruchhälften perfekt zueinanderpassen, werden die Pleuelfußschrauben zunächst handfest eingedreht.

30 Ziehen Sie die Schrauben gleichmäßig bis zu einem Wert von 20 Nm an. Anschließend werden die Schrauben mit einer Gradscheibe **in einem Durchgang** um 105° weitergezogen (siehe *Werkzeug- und Werkstatt-Tipps* im Anhang) (siehe Abbildung).

31 Prüfen Sie, ob sich das Pleuel frei und sanft auf dem Hubzapfen drehen lässt. Wenn es sich schwergängig anfühlt, wird es mit einem weichen Hammer von unten angeklopft, um es zu befreien. Hilft dies nicht, muss das Pleuel zerlegt und überprüft werden.

Anmerkung: *Die Pleuelfußschrauben müssen nach jeder Demontage erneuert werden.*

32 Montieren Sie das andere Pleuel auf die gleiche Weise. Stellen Sie mithilfe der angebrachten Markierungen sicher, dass alle Bauteile an ihre ursprünglichen Positionen gelangen.

33 Montieren Sie nun entweder die Kolben, Zylinder und Köpfe (siehe Sektionen 12 und 10) oder installieren Sie die Kurbelwelle in das Motorgehäuse (siehe Sektion 24).

16 Lichtmaschinenantrieb und Primärtriebdeckel

Anmerkung: *Die Bauteile des Lichtmaschinen-Antriebs und der Primärtriebdeckel können bei eingebautem Motor demontiert werden.*

Spezialwerkzeug: *Für diese Arbeit wird ein OT-Arretierstift benötigt (siehe* ***Werkzeug-Tipp*** *in Sektion 8). Für den Einbau des Kurbelwellen-Simmerrings ist eine Führung nötig (siehe* ***Werkzeug-Tipp*** *in Schritt 18).*

Ausbau

1 Während dieser Arbeit muss der Motor mithilfe des in die Kupplungsglocke durch die Kupplung geschobenen Arretierstiftes im oberen Totpunkt (OT) gesichert werden (Abbildung 8.8) – entfernen Sie für den Zugang entsprechende Verkleidungsteile (siehe Kapitel 6).

2

16.4 Schrauben der oberen Keilriemen-Abdeckung

16.7 Entfernen Sie den Kurbelwellensensor.

16.8 Entfernen Sie das Keilriemen-Antriebsrad.

2 Lassen Sie das Motoröl ab (siehe Kapitel 1, Sektion 1).

3 Entfernen Sie den Keilrippenriemen (siehe Kapitel 1, Sektion 15).

4 Lösen Sie die Schrauben der oberen Keilriemen-Abdeckung und entfernen Sie diese (siehe Abbildung).

5 Entfernen Sie beide Primär-Zündkerzen (siehe Kapitel 1, Sektion 11).

6 Drehen Sie die Kurbelwelle mithilfe eines auf die Riemenradmutter gesteckten Schlüssels im Uhrzeigersinn in die OT-Position. Schieben Sie den OT-Arretierstift durch die Bohrung rechts hinten in der Kupplungsglocke und die Kupplung in die Bohrung des Motorgehäuses.

7 Lösen Sie die Schraube des Kurbelwellensensors und ziehen Sie diesen oben aus dem Primärtriebdeckel – beachten Sie den O-Ring (siehe Abbildung). Falls der Zugang schlecht ist, kann der Sensor nach dem Ausbau des Deckels entfernt werden – beschädigen Sie dabei aber nicht sein Kabel.

8 Lösen Sie die Mutter des Kurbelwellen-Riemenrades, entfernen Sie sie samt ihrer Scheibe und ziehen Sie das Rad unter Beachtung seiner Einbaurichtung ab (siehe Abbildung).

9 Lösen Sie die Schrauben des Primärtriebdeckels, beachten Sie ihre Scheiben, und entfernen Sie den Deckel. Die zwischen dem Deckel und dem Motorgehäuse eingesetzte Dichtmasse kann stark kleben – falls der Deckel fest sitzt, muss er rundherum mit einem weichen Hammer abgeklopft werden; versuchen Sie nicht, ihn mit einem Schraubendreher o. ä. abzuhebeln, da hierdurch die Dichtfläche zerstört werden würde!

10 Beachten Sie die Passhülsen im Deckel und/oder dem Motorgehäuse und stellen Sie sie nötigenfalls sicher (siehe Abbildung).

11 Entfernen Sie sämtliche Dichtungsreste von den Dichtflächen des Deckels und des Motorgehäuses. Wenn ein Schaber verwendet wird, muss darauf geachtet werden, nicht das weiche Aluminium abzutragen. Lassen Sie keine Dichtungsreste in den Motor fallen.

12 Stützen Sie den Deckel ab und treiben Sie den alten Kurbelwellen-Simmerring unter Beachtung seiner Einbaurichtung heraus (siehe Abbildung). Reinigen Sie den Innenbereich des Dichtringsitzes mit geeignetem Lösungsmittel.

Einbau

13 Falls entfernt, müssen die Passhülsen in das Motorgehäuse oder den Deckel gesteckt werden (siehe Schritt 10).

14 Verteilen Sie ein geeignetes Dichtmittel auf der Dichtfläche des Primärtriebdeckels (siehe Abbildung).

15 Montieren Sie den Deckel, installieren Sie seine Schrauben samt Scheiben und ziehen Sie sie schrittweise und über Kreuz bis zu einem Drehmoment von 9 Nm an.

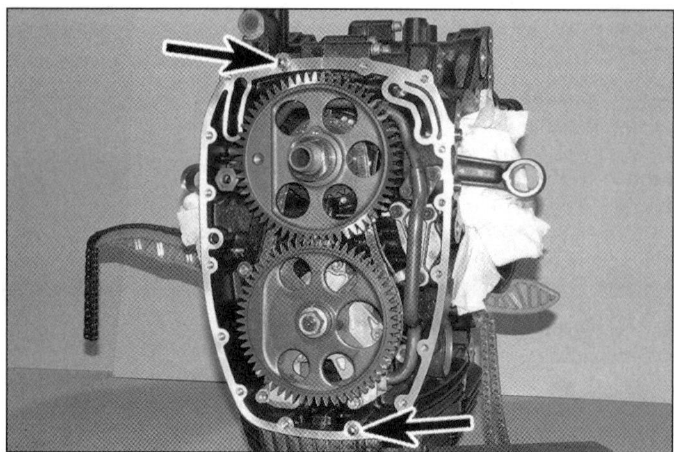

16.10 Stellen Sie ggf. die zwei Passhülsen sicher.

16.12 Treiben Sie den alten Kurbelwellen-Simmerring heraus.

16.14 Tragen Sie an den Kontaktflächen des Primärtriebdeckels gleichmäßig Dichtmasse auf.

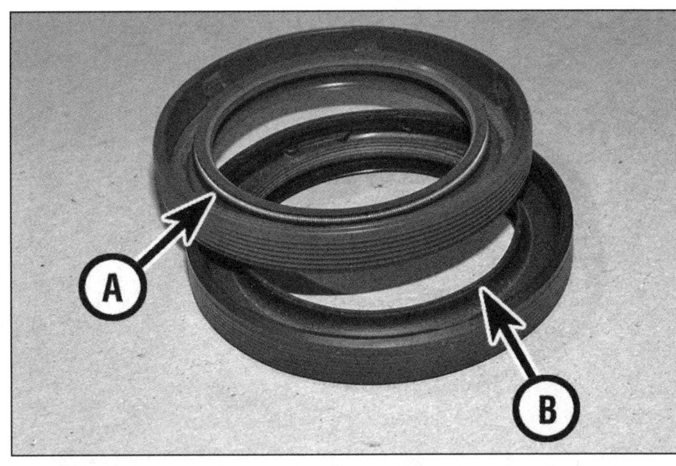

16.17 Dichtring mit federbelasteter Dichtlippe (A) bzw. Teflon-Dichtlippe (B)

16 Rüsten Sie den Kurbelwellensensor mit einem neuen O-Ring aus (Abbildung 16.7) und installieren Sie ihn oben in den Primärtriebdeckel. Ziehen Sie die Sensorschraube mit 8 Nm an.

17 Kontrollieren Sie vor dem Einbau des Kurbelwellendichtrings, um welchen Typ es sich handelt (siehe Abbildung) – ein Dichtring mit Federlippe muss mit Motoröl geschmiert werden, einer mit Teflonlippe wird trocken montiert (die Teflon-Version ist Standard-Ausrüstung).

18 Um die Dichtlippe des neuen Kurbelwellen-Simmerrings beim Einbau nicht zu beschädigen, müssen eine spezielle Führung und eine Hülse verwendet werden (siehe *Werkzeug-Tipp*). BMW bietet hierfür ein spezielles Set an. Schieben Sie den Simmerring mit der Innenseite voran über die abgerundete Seite der Führung (BMW-Teilenummer 115 713) (siehe Abbildung). Setzen Sie die Führung an das Ende der Kurbelwelle und drücken Sie den Dichtring mit der Hülse (BMW-Teilenummer 115 711) in Position (siehe Abbildung). Ziehen Sie die Führung heraus (siehe Abbildung) und schrauben Sie die Gewindehülse (BMW-Teilenummer 115 712) auf, um den Dichtring in den Deckel zu pressen (siehe Abbildungen). Der Außenrand des installierten Simmerrings muss bündig zu seinem Sitz liegen (siehe Abbildung).

Werkzeug TiPP

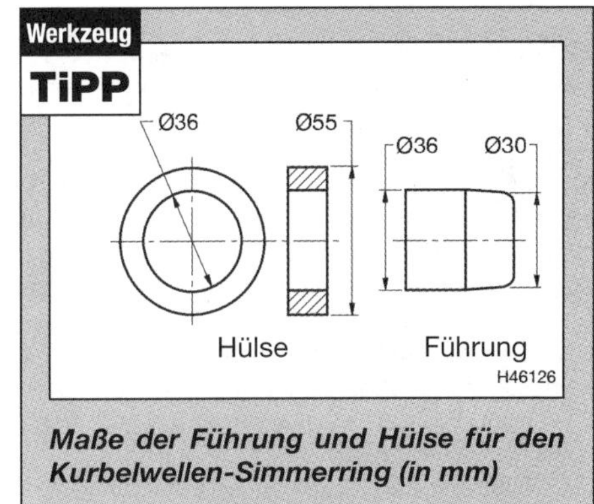

Maße der Führung und Hülse für den Kurbelwellen-Simmerring (in mm)

16.18a Schieben Sie den Dichtring über das Ende der Führung . . .

16.18b . . . und drücken Sie ihn mit der Hülse auf die Kurbelwelle.

16.18c Ziehen Sie die Führung heraus.

16.18d Benutzen Sie die Gewindehülse, . . .

16.18e . . . um den Dichtring in den Deckel zu pressen.

16.18f Der eingebaute Dichtring muss wie gezeigt sitzen.

17.2 Richten Sie die Markierungen der Zahnräder zueinander aus.

17.3a Lösen Sie die Ausgleichswellenrad-Mutter.

19 Montieren Sie die Riemenscheibe mit der beschrifteten Seite nach außen, installieren Sie dann die Scheibe und die Mutter (Abbildung 16.8). Sichergehend, dass der OT-Arretierstift in Position sitzt, wird die Antriebsradmutter zunächst mit 40 Nm und dann mit 140 Nm an. Entfernen Sie die OT-Arretierung.
20 Reinigen Sie die Schrauben des Riemendeckels und tragen Sie frische Sicherungspaste auf. Montieren Sie den Deckel und ziehen Sie seine Schrauben mit 5 Nm an (Abbildung 16.4).
21 Legen Sie den Keilrippenriemen auf (siehe Kapitel 1, Sektion 15).
22 Füllen Sie den Motor mit Motoröl auf (siehe Kapitel 1)

17 Ausgleichswelle und Antriebsräder

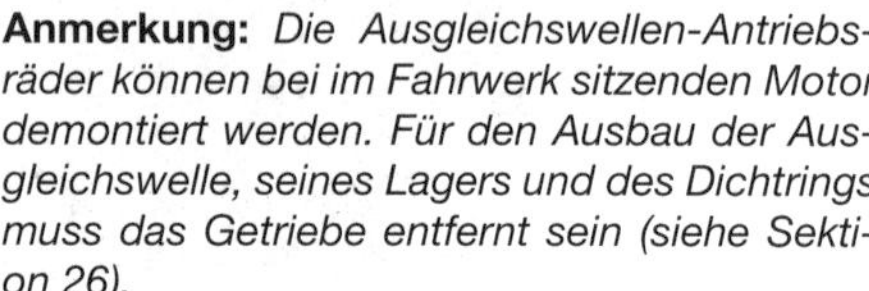

Anmerkung: *Die Ausgleichswellen-Antriebsräder können bei im Fahrwerk sitzenden Motor demontiert werden. Für den Ausbau der Ausgleichswelle, seines Lagers und des Dichtrings muss das Getriebe entfernt sein (siehe Sektion 26).*

Spezialwerkzeuge: *Für die Demontage des Kurbelwellenzahnrades wird ein Zweiarmabzieher benötigt. Für den Ausbau des Ausgleichswellenlagers ist ein Bolzen-Abzieher erforderlich.*

Ausgleichswellenräder

Ausbau

1 Entfernen Sie den Lichtmaschinenantrieb und den Primärtriebdeckel (siehe Sektion 16).
2 Entfernen Sie die Primär-Zündkerzen (siehe Kapitel 1). Drehen Sie die Kurbelwelle in die normale Drehrichtung, bis die Markierung des Kurbelwellenrades zu der des Ausgleichswellenrades ausgerichtet ist (siehe Abbildung) – jetzt steht der rechte Kolben im Verdichtungs-OT. Arretieren Sie die Kurbelwelle mithilfe des OT-Arretierstifts (siehe Sektion 8).
3 Lösen Sie die Mutter des Ausgleichswellenrades (siehe Abbildung). Benutzen Sie möglichst einen Bolzen-Abzieher, der auf das Gewinde des Zahnrades geschraubt werden kann (siehe Abbildung) – BMW bietet unter der Teilenummer 112 742 ein passendes Werkzeug an. Alternativ muss das Ende der Ausgleichswelle mit einem geeigneten Stück Weichmetall (z. B. Messing) geschützt und ein Zweiarmabzieher eingesetzt werden (siehe Abbildung). Beachten Sie die Position des in der Welle sitzenden Keils und stellen Sie ihn nötigenfalls sicher (siehe Abbildung).
4 Entfernen Sie den OT-Arretierstift.
5 Drehen Sie zum Schutz des Gewindes übergangsweise die Mutter der Riemenscheibe auf die Kurbelwelle und positionieren Sie ein geeignetes Stück Weichmetall darüber, um den Zweiarmabzieher wie gezeigt anzusetzen – oder verwenden Sie das BMW-Werkzeug 112 741 (siehe Abbildung). Spannen Sie den Abzieher vor, erwärmen Sie die Nabe des Kurbelwellenrades auf ca. 100 °C und ziehen Sie das Zahnrad vom Konus der Welle – beachten Sie die Position des Arretierstifts (siehe Abbildung).

Einbau

6 Gehen Sie sicher, dass die Kurbelwelle und die Zwischenwelle so stehen, dass der rechte Kolben im Verdichtungs-OT steht – der Arretierstift für das Kurbelwellenrad sowie die Nut am Zwischenwellenritzel also nach oben zeigen (Abbildung 18.2). Installieren Sie den OT-Arretierstift.
7 Stellen Sie mit geeignetem Lösungsmittel sicher, dass die Konusflächen der Kurbelwelle

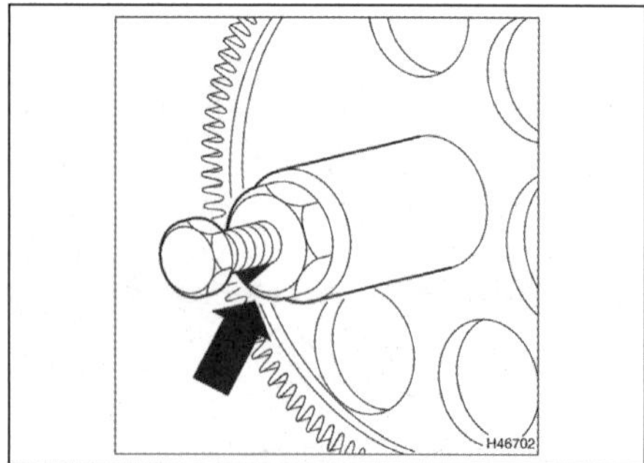

17.3b Ziehen Sie das Zahnrad entweder mithilfe eines aufgeschraubten Abziehers . . .

17.3c . . . oder eines Zweiarmabziehers und eines Stücks Messing von der Ausgleichswelle.

17.3d Beachten Sie den in der Ausgleichswelle steckenden Keil.

17.5a Vorrichtung zum Abziehen des Kurbelwellenrades

17.5b Beachten Sie den Arretierstift.

17.7a Reinigen Sie den Konus der Kurbelwelle . . .

17.7b . . . und seinen Sitz im Zahnrad.

17.7c Montieren Sie das Kurbelwellenrad, . . .

und im Kurbelwellenrad sauber und fettfrei sind (siehe Abbildungen). Richten Sie die Bohrung des Zahnrades zum Arretierstift aus und installieren Sie es auf die Welle. Montieren Sie übergangsweise die Riemenscheibe samt Scheibe und Mutter (siehe Abbildungen).

8 Sichergehend, dass der OT-Arretierstift in Position sitzt, wird die Riemenradmutter zunächst mit 40 Nm und dann mit 140 Nm angezogen, um das Zahnrad fest auf den Konus zu pressen. Lösen Sie dann die Mutter wieder und entfernen Sie sie samt Scheibe und Riemenrad.

9 Falls entfernt, wird der Keil in die Ausgleichswelle installiert (Abbildung 17.3d). Falls er locker ist, kann er mit temperaturfestem Kleber (BMW empfiehlt Loctite 648) gesichert werden.

10 Die Markierung an der Kurbelwelle muss nach unten zeigen, dann wird das Ausgleichswellenrad mit der Markierung nach oben zeigend positioniert und die Welle so gedreht, dass der Keil zur Nut in der Zahnradnabe ausgerichtet ist (siehe Abbildung). Richten Sie die Zähne des Ausgleichswellenrades zum Kurbelwellenrad aus und drücken Sie es auf die Welle. Kontrollieren Sie nach der Montage erneut die Flucht der Markierungen (Abbildung 17.2). Ziehen Sie die Wellenmutter zunächst handfest an (Abbildung 17.3a).

11 Sichergehend, dass der OT-Arretierstift in Position sitzt, wird das Ausgleichswellenrad gehalten und die Wellenmutter mit 75 Nm angezogen (Abbildung 17.3a). Entfernen Sie den OT-Arretierstift.

12 Montieren Sie die verbliebenen Komponenten in der umgekehrten Ausbaureihenfolge.

Ausgleichswelle, Wellendichtring und Lager

13 Demontieren Sie das Getriebe (siehe Sektion 26).

14 Entfernen Sie die Kupplung (siehe Sektion 20).

15 Entfernen Sie den Riemendeckel (siehe Kapitel 1, Sektion 15).

17.7d . . . die Riemenscheibe, die Unterlegscheibe und die Mutter.

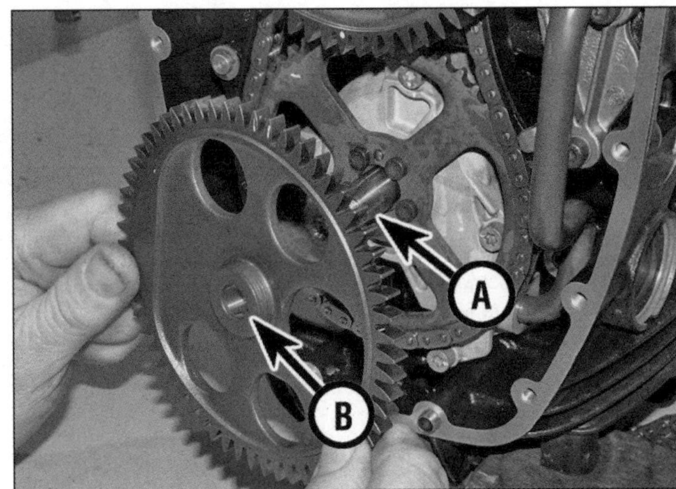

17.10 Richten Sie den Ausgleichswellen-Keil (A) zur Nut des Zahnrades aus.

2

17.16a Lösen Sie hinten die Schraube des Ausgleichgewichts . . .

17.16b . . . und ziehen Sie dies von der Welle.

17.17 Hebeln Sie den alten Dichtring heraus.

17.20a Entfernen Sie den Seegerring . . .

17.20b . . . und drücken Sie die Welle samt Lager heraus.

17.21 Kontrollieren Sie die Gleitfläche in der Zwischenwelle.

17.22a Kontrollieren Sie hinten die Lasche . . .

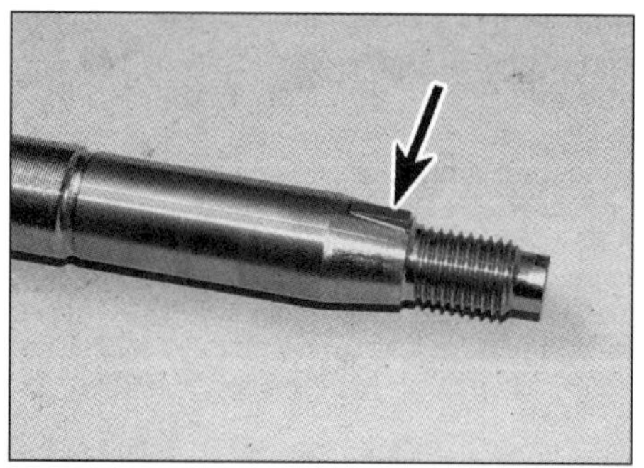
17.22b . . . und vorne das Gewinde – beachten Sie die Position des Keils (Pfeil).

17.23a Schieben Sie die Welle von hinten in die Zwischenwelle.

16 Kontern Sie die Riemenscheibenmutter, lösen Sie hinten am Motor die Schraube des Ausgleichsgewichts und ziehen Sie es unter Beachtung seiner Einbaulage ab (siehe Abbildungen) – die Schraube muss später erneuert werden.

17 Hebeln Sie den Wellendichtring mit einem Schlitzschraubendreher aus dem Gehäuse (siehe Abbildung) – merken Sie sich seine Einbaurichtung.

18 Falls nur ein neuer Dichtring montiert werden soll, kann mit Schritt 26 fortgefahren werden.

19 Um die Ausgleichswelle samt Lager auszubauen, müssen zunächst die Riemenscheibe, der Primärtriebdeckel und das Ausgleichswellenrad entfernt werden (Schritte 1 bis 3) – das Zahnrad muss zum Lösen der Mutter mithilfe des BMW-Werkzeugs 124 600 oder ähnlichem gekontert werden (Abbildung 17.25). Beachten Sie die Position des Keils in der Ausgleichswelle (Abbildung 17.3d) – falls er nicht flach liegt, muss er entfernt werden, damit das innere Zwischenradlager nicht beschädigt wird.

20 Entfernen Sie hinten am Motorgehäuse den Lager-Sicherungsring (siehe Abbildung) – dieser muss später erneuert werden. Drücken Sie die Ausgleichswelle samt Lager von vorne nach hinten durch (siehe Abbildung) – das Lager muss später erneuert werden.

21 Begutachten Sie die Lagerfläche im vorderen Ende der Zwischenwelle (siehe Abbildung) – falls Kerben, tiefe Riefen oder Ausbrüche festgestellt werden, muss eine neue Zwischenwelle montiert werden (siehe Sektion 25).

22 Kontrollieren Sie die Laschen am hinteren Ende der Ausgleichswelle (siehe Abbildung) – diese sind versetzt angeordnet, damit das Gewicht nur in einer bestimmten Position montiert werden kann. Inspizieren Sie die Gewinde vorne und hinten auf der Welle (siehe Abbildung).

Einbau

23 Falls der Keil nicht entfernt wurde, muss sichergestellt werden, dass er fest in seine Nut gepresst ist (Abbildung 17.22b). Schmieren Sie die Zwischenwelle innen mit Motoröl und schieben Sie die Ausgleichswelle von hinten

17.23b Installieren Sie ein neues Lager...

17.23c ... und treiben Sie es vollständig in seinen Sitz.

her ein (siehe Abbildung). Drücken Sie das neue Lager in seinen Sitz und pressen oder treiben Sie es mit einem geeigneten Werkzeug in Position (siehe Abbildungen) – BMW bietet für diesen Zweck unter den Teilenummern 115 742 und 115 741 eine Hülse und einen Eintreiber an. Bei vollständig eingetriebenem Lager muss rundherum die Nut sichtbar sein, in die der neue Seegerring installiert wird (Abbildung 17.20a).

24 Der rechte Kolben muss im Verdichtungs-OT stehen (siehe Schritt 6).

25 Falls entfernt, wird der Keil in die Ausgleichswelle gesteckt (siehe Schritt 9), dann wird das Ausgleichswellenrad montiert (siehe Schritte 10 und 11) – kontern Sie es jedoch wie in Schritt 19 beschrieben mit dem Werkzeug und nicht mit der OT-Arretierung (siehe Abbildung).

26 Bevor hinten im Motorgehäuse ein neuer Wellendichtring installiert wird, muss dessen Sitz mit Lösungsmittel gereinigt werden. Kontrollieren Sie vor dem Einbau des Ausgleichswellendichtrings, um welchen Typ es sich handelt (siehe Sektion 16, Schritt 17). Um die Dichtlippe des neuen Teflon-Dichtrings beim Einbau nicht zu beschädigen, müssen eine spezielle Führung und eine Hülse verwendet werden (siehe *Werkzeug-Tipp*). BMW bietet hierfür ein spezielles Set an. Schieben Sie den Dichtring über die abgerundete Seite der Führung (BMW-Teilenummer 115 742). Setzen Sie die Führung an das Ende der Ausgleichswelle und drücken Sie den Dichtring mit der Hülse (BMW-Teilenummer 115 741) in Position – er muss bündig zu seinem Sitz liegen.

27 Schmieren Sie die Gleitflächen des Ausgleichsgewichts dünn mit Motoröl und installieren Sie es über die Laschen der Welle (Abbildung 17.16b). Installieren Sie die neue Ausgleichsgewicht-Schraube und halten Sie das Ausgleichswellenrad (Abbildung 17.25). Ziehen Sie die Schraube zunächst mit 10 Nm an und dann mithilfe einer Gradscheibe in einem Zug um 90° weiter – beachten Sie hierzu die *Werkzeug- und Werkstatt-Tipps* im Anhang.

Anmerkung: *Einen Viertelkreis sollte man sich auch ohne Gradscheibe vorstellen können.*

28 Montieren Sie die verbliebenen Komponenten in der umgekehrten Ausbaureihenfolge.

18 Zwischenwellen-Antriebskette, Spanner und Ritzel

Anmerkung: *Die Zwischenwellen-Antriebskette, ihr Spanner und ihr Ritzel können bei im Fahrwerk sitzendem Motor entfernt werden.*

Ausbau

1 Entfernen Sie die Ausgleichswellen-Antriebsräder (siehe Sektion 17).

2 Bringen Sie den rechten Zylinder in den Verdichtungs-OT – hierbei zeigen sowohl der Arretierstift des Kurbelwellenritzels als auch die Kerbe des Zwischenwellenritzels nach oben (siehe Abbildung).

17.25 Kontern Sie das Zahnrad beim Anziehen der Mutter (mit 75 Nm).

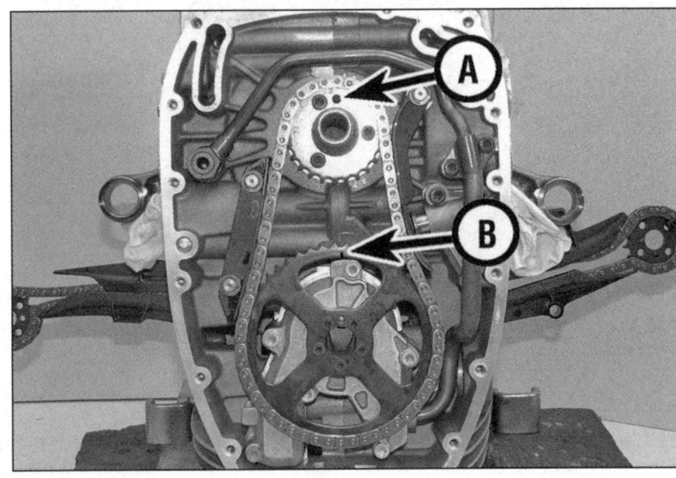

18.2 Der Arretierstift (A) und die Kerbe (B) müssen nach oben zeigen.

18.3a Lösen Sie die Anschlussschraube ...

18.3b ... und entfernen Sie die Dichtscheiben.

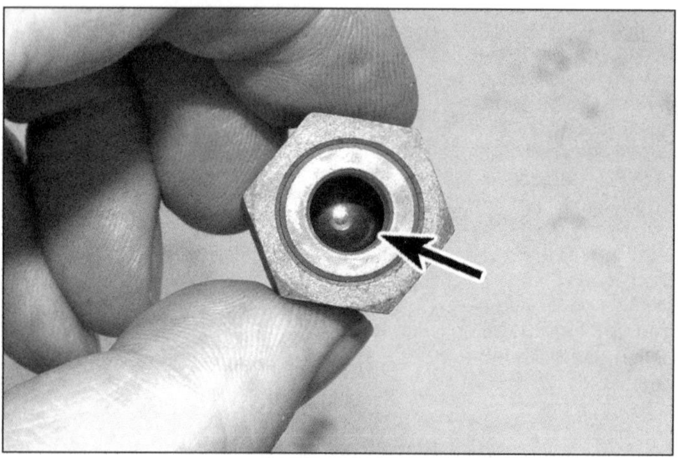
18.3c Kontrollieren Sie die Position des Kugelventils.

18.3d Lösen Sie die Schrauben des Ölleitungshalters ...

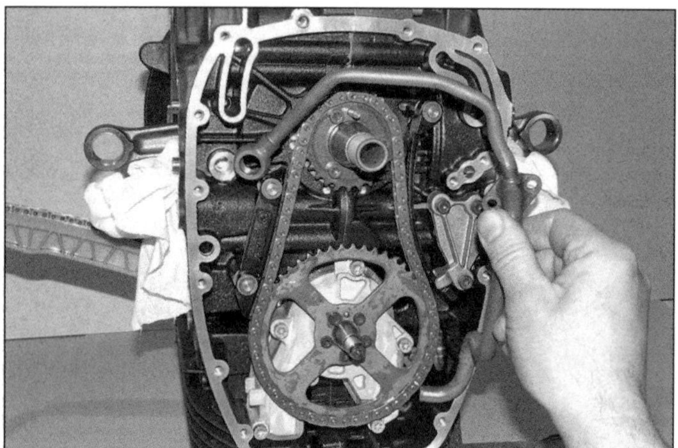
18.3e ... und befreien Sie das untere Ende der Ölleitung aus der Ölpumpe.

18.4a Beachten Sie, wie die Spannerschiene im Halter sitzt.

3 Lösen Sie die innere Ölleitungs-Anschlussschraube und entfernen Sie sie samt der Dichtscheiben (siehe Abbildungen) – die Scheiben müssen später erneuert werden. Beachten Sie das Kugelventil innerhalb der Anschlussschraube und prüfen Sie, ob es sich frei bewegt (siehe Abbildung). Lösen Sie die Schrauben des Ölleitungshalters und befreien Sie das untere Ende der Leitung seitlich aus der Ölpumpe, um sie zu entfernen (siehe Abbildungen). Falls die Pumpe nicht ausgebaut wird (siehe Sektion 19), muss der innerhalb

18.4b Beachten Sie die Lage der Dichtung.

18.5a Entfernen Sie die Sicherungsscheibe ...

18.5b ... und die Scheibe ...

18.5c ... und heben Sie die Schiene heraus ...

18.5d ... beachten Sie die zweite Scheibe.

18.6 Die Führungsschiene wird mit zwei Sicherungsscheiben in Position gehalten.

des Rohranschlusses sitzende O-Ring vorsichtig befreit und später ersetzt werden (Abbildung 19.8).

4 Beachten Sie, wie der Halter die Spannerschiene für die Zwischenwellenkette sichert, lösen Sie die Schrauben und heben Sie den Halter ab (siehe Abbildung). Beachten Sie die Lage der Dichtung hinter dem Halter – sie muss später erneuert werden (siehe Abbildung).

5 Entfernen Sie die Sicherungsscheibe samt Unterlegscheibe, mit denen die Spannerschiene gesichert ist, und heben Sie diese heraus (siehe Abbildungen) – beachten Sie die dahinter liegende Scheibe (siehe Abbildung).

6 Entfernen Sie die Sicherungsscheibe samt Unterlegscheibe, mit denen die Führungsschiene gesichert ist, und heben Sie diese heraus (siehe Abbildung).

7 Markieren Sie mit Farbe die Außenseiten der Zwischenwellen- und Kurbelwellenritzel, damit sie wieder in der ursprünglichen Position montiert werden können. Kontern Sie das Zwischenwellenritzel und lösen Sie die Schrauben beider Ritzel (siehe Abbildungen). Wenn sowohl der Arretierstift des Zwischenwellen-Ritzels als auch derjenige des Kurbelwellenritzels oben steht, werden die Ritzel samt Kette als Baugruppe abgenommen (siehe Abbildungen).

18.7a Lösen Sie die Schrauben des Zwischenwellenritzels ...

2

18.7b ... und des Kurbelwellenritzels.

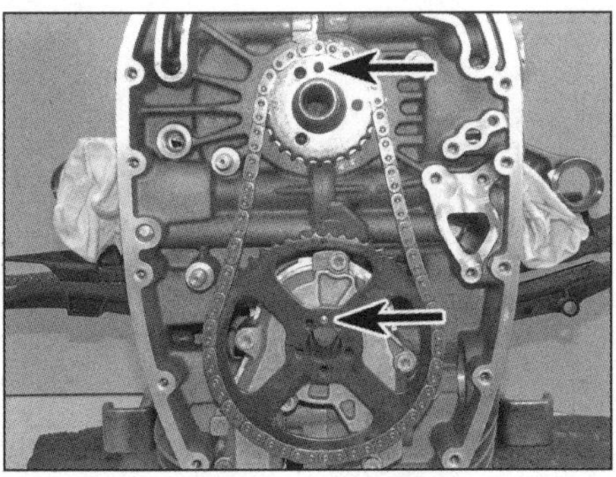
18.7c Beachten Sie die Ausrichtung der Arretierstifte.

18.7d Ziehen Sie beide Ritzel samt Kette als Baugruppe ab.

Kontrolle

8 Inspizieren Sie die Spannerschiene und die Führungsschiene auf übermäßigen Verschleiß und ersetzen Sie sie gegebenenfalls.

9 Begutachten Sie die Ritzel auf Verschleiß oder Schäden und ersetzen Sie sie ggf. zusammen mit der Kette als Satz.

Einbau

10 Die Kurbelwelle muss so stehen, dass sich der rechte Kolben im Verdichtungs-OT befindet – dazu müssen die Arretierstifte der Zwischenwellen- und Kurbelwellenritzel oben stehen. Der OT-Arretierstift muss installiert sein.

11 Installieren Sie die zwei Ritzel zusammen mit der Kette so, dass die Bohrungen für die Arretierstifte zueinander fluchten. Installieren Sie dann die Ritzel auf die Wellen und ziehen Sie die Schrauben handfest an (Abbildungen 18.7d, c, b und a). Kontern Sie das Zwischenwellenritzel und ziehen Sie die Schrauben mit jeweils 8 Nm an.

12 Prüfen Sie, ob die Arretierstifte und die Nut im Zwischenwellenritzel nach oben zeigen (Abbildung 18.2).

13 Installieren Sie die Führungs- und Spannerschienen mit den Scheiben auf ihre Zapfen und sichern Sie sie mit neuen Sicherungsscheiben (Abbildungen 18.6 sowie 18.5c, b und a). Prüfen Sie, ob sich die Spannerschiene frei auf ihrem Zapfen schwenken lässt.

14 Montieren Sie den Spannerschienen-Halter mit einer neuen Dichtung – die Schiene muss korrekt am Halter sitzen (Abbildungen 18.4b und a). Ziehen Sie die Halterschrauben mit 8 Nm an.

15 Falls die Ölpumpe demontiert wurde, muss der seitliche Ölleitungs-Stutzen mit einem neuen O-Ring ausgerüstet werden (siehe Abbildung). Schmieren Sie das untere Ende des Rohres mit Motoröl und stecken Sie es vorsichtig in den Stutzen (siehe Abbildung). Richten Sie den Anschluss zum Ölkanal des Motorgehäuses aus und installieren Sie die an beiden Seiten mit neuen Dichtscheiben versehene Anschlussschraube zunächst handfest (Abbildungen 18.3b und a).

18.15a Rüsten Sie den Ölrohr-Stutzen mit einem neuen O-Ring aus.

18.15b Stecken Sie das Ölrohr in den Stutzen.

16 Installieren Sie die Ölrohrhalter-Schrauben (Abbildung 18.3d). Ziehen Sie nun die Halterschrauben mit 8 Nm und die Anschlussschraube mit 25 Nm an.

17 Montieren Sie den Ausgleichswellen-Antrieb (siehe Sektion 17).

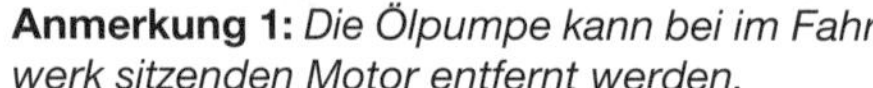

19 Ölpumpe, Überdruckventil und Thermostat

Anmerkung 1: *Die Ölpumpe kann bei im Fahrwerk sitzenden Motor entfernt werden.*

Anmerkung 2: *Bei der Montage der Ölpumpe müssen neue Befestigungsschrauben verwendet werden.*

Ölpumpe

Ausbau

1 Entfernen Sie den Zwischenwellen-Antrieb samt Kettenspanner (siehe Sektion 18).

2 Lösen Sie die sechs Ölpumpen-Befestigungsschrauben – beachten Sie die unterschiedlichen Längen siehe Abbildungen). Die Schrauben müssen später erneuert werden.

3 Heben Sie den Pumpendeckel ab (siehe Abbildung) – beachten Sie die Passhülsen. Beachten Sie die Markierungen an den Außenseiten der Kühlkreis-Rotoren sowie den Keil, der den Innenrotor an der Zwischenwelle sichert (siehe Abbildung).

4 Ziehen Sie den inneren und äußeren Kühlkreis-Rotor ab (siehe Abbildungen).

5 Heben Sie das Pumpengehäuse ab (siehe Abbildung). Beachten Sie die Position des äußeren Schmierkreis-Rotors, der möglicherweise im Gehäuse verbleibt – er ist außen mit einer Markierung versehen (siehe Abbildungen). Vertauschen Sie nicht die äußeren Kühlkreis- und Schmierkreis-Rotoren!

6 Der innere Schmierkreis-Rotor ist in die Zwischenwelle integriert. Beachten Sie die Position des Keils in der Welle und stellen Sie ihn nötigenfalls sicher. Beachten Sie die Passhülsen im Motorgehäuse (siehe Abbildung).

Kontrolle

7 Reinigen Sie alle Komponenten mit Lösungsmittel.

8 Befreien Sie den Ölrohr-O-Ring aus dem seitlichen Pumpenstutzen (siehe Abbildung) – später muss ein neuer installiert werden.

19.2a Positionen der 40 mm langen Ölpumpenschrauben

19.2b Positionen der 45 mm langen Ölpumpenschrauben

19.3a Heben Sie den Ölpumpendeckel ab.

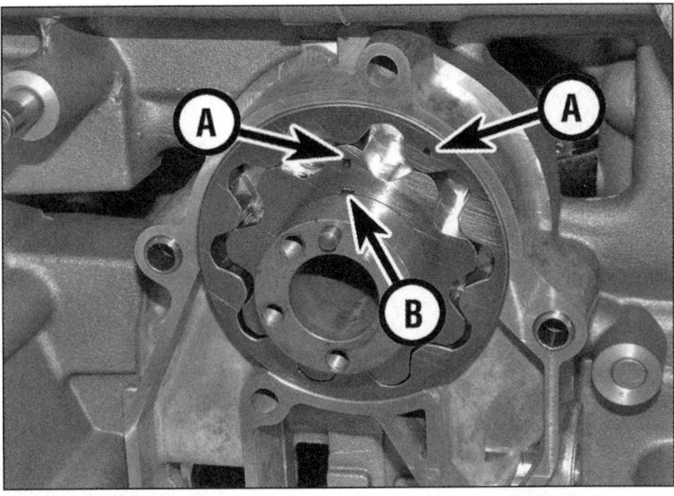

19.3b Beachten Sie die Markierungen (A) und den Keil (B).

19.4a Ziehen Sie den Innenrotor...

19.4b ...und den Außenrotor der Kühlkreispumpe heraus.

19.5a Entfernen Sie das Ölpumpengehäuse.

19.5b Beachten Sie die Einbaulage des Schmierkreis-Außenrotors...

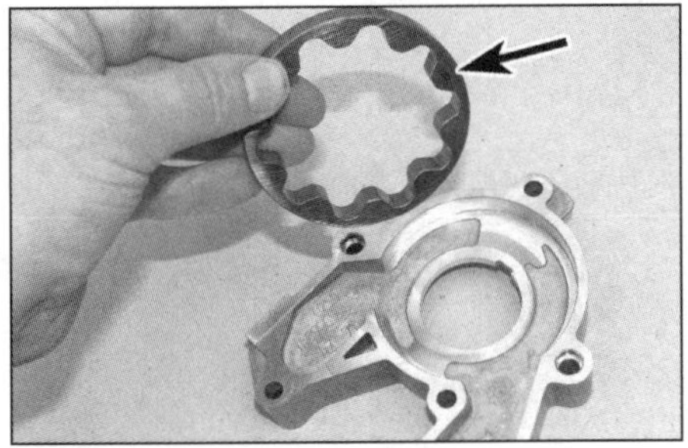

19.5c ...und seine Markierung.

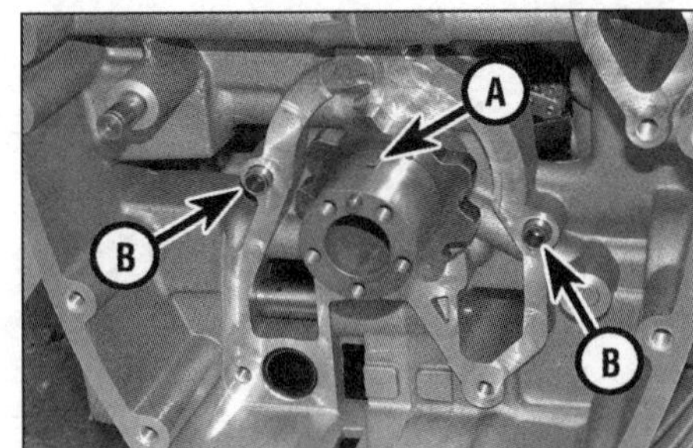

19.6 Stellen Sie ggf. den Keil (A) und die Passhülsen (B) sicher.

2

9 Begutachten Sie den Pumpendeckel, das Pumpengehäuse und die Rotoren auf Riefen und Verschleiß. Ersetzen Sie schadhafte Teile.
10 Legen Sie die Rotoren in die entsprechende Seite des Gehäuses und ermitteln Sie mithilfe einer Fühlerlehre das Axialspiel (siehe Abbildung). Falls mehr als 0,25 mm festgestellt werden, muss die Breite der Rotoren gemessen und die Ergebnisse mit den technischen Daten verglichen werden – so lässt sich herausfinden, ob die Rotoren, das Gehäuse oder beides verschlissen ist.
11 Falls der Innenrotor des Schmierkreises verschlissen oder beschädigt ist, muss die Zwischenwelle ersetzt werden (siehe Sektion 25).

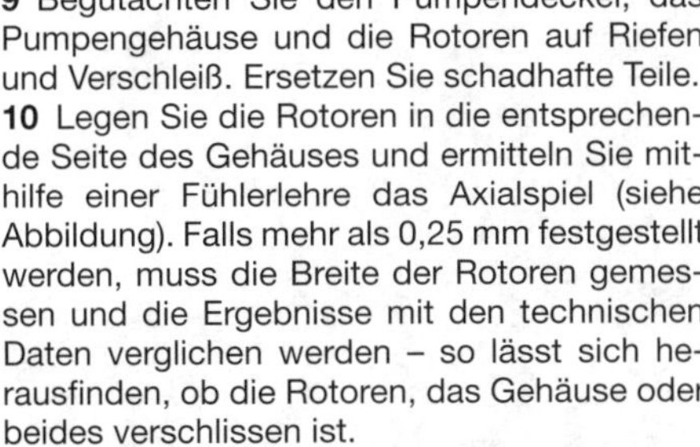

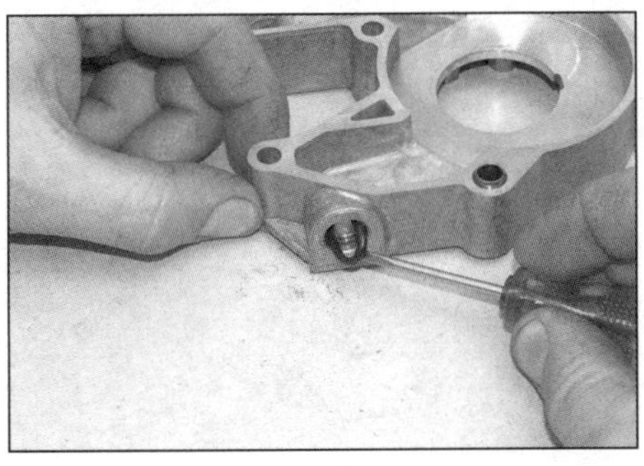

19.8 Befreien Sie vorsichtig den O-Ring aus dem Stutzen.

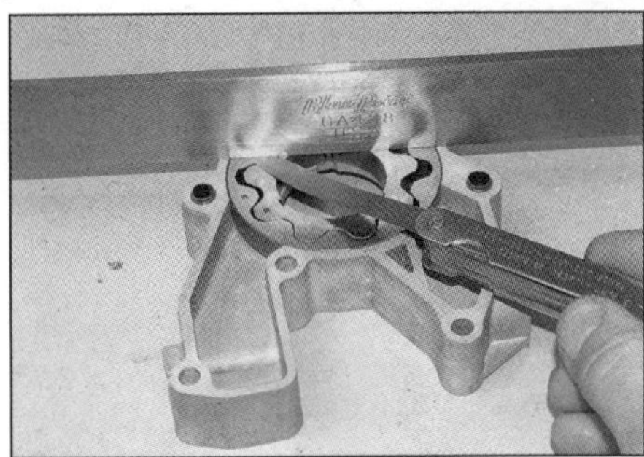

19.10 Messen Sie das Axialspiel der Rotoren.

Einbau

12 Während des Einbaus muss sichergestellt sein, dass die Pumpenrotoren großzügig mit frischem Motoröl geschmiert sind. Die Ausrichtmarkierungen der Ölpumpenrotoren müssen nach vorne zeigen. Der Schmierkreis-Rotor ist 1 mm dünner als der Kühlkreis-Rotor!

13 Schmieren Sie den neuen O-Ring des seitlichen Pumpenstutzens mit Motoröl und installieren Sie ihn (siehe Abbildung).

14 Falls entfernt, muss der Keil in die Nut der Zwischenwelle gesteckt werden (Abbildung 19.6).

15 Installieren Sie den äußeren Schmierkreis-Rotor mit der Markierung nach außen über den Innenrotor und setzen Sie das Pumpengehäuse über das Wellenende auf die Passhülsen des Motorgehäuses (Abbildung 19.5a).

16 Installieren Sie den äußeren Kühlkreis-Rotor mit der Markierung nach außen ins Gehäuse, richten Sie die Nut des Innenrotors zum Keil der Zwischenwelle aus und installieren Sie den Innenrotor mit der Markierung nach außen (Abbildungen 19.4b und a sowie 19.3b) – die Rotoren müssen korrekt ineinandergreifen.

17 Setzen Sie den Pumpendeckel über die Passhülsen an das Gehäuse (Abbildung 19.3a).

18 Installieren Sie die sechs NEUEN Ölpumpen-Befestigungsschrauben – achten Sie darauf, dass die unterschiedlich langen Schrauben in die richtigen Bohrungen geraten (Abbildungen 19.2a und b). Ziehen Sie die Schrauben zunächst mit 4 Nm an und dann ggf. mithilfe einer Gradscheibe um 90° weiter (beachten Sie hierzu die *Werkzeug- und Werkstatt-Tipps* im Anhang.

Anmerkung: *Einen Viertelkreis sollte man sich auch ohne Gradscheibe vorstellen können.*

19 Montieren Sie den Zwischenwellenantrieb samt Kettenspanner (siehe Sektion 18).

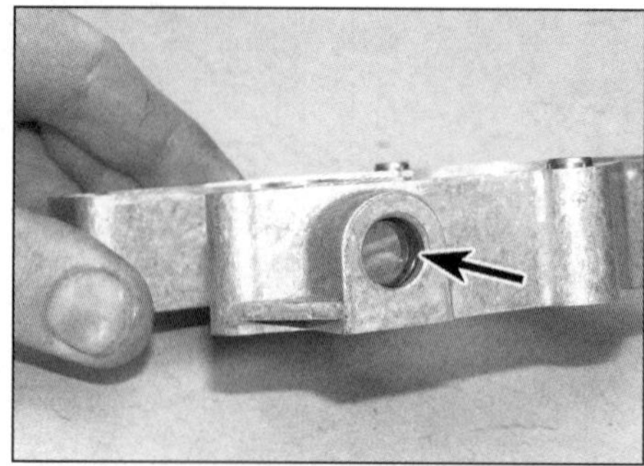

19.13 Der O-Ring muss korrekt installiert sein.

19.20 Position des Öl-Überdruckventils

Öl-Überdruckventil

20 Das Überdruckventil sitzt rechts im Motorgehäuse (siehe Abbildung). Wenn das Motoröl nicht abgelassen wurde, muss für den Ausbau des Ventils ein Behälter unter den Motor gestellt werden, der austretendes Öl aufnimmt.

21 Lösen Sie den Verschlussstopfen und entfernen Sie den Dichtring, die Feder und das Ventil (siehe Abbildung).

22 Waschen Sie alle Teile in Lösungsmittel, um sie auf Verschleiß, Riefen und Schäden untersuchen zu können (siehe Abbildung).

19.21 Entfernen Sie den Stopfen und ziehen Sie die Feder und das Ventil heraus.

19.22 Begutachten Sie die Bauteile des Öl-Überdruckventils auf Verschleiß.

19.28a Heben Sie das Ölleitblech ab ...

19.28b ... und ziehen Sie den Thermostaten und die Feder heraus.

20.3 Die Kupplung kann auch mit einem 8,5 mm-Bohrer blockiert werden.

20.4a Lockern Sie schrittweise und über Kreuz die Schrauben des Kupplungs-Gehäusedeckels . . .

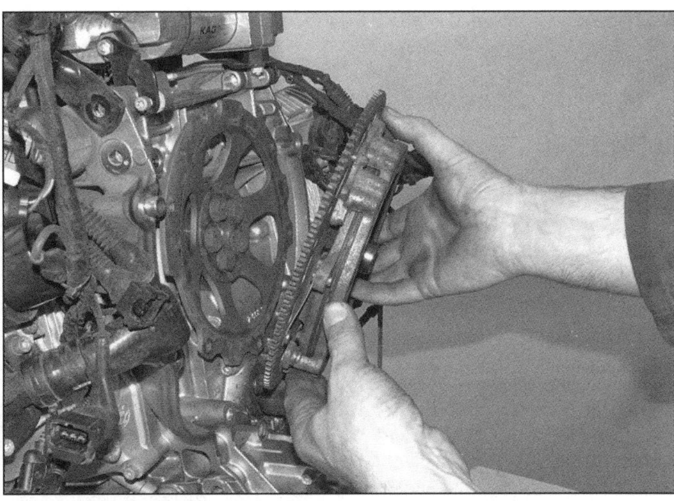

20.4b . . . und heben Sie die Kupplungs-Baugruppe ab.

23 Für die Kontrolle des Überdruckventils gibt es keine Angaben. Wenn irgendein Teil verschlissen oder beschädigt ist oder ein Öldrucktest (siehe Sektion 3) auf eine Fehlfunktion hinweist, muss das komplette Ventil ersetzt werden.
24 Installieren Sie die Bauteile in der entgegengesetzten Ausbaureihenfolge, verwenden Sie dabei einen neuen Dichtring, und ziehen Sie den Stopfen mit 42 Nm an.
25 Kontrollieren Sie den Motorölpegel und füllen Sie nötigenfalls Öl nach (siehe *Tägliche Kontrollen*).

Ölthermostat

26 Der Ölthermostat sitzt unterhalb des Flansches für die Ölkühler-Zufuhrleitung rechts oben am Motorgehäuse.
27 Um Zugang zum Thermostaten zu erhalten, muss die Ölkühler-Zufuhrleitung entfernt werden (siehe Sektion 6) – beachten Sie den O-Ring am Ende des Rohrs.
28 Heben Sie das Ölleitblech ab, um den Thermostaten und die Feder herausziehen zu können (siehe Abbildungen).
29 Für die Kontrolle des Thermostaten gibt es keine Angaben. Wenn das Motoröl auch nach einer längeren Fahrt in warmer Umgebung nicht durch den Ölkühler strömt (sodass dieser warm wird), kann es sehr heiß werden, sodass der Motor überhitzt und der Öldruck aufgrund des dünnen Öls stark abfällt. Ersetzen Sie einen suspekten Thermostaten.

Anmerkung: *Prüfen Sie, ob nicht der Ölkühler selbst beschädigt oder verstopft ist (siehe Sektion 6).*

30 Installieren Sie die Bauteile in der entgegengesetzten Ausbaureihenfolge. Montieren Sie die Ölkühler-Zufuhrleitung entsprechend der Hinweise in Sektion 6.

20 Kupplung

Anmerkung 1: *Um Zugang zur Kupplung zu erhalten, müssen zunächst der Hinterradstoßdämpfer, die Schwingen/Endantrieb-Einheit (siehe Kapitel 4), der Heckrahmen und das Getriebe entfernt werden (siehe Sektion 26).*

Anmerkung 2: *Bei der Montage des Kupplungskorbes müssen neue Schrauben verwendet werden.*

Spezialwerkzeug: *Für diese Arbeit ist ein OT-Arretierstift (siehe* ***Werkzeug-Tipp*** *in Sektion 8) oder ein entsprechender Notbehelf (siehe Schritt 3) erforderlich. Ebenso wird ein Kupplungs-Zentrierwerkzeug benötigt (siehe* ***Werkzeug-Tipp*** *bei Schritt 23). Für den Anzug der Kupplungsflanschschrauben wird eine Gradscheibe benötigt. Für den Einbau des hinteren Kurbelwellen-Simmerrings werden spezielle Einbau-Führungen benötigt (siehe Schritte 15 und 16).*

Ausbau

1 Entfernen Sie beide Primär-Zündkerzen (siehe Kapitel 1, Sektion 11).
2 Entfernen Sie die Keilriemen-Abdeckung (siehe Kapitel 1, Sektion 15).
3 Drehen Sie die Kurbelwelle mithilfe eines auf die Riemenradmutter gesetzten Schlüssels, bis beide Kolben im OT stehen. Stecken Sie den Arretierstift oder einen 8,5 mm-Bohrer durch die Bohrung der Kupplung in das Loch des Motorgehäuses (siehe Abbildung). Alternativ kann das BMW-Werkzeug 115 640 zwischen das Motorgehäuse und die Zähne des Anlasserzahnkranzes an der Kupplungs-Druckplatte.
4 Lösen Sie die Gehäusedeckel-Schrauben gleichmäßig und über Kreuz, bis der Federdruck nachlässt (siehe Abbildung). Heben Sie dann die Kupplungsbaugruppe ab (siehe Abbildung).
5 Der mit den Verbindungsstiften zwischen dem Gehäusedeckel und der Druckplatte verbundene Baugruppe wird gemeinsam abgehoben. Hebeln Sie vorsichtig den Deckel und die Druckplatte auseinander – merken Sie sich die Einbaurichtungen (siehe Abbildung). Heben Sie die Belagscheibe ab (siehe Abbildung).

20.5a Die Kupplung wird mit Arretierstiften zusammengehalten.

20.5b Heben Sie die Belagscheibe ab.

6 Lösen Sie nötigenfalls die Schrauben, die den Kupplungsflansch an der Kurbelwelle sichern – beachten Sie die Position der Verstärkungsscheibe (siehe Abbildungen). Entfernen Sie den Flansch – beachten Sie, wie der Zapfen an seiner Rückseite in die Bohrung der Kurbelwelle greift (siehe Abbildung). Die Schrauben müssen später durch Neuteile ersetzt werden.

Kontrolle

7 Die Belagscheibe verschleißt nach einer sehr hohen Laufleistung und sorgt für eine rutschende Kupplung. Messen Sie die Belagstärke an verschiedenen Stellen (siehe Abbildung) – wenn der Wert irgendwo unter 4,4 mm liegt, muss die Scheibe ersetzt werden. Wenn das Belagmaterial verbrannt riecht, mit Öl oder Fett getränkt oder verglast ist, muss die Scheibe ebenfalls erneuert werden.

Anmerkung: *Wenn die Kupplung oder ihr Gehäuse verölt ist, müssen der hintere Kurbelwellen-Simmerring (siehe Schritt 13) und der vordere Getriebe-Simmerring (siehe Sektion 27) kontrolliert werden. Beachten Sie, dass Getriebeöl einen speziellen Geruch aufweist.*

8 Inspizieren Sie die Verzahnungen der Belagscheibe und der Getriebeeingangswelle auf Verschleiß und Schäden. Schieben Sie die Belagscheibe auf die Getriebewelle und prüfen Sie, ob sie sich frei, aber ohne viel Spiel frei darauf bewegen lässt. Eine verschlissene Verzahnung äußert sich durch Ratter-Geräusche im Leerlauf.

9 Überprüfen Sie die Reibflächen der Druckplatte und der Reibscheibe mithilfe eines Richtwinkels auf Verzug (siehe Abbildungen). Ist die Oberfläche eine der Scheiben deformiert, stark riefig oder durch Überhitzung blau verfärbt, müssen die Druckplatte, der Gehäusedeckel und die Belagscheibe als Satz ausgetauscht werden.

10 Begutachten Sie die Zähne des Anlasserrings auf Verschleiß und Schäden. Der Ring ist in die Druckplatte integriert, sodass diese nötigenfalls ersetzt werden muss.

11 Wenn die Kupplung rutschte, aber die Belagscheibe weder verschlissen noch verölt ist, wird die Tellerfeder in der Druckplatte ermüdet sein, sodass diese nötigenfalls ersetzt werden muss.

12 Ziehen Sie die Dichtung von der Kupplungs-Druckstange (Abbildung 4.36b). Kontrollieren Sie die Druckstange durch Drehen auf einer ebenen Fläche (z. B. einem Spiegel) auf Verzug. Sie kann auch in Prismenböcke gelegt und mit einer Messuhr überprüft werden. Eine verbogene Druckstange muss ersetzt werden.

13 Kontrollieren Sie das Kupplungsgehäuse auf Anzeichen eines leckenden Simmerrings. Wechseln Sie für das Ersetzen des Getriebe-

20.6a Lösen Sie die Schrauben des Kupplungsflansches . . .

20.6b . . . und entnehmen Sie die Verstärkungsscheibe.

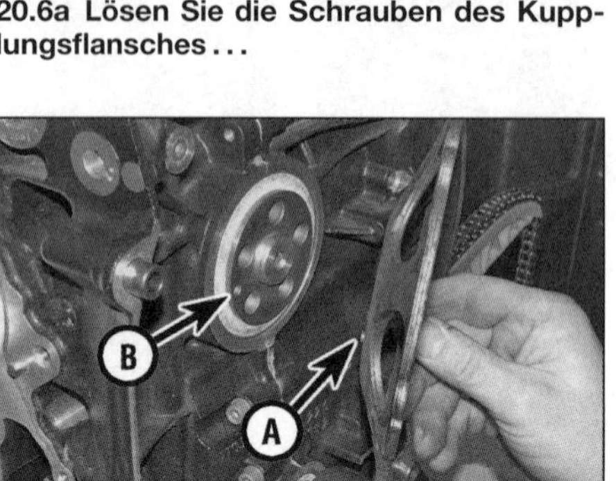

20.6c Beachten Sie, wie der Stift (A) in die Bohrung der Kurbelwelle (B) greift.

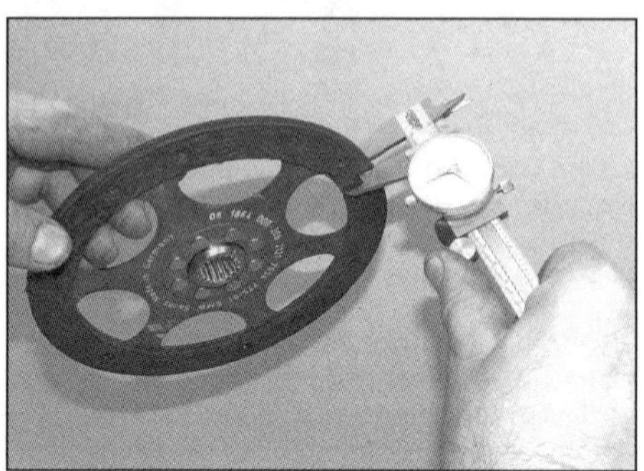

20.7 Messen Sie die Stärke der Belagscheibe.

20.9a Kontrollieren Sie die Oberflächen der Druckplatte . . .

20.9b . . . und des Gehäusedeckels auf Verschleiß und Beschädigungen.

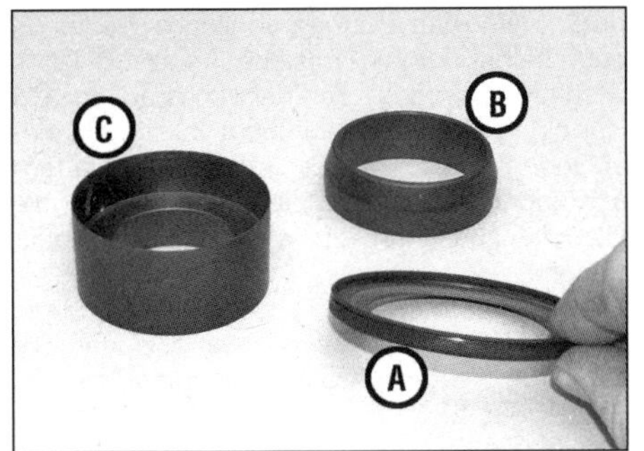

20.15a Kurbelwellen-Dichtring mit Teflon-Lippe (A), Führung (B) und Hülse (C)

20.15b Setzen Sie den Dichtring auf die Führung . . .

20.15c . . . und diese auf die Hülse.

20.15d Schieben Sie den Dichtring auf die Hülse . . .

20.15e . . . und entfernen Sie die Führung.

20.16a Richten Sie die Hülse über dem Kurbelwellenstumpf aus . . .

20.16b . . . und setzen Sie dann den Eintreiber an, . . .

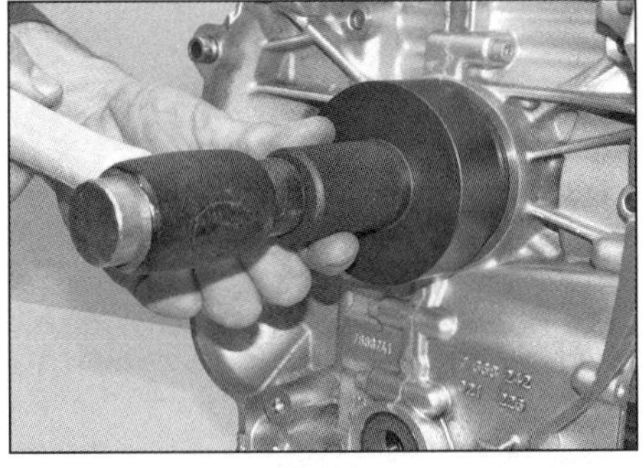

20.16c . . . um den Dichtring einzuklopfen.

20.16d Entfernen Sie die Hülse und prüfen Sie, ob der Dichtring bündig sitzt.

2

eingangswellen-Dichtrings nach Sektion 27. Leckt der hintere Kurbelwellen-Dichtring, muss er folgendermaßen erneuert werden:

14 Bohren Sie mit einem 3-mm-Bohrer zwei gegenüberliegende Löcher in den Dichtring – achten Sie darauf, nur die Ring-Außenseite anzubohren. Drehen Sie dann zwei selbstschneidende Schrauben teilweise in die Löcher. Legen Sie ein dickes Stück Pappe über den Außenrand des Dichtsitzes, um ihn zu schützen. Hebeln Sie den Dichtring jetzt mit einer abgewinkelten Spitzzange vorsichtig heraus, indem Sie abwechselnd an beiden Seiten arbeiten (Abbildung 27.17).

15 BMW verwendet zwei unterschiedliche Kurbelwellendichtungen: Der Standard-Dichtring Teflon-Dichtlippe, es gibt aber auch welche mit Federlippe (siehe Sektion 16, Schritt 17). Prüfen Sie, welcher Dichtring-Typ Verwendung findet. Um die Dichtlippe des neuen Dichtrings beim Einbau nicht zu beschädigen, müssen eine spezielle Führung und eine Hülse verwendet werden – BMW bietet hierfür ein spezielles Set an (siehe Abbildung). Schieben Sie den Dichtring über die abgerundete Seite der Führung (BMW-Teilenummer 115 702), setzen Sie die Führung an die Hülse (BMW-Teilenummer 115 703), schieben Sie dann den Dichtring auf die Hülse und entfernen Sie die Führung (siehe Abbildungen).

16 Halten Sie die Hülse ans Ende der Kurbelwelle und drücken Sie den Dichtring mit einem geeigneten Eintreiber (BMW-Teilenummer 115 705 und 115 701) in Position (siehe Abbildungen). Der Außenrand des installierten Simmerrings muss bündig zu seinem Sitz liegen. Ziehen Sie die Hülse ab (siehe Abbildung).

Einbau

17 Stellen Sie sicher, dass alle Bauteile sauber und trocken sind.

18 Richten Sie den Stift an der Rückseite des Kupplungsflansches zur Bohrung in der Kurbelwelle aus und setzen Sie den Flansch an (Abbildung 20.6c). Ölen Sie die *neuen* Flanschschrauben an den Gewinden und den Unterseiten der Köpfe leicht ein, legen Sie die Verstärkungsscheibe auf und installieren Sie die Schrauben zunächst handfest (Abbildungen 20.6b und a).

19 Richten Sie den Ausschnitt am Rand des Flansches zur Motorgehäuse-Bohrung für den OT-Arretierstift aus und installieren Sie den Stift (siehe Abbildung).

20 Ziehen Sie die Schrauben schrittweise und über Kreuz bis zu einem Drehmoment von 40 Nm an. Setzen Sie dann eine Gradscheibe an (siehe *Werkzeug- und Werkstatt-Tipps* im Anhang) und ziehen Sie die Schrauben wieder über Kreuz, aber in einem Zug um 40° weiter (siehe Abbildung). Entfernen Sie die OT-Arretierung.

21 Legen Sie die Belagscheibe auf die Druckplatte und richten Sie die Stifte der Gehäuseplatte zu den Bohrungen der Druckplatte aus, um die Teile zusammenzudrücken (Abbildungen 20.5b und a).

22 Richten Sie die Kupplungs-Baugruppe zum Flansch aus und drehen Sie die NEUEN Gehäuseplatten-Schrauben handfest ein (siehe Abbildungen).

23 Bevor die Gehäuseplattenschrauben angezogen werden können, müssen die Belagscheibe und die Druckplatte auf der Kurbelwelle zentriert werden. BMW bietet hierfür ein Spezialwerkzeug an (Teilenummer 212 763), doch kann man sich ein ähnliches Werkzeug auch selbst anfertigen (siehe *Werkzeug-Tipp*). Stecken Sie das Zentrierwerkzeug in die Kupplung – wenn es sich nicht vollständig einschieben lässt, müssen die Druckplattenschrauben etwas gelockert werden, um die Bauteile ausrichten zu können (siehe Abbildung).

24 Stecken Sie den OT-Arretierstift durch die Kupplung ins Motorgehäuse und ziehen Sie die Druckplattenschrauben schrittweise und über Kreuz bis zum Drehmoment von 12 Nm an (siehe Abbildung).

25 Montieren Sie die verbliebenen Komponenten in der umgekehrten Ausbaureihenfolge.

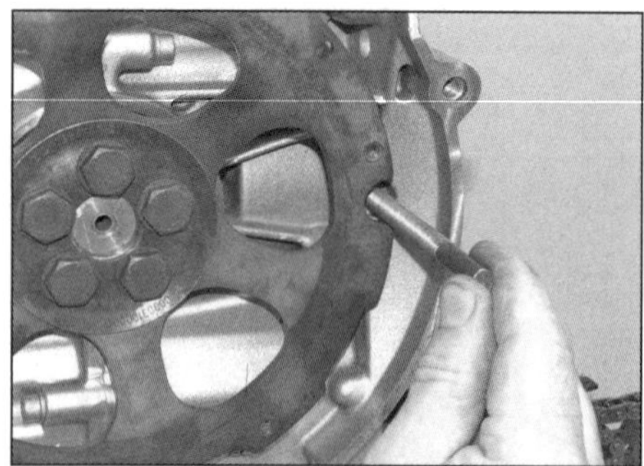

20.19 Blockieren Sie den Kupplungsflansch mit einem geeigneten Stift.

20.20 Der Endanzug der Kupplungsflansch-Schrauben erfolgt mithilfe einer Gradscheibe.

Werkzeug TiPP

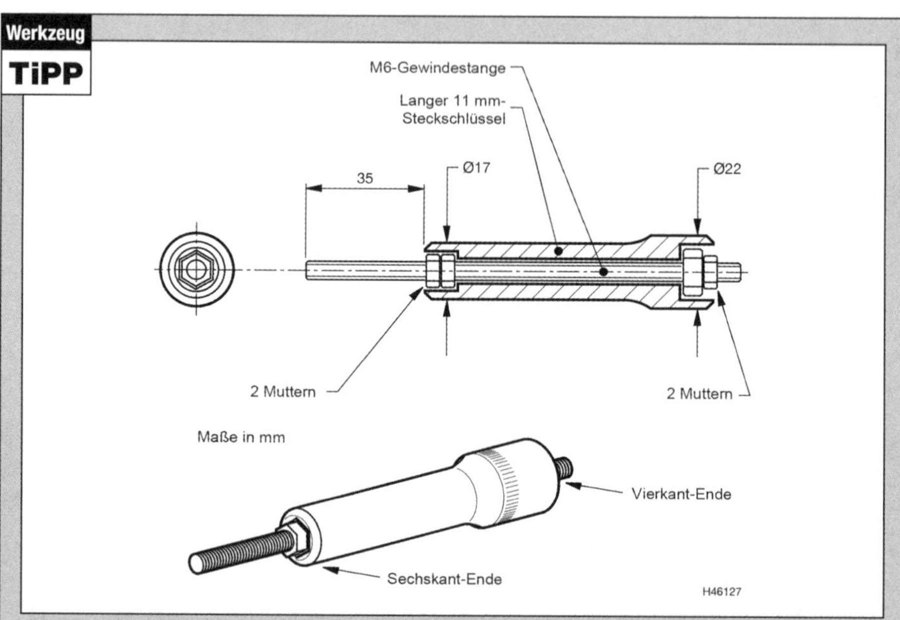

Ein Kupplungs-Zentrierwerkzeug kann aus einem langen 11er Steckschlüssel, einer 6-mm-Gewindestange und vier Muttern hergestellt werden.

20.22a Richten Sie die Kupplungs-Baugruppe zum Flansch aus . . .

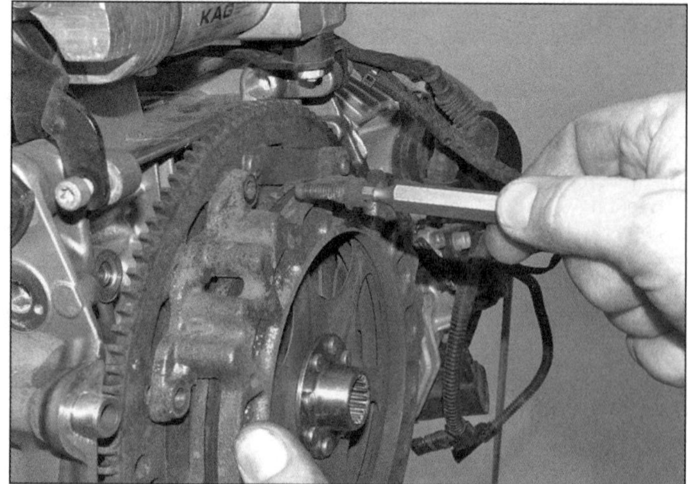

20.22b . . . und installieren Sie die Gehäusedeckel-Schrauben.

20.23 Einsatz des selbstgebauten Zentrierwerkzeugs

20.24 Ziehen Sie die Gehäusedeckel-Schrauben über Kreuz an.

21 Kupplungs-Ausrückmechanismus

1 Die hydraulisch betätigte Kupplung schließt den am Lenker sitzenden Geberzylinder, den Druckschlauch und den hinten am Getriebe sitzenden Ausrückzylinder ein. Das System erfordert normalerweise außer den regelmäßigen Inspektionen (siehe Kapitel 1, Sektion 6) und der täglichen Kontrolle des Flüssigkeitspegels im Ausgleichsbehälter keine Wartung.

2 Ein schwammiges Gefühl im Kupplungshebel weist auf eingedrungene Luft hin, sodass das System entlüftet werden muss (siehe Schritt 40).

3 Wenn irgendwo Kupplungsflüssigkeit austritt, muss zunächst die Festigkeit der Schlauchanschlüsse überprüft werden – bei der R nineT bis 2016 ist der Schlauch mit einer Überwurfmutter am Geberzylinder und mit einer Anschlussschraube am Ausrückzylinder gesichert; bei allen anderen Modellen ist er oben und unten mit Anschlussschrauben befestigt. Ersetzen Sie nötigenfalls die an beiden Seiten jedes Anschlussauges liegenden Dichtscheiben. Leckt der Geberzylinder, hilft bei der R nineT bis 2016 nur der Austausch, da kein Reparaturset lieferbar ist; für alle anderen Modelle sind die Gummikappe, der Kolben, die Feder, der Dichtring und die Manschette als Set lieferbar. Ein defekter Ausrückzylinder muss bei allen Modellen durch ein Neuteil ersetzt werden.

4 Lässt sich der Kupplungshebel nur schwer bewegen, muss seine Aufnahme im Halter überprüft werden. Demontieren Sie den Hebel nötigenfalls und schmieren Sie ihn wie folgt:

Kupplungshebel

5 Merken Sie sich die Position des Hebelweiten-Verstellers und drehen auf die niedrigste Position (siehe Kapitel 1).

R nineT bis 2016

6 Halten Sie den Lagerbolzen und lösen Sie die Lagerbolzen-Kontermutter an der Unterseite (siehe Abbildung). Ziehen Sie den Lagerbolzen heraus, um den Hebel zu entfernen – beachten Sie, wie die Druckstange in der Gummimanschette steckt (siehe Abbildungen). Entfernen Sie nötigenfalls die Lagerhülse und ziehen Sie das Druckstangen-Stück aus dem Hebel – vorn sitzt eine Feder zwischen den Teilen (siehe Abbildungen). Das Druckstangen-Stück ist Teil des Geberzylinders. BMW schreibt vor, die Kontermutter nach jedem Ausbau durch ein Neuteil zu ersetzen.

7 Kontrollieren Sie die Gummimanschette im Geberzylinder – sie kann nötigenfalls ersetzt werden.

8 Reinigen Sie die Kontaktflächen des Hebels, des Druckstangen-Stücks, des Halters, der Hülse und des Lagerbolzens und kontrollieren Sie alles auf Verschleiß.

9 Schmieren Sie alle Teile vor dem Zusammenbau mit Trockenfilm. Wenn die Feder an ihrem Platz sitzt, wird das Druckstangen-Stück in den Hebel installiert und die Hülse eingesetzt (Abbildung 21.6d). Installieren Sie nötigenfalls eine neue Gummimanschette in den Geberzylinder und drücken Sie die innere Lippe mit einem stumpfen Werkzeug in ihren Sitz. Verbinden Sie den Hebel mit dem Halter, sodass die Druckstange in die Manschette gegen den Kolben drückt und die äußere Manschetten-Lippe korrekt um die Druckstange anliegt. Installieren Sie den Lagerbolzen (Abbildung 21.6c). Installieren Sie die neue Kontermutter und ziehen Sie sie mit 7 Nm an (Abbildung 21.6a). Stellen Sie den Hebelweiten-Versteller wieder auf die ursprüngliche Position.

10 Falls nach dem Reinigen und Schmieren der Hebel-Baugruppe die Kupplung immer noch schwergängig ist, kann das Problem im Geberzylinder oder Ausrückzylinder liegen (siehe unten).

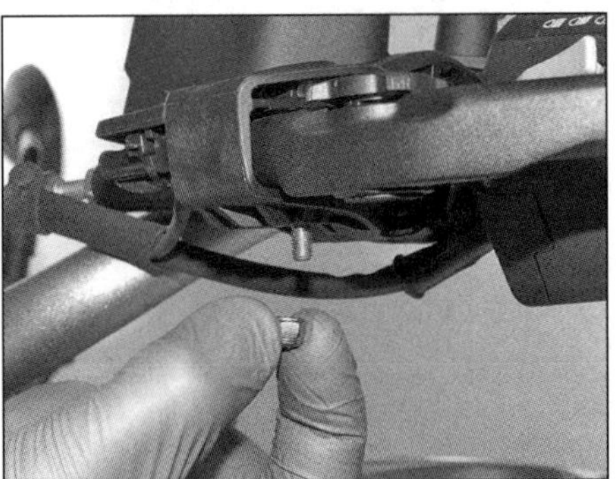

21.6a Lösen Sie die Kontermutter...

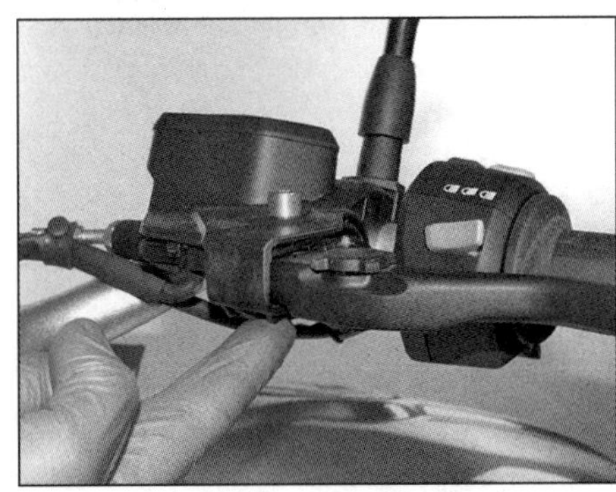

21.6b ...drücken Sie den Lagerbolzen hoch,...

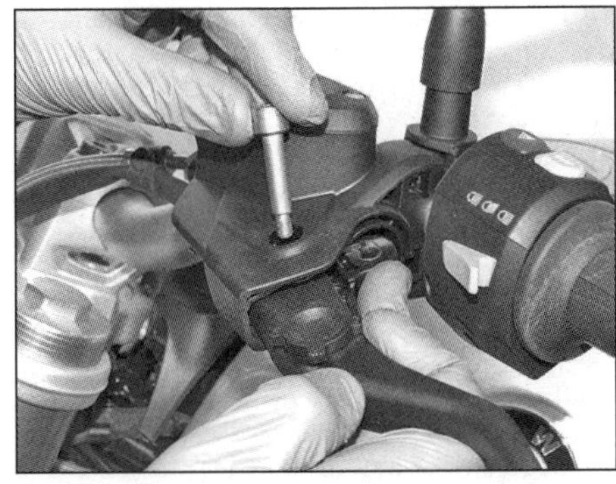

21.6c ...ziehen Sie ihn heraus und entfernen Sie den Kupplungshebel.

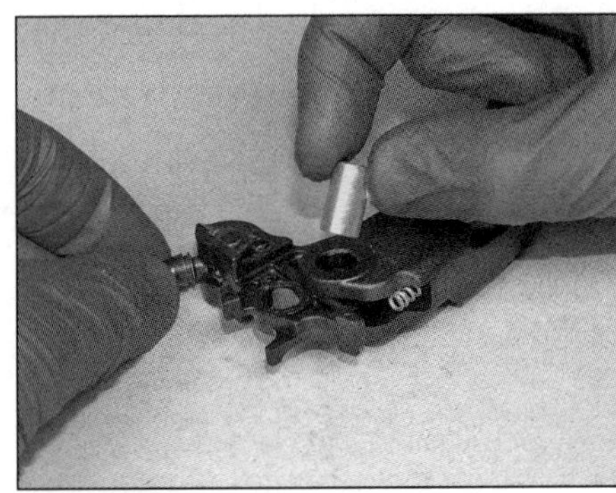

21.6d Ziehen Sie die Hülse heraus, um das Druckstangenstück zu befreien – R nineT bis 2016.

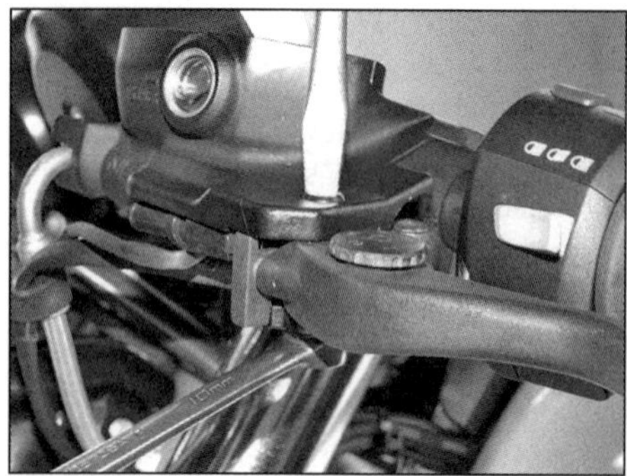

21.11a Halten Sie den Lagerbolzen-Kopf und lösen Sie unten die Kontermutter.

21.11b Drehen Sie den Lagerbolzen aus dem Halter und entfernen Sie den Kupplungshebel.

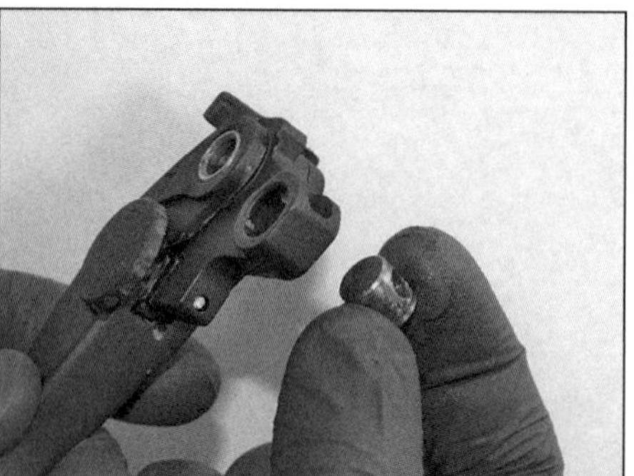

21.11c Die Buchse kann herausfallen – stellen Sie sie daher sicher.

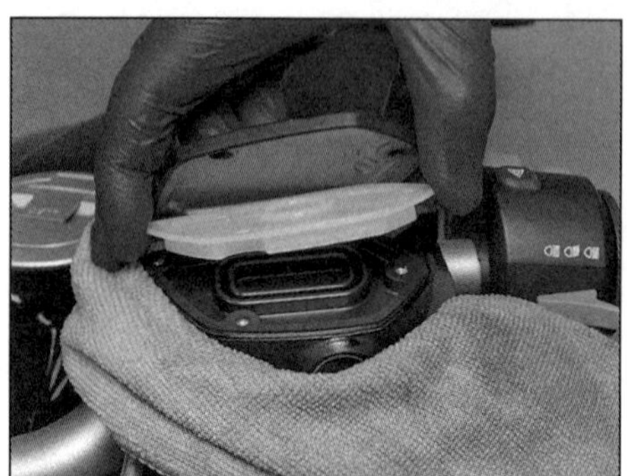

21.17a Lösen Sie die zwei Schrauben und entfernen Sie den Deckel samt Platte und Manschette.

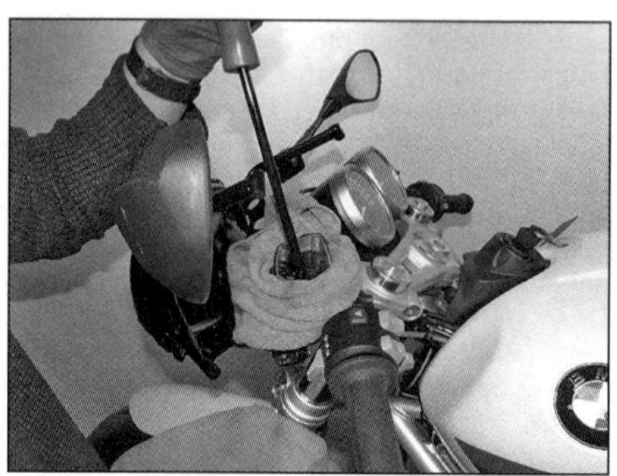

21.17b Saugen Sie die alte Hydraulikflüssigkeit ab.

R nineT ab 2017, Pure, Racer, Scrambler, Urban G/S

11 Halten Sie den Lagerbolzen und lösen Sie die Lagerbolzen-Kontermutter an der Unterseite (siehe Abbildung). Drehen Sie den Lagerbolzen heraus, um den Hebel zu entfernen – beachten Sie, wie die Bohrung der Buchse über der Geberzylinder-Druckstange sitzt (siehe Abbildung), und stellen Sie die Buchse nötigenfalls sicher (siehe Abbildung). BMW schreibt vor, die Kontermutter nach jedem Ausbau durch ein Neuteil zu ersetzen.

12 Reinigen Sie die Kontaktflächen des Hebels, des Halters, des Lagerbolzens und seiner Hülse im Hebel sowie der Druckstangenbuchse. Wenn die Teile in Ordnung sind, müssen sie vor dem Einbau mit Klüberplex BEM 34-132 oder einem vergleichbaren Wälzlagerfett geschmiert werden. Installieren Sie die Buchse in den Hebel (Abbildung 21.11c).

13 Montieren Sie den Hebel und ziehen Sie den Lagerbolzen leicht (1 Nm) an; halten Sie ihn und ziehen Sie die Kontermutter mit 6 Nm an (Abbildungen 21.11b und a).

14 Falls nach dem Reinigen und Schmieren der Hebel-Baugruppe die Kupplung immer noch schwergängig ist, kann das Problem im Geberzylinder oder Ausrückzylinder liegen (siehe unten). Stellen Sie den Hebelweiten-Versteller wieder auf die ursprüngliche Position.

Geberzylinder

Ausbau

Anmerkung: *Vor Arbeitsbeginn müssen Hyspin V 10-Kupplungsflüssigkeit, einige saubere Lappen und ein Behälter zur Aufnahme der alten Flüssigkeit beschafft werden.*

15 Demontieren Sie bei allen Modellen außer der Racer linken Rückspiegel (siehe Kapitel 6).

16 Entfernen Sie den Kupplungsschalter von der Unterseite des Geberzylinders (siehe Kapitel 7). Demontieren Sie nötigenfalls den Kupplungshebel (siehe oben).

17 Lösen Sie die Deckelschrauben und heben Sie den Deckel samt Platte und Manschette ab (siehe Abbildung). Saugen Sie die Hydraulikflüssigkeit mit einer geeigneten Vorrichtung oder einer Einwegspritze ab (siehe Abbildung) oder entleeren Sie den Ausgleichsbehälter in einen geeigneten Sammelbehälter. Wischen Sie Reste mit Küchenpapier oder einem sauberen Lappen auf.

18 Befreien Sie bei der R nineT bis 2016 das Gummiband, mit dem das Kabel des Kupplungsschalters am Hydraulikschlauch gesichert ist. Lösen Sie die Überwurfmutter und befreien Sie den Schlauch vom Geberzylinder (siehe Abbildung) – seien Sie auf austretende Hydraulikflüssigkeit vorbereitet. Umwickeln Sie den Schlauch mit einem Plastikbeutel, damit kein Schmutz eindringen kann, und sichern Sie ihn aufrecht, um keine weitere Flüssigkeit austreten zu lassen. Die O-Ringe der Überwurfmutter müssen später durch Neuteile ersetzt werden.

19 Lösen Sie bei allen anderen Modellen die Anschlussschraube des Kupplungsschlauchs und trennen Sie die Leitung unter Beachtung ihrer Ausrichtung vom Geberzylinder – seien Sie auf austretende Hydraulikflüssigkeit vorbereitet. Umwickeln Sie den Schlauch mit einem Plastikbeutel, damit kein Schmutz eindringen kann, und sichern Sie ihn aufrecht, um keine weitere Flüssigkeit austreten zu lassen. Entsorgen Sie die Dichtscheiben – später werden neue benötigt.

Achtung: Betätigen Sie nicht den Kupplungshebel, wenn der Schlauch entfernt ist.

20 Halten Sie den Geberzylinder, lösen Sie die Lenker-Klemmschrauben und entfernen Sie das Klemmstück sowie den Geberzylinder (siehe Abbildung).

21 Um die Funktion des Geberzylinder-Kolbens zu überprüfen, muss übergangsweise der Ausgleichsbehälterdeckel montiert werden. Umwickeln Sie den offenen Schlauchanschluss mit Lappen und betätigen Sie den Kupplungshebel – wenn er klemmt oder sich nur schwer bewegen lässt, liegt am Geberzylinder-Kolben ein Problem vor. Für R nineT-Modelle bis 2016 gibt es keine Reparaturmöglichkeit, sodass ein nicht korrekt funktionierender Geberzylinder ersetzt werden muss. Bei allen anderen Modellen kann der Geberzylinder überholt werden (siehe unten). Lässt sich der Hebel bei diesem Test sanft bewegen, wird das Problem wahrscheinlich im Ausrückzylinder liegen (siehe unten).

Überholen

alle Modelle außer R nineT bis 2016

22 Der Geberzylinder kann im montierten Zustand überholt werden, sollte aber besser

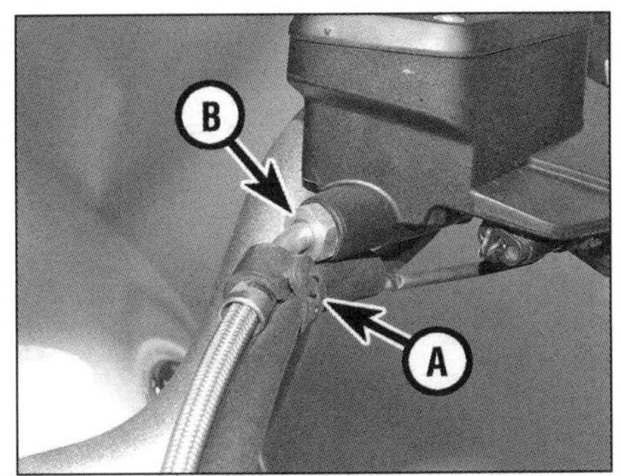

21.18 Befreien Sie das Gummiband (A) und lösen Sie die Überwurfmutter (B).

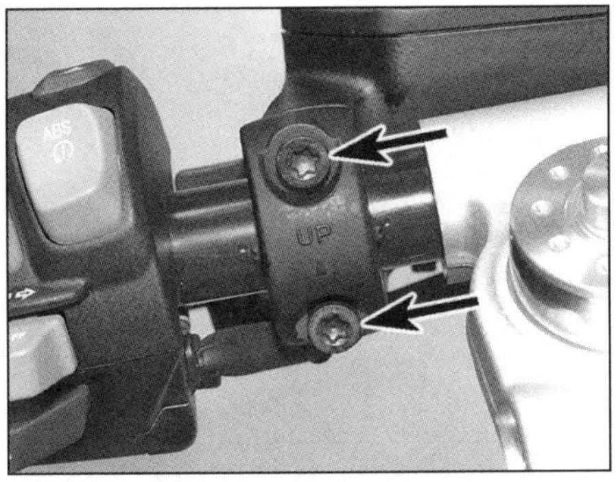
21.20 Geberzylinder-Klemmschrauben

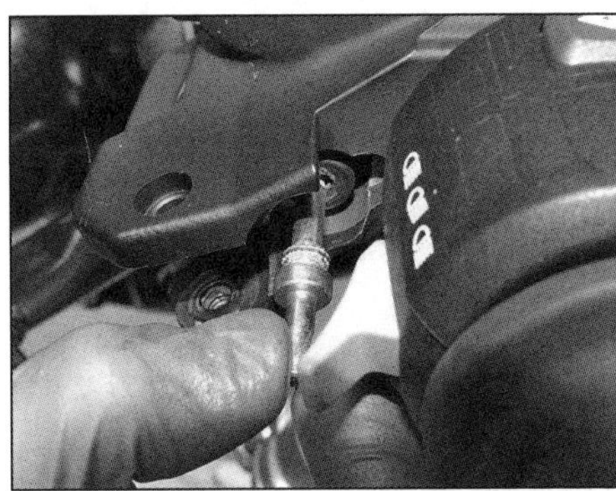
21.24a Ziehen Sie die Druckstange heraus . . .

dazu demontiert werden (siehe oben). Demontieren Sie den Behälterdeckel samt Platte und Manschette und saugen Sie bei montiertem Geberzylinder die Hydraulikflüssigkeit mit einer geeigneten Vorrichtung oder einer Einwegspritze ab (Abbildungen 21.17a und b) oder entleeren Sie den Ausgleichsbehälter in einen geeigneten Sammelbehälter.

23 Demontieren Sie den Kupplungshebel (siehe oben).

24 Entfernen Sie die Druckstange und die Manschette (siehe Abbildungen).

25 Die Kolben-Baugruppe ist mit einem Seegerring gesichert – drehen Sie diesen mit einem kleinen Schraubendreher in seiner Nut, bis die Enden wie gezeigt positioniert sind, und entfernen Sie ihn dann mit einer Seegerringzange. Ziehen Sie den Kolben samt Feder heraus (siehe Abbildungen).

26 Reinigen Sie die Geberzylinder-Bohrung mit frischer Hydraulikflüssigkeit. Blasen Sie alle Kanäle möglichst mit gefilterter und entölter Druckluft aus.

Achtung: Benutzen Sie zum Reinigen von Hydraulikteilen auf keinen Fall Lösungsmittel auf Petroleumbasis!

27 Kontrollieren Sie die Geberzylinder-Bohrung auf Korrosion, Riefen, Kerben und andere Schäden und ersetzen Sie den Geberzylinder nötigenfalls durch ein Neuteil. Kontrollieren Sie bei einem schadhaften Geberzylinder auf jeden Falls auch den Ausrückzylinder.

28 Das Reparaturset enthält die Manschette, der Seegerring, der Kolben, der Dichtring die Gummikappe und die Feder – verwenden Sie ungeachtet des Zustands der alten Teile alle Neuteile. Falls der Dichtring und die Gummikappe noch nicht am Kolben sitzen, müssen sie nach Vorgabe der Altteile in die entsprechenden Nuten installiert werden (siehe Abbildung). Verbinden Sie die Feder mit dem Kolben (siehe Abbildung).

29 Installieren Sie den Kolben mit der Feder voran in den Geberzylinder – die Dichtlippen des Dichtrings und der Gummikappe dürfen dabei nicht umklappen. Installieren Sie den neuen Seegerring rundherum in seine Nut (Abbildungen 21.25c und b).

21.24b . . . und entfernen Sie die Gummimanschette.

21.25a Positionieren Sie den Seegerring wie gezeigt, . . .

21.25b . . . befreien Sie ihn . . .

21.25c . . . und ziehen Sie den Kolben samt Feder heraus.

21.28a Positionen des Dichtrings (A) und der Kappe (B) am Kolben

21.28b Stecken Sie das schmalere Ende der Feder auf den Kolben.

21.30a Die schmalere Lippe der Manschette muss in der Nut der Druckstange liegen.

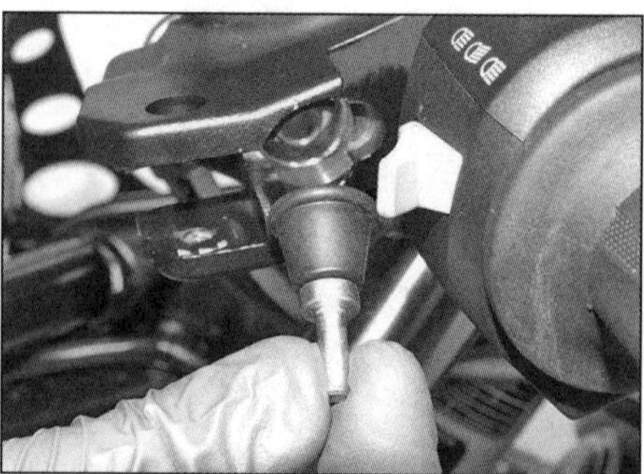

21.30b Drücken Sie die breitere Lippe der Manschette in die Zylinderbohrung.

21.36 Kupplungsschlauch-Anschlussschraube

21.37 Lockern Sie gleichmäßig die Ausrückzylinderschrauben, um ihn zu entfernen.

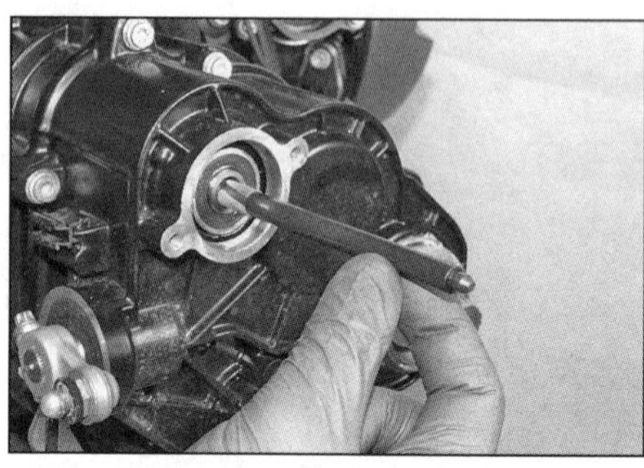

21.38 Ziehen Sie die Druckstange heraus, um sie zu reinigen und zu kontrollieren.

21.43a Entfernen Sie die Kappe vom Entlüftungsventil ...

21.43b ... und installieren Sie den Ringschlüssel sowie den Schlauch.

30 Installieren Sie die Druckstange wie gezeigt in die Manschette (siehe Abbildung). Drücken Sie die breitere Lippe am inneren Ende der Manschette in den Geberzylinder und stecken Sie das abgerundete Ende der Druckstange in den Kolben (siehe Abbildung).

Einbau

31 Der Einbau entspricht der umgekehrten Ausbaureihenfolge – beachten Sie dabei folgende Punkte:

- Setzen Sie den Geberzylinder am Lenker an, setzen Sie das Klemmstück – entweder mit »UP« oder der Rückspiegel-Aufnahme nach oben zeigend an, installieren Sie die Schrauben und ziehen Sie sie – zuerst die obere – mit 8 Nm an (Abbildung 21.20).
- Rüsten Sie bei der R nineT bis 2016 die Überwurfmutter mit neuen O-Ringen aus und ziehen Sie sie ggf. mithilfe eines Krähenfuß-Adapters mit 7 Nm an. Falls kein solches Werkzeug vorhanden ist, muss darauf geachtet werden, die Mutter nicht zu fest anzuziehen! Sichern Sie das Kupplungsschalter-Kabel mit dem Gummiband an der Hydraulikleitung (Abbildung 21.18).
- Richten Sie bei allen anderen Modellen den Kupplungsschlauch wie beim Ausbau notiert zum Stutzen aus, rüsten Sie das Anschlussauge an beiden Seiten mit neuen Dichtscheiben aus und ziehen Sie die Anschlussschraube mit 30 Nm an.
- Füllen Sie den Ausgleichsbehälter mit frischer Hyspin V 10-Kupplungsflüssigkeit auf (siehe *Tägliche Kontrollen*) und entlüften Sie das System (siehe unten).
- Prüfen Sie vor der ersten Fahrt die Funktion der Kupplung.

Ausrückzylinder

32 Der Kupplungs-Ausrückzylinder sitzt hinten am Getriebe (Abbildung 21.36).

33 Wenn die Kupplung trotz eines funktionierenden Geberzylinders schwergängig ist, wird wahrscheinlich im Ausrückzylinder ein Defekt vorliegen. Da es keine Reparaturmöglichkeit gibt, muss ein nicht korrekt funktionierender Ausrückzylinder ersetzt werden.

Ausbau

34 Vor Arbeitsbeginn müssen Hyspin V 10-Kupplungsflüssigkeit, einige saubere Lappen und ein Behälter zur Aufnahme der alten Flüssigkeit beschafft werden.

35 Entfernen Sie den Auspuffklappen-Servo und den Behälter der Verdunstungsregelung (siehe Kapitel 3).

36 Lösen Sie die Anschlussschraube und trennen Sie unter Beachtung der Ausrichtung die Kupplungsleitung vom Ausrückzylinder (siehe Abbildung) – seien Sie auf austretende Hydraulikflüssigkeit vorbereitet. Entsorgen Sie die Dichtscheiben – später werden neue benötigt. Umwickeln Sie den Schlauch mit einem Plastikbeutel, damit kein Schmutz eindringen kann, und sichern Sie ihn aufrecht, um keine weitere Flüssigkeit austreten zu lassen.

37 Lockern Sie gleichmäßig die Schrauben des Ausrückzylinders, damit er senkrecht von der Feder abgedrückt wird, und entfernen Sie ihn (siehe Abbildung).

Achtung: Betätigen Sie nicht den Kupplungshebel, wenn der Schlauch entfernt ist.

38 Prüfen Sie, ob sich die Kupplungsdruckstange frei in der Getriebeeingangswelle bewegen lässt – ziehen Sie sie nötigenfalls heraus und kontrollieren Sie, ob sie sauber und frei von Korrosion ist (siehe Abbildung). Beachten Sie die Lage der Dichtung an der Druckstange und ersetzen Sie sie nötigenfalls. Schmieren Sie die Druckstange vor dem Einbau mit Kupplungs-Montagepaste (BMW empfiehlt Optimoly MP 3).

Einbau

39 Der Einbau entspricht der umgekehrten Ausbaureihenfolge – beachten Sie dabei folgende Punkte:

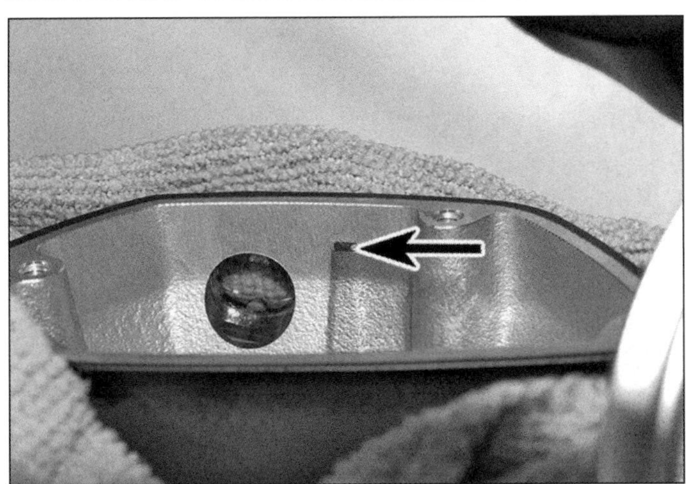

21.44 Füllen Sie den Ausgleichsbehälter bis zur inneren Markierung auf.

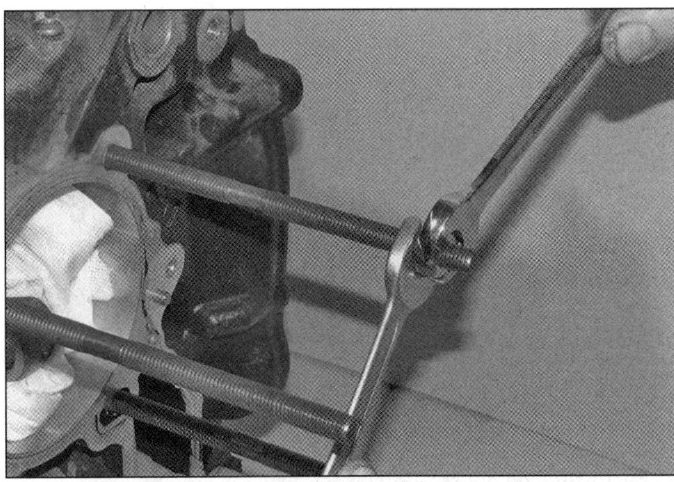

22.4 Lösen Sie die Stehbolzen mithilfe gegeneinander verkonterter Muttern.

- Installieren Sie die Druckstange ggf. richtig herum ins Getriebe.
- Richten Sie den Ausrückzylinder zur Druckstange aus und ziehen Sie sie seine Schrauben gleichmäßig mit 8 Nm an (Abbildung 21.37).
- Richten Sie den Kupplungsschlauch wie beim Ausbau notiert zum Stutzen aus und rüsten Sie das Anschlussauge an beiden Seiten mit neuen Dichtscheiben aus.
- Ziehen Sie die Anschlussschraube mit 22 Nm an.
- Füllen Sie den Ausgleichsbehälter mit frischer Hyspin V 10-Kupplungsflüssigkeit auf (siehe *Tägliche Kontrollen*) und entlüften Sie das System (siehe unten).
- Montieren Sie den Behälter der Verdunstungsregelung und den Auspuffklappen-Servo (siehe Kapitel 3).
- Prüfen Sie vor der ersten Fahrt die Funktion der Kupplung.

Entlüften der Kupplungshydraulik

Anmerkung: *Für diese Arbeit wird ein Assistent benötigt.*

40 Das Entlüften der Kupplung besagt, dass alle Luftblasen aus dem Geberzylinder, der Leitung und dem Ausrückzylinder entfernt werden. Entlüften ist immer notwendig, wenn eine Hydraulik-Verbindung gelöst oder eine Komponente oder Leitung gewechselt wurde. Lecks im System können ebenfalls das Eindringen von Luft ermöglichen – aber sie zeigen auch durch auslaufende Flüssigkeit das Problem an und weisen auf eine dringend notwendige Reparatur hin.

41 Zum Entlüften der Kupplung werden frische Hyspin V 10-Kupplungsflüssigkeit, ein durchsichtiger Vinyl- oder Plastikschlauch, eine 100-ml-Spritze zum Auffüllen des Systems (BMW bietet beides unter den Teilenummern 342 551 und 342 552 an) sowie Lappen und ein Ringschlüssel für das am Ausrückzylinder sitzende Entlüftungsventil benötigt.

Anmerkung: *Die Spritze und der Schlauch dürfen nicht mit irgendwelchen anderen Flüssigkeiten verunreinigt sein.*

42 Demontieren Sie am Geberzylinder den Deckel samt Manschette und entleeren Sie den Ausgleichsbehälter (Abbildungen 21.17a und b).

43 Entfernen Sie die Kappe des Entlüftungsventils (siehe Abbildung). Benutzen Sie vorzugsweise einen Ringschlüssel und setzen Sie ihn jetzt auf das Entlüftungsventil. Stecken Sie dann den Schlauch auf das Ventil und sichern Sie ihn dort mit einem Kabelbinder (siehe Abbildung). Füllen Sie die Spritze mit frischer Hydraulikflüssigkeit und verbinden Sie sie mit der anderen Seite des Schlauchs.

44 Öffnen Sie das Entlüftungsventil und drücken Sie langsam die Flüssigkeit ins System, bis am Ausgleichsbehälter der Pegel wieder stimmt (siehe Abbildung) – füllen Sie nicht zu viel auf. Schließen Sie das Ventil.

45 Betätigen Sie langsam den Kupplungshebel, um sicherzugehen, dass sich keine Luftblasen mehr im oberen Bereich befinden. Lassen Sie den Hebel wieder langsam los.

46 Ziehen Sie den Schlauch vom Entlüftungsventil und ziehen Sie dies sorgfältig an. Stecken Sie die Kappe auf. Wischen Sie Bremsflüssigkeits-Spritzer mit einem feuchten Lappen ab.

47 Prüfen Sie den Flüssigkeitspegel im Ausgleichsbehälter (siehe *Tägliche Kontrollen*) und installieren Sie den Deckel.

Praxis TiPP ***Wenn es nicht möglich ist, im Hebel einen Druckpunkt zu finden, ist die Flüssigkeit aufgeschäumt. Belassen Sie die Kupplungsflüssigkeit für einige Stunden in der Anlage, damit sie sich beruhigen kann, und prüfen Sie, ob sich im oberen Bereich des Systems Luft angesammelt hat.***

48 Prüfen Sie vor der ersten Fahrt die Funktion der Kupplung.

22 Motorgehäuse

Anmerkung: *Um die Motorgehäusehälften trennen zu können, muss der Motor aus dem Fahrwerk befreit werden (siehe Sektion 4).*

Spezialwerkzeug: *Für das Anziehen der* ***neuen*** *M10-Gehäuseschrauben wird ggf. eine Gradscheibe benötigt.*

Trennen

1 Um Zugang zur Kurbelwelle und ihrer Lager, der Zwischenwelle, den Steuerketten, den Spanner- und Führungsschienen und den Öl-Ansaugsieben zu erhalten, müssen die Motorgehäusehälften getrennt werden.

2 Bevor das Motorgehäuse getrennt werden kann, müssen dir folgenden Komponenten demontiert werden:

- Getriebe (siehe Sektion 26)
- Lichtmaschine (siehe Kapitel 7)
- Zylinderköpfe (siehe Sektion 10)
- Zylinder und Kolben (siehe Sektion 12)
- Ausgleichswelle und Antriebsräder (siehe Sektion 17)
- Zwischenwellen-Antriebskette, Kettenspanner und Ritzel (siehe Sektion 18)
- Ölpumpe (siehe Sektion 19)
- Kupplung (siehe Sektion 20)

3 Falls noch nicht geschehen, müssen die Pleuel mit Lappen umwickelt werden, damit sie nicht gegen das Gehäuse schlagen.

4 Lösen Sie die Zylinder/Zylinderkopf-Stehbolzen aus beiden Seiten des Motorgehäuses, indem Sie zwei Muttern darauf verkontern und den Bolzen mit einem an der unteren Mutter angesetzten Schlüssel herausschrauben (siehe Abbildung).

22.6a Positionen der M6-Gehäuseschrauben – rechte Seite

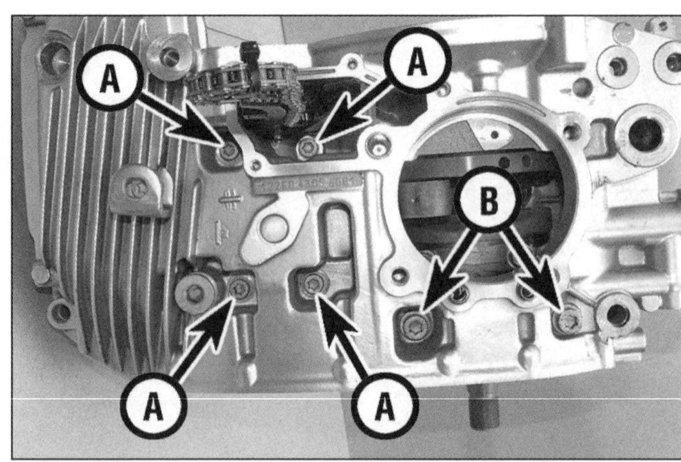

22.6b Positionen der M8- (A) und M10-Gehäuseschrauben (B) – rechte Seite

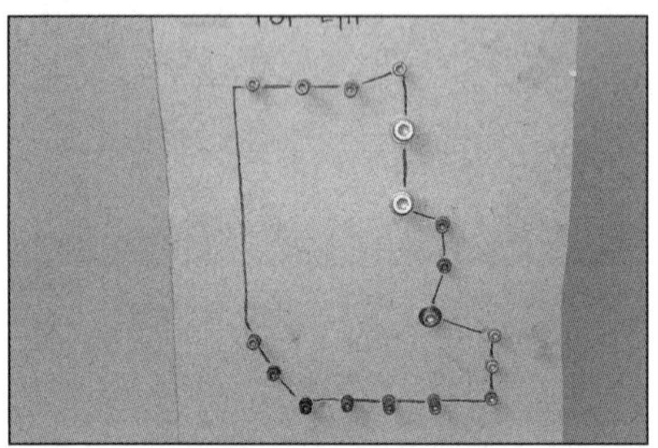

22.6c Stecken Sie alle Schrauben in eine entsprechend vorbereitete Pappe.

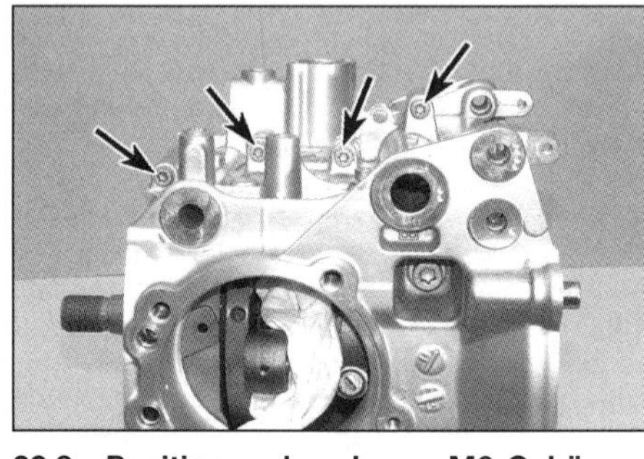

22.8a Positionen der oberen M6-Gehäuseschrauben – linke Seite

22.8b Positionen der mittleren M6-Gehäuseschrauben – linke Seite

5 Bevor die Gehäusehälften getrennt werden, sollte das Axialspiel der Kurbelwelle mit einer Messuhr ermittelt werden (beachten Sie dazu die *Werkzeug- und Werkstatt-Tipps* im Anhang). Drücken Sie die Kurbelwelle in das Motorgehäuse. Montieren Sie die Messuhr mit dem Messdorn gegen das vordere Wellenende. Nullen Sie die Uhr und ziehen Sie die Kurbelwelle nach vorne. Liegt der ermittelte Wert über 0,24 mm, muss die Breite des (hinteren) Führungs-Lagerzapfens und des Führungslagers gemessen werden, um im Vergleich mit den technischen Daten zu überprüfen, welche Komponente verschlissen ist (siehe Sektion 24).

Praxis TiPP ***Fertigen Sie für beide Gehäusehälften eine Papp-Schablone an, in die für jede Schraube ein Loch gestochen wird. Stecken Sie die entfernten Schrauben in die entsprechende Position der Schablone, um sicherzustellen, dass sie später wieder an ihren ursprünglichen Platz gelangt. Dies ist wichtig, weil sich viele Schrauben in ihren Längen leicht unterscheiden.***

6 Legen Sie den Motor auf seine linke Seite und stützen Sie ihn sorgfältig mit Hölzern ab. Lösen Sie die zwei M6-Schrauben gefolgt von den vier M8-Schrauben und den zwei M10-Schrauben (siehe Abbildungen). Lösen Sie die Schrauben schrittweise und über Kreuz, bis alle locker sind, und entfernen Sie sie samt ihrer Scheiben, um sie in der Pappe für die rechte Seite zu sichern (siehe Abbildung). Beachten Sie, dass die zwei 80 mm lange M8-Schraube mit Dichtscheiben versehen sind, die später erneuert werden müssen. Die M10-Schrauben müssen ebenfalls erneuert werden.

7 Drehen Sie den Motor um, sodass er auf der rechten Seite liegt, und stützen Sie ihn sorgfältig mit Hölzern ab.

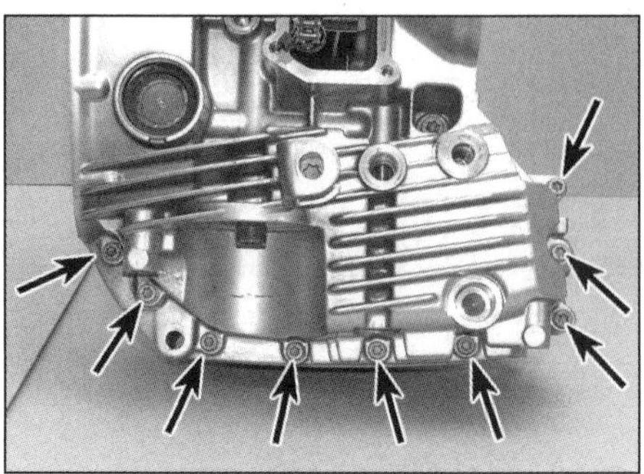

22.8c Positionen der unteren M6-Gehäuseschrauben – linke Seite

8 Lösen Sie die fünfzehn M6-Schrauben gefolgt von der einzelnen M8-Schraube und den zwei M10-Schrauben (siehe Abbildungen). Lösen Sie die Schrauben schrittweise und über Kreuz, bis alle locker sind, und entfernen Sie sie samt ihrer Scheiben, um sie in der Pappe für die linke Seite zu sichern. Beachten Sie, dass die M8-Schraube mit einer Dichtscheibe versehen ist, die später erneuert werden muss. Auch die M10-Schrauben müssen erneuert werden.

9 Heben Sie vorsichtig die linke Gehäusehälfte von der rechten (siehe Abbildung). Wenn sich die Hälften nicht leicht trennen lassen, muss geprüft werden, ob keine Schrau-

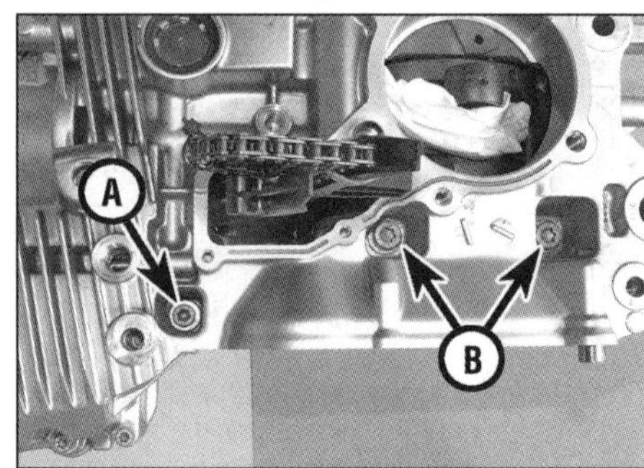

22.8d Positionen der M8- (A) und M10-Gehäuseschrauben (B) – linke Seite

22.9 Heben Sie die linke Motorgehäusehälfte von der rechten.

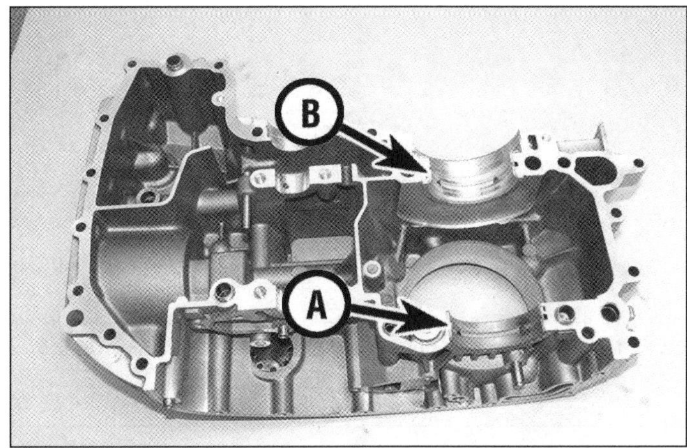

22.10 Positionen der Hauptlager- (A) und der Führungslagerschale (B)

22.12 Positionen der Passhülsen in der linken Gehäusehälfte

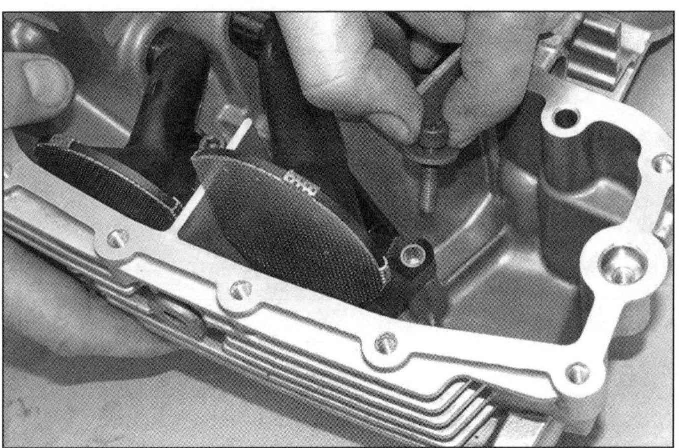

22.14a Lösen Sie die Schrauben, . . .

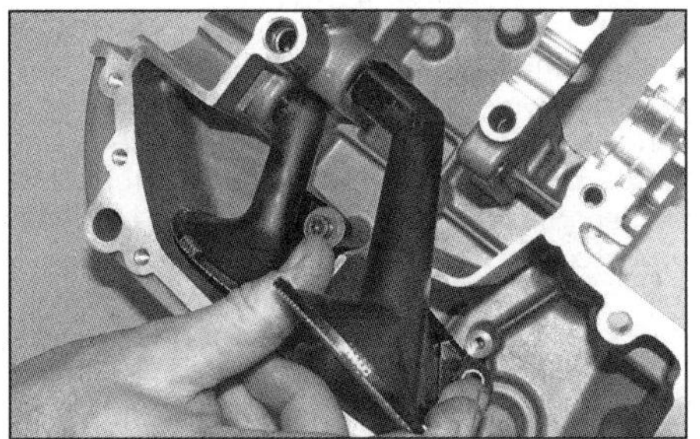

22.14b . . . und befreien Sie die Ansaugsiebe.

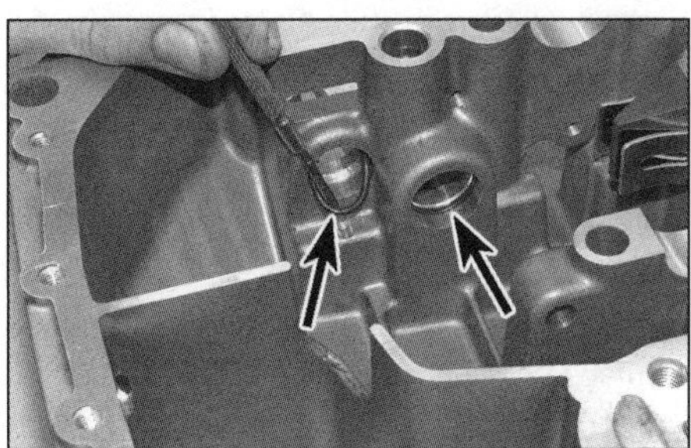

22.14c Entfernen Sie vorsichtig die O-Ringe.

be vergessen wurde. Das Dichtmittel kann die Hälften zusammen kleben lassen. Klopfen Sie die Dichtflächen nötigenfalls mit einem weichen Hammer ab, um sie zu lockern. Setzen Sie nötigenfalls einen Schraubendreher zwischen den Laschen vorn oben am Gehäuse an, um die Gehäusehälften auseinander zu hebeln.

Achtung: Jegliche Versuche, das Motorgehäuse an anderen Stellen auseinander zu hebeln, würden die Dichtflächen beschädigen!

10 Beachten Sie die Hauptlager- und der Führungslagerschalen in der linken Gehäusehälfte – sie dürfen nicht verloren gehen (siehe Abbildung).

11 Beachten Sie die Positionen des Ausgleichswellen-Dichtrings, des Lagers und des Lager-Sicherungsrings und entfernen Sie die Teile aus dem Motorgehäuse. Alle drei Bauteile können nach dem Zusammensetzen der Gehäusehälften installiert werden – ersetzen Sie den alten Dichtring und den Sicherungsring durch Neuteile (siehe Sektion 17). Falls die Kurbelwelle nicht ausgebaut wird, muss der Dichtring von ihrer Rückseite abgezogen und durch ein Neuteil ersetzt werden.

12 Beachten Sie die Positionen der vier Passhülsen in der linken Gehäusehälfte – stellen Sie lockere Hülsen sicher (siehe Abbildung).

Kontrolle

13 Bevor die Motorgehäusehälften inspiziert werden können, müssen folgende Komponenten demontiert werden:

- Kurbelwelle mit Lagern (siehe Sektion 24)
- Zwischenwelle mit Steuerketten, Spanner- und Führungsschienen (siehe Sektion 25)
- Öl-Überdruckventil und Ölthermostat (siehe Sektion 19)
- Öltemperatur-Sensor (siehe Kapitel 3)
- Öldruckschalter (falls vorhanden – siehe Kapitel 3)

14 Lösen Sie die Schrauben der Ölansaugsiebe und befreien Sie diese aus ihren Sitzen (siehe Abbildungen). Das größere hintere Sieb ist für den Schmierkreis und das kleinere vordere für den Kühlkreis. Befreien Sie vorsichtig die O-Ringe aus den Nuten in den Sieb-Stutzen – beschädigen Sie dabei nicht das weiche Aluminium. Die O-Ringe müssen später erneuert werden (siehe Abbildung).

22.15 Motorgehäuse-Entlüftungsventil

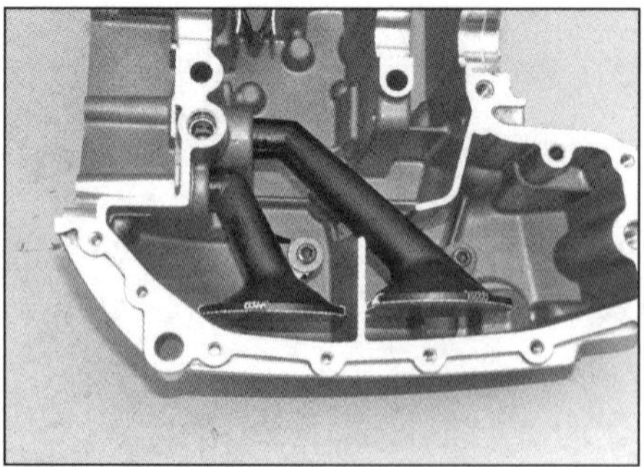

22.24 Anordnung der eingebauten Ölansaugsiebe

22.29a Verteilen Sie gleichmäßig Dichtmasse ...

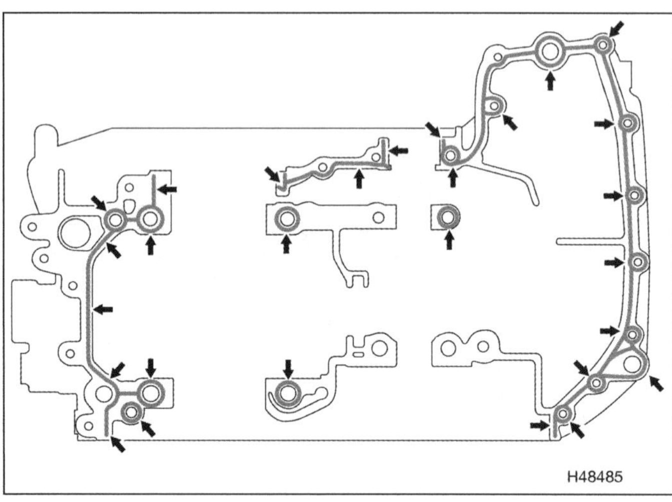

22.29b ... auf der Dichtfläche der rechten Gehäusehälfte.

22.29c Geben Sie Dichtmittel auf das Ende des Steuerkettenführungsschienen-Lagerstifts.

15 Ziehen Sie die Zungenventil-Baugruppe der Motorentlüftung aus ihrem Sitz im Gehäuse (siehe Abbildung).

16 Reinigen Sie das Motorgehäuse sorgfältig mit geeignetem Lösungsmittel und trocknen Sie es mit Druckluft. Blasen Sie auch alle Ölkanäle damit aus.

17 Entfernen Sie sämtliche Dichtungsreste von den Gehäuse-Dichtflächen. Wenn ein Schaber benutzt wird, muss aufgepasst werden, das weiche Aluminium nicht zu beschädigen, da dies zu Lecks führen kann.

18 Inspizieren Sie die Gehäusehälften auf Beschädigungen. Kleine Risse oder Löcher können provisorisch mit Epoxidharz oder Flüssigmetall repariert werden. Aluminium kann auch geschweißt werden, doch sollte diese Arbeit Profis überlassen werden, die abwägen können, ob sich der Aufwand lohnt. Bedenken Sie, dass bei einem irreparablen Schaden immer beide Gehäusehälften als Satz ausgetauscht werden müssen.

19 Beschädigte Gewinde lassen sich mit Reparatursätzen wie Helicoil kostengünstig wiederherstellen. Solche Einsätze lassen sich relativ einfach installieren.

20 Abgerissene Stehbolzen oder Schrauben können mit speziellen Werkzeugen entfernt werden – holen Sie dazu bei einer BMW-Werkstatt oder einem Motoren-Fachbetrieb Rat ein.

Wechseln Sie zu den Werkzeug- und Werkstatt-Tipps im Anhang dieses Handbuches, um Details über Gewindeeinsätze, Stehbolzen- und Linksausdreher zu erfahren.

Zusammenbau

21 Reinigen Sie die Gewinde aller Motorgehäuseschrauben.

22 Überprüfen Sie das Motorgehäuse-Entlüftungsventil auf Fremdkörper oder Verschmutzung. Waschen Sie das Ventil nötigenfalls mit Lösungsmittel und trocknen Sie es mit Druckluft. Versuche, die Ventilzungen sauber zu kratzen, sollten unterbleiben, da sie sehr empfindlich sind. Die Zungen müssen flach gegen das Ventilgehäuse liegen – halten Sie das Ventil zur Kontrolle gegen das Licht. Wenn sich eine Zunge verzogen hat, muss das Ventil ersetzt werden, da ansonsten Ölnebel über das Luftfiltergehäuse in den Motor steigt und verbrannt wird. Stellen Sie sicher, dass die Schrauben der Zungen-Anschlagplatte fest sitzen, und installieren Sie das Ventil in die rechte Motorgehäusehälfte.

23 Schmieren Sie die neuen Ölansaugsieb-O-Ringe mit Motoröl und installieren Sie sie in die Nuten der Stutzen (Abbildung 22.14c) – beachten Sie, dass der untere O-Ring für das vordere Sieb kleiner ist als der obere.

24 Prüfen Sie, ob die Ansaugsiebe absolut sauber sind. Die Gazesiebe können nicht aus den Ansaugglocken entfernt werden und müssen fest darin sitzen. Waschen Sie die Siebe nötigenfalls mit Lösungsmittel und trocknen Sie sie mit Druckluft. Installieren Sie die Ansaugsiebe vorsichtig, ohne die O-Ringe in den Stutzen zu verschieben. Installieren Sie die Schrauben samt Scheiben und ziehen Sie sie mit 8 Nm an (siehe Abbildung).

25 Installieren Sie den Öltemperatursensor und ggf. den Öldruckschalter (siehe Kapitel 3).

26 Montieren Sie das Öl-Überdruckventil und den Ölthermostaten (siehe Sektion 19).

27 Gehen Sie sicher, dass die Zwischenwelle samt Steuerketten, Spannerschienen und der rechten Führungsschiene (siehe Sektion 25) sowie die Kurbelwelle samt Lagern (siehe Sektion 24) in der rechten Motorgehäusehälfte liegen und diese gut mit Hölzern gesichert ist. Schmie-

ren Sie alle Baugruppen großzügig mit frischem Motoröl und wischen Sie die Dichtflächen beider Gehäusehälften mit einem lösungsmittelgetränkten Lappen sauber und fettfrei.
28 Stellen Sie sicher, dass die Kurbelwellenlager in der linken Motorgehäusehälfte liegen (siehe Sektion 24). Falls entfernt, werden die vier Passhülsen in die linke Gehäusehälfte gesteckt (Abbildung 22.12).
29 Tragen Sie geeignetes Dichtmittel sparsam auf der Dichtfläche der rechten Gehäusehälfte auf (siehe Abbildungen). Geben Sie auch Dichtmittel in den Clip am hinteren Ende des Lagerzapfens für die rechte Steuerkettenführungsschiene, damit kein Öl in das Kupplungsgehäuse sickert, und betten Sie den Zapfen in der rechten Gehäusehälfte ein (siehe Abbildung).

Anmerkung: *Die rechte Spannerschiene kann nach dem Zusammenbau der Gehäusehälften installiert werden (siehe Sektion 25).*

Achtung: Verwenden Sie nicht zu viel Dichtmasse, da sie sich bei der Montage nach innen herausquetscht und Ölkanäle verstopfen kann. Geben Sie keine Dichtmasse in oder in die Nähe von Ölbohrungen, Lager-Einsätzen oder auf Lageroberflächen.

30 Senken Sie vorsichtig die linke Gehäusehälfte über der rechten ab – es ist hilfreich, wenn ein Assistent das Pleuel und die Steuerketten-Baugruppe dabei hält. Prüfen Sie beim Absenken, ob die in der linken Hälfte sitzenden Lagerschalen und Passhülsen in Position bleiben. Kontrollieren Sie, ob die Gehäusehälften rund herum korrekt sitzen.

Achtung: Das Motorgehäuse soll ohne Kraftaufwand zusammengefügt werden können. Wenn es nicht richtig passt, heben Sie die linke Hälfte ab und untersuchen Sie das Problem. Versuchen Sie nicht, die Hälften mit den Gehäuseschrauben mit den Schrauben zusammenzuziehen – dies würde zu Brüchen und zur Zerstörung des Gehäuses führen.

31 Prüfen Sie, ob die Gewinde aller wiederverwendeten Schrauben sauber sind. Installieren Sie die zwei neuen M10-Schrauben samt Scheiben sowie die einzelne M8-Schraube mit einer **neuen** Dichtscheibe und anschließend die fünfzehn M6-Schrauben samt Scheiben in die linke Gehäusehälfte (Abbildungen 22.8d, c, b und a). Drehen Sie alle Schrauben zunächst handfest ein.
32 Drehen Sie den Motor um, sodass er auf der linken Seite liegt und gut mit den Hölzern gesichert ist.
33 Installieren Sie die zwei **neuen** M10-Schrauben gefolgt von den vier M8-Schrauben samt Scheiben (die zwei vorderen 80 mm langen M8-Schrauben müssen mit neuen Dichtscheiben ausgerüstet sein) und den zwei M6-Schrauben samt Scheiben (Abbildungen 22.6b und a).
34 Ziehen Sie die M10-Schrauben zunächst mit 25 Nm an und dann ggf. mithilfe einer Gradscheibe (einen Viertelkreis sollte man sich auch so vorstellen können) um 90° weiter (beachten Sie hierzu die *Werkzeug- und Werkstatt-Tipps* im Anhang.
35 Ziehen Sie die M8-Schrauben schrittweise und über Kreuz mit 19 Nm und dann die M6-Schrauben auf die gleiche Weise mit 8 Nm an.
36 Drehen Sie den Motor, sodass er auf der rechten Seite liegt. Ziehen Sie die M10-Schrauben zunächst mit 25 Nm an und dann um 90° weiter.
37 Ziehen Sie die M8-Schraube mit 19 Nm und dann die M6-Schrauben schrittweise und über Kreuz mit 8 Nm an.
38 Sind alle Motorgehäuseschrauben angezogen, muss geprüft werden, ob sich die Kurbelwelle und die Zwischenwelle frei drehen lassen. Halten Sie die Pleuel, damit sie nicht gegen das Gehäuse schlagen, und achten Sie darauf, dass die Steuerketten nicht von der Zwischenwelle springen. Bei irgendwelchen Anzeichen von Steifigkeit, Rauheit oder anderen Problemen muss der Fehler behoben werden, bevor weiter gearbeitet wird.
39 Folgen Sie den Hinweisen in den Schritten 15 und 16 in Sektion 20 und installieren Sie einen neuen hinteren Kurbelwellen-Simmerring.
40 Reinigen Sie die Gewinde der Zylinder/Zylinderkopf-Stehbolzen und tragen Sie mittelfeste Sicherungspaste (z. B. Loctite 243) auf. Verkontern Sie zwei Muttern an den Stehbolzen, um sie soweit einzudrehen, dass sie 159,5 bis 161,5 mm aus der Zylinder-Dichtfläche herausragen (siehe Abbildungen). Achten Sie beim Lösen der Muttern darauf, dass sich die Stehbolzen nicht verdrehen.
41 Installieren Sie die verbliebenen Komponenten in der entgegengesetzten Ausbaureihenfolge – beachten Sie, dass der Zwischenwellenantrieb erst nach der Montage der Zylinderköpfe und Nockenwellen installiert werden kann, um die Steuerzeiten korrekt einstellen zu können.

23 Kurbelwellenhauptlager und Pleuellager
Allgemeine Information

1 Obwohl die Kurbelwellen- und Pleuellager bei einer Motorüberholung generell ersetzt werden, sollten die alten Bauteile für eine genaue Begutachtung aufbewahrt werden, um aus Ihnen wertvolle Informationen über den Zustand des Motors zu ziehen.
2 Lagerschäden beruhen zumeist auf Ölmängel, Schmutz oder Fremdkörper im Motor, Motorüberlastung und/oder Korrosion. Ungeachtet des Grundes für die Lagerschäden muss dieser vor der Motormontage korrigiert werden, um eine Wiederholung auszuschließen.
3 Bei einer Begutachtung der Lager ist es hilfreich, diese den entsprechenden Zapfen der Kurbelwelle zuzuordnen, damit die Gründe für ein Problem gefunden werden. Beachten Sie, dass die Lagerschalen in ihre Sitze im Motorgehäuse oder Pleuel gepresst sind und dort nur entfernt werden dürfen, wenn sie begutachtet werden müssen. Es ist extrem wichtig, dass die Lagerschalen wieder in ihre ursprüngliche Positionen gelangen – legen Sie sie deshalb auf saubere Pappen und markieren Sie darauf ihre Positionen.

22.40a Drehen Sie die Stehbolzen ins Motorgehäuse, . . .

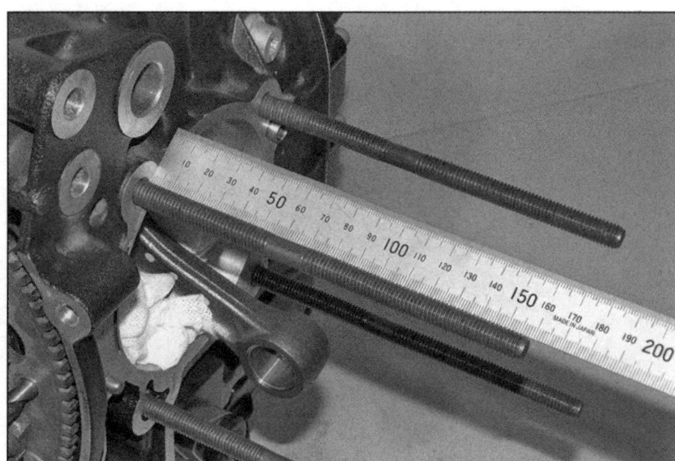

22.40b . . . bis die vorgegebene Höhe erreicht ist.

2

4 Schmutz und andere Fremdkörper können auf unterschiedliche Weise in den Motor gelangen. Sie können beim Zusammenbau zurückgelassen werden oder durch den Filter bzw. die Motorentlüftung eindringen. Die Partikel gelangen mit dem Öl in die Lager. Oftmals finden sich Metallsplitter als Bearbeitungsrückstände und Verschleißspuren. Ablagerungen verbleiben auch nach der Überholung in Motorkomponenten, besonders wenn die Teile nicht sorgfältig gereinigt wurden. Solche Teilchen arbeiten sich oft in das weiche Lagermaterial ein und können leicht erkannt werden. Große Partikel werden jedoch nicht in das Lager eingebettet, sondern kerben und zerkratzen die Lager und Zapfen. Der beste Schutz gegen diese Lager-Ausfälle ist sorgfältiges Reinigen und absolute Sauberkeit bei der Motormontage. Ebenso müssen natürlich regelmäßig das Öl und der Ölfilter gewechselt werden.

5 Ölmangel und eine Unterbrechung der Schmierung haben eine Reihe von zusammenhängenden Gründen: Extreme Hitze verdünnt das Öl, Überlastung drückt das Öl aus den Lagern und überhöhtes Lagerspiel oder eine verschlissene Ölpumpe sowie zu hohe Drehzahlen lassen den nötigen Druck des Schmiersystems zusammenbrechen. Blockierte Ölleitungen lassen ein Lager trocken laufen und schnell zerstören. Lagerschalen besitzen zwar so genannte »Notlaufeigenschaften«, aber nur für die jeweils ersten Sekunden nach dem Anlassen. Wird dagegen bei hohen Drehzahlen die Schmierung für wenige Zehntelsekunden unterbrochen, können Schalen und Zapfen bereits schrottreif sein: Das Lagermaterial wird vom Bock abgetragen und die durch die Reibung entstehende starke Hitze zerstört den Wellenzapfen.

Beachten Sie in Sektion 5* der Werkzeug- und Werkstatt-Tipps *im Anhang die Fehlersuche bei Lagern.

6 Auch die Fahrweise hat einen direkten Einfluss auf die Lebensdauer von Lagern. Vollgas bei niedrigen Drehzahlen und hohe Belastung beanspruchen die Lager stark, da diese dazu neigen, den Ölfilm abzuquetschen. Diese Zustände belasten die Lager stark und erzeugen feine Ermüdungsbrüche in der Oberfläche. Schließlich kann das Lagermaterial ausbrechen und selbst weitere Schäden anrichten. Kurzstreckenbetrieb führt zu Korrosion der Lager, da der Motor keine ausreichende Betriebstemperatur erreicht, um Kondenswasser und aggressive Gase vertreiben zu können. Diese Produkte sammeln sich im Motoröl und bilden Säure und Schlamm. Wenn dieses Öl in die Lager gelangt, greift die Säure die Lager an und lässt das Material korrodieren.

7 Eine nachlässige Montage der Lager während des Motorzusammenbaus kann ebenso zu Problemen führen. Fest sitzende Lager führen zu geringem Lagerspiel und einem unzureichenden Schmierfilm. Hinter einer Lagerschale verbleibender Schmutz oder Fremdteile verbiegen die Schale und sorgen für punktuellen Verschleiß.

8 Um Lagerprobleme zu vermeiden, müssen alle Teile vor dem Einbau sorgfältig gereinigt, mehrmals überprüft, genau vermessen und anschließend mit frischem Motoröl geschmiert werden.

24 Kurbelwellen-Haupt- und Führungslager

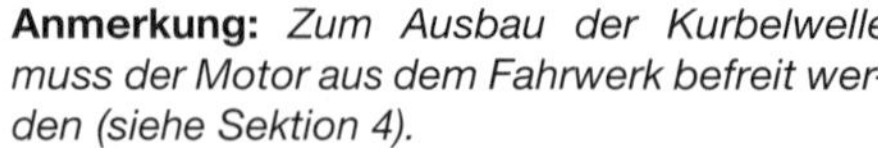

Anmerkung: *Zum Ausbau der Kurbelwelle muss der Motor aus dem Fahrwerk befreit werden (siehe Sektion 4).*

Ausbau

1 Trennen Sie die Motorgehäusehälften (siehe Sektion 22).

2 Heben Sie die Kurbelwelle aus der rechten Motorgehäusehälfte – verlieren Sie dabei nicht die (vordere) Haupt- und (hintere) Führungslagerschalen (siehe Abbildungen). Beachten Sie den Dichtring hinten an der Kurbelwelle – er muss nach dem Zusammenbau des Motorgehäuses erneuert werden.

3 Entfernen Sie die Zwischenwelle samt Steuerketten, Spanner- und Führungsschienen (siehe Sektion 25).

4 Demontieren Sie die Pleuel von der Kurbelwelle (siehe Sektion 15).

Kontrolle

5 Begutachten Sie die in beiden Gehäusehälften sitzenden Kurbelwellen-Lagerschalen (siehe Abbildungen). Bei Anzeichen von verschlissenen Gleitflächen müssen sie ersetzt werden – immer alle vier Stück. Die Lagerschalen sind je nach Einbautoleranz an den Rändern mit gelber oder grüner Farbe markiert (siehe Abbildung) – beschaffen Sie Lagerschalen mit der gleichen Farbmarkierung.

6 Beachten Sie die allgemeinen Informationen in Sektion 23. Sind die Lagerschalen riefig, stark abgetragen oder scheinen sie gefressen zu haben, muss der entsprechende Kurbelwellenzapfen überprüft werden. Beschädigte Zapfen einer Standard-Kurbelwelle können geschliffen und mit Untermaß-Lagerschalen (+ 0,25 mm) ausgeglichen werden. Wurde die Kurbelwelle bereits geschliffen – was durch Farbmarkierungen an der vorderen Kurbelwange angezeigt sein sollte -, muss sie ersetzt werden. Im Zweifel über den Zustand der Welle sollte sie von einer BMW-Werkstatt überprüft werden.

7 Entfernen Sie die (vorderen) Hauptlagerschalen aus beiden Gehäusehälften, indem Sie sie in der Mitte seitlich drücken und dann herausheben (siehe Abbildung). Entfernen Sie die (hinteren) Führungslagerschalen, indem Sie sie an einer Seite herunterdrücken, sodass sie sich im Sitz drehen (siehe Abbildung). Wenn keine Beschädigungen sichtbar sind, müssen die Schalen so beiseite gelegt werden, dass sie bei der vor dem Zusammenbau durchgeführten Lagerspiel-Kontrolle wieder in ihre ursprünglichen Sitze gelangen können.

24.2a Position des Kurbelwellen-Hauptlagers . . .

24.2b . . . und der Führungslagerschalen

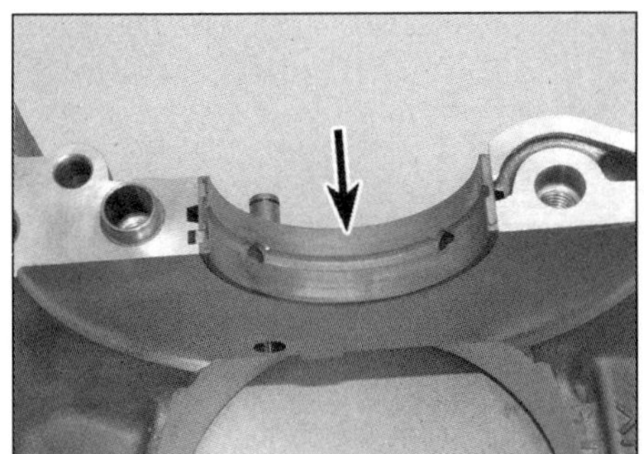
24.5a Begutachten Sie die Hauptlagerschalen . . .

24.5b . . . und die Führungslagerschalen.

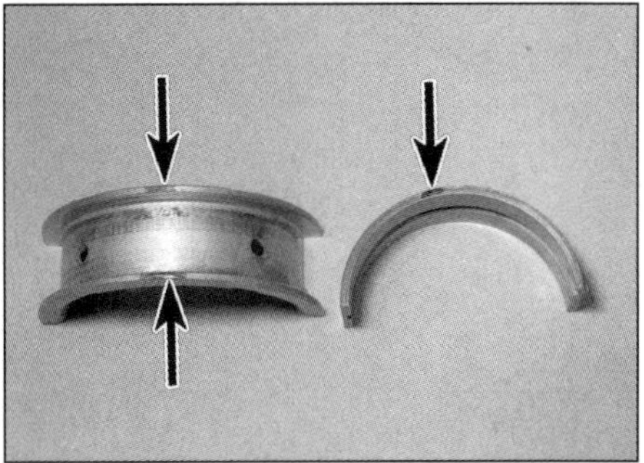
24.5c Farbmarkierung an den Lagerschalen

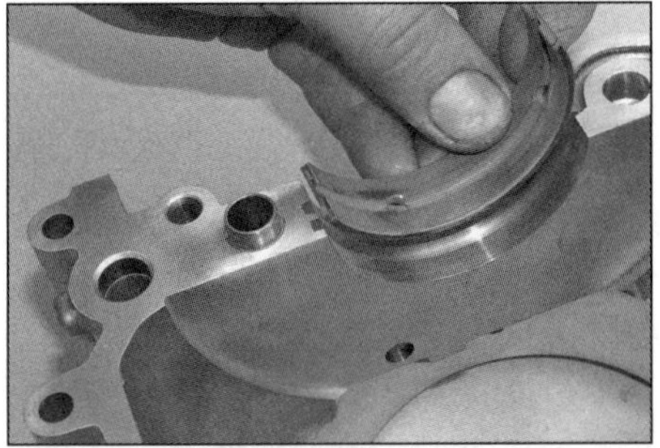
24.7a Die Hauptlagerschalen werden durch seitliches Drücken entfernt.

24.7b Die Führungslagerschalen werden in ihrem Sitz verdreht, um entfernt werden zu können.

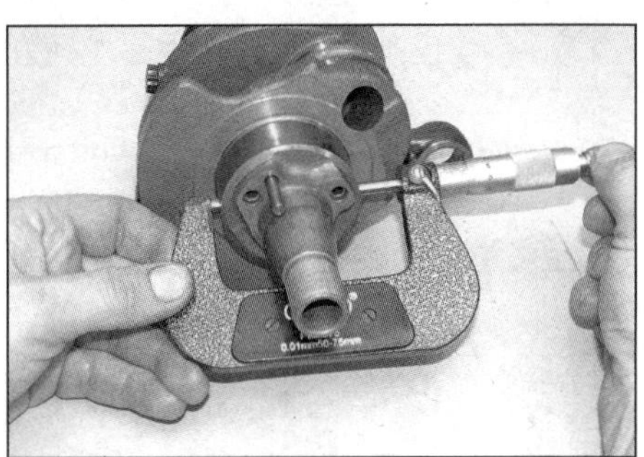
24.10a Messen Sie den Durchmesser des Hauptlagerzapfens . . .

24.10b . . . und des Führungslagerzapfens.

24.11 Die Lasche (Pfeil) muss in die Nut des Lagersitzes greifen.

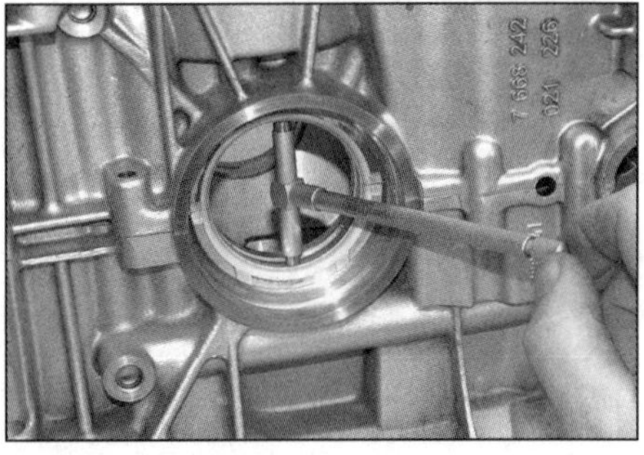
24.14 Messen Sie die Innendurchmesser der Kurbelwellen-Lagerschalen.

2

8 Reinigen Sie die Kurbelwelle mit Lösungsmittel und trocknen Sie sie mit Druckluft – blasen Sie damit auch alle Ölkanäle durch, um sicherzugehen, dass sie nicht verstopft sind.

Kontrolle des Lagerspiels

9 Unabhängig davon, ob neue Lagerschalen eingebaut wurden oder die alten wiederverwendet werden, muss vor dem Motorzusammenbau das Lagerspiel gemessen werden. Hierzu werden eine geeignete Bügelmessschraube (Mikrometerschraube) und ein Innenmessgerät benötigt.

10 Messen Sie zuerst mit einer Mikrometerschraube an verschiedenen Stellen den Durchmesser beider Kurbelwellen-Zapfen und notieren Sie die Ergebnisse (siehe Abbildungen). Verschleiß an den Wellenzapfen kann durch Vergleich mit den Angaben in den technischen Daten ermittelt werden.

Anmerkung: *Eine bereits geschliffene Kurbelwelle (Stufe 1) kann anhand der Farbmarkierung an der vorderen Kurbelwange erkannt werden.*

11 Reinigen Sie als Nächstes die Rückseiten der Lagerschalen und die Lagersitze in beiden Gehäusehälften mit Lösungsmittel. Drücken Sie die Lagerschalen in ihre Sitze, sodass ihre Laschen in die Nuten des Gehäuses greifen (siehe Abbildung). Gehen Sie sicher, dass die Schalen in ihren ursprünglichen Positionen sitzen und die Gleitflächen nicht mit den Fingern berührt werden.

12 Senken Sie vorsichtig die linke Gehäusehälfte über der rechten ab – stellen Sie sicher, dass die in der linken Hälfte sitzenden Lagerschalen und Passhülsen in Position bleiben. Kontrollieren Sie, ob die Gehäusehälften rund herum korrekt sitzen.

13 Wenn die Gewinde aller Gehäuseschrauben gereinigt sind, werden sie entsprechend der Schritte 31 bis 37 in Sektion 22 angezogen. Bei dieser Kontrolle müssen weder die M10-Schrauben erneuert noch die M8-Schrauben mit neuen Dichtscheiben ausgerüstet werden.

14 Messen Sie den Innendurchmesser der Kurbelwellen-Lagerschalen und notieren Sie die Ergebnisse (siehe Abbildung). War die Kurbelwelle bereits geschliffen worden (siehe Anmerkung in Schritt 10), werden entsprechende Untermaß-Lagerschalen der Stufe 1 montiert sein.

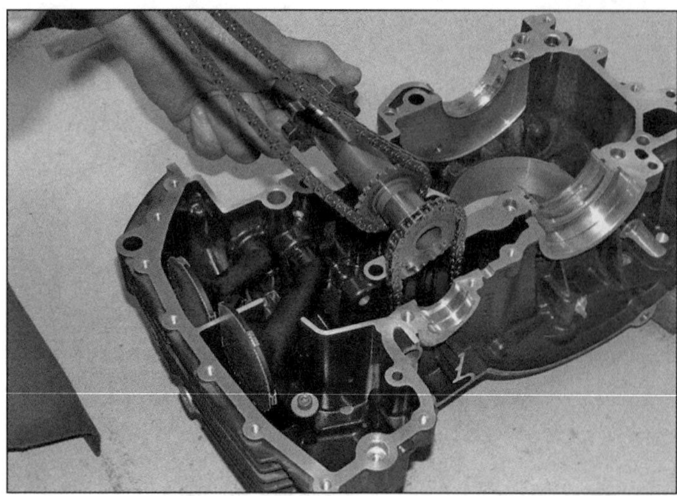

25.4 Heben Sie die Zwischenwelle und die Steuerketten heraus.

25.7 Begutachten Sie die auf die Zwischenwelle aufgepressten Ritzel.

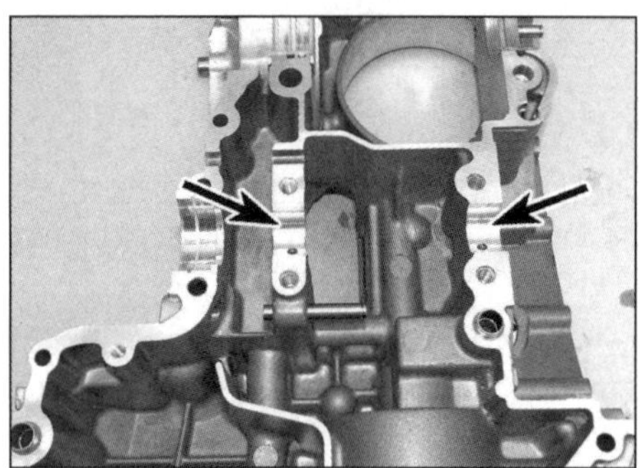

25.8 Zwischenwellenlager-Gleitflächen in der linken Gehäusehälfte

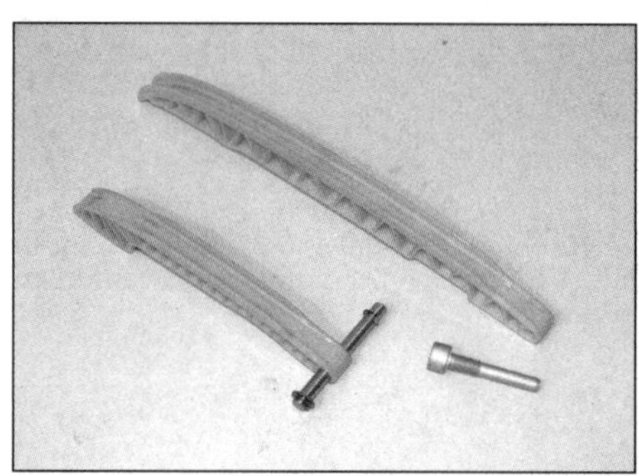

25.9 Begutachten Sie die Gleitflächen der Spanner- und Führungsschienen auf Verschleiß.

25.13 Sichern Sie die rechte Spannerschiene mit dem Lagerbolzen.

15 Subtrahieren Sie den Wert des entsprechenden Kurbelwellenzapfen-Durchmessers vom Lager-Durchmesser, um das Lagerspiel zu ermitteln – vergleichen Sie das Ergebnis mit den Angaben in den technischen Daten.

16 Wenn für die Kontrolle die originalen Lagerschalen verwendet wurden und das Spiel liegt im Toleranzbereich, können sie wiederverwendet werden. Ist das Spiel größer als 0,095 mm, aber der Lagerzapfen ist in Ordnung (siehe Schritt 10), werden neue Lagerschalen montiert und die Messung wiederholt. Ersetzen Sie nötigenfalls immer die Schalen des Haupt- und des Führungslagers gleichzeitig. Die Lagerschalen sind je nach Einbautoleranz an den Rändern mit gelber oder grüner Farbe markiert (Abbildung 24.5c) – beschaffen Sie Lagerschalen mit der gleichen Farbmarkierung.

Kontrolle des Axialspiels

17 Zur Kontrolle des Axialspiels der Kurbelwelle im Führungslager muss die Länge des hinteren Lagerzapfens und die Breite der Lagerschalen gemessen werden – solange sie nicht ungleichmäßig verschlissen sind, sollten beide gleich breit sein.

18 Subtrahieren Sie die Breite der Schalen von der Länge des Zapfens, um das Spiel zu ermitteln.

19 Liegt das Axialspiel über 0,24 mm, muss anhand des Vergleichs der Messungen mit den Angaben in den technischen Daten ermittelt werden, welche Komponente verschlissen ist und ersetzt werden muss.

Einbau

20 Stellen Sie sicher, dass die Rückseiten der Lagerschalen und ihre Sitze im Gehäuse sauber sind. Bei neuen Lagerschalen muss ihr Schutzfett vollständig mit Lösungsmittel entfernt sein.

21 Drücken Sie die Lagerschalen in ihre Sitze, sodass ihre Laschen in die Nuten des Gehäuses greifen (Abbildung 24.11). Gehen Sie sicher, dass die Schalen in den korrekten Positionen sitzen und die Gleitflächen nicht mit den Fingern berührt werden.

22 Montieren Sie die Pleuel an die Kurbelwelle (siehe Sektion 15).

23 Installieren Sie die Zwischenwelle samt Steuerketten, Spanner- und Führungsschienen (siehe Sektion 25).

24 Schmieren Sie die Kurbelwellenlager mit frischem Motoröl und installieren Sie die Welle (Abbildungen 24.2a und b).

Anmerkung: *Der hintere Kurbelwellen-Simmerring wird nach dem Verbinden der Gehäusehälften eingesetzt (siehe Sektion 20).*

25 Verbinden Sie die Motorgehäusehälften (siehe Sektion 22).

25 Zwischenwelle, Steuerketten, Spanner- und Führungsschienen

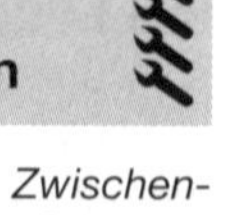

Anmerkung: *Für den Ausbau der Zwischenwelle, der Steuerketten und der Schienen muss der Motor aus dem Fahrwerk befreit werden.*

Ausbau

Anmerkung: *Die obere linke Spannerschiene muss für den Ausbau des Nockenwellenhalters demontiert sein (siehe Sektion 9). Die rechte*

26.5a Stellen Sie zunächst die Hülse der hinteren Schraube sicher, . . .

26.5b . . . bevor Sie den oberen Kupplungsdeckel abheben.

26.6a Lösen Sie die untere Schraube . . .

26.6b . . . und die zwei oberen Schrauben.

Führungsschiene ist bereits für den Ausbau des Zylinderkopfes demontiert worden (siehe Sektion 10). Die linke Führungsschiene wurde vor der Demontage des Zylinders entfernt (siehe Sektion 12).

1 Trennen Sie die Motorgehäusehälften (siehe Sektion 22).
2 Heben Sie die linke Spannerschiene samt Lagerzapfen heraus – beachten Sie die Einbaupositionen (Abbildung 22.29c).
3 Heben Sie die Kurbelwellen-Baugruppe aus der rechten Gehäusehälfte (siehe Sektion 24, Schritt 2).
4 Halten Sie die linke Steuerkette und heben Sie die Zwischenwelle zusammen mit der rechten Steuerkette heraus (siehe Abbildung).
5 Lösen Sie in der rechten Gehäusehälfte den Lagerzapfen der rechten Spannerschiene und ziehen Sie diese heraus (Abbildung 25.13). Beachten Sie die am Lagerbolzen sitzende Dichtscheibe – sie muss später erneuert werden.

Kontrolle

6 Die Steuerketten verschleißen üblicherweise nur bei Ölmangel. Haben sich die Ketten gelängt (was durch Spiel zwischen den Gliedern angezeigt wird), müssen sie ersetzt werden. Ist eine Kette verschlissen, werden es wahrscheinlich auch ihre Ritzel sein.
7 Kontrollieren Sie die Steuerkettenritzel auf der Zwischenwelle auf Verschleiß und andere Schäden – ersetzen Sie nötigenfalls die Welle (siehe Abbildung). Beachten Sie, dass eine neue Welle auch neue Steuerketten und neue Nockenwellenritzel nötig macht.
8 Überprüfen Sie Gleitflächen der Zwischenwelle und ihre Lagerflächen im Motorgehäuse (siehe Abbildung). Liegen Verschleiß oder Beschädigungen vor, muss die Welle bzw. das Motorgehäuse ersetzt werden.

Anmerkung: *Holen Sie im Falle des Gehäuses Rat bei Spezialisten ein, ob es möglich ist, schadhaften Lagerflächen zu reparieren.*

9 Inspizieren Sie die Spanner- und Führungsschienen sowie ihre Lagerzapfen auf Verschleiß und Beschädigungen (siehe Abbildung). Die Sicherungsscheiben der linken Spannerschiene müssen fest sitzen und nötigenfalls erneuert werden. Eine einmal demontierte Sicherungsscheibe muss auf jeden Fall ersetzt werden.

Einbau

10 Schmieren Sie die Lagerflächen der Zwischenwelle mit frischem Motoröl. Legen Sie die Ketten um ihre Ritzel und legen Sie die Welle ins Motorgehäuse (Abbildung 25.4).
11 Installieren Sie die Kurbelwelle (siehe Sektion 24).
12 Installieren Sie die linke Führungsschiene (Abbildung 22.29c), bevor die Gehäusehälften zusammengesetzt werden (siehe Sektion 22).
13 Sobald das Motorgehäuse zusammengesetzt ist, wird die rechte Steuerkette gehalten und das untere Ende der Spannerschiene zur Lagerzapfenbohrung ausgerichtet. Installieren Sie den Zapfen mit einer neuen Dichtscheibe und ziehen Sie ihn mit 18 Nm an (siehe Abbildung).
14 Wechseln Sie zu den entsprechenden Abschnitten der Sektionen 12, 10 und 9, um die linke und rechte Führungsschiene sowie die obere linke Spannerschiene zu montieren.

26 Getriebe
Ausbau und Einbau

Ausbau

1 Demontieren Sie den Heckrahmen (SS4, Schritte 1 bis 24).
2 Wenn das Getriebe geöffnet werden soll, muss das Öl abgelassen werden (siehe Kapitel 1, Sektion 14).
3 Befreien und trennen Sie den Stecker des Gangsensors (Abbildungen 4.35a und b).
4 Lockern Sie gleichmäßig die Schrauben des Ausrückzylinders, damit er senkrecht von der Feder abgedrückt wird, und entfernen Sie ihn (Abbildung 21.37). Ziehen Sie die Kupplungsdruckstange heraus (Abbildung 21.38) – beachten Sie ihre Einbaurichtung und die Position des Dichtrings.
5 Lösen Sie die Schrauben des oberen Kupplungsdeckels und entfernen Sie diesen (siehe Abbildungen).
6 Lösen Sie die Schrauben, die das Getriebe am Motorgehäuse sichern – beachten Sie die Positionen der Schrauben und mögliche Scheiben (siehe Abbildungen).
7 Ziehen Sie das Getriebe mithilfe eines Assistenten senkrecht vom Motor ab; falls es klemmt, kann es rundherum mit einem weichen Hammer abgeklopft werden. Nötigenfalls kann am Hebelpunkt (am unteren Rand) ein Holzkeil angesetzt werden, um das Getriebe vorsichtig abzuhebeln – zu viel Kraft kann das Gehäuse beschädigen. Erwärmen Sie ggf. die Bereiche um die Passhülsen und/oder versehen Sie diese mit Kriechöl, sobald ein kleiner Spalt entstanden ist.
8 Stellen Sie das Getriebe aufrecht hin, damit kein Öl durch die Entlüftung austritt.

Einbau

9 Der Einbau entspricht der umgekehrten Ausbaureihenfolge. Schmieren Sie die Passhülsen zwischen dem Motor und dem Getriebe sowie die Keilnuten der Getriebeeingangswelle vor dem Einbau mit Kupplungs-Montagepaste (BMW empfiehlt Optimoly MP 3). Drehen Sie die mit den Scheiben ausgerüsteten Schrauben in ihre ursprüngliche Sitze – die oben links ist 50 mm lang, die oben rechts ist 35 mm lang und die untere ist 75 mm lang – und ziehen Sie sie mit 19 Nm an.

27 Getriebe-Dichtringe

Spezialwerkzeug: *BMW bietet eine Reihe von Dichtring-Einbauwerkzeugen an, die allerdings durch von uns beschriebene alternative Methoden ersetzen lassen.*

1 Die Getriebe-Dichtringe müssen bei Anzeichen von Undichtigkeit und nach dem Ausbau der Getriebewellen ersetzt werden.

2 Beim Einbau neuer Dichtringe ist äußerste Vorsicht geboten. Besonders Wellenverzahnungen können die Dichtlippen leicht beschädigen. BMW bietet für diese Arbeit eine Vielzahl von Führungen, Hülsen und Eintreiber an.

Getriebeeingangswellen-Dichtringe

Hinterer Dichtring

3 Um Zugang zum hinteren Simmerring zu erhalten, müssen das Hinterrad (siehe Kapitel 5) und der Stoßdämpfer (siehe Kapitel 4) ausgebaut werden. Folgen Sie den Hinweisen in Sektion 21 und demontieren Sie den Kupplungs-Ausrückzylinder – die Hydraulikleitung muss nicht getrennt werden. Ziehen Sie die Kupplungsdruckstange aus der Getriebewelle.

4 Beachten Sie die Position des Dichtrings am hinteren Ende der Getriebewelle (siehe Abbildung).

5 Um Schäden am Dichtringsitz oder der Welle zu vermeiden, werden mit einem 3-mm-Bohrer zwei gegenüberliegende Löcher in den Dichtring gebohrt – achten Sie darauf, nur die Ring-Außenseite anzubohren. Drehen Sie dann zwei selbstschneidende Schrauben teilweise in die Löcher. Legen Sie ein dickes Stück Pappe über den Außenrand des Dichtsitzes, um ihn zu schützen. Hebeln Sie den Dichtring jetzt mit einer abgewinkelten Spitzzange vorsichtig heraus, indem Sie abwechselnd an beiden Seiten arbeiten (siehe Abbildung). Reinigen Sie den Dichtring-Sitz.

6 Falls vorhanden, wird der neue Dichtring mit den BMW-Spezialwerkzeugen installiert (siehe Abbildung). Schmieren Sie die Dichtlippe des Simmerrings mit frischem Getriebeöl, schieben Sie den Ring mit der markierten Seite nach außen über die abgeschrägte Seite der Führung

27.4 Position des hinteren Eingangswellen-Dichtrings

(Teile-Nr. 234 842) und stecken Sie diese mit dem schmalen Ende in die Eingangswelle.

7 Positionieren Sie die Hülse (Teile-Nr. 234 841) über das Ende der Führung und drücken Sie den Simmerring damit in seinen Sitz.

8 Alternativ kann der Dichtring auch mit einem geeigneten Steckschlüssel, der nur seinen Außenrand berührt, vorsichtig eingetrieben werden (siehe Abbildung).

27.5 Bauen Sie den Dichtring wie beschrieben aus.

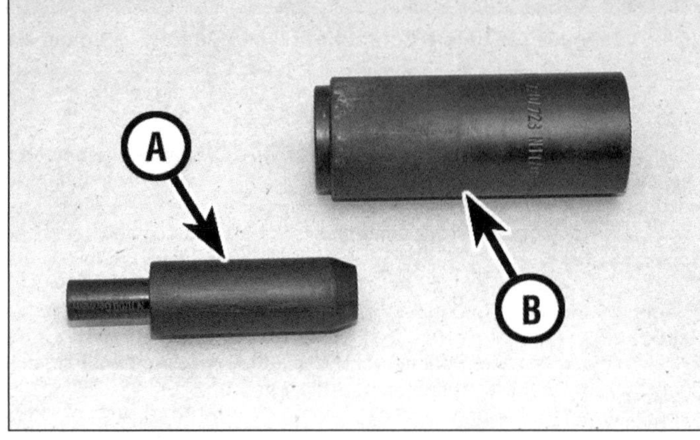

27.6 Einbauführung (A) und Hülse (B) von BMW für den hinteren Eingangswellen-Dichtring

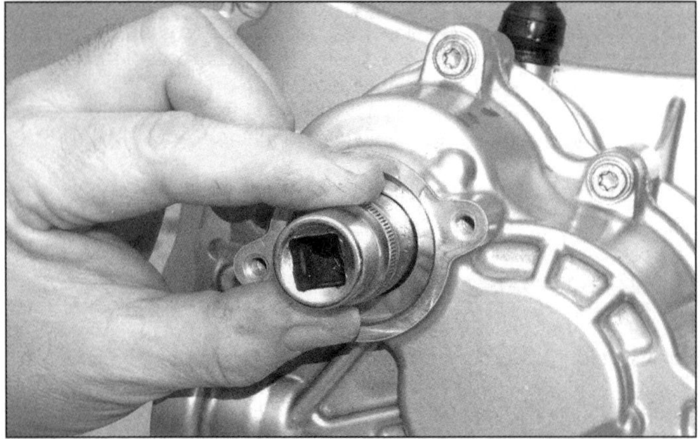

27.8 Einbau des Dichtrings mit einem passenden Steckschlüssel

27.11 Messen Sie, wie tief der vordere Eingangswellen-Dichtring installiert ist.

27.12a Bohren Sie an einer Seite des Dichtrings ein kleines Loch, ...

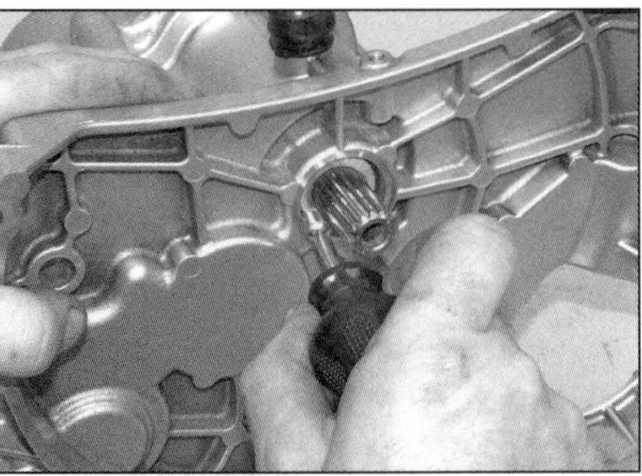
27.12b ... drehen Sie eine selbstschneidende Schraube hinein ...

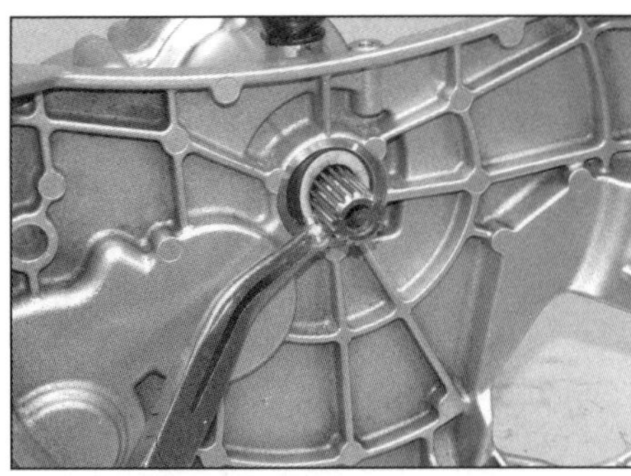
27.12c ... und ziehen Sie den Dichtring mit einer Spitzzange heraus.

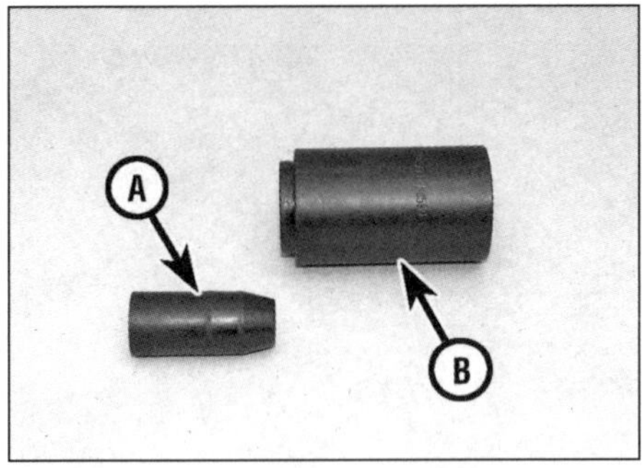

27.13a Einbauführung (A) und Eintreiber (B) von BMW für den vorderen Eingangswellen-Dichtring

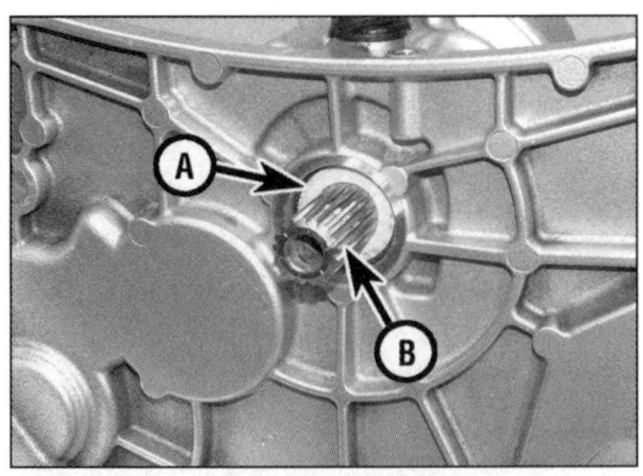

27.13b Der eingebaute Dichtring (A) darf nicht über den Keilnuten (B) der Eingangswelle liegen.

27.14a Schützen Sie die Dichtlippe mit Klebeband vor den Keilnuten, ...

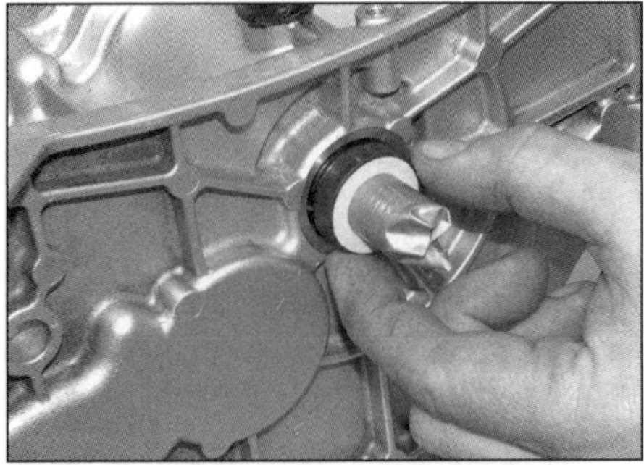
27.14b ... installieren Sie den Dichtring ...

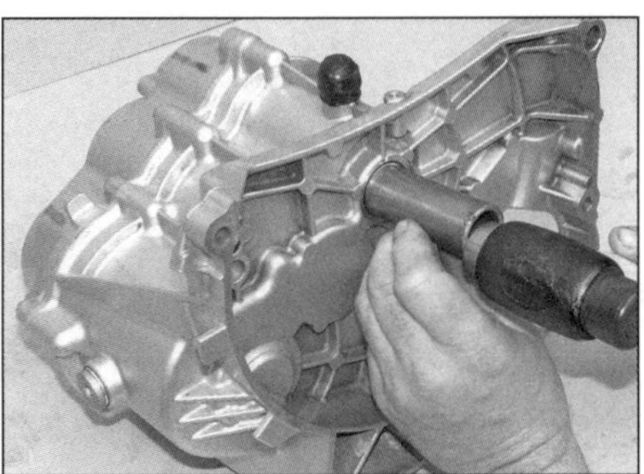
27.14c ... und treiben Sie ihn mit einem geeigneten Werkzeug in seinen Sitz.

27.16 Position des Ausgangswellen-Dichtrings

2

9 Eingebaut muss der Außenrand des Dichtrings bündig zum inneren Rand seines Sitzes liegen und das Ende der Welle etwas aus dem Ring heraus schauen (Abbildung 27.4).

Vorderer Dichtring

10 Um Zugang zum vorderen Dichtring zu erhalten, muss das Getriebe ausgebaut werden (siehe Sektion 26).

11 Falls die BMW-Spezialwerkzeuge nicht zur Hand sind, muss vor dem Ausbau des Dichtrings seine Einbautiefe gemessen werden (siehe Abbildung).

12 Folgen Sie der in Schritt 5 beschriebenen Prozedur, um den alten Dichtring zu entfernen (siehe Abbildungen).

13 Falls vorhanden, wird der neue Dichtring mit den BMW-Spezialwerkzeugen installiert (siehe Abbildung). Schmieren Sie die Dichtlippe des Simmerrings mit frischem Getriebeöl, schieben Sie den Ring über das abgeschrägte Ende der Führung (Teile-Nr. 234 712) und setzen Sie diese über das Ende der Eingangswelle. Positionieren Sie den Eintreiber (Teile-Nr. 234 713) über das Ende der Führung und drücken Sie den Simmerring damit in seinen Sitz. Das Ende des Eintreibers ist so geformt, dass der Dichtring vollständig in seinen Sitz gedrückt wird und nicht mehr über der Wellenverzahnung liegt (siehe Abbildung).

14 Alternativ wird die Wellenverzahnung zum Schutz der Dichtlippe mit Klebeband umwickelt, der Dichtring aufgeschoben und mit einem geeigneten Steckschlüssel, der nur seinen Außenrand berührt, eingetrieben (siehe Abbildungen). Der Dichtring muss gleichmäßig in der zuvor gemessenen Tiefe sitzen. Entfernen Sie das Klebeband.

Getriebeausgangswellen-Dichtring

15 Um den Ausgangswellen-Dichtring entfernen zu können, müssen der Stoßdämpfer und die aus der Schwinge und dem Endantrieb bestehende Baugruppe demontiert werden (siehe Kapitel 4).

16 Beachten Sie die Position des Dichtrings in seinem Sitz und auf der Ausgangswelle (siehe Abbildung).

27.17 Hebeln Sie den Dichtring an den eingedrehten Schrauben heraus.

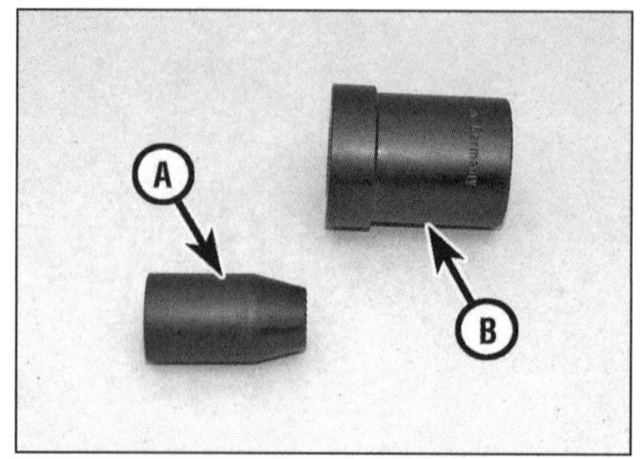

27.18 Einbauführung (A) und Eintreiber (B) von BMW für den Ausgangswellen-Dichtring

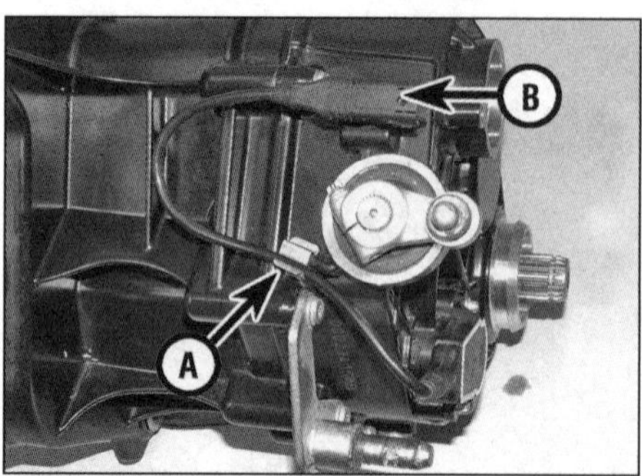

27.21a Sensorkabelführung (A), Kabelstecker (B)

27.21b Gangsensor-Schrauben

27.23 Schmieren Sie den neuen Dichtring mit Getriebeöl.

27.24 Richten Sie den Gangsensor über der Schaltwalzenwelle aus.

27.27 Die Markierung der Welle muss zur Klemmnut des Hebels fluchten.

27.28a Bohren Sie an einer Seite des Dichtrings ein kleines Loch, . . .

17 Folgen Sie der in Schritt 5 beschriebenen Prozedur, um den alten Dichtring zu entfernen (siehe Abbildung).

18 Falls vorhanden, wird der neue Dichtring mit den BMW-Spezialwerkzeugen installiert (siehe Abbildung). Schmieren Sie die Dichtlippe des Simmerrings mit frischem Getriebeöl, schieben Sie den Ring über die angeschrägte Seite der Führung (Teile-Nr. 234 733) und setzen Sie diese über das Ende der Ausgangswelle. Positionieren Sie den Eintreiber (Teile-Nr. 234 731) über das Ende der Führung und drücken Sie den Simmerring damit in seinen Sitz. Das Ende des Eintreibers ist so geformt, dass der Dichtring vollständig in seinen Sitz gedrückt wird und nicht mehr über der Wellenverzahnung liegt (Abbildung 27.16).

19 Alternativ wird die Wellenverzahnung zum Schutz der Dichtlippe mit Klebeband umwickelt, der Dichtring aufgeschoben und mit einem geeigneten Steckschlüssel, der nur seinen Außenrand berührt, in seinen Sitz getrieben.

20 Korrekt installiert muss der Außenrand des Dichtrings bündig zur inneren Fläche sitzen und der Innenrand darf nicht mehr über der Wellenverzahnung liegen. Entfernen Sie das Klebeband.

Schaltwalzen-Dichtring

21 Der Dichtring sitzt hinten am Getriebe hinter dem Gang-Sensor. Demontieren Sie den Stoßdämpfer und die aus der Schwinge und dem Endantrieb bestehende Baugruppe (siehe Kapitel 4). Befreien Sie den Sensor (siehe Abbildungen).

22 Hebeln Sie den Dichtring vorsichtig mit einem kleinen Schlitzschraubendreher heraus, ohne dabei seinen Sitz zu zerkratzen. Merken Sie sich die Einbaurichtung des Dichtrings und reinigen Sie seinen Sitz.

23 Schmieren Sie die Dichtlippe des Simmerrings mit frischem Getriebeöl und installieren Sie ihn entweder mit dem BMW-Spezialwerkzeug (Teilenummer 332 524) oder treiben Sie ihn mit einem geeigneten Steckschlüssel ein (siehe Abbildung).

24 Installieren Sie den Sensor korrekt über die Schaltwalzenwelle (siehe Abbildung) und ziehen Sie seine Schrauben sorgfältig an.

25 Sichern Sie das Sensorkabel und verbinden Sie die Stecker. Montieren Sie alle entfernten Komponenten.

Schaltwellen-Dichtring

26 Falls am Ausgang der Schaltwelle Öl austritt oder das Schaltwellenlager kontrolliert werden soll, muss der alte Dichtring wie folgt ausgebaut werden:

27 Falls noch nicht geschehen, wird der Schaltwellenhebel von der Welle befreit – lösen Sie zuerst den Clip, der das Schaltgestänge am Hebel sichert, und trennen Sie dann die Stange (siehe Sektion 4, Schritt 19). Falls an der Welle keine zur Klemmnut ausgerichtete Markierung vorhanden ist, muss eine ange-

27.28b ... drehen Sie eine selbstschneidende Schraube hinein ...

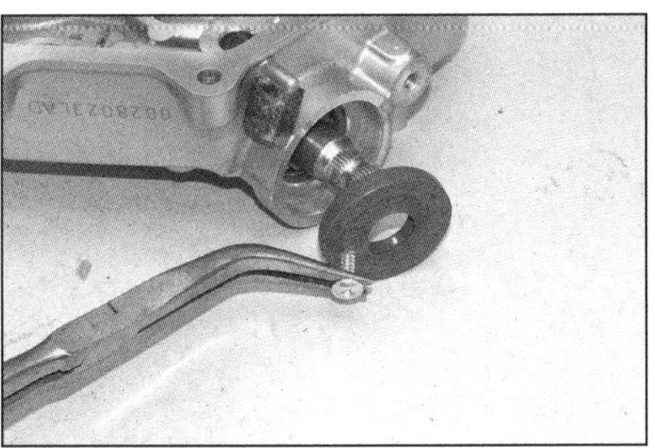

27.28c ... und ziehen Sie den Dichtring mit einer Spitzzange heraus.

27.29 Achten Sie auf die korrekte Einbaurichtung des Dichtrings.

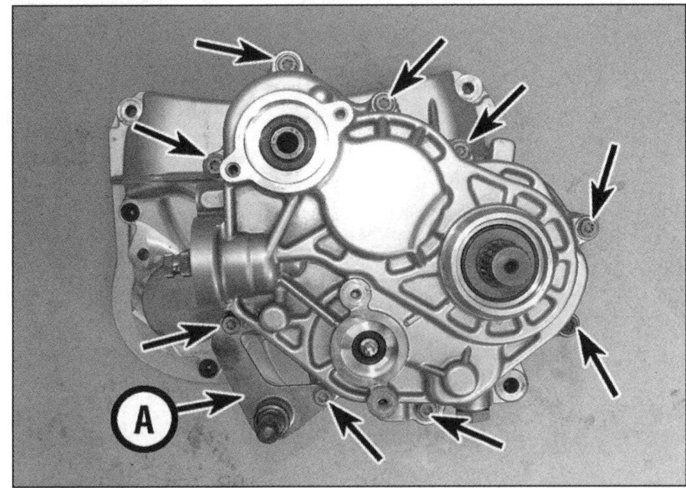

28.2 Getriebedeckelschrauben und Auspuffhalterung (A)

Werkzeug TiPP

170
175
90
300
330
Maße in mm
H48483

Eine aus zwei Hölzern und einer Grundplatte angefertigte Getriebe-Abstützung

28.4 Tragen Sie beim Hantieren mit dem erwärmten Getriebegehäuse Schutzhandschuhe.

bracht werden (siehe Abbildung). Entfernen Sie die Klemmschraube und ziehen Sie den Hebel von der Welle.

28 Bohren Sie mit einem 3-mm-Bohrer zwei gegenüberliegende Löcher in den Dichtring (siehe Abbildung) – achten Sie darauf, nur die Ring-Außenseite anzubohren. Drehen Sie dann zwei selbstschneidende Schrauben teilweise in die Löcher. Legen Sie ein Stück Holz über den Außenrand des Dichtsitzes, um ihn zu schützen. Hebeln Sie den Dichtring jetzt mit einer abgewinkelten Spitzzange vorsichtig heraus, indem Sie abwechselnd an beiden Seiten arbeiten (siehe Abbildungen).

29 Schmieren Sie die Dichtlippe des Simmerrings mit frischem Getriebeöl und installieren Sie ihn entweder mit dem BMW-Spezialwerkzeug (Teilenummer 234 851) oder treiben Sie ihn mit einem geeigneten Steckschlüssel ein, der nur seinen Außenrand berührt (siehe Abbildung).

30 Montieren Sie den Schaltwellenhebel und ziehen Sie seine Klemmschraube sorgfältig an.

28 Schaltwalze und Schaltgabeln

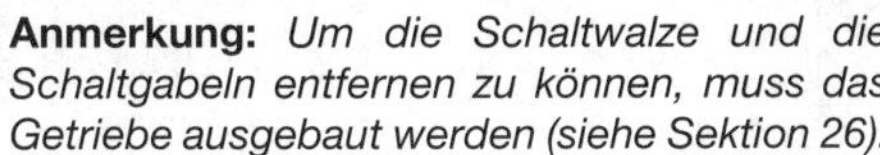

Anmerkung: *Um die Schaltwalze und die Schaltgabeln entfernen zu können, muss das Getriebe ausgebaut werden (siehe Sektion 26).*

Spezialwerkzeug: *Um das Getriebe bei diesem Arbeitsgang zu stützen, muss eine Vorrichtung gebaut werden (siehe* ***Werkzeug-Tipp****). Für den Ausbau des Schaltwalzenlagers wird ein Innenabzieher benötigt.*

Ausbau

1 Das Getriebe muss in den Leerlauf geschaltet sein, sodass sich die Eingangswelle und die Ausgangswelle unabhängig voneinander drehen lassen – montieren Sie ggf. übergangsweise den Schaltwellenhebel, um den Leerlauf einzulegen. Um Schäden zu vermeiden, sollte der Gangsensor demontiert werden (Abbildungen 27.21a und b).

2 Lösen Sie die neun Schrauben des Getriebedeckels und entfernen Sie ihn ggf. samt der Auspuffhalterung (siehe Abbildung).

3 Stützen Sie das auf seinem Deckel liegende Getriebe sicher ab – fertigen Sie dazu eine aus zwei Hölzern und einer Grundplatte bestehende Vorrichtung an (siehe *Werkzeug-Tipp*).

4 Erwärmen Sie mit einem Heißluftgebläse das Getriebegehäuse im Bereich der inneren Lager, um diese zu lösen. Klopfen Sie den Kontaktbereich zum Getriebedeckel mit einem weichen Hammer ab, um diesen zu trennen. Das Dichtmittel kann den Deckel sehr fest sitzen lassen, aber auf keinen Fall darf versucht werden, ihn mit einem Schraubendreher oder Ähnlichem abzuhebeln, da hierbei die Dichtfläche zerstört würde. Wenn sich das Gehäuse nicht abheben lässt, ist es nicht ausreichend erhitzt worden – BMW empfiehlt eine Gehäusetemperatur von 50 bis 80 °C (siehe Abbildung).

Warnung: Beim Trennen des Getriebegehäuses muss aufgepasst werden, dass man sich nicht verbrennt!

28.5a Nach dem Abheben des Gehäuses verbleiben die Baugruppen im Getriebedeckel.

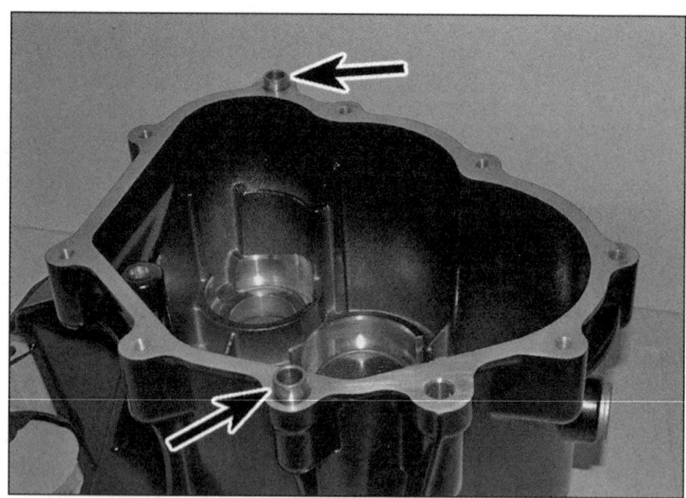

28.5b Positionen der zwei Passhülsen

28.6 Entfernen Sie das Ölleitblech.

28.7 Position des Magneten

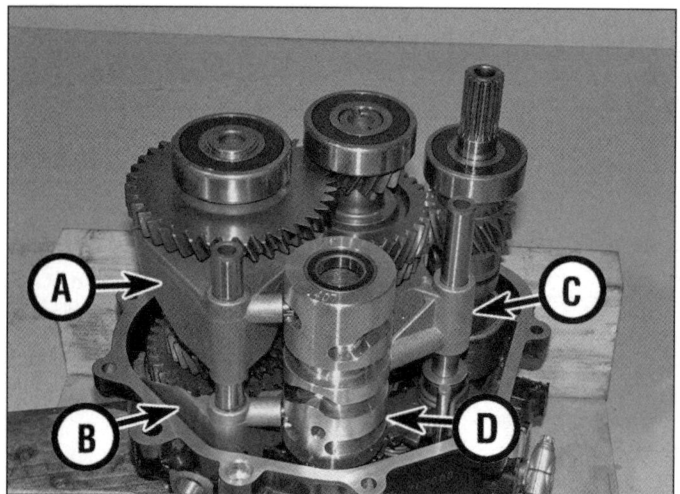

28.8 Schaltgabeln – 1.-/6.-Gang (A), 2.-/3.-Gang (B), 4.-/5.-Gang (C); Schaltwalze (D)

28.9 Heben Sie die Schaltgabelachse heraus.

28.10 Befreien Sie die Schaltgabel aus der Schaltnut

28.11a Beachten Sie die Scheiben, . . .

28.11b . . . und stellen Sie sie nach dem Ausbau der Achse sicher.

28.12a Befreien Sie den Führungsstift aus der Schaltwalze.

5 Nach dem Abheben des Gehäuses verbleiben die Getriebewellen und alle anderen Bauteile im Deckel (siehe Abbildung). Stellen Sie nötigenfalls die zwei Passhülsen sicher (siehe Abbildung).

6 Beachten Sie die Einbaulage des Ölleitblechs und stellen Sie es sicher (siehe Abbildung).

7 Heben Sie den unten im Getriebe liegenden Magneten heraus und befreien Sie ihn sorgfältig von sämtlichen Metallspänen (siehe Abbildung).

8 Vor dem Entfernen der Schaltgabeln müssen diese entsprechend ihrer Position und Einbaurichtung markiert werden (siehe Abbildung). Beachten Sie, wie die Führungsstifte der Gabeln in den Nuten der Schaltwalze liegen.

9 Heben Sie die Achse heraus, mit der die obere 1.-/6.-Gang-Schaltgabel und die untere 2.-/3.-Gang-Schaltgabel geführt wird (siehe Abbildung).

10 Beachten Sie die Position der 1.-/6.-Gang-Schaltgabel in der Schaltnut der Ausgangswelle und heben Sie die Gabel heraus (siehe Abbildung) – schieben Sie sie anschließend richtig herum auf die Achse.

11 Beachten Sie die glatte und die gewellte Scheibe zwischen der 4.-/5.-Gang-Schaltgabel und dem Schaltarm (siehe Abbildung). Heben Sie die Schaltgabelachse vorsichtig heraus und entfernen Sie die Scheiben (siehe Abbildung). Schieben Sie die Scheiben anschließend wieder auf die Achse, um sie sicherzustellen.

12 Befreien Sie den Führungsstift der 4.-/5.-Gang-Schaltgabel aus der Schaltwalze und ziehen Sie die Gabel aus der Schaltnut der Getriebe-Zwischenwelle (siehe Abbildungen). Schieben Sie die Gabel wieder richtig herum auf ihre Achse.

28.12b Ziehen Sie die Schaltgabel aus der Schaltbuchse der Zwischenwelle.

28.13a Beachten Sie die Position des Schaltarms . . .

28.13b . . . und heben Sie ihn heraus.

28.13c Beachten Sie die Position des Stifts.

28.14a Heben Sie die Schaltwalze heraus, . . .

28.14b . . . beachten Sie die Distanzscheibe.

28.15 Entnehmen Sie die 2.-/3.-Gang-Schaltgabel.

13 Beachten Sie die Position des Schaltarms – die Rückholfeder sitzt am gleichen Lagerzapfen wie der Arretierhebel und die Schaltklauen greifen in die Stifte am unteren Ende der Schaltwalze (siehe Abbildung). Heben Sie den Schaltarm heraus (siehe Abbildung). Beachten Sie die Position des Stiftes an der Schaltwelle (siehe Abbildung).

14 Bewegen Sie die 2.-/3.-Gang-Schaltgabel, um den Führungsstift aus der Schaltwalze zu befreien, lösen Sie dann den Arretierhebel vom Schaltstern unten an der Schaltwalze und he-

28.16 Arretierhebel (A) und Schaltwalzenlager (B)

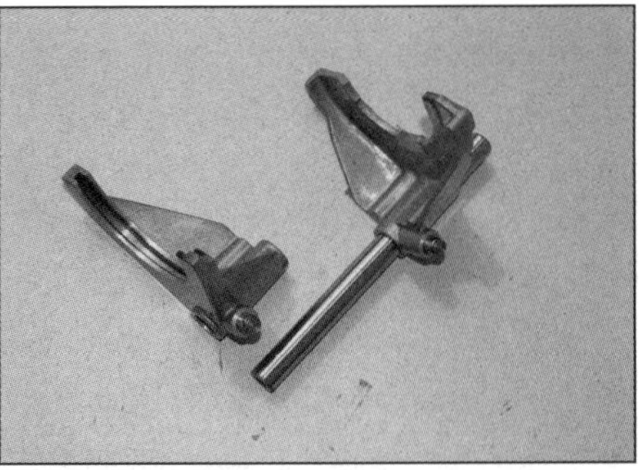

28.18a Inspizieren Sie die Schaltgabeln auf Verschleiß an ihren Achsen . . .

28.18b . . . und an den Kontaktflächen zu den Schaltnuten.

28.19a Jede Schaltgabel muss korrekt in ihre Nut greifen.

28.19b Schaltgabelnut in der 2.-/3.-Gang-Gleitbuchse – Ausgangswelle

28.19c Schaltgabel-Schiebestück am 1.-/6.-Gangradpaar – Ausgangswelle

ben Sie die Schaltwalze heraus (siehe Abbildung). Beachten Sie die Distanzscheibe unten an der Schaltwalzenwelle (siehe Abbildung).

15 Beachten Sie die Position der 2.-/5.-Gang-Schaltgabel in der Schaltnut der Ausgangswelle und heben Sie die Gabel heraus (siehe Abbildung) – schieben Sie sie anschließend richtig herum auf die Achse.

16 Beachten Sie die Positionen des Anschlaghebels und des Schaltwellenlagers (siehe Abbildung).

Kontrolle

17 Inspizieren Sie die Schaltgabeln genau auf Verzug – wenn eine Gabel in irgendeiner Weise beschädigt ist, muss sie ersetzt werden.

18 Kontrollieren Sie die Schaltgabeln – besonders an den Enden, mit denen sie in die Schaltnuten greifen – auf sichtbaren Verschleiß oder Beschädigungen (siehe Abbildungen). Messen Sie die Kontaktflächenbreite der 2.-/3.-Gang-Schaltgabel sowie die Ausschnittbreite der 1.-/6.-Gang- sowie der 4.-/5.-Gang-Schaltgabel und vergleichen Sie die Ergebnisse mit den Angaben in den technischen Daten – alle außerhalb der Vorgaben liegenden Teile müssen ersetzt werden.

19 Prüfen Sie bei ausgebauten Getriebewellen (siehe Sektion 30), ob alle Schaltgabeln korrekt in ihre Gleitbuchsen greifen (siehe Abbildung). Messen Sie die Ausschnittbreite der 2.-/3.-Gangrad-Schaltnut sowie die Breiten der Schiebestücke der 1.-/6.- sowie der 4.-/5.-Gangräder (siehe Abbildungen); messen

28.19d Schaltgabel-Schiebestück am 4.-/5.-Gangradpaar – Zwischenwelle

Sie das Spiel zwischen den Schiebestücken und den entsprechenden Gabel-Ausschnitten. Vergleichen Sie alle Ergebnisse mit den Angaben in den technischen Daten. Bei übermäßigem Verschleiß muss die Getriebewelle ersetzt werden – Einzelteile sind nicht erhältlich.

20 Kontrollieren Sie, ob die Gabeln korrekt auf ihren Achsen sitzen. Sie müssen sich mit leichtem Schlupf bewegen lassen, dürfen aber kein fühlbares Spiel aufweisen. Ersetzen Sie entsprechende Gabeln und/oder Achsen. Prüfen Sie, ob die Achsenbohrungen im Gehäuse und dem Deckel nicht verschlissen oder beschädigt sind.

21 Prüfen Sie die Schaltgabel-Achsen durch Rollen auf einer ebenen Fläche (z. B. einem

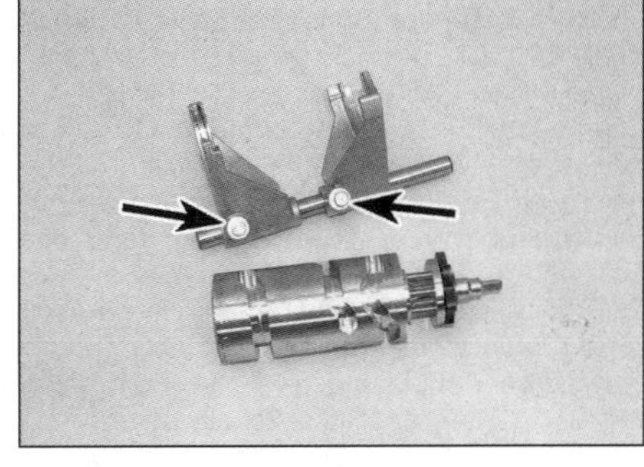

28.22 Inspizieren Sie die Führungsstifte (Pfeile) und ihre Führungsnuten in der Schaltwalze.

Spiegel) auf Verzug. Eine verbogene Welle erschwert das Schalten und muss ersetzt werden.

22 Inspizieren Sie die Nuten der Schaltwalze und die Führungsstifte an den Schaltgabeln auf Verschleiß und Beschädigungen (siehe Abbildung) und ersetzen Sie schadhafte Teile.

23 Prüfen Sie, ob sich das Lager am Ende der Schaltwalze frei drehen lässt. Um das Lager zu ersetzen, muss das Walzen-Ende mit einem Heißluftgebläse erwärmt und das Lager mit einem Innenabzieher entfernt werden (beachten Sie dazu die *Werkzeug- und Werkstatt-Tipps* im Anhang). Beachten Sie die Einbaulage des Lagers und treiben Sie das neue Lager mit einem entsprechenden Eintreiber oder Steckschlüssel in die Schaltwalze, ohne die daran sitzenden Bauteile zu beschädigen. Messen Sie die Gesamtlänge der Schaltwalze – sie muss zwischen 141,4 und 141,5 mm lang sein.

24 Prüfen Sie, ob sich das Schaltwalzenlager im Getriebedeckel frei drehen lässt (Abbildung 28.16). Um das Lager zu ersetzen, müssen zuerst der Schaltmechanismus und die Getriebewellen demontiert werden (siehe Sektionen 29 und 30). Erwärmen Sie den Getriebedeckel mit einem Heißluftgebläse und demontieren Sie das Lager mit einem Innenabzieher (beachten Sie dazu die *Werkzeug- und Werkstatt-Tipps* im Anhang). Beachten Sie die Einbaulage des Lagers und treiben Sie das neue Lager mit einem entsprechenden Eintreiber oder Steckschlüssel in seinen Sitz.

Einbau

25 Entfernen Sie zunächst sämtliche Dichtungsreste von den Kontaktflächen. Wenn ein Schaber benutzt wird, muss aufgepasst werden, das weiche Aluminium nicht zu beschädigen, da dies zu Lecks führen kann. Lassen Sie keine Dichtungsreste ins Getriebe fallen.

26 Stellen Sie sicher, dass der Getriebedeckel gut abgestützt ist (siehe Schritt 3). Falls entfernt, müssen die Getriebewellen und der Schaltmechanismus installiert werden (siehe Sektionen 29 und 30).

27 Setzen Sie die 2.-/3.-Gang-Schaltgabel richtig herum in die Schaltnut der Ausgangswelle (Abbildung 28.15).

28 Sichern Sie mit etwas Fett den Shim am unteren Ende der Schaltwalzenwelle (Abbildung 28.14b) und installieren Sie die Schaltwalze in den Getriebedeckel. Richten Sie den Führungsstift der 2.-/3.-Gang-Schaltgabel in der unteren Nut der Schaltwalze aus (siehe Abbildung). Achten Sie darauf, dass die Arretierhebelrolle in der Leerlauf-Vertiefung des Schaltsterns liegt (siehe Abbildung).

29 Der Stift der Schalthebelwelle muss nach oben zeigen, dann kann der Schaltarm montiert werden (Abbildungen 28.13c und b). Achten Sie darauf, dass die Schaltklauen in die Rückholfeder korrekt positioniert sind (Abbildung 28.13a).

30 Setzen Sie die 4.-/5.-Gang-Schaltgabel in die Schaltnut-Hülse der Zwischenwelle und richten Sie ihren Führungsstift in die mittlere Nut der Schaltwalze (Abbildungen 28.12b und a). Schieben Sie die Schaltgabel-Achse durch die Gabel, die (obere) glatte Scheibe, die Wellenscheibe (Abbildung 28.11b) und den Schaltarm in ihren Sitz im Getriebedeckel (Ab-

28.28a Positionieren Sie den Führungsstift der 2.-/3.-Gang-Schaltgabel in der unteren Schaltwalzennut.

28.28b Die Arretierhebel-Rolle muss im Leerlauf-Ausschnitt liegen.

28.36 Verteilen Sie gleichmäßig Dichtmasse auf der Getriebedeckel-Dichtfläche.

29.2a Position des Arretierhebels . . .

29.2b . . . und seiner Rückholfeder

29.4a Entfernen Sie den Seegerring . . .

29.4b . . . und ziehen Sie die Schaltwellen-Baugruppe heraus.

29.4c Beachten Sie das Nadellager.

bildung 28.11a) – achten Sie darauf, dass sie vollständig eingepresst ist.

31 Setzen Sie die 1./6.-Gang-Schaltgabel in die Schaltnut-Hülse der Ausgangswelle und richten Sie ihren Führungsstift in die mittlere Nut der Schaltwalze (Abbildung 28.10). Schieben Sie die Schaltgabel-Achse durch die obere und untere Schaltgabel in ihren Sitz im Getriebedeckel (Abbildung 28.9) – achten Sie darauf, dass sie vollständig eingepresst ist.

32 Überprüfen Sie, ob alle Schaltgabeln korrekt installiert sind (Abbildung 28.8).

33 Installieren Sie den Magneten und das Ölleitblech (Abbildungen 28.7 und 28.6). Falls entfernt, werden die Passhülsen in den Getriebedeckel gesteckt (Abbildung 28.5b).

34 Reinigen Sie die Gewinde aller Getriebedeckelschrauben.

35 Schmieren Sie die Getriebe-Komponenten großzügig mit frischem Getriebeöl (siehe Kapitel 1) und wischen Sie mit einem lösungsmittelgetränkten Lappen die Dichtflächen sauber und fettfrei.

36 Tragen Sie eine gleichmäßig dünne Schicht eines geeigneten Dichtmittels auf der Dichtfläche des Getriebedeckels auf (siehe Abbildung).

Achtung: Nehmen Sie nicht zu viel Dichtmasse, da sie sich bei der Montage nach innen herausquetscht.

37 Senken Sie vorsichtig das Gehäuse über die Getriebe-Bauteile auf den Getriebedeckel ab – richten Sie dabei die Eingangswelle zum Lager des Gehäuses und die Kontaktflächen des Gehäuses zu der des Deckels aus. Erwärmen Sie mit einem Heißluftgebläse das Getriebegehäuse im Bereich der inneren Lager. Klopfen Sie das Gehäuse mit einem weichen Hammer auf den Getriebedeckel. Wenn sich das Gehäuse nicht korrekt absenkt, sind entweder die Wellen nicht richtig zu ihren Sitzen ausgerichtet, oder das Gehäuse ist nicht ausreichend erhitzt worden – BMW empfiehlt eine Gehäusetemperatur von 50 bis 80 °C. Prüfen Sie, ob das Getriebegehäuse rundherum korrekt sitzt.

Achtung: Das Getriebegehäuse muss sich ohne Gewalt auf den Deckel absenken lassen. Wenn es nicht richtig sitzt, muss es abgenommen und das Problem untersucht werden. Versuchen Sie nicht, das Gehäuse mit dem Anziehen der Deckelschrauben abzusenken – dies würde zu großen Schäden führen.

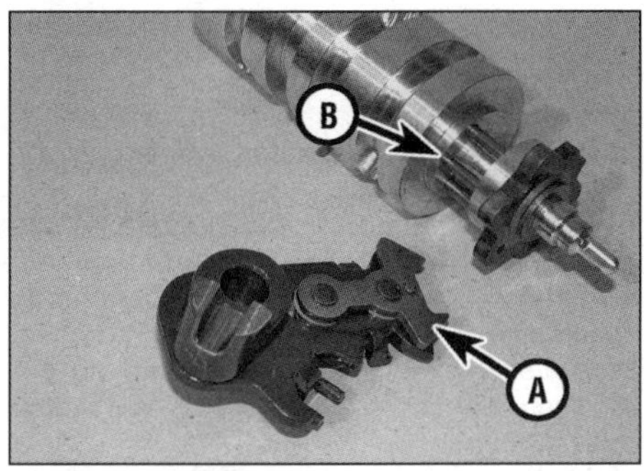

29.5a Kontrollieren Sie die Schaltklauen (A) und die Stifte (B).

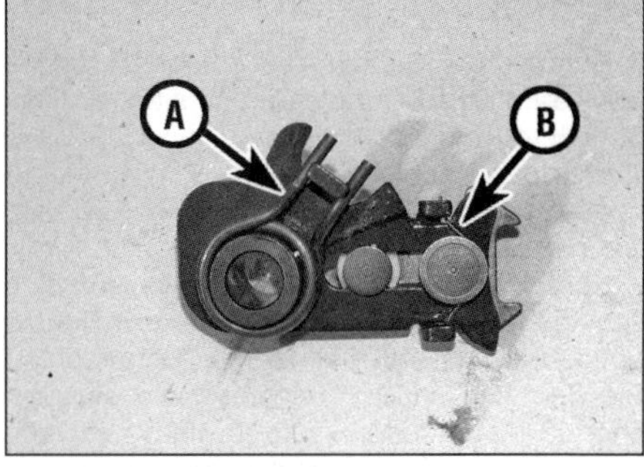

29.5b Inspizieren Sie den Klauen-Mechanismus – beachten Sie die Rückholfeder (A) und die Klauenfeder (B).

38 Drehen Sie das Getriebe vorsichtig um und installieren Sie die Gehäuseschrauben und die Auspuffhalterung (Abbildung 28.2). Ziehen Sie die Schrauben schrittweise und über Kreuz bis zum Drehmoment von 10 Nm an.

39 Montieren Sie übergangsweise den Schalthebel und prüfen Sie, ob sich alle Gänge durchschalten lassen und die Getriebewellen sich in jedem Gang frei drehen können.

40 Montieren Sie den Gangsensor und ziehen Sie seine Schrauben sorgfältig an (Abbildungen 27.21b und a).

41 Ersetzen Sie vor der Montage des Getriebes die Simmerringe der Eingangs- und Ausgangswelle (siehe Sektion 27).

29 Schaltmechanismus

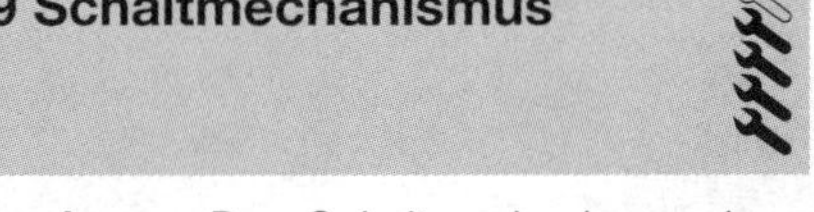

Anmerkung: *Der Schaltmechanismus kann nur bei demontiertem Getriebe ausgebaut werden (siehe Sektion 26).*

Spezialwerkzeug: *Um das Getriebe bei diesem Arbeitsgang zu stützen, muss eine Vorrichtung gebaut werden (siehe **Werkzeug-Tipp** in Sektion 28). Für den Ausbau des Schaltwellenlagers wird ein Innenabzieher benötigt.*

Ausbau

1 Folgen Sie den Hinweisen in Sektion 28, um die Schaltwalze und die Schaltgabeln zu entfernen.

2 Beachten Sie die Position der Rückholfeder am Arretierhebel (siehe Abbildung). Lösen Sie den Lagerbolzen und heben Sie den Arretierhebel heraus. Beachten Sie die Position der Rückholfeder und entnehmen Sie sie (siehe Abbildung).

3 Um die Wellenlager kontrollieren zu können, muss zuerst der Dichtring entfernt werden (siehe Sektion 27).

4 Die Schaltwelle und das Kugellager sind mit einem Seegerring gesichert – entfernen Sie diesen und ziehen Sie die Schaltwellen-Baugruppe heraus (siehe Abbildungen). Das innere Ende der Welle wird mit einem Nadellager geführt (siehe Abbildung).

Kontrolle

5 Inspizieren Sie die Schaltklauen am Schaltarm sowie die Stifte der Schaltwalze (siehe Abbildung). Stellen Sie sicher, dass die Rückholfeder fest am Schaltarm sitzt, und beachten Sie die kleine Feder am Schaltklauen-Mechanismus – der Mechanismus muss sich sanft bewegen lassen, darf jedoch kein Spiel aufweisen (siehe Abbildung).

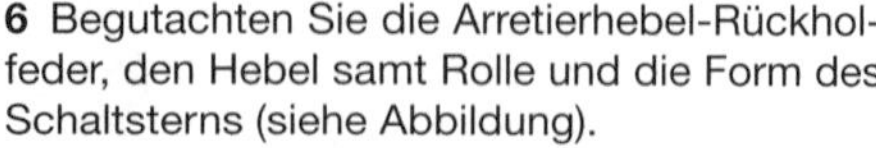

29.6 Begutachten Sie die Arretierhebel-Rückholfeder, die Rolle und den Schaltstern.

6 Begutachten Sie die Arretierhebel-Rückholfeder, den Hebel samt Rolle und die Form des Schaltsterns (siehe Abbildung).
7 Werden Verschleiß, Schäden oder ermüdete Federn festgestellt, sind entsprechende Teile zu ersetzen.
8 Kontrollieren Sie die Schaltwelle auf eine schadhafte Verzahnung und ersetzen Sie sie nötigenfalls (siehe Abbildung). Begutachten Sie den Stift an der Welle und die entsprechende Gabel am Schaltarm auf Verschleiß. Überprüfen Sie die Schaltwellen-Lager. Das Kugellager ist mit einem Seegerring auf der Welle gesichert – entfernen Sie diesen nötigenfalls und pressen Sie die Welle heraus. Entfernen Sie das Nadellager nur, wenn es ersetzt werden soll – ziehen Sie es mit einem Innenabzieher heraus und drücken Sie das neue Lager mit einem geeigneten Steckschlüssel ein.

Einbau

9 Sichern Sie ggf. das Schaltwellen-Kugellager mit dem Seegerring auf der Welle. Installieren Sie die Schaltwelle und sichern Sie sie mit dem Seegerring (Abbildungen 29.4b und a). Beide Seegerringe müssen in ihren Nuten sitzen; Seegerringe sollten möglichst durch Neuteile ersetzt werden – besonders, wenn sie korrodiert oder ermüdet sind. Installieren Sie einen neuen Schaltwellen-Dichtring (siehe Sektion 27).
10 Installieren Sie die Rückholfeder und den Arretierhebel und ziehen Sie den Lagerzapfen mit 8 Nm an (Abbildungen 29.2b und a). Positionieren Sie die Enden der Feder so, dass die Arretier-Rolle unter Spannung gegen den Schaltstern gehalten wird (Abbildung 28.28b).
11 Montieren Sie die Schaltwalze und die Schaltgabeln (siehe Sektion 28).

29.8 Kontrollieren Sie die Schaltwellen-Keilnuten.

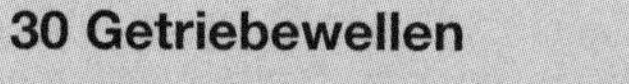

30 Getriebewellen

Anmerkung 1: *Um die Getriebewellen ausbauen zu können, muss das Getriebe demontiert sein (siehe Sektion 26).*

Anmerkung 2: *Die Länge der montierten Getriebewellen ist für ihren korrekten Sitz im Gehäuse entscheidend. Wenn neue Lager installiert werden, muss vor dem Einbau die Länge der Welle überprüft werden.*

Spezialwerkzeug: *Für diese Arbeit wird ein Lagerabzieher mit langen und kurzen Armen benötigt.*

Ausbau

1 Entfernen Sie die Schaltwalze und die Schaltgabeln (siehe Sektion 28).
2 Beachten Sie die relativen Positionen der drei Getriebewellen zueinander (siehe Abbildung).
3 Erwärmen Sie mit einem Heißluftgebläse den Getriebedeckel im Bereich der Lager, um diese zu lockern, und heben Sie die Getriebewellen als Satz heraus (siehe Abbildung) – sie lassen sich nicht einzeln entfernen. Wenn sich die Wellen nicht abheben lassen, ist der Deckel nicht ausreichend erhitzt worden – BMW empfiehlt eine Temperatur von 90 bis 100 °C.

Warnung: Verbrennen Sie sich beim Ausbau der Getriebewellen nicht die Hände!

4 Legen Sie die Getriebewellen auf eine saubere Oberfläche und halten Sie sie in der korrekten Reihenfolge zusammen (siehe Abbildung).

Kontrolle und Lagerwechsel

Eingangswelle

5 Begutachten Sie die Keilnuten (siehe Abbildung) sowie die Verzahnung der Zahnräder auf Verschleiß oder Schäden. Überprüfen Sie die Nocken-Flächen der Ruckdämpfer-Elemente auf Verschleiß und die Zahnrad-Module auf Ausbrüche und Beschädigungen (siehe Abbildung). Ist das Zahnrad des Mitnehmers schadhaft, muss auch die entsprechende Verzahnung auf der Zwischenwelle untersucht werden.
6 Im Ruckdämpfer darf kein Spiel festgestellt werden (Abbildung 30.5b).

30.2 Einbaupositionen der drei Getriebewellen

30.3 Heben Sie die Getriebewellen gemeinsam aus dem Deckel.

30.4 Ausrichtung der Ausgangswelle (A), die Zwischenwelle (B) und die Eingangswelle (C) zueinander

30.5a Inspizieren Sie die Keilnuten der Eingangswelle.

30.5b Kontrollieren Sie die Ruckdämpfernocken (A) und die Zahnrad-Module (B). Beachten Sie die Dämpferfeder-Baugruppe (C).

7 Finden sich irgendwelche verschlissenen oder beschädigten Komponenten, muss die Getriebewelle ersetzt werden – Einzelteile sind nicht erhältlich.

8 Kontrollieren Sie die Lager (siehe *Werkzeug- und Werkstatt-Tipps* im Anhang) und ersetzen Sie sie nötigenfalls wie folgt:

9 Ziehen Sie das hintere Lager mit einem Abzieher von der Welle – merken Sie sich die Einbaurichtung (siehe Abbildung).

10 Ziehen Sie die Distanzscheibe und die Nutenbuchse ab, um sie sicherzustellen (siehe Abbildungen). Notieren Sie die gemeinsame Breite des alten Lagers und der Distanzscheibe – dieser Wert muss mit einem neuen Lager erreicht werden, sodass ggf. die Distanzscheibe ersetzt werden muss (beim BMW-Händler sind 17 verschiedene Scheiben in Stärken von 3,0 bis 3,4 mm erhältlich).

11 Um das vordere Lager abziehen zu können, muss der Abzieher mit einem Stück Weichmetall (z. B. Messing) gegen die Welle abgestützt werden, damit die Keilnuten nicht beschädigt werden.

12 Montieren Sie das vordere Lager mit einem Werkzeug, das nur den Innenring berührt, und treiben Sie es vollständig auf.

13 Schieben Sie hinten die Nutenbuchse und die Distanzscheibe auf (Abbildungen 30.10b und a).

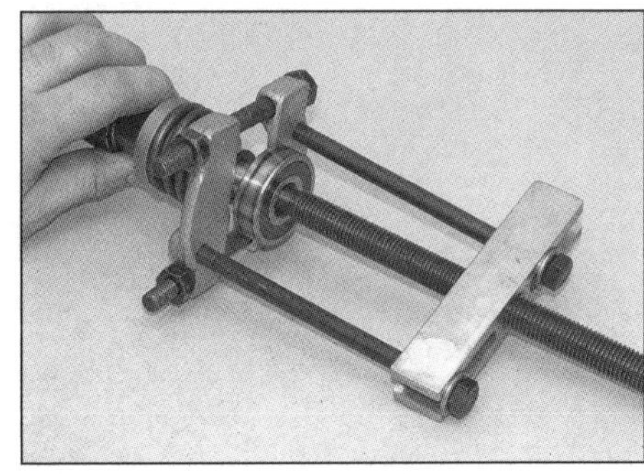

30.9 Aufbau zum Abziehen des hinteren Lagers von der Eingangswelle

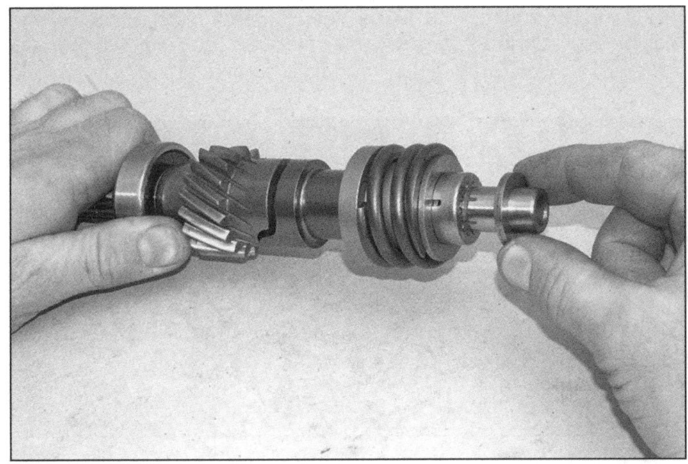

30.10a Ziehen Sie die Distanzscheibe . . .

30.10b . . . und die Nutenbuchse ab.

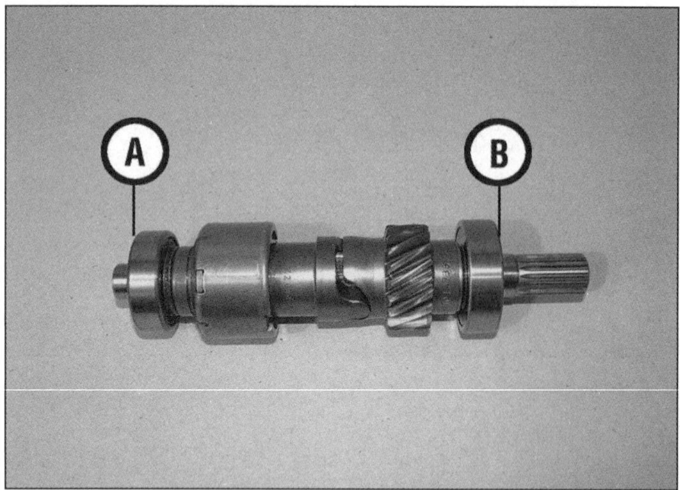

30.15 Messen Sie bei der zusammengebauten Eingangswelle den Abstand zwischen den Punkten A und B.

30.16 Kontrollieren Sie die Zahnräder der Zwischenwelle.

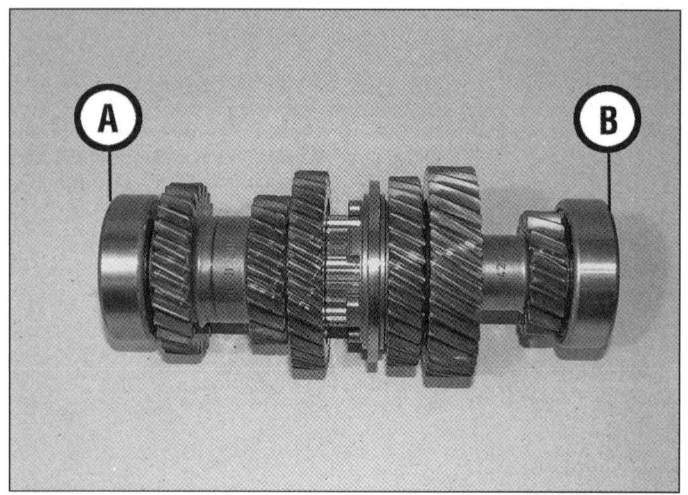

30.20 Messen Sie bei der zusammengebauten Zwischenwelle den Abstand zwischen den Punkten A und B.

30.21a Inspizieren Sie die Keilnuten der Ausgangswelle.

14 Montieren Sie das hintere Lager mit einem Werkzeug, das nur den Innenring berührt, und treiben Sie es vollständig auf die Welle.

15 Messen Sie die Gesamtlänge der Eingangswelle – wenn sie länger als 162,05 mm ist, muss geprüft werden, ob die Lager vollständig auf der Welle sitzen (siehe Abbildung).

Zwischenwelle

16 Begutachten Sie die Verzahnung auf Verschleiß oder Schäden (siehe Abbildung), kontrollieren Sie ebenfalls die Zähne der entsprechenden Ausgangswellenräder (Abbildung 30.4). Messen Sie das Axialspiel der 4.- und 5.-Gangräder und vergleichen Sie die Ergebnisse mit den Angaben in den technischen Daten. Finden sich irgendwelche verschlissenen oder beschädigten Komponenten, muss die Getriebewelle ersetzt werden – Einzelteile sind nicht erhältlich.

17 Kontrollieren Sie die Lager (siehe *Werkzeug- und Werkstatt-Tipps* im Anhang) und ersetzen Sie sie nötigenfalls. Beide Lager sind auf die Welle gepresst. Merken Sie sich ihre Einbaurichtung und ziehen Sie sie mit einem Abzieher ab (Abbildung 30.9).

18 Hinter dem vorderen Lager sitzt eine Distanzscheibe. Notieren Sie die gemeinsame

30.21b Prüfen Sie das Axialspiel der 1.-Gang- (A) und 6.-Gang-Räder (B) . . .

30.21c . . . sowie der 3.-Gang- (C) und 2.-Gang-Räder (D)

30.23 Entfernen Sie den Seegerring vom vorderen Ende der Ausgangswelle.

30.24 Aufbau zum Abziehen des vorderen Lagers von der Ausgangswelle

Breite des alten Lagers und der Distanzscheibe – dieser Wert muss mit einem neuen Lager erreicht werden, sodass ggf. die Distanzscheibe ersetzt werden muss (beim BMW-Händler sind 29 verschiedene Scheiben in Stärken von 1,5 bis 2,3 mm erhältlich).

19 Treiben Sie die neuen Lager mit einem geeigneten Steckschlüssel oder Eintreiber, der nur den Innenring berührt, auf die Welle.

20 Messen Sie die Gesamtlänge der Zwischenwelle – wenn sie länger als 181,9 mm ist, muss geprüft werden, ob die Lager vollständig auf der Welle sitzen (siehe Abbildung).

Ausgangswelle

21 Begutachten Sie die Keilnuten (siehe Abbildung) sowie die Verzahnung der Zahnräder auf Verschleiß oder Schäden. Messen Sie das Axialspiel der 1.-, 2.-, 3.- und 6.-Gangräder und vergleichen Sie die Ergebnisse mit den Angaben in den technischen Daten (siehe Abbildungen). Finden sich irgendwelche verschlissenen oder beschädigten Komponenten, muss die Getriebewelle ersetzt werden – Einzelteile sind nicht erhältlich.

22 Kontrollieren Sie die Lager (siehe *Werkzeug- und Werkstatt-Tipps* im Anhang) und ersetzen Sie sie nötigenfalls. Beide Lager sind auf die Welle gepresst und mit Seegerringen gesichert. Merken Sie sich vor der Demontage ihre Einbaurichtung.

23 Entfernen Sie den Seegerring vom vorderen Wellenende (siehe Abbildung) – er muss später erneuert werden.

24 Ziehen Sie das vordere Lager mit einem Abzieher von der Welle – merken Sie sich die Einbaurichtung (siehe Abbildung). Falls das Lager nicht direkt abgezogen werden kann, kann der Abzieher auch hinter dem 1.-Gangrad angesetzt werden. Entfernen Sie die Distanzscheibe – merken Sie sich die Einbaurichtung – und schieben Sie das 1.-Gangrad wieder auf die Welle.

25 Notieren Sie die gemeinsame Breite des alten Lagers und der Distanzscheibe – dieser Wert muss mit einem neuen Lager erreicht werden, sodass ggf. die Distanzscheibe ersetzt werden muss (beim BMW-Händler sind 29 verschiedene Scheiben in Stärken von 1,8 bis 2,5 mm erhältlich).

26 Installieren Sie die Distanzscheibe mit der Fase nach außen (siehe Abbildung). Pressen Sie das vordere Lager mit einem geeigneten Steckschlüssel oder Eintreiber, der nur den Innenring berührt, auf die Welle.

27 Messen Sie die Länge des vorderen Ausgangswellen-Segments (siehe Abbildung) – wenn mehr als 117,55 mm festgestellt werden, muss geprüft werden, ob das Lager vollständig auf der Welle sitzt.

28 Sichern Sie das Lager mit einem neuen Seegerring.

30.26 Die angeschrägte Innenseite der Distanzscheibe muss außen liegen.

30.27 Messen Sie bei der zusammengebauten Ausgangswelle den Abstand zwischen den Punkten A und B (vorderes Ende) sowie C und D (Gesamtlänge – siehe Schritt 33)

29 Entfernen Sie den Seegerring vom hinteren Wellenende (siehe Abbildung) – er muss später erneuert werden.

30 Ziehen Sie das hintere Lager mit einem Abzieher von der Welle – merken Sie sich die Einbaurichtung (siehe Abbildung). Falls das Lager nicht direkt abgezogen werden kann, kann der Abzieher auch hinter dem 3.-Gangrad angesetzt werden. Entfernen Sie die Distanzscheibe – merken Sie sich die Einbaurichtung – und schieben Sie das 3.-Gangrad wieder auf die Welle.

31 Notieren Sie die gemeinsame Breite des alten Lagers und der Distanzscheibe – dieser Wert muss mit einem neuen Lager erreicht werden, sodass ggf. die Distanzscheibe ersetzt werden muss (beim BMW-Händler sind 29 verschiedene Scheiben in Stärken von 1,8 bis 2,5 mm erhältlich).

32 Installieren Sie die Distanzscheibe mit der Fase nach außen (siehe Abbildung). Pressen Sie das hintere Lager mit einem geeigneten Steckschlüssel oder Eintreiber, der nur den Innenring berührt, auf die Welle.

33 Messen Sie die Gesamtlänge der Ausgangswelle (Abbildung 30.27) – wenn mehr als 184,65 mm festgestellt werden, muss geprüft werden, ob das Lager vollständig auf der Welle sitzt.

34 Wenn die Welle die korrekte Länge hat und das Lager vollständig sitzt, wird mit einer Fühlerlehre die Breite der Seegerring-Nut gemessen, um einen neuen Seegerring der korrekten Stärke beschaffen zu können (siehe Abbildung) – beim BMW-Händler sind Ringe mit 1,1, 1,2 und 1,3 mm Breite erhältlich.

Zusammenbau

35 Der Zusammenbau entspricht der umgekehrten Demontage-Reihenfolge – beachten Sie dabei folgende Punkte:

- Der Getriebedeckel muss sicher abgestützt sein.
- Die Getriebewellen müssen korrekt zusammengelegt werden (Abbildung 30.4).
- Die Lagersitze im Getriebedeckel müssen gut erwärmt sein – BMW empfiehlt eine Temperatur von 90 bis 100 °C.
- Die Getriebewellen müssen gemeinsam eingesetzt werden und korrekt ineinander greifen Abbildungen 30.3 und 30.2).
- Alle Teile müssen großzügig mit Getriebeöl geschmiert werden (siehe Kapitel 1).
- Montieren Sie die Schaltwalze und die Schaltgabeln (siehe Sektion 28).
- Installieren Sie neue Eingangswellen- und Ausgangswellen-Dichtringe (siehe Sektion 27).

30.29 Entfernen Sie den Seegerring vom hinteren Ende der Ausgangswelle.

30.30 Aufbau zum Abziehen des hinteren Lagers von der Ausgangswelle

31 Einfahrhinweise

1 Stellen Sie sicher, dass Motoröl- und Getriebeöl-Pegel korrekt sind (siehe *Tägliche Kontrollen* und Kapitel 1).

2 Schalten Sie das Getriebe in den Leerlauf, stellen Sie den Killschalter auf RUN und schalten Sie die Zündung ein.

3 Starten Sie den Motor und bringen Sie ihn auf Betriebstemperatur.

4 Falls im Schmiersystem ein Problem vermutet wird, muss der Motor unverzüglich abgeschaltet und die Ursache gefunden werden. Wird ein Motor auch nur kurze Zeit ohne zirkulierendes Öl betrieben, können größte Schäden entstehen.

5 Kontrollieren Sie alles sorgfältig auf Öl-Undichtigkeiten und überprüfen Sie, ob der Antrieb und die Instrumente, besonders die Bremsen, ordentlich funktionieren, bevor Sie die Maschine auf der Straße testen.

6 Behandeln Sie die Maschine auf den ersten Kilometern vorsichtig, um sicherzugehen, dass überall im Motor Öl angekommen ist und sich alle neuen Teile zu setzen begonnen haben.

7 Große Sorgfalt ist geboten, wenn neue Kolben, Kolbenringe oder Lagerschalen eingebaut wurden. Im Falle neuer Kolben oder Zylinder muss die Maschine behandelt werden, als wäre sie neu. Das bedeutet, dass öfter geschaltet werden muss, um immer im optimalen Drehzahlbereich zu fahren und das Gas auf den ersten 1000 km nur halb geöffnet werden sollte.

8 Wenn der Motor nach Beendigung der Probefahrt wieder komplett abgekühlt ist, werden das Ventilspiel (siehe Kapitel 1) und die Ölstände im Motor und Getriebe überprüft (siehe *Tägliche Kontrollen* und Kapitel 1).

9 BMW empfiehlt, den Motor auf den ersten 200 km nicht über 5500/min zu drehen; auf den folgenden 200 km darf er bis 6500 U/min und auf weiteren 200 km nicht über 7500/min gedreht werden. Eine Geschwindigkeitsbegrenzung wird nicht vorgeschrieben, hauptsächlich sollen die Teile des Motors sich »einschleifen« und die Leistung langsam auf den ersten 600 km gesteigert werden. Auf den folgenden 300 km darf der Motor kurzzeitig bis zum roten Bereich gedreht werden. Wer bereits Erfahrungen mit der Maschine hat, wird merken, wann der Motor frei läuft.

30.32 Die angeschrägte Innenseite der Distanzscheibe muss außen liegen.

30.34 Messen Sie die Breite der Seegerringnut.

Kapitel 3
Motorsteuerung (Einspritzung und Zündung)

Inhalt (in alphabetischer Reihenfolge, die Zahlen geben die Nummerierung in den grauen Feldern wieder)

Schwierigkeitsgrade

Leicht. Für Anfänger mit wenig Erfahrung geeignet. 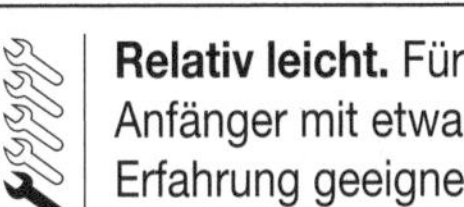

Relativ leicht. Für Anfänger mit etwas Erfahrung geeignet. 

Relativ schwierig. Geeignet für geübte Selbstschrauber. 

Schwer. Geeignet für Selbstschrauber mit viel Erfahrung. 

Sehr schwer. Geeignet für Experten und Profis. 

Technische Daten

Kraftstoff

Kraftstoffart	
Empfohlen	Super plus, 98 Oktan (bleifrei)
Optional	Superbenzin, 95 Oktan (bleifrei)
Tankinhalt	
R nineT	18 Liter
Pure, Racer, Scrambler, Urban G/S	17 Liter
Im Tank befindliche Menge beim Erscheinen der Reserve-Anzeige	
R nineT	3 Liter
Pure, Racer, Scrambler, Urban G/S	3,5 Liter

Auspuffanlage

Klappenventil – Spiel des Bowdenzuges	0,8 bis 1,2 mm

Drosselklappengehäuse

Innendurchmesser	50 mm

Anzugsdrehmomente

	Nm
Ansaugstutzen-Schrauben	8
Auspuffanlage	
Auspuffklappenservo-Befestigungsschrauben	8
Schalldämpferbefestigung hinten	19
Schalldämpferschelle	28
Krümmer-Klemmschrauben	8
Krümmerflanschmuttern	21
Lambdasonden	45
Benzinpumpen-Sicherungsring-Schrauben	5
Benzinschlauch-Anschlussschrauben an Drosselklappengehäuse	5
Sensoren	
Klopfsensor-Schrauben	19
Kurbelwellensensor-Schraube	8
Motoröl-Temperatursensor	16

Nockenwellensensor-Schraube	8
Öldruckschalter (R nineT bis 2016)	30
Zylinderkopf-Temperatursensor	10
Tank-Befestigungsschrauben	
vorn	19
hinten	5

1 Allgemeine Informationen und Warnhinweise

Allgemeine Informationen

1 Alle in diesem Buch behandelten Modelle sind mit einer von BMW selbst entwickelten digitalen Motorsteuerung (BMS) ausgerüstet, die die Funktion des Kraftstoffsystems und der Zündung überwacht, kontrolliert und koordiniert. Bei der R nineT des Modelljahrs 2014 kommt die Ausführung BMS-KP zum Einsatz, wogegen in den Modelljahren 2015 und 2016 die Version BMS-X Verwendung findet. Ab 2017 sind alle in diesem Buch beschriebenen Modelle mit der BMS-MP ausgerüstet.

2 Die Motorsteuerung wird von der DME (Digital Motor Electronics) überwacht. Eine zweite Einheit – die Zentrale Fahrzeugelektronik ZFE – ist für die Bewachung und Regelung aller anderen elektrischen Systeme wie die Beleuchtung, Schalter und Zubehörteile verantwortlich. Die zwei Geräte sind für Funktionen wie das Starten und die Wegfahrsperre miteinander verbunden.

3 Die DME arbeitet mit der Motordrehzahl und der Drosselklappenstellung als Basis, um eine optimale Motorfunktion sicherzustellen. Zusätzliche Informationen der Temperatur-, Gang- und Klopfsensoren sowie der Abgasanalyse durch die Lambdasonde lassen sie mithilfe von einprogrammierten Kennfeldern und Korrekturwerten die eingespritzte Kraftstoffmenge und den exakten Zündzeitpunkt für jeden gegebenen Umstand verfeinern.

4 Zusätzlich verfügt das Steuergerät über eingebaute Diagnosefunktionen, die alle Daten für Fehlermeldungen speichern. Wenn ein Fehler auftritt, beginnt die Motor-Warnlampe in den Instrumenten zu leuchten, und solange der Defekt keine ernsthaften Schäden anrichten kann, schaltet das Steuergerät auf ein Notprogramm um, mit dem man problemlos nach Hause oder in eine Werkstatt kommt – andernfalls wird der Motor abgeschaltet. BMW weist darauf hin, dass der Motor im Notlauf-Modus nicht die volle Leistung bringt und das Motorrad entsprechend gefahren werden muss. Eine BMW-Werkstatt kann mithilfe eines Diagnosegeräts den/die Fehler auslesen, diagnostizieren und beseitigen (siehe Sektion 14).

5 Aufgrund ihrer Bauart können einzelne Komponenten nicht repariert werden. Nachdem ein defektes Bauteil isoliert ist, hilft nur der Ersatz durch ein Neuteil. Die meisten elektrischen Teile werden nach dem Kauf nicht wieder umgetauscht – um also unnötige Kosten zu vermeiden, muss vor dem Neukauf sichergestellt sein, dass die Komponente wirklich als Fehlerquelle identifiziert wurde.

Kraftstoffsystem

6 Das Kraftstoffsystem besteht aus dem Benzintank, dem Ansaugsieb, der Benzinpumpe, Kraftstoffschläuchen, dem Druckregler, den Drosselklappengehäusen mit darin sitzenden Einspritzdüsen und den Gasbowdenzügen sowie dem Luftfiltergehäuse.

7 Die Benzinpumpe sitzt innerhalb des Tanks. Das austauschbaren Ansaugsieb sitzt unten an der Pumpe.

8 In den Drosselklappengehäusen sitzt jeweils eine Einspritzdüse. Der Motor wird mithilfe der Informationen von Motor- und Ansaugluft-Temperatursensoren durch das Steuergerät in jedem Betriebszustand in der korrekten Drehzahl gehalten – einen manuellen »Choke« gibt es nicht.

9 Der innerhalb des Tanks sitzende Kraftstoffpegel-Sensor ist mit der Reserve-Warnlampe verbunden. Der Bordrechner errechnet bei allen Modellen außer der R nineT bis 2016 anhand der Informationen des Sensors die noch mögliche Fahrstrecke und präsentiert diese auf der Multifunktionsanzeige.

10 Das als einer Zwei-in-Eins-Anlage (teilweise mit zwei Schalldämpfern) ausgeführte Auspuffsystem beinhaltet einen Katalysator, zwei Lambdasonden und eine verstellbare Auspuffklappe.

Warnung: Benzin ist leicht entflammbar, vor allem in Form von Dampf. Daher müssen unten stehende Warnhinweise beachtet werden. Beachten Sie, dass Benzindampf schwerer ist als Luft und sich daher in schlecht belüfteten Ecken sammeln kann. Vermeiden Sie Hautkontakt und suchen Sie einen Arzt auf, wenn Benzin in die Augen gelangt ist oder verschluckt wurde. Tragen Sie immer eine Schutzbrille und halten Sie einen geeigneten Feuerlöscher bereit.

Zündsystem

11 Die Zündung ist dank des Fehlens mechanischer Teile praktisch wartungsfrei.

12 Die Zündspulen sind in die (dank Doppelzündung) vier Zündkerzenstecker des Motorrades integriert. Das Motor-Steuergerät errechnet anhand der von verschiedenen Sensoren gelieferten Informationen den optimalen Zündzeitpunkt – bei niedriger Motordrehzahl werden die Primär- und die Sekundär-Zündkerze jedes Zylinders unabhängig voneinander gezündet, um eine optimale Verbrennung zu gewährleisten.

13 An beiden Zylindern sitzende Klopfsensoren ermöglichen dem Steuergerät, die Zündung des Motors bei hohen Temperaturen oder minderwertigem Kraftstoff so zu verstellen, dass kein den Motor gefährdendes Klingeln auftritt.

14 Das Zündsystem beinhaltet einen Sicherheits-Stromkreis, der das Starten des Motors bei ausgeklapptem Seitenständer verhindert, solange nicht im Getriebe der Leerlauf eingelegt ist. Die Schaltung unterbricht außerdem die Zündung, wenn der Seitenständer bei laufendem Motor und eingelegtem Gang ausgeklappt, oder bei laufendem Motor und ausgeklapptem Ständer ein Gang eingelegt wird.

Warnung: Die Zündanlage erzeugt eine sehr hohe Spannung, die lebensgefährlich sein kann. Berühren Sie keinesfalls Bauteile oder Stecker, wenn der Motor läuft oder die Zündung angeschaltet ist. Bevor an elektrischen Komponenten gearbeitet wird, muss die Zündung abgestellt und der Masseanschluss (–) der Batterie getrennt und abseits des Batteriepols gesichert werden.

Warnhinweise

15 Führen Sie Arbeiten am Kraftstoffsystem nur in gut belüfteten Räumen durch.

16 Stellen Sie sicher, dass sich keine offenen Flammen oder Funken (z. B. einer Zündanlage) in der Nähe befinden, wenn Sie mit Benzin hantieren.

17 Beachten Sie absolutes Rauchverbot für jedermann bei Arbeiten am Kraftstoffsystem. Denken Sie an die Gefahr, die von brennenden Zigaretten ausgeht, und entfernen Sie sich zum Rauchen weit genug vom Arbeitsplatz.

18 Kontrollieren Sie alle zum Arbeitsbereich gehörenden elektrischen Geräte (beachten Sie die »Sicherheit geht vor«-Hinweise am Anfang dieses Handbuchs). Denken Sie daran, dass elektrische Geräte wie Schalter, Bohrmaschinen, Schleifböcke usw. Funken produzieren. Vermeiden Sie daher den Betrieb solcher Geräte bei Arbeiten am Kraftstoffsystem und lüften Sie den Raum gründlich, bevor Sie damit beginnen.

19 Wischen Sie grundsätzlich verschüttetes Benzin auf und entsorgen Sie mit Benzin getränkte Lappen und Tücher in einem feuersicheren Behälter (z. B. einem Stahlfass).
20 Vorratshaltung an Benzin darf nur in dafür geprüften und luftdicht verschlossenen und beschrifteten Behältern erfolgen. Die Menge der Vorratshaltung in Wohnhäusern ist gesetzlich begrenzt. Bewahren Sie auch demontierte Benzintanks mit geschlossenem Tankdeckel sicher auf.
21 Lesen Sie sorgfältig die Sektion »Sicherheit geht vor!« in der Einleitung dieses Buches, bevor Sie mit der Arbeit beginnen.
22 Beachten Sie, dass bauliche Veränderungen an Ansaug- und Auspuffsystem die Betriebserlaubnis des Motorrades zum Erlöschen bringen, wenn sie nicht von einem amtlich anerkannten Sachverständigen begutachtet und in die Fahrzeugpapiere eingetragen sind.
23 Praktisch bedeutet dieses, dass kein Teil der Kraftstoff-, Zünd- und Auspuffanlage von unautorisierten Personen gewartet und eingestellt werden darf. Wenn ein Bauteil dieser Systeme ersetzt werden muss, dürfen nur original BMW-Ersatzteile oder gesetzlich genehmigte Komponenten verwendet werden. Die Maschine darf nie mit modifizierten, beschädigten oder fehlenden Bauteilen betrieben werden.

2 Tank

Warnung: Beachten Sie vor Beginn die Warnhinweise in Sektion 1.

Ausbau und Einbau

1 Entfernen Sie die Sitze/Sitzbank (siehe Kapitel 6).
2 Befreien Sie alle mit der Tankhalterung verbundenen Batteriekabel (siehe Abbildung). Entfernen Sie die Sitzhalterung vom Tankhalter (siehe Abbildung).
3 Demontieren Sie die seitlichen Sitzhalterungen (siehe Abbildung).
4 Lösen Sie die Schrauben der Ansaugrohr-Blende (siehe Abbildung). Ziehen Sie bei der R nineT bis Anfang 2015 die Blende nach vorn, um sie vom Zapfen zu befreien. Ziehen Sie die Blende bei allen anderen Modellen seitlich ab, um ihren Federclip zu befreien (siehe Abbildung).
5 Befreien Sie bei der R nineT bis 2016 den Diagnosestecker aus seinem Halter links über dem Ansaugstutzen (siehe Abbildung). Befreien Sie ggf. den Alarmanlagen-Stecker aus der Ausbuchtung hinten am Tank oder von der Alarmanlage selbst.
6 Lösen Sie bei der R nineT ab 2017 sowie allen anderen Modellen die Schraube des Grundmodul-Halters, befreien Sie diesen und ziehen Sie ihn heraus – beachten Sie die Positionen seiner Laschen (siehe Abbildungen).

2.2a Öffnen Sie je nach Modell den Kabelbinder oder Clip, um das/die Batteriekabel zu befreien (gezeigt an einer R nineT von 2015).

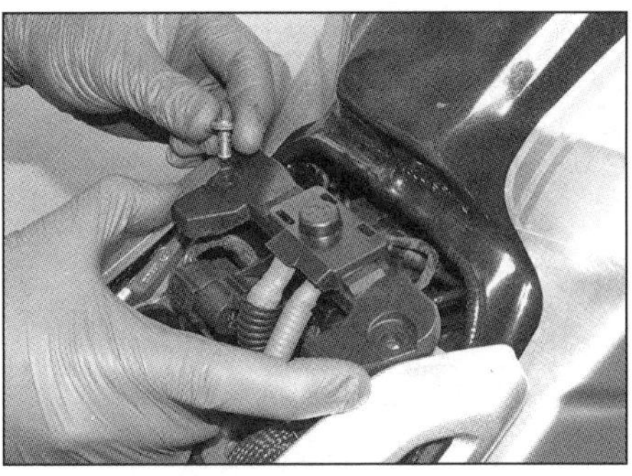

2.2b Lösen Sie die Schrauben und entfernen Sie die Sitzhalterung.

2.3 Achten Sie bei der hinteren Sitzhalterungs-Schraube auf die Distanzhülse.

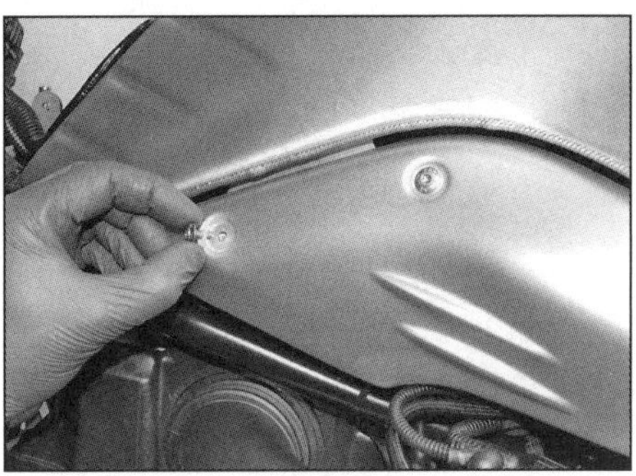

2.4a Lösen Sie die Schrauben der Ansaugrohr-Blende.

2.4b Ziehen Sie die Blende seitlich ab.

2.5 Zylinderförmiger Diagnosestecker bei frühen Modellen

2.6a Lösen Sie die Schraube, . . .

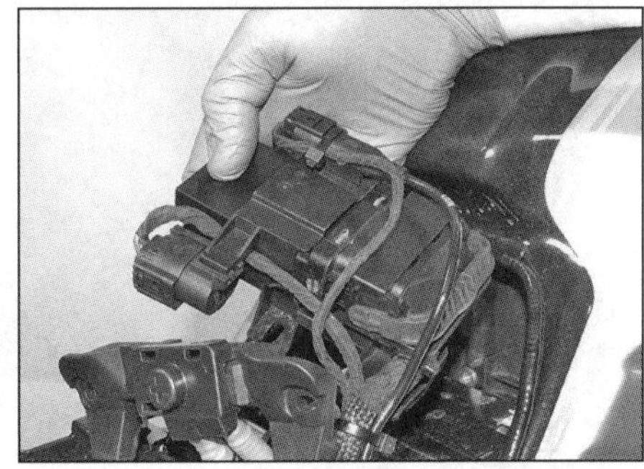

2.6b . . . befreien Sie den Halter und positionieren Sie ihn außerhalb des Arbeitsbereichs.

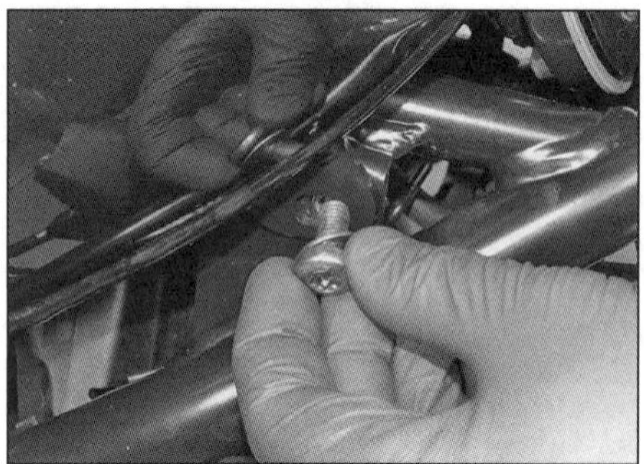

2.8a Lösen Sie an beiden Seiten die vordere Tankschraube.

2.8b Heben Sie den Tank an und stützen Sie ihn wie gezeigt ab.

2.9a Bei der R nineT bis 2016 gibt es zwei Stecker.

2.9b Bei allen anderen Modellen verfügen die Benzinpumpe und der Pegelgeber über einen gemeinsamen Stecker.

2.10a Drücken Sie die Lasche ein . . .

7 Stellen Sie die Lenkung geradeaus. Ziehen Sie den Zündschlüssel ab. Legen Sie an beiden Seiten Lappen über das Rahmenrohr vorn unter dem Tank.

8 Lösen Sie an beiden Seiten die Tank-Befestigungsschrauben, beachten Sie die Scheiben (siehe Abbildung). Heben Sie den Tank vorn an, legen Sie ein Stück Holz über das Zündschloss und legen Sie die Haltelaschen des Tanks darauf ab (siehe Abbildung).

9 Befreien Sie die Laschen aller zur Benzinpumpe und zum Pegelgeber führenden Stecker und trennen Sie diese (siehe Abbildungen).

10 Halten Sie Lappen bereit, um Benzinreste aufzusaugen. Befreien Sie dann die Schnellverschlüsse der Benzin-Zufuhr- und Rücklaufleitungen und trennen Sie diese (siehe Abbildungen) – beachten Sie die O-Ringe und ersetzen Sie sie nötigenfalls.

11 Befreien Sie bei Modellen ohne Verdunstungsregelung den Belüftungs- und den Überlaufschlauch aus den Befestigungen links am Heckrahmen – merken Sie sich ihre Verlegung (siehe Abbildung). Trennen Sie bei Modellen mit Verdunstungsregelung den Tank-Entlüftungsschlauch vom Sammelbehälter und befreien Sie ihn aus dem Clip. Befreien Sie dann den Überlaufschlauch aus den Befestigungen links am Heckrahmen – merken Sie sich seine Verlegung (siehe Abbildungen).

12 Prüfen Sie, ob der Tankdeckel fest verschlossen ist. Lösen Sie die Schraube hinten am Tank, beachten Sie ihre Scheibe (siehe Abbildung). Heben Sie den Tank vorsichtig ab und entfernen Sie ihn zusammen mit dem Belüftungs- und den Überlaufschlauch (siehe Abbildung).

13 Der Einbau entspricht der umgekehrten Ausbaureihenfolge – beachten Sie dabei folgende Punkte:

- Wenn die hinteren Haltebuchsen beschädigt oder porös sind, müssen sie ersetzt werden.
- Die Zufuhr- und Rücklaufleitung müssen korrekt verlegt sein. Schmieren Sie die neuen O-Ringe mit Silikonpaste (Abbildung 2.10b).

2.10b . . . und ziehen Sie den Schlauch ab. Kontrollieren Sie den O-Ring (Pfeil).

2.11a Befreien Sie die Schläuche aus den Clips am Heckrahmen und merken Sie sich ihre Verlegung.

- Um die Kupplungen zu verbinden, wird der Clip der aufnehmenden Seite offen gehalten, dann die Steckerseite eingeführt und der Clip losgelassen.
- Der Belüftungs- und der Überlaufschlauch müssen sicher in ihren Halterungen stecken.
- Die Tank-Befestigungsschrauben müssen mit 5 Nm (hinten) und 19 Nm (vorn) angezogen werden.
- Schalten Sie die Zündung ein, damit das System unter Druck gesetzt wird, und kontrollieren Sie alles auf Undichtigkeiten.

Reinigung und Reparatur

14 Reparatur-Arbeiten am Benzintank müssen von Fachbetrieben ausgeführt werden, da sie sehr schwierig und gefährlich sind. Auch nach dem Reinigen und Ausspülen des Tanks können explosive Gase zurückbleiben, die sich im Zuge der Arbeiten entzünden können. Wenn Sie den Tank zu einem Spezialisten schicken wollen, müssen vorher die Benzinpumpe und der Pegelgeber demontiert werden (siehe Sektion 4).

15 Nach der Demontage des Tanks muss er so gelagert werden, dass die ausströmenden Gase nicht durch Funken und Flammen entzündet werden können. Besondere Vorsicht ist in Räumen mit Gasgeräten geboten, da die Zündflamme eine Explosion verursachen kann.

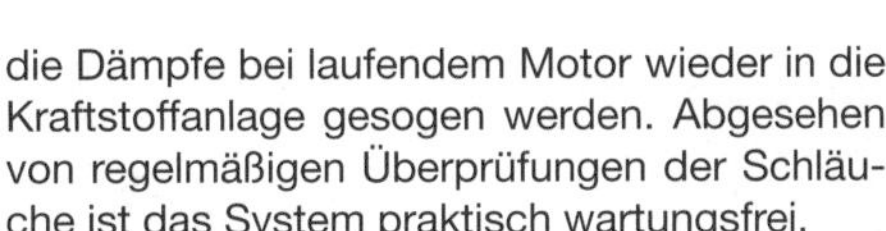

2.11b Befreien den Tank-Entlüftungsschlauch vom Sammelbehälter und befreien Sie ihn aus dem Clip.

2.11c Lösen Sie den Überlaufschlauch aus den oberen Clips . . .

2.11d . . . und dem unteren Clip.

2.12a Lösen Sie die hintere Schraube . . .

3 Verdunstungsregelung (EVAP)

1 Alle der Abgasnorm Euro-4 entsprechenden sowie für den US-Markt vorgesehenen Modelle sind mit einem zylinderförmigen Behälter mit Aktivkohlefilter ausgerüstet, der im Tank entstehende Benzindämpfe aufnimmt. Ein von der Motorsteuerung geregeltes Ventil sorgt dafür, dass die Dämpfe bei laufendem Motor wieder in die Kraftstoffanlage gesogen werden. Abgesehen von regelmäßigen Überprüfungen der Schläuche ist das System praktisch wartungsfrei.

Sammelbehälter

2 Der Behälter sitzt hinten links am Heckrahmen (siehe Abbildung).

3 Trennen Sie die Benzingas-Zufuhr- und Rückführungs-Schläuche vom Behälter – merken Sie sich ihre Positionen. Öffnen Sie die Kabelbinder, um den Behälter von seiner Aufnahme zu trennen, und entfernen Sie ihn.

4 Sichern Sie den Behälter mit neuen Kabelbindern und schließen Sie die Schläuche korrekt an.

2.12b . . . und heben Sie den Tank samt Schläuchen ab.

3.2 Benzingas-Sammelbehälter

Rückführventil

5 Das Rückführventil sitzt bei der R nineT bis 2016 oberhalb des Sammelbehälters hinten links am Heckrahmen, bei allen anderen Modellen befindet es sich unter der Blende links unter dem Tank (Abbildung 3.6) – entfernen Sie diese (siehe Abbildung).

6 Befreien und trennen Sie den Stecker des Ventils (siehe Abbildung), befreien Sie es aus seinem Halter und ziehen Sie die zwei Schläuche ab – merken Sie sich ihre Positionen.

7 Achten Sie beim Einbau darauf, dass der Stecker und die Schläuche wieder korrekt angeschlossen werden.

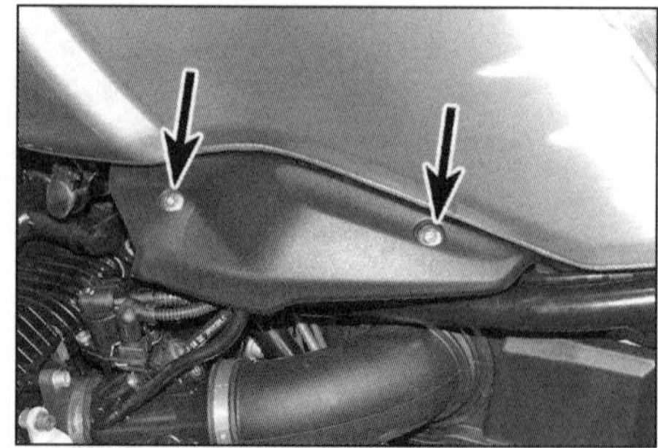

3.5 Schrauben der Rückführventil-Blende

3.6 Stecker des Verdungstungsregelungs-Rückführventils – alle Modelle außer R nineT bis 2016

4 Benzinpumpe und Ansaugsieb

Warnung: Beachten Sie die in Sektion 1 beschriebenen Warnhinweise.

Anmerkung: *Die Reinigung des Ansaugsiebs ist kein Punkt des Wartungsplans. Wenn jedoch ein Problem in der Kraftstoffversorgung auftritt, sollte das Sieb inspiziert werden.*

1 Die Benzinpumpe sitzt im Tank. Innerhalb der Pumpe sitzt ein Filter, während unten das Benzin durch ein Sieb angesaugt wird (Abbildung 4.15). Die Pumpe der R nineT bis 2016 ist mit einer externen elektronischen Steuerung ausgerüstet, die nötigenfalls ersetzt werden kann.

2 Bevor die Pumpe aus dem Tank gebaut wird, muss der Tank mithilfe eine Absaugpumpe entleert werden.

Benzinpumpe

Ausbau

3 Demontieren Sie den Tank (siehe Sektion 2).

4 Lösen Sie unten am Tank die Sicherungsring-Schrauben und entfernen Sie den Ring (siehe Abbildung).

5 Befreien Sie die Pumpe teilweise aus dem Tank und trennen Sie den Pegelgeber-Stecker sowie den Benzinpumpenstecker und das Massekabel (nur R nineT bis 2016) (siehe Abbildungen).

6 Kontrollieren Sie den Pumpen-Dichtring auf Risse und Porösität und ersetzen Sie ihn nötigenfalls (siehe Abbildung).

Kontrolle

7 Die Funktion der Pumpe wird durch ein blockiertes Ansaugsieb stark eingeschränkt (siehe Schritte 15 bis 17). Ist das Sieb in Ordnung, muss die Pumpe folgendermaßen getestet werden:

8 Prüfen Sie zunächst, ob alle Steckverbindungen sauber und alle Kabel korrekt verbunden sind.

9 Trennen Sie den schwarzen Stecker vom Pumpenmotor. Verbinden Sie eine vollständig

4.4 Lösen Sie die Schrauben und entfernen Sie den Benzinpumpenring.

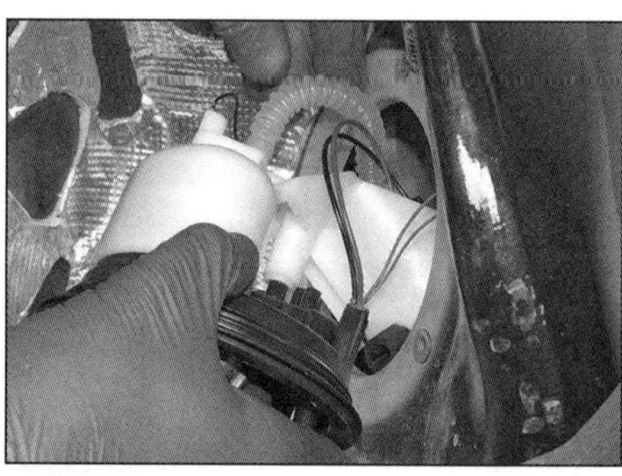

4.5a Befreien Sie die Pumpe aus dem Tank . . .

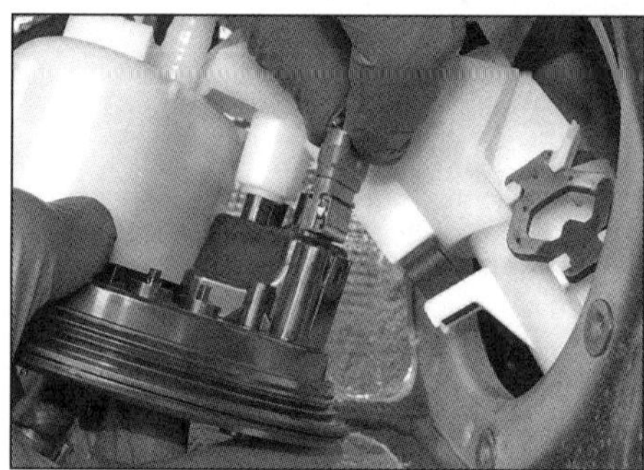

4.5b . . . und trennen Sie den Stecker.

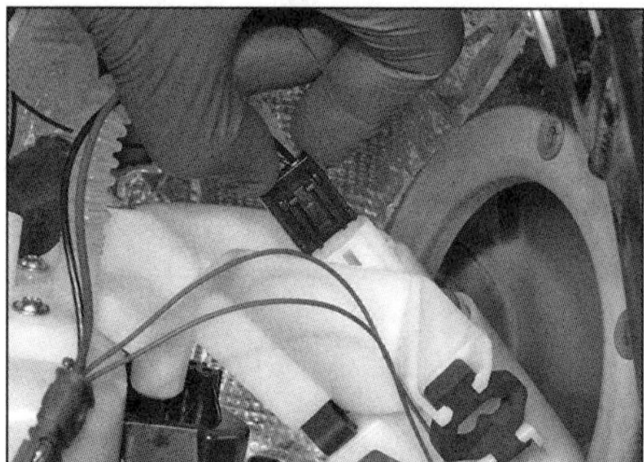

4.5c Trennen Sie bei der R nineT bis 2016 auch den Benzinpumpenstecker . . .

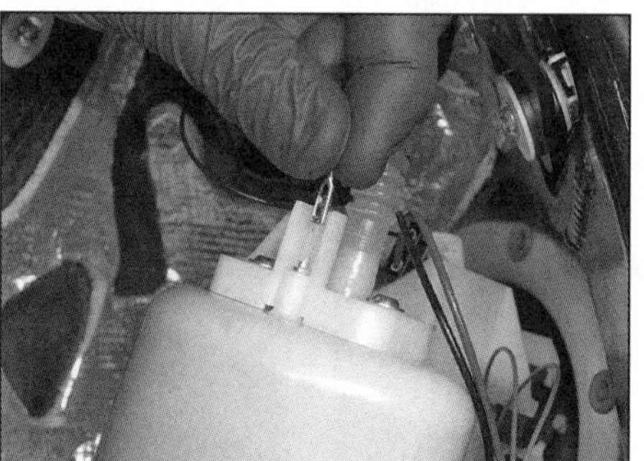

4.5d . . . und das Massekabel.

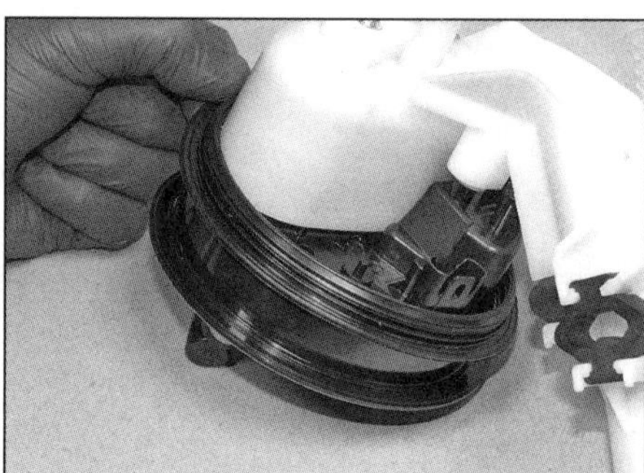

4.6 Kontrollieren Sie den Pumpen-Dichtring auf Schäden.

4.10 Schrauben der Benzinpumpen-Steuerung

4.13a Richten Sie die Lasche der Pumpe zur Vertiefung im Tank aus.

geladene 12-Volt-Batterie mithilfe von zwei Überbrückungskabeln mit der Pumpe – Plus ans rote Kabel, Minus ans schwarze Kabel. Wenn die Pumpe jetzt nicht arbeitet, muss die Pumpe ausgetauscht werden. Arbeitet sie, kann die Steuerung defekt sein.

10 Bei der R nineT bis 2016 kann die Steuerung separat ersetzt werden – sie wird mit einer neuen Dichtung geliefert. Lösen Sie die Schrauben und entfernen Sie die Steuerung samt Dichtung (siehe Abbildung). Schmieren Sie die neue Dichtung mit Silikonpaste, installieren Sie sie und die Steuerung und ziehen Sie die Schrauben sorgfältig an.

11 Wenn die Pumpe arbeitet, aber vermutlich nicht genug Benzin fördert, muss geprüft werden, ob der Belüftungsschlauch des Tanks nicht verstopft, abgeklemmt oder gequetscht ist.

12 Wenn alles in Ordnung zu sein scheint, müssen der Pumpen-Druck von einer BMW-Werkstatt überprüft werden.

Einbau

13 Der Einbau entspricht der umgekehrten Ausbaureihenfolge – beachten Sie dabei folgende Punkte:

- Der (ggf. erneuerte) Dichtring muss korrekt sitzen (Abbildung 4.6). Schmieren Sie den Ring mit Reifen-Montagepaste.
- Verbinden Sie alle vorhandenen Stecker (Abbildungen 4.5d, c und b). Richten Sie die Lasche der Pumpe zur Vertiefung im Tank aus (siehe Abbildung). Prüfen Sie, ob die Pumpe rundherum korrekt sitzt und der Dichtring nicht verrutscht ist – sein Außenrand muss rundherum zwischen der Pumpe und dem Tank zu sehen sein.
- Richten Sie den Ausschnitt des Rings zur Lasche der Pumpe aus (siehe Abbildung). Ziehen Sie seine Schrauben schrittweise und über Kreuz bis zum Drehmoment von 5 Nm an.

Ansaugsieb

14 Demontieren Sie die Benzinpumpe (siehe oben).

15 Das Ansaugsieb sitzt unten an der Pumpen-Baugruppe (siehe Abbildung). Lassen Sie das Sieb trocknen und entfernen Sie mit einer weichen Bürste daran haftenden Schmutz und Ablagerungen. Falls das Sieb stark verschmutzt ist, sollte der Tank gereinigt werden.

4.13b Richten Sie den Ausschnitt des Rings zur Lasche der Pumpe aus.

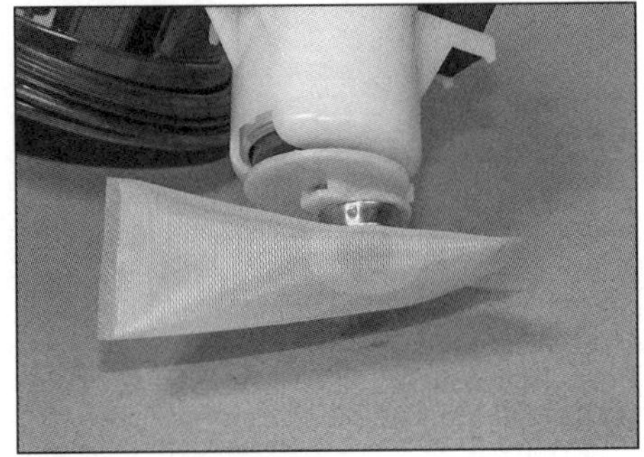

4.15 Das Ansaugsieb sitzt unten an der Benzinpumpe.

16 Inspizieren Sie das Sieb auf Risse und Löcher und ersetzen Sie es nötigenfalls. Falls das Sieb beschädigt ist und im Tank sowie außen am Sieb Ablagerungen zu finden sind, werden diese sich auch im Filter im Pumpengehäuse befinden, sodass die Pumpe (samt Ansaugsieb) ersetzt werden muss – der Filter ist nicht separat erhältlich.

17 Das Ansaugsieb muss für den Austausch von der Pumpe abgezogen werden.

5 Benzinleitungen, Verteiler und Druckregler

Warnung: Beachten Sie die in Sektion 1 beschriebenen Warnhinweise.

1 Die Benzinschläuche samt Schnellverschlüsse und der Anschluss im Rücklaufschlauch sind als Ersatzteile erhältlich. Der Verteiler und die Schläuche zu den Einspritzdüsen werden als Baugruppe angeboten. Der unten am Verteiler sitzende Druckregler ist separat erhältlich.

2 Der Druckregler überwacht die Kraftstoffversorgung von der Pumpe zu den Einspritzdüsen und sorgt für einen konstanten Einspritzdruck. Bei hohen Motordrehzahlen öffnet der Regler, damit die Düsen mehr Kraftstoff aus dem System bekommen; bei niedrigen Drehzahlen schließt er und führt überschüssigen Treibstoff durch die Rücklaufleitung in den Tank zurück. So wird eine Überlastung der Pumpe verhindert.

3 Bei BMW sind für die Kontrolle des Reglers keine Daten erhältlich. Wenn ein erwiesenermaßen guter Druckregler zu Hand ist, kann dieser eingesetzt werden, um zu überprüfen, ob der Fehler beseitigt ist.

4 Für den Ausbau der Kraftstoffversorgungsbaugruppe muss zunächst der Tank entfernt werden (siehe Sektion 2).

5.5a Schneiden Sie die Kabelbinder auf, um den Kabelbaum vom Rahmen zu befreien.

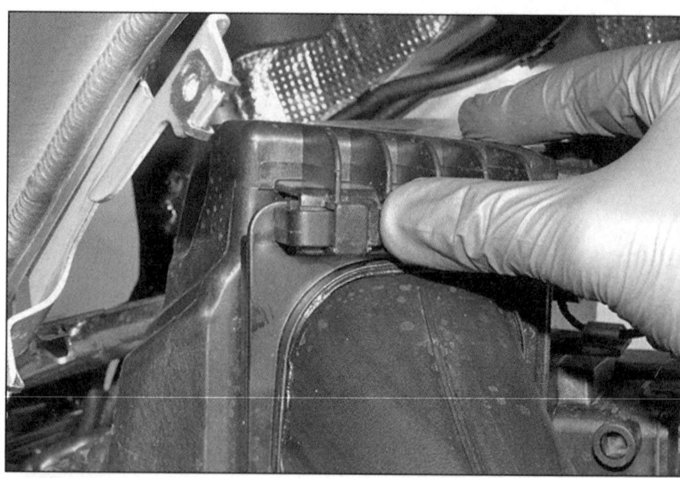

5.5b Lösen Sie oben und unten die Clips des Ansaugrohrs, ...

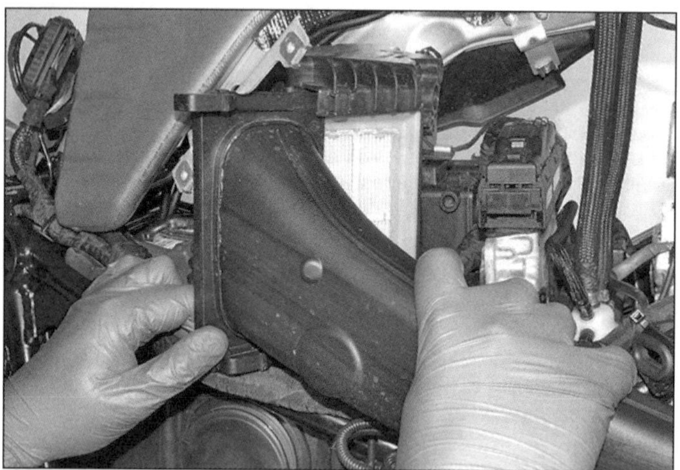

5.5c ... drücken Sie den Kabelbaum herunter und ziehen Sie das Rohr zur Seite ab, ...

5.5d ... um den Zapfen aus der Gummiöse zu befreien.

5.7 Ziehen Sie den Verteiler aus seinem Halter.

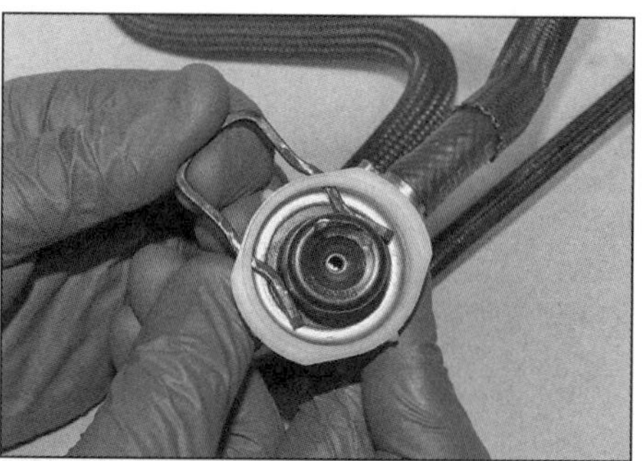

5.10a Der Druckregler ist mit einem Drahtbügel am Verteiler gesichert.

5 Befreien Sie unterhalb des Ansaugrohrs den Kabelbaum vom Rahmenrohr (siehe Abbildung). Lösen Sie die oberen und unteren Clips, die das Ansaugrohr am Luftfiltergehäuse sichern, ziehen Sie nach außen und befreien Sie seinen Zapfen aus der Gummiöse, um ihn zu entfernen (siehe Abbildungen).

6 Entfernen Sie die Einspritzdüsen (siehe Sektion 7).

7 Befreien Sie den Verteiler aus seinem Halter und entfernen Sie ihn zusammen mit dem Kraftstoffleitungen (siehe Abbildung) – merken Sie sich deren Verlegung und knicken Sie sie nicht.

8 Beachten Sie vor dem Trennen der Schläuche vom Verteiler, dass nur der Zulauf- und Rücklaufschlauch zum Tank separat erhältlich sind, die Schläuche zu den Einspritzdüsen jedoch nur zusammen mit dem Verteiler erhältlich sind, der Druckregler jedoch separat beschafft werden muss. Bevor die Stutzen oder Anschlüsse von den Zulauf- und Rücklaufschläuchen entfernt werden, müssen Ausrichtmarkierungen angebracht werden, damit sie beim Zusammenbau oder bei der Installation von Neuteilen wieder exakt ausgerichtet werden können und keine Schläuche verdreht werden. Die Anschlüsse für die Einspritzdüsen sind in dem aus dem Verteiler und den Schläuchen bestehenden Ersatzteilpaket enthalten.

9 Der Schnellverschluss-Stutzen des Zulaufschlauchs, der Anschluss und der Stutzen des Rücklaufschlauchs und die Schlauchanschlüsse am Verteiler sind mit Einweg-Schellen gesichert, die an der verpressten Sektion vorsichtig aufgeschnitten werden müssen, um die Schläuche zu trennen. Achten Sie beim Verbinden der Schläuche darauf, dass die neuen Schellen zuvor auf den Schlauch geschoben und diese korrekt ausgerichtet sind, bevor sie wie folgt aufgeschoben werden: bei den Stutzen und dem Anschluss muss sie 3 mm vor dem Schlauch-Ende sitzen, am Verteiler-Zulauf sind es 5 mm, am Verteiler-Rücklauf 8 mm. Sichern Sie die Schellen z. B. mithilfe des BMW-Spezialwerkzeugs 131 500 so, dass der Spalt zwischen den verpressten Enden1 mm an der Basis beträgt.

10 Der Druckregler ist mit einem Drahtbügel am Verteiler gesichert (siehe Abbildung). Ziehen Sie den Bügel heraus und den Druckregler ab, beachten Sie die Positionen der O-Ringe.

Anmerkung: *Der Druckregler kann sehr fest sitzen, sodass er sich nur mit einer Zange entfernen lässt, was ihn wahrscheinlich zerstört (siehe Abbildung); entfernen Sie ihn also nicht unnötig und halten Sie nötigenfalls ein Neuteil bereit. Auch die O-Ringe müssen durch Neuteile ersetzt werden (siehe Abbildung).*

11 Der Einbau entspricht der umgekehrten Ausbaureihenfolge – beachten Sie dabei folgende Punkte:

- Rüsten Sie den Druckregler mit neuen O-Ringen aus (Abbildung 5.10c).
- Starten Sie den Motor und stellen Sie vor der ersten Fahrt sicher, dass am Druckregler und den Benzinschlauchstutzen alles dicht ist.

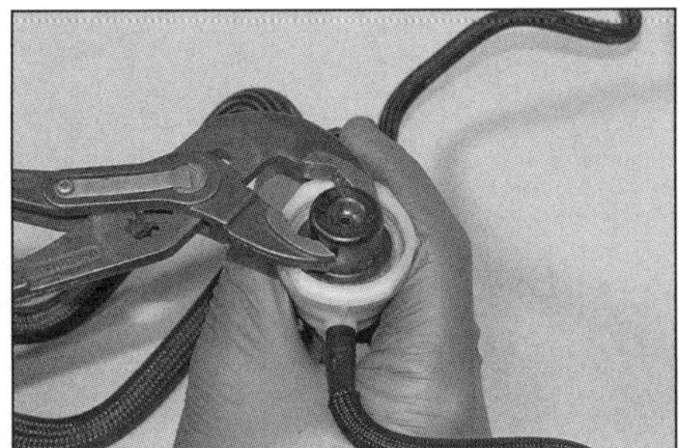

5.10b Ziehen Sie den Druckregler nötigenfalls mit einer Zange aus dem Verteiler.

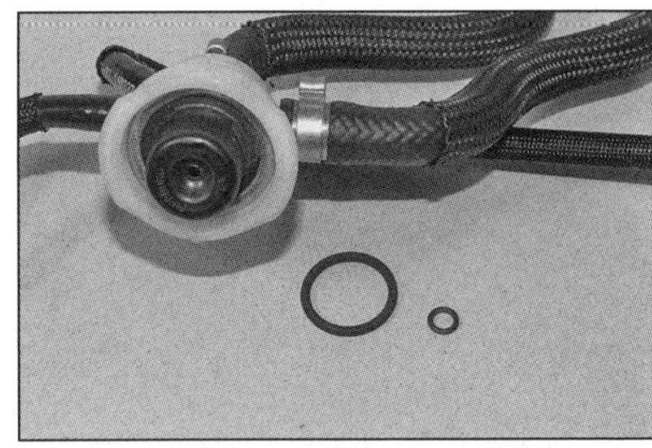

5.10c Die O-Ringe des Druckreglers müssen wie wahrscheinlich der Regler selbst durch Neuteile ersetzt werden.

6 Drosselklappengehäuse

Warnung: Beachten Sie die in Sektion 1 beschriebenen Warnhinweise.

Ausbau

1 Stellen Sie sicher, dass die Zündung ausgeschaltet ist.

2 Öffnen Sie unten am Drosselklappengehäuse die Kabelbinder, um die Verkabelung zu befreien (siehe Abbildung).

3 Heben Sie die Lasche des Sensorsteckers heraus, drücken Sie den Drahtbügel ein und trennen Sie den Stecker (siehe Abbildungen). Ziehen Sie ggf. den Schlauch der Verdunstungsregelung ab (siehe Abbildung).

4 Trennen Sie den Stecker des Standgas-Aktuators (siehe Abbildung).

5 Lösen Sie die Schraube, die den Benzinschlauchstecker am Drosselklappengehäuse sichert, ziehen Sie dann die Einspritzdüse aus dem Gehäuse (Abbildungen 7.3a und b). Beachten Sie die Position des O-Rings an der Einspritzdüse – er muss später durch ein Neuteil ersetzt werden. Schützen Sie das Ende der Einspritzdüse, um sie nicht zu beschädigen.

6 Lösen Sie die Drosselklappengehäuse-Schellen – entweder mit dem BMW-Werkzeug 131 512 oder einer Wasserpumpenzange (siehe Abbildung) – beschädigen Sie die Schellen dabei nicht und schieben Sie sie die hintere Schelle Richtung Luftfiltergehäuse.

6.2 Kabelbinder unten am Drosselklappengehäuse

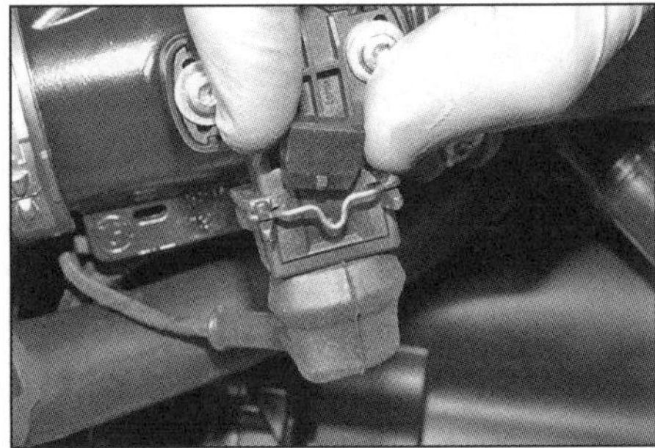

6.3a Heben Sie die Lasche heraus, . . .

6.3b . . . drücken Sie den Drahtbügel ein und trennen Sie den Stecker.

6.3c Ziehen Sie ggf. den Schlauch der Verdunstungsregelung ab.

6.4 Trennen Sie den Stecker des Standgas-Aktuators.

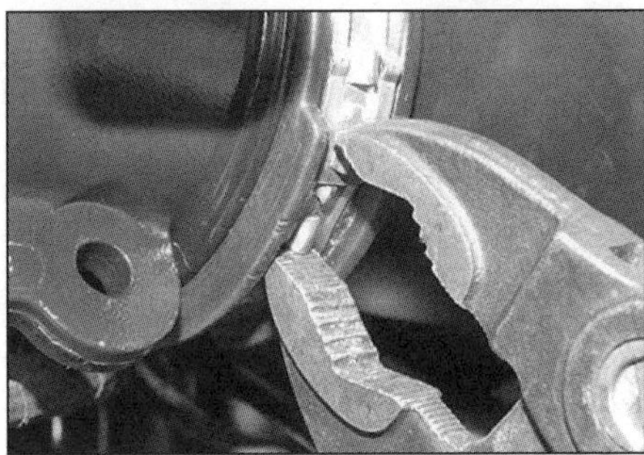

6.6 Lösen Sie die Schellen vorsichtig – z. B. mit einer Wasserpumpenzange.

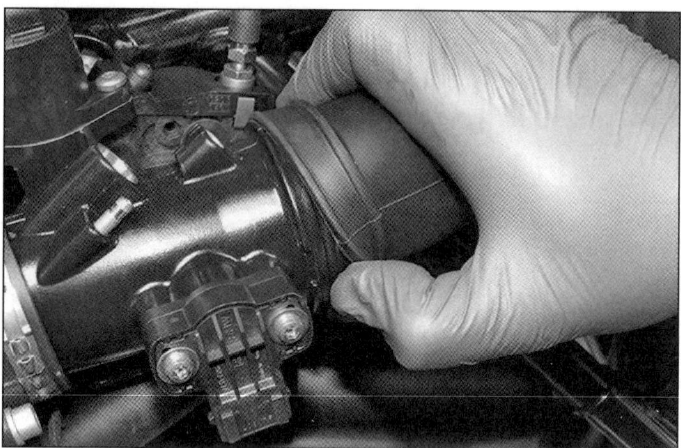

6.7a Ziehen Sie den Ansaugstutzen zurück...

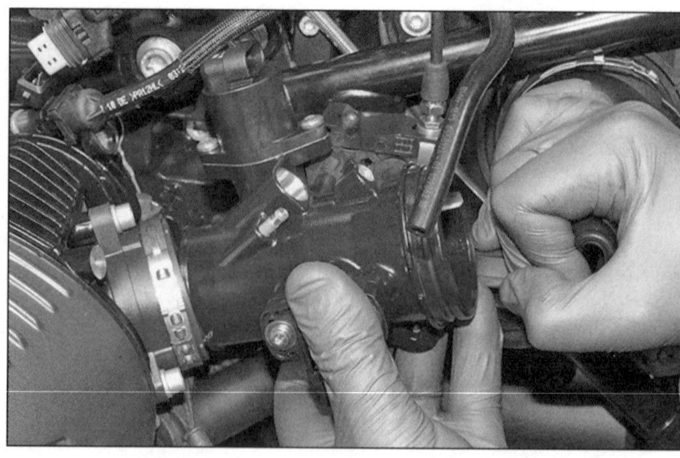

6.7b ...und befreien Sie das Drosselklappengehäuse aus dem Zylinderkopf-Stutzen.

6.8a Entfernen Sie die Kappe...

6.8b ...und heben Sie die Abdeckung ab.

6.8c Befreien Sie den Gaszugnippel aus der Betätigung.

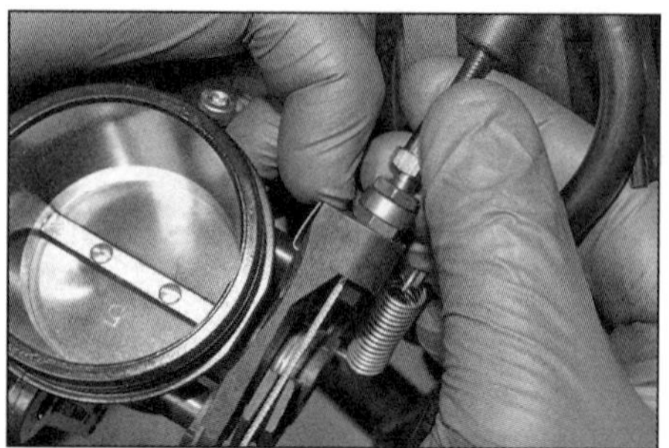

6.8d Lösen Sie den Federclip aus dem Gaszugeinsteller,...

6.8e ...ziehen sie den Gaszug aus dem Halter...

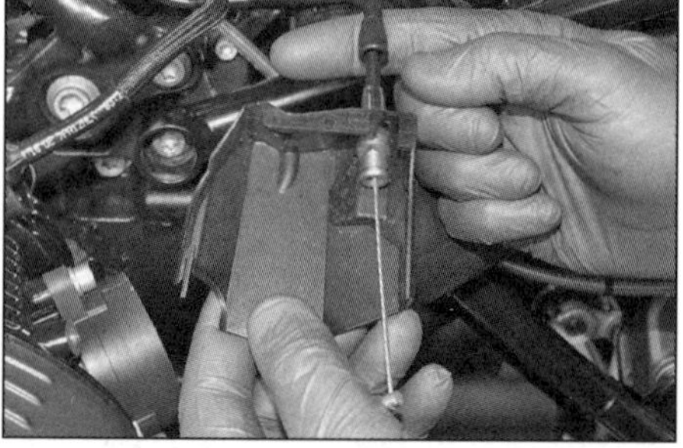

6.8f ...und entfernen Sie die Abdeckung vom Gaszug.

6.9 Schrauben des Standgas-Aktuators

6.14a Die Lasche des Drosselklappengehäuses muss zum Ausschnitt im Zylinderkopfstutzen ausgerichtet sein.

7 Befreien Sie den Ansaugstutzen vom Drosselklappengehäuse und ziehen Sie dies aus dem Zylinderkopf-Stutzen (siehe Abbildungen) – verstopfen Sie diesen, damit kein Schmutz in den Motor gelangt.

8 Befreien Sie die Abdeckung von der Drosselklappenbetätigung und schieben Sie sie den Gaszug hoch (siehe Abbildungen). Verdrehen Sie die Betätigung, sodass die Drosselklappe vollständig geöffnet ist, und befreien Sie den Gaszugnippel aus der Betätigung. Lösen Sie dann den Federclip aus dem Gaszugeinsteller und ziehen sie den Gaszug aus dem Halter; die Abdeckung kann jetzt vom Gaszug entfernt werden (siehe Abbildungen). Verstellen Sie keinesfalls die Anschlagschraube der Betätigung!

6.14b Installieren Sie die Schellen wie gezeigt und beschrieben.

6.14c Drücken Sie die hintere Schelle bis zu den ersten Laschen zusammen, . . .

9 Lösen Sie nötigenfalls die Schrauben des Standgas-Aktuators und entfernen Sie diesen (siehe Abbildung) – kontrollieren Sie seinen O-Ring.

Achtung: Der Drosselklappensensor darf nicht vom linken Drosselklappengehäuse entfernt werden, da er präzise eingestellt ist. Wenn er entfernt wurde, muss er von einer BMW-Werkstatt mithilfe eines Diagnosegeräts wieder justiert werden.

Kontrolle

10 Inspizieren Sie die Drosselklappengehäuse und die Ansaugstutzen auf Risse oder andere Schäden, die Nebenluft eindringen lassen könnten. Die Verbindungen zwischen den Ansaugstutzen und den Zylinderköpfen sind mit O-Ringen abgedichtet. Werden die Stutzen entfernt, müssen neue O-Ringe verwendet und ihre Schrauben mit 8 Nm angezogen werden.

11 Prüfen Sie, ob sich die Drosselklappe sanft und frei im Gehäuse bewegen lässt. Stellen Sie sicher, dass das Gehäuse innen absolut sauber ist.

12 Kontrollieren Sie, ob sich die Drosselklappenbetätigung sanft und frei dreht und unter ausreichendem Federdruck steht. Reinigen Sie den Bereich, in dem der Bowdenzug liegt.

13 Begutachten Sie alle demontierten Schellen – ersetzen Sie schadhafte Teile.

Einbau

14 Der Einbau entspricht der umgekehrten Ausbaureihenfolge – beachten Sie dabei folgende Punkte:

- Installieren Sie den Gasbowdenzug zusammen mit der Abdeckung an der Betätigung (Abbildungen 6.8f bis a) – der Federclip des Einstellers muss korrekt sitzen.
- Richten Sie die Lasche des Drosselklappengehäuses zum Ausschnitt im Zylinderkopfstutzen aus und drücken Sie es vollständig in den Stutzen (siehe Abbildung).
- Verwenden Sie nötigenfalls neue Schellen und positionieren Sie entsprechend ihrer Größe: die kleine Schelle sichert das Drosselklappengehäuse im Zylinderkopfstutzen, die größere im Ansaugstutzen zum Luftfilter. Legen Sie die kleine Schelle um den vorderen Stutzen und drücken Sie sie zusammen, bis sie an den ersten Laschen einrastet. Legen Sie die hintere Schelle um den Luftfilterstutzen, aber lassen Sie sie geöffnet (siehe Abbildung). Installieren Sie das Drosselklappengehäuse in den Zylinderkopfstutzen und schieben Sie den Ansaugstutzen auf (Abbildungen 6.7b und a). Drücken Sie jetzt die hintere Schelle zusammen und verpressen Sie beide Schellen mit einer Zange oder dem Spezialwerkzeug, bis ihre Haupt-Laschen eingerastet sind (siehe Abbildungen).
- Prüfen Sie die Funktion der Gaszüge und stellen Sie sie nötigenfalls ein (siehe Kapitel 1).
- Installieren Sie die Einspritzdüsen mit neuen O-Ringen (Abbildung 7.5).
- Ziehen Sie die Einspritzdüsen-Schrauben mit 5 Nm an (Abbildung 7.3a).

7 Einspritzdüsen

Warnung: Beachten Sie die in Sektion 1 beschriebenen Warnhinweise.

Ausbau

1 Stellen Sie sicher, dass die Zündung ausgeschaltet ist.

2 Drücken Sie am Einspritzdüsenstecker den Bügel ein und ziehen Sie ihn ab (siehe Abbildung).

3

6.14d . . . verwenden Sie dann eine Zange . . .

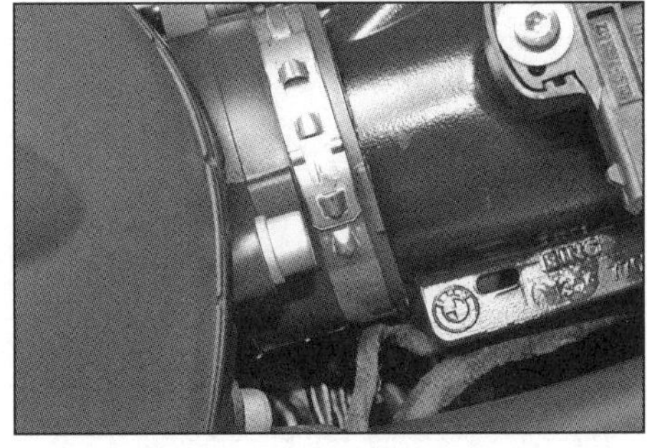

6.14e . . . und drücken Sie sie zusammen, bis ihre Haupt-Laschen einrasten.

7.2 Drücken Sie den Bügel ein und ziehen Sie den Einspritzdüsenstecker ab.

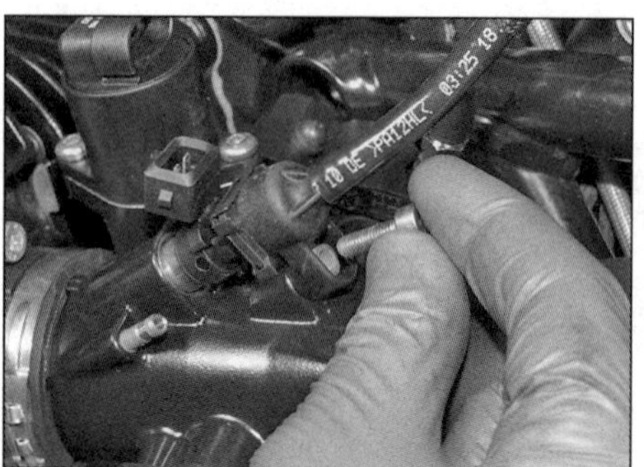

7.3a Lösen Sie die Schraube . . .

7.3b . . . und ziehen Sie die Einspritzdüse heraus.

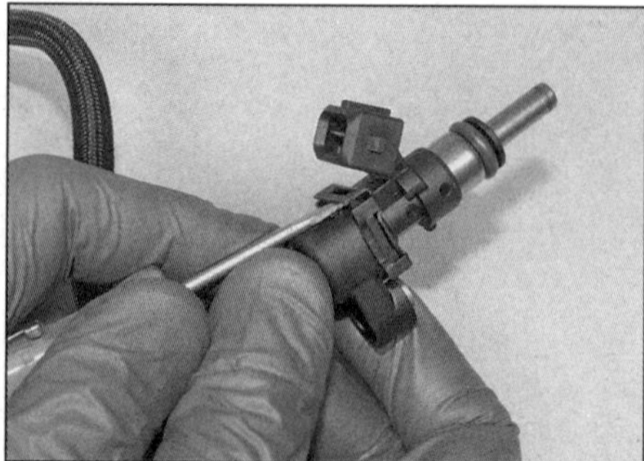

7.4a Befreien Sie den Clip heraus . . .

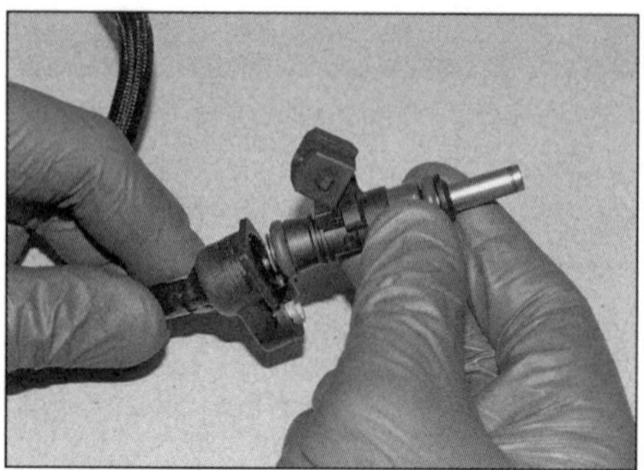

7.4b . . . und ziehen Sie die Einspritzdüse aus dem Stecker.

7.5 O-Ringe der Einspritzdüse

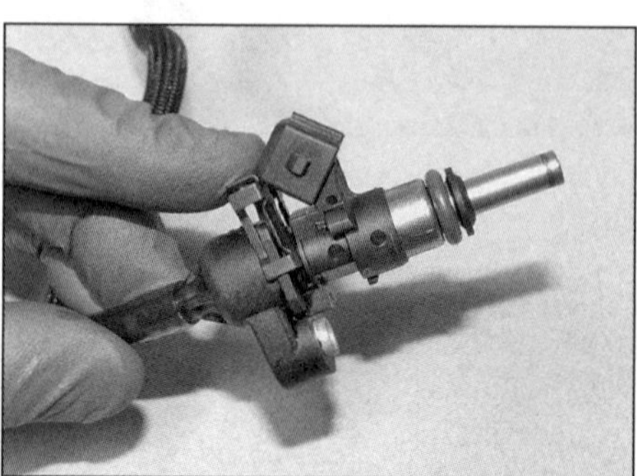

7.7 Der Clip muss korrekt installiert werden.

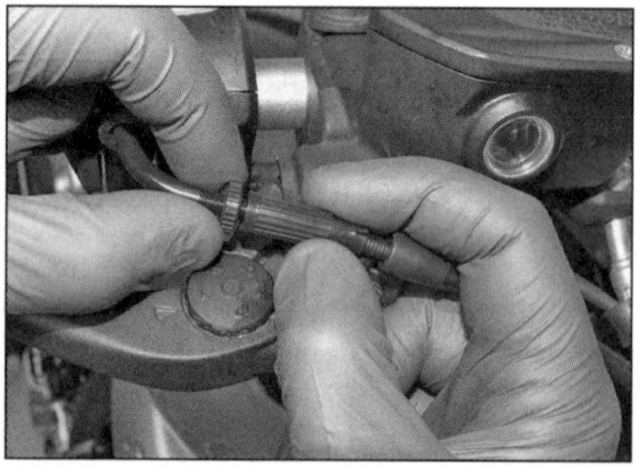

8.3 Ziehen Sie die Gummikappe zurück, lockern Sie den Konterring und drehen Sie den Einsteller vollständig ein.

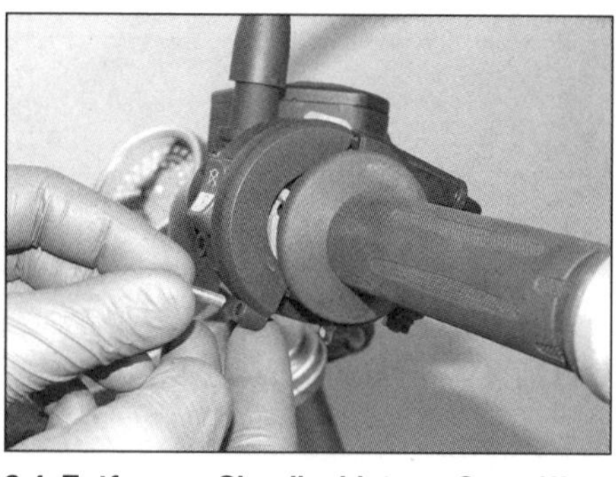

8.4 Entfernen Sie die hintere Gasgriffgehäusehälfte.

3 Lösen Sie die Schraube, die den Benzinschlauchstecker am Drosselklappengehäuse sichert, ziehen Sie dann die Einspritzdüse aus dem Gehäuse (siehe Abbildungen).

4 Lösen Sie die Klemme des Benzinleitungs-Steckers und trennen Sie die Düse vom Stecker – seien Sie auf austretendes Benzin vorbereitet (siehe Abbildungen).

5 Beachten Sie die zwei an jeder Einspritzdüse sitzenden O-Ringe und hebeln Sie sie vorsichtig ab – später müssen neue verwendet werden (siehe Abbildung).

6 Moderne Kraftstoffe enthalten Zusätze, die Einspritzdüsen sauber und frei von Harzen oder Ablagerungen halten sollen. Wenn eine Einspritzdüse verstopft zu sein scheint, muss sie mit speziellem Einspritzdüsen-Reiniger gespült werden.

Einbau

7 Der Einbau entspricht der umgekehrten Ausbaureihenfolge – beachten Sie dabei folgende Punkte:

- Rüsten Sie die Einspritzdüse mit neuen O-Ringen aus (Abbildung 7.5).
- Drücken Sie den Clip, der den Stecker an der Einspritzdüse sichert, vollständig ein (siehe Abbildung)
- Ziehen Sie die Einspritzdüsen-Befestigungsschrauben mit 5 Nm an (Abbildung 7.3a).
- Gehen Sie sicher, dass die Benzinschlauch-Anschlüsse sicher verbunden sind.
- Kontrollieren Sie vor der ersten Fahrt alle Anschlüsse auf Lecks.

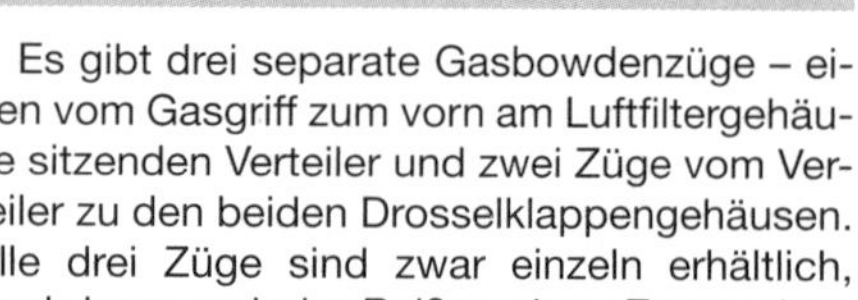

8 Gasbowdenzüge

1 Es gibt drei separate Gasbowdenzüge – einen vom Gasgriff zum vorn am Luftfiltergehäuse sitzenden Verteiler und zwei Züge vom Verteiler zu den beiden Drosselklappengehäusen. Alle drei Züge sind zwar einzeln erhältlich, doch kann es beim Reißen eines Zuges sinnvoll sein, alle drei zu ersetzen.

Ausbau

2 Demontieren Sie den Tank (siehe Sektion 2). Entfernen Sie das Motorsteuergerät (siehe Sektion 15).

3 Lockern Sie am Gasgriffende des Zuges den Konterring und drehen Sie den Einsteller vollständig ein, um maximales Spiel zu erreichen (siehe Abbildung).

4 Lösen Sie die Schraube unten an der hinteren Gasgriffgehäusehälfte und befreien Sie oben ihre Lasche (siehe Abbildung).

5 Lösen Sie vorn am Gasgriffgehäuse den Konterring der Gaszugführung (siehe Abbildung). Befreien Sie den Gaszugnippel aus der Betätigung und ziehen Sie den Zug aus dem Gehäuse (siehe Abbildungen).

6 Führen Sie den oberen Gaszug zum Verteiler zurück, befreien Sie ihn aus allen Befestigungen und merken Sie sich seine Verlegung (siehe Abbildung).

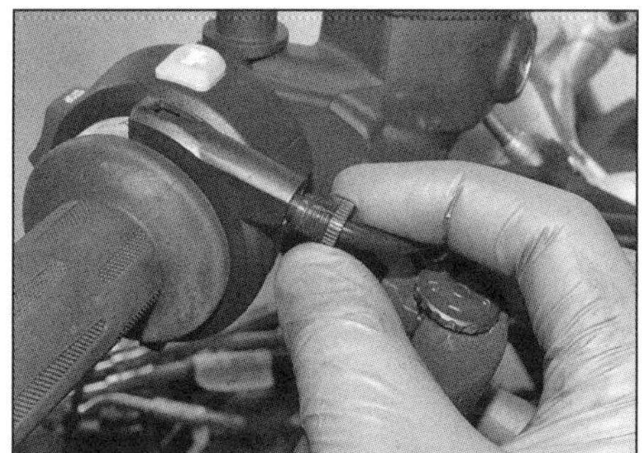

8.5a Lösen Sie den Konterring, ...

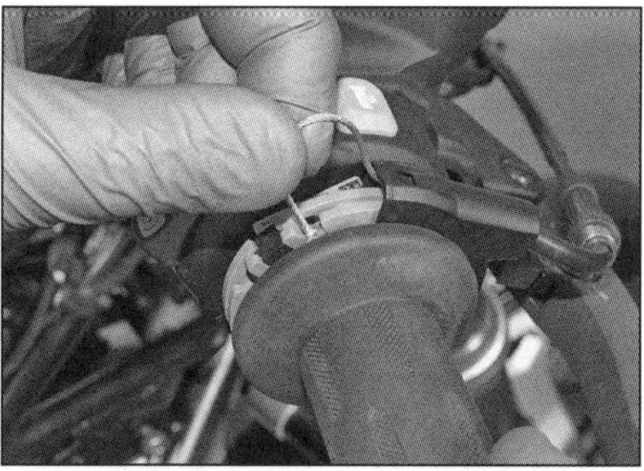

8.5b ... befreien Sie den Gaszugnippel ...

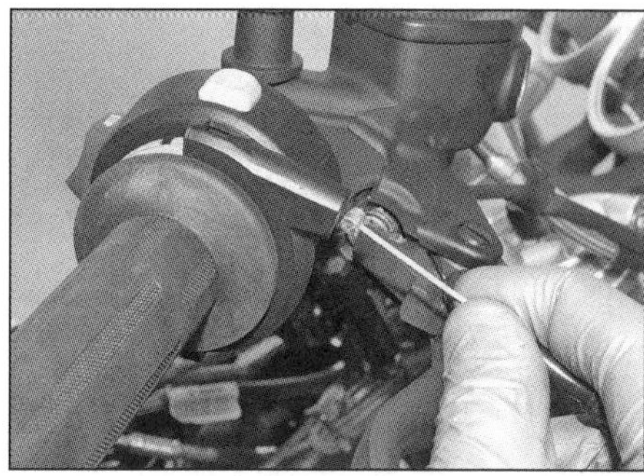

8.5c ... und ziehen Sie ihn heraus.

8.6 Beachten Sie, wie der Gaszug verlegt und gesichert ist – gezeigt an der R nineT von 2017.

8.8a Befreien Sie das Verteilergehäuse ...

8.8b ... und ziehen Sie die Gaszüge heraus – beachten Sie ihre Verlegung.

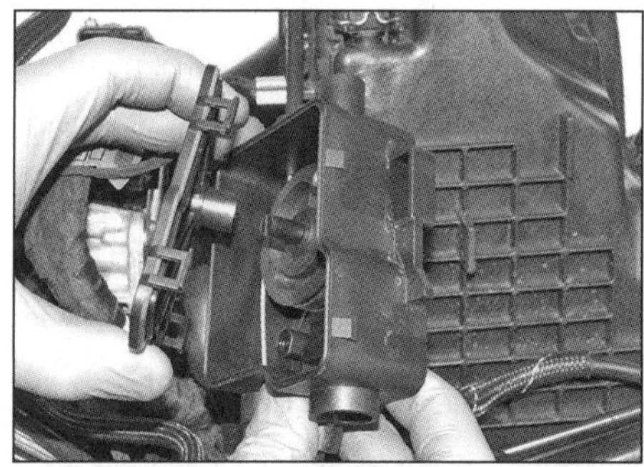

8.9 Entfernen Sie die Verteilergehäuse-Abdeckung.

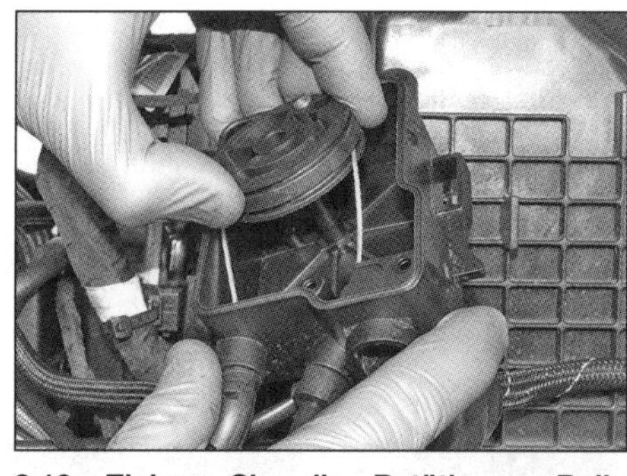

8.10a Ziehen Sie die Betätigungs-Rolle ab ...

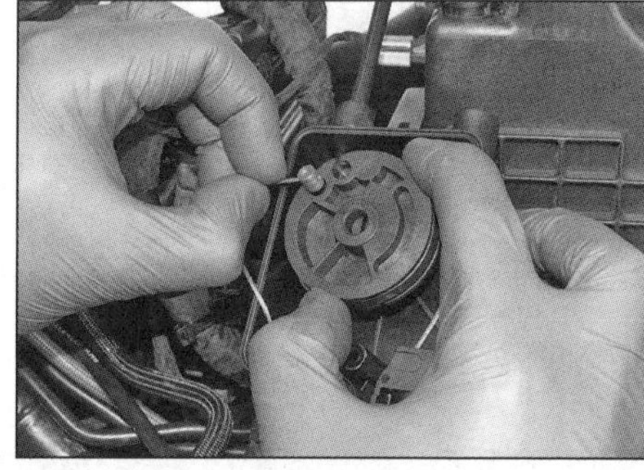

8.10b ... und hängen Sie den Gasgriff-Zug aus.

7 Entnehmen Sie die Drosselklappengehäuse und befreien Sie die Züge aus ihren Betätigungen (siehe Sektion 6).

8 Befreien Sie das Verteilergehäuse vom Luftfiltergehäuse und entfernen Sie es mit allen drei Gaszügen (siehe Abbildungen).

9 Lösen Sie den oberen Rand der Verteiler-Abdeckung und entfernen Sie diese (siehe Abbildung).

10 Markieren Sie die Außenseite der Verteiler-Rolle mit Farbe, um sie später wieder richtig herum montieren zu können. Merken Sie sich die Positionen der Gaszüge an der Rolle, ziehen Sie diese ab und befreien Sie die Züge (siehe Abbildungen). Beachten Sie, wie im Gehäuse der Stift neben der Betätigungs-Achse in die Nut innerhalb der unteren Rollen-Hälfte greift.

8.10c ... Drehen Sie die Rolle um und befreien Sie die Drosselklappen-Gaszüge – sie sind unterschiedlich lang.

8.10d Ziehen Sie die Gaszüge aus dem Gehäuse.

3

Einbau

11 Der Einbau entspricht der umgekehrten Ausbaureihenfolge – beachten Sie dabei folgende Punkte:

- Installieren Sie die drei Bowdenzüge an die Verteiler-Rolle (siehe Abbildung sowie 8.10d bis a).
- Montieren Sie die Drosselklappengehäuse (siehe Sektion 6).
- Achten Sie darauf, den Seilzug zum Gasgriff richtig zu verlegen, und sichern Sie ihn entsprechend mit Kabelbindern oder Klemmen (Abbildung 8.6).
- Stellen Sie das Spiel der Gasbowdenzüge ein (siehe Kapitel 1).

Warnung: Drehen Sie bei im Standgas laufendem Motor den Lenker von Anschlag zu Anschlag. Wenn sich die Motordrehzahl verändert, wird der Gaszug falsch verlegt sein. Korrigieren Sie diesen gefährlichen Zustand vor der ersten Fahrt!

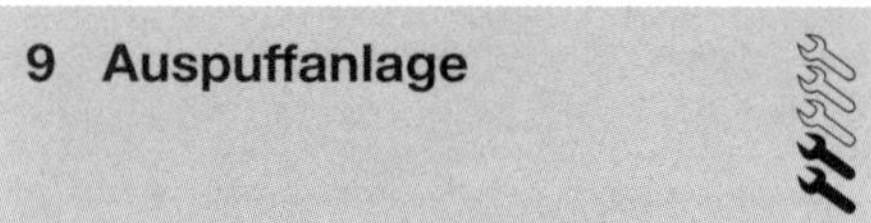

9 Auspuffanlage

Warnung: Direkt nach dem Abschalten des Motors ist die Auspuffanlage sehr heiß. Lassen Sie die Maschine einige Zeit abkühlen, bevor Sie sich an die Arbeit machen.

Schalldämpfer

1 Lockern Sie die Schelle, mit der der Schalldämpfer am Auspuffklappenrohr gesichert ist (siehe Abbildung).

2 Lösen Sie die Schalldämpfer-Befestigungsschraube, halten Sie den Schalldämpfer und entfernen Sie die Schraube samt Scheibe (siehe Abbildung).

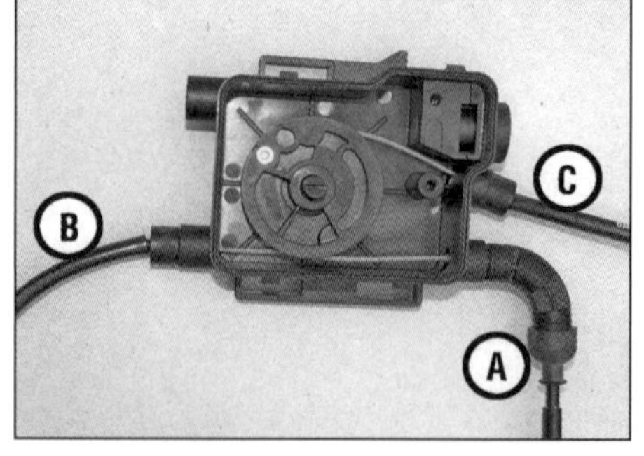

8.11 Haupt-Gaszug zum Gasgriff (A), Gaszug zum rechten (B) und zum linken Drosselklappengehäuse (C)

9.1 Lockern Sie die Schalldämpferschelle.

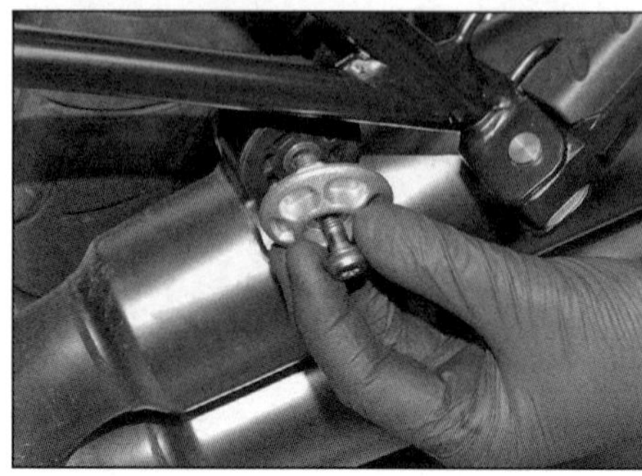

9.2 Schalldämpfer-Befestigungsschraube

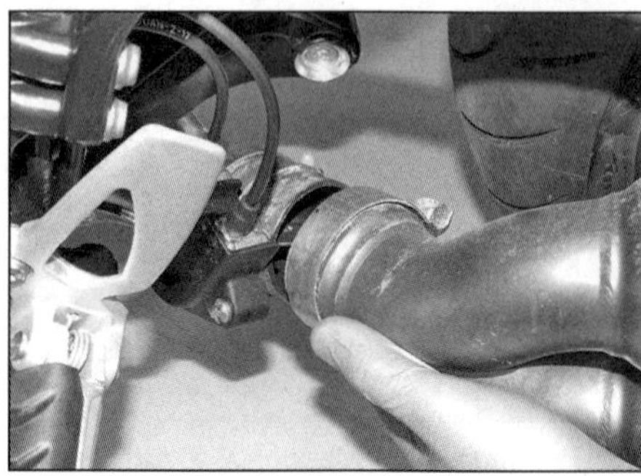

9.3 Ziehen Sie den Schalldämpfer ab.

3 Ziehen Sie den Schalldämpfer vom Auspuffklappenrohr (siehe Abbildung).

4 Beachten Sie die Distanzhülse in der Aufnahme.

5 Reinigen Sie vor dem Zusammenbau die Auspuffschelle und tragen Sie innen etwas Hochtemperatur-Montagefett auf. Schieben Sie die Schelle vorn über das Anschlussrohr.

6 Drücken Sie den Schalldämpfer über das Auspuffklappengehäuse, installieren Sie die Befestigungschraube samt Scheibe und drehen Sie sie zunächst handfest ein (Abbildung 9.2).

7 Richten Sie die mit »GS« beschrifteten Pfeile der Schelle zu der Markierung am Auspuffklappenrohr aus und ziehen Sie die Klemmschraube mit 28 Nm an (siehe Abbildung).

8 Ziehen Sie die Schalldämpfer-Befestigungsschraube mit 19 Nm an.

9.7 Richten Sie den »GS«-Pfeil zur Markierung am Auspuffklappenrohr aus.

9.10 Auspuffklappe in geöffneter Position

9.14a Bei der R nineT bis 2016 sitzt der Stecker vorn am Servo.

9.14b Bei allen anderen Modellen sitzt der Stecker hinten am Servo.

9.14c Lösen Sie die Schraube ...

9.14d ... und ziehen Sie den Servo vom Zapfen ab.

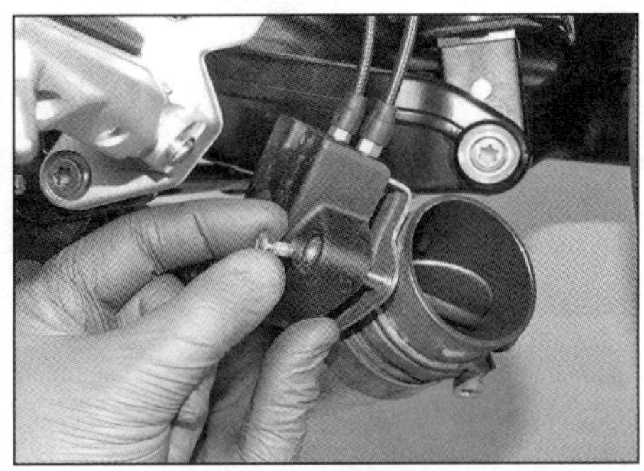
9.15a Entfernen Sie die Abdeckung von der Auspuffklappenbetätigung.

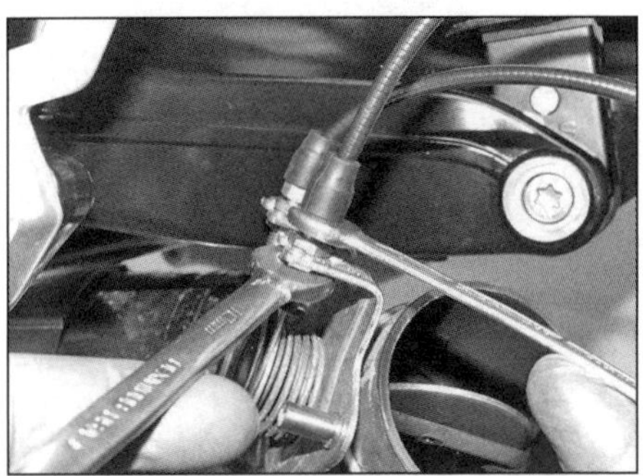
9.15b Halten Sie den Sechskant des Seilzugs, lockern Sie die untere Kontermutter, ...

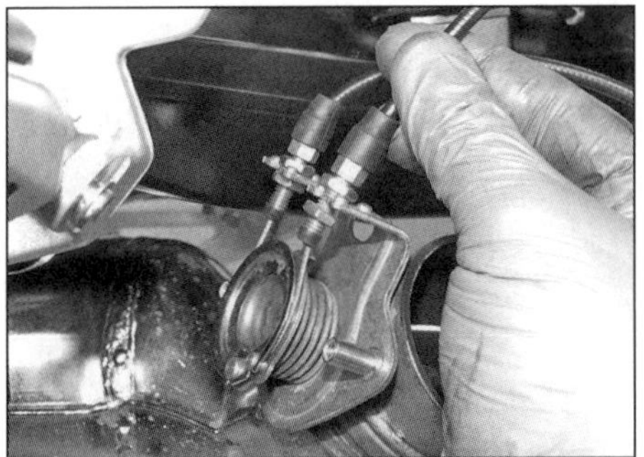
9.15c ... ziehen Sie den Einsteller aus dem Halter ...

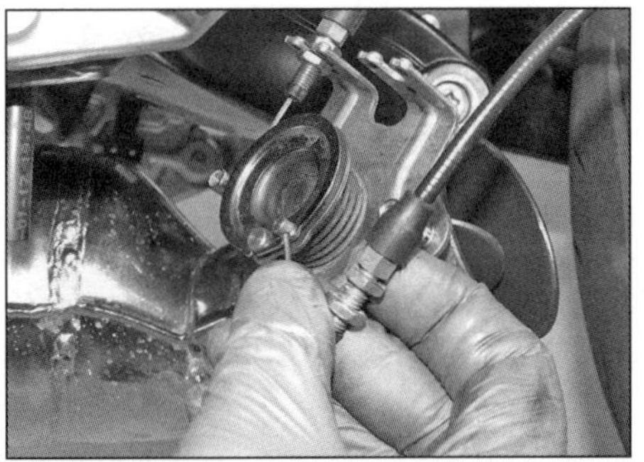
9.15d ... und befreien Sie den Nippel aus der Betätigung.

9.16 Lockern Sie die Schelle und ziehen Sie das Auspuffklappen-Segment ab.

Auspuffklappen-Ventil, Servo und Seilzüge

Kontrolle

9 Demontieren Sie den Schalldämpfer (Schritte 1 bis 3).

10 Bei ausgeschalteter Zündung muss die Auspuffklappe geöffnet sein (siehe Abbildung). Schalten Sie die Zündung ein – die Klappe muss sich schließen und wieder öffnen.

11 Falls sich die Auspuffklappe nicht bewegt, müssen die Seilzüge von ihr getrennt werden (siehe unten). Versuchen Sie, die Klappe von Hand zu verdrehen – falls sie fest sitzt, muss sie ersetzt werden. Falls sich die Klappe von Hand bewegen lässt, müssen die Seilzüge vom Servo getrennt und auf Freigängigkeit geprüft werden – ersetzen Sie sie nötigenfalls. Kontrollieren Sie die Einstellung des Seilzug-Spiels (Schritt 21).

12 Wenn bis hierher alles in Ordnung war, kann der Servo defekt sein.

Ausbau

13 Demontieren Sie den Schalldämpfer (Schritte 1 bis 3).

14 Falls die Auspuffklappe und ihr Servo samt der Seilzüge als Baugruppe entfernt werden soll, muss der Stecker des Servos getrennt werden (siehe Abbildungen). Lösen Sie die Schraube, beachten Sie die Scheibe und ziehen Sie den Servo vom hinteren Haltezapfen (siehe Abbildungen). Jetzt kann die Auspuffklappe entfernt werden (siehe Schritt 16).

15 Um nur die Auspuffklappe entfernen zu können, müssen die Schrauben ihrer Abdeckung gelöst und diese entfernt werden (siehe Abbildung). Die Seilzüge haben unterschiedliche Nippel, sodass sie nicht vertauscht werden können. Befreien Sie die Züge aus dem Halter und befreien Sie die Nippel von der Betätigung – merken Sie sich ihre Positionen. Jetzt kann die Auspuffklappe entfernt werden (siehe Schritt 16).

16 Lockern Sie die Sammlerrohr-Schelle und ziehen Sie das Auspuffklappen-Segment ab (siehe Abbildung) – beachten Sie, wie die Lasche am Gehäuse in den Ausschnitt am Ende des Sammlerrohrs greift.

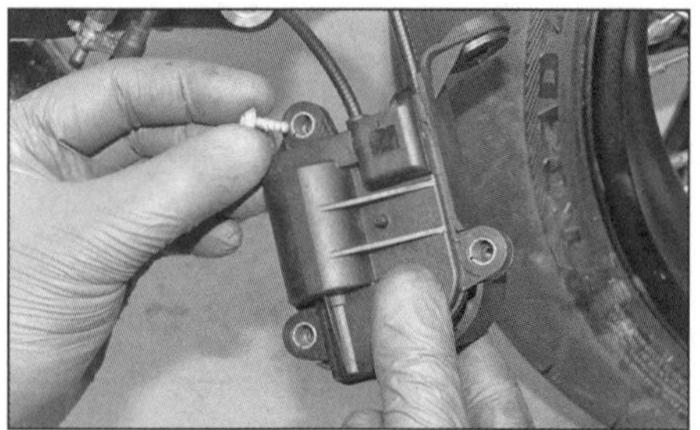
9.17a Befreien Sie die Servo-Abdeckung, ...

9.17b ... ziehen Sie die Seilzüge aus den Schlitzen ...

9.17c ... und lösen Sie die Nippel aus der Betätigung.

9.19a Die Lasche (A) muss in den Ausschnitt (B) greifen.

9.19b Richten Sie den »GS«-Pfeil zur Markierung am Auspuffklappenrohr aus.

9.24a Entfernen Sie die unteren Zylinderkopf-Abdeckungen.

9.24b Lösen und trennen Sie den Lambdasondenstecker ...

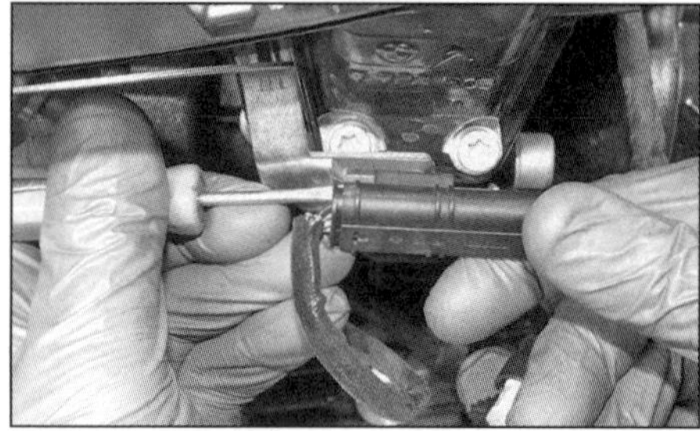
9.24c ... und befreien Sie dessen Gegenstück vom Halter.

9.25a Lockern Sie die Klemmschrauben ...

9.25b ... und befreien Sie die Klemme vom Zapfen.

17 Folgen Sie zur Demontage des Servomotors den Schritten 14 und 15, um ihn zu befreien und die Seilzüge von der Auspuffklappe zu befreien. Lösen Sie die Schrauben der Servo-Abdeckung, befreien Sie diese, ziehen Sie die Seilzüge heraus und befreien Sie ihre Nippel aus der Betätigung (siehe Abbildungen) – beachten Sie ihre Positionen.

Einbau

18 Verbinden Sie die Seilzüge mit der Betätigung, kontern Sie ihre Hüllen im Deckel, setzen Sie diesen an und sichern Sie ihn mit den Schrauben (Abbildungen 9.17c, b und a). Kontrollieren Sie die Haltegummis und ersetzen sie nötigenfalls. Ziehen Sie die Befestigungsschraube mit 8 Nm an und verbinden Sie den Stecker.

19 Reinigen Sie vor dem Zusammenbau die Auspuffschelle und tragen Sie innen etwas Hochtemperatur-Montagefett auf. Schieben Sie die Schelle vorn über das Sammlerrohr. Drücken Sie das Auspuffklappenrohr in das Sammlerrohr – richten Sie dabei seine Lasche zum Ausschnitt aus (siehe Abbildung). Richten Sie die mit »GS« beschrifteten Pfeile der Schelle zu der Markierung am Auspuffklappenrohr aus und ziehen Sie die Klemmschraube mit 28 Nm an (siehe Abbildung).

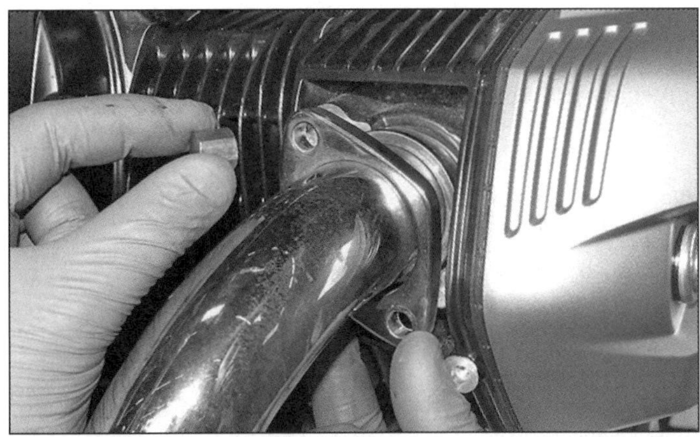

9.27 Lösen Sie die Krümmerflanschmuttern und ziehen Sie die Flansche ab.

9.28 Befreien Sie die Krümmer-Baugruppe aus dem Motorrad.

20 Verbinden Sie die Seilzüge mit der Auspuffklappenbetätigung und sichern Sie sie am Halter (Abbildungen 9.15d, c und b). Positionieren Sie die Züge so im Halter, dass die Seilzüge etwas Spiel aufweisen, stellen Sie sie dann wie folgt ein:

21 Zurzeit an einem Seilzug arbeitend wird die Kappe oben am Einsteller abgezogen, die Kontermutter an der Unterseite des Anschlag-Halters gelockert und der Einsteller links herum gedreht, bis das Spiel des Bowdenzuges eliminiert ist. Drehen Sie den Einsteller jetzt zwei bis drei Umdrehungen im Uhrzeigersinn zurück und ziehen Sie die Kontermutter an. Wiederholen Sie die Einstellung am anderen Seilzug. Beide Züge müssen leichtes Spiel aufweisen, bevor sich die Betätigung bewegt. Setzen Sie die Abdeckung an und ziehen Sie die Schrauben sorgfältig fest.

22 Schalten Sie die Zündung ein – die Klappe muss sich schließen und wieder öffnen. Schalten Sie die Zündung wieder aus. Montieren Sie den Schalldämpfer (Schritte 5 bis 8).

Krümmer-Baugruppe

Ausbau

23 Entfernen Sie nötigenfalls den Schalldämpfer und ggf. das Auspuffventil (siehe oben) – die Krümmer-Baugruppe kann aber auch ohne deren Ausbau demontiert werden.

24 Lösen Sie die Schrauben der unteren Zylinderkopf-Abdeckungen und entfernen Sie diese (siehe Abbildung). Befreien und trennen Sie die Kabel der Lambdasonden (siehe Abbildungen).

25 Lösen Sie die Schrauben der Sammlerrohr-Klemme – beachten Sie das Distanzstück –, hebeln Sie die Klemme auf und ziehen Sie sie nach hinten vom am Getriebe sitzenden Zapfen ab (siehe Abbildungen).

26 Falls die Auspuffklappe nicht demontiert wurde, muss die Schelle gelockert werden, mit der sie am Sammler gesichert ist – beachten Sie ihre Ausrichtung (Abbildung 9.16).

27 Lösen Sie an den Zylinderköpfen die Krümmerflanschmuttern und ziehen Sie die Flansche von den Stehbolzen (siehe Abbildung).

28 Manövrieren Sie vorsichtig die Krümmer-Baugruppe nach vorne und senken Sie sie ab, um sie aus dem Motorrad zu befreien (siehe Abbildung).

29 Entfernen Sie die alten Dichtungen aus den Auslasskanälen (siehe Abbildung) – später müssen neue verwendet werden. Befreien Sie die Stehbolzen im Zylinderkopf mit einer Drahtbürste von Korrosion.

30 Schrauben Sie nötigenfalls die Lambdasonden aus den Krümmern (siehe Sektion 10).

Einbau

31 Kontrollieren Sie die Gummibuchse am Haltezapfen der Sammlerrohr-Klemme – wenn sie nicht fest auf dem Stift sitzt oder spröde ist, muss sie ersetzt werden.

32 Falls entfernt, müssen die Lambdasonden installiert werden (siehe Sektion 10).

33 Rüsten Sie die Auslasskanäle mit neuen Dichtungen aus (siehe Abbildung) – notfalls können sie für die Montage der Krümmer mit etwas Fett »eingeklebt« werden. Versehen Sie die Gewinde der Krümmerflansch-Stehbolzen mit Kupferpaste.

34 Reinigen Sie vor dem Zusammenbau die Auspuffschelle und tragen Sie innen etwas Hochtemperatur-Montagefett auf. Schieben Sie die Schelle vorn über das Sammlerrohr.

35 Falls die Auspuffklappe nicht entfernt wurde, muss die Sammlerschelle gereinigt,innen etwas Hochtemperatur-Montagefett versehen und auf das Sammlerrohr geschoben werden.

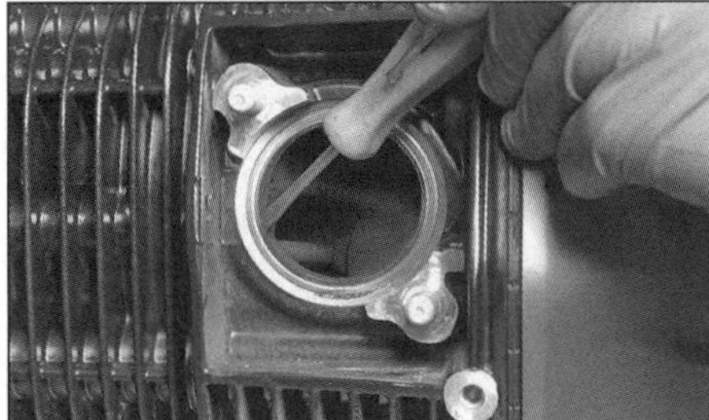

9.29 Entfernen Sie die alten Dichtungen aus den Auslasskanälen . . .

36 Manövrieren Sie die Krümmer-Anlage in Position – richten Sie die Krümmer zu den Auslasskanälen aus (Abbildung 9.28) und den Ausschnitt am hinteren Ende zur Lasche an der Auspuffklappe aus (Abbildung 9.19a). Schieben Sie vorn die Flansche über die Stehbolzen und drehen Sie die Krümmerflanschmuttern handfest auf (Abbildung 9.27).

37 Schieben Sie die Klemme hinten über das Sammlerrohr und den Halter auf den Zapfen am Getriebe (Abbildung 9.25b). Installieren Sie das Distanzstück und drehen Sie die Schrauben locker ein (Abbildung 9.25a).

38 Ziehen Sie die Krümmerflanschmuttern schrittweise bis zu einem Drehmoment von 21 Nm an.

39 Falls die Auspuffklappe nicht entfernt wurde, muss der mit »GS« markierte Pfeil an der Sammler-Schelle zur Markierung an der Auspuffklappe ausgerichtet werden, bevor die Schelle mit 28 Nm angezogen wird (Abbildung 9.19b).

40 Sichergehend, dass der Halter vollständig auf dem Zapfen steckt, werden die Klemmschrauben mit 8 Nm angezogen (Abbildung 9.25).

41 Verbinden Sie die Stecker der Lambdasonden und sichern sie die Stecker und Kabel wie beim Ausbau notiert (Abbildungen 9.24c und b). Montieren Sie die unteren Zylinderkopf-Abdeckungen (Abbildung 9.24a).

42 Montieren Sie ggf. die Auspuffklappe und den Schalldämpfer.

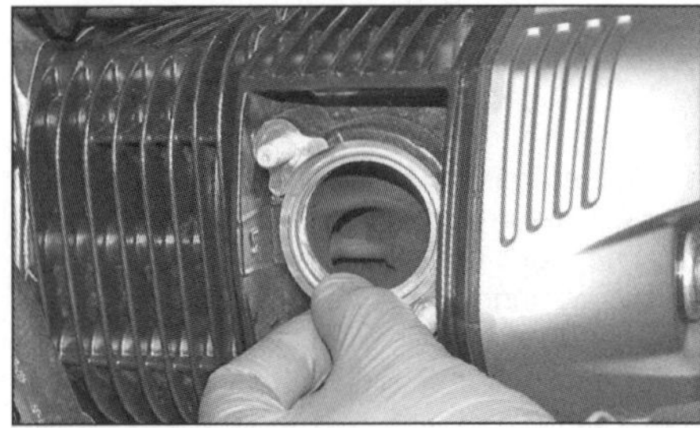

9.33 . . . und ersetzen Sie sie durch Neuteile.

43 Starten Sie den Motor und kontrollieren Sie die Auspuffanlage auf Undichtigkeiten.

10 Katalysator und Lambdasonden

Warnung: Direkt nach dem Abschalten des Motors ist die Auspuffanlage sehr heiß. Lassen Sie die Maschine einige Zeit abkühlen, bevor Sie sich an die Arbeit machen.

Katalysator

1 Der Dreiwege-Katalysator sitzt im Krümmer-Sammler. Der Katalysator soll die im Motor entstehenden giftigen Abgase in relativ harmlose Gase umwandeln, bevor sie den Auspuff verlassen. Durch eine spezielle Metallbeschichtung wandelt er Stickoxide in Stickstoff und Sauerstoff sowie unverbrannte Kohlenwasserstoffe und Kohlenmonoxide in Wasser und Kohlendioxide. Die Wirksamkeit des Katalysators wird durch Ablagerungen von Ölkohle, Öl oder Blei beeinträchtigt.

2 Der Katalysator arbeitet automatisch und erfordert praktisch keine Wartung. Trotzdem sollten folgende Hinweise beachtet werden:

- Tanken Sie immer bleifreien Kraftstoff – bereits kleine Mengen verbleiten Benzins zerstören den Katalysator.
- Benutzen Sie keine Kraftstoff- oder Öl-Zusätze (Additive).
- Halten Sie das Kraftstoff- und Zündsystem in einem guten Zustand.
- Behandeln Sie die ausgebaute Krümmerbaugruppe vorsichtig – der Katalysator verträgt keine Schläge oder Stürze.

Lambdasonden

3 Die Lambdasonden messen den im Abgas verbliebenen Sauerstoffgehalt und leiten diese Informationen an die Motorsteuerung weiter, wo dieser Wert mit dem Sauerstoffgehalt der Umgebungsluft verglichen und die Gemischaufbereitung entsprechend nachjustiert wird.

4 Die Lambdasonden sitzen unterhalb der Zylinder in beiden Krümmerrohren (Abbildung 10.6).

5 Bevor eine Sonde entfernt werden kann, muss die untere Zylinderkopf-Abdeckung demontiert werden, dann ist ihr Kabelstecker zu trennen (siehe Sektion 9, Schritt 24).

6 Lösen Sie die Sonde mithilfe eines passenden Schlüssels (Abbildung 10.10) vorsichtig aus dem Krümmer, um nicht ihre Spitze zu beschädigen (siehe Abbildung). Wenn sie sich schwer lösen lässt, muss ihr Gewinde mit Kriechöl behandelt werden.

7 Ablagerungen an der Sonden-Spitze weisen auf einen schlecht eingestellten Motor hin. Heller rostfarbener Belag deutet auf den Betrieb mit verbleitem Kraftstoff hin und eine schwarze oder dunkelbraune Verfärbung indiziert verbranntes Öl, das durch verschlissene Kolbenringe oder Ventilschaftdichtungen in den Brennraum gelangt ist.

8 Eine verunreinigte Sonde sendet falsche Signale an das Steuergerät, das daraufhin die Motor-Warnlampe im Cockpit aufleuchten lässt. Eine verschmutzte Sonde kann nicht gereinigt, sondern muss ersetzt werden.

9 Für die separate Kontrolle der Lambdasonden gibt es keine Daten – lassen Sie die gesamte Motorfunktion in einer BMW-Werkstatt mithilfe eines Diagnosegerätes überprüfen.

10 Reinigen Sie vor dem Einbau der Lambdasonde ihr Gewinde und schmieren Sie es mit Hochtemperatur-Montagepaste. Falls ein passender Schlüssel zur Hand ist, werden die Lambdasonden mit 45 Nm angezogen (siehe Abbildung).

11 Stellen Sie sicher, dass die Kontakte des Steckers sauber und die Stecker sicher verbunden sind.

11 Zündsystem-Kontrollen

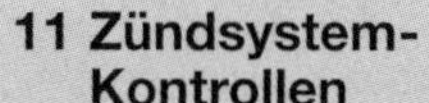

Warnung: Beachten Sie die in Sektion 1 beschriebenen Warnhinweise.

1 Da es keinerlei Einstellmöglichkeiten gibt, können alle Fehler im System auf den Ausfall einer Komponente oder einen simplen Kabel-Defekt zurückzuführen sein – und von diesen beiden Möglichkeiten ist die zweite die bei Weitem wahrscheinlichere. Bei einem Defekt muss das System wie unten beschrieben in einer logischen Reihenfolge untersucht werden. Vor irgendwelchen Tests muss überprüft werden, ob die Batterie in Ordnung und vollständig geladen ist.

2 Zündsystem-Defekte können in zwei Kategorien unterschieden werden: in der ersten ist die Zündung vollständig ausgefallen; und in der anderen fällt sie teilweise aus. Die Gründe sind in der Reihenfolge ihrer Wahrscheinlichkeit unten aufgelistet. Arbeiten Sie sich systematisch durch die Liste – beachten Sie die entsprechenden Sektionen, um Details für die notwendigen Kontrollen und Tests zu erhalten (falls Informationen vorhanden sind).

- Lockere, korrodierte oder beschädigte Kabelanschlüsse, gebrochene Kabel oder Masseschlüsse zwischen den Komponenten der Zündanlage (siehe Kapitel 7).
- Eine defekte Zündkerze, verschmutzte oder verschlissene Kerzen-Elektroden oder ein unkorrekter Elektrodenabstand (siehe Kapitel 1).
- Ein defekter Zündspulen-Kerzenstecker (siehe Sektion 12).
- Ein schadhaftes Zündschloss oder ein defekter Kill-Schalter (siehe Kapitel 7).
- Ein defekter Zündunterbrecher-Stromkreis (siehe Sektion 13).
- Ein Defekt im Motorsteuergerät (DME) (siehe Sektion 14).

10.6 Lambdasonde

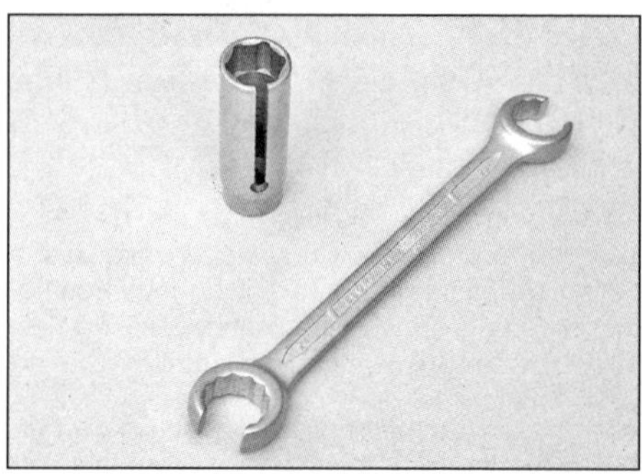

10.10 Ein offener Ringschlüssel greift besser als ein Maulschlüssel. Mit einem solchen geschlitzten Steckschlüssel kann die Lambdasonde auch mit einem Drehmomentschlüssel angezogen werden.

- Ein defekter Kurbelwellen- oder Nockenwellensensor (siehe Sektion 16).

3 Wenn die oben beschriebenen Kontrollen das Problem nicht aufdecken, muss die Zündanlage von einer mit einem Diagnosegerät ausgerüsteten BMW-Werkstatt überprüft werden – hiermit können die Zündsystem-Komponenten genau getestet und der Fehlercode-Speicher des Steuergerätes ausgelesen werden.

12 Zündspulen

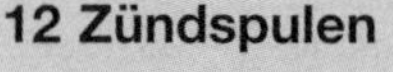

Warnung: Beachten Sie die in Sektion 1 beschriebenen Warnhinweise.

1 Demontieren Sie die in die Kerzenstecker integrierten Zündspulen (siehe Kapitel 1, Sektion 11) und legen Sie sie entsprechend ihrer Einbaupositionen aus. Kontrollieren Sie die Spulen auf sichtbare Schäden.

2 Prüfen Sie, ob die Kontakte des Zündspulen-Steckers sauber sind und schließen Sie ihn wieder an die Spule an. Stecken Sie eine neue Zündkerze ein und legen Sie sie mit dem Gewinde auf den Motor – halten Sie nötigenfalls den Stecker mit einer isolierten Zange.

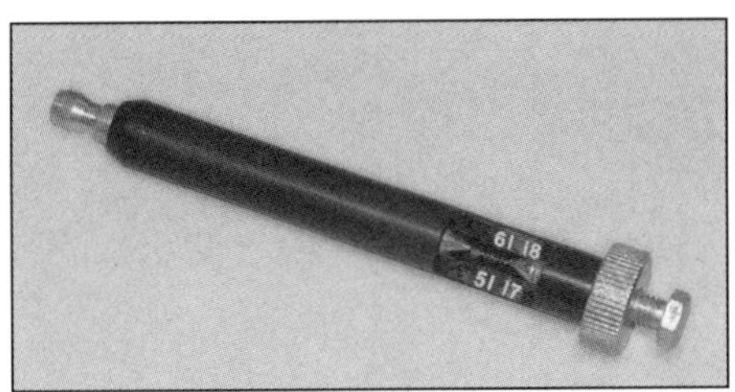

12.4 Ein im Fachhandel erhältlicher Funkstrecken-Prüfer

Anmerkung: *Die Zündkerze sollte nicht auf den aus Magnesium bestehenden Ventildeckel gelegt werden, da dieser dadurch beschädigt werden könnte.*

⚠ ***Warnung: Schrauben Sie für diesen Test keine der Zündkerzen aus dem Motor – aus den Kerzenbohrungen gepumpte Benzindämpfe können sich dabei entzünden und zu schweren Verbrennungen führen!***

3 Der Killschalter muss auf RUN stehen und im Getriebe der Leerlauf eingelegt sein. Dann wird die Zündung angeschaltet und der Motor mit dem Anlasser durchgedreht. Ist das System in Ordnung, werden an den Kerzen-Elektroden leuchtend blaue Funken zu sehen sein. Sind die Funken dünn oder gelblich – oder gar nicht vorhanden –, sind weitere Untersuchungen nötig. Schalten Sie die Zündung aus und wiederholen Sie den Test mit den anderen Zündspulen.

4 Die Zündung muss in der Lage sein, einen Funken zu produzieren, der eine bestimmte Strecke überspringt. BMW macht hierzu keine Angaben, doch bei einem guten System sollte die Funkenstrecke mindestens 6 mm betragen. Für die Kontrolle wird ein im Handel erhältliches Funkenstrecken-Messgerät benötigt (siehe Abbildung).

5 Verbinden Sie den Zündspulen-Kerzenstecker mit dem Steckkontakt des Messgeräts und halten Sie dies gegen Masse am Motor. Der Killschalter muss auf RUN stehen und im Getriebe der Leerlauf eingelegt sein. Dann wird die Zündung angeschaltet und der Motor mit dem Anlasser durchgedreht. Ist das System in Ordnung, werden zwischen den Spitzen des Messgeräts leuchtend blaue Funken zu sehen sein. Wiederholen Sie den Test mit den anderen Zündspulen. Bei guten Testergebnissen kann die gesamte Zündanlage als gut betrachtet werden.

6 Sind die Funken dünn oder gelblich – oder gar nicht vorhanden – muss mithilfe der entsprechenden Zündspule des anderen Zylinders der Test wiederholt werden. Ist das Ergebnis jetzt gut, wird die originale Zündspule defekt sein; treten keine Verbesserungen auf, wird der Fehler im Zündsystem liegen.

7 Um definitiv einen Defekt an einer Zündspule festzustellen, muss sie mit einem Diagnosegerät überprüft werden.

8 Folgen Sie den Hinweisen in Kapitel 1, Sektion 11 und installieren Sie die Zündspulen.

13 Anlasser-Unterbrecherstromkreis

1 Prüfen Sie die Funktion des Unterbrecherstromkreises wie folgt:

- Stützen Sie das Motorrad aufrecht stehend ab, schalten Sie das Getriebe in den Leerlauf, klappen Sie den Seitenständer ein und starten Sie den Motor. Ziehen Sie die Kupplung und legen Sie einen Gang ein. Klappen Sie jetzt den Seitenständer aus – der Motor muss ausgehen.
- Bei ausgeklapptem Seitenständer darf sich der Motor nur starten lassen, wenn der Leerlauf eingelegt ist.
- Starten Sie bei eingelegtem Leerlauf und ausgeklapptem Seitenständer den Motor. Ziehen Sie jetzt die Kupplung und legen Sie einen Gang ein – der Motor muss ausgehen.
- Bei eingeklapptem Seitenständer und eingelegtem Gang darf sich der Motor nur starten lassen, wenn die Kupplung gezogen ist.

2 Arbeitet der Stromkreis nicht wie beschrieben, müssen der Seitenständerschalter und der Kupplungsschalter (siehe Kapitel 7) sowie der Gangsensor (siehe Sektion 16) überprüft werden. Kontrollieren Sie auch die Verkabelung zwischen diesen Teilen und dem Motorsteuergerät.

14 Motorsteuergerät
Fehlersuche

1 Beachten Sie für eine allgemeine Beschreibung des Systems die Sektion 1.

Diagnosegerät und Fehler-Identifikation

2 Um den exakten Grund für einen Systemfehler zu diagnostizieren, wird ein für dieses System ausgelegtes Diagnosegerät benötigt, sodass es beim Auftreten eines Problems entweder heißt: **B**ring **M**ich **W**erkstatt – oder man beschafft sich ein im Fachhandel erhältliches Gerät wie das GS-911 der Firma Hexcode.

3 Das Motorsteuergerät hat eingebaute Diagnosefunktionen, die bei einem auftretenden Fehler alle Daten aufnimmt und speichert. Die aufgezeichneten Defekte können dann mithilfe des Diagnosegerätes überprüft und analysiert werden, um das exakte Problem zu identifizieren. Der Diagnosestecker ist bei der R nineT bis 2016 zylinderförmig und links unter dem Tank zu finden oder liegt bei allen anderen Modellen als 16-Stift-OBD-II-Flachstecker unter der Sitzbank (siehe Abbildungen).

4 Wenn ein Fehler auftritt, beginnt die Motor-Warnlampe in den Instrumenten zu leuchten, und solange der Defekt keine ernsthaften Schäden anrichten kann, schaltet das Steuergerät auf ein Notprogramm um, mit dem man problemlos nach Hause oder in eine Werkstatt kommt – andernfalls wird der Motor abgeschaltet. Je nach Defekt kann es sogar sein, dass man keinen Unterschied bemerkt. BMW

14.3a Runder Diagnosestecker bei der R nineT bis 2016

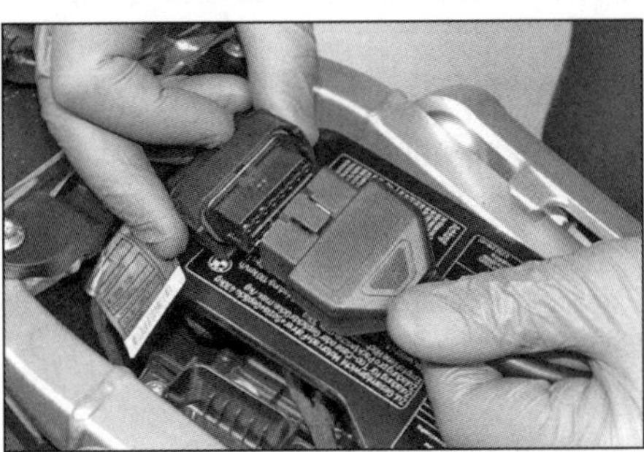

14.3b OBD-II-Diagnosestecker bei allen anderen Modellen

14.3c Das an den Diagnosestecker angeschlossene GS-911von Hexcode . . .

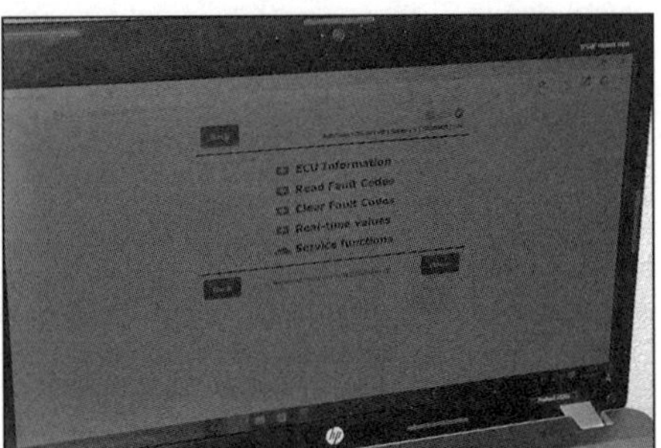

14.3d . . . kann alle Daten auf eine Notebook übertragen.

3

15.3 Ziehen Sie die Arretierungen der Stecker heraus, um sie vom Steuergerät zu trennen.

15.4 Befreien Sie das Motorsteuergerät aus seinem Halter.

15.6a Befreien Sie ggf. den Stecker aus dem Kabelbinder.

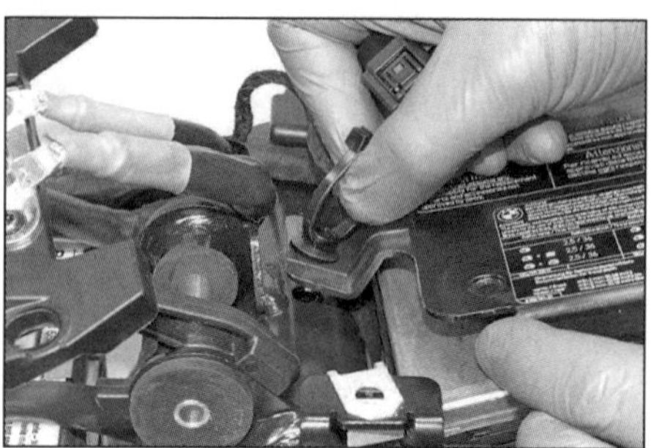
15.6b Lösen Sie den Verkleidungsstift und heben Sie die ZFE-Abdeckung ab.

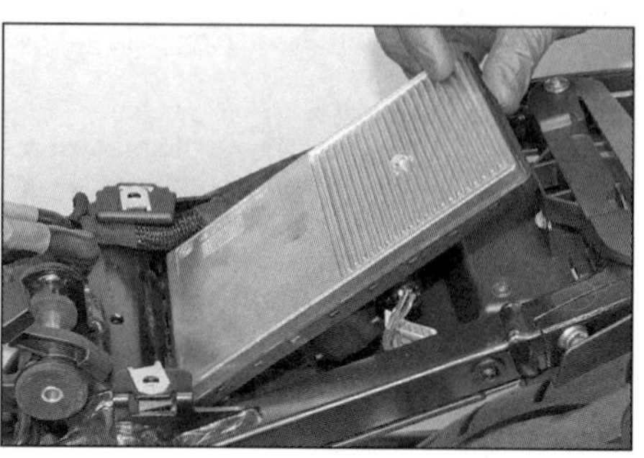
15.6c Heben Sie die ZFE an, um an der Unterseite . . .

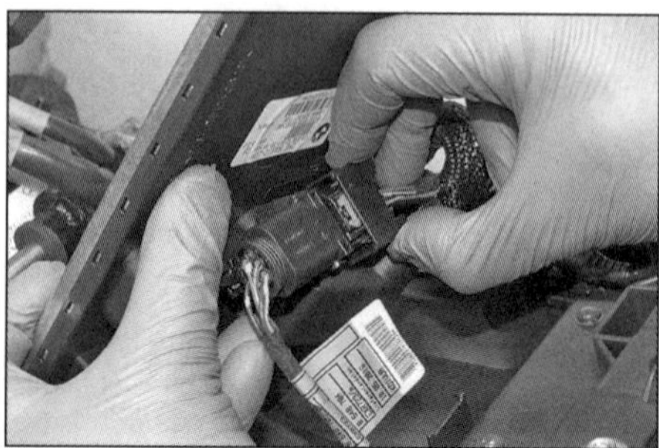
15.6d . . . den Stecker zu trennen, . . .

weist jedoch darauf hin, dass der Motor im Notlauf-Modus nicht immer die volle Leistung bringt und die Fahrweise entsprechend angepasst werden muss.

5 Für die Diagnose und zum Abschalten der Motor-Warnlampe wird ein Diagnosegerät benötigt. Falls ein Gerät wie das GS-911 verwendet wird, müssen die beiliegenden Hinweise beachtet werden.

6 Weitere Details über die Lage und die Funktion der einzelnen Sensoren finden sich in den folgenden Sektionen.

Fehlersuche

7 Wenn ein Fehler angezeigt wird, müssen die Kabel und Stecker vom und zum Steuergerät sowie alle Sensoren und zugehörigen Komponenten überprüft werden. Es kann sein, dass ein Stecker locker, verschmutzt oder korrodiert ist und dadurch den Widerstand des entsprechenden Stromkreises beeinträchtigt, was die Informationsübertragung zum Steuergerät behindert. Um Korrosion zu verhindern, sollten die Steckerkontakte leicht mit Kontaktspray eingesprüht werden.

8 Ein Kabel kann abgequetscht oder kurzgeschlossen sein – ein Durchgangstest aller Kabel von Stecker zu Stecker kann dies Problem lokalisieren. Obwohl es sich um eine kniffelige und mühselige Aufgabe handelt, stellt die systematische Arbeit durch die Schaltpläne am Ende von Kapitel 7 und das Prüfen jedes einzelnen Kabels und Steckers auf Durchgang die einzige Möglichkeit zur Bestimmung eines Kabel-Defektes dar. Alle Kabel sind anhand ihrer Farben identifizierbar. In den Schaltplänen sind die Anschluss-Nummern aller Kabel an das Steuergerät eingetragen – diese müssen beim Testen mit den Zahlen auf dem Steuergerät-Stecker übereinstimmen.

15 Steuergeräte

Warnung: Beachten Sie die in Sektion 1 beschriebenen Warnhinweise.

Achtung: Wenn ein Steuergerät defekt ist, darf es nicht durch ein Gebrauchtteil aus einem anderen Motorrad ersetzt werden, da dies Probleme mit den anderen Steuergeräten verursacht. Lassen Sie Steuergeräte stets durch eine BMW-Werkstatt ersetzen, wo man in der Lage ist, die korrekte Installationsprozedur durchzuführen.

Ausbau

DME (Motorsteuergerät)

1 Demontieren Sie den Tank (siehe Sektion 2).

2 Trennen Sie den Masseanschluss (–) der Batterie (siehe Kapitel 7).

3 Befreien und trennen Sie die Steuergerät-Stecker (siehe Abbildung).

4 Heben Sie die DME heraus (siehe Abbildung).

ZFE (Zentrale Fahrzeug-Elektronik) – R nineT bis 2016

5 Entfernen Sie die Sitzbank/Sitze (siehe Kapitel 6). Trennen Sie den Masseanschluss (–) der Batterie (siehe Kapitel 7).

6 Befreien Sie ggf. den Stecker aus dem Kabelbinder. Lösen Sie den Verkleidungsstift der ZFE-Abdeckung und heben Sie sie ab – beachten Sie die Positionen ihrer Laschen (siehe Abbildungen). Heben Sie die ZFE an und trennen Sie die Verkabelung (siehe Abbildungen).

Grundmodul – R nineT ab 2017, alle Pure, Racer, Scrambler und Urban G/S

7 Entfernen Sie die Sitzbank/Sitze (siehe Kapitel 6). Trennen Sie den Masseanschluss (–) der Batterie (siehe Kapitel 7).

8 Befreien Sie alle mit der Tankhalterung verbundenen Batteriekabel (Abbildung 2.2a). Entfernen Sie die Sitzhalterung vom Tankhalter (Abbildung 2.2b).

9 Lösen Sie die Schraube des Grundmodul-Halters, befreien Sie diesen und ziehen Sie ihn unter Beachtung seiner Laschen heraus (Abbildungen 2.6a und b). Befreien und trennen Sie die Grundmodul-Verkabelung, drücken Sie die Haltelasche herunter und entfernen Sie das Modul (siehe Abbildung).

Einbau

10 Der Einbau entspricht der umgekehrten Ausbaureihenfolge – beachten Sie dabei folgende Punkte:

- Alle Kontakte in den Mehrfachsteckern müssen sauber und unbeschädigt sein (siehe Abbildung).
- Die Kontakte sollten leicht mit Kontaktspray eingesprüht werden.
- Alle Stecker müssen korrekt sitzen und mit ihren Arretierungen gesichert sein.

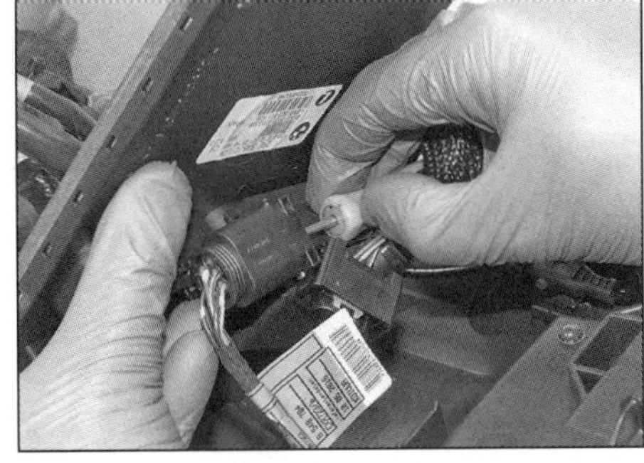

15.6e ... die Lasche des Sockels zu befreien ...

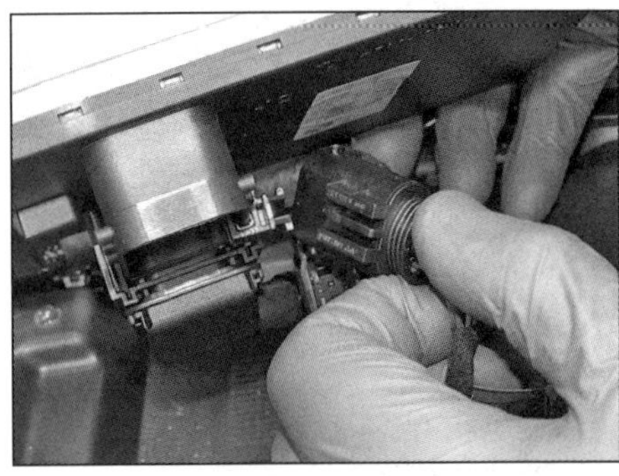

15.6f ... und diesen abzuziehen.

16 Sensoren

Warnung: Beachten Sie die in Sektion 1 beschriebenen Warnhinweise.

Achtung: Bevor irgendein Sensor-Stecker getrennt wird, muss sichergestellt sein, dass die Zündung ausgeschaltet und die Batterie vom Stromnetz getrennt ist (siehe Kapitel 7).

1 Für die Sensoren, die das Motor-Steuergerät mit Daten versorgen, sind keine technischen Daten erhältlich. Wenn ein Sensor defekt ist, wird die Motor-Warnlampe aufleuchten. Zur Identifizierung einer schadhaften Komponente wird ein Diagnosetester benötigt (siehe Sektion 14). Nachdem das defekte Bauteil ersetzt wurde, kann der Fehlercode aus dem Steuersystem des Motors gelöscht werden.

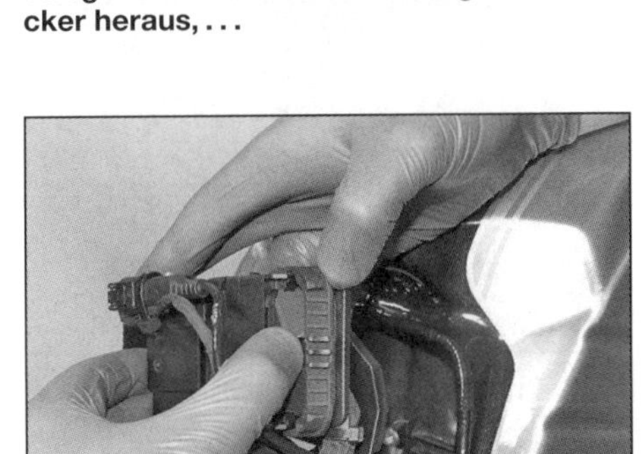

15.6g Ziehen Sie die Arretierungen der Stecker heraus, ...

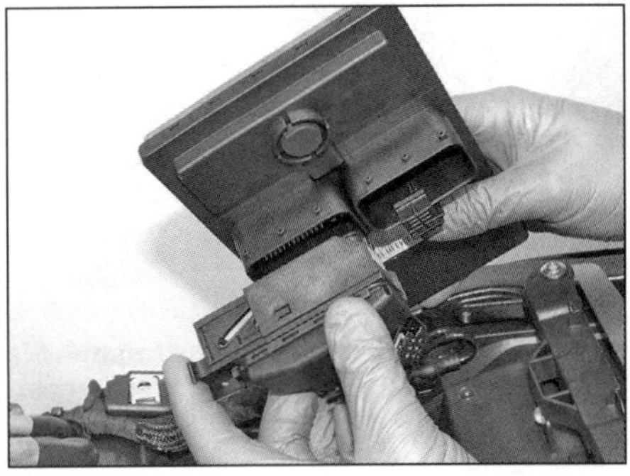

15.6h ... um sie vom Steuergerät zu trennen.

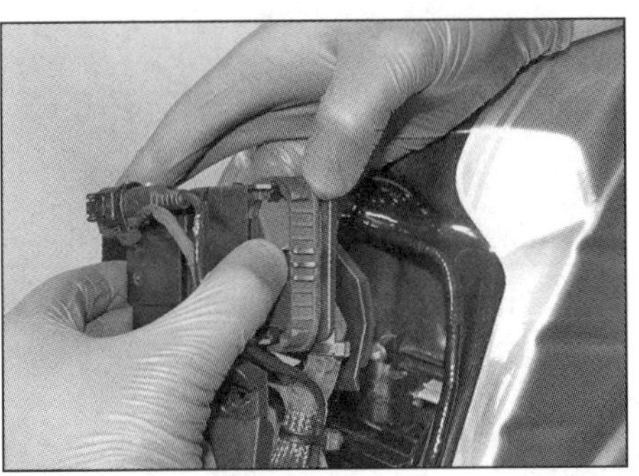

15.9 Drücken Sie den Hebel hoch, um den Stecker zu trennen, drücken Sie dann die Lasche herunter, um das Grundmodul zu befreien.

15.10 Kontrollieren Sie die Kontaktstifte (gezeigt an der DME)

Kurbelwellensensor

2 Der Sensor erkennt die Stellung der Kurbelwelle und ihre Drehzahl; diese Informationen werden von der DME benötigt, um den Zündzeitpunkt festzulegen. Das Steuergerät kombiniert die Motordrehzahl mit den Informationen anderer Sensoren, um die Einspritzmenge und den exakten Zündzeitpunkt zu bestimmen.

Ausbau und Einbau

3 Der Kurbelwellensensor sitzt direkt unter dem Lichtmaschinen-Riemenrad oben im vorderen Motordeckel (siehe Abbildung).

4 Lösen Sie die Schrauben der Ansaugrohr-Blende (Abbildung 2.4a). Ziehen Sie bei der R nineT bis Anfang 2015 die Blende nach vorn, um sie vom Zapfen zu befreien. Ziehen Sie die Blende bei allen anderen Modellen seitlich ab, um ihren Federclip zu befreien (Abbildung 2.4b).

5 Entfernen Sie den Keilriemendeckel (siehe Kapitel 1, Sektion 15).

6 Befreien und trennen Sie den Sensorstecker (siehe Abbildung).

16.3 Position des Kurbelwellensensors

16.6 Stecker des Kurbelwellensensors

16.7a Lösen Sie die Schraube und entfernen Sie den Sensor, . . .

16.7b ... beachten Sie den O-Ring.

16.11 Position des Nockenwellensensors

16.12 Lösen Sie die Schraube und ziehen Sie den Sensor heraus. Beachten Sie den Auslöser am unteren Nockenwellenritzel (Pfeil).

16.13 Trennen Sie den Stecker und lösen Sie die Sensorschraube.

16.17 Position des linken Klopfsensors

16.18 Trennen Sie den Stecker und lösen Sie die Schraube des Sensors.

16.21 Position des Ansaugluft-Temperatursensors

7 Lösen Sie die Schraube, die den Sensor sichert, und ziehen Sie ihn aus dem Motor (siehe Abbildung). Beachten Sie die Position des O-Rings – er muss beim Einbau erneuert werden (siehe Abbildung).
8 Der Sensor reagiert auf Bewegungen des hinter dem Motordeckel sitzenden Kurbelwellen-Zahnrades. Um dessen Zähne zu überprüfen, muss der Deckel entfernt werden (siehe Kapitel 2, Sektion 16).
9 Der Einbau entspricht der umgekehrten Ausbaureihenfolge – beachten Sie dabei folgende Punkte:

- Rüsten Sie den Sensor mit einem neuen O-Ring aus und schmieren Sie ihn mit frischem Motoröl.
- Ziehen Sie die Sensor-Schraube mit 8 Nm an.
- Gehen Sie sicher, dass die Kontakte des Sensor-Steckers sauber sind.
- Stellen Sie sicher, dass der Stecker korrekt verbunden ist, und erneuern Sie alle Kabelbinder.

Nockenwellensensor

10 Der Sensor erkennt die Stellung der Nockenwelle und ihre Drehzahl; diese Informationen werden von der DME Steuergerät benötigt, um festzulegen, welcher Zylinder im Verdichtungstakt steht und wann gezündet werden muss.

Ausbau und Einbau

11 Der Nockenwellensensor sitzt unterhalb des Drosselklappengehäuses hinten am rechten Zylinderkopf (siehe Abbildung).
12 Entfernen Sie bei der R nineT bis 2016 die untere Zylinderkopf-Abdeckung. Befreien Sie das Sensorkabel aus den am Zylinderkopf und unten am Drosselklappengehäuse sitzenden Kabelbindern und trennen Sie den Stecker. Lösen Sie die Schraube, die den Sensor sichert, und ziehen Sie ihn aus dem Zylinderkopf (siehe Abbildung).
13 Trennen Sie bei allen anderen Modellen den Sensorstecker, lösen Sie die Schraube und ziehen Sie den Sensor heraus (siehe Abbildung).
14 Der Sensor reagiert auf Bewegungen des von der Ritzelschraube gesicherten Auslösers (Abbildung 16.12) – demontieren Sie für den Zugang den Ventildeckel (siehe Kapitel 2, Sektion 7).
15 Der Einbau entspricht der umgekehrten Ausbaureihenfolge – beachten Sie dabei relevante Punkte in Schritt 8.

Klopfsensoren

16 Die Klopfsensoren erkennen die speziellen Vibrationen, die durch Frühzündungen (»Klingeln« oder »Klopfen«) im Brennraum hervorgerufen werden. Wenn sie solche Symptome feststellen, senden sie ein Signal an das Steuergerät, das die Frühzündung etwas zurücknimmt, um Motorschäden durch mechanische Belastung oder Überhitzung zu verhindern.

Ausbau und Einbau

17 Die Klopfsensoren sitzen unterhalb der Ansaugstutzen hinten in beiden Zylindern (siehe Abbildung). Entfernen Sie die Drosselklappengehäuse, um Zugang zu den Sensoren zu erhalten (siehe Sektion 6).
18 Trennen Sie den Sensorstecker, lösen Sie die Schraube und entfernen Sie den Sensor (siehe Abbildung).
19 Der Einbau entspricht der umgekehrten Ausbaureihenfolge – beachten Sie dabei rele-

16.22 Drücken Sie den Sicherungsbügel des Sensorsteckers ein und trennen Sie diesen.

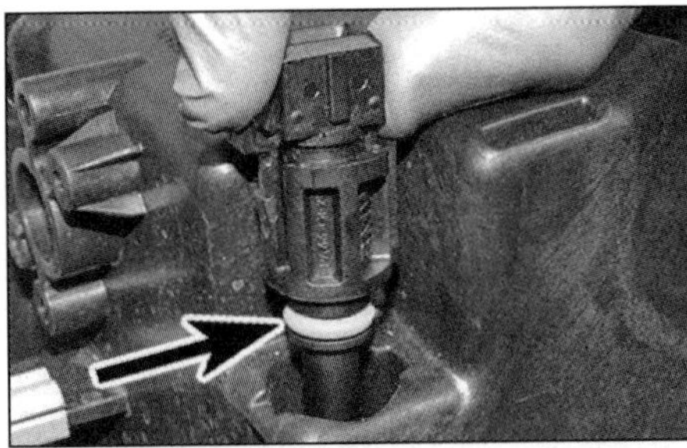
16.23 Lösen Sie die Arretierung und ziehen Sie den Sensor heraus – beachten Sie den O-Ring.

16.27 Position des Öltemperatursensors

16.29 Schrauben Sie den Sensor heraus – beachten Sie die Dichtscheibe.

16.34 Zylinderkopf-Temperatursensor

16.35a Öffnen Sie die Kabelbinder, merken Sie sich die Verlegung des Kabels . . .

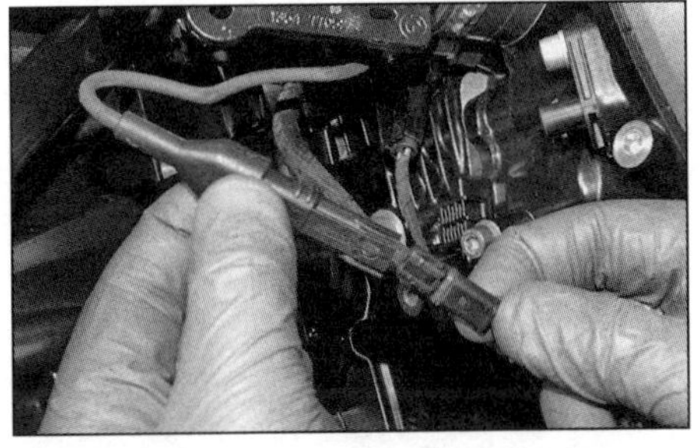
16.35b . . . und trennen Sie den Stecker.

vante Punkte in Schritt 8. Beachten Sie, dass hier ein exaktes Anzugsdrehmoment von 19 Nm entscheidend ist, um eine korrekte Funktion der Sensoren sicherzustellen.

Ansaugluft-Temperatursensor

20 Der Sensor registriert die Temperatur der Luft im Luftfiltergehäuse. Weil Temperaturänderungen die Luftdichte beeinflussen, benutzt das Steuergerät diese Informationen, um die Einspritzmenge zu berechnen.

Ausbau und Einbau

21 Der Ansaugluft-Temperatursensor sitzt links vorne im Luftfiltergehäuse (siehe Abbildung). Entfernen Sie den Tank, um Zugang zum Sensor zu erhalten (siehe Sektion 2).

22 Drücken Sie den Sicherungsbügel des Sensorsteckers ein, um diesen zu trennen (siehe Abbildung).

23 Entriegeln Sie den Sensor, um ihn aus dem Luftfiltergehäuse zu ziehen. Beachten Sie seinen O-Ring (siehe Abbildungen).

24 Kontrollieren Sie den O-Ring und ersetzen Sie ihn, wenn er verformt oder spröde ist.

25 Der Einbau entspricht der umgekehrten Ausbaureihenfolge – beachten Sie dabei relevante Punkte in Schritt 8.

Motoröl-Temperatursensor

26 Der Sensor registriert die Temperatur des Öls im Kühlkreislauf und die DME benutzt diese Information, um – speziell bei Kalt- und Warmstarts – die Einspritzmenge und den Zündzeitpunkt zu berechnen.

Ausbau und Einbau

Anmerkung: *Wenn der Motor kürzlich lief, muss er vor Arbeitsbeginn ausreichend abkühlen. So läuft langsam das Öl aus dem Kühler in den Motor und beim Ausbau des Sensors tritt weniger aus.*

27 Der Motoröl-Temperatursensor sitzt rechts oben an Motor (siehe Abbildung). Entfernen Sie den Tank, um Zugang zu erhalten (siehe Sektion 2).

28 Drücken Sie von hinten den Sicherungsbügel des Sensorsteckers ein und trennen Sie diesen.

29 Lösen Sie den Sensor und ziehen Sie ihn aus dem Motor – seien Sie auf auslaufendes Öl vorbereitet (siehe Abbildung).

30 Der Einbau entspricht der umgekehrten Ausbaureihenfolge – beachten Sie dabei relevante Punkte in Schritt 8. Rüsten Sie den Sensor mit einer neuen Dichtscheibe aus und ziehen Sie ihn mit 16 Nm an.

Lambdasonden (Sauerstoff-Sensoren)

31 Diese Sensoren messen den Sauerstoffgehalt im Abgas und das Steuergerät berechnet anhand ihrer Informationen die Einspritzmenge.

32 Ausbau und Einbau der Lambdasonden ist in Sektion 10 beschrieben.

Zylinderkopf-Temperatursensor

33 Der Sensor sitzt im rechten Zylinderkopf. Die registrierte Temperatur des Zylinderkopfes wird vom Motorsteuergerät benutzt, um die Einspritzmenge und den Zündzeitpunkt zu berechnen.

Ausbau und Einbau

34 Der Zylinderkopf-Temperatursensor sitzt innen neben dem Ansaugstutzen (siehe Abbildung). Entfernen Sie das Drosselklappengehäuse, um Zugang zum Sensor zu erhalten (siehe Sektion 6).

35 Befreien und trennen Sie das Sensorkabel (siehe Abbildungen).

36 Schrauben Sie den Sensor – z. B. mithilfe des BMW-Werkzeugs 124 611 – aus dem Zylinderkopf.

37 Der Einbau entspricht der umgekehrten Ausbaureihenfolge – beachten Sie dabei relevante Punkte in Schritt 8 und ziehen Sie den Sensor mit 8 Nm an.

16.38 Position des Öldruckschalters – frühe R nineT-Modelle

16.41 Die Schrauben des Drosselklappensensors sind durch Langlöcher geführt, um den Sensor einstellen zu können.

16.44 Position des Gangsensors

16.45a Lösen Sie den Drahtbügel, drücken Sie ihn herum, ...

16.45b ... ziehen Sie ihn heraus ...

16.45c ... und ziehen Sie den Kugelkopf des Schaltgestänges ab.

16.46a Befreien Sie den Sensorstecker, ...

16.46b ... öffnen Sie den Kabelbinder und trennen Sie den Stecker.

16.47 Schrauben des Gangsensors

Öldruckschalter

38 Frühe R nineT-Modelle sind mit einem Öldruckschalter ausgerüstet, der sich links unterhalb des Zylinders befindet und nur bei den ersten Tests des Motors in der Fabrik zum Einsatz kommt (siehe Abbildung).
39 Falls um den Schalter herum Öl austritt, muss geprüft werden, ob er mit 30 Nm angezogen ist; nötigenfalls muss der Schalter ausgetauscht werden.

Drosselklappensensor

40 Der Sensor überwacht die Position der Drosselklappe im linken Drosselklappengehäuse und die DME benutzt diese Information, um die Einspritzmenge und den Zündzeitpunkt zu berechnen.

Ausbau und Einbau

Anmerkung: *Der Drosselklappensensor sollte nur entfernt werden, wenn er erwiesenermaßen defekt ist. Wenn ein neuer Sensor installiert wurde, muss er mithilfe eines Diagnosegerätes justiert werden.*

41 Der Drosselklappensensor sitzt außen am linken Drosselklappengehäuse. Trennen Sie seinen Kabelstecker (siehe Sektion 6, Schritt 3), lösen Sie die Schrauben (siehe Abbildung) und heben Sie den Sensor ab. Beachten Sie, wie die Drosselklappenwelle in den Sensor greift.
42 Der Einbau entspricht der umgekehrten Ausbaureihenfolge – beachten Sie dabei relevante Punkte in Schritt 8. Zum Einstellen des Sensors wird ein Diagnosegerät benötigt.

Gangsensor

43 Der Sensor überwacht die Position der Schaltwalze im Getriebe und das Motorsteuergerät benutzt diese Information, um die Einspritzmenge und den Zündzeitpunkt zu berechnen.

Ausbau und Einbau

44 Der Gangsensor sitzt hinten am Getriebe (siehe Abbildung). Um Zugang zu erhalten, muss die Auspuffklappe samt Servo demontiert werden (siehe Sektion 9).
45 Entfernen Sie den Drahtbügel, der das Schaltgestänge am Schaltwellenhebel sichert, und ziehen Sie den Kugelkopf ab (siehe Abbildungen).
46 Befreien Sie den Sensorstecker, öffnen Sie den Kabelbinder und trennen Sie ihn. Befreien Sie die Verkabelung aus dem Clip und merken Sie sich seine Verlegung (siehe Abbildungen).
47 Lösen Sie die Schrauben des Sensors und entfernen Sie ihn (siehe Abbildung) – kontrollieren Sie seinen O-Ring und ersetzen Sie ihn nötigenfalls.
48 Der Einbau entspricht der umgekehrten Ausbaureihenfolge – beachten Sie dabei relevante Punkte in Schritt 8 und verwenden Sie nötigenfalls einen neuen O-Ring.

Kapitel 4
Rahmen, Federung und Endantrieb

Inhalt (in alphabetischer Reihenfolge, die Zahlen geben die Nummerierung in den grauen Feldern wieder)

Schwierigkeitsgrade

Leicht. Für Anfänger mit wenig Erfahrung geeignet. 	**Relativ leicht.** Für Anfänger mit etwas Erfahrung geeignet. 	**Relativ schwierig.** Geeignet für geübte Selbstschrauber. 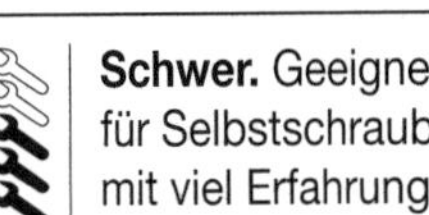	**Schwer.** Geeignet für Selbstschrauber mit viel Erfahrung.	**Sehr schwer.** Geeignet für Experten und Profis. 

Technische Daten

Vorderradfederung

Typ
- R nineT . . . . Sachs-Upsidedowngabel
- Pure, Racer, Scrambler, Urban G/S . . . . Showa-Teleskopgabel

Gabelöl-Typ . . . . BMW Gabelöl Typ 2 (10W)

Gabelöl-Füllmenge und Pegel (siehe Text)
- R nineT bis 2016 . . . . 575 ml, 80 mm
- R nineT ab 2017 . . . . 525 ml, 65 mm
- Pure
  - Standardfahrwerk . . . . 537 ml, 92 mm
  - Abgesenktes Fahrwerk . . . . 539 ml, 91 mm
- Racer . . . . 537 ml, 92 mm
- Scrambler
  - Standardfahrwerk . . . . 576 ml, 92 mm
  - Abgesenktes Fahrwerk . . . . 537 ml, 91 mm
- Urban G/S . . . . 576 ml, 92 mm

Standrohr-Verzug (max.) . . . . 0,1 mm

Hinterradfederung

Typ . . . . BMW Paralever

Bremspedal

Spiel zwischen Bremspedal und Anschlag . . . . 2 bis 3 mm

Anzugsdrehmomente

	Nm
Brems- und Kupplungshebel-Klemmschrauben	8
Bremspedal-Lagerbolzen	19
Endantrieb-Lagerbolzen	100
Hinterradfederung	
Paraleverhebel-Befestigungsschrauben	56
Stoßdämpfer-Bolzen	56

Hinterradschwinge	
Linker Gelenkzapfen	
Schritt 1	20
Schritt 2	7
Kontermutter des linken Gelenkzapfens	145
Rechte Gelenkzapfen-Schrauben	9
Lenkergewichte – Pure, Racer, Scrambler, Urban G/S	10
Lenkergewicht-Schrauben – R nineT	19
Lenker-Klemmschrauben – R nineT, Pure, Scrambler, Urban G/S	
Hintere Schrauben (M8)	19
Vordere Schrauben (M10)	38
Lenkkopflager-Einstellring und Konterring	siehe Sektion 9
Lenkschaftmutter	100
Lenkungsdämpfer-Schrauben	19
Schalthebel-Gelenkzapfen (Racer)	19
Seitenständer-Gelenkbolzen	41
Vorderradgabel	
Dämpferstangenschraube	
R nineT (Upsidedown-Gabel)	30
alle anderen Modelle (konventionelle Gabel)	20
Gabelbrücken-Klemmschrauben	19
Standrohr-Verschlussschraube	
R nineT (Upsidedown-Gabel)	20
alle anderen Modelle (konventionelle Gabel)	22

1 Allgemeine Informationen

1 Es gibt keinen Rahmen im traditionellen Sinne, stattdessen sind jeweils aus Stahlrohren verschweißte Frontrahmen und ein Heckrahmen mit der Antriebseinheit – aber nicht miteinander – verschraubt.

2 Das Vorderrad wird von einer Telegabel geführt – bei der R nineT von einer Sachs-Upsidedowngabel mit 46 mm Tauchrohrdurchmesser, bei Pure-, Racer-, Scrambler- und Urban G/S-Modellen von einer konventionell aufgebauten Showa-Telegabel mit 43 mm Standrohrdurchmesser. Die Gabelholme sind in zwei Gabelbrücken geklemmt, die mit dem Lenkschaft in den Lenkkopflagern des Frontrahmens geführt werden. Die Gabel ist lediglich bei der R nineT ab 2017 einstellbar – sowohl in der Federvorspannung, der Zugstufe (rechter Gabelholm) und der Druckstufe (linker Gabelholm), bei allen anderen Modellen können keine Einstellungen vorgenommen werden.

3 Die Hinterradfederung wird von einer Einarmschwinge übernommen. Die Kardanwelle zum Hinterrad läuft innerhalb dieser Schwinge. Durch einen zweiten Drehpunkt vor dem Endantrieb und einen Verbindungshebel (»Paralever«) werden die bei festen Antrieben entstehenden Lastwechsel-Aufstellmomente nahezu aufgehoben.

4 Der Hinterradstoßdämpfer stützt sich mithilfe eines Mono-Stoßdämpfers direkt gegen den Heckrahmen ab, er ist in der Federvorspannung und der Zugdämpfung einstellbar.

2 Rahmen

1 Die Rahmen-Segmente benötigen normalerweise keinerlei Aufmerksamkeit. Bei einem Unfall hilft zumeist nur der Austausch des Rahmenteils. Einige Rahmen-Spezialisten sind in der Lage, einen verbogenen Rahmen genau zu untersuchen und möglicherweise wieder zu richten.

2 Der Frontrahmen trägt den Lenkkopf und die Gabel, außerdem den Tank und eine Vielzahl elektrischer Komponenten. Das Rahmensegment ist direkt an den Motor geschraubt.

3 Der Heckrahmen trägt die Schwinge und stützt den Stoßdämpfer. Außerdem sind die Sitzbank, der Hinterradkotflügel, das Luftfiltergehäuse, die Batterie und verschiedene elektrische Komponenten daran befestigt. Der Heckrahmen ist direkt an den Motor und das Getriebe geschraubt.

4 Sollten die beiden Rahmensegmente nicht korrekt zueinander ausgerichtet sein, kann dies zu Handling-Problemen führen. Wenn eine Fehlausrichtung vermutet wird, müssen zunächst die Räder einer Spurkontrolle unterzogen werden (siehe Kapitel 5).

5 Um die Rahmensegmente untersuchen zu können, muss zunächst der Tank entfernt werden (siehe Kapitel 3).

6 Lockere Schrauben können zu ausgeschlagenen oder gerissenen Bohrungen in ihren Aufnahmen führen. Nach einer hohen Laufleistung sollten die Rahmensegmente genau auf Risse oder Brüche an den Schweißverbindungen untersucht werden. Kleinere Schäden lassen sich oft durch Schweißen reparieren – doch dürfen solche Arbeiten nur von speziell ausgebildeten Experten vorgenommen werden. Bauen Sie auf jeden Fall vor dem Einsatz eines Schweißgerätes die Batterie, die Motorsteuerung, die Zentralelektrik-Einheit und die Instrumente aus, um die empfindliche Elektronik nicht zu beschädigen.

7 Folgen Sie den relevanten Schritten in Kapitel 2, Sektion 4, um den Front- und/oder den Heck-Rahmen zu demontieren.

3 Fußrasten, Bremspedal und Schalthebel

Fußrasten

1 Um eine Fahrerfußraste demontieren zu können, muss zunächst die Sicherungsscheibe an der Unterseite des entsprechenden Ge-

3.1 Entfernen Sie die Sicherungsscheibe (Pfeil) vom Gelenkzapfen und beachten Sie die Position der Feder – gezeigt an der R nineT von 2017, andere Modelle ähnlich.

3.2a Entfernen Sie die Sicherungsscheibe...

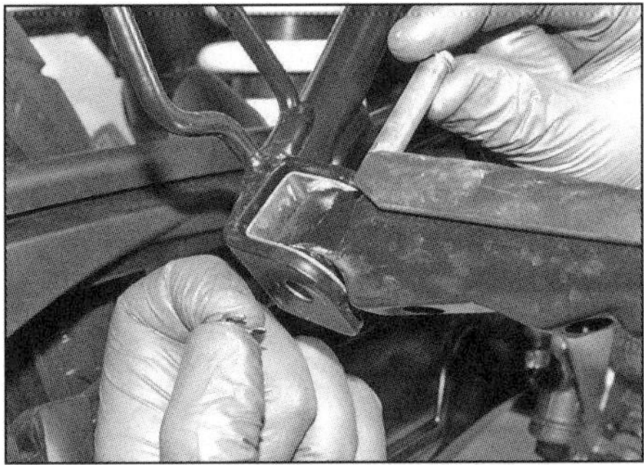
3.2b ...und ziehen Sie den Gelenkzapfen heraus.

3.2c Drücken Sie die Arretierplatte zusammen mit der Fußraste heraus...

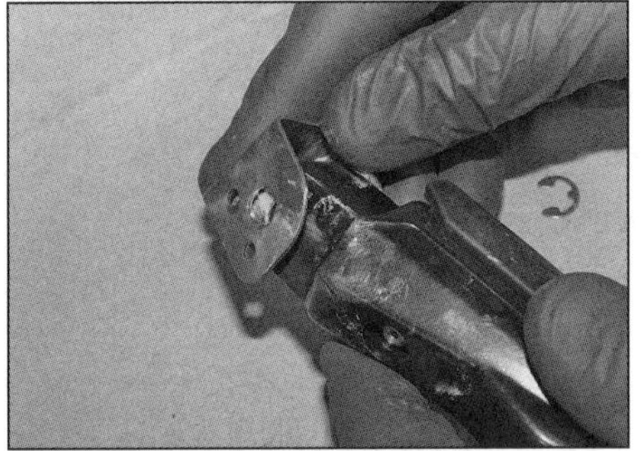
3.2d ...und ziehen Sie sie vorsichtig ab,...

3.2e ...um die Kugel...

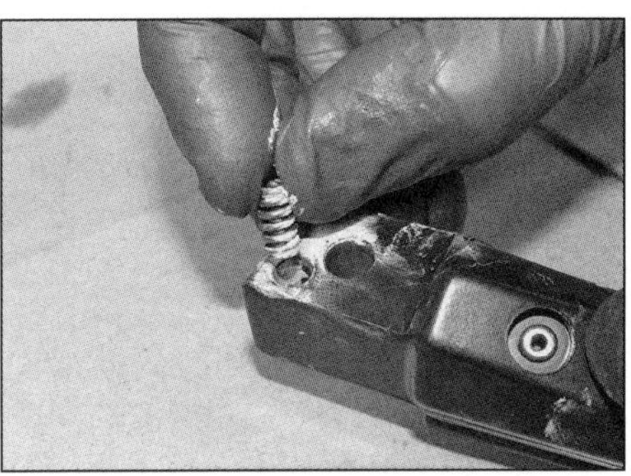
3.2f ...und die Feder entnehmen zu können.

3.3 Mit Nieten gesichertes Fußrastengummi

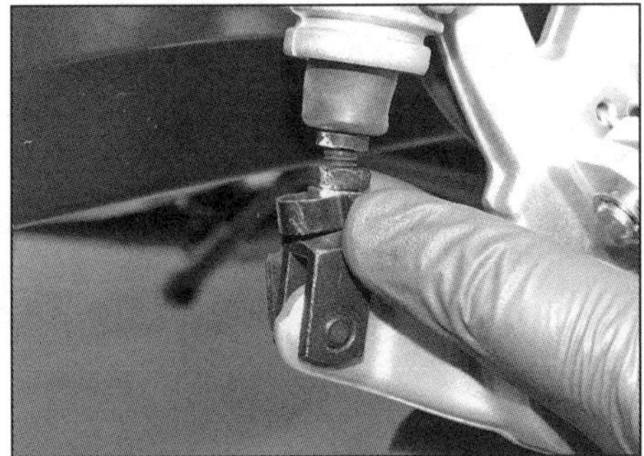
3.6a Befreien Sie die Klemme...

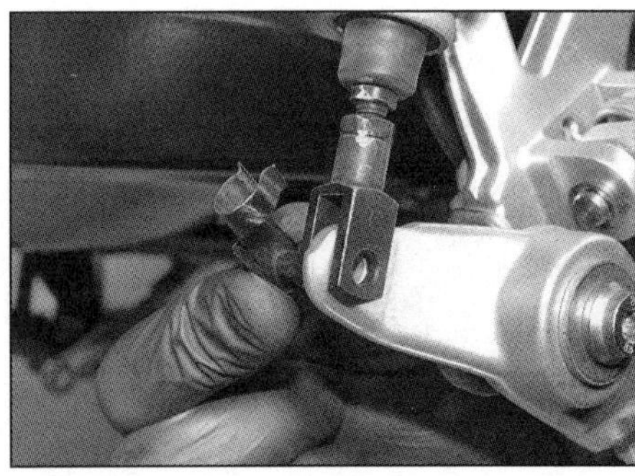
3.6b ...und ziehen Sie den Gelenkzapfen heraus.

lenkzapfens entfernt werden. Dann wird der Zapfen herausgezogen und die Feder, die Hülse (nur Scrambler und Urban G/S) sowie die Raste entnommen (siehe Abbildung). Merken Sie sich, wie die Feder in der Raste und am Träger eingehängt ist.

2 Um eine Beifahrerfußraste demontieren zu können, muss zunächst die Sicherungsscheibe an der Unterseite des entsprechenden Gelenkzapfens entfernt werden. Dann wird der Zapfen herausgezogen (siehe Abbildung). Achten Sie bei Entnehmen der Fußraste darauf, dass die federbelastete Kugel hinter der Arretierplatte nicht verloren geht – demontieren Sie diese Teile, um sie zu reinigen und mit frischem Schmiermittel zu versorgen (siehe Abbildungen).

3 Bei der **R nineT bis 2016** können vorn und hinten die Fußrastengummis separat erneuert werden, nachdem die zwei Schrauben an der Unterseite entfernt sind. Die Fußrastengummis sind mit integrierten Gewindehülsen ausgerüstet. Verwenden Sie entweder neue Schrauben oder reinigen Sie die Gewinde der alten und tragen Sie frische Sicherungspaste auf. Bei späteren Modellen sind die Fußrastengummis an den Metallträger angenietet (siehe Abbildung) – entfernen Sie die Raste und bohren Sie die Niete aus. entweder müssen neue Fußrastengummis mit Gewindeplatte und Schrauben beschafft und die Löcher in der Raste aufgebohrt werden, um Platz für die Schrauben zu schaffen, oder es werden originale Fußrastengummis mit neuen Nieten installiert.

4 Bei der **Scrambler** und der **Urban G/S** können die Fahrerfußrastengummis demontiert werden, um im Gelände mehr Grip auf den gezackten Metallrasten zu erhalten. Die Gummis stecken mit Zapfen in den Rasten und können einfach herausgezogen werden.

5 Der Einbau entspricht der umgekehrten Ausbaureihenfolge – die Feder (Fahrerfußrasten) bzw. die Arretierplatte, die Feder und die Kugel (Beifahrerfußrasten) müssen korrekt installiert werden. Sichern Sie die Gelenkzapfen mit neuen Sicherungsscheiben.

4

Bremspedal

6 Beachten Sie die Position der Klemme, die den Gelenkzapfen der Geberzylinder-Druckstange sichert, lösen Sie sie von der Druckstange und ziehen Sie den Zapfen heraus (siehe Abbildungen). Trennen Sie die Druckstange vom Bremspedal.

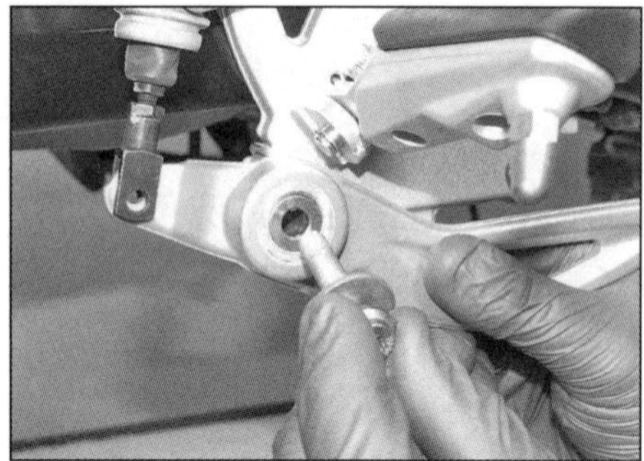
3.7a Lösen Sie den Gelenkbolzen ...

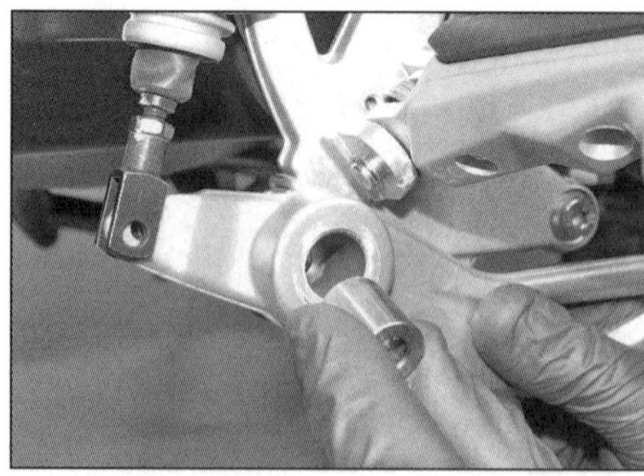
3.7b ... und stellen Sie nötigenfalls die Lagerbuchse sicher.

3.7c Hängen Sie die Feder aus, entfernen Sie das Pedal ...

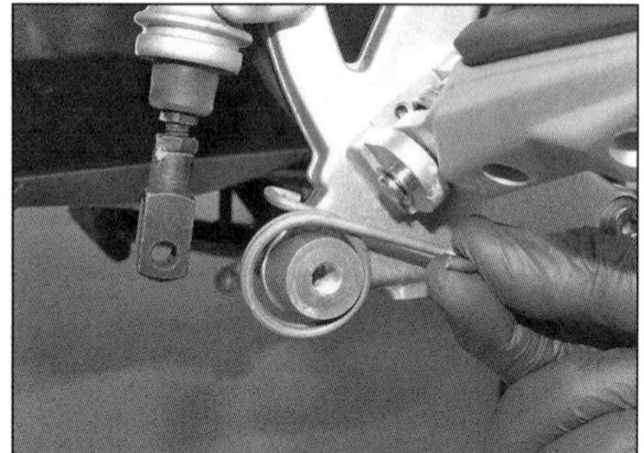
3.7d ... und entnehmen Sie die Feder – beachten Sie ihre Einbauposition.

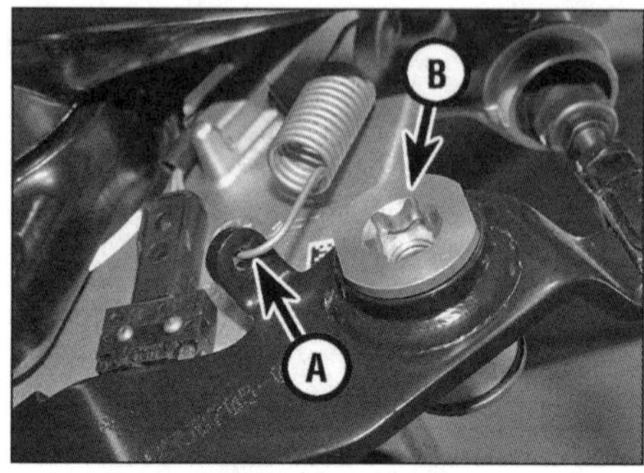

3.8a Hängen Sie die Feder (A) aus und kontern Sie die Lagerbuchse (B), ...

3.8b ... um den Lagerbolzen lösen zu können.

3.9a Beschädigen Sie bei der Montage des Pedal nicht die Kontaktplatte des Bremslichtschalters.

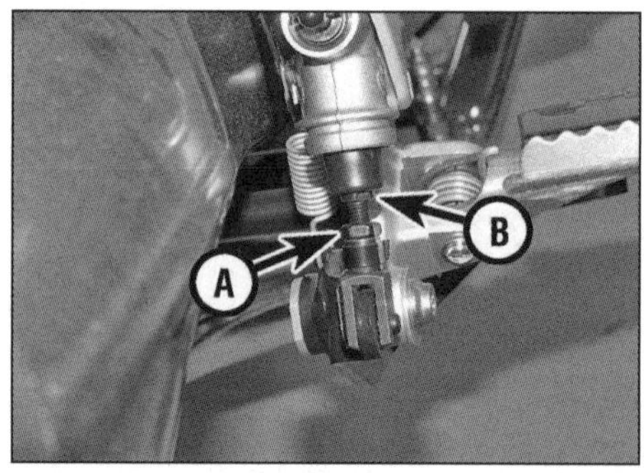

3.9b Lockern Sie die Kontermutter oberhalb des Gelenks und verdrehen Sie die Druckstange, um die Pedalhöhe einzustellen.

3.10 Die Markierung der Welle ist zur Klemmöffnung des Schalthebels ausgerichtet.

7 Merken Sie sich bei der **R nineT, Pure** und **Racer,** wie die Enden der Bremspedalfeder am Halter und der Unterseite des Pedals eingehängt sind. Lösen Sie den Gelenkbolzen, beachten Sie die Scheibe, entnehmen Sie nötigenfalls die Lagerbuchse, hängen Sie die Feder am Pedal aus und heben Sie das Pedal samt Feder ab (siehe Abbildungen).

8 Hängen Sie bei der **Scrambler** und der **Urban G/S** die Rückholfeder am Pedal aus (siehe Abbildung). Kontern Sie die Lagerbuchse an der Innenseite und lösen Sie den Gelenkbolzen – beachten Sie die Scheibe. Entfernen Sie das Pedal und stellen Sie die zwischen ihm und dem Halter sitzende Scheibe sicher (siehe Abbildung). Entfernen Sie die Lagerbuchse. Falls die im Pedal sitzende innere Buchse aus dem Pedal und ersetzen Sie sie, falls sie verschlissen ist.

9 Der Einbau entspricht der umgekehrten Ausbaureihenfolge – beachten Sie dabei folgende Punkte:
- Reinigen Sie die Gleitflächen des Gelenkbolzens und der Buchse, aber schmieren Sie sie nicht – sie sind mit PTFE beschichtet und Fett kann diese Beschichtung beschädigen und Fett daran kleben lassen.
- Beschädigen Sie bei der Montage des Pedal nicht die Kontaktplatte des Bremslichtschalters; die Lasche am Pedal muss auf jeden Fall unter der Platte sitzen (siehe Abbildung).
- Stellen Sie sicher, dass die Feder korrekt eingehängt ist.
- Prüfen Sie, ob sich das Hinterrad frei drehen lässt, während das Bremspedal in der Ruhestellung steht, und das Pedal etwas Leerweg hat, bevor die Bremswirkung einsetzt. Zwischen dem Bremspedal in Ruheposition und dem Anschlag am Fußrastenträger muss ein Spalt von 2 mm messbar sein. Lockern Sie nötigenfalls die Kontermutter oberhalb des Gelenks und drehen Sie die Druckstange mit einem am oberen Sechskant angesetzten Maulschlüssel im Uhrzeigersinn, um ihre Gesamtlänge zu verringern und so das Pedal nach unten zu bewegen (siehe Abbildung). Ziehen Sie die Kontermutter anschließend sorgfältig an.
- Prüfen Sie die Funktion des Bremslichtschalters (siehe Kapitel 7, Sektion 10).

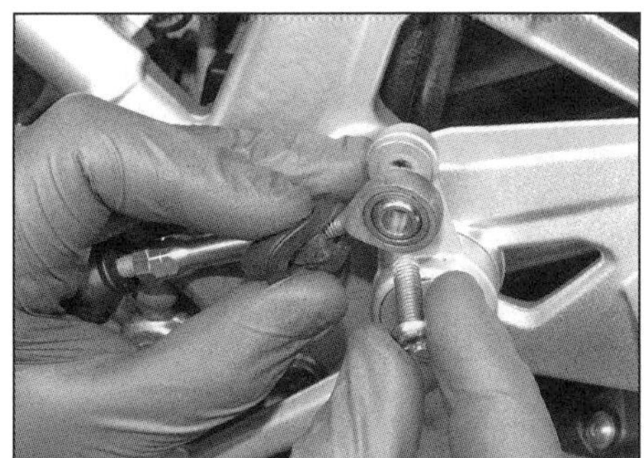

3.11a Lösen Sie die hinter der Gummikappe sitzende Schraube und trennen Sie das Schaltgestänge.

3.11b Lösen Sie die Schrauben des Fußrasten- und Schalthebel-Trägers und entfernen Sie diesen.

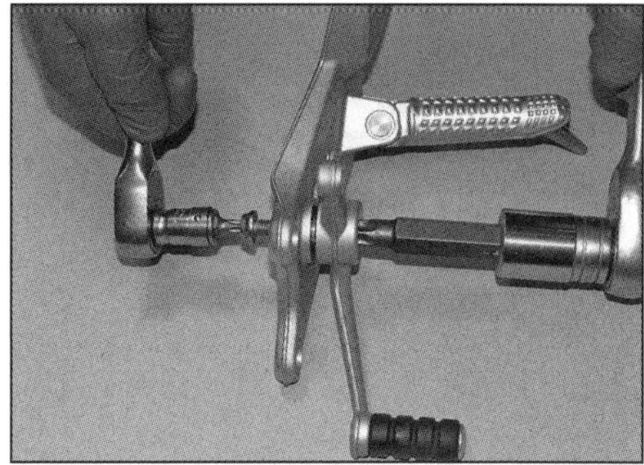

3.11c Halten Sie die Lagerbuchse und lösen Sie an der Innenseite die Schraube, . . .

Schalthebel

Ausbau

10 Prüfen Sie zunächst bei der **R nineT, Pure, Scrambler und Urban G/S,** ob an der Schaltgestänge-Welle eine zur Klemmöffnung oder einer anderen Markierung am Hebel ausgerichtete Markierung angebracht ist (siehe Abbildung) – bringen Sie nötigenfalls selbst eine an. Lösen Sie die Klemmschraube und ziehen Sie den Hebel von der Welle.

11 Um bei der **Racer** den Schalthebel samt Gestänge demontieren zu können, muss hinten am Schaltgestänge die Gummikappe abgezogen, die Schraube gelöst und das Kugelgelenk vom Hebel befreit werden (siehe Abbildung). Lösen Sie die Schrauben des Fußrasten- und Schalthebel-Trägers und entfernen Sie diesen (siehe Abbildungen). Kontern Sie die Lagerbuchse und lösen Sie an der Innenseite die Schraube, entnehmen Sie dann den Schalthebel und stellen Sie alle Scheiben sicher (siehe Abbildungen). Trennen Sie nötigenfalls das vordere Ende des Schaltgestänges auf die gleiche Weise vom Umlenkhebel. Prüfen Sie, ob an der Schaltgestänge-Welle eine zur Klemmöffnung oder einer anderen

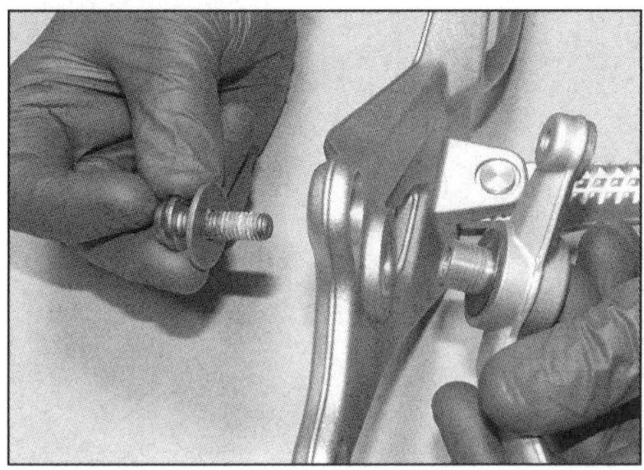

3.11d . . . um den Schalthebel zu befreien.

3.11e Entfernen Sie die Scheibe . . .

Markierung am Schaltwellenhebel ausgerichtete Markierung angebracht ist (siehe Abbildung) – bringen Sie nötigenfalls selbst eine an. Lösen Sie die Klemmschraube und ziehen Sie den Hebel von der Welle.

12 Um bei allen Modellen das Schaltgestänge entfernen zu können, muss der Auspuffventil-Servo demontiert werden (siehe Kapitel 3, Sektion 9). Drücken Sie am oberen Gelenk den Drahtbügel herum, ziehen Sie ihn heraus und befreien Sie das Kugelgelenk vom Getriebehebel (siehe Abbildungen). Ziehen Sie Schalthebel-/Umlenkwelle heraus und befreien Sie das untere Kugelgelenk nötigenfalls auf die gleiche Weise (siehe Abbildung). Prüfen Sie, ob an der Getriebewelle eine zur Klemmöffnung oder einer anderen Markierung am Hebel ausgerichtete Markierung angebracht ist (siehe Abbildung) – bringen Sie nötigenfalls selbst eine an. Lösen Sie die Klemmschraube und ziehen Sie den Hebel von der Welle (siehe Abbildung).

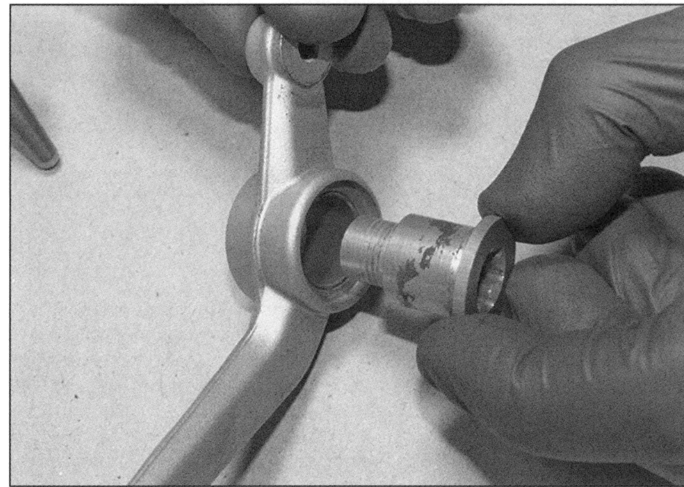

3.11f . . . und ziehen Sie die Lagerbuchse heraus.

3.11g Die Markierung der Welle ist zur Klemmöffnung des Schaltwellenhebels ausgerichtet.

3.12a Drücken Sie den Bügel herum, ...

3.12b ... ziehen Sie ihn heraus ...

3.12c ... und befreien Sie das Schaltgestänge vom Getriebehebel.

3.12d Ziehen Sie Schalthebel-/Umlenkwelle heraus.

3.12e Die Markierung der Getriebewelle ist zur Klemmöffnung des Hebels ausgerichtet.

3.13a Die Kugelgelenke müssen mit Schutzhülsen ausgerüstet sein.

3.13b Reinigen und kontrollieren die im Rahmen steckenden Lagerbuchsen der Schalthebel- oder Umlenkwelle.

Einbau

13 Der Einbau entspricht der umgekehrten Ausbaureihenfolge – beachten Sie dabei folgende Punkte:

- Reinigen Sie alle Wellen- und Hebelverzahnungen und versehen Sie sie mit Fett. Richten Sie die Klemmöffnung der Hebel zur Markierung der Wellen aus (Abbildung 3.12e).
- Reinigen Sie an beiden Seiten der Schaltgestänge die Kugelköpfe und schmieren Sie sie mit Staburags NBU 30 PTM oder vergleichbarem Montagefett. Alle Kugelgelenke müssen mit den Schutzhülsen ausgerüstet sein (siehe Abbildung).
- Prüfen Sie, ob die im Rahmen steckenden Lagerbuchsen der Schalthebel- oder Umlenkwelle sauber und nicht verschlissen sind (siehe Abbildung) – installieren Sie nötigenfalls neue Buchsen.
- Reinigen Sie bei der **Racer** die Gleitflächen des Schalthebels und der Lagerbuchse – diese ist mit PTFE beschichtet und darf nicht geschmiert werden.
- Ersetzen Sie die Klemmschrauben und bei der Racer die Lagerbuchsenschraube durch Neuteile oder reinigen Sie ihre Gewinde und versehen Sie sie mit Sicherungspaste. Ziehen Sie die Klemmschrauben sorgfältig an. Installieren Sie bei der Racer die Schraube samt Scheibe, installieren Sie die Lagerbuchse samt Scheibe und ziehen Sie die Schraube mit 19 Nm an (Abbildungen 3.11f bis c).
- Prüfen Sie, ob die Kontermuttern am Schaltgestänge sorgfältig angezogen sind.

Höhenverstellung

14 Die Position des Schalthebels kann nötigenfalls geringfügig verstellt werden.

15 Lockern Sie bei der **R nineT, Pure, Scrambler und Urban G/S** die obere Kontermutter des Umlenkgestänges (siehe Abbildung) und befreien Sie dies vom Getriebehebel (Abbildungen 3.12a, b und c). Verdrehen Sie den Kugelgelenk-Sockel im Uhrzeigersinn, um den Schalthebel anzuheben, oder links herum, um ihn abzusenken. Verbinden Sie das Gelenk, prüfen Sie die Einstellung und ziehen Sie die Kontermutter wieder an. Nötigenfalls kann das Gestänge komplett demontiert werden, um an beiden Enden Einstellungen vorzunehmen – achten Sie darauf, dass das jeweilige Gelenk mindestens drei Gewindegänge auf das Gestänge geschraubt ist.

16 Halten Sie bei der Racer das Schaltgestänge am Sechskant und lockern Sie beide Kontermuttern (siehe Abbildung). Verdrehen Sie das Gestänge, bis die gewünschte Schalthebel-Position erreicht ist, und ziehen Sie die Kontermuttern wieder sorgfältig an – achten Sie darauf, dass das jeweilige Gelenk mindestens drei Gewindegänge auf das Gestänge geschraubt ist.

4 Seitenständer

1 Das Schmieren des Ständergelenks ist Bestandteil des Wartungsplans (siehe Kapitel 1).

2 Die Ständerfedern müssen auf Beschädigungen und Ermüdung überprüft werden. Die Federn müssen den Ständer während der Fahrt sicher an der Maschine halten. Eine ermüdete oder gebrochene Feder muss unverzüglich ersetzt werden, da ein während der Fahrt ausklappender Ständer lebensgefährlich ist.

3.15 Obere Kontermutter des Umlenkgestänges

3.16 Lockern Sie die Kontermuttern (Pfeile) und verdrehen Sie das Verbindungsstück – Racer.

4.4a Seitenständer-Federn bei der R nineT bis 2016

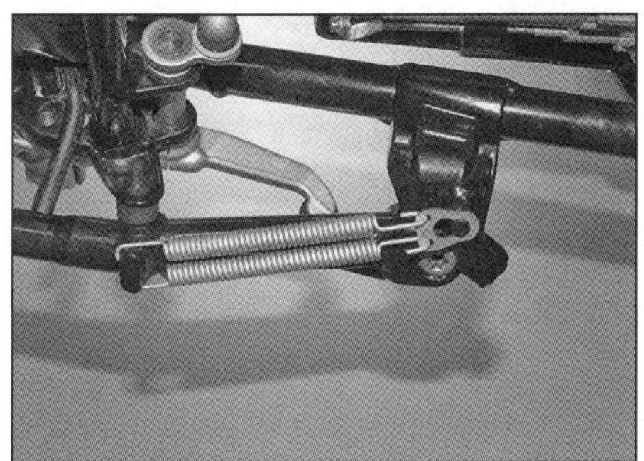

4.4b Seitenständer-Federn bei allen anderen Modellen

4.4c Hängen Sie ggf. die Federplatte mithilfe einer Zange aus.

4.5 Lösen Sie die Schraube des Seitenständerschalters.

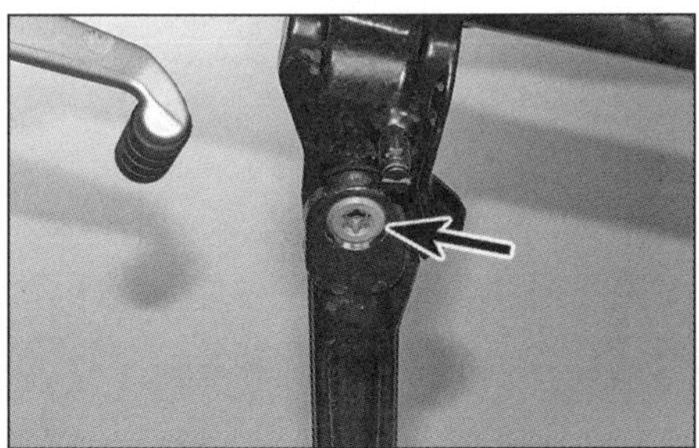

4.6 Der Seitenständer-Gelenkbolzen ist von rechts zugänglich.

3 Um den Seitenständer entfernen zu können, muss sichergestellt sein, dass das Motorrad sicher mit dem Hauptständer oder einem Montageständer abgestützt ist. Sichern Sie den gegen den Lenker gezogenen Bremshebel mit einem Band, um das Vorderrad zu blockieren.

Ausbau

4 Hängen Sie bei eingeklapptem Ständer die Ständerfedern aus und entfernen Sie sie zusammen mit der Federplatte (nicht bei R nineT bis 2016) (siehe Abbildungen) – hierfür wird ein geeigneter Haken benötigt (BMW bietet unter der Teilenummer 465 721 ein entsprechendes Werkzeug an), alternativ kann die Federplatte auch mit einer Zange befreit werden (siehe Abbildung). Wenn bei einem Modell mit zwei separaten Federn ein Federhaken eingesetzt wird, sollten deren hintere Enden separat von der Platte befreit werden. Mit ausreichender Vorsicht können die Federn auch verbunden bleiben, bis der Ständer von seinem Gelenk befreit ist, und dann im entspannten Zustand ausgehängt werden.

5 Lösen Sie die Schraube des Seitenständerschalters und befreien Sie diesen (siehe Abbildung).

6 Lösen Sie an der Innenseite den Gelenkbolzen und entnehmen Sie den Ständer (siehe Abbildung); hängen Sie ggf. jetzt die Federn aus.

7 Reinigen Sie das Gelenk und kontrollieren Sie alles auf Verschleiß – beachten Sie hierbei besonders den Gelenkbolzen und die Buchsen in der Aufnahme und ersetzen Sie schadhafte Teile.

Einbau

8 Reinigen Sie das Gewinde des Gelenkbolzens und tragen Sie Sicherungspaste (mittelfest) auf. Schmieren Sie die Lagerbuchsen und den Schaft des Bolzens mit Fett. Bringen Sie den Ständer in Position, hängen Sie ggf. jetzt die Federn ein, installieren Sie den Bolzen und ziehen Sie ihn mit 41 Nm an.

4.9a Sichern Sie den Ständer mit einem Kabelbinder im eingeklappten Zustand.

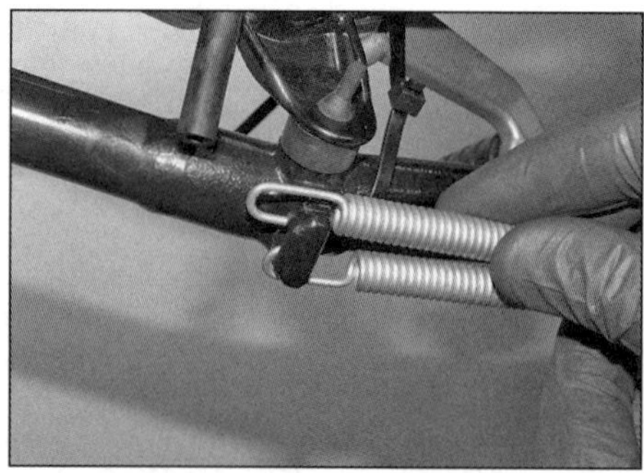

4.9b Hängen Sie die Federn unten im Ständer...

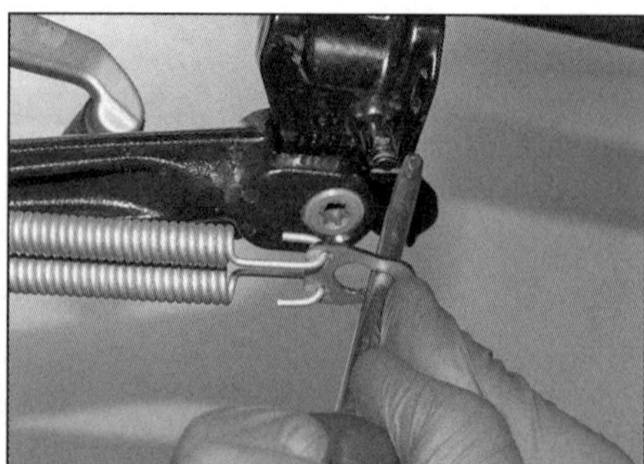

4.9c und setzen Sie wie gezeigt einen Schraubendreher an,...

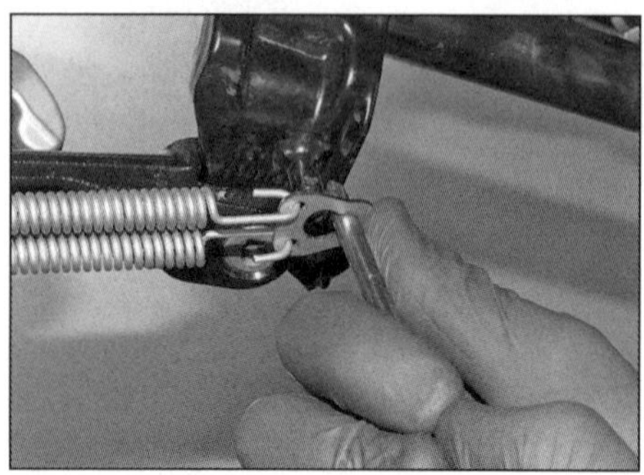

4.9d ... um die Federplatte über den Zapfen zu heben.

4.10 Richten Sie den Stift des Schalters zur Bohrung im Ständer aus.

9 Falls die Federn noch nicht eingehängt sind, muss der Ständer mit einem Kabelbinder hochgebunden werden, um die Federn mithilfe des Federhakens oder eines Schraubendrehers einhängen zu können – achten Sie bei der Federplatte darauf, dass sie korrekt unter dem Kopf des Zapfens sitzt (siehe Abbildungen sowie Abbildungen 4.4a und b).

10 Setzen Sie den Seitenständerschalter an, sodass der Stift in die Bohrung des Ständers (siehe Abbildung) und die Nut um den Zapfen am Rahmen greifen (Abbildung 4.5). Reinigen Sie das Gewinde der Schalterschraube und tragen Sie frische Sicherungspaste (mittelfest) auf, bevor Sie sie sorgfältig anziehen.

11 Prüfen Sie die Funktion des Unterbrecher-Stromkreises (siehe Kapitel 1).

12 Prüfen Sie vor der ersten Fahrt, ob der Ständer vorschriftsmäßig einklappt.

5 Lenker und Hebel

Lenker

Anmerkung 1: *Der/die Lenker kann/können (z. B. zum Entfernen der oberen Gabelbrücke) demontiert werden, ohne dass Teile davon abgebaut werden müssen. Achten Sie darauf, dass keine Kabel, Bowdenzüge oder Hydraulikleitungen unter Spannung stehen. Legen Sie den/die Lenker auf Lappen, um keine Teile zu beschädigen. Decken Sie auch den/die Geberzylinder-Ausgleichsbehälter mit Lappen ab, um möglicherweise austretende Hydraulikflüssigkeit aufzusaugen.*

Anmerkung 2: *Beachten Sie die Ausrichtung der Hydraulikzylinder-Klemmungen zu den Markierungen am Lenker. Beachten Sie bei den Modellen R nineT, Pure, Scrambler und Urban G/S die Ausrichtung der Markierungen hinten am Lenker zu dessen Halterungen, bevor Sie ihn demontieren (Abbildung 5.11).*

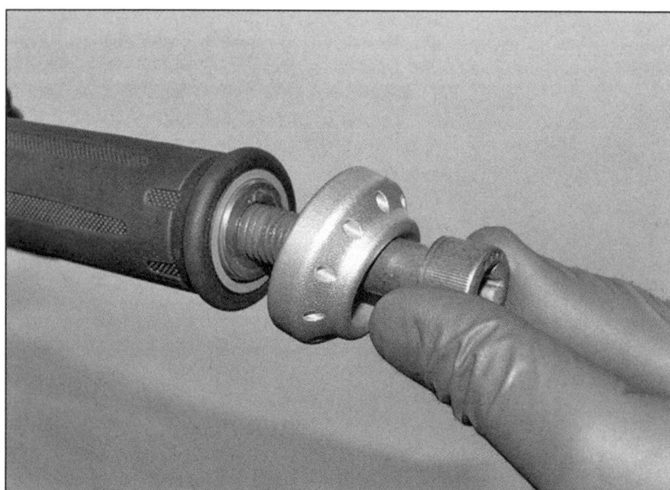

5.3a Bei der R nineT ist das Lenkergewicht mit einer Schraube gesichert, ...

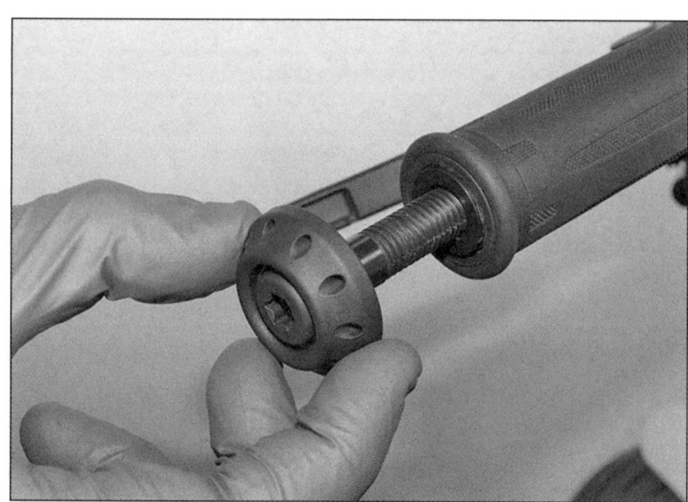

5.3b ... bei allen anderen Modellen bilden das Gewicht und die Schraube ein Teil.

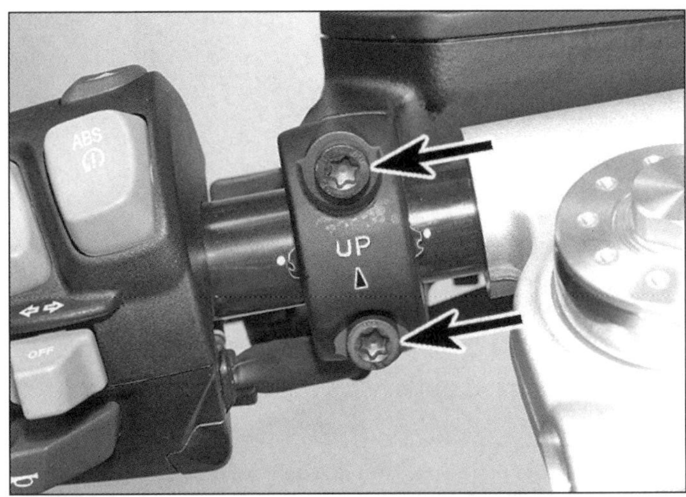

5.5 Klemmschrauben des Kupplungs-Geberzylinders (Pfeile). Beachten Sie, wie die Rippen an beiden Seiten des Klemmstücks zu den Körnermarkierungen am Lenker ausgerichtet sind (gezeigt an der Racer).

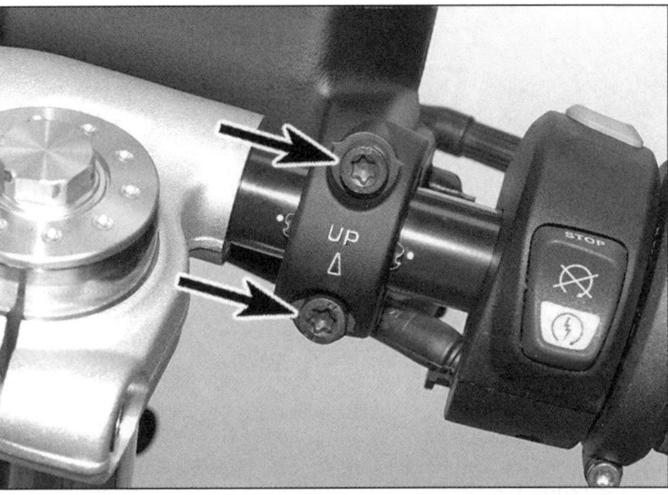

5.7 Klemmschrauben des Handbremszylinders (Pfeile). Beachten Sie, wie die Rippen an beiden Seiten des Klemmstücks zu den Körnermarkierungen am Lenker ausgerichtet sind (gezeigt an der Racer).

1 Trennen Sie den Masseanschluss (–) der Batterie (siehe Kapitel 7, Sektion 3).

2 Entfernen Sie am Lenker befestigte Rückspiegel. Demontieren Sie bei der Racer die Verkleidung (siehe Kapitel 6).

3 Lösen Sie bei der R nineT die Schrauben der Lenkergewichte und entfernen Sie diese (siehe Abbildung). Schrauben Sie bei allen anderen Modellen die Lenkergewichte aus den Lenker-Enden (siehe Abbildung).

4 Befreien Sie den linken Lenkerschalter und den Griff vom Lenker (siehe Kapitel 7, Sektion 16).

5 Stützen Sie den Kupplungs-Geberzylinder, lösen Sie die Klemmschrauben, entfernen Sie das Klemmstück und nehmen Sie den Zylinder vom Lenker (siehe Abbildung). Sichern Sie den Ausgleichsbehälter aufrecht, damit keine Hydraulikflüssigkeit austritt. Die Hydraulikleitung darf nicht unter Last gesetzt werden.

6 Entfernen Sie den rechten Lenkerschalter (siehe Kapitel 7, Sektion 16).

7 Stützen Sie den Handbremszylinder, lösen Sie die Klemmschrauben, entfernen Sie das Klemmstück und nehmen Sie den Zylinder vom Lenker (siehe Abbildung). Sichern Sie den Ausgleichsbehälter aufrecht, damit keine Hydraulikflüssigkeit austritt. Die Hydraulikleitung darf nicht unter Last gesetzt werden.

8 Lösen Sie die Gasgriff-Befestigungsschraube (siehe Abbildung).

9 Beachten Sie bei der **R nineT, Pure, Scrambler und Urban G/S** die Ausrichtung der Markierungen hinten am Lenker zu dessen Halterungen. Stützen Sie den Lenker ab, lösen Sie die vier Klemmschrauben und entfernen Sie Lenkerbrücke; ziehen Sie beim Entnehmen des Lenkers den Gasgriff ab (siehe Abbildungen).

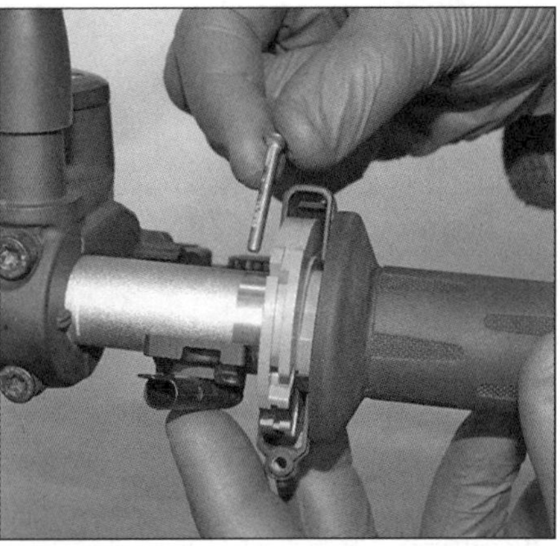

5.8 Der Gasgriff ist mit einer Schraube gesichert.

5.9a Lösen Sie die vier Klemmschrauben . . .

5.9b . . . und entfernen Sie Lenkerbrücke.

4

5.10 Standrohr-Klemmschraube in der oberen Gabelbrücke (A), Lenkschaftmutter (B)

5.11 Richten Sie den Lenker mit den senkrechten und waagerechten Linien wie beschrieben aus.

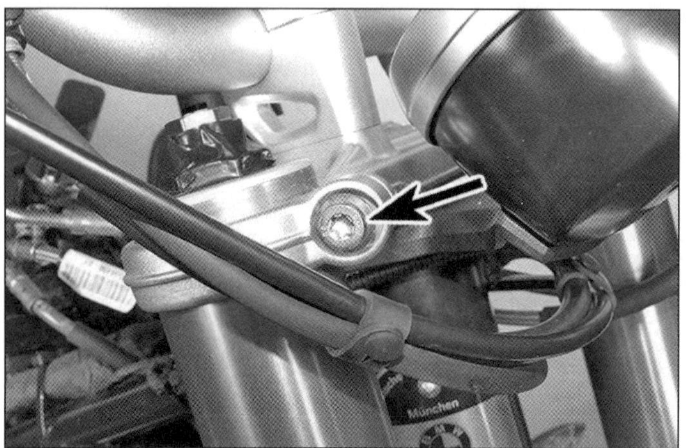

6.7a Standrohr-Klemmschraube – hier der R nineT

6.7b Schraube des Blinkerhalters – Urban G/S

10 Entfernen Sie bei der **Racer** die Zündschlossabdeckung (Abbildung 9.3). Lösen Sie die Schrauben des Instrumentenhalters und befreien Sie die Instrumentenbaugruppe von der oberen Gabelbrücke. Lockern Sie die Standrohr-Klemmschrauben der oberen Gabelbrücke (siehe Abbildung). Umwickeln Sie die Lenkschaftmutter zum Schutz mit einer Lage Isolierband, lösen Sie sie und entnehmen Sie die Scheibe. Heben Sie die obere Gabelbrücke samt der Instrumente von der Gabel und ziehen Sie dabei den Gasgriff ab.

11 Der Einbau entspricht der umgekehrten Ausbaureihenfolge – beachten Sie dabei folgende Punkte:

- Bei der **R nineT, Pure, Scrambler und Urban G/S** müssen die vorderen M10-Lenkerklemmschrauben entweder durch (entsprechend beschichtete) Neuteile ersetzt oder gereinigt und mit Sicherungspaste (mittelfest) bestrichen werden. Schieben Sie das rechte Lenker-Ende in den Gasgriff und setzen Sie den Lenker auf den Halter – richten Sie dabei die Markierungen so aus, dass er sowohl mittig sitzt (senkrechte Striche) als auch in der ursprünglichen Höhe (waagerechte Striche) positioniert ist (siehe Abbildung). Setzen Sie die Lenkerbrücke auf, installieren Sie die vorderen Schrauben handfest und prüfen Sie erneut die Ausrichtung des Lenkers; ziehen Sie die vorderen Schrauben dann mit 38 Nm an (Abbildungen 5.9b und a). Installieren Sie die hinteren M8-Klemmschrauben und ziehen Sie sie mit 19 Nm an.
- Schieben Sie bei der **Racer** die rechte Lenkerhälfte in den Gasgriff und setzen Sie die obere Gabelbrücke auf den Lenkschaft und die Standrohre. Legen Sie die Scheibe auf und ziehen Sie die Lenkschaftmutter mit 100 Nm an. Ziehen Sie dann die Standrohr-Klemmschrauben mit 19 Nm an (Abbildung 5.10).
- Richten Sie je nach Modell die Linie oder Rippen an den Hydraulikzylinder-Klemmstücken zu den Körnermarkierungen am Lenker aus (Abbildungen 5.5 oder 5.7). Ziehen Sie zuerst die obere und dann die untere Klemmschraube mit 8 Nm an.
- Montieren Sie die Lenkerschalter (siehe Kapitel 7, Sektion 16).
- Reinigen Sie die Gewinde der Lenkergewichte oder ihrer Schrauben, tragen Sie frische Sicherungspaste (mittelfest) auf und ziehen Sie die Gewichte mit 10 Nm bzw. ihre Schrauben (R nineT) mit 19 Nm an.

Hebel

12 Folgen Sie den Hinweisen in Kapitel 2, Sektion 21, um den Kupplungshebel zu entfernen und zu installieren.

13 Folgen Sie den Hinweisen in Kapitel 5, Sektion 5, um den Handbremshebel zu entfernen und zu installieren.

6.8 Lockern Sie den Standrohr-Verschluss, solange der Holm in der unteren Gabelbrücke gehalten wird.

6.9a Standrohr-Klemmschraube in der unteren Gabelbrücke – gezeigt bei der R nineT

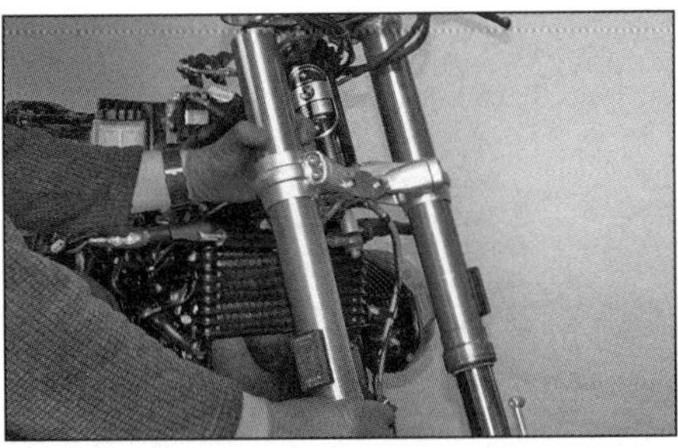

6.9b Ziehen Sie den Gabelholm drehend nach unten heraus.

6.12a Bei der R nineT bis 2016 muss der fünfte Ring bündig zur Gabelbrücken-Oberseite liegen.

6.12b Bei der R nineT ab 2017 muss der zweite Ring bündig zur Gabelbrücken-Oberseite liegen . . .

6.12c . . . und die Nr. 6 der Dämpferskala nach vorn zeigen.

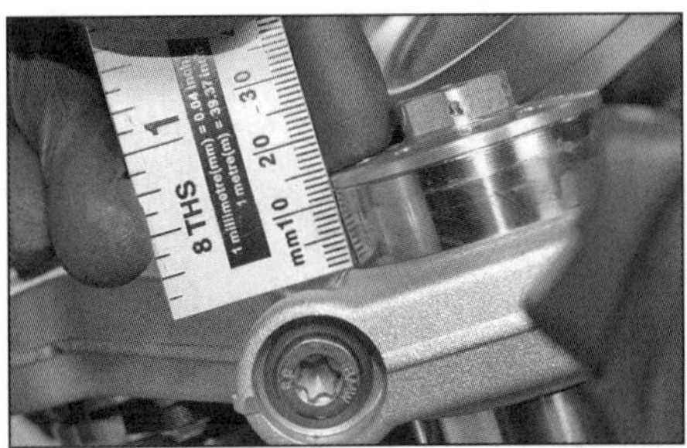

6.12d Schieben Sie das Standrohr konventioneller Gabeln um den je nach Modell vorgegebenen Wert durch die obere Gabelbrücke – hier gezeigt an der Racer.

14 Wechseln Sie für die Einstellung der Weitenversteller nach Kapitel 1, Sektionen 5 und 6.

6 Gabelholme
Ausbau und Einbau

Ausbau

1 Stützen Sie das Motorrad aufrecht stehend ab, sodass das Vorderrad nicht den Boden berührt (siehe Kapitel 5, Sektion 12).
2 Demontieren Sie bei der Urban G/S die Scheinwerferverkleidung (siehe Kapitel 6).
3 Arbeiten Sie zurzeit nur an einem Gabelholm. Merken Sie sich die Verlegung alle Bowdenzüge, Schläuche und Kabel. Falls die Einstellung von den in Schritt 12 angegebenen Vorgaben abweicht, muss notiert werden, wie weit das Standrohr oben aus der Gabelbrücke ragt.
4 Bauen Sie das Vorderrad aus (siehe Kapitel 5, Sektion 12).
5 Demontieren Sie das Vorderradschutzblech (siehe Kapitel 6, Sektion 4).
6 Vor dem Ausbau des linken Gabelholms muss der Radsensor samt Verkabelung befreit werden – merken Sie sich seine Verlegung (siehe Kapitel 5, Sektion 17).
7 Lockern Sie die Standrohr-Klemmschraube in der oberen Gabelbrücke (siehe Abbildung). Lockern Sie bei der Urban G/S auch die Schraube des Blinkerhalters (siehe Abbildung).
8 Falls der Gabelholm zerlegt oder das Gabelöl gewechselt werden soll, sollte jetzt die obere Verschlussschraube gelockert werden (siehe Abbildung) – umwickeln Sie ihren Sechskant zum Schutz mit einer Lage Isolierband; verwenden Sie beim Verschluss der konventionellen Showa-Gabel möglichst einen Steckschlüssel mit Sechskant – ein Zwölfkant kann über den abgerundeten Ecken überrutschen.

Anmerkung: *Der Verschluss lässt sich nach dem Lockern der oberen Standrohr-Klemmung deutlich leichter öffnen.*

9 Lockern Sie die Standrohr-Klemmschraube in der unteren Gabelbrücke (siehe Abbildung). Der Gabelholm sollte sich jetzt drehend nach unten herausziehen lassen. Ziehen Sie bei der Urban G/S dabei den Blinkerhalter nach oben ab (siehe Abbildung).

Einbau

10 Befreien Sie die Gabelrohre und Gabelbrücken von Schmutz und Korrosion. Vertauschen Sie die Gabelholme nicht – der mit der Sensoraufnahme kommt nach links.
11 Bei der **Scrambler und der Urban G/S** müssen die Faltenbälge montiert sein.
12 Schieben Sie das Standrohr durch die untere Gabelbrücke in die obere – alle Bowdenzüge, Schläuche und Kabel müssen korrekt verlegt sein. Vergessen Sie bei der Urban G/S nicht den Blinkerhalter zwischen den Gabelbrücken aufzuschieben (Abbildungen 6.9b und 6.7b). Positionieren Sie das Standrohr wie folgt in der oberen Gabelbrücke:

- Schieben Sie bei der **R nineT bis 2016** den Gabelholm so weit durch die obere Gabelbrücke, dass der fünfte Ring im Standrohr zur Oberseite der Brücke fluchtet (siehe Abbildung) – oder positionieren Sie ihn wie beim Ausbau notiert.
- Schieben Sie bei der **R nineT ab 2017** den Gabelholm so weit durch die obere Gabelbrücke, dass der zweite Ring im Standrohr zur Oberseite der Brücke fluchtet oder positionieren Sie ihn wie beim Ausbau notiert. Die Nr. 6 an der Dämpfer-Skala muss nach vorn zeigen (siehe Abbildungen).
- Schieben Sie bei der **Pure** den Gabelholm so weit durch die obere Gabelbrücke, dass der Standrohr-Rand (ohne Verschlussschraube 5,5 mm (± 0,3 mm) aus der Gabelbrücke herausragt.
- Schieben Sie bei der **Racer** den Gabelholm so weit durch die obere Gabelbrücke, dass der Standrohr-Rand (ohne Verschlussschraube 11 mm (± 0,3 mm) aus der Gabelbrücke herausragt – oder positionieren Sie ihn wie beim Ausbau notiert (siehe Abbildung).
- Schieben Sie bei der **Scrambler und Urban** G/S den Gabelholm so weit durch die obere Gabelbrücke, dass der Standrohr-Rand (ohne Verschlussschraube 4,5 mm (± 0,3 mm) aus der Gabelbrücke herausragt – oder positionieren Sie ihn wie beim Ausbau notiert.

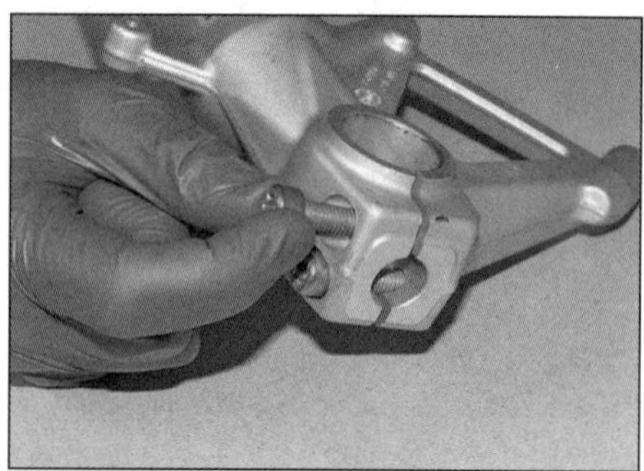

7.3 Entfernen Sie die Achsen-Klemmschrauben.

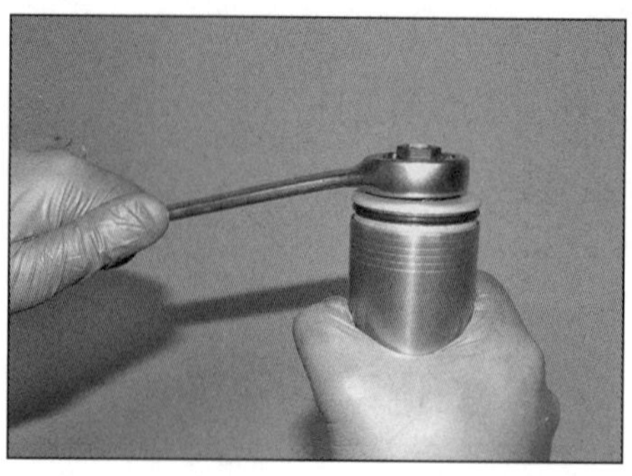

7.4a Drehen Sie die Verschlussschraube aus dem Standrohr . . .

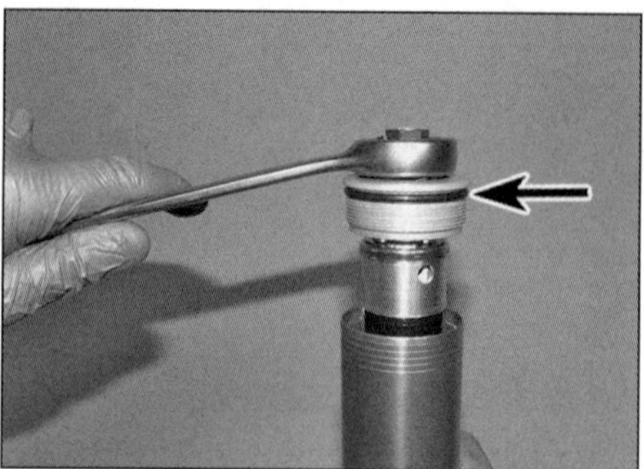

7.4b . . . und schieben Sie dies herunter. Verschlussschrauben-O-Ring (Pfeil).

7.5a Stellen Sie den Gabelholm auf den Zapfen des Halte- und Kompressionswerkzeugs . . .

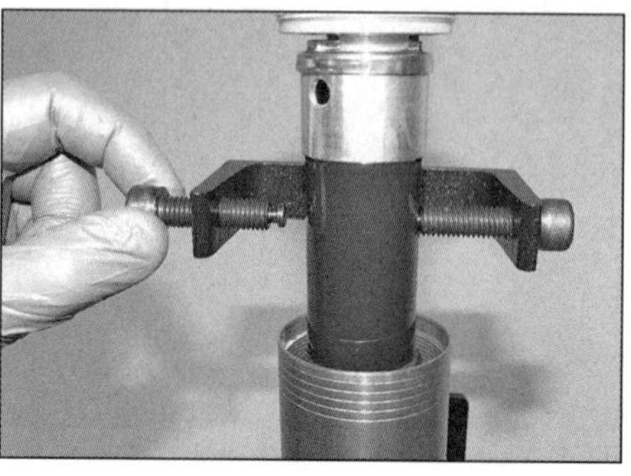

7.5b . . . und drehen Sie dessen Schrauben in die Bohrungen der Distanzhülse.

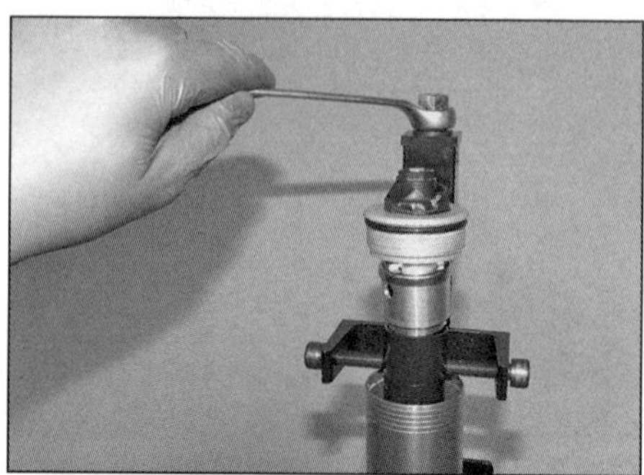

7.5c Komprimieren Sie die Gabelfeder.

7.5d Achten Sie darauf, dass die Schrauben nicht gegen den Standrohr-Rand drücken.

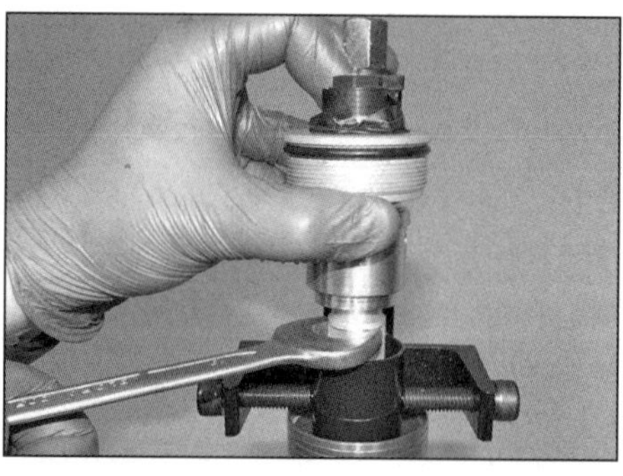

7.6a Ziehen Sie die Verschlussschraube hoch und setzen Sie an der Kontermutter einen Maulschlüssel an.

7.6b Halten Sie die Verschlussschraube und lockern Sie die Kontermutter.

13 Ziehen Sie die Klemmschrauben der unteren Gabelbrücke ggf. nach und nach mit 19 Nm an (Abbildung 6.9a).

14 Falls der Gabelholm zerlegt oder das Gabelöl gewechselt wurde, muss jetzt die Verschlussschraube mit 20 Nm (R nineT) bzw. 22 Nm (alle anderen Modelle) angezogen werden – verwenden Sie dazu ggf. das in Schritt 8 beschriebene Werkzeug (Abbildung 6.8).

15 Ziehen Sie die Klemmschrauben der oberen Gabelbrücke mit 19 Nm an (Abbildung 6.7a). Richten Sie bei der Urban G/S den Blinkerhalter so aus, dass der sein Stift oben in den Spalt der oberen Gabelbrücke greift, ziehen Sie dann die Schraube sorgfältig an (Abbildung 6.7b).

16 Montieren Sie alle entfernten Komponenten in der umgekehrten Ausbaureihenfolge – verlegen und sichern Sie dabei das Sensorkabel korrekt.

17 Prüfen Sie vor der ersten Fahrt die Funktion der Gabel und der Vorderradbremse.

7 Gabelöl
Wechsel

1 Gabelöl altert mit der Zeit und verliert seine Schmier- und Dämpfungseigenschaften. BMW schreibt einen regelmäßigen Ölwechsel zwar nur für die Upsidedown-Gabel der R nineT vor (alle 30.000 km), doch sollte auch bei den konventionell aufgebauten Gabeln der anderen Modelle das Öl bei jedem Zweifel ausgetauscht werden (ab Schritt 19). Wechseln Sie das Öl immer in beiden Gabelholmen.

2 Bauen Sie den Gabelholm aus (siehe Sektion 6) – die Standrohr-Verschlussschraube muss bereits gelockert sein, während der Holm noch in der unteren Gabelbrücke eingeklemmt ist.

R nineT

Spezialwerkzeug: *Zum Zerlegen eines Gabelholms wird das BMW-Werkzeug 313 712 oder*

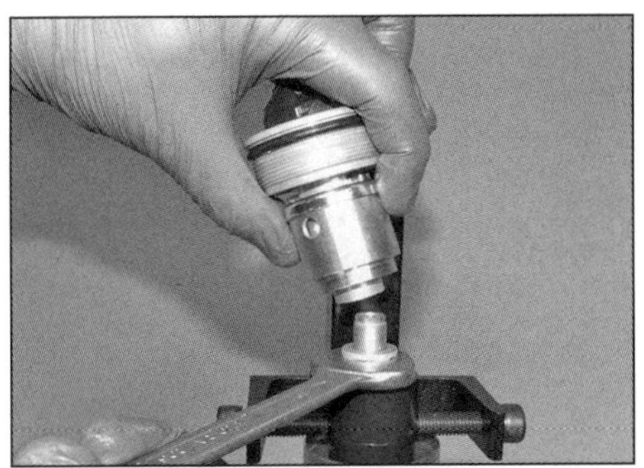

7.6c Drehen Sie die Verschlussschraube ab und entfernen Sie ggf. die Bördelscheibe sowie die obere Buchse.

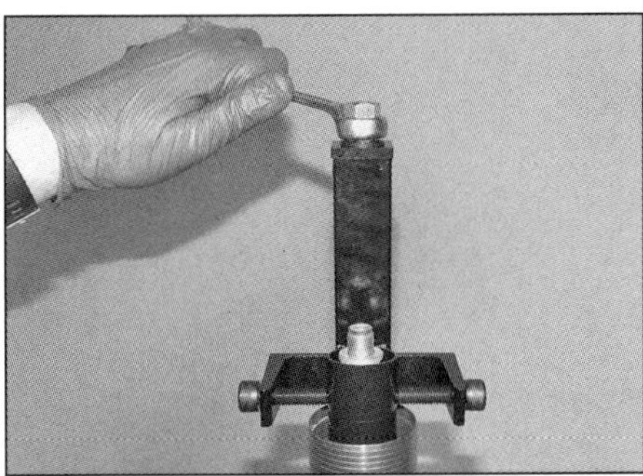

7.7a Entspannen Sie die Feder...

7.7b ...und befreien Sie das Spezialwerkzeug vom Gabelholm.

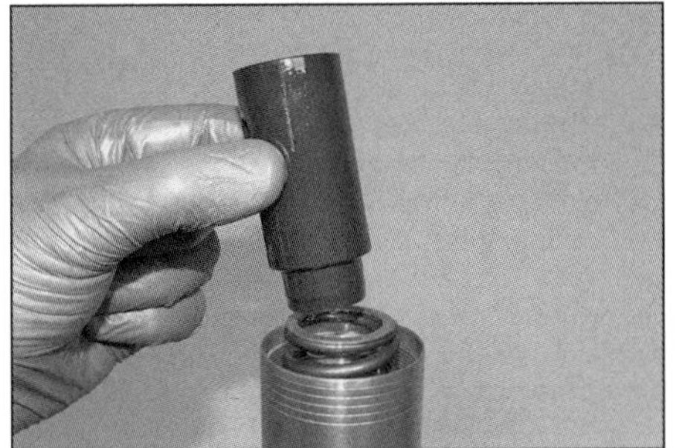

7.7c Entfernen Sie die Distanzhülse, die Scheibe und die Feder.

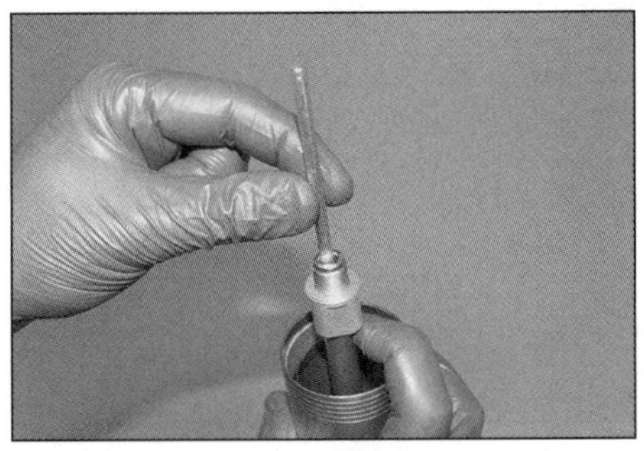

7.8 Entfernen Sie bei Modellen ab 2017 die Einstellstange aus der Dämpferstange.

ein vergleichbares Halte- und Kompressionswerkzeug benötigt.

3 Lösen Sie unten am Tauchrohr die Achsen-Klemmschrauben (siehe Abbildung). Entfernen Sie bei Modellen bis 2016 die Gewindebuchse aus dem linken Tauchrohr.

4 Stellen Sie den Gabelholm aufrecht hin, drehen Sie oben die Verschlussschraube heraus und schieben Sie das Standrohr bis zum Anschlag über das Tauchrohr (siehe Abbildungen). Falls der O-Ring der Verschlussschraube spröde oder beschädigt ist, muss er ersetzt werden.

5 Setzen Sie den Gabelholm auf das Halte- und Kompressionswerkzeug, verbinden Sie dies mit den Bohrungen in der Distanzhülse und komprimieren Sie damit die Feder. Halten Sie den Verschluss und die obere Buchse oben, bis die Kontermutter unter der Verschlussschraube zugänglich ist (siehe Abbildungen). Falls nicht das BMW-Werkzeug verwendet wird, muss darauf geachtet werden, dass die Schrauben in der Distanzhülse nicht gegen den Rand des Standrohrs drücken (siehe Abbildung).

6 Halten Sie die Verschlussschraube, lockern Sie die Kontermutter, drehen Sie sie bis zum Anschlag nach unten und halten Sie sie hier, um die Verschlussschraube zu lockern und abdrehen zu können. Entfernen Sie bei Modellen ab 2017 die Bördelscheibe und bei allen Modellen die obere Buchse (siehe Abbildungen).

7 Entspannen Sie mit dem Spezialwerkzeug die Feder und entfernen Sie es. Befreien Sie jetzt die Distanzhülse, die Scheibe und die Feder aus dem Standrohr (siehe Abbildungen). Lagern Sie alle Komponenten in der korrekten Einbaulage, damit sie später wieder richtig herum installiert werden können.

8 Ziehen Sie bei Modellen ab 2017 die Einstellstange aus der Dämpferstange (siehe Abbildung).

9 Gießen Sie das Gabelöl in einen Sammelbehälter, stellen Sie dabei die Federsitz-Scheibe sicher (siehe Abbildungen). Schieben Sie einige Male das Tauchrohr in das Standrohr, um möglichst viel Öl herauszupumpen. Stellen Sie den Gabelholm über Kopf in den Behälter, um Ölreste abtropfen zu lassen. Falls das alte Gabelöl Metallpartikel enthält, muss die Gabel zerlegt werden, um die Gleitbuchsen auf Verschleiß zu kontrollieren (siehe Sektion 8).

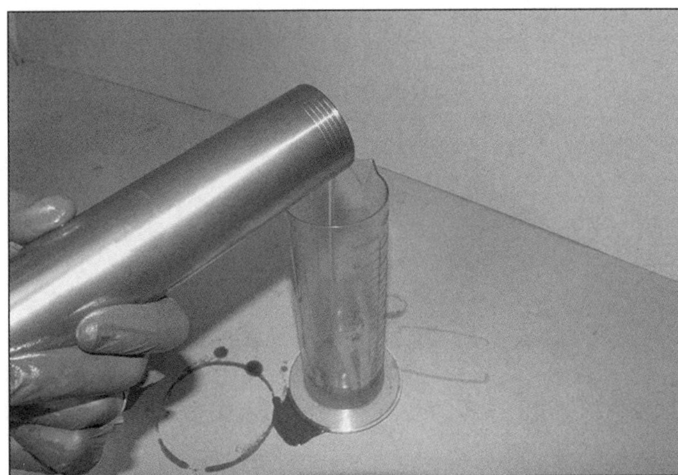

7.9a Gießen Sie das alte Gabelöl aus...

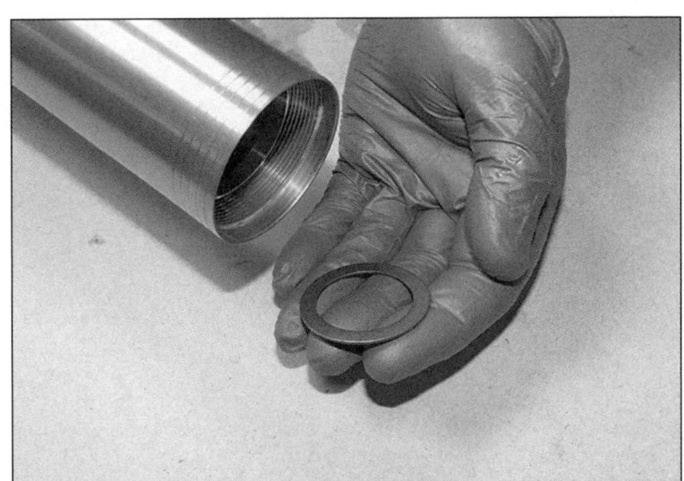

7.9b ...und stellen Sie die Federsitz-Scheibe sicher.

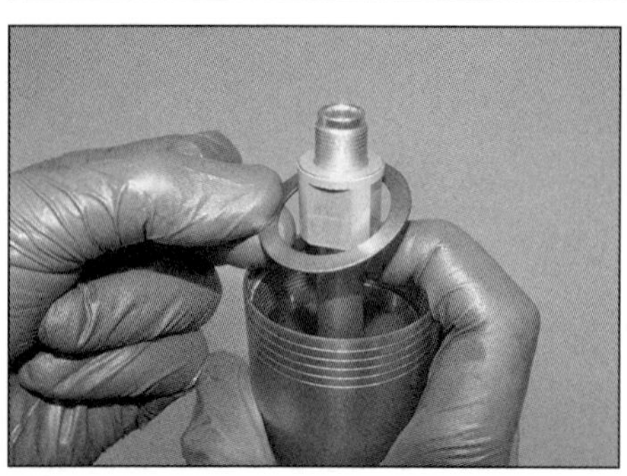

7.10a Installieren Sie die Federsitz-Scheibe in das Standrohr.

7.10b Füllen Sie die vorgegebene Menge Gabelöl auf . . .

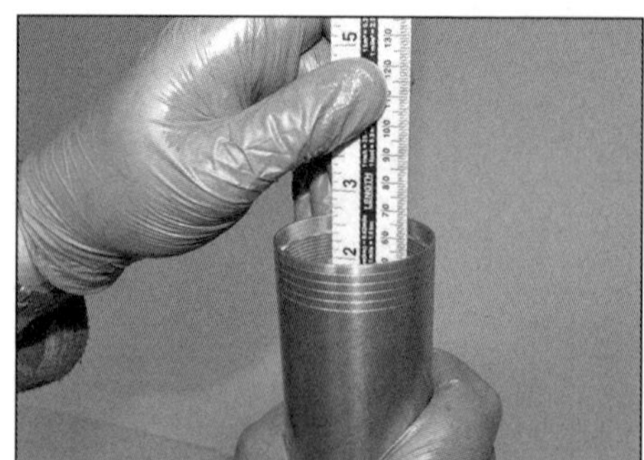

7.10c . . . und messen Sie den Pegel.

7.12 Stecken Sie die Feder mit den engeren Wicklungen nach oben in das Standrohr.

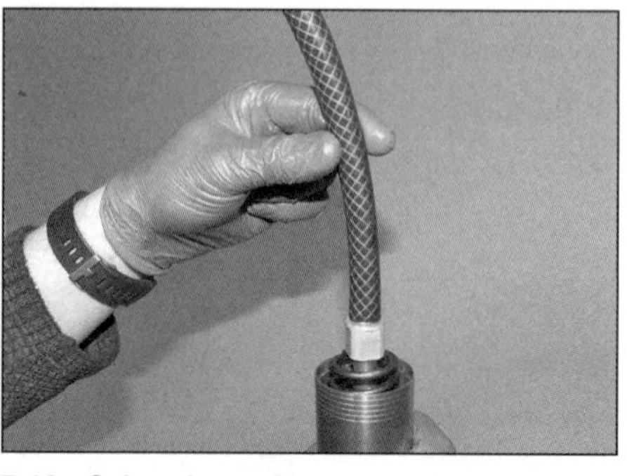

7.13 »Schrauben« Sie einen Schlauch auf die Dämpferstange, um sie hochzuhalten.

10 Installieren Sie die Federsitz-Scheibe in das aufrecht stehende Standrohr und prüfen Sie, ob sie unten korrekt aufliegt (siehe Abbildung). Füllen Sie langsam die in den technischen Daten angegebene Menge frisches Gabelöl ein (siehe Abbildung). Schieben Sie die Gabelrohre einige Male zusammen, um das Öl zu verteilen; pumpen Sie so lange, bis sich im gesamten Arbeitsweg eine gewisse Schwergängigkeit einstellt. Lassen Sie den Gabelholm für etwa zehn Minuten aufrecht stehen, damit mögliche Luftblasen aufsteigen können. Schieben Sie das Standrohr über das Tauchrohr, bis es bündig zu ihm steht, und messen Sie den Ölpegel vom oberen Rand aus (siehe Abbildung). Füllen Sie Öl auf oder saugen Sie etwas ab, bis der in den technischen Daten angegebene Pegel erreicht ist.

11 Installieren Sie bei Modellen ab 2017 die Einstellstange in die Dämpferstange (Abbildung 7.8).

12 Installieren Sie die Feder mit den engeren Wicklungen nach oben (siehe Abbildung).

13 Ziehen Sie mit einer geeigneten Spitzzange die Dämpferstange heraus und halten Sie sie in dieser Position – mit einem »aufgeschraubten« Schlauch lässt sie sich gut halten (siehe Abbildung).

14 Installieren Sie die Scheibe und die Distanzhülse – deren schmales Ende muss in die Feder greifen (siehe Abbildungen). Verbinden Sie das Spezialwerkzeug wieder mit dem Gabelholm und komprimieren Sie die Feder (siehe Abbildungen). Ziehen Sie die Dämpferstange hoch, setzen Sie einen Maulschlüssel an der Kontermutter an und entfernen Sie den Schlauch (siehe Abbildung).

15 Schmieren Sie den ggf. neuen O-Ring der Verschlussschraube mit Gabelöl. Installieren Sie die obere Buchse und bei Modellen ab 2017 die Bördelscheibe und drehen Sie die Verschlussschraube auf die Dämpferstange (siehe Abbildungen). Drehen Sie die Kontermutter gegen die Verschlussschraube – halten Sie diese dabei (Abbildung 7.6b). Entspannen Sie das Spezialwerkzeug, prüfen Sie den korrekten Zusammenbau (Abbildung 7.5c) und befreien Sie den Gabelholm aus dem Werkzeug.

16 Ziehen Sie das Standrohr hoch und drehen Sie die Verschlussschraube handfest ein (Abbildung 7.4a) – nach dem Einklemmen des Holms in die untere Gabelbrücke muss sie mit 20 Nm angezogen werden.

17 Drehen Sie die Klemmschrauben locker unten in das rechte Tauchrohr (Abbildung 7.3).

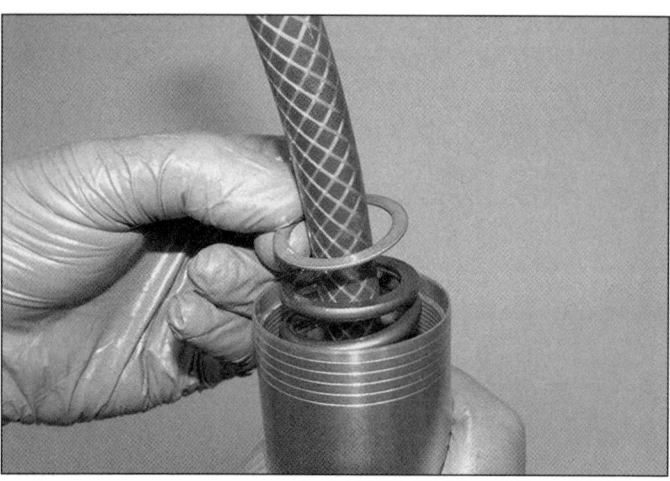

7.14a Legen Sie die Scheibe auf die Feder . . .

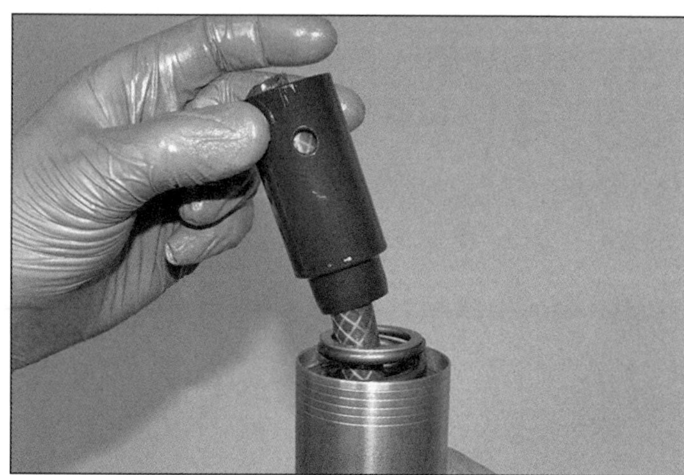

7.14b . . . und installieren Sie die Distanzhülse.

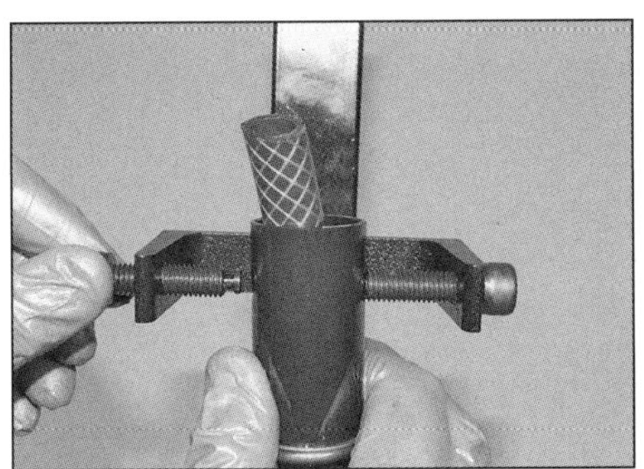

7.14c Verbinden Sie das Spezialwerkzeug mit dem Gabelholm...

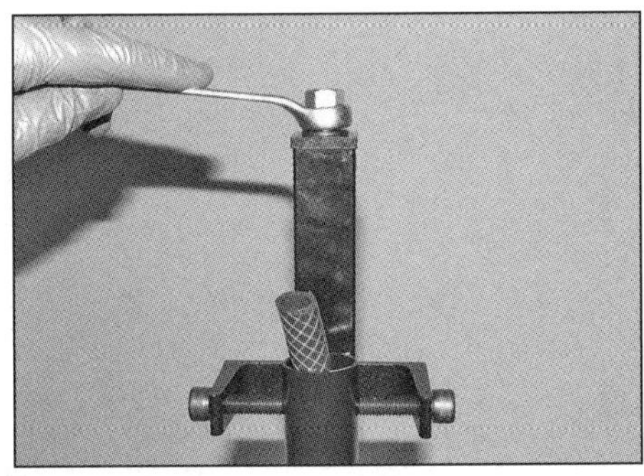

7.14d ... und komprimieren Sie die Feder.

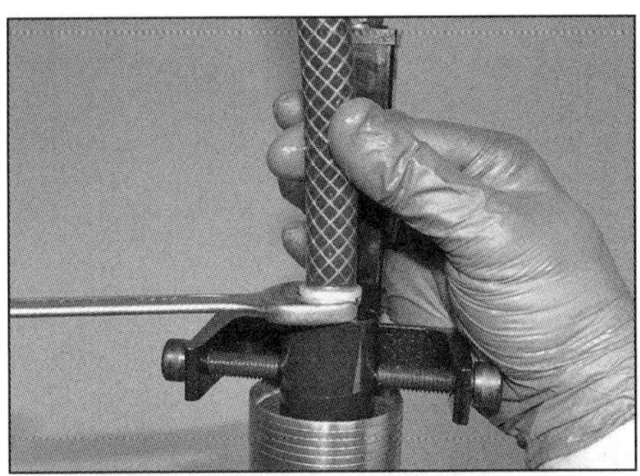

7.14e Setzen Sie einen Maulschlüssel an der Kontermutter an und entfernen Sie den Schlauch.

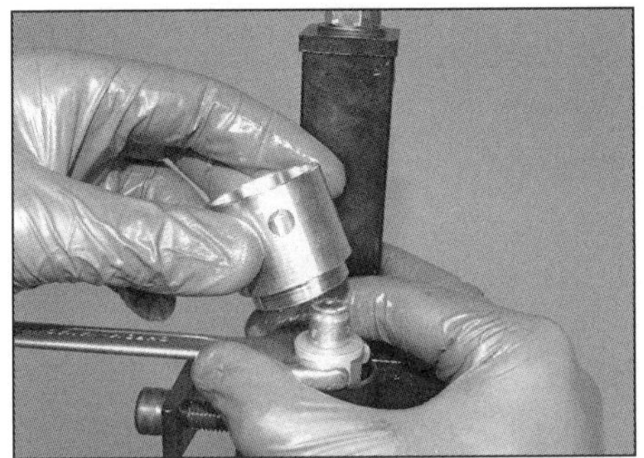

7.15a Installieren Sie die obere Buchse...

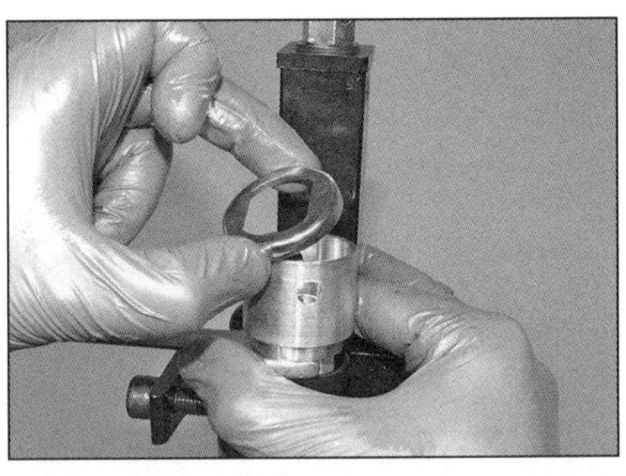

7.15b ... und bei Modellen ab 2017 die Bördelscheibe.

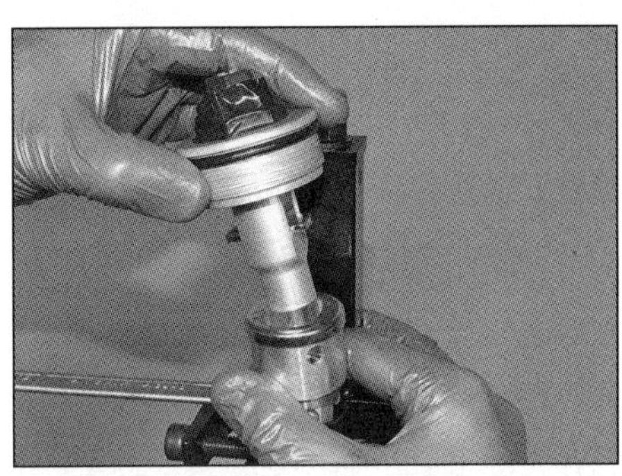

7.15c Sichern Sie wie beschrieben die Verschlussschraube auf die Dämpferstange.

Installieren Sie bei Modellen bis 2016 die Gewindebuchse mit dem Flansch zur Außenseite zeigend unten ins linke Tauchrohr und ziehen Sie die Schrauben schrittweise bis zum Drehmoment von 19 Nm an – halten Sie sie dabei die Buchse ins Tauchrohr gedrückt, damit der Flansch daran anliegt. Drehen Sie bei Modellen ab 2017 die Klemmschrauben locker unten in das linke Tauchrohr.

18 Montieren Sie den Gabelholm (siehe Sektion 6).

Pure, Racer, Scrambler, Urban G/S

19 Entfernen Sie bei der Scrambler und der Urban G/S den Faltenbalg – merken Sie sich seine Einbaurichtung.

20 Drehen Sie die Verschlussschraube aus dem Standrohr; da sie unter Federdruck steht, empfiehlt sich die Verwendung einer Ratsche, mit der beständiger Druck darauf ausgeübt werden kann (siehe Abbildung).

21 Schieben Sie das Standrohr ins Tauchrohr und entfernen Sie die Distanzhülse, die Scheibe und die Feder (siehe Abbildungen).

22 Gießen Sie das Gabelöl in einen Sammelbehälter (Abbildung 7.9a). Schieben Sie einige Male das Standrohr in das Tauchrohr, um möglichst viel Öl herauszupumpen. Stellen Sie den Gabelholm über Kopf in den Behälter, um Ölreste abtropfen zu lassen, pumpen Sie dann erneut. Falls das alte Gabelöl Metallpartikel enthält, muss die Gabel zerlegt werden, um die Gleitbuchsen auf Verschleiß zu kontrollieren (siehe Sektion 8). Wischen Sie die Distanzhülse und die Scheibe sauber.

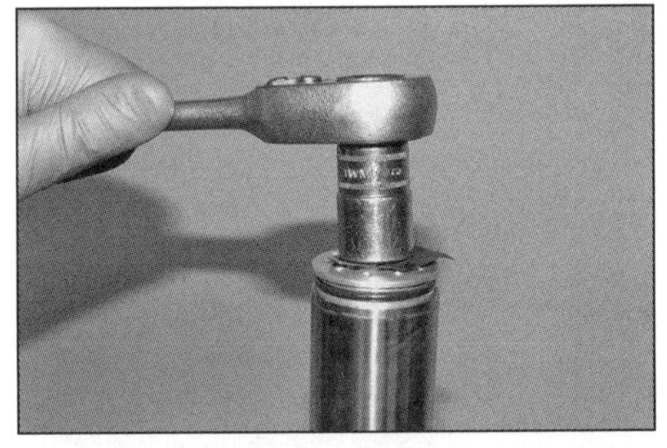

7.20 Befreien Sie die Verschlussschraube – sie steht unter Federdruck!

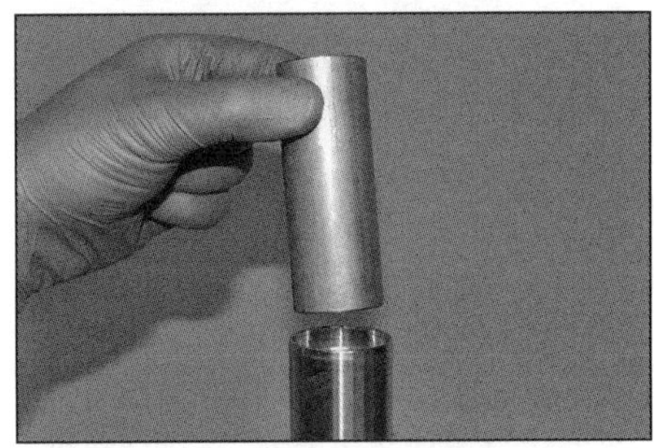

7.21a Entfernen Sie die Distanzhülse,...

7.21b ... die Scheibe...

7.21c ... und die Feder.

23 Stellen Sie den Gabelholm aufrecht hin und füllen Sie langsam die in den technischen Daten angegebene Menge frisches Gabelöl

8.3a Lösen Sie die Dämpferschraube...

8.3b ...und ziehen Sie den Dämpfer nach oben aus dem Standrohr.

8.4 Ziehen Sie das Tauchrohr aus dem Standrohr.

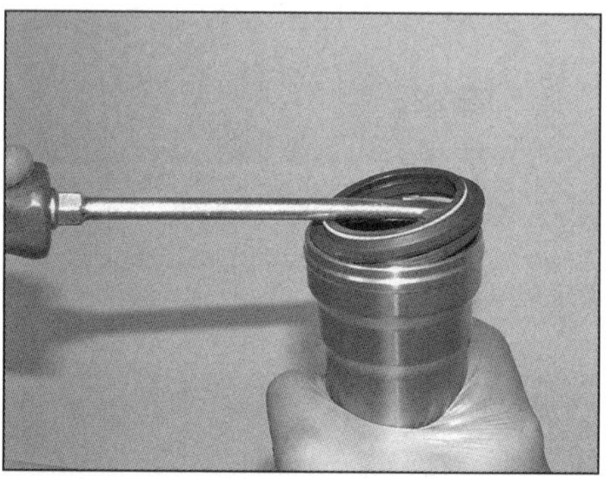

8.5 Hebeln Sie die Staubdichtung heraus.

8.6 Befreien Sie den Sicherungsdraht.

ein (Abbildung 7.10b). Schieben Sie die Gabelrohre mindestens zehnmal zusammen, um das Öl zu verteilen und Luftblasen zu befreien. Drücken Sie Standrohr komplett ins Tauchrohr und messen Sie den Ölpegel vom oberen Rand aus (Abbildung 7.10c). Füllen Sie Öl auf oder saugen Sie etwas ab, bis der in den technischen Daten angegebene Pegel erreicht ist.

24 Installieren Sie die Feder, die Scheibe und die Distanzhülse (Abbildungen 7.21c, b und a).

25 Schmieren Sie den ggf. neuen O-Ring der Verschlussschraube mit Gabelöl.

26 Drehen Sie die Verschlussschraube handfest in das Standrohr – verkanten Sie beim Ansetzen nicht ihr Gewinde (Abbildung 7.20) – nach dem Einklemmen des Holms in die untere Gabelbrücke muss sie mit 22 Nm angezogen werden.

27 Schieben Sie bei der Scrambler und der Urban G/S den Faltenbalg richtig herum über das Standrohr.

28 Montieren Sie den Gabelholm (siehe Sektion 6).

8 Gabel
Überholung

1 Bauen Sie den Gabelholm aus (siehe Sektion 6) – die Standrohr-Verschlussschraube muss bereits gelockert sein, während der Holm noch in der unteren Gabelbrücke eingeklemmt ist. Zerlegen Sie immer nur einen Gabelholm zurzeit, um keine Teile zu vertauschen und dadurch den Verschleiß zu beschleunigen. Lagern Sie die Teile der Holme in entsprechend markierten Behältern.

R nineT

Zerlegen

2 Gießen Sie das Gabelöl aus (siehe Sektion 7).

3 Lösen Sie ggf. die Dämpferschraube – drücken Sie die Dämpferstange von oben in ihren Sitz, um sie am Mitdrehen zu hindern (siehe Abbildung). Entfernen Sie den Dämpfer nach oben aus dem Standrohr (siehe Abbildung).

4 Ziehen Sie das Tauchrohr aus dem Standrohr (siehe Abbildung) – beim Zusammenbau muss ein neuer Dichtring installiert werden.

5 Hebeln Sie vorsichtig die Staubdichtung unten aus dem Standrohr (siehe Abbildung) – sie muss später ebenfalls erneuert werden.

6 Befreien Sie vorsichtig den Sicherungsdraht aus der Nut unten im Standrohr (siehe Abbildung) – zerkratzen Sie dabei nicht den Sitz der Staubdichtung.

7 Hebeln Sie vorsichtig den Dichtring aus dem Standrohr. Falls dazu ein Schraubendreher verwendet wird, muss der Rand des Rohrs mit dem BMW-Werkzeug 36640 oder der alten Staubdichtung geschützt werden (siehe Abbildung). Falls der Dichtring sehr fest sitzt, muss ein spezieller Innenabzieher mit Zughammer verwendet werden (siehe Abbildungen). Entfernen Sie die unter dem Dichtring liegende Scheibe (siehe Abbildung)

Kontrolle

8 Reinigen Sie alle Teile mit Lösungsmittel und trocknen Sie sie möglichst mit Druckluft.

8.7a Schützen Sie beim Ausbau des Dichtrings den Rand des Standrohrs ggf. mit der alten Staubdichtung.

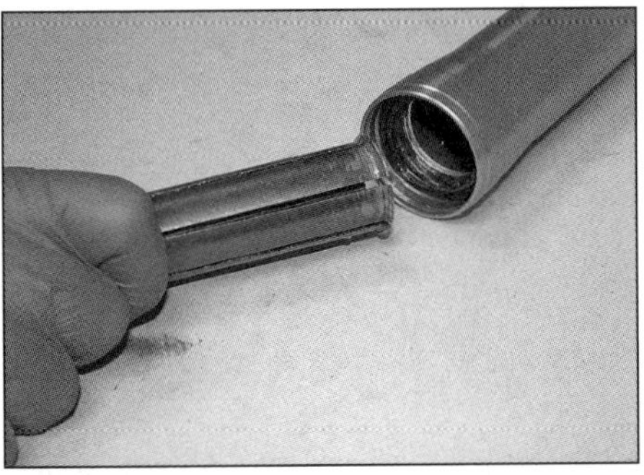

8.7b Installieren Sie einen Innenabzieher hinter dem Dichtring und spreizen Sie ihn.

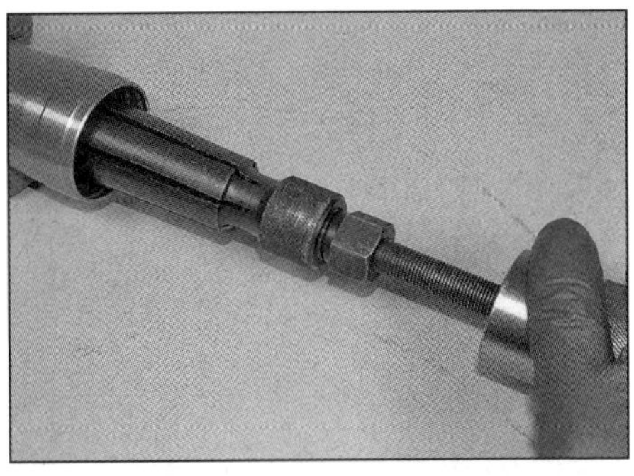

8.7c Verbinden Sie den Zughammer mit dem Werkzeug . . .

Kontrollieren Sie das Tauchrohr auf Riefen, Kratzer, Korrosion und abplatzenden Chrom. Schäden dieser Art lassen den Dichtring rasch verschleißen. Tauchrohre können neu mit Hartchrom beschichtet oder ersetzt werden – erkundigen Sie sich bei einer Fachwerkstatt und beim BMW nach entsprechenden Preisen. Kontrollieren Sie den Dichtring-Sitz im Standrohr auf Kerben, Beulen und Riefen, die hier zu Undichtigkeiten führen können.

9 Messen Sie das Tauchrohr mithilfe von Prismenblöcken und einer Messuhr auf Verzug (siehe Abbildung) – falls mehr als 0,1 mm ermittelt werden, muss das Tauchrohr durch ein Neuteil werden.

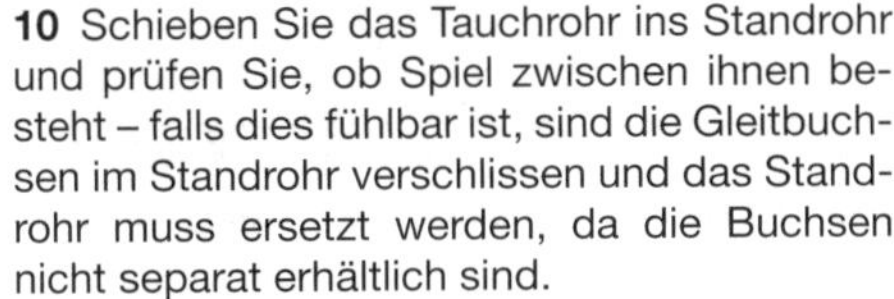

Warnung: Falls das Tauchrohr verbogen oder übermäßig verzogen ist, darf es nicht gerichtet, sondern MUSS durch ein Neuteil ersetzt werden.

10 Schieben Sie das Tauchrohr ins Standrohr und prüfen Sie, ob Spiel zwischen ihnen besteht – falls dies fühlbar ist, sind die Gleitbuchsen im Standrohr verschlissen und das Standrohr muss ersetzt werden, da die Buchsen nicht separat erhältlich sind.

11 Kontrollieren Sie die Feder auf Risse und Verformung. Ersetzen Sie die Federn beider Gabelholme nötigenfalls stets paarweise.

12 Prüfen Sie, ob sich die Dämpferstange sanft und frei in der Dämpferpatrone bewegen lässt.

Zusammenbau

13 Stellen Sie das Standrohr auf den Kopf und legen Sie die Scheibe in den Dichtring-Sitz (Abbildung 8.7e). Installieren Sie den neuen Dichtring mit der Markierung nach außen und drücken oder treiben Sie ihn mit einem geeigneten Eintreiber oder dünnwandigen Rohr mit 56 mm Durchmesser, das zwischen der inneren Dichtlippe und dem Standrohr angesetzt werden kann, vollständig in seinen Sitz, sodass rundherum die Nut für den Drahtbügel frei liegt (siehe Abbildung).

14 Installieren Sie den Drahtbügel rundherum in seine Nut (siehe Abbildung).

8.7d . . . und befreien Sie den Dichtring.

8.7e Entnehmen Sie die Scheibe.

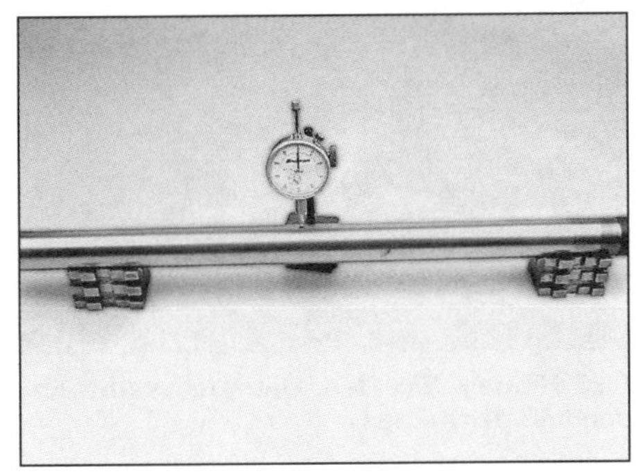

8.9 Prüfen Sie das Tauchrohr auf Verzug.

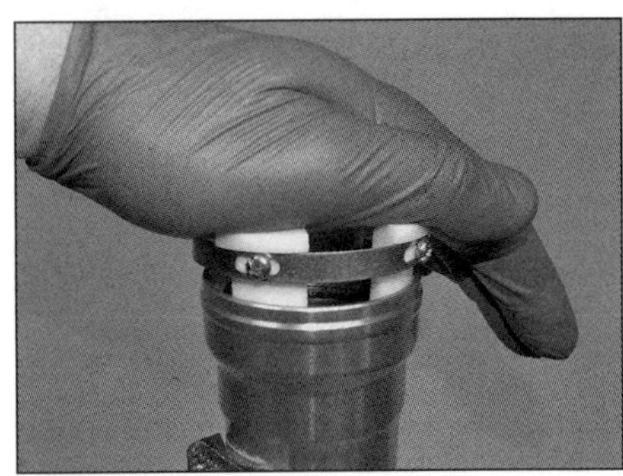

8.13a Einsatz eines speziellen Dichtring-Eintreibers

8.13b Die Nut für den Drahtbügel muss rundherum frei liegen.

8.14 Installieren Sie den Drahtbügel in seine Nut.

8.15a Schieben Sie die Staubdichtung auf das Tauchrohr...

8.15b ... und stecken Sie dies ins Standrohr.

8.16 Drücken Sie die Staubdichtung ins Standrohr.

8.17a Richten Sie die Abflachungen des Dämpfers zu denen im Sitz aus, sodass er sich nicht verdrehen kann.

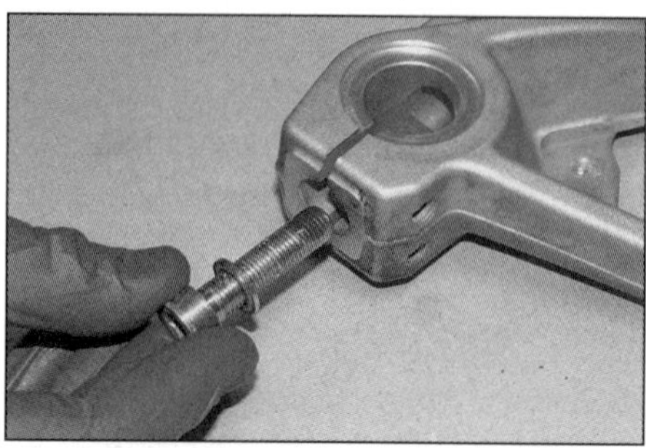
8.17b Rüsten Sie die Dämpferschraube mit einer neuen Dichtscheibe und Sicherungspaste aus.

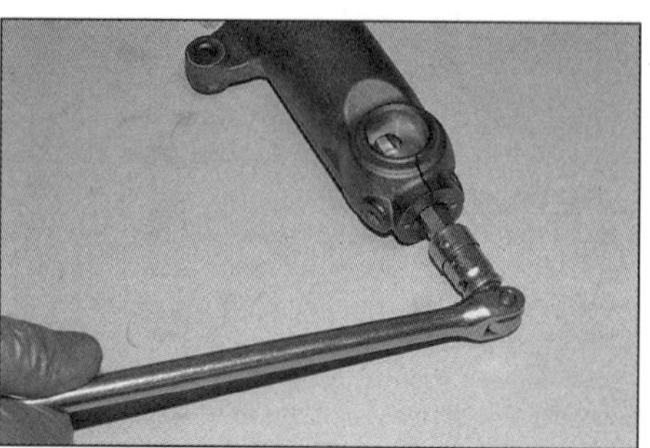
8.21a Lockern Sie die Dämpferschraube wie beschrieben.

8.21b Der Dämpfer kann nötigenfalls mit einer solchen Metallstange mit viereckig geschliffenem Ende blockiert werden.

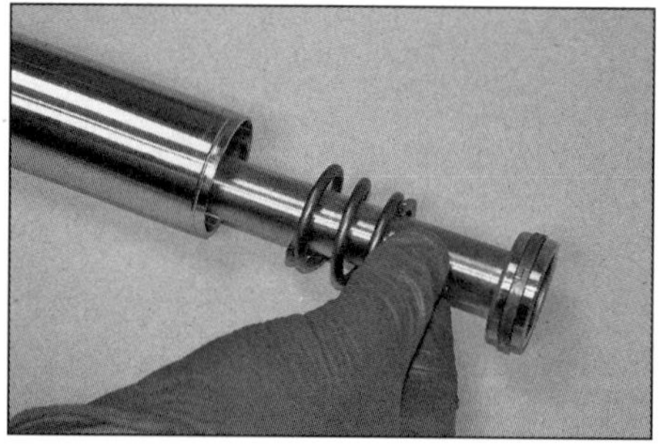
8.23 Kippen Sie den Dämpfer samt Anschlagfeder heraus.

8.24 Hebeln Sie die Staubdichtung heraus.

15 Schmieren Sie die Dichtlippe der neuen Staubdichtung mit frischem Gabelöl und schieben Sie sie richtig herum auf das Tauchrohr (siehe Abbildung). Schmieren Sie die Dichtlippe des Dichtrings mit frischem Gabelöl und schieben Sie das Tauchrohr vorsichtig senkrecht ins Standrohr – drehen Sie es dabei nötigenfalls und achten Sie darauf, dass die Dichtring-Lippe nicht umklappt (siehe Abbildung). Schieben Sie das Tauchrohr mehrmals vollständig ein und ziehen Sie es wieder ein Stück heraus, um zu prüfen, ob die Dichtlippe korrekt sitzt.

16 Drücken Sie die Staubdichtung in ihren Sitz im Standrohr (siehe Abbildung).

17 Falls entfernt, wird die Dämpferpatrone oben ins Standrohr eingeführt und in ihren Sitz eingeführt, sodass die Abflachungen korrekt greifen und der Dämpfer sich nicht verdrehen kann (siehe Abbildung). Reinigen Sie das Gewinde der Dämpferschraube, legen Sie eine neue Dichtscheibe auf und tragen Sie Sicherungspaste (mittelfest) auf. Drücken Sie den Dämpfer ins Tauchrohr, installieren Sie die Schraube und ziehen Sie sie mit 30 Nm an (siehe Abbildung).

18 Füllen Sie Gabelöl auf (siehe Sektion 7).

19 Montieren Sie den Gabelholm (siehe Sektion 6).

Pure, Racer, Scrambler, Urban G/S

Spezialwerkzeug: *Ein Gleitbuchsen- und Dichtring-Eintreiber kann hilfreich sein; eine alternative Einbaumethode ist jedoch beschrieben.*

Zerlegen

20 Entfernen Sie die Achsen-Klemmschrauben unten aus dem Tauchrohr.

21 Lockern Sie die Dämpferschraube unten im Tauchrohr und ziehen Sie sie wieder leicht an (siehe Abbildung); falls sich der Dämpfer beim Lösen mitdreht, muss der Gabelholm zusammengepresst werden, sodass der Federdruck den Dämpfer hält. Alternativ kann ein Schlagschrauber verwendet werden. Falls sich die Dämpferschraube zu diesem Zeitpunkt nicht lösen lässt, kann später ein am Ende angeschrägter Besenstiel in den Dämpfer geschoben werden, um ihn zu blockieren; nötigenfalls muss eine Metallstange entsprechend geschliffen werden (siehe Abbildung) – stellen Sie diese auf den Boden, schieben Sie den Gabelholm darüber und drücken Sie ihn

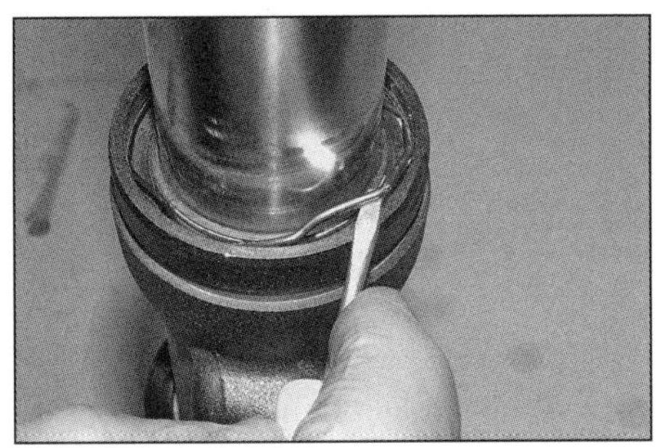

8.25 Befreien Sie den Sicherungsdraht.

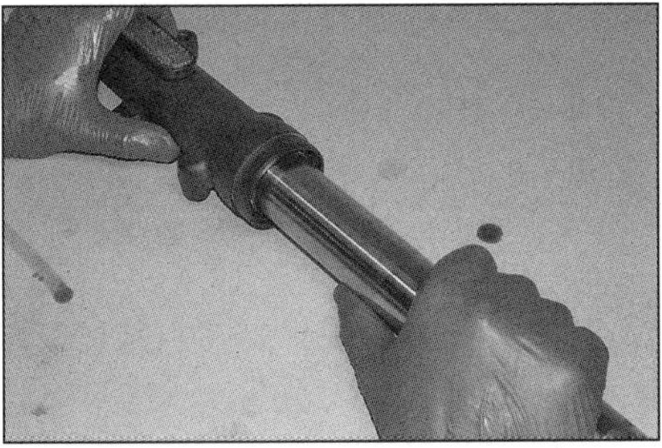

8.26a Ziehen Sie die Rohre mehrmals kräftig auseinander, . . .

8.26b . . . bis der Dichtring und die obere Gleitbuchse befreit sind.

fest herunter, während die Schraube gelockert wird.

22 Gießen Sie das Gabelöl aus (siehe Sektion 7).

23 Lösen Sie die Dämpferschraube samt Dichtscheibe unten aus dem Tauchrohr – nötigenfalls mit dem in Schritt 21 beschriebenen Haltewerkzeug – die Dichtscheibe muss später erneuert werden. Kippen Sie den Dämpfer heraus (siehe Abbildung) – beachten Sie die Anschlagfeder und den Ring am Dämpferkolben.

24 Hebeln Sie vorsichtig die Staubdichtung unten aus dem Standrohr (siehe Abbildung) – sie muss später ebenfalls erneuert werden.

25 Befreien Sie vorsichtig den Sicherungsdraht aus der Nut unten im Standrohr (siehe Abbildung) – zerkratzen Sie dabei nicht das Standrohr.

26 Um das Standrohr aus dem Tauchrohr zu befreien, müssen der Dichtring und die obere Gleitbuchse aus dem Tauchrohr befreit werden. Weil die untere Buchse am Standrohr nicht durch die obere Buchse passt, kann sie als Innenabzieher verwendet werden: drücken Sie das Standrohr hinein und ziehen Sie es – nötigenfalls mehrmals – kräftig heraus, bis der Dichtring und die obere Gleitbuchse befreit sind und die Rohre getrennt werden können (siehe Abbildungen).

27 Ziehen Sie den Dichtring, die Scheibe und die obere Gleitbuchse vom Standrohr – merken Sie sich ihre Einbaurichtung. Heben Sie den alten Dichtring nötigenfalls auf, um mit seiner Hilfe den neuen Dichtring einzupressen.

28 Entfernen Sie den Dämpfersitz – falls er nicht unten im Standrohr steckt, muss er aus dem Tauchrohr herausgekippt werden (siehe Abbildung).

Kontrolle

29 Reinigen Sie alle Teile mit Lösungsmittel und trocknen Sie sie möglichst mit Druckluft. Kontrollieren Sie das Standrohr auf Riefen, Kratzer, Korrosion und abplatzenden Chrom. Schäden dieser Art lassen den Dichtring rasch verschleißen. Standrohre können neu mit Hartchrom beschichtet oder ersetzt werden – erkundigen Sie sich bei einer Fachwerkstatt und beim BMW nach entsprechenden Preisen. Kontrollieren Sie den Dichtring-Sitz im Tauchrohr auf Kerben, Beulen und Riefen, die hier zu Undichtigkeiten führen können.

8.28 Stellen Sie den Dämpfersitz sicher.

8.31 Kontrollieren Sie die Gleitflächen beider Gleitbuchsen auf Verschleiß.

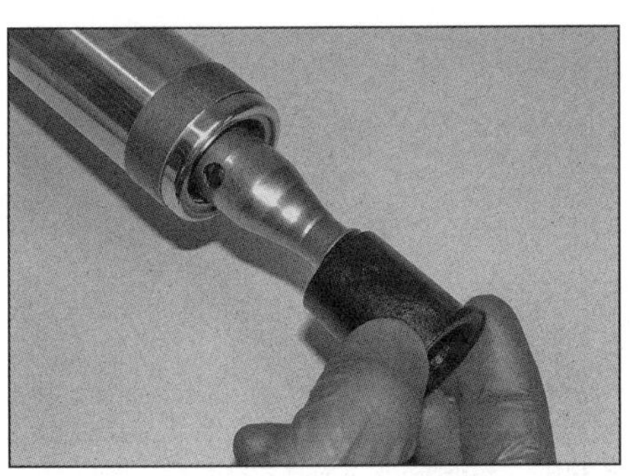

8.35a Schieben Sie den Dämpfersitz auf die Dämpferstange . . .

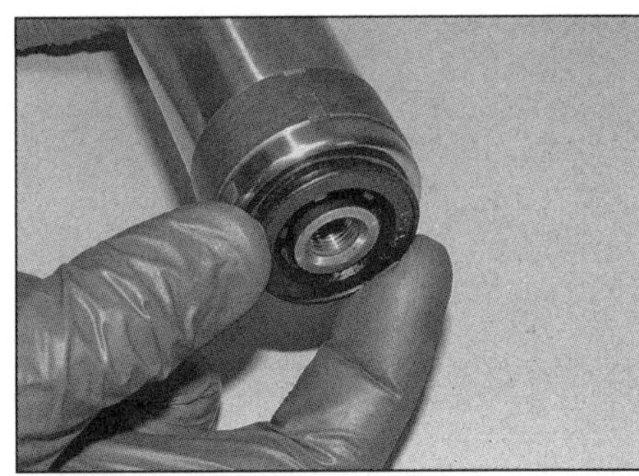

8.35b . . . und drücken Sie ihn unten ins Standrohr.

30 Messen Sie das Standrohr mithilfe von Prismenblöcken und einer Messuhr auf Verzug (Abbildung 8.9) – falls mehr als 0,1 mm ermittelt werden, muss das Standrohr durch ein Neuteil werden.

Warnung: Falls das Standrohr verbogen oder übermäßig verzogen ist, darf es nicht gerichtet, sondern MUSS durch ein Neuteil ersetzt werden.

31 Kontrollieren Sie die Gleitflächen beider Gleitbuchsen auf Verschleiß (siehe Abbildung) – die Oberflächen sollten vollständig grau (mit PTFE beschichtet) sein; falls die Gleitschicht bis auf das Metall verschlissen ist, muss die Buchse ersetzt werden. Um die untere Buchse vom Standrohr entfernen zu können, muss sie etwas aufgehebelt werden.

32 Kontrollieren Sie die Hauptfeder auf Risse und Verformung. Ersetzen Sie die Federn beider Gabelholme nötigenfalls stets paarweise.

33 Kontrollieren Sie den Dämpfer, den Ring in der Nut des Kolbens und die Anschlagfeder auf Schäden und Verschleiß. Keines dieser Teile ist separat erhältlich.

Zusammenbau

34 Schieben Sie ggf. die Anschlagfeder auf die Dämpferstange und prüfen Sie, ob der Kolbenring korrekt in seiner Nut sitzt (Abbildung 8.23).

35 Schieben Sie den Dämpfer vollständig ins Standrohr, sodass er unten herausragt (Abbildung 8.23). Schieben Sie den Dämpfersitz unten auf und drücken Sie ihn ins Standrohr (siehe Abbildungen).

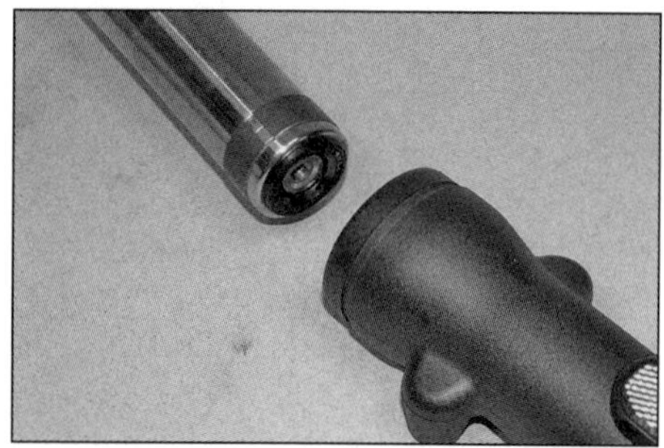

8.36 Schieben Sie das Standrohr vollständig ins Tauchrohr.

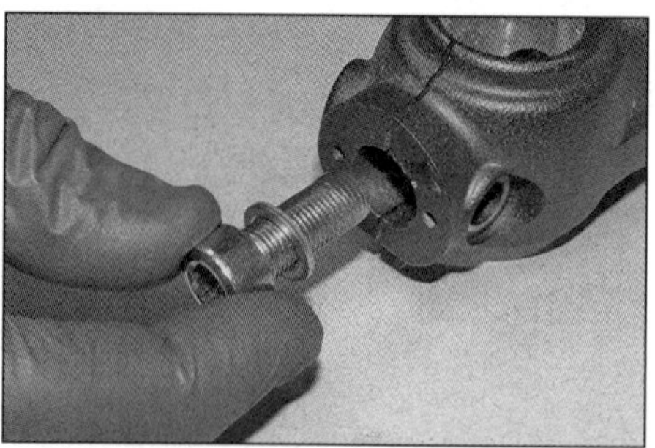

8.37 Rüsten Sie die Dämpferschraube mit einer neuen Dichtscheibe und Sicherungspaste aus.

8.38a Schieben Sie die obere Buchse über das Standrohr...

8.38b ... und legen Sie die Dichtring-Scheibe auf.

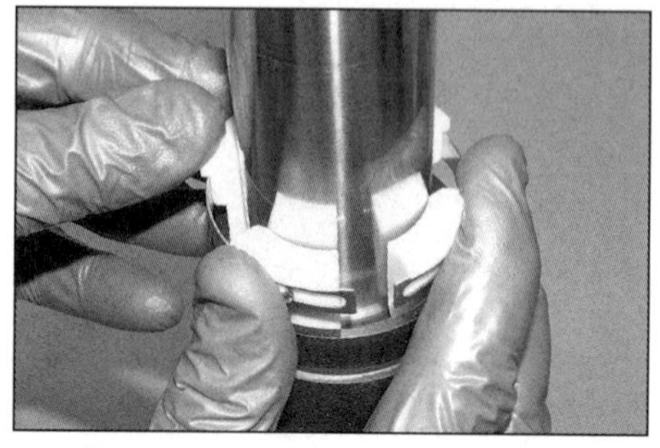

8.38c Installieren Sie entweder das Spezialwerkzeug ...

8.38d ... und klopfen Sie die Buchse mit einem Gleithammer ein ...

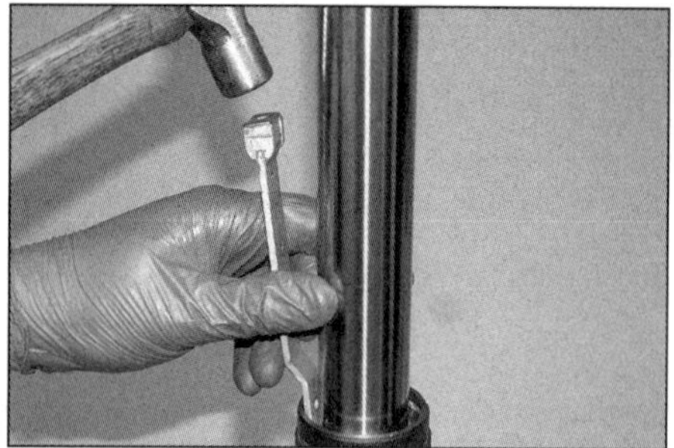

8.38e ... oder treiben Sie sie rundherum mit einem geeigneten Dorn ...

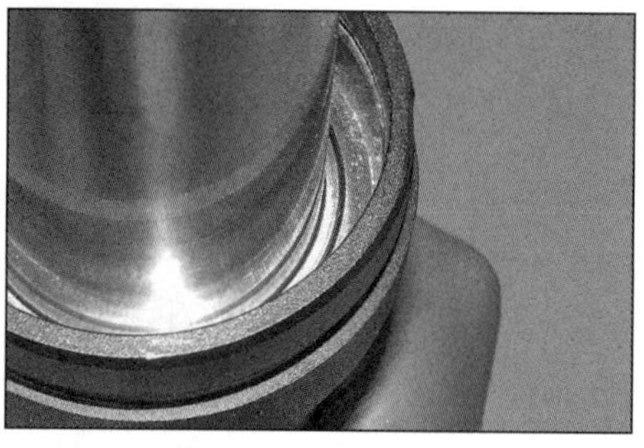

8.38f ... bündig in ihren Sitz.

8.39a Schieben Sie den neuen Dichtring über das Standrohr.

36 Stellen Sie sicher, dass die untere Gleitbuchse korrekt in der Nut im Standrohr sitzt, und schmieren Sie sie mit frischem Gabelöl. Schieben Sie das Standrohr bis zum Anschlag ins Tauchrohr (siehe Abbildung).

37 Legen Sie den Gabelholm flach auf die Werkbank. Reinigen Sie das Gewinde der Dämpferschraube, legen Sie eine neue Dichtscheibe auf und tragen Sie Sicherungspaste (mittelfest) auf (siehe Abbildung). Installieren Sie die Schraube unten ins Tauchrohr und ziehen Sie sie mit 20 Nm an; falls sich der Dämpfer dabei mitdreht, muss er wie in Schritt 21 beschrieben blockiert werden.

38 Schmieren Sie die obere Gleitbuchse mit Gabelöl und schieben Sie sie über das Standrohr ins Tauchrohr (siehe Abbildung). Legen Sie die Dichtring-Scheibe darüber (siehe Abbildung). Zum Eintreiben der Buchse wird ein Spezialwerkzeug oder ein passender Treibdorn benötigt, der rundherum an der Scheibe (die härter ist als die Buchse) angesetzt werden kann, um die Buchse senkrecht einzutreiben (siehe Abbildungen). Beschädigen Sie mit dem Treibdorn nicht das Standrohr! Sobald die Gleitbuchse korrekt sitzt, ändert sich der Klang beim Eintreiben, aber heben Sie trotzdem die Scheibe an, um zu prüfen, ob sie bündig zu ihrem Sitz eingepresst ist (siehe Abbildung).

39 Schmieren Sie die Dichtlippe des neuen Dichtrings mit Gabelöl und schieben Sie ihn mit der markierten Seiten nach außen zeigend über das Standrohr in seinen Sitz im Tauchrohr (siehe Abbildung). Treiben Sie den Dichtring auf die gleiche Weise wie die Gleitbuchse in seinen Sitz (Abbildungen 8.38d und e) – verwenden Sie nötigenfalls den alten Dichtring zum Schutz und hebeln Sie diesen anschließend wieder heraus. Der neue Dichtring sitzt korrekt, wenn rundherum die Nut für den Drahtbügel frei liegt (siehe Abbildung).

40 Installieren Sie den Drahtbügel rundherum in seine Nut (siehe Abbildung).

41 Schmieren Sie die Dichtlippe der neuen Staubdichtung mit frischem Gabelöl und schieben Sie sie richtig herum über das Standrohr, um sie von Hand in das Tauchrohr zu pressen (siehe Abbildung).

42 Falls die Dämpferschraube noch angezogen werden muss (siehe Schritt 37), muss der Gabelholm über Kopf auf den mit Lappen geschützten Boden gestellt und von einem Assistenten komprimiert werden, sodass maximaler Druck auf den Dämpferkopf ausgeübt wird und die Schraube mit 20 Nm angezogen werden kann.

43 Füllen Sie Gabelöl auf (siehe Sektion 7).

44 Drehen Sie die Achs-Klemmschrauben locker ins Tauchrohr.

8.39b Die Nut für den Drahtbügel muss rundherum frei liegen.

8.40 Installieren Sie den Drahtbügel in seine Nut.

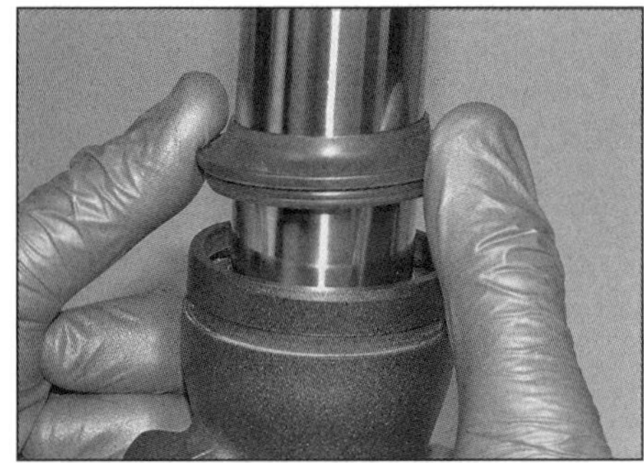

8.41 Schieben Sie die Staubdichtung auf und drücken Sie sie ins Tauchrohr.

45 Montieren Sie den Gabelholm (siehe Sektion 6).

9 Lenkschaft und Lenkkopflager

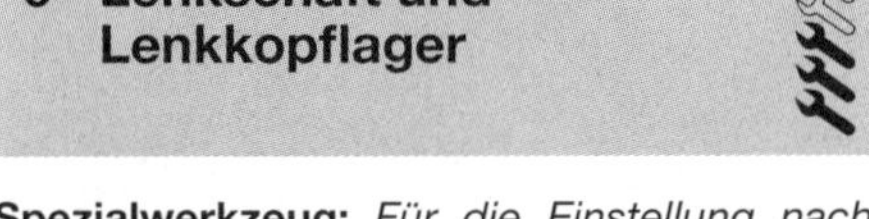

Spezialwerkzeug: *Für die Einstellung nach Gefühl werden ein Hakenschlüssel oder ein Dorn benötigt, die in die Nuten des Einstellrings greifen. Für die Einstellung mit dem vorgegebenen Anzugsdrehmoment wird das BMW-Werkzeug mit der Teilenummer 313 721 benötigt.*

Ausbau

1 Demontieren Sie bei der Racer und der Urban G/S die Frontverkleidung (siehe Kapitel 6).
2 Demontieren Sie den Tank (siehe Kapitel 3).
3 Entfernen Sie die Zündschloss-Abdeckung (siehe Abbildung).
4 Demontieren Sie bei der R nineT, der Pure, der Scrambler und der Urban G/S den Scheinwerfer (siehe Kapitel 7).
5 Demontieren Sie die Gabelholme (siehe Sektion 6).
6 Entfernen Sie bei der Urban G/S den oberen Kotflügel (siehe Kapitel 6).
7 Trennen Sie den Lenkungsdämpfer von der unteren Gabelbrücke (siehe Sektion 10).
8 Befreien Sie den Bremsleitungs-Anschluss von der unteren Gabelbrücke (siehe Abbildung).
9 Demontieren Sie bei allen Modellen außer der Racer den Lenker, aber trennen Sie keine Kabel, Bowdenzüge und Hydraulikleitungen (siehe Sektion 5), umwickeln Sie ihm mit Lappen und legen Sie ihn vorn ab
10 Umwickeln Sie die Lenkschaftmutter zum Schutz mit einer Lage Isolierband, lösen Sie sie und entnehmen Sie die Scheibe (siehe Abbildung).
11 Heben Sie die obere Gabelbrücke samt der Instrumente vom Lenkschaft, befreien Sie die Kabel unten vom Instrumententräger und legen Sie die Baugruppe mit Lappen geschützt sicher auf dem ABS-Modulator ab (siehe Abbildung). Heben Sie den Lenker jetzt über die obere Gabelbrücke und lagern Sie ihn dort mit Lappen geschützt (siehe Abbildung).

9.3 Befreien Sie die Zündschloss-Abdeckung.

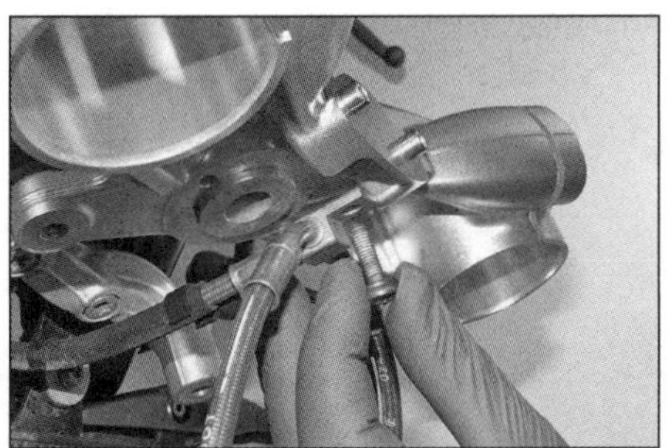

9.8 Lösen Sie die Schraube, um den Bremsleitungsanschluss zu befreien.

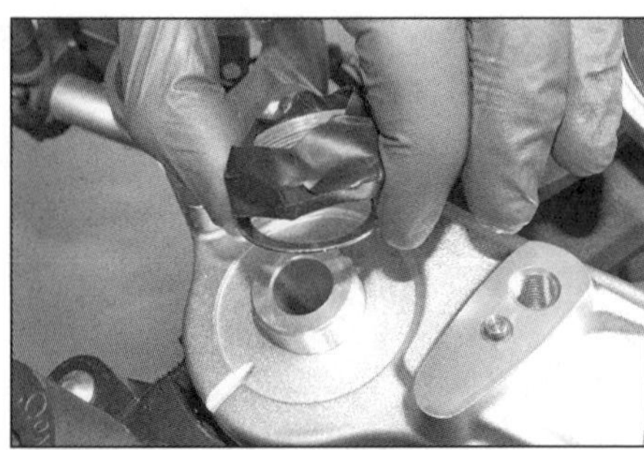

9.10 Schützen Sie die Lenkschaftmutter mit Isolierband, lösen Sie sie und entfernen Sie sie samt der Scheibe.

9.11a Heben Sie die obere Gabelbrücke samt der Instrumente vom Lenkschaft und befreien Sie die Kabel.

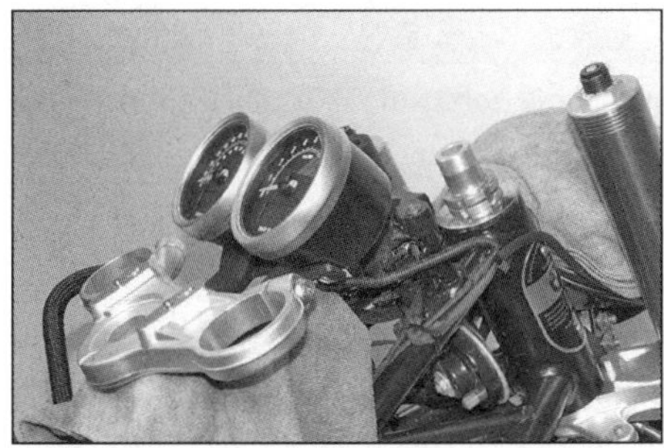

9.11b Legen Sie die Baugruppe mit Lappen geschützt über dem ABS-Modulator ab.

9.11c Legen Sie den Lenker mit Lappen geschützt über der Gabelbrücke und den Instrumenten ab.

9.12a Heben Sie die Laschenscheibe ab …

9.12b … drehen Sie den Konterring ab …

9.12c … und entfernen Sie die Gummischeibe.

9.13a Lösen Sie den Einstellring …

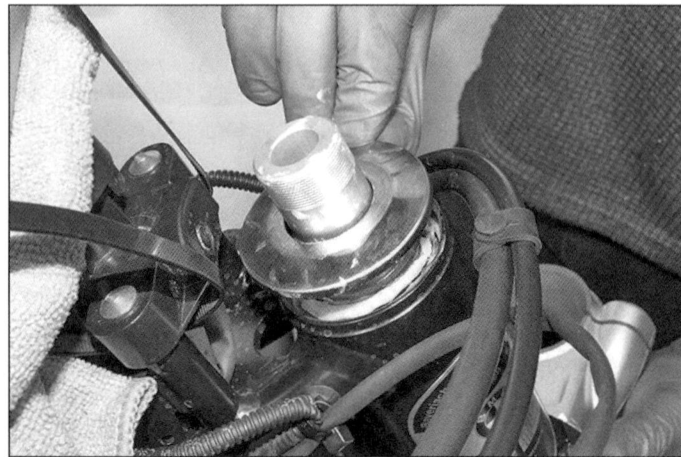

9.13b … und entfernen Sie den Lagerdeckel, …

9.13c … um die untere Gabelbrücke samt Lenkschaft vorsichtig aus dem Lenkkopf absenken zu können.

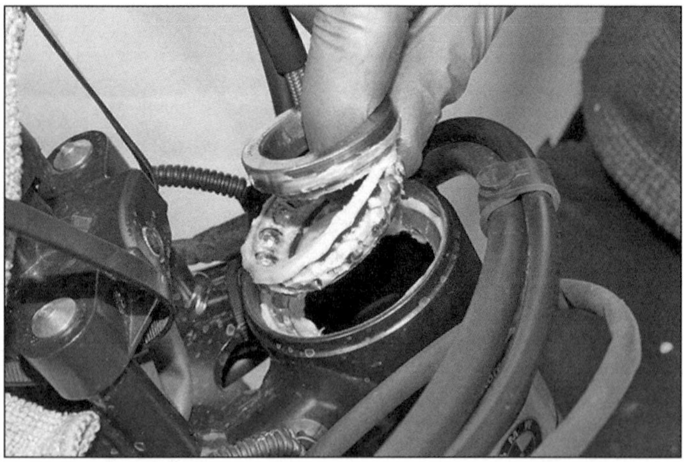

9.14a Entfernen Sie den oberen Lagerkäfig samt Innenring aus dem Lenkkopf …

12 Entfernen Sie die Laschenscheibe unter Beachtung ihrer Einbaulage (siehe Abbildung). Lockern Sie den Konterring mit einem Hakenschlüssel oder dem BMW-Spezialwerkzeug – er sollte nur handfest gesichert sein – und heben Sie ihn samt der Gummischeibe ab (siehe Abbildungen).

13 Stützen Sie die untere Gabelbrücke und drehen Sie den Einstellring ab (siehe Abbildung). Entfernen Sie den Lagerdeckel und senken Sie die Gabelbrücke samt Lenkschaft vorsichtig aus dem Lenkkopf ab (siehe Abbildungen).

14 Entfernen Sie den oberen Lagerkäfig samt Innenring aus dem Lenkkopf (siehe Abbildung). Befreien Sie das untere Lager vom Lenkschaft (siehe Abbildung). Der untere Lager-Innenring auf dem Lenkschaft und die äußeren Lagerringe oben und unten im Lenkkopf dürfen nur befreit werden, wenn sie ersetzt werden sollen (siehe unten).

Kontrolle

15 Befreien Sie mit Lösungsmittel oder Petroleum Fettreste aus den Lagern und kontrollieren Sie sie auf Verschleiß und Beschädigungen.

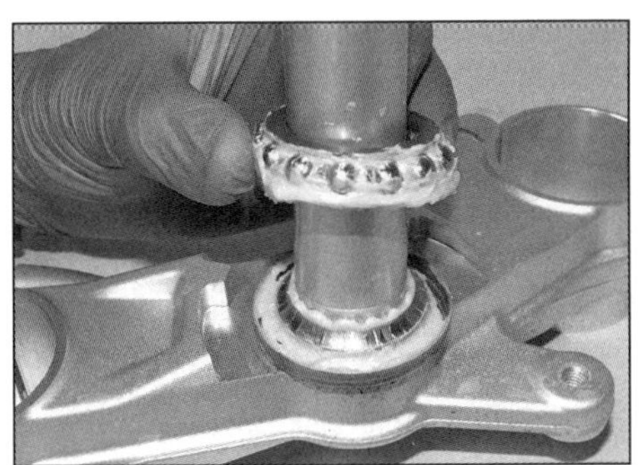

9.14b ... und das untere Lager vom Lenkschaft.

9.16 Kontrollieren Sie die inneren und äußeren Lagerschalen auf Verschleiß und Schäden.

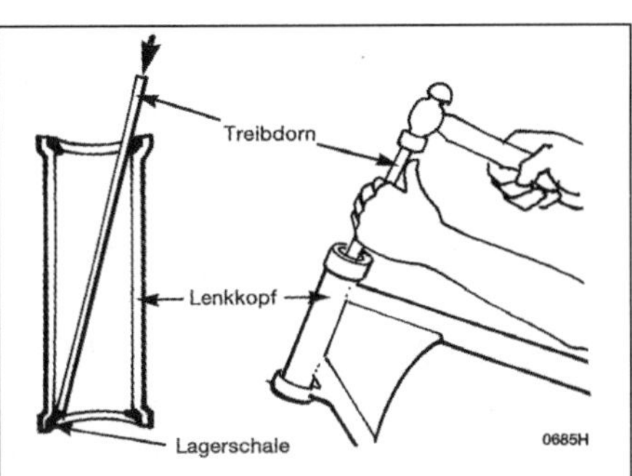

9.17 Treiben Sie die äußeren Lagerschalen von der Gegenseite mit einem Messingdorn aus.

16 Die äußeren Lagerschalen oben und unten im Lenkkopf müssen glatt und ohne Eindrücke sein (siehe Abbildung). Inspizieren Sie die Kugeln auf Verschleiß, Schäden und Verfärbung, und überprüfen Sie ihren Käfig auf Brüche oder Risse. Wenn irgendwelche Anzeichen von Verschleiß an einem Teil festgestellt werden, müssen beide Lenkkopflager als Satz ausgewechselt werden. Entfernen Sie die äußeren Lagerschalen oben und unten im Lenkkopf sowie den auf den Lenkschaft gepressten unteren Innenring nur, wenn die Teile ersetzt werden sollen - einmal entfernt, müssen sie erneuert werden.

Austausch

17 Die äußeren Lagerschalen sind in den Lenkkopf eingepresst und können mit einem in den Ausschnitten angesetzten geeigneten Treibdorn herausgeschlagen werden (siehe Abbildung). Klopfen Sie kräftig und kreisförmig die Lager heraus, ohne sie dabei zu verkanten - es kann vorteilhaft sein, das Ende des Dorns zu krümmen, um die Ringe besser ausschlagen zu können.

18 Die neuen äußeren Lagerschalen können mit einer Einziehvorrichtung in den Lenkkopf gepresst (siehe Abbildung) oder mit einem entsprechend großen Rohr oder Steckschlüssel eingetrieben werden. Achten Sie darauf, dass die Scheibe des Einziehers oder der Rand des Treibers nur den äußeren Rand des Lagers und niemals die Lagerlauffläche berührt.

Der Einbau neuer Lagerschalen kann vereinfacht werden, wenn man sie über Nacht in die Kühltruhe legt. Sie schrumpfen dadurch und lassen sich leichter einbauen. Alternativ kann Kältespray verwendet werden.

19 Der untere Lagerinnenring darf nur demontiert werden, wenn er ausgetauscht werden soll. Stützen Sie die untere Gabelbrücke verkehrt herum auf Hölzern ab und befreien Sie den Lagerring mit einem durch die Bohrungen unterhalb des Lagerrings passenden Dorn - setzen Sie ihn abwechseln in beiden Bohrungen an, um den Lagerring senkrecht den Schaft entlang zu treiben (siehe Abbildung). Falls der Lagerring sehr fest sitzt, muss er zuvor mit einem Heißluftgebläse erwärmt werden, während der Lenkschaft mit einem feuchten Lappen gekühlt wird. Entfernen Sie die unter dem Lagerring sitzende Dichtscheibe - sie muss beim Einbau erneuert werden.

20 Legen Sie eine neue Dichtscheibe über den Lenkschaft auf die untere Gabelbrücke. Erwärmen Sie den neuen Innenring und treiben Sie ihn mit einem Rohr, das gerade über den Lenkschaft passt und so nicht die Lagerfläche berührt, über den Lenkschaft nach unten (siehe Abbildung). Sobald die Dichtscheibe zwischen der Gabelbrücke und dem Lagerring eingeklemmt ist, ist dieser korrekt positioniert.

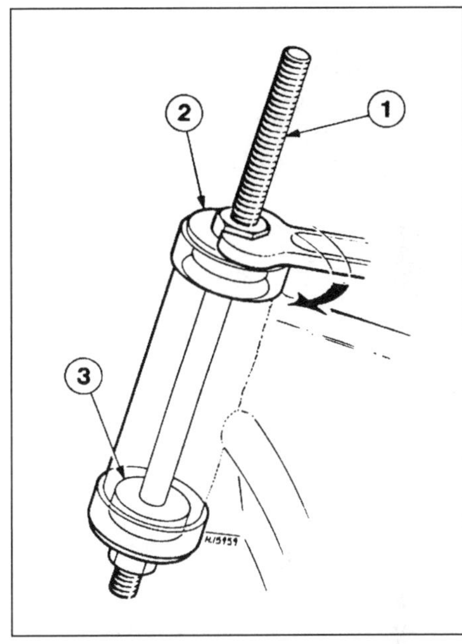

9.18 Lenkkopflager-Einziehvorrichtung
1 Lange Schraube oder Gewindestange
2 Dicke Scheibe
3 Führung für unteren Lagerring

Einbau

21 Falls noch nicht geschehen, müssen Fettreste mit Lösungsmittel oder Petroleum aus den Lagern befreit werden.

22 Prüfen Sie, ob die Dichtscheibe und der untere Lager-Innenring korrekt auf der unteren Gabelbrücke sitzen (Abbildung 9.16). Verteilen Sie eine ausreichende Menge Lithium-Mehrzweckfett auf den Lagerschalen und in den Lagerkäfigen sowie am Dichtring unterhalb des oberen Lagerdeckels. Installieren Sie das untere Lager über den Schaft auf den unteren Lagerring (Abbildung 9.14b). Legen Sie das

4

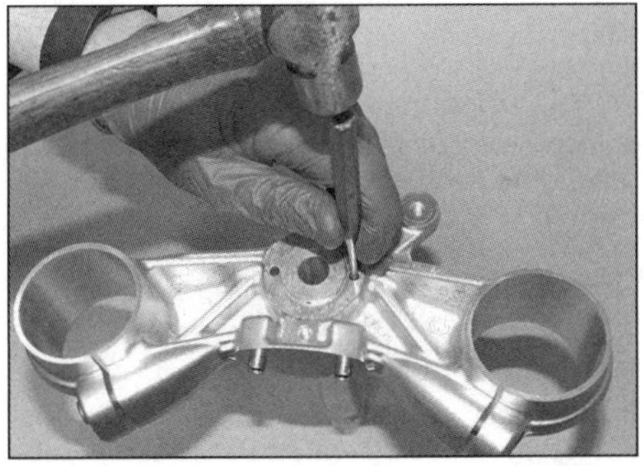

9.19 Befreien Sie den unteren Lager-Innenring mit einem Dorn.

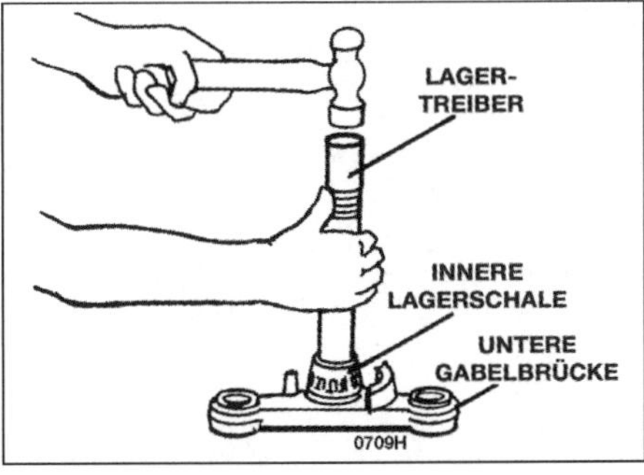

9.20 Treiben Sie das neue Lager mit einem geeigneten Treiber oder Rohr auf.

9.23a Drehen Sie den Einstellring auf ...

9.23b ... und ziehen Sie ihn nur leicht an.

9.27a Setzen Sie die obere Gabelbrücke auf den Lenkschaft.

9.27b Richten Sie die Gabelbrücken mit einem Gabelholm zueinander aus und ziehen Sie die Lenkschaftmutter mit 100 Nm an.

obere Lager samt Innenring in den oberen Lagerring im Lenkkopf (Abbildung 9.14a).

23 Heben Sie vorsichtig die untere Gabelbrücke samt Lenkschaft in den Lenkkopf und stützen Sie sie dort ab (Abbildung 9.13c). Legen Sie den oberen Lagerdeckel auf (Abbildung 9.13b). Drehen Sie den Einstellring auf den Lenkschaft und ziehen sie ihn leicht an (siehe Abbildungen).

24 Um die Lager mit dem BMW-Spezialwerkzeug 313721 und einem Drehmomentschlüssel einzustellen, muss der Einstellring zunächst mit 40 Nm angezogen werden. Schwenken Sie die untere Gabelbrücke mindestens dreimal von Anschlag zu Anschlag hin und her und lockern Sie den Einstellring um eine Vierteldrehung, bevor Sie ihn nun mit 15 Nm anziehen. Prüfen Sie, ob sich der Lenkschaft frei aber ohne Spiel hin und her schwenken lässt.

25 Falls der Hakenschlüssel verwendet wird, muss damit der Einstellring soweit angezogen werden, bis der Lenkschaft kein Spiel mehr hat. Ziehen Sie ihn dann noch etwas fester an, damit sich die Lager setzen können. Lockern Sie den Einstellring etwas und ziehen Sie ihn soweit an, bis kein Spiel mehr fühlbar ist, der Lenkschaft sich aber ohne Spiel hin und her schwenken lässt.

Achtung: Achten Sie darauf, die Lager nicht unter hohen Druck zu setzen, da sie hierbei beschädigt werden können!

26 Legen Sie die Gummischeibe auf und drehen Sie den Konterring auf, bis er am Gummiring anliegt, und dann um so viel weiter, bis seine Nuten erstmals mit denen des Einstellrings fluchten (Abbildungen 9.12c und b) – er muss nicht fest sitzen! Legen Sie die Laschenscheibe auf, sodass ihre Laschen in die Nuten des Konterrings und des Einstellrings greifen (Abbildung 9.12a).

27 Verlagern Sie den Lenker nach vorn und sichern Sie die Verkabelung unten am Instrumententräger (Abbildung 9.11a). Setzen Sie die aus der oberen Gabelbrücke und den Instrumenten bestehende Baugruppe auf den Lenkschaft (siehe Abbildung). Legen Sie die Scheibe auf und drehen Sie die Lenkschaftmutter handfest auf (Abbildung 9.10). Installieren Sie übergangsweise einen der Gabelholme, um die Gabelbrücken auszurichten; klemmen Sie ihn nur in der unteren Brücke ein. Ziehen Sie nun die Lenkschaftmutter mit 100 Nm an (siehe Abbildung).

28 Montieren Sie alle entfernten Baugruppen in der umgekehrten Ausbaureihenfolge – achten Sie dabei auf die korrekte Verlegung aller Bowdenzüge, Kabel und Hydraulikleitungen.

29 Führen Sie die in Kapitel 1, Sektion 7 beschriebene Einstellung der Lenkkopflager durch. Falls das Lager mit dem Hakenschlüssel installiert wurde, können das Gewicht und die Hebelwirkung der Gabel dafür sorgen, dass die Lager nachgestellt werden müssen.

10 Lenkungsdämpfer

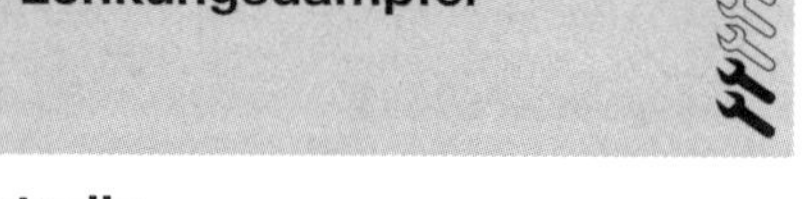

Kontrolle

1 Stützen Sie das Motorrad so ab, dass das Vorderrad nicht den Boden berührt, drehen Sie die Lenkung von Anschlag zu Anschlag und kontrollieren Sie, ob zwischen dem Dämpfer und seinen Befestigungen Spiel fühlbar ist.

2 Wird Spiel festgestellt, muss geprüft werden, ob die Befestigungsschraube und die Kugelgelenk-Kontermutter fest angezogen sind.

3 Prüfen Sie, ob sich die Dämpferstange sanft und frei im Dämpfergehäuse bewegen lässt.

4 Inspizieren Sie die Dämpferstange auf Ausbrüche oder Korrosion und kontrollieren Sie, ob an den Enden des Gehäuses Öl austritt.

5 Der Lenkungsdämpfer kann nicht repariert werden und muss nötigenfalls ersetzt werden.

Ausbau und Einbau

6 Lösen Sie die Schraube, die den Dämpfer am Rahmen sichert; entfernen Sie die Scheibe und die Distanzhülsen – beachten Sie die darin sitzenden Buchsen (siehe Abbildungen).

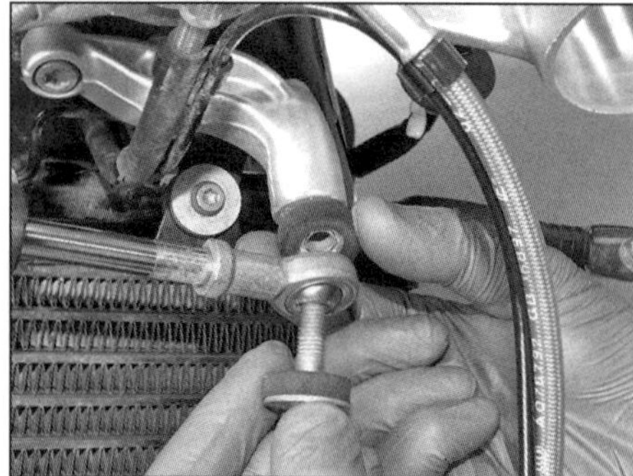
10.6a Lösen Sie die Schraube und entfernen Sie die Scheibe und die Distanzhülsen.

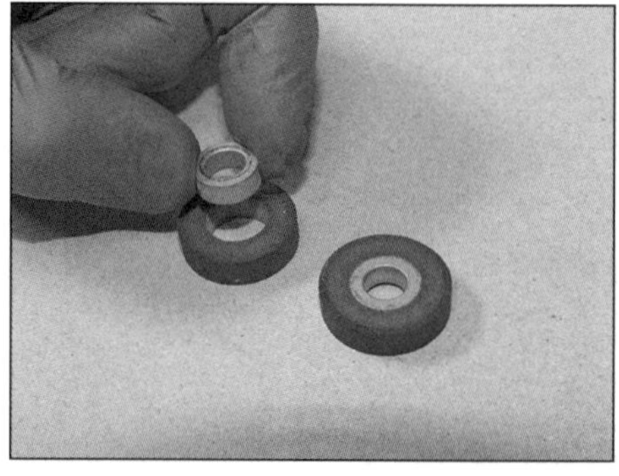
10.6b Verlieren Sie nicht die in den Hülsen sitzenden Buchsen.

10.7a Halten Sie die Schraube und lösen Sie die Mutter (Pfeil).

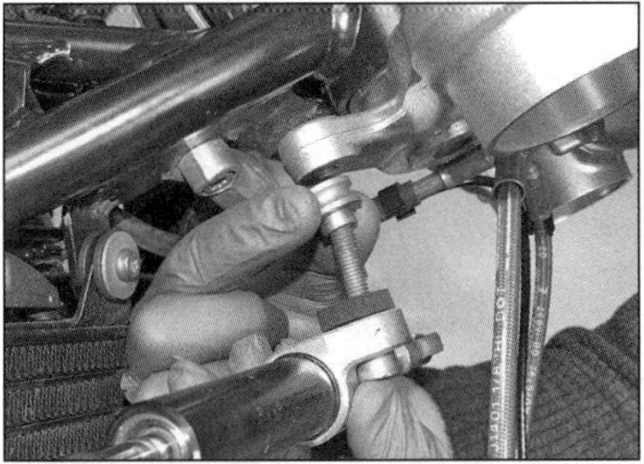
10.7b Ziehen Sie die Schraube heraus und beachten Sie die Buchse und die Distanzhülse zwischen dem Dämpfer und der Gabelbrücke.

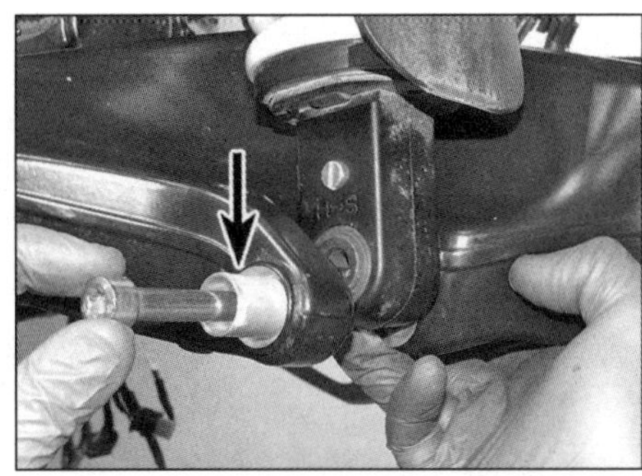
11.4 Lösen Sie den unteren Stoßdämpferbolzen – beachten Sie die Hülse in der Schwinge.

7 Lösen Sie bei der R nineT bis 2016 die Mutter der Schraube, die den Dämpfer an der Gabelbrücke sichert, entfernen Sie die Schraube und den Dämpfer und stellen Sie Buchse und die Distanzhülse sicher (siehe Abbildungen).
8 Lösen Sie bei allen anderen Modellen die Schraube, die den Dämpfer an der Gabelbrücke sichert, entfernen Sie sie und den Dämpfer und stellen Sie Buchse und die Distanzhülse sicher (Abbildung 7.10b).
9 Der Einbau entspricht der umgekehrten Ausbaureihenfolge. Verwenden Sie neue Schrauben oder reinigen Sie die Gewinde der alten Schrauben und versehen Sie sie mit Sicherungspaste (mittelfest). Stecken Sie an der Gabelbrücken-Befestigung das schmale Ende der Buchse in die Distanzhülse und installieren Sie beide mit der Buchse nach oben zwischen den Dämpfer und die Gabelbrücke (Abbildung 10.7b). Rüsten Sie die Distanzhülsen der Rahmen-Befestigung mit den Buchsen und die Schraube mit der Scheibe aus (Abbildungen 10.6b und a). Ziehen Sie die Schrauben mit 19 Nm an.

11 Hinterradstoßdämpfer

Ausbau

1 Demontieren Sie den Schalldämpfer (siehe Kapitel 3).
2 Demontieren Sie das Hinterrad (siehe Kapitel 5).
3 Stützen Sie den Endantrieb mit einem Holzblock oder einem Montageständer ab, damit die Schwinge nach der Demontage des unteren Stoßdämpferbolzens nicht herunterfällt – die Stütze darf nicht unter der Bremsscheibe stehen.
4 Lösen Sie den unteren Stoßdämpferbolzen – beachten Sie die Hülse in der Schwinge (siehe Abbildung).
5 Lösen Sie den oberen Stoßdämpferbolzen, halten Sie den Dämpfer, ziehen Sie den Bolzen heraus und entnehmen Sie den Stoßdämpfer (siehe Abbildung).

Kontrolle

6 Inspizieren Sie den Stoßdämpfer auf sichtbare Schäden und Undichtigkeiten. Kontrollieren Sie die Feder auf Risse oder Anzeichen von Ermüdung.
7 Kontrollieren Sie die beiden Aufnahmebuchsen des Dämpfers auf Verschleiß und Schäden (siehe Abbildung).
8 Für den Hinterradstoßdämpfer sind keine Ersatzteile erhältlich, sodass er nötigenfalls komplett ersetzt werden muss. Vor dem Kauf eines Neuteils sollte jedoch Rat bei einem Stoßdämpfer-Spezialisten gesucht werden.

Einbau

9 Der Einbau entspricht der umgekehrten Ausbaureihenfolge – beachten Sie dabei folgende Punkte:
- Verwenden Sie entweder neue BMW-Stoßdämpferbolzen (sie sind mit Sicherungsbeschichtung versehen) oder reinigen Sie die Gewinde der alten Bolzen und tragen Sie mittelfeste Sicherungspaste auf.

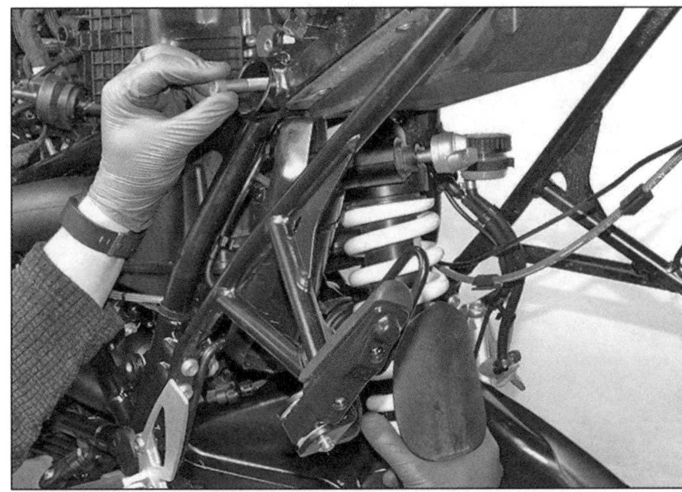
11.5 Lösen Sie den oberen Stoßdämpferbolzen und entnehmen Sie den Stoßdämpfer.

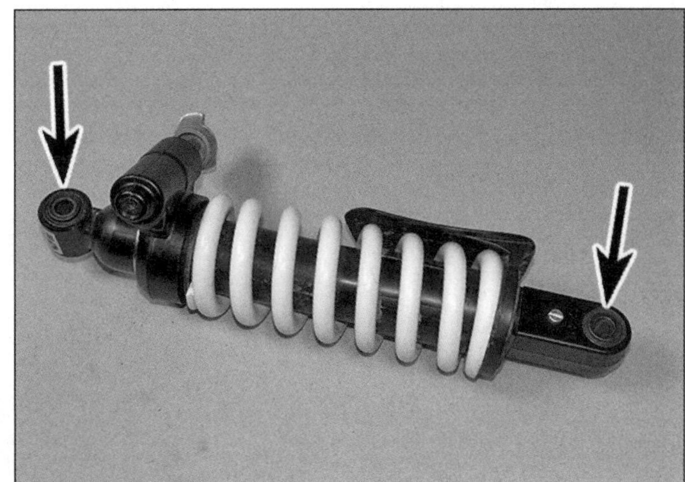
11.7 Buchsen in den Stoßdämpfer-Augen

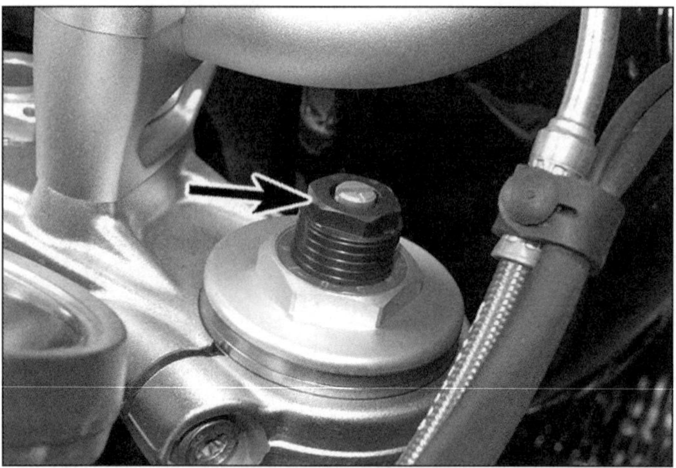

12.4 Sechskant des Federvorspanners

12.5 Durchhang-Messpunkte

- Schmieren Sie die Schäfte der Stoßdämpferbolzen mit etwas Fett.
- Die Hülse des unteren Stoßdämpferbolzens muss in der Schwinge stecken (Abbildung 11.4).
- Ziehen Sie die Stoßdämpferbolzen mit 56 Nm an.
- Stellen Sie die Federung den Anforderungen entsprechend ein (siehe Sektion 10).

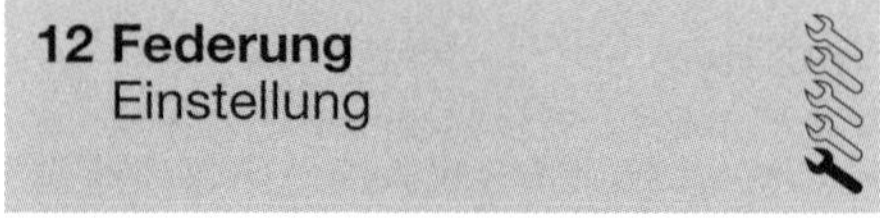

12 Federung
Einstellung

Gabel

1 Die Gabel der R nineT bis 2016 sowie aller Pure-, Racer, Schrambler- und Urban G/S-Modelle ist nicht einstellbar.

2 Bei der R nineT ab 2017 ist die Gabel in der Federvorspannung, der Zugdämpfung (im rechten Gabelholm) und der Druckdämpfung (im linken Gabelholm) einstellbar.

3 Die Federvorspannung sollte nach dem Gewicht des Fahrers eingestellt werden. Sie bestimmt, wie weit die Gabel bei besetzter Maschine einsackt. Die Vorspannung in beiden Gabelholmen muss absolut gleich eingestellt sein!

4 Das Bordwerkzeug enthält einen auf die Sechskante der Vorspanner passenden Plastik-Steckschlüssel. Achten Sie ggf. bei der Verwendung anderer Werkzeuge darauf, den empfindlichen Einsteller nicht zu beschädigen (siehe Abbildung). Drehen Sie beide Einsteller bis zum Anschlag gegen den Uhrzeigersinn – zählen Sie dabei die Anzahl der Umdrehungen. Falls die Anzahl bei beiden Gabelholmen gleich ist, werden die Einsteller wieder um diese Anzahl an Umdrehungen zurückgedreht. Falls sich die Anzahl der Umdrehungen unterscheidet, muss ein Mittelwert beider Einstellungen gefunden werden (war ein Einsteller z. B. um eine Umdrehung herausgedreht und der andere um zwei, müssen beide Einsteller eineinhalb Umdrehungen herausgedreht werden).

5 Zur Ermittlung des Durchhangs wird ein Assistent benötigt. Halten Sie das unbelastete Motorrad auf einer ebenen Oberfläche aufrecht und lassen Sie den Assistenten den Abstand zwischen dem unteren Rand des Standrohrs und dem oberen Rand des Tauchrohr-Angusses messen (siehe Abbildung). Setzen Sie sich jetzt auf das Motorrad und lassen Sie den Assistenten erneut messen – die Differenz sollte laut BMW bei 6 bis 10 mm liegen. Falls weniger als 6 mm Unterschied ermittelt werden, muss die Federvorspannung verringert werden; werden mehr als 10 mm Durchhang festgestellt, muss die Federvorspannung erhöht werden. Zur Verringerung der Vorspannung muss der Einsteller gegen den Uhrzeigersinn verdreht werden; zur Erhöhung muss er nach rechts verdreht werden. Optimal ist ein Durchhang von ca. 8 mm.

6 Die Einstellung der Zugstufe am rechten Gabelholm wird durch die Ziffer angezeigt, auf die der Halbstrich der Einstellschraube zeigt (siehe Abbildung). Bei Zugstufe 1 ist die Dämpfung weich, bei Stufe 10 ist sie sehr hart. Drehen Sie die Schraube mit einem Schraubendreher auf den gewünschten Wert (BMW empfiehlt für einen 85 kg schweren Fahrer Zugstufe 3).

7 Die Einstellung der Druckstufe am linken Gabelholm wird durch die Ziffer angezeigt, auf die der Halbstrich der Einstellschraube zeigt (siehe Abbildung). Bei Druckstufe 1 ist die Dämpfung weich, bei Stufe 10 ist sie sehr hart. Drehen Sie die Schraube mit einem Schraubendreher auf den gewünschten Wert (BMW empfiehlt für einen 85 kg schweren Fahrer Druckstufe 3).

Hinterradstoßdämpfer

8 Der Stoßdämpfer ist in der Federvorspannung und der Zugdämpfung einstellbar. Beide Werte müssen aufeinander abgestimmt sein – eine höhere Vorspannung erfordert eine härtere Dämpfung und umgekehrt.

12.6 Zugstufen-Einsteller im rechten Gabelholm – hier auf Stufe 5 gestellt

12.7 Druckstufen-Einsteller im linken Gabelholm – hier auf Stufe 5 gestellt

12.9 Federvorspannungs-Einsteller oben am Stoßdämpfer der R nineT

12.10 Zugdämpfungs-Einsteller unten am Stoßdämpfer

12.11 Lockern Sie zuerst den Konterring und verdrehen Sie dann Federvorspannungs-Einstellring.

R nineT

9 Die Federvorspannung wird am Drehknopf oben am Stoßdämpfer eingestellt (siehe Abbildung). BMW empfiehlt, den Knopf bei Solobetrieb vollständig gegen den Uhrzeigersinn zu verdrehen und ihn bei Fahrten zu zweit mit Gepäck bis zum Anschlag nach rechts zu drehen. Je nach Beladung, Untergrund und persönlichem Geschmack kann der Knopf zwischen den beiden Anschlägen eingestellt werden.

10 Die Zugdämpfung wird an der Einstellschraube unten am Stoßdämpfer eingestellt (siehe Abbildung). BMW empfiehlt, die Schraube bei Solobetrieb bis zum Anschlag nach rechts und dann eineinhalb Umdrehungen nach links zu drehen. Bei Fahrten zu zweit sollte die Schraube bis zum Anschlag nach rechts und dann eine (Modelle bis 2016) bzw. eine dreiviertel Umdrehung nach links gedreht werden. Je nach Beladung, Untergrund und persönlichem Geschmack kann die Schraube weiter nach rechts (härter) oder links (weicher) gedreht werden.

Pure, Racer, Scrambler und Urban G/S

11 Die Federvorspannung wird mithilfe eines Hakenschlüssels oben am Stoßdämpfer eingestellt (siehe Abbildung). Lockern Sie zunächst den oberen Konterring und drehen Sie den Einstellring dann von oben betrachtet im Uhrzeigersinn, um die Vorspannung zu erhöhen, bzw. gegen den Uhrzeigersinn, um sie zu verringern. Drehen Sie anschließend den Konterring gegen den Einstellring.

12 Die Zugdämpfung wird an der Einstellschraube unten am Stoßdämpfer eingestellt (Abbildung 12.10). BMW empfiehlt, die Schraube bei Solobetrieb bis zum Anschlag nach rechts und dann bei der Pure, der Racer und der Scrambler mit abgesenktem Fahrwerk 1 ¾ Umdrehungen nach links zu drehen – bei der Scrambler mit Standard-Fahrwerk und der Urban G/S sind es 1 ½ Umdrehungen. Bei Fahrten zu zweit sollte die Schraube bis zum Anschlag nach rechts und dann eine halbe (Pure und Scrambler mit abgesenktem Fahrwerk) bzw. eine dreiviertel Umdrehung (Scrambler mit Standard-Fahrwerk und der Urban G/S) nach links gedreht werden. Je nach Beladung, Untergrund und persönlichem Geschmack kann die Schraube weiter nach rechts (härter) oder links (weicher) gedreht werden.

13.5a Lösen Sie die Schrauben und entfernen Sie die Abdeckung.

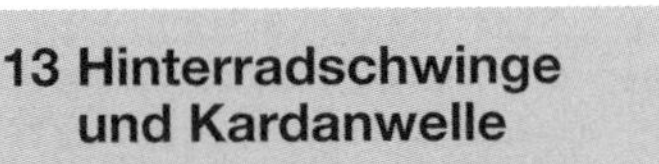

13 Hinterradschwinge und Kardanwelle

Ausbau

Spezialwerkzeug: *Für den Ausbau der Lager wird ein Zughammer benötigt.*

1 Entfernen Sie den Schalldämpfer und die Auspuffklappe samt Servo (siehe Kapitel 3).

2 Demontieren Sie das Hinterrad (siehe Kapitel 5).

13.5b Lösen Sie die vordere Schraube des Hebels und entfernen Sie ihn, . . .

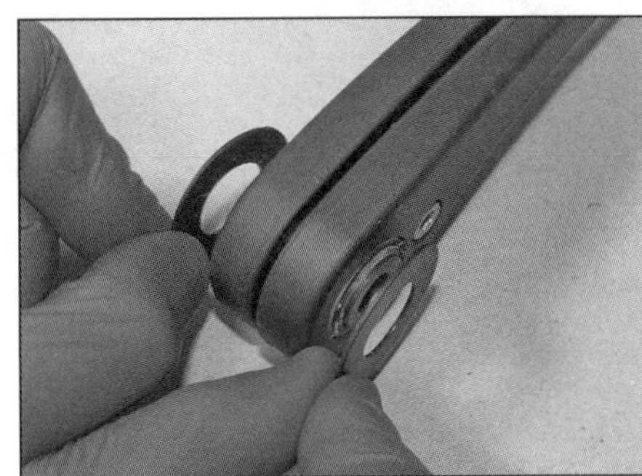

13.5c . . . beachten Sie dabei die Scheiben.

3 Demontieren Sie den Endantrieb (siehe Sektion 14).

4 Stützen Sie die Schwinge ab und demontieren Sie den Stoßdämpfer (siehe Sektion 11).

5 Um den Paralever-Hebel vollständig zu demontieren, müssen die Schrauben der Kabel- und Bremsleitungs-Abdeckung entfernt, die Abdeckung entnommen und die Leitungen befreit werden (siehe Abbildung). Lösen Sie die Schraube, die den Hebel am Rahmen sichert, und entfernen Sie ihn – beachten Sie die Scheiben an beiden Seiten der Buchse (siehe Abbildungen).

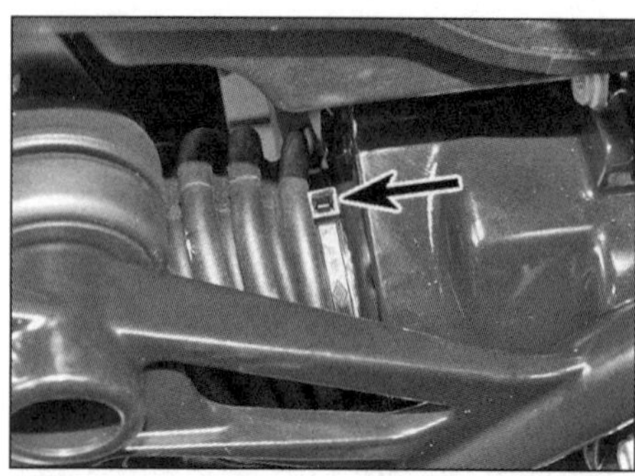
13.6 Kabelbinder zum Sichern der Kardanwellen-Manschette am Getriebe

13.7 Lösen Sie die äußeren Schrauben und lockern Sie die zentrale Schraube.

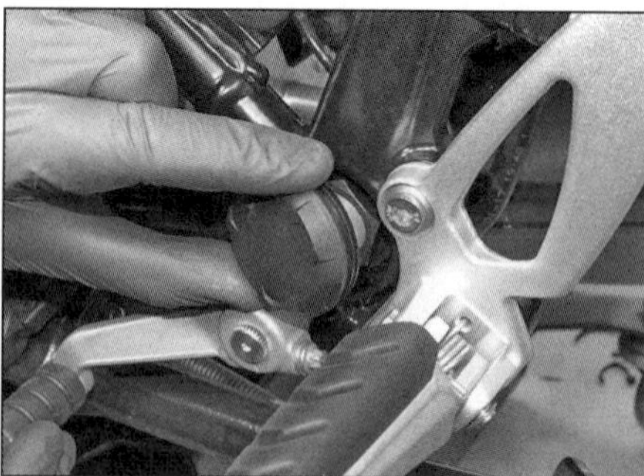
13.8a Hebeln Sie links die Abdeckung vom Lagerzapfen, ...

13.8b ... lockern Sie die Kontermutter...

13.8c ... und schrauben Sie den Zapfen heraus.

13.9 Ziehen Sie den rechten Lagerzapfen heraus.

6 Schneiden Sie den Kabelbinder auf, der die Kardanwellen-Manschette hinten am Getriebe sichert (siehe Abbildung).

7 Entfernen Sie am rechten Schwingenzapfen die drei äußeren Schrauben und lockern Sie die zentrale Schrauben (siehe Abbildung).

8 Hebeln Sie die Abdeckung vom linken Lagerzapfen (siehe Abbildung). Lockern Sie die Kontermutter und schrauben Sie den Stift heraus (siehe Abbildungen).

9 Stützen Sie die Schwingen-Baugruppe. Setzen Sie an der rechten Lagerzapfenschraube eine Zange an, um ihn herauszuziehen – schützen Sie ihre Oberfläche mit Lappen (siehe Abbildung).

10 Ziehen Sie die Schwinge nach hinten von der Kardanwelle ab (siehe Abbildung).

11 In einer Nut der Getriebeausgangswelle sitzt ein Sprengring, der beim Abziehen der Kardanwelle überwunden werden muss – hebeln Sie sie nötigenfalls mit einem Schraubendreher ab, um den Ring aus seiner Nut zu befreien (siehe Abbildung).

Kontrolle

12 Entfernen Sie die Kardanmanschette samt ihres Plastikeinsatzes aus der Schwinge (siehe Abbildungen). Falls die Manschette spröde oder gerissen ist, muss sie ersetzt werden.

13 Befreien Sie alle Komponenten sorgfältig von Schmutz, Korrosion und Fett.

14 Inspizieren Sie die Bauteile genau auf Anzeichen von Verschleiß oder Unfallschäden.

15 Inspizieren Sie die Kreuzgelenke auf Verschleiß – sie müssen sich frei und sanft, aber absolut spielfrei bewegen lassen (siehe Abbildung). Wenn auch nur ein Kreuzgelenk verschlissen ist, muss die gesamte Kardanwelle ersetzt werden, da die Gelenke nicht separat erhältlich sind.

13.10 Ziehen Sie die Schwinge ab.

16 Begutachten Sie die Keilverzahnungen auf Verschleiß. Die Kardan-Kreuzgelenke müssen sich leicht über die Verzahnungen der Getriebe- und der Winkeltrieb-Wellen schieben lassen. Besteht irgendwo übermäßiges Spiel, müssen verschlissene Komponenten ersetzt werden. Aus- und Einbau der Getriebewelle ist in Kapitel 2, Sektion 30 beschrieben. Das Zerlegen des Endantriebs für den Austausch der Kegelradwelle muss in einer BMW-Werkstatt erfolgen, da hierfür Spezialausrüstung erforderlich ist.

13.11 Ziehen und hebeln Sie die Kardanwelle ab.

13.12a Befreien Sie die Manschette aus der Schwinge, ...

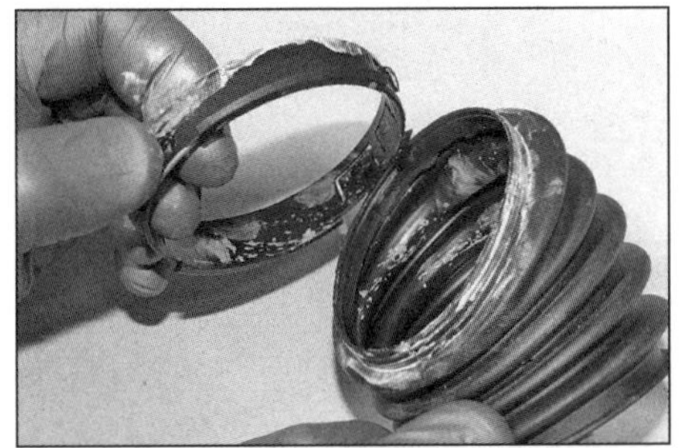

13.12b ... beachten Sie den darin sitzenden Kunststoff-Einsatz.

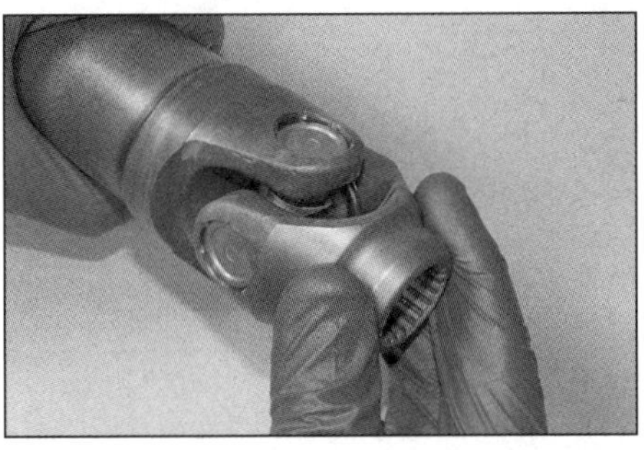

13.15 Kontrollieren Sie die Kreuzgelenke auf Verschleiß.

13.17a Kontrollieren Sie die Schwingenlager...

17 Kontrollieren Sie die Schwingenlager und die Gleitflächen der Lagerzapfen (siehe Abbildungen). Beachten Sie die *Werkzeug- und Werkstatt-Tipps* im Anhang, um Details über die Kontrolle und das Ersetzen von Lagern zu erfahren.
18 Inspizieren Sie die vorne im Paralever-Hebel sitzende Buchse – wenn sie verschlissen ist, muss sie ersetzt werden (die hierfür benötigte Auszieh-Vorrichtung ist in den *Werkzeug- und Werkstatt-Tipps* im Anhang beschrieben).

Einbau

19 Schmieren Sie die Verzahnung der Getriebeausgangswelle mit Molybdänfett (BMW empfiehlt Optimoly TA). Drücken oder hämmern Sie die Kardanwelle mit dem breiteren Ende voran auf die Getriebewelle, bis der im vorderen Kreuzgelenk sitzende Sicherungsring fühlbar in der Nut der Getriebeausgangswelle einrastet (siehe Abbildung). Stellen Sie sicher, dass die Kardanwelle fest auf der Getriebewelle sitzt (Abbildungen 13.12b und a).

20 Schmieren Sie beide Enden der Kardanmanschette mit Silikonpaste (BMW empfiehlt Staburags NBU 30 PTM) und installieren Sie sie samt Plastikeinsatz an die Schwinge (Abbildungen 13.12b und a).
21 Versehen Sie den rechten Schwingenlagerzapfen mit etwas Molybdänett, schieben Sie die Schwinge über die Kardanwelle und richten Sie sie aus (Abbildung 13.10), drücken Sie dann den Zapfen in seinen Sitz, um sie zu sichern (siehe Abbildung).

13.17b ... und die Gleitflächen der Lagerzapfen.

13.19 Setzen Sie das Kreuzgelenk auf der Getriebewelle an und treiben Sie die Kardanwelle auf, bis der Sicherungsring einrastet.

13.21 Drücken Sie den rechten Lagerzapfen in das Schwingenlager.

13.22 Drehen Sie den linken Lagerzapfen ein.

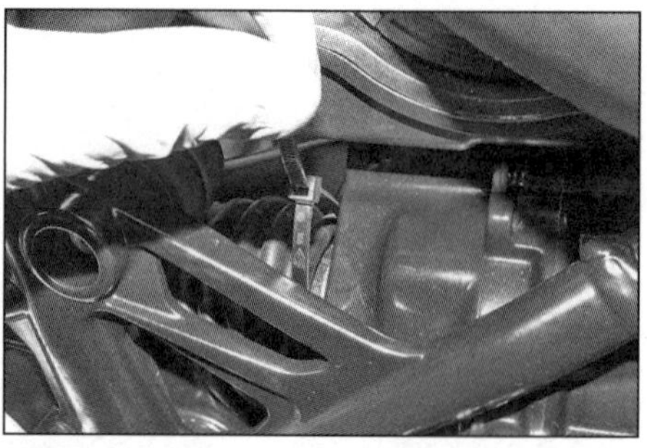
13.27 Sichern Sie die korrekt sitzende Manschette mit einem Kabelbinder am Getriebe.

14.2 Sichern Sie den Bremssattel mit einem Kabelbinder am Gepäckhaken.

14.3a Befreien Sie das Kabel aus dem Clip, . . .

14.3b . . . lösen Sie die Schrauben der Kabelführung . . .

14.3c . . . und des Sensors und ziehen Sie ihn heraus.

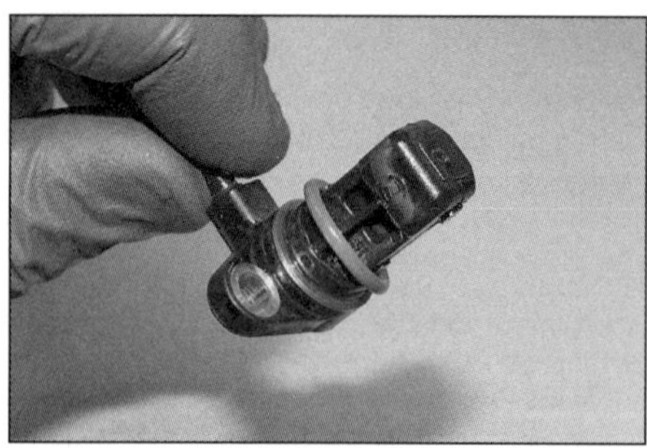
14.3d O-Ring und die Scheibe des Hinterradsensors

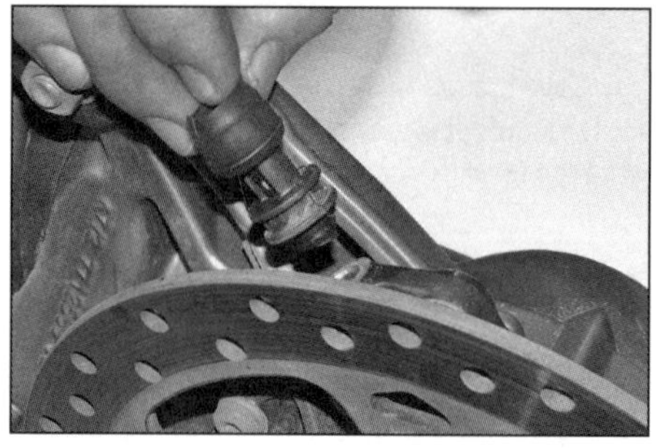
14.4 Ziehen Sie die Entlüftung zum Reinigen heraus.

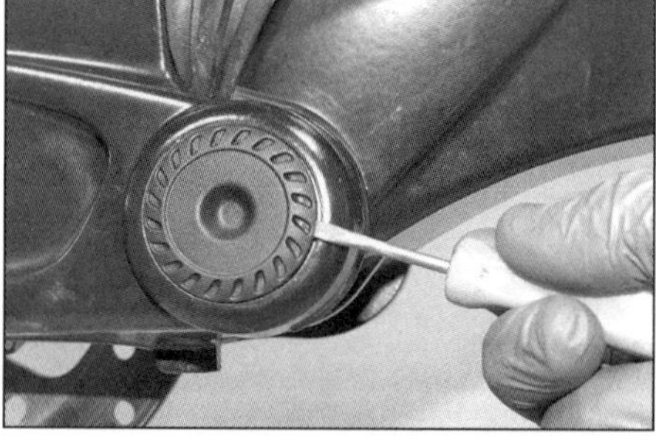
14.5 Hebeln Sie die Kappe vom Endantrieb-Gelenk.

22 Drehen Sie die Kontermutter des linken Lagerzapfens zurück, fetten Sie den Zapfen und drehen Sie ihn handfest ein (siehe Abbildung). Stützen Sie die Schwinge ab.
23 Ziehen Sie die drei äußeren Schrauben des rechten Lagerzapfens mit 9 Nm an (Abbildung 13.7).
24 Ziehen Sie den linken Lagerzapfen zunächst mit 20 Nm an, lockern Sie ihn und ziehen Sie ihn mit 7 Nm an; markieren Sie seine Position am Rahmen mit Farbe (Abbildung 13.8c). Ziehen Sie die Kontermutter des linken Zapfens mit 145 Nm an (Abbildung 13.8b). Prüfen Sie, ob der Lagerzapfen in seiner Position geblieben ist und die Schwinge sich frei auf und ab bewegen lässt (Abbildung 13.8a).
25 Reinigen Sie das Gewinde der vorderen Schraube des Paralever-Hebels und tragen Sie mittelfeste Sicherungspaste auf (oder verwenden Sie eine entsprechend ausgerüstete neue Schraube von BMW). Positionieren Sie den rechts und links mit den Scheiben ausgerüsteten Hebel in der Aufnahme am Rahmen und installieren Sie die Schraube zunächst handfest (Abbildungen 13.5c und b).
26 Montieren Sie den Hinterradstoßdämpfer (siehe Sektion 11).
27 Prüfen Sie, ob die Kardanmanschette rundherum über dem Getriebebund sitzt, und sichern Sie sie mit einem neuen Kabelbinder (siehe Abbildung).
28 Montieren Sie den Endantrieb (siehe Sektion 14). Ziehen Sie jetzt die vordere Schraube des Paralever-Hebels mit 56 Nm an (Abbildung 13.5a).
29 Montieren Sie die verbliebenen Komponenten in der umgekehrten Ausbaureihenfolge.

14 Endantrieb-Baugruppe

Anmerkung: *In dieser Sektion werden der Ausbau und der Einbau des Endantriebs beschrieben. Weiteres Zerlegen und Einstellen des Endantriebs erfordert spezielle Werkzeuge und Kenntnisse, sodass bei Problemen wie Undichtigkeiten und ungewöhnlichen Geräuschen Rat bei einer BMW-Werkstatt gesucht werden muss.*

Ausbau

1 Demontieren Sie das Hinterrad (siehe Kapitel 5).
2 Demontieren Sie den Hinterrad-Bremssattel (siehe Kapitel 5) und sichern Sie ihn am Rah-

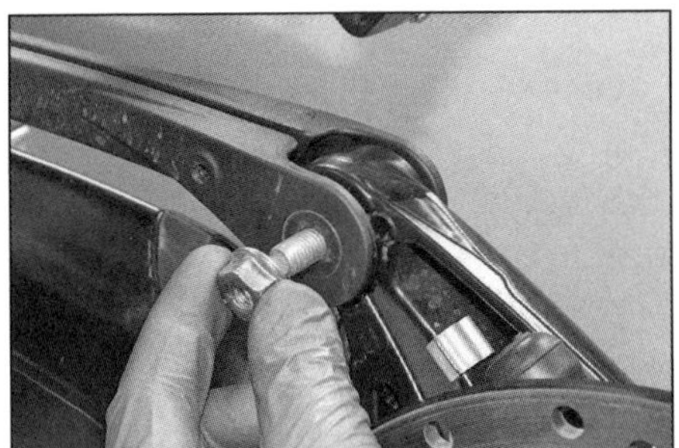

14.6a Lösen Sie die Mutter, . . .

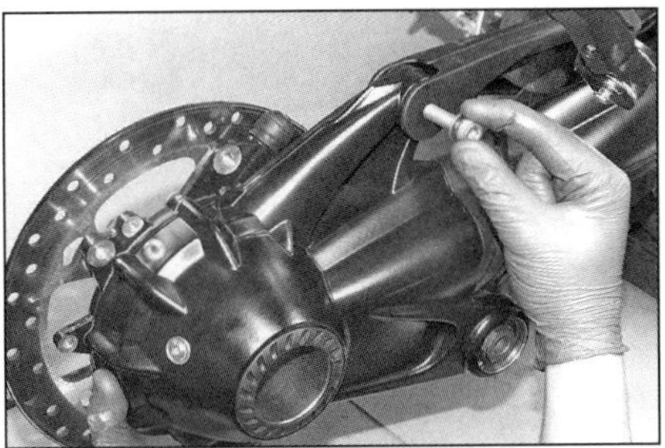

14.6b . . . ziehen Sie die Schraube heraus . . .

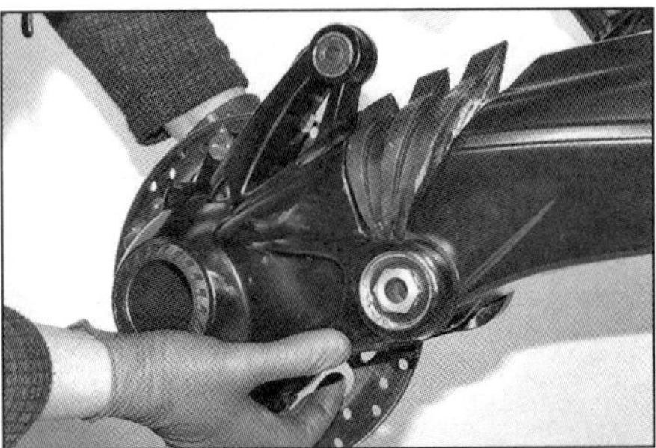

14.6c . . . und schwenken Sie den Endantrieb herunter – befreien Sie dabei die Manschette aus der Schwinge...

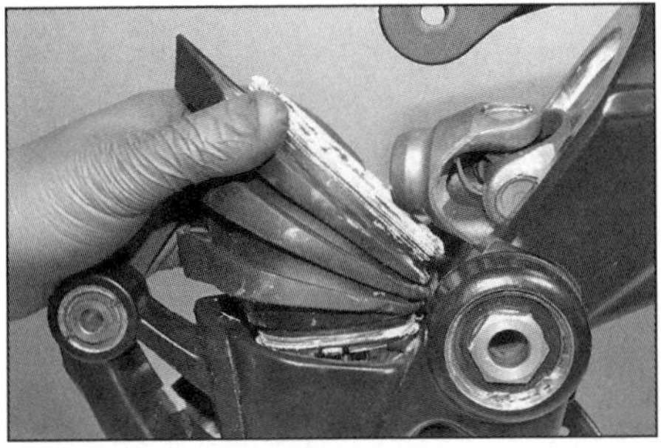

14.6d . . . und dem Endantrieb-Gehäuse.

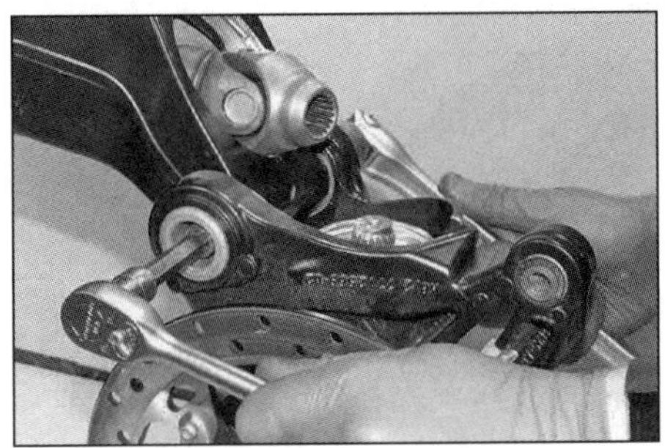

14.7 Kontern Sie die Gelenkhülse und lösen Sie den Bolzen.

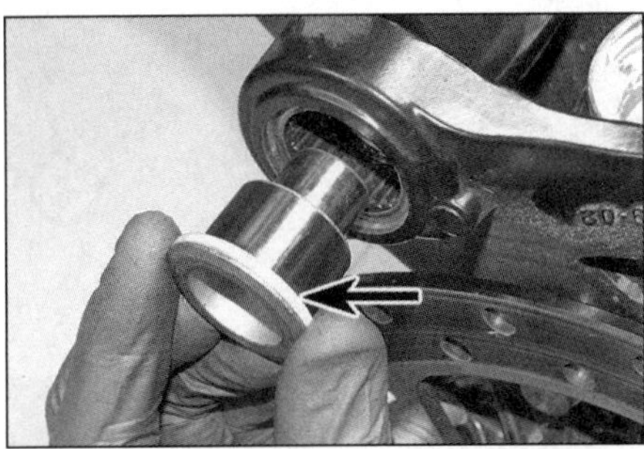

14.8a Ziehen Sie links den Lagerzapfen heraus – beachten Sie die Dichtscheibe.

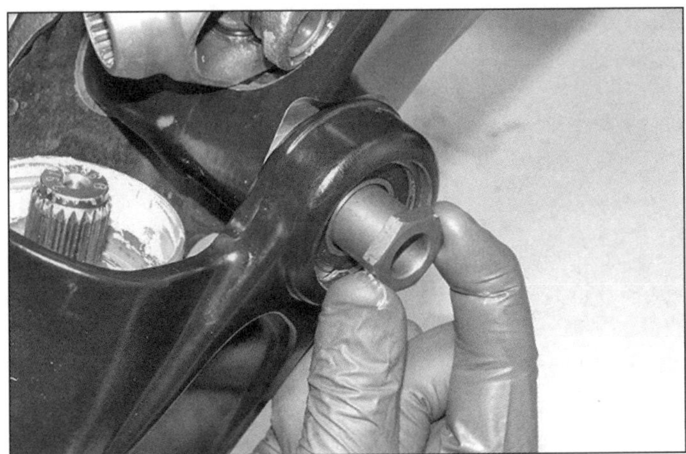

14.8b Ziehen oder drücken Sie die rechte Lagerhülse heraus.

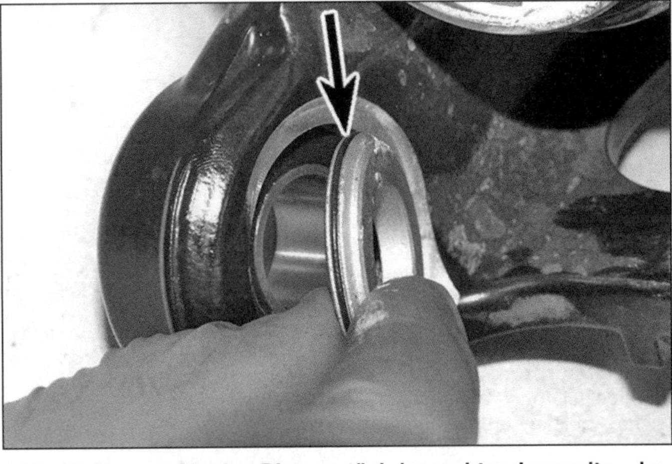

14.8c Entfernen Sie das Distanzstück im rechten Lagersitz – beachten Sie den O-Ring (Pfeil).

men (siehe Abbildung) – die Bremsleitung muss dazu nicht getrennt werden.

3 Befreien Sie den Hinterradsensor samt Kabel – beachten Sie seinen O-Ring und die Scheibe (siehe Abbildungen).

4 Beachten Sie den oben am Antriebsgehäuse sitzenden Entlüftungsstopfen und ziehen Sie ihn nötigenfalls heraus, um ihn zu reinigen (siehe Abbildung) – falls er beschädigt oder spröde ist, muss er ersetzt werden.

5 Hebeln Sie rechts die Kappe von der Lagerbuchse des Endantriebs (siehe Abbildung).

6 Lösen Sie oben am Endantrieb die Mutter der Paralever-Hebel-Schraube. Stützen Sie den Endantrieb, entfernen Sie die Schraube samt Scheibe und schwenken Sie den Endantrieb vorsichtig herunter – befreien Sie dabei die Gummimanschette (siehe Abbildungen). Beachten Sie, wie die Kegelradwelle des Endantriebs ins Kreuzgelenk der Kardanwelle greift. Ziehen Sie die Manschette ab – beachten Sie ihre Einbaulage und den Kunststoff-Einsatz (siehe Abbildung).

7 Kontern Sie die Gelenkhülse und lösen Sie den Gelenkbolzen (siehe Abbildung).

8 Stützen Sie das Endantrieb-Gehäuse, ziehen Sie links den Lagerzapfen heraus – merken Sie sich die Lage des Dichtrings – und treiben Sie mit einem geeigneten Werkzeug die rechte Lagerbuchse heraus (siehe Abbildungen). Heben Sie das Gehäuse ab – beachten Sie dabei die Lage der Distanzscheibe innerhalb des rechten Lagersitzes und stellen Sie sie samt O-Ring sicher (siehe Abbildung) – der O-Ring muss nötigenfalls erneuert werden.

Kontrolle

9 Kontrollieren Sie die Manschette und ersetzen Sie sie, falls sie spröde oder beschädigt ist.

14.10 Am Bremsleitungsflansch darf kein Öl ausgetreten sein.

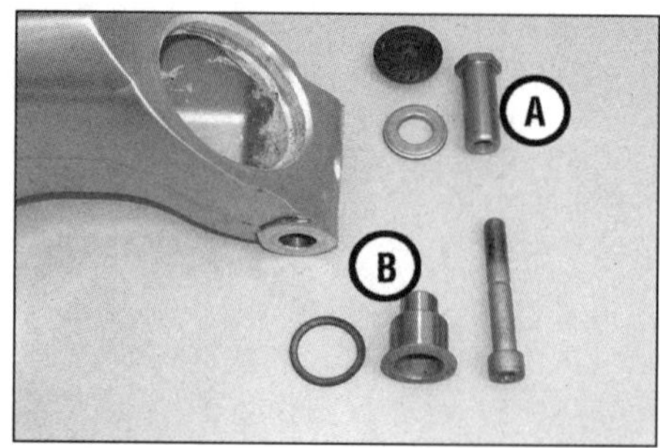

14.11a Begutachten Sie die Gleitflächen der Lagerhülse (A) und des Lagerzapfens (B).

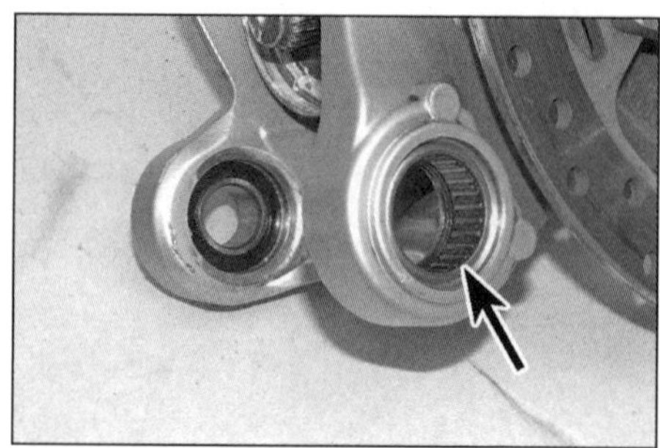

14.11b Links sitzt ein Nadellager.

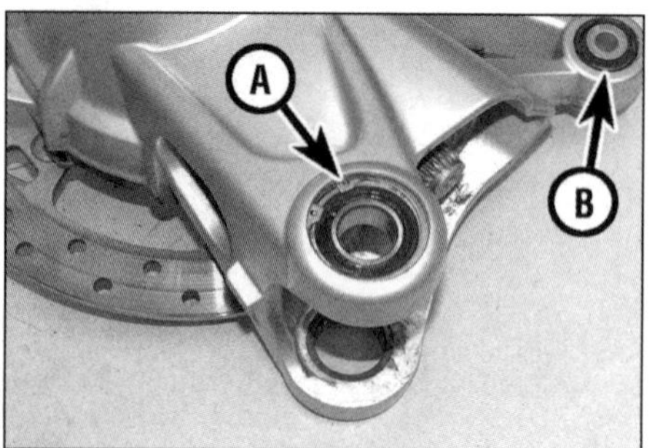

14.11c Das abgedichtete Kugellager ist mit einem Seegerring (A) gesichert. Beachten Sie die Gummibuchse (B).

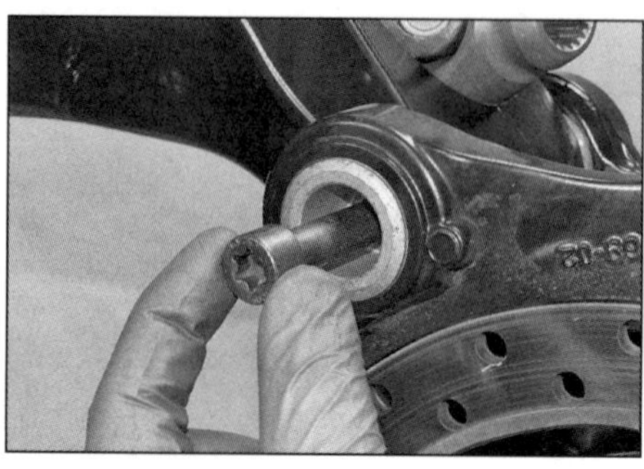

14.17 Installieren Sie den Gelenkbolzen und ziehen Sie in wie beschrieben an.

14.18 Die Kunststoffeinsätze müssen in den Vertiefungen der Manschette sitzen.

10 Reinigen Sie das Endantrieb-Gehäuse sorgfältig und entfernen Sie Schmutz und Korrosion. Kontrollieren Sie besonders die Bereiche hinter dem Bremsscheiben-Flansch und um die Kegelradwelle auf austretendes Öl (siehe Abbildung). Das Ersetzen der Dichtringe muss von einer BMW-Werkstatt durchgeführt werden.

11 Inspizieren Sie die Gleitflächen der Lagerbuchse und des Lagerzapfens (siehe Abbildung). Verschlissene, riefige oder anderweitig beschädigte Teile müssen ersetzt werden. Begutachten Sie die Lager im Gehäuse – links sitzt ein Nadellager und rechts ein per Seegerring gesichertes abgedichtetes Kugellager (siehe Abbildungen). Beachten Sie die *Werkzeug- und Werkstatt-Tipps* im Anhang, um Details über die Kontrolle und das Ersetzen von Lagern zu erfahren.

12 Begutachten Sie oben im Gehäuse die Buchse des Paralever-Hebels (Abbildung 14.11c) – wenn sie spröde ist, muss sie ersetzt werden (der hierfür benötigte Innenabzieher ist in den *Werkzeug- und Werkstatt-Tipps* im Anhang beschrieben).

Einbau

13 Drücken Sie die Distanzscheibe innen in den rechten Lagersitz – der O-Ring muss dabei zum Lager zeigen (Abbildung 14.8c).

14 Schmieren Sie die Verzahnung der Kegelradwelle mit Molybdänfett.

15 Fetten Sie die Lagerbuchse und den Lagerzapfen leicht ein. Rüsten Sie den Zapfen mit einer neuen Dichtung aus (Abbildung 14.8a).

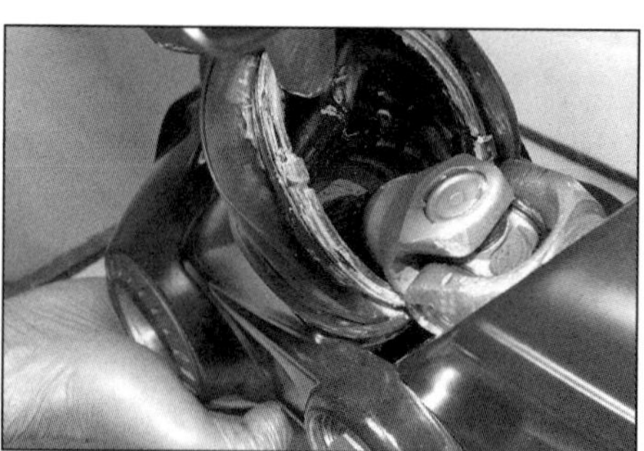

14.19a Führen Sie die Kegelradwelle in das Kreuzgelenk . . .

16 Halten Sie das Endantrieb-Gehäuse in Position und drücken Sie von rechts die Lagerbuchse sowie von links den Lagerzapfen ein (Abbildungen 14.8b und a).

17 Reinigen Sie das Gewinde des Gelenkbolzens und tragen Sie mittelfeste Sicherungspaste auf (oder verwenden Sie einen entsprechend ausgerüsteten neuen Bolzen von BMW). Installieren Sie den Gelenkbolzen (siehe Abbildung), kontern Sie die Gelenkhülse und ziehen Sie den Bolzen mit 100 Nm an (Abbildung 14.7).

18 Schmieren Sie beide Enden der Manschette mit Silikonpaste und achten Sie auf die korrekt positionierten Kunststoffeinsätze (siehe Abbildung). Drücken Sie die Manschette in den Endantrieb (Abbildung 14.6d).

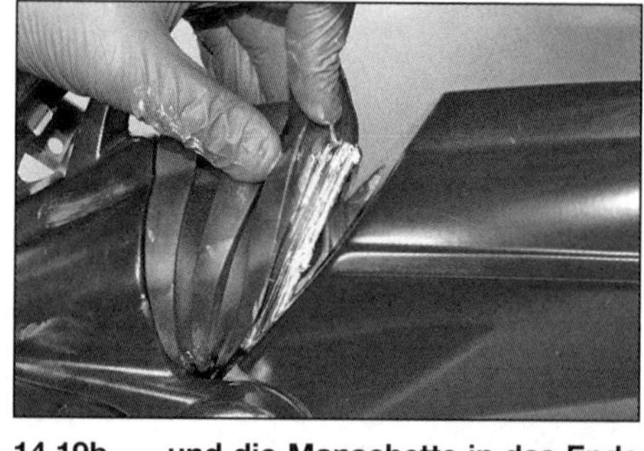

14.19b . . . und die Manschette in das Ende der Schwinge ein

19 Reinigen Sie das Gewinde der hinteren Schraube des Paralever-Hebels und tragen Sie mittelfeste Sicherungspaste auf (oder verwenden Sie eine entsprechend ausgerüstete neue Schraube von BMW). Heben Sie den Endantrieb an, führen Sie dabei die Kegelradwelle in das Kreuzgelenk und die Manschette in das Ende der Schwinge ein (siehe Abbildungen). Positionieren Sie den Hebel an der Aufnahme am Endantrieb und installieren Sie die Schraube samt Scheibe (Abbildung 14.6b).

20 Drehen Sie die Mutter auf, kontern Sie die Schraube und ziehen Sie die Mutter mit 56 Nm an (Abbildung 14.6a).

21 Stecken Sie rechts die Kappe auf die Lagerbuchse (Abbildung 14.5).

22 Montieren Sie die verbliebenen Komponenten in der umgekehrten Ausbaureihenfolge.

Kapitel 5
Bremsen, Räder und Reifen

Inhalt (in alphabetischer Reihenfolge, die Zahlen geben die Nummerierung in den grauen Feldern wieder)

Schwierigkeitsgrade

Leicht. Für Anfänger mit wenig Erfahrung geeignet. 	**Relativ leicht.** Für Anfänger mit etwas Erfahrung geeignet. 	**Relativ schwierig.** Geeignet für geübte Selbstschrauber. 	**Schwer.** Geeignet für Selbstschrauber mit viel Erfahrung. 	**Sehr schwer.** Geeignet für Experten und Profis.

Technische Daten

Vorderrad-Bremse

Bremsflüssigkeit	DOT 4
Bremsbelag-Verschleißgrenze (min.)	1,0 mm
Bremsscheibenstärke	
Standard	4,5 mm
Verschleißgrenze	4,0 mm
Bremsscheibendurchmesser	320 mm
Bremsscheiben-Verzug (max.)	0,1 mm

Hinterrad-Bremse

Bremsflüssigkeit	DOT 4
Bremsbelag-Verschleißgrenze (min.)	1,0 mm
Bremsscheibenstärke	
Standard	5,0 mm
Verschleißgrenze	4,5 mm
Bremsscheibendurchmesser	265 mm
Bremsscheiben-Verzug (max.)	0,1 mm

Räder

Maximaler Verzug (axial und radial)	
Gussräder (vorne und hinten)	1,5 mm
Speichenräder (vorne und hinten)	1,7 mm

Reifen

Luftdruck und Profiltiefe	siehe *Tägliche Kontrollen*	
Reifengrößen*	**vorne**	**hinten**
R nineT, Pure, Racer, Scrambler mit abgesenktem Fahrwerk	120/70 ZR 17	180/55 ZR 17
Scrambler mit Standardfahrwerk, Urban G/S	120/70 R 19	170/60 R 17

** Beachten Sie die Eintragungen in Ihren Fahrzeugpapieren, den Aufkleber unter der Sitzbank und das Handbuch, wenden Sie sich im Zweifel an einen BMW-Händler, einen Reifen-Händler, den TÜV oder die DEKRA.*

Anzugsdrehmomente

	Nm
Bremsleitungs-Anschlussschrauben	24
Drahtspeichen-Nippel	3,5
Fußbremszylinder-Befestigungsschrauben	8
Handbremszylinder-Klemmschrauben	8
Hinterradbolzen	60
Hinterradbremssattel-Befestigungsschrauben	28
Hinterrad-Bremsscheibenschrauben	
Schritt 1	12
Schritt 2	30
Vorderachse/Achsenschraube	50
Vorderachsen-Klemmschraube	19
Vorderradbremsbelag-Sicherungsstift (R nineT)	6
Vorderradbremssattel-Befestigungsschrauben	38
Vorderrad-Bremsscheibenschrauben	19

1 Allgemeine Informationen

1 Alle in diesem Handbuch beschriebenen Modelle sind vorn und hinten mit hydraulischen Scheibenbremsen ausgerüstet – vorn mit zwei Bremsscheiben und zwei Vierkolben-Bremssätteln; hinten mit einer Bremsscheibe und einem Zweikolben-Schwimmsattel. Das serienmäßig vorhandene Antiblockiersystem (ABS) verhindert beim Bremsen das Blockieren der Räder. Optional kann eine Automatische Stabilitätskontrolle (ASC) an Bord sein.

2 Die R nineT ist serienmäßig, andere Modelle optional mit Drahtspeichenrädern ausgerüstet, die den Einsatz von mit Schläuchen bestückten Reifen erforderlich machen. Auf die serienmäßig bei der Pure, der Racer, der Scrambler und der Urban G/S verwendeten Leichtmetall-Gussräder werden schlauchlose Reifen aufgezogen.

Achtung: Scheibenbremsen-Bauteile erzwingen selten eine Demontage. Zerlegen Sie keine Komponenten, wenn dies nicht unbedingt nötig ist. Wenn die Wirkung einer Hydraulik-Bremsanlage schwach wird, muss das betreffende System demontiert, entleert, gereinigt und dann sorgfältig gefüllt und entlüftet werden. Bauteile der Bremsen dürfen nicht mit Lösungsmitteln gereinigt werden, da hierdurch die Dichtungen quellen und zerstört werden. Verwenden Sie zur Reinigung nur Bremsflüssigkeit oder Alkohol. Passen Sie beim Arbeiten mit Bremsflüssigkeit besonders auf, nichts in die Augen zu bekommen. Auch Lack und Kunststoffteile sind gefährdet.

2 Bremsbeläge

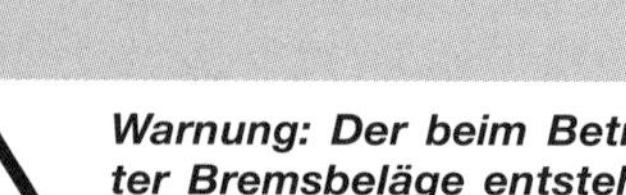

Warnung: Der beim Betrieb alter Bremsbeläge entstehenden Staub kann gesundheitsschädliche Stoffe enthalten. Blasen Sie ihn niemals mit Druckluft aus und atmen Sie ihn nicht ein. Eine geeignete Filtermaske sollte bei Arbeiten an den Bremsen immer getragen werden.

Vorderrad-Bremsbeläge

1 Befreien Sie bei der Arbeit am linken Bremssattel das Radsensor-Kabel von der Bremsleitung (siehe Abbildung).

2 Lösen Sie die Bremssattel-Befestigungsschrauben und ziehen Sie den Sattel von der Bremsscheibe – beachten Sie bei der R nineT, wie die obere Schraube des linken Sattels auch die Führung des Radsensor-Kabels sichert (siehe Abbildungen).

3 **R nineT:** Ziehen Sie den Splint vom Belagstift ab und schrauben Sie ihn heraus (siehe Abbildungen). Entfernen Sie die Belagfeder – beachten Sie ihre Einbaulage – und ziehen Sie die Bremsbeläge aus dem Sattel (siehe Abbildungen).

4 **Pure, Racer, Scrambler und Urban G/S:** Befreien Sie die Splinte von den Belagstiften und ziehen Sie diese aus dem Bremssattel (siehe Abbildungen). Entfernen Sie die Belagfeder – beachten Sie ihre Einbaulage – und ziehen Sie die Bremsbeläge aus dem Sattel (siehe Abbildungen).

Achtung: Betätigen Sie nicht den Bremshebel, während die Beläge ausgebaut sind!

2.1 Lösen Sie den Clip, um das Radsensor-Kabel von der Bremsleitung zu befreien.

2.2a R nineT: Lösen Sie die Bremssattel-schrauben, . . .

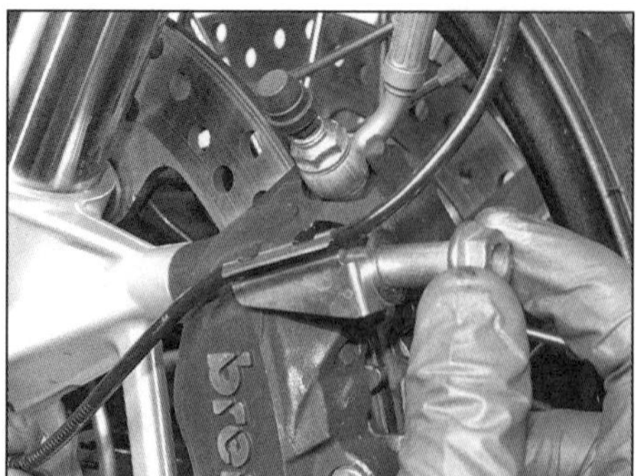

2.2b . . . beachten Sie die mit der oberen Schraube des linken Sattels gesicherte Kabelführung, . . .

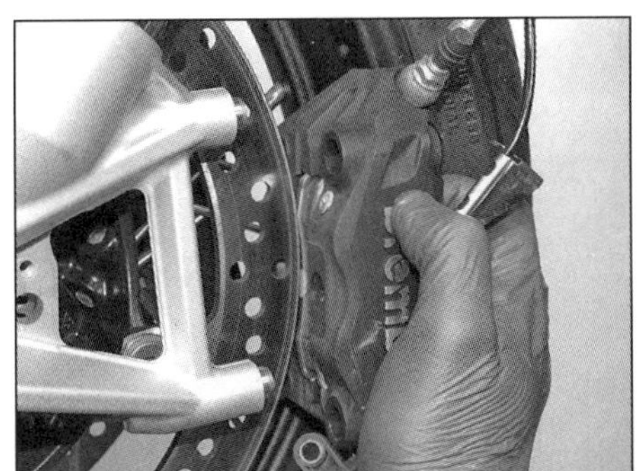

2.2c ... und ziehen Sie den Bremssattel von der Bremsscheibe.

2.2d Pure, Racer, Scrambler und Urban G/S: Lösen Sie die zwei Schrauben des Bremssattel und ziehen Sie ihn von der Bremsscheibe.

2.3a Entfernen Sie den Splint...

2.3b ... und schrauben Sie den Belagstift heraus.

2.3c Entfernen Sie die Feder...

2.3d ... und heben Sie die Bremsbeläge heraus.

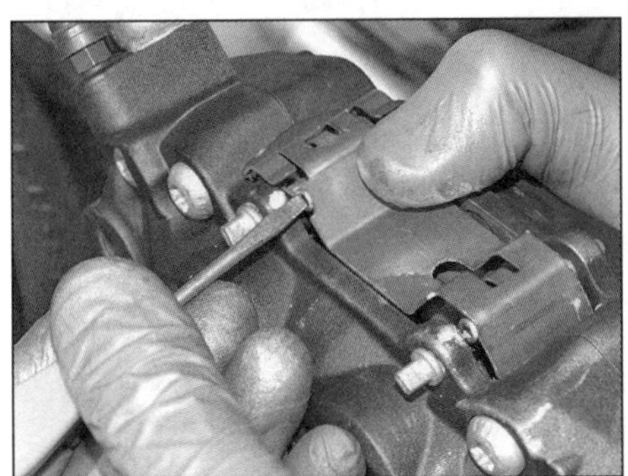

2.4a Befreien Sie die Splinte...

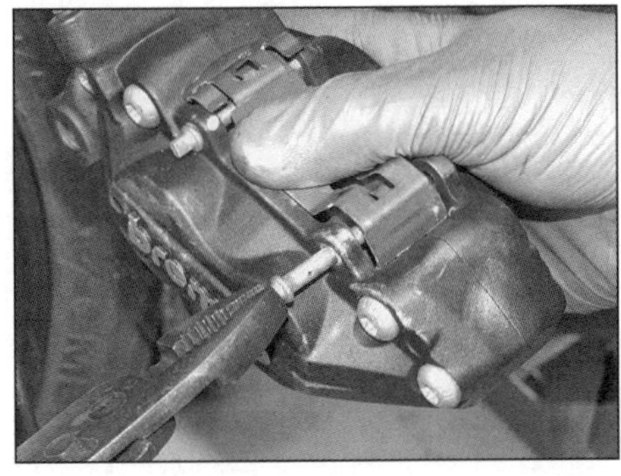

2.4b ...und ziehen Sie die Belagstifte heraus.

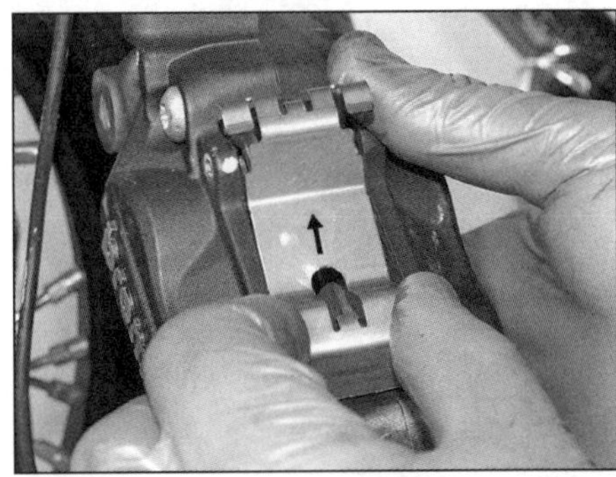

2.4c Entfernen Sie die Feder...

5 Kontrollieren Sie die Oberflächen der Beläge auf Verunreinigung. Prüfen Sie, ob das Belagmaterial noch nicht die Verschleißgrenze von 1 mm erreicht hat.

6 Falls auch nur einer der Beläge verschlissen, mit Öl oder Fett verunreinigt, stark riefig oder beschädigt ist, müssen immer alle Beläge eines Rades als Satz ausgetauscht werden. Belagmaterial kann nicht entfettet werden!

7 Wenn die Bremsbeläge in gutem Zustand sind, sollten sie mit einer vollkommen fett- und ölfreien feinen Drahtbürste gereinigt werden. Lösen Sie mit einem spitzen Werkzeug eingearbeitete Partikel aus dem Material und schleifen Sie verglaste Stellen mit Schmirgelleinen ab. Achten Sie darauf, dass die Bleche fest an der Rückseite sitzen.

8 Kontrollieren Sie den Zustand der Bremsscheibe (siehe Sektion 4).

9 Befreien Sie den/die Belagstift(e) von Korrosionsresten. Inspizieren Sie den/die Stift(e) auf Anzeichen von Beschädigungen und ersetzen Sie ihn/sie gegebenenfalls. Ein korrodierter oder ermüdeter Splint muss ebenfalls ersetzt werden.

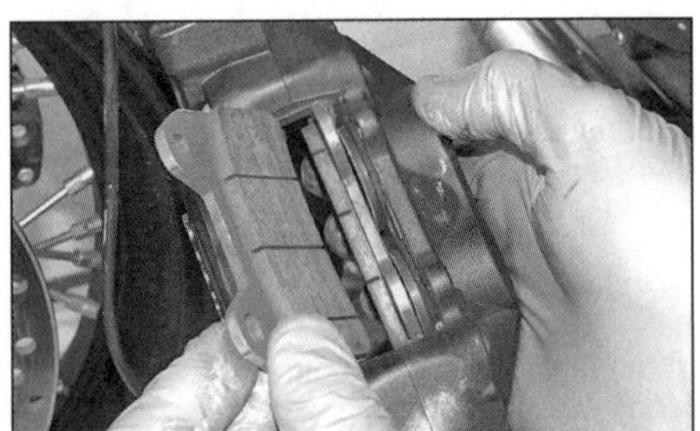

2.4d ... und heben Sie die Bremsbeläge heraus.

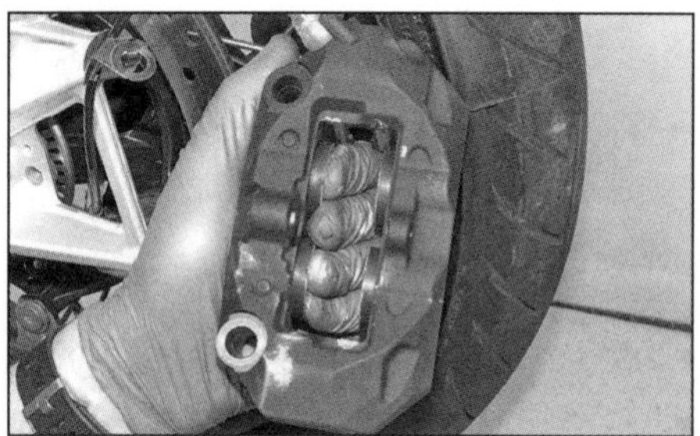
2.10 Drücken Sie die Kolben in den Bremssattel – entweder von Hand oder mit den beschriebenen Hilfsmitteln.

2.11 Drücken Sie die Feder herunter, um dem Belagstift einzuschieben.

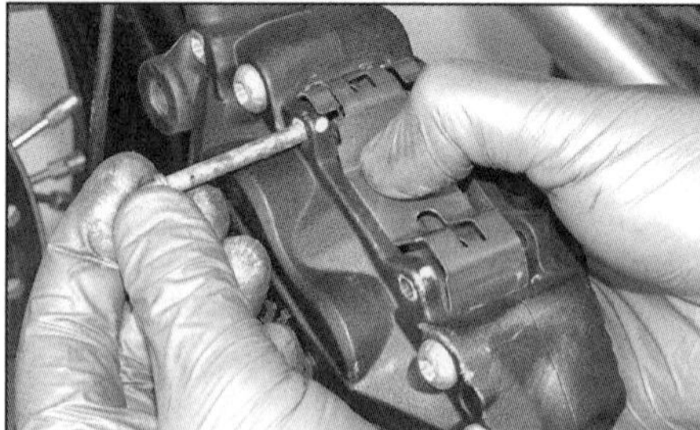
2.12a Drücken Sie die Feder herunter, installieren Sie die Belagstifte ...

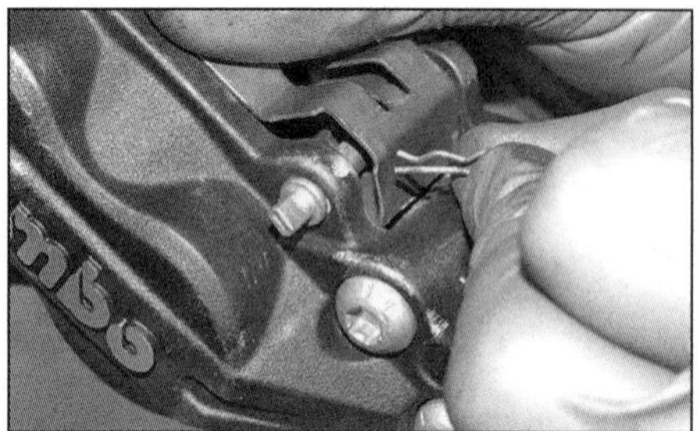
2.12b ... und sichern Sie sie mit den Splinten.

2.15a Ziehen Sie den Splint heraus ...

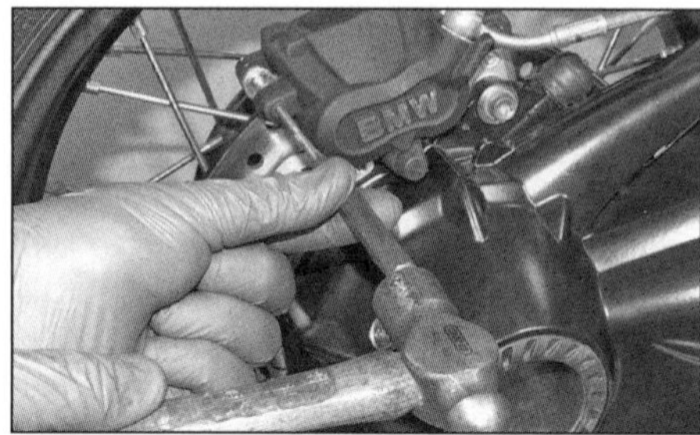

2.15b ... und treiben Sie den Belagstift teilweise durch.

2.16a Heben Sie den Sattel von der Bremsscheibe, ...

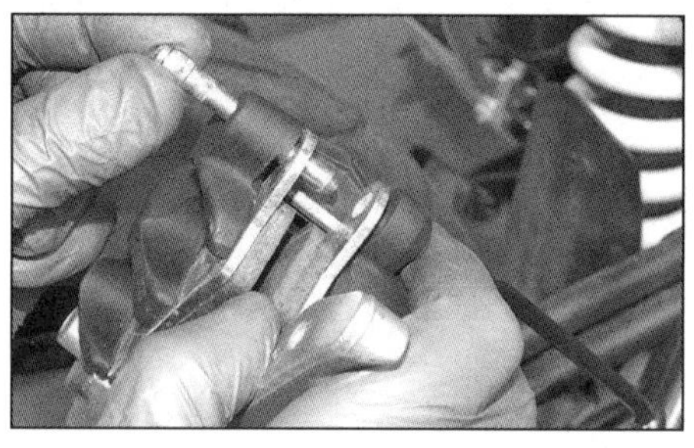
2.16b ... ziehen Sie den Belagstift heraus ...

2.16c ... und entfernen Sie die Bremsbeläge

10 Reinigen Sie die sichtbaren Gleitflächen der Bremssattel-Kolben, sodass beim Eindrücken nicht die Dichtringe beschädigt werden. Wenn neue Bremsbeläge installiert werden, müssen die Kolben zurück in den Sattel gedrückt werden, um Platz für die neuen Beläge zu schaffen – falls dies nicht von Hand möglich ist (siehe Abbildung), muss dazu ein Holzstück verwendet oder übergangsweise die alten Beläge installiert und mit einem Schraubendreher auseinandergedrückt werden. Hebeln Sie nicht an der Bremsscheibe! Drücken Sie die Kolben nicht weiter als für den Einbau der Beläge nötig in den Sattel.

11 – R nineT: Schmieren Sie den Schaft des Belagstifts mit Kupferpaste. Positionieren Sie die Bremsbeläge im Bremssattel (Abbildung 2.3d). Installieren Sie die Belagfeder mit dem Pfeil nach oben (in die normale Drehrichtung – Abbildung 2.3c) und drücken Sie sie herunter. Schieben Sie den Belagstift durch den äußeren Belag, über die Feder und durch den inneren Belag und drehen Sie ihn mit 6 Nm in den Bremssattel (siehe Abbildung). Sichern Sie den Belagstift mit dem Splint (Abbildung 2.3a).

12 – Pure, Racer, Scrambler und Urban G/S: Schmieren Sie die Schäfte der Belagstifte mit Kupferpaste. Positionieren Sie die Bremsbeläge im Bremssattel (Abbildung 2.4d). Installieren Sie die Belagfeder mit dem Pfeil nach oben (in die normale Drehrichtung – Abbildung 2.4c). Schieben Sie die Belagstifte durch den äußeren Belag, die Feder und den inneren Belag, richten Sie dabei die Bohrungen für die Splinte aus und installieren Sie diese (siehe Abbildungen).

13 Schieben Sie den Bremssattel über die Bremsscheibe und ziehen Sie die Schrauben mit 38 Nm an – sichern Sie bei der R nineT die Sensorkabel-Führung mit der oberen Schraube des linken Sattels (Abbildungen 2.2c, b und a oder 2.2d). Sichern Sie das Sensorkabel mit dem Clip an der linken Bremsleitung (Abbildung 2.1).

14 Betätigen Sie mehrmals die Bremse, um die Beläge an die Scheibe zu drücken. Kontrollieren Sie vor der ersten Fahrt die Funktion der Bremse.

Hinterrad-Bremsbeläge

15 Ziehen Sie den Splint heraus und treiben Sie den Belagstift ein Stück weit mit einem geeigneten Dorn durch (siehe Abbildungen).

Achtung: Betätigen Sie nicht das Bremspedal, während die Beläge ausgebaut sind!

16 Lösen Sie die Bremssattel-Schrauben und heben Sie den Sattel von der Bremsscheibe, ziehen Sie den Belagstift heraus und entfernen Sie die Bremsbeläge aus dem Sattel (siehe Abbildung).

17 Kontrollieren Sie die Oberflächen der Beläge auf Verunreinigung. Prüfen Sie, ob das Belagmaterial noch nicht die Verschleißgrenze von 1 mm erreicht hat.

18 Folgen Sie den Schritten 6 bis 9, um die Beläge, die Bremsscheibe, die Belagstifte und ihre Splinte zu kontrollieren.

19 Ziehen Sie den Bremssattel von seinem Halter (siehe Abbildung). Reinigen Sie die sichtbaren Gleitflächen der Bremssattel-Kol-

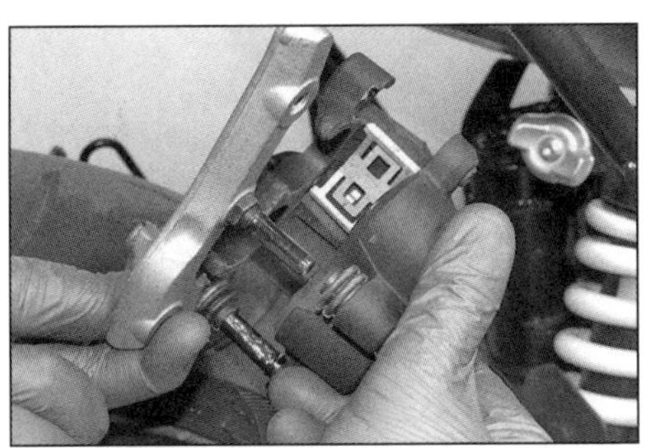

2.19a Ziehen Sie den Bremssattel und den Halter auseinander.

2.19b Reinigen Sie auch die Belagfeder innerhalb des Sattels . . .

2.19c und die Führung außen am Halter.

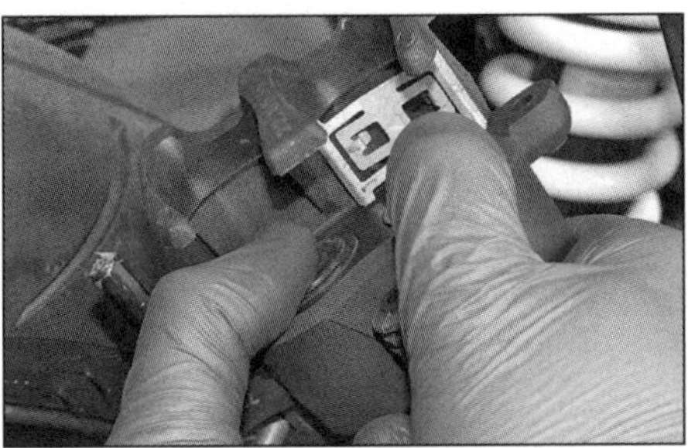

2.20 Drücken Sie die Kolben in den Bremssattel – entweder von Hand oder mit den beschriebenen Hilfsmitteln.

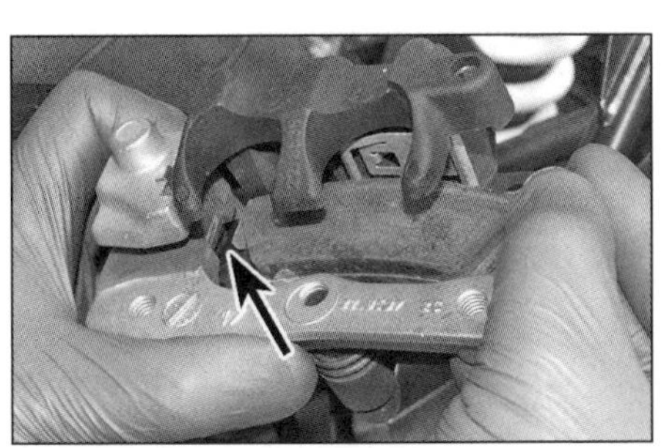

2.23 Richten Sie die Bremsbeläge zur Führung am Halter aus.

2.24a Treiben Sie den Belagstift vollständig ein . . .

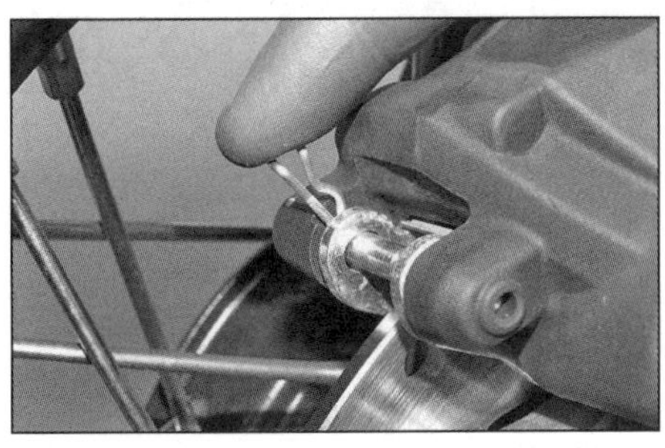

2.24b ... und sichern Sie ihn mit dem Splint.

ben, sodass beim Eindrücken nicht die Dichtringe beschädigt werden. Reinigen Sie auch die Belagfeder innerhalb des Sattels sowie die Führung außen am Halter (siehe Abbildungen). Entfernen Sie Fettreste von den Gleitzapfen und aus den Gummimanschetten – falls eine Manschette spröde oder beschädigt ist, muss sie ersetzt werden.

20 Wenn neue Bremsbeläge installiert werden, müssen die Kolben zurück in den Sattel gedrückt werden, um Platz für die neuen Beläge zu schaffen – falls dies nicht von Hand möglich ist (siehe Abbildung), muss dazu ein Holzstück verwendet oder übergangsweise die alten Beläge installiert und mit einem Schraubendreher auseinandergedrückt werden. Hebeln Sie nicht an der Bremsscheibe! Drücken Sie die Kolben nicht weiter als für den Einbau der Beläge nötig in den Sattel.

21 Die Belagfeder und die Führung müssen korrekt positioniert sein (Abbildungen 2.19b und c). Schmieren Sie die Gleitstifte und die Innenbereiche der Manschetten mit Silikonpaste und schieben Sie den Bremssattel auf (Abbildung 2.19a).

22 Schmieren Sie den Schaft des Belagstifts mit Kupferpaste.

23 Installieren Sie die Bremsbeläge in den Bremssattel, sodass ihre Führungsseiten in der Führung sitzen (siehe Abbildung). Drücken Sie die Beläge gegen die Feder und installieren Sie den Belagstift – die Splint-Bohrung muss korrekt ausgerichtet sein (Abbildung 2.16b).

24 Schieben Sie den Bremssattel über die Bremsscheibe und ziehen Sie die Schrauben mit 28 Nm an (Abbildung 2.16a). Treiben Sie den Belagstift vollständig ein und sichern Sie ihn mit dem Splint (siehe Abbildungen).

25 Betätigen Sie mehrmals die Bremse, um die Beläge an die Scheibe zu drücken. Kontrollieren Sie vor der ersten Fahrt die Funktion der Bremse.

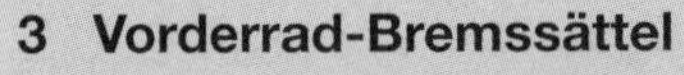

3 Vorderrad-Bremssättel

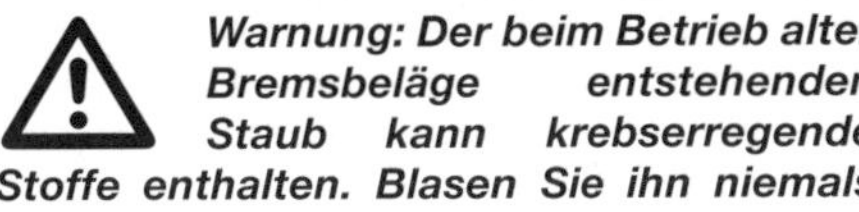

Warnung: Der beim Betrieb alter Bremsbeläge entstehenden Staub kann krebserregende Stoffe enthalten. Blasen Sie ihn niemals mit Druckluft aus und atmen Sie ihn nicht ein. Eine geeignete Filtermaske sollte bei Arbeiten an den Bremsen immer getragen werden. Verwenden Sie zum Reinigen von Bremsen-Komponenten keine Lösungsmittel auf Petroleumbasis, da sie Dichtungen aufquellen und aushärten lassen. Benutzen Sie saubere Bremsflüssigkeit oder Bremsenreiniger. Passen Sie beim Arbeiten mit Bremsflüssigkeit besonders auf, nichts in die Augen zu bekommen. Auch Lack und Kunststoffteile sind gefährdet.

1 Wenn eine schlecht funktionierende Bremse auf einen klemmenden Kolben, eine schadhafte Dichtung und austretende Bremsflüssigkeit zurückzuführen ist, muss der Bremssattel überholt werden. Beim BMW-Händler erhältliche Reparatursets enthalten neue Kolben und neue Dichtungen.

Ausbau

2 Die Bremsleitung muss nur gelöst werden, wenn der Bremssattel ersetzt oder vollständig überholt werden soll. Wenn der Sattel nur für den Ausbau des Rades, das Ersetzen der Bremsbeläge oder zur Reinigung demontiert wird, kann die Leitung angeschlossen bleiben.

3 Befreien Sie bei der Arbeit am linken Bremssattel das Radsensor-Kabel von der Bremsleitung (Abbildung 2.1). Lösen Sie die Bremssattel-Befestigungsschrauben und ziehen Sie den Sattel von der Bremsscheibe – beachten Sie bei der R nineT, wie die obere Schraube des linken Sattels auch die Führung des Radsensor-Kabels sichert (Abbildungen 2.2a, b und c oder 2.2d).

4 Entfernen Sie nötigenfalls die Bremsbeläge (siehe Sektion 2).

5

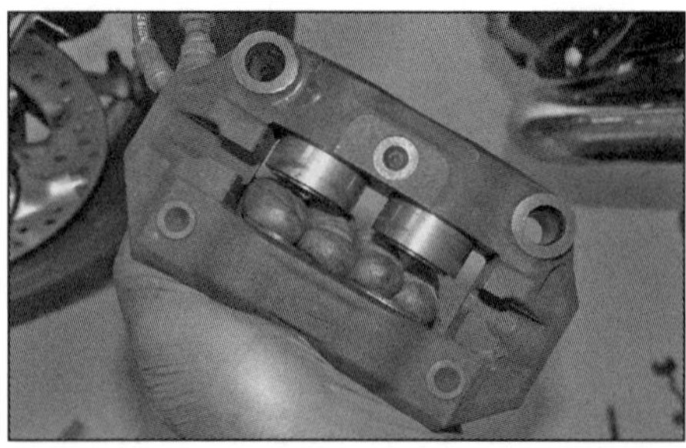

3.5 Halten Sie die Kolben einer Seite und drücken Sie diejenigen der anderen Seite heraus.

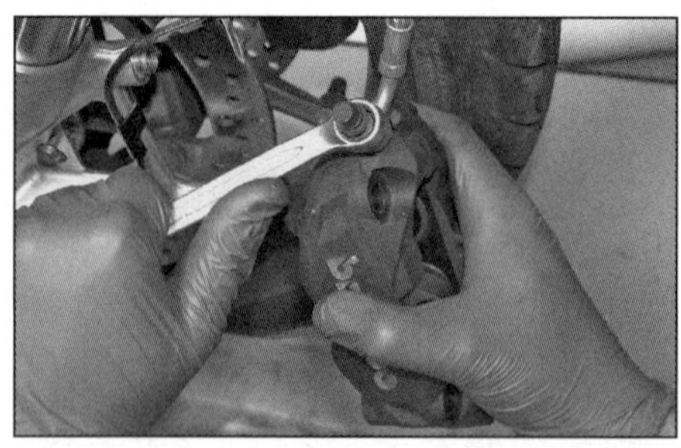

3.6 Lösen Sie die Anschlussschraube und befreien Sie die Bremsleitung vom Sattel.

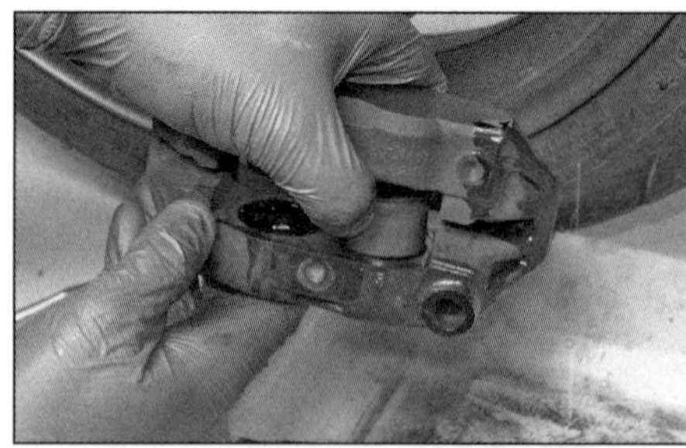

3.7a Ziehen Sie die Kolben heraus . . .

3.7b . . . und gießen Sie die Bremsflüssigkeit aus.

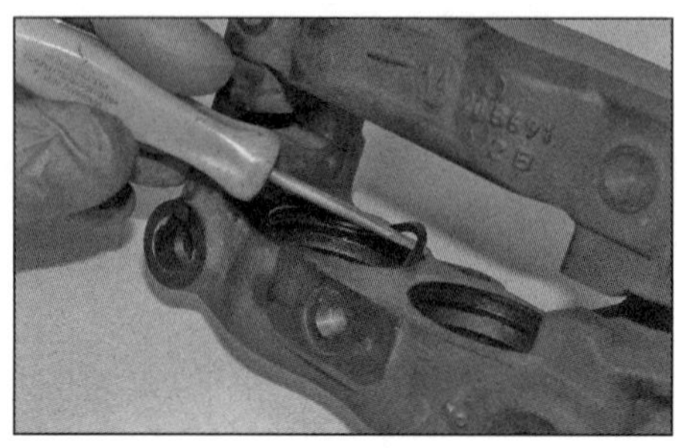

3.8a Entfernen Sie die Staubdichtungen . . .

3.8b . . . und die Kolbendichtungen aus den Nuten der Sattelbohrungen.

3.11 Installieren Sie die neuen Kolbendichtungen von Hand.

3.13a Setzen Sie den geschmierten Kolben senkrecht an . . .

3.13b . . . und drücken Sie ihn vollständig in die Sattelbohrung.

Überholung

5 Drücken Sie die Kolben einer Seite vollständig in den Bremssattel und halten Sie sie dort fest. Pumpen Sie dann mit dem Bremshebel die Kolben der anderen Seite ein Stück weit heraus, sodass noch keine Bremsflüssigkeit austritt (siehe Abbildung).

6 Halten Sie einen Sammelbehälter bereit, der die Bremsflüssigkeit aufnehmen kann. Beachten Sie die Ausrichtung der Bremsleitung zum Bremssattel, lösen Sie die Anschlussschraube und befreien Sie die Leitung (siehe Abbildung) – die an beiden Seiten des Anschlusses liegenden Dichtscheiben müssen später erneuert werden. Umwickeln Sie das Ende der Leitung mit Lappen und halten Sie es aufrecht. Betätigen Sie bei getrennter Leitung niemals die Bremse!

7 Befreien Sie die herausgedrückten Kolben und entleeren Sie den Bremssattel (siehe Abbildungen).

8 Befreien Sie vorsichtig die Staubdichtungen aus den oberen Nuten der Kolbenbohrungen, entfernen Sie dann auf die gleiche Weise die Kolbendichtungen aus den unteren Nuten (siehe Abbildungen) – verwenden Sie dazu möglichst ein Werkzeug, mit dem nicht die Sattelbohrung zerkratzt werden kann.

9 Reinigen Sie die Bremssattelbohrungen mit frischer Bremsflüssigkeit und blasen Sie alle Kanäle mit gefilterter und ölfreier Druckluft aus.

Achtung: Verwenden Sie zum Reinigen von Bremsen-Komponenten keinesfalls Lösungsmittel auf Petroleumbasis!

10 Begutachten Sie die Sattelbohrungen auf Korrosion, Kerben und Grate. Bei irgendwelchen Beschädigungen muss der Bremssattel durch ein Neuteil ersetzt werden. Falls sich der Bremssattel in einem schlechten Zustand befindet, sollte auch der Handbremszylinder kontrolliert werden (siehe Sektion 5).

11 Schmieren Sie die neuen Kolbendichtungen mit frischer Bremsflüssigkeit und installieren Sie sie in die unteren Nuten der Sattelbohrungen (siehe Abbildung).

12 Schmieren Sie die neuen Staubdichtungen mit Silikonpaste (ein Päckchen sollte dem Reparaturset beigefügt sein) und installieren Sie sie in die oberen Nuten der Sattelbohrungen.

13 Schmieren Sie die Gleitflächen der neuen Kolben mit frischer Bremsflüssigkeit und drücken Sie sie senkrecht in ihre Bohrungen (siehe Abbildungen).

14 Wiederholen Sie die Prozedur mit den Kolben und Dichtungen der anderen Bremssattel-Seite – drücken Sie die Kolben nötigenfalls vorsichtig mit Druckluft aus oder verwenden Sie ein spezielles Ausbauwerkzeug.

Einbau

15 Die Kolben müssen weit genug in den Sattel gedrückt sein, um Platz für die Bremsbeläge zu haben, und bauen Sie diese ein (siehe Sektion 2).

16 Schieben Sie den Bremssattel über die Bremsscheibe und ziehen Sie die Schrauben

3.17 An beiden Seiten des Anschlussauges müssen neue Dichtscheiben verwendet werden.

4.2 Messen Sie die Stärke der Bremsscheibe mit einer Mikrometerschraube.

4.3 Prüfen Sie den Verzug der Bremsscheibe mit einer Messuhr.

mit 38 Nm an – sichern Sie bei der R nineT die Sensorkabel-Führung mit der oberen Schraube des linken Sattels (Abbildungen 2.2c, b und a oder 2.2d).

17 Falls getrennt, muss der Bremsleitungsanschluss mit neuen Dichtscheiben ausgerüstet (siehe Abbildung) und gegen den Anschlag ausgerichtet werden. Ziehen Sie die Anschlussschraube mit 24 Nm an (Abbildung 2.1). Sichern Sie links das Sensorkabel an der Bremsleitung.

18 Befüllen Sie den Ausgleichsbehälter mit DOT-4-Bremsflüssigkeit auf (siehe *Tägliche Kontrollen*) und entlüften Sie das System (siehe Sektion 10).

19 Prüfen Sie vor der ersten Fahrt sorgfältig die Funktion der Bremse und kontrollieren Sie alles auf Lecks.

4 Vorderrad-Bremsscheiben

Kontrolle

1 Begutachten Sie die Bremsscheiben-Oberfläche auf Riefen und andere Beschädigungen. Leichte Kratzer sind normal und behindern nicht die Funktion der Bremse – tiefe Riefen und große Kerben reduzieren jedoch die Bremswirkung und erhöhen den Belag-Verschleiß. Wenn eine Scheibe stark riefig ist, muss sie geschliffen oder ersetzt werden.

2 Die Scheibe darf nicht dünner als 4,0 mm geschliffen werden oder verschlissen sein. Die Stärke kann mit einer Mikrometerschraube gemessen werden (siehe Abbildung). Wenn eine Bremsscheibe zu dünn ist, muss sie ersetzt werden.

3 Um den Scheibenverzug zu kontrollieren, muss das Motorrad so abgestützt werden, dass das Vorderrad nicht den Boden berührt. Befestigen Sie eine Messuhr so an der Gabel, dass der Messdorn die Scheibe etwa 10 mm unter ihrem Außenrand abtasten kann (siehe Abbildung). Drehen Sie das Rad und beobachten Sie die Messuhr-Nadel. BMW gibt einen maximalen Verzugswert von 0,1 mm an. Wiederholen Sie die Messung an der anderen Bremsscheibe.

4 Wenn der Schlag sehr groß ist, kontrollieren Sie zunächst das Radlagerspiel (siehe Kapitel 1). Wenn die Lager verschlissen sind, müssen sie ersetzt (siehe Sektion 14) und diese Kontrolle wiederholt werden. Sind die Lager in Ordnung, ist entweder die Scheibe verzogen oder ihre Nieten und Hülsen der Aufnahme sind beschädigt (Abbildung 4.9). In beiden Fällen muss die Bremsscheibe ersetzt werden – Einzelteile der Bremsscheiben-Lagerung sind nicht erhältlich.

Ausbau

5 Bauen Sie das Vorderrad aus (siehe Sektion 12).

Achtung: Legen Sie das Vorderrad nicht auf die Bremsscheibe, da sie sich verziehen kann. Legen Sie die Felge auf Holzblöcke, sodass die Scheibe nicht den Boden berührt und das Gewicht tragen muss.

6 Solange keine neue Bremsscheibe installiert werden soll, muss die Einbaulage der Scheiben am Rad markiert werden, sodass sie in derselben Position auf der richtigen Seite wieder montiert werden können. Lösen Sie schrittweise und über Kreuz die Bremsscheibenschrauben, um ein Verziehen der Bremsscheibe zu vermeiden (siehe Abbildung). Heben Sie die Bremsscheibe von der Radnabe.

7 Vor dem Anbau der Scheibe muss sichergestellt sein, dass ihr Sitz von Schmutz und Korrosion befreit ist, da sie sonst nicht korrekt aufliegt und beim Bremsen wie eine verzogene Scheibe rubbelt.

8 Legen Sie die Bremsscheibe mit der markierten Seite nach außen auf die Radnabe – richten Sie die originale Bremsscheibe entsprechend der zuvor angebrachten Markierungen aus – die Seite mit den Anfasungen in den Buchsenbohrungen muss außen liegen (siehe Abbildung).

4.6 Lockern Sie die Schrauben über Kreuz, um einen Verzug der Bremsscheibe zu vermeiden.

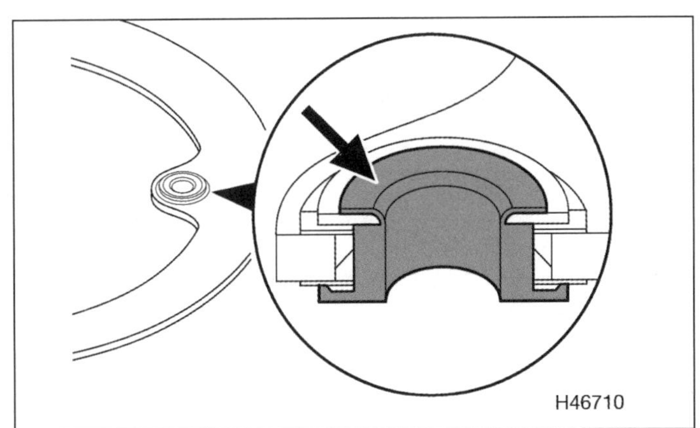

4.8 Die Anfasungen der Bremsscheiben-Buchsen müssen außen liegen.

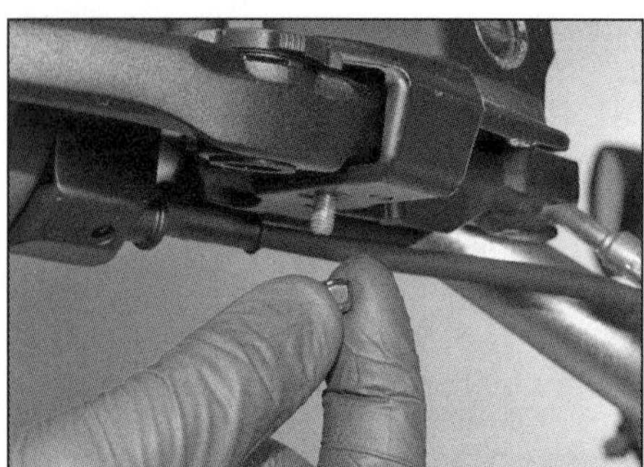

5.3a Lösen Sie die Kontermutter...

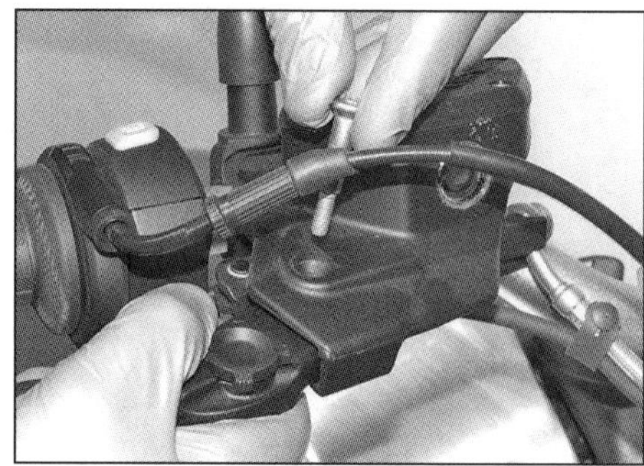

5.3b ... und entfernen Sie die Gelenkschraube.

5.3c Beachten Sie beim Entnehmen des Hebels die Position des Druckstangen-Segments.

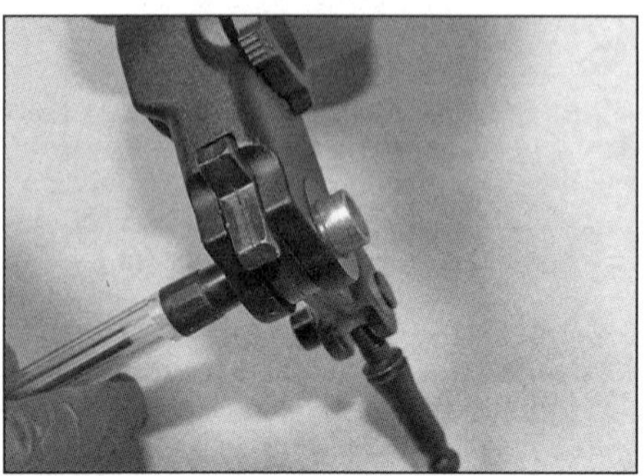

5.3d Drücken Sie die Hülse heraus...

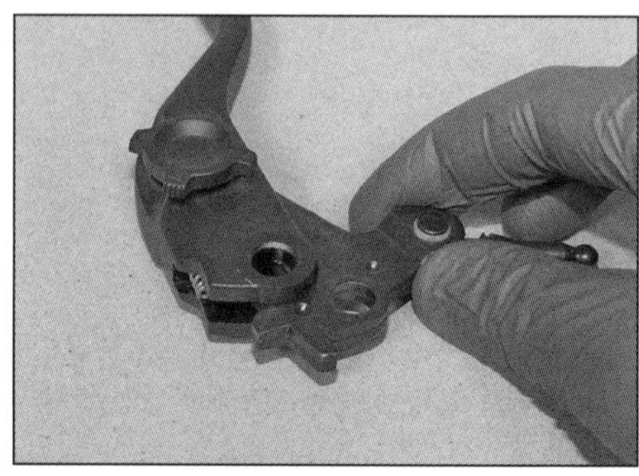

5.3e ...und entfernen Sie das Hebel-Segment der Druckstange,...

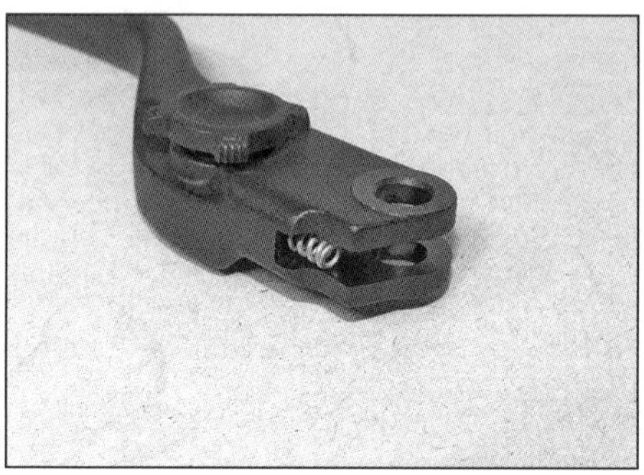

5.3f ...beachten Sie die Feder.

9 Reinigen Sie die Gewinde der Bremsscheibenschrauben und versehen Sie sie vor dem Einbau mit Sicherungspaste (mittelfest). BMW empfiehlt die Verwendung von mit Sicherungsmasse beschichteten neuen Schrauben.

10 Ziehen Sie die Schrauben schrittweise und gleichmäßig bis zum Drehmoment von 19 Nm an.

11 Reinigen Sie die Scheiben mit Aceton oder Bremsenreiniger. Wenn neue Bremsscheiben verwendet werden, muss deren Schutzüberzug entfernt werden.

12 Bauen Sie das Vorderrad ein (siehe Sektion 12).

13 Betätigen Sie mehrmals die Bremse, um die Beläge an die Scheiben zu drücken. Kontrollieren Sie vor der ersten Fahrt sorgfältig die Funktion der Bremse.

5 Handbremszylinder

Bremshebel

1 Lässt sich der Bremshebel nur schwer bewegen, muss der Hebel und seine Aufnahme im Halter überprüft werden. Wenn keine Schäden festgestellt werden, muss der Hebel ausgebaut und wie folgt geschmiert werden. Bringt Schmieren keine Abhilfe, kann das Problem im Handbremszylinder oder den Bremssätteln liegen.

2 Drehen Sie den Bremshebel-Weitenversteller auf die niedrigste Position (siehe Kapitel 1).

R nineT bis 2016

3 Kontern Sie die Gelenkschraube und lösen Sie unten die Mutter (siehe Abbildung). Ziehen Sie die Gelenkschraube heraus und entnehmen Sie den Hebel – beachten Sie, wie die Druckstange in die Manschette des Bremszylinders greift (siehe Abbildungen). Entfernen Sie nötigenfalls die Gelenkhülse und ziehen Sie das Hebel-Segment aus dem Hebel – beachten Sie die im Hebel steckende Feder (siehe Abbildungen). Das Hebel-Segment ist Bestandteil des Handbremszylinders. BMW empfiehlt, die Mutter der Gelenkschraube durch ein Neuteil zu ersetzen.

4 Kontrollieren Sie die Gummimanschette im Handbremszylinder und ersetzen Sie sie nötigenfalls.

5 Reinigen Sie die Kontaktflächen des Hebels, seines Halters und des Lagerbolzens und kontrollieren Sie alles auf Verschleiß und Beschädigungen.

6 Schmieren Sie alle Teile vor dem Zusammenbau mit Teflonspray geschmiert. Positionieren Sie die Feder und das Hebelsegment im Bremshebel und schieben Sie die Hülse ein (Abbildungen 5.3f, e und d). Drücken Sie nötigenfalls eine neue Manschette mithilfe eines stumpfen Werkzeugs in den Handbremszylinder, sodass ihre innere Lippe rundherum in der Nut sitzt. Positionieren Sie den mit der Druckstange zur Manschette ausgerichteten Hebel im Halter und installieren Sie die Gelenkschraube (Abbildungen 5.3c und b). Die Manschette muss korrekt um die Druckstange herum anliegen. Drehen Sie die neue Kontermutter auf und ziehen Sie sie mit 7 Nm an (Abbildung 5.3a).

Pure, Racer, Scrambler und Urban G/S

7 Kontern Sie die Gelenkschraube und lösen Sie unten die Mutter (siehe Abbildungen). Drehen Sie die Gelenkschraube heraus und entnehmen Sie den Hebel. BMW empfiehlt, die Mutter später durch ein Neuteil zu ersetzen.

8 Reinigen Sie die Kontaktflächen des Hebels, seines Halters und des Lagerbolzens. Sind die Teile in Ordnung, werden sie vor dem Zusammenbau mit Klüberplex BEM 34-132 oder vergleichbarem Wälzlagerfett geschmiert.

9 Positionieren Sie den Hebel, ziehen Sie die Gelenkschraube handfest (1 Nm) an, kontern Sie sie und ziehen Sie die neue Mutter mit 6 Nm an.

5.7a Halten Sie die Gelenkschraube, lockern Sie die Mutter...

5.7b ... und drehen Sie die Schraube heraus, ...

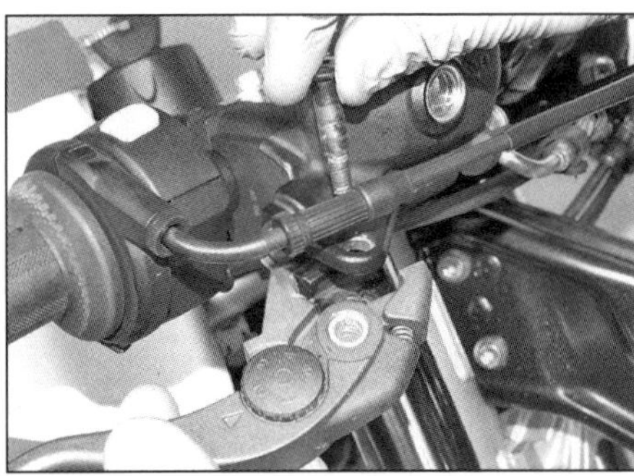

5.7c ... um den Bremshebel zu entfernen.

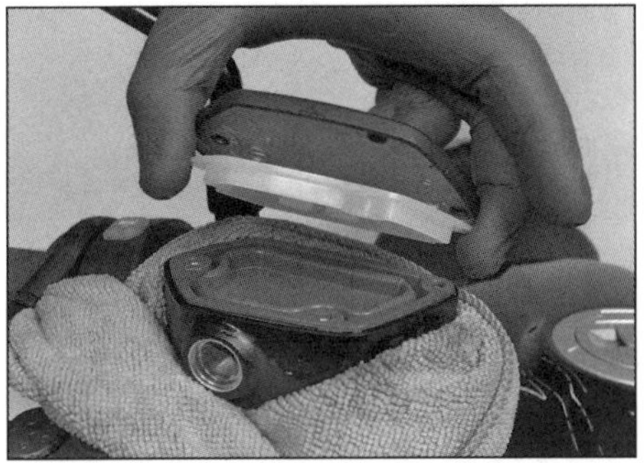

5.12a Lösen Sie die zwei Schrauben und entfernen Sie den Deckel, die Platte und die Manschette.

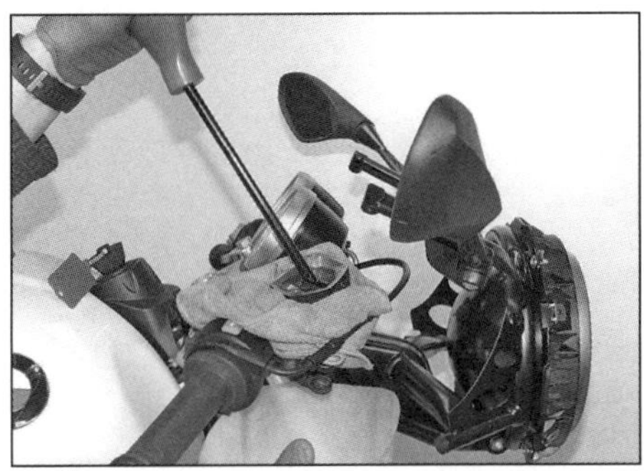

5.12b Saugen Sie die alte Bremsflüssigkeit aus dem Ausgleichsbehälter.

5.13 Bremsleitungs-Anschlussschraube

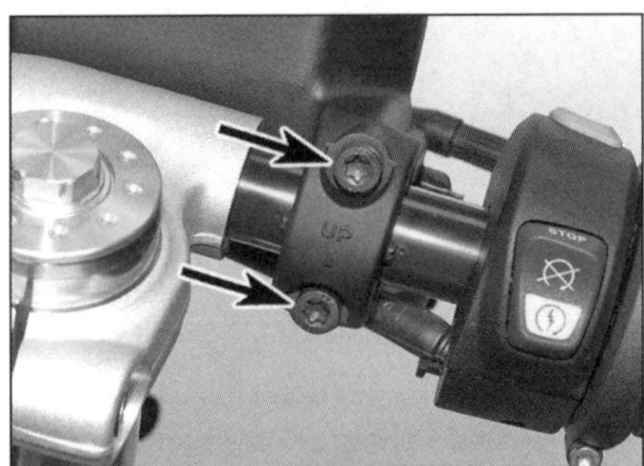

5.14 Geberzylinder-Klemmschrauben

5.18 Befreien Sie die Gummimanschette aus der Zylinderbohrung.

Geberzylinder

Ausbau

Anmerkung: *Halten Sie frische DOT 4-Bremsflüssigkeit, einige Lappen und einen Sammelbehälter für die alte Bremsflüssigkeit bereit.*

10 Demontieren Sie bei allen Modellen außer der Racer den rechten Rückspiegel (siehe Kapitel 6).

11 Demontieren Sie ggf. den Bremshebel (siehe oben).

12 Entfernen Sie den Ausgleichsbehälter-Deckel samt Platte und Manschette (siehe Abbildung). Saugen Sie z. B. mit einer geeigneten Spritze die Bremsflüssigkeit ab und wischen Sie den Behälter mit Haushaltspapier oder einem sauberen Lappen aus (siehe Abbildung).

13 Lösen Sie die Bremsleitungs-Anschlussschraube, beachten Sie die Ausrichtung des Anschlusses (siehe Abbildung) und trennen Sie die Bremsleitung vom Geberzylinder. Seien Sie auf austretende Bremsflüssigkeit vorbereitet. Entsorgen Sie die Dichtscheiben – später werden neue benötigt. Umwickeln Sie den Schlauch mit einem Plastikbeutel, damit kein Schmutz eindringen kann, und sichern Sie ihn aufrecht, um keine weitere Flüssigkeit austreten zu lassen.

Achtung: Betätigen Sie nicht den Bremshebel, wenn die Leitung entfernt ist.

14 Halten Sie den Geberzylinder, lösen Sie die Lenker-Klemmschrauben und entfernen Sie das Klemmstück (siehe Abbildung). Entnehmen Sie den Geberzylinder vom Lenker.

15 Um die Funktion des Geberzylinder-Kolbens zu überprüfen, muss übergangsweise der Ausgleichsbehälterdeckel montiert werden. Umwickeln Sie den offenen Anschluss für die Bremsleitung mit Lappen und betätigen Sie den Bremshebel – wenn er klemmt oder sich nur schwer bewegen lässt, liegt am Geberzylinder-Kolben ein Problem vor. Für die R nineT bis 2016 sind keine Dichtsätze erhältlich, sodass ein neuer Geberzylinder beschafft werden muss; für alle anderen Modelle sind Reparatursets erhältlich, sodass der Geberzylinder überholt werden, solange nicht die Zylinderbohrung beschädigt ist.

Überholung

16 Der Geberzylinder kann zum Überholen am Lenker verbleiben oder demontiert werden (siehe oben). Entfernen Sie ggf. den Ausgleichsbehälter-Deckel samt Platte und Manschette und saugen Sie z. B. mit einer geeigneten Spritze die Bremsflüssigkeit ab und wischen Sie den Behälter mit Haushaltspapier oder einem sauberen Lappen aus (Abbildungen 5.12a und b).

17 Demontieren Sie den Bremshebel (siehe oben).

18 Entfernen Sie die Gummimanschette (siehe Abbildung).

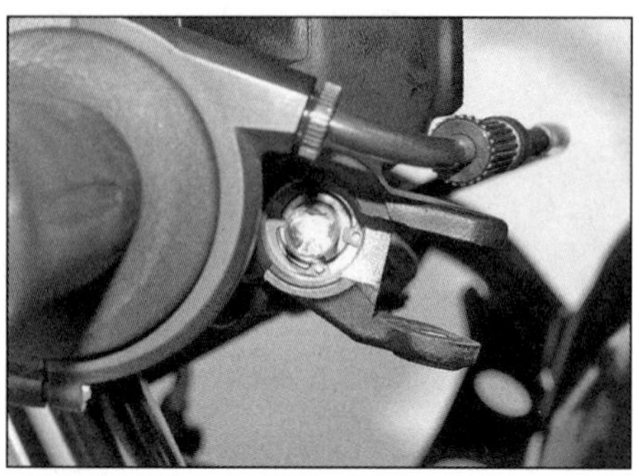

5.19a Positionieren Sie den Seegerring wie gezeigt . . .

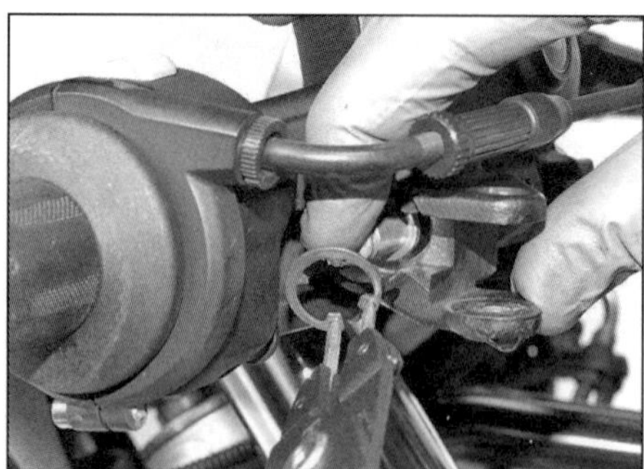

5.19b . . . und befreien Sie ihn.

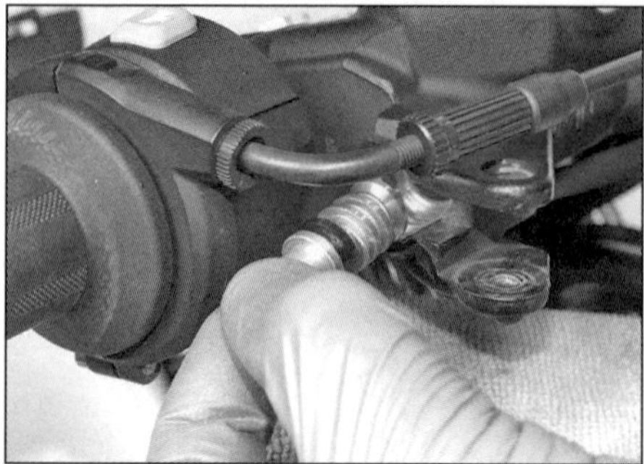

5.19c Ziehen Sie den Kolben . . .

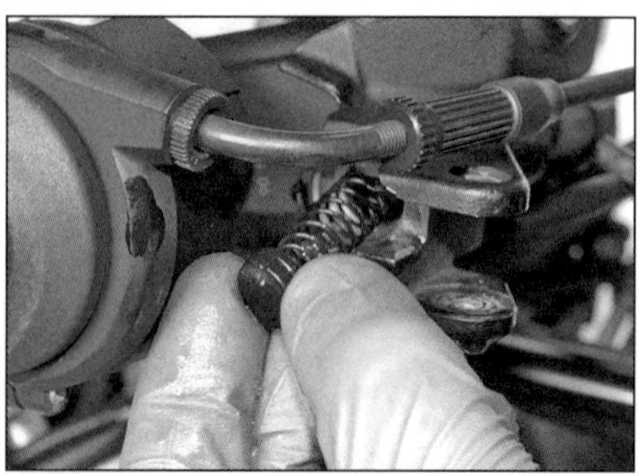

5.19d . . . und die Feder aus dem Geberzylinder.

5.22a Installieren Sie den Dichtring an den Kolben . . .

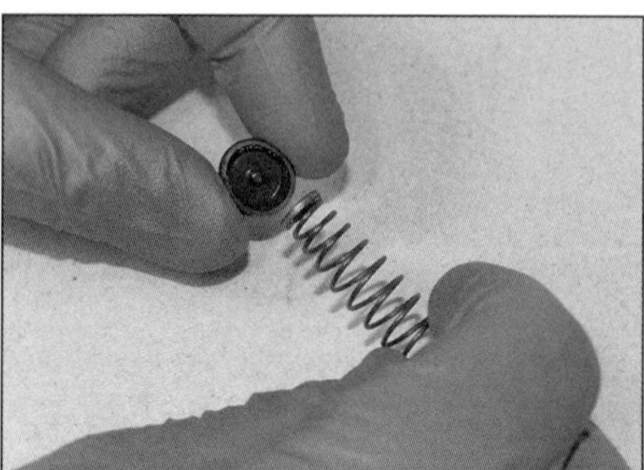

5.22b . . . und stecken Sie den Stift der Kappe in das schmale Ende der Feder.

5.23 Drücken Sie den Kolben gegen die Feder und installieren Sie den Seegerring.

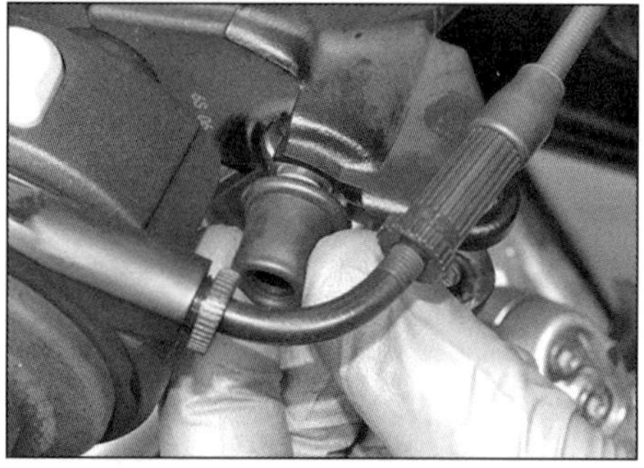

5.24a Drücken Sie vorsichtig die breitere äußere Dichtlippe der Manschette in den Zylinder . . .

5.24b . . . und sichern Sie die schmale innere Dichtlippe in der Nut des Kolbens.

19 Die Kolben-Baugruppe ist mit einem Seegerring gesichert; drehen Sie ihn mit einem kleinen Schraubendreher, sodass die Enden mit einer Seegerringzange zugänglich sind. Entfernen Sie den Ring und ziehen Sie den Kolben samt Feder heraus (siehe Abbildungen).

20 Reinigen Sie die Zylinderbohrung mit frischer Bremsflüssigkeit und blasen Sie alle Kanäle mit gefilterter und ölfreier Druckluft aus.

Achtung: Verwenden Sie zum Reinigen von Bremsen-Komponenten keinesfalls Lösungsmittel auf Petroleumbasis!

21 Kontrollieren Sie die Zylinderbohrung auf Korrosion, Kratzer und Riefen – falls Schäden oder Verschleiß erkennbar ist, muss der Geberzylinder durch ein Neuteil ersetzt werden; kontrollieren Sie in diesem Fall auch die Bremssättel (siehe Sektion 3).

22 Die Manschette, der Seegerring, der Kolben, die Dichtung, die Kappe und die Feder sind als Reparaturset erhältlich – verwenden Sie ungeachtet ihres Zustands immer alle Neuteile. Falls der Dichtring und die Kappe noch nicht am Kolben und der Feder sitzen, müssen sie dort wie gezeigt installiert werden (siehe Abbildungen).

23 Installieren Sie die Feder gefolgt vom Kolben mit den breiten Enden voran in den Zylinder – achten Sie darauf, dass die Kappe und der Dichtring nicht umklappen (Abbildungen 5.19d und c). Halten Sie den Kolben eingedrückt und installieren Sie den neuen Seegerring rundherum in seine Nut (siehe Abbildung).

24 Drücken Sie die breitere äußere Dichtlippe der Manschette in den Zylinder und sichern Sie die schmale innere Dichtlippe in der Nut des Kolbens (siehe Abbildungen).

Einbau

25 Der Einbau entspricht der umgekehrten Ausbaureihenfolge – beachten Sie dabei folgende Punkte:

- Sichern Sie den Geberzylinder mit dem Klemmstück (»UP« oder Rückspiegel-Aufnahme nach oben), richten Sie ihn entsprechend der Markierungen am Lenker aus und ziehen Sie zuerst und dann die untere Klemmschraube mit 8 Nm an.

- Richten Sie die Bremsleitung wie beim Ausbau notiert zum Stutzen aus und rüsten Sie das Anschlussauge an beiden Seiten mit neuen Dichtscheiben aus. Ziehen Sie die Anschlussschraube mit 24 Nm an (Abbildung 5.13).
- Füllen Sie den Ausgleichsbehälter mit frischer DOT-4-Bremsflüssigkeit auf (siehe *Tägliche Kontrollen*) und entlüften Sie das System (siehe Sektion 10).
- Prüfen Sie vor der ersten Fahrt die Funktion der Bremse.

6 Hinterrad-Bremssattel

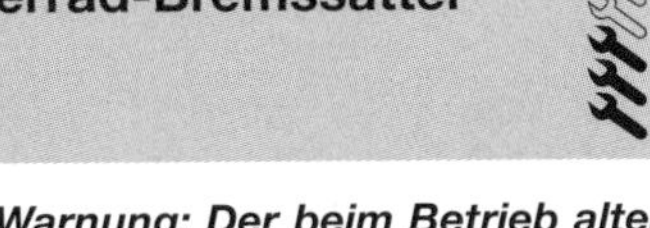

Warnung: Der beim Betrieb alter Bremsbeläge entstehenden Staub kann krebserregende Stoffe enthalten. Blasen Sie ihn niemals mit Druckluft aus und atmen Sie ihn nicht ein. Eine geeignete Filtermaske sollte bei Arbeiten an den Bremsen immer getragen werden. Verwenden Sie zum Reinigen von Bremsen-Komponenten keine Lösungsmittel auf Petroleumbasis, da sie Dichtungen aufquellen und aushärten lassen. Benutzen Sie saubere Bremsflüssigkeit oder Bremsenreiniger. Passen Sie beim Arbeiten mit Bremsflüssigkeit besonders auf, nichts in die Augen zu bekommen. Auch Lack und Kunststoffteile sind gefährdet.

1 Wenn eine schlecht funktionierende Bremse auf einen klemmenden Kolben, eine schadhafte Dichtung und austretende Bremsflüssigkeit zurückzuführen ist, muss der Bremssattel überholt werden. Beim BMW-Händler erhältliche Reparatursets enthalten neue Kolben und neue Dichtungen.

Ausbau

2 Die Bremsleitung muss nur gelöst werden, wenn der Bremssattel ersetzt oder vollständig überholt werden soll. Wenn der Sattel nur für den Ausbau des Rades, das Ersetzen der Bremsbeläge oder zur Reinigung demontiert wird, kann die Leitung angeschlossen bleiben.

3 Entfernen Sie nötigenfalls die Bremsbeläge (siehe Sektion 2) – dies erfordert den Ausbau des Bremssattels.

4 Falls die Bremsbeläge nicht entfernt werden sollen, müssen die Bremssattel-Schrauben gelöst und der Sattel von der Bremsscheibe gehoben werden (Abbildung 2.16a).

5 Ziehen Sie den Bremssattel von seinem Halter (Abbildung 2.19a).

6 Entfernen Sie altes Fett und Korrosion von den Gleitzapfen. Reinigen und kontrollieren Sie die Gummimanschetten und ersetzen Sie sie nötigenfalls durch Neuteile.

7 Reinigen Sie die zugänglichen Bereiche der Bremssattel-Kolben.

Überholung

8 Pumpen Sie mit dem Bremspedal die Kolben ein Stück weit heraus, sodass noch keine Bremsflüssigkeit austritt.

9 Halten Sie einen Sammelbehälter bereit, der die Bremsflüssigkeit aufnehmen kann. Beachten Sie die Ausrichtung der Bremsleitung zum Bremssattel, lösen Sie die Anschlussschraube und befreien Sie die Leitung (siehe Abbildung) – die an beiden Seiten des Anschlusses liegenden Dichtscheiben müssen später erneuert werden. Umwickeln Sie das Ende der Leitung mit Lappen und halten Sie es aufrecht. Betätigen Sie bei getrennter Leitung niemals die Bremse!

10 Befreien Sie die Kolben und entleeren Sie den Bremssattel (siehe Abbildung).

11 Befreien Sie vorsichtig die Staubdichtungen aus den oberen Nuten der Kolbenbohrungen, entfernen Sie dann auf die gleiche Weise die Kolbendichtungen aus den unteren Nuten (siehe Abbildung) – verwenden Sie dazu möglichst ein Werkzeug, mit dem nicht die Sattelbohrung zerkratzt werden kann.

12 Reinigen Sie die Bremssattelbohrungen mit frischer Bremsflüssigkeit und blasen Sie alle Kanäle mit gefilterter und ölfreier Druckluft aus.

Achtung: Verwenden Sie zum Reinigen von Bremsen-Komponenten keinesfalls Lösungsmittel auf Petroleumbasis!

13 Begutachten Sie die Sattelbohrungen auf Korrosion, Kerben und Grate. Bei irgendwelchen Beschädigungen muss der Bremssattel durch ein Neuteil ersetzt werden. Falls sich der Bremssattel in einem schlechten Zustand befindet, sollte auch der Fußbremszylinder kontrolliert werden (siehe Sektion 8).

14 Schmieren Sie die neuen Kolbendichtungen mit frischer Bremsflüssigkeit und installieren Sie sie in die unteren Nuten der Sattelbohrungen (siehe Abbildung).

15 Schmieren Sie die neuen Staubdichtungen mit Silikonpaste (ein Päckchen sollte dem Reparaturset beigefügt sein) und installieren Sie sie in die oberen Nuten der Sattelbohrungen (siehe Abbildung).

6.9 Lösen Sie die Anschlussschraube – beachten Sie das darin sitzende Entlüftungsventil – und befreien Sie die Bremsleitung vom Sattel.

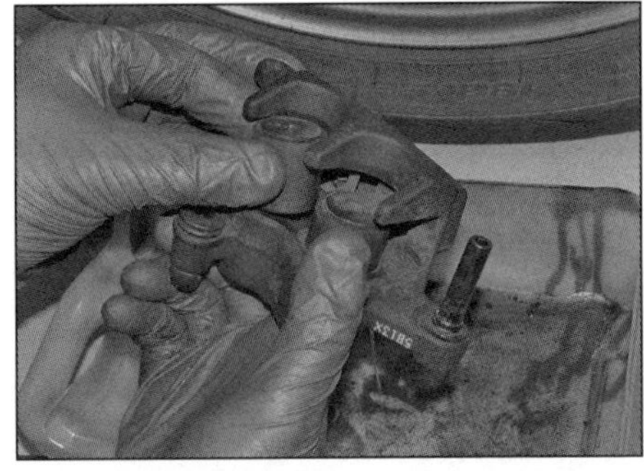

6.10 Ziehen Sie die Kolben heraus und gießen Sie die Bremsflüssigkeit aus.

6.11 Entfernen Sie die Staubdichtungen und die Kolbendichtungen aus den Nuten der Sattelbohrungen.

6.14 Installieren Sie die neuen Kolbendichtungen . . .

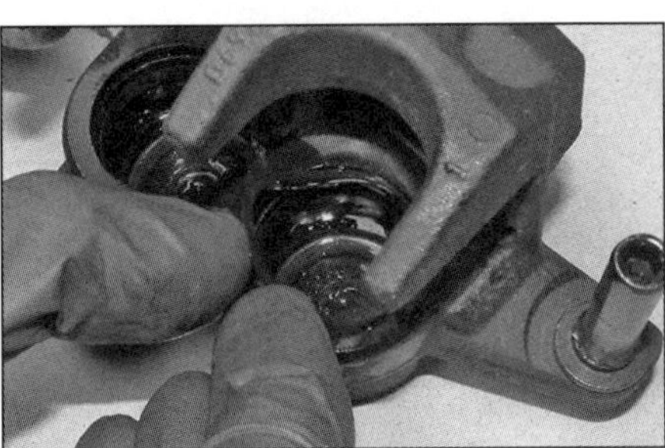

6.15 . . . und die Staubdichtungen korrekt in die Nuten der Zylinderbohrungen.

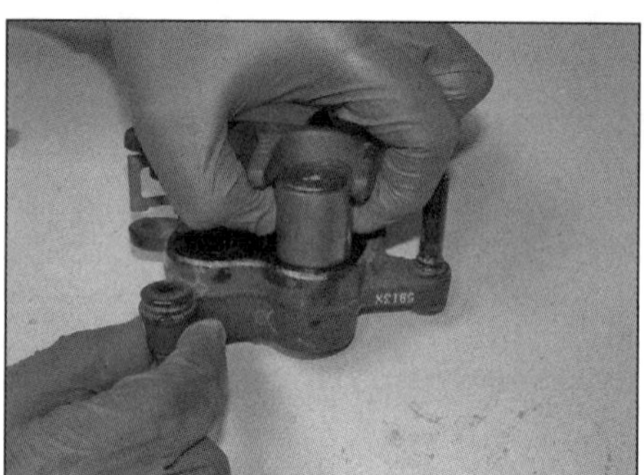

6.16a Setzen Sie die geschmierten Kolben senkrecht an . . .

6.16b . . . und drücken Sie sie vollständig in die Sattelbohrungen.

7.5 Der Zugang zu den Bremsscheibenschrauben ist nur an dieser Stelle möglich.

16 Schmieren Sie die Gleitflächen der neuen Kolben mit frischer Bremsflüssigkeit und drücken Sie sie senkrecht in ihre Bohrungen (siehe Abbildungen).

Einbau

17 Die Kolben müssen weit genug in den Sattel gedrückt sein, um Platz für die (ggf. neuen) Bremsbeläge zu haben (Abbildung 6.16b).
18 Schmieren Sie die Gleitstifte und die Innenbereiche der Manschetten mit Silikonpaste. Die Belagfeder und die Führung müssen korrekt positioniert sein (Abbildungen 2.19b und c). Schieben Sie den Bremssattel auf den Halter und positionieren Sie die Manschetten in seinen Bohrungen (Abbildung 2.19a).
19 Montieren Sie die Bremsbeläge (siehe Sektion 2) – dies beinhaltet die Montage des Bremssattels.
20 Falls die Bremsbeläge nicht entfernt wurden, werden der Bremssattel über der Bremsscheibe abgesenkt und seine Schrauben mit 28 Nm angezogen (Abbildung 2.16a).
21 Rüsten Sie den Bremsleitungsanschluss mit neuen Dichtscheiben aus (Abbildung 3.17) und richten Sie ihn gegen den Anschlag aus. Ziehen Sie die Anschlussschraube mit 24 Nm an (Abbildung 6.9).
22 Befüllen Sie den Ausgleichsbehälter mit DOT-4-Bremsflüssigkeit auf (siehe *Tägliche Kontrollen*) und entlüften Sie das System (siehe Sektion 10).
23 Prüfen Sie vor der ersten Fahrt sorgfältig die Funktion der Bremse und kontrollieren Sie alles auf Lecks.

7 Hinterrad-Bremsscheibe

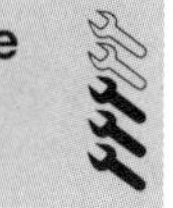

Kontrolle

1 Wechseln Sie nach Sektion 4, um die hintere Bremsscheibe zu überprüfen. Montieren Sie bei der Verzug-Kontrolle die Messuhr an die Schwinge. Wenn die Uhr mehr als 0,1 mm ausschlägt, wird entweder die Scheibe verzogen sein oder die Endantrieb-Lager sind verschlissen. Wenn die Lager Aufmerksamkeit benötigen, muss das Motorrad von einer BMW-Werkstatt kontrolliert werden.

Ausbau

2 Demontieren Sie das Hinterrad (siehe Sektion 13).
3 Befreien Sie den Bremssattel (siehe Sektion 6).
4 Die Bremsscheibe sitzt am äußeren Flansch des Endantriebs. Solange keine neue Bremsscheibe installiert werden soll, muss die Einbaulage der Scheiben am Rad markiert werden, sodass sie in derselben Position auf der richtigen Seite wieder montiert werden können.
5 Lösen Sie schrittweise und über Kreuz die Bremsscheibenschrauben, um ein Verziehen der Bremsscheibe zu vermeiden – die Scheibe muss jedes Mal etwas gedreht werden, um Zugang zur Schraube zu erhalten (siehe Abbildung). Heben Sie die Bremsscheibe vom Rad.

Einbau

6 Vor dem Anbau der Scheibe muss sichergestellt sein, dass ihr Sitz von Schmutz und Korrosion befreit ist, da sie sonst nicht korrekt aufliegt und beim Bremsen wie eine verzogene Scheibe rubbelt.
7 Positionieren Sie die Bremsscheibe am Antriebsflansch – wenn die alte Bremsscheibe installiert wird, müssen die zuvor angebrachten Markierungen fluchten.
8 Reinigen Sie die Gewinde der Bremsscheibenschrauben und versehen Sie sie vor dem Einbau mit Sicherungspaste (mittelfest). BMW empfiehlt die Verwendung von mit Sicherungsmasse beschichteten neuen Schrauben.
9 Ziehen Sie die Schrauben zunächst schrittweise und gleichmäßig bis zum Drehmoment von 12 Nm an. Wiederholen Sie den Anzug dann bis zu einem Wert von 30 Nm – beachten Sie, dass die Scheibe dabei gedreht werden muss, damit die Schrauben zugänglich werden (Abbildung 7.5).
10 Reinigen Sie die Scheiben mit Aceton oder Bremsenreiniger. Wenn neue Bremsscheiben verwendet werden, muss deren Schutzüberzug entfernt werden.
11 Installieren Sie die verbliebenen Bauteile in der entgegengesetzten Ausbaureihenfolge.
12 Betätigen Sie mehrmals die Bremse, um die Beläge an die Scheiben zu drücken. Kontrollieren Sie vor der ersten Fahrt sorgfältig die Funktion der Bremse.

8 Fußbremszylinder

1 Falls ein schwammiges Gefühl im Bremshebel eingedrungene Luft signalisiert, muss das System entlüftet werden (siehe Sektion 10).
2 Falls aus dem Fußbremszylinder Bremsflüssigkeit austritt, muss ein neuer Geberzylinder beschafft werden, da keine Dichtungssätze erhältlich sind. Als Ersatzteile sind lediglich die Druckstange samt Manschette sowie der Ausgleichsbehälter samt Schlauch erhältlich.

Ausbau

Anmerkung 1: *Wenn der Geberzylinder nur abgenommen und nicht vollständig vom Motorrad entfernt werden soll, ist es nicht nötig, die Bremsleitung zu trennen. Sichern Sie das Bauteil mit Kabelbindern, sodass die Bremsleitung nicht unter Last steht und der Ausgleichsbehälter aufrecht steht, damit keine Bremsflüssigkeit austritt und/oder Luft in die Bremse eindringt. Bei Modellen, wo ein Bremsleitungsrohr an den Zylinder geschraubt ist, bleibt wenig Bewegungsspielraum – die Leitung nicht beschädigen oder verbiegen.*

Anmerkung 2: *Um Lackschäden durch Bremsflüssigkeitsspritzer zu vermeiden, sollten bei Arbeiten am Fußbremszylinder immer umliegende Bereiche abgedeckt sein.*

3 Befreien Sie den Ausgleichsbehälter samt Schlauch aus den Klemmen (siehe Abbildungen) und entfernen Sie den Behälterdeckel und die Manschette. Entleeren Sie den Behälter in einen geeigneten Sammelbehälter. Installieren Sie übergangsweise die Manschette und den Deckel.
4 Befreien Sie die Klemme des Druckstangen-Gelenkzapfens und ziehen Sie diesen heraus (siehe Abbildungen).

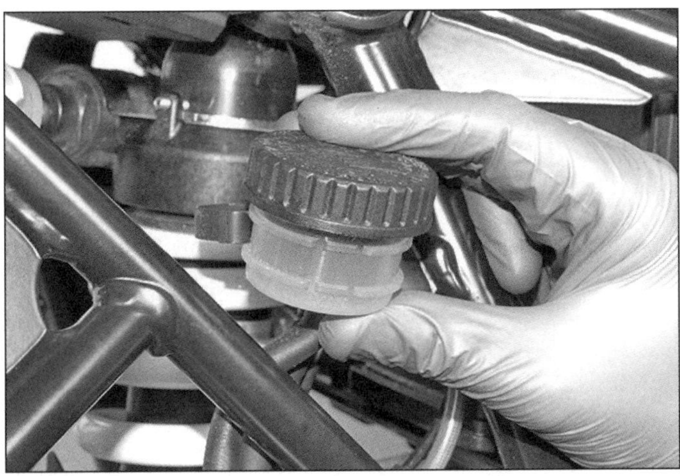

8.3a Befreien Sie den Ausgleichsbehälter aus der Klemme . . .

8.3b . . . und den Schlauch aus den Clips.

5 Bedecken Sie den Bereich um das Ende der Bremsleitung mit Lappen, um Bremsflüssigkeitsspritzer aufzunehmen. Beachten Sie die Ausrichtung der Bremsleitung und lösen Sie die Anschlussschraube (siehe Abbildung) – die Dichtscheiben an beiden Seiten des Anschlussauges müssen später durch Neuteile ersetzt werden.

6 Lösen Sie die Schrauben des Bremszylinders und entfernen Sie ihn samt Ausgleichsbehälter und ggf. dem Hackenschutz von seinem Halter (siehe Abbildung).

7 Lockern oder öffnen Sie nötigenfalls am Bremszylinder die Schelle des Ausgleichsbehälterschlauchs und ziehen Sie diesen ab.

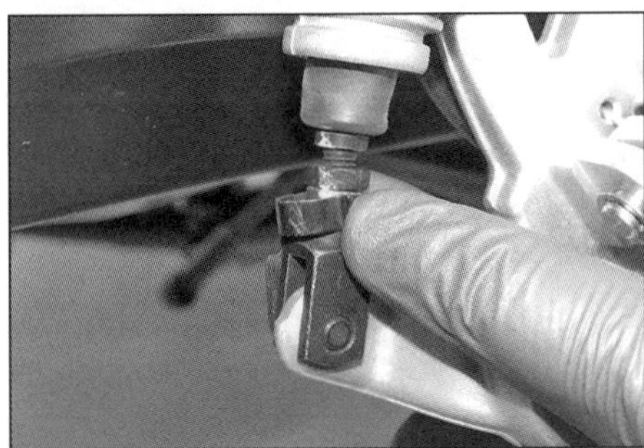

8.4a Befreien Sie die Klemme des Druckstangen-Gelenkzapfens . . .

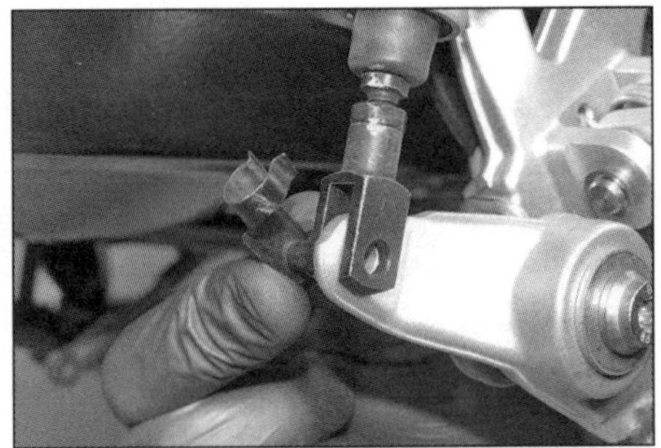

8.4b . . . und ziehen Sie diesen heraus.

8.5 Bremsleitungs-Anschlussschraube

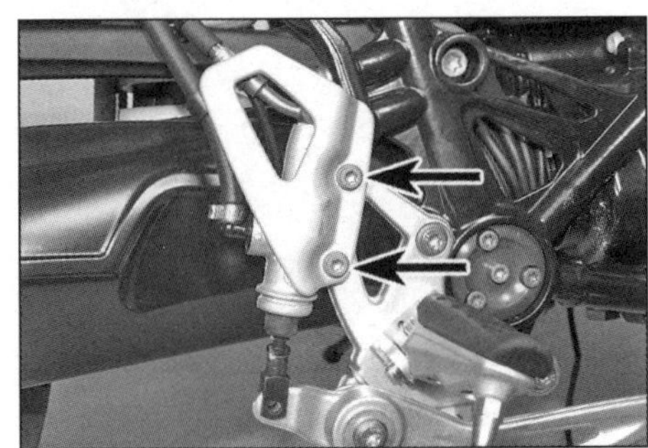

8.6 Schrauben des Fußbremszylinders

Einbau

8 Der Einbau entspricht der umgekehrten Ausbaureihenfolge – beachten Sie dabei folgende Punkte:

- Sichern Sie den Ausgleichsbehälterschlauch mit einer neuen Schelle – entweder mit einer originalen Schelle, die mit dem BMW-Werkzeug 131 500 verpresst werden muss, oder mit einer Schraubschelle.
- Reinigen Sie die Gewinde der Bremsscheibenschrauben und versehen Sie sie vor dem Einbau mit Sicherungspaste (mittelfest). BMW empfiehlt die Verwendung von mit Sicherungsmasse beschichteten neuen Schrauben.
- Installieren Sie bei allen Modellen außer der Racer den Hackenschutz zusammen mit dem Fußbremszylinder.
- Ziehen Sie die Bremszylinder-Schrauben mit 8 Nm an.
- Richten Sie die Bremsleitung wie beim Ausbau notiert zum Stutzen aus und rüsten Sie das Anschlussauge an beiden Seiten mit neuen Dichtscheiben aus. Ziehen Sie die Anschlussschraube mit 24 Nm an (Abbildung 3.17).
- Kontrollieren Sie das Bremspedal-Spiel (siehe Kapitel 4, Sektion 3).
- Füllen Sie den Ausgleichsbehälter mit frischer DOT-4-Bremsflüssigkeit auf (siehe *Tägliche Kontrollen*) und entlüften Sie das System (siehe Sektion 10).
- Prüfen Sie vor der ersten Fahrt die Funktion der Bremse.

9 Bremsleitungen und Anschlüsse

Kontrolle

1 Bremsleitungen müssen regelmäßig kontrolliert werden (siehe Kapitel 1). Zur Inspektion aller Leitungen muss der Tank demontiert werden (siehe Kapitel 3).

2 Kontrollieren Sie alle Schlauch/Rohr-Verbindungen und Anschlüsse auf Korrosion und Undichtigkeit und kontrollieren Sie ggf., ob entsprechende Anschlussschrauben mit 24 Nm angezogen sind.

Ausbau und Einbau

Anmerkung: *Betätigen Sie nicht die Bremse, wenn eine Leitung getrennt ist.*

3 Lassen Sie die Bremsflüssigkeit ab (siehe Sektion 10).

4 Demontieren Sie den Tank (siehe Kapitel 3). Falls die Bremsleitung zwischen dem Modulator und der Hinterradbremse demontiert werden soll, muss je nach vorhandenem Werkzeug das Hinterrad entfernt werden, um Zugang zu den Abdeckungsschrauben am Paralever-Hebel zu erhalten (siehe Sektion 13).

5 Bedecken Sie vor dem Trennen irgendeiner Bremsleitung umliegende Flächen mit Lappen, damit Bremsflüssigkeitsspritzer aufgesaugt werden und keine lackierten Teile beschädigt werden.

6 Merken Sie sich bei Bremsschläuchen die Ausrichtung der Anschlüsse und lösen Sie die Anschlussmuttern (Abbildungen 3.6, 5.13, 6.9 und 8.5). Die Dichtscheiben müssen auf jeden Fall erneuert werden (Abbildung 3.17). Umwickeln Sie alle Schläuche mit Lappen und verstopfen Sie die Anschlüsse am Geberzylinder, Bremssattel oder Modulator. Notieren Sie sorgfältig die Verlegung aller Leitungen und befreien Sie sie aus allen Klemmen, Führungen und Kabelbindern. Entnehmen Sie die Leitung und lassen Sie darin verbliebene Bremsflüssigkeit in den Sammelbehälter abtropfen.

7 Setzen Sie die neue flexible Bremsleitung exakt in der ursprünglichen Position an – gehen Sie sicher, dass sie nicht verdreht ist oder anderweitig unter Spannung steht. Rüsten Sie das jeweilige Anschlussauge beidseitig mit neuen Dichtscheiben aus und ziehen Sie die Anschlussschraube handfest an. Gehen Sie sicher, dass die Anschlüsse richtig liegen und die Leitung nicht mit beweglichen Teilen in Berührung kommt. Ziehen Sie dann die Anschlussschrauben mit 24 Nm an. Sichern Sie die Leitung mit allen Klemmen oder Kabelbindern.

8 Füllen Sie den Ausgleichsbehälter mit DOT-4-Bremsflüssigkeit auf (siehe *Tägliche Kontrollen*) und entlüften Sie das System (siehe Sektion 10).

9 Prüfen Sie vor der ersten Fahrt sorgfältig die Funktion der Bremse und kontrollieren Sie alles auf Lecks.

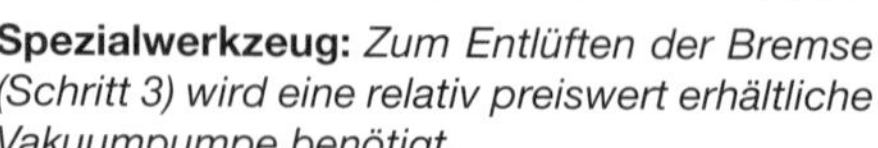

10 Bremsflüssigkeit
Entlüften und Austausch

Spezialwerkzeug: *Zum Entlüften der Bremse (Schritt 3) wird eine relativ preiswert erhältliche Vakuumpumpe benötigt.*

Entlüftung

1 Entlüften der Bremse besagt, dass alle Luftblasen aus dem Bremsflüssigkeitsbehälter, den Leitungen und den Bremssätteln entfernt werden. Entlüften ist immer notwendig, wenn eine Hydraulik-Verbindung gelöst wurde, wenn eine Komponente oder Leitung gewechselt wurde, oder wenn ein Geberzylinder oder Sattel überholt wurde. Sind ein schwammiges Gefühl in der Bremse oder mangelhafte Bremsleistung nicht auf mechanische Defekte (z. B. klemmender Kolben im Bremssattel oder durch Korrosion klemmende Bremsbeläge) zurückzuführen, weist dies ebenfalls auf notwendiges Entlüften hin. Lecks im System können ebenfalls das Eindringen von Luft ermöglichen, aber sie zeigen auch durch auslaufende Flüssigkeit das Problem an und weisen auf eine dringend notwendige Reparatur hin.

2 Selbst erfahrene Profischrauber betrachten das Entlüften von Bremsen oft als »Schwarze Kunst«, weil sie manchmal große Probleme haben, einen festen Druckpunkt zu erreichen, wogegen mancher Anfänger überhaupt keine Schwierigkeiten damit hat. Besonders bei der Vorderradbremse besteht eines der Probleme darin, dass man gegen ein Naturgesetz arbeiten muss, wonach Luftblasen in Flüssigkeiten aufsteigen, beim Entlüften jedoch die Bremsflüssigkeit (einschließlich langsam darin aufsteigender

10.3 Aufbau zum Entlüften einer Bremse

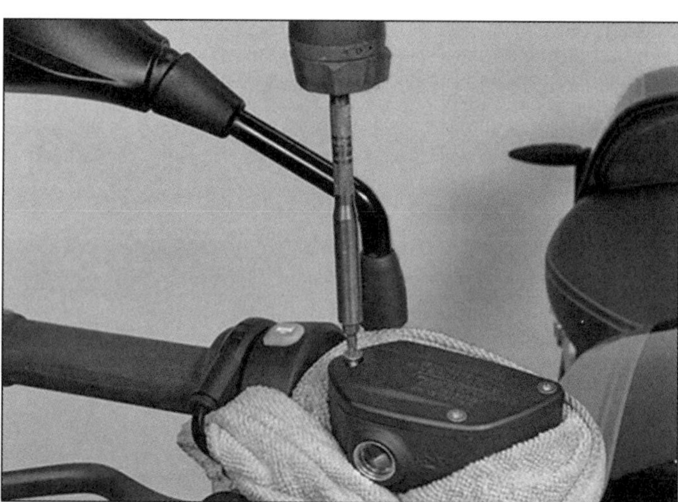

10.5a Lösen Sie die Schrauben des Ausgleichsbehälter-Deckels . . .

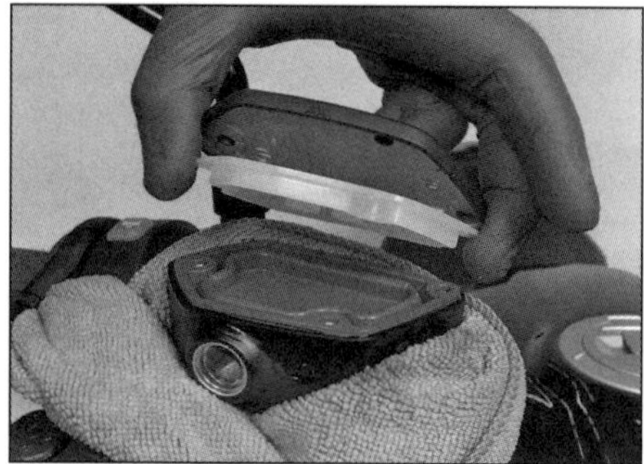

10.5b ... und nehmen Sie diesen samt der Gummimanschette ab.

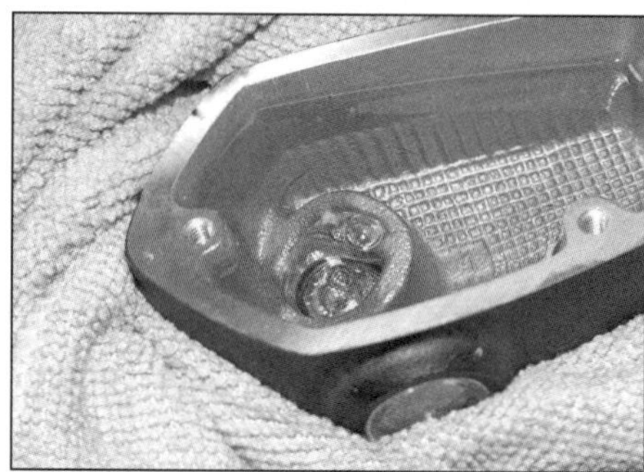

10.5c Pumpen Sie langsam und halten Sie den Bremshebel gezogen, um den Geberzylinder zu entlüften.

10.6a Entfernen Sie die Staubkappe.

Luftblasen) vom Geberzylinder zum Entlüftungsventil am darunterliegenden Bremssattel gepumpt werden muss. Luft kann sich auch in hohen Punkten der Leitung oder ABS-Komponenten sammeln.

3 Zum Entlüften der Bremsen werden frische DOT-4-Bremsflüssigkeit, ein durchsichtiger Vinyl- oder Plastikschlauch und ein zum Teil mit sauberer Bremsflüssigkeit gefüllter Behälter benötigt, dazu Lappen und ein Ringschlüssel für das Entlüftungsventil. Im Fachhandel sind relativ preiswerte Entlüftungskits erhältlich, die aus dem Schlauch und einem Einwegventil bestehen – und die Arbeit beträchtlich erleichtern. Der Sammelbehälter muss ggf. mit einem Holzblock abgestützt werden (siehe Abbildung).

4 Decken Sie gefährdete Lackteile ab, die Bremsflüssigkeitsspritzer abbekommen könnten.

Achtung: Bremsflüssigkeit greift Lack und Kunststoff an! Decken Sie gefährdete Bereiche mit Lappen ab und waschen Sie Spritzer mit reichlich Seifenwasser ab.

Handbremse

5 Drehen Sie den Lenker so, dass der Ausgleichsbehälter möglichst gerade steht. Lösen Sie die Schrauben des Deckels und entfernen Sie diesen samt Platte (nicht vorhanden bei der R nineT bis 2016) und Manschette (siehe Abbildungen). Pumpen Sie langsam einige Male mit dem Hebel, bis keine aus der kleinen Bohrung am Boden des Behälters aufsteigenden Blasen mehr zu sehen sind (siehe Abbildung). Halten Sie den Bremshebel jetzt gezogen, um größere Luftblasen aus der größeren Bohrung zu drücken – der Hebel kann auch eine Zeit lang gegen den Lenker gebunden werden, dann wird er gelöst, einige Male damit gepumpt und wieder gegen den Lenker gebunden. Es kann eine Weile dauern, bis auf diese Weise alle Luftblasen aufgestiegen sind – besonders, wenn der

10.6b Setzen Sie den Ringschlüssel am Sechskant an und stecken Sie den Schlauch auf.

Bremszylinder am Lenker sitzend überholt wurde, aber die Methode ist immer noch besser, als sämtliche Luft durch das Bremssystem zu pumpen.

6 Ziehen Sie am linken Bremssattel die Gummikappe vom Entlüftungsventil (siehe Abbildung). Setzen Sie möglichst einen Ringschlüssel an, schieben Sie das eine Ende des durchsichtigen Schlauchs auf das Ventil und stecken Sie das andere Ende in die Bremsflüssigkeit des Sammelbehälters (siehe Abbildung).

> **Praxis TiPP** ***Um Schäden am Entlüftungsventil zu vermeiden, sollte es vor dem Anschließen des Schlauchs mit einem Ringschlüssel gelockert und später wieder angezogen werden. Während des Entlüftens kann entweder der weiterhin am Ventil sitzende Ringschlüssel oder ein Maulschlüssel verwendet werden.***

10.7 Im Ausgleichsbehälter muss stets genügend Bremsflüssigkeit stehen.

7 Kontrollieren Sie den Pegel im Ausgleichsbehälter und lassen Sie ihn während des Prozesses nicht unter den unteren Schauglas-Rand sinken (siehe Abbildung).

8 Pumpen Sie vorsichtig drei- oder viermal mit dem Hebel und halten Sie ihn gezogen, während das Entlüftungsventil eine Viertelumdrehung geöffnet wird (siehe Abbildung) und (ggf. mit Luftblasen versetzte) Bremsflüssigkeit aus dem Sattel durch den Schlauch in den Behälter fließt (siehe Abbildung) – der Bremshebel kann jetzt an den Lenker gezogen werden.

9 Ziehen Sie das Entlüftungsventil leicht an und lösen Sie langsam die Bremse. Wiederholen Sie diesen Prozess, bis in der ausfließenden Bremsflüssigkeit keine Blasen mehr zu sehen sind und am Hebel ein Druckpunkt zu spüren ist. Zum Schluss wird der Entlüftungsschlauch abgenommen, das Ventil sorgfältig angezogen und die Staubkappe aufgesetzt.

10 Entlüften Sie auf die gleiche Weise den rechten Bremssattel.

11 Wenn die Bremse erfolgreich entlüftet wurde, wird am Bremshebel ein fester Druckpunkt

10.8a Entlüften der Handbremse

10.8b Kontrollieren Sie die austretende Bremsflüssigkeit auf Luftblasen.

spürbar sein, sobald die Bremse betätigt wird. Der Hebel darf sich nicht bis an das Griffgummi ziehen lassen.

12 Füllen Sie nach dem Entlüften den Ausgleichsbehälter auf und montieren Sie die Manschette, die Platte (nicht bei der R nineT bis 2016) und den Deckel. Wischen Sie Bremsflüssigkeits-Spritzer sorgfältig weg.

13 Kontrollieren sie das ganze System auf Undichtigkeiten und prüfen Sie vor der ersten Fahrt die Funktion der Bremse.

Fußbremse

14 Halten Sie den Behälter und schrauben Sie den Deckel ab. Entfernen Sie die Manschette (siehe Abbildung). Betätigen Sie einige Male langsam das Bremspedal, um die im Fußbremszylinder steckenden Luftblasen zu befreien.

15 Ziehen Sie am Bremssattel die Gummikappe vom Entlüftungsventil (siehe Abbildung). Setzen Sie den Ringschlüssen an (siehe *Praxis-Tipp* oben) (siehe Abbildung), schieben Sie das eine Ende des durchsichtigen Schlauchs auf das Ventil und stecken Sie das andere Ende in die Bremsflüssigkeit des Sammelbehälters.

16 Kontrollieren Sie den Flüssigkeitsstand im Ausgleichsbehälter. Lassen Sie den Pegel während des Prozesses nicht unter die untere Markierung sinken (siehe Abbildung).

17 Pumpen Sie vorsichtig drei- oder viermal mit dem Pedal und halten Sie es gedrückt, während das Entlüftungsventil eine Vierteldrehung geöffnet wird (siehe Abbildung) und (ggf. mit Luftblasen versetzte) Bremsflüssigkeit aus dem Sattel durch den Schlauch in den Behälter fließt (siehe Abbildung).

18 Ziehen Sie das Entlüftungsventil wieder an und lösen Sie das Bremspedal. Wiederholen Sie die Prozedur, bis keine Luftblasen mehr austreten und ein Druckpunkt spürbar ist. Füllen Sie nötigenfalls den Ausgleichsbehälter auf.

19 Sobald die Bremse erfolgreich entlüftet wurde, wird am Bremspedal ein fester Druckpunkt spürbar sein, sobald die Bremse betätigt wird. Das Pedal darf sich nicht bis an den Anschlag drücken lassen.

20 Ziehen Sie zum Schluss das Entlüftungsventil sorgfältig an und stecken Sie die Staubkappe auf. Füllen Sie den Ausgleichsbehälter auf und montieren Sie die Manschette, die Platte und den Deckel. Wischen Sie Bremsflüssigkeits-Spritzer ab.

21 Kontrollieren sie das ganze System auf Undichtigkeiten und prüfen Sie vor der ersten Fahrt die Funktion der Bremse.

10.14 Schrauben Sie den Deckel des Ausgleichsbehälters ab und entnehmen Sie die Manschette.

10.15a Entfernen Sie die Staubkappe vom Entlüftungsventil (Pfeil).

Beide Bremsen

22 Wenn es nicht möglich ist, im Hebel oder Pedal einen Druckpunkt zu finden, kann die Flüssigkeit aufgeschäumt sein. Zur Abhilfe kann die Bremse unter Druck gesetzt werden, indem der Bremshebel an den Lenker gebunden und das Pedal belastet wird.

Achtung: Zu viel Druck kann die Dichtungen der Bremszylinder und Bremssättel beschädigen. Lassen Sie die Bremsflüssigkeit für einige Stunden in Ruhe, damit die kleinen Blasen entweder aufsteigen oder sich zu größeren Blasen verbinden, die sich beim erneuten Entlüften leichter herausspülen lassen.

23 Falls weiterhin Probleme bestehen, muss nach hohen Punkten im Bremssystem gesucht werden, in denen sich Luft sammeln kann. Befreien Sie entsprechende Leitungen und klopfen Sie sie ab, damit sich Blasen lösen können (aber verbiegen Sie dabei keine Rohre). Demontieren Sie nötigenfalls den Geberzylinder und/oder den/die Bremssättel und befreien Sie die Leitung aus allen Führungen, um die Teile so zu bewegen, dass mögliche Luftblasen zum Entlüftungsventil aufsteigen – beachten Sie zur Demontage die entsprechenden Sektionen. Es ist nicht möglich, den ABS-Modulator zu befreien, da hierfür Bremsleitungen getrennt werden müssen, was zu noch mehr Luft im System sorgt – bringen Sie das Motorrad nötigenfalls zu einer BMW-Werkstatt.

24 Falls das Entlüften der Bremse mit herkömmlichen Werkzeugen und Methoden nicht zu befriedigenden Ergebnissen führt, kann auch ein im Fachhandel erhältliches Vakuum-

10.15b Setzen Sie den Ringschlüssel am Sechskant an und stecken Sie den Schlauch auf.

10.16 Im Ausgleichsbehälter muss stets genügend Bremsflüssigkeit stehen.

10.17a Entlüften der Fußbremse

10.17b Kontrollieren Sie die austretende Bremsflüssigkeit auf Luftblasen.

Entlüftungswerkzeug (z.B. die »Mityvac«) benutzt werden – beachten Sie die beigefügte Anleitung (siehe Abbildung). Diese Pumpe saugt die Bremsflüssigkeit am Entlüftungsventil ab und viele Anwender sind von der in der Bremsflüssigkeit auftretenden Luftmenge verwirrt. Doch oft wird diese erst durch das Gewinde des Entlüftungsventils gesogen (Luft bietet dem Vakuum weniger Widerstand als Bremsflüssigkeit) und ist ein Hinweis darauf, dass mit zu viel Unterdruck gearbeitet wird oder das Entlüftungsventil zu locker ist. Eine Möglichkeit, dies Problem zu umgehen, besteht darin, das Entlüftungsventil herauszudrehen und sein Gewinde mit PTFE-Band zu umwickeln – die hierbei austretende Bremsflüssigkeit muss mit Lappen aufgesaugt werden.

Austausch der Bremsflüssigkeit

25 Der Wechsel der Bremsflüssigkeit ist ein ähnlicher Prozess wie das Entlüften der Bremse und erfordert das gleiche Material, außerdem ggf. eine Pumpe zum Entleeren der Ausgleichsbehälter. Stellen Sie sicher, dass der Sammelbehälter groß genug ist, die gesamte alte Bremsflüssigkeit aufnehmen zu können.

26 Decken Sie gefährdete Lackteile ab, die Bremsflüssigkeitsspritzer abbekommen könnten. Verbinden Sie die zur Entlüftung verwendete Ausrüstung mit dem entsprechenden Bremssattel. Entfernen Sie den Behälterdeckel, die Platte (falls vorhanden) und die Manschette (Abbildungen 10.5a und b oder 10.14). Saugen Sie die Bremsflüssigkeit aus dem Behälter (Abbildung 5.12b) oder pumpen Sie solange, bis die alte Bremsflüssigkeit bis zum Behälterboden abgesunken ist. Dabei sollte keine Luft in das System gelangen, da es ansonsten entlüftet werden muss. Wischen Sie den Ausgleichsbehälter mit Haushaltstüchern sauber und füllen Sie frische Bremsflüssigkeit auf (Abbildungen 10.7 oder 10.16). Betätigen Sie die Bremse und öffnen Sie das Entlüftungsventil (Abbildungen 10.8a und 10.17a) – Bremsflüssigkeit wird durch den Entlüftungsschlauch austreten und der Hebel oder das Pedal wird sich bis zum Griffgummi bzw. Anschlag bewegen lassen.

27 Ziehen Sie das Entlüftungsventil wieder leicht an und lösen Sie langsam wieder die Bremse. Halten Sie den Ausgleichsbehälter immer gut gefüllt, damit keine Luft eintritt und die Aufgabe deutlich in die Länge zieht. Wiederholen Sie die Prozedur, bis am Entlüftungsventil frische Bremsflüssigkeit austritt.

Praxis TiPP

Alte Bremsflüssigkeit ist deutlich dunkler als frische, sodass leicht erkannt werden kann, wann die Bremse mit frischer Flüssigkeit gefüllt ist.

28 Entfernen Sie zum Schluss die verwendete Ausrüstung vom Entlüftungsventil, ziehen Sie es möglichst mit dem korrekten Drehmoment an und stecken Sie die Gummikappe auf. Füllen Sie den Ausgleichsbehälter auf und installieren Sie die Manschette, die Abdeckung (falls vorhanden) und den Deckel. Wischen Sie verschüttete Bremsflüssigkeit unverzüglich mit einem nassen Lappen ab und kontrollieren sie das ganze System auf Undichtigkeiten.

29 Kontrollieren Sie die Bremse auf Undichtigkeiten und prüfen Sie vor der ersten Fahrt ihre Funktion.

Ablassen der Bremsflüssigkeit (für eine Überholung)

30 Das Ablassen der Bremsflüssigkeit ist ein ähnlicher Prozess wie das Entlüften der Bremse. Am schnellsten und einfachsten geht dies mit einer im Handel erhältlichen Vakuumpumpe (siehe Schritt 24) – folgen Sie den beiliegenden Herstellerangaben. Ist keine solche Pumpe zugänglich, müssen Sie der oben gegebenen Prozedur für den Wechsel der Flüssigkeit folgen, dürfen dabei aber den Ausgleichsbehälter nicht auffüllen.

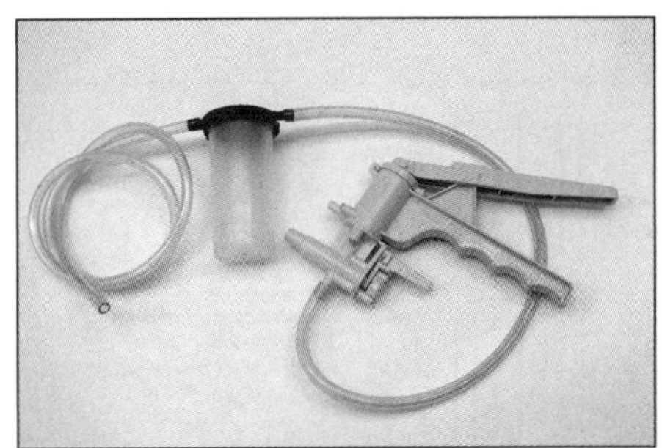

10.24 Mit einer solchen Unterdruckpumpe kann die Bremsflüssigkeit abgesaugt werden.

31 Das Auffüllen ist wieder mit der Vakuumpumpe am einfachsten – jetzt muss darauf geachtet werden, dass immer genügend Bremsflüssigkeit im Ausgleichsbehälter steht. Ohne die Pumpe muss der Behälter anfangs aufgefüllt und dann den Hinweisen zum Entlüften gefolgt werden, bis am Entlüftungsschlauch keine Luftblasen mehr austreten.

11 Räder
Verzugs- und Spurkontrolle

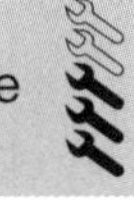

Verzugs-Kontrolle

1 Um eine vernünftige Inspektion der Räder durchführen zu können, ist es notwendig, das Motorrad so aufzustellen, dass das zu kontrollierende Rad frei drehbar ist. Stützen Sie die Maschine mit einer geeigneten Vorrichtung ab.

2 Reinigen Sie die Räder sorgfältig, da Matsch und Dreck die Inspektion stören und Schäden verdecken können. Führen Sie eine allgemeine Kontrolle der Räder (siehe Kapitel 1, Sekti-

5

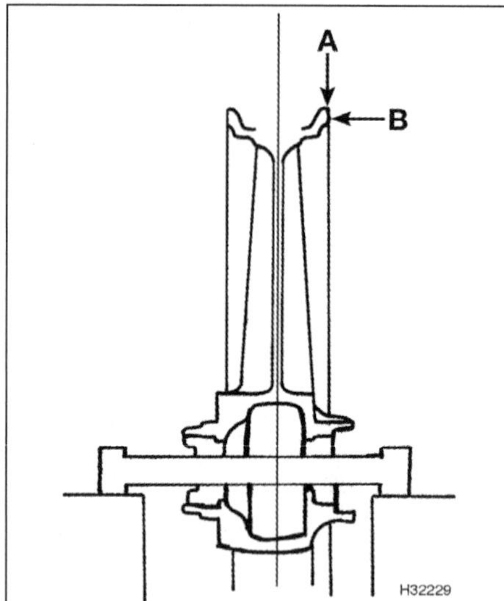

11.3 Kontrollieren Sie den Höhenschlag an Punkt A und den Seitenschlag an Punkt B.

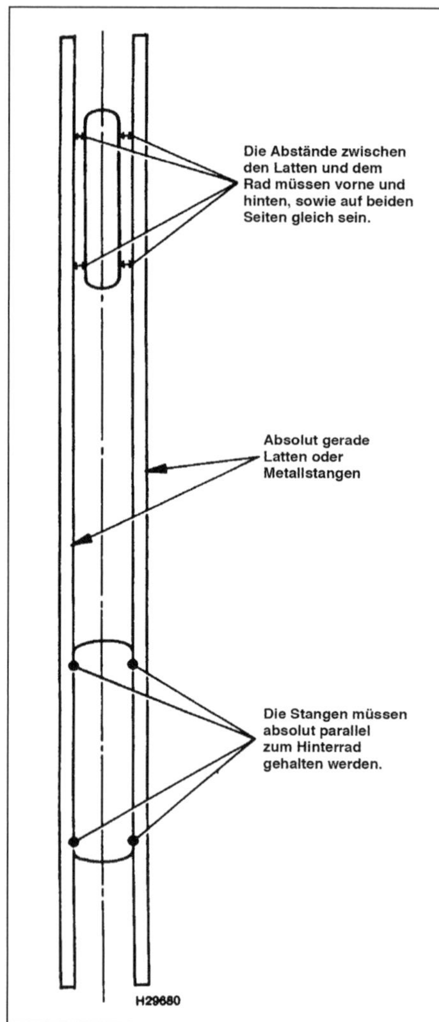

11.13 Spurkontrolle des Rades mit Hilfe von Holzlatten

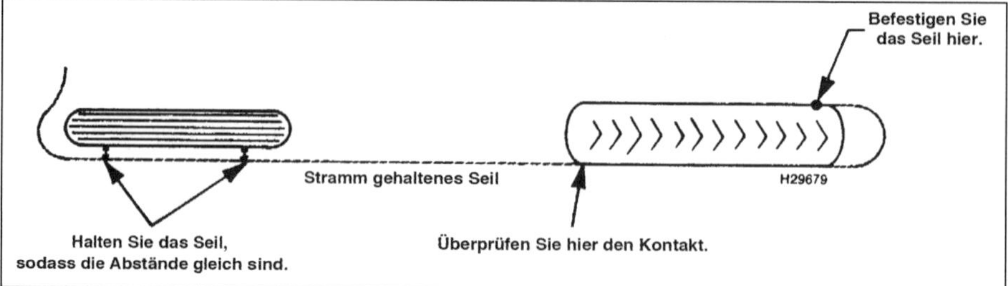

11.10 Spurkontrolle des Rades mithilfe eines Seils

on 17) und der Reifen (siehe *Täglichen Kontrollen*) durch.

3 Klemmen Sie eine Messuhr an die Gabel oder Schwinge und positionieren Sie den Abtaster seitlich gegen die Felge. Drehen Sie das Rad langsam, um den Seitenschlag (Axialspiel) zu ermitteln (siehe Abbildung).

4 Um eine ordentliche Kontrolle des Höhen-Verzugs (Radialspiel) durchführen zu können, muss das Rad ausgebaut und der Reifen von der Felge abgezogen werden. Legen Sie das Vorderrad mit der Achse in einen Bock und lassen Sie es drehen, während Sie mit einer Messuhr die Felge abtasten (Abbildung 11.3).

5 Eine einfachere aber auch ungenauere Methode liegt darin, einen festen Draht mit der Gabel oder der Schwinge zu verbinden und sein Ende in die Nähe der Verbindung zwischen Felge und Reifen zu bringen. Wenn das Rad gerade ist, bleibt der Abstand zwischen Felge und Draht beim Drehen unverändert.

Anmerkung: *Wird ein übermäßiger Verzug festgestellt, muss zunächst geprüft werden, ob dies nicht durch defekte Radlager (vorne) oder Endantrieb-Lager (hinten) hervorgerufen wird.*

Spurkontrolle

6 Nicht fluchtende Räder können der Grund für schlechtes und auch gefährliches Fahrverhalten der Maschine sein. Da die hauptsächlich tragende Antriebseinheit nicht verziehen kann, scheidet ein schräg montiertes Hinterrad aus. Wenn die Räder nicht in der Spur laufen, kann dieses vorn an einem verzogener Rahmen oder einer beschädigten Gabel liegen, hinten können Probleme durch verschlissene Schwingenlager entstehen. Wenn ein Unfallschaden vorliegt, kann nur eine BMW-Werkstatt weiterhelfen, die mit einer Rahmenricht-Lehre ausgerüstet ist und dadurch den verzogenen Bereich erkennen kann.

7 Um die Spur kontrollieren zu können, wird neben einem Assistenten ein Seil oder eine absolut gerade Holzlatte und ein Lineal benötigt.

8 Zur ordentlichen Kontrolle muss das Motorrad absolut senkrecht ausgerichtet sein. Messen Sie die Breite beider Räder an der dicksten Stelle. Ziehen Sie den Wert des Vorderrades von dem des Hinterrades ab und teilen Sie den Wert durch zwei. Das Ergebnis ist der Wert, der bei den folgenden Messungen auf beiden Seiten der Räder herauskommen muss.

9 Wenn ein Seil verwendet wird, muss der Assistent das eine Ende auf halber Höhe zwischen Boden und Hinterradachse halten, sodass es die hintere Seitenfläche des Reifens berührt.

10 Halten Sie das andere Ende des Seils am Vorderrad in die gleiche Höhe und bringen Sie es stramm gespannt in Berührung mit der vorderen Seitenfläche des Hinterrades. Lenken Sie das Vorderrad, bis es parallel zum Seil steht (siehe Abbildung). Messen Sie den Abstand der Reifenflanken zum Seil.

11 Wiederholen Sie die Prozedur auf der anderen Seite der Maschine.

12 Der Abstand zwischen Vorderrad und Seil muss auf beiden Seiten gleich sein. Wenn der Abstand zwischen Reifen und Seil auf beiden Seiten stark variiert, ist das Fahrwerk verzogen.

13 Wie erwähnt, kann man die Messung auch mit einer absolut geraden Holzlatte durchführen (siehe Abbildung). Die Ausführung bleibt die gleiche.

14 Wenn die Spur nicht stimmt und der Fehler nicht auf eine defekte Gabel oder Schwinge zurückzuführen ist, muss das Motorrad in einer BMW-Werkstatt mit einer Lehre vermessen werden.

15 Wenn die Spur stimmt, können die Räder immer noch vertikal nicht in Flucht stehen.

16 Mit einem Lot oder einem entsprechenden Gewicht und einer Schnur wird am Hinterrad gemessen, ob es senkrecht steht. Hierfür wird die Schnur an der oberen Seitenfläche des Reifens angelegt und das Lot herabgelassen. Wenn die Schnur beide Reifenflanken gleichzeitig berührt, steht das Rad gerade. Wenn nicht, muss der Ständer unterlegt werden, bis das Rad senkrecht steht.

17 Wenn das Hinterrad senkrecht steht, wird das Vorderrad in gleicher Weise kontrolliert. Wenn beide Räder nicht vertikal gleich stehen, ist der Rahmen und/oder ein wesentlicher Teil der Federelemente verzogen.

12 Vorderrad

Ausbau

1 Stützen Sie das Motorrad entsprechend ab, um das Vorderrad vom Boden abzuheben. Die

12.1a Dieses Motorrad ist vorn mit einem Rangierwagenheber und hinten mit einem Montageständer abgestützt, ...

12.1b ... bei dem die durch den Endantrieb geschobene Stange mit Hölzern verkeilt ist, um die Maschine nicht kippen zu lassen.

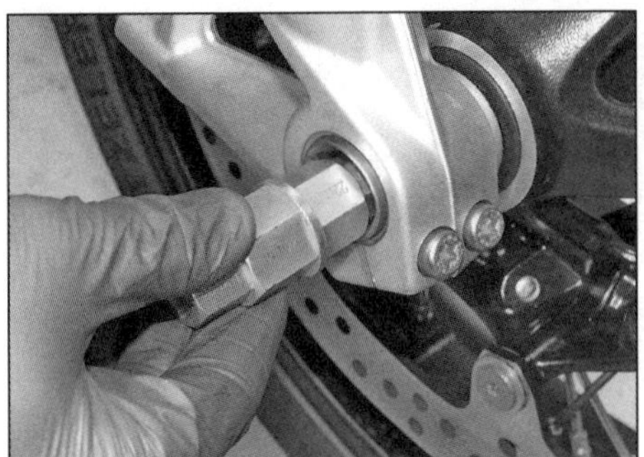
12.4 Lösen Sie die Achse mit einem 22er-Innensechskantschlüssel – hier als Multi-Sechskant-Bit zu sehen.

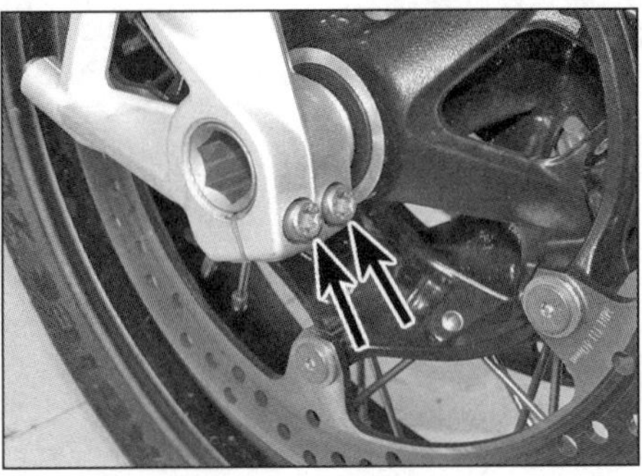
12.5a Lockern Sie an beiden Tauchrohren die zwei Achsen-Klemmschrauben.

12.5b Kontern Sie rechts die Achse und lösen Sie links den Achsbolzen.

kann mithilfe eines Heck-Montageständers und einer durchgeschobenen und rechts verkeilten Stange und einem unter dem Motor angesetzten Wagenheber geschehen (siehe Abbildungen). Beim BMW-Händler sind spezielle Montageständer für diese Radaufhängungen erhältlich. Achten Sie bei allen Abstütz-Methoden darauf, dass das Motorrad sicher steht.

2 Demontieren Sie bei der R nineT das Vorderrad-Schutzblech.

3 Demontieren Sie die Vorderrad-Bremssättel (siehe Sektion 3). Sichern Sie die Sättel so, dass die Bremsleitungen nicht unter Last stehen. Es ist nicht nötig, die Bremsleitungen zu trennen.

Anmerkung: *Betätigen Sie nicht die Bremse, wenn die Bremssättel demontiert sind.*

4 Lockern Sie bei der **R nineT bis 2016** unten am rechten Tauchrohr die Achsen-Klemmschrauben (Abbildung 12.5a). Lösen Sie die Achse mit einem 22er-Innensechskantschlüssel (siehe Abbildung), stützen Sie das Rad und ziehen Sie die Achse heraus. Befreien Sie das Rad aus der Gabel (Abbildung 12.5c).

5 Lockern Sie bei **der R nineT ab 2017, der Pure, der Racer, der Scrambler und der Urban G/S** unten an beiden Tauchrohren die Achsen-Klemmschrauben (siehe Abbildung). Kontern Sie rechts die Achse mit einem 22er-Innensechskantschlüssel (Abbildung 12.4) und lösen Sie links den Achsbolzen (siehe Abbildung). Stützen Sie das Rad, ziehen Sie die Achse heraus und befreien Sie das Rad aus der Gabel (siehe Abbildung).

6 Entnehmen Sie links die Distanzhülse aus der Radnabe (siehe Abbildung).

12.5c Ziehen Sie die Achse heraus und befreien Sie das Vorderrad.

Achtung: Legen Sie das Rad nicht auf eine der Bremsscheiben, da sie dadurch verziehen kann. Legen Sie das Rad auf Blöcke, sodass die Felge das Gewicht des Rades stützt.

7 Säubern Sie die Achse und befreien Sie sie ggf. mithilfe von Stahlwolle von Korrosion. Kontrollieren Sie die Achse durch Rollen auf einer ebenen Oberfläche (z. B. einer Glasscheibe) auf Verzug.

12.6 Entfernen Sie die Distanzbuchse.

12.11 Drehrichtungspfeil am Vorderreifen

12.13a Installieren Sie den Achsbolzen, ...

12.13b ... kontern Sie die Achse und ziehen Sie den Bolzen mit 50 Nm an.

13.1 Stützen Sie den Motor ggf. weiter hinten ab, damit das Hinterrad entlastet wird.

8 Kontrollieren Sie die Radlager (siehe Sektion 14).

Einbau

9 Sorgen Sie dafür, dass die Bremsscheiben und der ABS-Sensorring sauber sind.

10 Schmieren Sie die Achse und die Innenseiten der Distanzhülse sowie der Dichtringe mit Optimoly TA oder anderem Lithiumfett. Stecken Sie die Hülse in den linken Dichtring (Abbildung 12.6).

11 Achten Sie beim Einbau des Rades darauf, dass der Pfeil am Reifen (»Rotation«) in die normale Drehrichtung zeigt (siehe Abbildung).

12 Bringen Sie bei der **R nineT bis 2016** das Rad zwischen den Gabelholmen in Position und schieben Sie die Achse von rechts ein – achten Sie auf den korrekten Sitz der Distanzhülse. Ziehen Sie die Achse mit 50 Nm an (Abbildung 12.5c). Montieren Sie die Bremssättel (siehe Sektion 3) und blockieren Sie das Rad mithilfe der Bremse. Ziehen Sie jetzt die Klemmschrauben unten im rechten Tauchrohr schrittweise bis zum Drehmoment von 19 Nm an (Abbildung 12.5a).

13 Bringen Sie bei der **R nineT ab 2017, der Pure, der Racer, der Scrambler und der Urban G/S** das Rad zwischen den Gabelholmen in Position und schieben Sie die Achse von rechts ein – achten Sie auf den korrekten Sitz der Distanzhülse (Abbildung 12.5c). Drehen Sie links den Achsbolzen ein und ziehen Sie ihn mit 50 Nm an (siehe Abbildungen). Montieren Sie die Bremssättel (siehe Sektion 3) und blockieren Sie das Rad mithilfe der Bremse. Ziehen Sie jetzt die Klemmschrauben unten im rechten Tauchrohr schrittweise bis zum Drehmoment von 19 Nm an (Abbildung 12.5a).

14 Prüfen Sie, ob sich das Rad nach dem Lösen der Bremse frei drehen lässt.

15 Prüfen Sie vor der ersten Fahrt die Funktion der Vorderradbremse.

13 Hinterrad

Ausbau

1 Binden Sie den Handbremshebel gegen den Lenker, um das Vorderrad zu blockieren. Stützen Sie das Motorrad mit einer geeigneten Vorrichtung unter dem Motor ab, dass das Hinterrad nicht den Boden berührt (siehe Abbildung). Achten Sie darauf, dass die Maschine sicher steht und nicht umkippen kann.

2 Entfernen Sie beider R nineT den Schalldämpfer (siehe Kapitel 4).

3 Lockern Sie schrittweise und über Kreuz die Bolzen, die das Rad am Flansch des Endantriebs sichern, stützen Sie das Rad, entfernen Sie die Bolzen und heben Sie das Rad vom Flansch (siehe Abbildungen).

13.3a Lockern Sie schrittweise die Hinterradbolzen . . .

13.3b . . . und heben Sie das Rad vom Flansch.

14.4 Hebeln Sie vorsichtig den alten Dichtring heraus.

Einbau

4 Die Kontaktflächen der Radnabe und des Endantrieb-Flansches müssen sauber sein, damit das Rad gleichmäßig aufliegt.
5 Reinigen Sie die Gewinde der Radbolzen sowie ihre Bohrungen im Flansch.
6 Setzen Sie das Rad an den Flansch, richten Sie es korrekt aus und installieren Sie die Bolzen zunächst handfest (Abbildungen 13.3b und a).
7 Ziehen Sie die Radbolzen schrittweise und über Kreuz mit 60 Nm an.
8 Montieren Sie bei der R nineT den Schalldämpfer (siehe Kapitel 3).

14.5a Verspannen Sie den Innenabzieher hinter dem Lager . . .

14.5b ... und ziehen Sie es mit dem Zughammer heraus.

14 Radlager

Vorderradlager

Anmerkung: *Ersetzen Sie Radlager immer als Set – niemals einzeln. Vermeiden Sie an den Radnaben den Einsatz von Hochdruckreinigern.*

Kontrolle und Ausbau

1 Bauen Sie das Rad aus (siehe Sektion 12).
2 Stützen Sie das Rad mit der Felge auf Hölzern, um die Bremsscheiben nicht zu beschädigen.
3 Inspizieren Sie die Lager – deren Innenringe müssen sich sanft drehen lassen und der Außenring muss fest in der Nabe sitzen; beachten Sie hierzu die Sektion 5 der *Werkzeug- und Werkstatt-Tipps* im Anhang.

Anmerkung: *Die Radlager dürfen nur ausgebaut werden, wenn sie erneuert werden sollen.*

4 Falls neue Lager montiert werden müssen, sind zuerst die Dichtringe an beiden Seiten der Radnabe herauszuhebeln (siehe Abbildung) – schützen Sie ggf. den Rand mit einem Stück Holz. Die Dichtringe müssen später erneuert werden.
5 Um die Lager ausbauen zu können, muss ein Lagersitz mit einem Heißluftgebläse auf etwa 100 °C erwärmt werden. Klemmen Sie einen Innenabzieher hinter das Lager und ziehen Sie es mithilfe einer geeigneten Zughammer-Vorrichtung heraus (siehe Abbildungen). Heben Sie die Distanzhülse heraus, erwärmen Sie den anderen Teil der Nabe und treiben Sie das zweite Lager mithilfe eines geeigneten Dorns heraus. Merken Sie sich die Einbaurichtung der Lager.

14.6 Neue Lager können auch mit einem passenden Steckschlüssel eingetrieben werden.

14.7 Drücken Sie den Dichtring bündig in seinen Sitz.

Einbau

6 Reinigen Sie sorgfältig die Nabe und die Lagersitze. Verwenden Sie eine nur den Außenring berührende Einzugvorrichtung, um die Lager (mit den Markierungen oder Dichtungen nach außen) nacheinander einzubauen (siehe *Werkzeug- und Werkstatt-Tipps* im Anhang). Alternativ wird mit einem alten Lager, einem Eintreiber oder einer passenden Steckschlüsselnuss, die nur den Außenrand des Lagers berührt, das Lager vollständig in seinen Sitz getrieben (siehe Abbildung). Drehen Sie das Rad anschließend um, installieren Sie die Distanzbuchse und treiben Sie das zweite Lager wie oben beschrieben ein.
7 Schmieren Sie die neuen Dichtringe mit etwas Fett und drücken Sie sie in ihre Sitze in der Nabe (siehe Abbildung). Da sie bündig zur Nabe liegen müssen, können Sie mit einem flachen Holz in Position gebracht werden (siehe Abbildung).
8 Befreien Sie die Bremsscheibe mit Aceton oder Bremsenreiniger von möglichen Fettresten und bauen Sie das Rad ein (siehe Sektion 12).

Hinterradlager

9 Die Hinterradlager sind in das Endantriebsgehäuse integriert und können nicht mit den Möglichkeiten eines Hobbyschraubers gewechselt werden. Lassen Sie die Lager von einer BMW-Werkstatt kontrollieren und nötigenfalls wechseln. Der Ausbau des Endantriebs ist in Kapitel 4 beschrieben.

15 Drahtspeichenräder

1 Stützen Sie das Motorrad so ab, dass das zu kontrollierende Rad sich frei drehen kann. Prüfen Sie jede Speiche auf Festigkeit, indem Sie sie mit einem kleinen Schraubendreher oder -Schlüssel abklopfen und auf ihr Geräusch achten. Alle Speichen sollten einen möglichst gleichen Ton von sich geben.

2 Klingt eine Speiche dumpf oder klapprig, muss versucht werden, sie vor und zurück zu bewegen, um festzustellen, ob sie locker ist.

3 Um einer lockeren Speiche spannen zu können, wird ein 7er-Maulschlüssel oder entsprechender Speichenschlüssel benötigt (siehe Abbildungen). Ziehen Sie den Speichennippel an, bis der Ton der Speichen dem der anderen gleicht.

15.3a Verwenden Sie einen 7-mm-Speichenschlüssel . . .

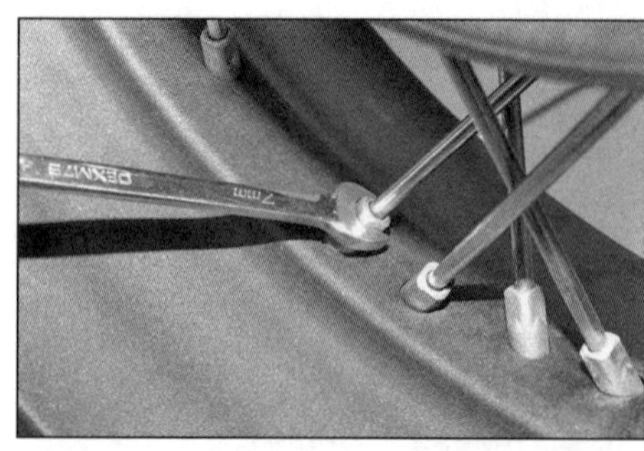

15.3b . . . oder einen entsprechenden Maulschlüssel.

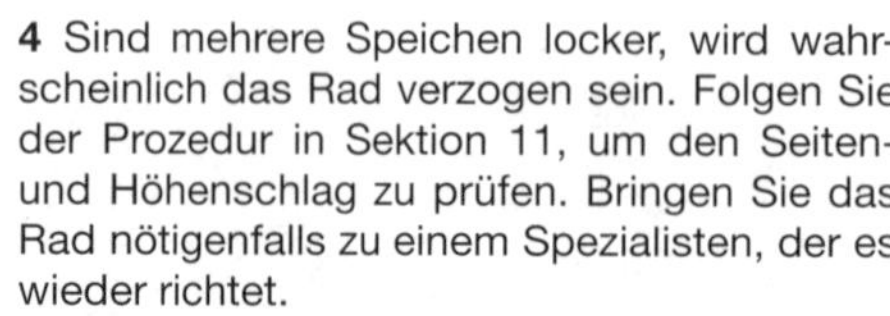

4 Sind mehrere Speichen locker, wird wahrscheinlich das Rad verzogen sein. Folgen Sie der Prozedur in Sektion 11, um den Seiten- und Höhenschlag zu prüfen. Bringen Sie das Rad nötigenfalls zu einem Spezialisten, der es wieder richtet.

5 Ist eine Speiche verbogen, muss sie ersetzt werden. Prüfen Sie zunächst, ob das Rad verzogen ist (siehe Sektion 11). Wird weder ein Seiten- noch ein Höhenschlag festgestellt, kann die Speiche ersetzt werden. Ist das Rad verzogen, muss es von einem Spezialisten gerichtet werden. Zum Ersetzen einer Speiche muss zunächst der Reifen abgezogen und der Schlauch samt Felgenband entfernt werden. Um eine äußere Speiche befreien zu können, muss zunächst die kreuzende innere Speiche entfernt werden. Bei der R nineT bis 2016 muss zum Ausbau einer rechts eingezogenen Speiche zudem das an die Nabe geschraubte Distanzstück entfernt werden. Lösen Sie den Speichennippel und ziehen Sie die Speiche nach innen aus der Nabe. Installieren Sie die neue Speiche (und ggf. einen neuen Nippel) und ziehen Sie den Nippel mit 3,5 Nm an.

6 Kontrollieren Sie nach dem Austausch von Speichen stets den Seiten- und Höhenschlag (siehe Sektion 11).

7 Ist eine Speiche beschädigt, muss auch die Felge auf Schäden und Beulen untersucht werden.

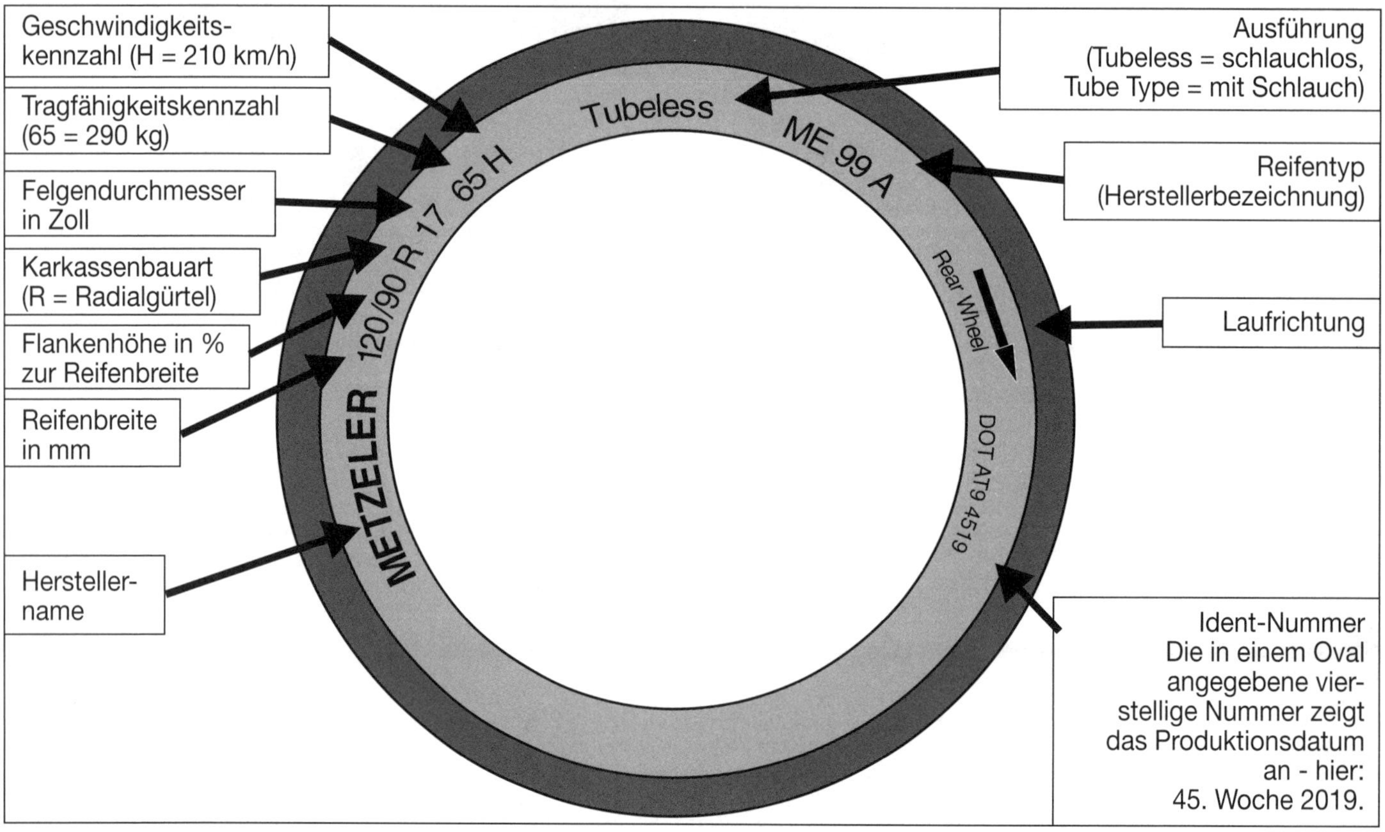

Geschwindigkeitskennzahl (H = 210 km/h)
Tragfähigkeitskennzahl (65 = 290 kg)
Felgendurchmesser in Zoll
Karkassenbauart (R = Radialgürtel)
Flankenhöhe in % zur Reifenbreite
Reifenbreite in mm
Herstellername
Tubeless
ME 99 A
120/90 R 17 65 H
METZELER
Rear Wheel
DOT AT9 4519
Ausführung (Tubeless = schlauchlos, Tube Type = mit Schlauch)
Reifentyp (Herstellerbezeichnung)
Laufrichtung
Ident-Nummer Die in einem Oval angegebene vierstellige Nummer zeigt das Produktionsdatum an - hier: 45. Woche 2019.

16.3 Die Bedeutung üblicher Beschriftungen an Reifen

16 Reifen
Allgemeine Informationen

Allgemeine Informationen

1 Bei Drahtspeichenrädern befindet sicher innerhalb des Reifens ein Schlauch (der Reifen darf trotzdem »TL« [Tubeless = Schlauchlos] sein), Gussräder sind mit schlauchlosen Reifen ausgerüstet.

2 Wechseln Sie zu den Täglichen Kontrollen am Anfang dieses Handbuches, um Räder und Reifen zu warten.

Montage neuer Reifen

3 Die Auswahl neuer Reifen wird von den Eintragungen in den Fahrzeugpapieren bestimmt. Achten Sie darauf, dass Vorder- und Hinterreifen zusammenpassen, die Größe und Geschwindigkeitsangabe stimmen. Lassen Sie sich von einem BMW- oder Reifenhändler beraten (siehe Abbildung).

4 Es empfiehlt sich, Reifen bei einem Spezialisten wechseln zu lassen. Der Heimwerker ist mit seinen Montiereisen oft überfordert und beschädigt eventuell die Dichtflächen an Reifen und Felgen. Eine Werkstatt ist zusätzlich in der Lage, neue Reifen auszuwuchten.

5 Beachten Sie, dass beschädigte Schlauchlos-Reifen in manchen Fällen repariert werden können. Von außen vorgenommene Reparaturen mit einem Pannenset sind nur eine Übergangslösung, um zum nächsten Reifenhändler zu kommen – das Fahren mit hohen Geschwindigkeiten und/oder hoher Beladung sollte unterbleiben. Von innen vorgenommene Reparaturen sollten nur von einem Fachbetrieb ausgeführt werden. Ein Rad mit einem reparierten Reifen muss vor dem Einbau ausgewuchtet werden. Berücksichtigen Sie bei reparierten Reifen Ratschläge zur Höchstgeschwindigkeit und zur Beladung.

17 Antiblockiersystem (ABS) und Automatische Stabilitätskontrolle (ASC)

1 Das ABS verhindert das Blockieren der Räder bei Vollbremsungen oder auf rutschigen Untergründen. An beiden Rädern angebrachte Sensoren übertragen die Umdrehungsgeschwindigkeiten an das ABS-Steuergerät. Wenn die Steuerung erkennt, dass ein Rad zu blockieren droht, löst der Druckmodulator an der entsprechenden Bremse leicht den Druck, damit das Rad weiter dreht.

2 ASC ist eine Traktionskontrolle, bei der die Geschwindigkeit beider Räder und die Motordrehzahl verglichen und der Schlupf des Hinterrades errechnet wird. Wenn die Parameter überschritten werden, reduziert das Motorsteuergerät über die Zündung und die Drosselklappenstellung das Motordrehmoment. ASC ist für alle Modelle außer der R nineT bis 2016 optional erhältlich.

⚠ ***Warnung: Wenn am ABS ein Fehler auftritt, muss beim Fahren extrem aufgepasst und das Motorrad unverzüglich in eine BMW-Werkstatt gebracht werden.***

Funktion

3 Das ABS kontrolliert sich ständig selbst. Die Selbstdiagnose beginnt nach dem Einschalten der Zündung und kann erst mit dem Test der Radsensoren vollendet werden, nachdem das Motorrad einige Meter bewegt wurde. Während des Tests blinkt die ABS-Leuchte und sie erlischt, nachdem die Kontrolle erfolgreich abgeschlossen wurde.

4 Blinkt die ABS-Lampe weiter einmal je Sekunde auf, war der Test nicht erfolgreich und das ABS arbeitet nicht – schalten Sie den Motor und die Zündung aus und führen Sie die Startprozedur erneut durch.

5 Liegt im ABS ein Fehler vor, wird die ABS-Lampe dauerhaft weiter leuchten – das Motorrad kann zwar weiter gefahren werden, doch das ABS steht nicht zur Verfügung.

6 Die ABS-Lampe kann durch verschiedene Situationen ausgelöst werden – beispielsweise, wenn auf dem Hauptständer das Hinterrad durch den laufenden Motor gedreht wird oder die Motorbremswirkung auf rutschiger Oberfläche das Hinterrad blockieren lässt. Nach solchen Umständen kann das ABS leicht wieder aktiviert werden, nachdem die Zündung ausgeschaltet und die Startprozedur erneut begonnen wurde.

7 Das ABS-Steuergerät kann Fehler speichern, die dann mit einem Diagnosegerät (z. B. dem GS-911 von HexCode) ausgelesen und gelöscht werden können. Das Gerät muss dazu an den Diagnosestecker angeschlossen werden – dieser ist bei der R nineT bis 2016 zylinderförmig und links unter dem Tank zu finden oder liegt bei allen anderen Modellen als 16-Stift-OBD-II-Flachstecker unter der Sitzbank (beachten Sie die Hinweise in Kapitel 3, Sektion 14). Lassen Sie die Diagnose und die Beseitigung der Fehler nötigenfalls von einer BMW-Werkstatt durchführen.

Radsensoren und Sensorringe

Vorderrad

8 Der vordere Radsensor sitzt links am unteren Gabelrohr und der Sensorring an der linken Radnabe. Prüfen Sie, ob der Sensor richtig sitzt und seine Spitze sauber ist. Der Sensorring nicht verschmutzt oder beschädigt ist.

9 Um den Sensor zu befreien, muss er nach dem Lösen der Schraube herausgezogen werden (siehe Abbildung) – kontrollieren Sie seinen O-Ring und ersetzen Sie ihn nötigenfalls (siehe Abbildung).

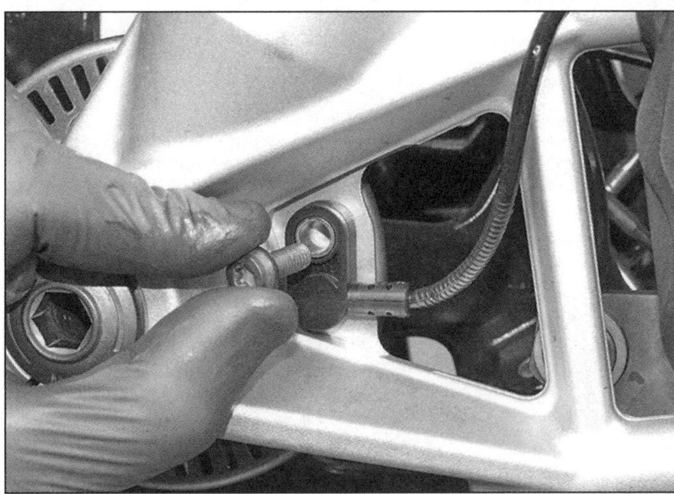
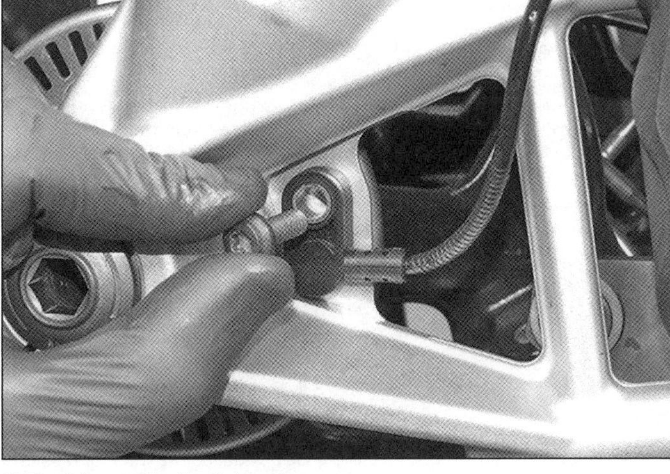

17.9a Lösen Sie die Schraube ...

17.9b ... und ziehen Sie den Sensor heraus.

17.10a Drücken Sie den Kabelhalter aus dem Rahmen . . .

17.10b . . . und trennen Sie den Stecker.

17.10c Befreien Sie das Sensorkabel aus allen Befestigungen.

17.11 Schrauben des Sensorrings

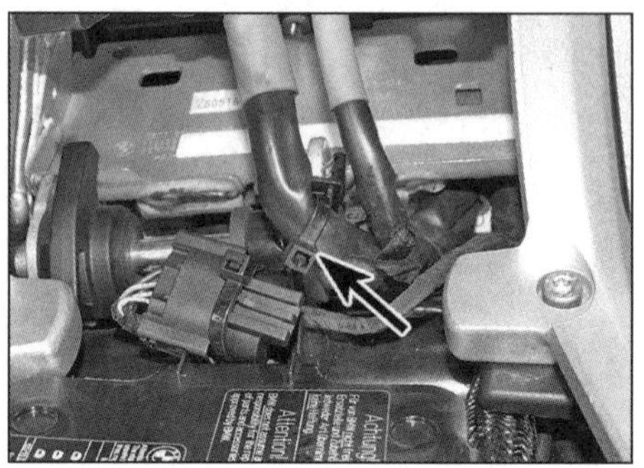
17.16a Öffnen Sie je nach Modell den Kabelbinder oder Clip, um das/die Batteriekabel zu befreien (gezeigt an einer R nineT von 2015).

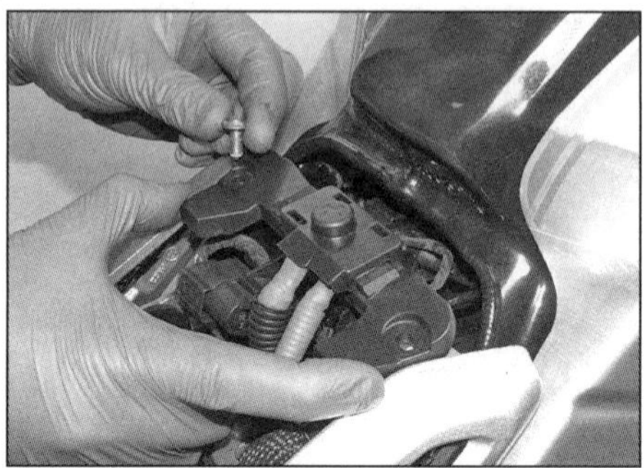
17.16b Lösen Sie die Schrauben und entfernen Sie die Sitzhalterung.

17.16c Achten Sie bei der hinteren Sitzhalterungs-Schraube auf die Distanzhülse.

17.16d Lösen Sie die Schraube des Grundmodul-Halters . . .

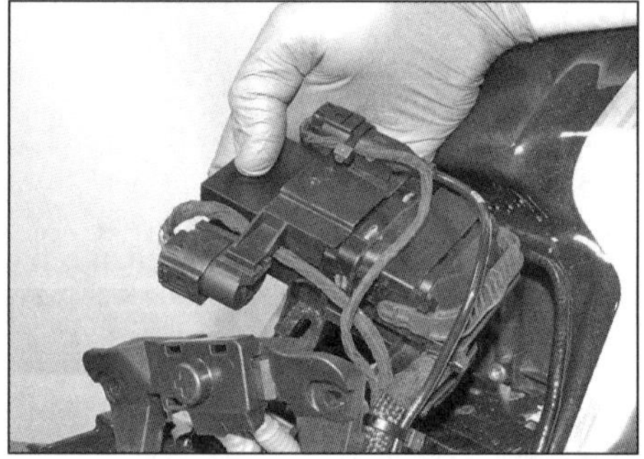
17.16e . . . und ziehen Sie diesen heraus.

10 Um den Sensor komplett zu entfernen, muss zunächst der Tank demontiert werden (siehe Kapitel 3). Bauen Sie bei der R nineT bis 2016 das Vorderrad aus (siehe Sektion 12) und lösen Sie innen an der Gabel die Schrauben der Kabelhalterung. Trennen Sie den Stecker des Sensorkabels und führen Sie dies zum Sensor zurück – befreien Sie es dabei aus allen Führungen und merken Sie sich seine Verlegung (siehe Abbildungen) – befreien Sie den Stecker samt Halter (statt ihn daraus zu befreien); falls der Sensor ersetzt werden muss, ist der Halter vom alten auf den neuen Stecker zu umzusetzen.

11 Um den Sensorring demontieren zu können, muss das Rad ausgebaut werden (siehe Sektion 12). Lösen Sie dann die Schrauben und entnehmen Sie den Ring (siehe Abbildung).

12 Der Einbau erfolgt in umgekehrter Ausbaureihenfolge. Rüsten Sie den Sensor ggf. mit einem neuen O-Ring aus und ziehen Sie seine Schraube sorgfältig an. Vergessen Sie nicht, dass alle durch einen defekten Sensor oder Ring im Steuergerät gespeicherten Fehlermeldungen mithilfe eines geeigneten Diagnosegerätes gelöscht werden müssen.

Hinterrad

13 Der hintere Radsensor sitzt hinter dem Antriebs-Flansch innen am Endantrieb-Gehäuse. Der Sensorring ist in den Winkeltrieb innerhalb des Gehäuses integriert.

14 Entfernen Sie die Sitzbank/Sitze (siehe Kapitel 6).

15 Demontieren Sie das Hinterrad (siehe Sektion 13).

16 Befreien Sie bei allen Modellen außer R nineT bis 2016 alle mit der Tankhalterung verbundenen Batteriekabel (siehe Abbildung). Entfernen Sie die Sitzhalterung vom Tankhalter (siehe Abbildung). Demontieren Sie die rechte Sitzhalterung (siehe Abbildung). Lösen Sie die Schraube des Grundmodul-Halters, befreien Sie diesen und ziehen Sie ihn heraus – beachten Sie die Positionen seiner Laschen (siehe Abbildungen).

17.17a Lösen Sie am Paralever-Hebel die Schrauben und entfernen Sie die Abdeckung.

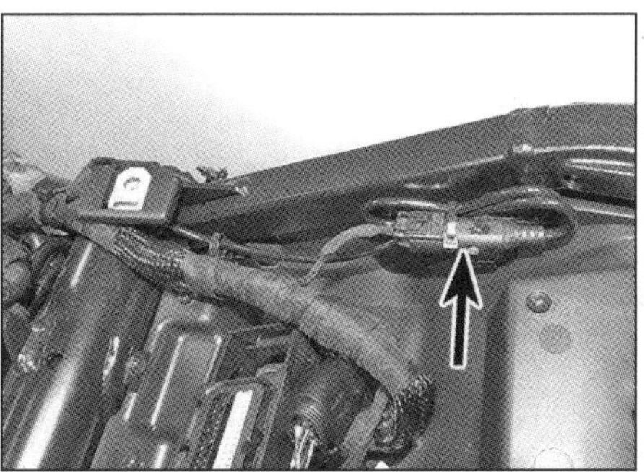

17.17b Sensorstecker der R nineT bis 2016

17.17c Bei den anderen Modellen sitzt der Sensorstecker am Grundmodul.

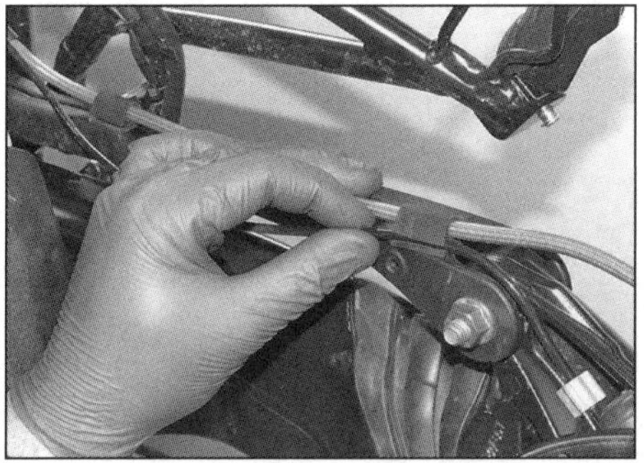

17.17d Befreien Sie das Kabel befreien Sie es aus allen Führungen und Befestigungen – merken Sie sich seine Verlegung ...

17.17e ... und lösen Sie am Endantriebgehäuse die Schraube der Kabelführung.

17 Entfernen Sie am Paralever-Hebel die Abdeckung der Bremsleitung und des Sensorkabels (siehe Abbildung). Verfolgen Sie das Kabel, trennen Sie seinen Stecker und befreien Sie es aus allen Führungen und Befestigungen – merken Sie sich seine Verlegung (siehe Abbildungen).

18 Lösen Sie die Sensorschraube und ziehen Sie den Sensor aus dem Endantriebsgehäuse (siehe Abbildung) – kontrollieren Sie seinen O-Ring und die Scheibe und ersetzen Sie den O-Ring nötigenfalls (siehe Abbildung).

19 Der Einbau erfolgt in umgekehrter Ausbaureihenfolge. Installieren Sie den Sensor ggf. mit einem neuen O-Ring und ziehen Sie seine Schraube sorgfältig an. Vergessen Sie nicht, dass alle durch einen defekten Sensor oder Ring im Steuergerät gespeicherten Fehlermeldungen mithilfe eines geeigneten Diagnosegerätes gelöscht werden müssen.

ABS-Steuergerät / Druckmodulator

20 Das Steuergerät und der Modulator sitzen als Einheit unter dem Tank – entfernen Sie diesen (siehe Kapitel 3), um Zugang zu erhalten.

21 Für die Baugruppe gibt es keine Wartungs-Möglichkeiten – lediglich der feste Sitz des Mehrfachsteckers und der Zustand seiner Kontakte kann überprüft werden. Bevor der Modulatorstecker getrennt wird, muss das Massekabel (–) der Batterie getrennt werden (siehe Kapitel 7).

22 Prüfen Sie auch, ob an den Rohr-Anschlüssen Bremsflüssigkeit austritt – ziehen Sie die Anschlussschrauben ggf. mit 24 Nm nach (Abbildung 17.23a). Wenn die Schrauben fest sind, werden entweder neue Dichtscheiben benötigt oder ein Anschluss oder Rohr ist gerissen. Der Austausch der Dichtscheiben ist unten beschrieben, Details zum Auswechseln von Bremsleitungen finden sich in Sektion 9.

17.18a Schraube des Hinterradsensors

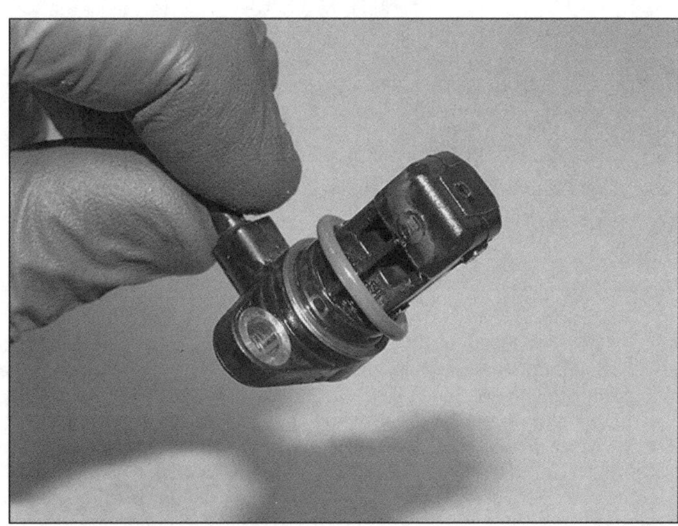

17.18b Kontrollieren Sie den O-Ring und beachten Sie die Scheibe.

5

17.23a Lösen Sie die Anschlussschrauben, um die Bremsleitungen zu befreien.

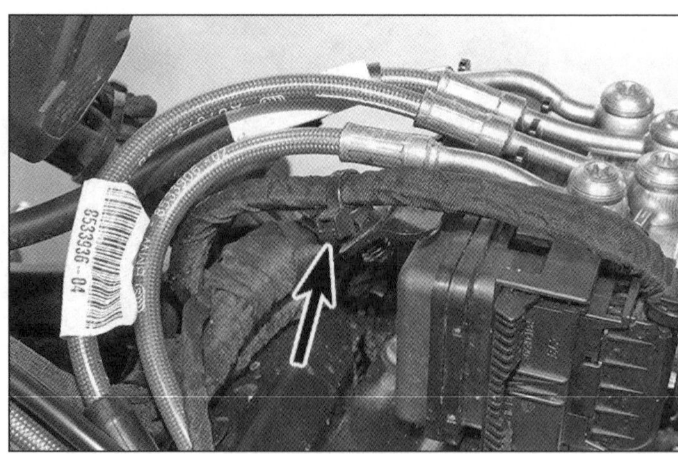

17.23b Öffnen Sie den Kabelbinder.

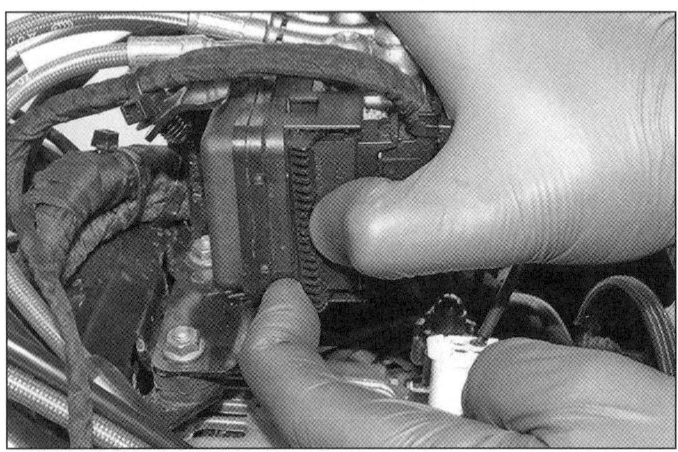

17.23c Drücken Sie den zentralen Bügel ein und drücken Sie den Hebel nach hinten, ...

17.23d ... um den Stecker vom ABS-Steuergerät zu befreien.

17.23e Lösen Sie diese ...

17.23f ... und diese beiden Muttern, um den Modulator samt Halter zu befreien.

17.24 Rüsten Sie die Bremsleitungsanschlüsse an beiden Seiten mit neuen Dichtscheiben aus.

23 Um den Modulator ausbauen zu können, muss zunächst die Bremsflüssigkeit abgelassen werden (siehe Sektion 10). Halten Sie Lappen bereit und lösen Sie die Bremsleitungs-Anschlussschrauben, um die Ringanschlüsse zu befreien und die Dichtscheiben zu entnehmen (siehe Abbildung). Verstopfen Sie die Bohrungen des Modulators und umwickeln Sie die Anschlüsse, damit kein Schmutz hineingerät (siehe Abbildung). Befreien und trennen Sie den Modulatorstecker und dessen Kabel (siehe Abbildungen). Lösen Sie die drei Modulatorhalter-Muttern, drücken Sie die Bremsleitungen zur Seite und befreien Sie die aus dem Modulator und dem Halter bestehende Einheit heraus (siehe Abbildungen). Lösen Sie nötigenfalls die zwei Schrauben, um den Modulator vom Halter zu befreien.

24 Der Einbau erfolgt in umgekehrter Ausbaureihenfolge. Rüsten Sie die Ringanschlüsse an beiden Seiten mit neuen Dichtscheiben aus und ziehen Sie die Anschlussschrauben mit 24 Nm an (siehe Abbildung). Füllen Sie Bremsflüssigkeit auf und entlüften Sie das System (siehe Sektion 10). Falls ein neuer Modulator montiert wurde, muss dieser von einer BMW-Werkstatt an das Diagnosesystem angepasst werden.

Kapitel 6
Anbauteile

Inhalt (in alphabetischer Reihenfolge, die Zahlen geben die Nummerierung in den grauen Feldern wieder)

Schwierigkeitsgrade

Leicht. Für Anfänger mit wenig Erfahrung geeignet. 	**Relativ leicht.** Für Anfänger mit etwas Erfahrung geeignet. 	**Relativ schwierig.** Geeignet für geübte Selbstschrauber. 	**Schwer.** Geeignet für Selbstschrauber mit viel Erfahrung. 	**Sehr schwer.** Geeignet für Experten und Profis.

Technische Daten

Anzugsdrehmomente	**Nm**
Schutzblech-Brücke an Gabel (Pure, Racer, Scrambler, Urban G/S)	19
Schutzblechstreben-Schrauben (R nineT)	
an Schutzblech	3
an Gabel	5
Verkleidungsträger-Schrauben (Racer)	19

1 Sitzbank / Sitze

R nineT, Pure, Racer

Rücksitz

1 Lösen Sie die Schraube an der Unterseite, heben Sie den Sitz hinten an und ziehen Sie ihn nach hinten ab (Abbildung 1.3).

2 Richten Sie beim Einbau die vordere Lasche unter dem Bügel aus und sichern Sie den Sitz mit der Schraube.

Höcker

3 Lösen Sie die Schraube an der Unterseite, heben Sie den Höcker hinten an und ziehen Sie ihn nach hinten ab (siehe Abbildung).

4 Richten Sie beim Einbau die vorderen Laschen unter den Bügeln aus und sichern Sie den Höcker mit der Schraube (siehe Abbildung).

Fahrersitz

5 Entfernen Sie den Rücksitz oder Höcker.

6 Ziehen Sie den Riegel hinten am Sitz hoch und heben Sie den Sitz hinten an, um ihn nach hinten abzuziehen (siehe Abbildung).

7 Ziehen Sie zum Einbau den Riegel hoch und schieben Sie den Sitz nach vorn, sodass die Laschen der vorderen Halterung in den Sitz und die seitlichen Haken am Sitz unter die Laschen der Halterungen greifen. Drücken Sie den Riegel herunter (siehe Abbildung) – wenn der Sitz korrekt verriegelt ist, darf er sich nicht mehr nach hinten abziehen lassen.

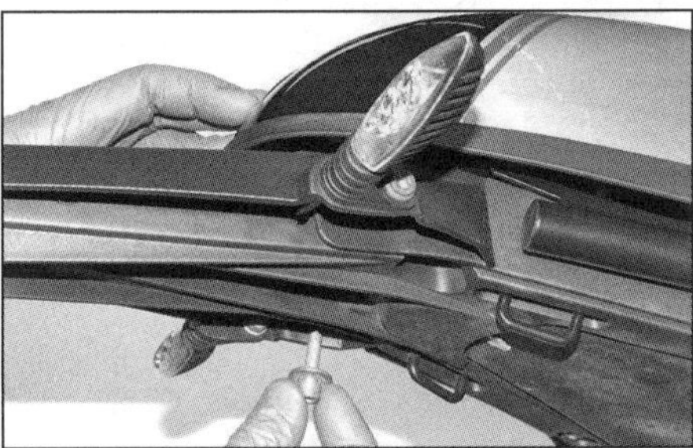

1.3 Lösen Sie die Schraube, um den Höcker (oder den Rücksitz) zu befreien.

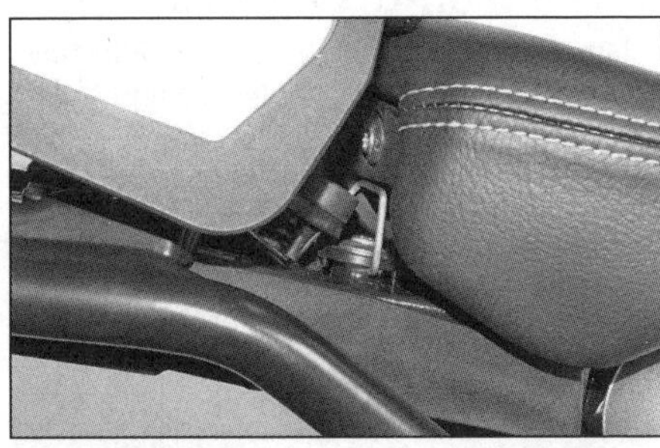

1.4 Die Gummis des Höckers müssen unter den Bügel greifen.

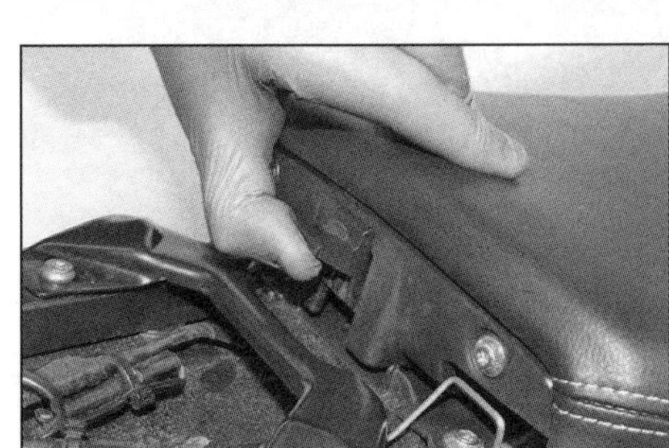

1.6 Ziehen Sie den Riegel hinten am Sitz hoch.

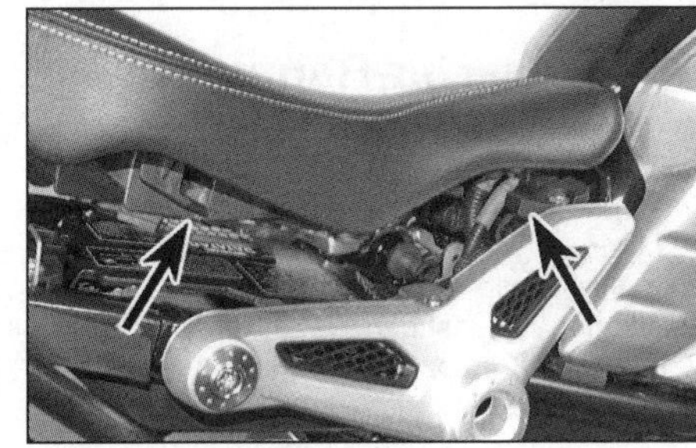

1.7 Die zwei Laschen an beiden Seiten müssen korrekt in die Verankerungen greifen.

2.1a Lösen Sie die vier Schrauben.

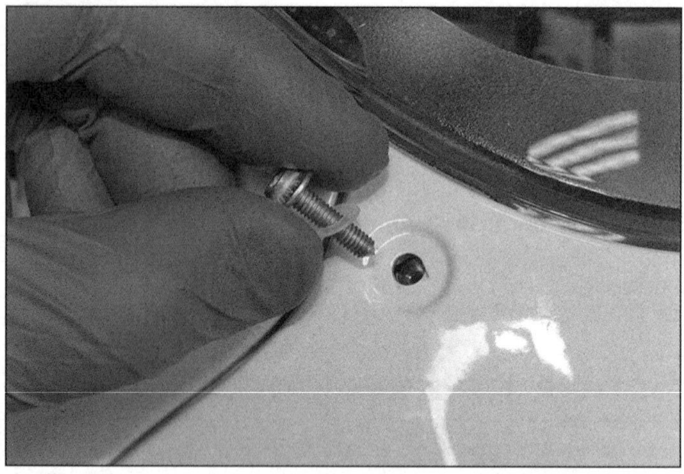

2.1b Die oberen Schrauben sind mit Scheiben ausgerüstet.

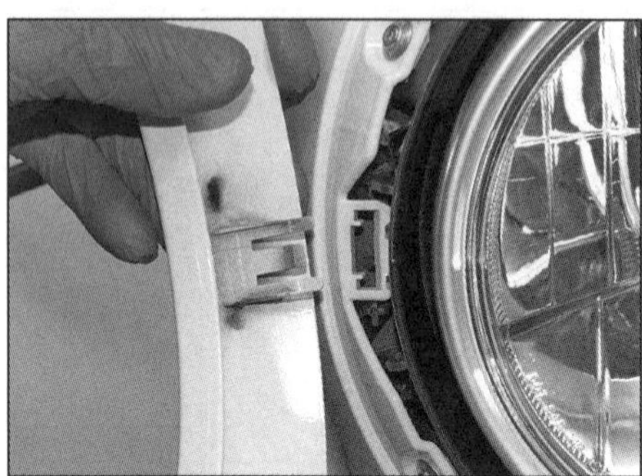

2.1c Ziehen Sie den Rahmen ab, um die seitlichen Laschen zu befreien.

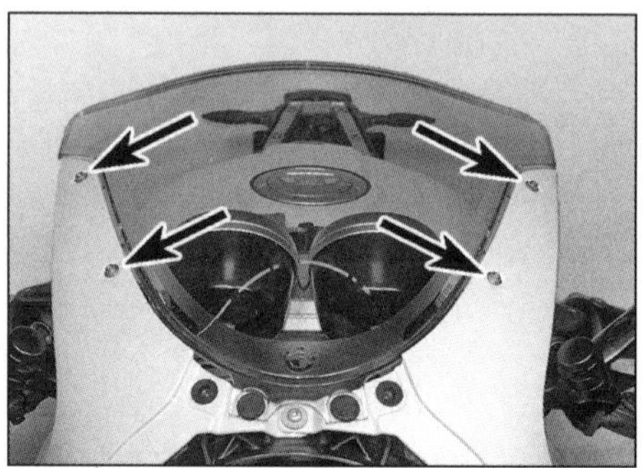

2.4a Lösen Sie die vier Schrauben

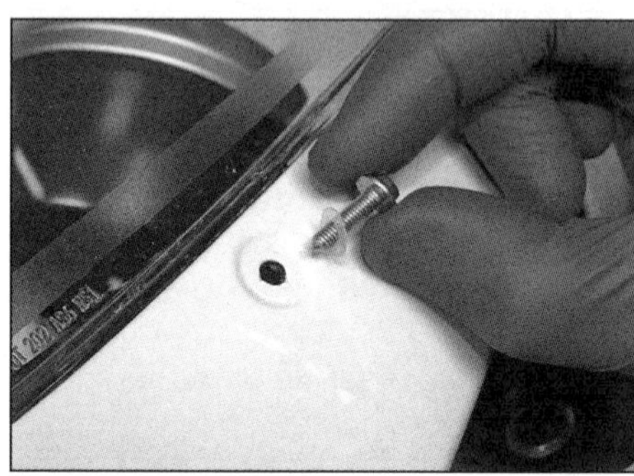

2.4b Die Schrauben sind mit Kunststoffscheiben ausgerüstet.

Scrambler, Urban G/S

8 Lösen Sie die Schraube an der Unterseite, heben Sie die Sitzbank hinten an und ziehen Sie sie nach hinten ab (Abbildung 1.3).

9 Schieben Sie die Sitzbank beim Einbau nach vorn, sodass die Laschen der vorderen Halterung in den Sitz und die seitlichen Haken am Sitz unter die Brücke am Heckrahmen greifen. Sichern Sie die Sitzbank mit der Schraube.

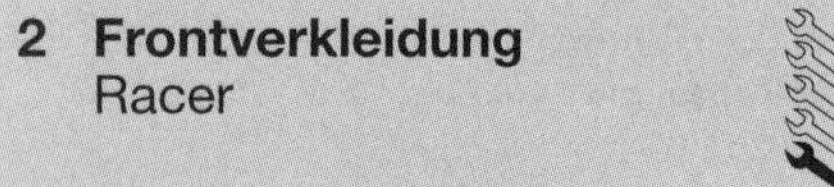

2 Frontverkleidung
Racer

Scheinwerfer-Rahmen

1 Lösen Sie die vier Schrauben oberhalb und unterhalb des Scheinwerfers (siehe Abbildung) – beachten Sie die Scheiben an den oberen Schrauben (siehe Abbildung). Befreien Sie den Rahmen von der Verkleidung – beachten Sie die Positionen der Laschen (siehe Abbildung).

2 Der Einbau entspricht der umgekehrten Ausbaureihenfolge. Kontrollieren Sie die Gummis der in der Verkleidung sitzenden Muttern und ersetzen Sie sie nötigenfalls. Versehen Sie die Gewinde der Schrauben mit etwas Kupferpaste.

Windschutzscheibe

3 Entfernen Sie den Scheinwerfer-Rahmen (siehe oben).

4 Lösen Sie die vier Schrauben – beachten Sie die Scheiben – und ziehen Sie die Windschutzscheibe nach hinten aus der Verkleidung (siehe Abbildungen).

5 Der Einbau entspricht der umgekehrten Ausbaureihenfolge. Kontrollieren Sie die Gummis der in der Windschutzscheibe sitzenden Muttern (siehe Abbildung) sowie die zwei vorderen Gummis und ersetzen Sie sie nötigenfalls. Versehen Sie die Gewinde der Schrauben mit etwas Kupferpaste.

2.4c Ziehen Sie die Windschutzscheibe nach hinten aus der Verkleidung.

Verkleidungs-Seitenteile

6 Die Verkleidung besteht aus zwei Seitenteilen.

7 Entfernen Sie den Scheinwerfer-Rahmen und die Windschutzscheibe (siehe oben).

8 Demontieren Sie zuerst das linke Seitenteil. Lösen Sie zum Entfernen eines Seitenteils die zwei vorderen Schrauben, die obere Schraube

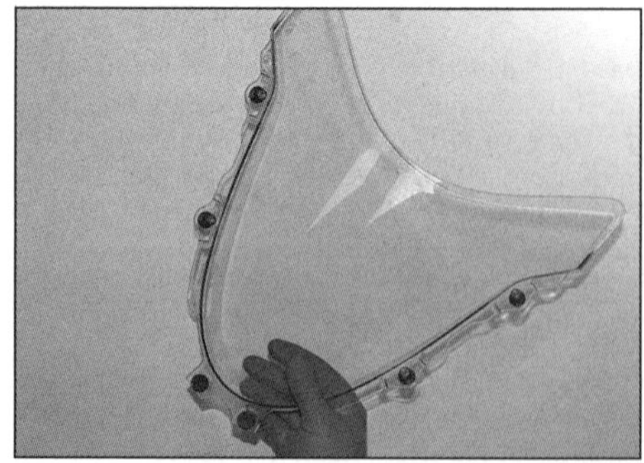

2.5 Die insgesamt sechs Gummis dürfen nicht spröde oder anderweitig beschädigt sein.

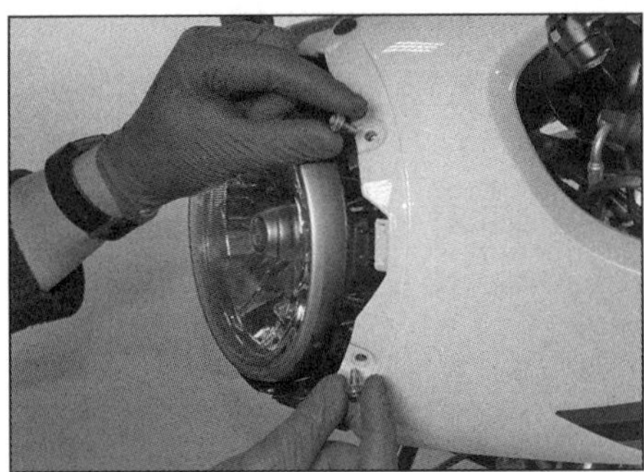
2.8a Lösen Sie die vorderen Schrauben, . . .

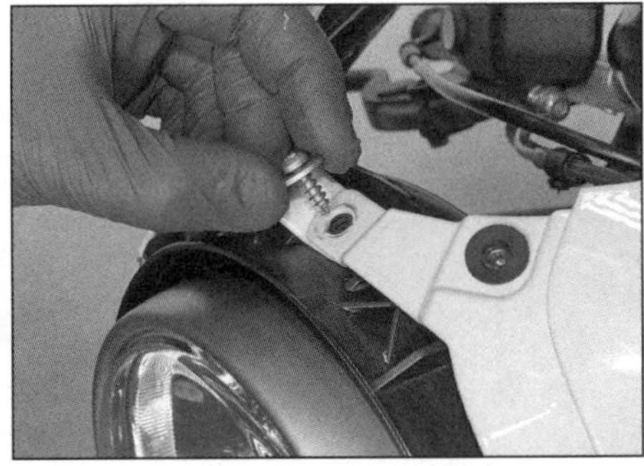
2.8b . . . die obere Verbindungsschraube . . .

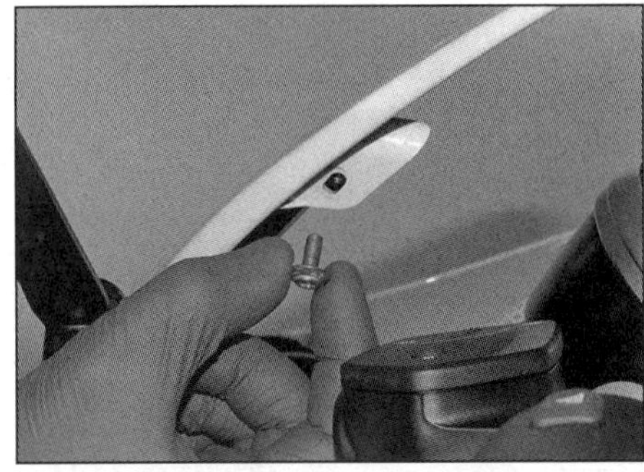
2.8c . . . sowie die obere . . .

(mit denen beide Teile verbunden sind) und die zwei seitlichen Schrauben. Nehmen Sie das Seitenteil dann ab (siehe Abbildungen).

9 Befreien Sie nötigenfalls den Scheinwerferring, nachdem die vier Schrauben gelöst sind (siehe Abbildung).

10 Der Einbau entspricht der umgekehrten Ausbaureihenfolge. Kontrollieren Sie die Gummis der Muttern und achten Sie darauf, dass die Hülse der unteren seitlichen Schraube in der Gummiöse steckt (siehe Abbildungen). Versehen Sie die Gewinde der Schrauben mit etwas Kupferpaste.

Verkleidungsträger

11 Entfernen Sie den Scheinwerfer-Rahmen, die Windschutzscheibe und die Verkleidungsseitenteile (siehe oben).

12 Demontieren Sie die Rückspiegel (siehe Sektion 5).

13 Demontieren Sie den Scheinwerfer (siehe Kapitel 7). Befreien Sie die Verkabelung vom Träger.

14 Lösen Sie die zwei Schrauben, die den Verkleidungsträger am Rahmen sichern, und ziehen Sie ihn nach vorn ab (siehe Abbildung).

15 Der Einbau entspricht der umgekehrten Ausbaureihenfolge – ziehen Sie die Verkleidungsträger-Schrauben mit 19 Nm an.

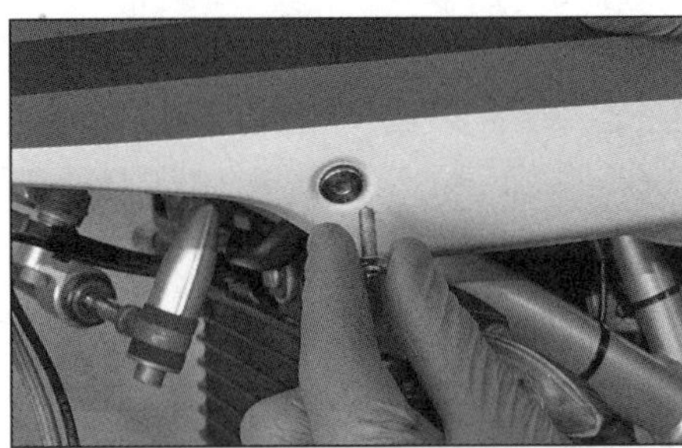
2.8d . . . und die untere seitliche Schraube.

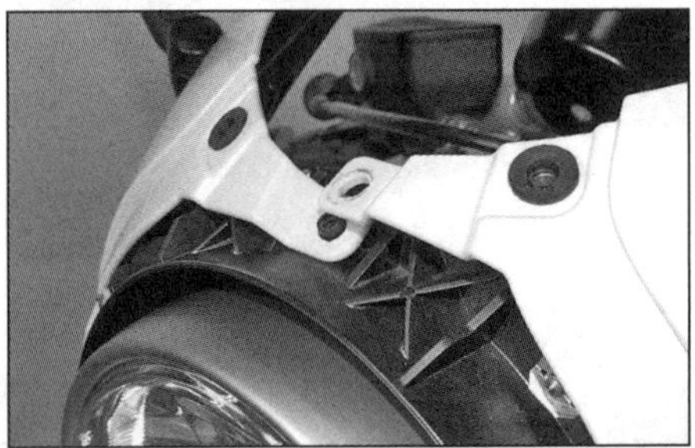
2.8e Befreien Sie dann die vordere Öse vom Zapfen und entnehmen Sie das Verkleidungsteil.

2.9 Der Scheinwerferring ist an jeder Seite mit zwei Schrauben gesichert.

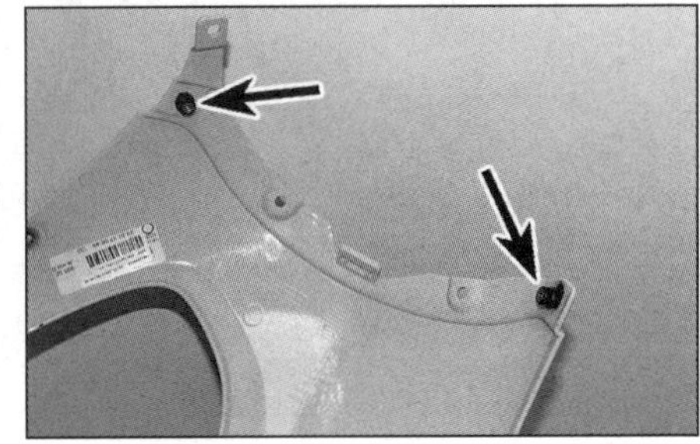
2.10a Die Gummis dürfen nicht spröde oder anderweitig beschädigt sein.

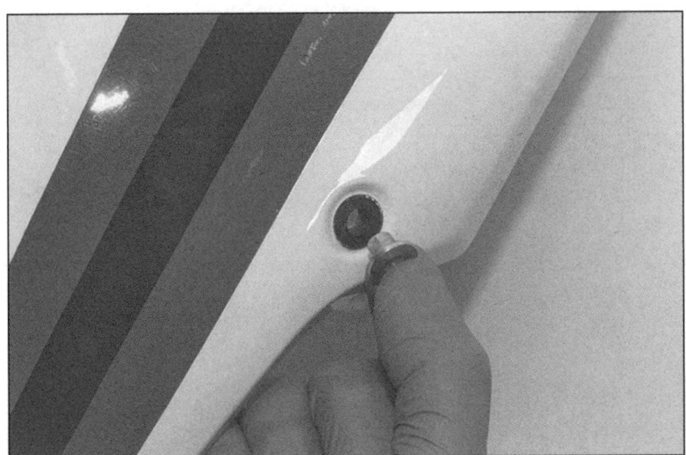
2.10b Die Hülse der unteren seitlichen Schraube muss in der Gummiöse stecken.

2.14 Verkleidungsträger-Schrauben

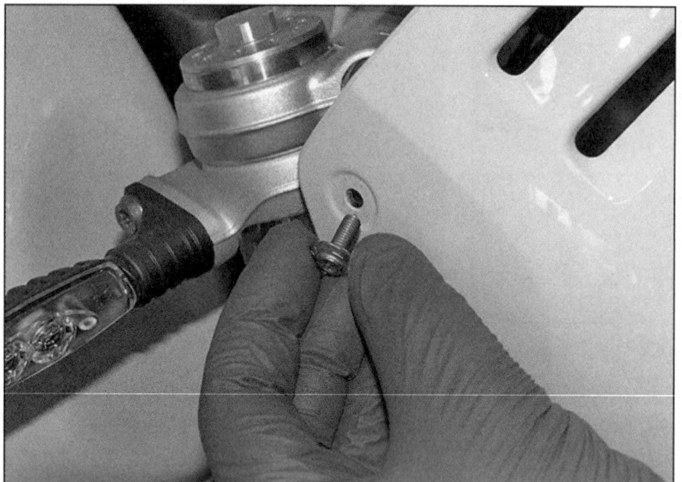

3.1a Lösen Sie die Schrauben ...

3.1b ... und schwenken Sie die Verkleidung nach vorn, um die Laschen zu befreien.

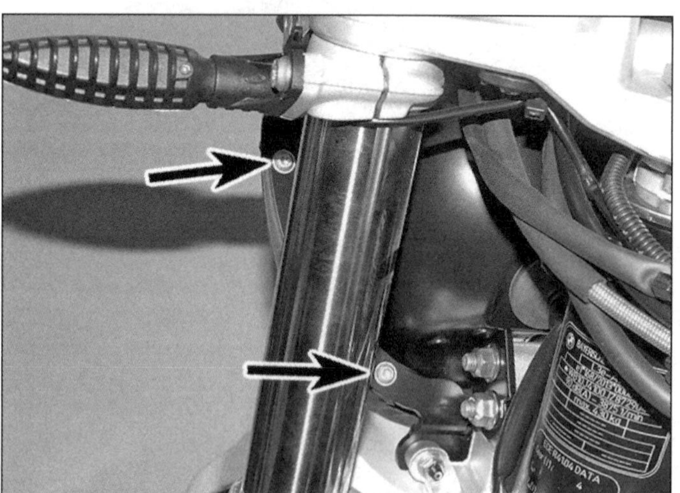

3.2a Schrauben des Verkleidungs-Rahmens

3.2b Mutter des Verkleidungsrahmen-Trägers

4.1 Lösen Sie die Schrauben der Schutzblech-Streben, um die Baugruppe aus der Gabel zu befreien.

4.2 Schrauben, mit denen die Streben am Schutzblech befestigt sind

4.4 Lösen Sie die Schrauben der Schutzblech-Brücke, um die Baugruppe aus der Gabel zu befreien.

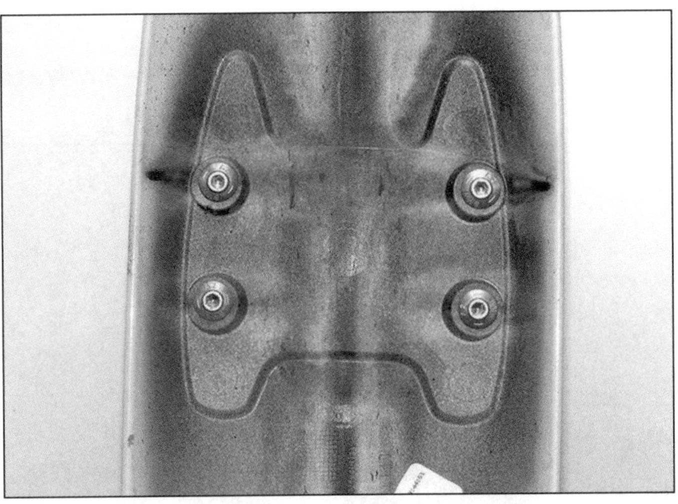

4.5 Schrauben, mit denen die Brücke am Schutzblech befestigt sind

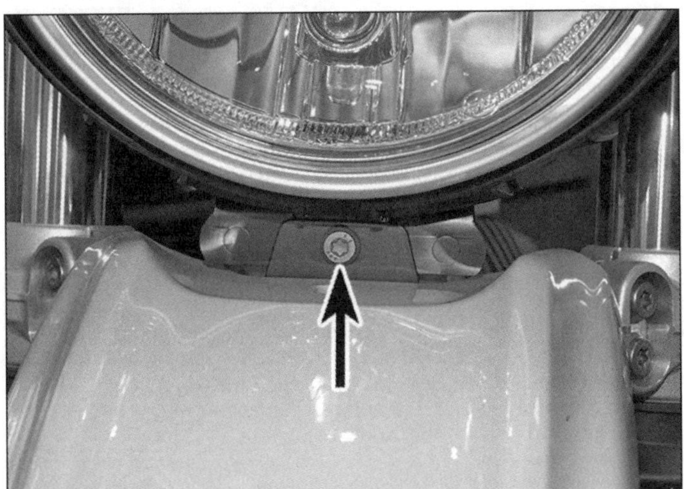

4.8a Obere Schraube . . .

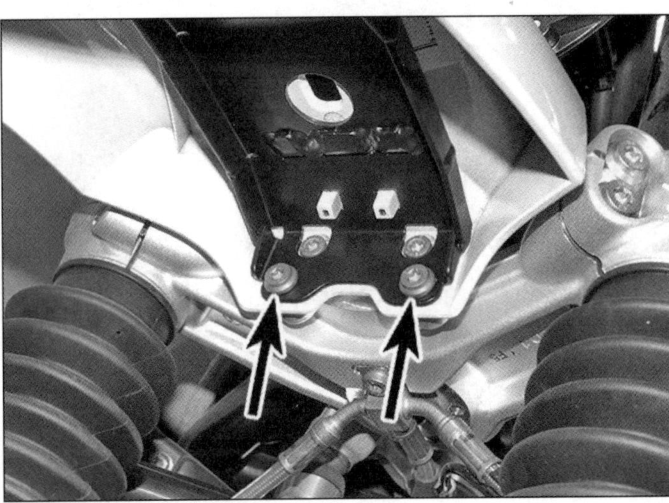

4.8b . . . und untere Schrauben des oberen Kotflügels

3 Scheinwerferverkleidung
Urban G/S

1 Lösen Sie an beiden Seiten die Schraube (siehe Abbildung). Schwenken Sie die Verkleidung nach vorn, um die unteren Laschen aus dem Rahmen zu befreien, und entnehmen Sie sie (siehe Abbildung).
2 Lösen Sie nötigenfalls an beiden Seiten die Schrauben des Verkleidungs-Rahmens, um diesen vom Halter zu befreien (siehe Abbildung). Lösen Sie nötigenfalls an beiden Seiten die Mutter des Verkleidungsrahmen-Trägers, um diesen vom Scheinwerferträger zu befreien (siehe Abbildung).
3 Der Einbau entspricht der umgekehrten Ausbaureihenfolge – Richten Sie die Verkleidungslaschen zum Rahmen aus und schwenken Sie die Verkleidung hoch.

4 Vorderradschutzblech(e)

R nineT

1 Lösen Sie die zwei Schrauben jeder Schutzblech-Strebe aus der Aufnahme am Tauchrohr und befreien Sie die Schutzblech-Baugruppe aus der Gabel (siehe Abbildung).
2 Lösen Sie nötigenfalls die Schrauben, mit denen die Streben am Schutzblech befestigt sind (siehe Abbildung).
3 Der Einbau entspricht der umgekehrten Ausbaureihenfolge. Ziehen Sie die Schrauben am Schutzblech mit 3 Nm und diejenigen an der Gabel mit 5 Nm an.

Pure, Racer und Scrambler

4 Lösen Sie an jeder Seite die zwei Schrauben der Schutzblech-Brücke aus dem Tauchrohr und befreien Sie die Schutzblech-Baugruppe aus der Gabel (siehe Abbildung).
5 Lösen Sie nötigenfalls die Schrauben, mit denen die Brücke am Schutzblech befestigt ist (siehe Abbildung).
6 Der Einbau entspricht der umgekehrten Ausbaureihenfolge. Sichern Sie die Brücke mit den mit 19 Nm angezogenen Schrauben an den Tauchrohren.

Urban G/S

7 Um den unteren Kotflügel ausbauen zu können, müssen an jeder Seite die zwei Schrauben der Schutzblech-Brücke aus dem Tauchrohr gelöst und die Schutzblech-Baugruppe aus der Gabel befreit werden (Abbildung 4.4). Lösen Sie nötigenfalls die Schrauben, mit denen die Brücke am Schutzblech befestigt ist (Abbildung 4.5).
8 Das obere Schutzblech ist oben mit einer und unten mit zwei Schrauben am Scheinwerferträger befestigt (siehe Abbildungen).

9 Der Einbau entspricht der umgekehrten Ausbaureihenfolge. Sichern Sie die Brücke des unteren Schutzblechs mit den mit 19 Nm angezogenen Schrauben an den Tauchrohren. Reinigen Sie die Gewinde der drei Schraube des oberen Schutzblechs und tragen Sie mittelfeste Sicherungspaste auf, bevor Sie sie sorgfältig anziehen.

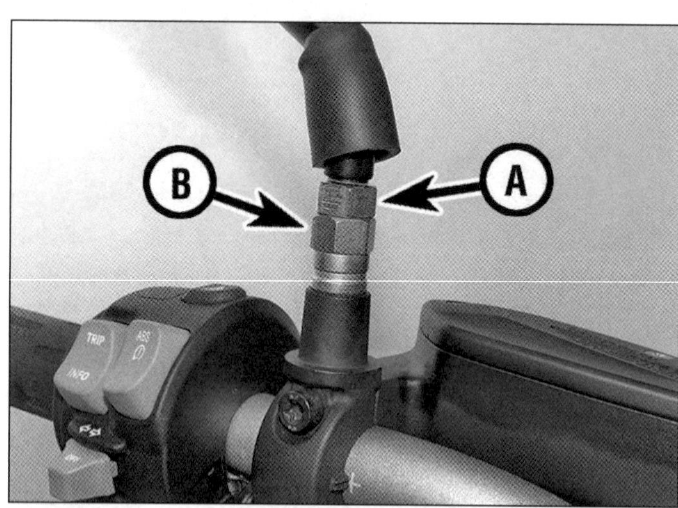

5.1 Ziehen Sie die Gummikappe hoch, um Zugang zur Kontermutter (A) und zum Sockel (B) zu erhalten.

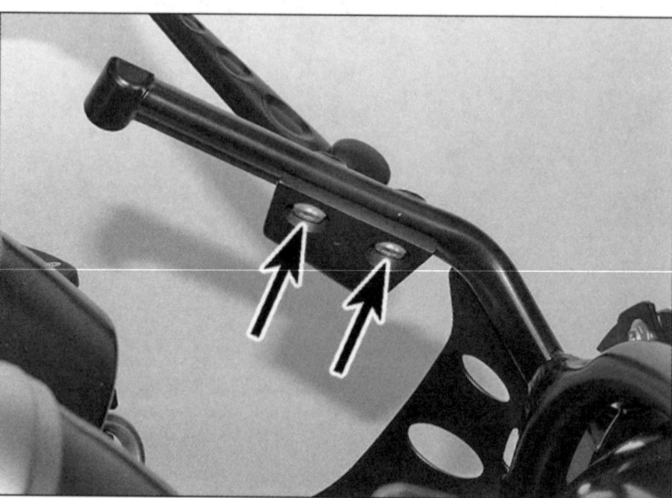

5.6 Rückspiegel-Schrauben (Racer)

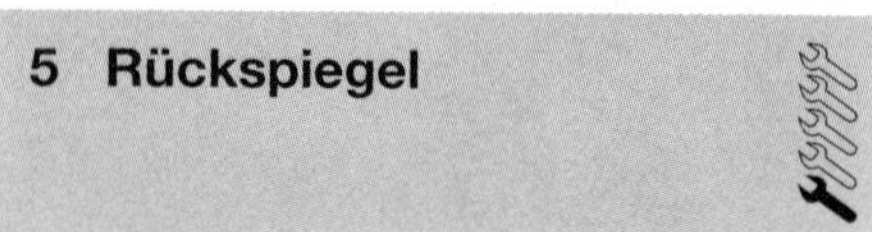

5 Rückspiegel

R nineT, Pure, Scrambler, Urban G/S

1 Heben Sie die Gummikappe von der Verschraubung (siehe Abbildung).

2 Um einen Rückspiegel ohne Sockel zu entfernen, muss die Kontermutter im Uhrzeigersinn gelockert werden (Linksgewinde!), bevor der Spiegelschaft genauso aus dem Sockel geschraubt wird.

3 Um den gesamten Rückspiegel aus dem Klemmstück des Hydraulikzylinders zu entfernen, muss der Sockel gegen den Uhrzeigersinn herausgeschraubt werden.

4 Der Einbau entspricht der umgekehrten Ausbaureihenfolge.

5 Um einen Spiegel einzustellen, muss die Gummikappe angehoben und die Kontermutter im Uhrzeigersinn gelockert werden. Nachdem der Spiegel eingestellt ist, wird die Kontermutter gegen den Uhrzeigersinn angezogen und die Gummikappe aufgeschoben.

Racer

6 Lösen Sie innen am Verkleidungsträger die zwei Schrauben und entnehmen Sie den Rückspiegel (siehe Abbildung).

7 Der Einbau entspricht der umgekehrten Ausbaureihenfolge.

Kapitel 7
Elektrik

Inhalt (in alphabetischer Reihenfolge, die Zahlen geben die Nummerierung in den grauen Feldern wieder)

Schwierigkeitsgrade

Leicht. Für Anfänger mit wenig Erfahrung geeignet.

Relativ leicht. Für Anfänger mit etwas Erfahrung geeignet.

Relativ schwierig. Geeignet für geübte Selbstschrauber.

Schwer. Geeignet für Selbstschrauber mit viel Erfahrung.

Sehr schwer. Geeignet für Experten und Profis.

Technische Daten

Lichtmaschine

Typ	Drei Phasen Wechselstrom mit integriertem Regler/Gleichrichter
Maximale Leistung	720 Watt

Batterie

R nineT bis 2016	12 V, 14 Ah
R nineT ab 2017, Pure, Racer, Scrambler, Urban G/S	12 V, 12 Ah

Lampen

Scheinwerfer	55/60 W H4
Standlicht	5 W
Blinker	10 W (oranges Glas) oder LED (optional)
Instrumentenbeleuchtung und Kontrolllampen	LEDs

Sicherungen

R nineT bis 2016	siehe Sektion 4
R nineT ab 2017, Pure, Racer, Scrambler, Urban G/S	
Sicherung 1 (10 A)	Instrumente, Alarm, Zündschloss, Diagnosestecker, Hauptrelais-Spule
Sicherung 2 (7,5 oder 4 A)	Steuergeräte, Hauptrelais-Ausgang, Tachometer, Geschwindigkeitssensor, Lichtmaschine

Bordsteckdose

Stromstärke	5 A

Anzugsdrehmomente

	Nm
Anlasser-Befestigungsschrauben	19
Lichtmaschinen-Befestigungsschrauben	18
Zündschloss-Einmalschrauben (R nineT bis 2016)	20

1 Allgemeine Informationen

1 Alle Modelle sind mit einer 12-Volt-Elektrik ausgerüstet, die von einer Dreiphasen-Wechselstromlichtmaschine mit integrierter Regler/Gleichrichter-Einheit versorgt wird.

2 Der Regler begrenzt den Ladestrom, um die Anlage nicht zu überlasten, der Gleichrichter wandelt den in der Lichtmaschine produzierten Wechselstrom (AC) in Gleichstrom (DC) um, den die Verbraucher und die Batterie benötigen. Die Lichtmaschine sitzt oben auf dem Motor und wird über einen Keilriemen von einem auf dem vorderen Kurbelwellenstumpf sitzenden Antriebsrad angetrieben.

3 Der Anlasser sitzt links unten am Motor. Das Startsystem besteht aus dem Anlasser, seinem Magnetschalter, dem Relais und verschiedenen Schaltern. Wenn sowohl der Not-Aus-Schalter als auch das Zündschloss in RUN bzw. ON-Position stehen, gibt das Anlasserrelais Strom an den Anlasser frei, der Stromkreis wird jedoch erst geschlossen, wenn der Leerlauf eingelegt oder bei eingelegtem Gang der Kupplungshebel gezogen und der Seitenständer eingeklappt ist.

CAN-Bus Technologie

4 Die in diesem Handbuch behandelten Modelle sind mit einem Überwachungsbereich-Sammelstromnetz (Controlled Area Networkbus) ausgerüstet, um schnell und zuverlässig Informationen zwischen den Steuergeräten, den Sensoren und den Verbrauchern übertragen zu können. Es ermöglicht zudem eine umfangreiche Diagnose der gesamten Anlage von einem zentralen Punkt aus.

5 Um die Anzahl der Kabel im Bordnetz zu reduzieren, sind alle Komponenten so konstruiert, dass sie über ein oder zwei Kabel – den sogenannten Daten-Bus – miteinander kommunizieren. Jedes Steuergerät (Motorsteuerung, Zentralelektrik-Einheit, Instrumente sowie ggf. ABS-Steuerung und ggf. Diebstahl-Warnanlage) hat ein integriertes Sende- und Empfangsgerät, das über den Bus Datenpakete sendet und empfängt. Wenn ein solches Datenpaket verschickt wird, prüft jedes Steuergerät die Informationen und entscheidet je nach Relevanz, ob es danach handeln oder sie ignorieren soll.

6 Das Bordnetz der R nineT bis 2016 enthält keine Sicherungen – im Falle eines Kurzschlusses oder Defekts wird das betroffene Teil isoliert und abgeschaltet, der Rest des Netzes bleibt intakt. Alle anderen Modelle sind mit zwei Sicherungen ausgerüstet.

Anmerkung: *Beachten Sie, dass einmal gekaufte Elektrik-Bauteile normalerweise nicht mehr vom Händler umgetauscht werden. Um unnötige Kosten zu vermeiden, sollte ganz sicher gegangen werden, das fehlerhafte Teil genau identifiziert zu haben, bevor ein Ersatzteil gekauft wird.*

2 Elektrik
Fehlersuche

Warnung: Um das Risiko von Kurzschlüssen zu verhindern, muss die Zündung stets ausgeschaltet und das Massekabel (–) der Batterie getrennt sein, bevor an irgendwelchen elektrischen Komponenten gearbeitet wird. Unterlässt man dies, würde das entsprechende System einen Fehlercode speichern, der erst mithilfe eines BMW-Diagnosegeräts gelöscht werden kann. Je nach betroffenem System kann bis dahin die Leistungsfähigkeit des Motorrades beeinträchtigt sein.

Fehlersuche

1 Aufgrund nicht vorhandener Prüfdaten muss die traditionelle Fehlersuche mithilfe eines Multimeters unterbleiben, solange keine der im entsprechenden Text detailliert beschriebenen speziellen Ergebnisse festgestellt werden können. Die Steuergeräte reagieren extrem sensibel auf Störungen und bei den meisten Teilsystemen sollten Kontrollen der entsprechenden Bordnetz-Sektion nur bei ausgeschalteter Zündung in Form von Durchgangsprüfungen ausgeführt werden.

2 Soll getestet werden, ob an einer Komponente Spannung anliegt, muss das Messgerät stets vor dem Anschalten der Zündung sicher mit den entsprechenden Anschlüssen verbunden werden. In einigen Fällen kann jedoch ein Test mit eingeschalteter Zündung dazu führen, dass im Motorsteuergerät ein Fehler aufgezeichnet wird.

3 Das Motorrad sollte möglichst mit einem Diagnosegerät überprüft werden – aufgezeichnete Fehler können damit analysiert und beseitigt werden. Lassen Sie diese Arbeit entweder von einer BMW-Werkstatt erledigen oder beschaffen Sie sich ein eigenes Gerät (z.B. das GS-911 von HexCode) und schließen Sie es an den Diagnosestecker neben der Batterie an (siehe Kapitel 3)

4 Nachdem eine neue Komponente installiert wurde, muss das Systemprogramm mithilfe des Diagnosegerätes wiederhergestellt werden.

Einfache Kabel-Kontrollen

5 Elektrische Probleme resultieren oft aus einfachen Gründen wie lockeren oder korrodierten Verbindungen. Studieren Sie den entsprechenden Schaltplan am Ende dieses Kapitels, um ein Bild darüber zu erhalten, wie der einzelne Stromkreis aufgebaut ist.

6 Fehlerursachen lassen sich oft dadurch verfolgen, ob andere zum Stromkreis gehörenden Komponenten funktionieren oder nicht. Wenn mehrere Bauteile oder Stromkreise zur gleichen Zeit ausfallen, wird der Fehler möglicherweise ein mangelnder Masseschluss sein, da hier mehrere Stromkreise angeschlossen sind.

7 Prüfen Sie immer alle Kabel und Anschlüsse des entsprechenden Stromkreises. Gelegentliche Ausfälle (»Wackelkontakte«) können besonders frustrierend sein, da der Fehler bei einem Test eventuell nicht mehr auftritt. In einer solchen Situation ist es hilfreich, ungeachtet ihres offensichtlichen Zustandes alle Kontakte des entsprechenden Stromkreises zu

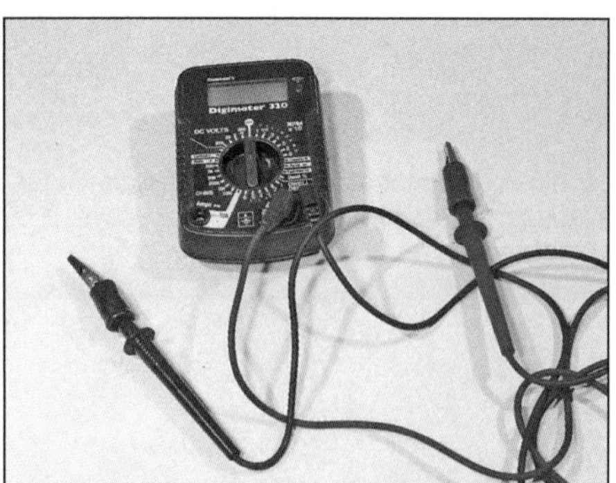

2.8a Ein digitales Multimeter eignet sich bestens für verschiedene Elektrik-Kontrollen.

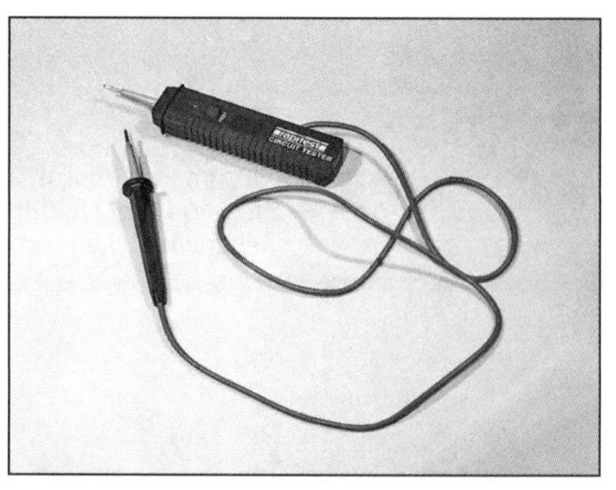

2.8b Ein batteriebetriebener Durchgangsprüfer

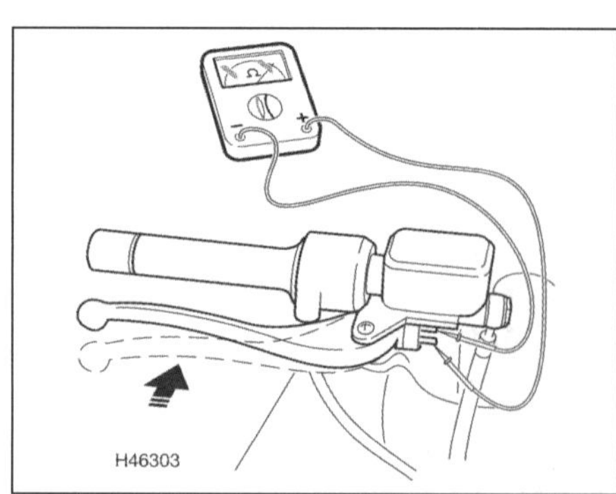

2.9a Bei betätigtem Hebel muss zwischen den Kontakten Durchgang bestehen.

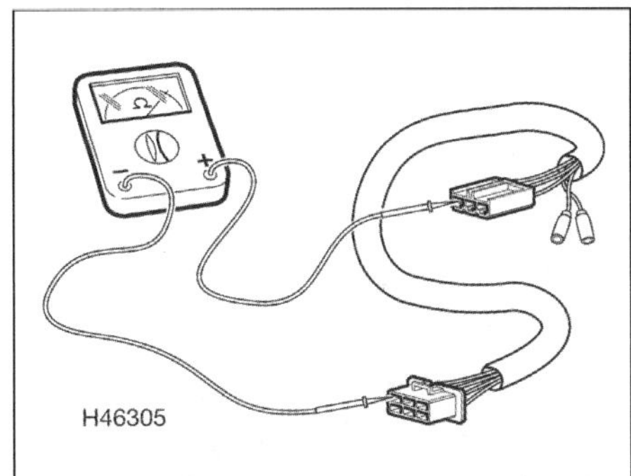

2.9b Durchgangsprüfung bei Kabeln: Verbinden Sie die Prüfgerät-Klemmen mit beiden Enden des Kabels.

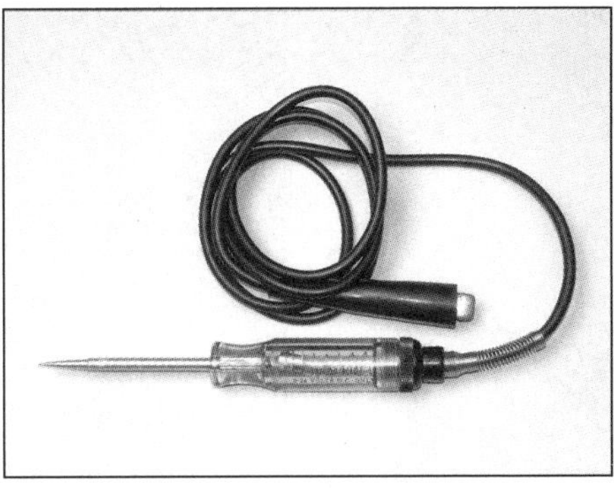

2.11 Für Spannungsprüfungen ist eine einfache Prüflampe ausreichend.

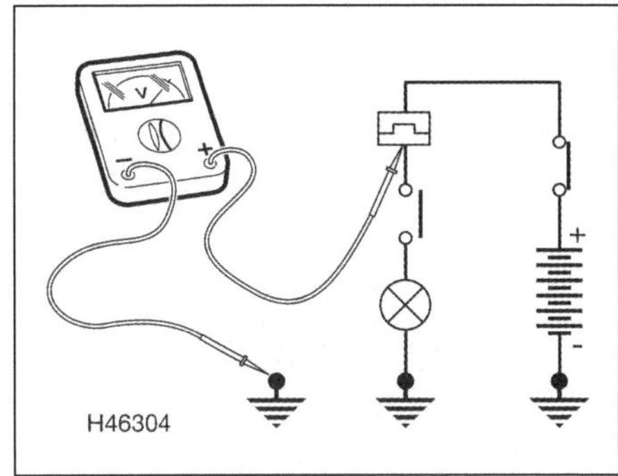

2.14 Spannungsprüfung: Verbinden Sie die Plus-Prüfklemme mit dem Bauteil und die Minusklemme mit Masse.

reinigen. Zudem sollte an allen Anschlüssen und Kabeln gewackelt werden, um ihren festen Sitz zu prüfen.

Durchgangsprüfungen

8 Durchgangsprüfungen können mithilfe eines Multimeters durchgeführt werden (siehe Abbildungen). Diese Testgeräte besitzen eine eigene Stromversorgung, weswegen die Kontrollen bei ausgeschalteter Zündung durchgeführt werden. Zur Sicherheit sollte vor jeder Durchgangsprüfung der Masseanschluss (–) von der Batterie getrennt werden – besonders, wenn das Zündschloss überprüft werden soll.

9 Wählen Sie beim Multimeter die entsprechende Ohm-Skala und kontrollieren Sie, ob das Messgerät »1« für unendlich anzeigt. Halten Sie die Klemmen zusammen – es muss »0« anzeigen; notfalls muss es entsprechend justiert werden. Führen Sie an den entsprechenden Anschlüssen eine Kontrolle durch (siehe Abbildungen). Schalten Sie nach jedem Einsatz das Messgerät aus, um die Batterie zu schonen.

10 Schließen Sie den Masseanschluss (–) wieder an die Batterie des Motorrades an (siehe Sektion 3).

Spannungsprüfung

Anmerkung: *Beachten Sie die möglichen Ergebnisse bei Spannungsprüfungen in Schritt 2.*

11 Eine Spannungsprüfung kann bestimmen, ob eine Komponente mit Strom versorgt wird. Tests können mithilfe eines auf den Messbereich DC (Gleichstrom) gestellten Multimeters oder einer Prüflampe durchgeführt werden (siehe Abbildung).

12 Bei einem analogen Messgerät (mit Zeiger) muss darauf geachtet werden, dass die Klemmen korrekt angeschlossen werden – rot an Plus, schwarz an Minus; andernfalls kann das Gerät beschädigt werden.

13 Das auf den Messbereich 20 Volt DC gestellte Messgerät muss immer parallel zur Spannung verbunden werden und darf niemals in Reihe geschaltet werden – dies würde nicht nur das Messgerät beschädigen, sondern auch zu falschen Ergebnissen führen.

14 Spannungsprüfungen werden immer bei eingeschalteter Zündung durchgeführt. Verbinden Sie die rote Klemme des Multimeters mit dem stromführenden Kabel und die schwarze Klemme mit Masse am Motor oder direkt mit dem Minuspol der Batterie (siehe Abbildung).

Masse-Prüfungen

15 Die »Masse« genannte Rückführung des Stroms zur Batterie erfolgt entweder direkt über den Motor (und dessen zentrales Massekabel) oder eines der braunen Massekabel im Kabelbaum der Maschine.

16 Oft ist Korrosion der Grund für einen schlechten Masseanschluss. Wird ein Totalausfall der Elektrik festgestellt, müssen das Haupt-Massekabel zum Minuspol der Batterie sowie die Masseanschlüsse an den Zylindern und am Motorgehäuse (siehe Kapitel 2, Sektion 4) überprüft werden. Liegt Korrosion vor, müssen die Anschlüsse getrennt und alle Oberflächen blank geputzt werden.

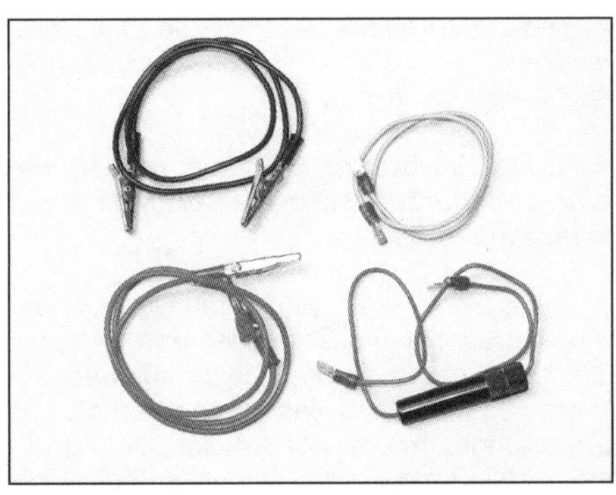

2.17 Eine Auswahl an Überbrückungskabeln

17 Zur Kontrolle des Masseschlusses einzelner Bauteile müssen isolierte Überbrückungskabel (siehe Abbildung) beschafft werden, um sie damit vorübergehend mit Masse zu verbinden. Schließen Sie dazu ein Ende des Kabels an den Massekontakt oder das Metallgehäuse des Bauteils und das andere an den Motor oder den Minuspol der Batterie an.

18 Sollte der Stromkreis mit den Überbrückungskabeln funktionieren, wird der originale Masseschluss defekt sein. Kontrollieren Sie das Kabel auf Brüche und schlechte Anschlüsse.

3 Batterie

1 Alle Modelle sind mit »wartungsfreien« (abgedichteten) AGM-Batterien (mit absorbierenden Glasfaser-Matten) ausgerüstet.

Kontrolle

2 Entfernen Sie die Sitzbank/Sitze (siehe Kapitel 6) und befreien Sie die Batterieanschluss-Abdeckung vom Sitzhalter (siehe Abbildung).

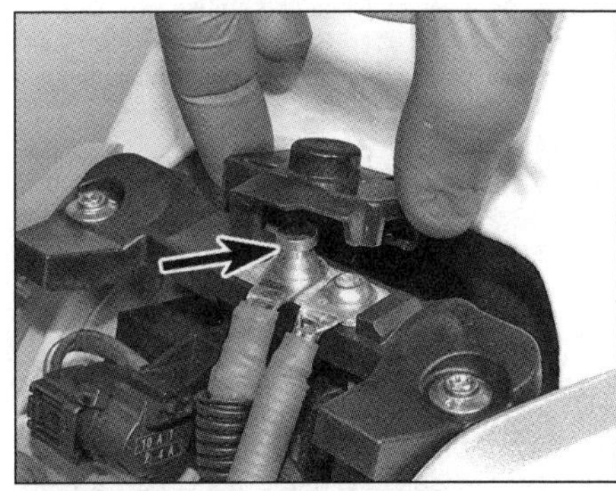

3.2 Entfernen Sie die Abdeckung, um Zugang zum abgelegenen Plus-Anschluss der Batterie zu erhalten.

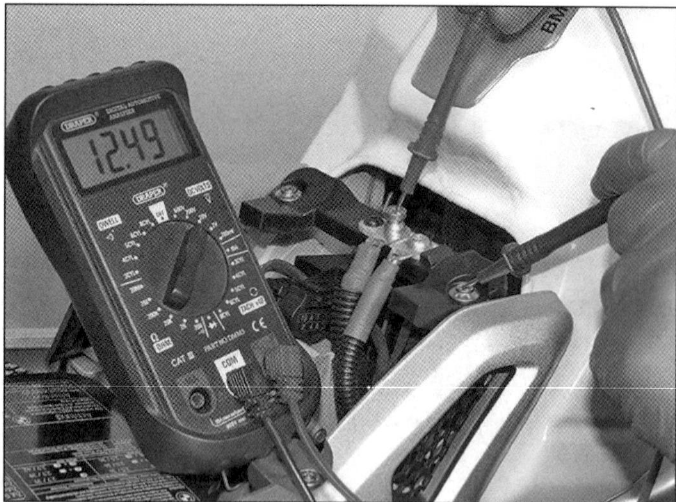
3.3a Prüfen Sie die Batteriespannung.

3.3b Abgelegener Minus-Anschluss am rechten Zylinder

3.5 Mit dem Erhaltungsladegerät von BMW kann die Batterie über die Bordsteckdose geladen werden.

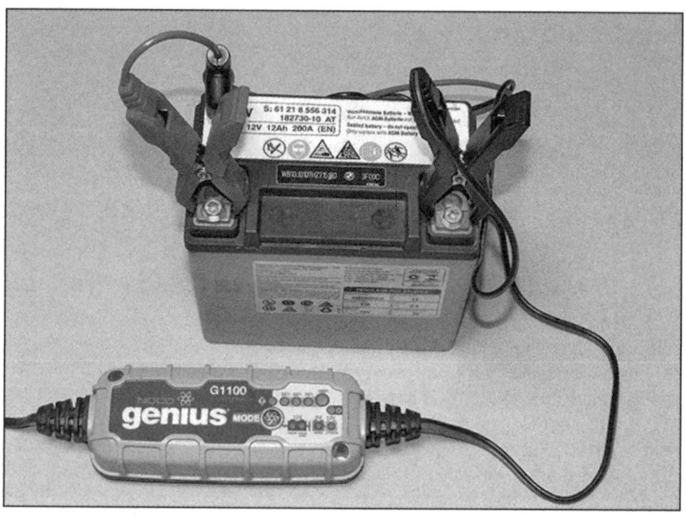

3.10 Laden einer ausgebauten Batterie – hier mithilfe eine speziellen Motorrad-Ladegeräts

3 Prüfen Sie den Zustand der Batterie, indem Sie die Spannung ermitteln. Verbinden Sie dazu die Plusklemme eines Voltmeters mit dem abgelegenen Plus-Anschluss und die Minusklemme mit der Schraube am Sitzhalter oder dem abgelegenen Minus-Anschluss am rechten Zylinder (siehe Abbildungen) – eine vollständig geladene Batterie muss mindestens 12,8 Volt aufweisen. Fällt die Spannung unter 12,3 Volt, muss die Batterie nachgeladen werden (siehe unten).

Laden

4 Wird das Motorrad nicht regelmäßig gefahren, sollte die Batterie entweder alle vier Wochen ausgebaut und nachgeladen werden oder ein spezielles BMW-Erhaltungs-Ladegerät an die Bordsteckdose angeschlossen werden, um die Batterie im eingebauten Zustand regelmäßig aufzufrischen.

Erhaltungsladung

5 BMW bietet für diesen Zweck ein spezielles Ladegerät an – der Einsatz anderer Geräte kann die Bordelektrik beschädigen. Das Ladegerät wird an die Bordsteckdose angeschossen (siehe Abbildung).

Achtung: Verbinden Sie kein herkömmliches Ladegerät mit der ans Bordnetz angeschlossenen Batterie!

6 An die Bordsteckdose(n) dürfen keine anderen Verbraucher angeschlossen sein. Schalten Sie die Zündung ein und wieder aus und verbinden Sie das BMW-Ladegerät innerhalb von 30 Sekunden mit der Steckdose. Der Ladezustand der Batterie wird am Ladegerät angezeigt. Falls Aufladen nötig ist, müssen die dem Ladegerät beigefügte Hinweise befolgt werden. Das Ladegerät schaltet automatisch ein und aus, sodass es ständig angeschlossen bleiben kann.

7 Falls die Batteriespannung unter 7 Volt gefallen ist, schaltet sich die Bordsteckdose ab, sodass die Batterie nicht hierüber geladen werden kann; laden Sie sie entweder über die abgelegenen Batterie-Anschlüsse (siehe oben) oder bauen Sie sie zum Laden aus.

Normales Laden

8 Generell empfiehlt sich der Einsatz eines sogenannten »intelligenten« Motorrad-Ladegeräts. Wenn das Motorrad über Winter nicht genutzt wird, kann ein solches Gerät eine sinnvolle Investition sein. Diese Geräte ermitteln den Ladezustand der Batterie und geben den erforderlichen Ladestrom frei. Auch stark entladene Batterien können damit wiederbelebt werden. Falls ein konventionelles Ladegerät verwendet wird, muss darauf geachtet wer-

den, dass sich der Ladestrom nach einem möglichen starken Anfangsstrom wieder auf ein sicheres Level absenkt. Falls die Batterie beim Laden warm wird, muss die Ladung unverzüglich unterbrochen werden. Das Ladegerät muss generell für 12-Volt-Batterien geeignet sein.

9 Um die eingebaute Batterie direkt zu laden, muss der Fahrersitz bzw. die Sitzbank entfernt (siehe Kapitel 6) und die Kappe am Sitzhalter abgezogen werden (Abbildung 3.2). Verbinden Sie die Plusklemme des Ladegeräts mit dem darunter sitzenden Plus-Anschluss und die Minusklemme mit dem abgelegenen Minus-Anschluss am rechten Zylinder (Abbildung 3.3b). Schalten Sie das Ladegerät ein.

10 Bauen Sie die Batterie zum Laden nötigenfalls aus (siehe unten). Das Ladegerät darf erst nach dem Anschließen der Klemmen (Plus an Plus, Minus an Minus) eingeschaltet werden (siehe Abbildung).

11 BMW schreibt keine spezielle Ladestrom-Rate vor, doch die Batterie sollte mit einer Empfehlung sowie einer Schnell-Laderate für den Notfall beschriftet sein. Als Richtlinie gilt, eine entladene Batterie möglichst nicht mit mehr als etwa 10 Prozent der Kapazität (also etwa 1,2 Ampere bei einer 12 Ah-Batterie) über etwa zehn Stunden zu laden. Ein Überschreiten dieser Ladestärke kann dazu führen, dass die Batterie überhitzt, sich ihre Platten verbiegen und innere Kurzschlüsse entstehen, die den Akku zerstören.

Achtung: Falls das Motorrad mit einer Lithium-Ionen-Batterie ausgerüstet ist, muss darauf geachtet werden, dass das Ladegerät hierfür geeignet ist.

12 Eine halbe Stunde nach Beenden der Ladung kann die Batteriespannung ermittelt werden. Verbinden Sie dazu ein auf den Messbereich 20 V DC geschaltetes Multimeter mit den Batteriepolen – Plus an Plus, Minus an Minus. Eine gute Batterie sollte mindestens 12,8 Volt Spannung aufweisen.

13 Entlädt sich eine geladene Batterie im ausgebauten Zustand schnell wieder, wird sie wahrscheinlich einen durch Beschädigungen oder Sulfatierung ausgelösten internen Kurzschluss haben und muss ersetzt werden. Eine gute Batterie darf pro Tag maximal 1 % ihrer Ladung verlieren. Entlädt sich eine Batterie, obwohl das Motorrad regelmäßig gefahren wird, wird entweder die Batterie defekt sein oder das Ladesystem hat einen Schaden. Wechseln Sie für die Kontrolle eines Ladesystem-Ausgangstests nach Sektion 21.

Ausbau und Einbau

14 Die Zündung muss ausgeschaltet sein. Demontieren Sie den Tank (siehe Kapitel 3).

15 Lösen Sie zuerst am Minuspol (–) die Schraube des Massekabels und trennen Sie dies von der Batterie (siehe Abbildung). Heben Sie am Pluspol (+) die rote Kappe ab und lösen Sie auch hier die Schraube, um das Stromkabel von der Batterie zu trennen.

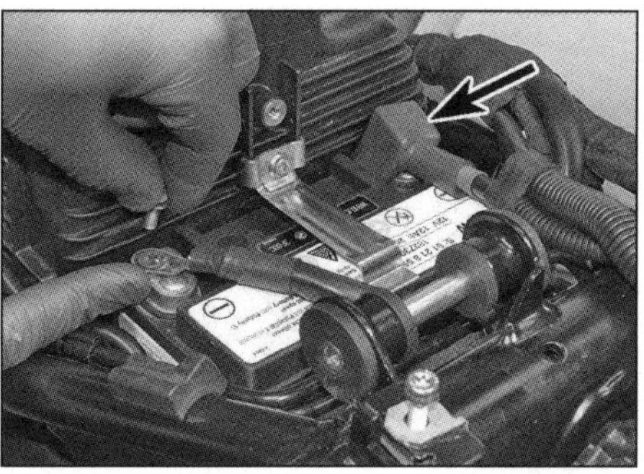

3.15 Lösen Sie die Schraube am Minuspol und befreien Sie das Massekabel. Heben Sie am Pluspol die Kappe (Pfeil) an und lösen Sie auch hier die Schraube.

3.16 Schraube des Haltebügels

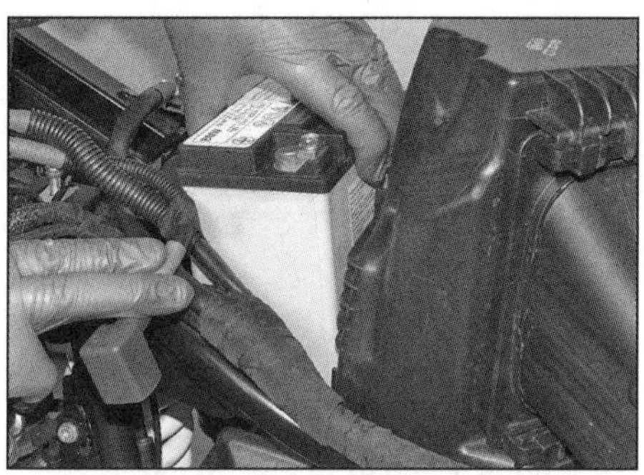

3.17 Drücken Sie den Kabelbaum beiseite und entnehmen Sie die Batterie.

3.18 Korrekte Position des Batterie-Haltebügels

Achtung: Diese Reihenfolge ist wichtig, um nicht versehentlich mit dem Werkzeug den Pluspol mit Masse zu verbinden und so einen Kurzschluss zu verursachen!

16 Lösen Sie die Schraube des Haltebügels und entfernen Sie diesen (siehe Abbildung).

17 Heben Sie die Batterie aus dem Träger (siehe Abbildung) – drücken Sie nötigenfalls den Kabelbaum beiseite (öffnen Sie dazu ggf. entsprechende Kabelbinder).

18 Der Einbau erfolgt in umgekehrter Ausbaureihenfolge – beachten Sie dabei folgende Punkte:

- Die Batteriepole und Kabel-Anschlüsse müssen sauber sein.
- Der Haltebügel muss unten korrekt eingehängt sein (siehe Abbildung).
- Verbinden Sie immer zuerst den Plus-Anschluss, stecken Sie die rote Kappe auf und sichern Sie erst dann den Masseanschluss (–) mit der Schraube (Abbildung 3.15).

Praxis TiPP ***Korrosion der Batteriepole kann auf ein Minimum reduziert werden, wenn man sie nach dem Anschließen der Kabel mit Polfett oder Vaseline versieht. Für diesen Zweck sind auch Sprays erhältlich. Verwenden Sie kein Fett auf Mineral-Basis.***

Überbrücken

Achtung: Falls die Batterie überbrückt werden muss, darf hierfür nur eine vollständig geladene 12-Volt-Batterie verwendet werden, die mit den entfernt liegenden Anschlüssen (am Sitzhalter und am rechten Zylinder – Abbildungen 3.2 und 3.3b) verbunden wird. Benutzen Sie ausreichend dimensionierte Überbrückungskabel – zu dünne Kabel können sehr heiß werden und ihre Isolierung abschmelzen! Die Enden der an einer Batterie angeschlossenen Überbrückungskabel dürfen sich nicht berühren! Das Plus-Kabel darf keinesfalls irgendwo an Masse geraten, da hierbei ein Kurzschluss entsteht!

19 Entfernen Sie den Sitz oder die Sitzbank (siehe Kapitel 6) und ziehen Sie die Kappe vom Sitzhalter (Abbildung 3.2).

20 Verbinden Sie das (rote) Pluskabel mit dem darunter sitzenden Plus-Anschluss (Abbildung 3.2) und dann mit dem Pluspol der Fremdbatterie. Verbinden Sie das (schwarze) Minuskabel mit dem abgelegenen Minus-Anschluss am rechten Zylinder (Abbildung 3.3b) und dann mit dem Minuspol der Fremdbatterie. Falls die andere Batterie in ein Fahrzeug eingebaut ist, muss dessen Motor gestartet werden. Starten Sie jetzt den Motor des Motorrads und lassen Sie beide Motoren ein bis zwei Minuten laufen, bevor zunächst das Mi-

4.2 Sicherungshalter mit Absicherungsraten

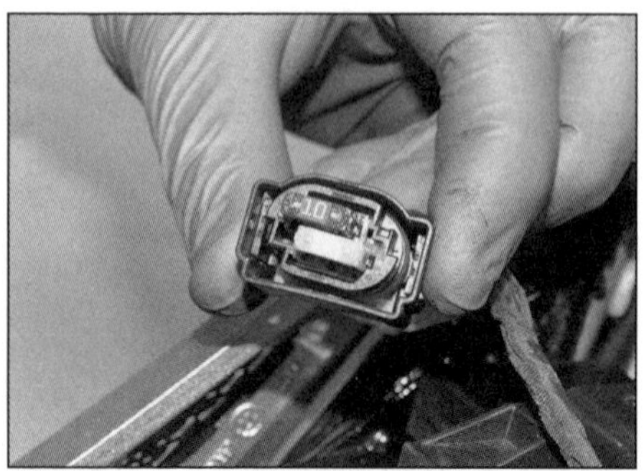

4.4c ... um Zugang zu den Sicherungen zu erhalten.

nuskabel vom Motorrad und dann von der Fremdbatterie getrennt wird; anschließend wird das Pluskabel entfernt. Lassen Sie den Motor eine Weile laufen oder unternehmen Sie eine Fahrt, um die Batterie aufzuladen.

4 Sicherungen

1 Die R nineT bis 2016 ist nicht mit konventionellen Sicherungen ausgerüstet – im Falle eines Kurzschlusses oder Defekts wird das betroffene Teil isoliert und abgeschaltet, der Rest des Netzes bleibt intakt.
2 Bei der R nineT ab 2017, der Pure, der Racer, der Scrambler und der Urban G/S sind Teile der Bordelektrik mit zwei Flachsteck-Sicherungen geschützt, die sich in einem Halter unter dem Fahrersitz befinden – am Halter sind die Absicherungsraten angegeben (siehe Abbildung). Der Halter ist am Sitzhalter eingehängt.
3 Entfernen Sie den Sitz oder die Sitzbank (siehe Kapitel 6).
4 Um Zugang zu den Sicherungen zu erhalten, muss ihr Halter vom Sitzhalter befreit und die Kappe abgezogen werden (siehe Abbildungen). Die Absicherungsraten ist oben an der jeweiligen Sicherung angegeben – ihre Nennströme betragen 10 Ampere (rot) und 4

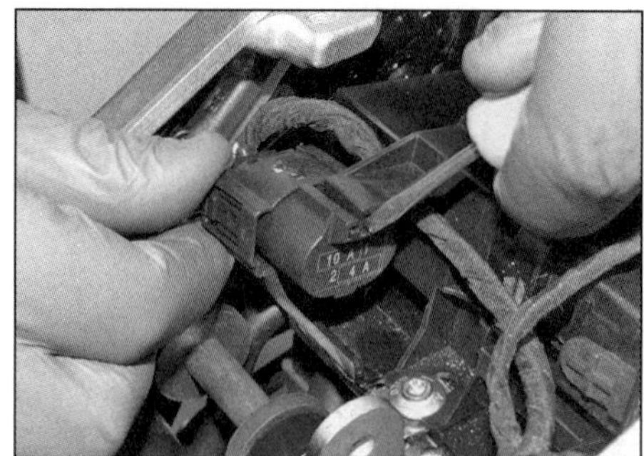

4.4a Befreien Sie den Sicherungshalter...

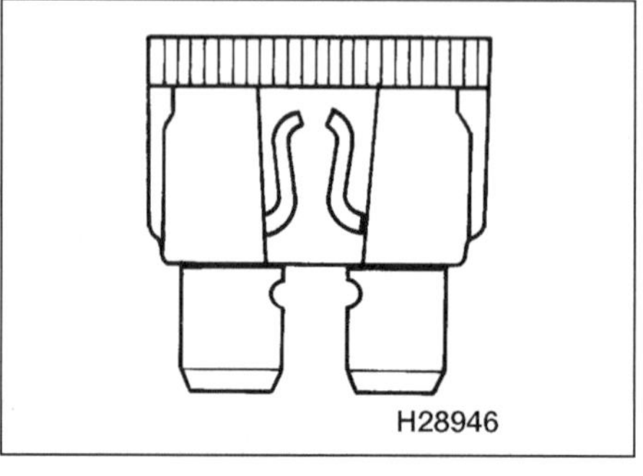

4.5 Eine durchgebrannte Sicherung kann am unterbrochenen Metallstreifen erkannt werden.

(rosa) oder 7,5 Ampere (braun), die abgesicherten Stromkreise sind in den technischen Daten aufgeführt.
5 Die Sicherungen können ausgebaut und einer Sichtkontrolle unterzogen werden. Ziehen Sie die Sicherung mit den Fingern oder einer geeigneten Zange heraus. Eine durchgebrannte Sicherung ist leicht an der Unterbrechung in der Drahtverbindung zwischen den beiden Kontakten zu erkennen (siehe Abbildung). Jede Sicherung ist deutlich mit dem Wert der maximalen Stromstärke markiert und darf nur durch eine gleich starke ersetzt werden.

⚠ ***Warnung: Setzen Sie niemals eine stärkere Sicherung ein und überbrücken Sie die Anschlüsse niemals mit Draht oder Ähnlichem, für wie kurz auch immer. Die elektrische Anlage kann stark beschädigt werden oder in Brand geraten.***

6 Falls eine neue Sicherung sofort wieder durchbrennt, muss der Kabelbaum sorgfältig auf den Grund des Kurzschlusses überprüft werden. Achten Sie auf blanke Leitungen und abgeriebene, geschmolzene oder verbrannte Isolationen.
7 Gelegentlich wird eine Sicherung ohne offensichtlichen Grund durchbrennen oder den Stromkreis unterbrechen. Der Grund hierfür liegt in korrodierten Kontakten der Sicherung

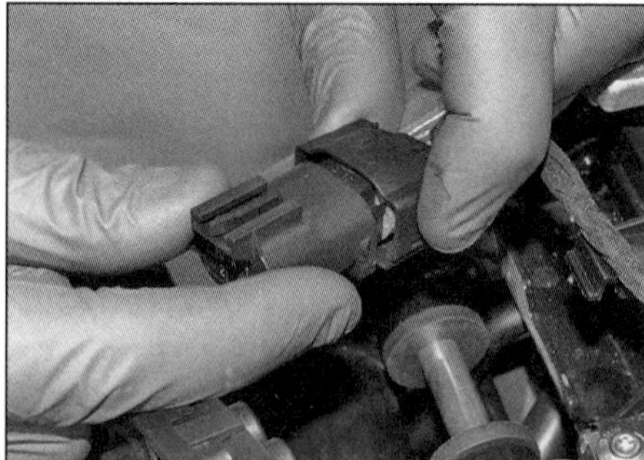

4.4b ... und entfernen Sie die Kappe, ...

oder ihrer Halterung. Entfernen Sie diese Kontaktschwächen mit einer Drahtbürste oder Schleifpapier und sprühen Sie die Anschlüsse mit Kontaktspray ein.

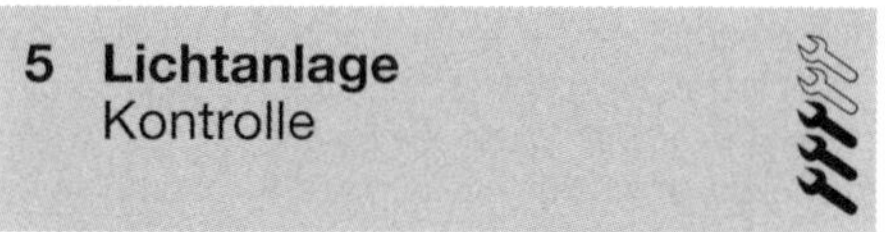

5 Lichtanlage
Kontrolle

Anmerkung 1: *Bei allen Modellen erscheint im Cockpit ein Warnsymbol, falls eine Lampe ausgefallen ist – Details hierzu finden sich in Schritt 15.*

Anmerkung 2: *Wenn die Zündung für eine Kontrolle eingeschaltet werden muss, darf nicht vergessen werden, sie anschließend – und vor allem vor dem Ausbau irgendwelcher Komponenten – wieder auszuschalten.*

Anmerkung 3: *Beachten Sie die Hinweise zur Fehlersuche in Sektion 2 sowie die Schaltpläne am Ende des Kapitels.*

1 Die Batterie versorgt den/die Scheinwerfer, das Standlicht, das Rück- und Bremslicht, die Blinker sowie die Instrumentenbeleuchtung mit Strom. Wenn gar keines der Lichter funktioniert, muss zunächst die Batterie selbst überprüft werden (siehe Sektion 3).
2 Bei der Kontrolle eines Lampen-Glühdrahts sollte eine Sichtkontrolle von einem Durchgangstest bestätigt werden, da die Drahtwendel nicht immer erkennen lässt, ob die Lampe durchgebrannt ist.

Scheinwerfer

3 Falls der Scheinwerfer ausfällt, müssen zunächst die Lampe und ihre Anschlüsse überprüft werden (siehe Sektion 6). Trennen Sie als Nächstes den Scheinwerfer-Kabelstecker und kontrollieren Sie mit einer Prüflampe oder einem Multimeter, ob an der Versorgungsseite Bordspannung anliegt. Beachten Sie die Schaltpläne am Ende dieses Kapitels und verbinden Sie die Minusklemme des Messgeräts mit Masse sowie die Plusklemme mit dem Anschluss für Fernlicht oder Abblendlicht. Schal-

ten Sie die Zündung ein und schalten Sie je nach Messung Fernlicht oder Abblendlicht ein.
4 Liegt keine Spannung an, muss das Kabel zwischen dem Stecker und der ZFE (R nineT bis 2016) bzw. dem Grundmodul (alle anderen Modelle) überprüft werden. Kontrollieren Sie auch das Kabel zum Abblendschalter, überprüfen Sie dann die Schalter selbst (siehe Sektion 16).
5 Liegt Spannung an, muss geprüft werden, ob zwischen dem Anschluss des Massekabels und Masse Durchgang besteht – ist dies nicht der Fall, muss der Masse-Stromkreis auf Unterbrechung oder schlechte Verbindungen untersucht werden.

Standlicht

6 Wenn das Standlicht nicht mehr funktioniert, müssen zunächst die Lampe und ihre Anschlüsse überprüft werden (siehe Sektion 6). Trennen Sie als Nächstes den Standlicht-Kabelstecker und kontrollieren Sie mit einer Prüflampe oder einem Multimeter, ob an der Versorgungsseite Bordspannung anliegt. Beachten Sie die Schaltpläne am Ende dieses Kapitels und verbinden Sie die Minusklemme des Messgeräts mit Masse sowie die Plusklemme mit dem Anschluss des Standlichts. Schalten Sie die Zündung ein.
7 Liegt keine Spannung an, muss das Kabel zwischen dem Stecker und der ZFE (R nineT bis 2016) bzw. dem Grundmodul (alle anderen Modelle) überprüft werden.
8 Liegt Spannung an, muss geprüft werden, ob zwischen dem Anschluss des Massekabels und Masse Durchgang besteht – ist dies nicht der Fall, muss der Masse-Stromkreis auf Unterbrechung oder schlechte Verbindungen untersucht werden.

Rücklicht/Bremslicht

9 Das Rücklicht besteht aus einer Vielzahl an LEDs, die in einem vergossenen Gehäuse sitzen. Eine einzelne ausgefallene LED kann nicht ersetzt werden, sie beeinträchtigt aber auch nicht die Funktion der anderen LEDs. Wenn das Rücklicht oder Bremslicht komplett ausfällt, muss am Versorgungsstecker die Batteriespannung getestet werden. Verbinden Sie dazu die Minusklemme eines Multimeters mit Masse und die Plusklemme mit dem Rücklicht- oder Bremslicht-Stecker. Wird keine Spannung ermittelt, müssen die Kabel zwischen dem Stecker und der ZFE (R nineT bis 2016) bzw. dem Grundmodul (alle anderen Modelle) überprüft werden. Wurde Spannung festgestellt, muss der Durchgang zwischen dem Anschluss des Massekabels und Masse überprüft werden. Besteht hier kein Durchgang, muss der Masse-Stromkreis auf Unterbrechung oder schlechte Verbindungen untersucht werden. Sind mehrere LEDs ausgefallen, sodass die Sicherheit des Motorrades beeinträchtigt wird, muss das Rücklicht komplett ersetzt werden (siehe Sektion 8). Kontrollieren Sie ggf. auch den Stromkreis des hinteren Bremslichtschalters (siehe Sektion 10).

Blinker

10 Falls ein mit einer herkömmlichen Glühlampe ausgerüsteter Blinker nicht mehr funktioniert, müssen zunächst die Lampe und ihre Anschlüsse überprüft werden (siehe Sektion 9). Trennen Sie als Nächstes den Blinker-Kabelstecker und kontrollieren Sie mit einer Prüflampe oder einem Multimeter, ob an der Versorgungsseite Bordspannung anliegt. Beachten Sie die Schaltpläne am Ende dieses Kapitels und verbinden Sie die Minusklemme des Messgeräts mit Masse sowie die Plusklemme mit dem Anschluss des Blinkers. Schalten Sie die Zündung und den Blinker an der entsprechenden Seite ein.
11 Liegt keine Spannung an, muss das Kabel zwischen dem Blinker und der ZFE (R nineT bis 2016) bzw. dem Grundmodul (alle anderen Modelle) überprüft werden. Kontrollieren Sie auch den Blinkerschalter (siehe Sektion 16).
12 Liegt Spannung an, muss geprüft werden, ob zwischen dem Anschluss des Massekabels und Masse Durchgang besteht – ist dies nicht der Fall, muss der Masse-Stromkreis auf Unterbrechung oder schlechte Verbindungen untersucht werden.
13 Die als Sonderausstattung erhältlichen LED-Blinker lassen sich nicht öffnen. Eine einzelne ausgefallene LED kann nicht ersetzt werden, sie beeinträchtigt aber auch nicht die Funktion der anderen LEDs. Wenn der Blinker komplett ausfällt, muss den Schritten 10 bis 12 gefolgt werden, um die Batteriespannung und die Verkabelung zu prüfen. Sind mehrere LEDs ausgefallen, sodass die Sicherheit des Motorrades beeinträchtigt wird, muss der Blinker komplett ersetzt werden (siehe Sektion 9).

Instrumentenbeleuchtung und Kontrolllampen

14 Die Instrumenten-Baugruppe ist eine vergossene Einheit. Fällt irgendeine darin sitzende Lampe aus, muss das Instrument von einer BMW-Werkstatt untersucht werden.

Warnung bei defekte Lampen

15 Beim Ausfall einer Lampe leuchtet im Cockpit die allgemeine Warnlampe auf und in der Anzeige der R nineT bis 2016 erscheint »LAMP«.

6 Scheinwerfer- und Standlichtlampen

Anmerkung: *Die H4-Halogenlampe des Scheinwerfers darf nicht am Glas angefasst werden, da Flecken das Leben der Lampe verkürzen. Wenn sie doch einmal berührt worden ist, muss sie (im kalten Zustand) sorgfältig mit einem in Spiritus getränkten Lappen abgewischt und vor dem Einbau getrocknet werden. Fassen Sie Lampen immer mit einem Taschentuch oder trockenem Lappen an, um ihre Lebensdauer zu verlängern.*

Scheinwerferlampe

1 Entfernen Sie bei der Racer den Scheinwerferrahmen und bei der Urban G/S die Scheinwerferverkleidung (siehe Kapitel 6).
2 Lockern Sie die (bei der Urban G/S durch ein Loch im oberen Schutzblech zugängliche) Schraube unten am Lampenring, bis die Klemme aus der Lampenschale befreit ist, ziehen Sie den Lampenring unten ab und heben Sie ihn oben von der Lasche der Lampenschale (siehe Abbildungen).

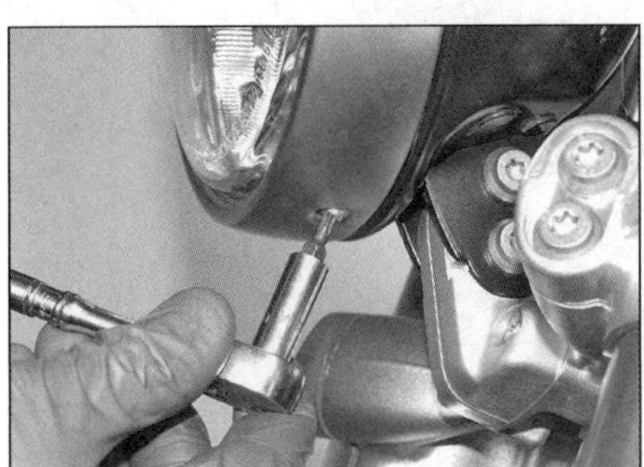

6.2a Lockern Sie die Schraube . . .

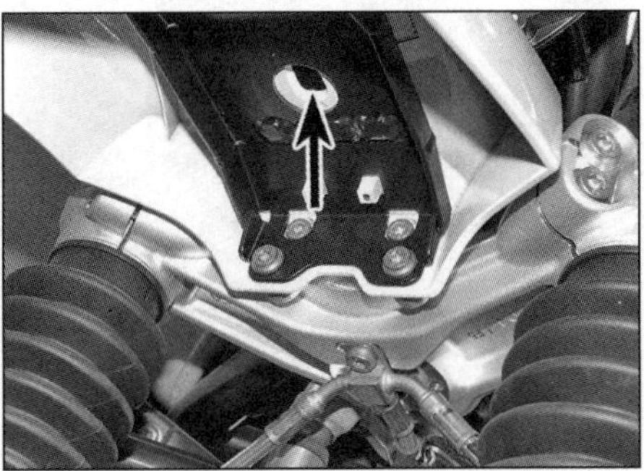

6.2b . . . bei der Urban G/S durch die Bohrung im oberen Schutzblech . . .

6.2c . . . und befreien Sie den Lampenring von der Lampenschale.

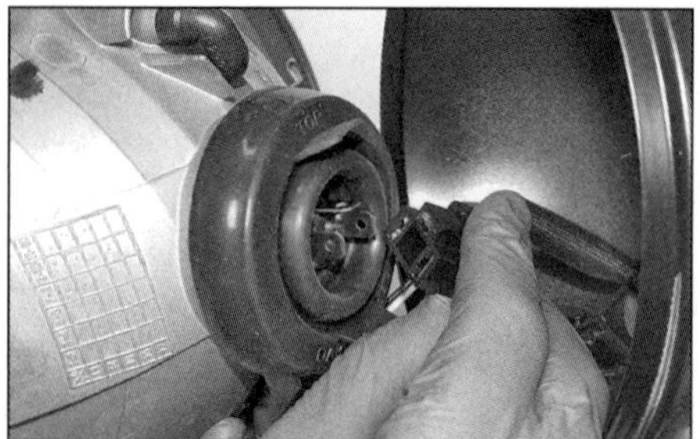

6.3a Trennen Sie den Lampenstecker...

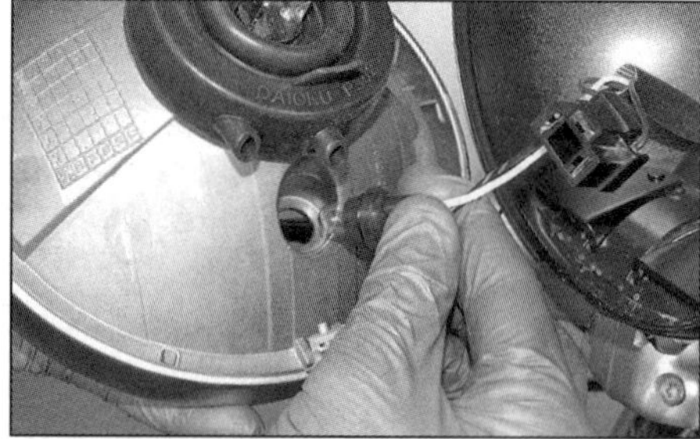

6.3b ...und ziehen Sie den Standlicht-Lampenhalter heraus.

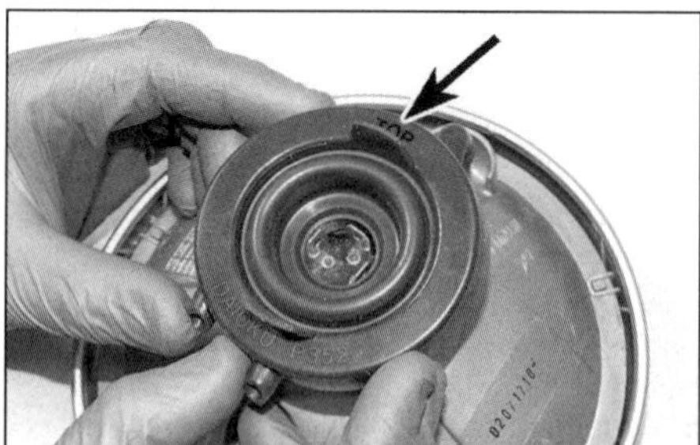

6.4 Die Gummikappe ist oben mit »TOP« markiert.

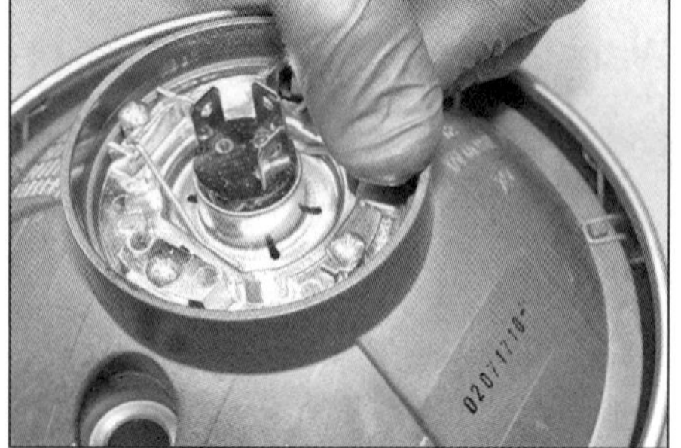

6.5a Befreien Sie den Drahtbügel...

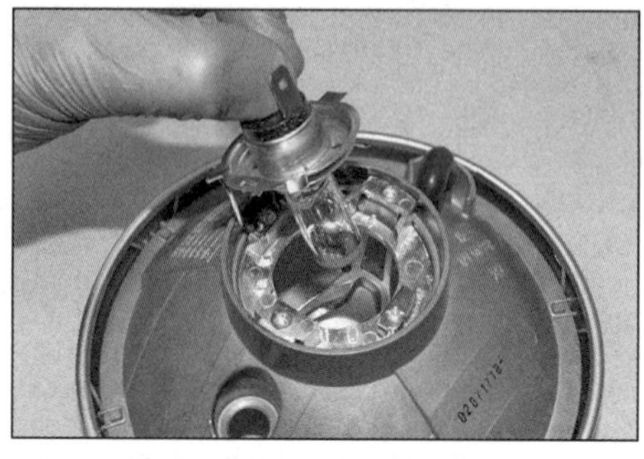

6.5b ...und befreien Sie die Lampe.

3 Trennen Sie den Lampenstecker und ziehen Sie den Standlicht-Lampenhalter heraus, um den Scheinwerfer entnehmen zu können (siehe Abbildungen).
4 Entfernen Sie die Gummikappe (siehe Abbildung).
5 Befreien Sie den Drahtbügel und befreien Sie die Lampe aus dem Reflektor (siehe Abbildungen).
6 Installieren Sie die korrekt ausgerichtete neue Lampe in der umgekehrten Ausbaureihenfolge – beachten Sie die Anmerkung oben – und sichern Sie sie mit dem Drahtbügel. Prüfen Sie, ob die untere Klemme korrekt positioniert ist (siehe Abbildung). Hängen Sie den Lampenring oben korrekt ein und sichern Sie unten die Klemme mit der Schraube (Abbildungen 6.2b und a).
7 Prüfen Sie die Funktion des Scheinwerfers.

Standlichtlampe

8 Entfernen Sie bei der Racer den Scheinwerferrahmen und bei der Urban G/S die Scheinwerferverkleidung (siehe Kapitel 6).
9 Demontieren Sie den Scheinwerfer (Schritte 2 und 3).
10 Ziehen Sie vorsichtig die Standlichtlampe aus dem Halter (siehe Abbildung).
11 Installieren Sie die neue Lampe in der umgekehrten Ausbaureihenfolge – beachten Sie die *Anmerkung* oben. Prüfen Sie, ob die untere Klemme korrekt positioniert ist (Abbildungen 6.6). Hängen Sie den Lampenring oben korrekt ein und sichern Sie unten die Klemme mit der Schraube (Abbildungen 6.2b und a).

7 Scheinwerfer

Anmerkung 1: *Ein schlecht eingestellter Scheinwerfer blendet den Gegenverkehr und/oder leuchtet die Fahrbahn nicht korrekt aus. Bei der Hauptuntersuchung wird die Einstellung der Leuchtweite kontrolliert.*

Ausbau

1 Entfernen Sie bei der Racer die Verkleidung und den Scheinwerferring (siehe Kapitel 6).

6.6 Die mit der unteren Schraube gesicherte Klemme muss korrekt im Scheinwerfer sitzen.

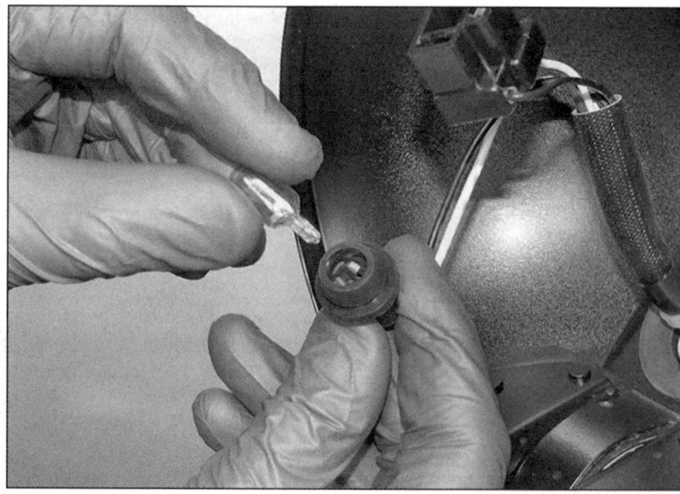

6.10 Befreien Sie die Lampe aus dem Halter.

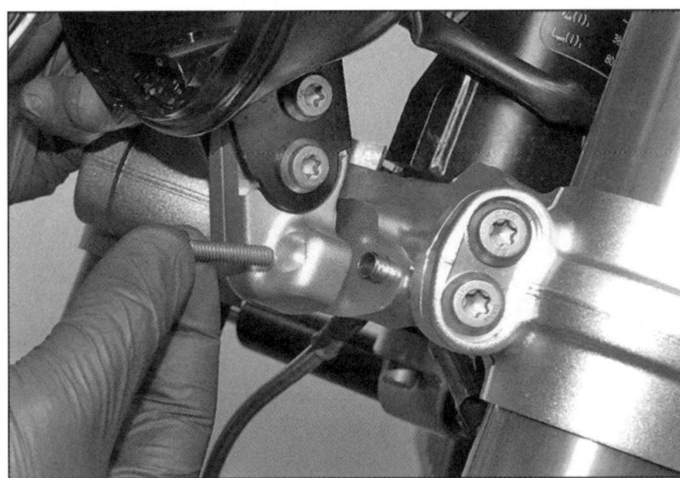

7.3a Lösen Sie die Schrauben der Scheinwerferhalterung aus der unteren Gabelbrücke – beachten Sie die Passhülsen.

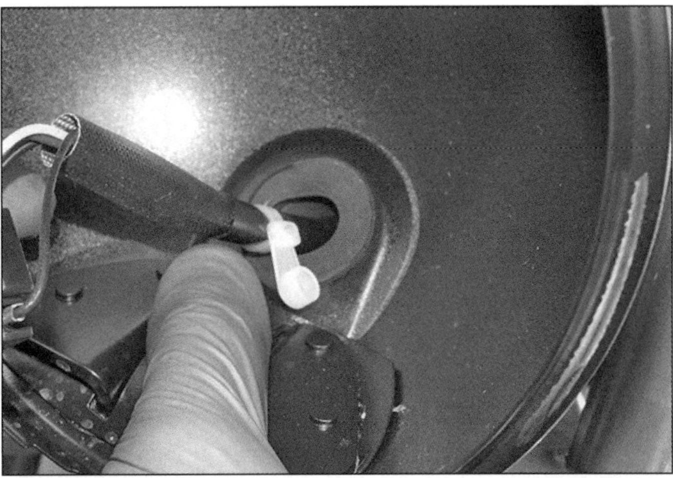

7.3b Drücken Sie den Gummistopfen aus der Öffnung in der Lampenschale . . .

Entfernen Sie bei der Urban G/S die Scheinwerferverkleidung samt Rahmen, nötigenfalls auch den Halter und den oberen Kotflügel (siehe Kapitel 6).

2 Befreien Sie den Scheinwerfer aus der Lampenschale (siehe Sektion 6, Schritte 2 und 3).

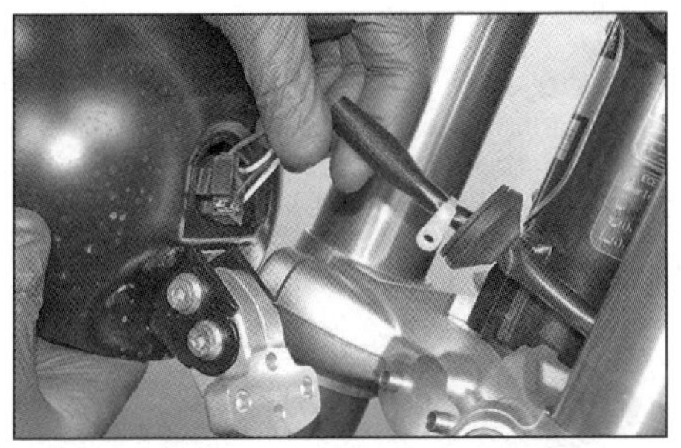

7.3c . . . und ziehen Sie die Verkabelung heraus.

3 Lösen Sie bei den Modellen **R nineT, Pure, Scrambler und Urban G/S** die Schrauben, mit denen die Scheinwerferhalterung an der unteren Gabelbrücke befestigt ist, und entnehmen Sie die Baugruppe – führen Sie dabei die Verkabelung nach hinten aus der Lampenschale heraus. (siehe Abbildungen).

4 Um die Halterung von der Lampenschale befreien zu können, müssen die Muttern der Schrauben gelöst und diese entfernt werden (Abbildung 7.9).

5 Lösen Sie am Verkleidungsträger der **Racer** die Muttern der Schrauben und befreien Sie den Scheinwerfer (siehe Abbildung).

Einbau

6 Der Einbau entspricht der umgekehrten Ausbaureihenfolge – die Verkabelung muss korrekt angeschlossen und gesichert sein. Prüfen Sie die Funktion des Scheinwerfers und des Standlichts.

7 Prüfen Sie wie folgt die Einstellung des Scheinwerfers:

Einstellung

8 Der Lichtstrahl des Scheinwerfers kann vertikal eingestellt werden. Vor Beginn müssen der Reifendruck und die Einstellung der Federung geprüft werden. Einstellungen sollten möglichst mit halb gefülltem Tank und einem auf der Maschine sitzenden Assistenten auf einer ebenen Fläche vorgenommen werden. Wird vorzugsweise zu zweit gefahren, muss eine zweite Person auf dem Rücksitz platz nehmen. Beachten Sie die Anmerkung 1 am Anfang dieser Sektion.

9 Lockern Sie die Muttern der Lampenschalen-Schrauben und schwenken Sie den Scheinwerfer entsprechend, um den Lichtstrahl korrekt auszurichten. Ziehen Sie die Muttern wieder an (siehe Abbildung oder Abbildung 7.5).

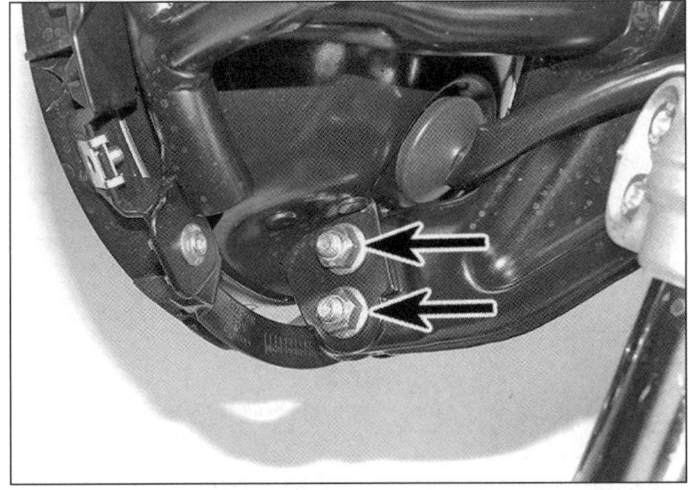

7.5 Scheinwerferhalterung am Verkleidungsträger der Racer

7.9 Lockern Sie die Muttern, um die Leuchtweite zu verstellen.

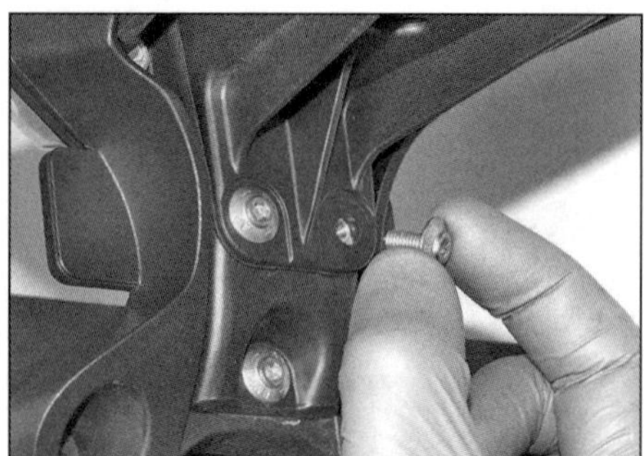

8.1a Lösen Sie hinten die zwei Schrauben.

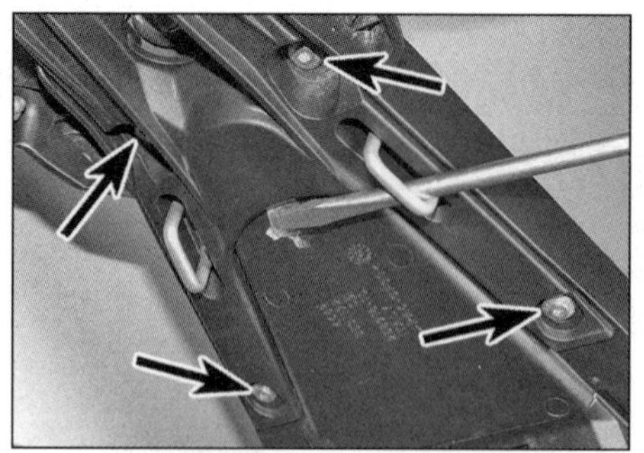

8.1b Sichern Sie die Abdeckung wie gezeigt mit einem Schraubendreher und lösen Sie die vier Schrauben, . . .

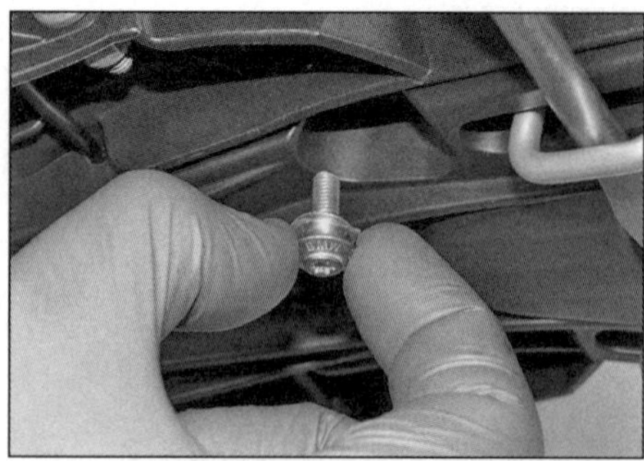

8.1c . . . beachten Sie die Kunststoffscheiben.

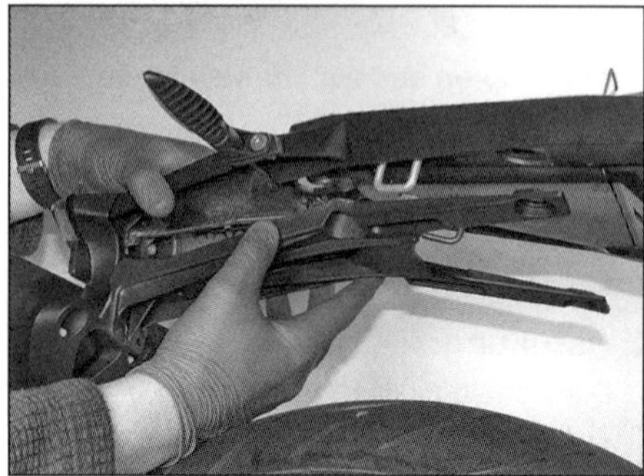

8.1d Entfernen Sie den Schraubendreher, entnehmen Sie die Abdeckung . . .

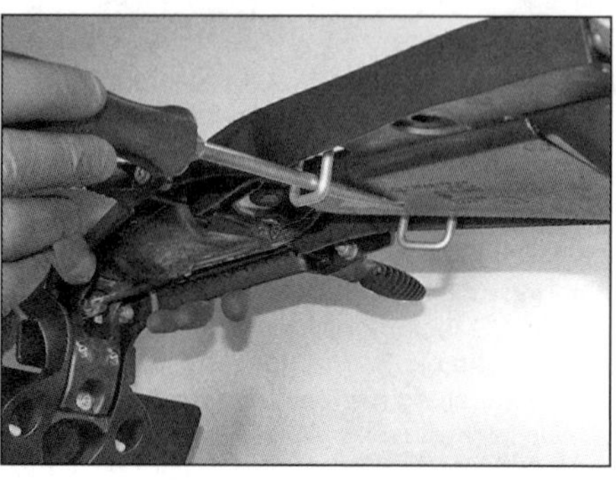

8.1e . . . und halten Sie dann das Rücklicht mit dem Schraubendreher.

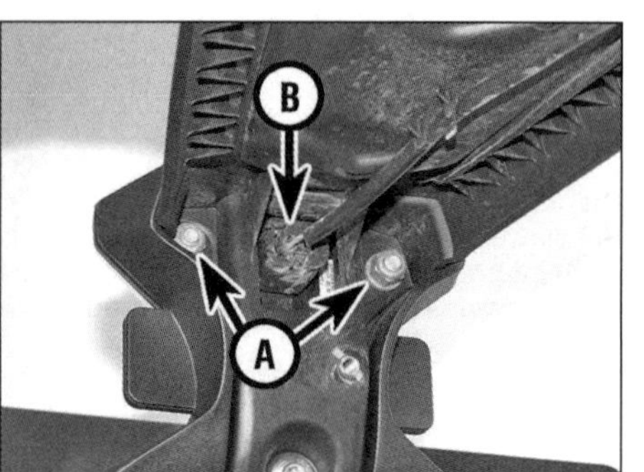

8.2a Rücklichtmuttern (A), Rücklichtstecker (B)

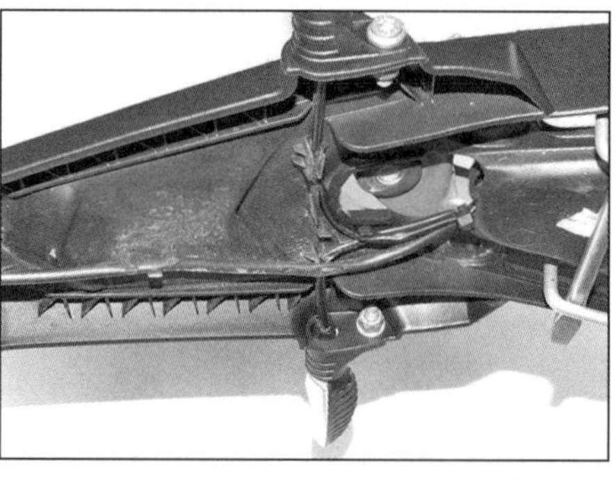

8.2b Befreien Sie die Verkabelung nötigenfalls aus ihren Führungen.

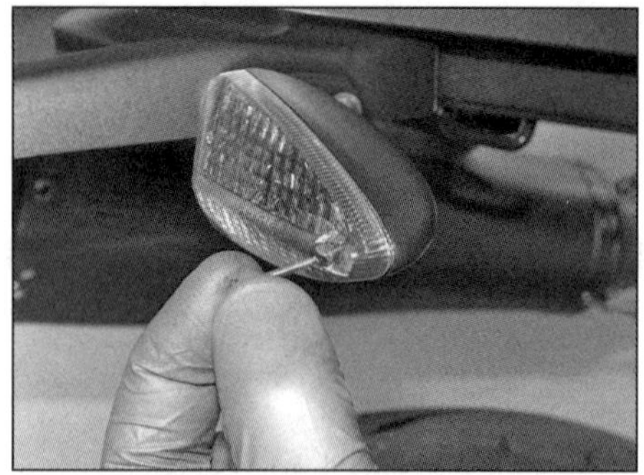

9.2a Lösen Sie die Schraube . . .

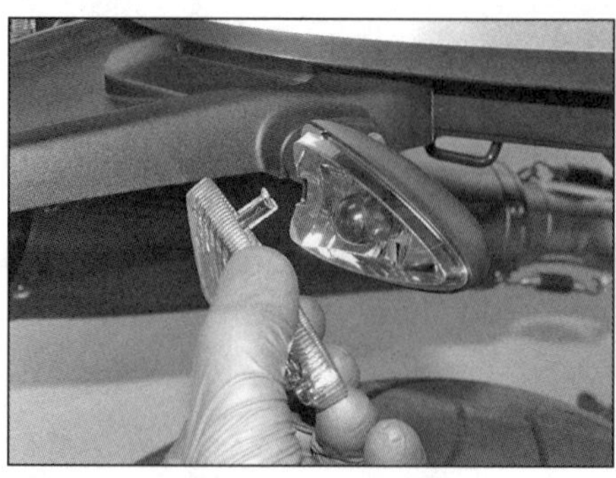

9.2b . . . und befreien Sie das Blinkerglas – beachten Sie die Lasche.

8 Brems/Rücklicht

Ausbau

1 Entfernen Sie die Abdeckung unterhalb des Rücklichts (siehe Abbildungen).

2 Lösen Sie die Muttern des Rücklichts, ziehen Sie es nach hinten ab und trennen Sie seinen Stecker (siehe Abbildung) – befreien Sie die Verkabelung nötigenfalls aus ihren Führungen (siehe Abbildung).

Einbau

3 Der Einbau entspricht der umgekehrten Ausbaureihenfolge – die Verkabelung muss korrekt angeschlossen und gesichert sein. Prüfen Sie die Funktion des Rücklichts und des Bremslichts.

9 Blinker

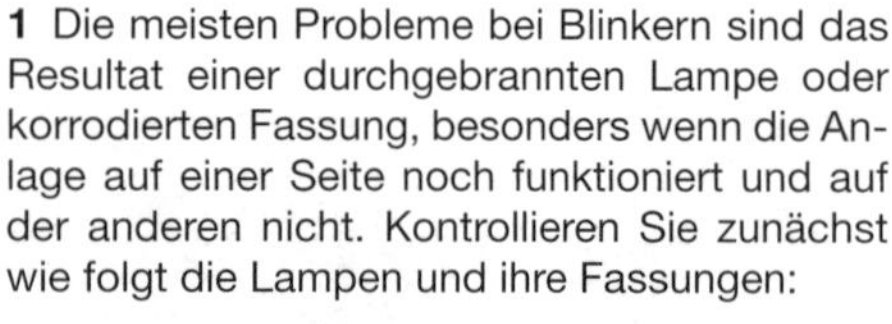

1 Die meisten Probleme bei Blinkern sind das Resultat einer durchgebrannten Lampe oder korrodierten Fassung, besonders wenn die Anlage auf einer Seite noch funktioniert und auf der anderen nicht. Kontrollieren Sie zunächst wie folgt die Lampen und ihre Fassungen:

Verschmutzte oder korrodierte Lampensockel-Kontakte sollten vor dem Einbau neuer Lampen sauber gekratzt und mit Kontaktspray eingesprüht werden.

Lampen

Anmerkung: *LED-Blinker sind für alle Modelle als Sonderausstattung erhältlich. Der Austausch einzelner LEDs ist nicht möglich, sodass beim Ausfall mehrerer LEDs der gesamte Blinker ersetzt werden muss.*

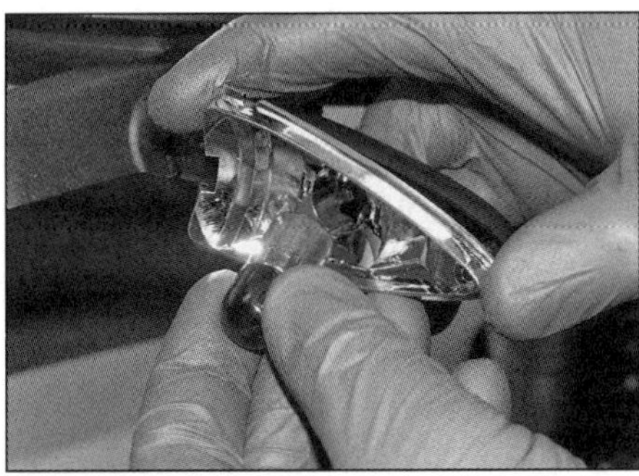

9.3 Drücken Sie die Lampe zum Ausbau in das Gehäuse und drehen Sie sie gegen den Uhrzeigersinn.

9.8a Befreien Sie bei der R nineT, der Pure, der Racer und der Scrambler das Blinkerkabel aus der Führung und dem Kabelbinder...

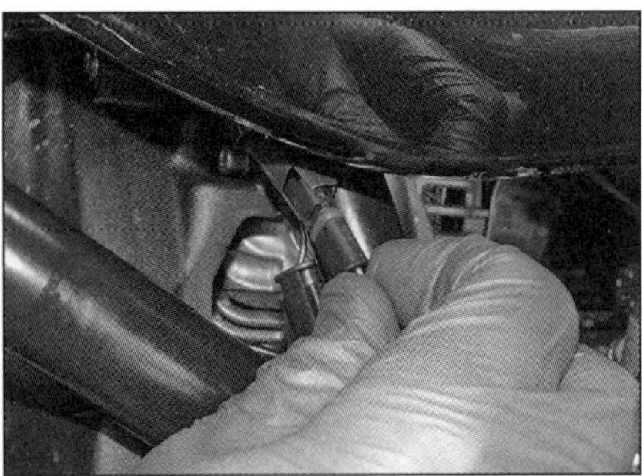

9.8b ... und trennen Sie seinen Stecker.

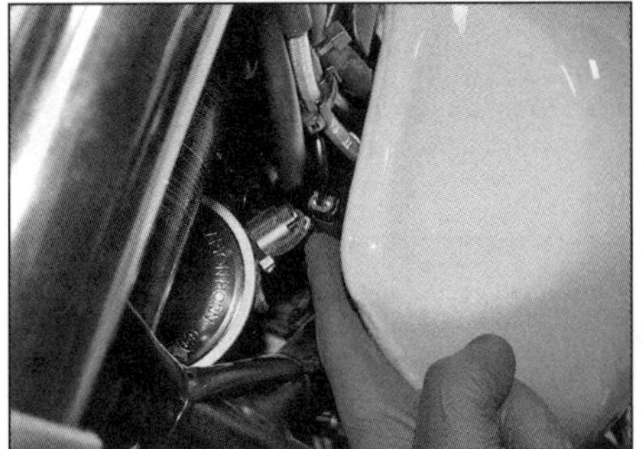

9.8c Entfernen Sie bei der Urban G/S den Tank, um die dahinter sitzenden Stecker trennen zu können.

9.9a Lösen Sie die Schraube, ...

9.9b ... befreien Sie den Halter vom Ölkühler...

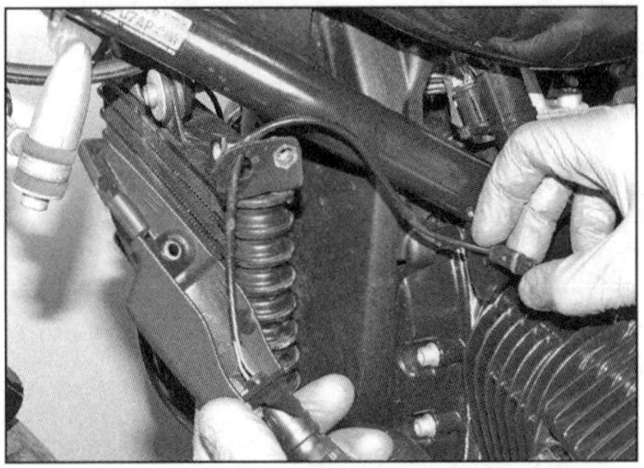

9.9c ... und ziehen Sie das Kabel hindurch.

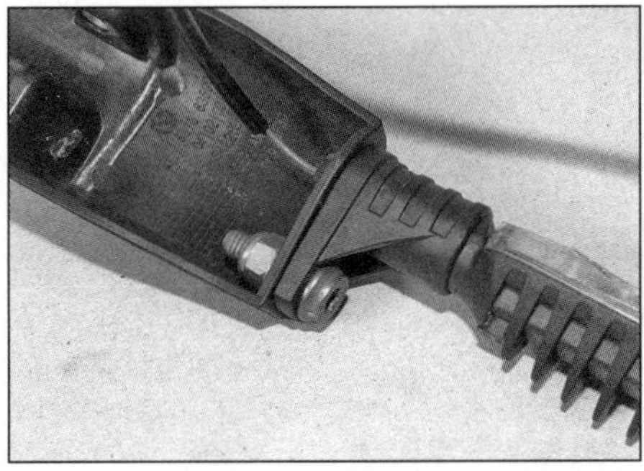

9.9d Blinker-Befestigung am Halter

9.10 Blinker-Befestigung an der Urban G/S

2 Zum Entfernen einer Blinkerlampe muss die Schraube des Blinkerglases gelöst und das Glas vorsichtig entfernt werden – beachten Sie, wie seine Lasche in das Gehäuse greift (siehe Abbildungen).

3 Drücken Sie die Lampe vorsichtig in das Gehäuse und drehen Sie sie gegen den Uhrzeigersinn, um sie dann herauszuziehen (siehe Abbildung).

4 Kontrollieren Sie die Sockel-Kontakte und reinigen Sie sie nötigenfalls. Richten Sie die versetzt angeordneten Stifte der neuen Lampe korrekt zu den Schlitzen im Sockel aus, drücken Sie die Lampe in das Gehäuse und drehen Sie sie im Uhrzeigersinn, um sie zu sichern.

5 Richten Sie die Lasche des Blinkerglases nach innen zum Gehäuse aus und ziehen Sie die Schraube an – ziehen Sie sie nicht zu fest, da das Glas leicht brechen kann.

6 Prüfen Sie die Funktion der Blinker.

Ausbau und Einbau

Vordere Blinker

7 Demontieren Sie bei der Urban G/S den Tank (siehe Kapitel 3).

8 Verfolgen Sie das aus dem Blinker kommende Kabel, befreien Sie es aus allen Befestigungen und trennen Sie seinen Stecker (siehe Abbildungen). Führen Sie den Stecker zum Blinker zurück – merken Sie sich die Verlegung des Kabels.

9 Lösen Sie bei allen Modellen außer der Urban G/S die Blinkerhalter-Schraube, befreien Sie den Clip an der Rückseite und befreien Sie den Blinker – ziehen Sie dabei vorsichtig das Kabel heraus (siehe Abbildungen). Lösen Sie nötigenfalls die Mutter und die Schraube, um den Blinker vom Halter zu trennen (siehe Abbildung).

10 Lösen Sie bei der Urban G/S die Schraube, die den Blinker am Klemmstück sichert (siehe Abbildung), befreien Sie den Blinker und ziehen Sie dabei vorsichtig das Kabel heraus. Um das Klemmstück entfernen zu können, muss das Standrohr aus der oberen Gabelbrücke befreit werden (siehe Kapitel 4).

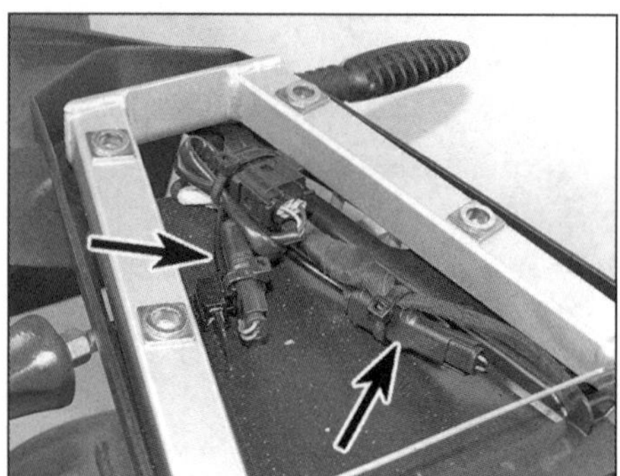

9.14 **Blinker-Stecker**

11 Der Einbau entspricht der umgekehrten Ausbaureihenfolge. Richten Sie bei der Urban G/S ggf. das Klemmstück mit dem Stift im Spalt der oberen Gabelbrücke aus, sodass es daran anliegt. Prüfen Sie die Funktion der Blinker.

9.15 **Blinker-Mutter**

Hintere Blinker

12 Entfernen Sie je nach Modell den Rücksitz, den Höcker oder die Sitzbank (siehe Kapitel 6).
13 Entfernen Sie die untere Rücklicht-Abdeckung (Abbildungen 8.1a bis e).
14 Verfolgen Sie das aus dem Blinker kommende Kabel, befreien Sie es aus allen Befestigungen und trennen Sie seinen Stecker (siehe Abbildung). Führen Sie den Stecker zum Blinker zurück – merken Sie sich die Verlegung des Kabels (Abbildung 8.2b).
15 Lösen Sie innen am Blinkerhalter die Mutter und ziehen Sie den Blinker vorsichtig samt Kabel ab (siehe Abbildung).
16 Der Einbau entspricht der umgekehrten Ausbaureihenfolge. Prüfen Sie die Funktion der Blinker.

10 Bremslichtschalter hinten

Anmerkung: *An der Handbremse gibt es keinen Bremslichtschalter – dessen Funktion übernimmt das ABS-Steuergerät.*

10.2a Befreien Sie bei der R ninT den Halter aus dem Fußrastenträger.

10.2b Befreien Sie bei allen anderen Modellen das Bremslichtschalter-Kabel aus Clip – gezeigt an der Urban G/S.

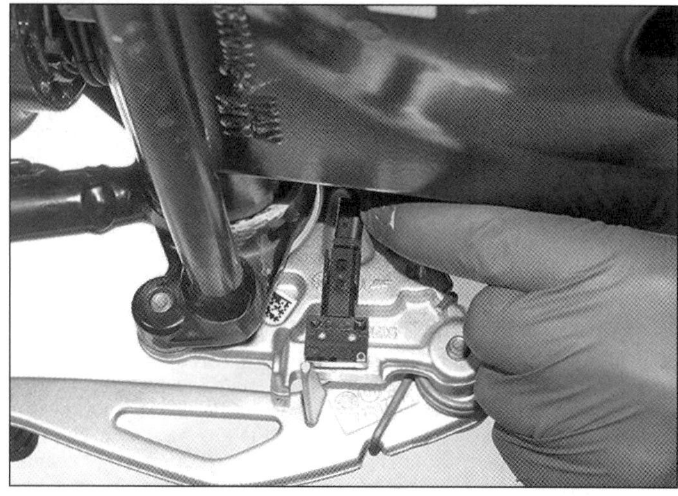

10.3 Ziehen Sie den Bremslichtschalter-Stecker ab.

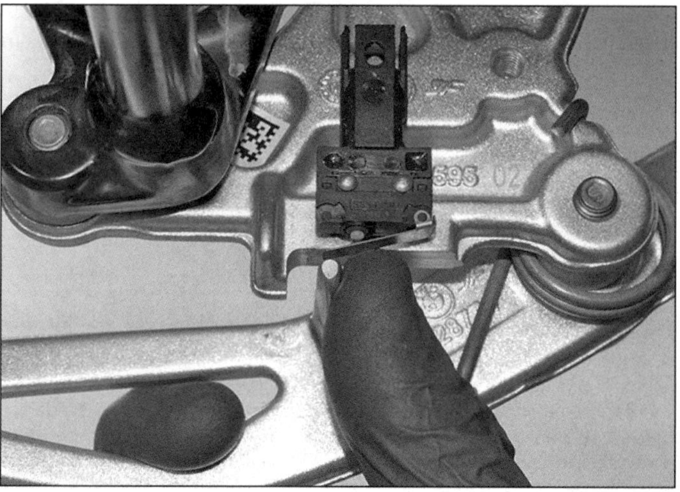

10.4 Kontrollieren Sie die Kontaktlasche und den Stift des Schalters.

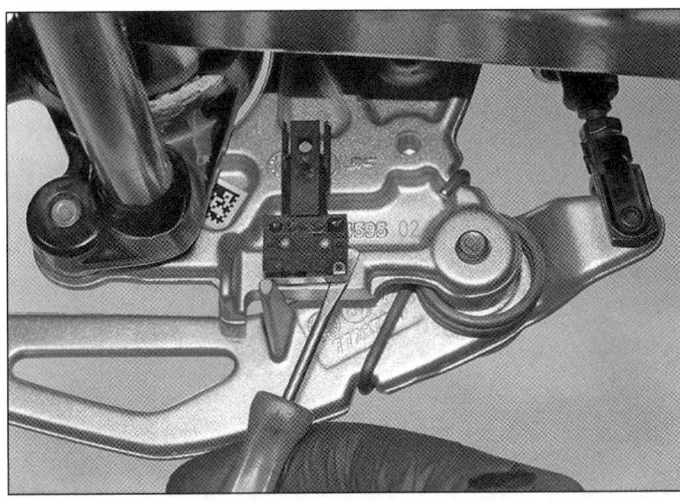

10.6 Hebeln Sie den Bremslichtschalter vorsichtig mit einem kleinen Schraubendreher vom Fußrastenträger.

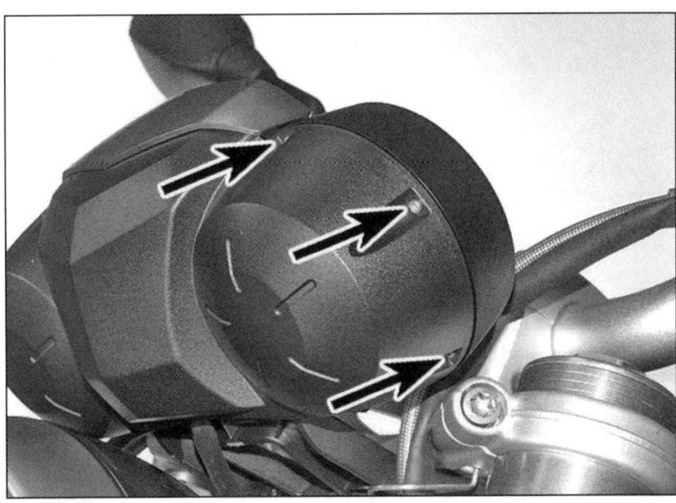

11.1a Lösen Sie an beiden Seiten die drei Schrauben . . .

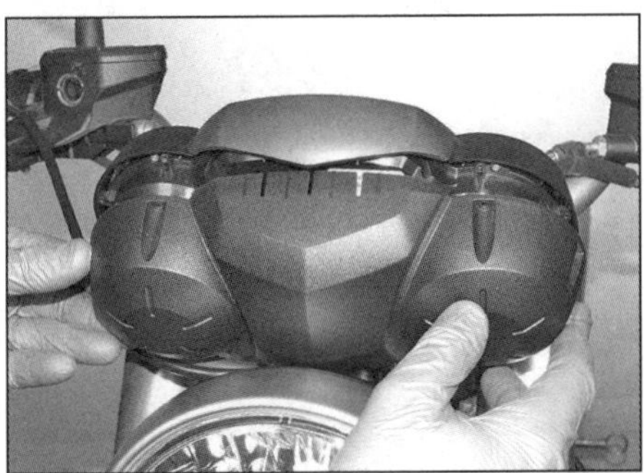

11.1b . . . und befreien Sie die Abdeckung.

11.2a Ziehen Sie die Sicherungsscheiben ab . . .

11.2b . . . befreien Sie die Instrumente und trennen Sie den Stecker.

1 Der hintere Bremslichtschalter sitzt oberhalb des Bremspedals innerhalb des rechten Fußrastenträgers.

Kontrolle

2 Befreien Sie das Bremslichtschalter-Kabel aus der Befestigung am Fußrastenträger (siehe Abbildungen).
3 Trennen Sie den Stecker vom Bremslichtschalter (siehe Abbildung).
4 Prüfen Sie, ob sich die Kontaktlasche frei bewegen kann und sich der Stift des Schalters frei bewegen lässt (siehe Abbildung) – falls er klemmt oder verschmutzt ist, muss er vorsichtig mit Lösungsmittel gereinigt und mit Kontaktspray eingesprüht werden. Ermitteln Sie mithilfe eines Durchgangsprüfers, ob der Stromkreis bei betätigter Bremse geschlossen wird. Kontrollieren Sie ggf. das Rücklicht samt Kabel und Stecker (siehe Sektion 5).

Ausbau und Einbau

5 Trennen Sie den Stecker vom Bremslichtschalter (Schritte 2 und 3).
6 Hebeln Sie vorsichtig den Schalter vom Fußrastenträger (siehe Abbildung) – falls er nicht durch ein Neuteil ersetzt werden soll, müssen die Stifte an seiner Innenseite vorsichtig entfernt und durch Neuteile ersetzt werden.
7 Der Einbau entspricht der umgekehrten Ausbaureihenfolge. Installieren Sie den Schalter mit neuen Stiften. Prüfen Sie seine Funktion.

11 Instrumente und Instrumenten-Steuergerät

Anmerkung 1: *Der Stecker der Instrumentenkabel darf auf keinen Fall getrennt werden, bevor die Zündung ausgeschaltet und die Batterie vom Stromnetz getrennt wurde.*

Anmerkung 2: *Im Falle eines Instrumenten-Defekts muss die Einheit von einer BMW-Werkstatt untersucht werden.*

Anmerkung 3: *Wenn bei der R nineT bis 2016 eine neue Instrumenteneinheit oder bei allen Modellen ein neues Instrumenten-Steuergerät installiert wird, muss diese mithilfe eines BMW-Diagnosegerätes bei der ZFE (R nineT bis 2016) bzw. dem Grundmodul (alle anderen Modelle) registriert werden, damit die Laufleistung und die Inspektionsdaten übertragen werden.*

Instrumente

R nineT bis 2016

1 Lösen Sie die sechs Schrauben der unteren Abdeckung und entfernen Sie diese (siehe Abbildungen).
2 Ziehen Sie mit einer geeigneten Zange die Sicherungsscheiben von den Zapfen und ziehen Sie die Instrumente nach oben aus den Gummiösen, trennen Sie dabei den Instrumentenstecker (siehe Abbildungen).
3 Kontrollieren Sie die Gummiösen – spröde oder anderweitig beschädigte Teile müssen ersetzt werden.

11.4a Lösen Sie die 10 Schrauben...

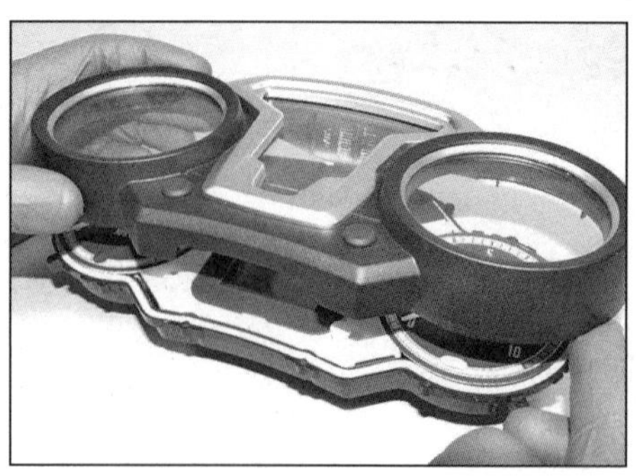
11.4b ...und heben Sie die vordere Abdeckung ab.

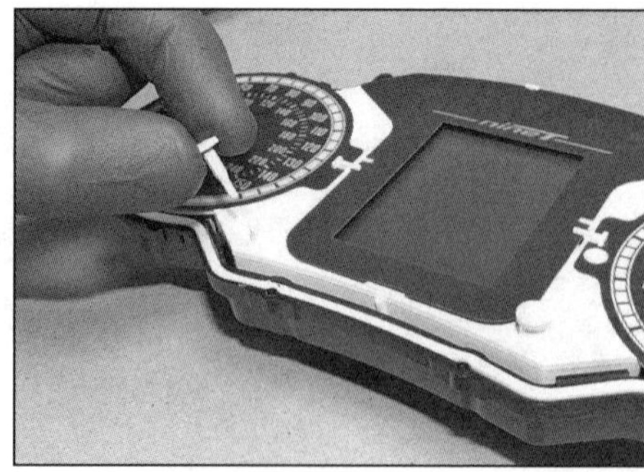
11.4c Entfernen Sie die Stifte...

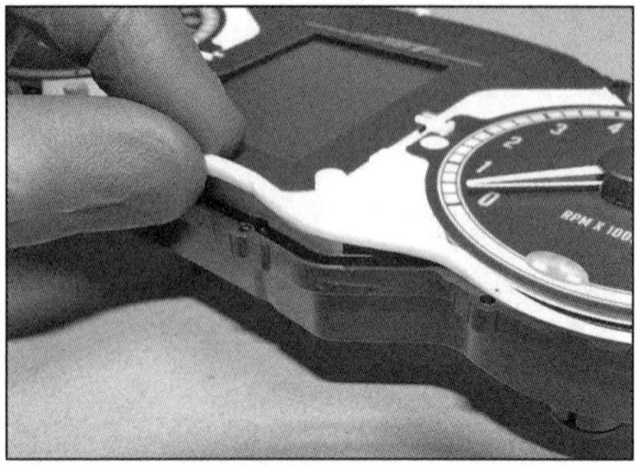
11.4d ...und die Dichtung.

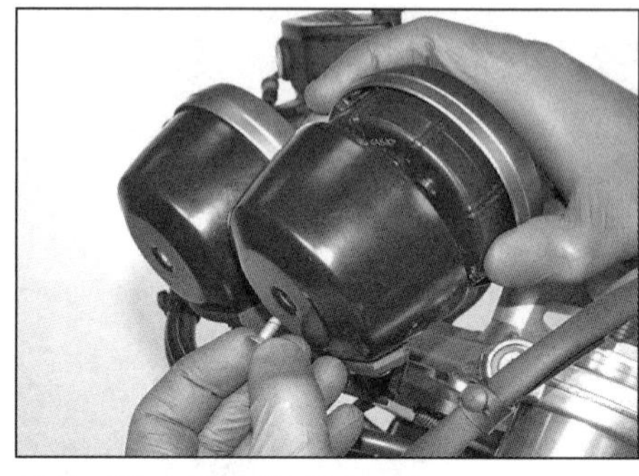
11.7a Lösen Sie die Schraube,...

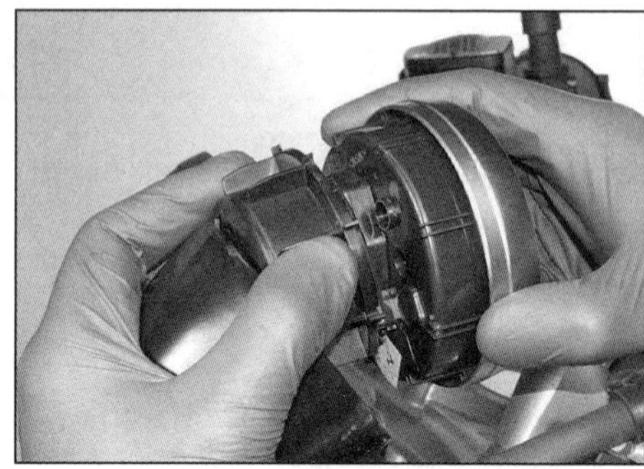
11.7b ...befreien Sie das Instrument...

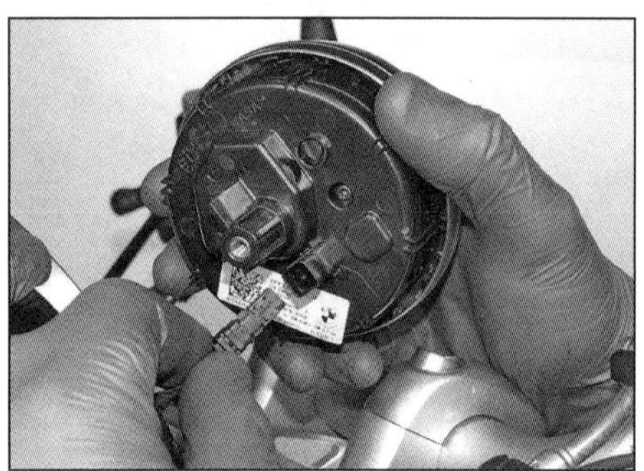
11.7c ...und trennen Sie den Stecker.

11.8a Lösen Sie die Laschen...

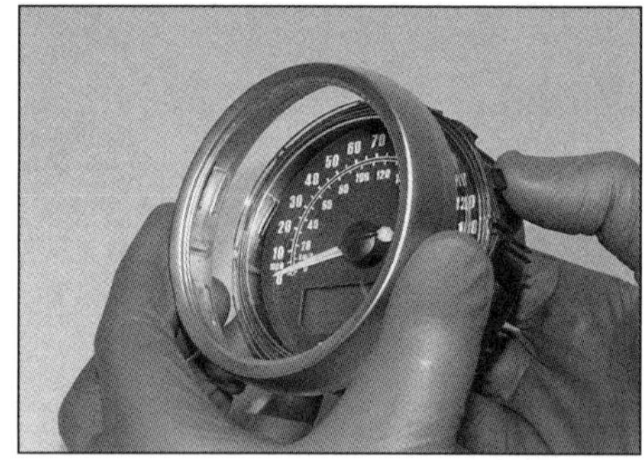
11.8b ...und entfernen Sie den Instrumentenring.

4 Die obere Instrumentenabdeckung und ihre Dichtung können nötigenfalls erneuert werden – im Reparaturset sind auch neue Schalterstifte enthalten. Lösen Sie an der Rückseite die zehn Schrauben und heben Sie dann die vordere Abdeckung ab (siehe Abbildungen). Entfernen Sie die Schalterstifte aus ihren Sitzen und die Dichtung aus ihrer Nut im Gehäuse (siehe Abbildungen). Legen Sie die neue Dichtung mit der abgerundeten Seite in die Nut des Gehäuses, sodass die vordere Abdeckung an der flachen Seite anliegt. Stecken Sie die neuen Stifte in ihre Bohrungen. Setzen Sie die neue Abdeckung auf, installieren Sie die Schrauben und ziehen Sie sie vorsichtig an.

5 Der Einbau entspricht der umgekehrten Ausbaureihenfolge. Die Instrumenten-Verkabelung muss korrekt verlegt und gesichert sein. Prüfen Sie die Funktionen der Instrumente.

R nineT ab 2017, Pure, Racer, Scrambler und Urban G/S

6 Entfernen Sie bei der Racer ggf. die Verkleidung, um den Zugang zu verbessern (siehe Kapitel 6). Entfernen Sie bei der Urban G/S die Scheinwerferverkleidung (siehe Kapitel 6).

7 Lösen Sie an der Unterseite die zentrale Schraube der jeweiligen Abdeckung, befreien Sie das Instrument aus seinem Halter und trennen Sie den Stecker (siehe Abbildungen).

8 Nötigenfalls können die Instrumentengläser samt Dichtungen erneuert werden. Befreien Sie dazu an der Rückseite die Laschen des Instrumentenrings und befreien Sie diesen. Entfernen Sie das Instrumentenglas samt Dichtring (siehe Abbildungen). Falls nicht bereits erledigt, muss die Dichtung an das Instrumentenglas installiert werden. Setzen Sie das Glas mit dem Ausschnitt zu dem des Gehäuses fluchtend auf, sodass die Rippe des Instrumentenrings hineingreifen kann, und drücken Sie ihn herunter, sodass die Laschen eingreifen (siehe Abbildungen).

9 Um die unteren Abdeckungen entfernen zu können, müssen die Kabelklemmen entfernt und die Kabel befreit werden (siehe Abbildung). Lösen Sie unten an der oberen Gabelbrücke die Instrumententräger-Schrauben und entfernen Sie den Halter samt Abdeckungen (siehe Abbildung). Lösen Sie die Schrauben der Abdeckungen, um diese vom Halter zu befreien (siehe Abbildung). Kontrollieren Sie die Gummiösen und ersetzen Sie sie nötigenfalls.

10 Der Einbau entspricht der umgekehrten Ausbaureihenfolge. Die Instrumenten-Verka-

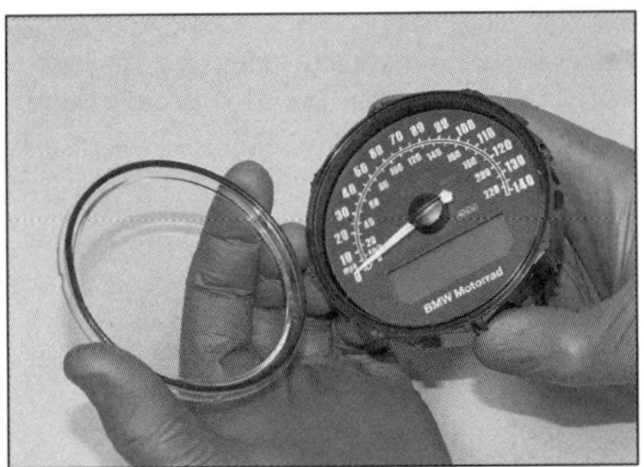

11.8c Heben Sie das Instrumentenglas samt Dichtring ab.

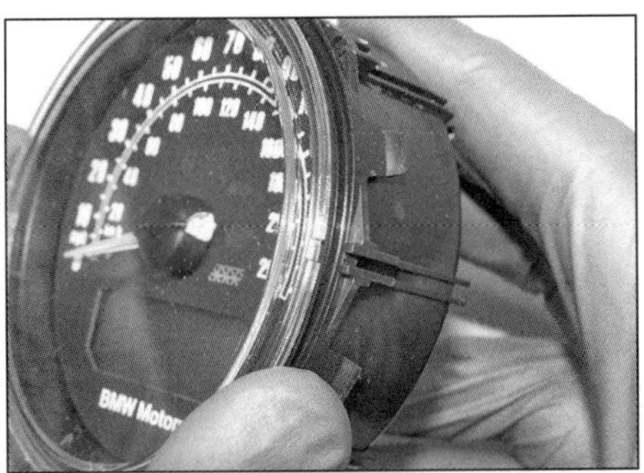

11.8d Richten Sie die Ausschnitte zueinander aus . . .

11.8e . . . sodass die Rippe des Instrumentenrings darin positioniert werden kann.

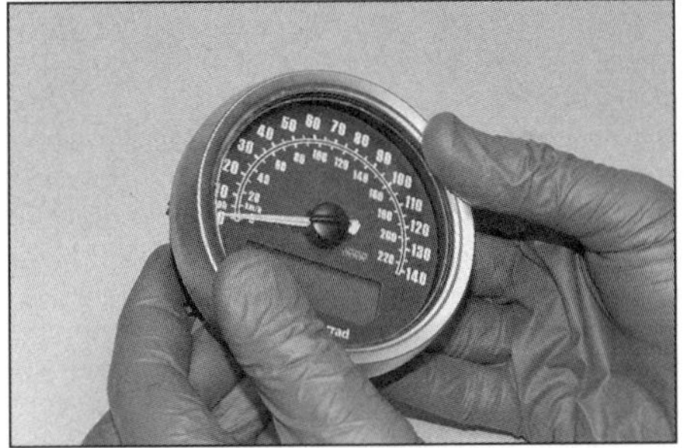

11.8f Drücken Sie den Ring herunter, damit er einrastet.

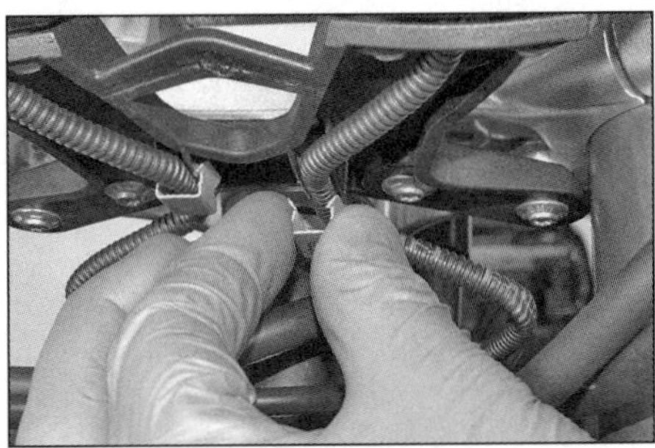

11.9a Befreien Sie die Kabel.

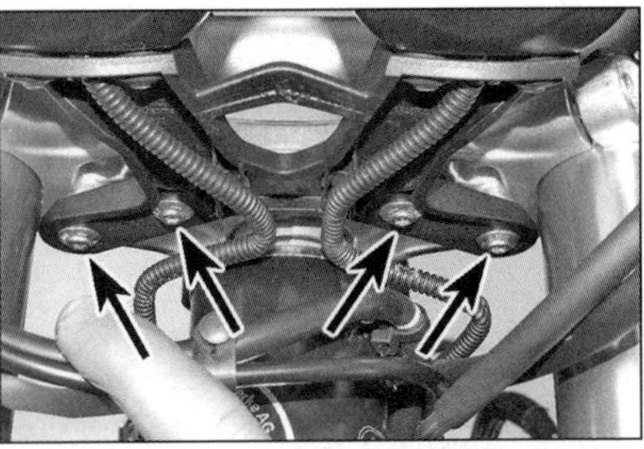

11.9b Schrauben des Instrumententrägers

11.9c Schrauben der Abdeckungen

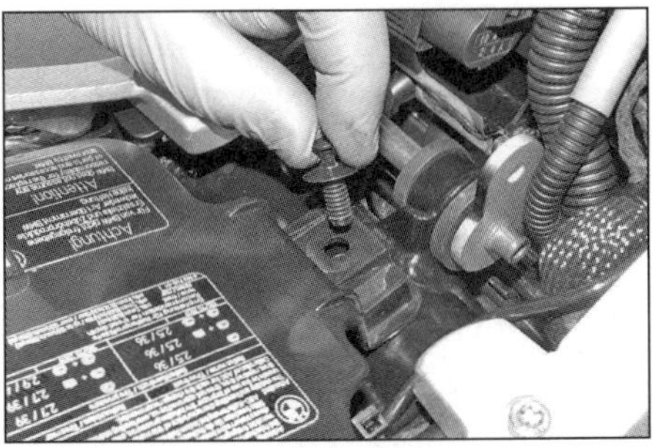

11.12a Ziehen Sie vorn an der Abdeckung den Mittelteil des Spreizniets heraus und befreien Sie diesen.

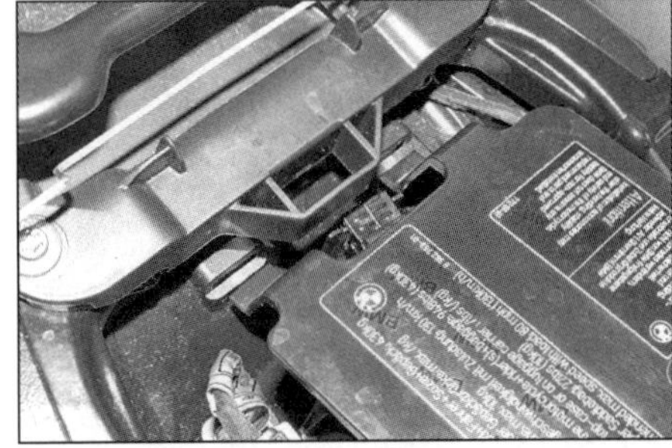

11.12b Heben Sie die Abdeckung vorn an und befreien Sie hinten die Laschen.

belung muss korrekt verlegt und gesichert sein. Prüfen Sie die Funktionen der Instrumente.

Instrumenten-Steuergerät

Anmerkung: *Ein Instrumenten-Steuergerät ist an der R nineT bis 2016 nicht vorhanden.*

11 Entfernen Sie die Sitze/Sitzbank (siehe Kapitel 6).

12 Befreien Sie im Heckrahmen die Abdeckung (siehe Abbildungen).

13 Trennen Sie den Steuergerät-Stecker, lösen Sie die drei Schrauben und heben Sie das Steuergerät ab (siehe Abbildung).

14 Der Einbau entspricht der umgekehrten Ausbaureihenfolge. Kontrollieren Sie die Gummiösen und ersetzen Sie sie nötigenfalls. Die Verkabelung muss korrekt verlegt und gesichert sein. Prüfen Sie die Funktionen der Instrumente. Positionieren Sie den Spreizniet vorn in der Abdeckung und dem Rahmenrohr und drücken Sie den Stift ein (siehe Abbildung).

11.13 Trennen Sie den Steuergerät-Stecker und lösen Sie die drei Schrauben.

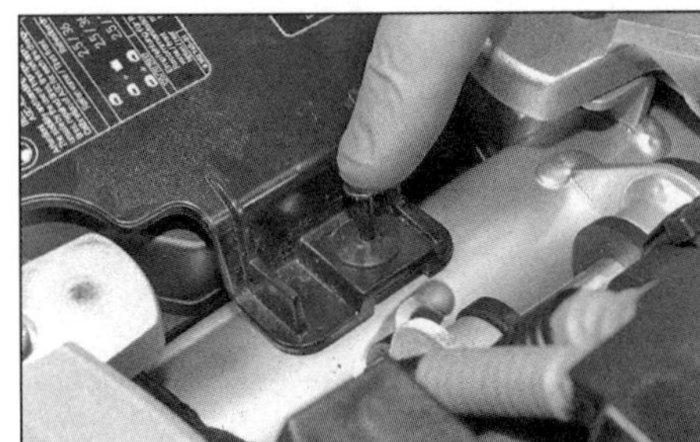

11.14 Drücken Sie den Spreizniet durch die Abdeckung ins Rahmenrohr und pressen Sie den Stift ein.

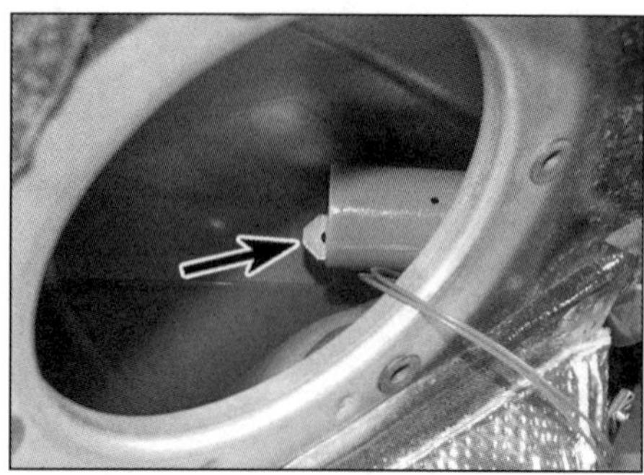

12.3 Drücken Sie den Halter (Pfeil) weg, um den Sensor zu befreien und abziehen zu können.

12 Tankanzeige-Sensor

Warnung: Benzin ist leicht entflammbar, vor allem in Form von Dampf. Daher müssen unten stehende Warnhinweise beachtet werden. Beachten Sie, dass Benzindampf schwerer ist als Luft und sich daher in schlecht belüfteten Ecken sammeln kann. Vermeiden Sie Hautkontakt und suchen Sie einen Arzt auf, wenn Benzin in die Augen gelangt ist oder verschluckt wurde. Tragen Sie immer eine Schutzbrille und halten Sie einen geeigneten Feuerlöscher bereit.

1 Sobald der Pegel im Tank in den Reservebereich abfällt, muss im Display das Zapfsäulen-Symbol erscheinen.
2 Um den Sensor entfernen zu können, muss zunächst die Benzinpumpe aus dem Tank gebaut werden (siehe Kapitel 3, Sektion 4).
3 Drücken Sie vorsichtig die Unterseite des Sensorhalters vom Sensor weg und ziehen Sie dann den Sensor vom Halter – beachten Sie seine Einbaulage (siehe Abbildung).
4 Der Einbau entspricht der umgekehrten Ausbaureihenfolge. Der Halter muss zwischen den zwei Leisten des Sensors sitzen und der Sensor hochgedrückt werden, bis er hörbar einrastet.

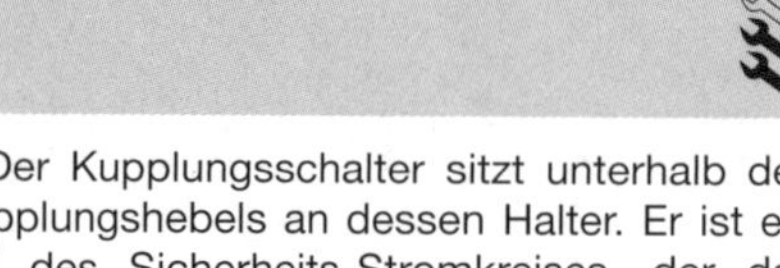

13 Kupplungsschalter

1 Der Kupplungsschalter sitzt unterhalb des Kupplungshebels an dessen Halter. Er ist ein Teil des Sicherheits-Stromkreises, der das Starten des Motors bei eingelegtem Gang verhindert, solange nicht die Kupplung gezogen und der Seitenständer eingeklappt ist. Folgen Sie für die Kontrolle des Sicherheits-Stromkreises den Hinweisen in Kapitel 3, Sektion 13.
2 Schneiden Sie am Stecker den Kabelbinder auf und trennen Sie ihn vom Schalter (siehe Abbildungen).
3 Lösen Sie die Schraube und entfernen Sie den Schalter (siehe Abbildung).
4 Der Einbau entspricht der umgekehrten Ausbaureihenfolge. Prüfen Sie die Funktion des Sicherheitsstromkreises.

14 Seitenständerschalter

Kontrolle

1 Der Seitenständerschalter sitzt am Lagerzapfen des Seitenständers. Er ist ein Teil des Sicherheits-Stromkreises, der das Starten des Motors bei eingelegtem Gang verhindert, solange nicht die Kupplung gezogen und der Seitenständer eingeklappt ist. Folgen Sie für die Kontrolle des Sicherheits-Stromkreises den Hinweisen in Kapitel 3, Sektion 13.
2 Zur Kontrolle des Seitenständerschalters muss das Motorrad auf einer geeigneten Stütze gesichert werden. Trennen Sie den Stecker direkt vom Schalter (Abbildungen 114.6b und c).
3 Prüfen Sie mit einem Multimeter oder einer Prüflampe, ob an den Kontakten der Schalterseite Durchgang besteht – zuerst mit eingeklapptem dann mit ausgeklapptem Ständer.
4 Falls nicht in einer Ständer-Position Durchgang und in der anderen kein Durchgang besteht, ist der Schalter defekt und muss ersetzt werden.
5 Ist der Schalter in Ordnung, müssen die Kontakte des Steckers sowie die Verkabelung untersucht werden.

Ausbau

6 Lösen Sie die Schraube und heben Sie den Schalter ab, trennen Sie dann den Stecker (siehe Abbildungen).

Einbau

7 Verbinden Sie den Kabelstecker und drücken Sie die Sicherheitslasche herunter, bis sie einrastet (siehe Abbildung).
8 Stecken Sie bei der Montage des Schalters den Stift an dessen Rückseite in die Bohrung des Ständers und positionieren Sie die Nut oben im Gehäuse über den Zapfen am Rahmen (siehe Abbildung). Reinigen Sie die Gewinde der Schalterschraube, tragen Sie frische Sicherungspaste auf und sichern Sie damit den Schalter.
9 Prüfen Sie die Funktion des Sicherheitsstromkreises.

15 Zündschloss

Allgemeines

1 Jedes neue Motorrad wird mit zwei Zündschlüsseln ausgeliefert. Diese Schlüssel sind mit Transpondern ausgerüstet, die mit Sicherheits-Codes versehen sind. Beim Einführen eines dieser Schlüssel ins Zündschloss wird der Sicherheits-Code an die Wegfahrsperre übermittelt und diese deaktiviert.
2 Die beiden Zündschlüssel dürfen nicht zusammen gelagert werden. Abgesehen vom offensichtlichen Risiko, gleich beide zu verlieren kann auch der Ersatzschlüssel das Signal

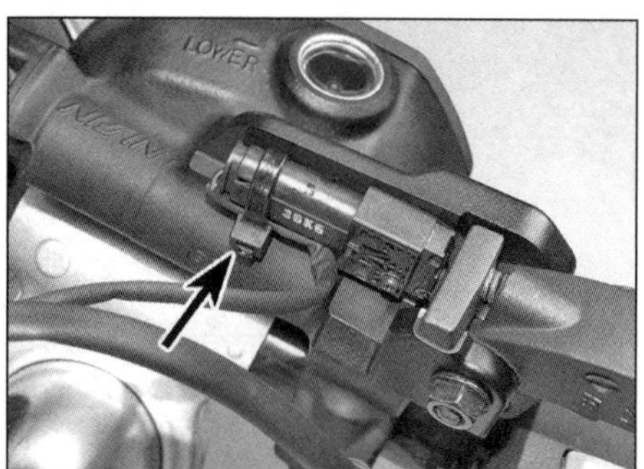

13.2a Schneiden Sie den Kabelbinder auf . . .

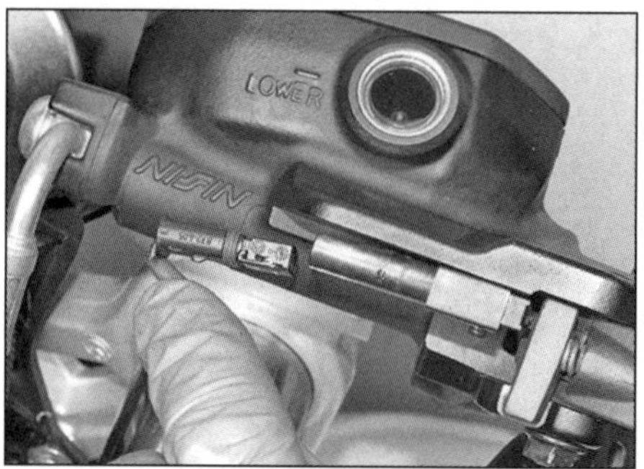

13.2b . . . und trennen Sie den Stecker, indem Sie ihn hoch drücken und aus der Lasche befreien (diese kann beim Herunterziehen leicht abbrechen).

13.3 Schraube des Kupplungsschalters

14.6a Lösen Sie die Schraube und befreien Sie den Schalter.

14.6b Heben Sie zum Trennen des Kabels die weiße Sicherheitslasche an . . .

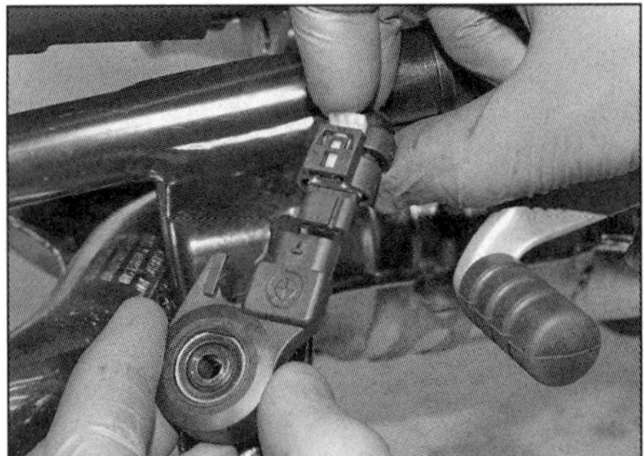

14.6c . . . und drücken Sie sie oben ein, um den Stecker abzuziehen.

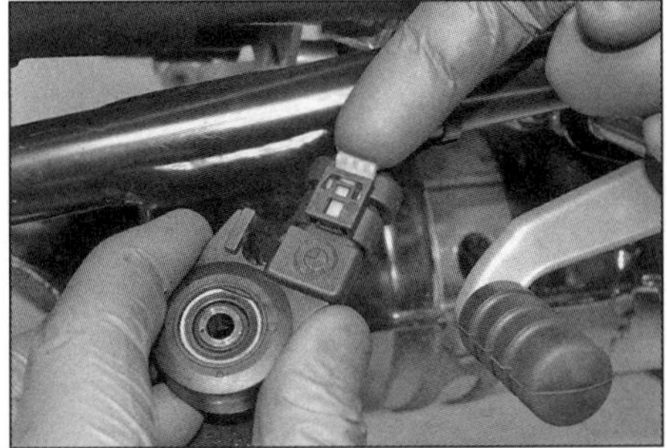

14.7 Drücken Sie die Lasche herunter.

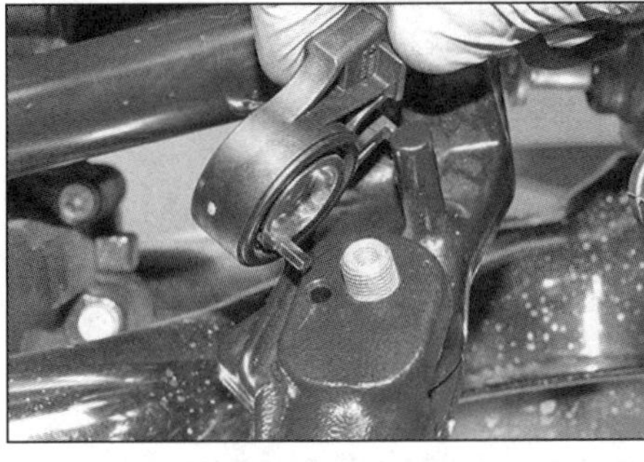

14.8 Stecken Sie den Stift des Schalters in die Bohrung des Ständers.

an die Wegfahrsperre stören, sodass im Cockpit-Display eine Warnmeldung erscheint.

3 Falls ein Zündschlüssel verloren geht oder seinen Sicherheitscode verliert, muss Ersatz beim BMW-Händler beschafft werden, wo auch der neue Schlüssel und der noch vorhandene Schlüssel neu codiert werden müssen.

4 Falls ein neues Zündschloss montiert werden soll, muss es mithilfe des BMW-Diagnosegeräts bei der Bordelektronik registriert werden.

Ausbau

5 Befreien und entfernen Sie die Zündschlossabdeckung (siehe Abbildung).

6 Das kombinierte Zünd/Lenkschloss ist mit speziellen Sicherheitsschrauben gesichert.

7 Bei der **R nineT bis 2016** lassen sich die Spezialschrauben aufgrund ihrer speziell geformten Köpfe zwar angezogen aber nicht wieder gelockert werden (siehe Abbildung) – bohren Sie die Köpfe ab, entnehmen Sie die Scheiben und befreien Sie das Zündschloss – trennen Sie dabei seinen Stecker. Die Reste der Schrauben müssen mit speziellen Ausdrehwerkzeugen (z. B. einem Linksausdreher) entfernt werden – beachten Sie dazu die *Werkzeug- und Werkstatt-Tipps* im Anhang. Alternativ können die Schrauben auch mit einem seitlich angesetzten Meißel gelockert und dann entfernt werden. Lassen Sie das Zündschloss besser von einer BMW-Werkstatt austauschen, da sowohl neue Schrauben als auch ein Spezialwerkzeug zum Anziehen benötigt werden. Lösen Sie nötigenfalls die zwei Schrauben, um die unten am Zündschloss sitzende Elektronik-Einheit zu befreien – beide Teile sind separat erhältlich.

8 Bei der **R nineT ab 2017, Pure, Racer, Scrambler und Urban G/S** kommen Spezialschrauben mit Abscher-Köpfen zum Einsatz, die an der konischen Form erkennbar sind (siehe Abbildung) – lockern Sie sie mit einem seitlich angesetzten Meißel und entfernen Sie sie. Befreien Sie das Zündschloss und trennen Sie dabei seinen Stecker.

Einbau

9 Montieren Sie bei der **R nineT bis 2016** ggf. die Elektrik-Einheit unten ans Zündschloss. Verbinden Sie den Zündschlossstecker, installieren Sie das Zündschloss mit neuen Schrauben, vergessen Sie nicht die Scheiben, und ziehen Sie diese mit dem BMW-Spezialwerkzeug (Teilenummer 510 531) mit 20 Nm an – lassen Sie diese Arbeit nötigenfalls von einer BMW-Werkstatt erledigen.

10 Verbinden Sie bei der **R nineT ab 2017, Pure, Racer, Scrambler und Urban G/S** den Zündschlossstecker, installieren Sie das Zündschloss mit neuen Spezialschrauben und ziehen Sie diese an, bis ihre Köpfe abreißen.

11 Prüfen Sie die Funktion des Zündschlosses und setzen Sie die Abdeckung auf (Abbildung 15.5).

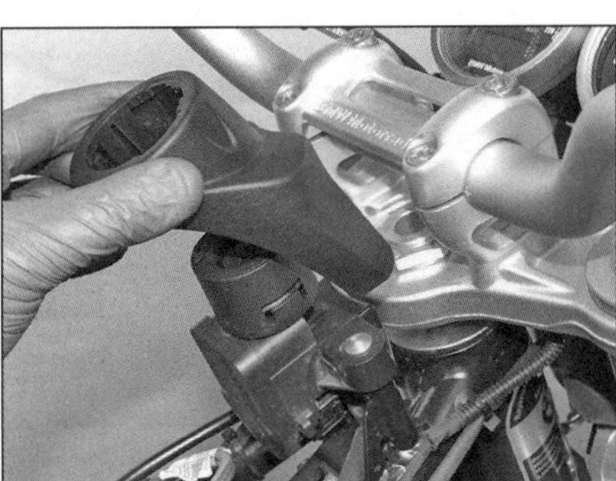

15.5 Befreien Sie die Abdeckung vom Zündschloss.

15.7 Zündschlossschrauben der R nineT bis 2016

15.8 Zündschlossschrauben mit Abscherkopf

7

16.3 Lösen Sie die hintere Schraube.

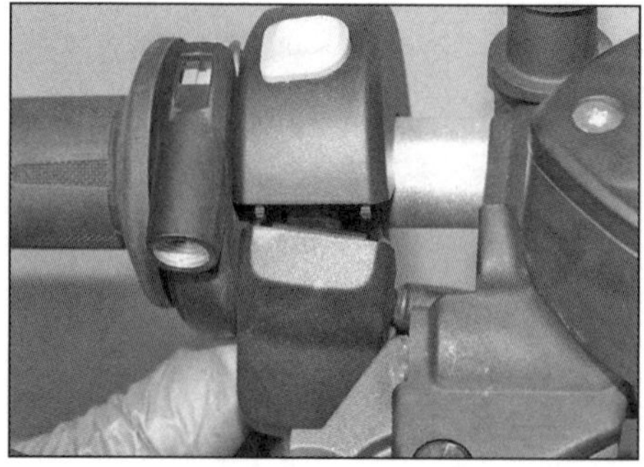
16.4 Befreien Sie die untere Abdeckung.

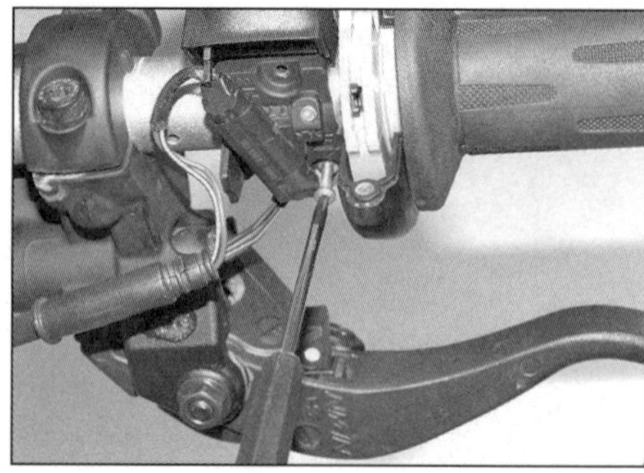
16.5a Lösen Sie die Schraube, ...

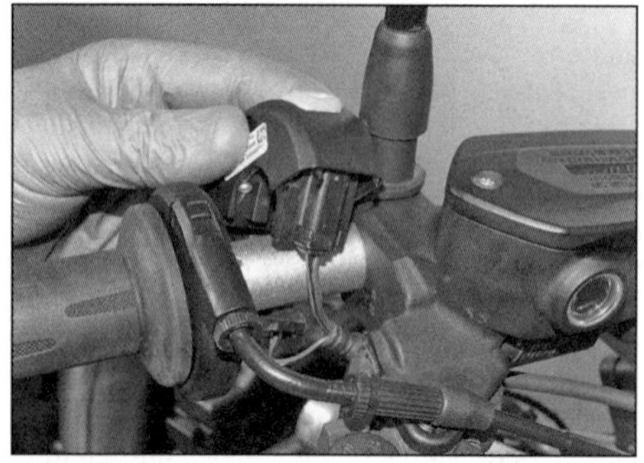
16.5b ... befreien Sie das Gehäuse und trennen Sie die Stecker des Startknopfs und des Killschalters ...

16.5c ... sowie der Griffheizung.

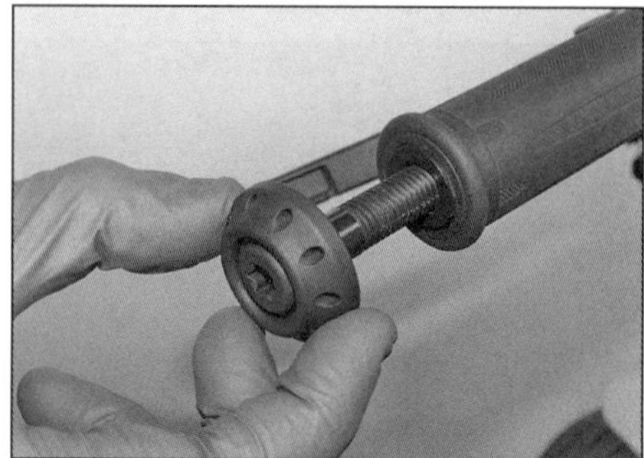
16.6 Entfernen Sie das Lenkergewicht.

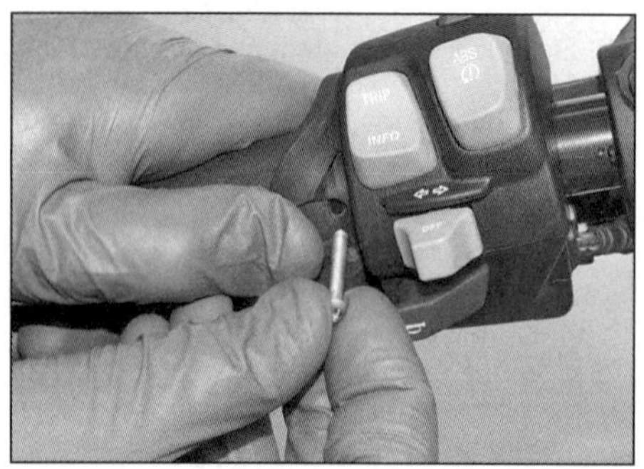
16.7a Ziehen Sie das Griffgummi zurück und lösen Sie die Schraube.

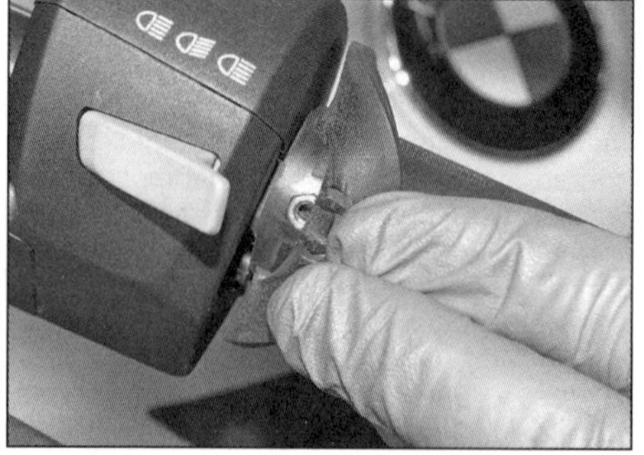
16.7b Die Mutter muss in ihrem Sitz verbleiben.

16.8 Befreien Sie die Schalterkabel je nach Modell aus den Gummibändern oder Kabelbindern.

16 Lenkerschalter

1 Im Allgemeinen funktionieren die Schalter zuverlässig und problemlos. Wenn Probleme auftreten, liegt es oft an Schmutz und korrodierten Kontakten, aber auch Verschleiß und Brüche innerer Teile sind Möglichkeiten, die nicht übersehen werden dürfen. Wenn irgendeine Unterbrechung auftritt, muss der entsprechende Schalter samt angeschlossener Kabel ersetzt werden, da Einzelteile nicht erhältlich sind.

2 Die Schalter können mit einem Ohmmeter oder einer Prüflampe auf Durchgang kontrolliert werden (siehe Sektion 2). Die einzelnen Schalter selbst sind abgedichtet – falls der Durchgangstest auf ein Problem hinweist, muss ein neues Schaltergehäuse beschafft werden.

Rechter Lenkerschalter

3 Lösen Sie die Schraube an der Rückseite des Gasgriffgehäuses (siehe Abbildung).

4 Senken Sie die untere Abdeckung hinten ab und drücken Sie sie nach vorne, um die vordere Lasche zu befreien (siehe Abbildung).

5 Lösen Sie die Schraube und befreien Sie das Schaltergehäuse. Trennen Sie dann die Kabelstecker und ggf. auch den Stecker der Griffheizung (siehe Abbildungen).

Linker Lenkerschalter

Achtung: Lösen Sie NICHT die Schrauben an der Rückseite des Schaltergehäuses!

6 Lösen Sie bei der R nineT die Schraube des Lenkergewichts und entfernen Sie dies. Schrauben Sie bei allen anderen Modellen das Lenkergewicht aus dem Lenker-Ende (siehe Abbildung).

7 Ziehen Sie den Flansch des Griffgummis zurück und lösen Sie die darunter sitzende Schraube (siehe Abbildung) – beachten Sie die Käfigmutter am Ende der Schraube, die bei zu viel Druck auf den Schraubenkopf aus ihrem Sitz gedrückt werden könnte (ziehen Sie den Griffgummiflansch an der anderen Seite zurück, um dies zu kontrollieren – siehe Abbildung).

16.9 Ziehen Sie das Griffgummi samt Schaltergehäuse vom Lenker.

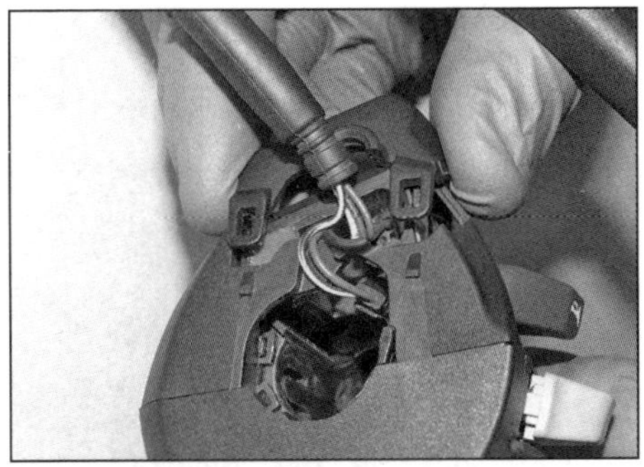

16.10a Lösen Sie die Laschen und entfernen Sie die Abdeckung.

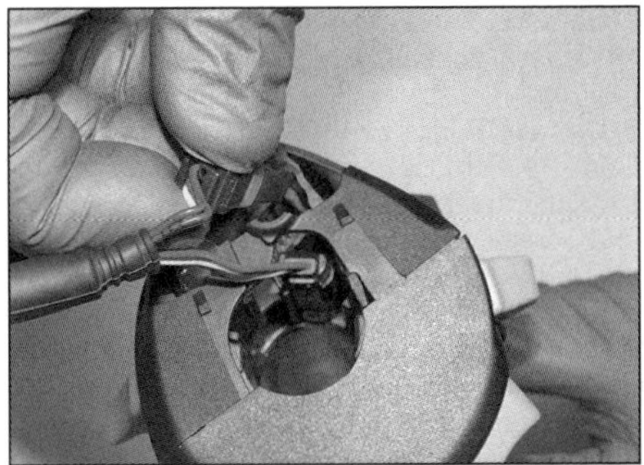

16.10b Trennen Sie den ...

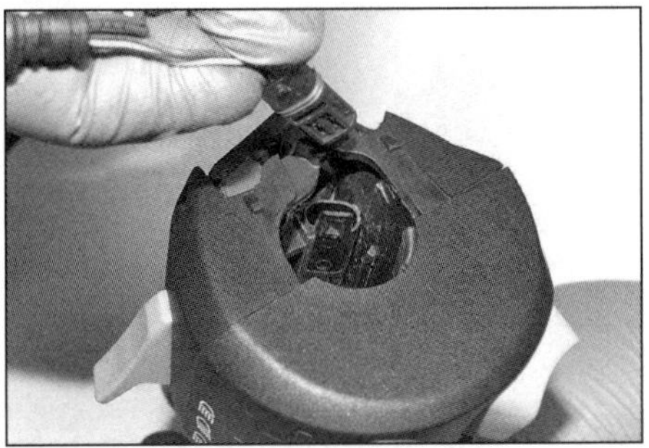

16.10c ... oder die Stecker.

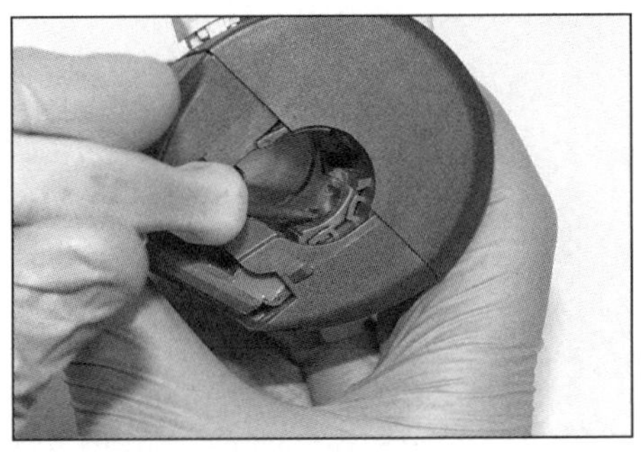

16.11a Heben Sie vorsichtig die Lasche an ...

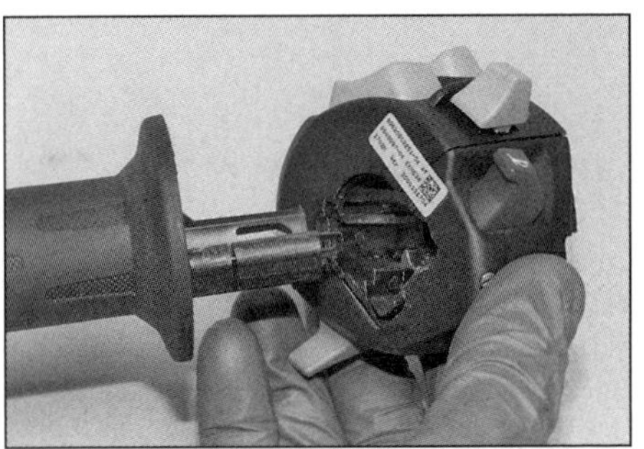

16.11b ... und befreien Sie den Griff vom Gehäuse.

8 Trennen Sie den Stecker des Kupplungsschalters (Abbildungen 13.2a und b). Befreien Sie die Lenkerschalter-Verkabelung aus allen Befestigungen (siehe Abbildung).
9 Schwenken Sie den Lenker nach links und ziehen Sie das Griffgummi samt Schaltergehäuse vom Lenker (siehe Abbildung).
10 Lösen Sie die Laschen und entfernen Sie die Abdeckung (siehe Abbildung). Befreien oder trennen Sie den oder die Stecker (je nachdem, ob eine Griffheizung vorhanden ist – siehe Abbildungen).
11 Heben Sie vorsichtig die Haltelasche innerhalb des Gehäuses an und ziehen Sie den Griff heraus (siehe Abbildungen).

Einbau

12 Der Einbau erfolgt in umgekehrter Ausbaureihenfolge. Prüfen Sie vor der ersten Fahrt die Funktionen aller Schalter.

17 Hupe

1 Um Zugang zur Hupe zu erhalten, muss der Tank entfernt werden (siehe Kapitel 3).
2 Befreien und trennen Sie den Hupenstecker, lösen Sie die Schraube und entnehmen Sie die Hupe (siehe Abbildungen).
3 Verbinden Sie für einen Test der Hupe deren Kontakte mit einer geladenen 12-Volt-Batterie.
4 Funktioniert die Hupe jetzt, müssen der Schalter (siehe Sektion 16) und die Kabel zwischen dem Schalter und der Hupe kontrolliert werden (beachten Sie die Schaltpläne am Ende dieses Kapitels).
5 Funktioniert die Hupe auch bei direkter Stromversorgung nicht, muss sie ersetzt werden.
6 Der Einbau erfolgt in umgekehrter Ausbaureihenfolge. Prüfen Sie die Funktionen der Hupe.

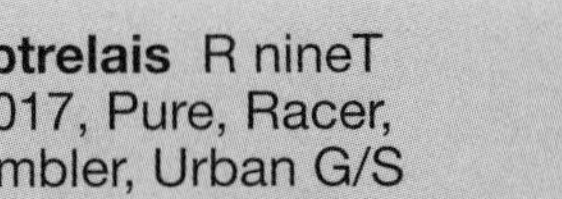

18 Hauptrelais R nineT ab 2017, Pure, Racer, Scrambler, Urban G/S

1 Das Hauptrelais regelt einen Teil der Stromversorgung (beachten Sie die Schaltpläne am Ende dieses Kapitels). Die R nineT bis 2016 verfügt nicht über ein Hauptrelais.
2 Die Zündung muss ausgeschaltet sein. Trennen Sie den Masseanschluss (–) der Batterie (siehe Sektion 3).
3 Lösen Sie die Schrauben des Verdunstungssystem-Behälters und befreien Sie diesen (siehe Abbildung) – das Relais sitzt vorn am Behälter.

17.2a Hupenstecker

17.2b Hupen-Befestigungsschraube

18.3 Schrauben des Verdunstungssystem-Behälters

4 Befreien Sie das Relais-Gehäuse vom Behälter und ziehen Sie das Relais ab (siehe Abbildungen).
5 Um das Relais zu testen, muss ein auf den Ohm-Bereich geschaltetes Multimeter oder ein Durchgangsprüfer mit den Anschlüssen 3 und 5 verbunden werden (siehe Abbildungen) – es darf kein Durchgang festgestellt werden (unendlicher Widerstand).
6 Verbinden Sie jetzt eine geladene 12-Volt-Batterie mithilfe von Überbrückungskabeln mit den Anschlüssen 1 (+) und 2 (–). Zwischen den Anschlüssen 3 und 5 muss jetzt Durchgang festgestellt werden (null Widerstand).
7 Bei anderen Ergebnissen ist das Relais defekt und muss ersetzt werden.

18.4a Befreien Sie das Relais-Gehäuse vom Behälter...

18.4b ... und ziehen Sie das Relais ab.

18.5a Der interne Stromkreis ist auf das Relais aufgedruckt...

18.5b ... und die Anschlüsse sind markiert.

19 Anlasserrelais und Lastabwurfrelais

Anlasserrelais

1 Prüfen Sie bei einem nicht funktionierenden Anlasser zuerst, ob die Batterie ausreichend geladen ist. Außerdem müssen der Killschalter auf RUN stehen, der Seitenständer eingeklappt sein und sich das Getriebe im Leerlauf befinden. Arbeitet der Anlasser immer noch nicht, wird die Zündung ausgeschaltet und der Masseanschluss (–) der Batterie getrennt (siehe Sektion 3).

2 Demontieren Sie den Tank (siehe Kapitel 3).

3 Befreien Sie das Relaisgehäuse und entfernen Sie die Abdeckung (siehe Abbildungen).

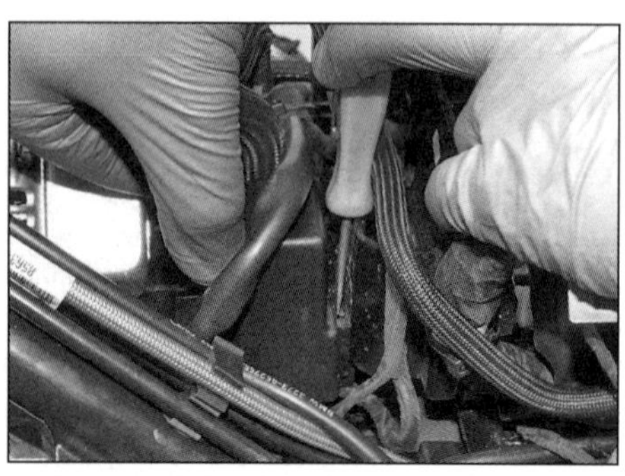

19.3a Lösen Sie die Lasche und ziehen Sie das Relaisgehäuse hoch.

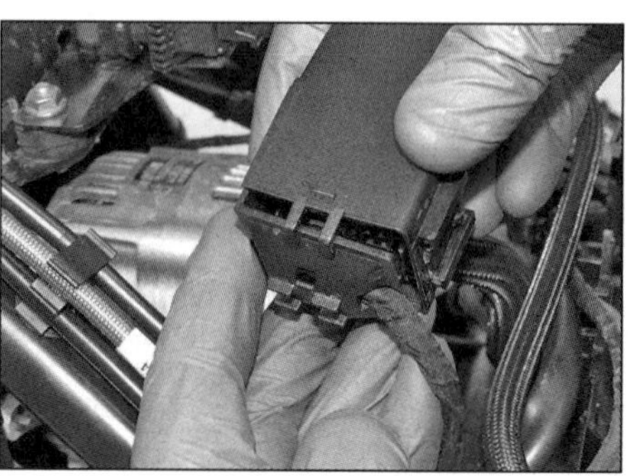

19.3b Entfernen Sie den Deckel...

19.3c ... und befreien Sie den Halter, ...

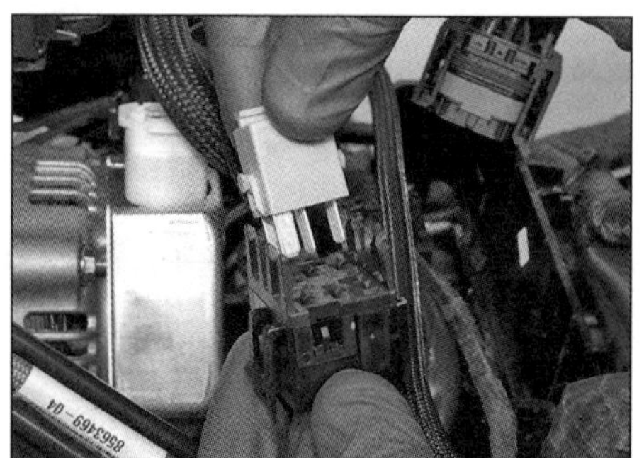

19.3d ... um das Relais herauszuziehen.

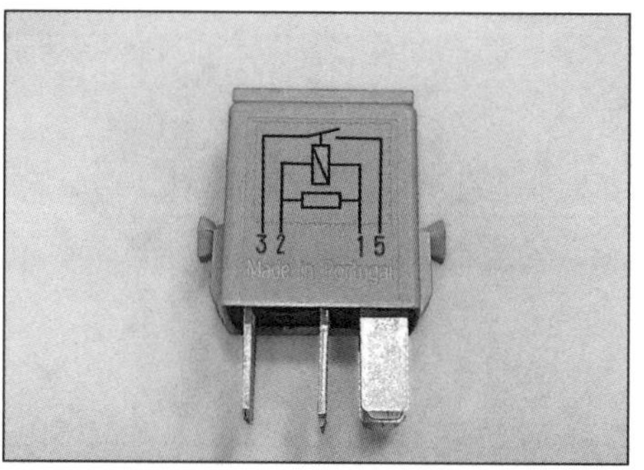

19.4a Der interne Stromkreis ist auf das Relais aufgedruckt...

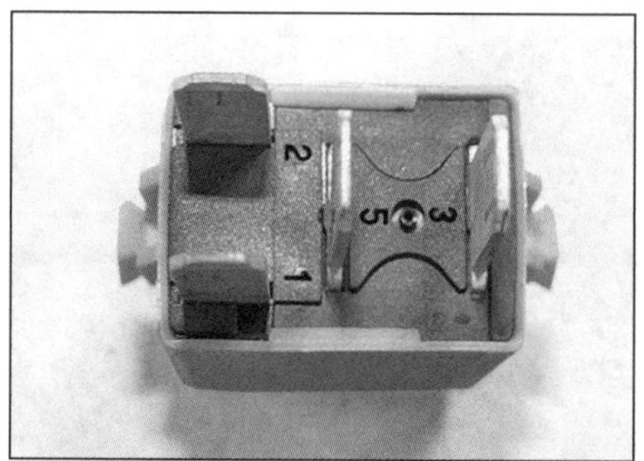

19.4b ... und die Anschlüsse sind markiert.

20.5a Entfernen Sie die Kappe vom Magnetschalter-Anschluss und lösen Sie die Mutter.

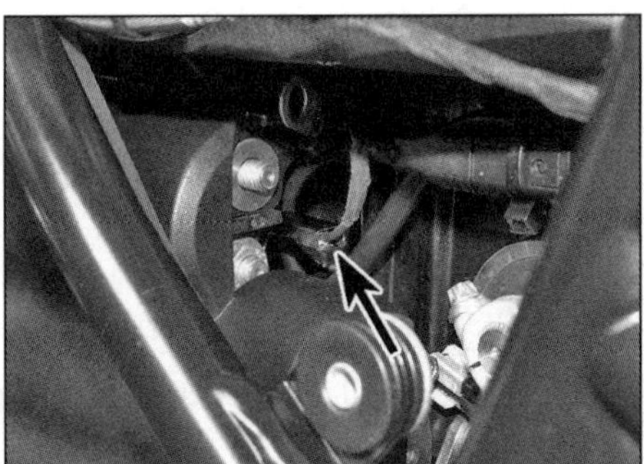

20.5b Trennen Sie den Stecker.

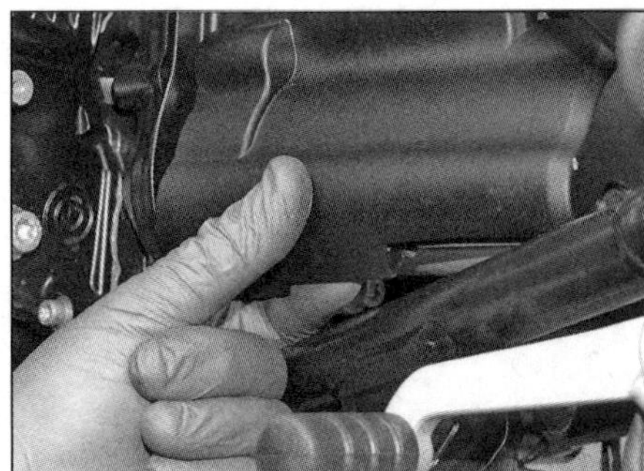

20.6a Ziehen Sie die Abdeckung unten ab . . .

20.6b . . . und ziehen Sie sie nach hinten, um den Zapfen zu befreien.

20.7a Anlasser-Befestigungsschrauben (Pfeile)

20.7b Befreien Sie den Anlasser.

Befreien Sie den Relaishalter aus dem Gehäuse und ziehen Sie das Relais aus dem Halter (siehe Abbildungen).

4 Um das Relais zu testen, muss ein auf den Ohm-Bereich geschaltetes Multimeter oder ein Durchgangsprüfer mit den Anschlüssen 3 und 5 verbunden werden (siehe Abbildungen) – es darf kein Durchgang festgestellt werden (unendlicher Widerstand).

5 Verbinden Sie jetzt eine geladene 12-Volt-Batterie mithilfe von Überbrückungskabeln mit den Anschlüssen 2 (+) und 1 (–). Zwischen den Anschlüssen 3 und 5 muss jetzt Durchgang festgestellt werden (null Widerstand).

6 Bei anderen Ergebnissen ist das Relais defekt und muss ersetzt werden.

20.8 Begutachten Sie die Verzahnung der Anlasserwelle

7 Falls das Relais und seine Verkabelung in Ordnung sind, müssen die anderen Komponenten des Anlasser-Stromkreises (Kupplungsschalter, Seitenständerschalter, Gangsensor, Startknopf und Killschalter) entsprechend der relevanten Sektionen in diesem Kapitel untersucht werden. Wenn alle Komponenten in Ordnung sind, müssen die Kabel zwischen den verschiedenen Teilen des Anlasser-Stromkreises überprüft werden (beachten Sie die Schaltpläne am Ende dieses Kapitels).

8 Wenn alle Komponenten des Anlasser-Stromkreises in Ordnung sind, kann der Fehler in einem beschädigten Anlasser-Magnetschalter liegen (siehe Sektion 20).

Lastabwurfrelais

9 Das ggf. bei der R nineT bis 2016 nachgerüstete Relais sitzt neben dem Anlasserrelais.

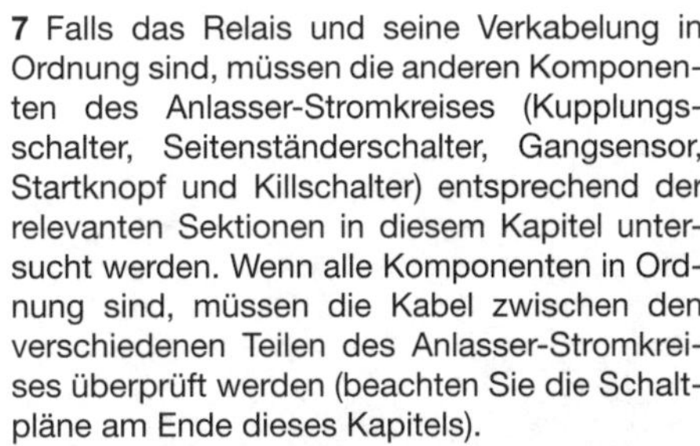

20 Anlasser und Magnetschalter

Ausbau

1 Der Anlasser sitzt links neben dem Getriebe.

2 Entfernen Sie die Sitze/Sitzbank (siehe Kapitel 6).

3 Befreien Sie die Batterieanschluss-Abdeckung vom Sitzhalter, trennen Sie das Pluskabel und umwickeln Sie es mit Lappen (Abbildung 3.2).

4 Befreien Sie den Auspuffklappen-Servo und positionieren Sie ihn abseits des Anlassers – der Stecker muss getrennt werden, die Seilzüge können angeschlossen bleiben (siehe Kapitel 3, Sektion 9).

5 Entfernen Sie die Kappe vom Magnetschalter-Anschluss, lösen Sie die Mutter, entfernen Sie die Federscheibe und befreien Sie den Anschluss, trennen Sie dann den Kabelstecker (siehe Abbildungen).

6 Entfernen Sie die Anlasser-Abdeckung – beachten Sie, wie der Zapfen in der Gummiöse steckt (siehe Abbildungen).

7 Lösen Sie die zwei Befestigungsschrauben des Anlassers, beachten Sie die Scheiben. Ziehen Sie den Anlasser aus der Gehäuseöffnung – beachten Sie, wie seine Zähne in die des Zahnkranzes an der Kupplung greifen (siehe Abbildungen).

8 Begutachten Sie die Verzahnung des Anlassers und des Kupplungsrades auf verschlissene oder beschädigte Zähne. Ist das Anlasserzahnrad schadhaft, muss der Anlasser ersetzt werden – Einzelteile sind weder für ihn noch den Magnetschalter erhältlich (siehe Abbildung). Ist das Kupplungsrad schadhaft, muss die Kupplung zerlegt werden (siehe Kapitel 2, Sektion 20).

9 Nötigenfalls muss die Funktion des Anlassers und des Magnetschalters von einer BMW-Werkstatt überprüft werden.

20.10a Der Anlasser muss korrekt auf dem Passstift sitzen.

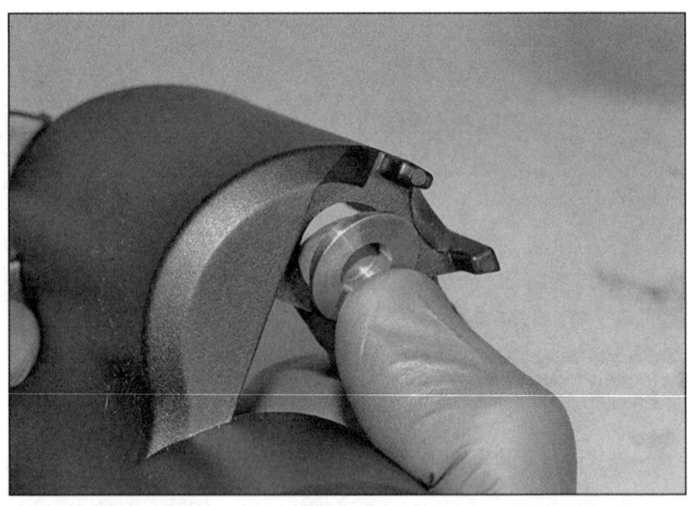

20.10b Achten Sie auf die Hülse in der Anlasser-Abdeckung.

22.7 Lösen Sie die vier Schrauben und entfernen Sie die Riemenabdeckung.

22.8a Lockern Sie die einzelne ...

22.8b ... und diese zwei Muttern des Modulator-Halters.

22.9 Ziehen Sie den Kraftstoffverteiler aus der Halterung.

22.10a Trennen Sie den Stecker.

22.10b Befreien Sie die Kappe, lösen Sie die Mutter...

Einbau

10 Der Einbau entspricht der umgekehrten Ausbaureihenfolge. Der Anlasser muss korrekt auf dem Passstift sitzen (siehe Abbildung). Ziehen Sie die Anlasserschrauben mit 19 Nm an. Alle Kabel müssen sicher verbunden sein. Die in der Anlasser-Abdeckung sitzende Hülse darf beim Aufschieben nicht vom Stromanschluss verschoben werden (siehe Abbildung).

11 Prüfen Sie die Funktion des Anlassers.

21 Ladesystem
Kontrolle

1 Eine akkurate Begutachtung der Lichtmaschinenleistung sollte einer BMW-Werkstatt überlassen werden. Ein Ausgangsspannungs-Test kann jedoch wie folgt durchgeführt werden:

2 Prüfen Sie die Spannung der Batterie – sie muss vollständig geladen sein (siehe Sektion 3).

3 Starten Sie den Motor und lassen Sie ihn mit erhöhtem Standgas laufen. Verbinden Sie die Plusklemme eines auf den Messbereich 0-20 Volt DC (Gleichstrom) gestellten Multimeters mit dem abgelegenen Plus-Anschluss am Sitzhalter; die Minusklemme kommt an den abgelegenen Minusanschluss am rechten Zylinder (Abbildungen 3.3a und b). Das Messgerät sollte 13 bis 15 Volt anzeigen.

4 Schalten Sie jetzt das Fernlicht ein – die Spannung kann kurz abfallen, muss aber bald wieder auf 13 bis 15 Volt zurückkehren.

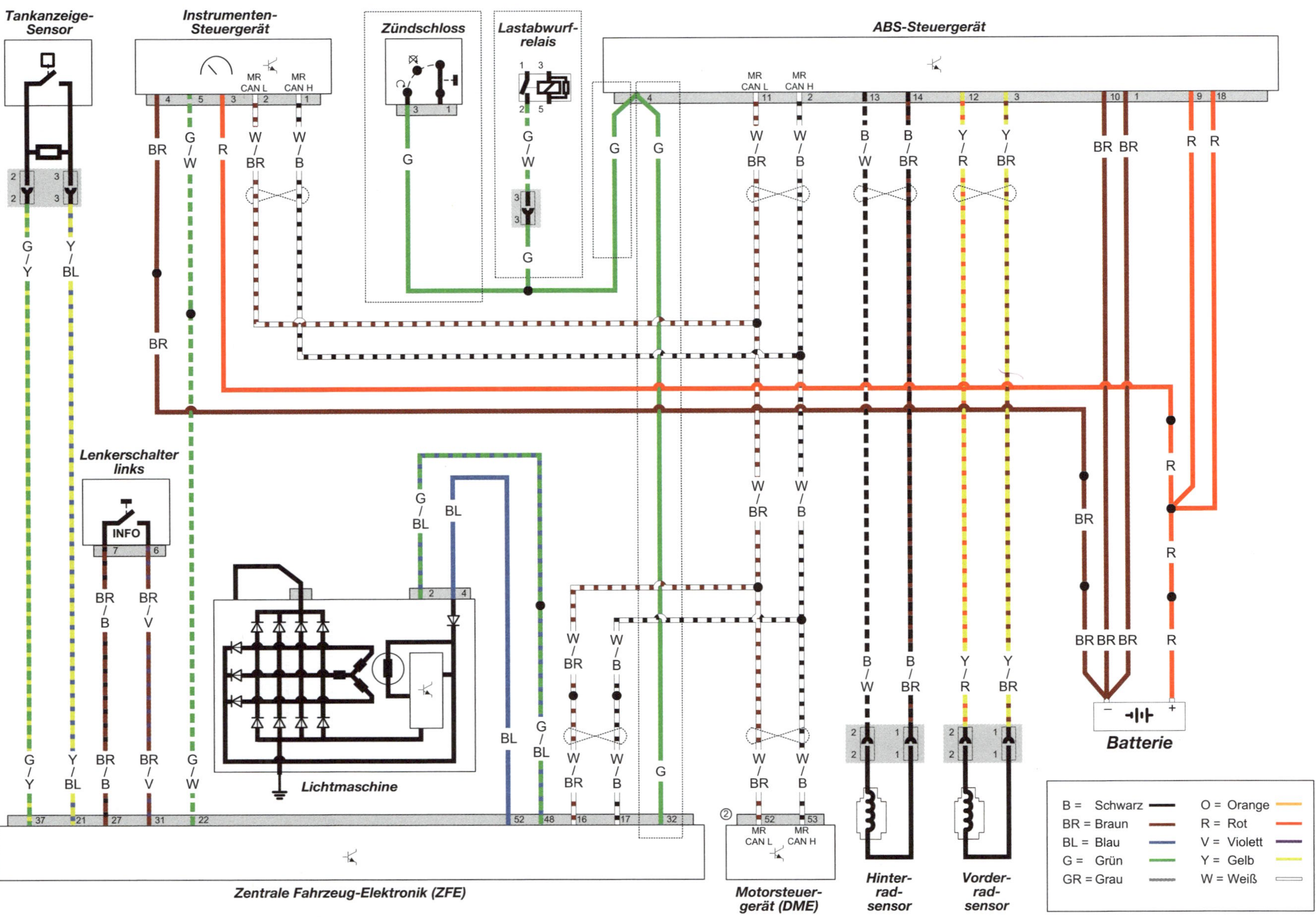

R nineT bis 2016 – Antiblockiersystem (ABS)

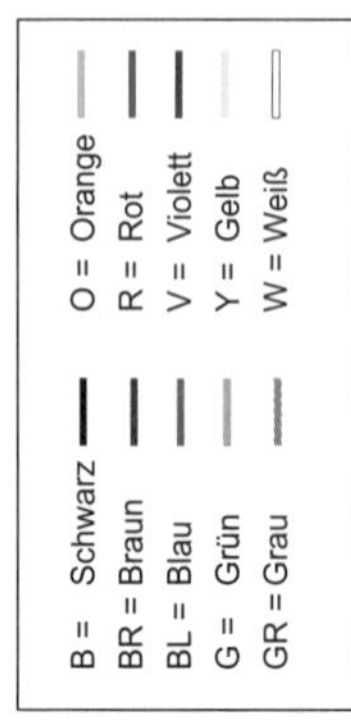

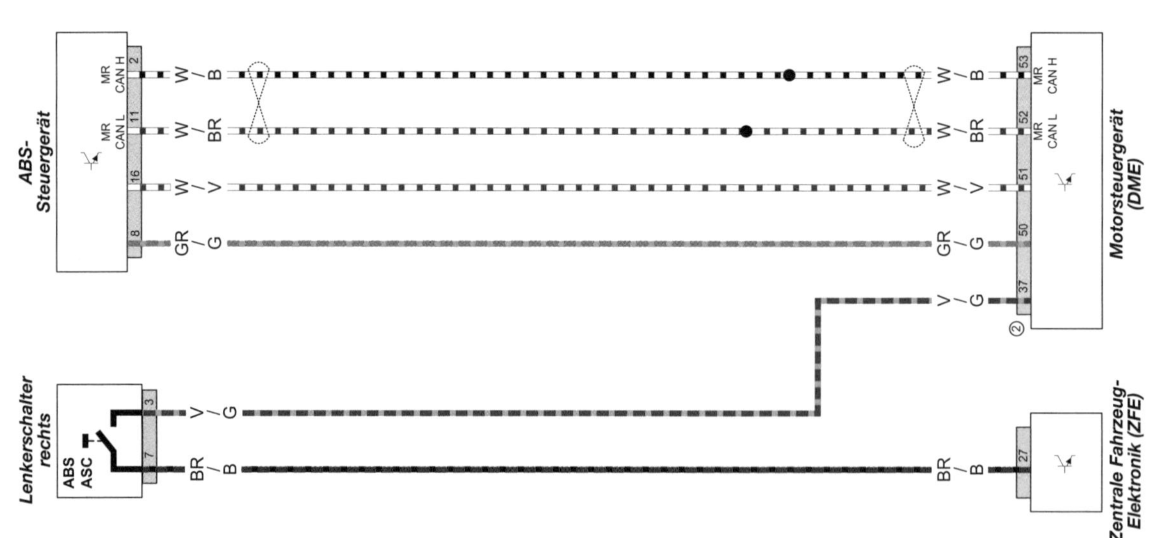

R nineT bis 2016 – Automatische Stabilitätskontrolle (ASC)

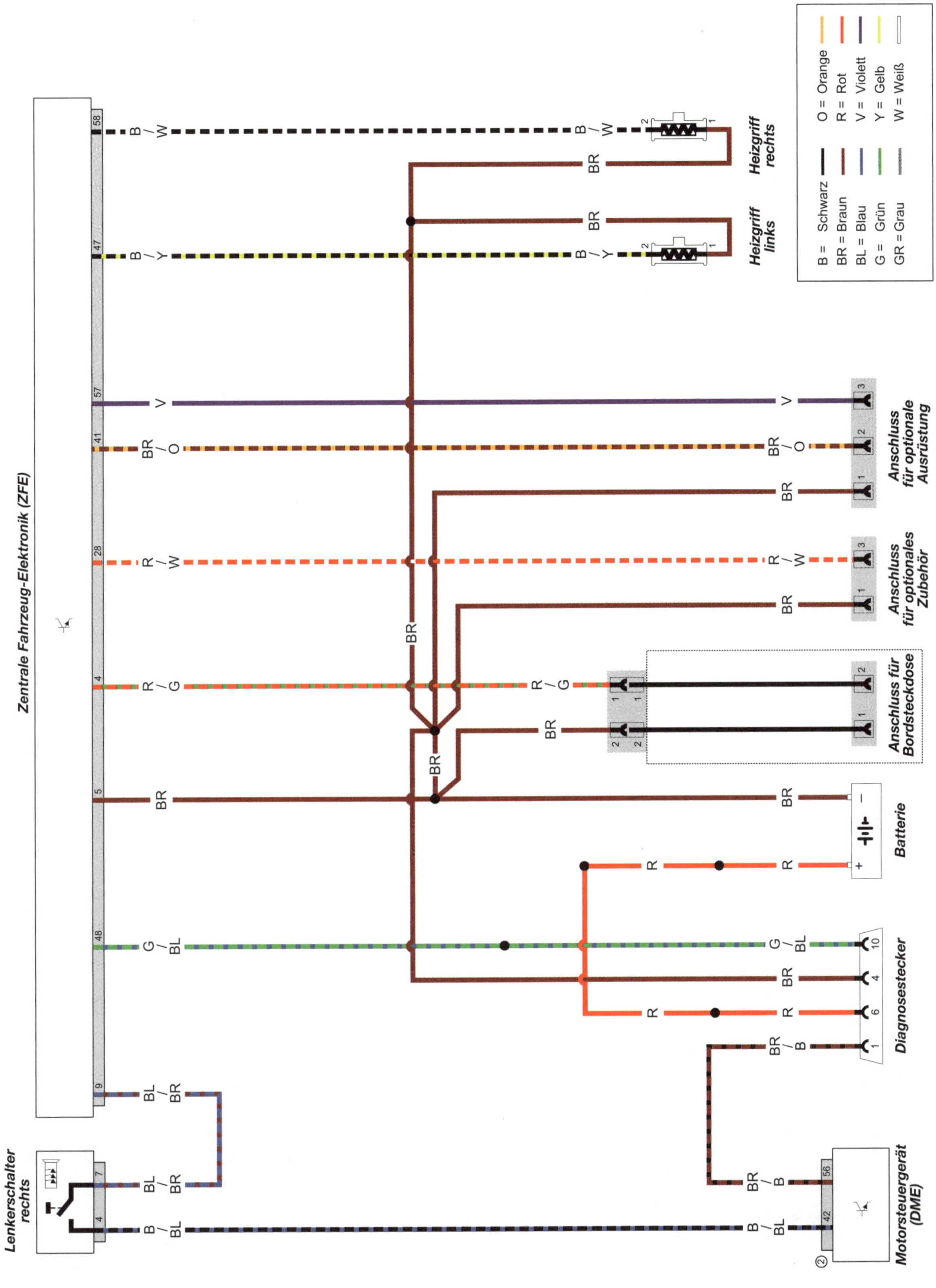

Lenkerschalter rechts

Zentrale Fahrzeug-Elektronik (ZFE)

Motorsteuergerät (DME)

Diagnosestecker

Batterie

Anschluss für Bordsteckdose

Anschluss für optionales Zubehör

Anschluss für optionale Ausrüstung

Heizgriff links

Heizgriff rechts

B =	Schwarz	O =	Orange
BR =	Braun	R =	Rot
BL =	Blau	V =	Violett
G =	Grün	Y =	Gelb
GR =	Grau	W =	Weiß

R nineT bis 2016 – Lade-Steckdose, Diagnosestecker und Heizgriffe

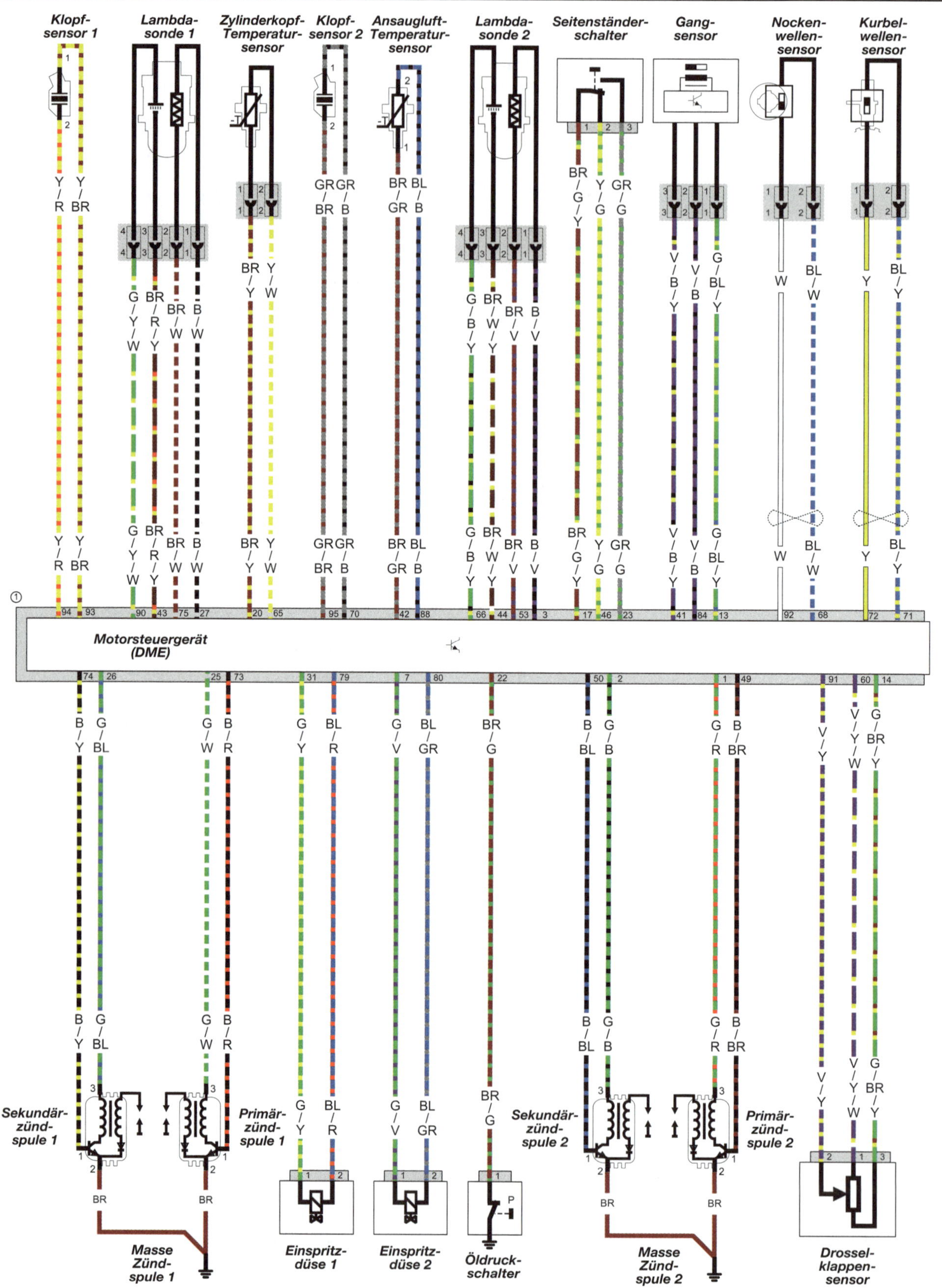

R nineT bis 2016 – Motorsteuerung (DME)

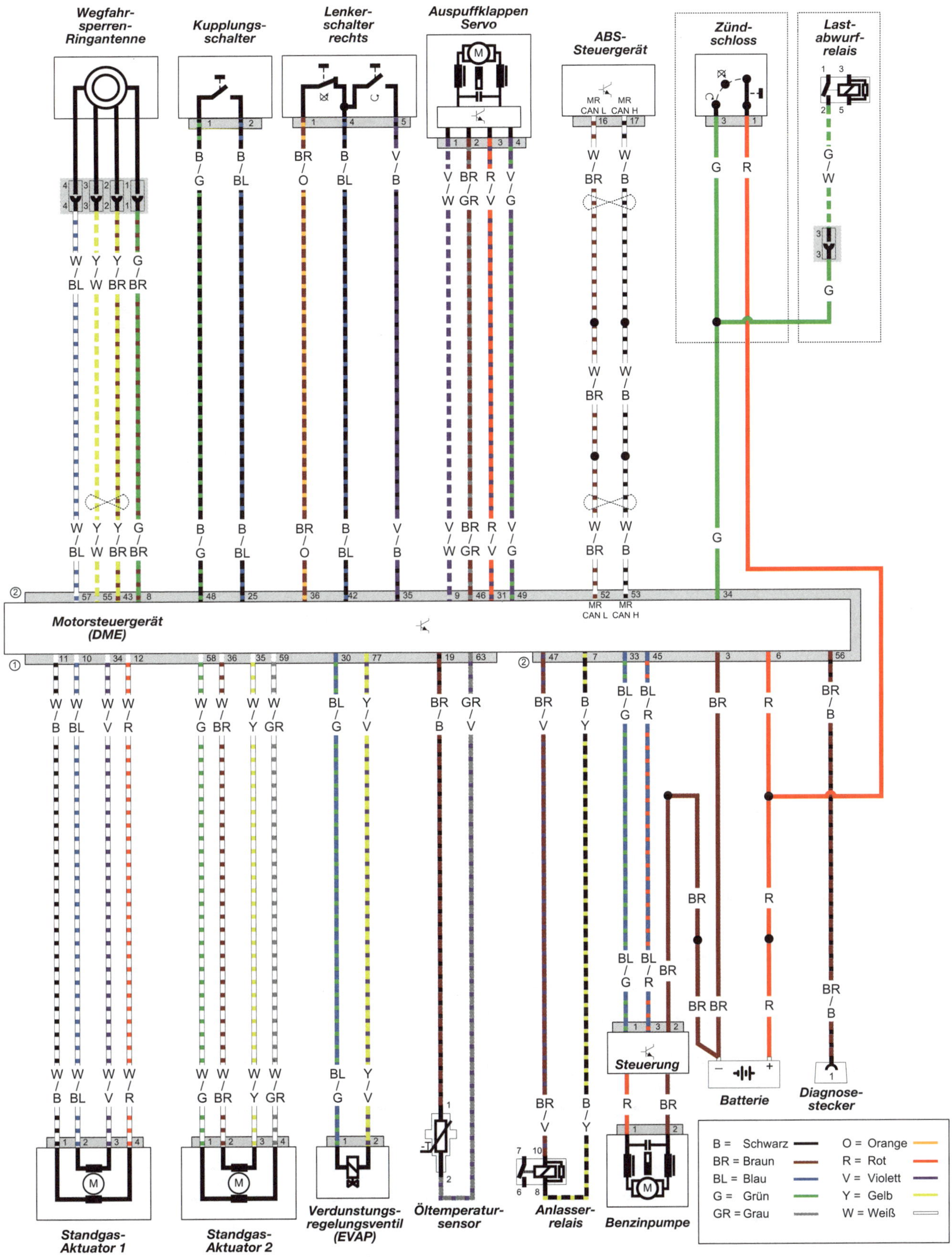

B = Schwarz		O = Orange	
BR = Braun		R = Rot	
BL = Blau		V = Violett	
G = Grün		Y = Gelb	
GR = Grau		W = Weiß	

R nineT bis 2016 – Motorsteuerung (DME)

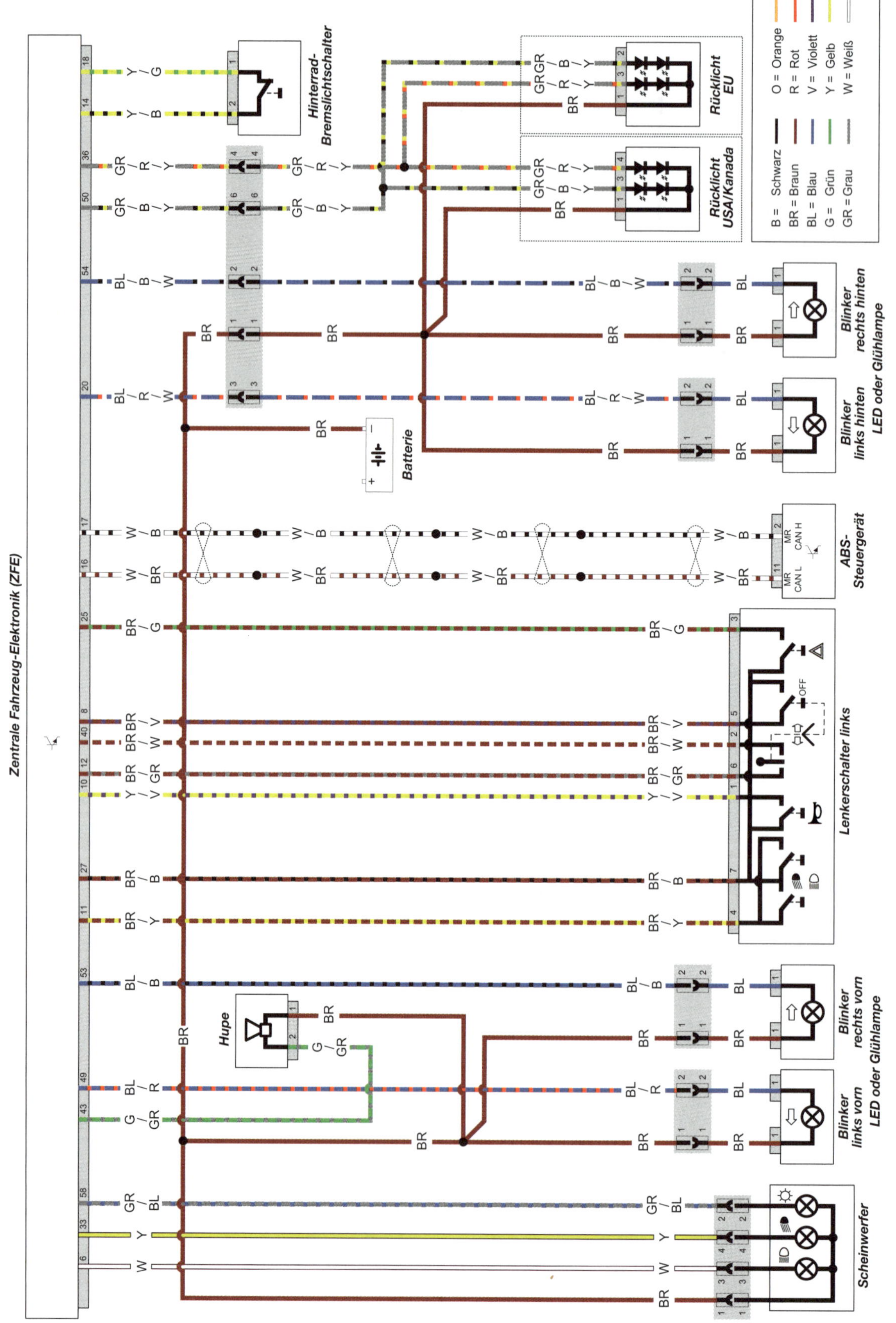

R nineT bis 2016 – Beleuchtung, Blinker, Hupe

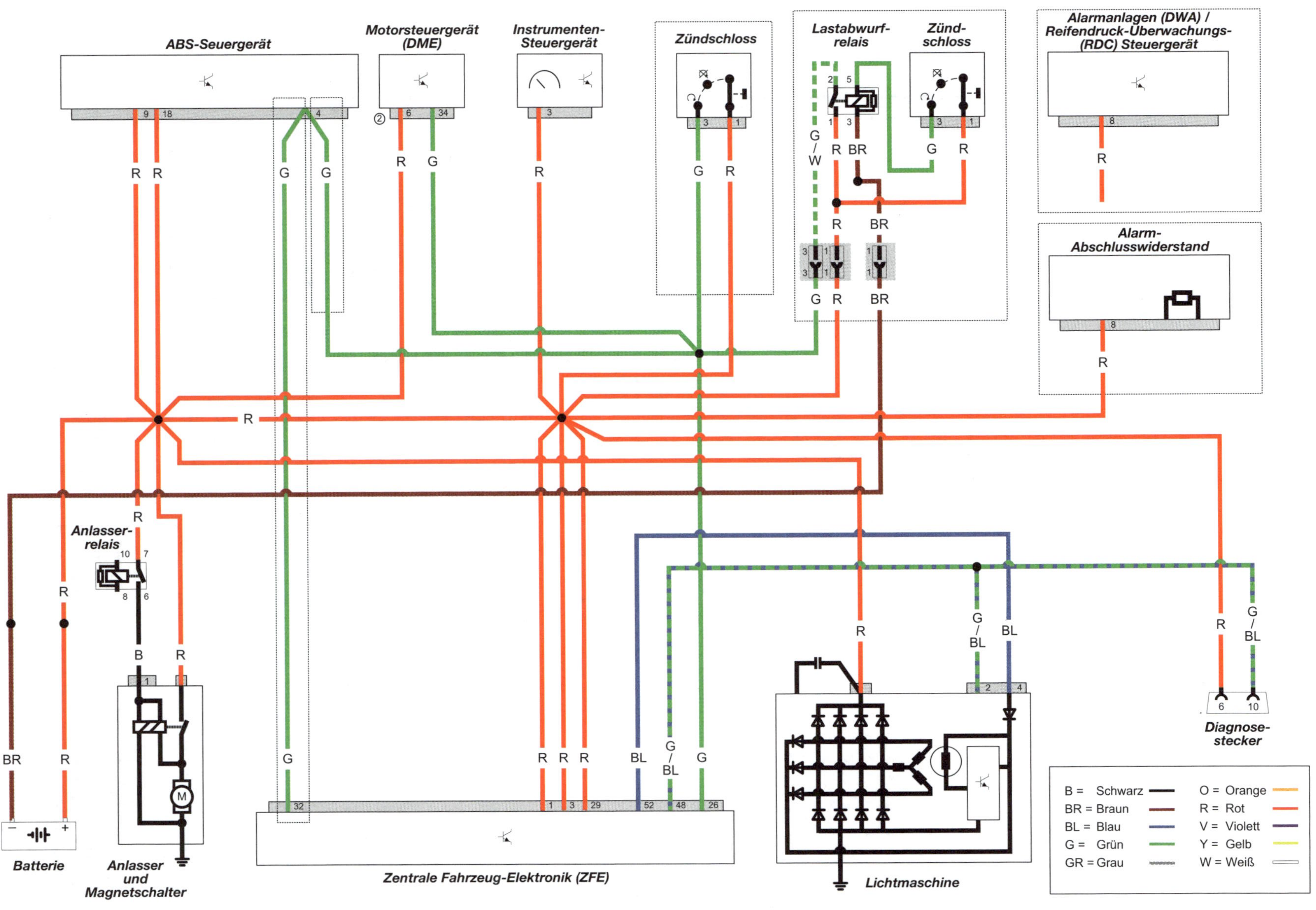

R nineT bis 2016 - Stromversorgung

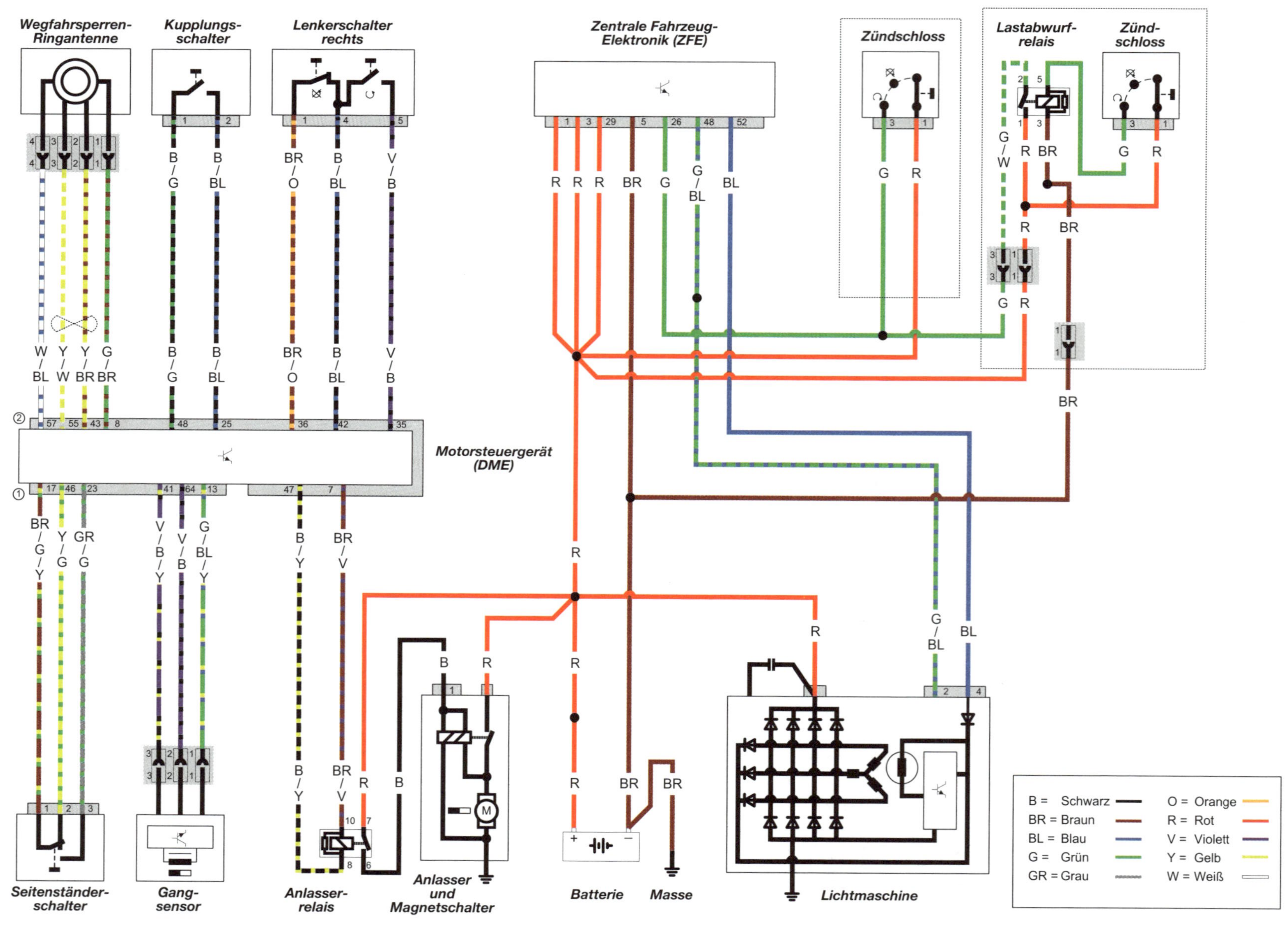

R nineT bis 2016 - Anlasser und Ladesystem

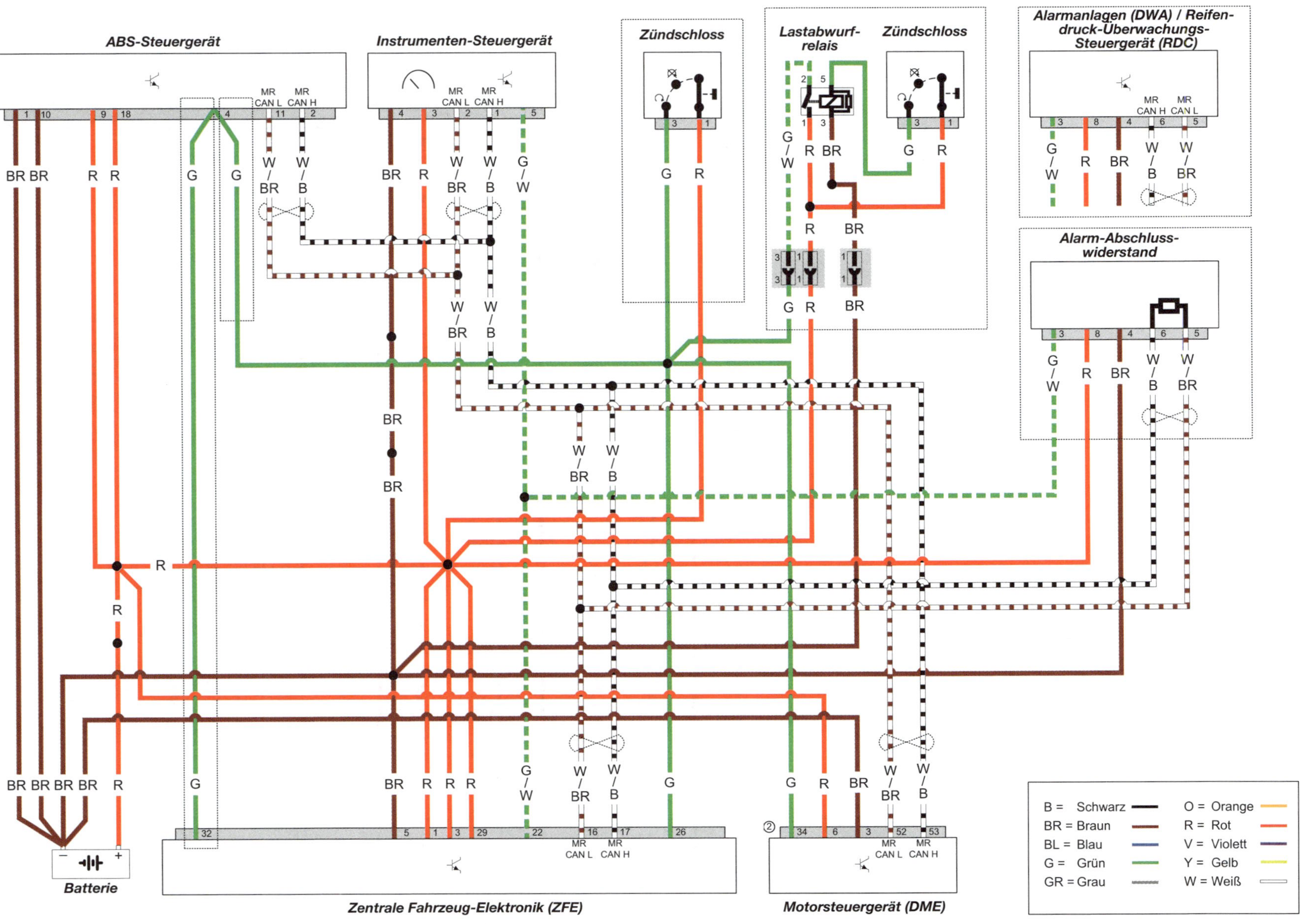

R nineT bis 2016 – Stromversorgung und Steuergeräte

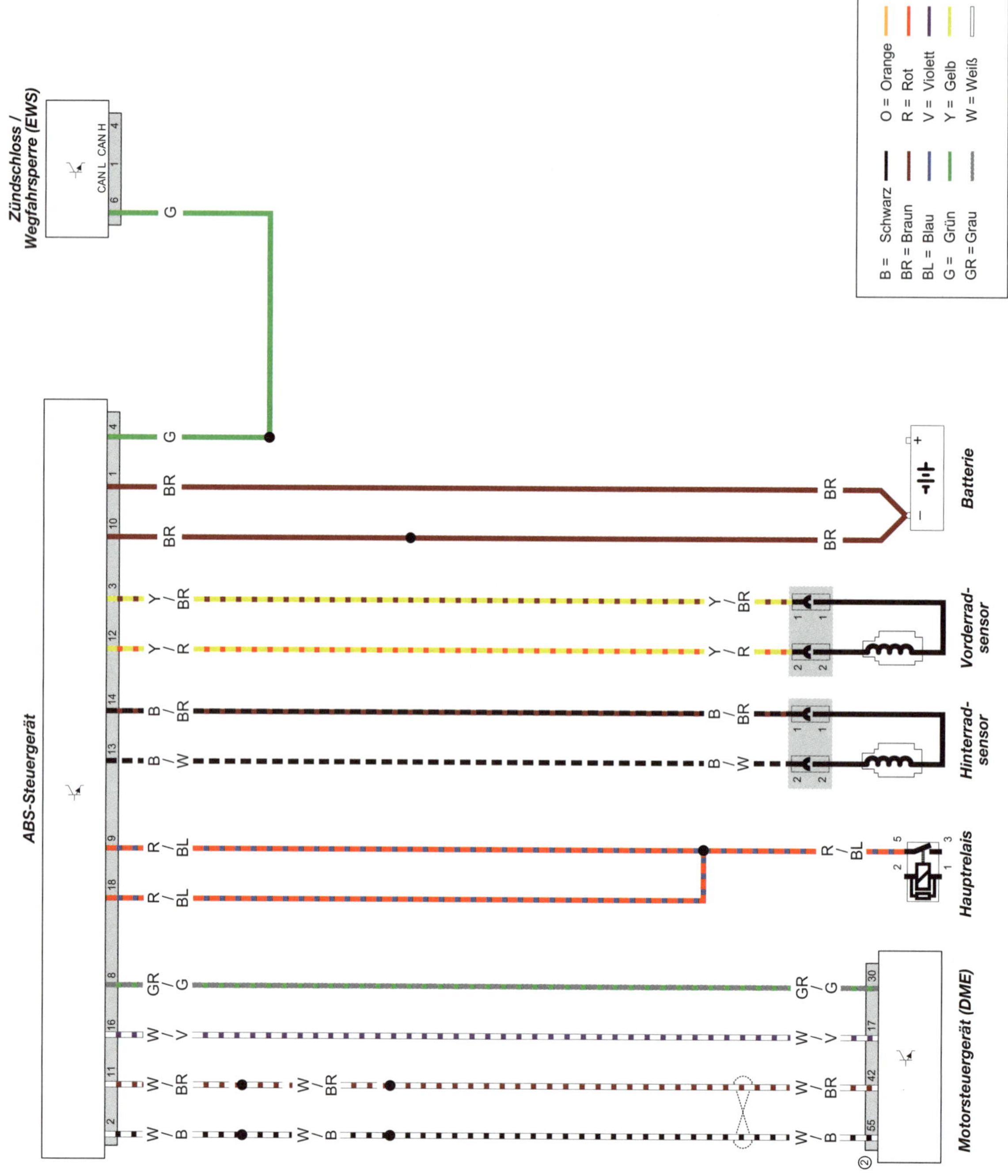

R nineT ab 2017, Pure, Racer, Scrambler, Urban G/S - Antiblockiersystem (ABS)

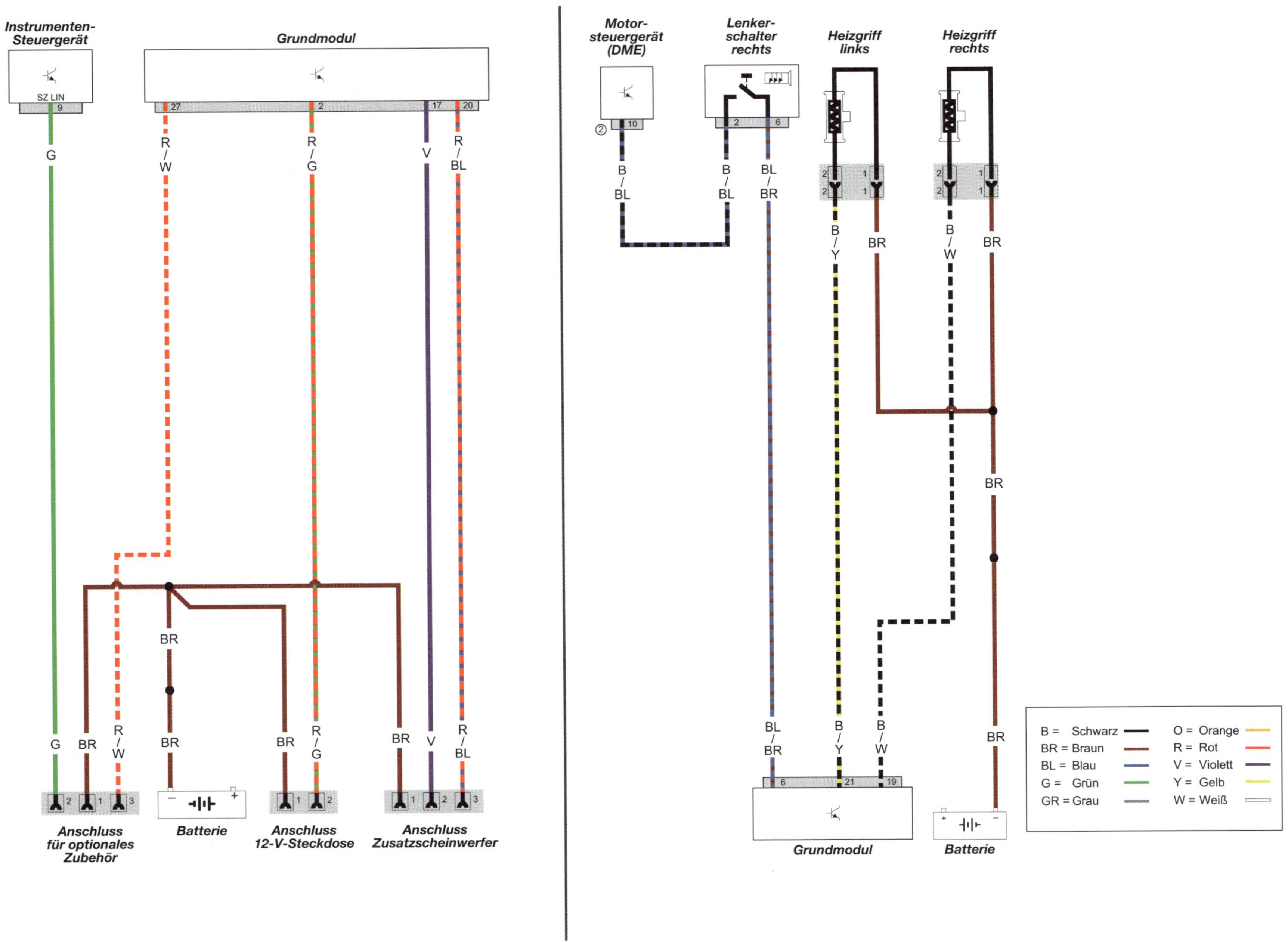

Motor-steuergerät (DME)

Lenker-schalter rechts

Heizgriff links

Heizgriff rechts

Grundmodul

Batterie

B/BL
BL/BR
B/Y
B/W
BR

B = Schwarz		O = Orange
BR = Braun		R = Rot
BL = Blau		V = Violett
G = Grün		Y = Gelb
GR = Grau		W = Weiß

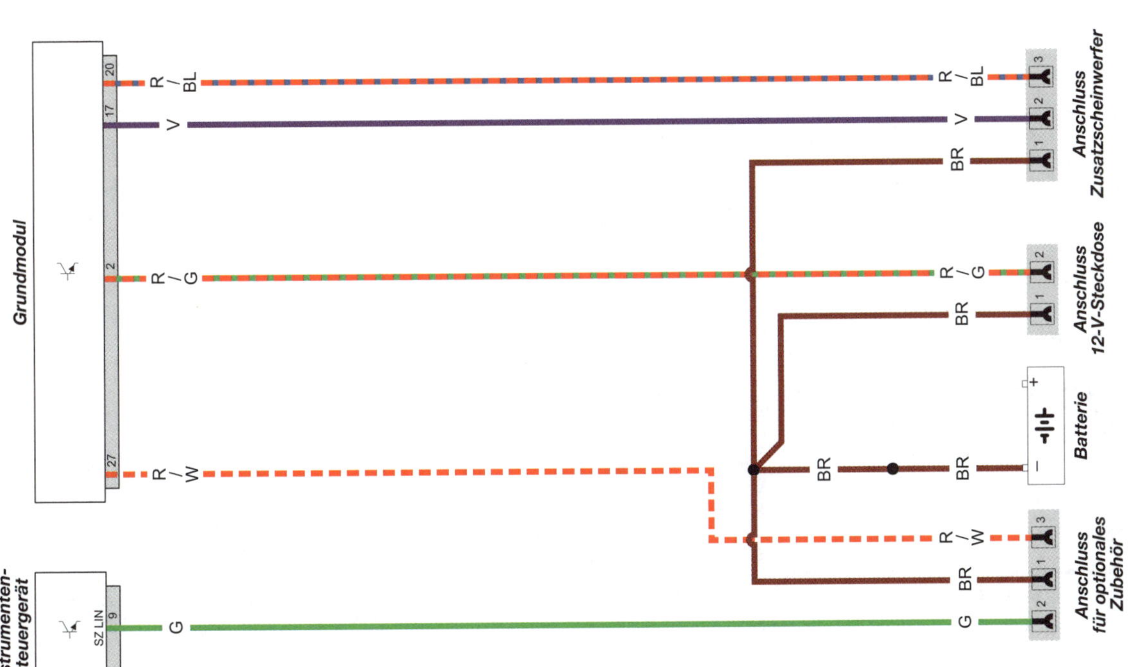

R nineT ab 2017, Pure, Racer, Scrambler, Urban G/S - Lade-Steckdosen und Heizgriffe

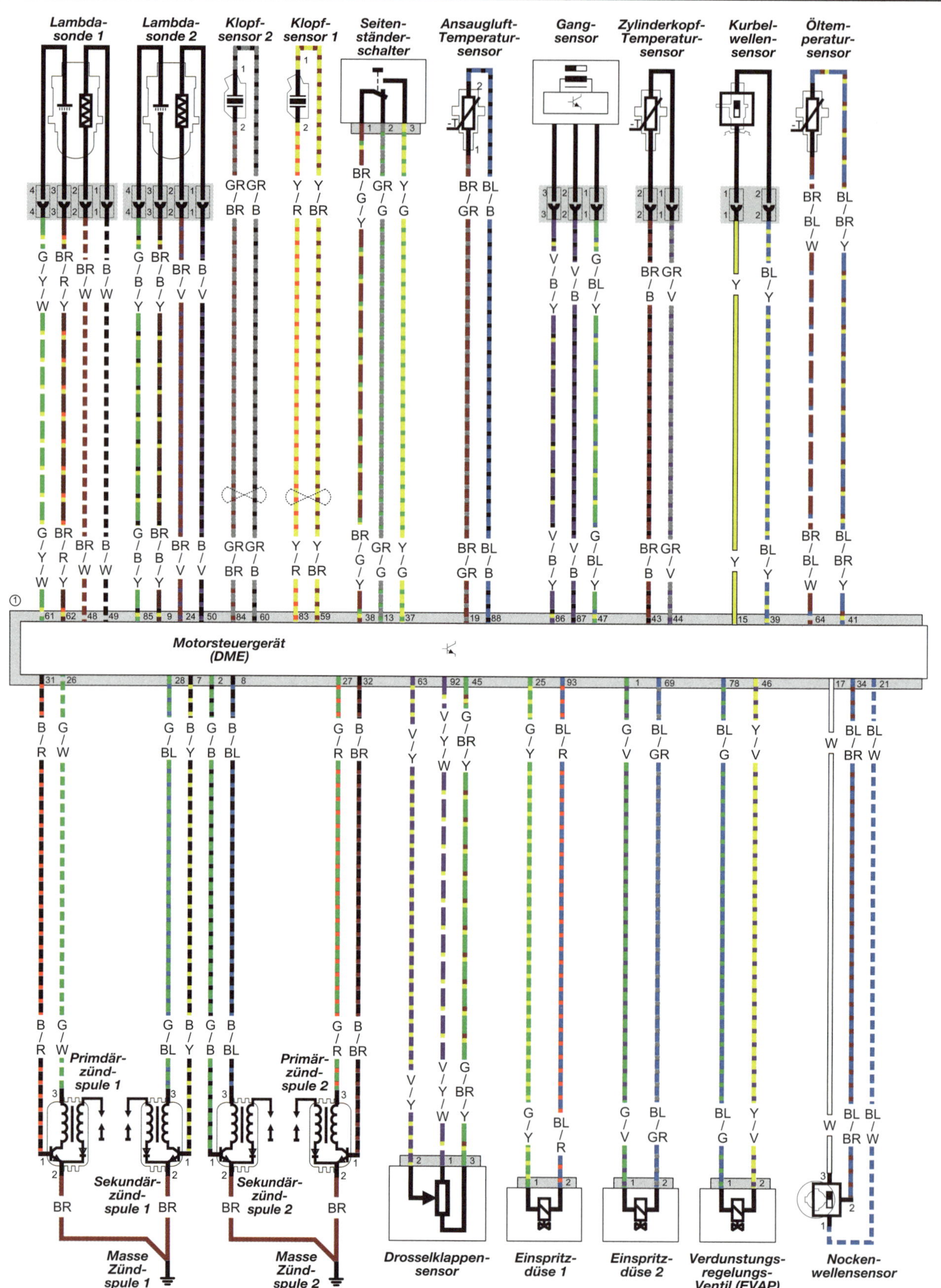

R nineT ab 2017, Pure, Racer, Scrambler, Urban G/S - Motorsteuerung (DME)

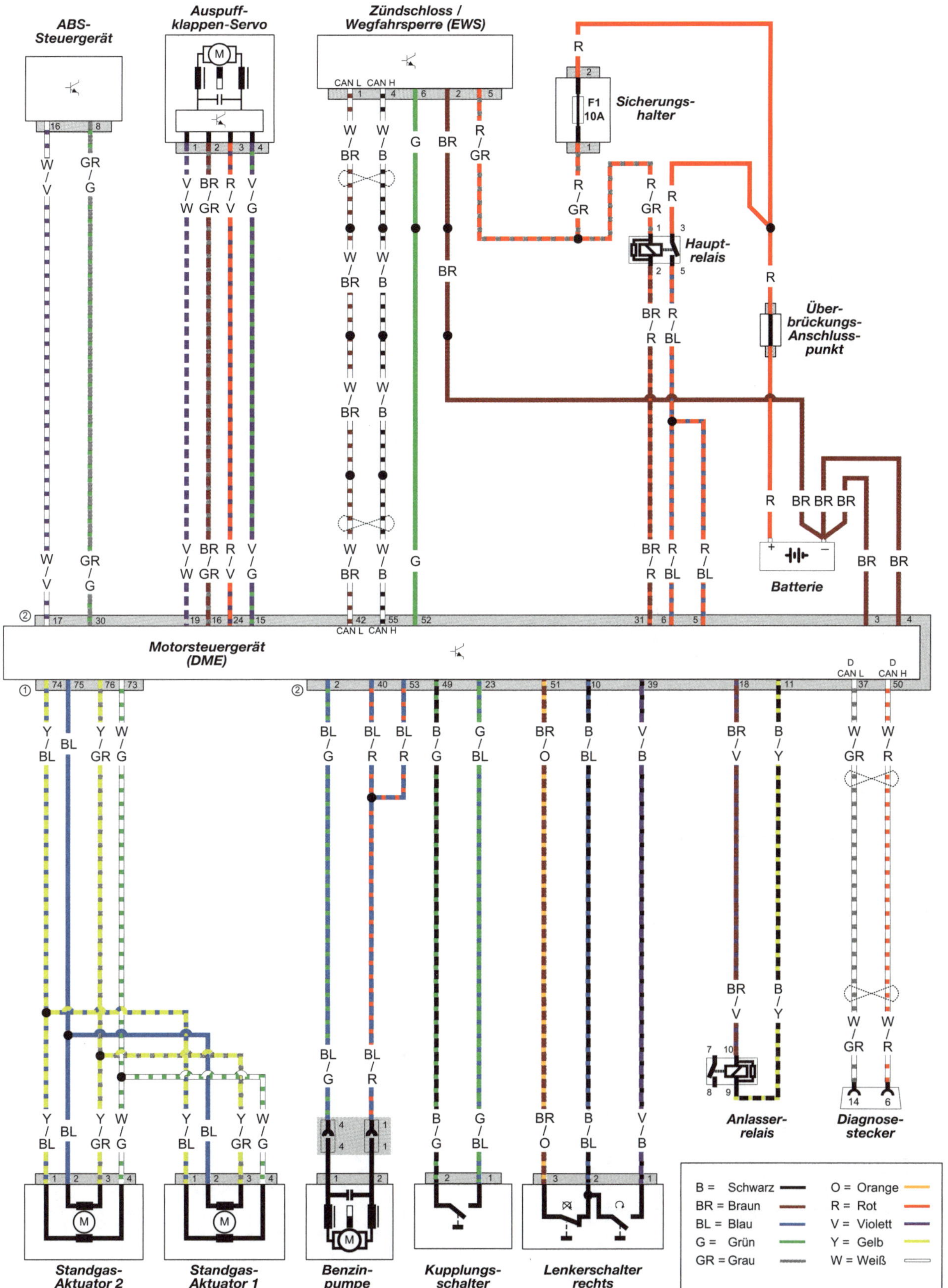

R nineT ab 2017, Pure, Racer, Scrambler, Urban G/S - Motorsteuerung (DME)

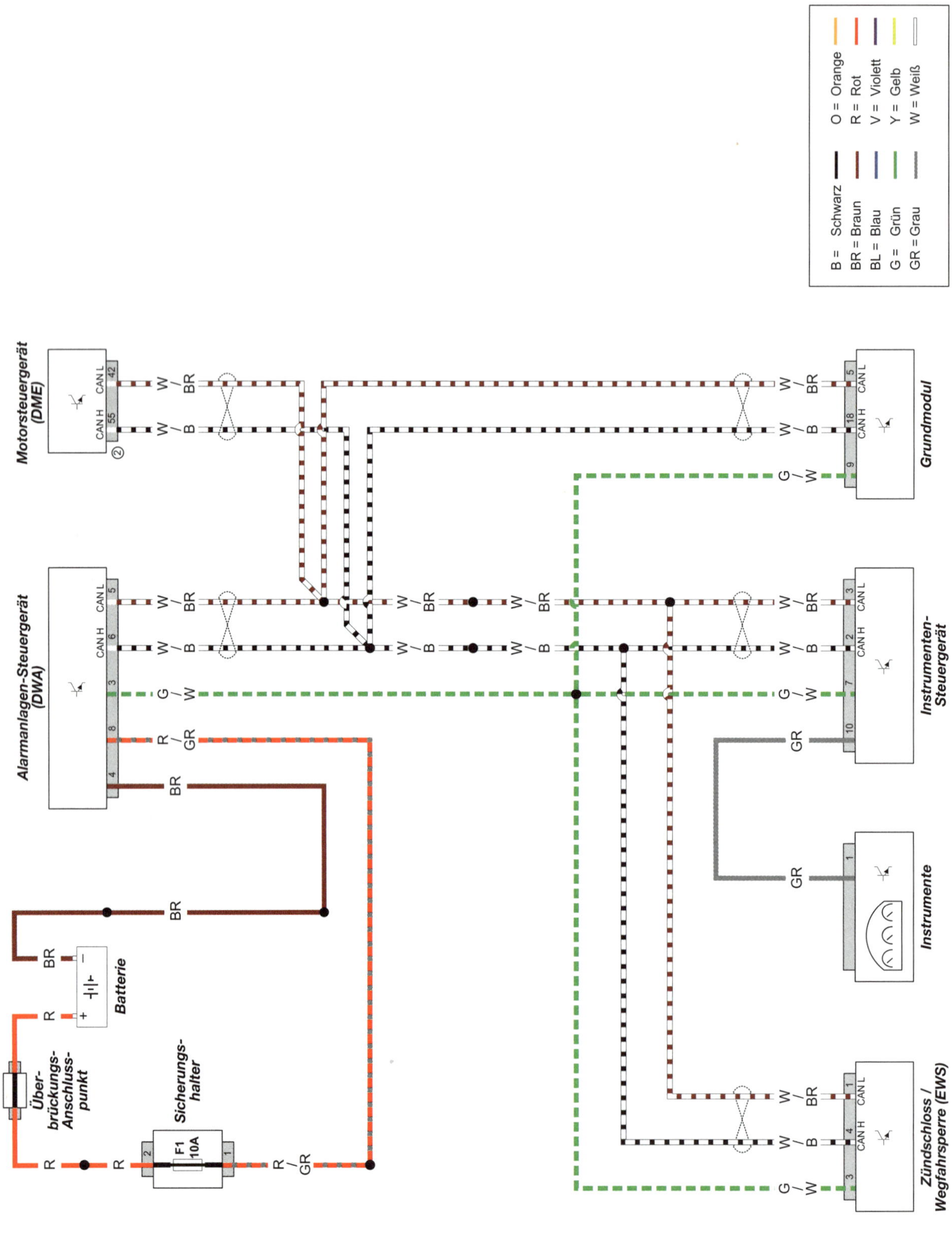

Über-
brückungs-
Anschluss-
punkt
R
R
BR
Batterie
Sicherungs-
halter
F1
10A
R/GR
BR
BR
Alarmanlagen-Steuergerät
(DWA)
4 8 3 6 5
CAN H CAN L
R/GR G/W W/B W/BR
Motorsteuergerät
(DME)
CAN H CAN L
55 42
W/B W/BR
W/B W/BR
W/B W/BR
G/W W/B W/BR
Zündschloss /
Wegfahrsperre (EWS)
3 4 1
CAN H CAN L
GR
Instrumente
1
GR G/W W/B W/BR
Instrumenten-
Steuergerät
10 7 2 3
CAN H CAN L
G/W W/B W/BR
Grundmodul
9 18 5
CAN H CAN L

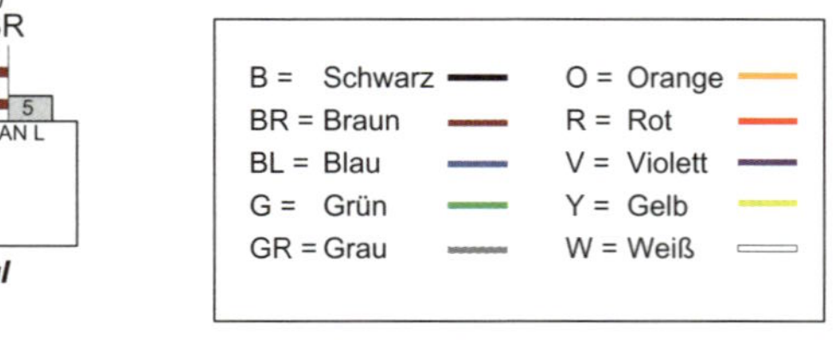

R nineT ab 2017, Pure, Racer, Scrambler, Urban G/S - Alarmanlage (DWA)

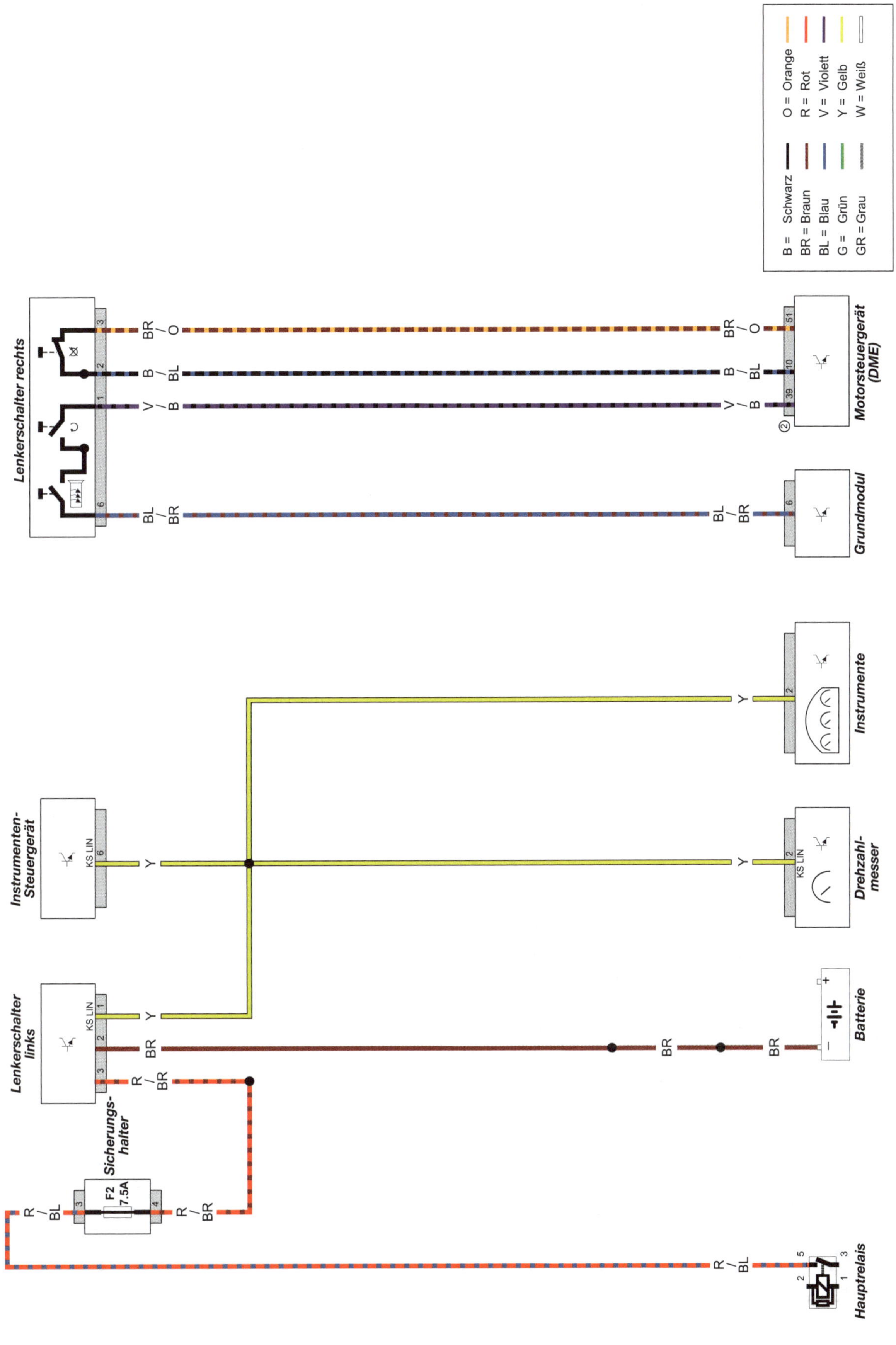

Lenkerschalter links

Instrumenten-Steuergerät

Lenkerschalter rechts

Sicherungshalter

F2 7.5A

KS LIN

R / BL

R / BR

BR

Y

BL / BR

V / B

B / BL

BR / O

Hauptrelais

Batterie

Drehzahlmesser

Instrumente

Grundmodul

Motorsteuergerät (DME)

B =	Schwarz	O =	Orange
BR =	Braun	R =	Rot
BL =	Blau	V =	Violett
G =	Grün	Y =	Gelb
GR =	Grau	W =	Weiß

R nineT ab 2017, Pure, Racer, Scrambler, Urban G/S - Lenkerschalter

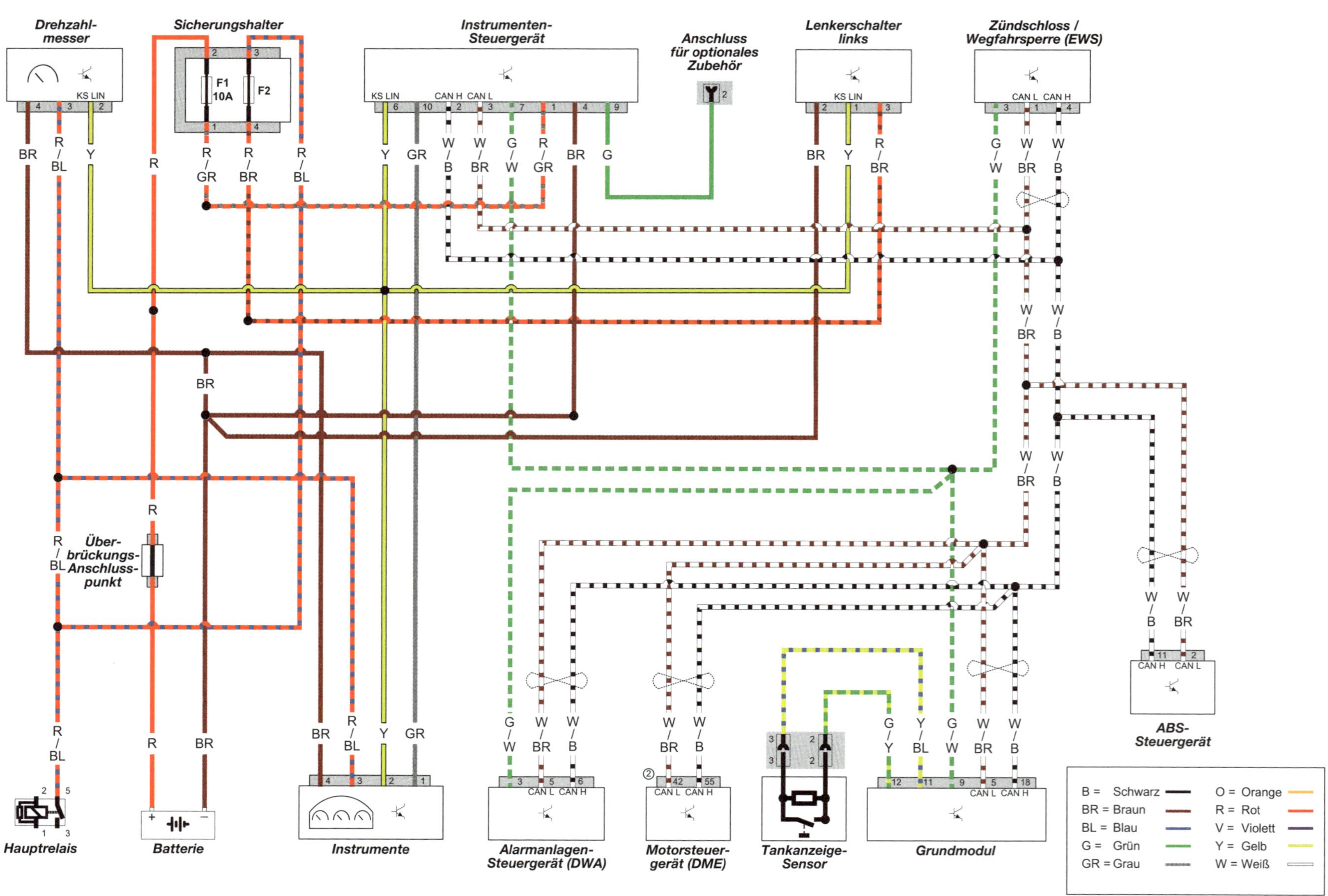

R nineT ab 2017, Pure, Racer, Scrambler, Urban G/S - Instrumente

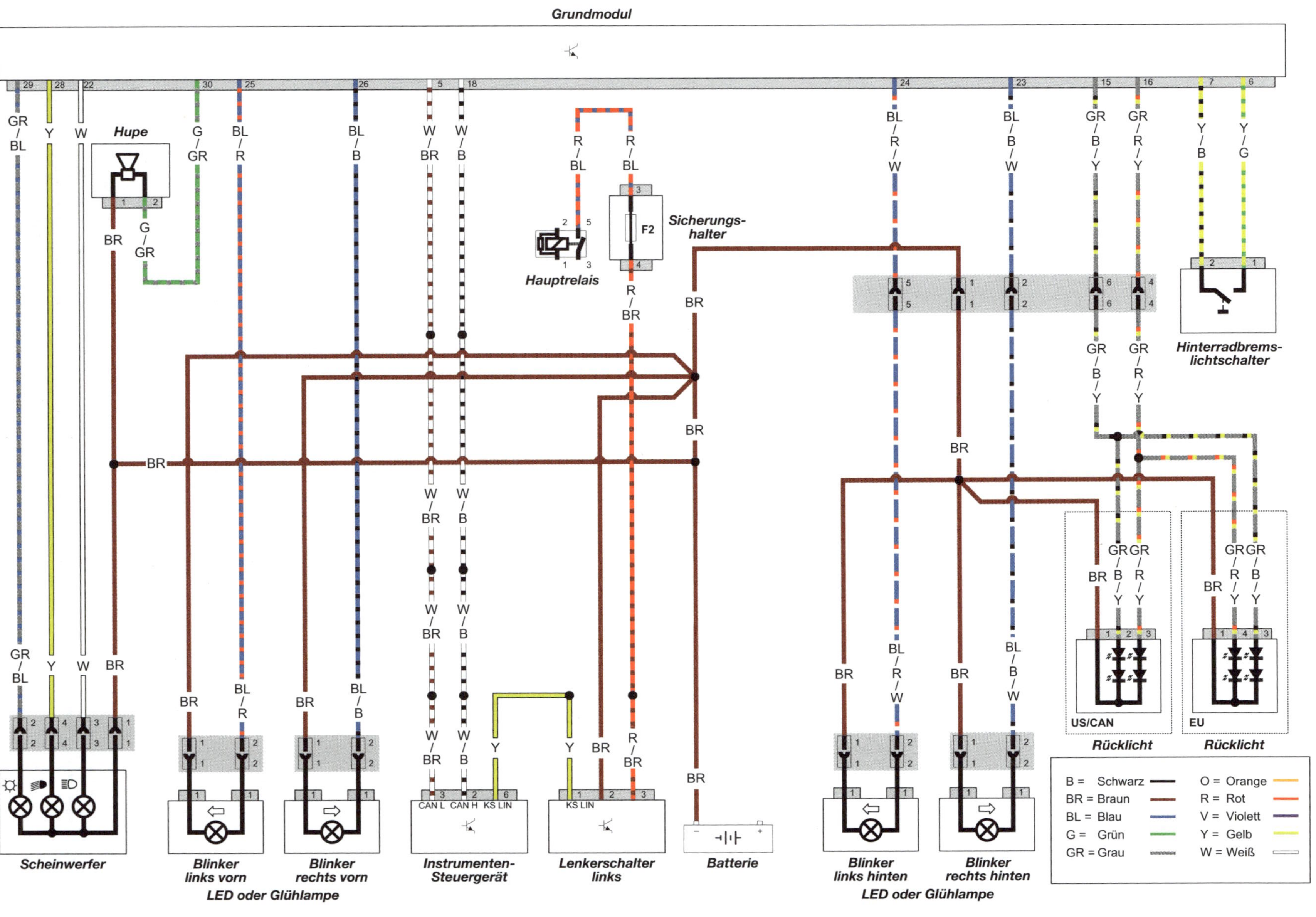

R nineT ab 2017, Pure, Racer, Scrambler, Urban G/S - Beleuchtung, Blinker, Hupe

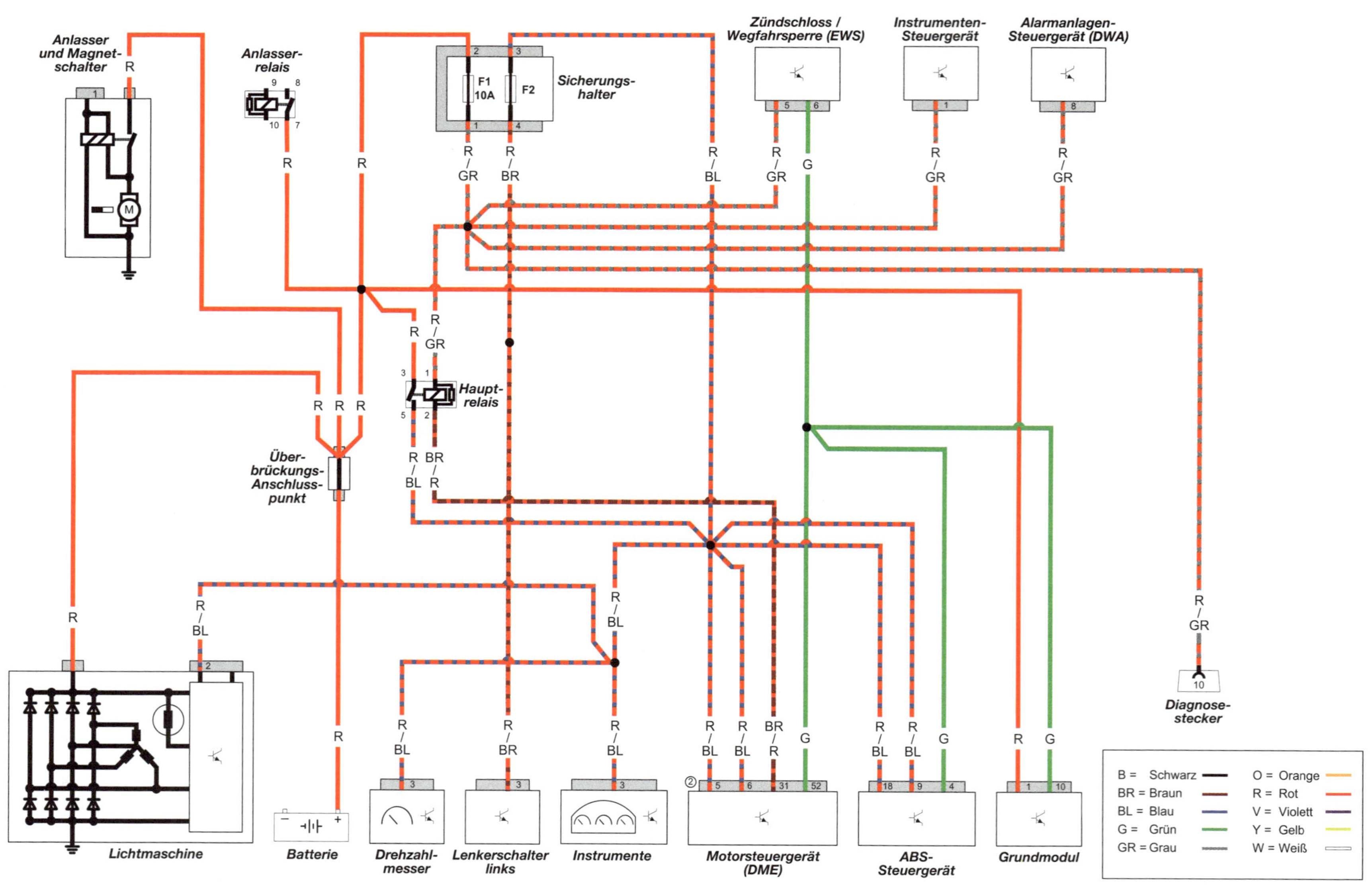

R nineT ab 2017, Pure, Racer, Scrambler, Urban G/S - Stromversorgung und Sicherungen

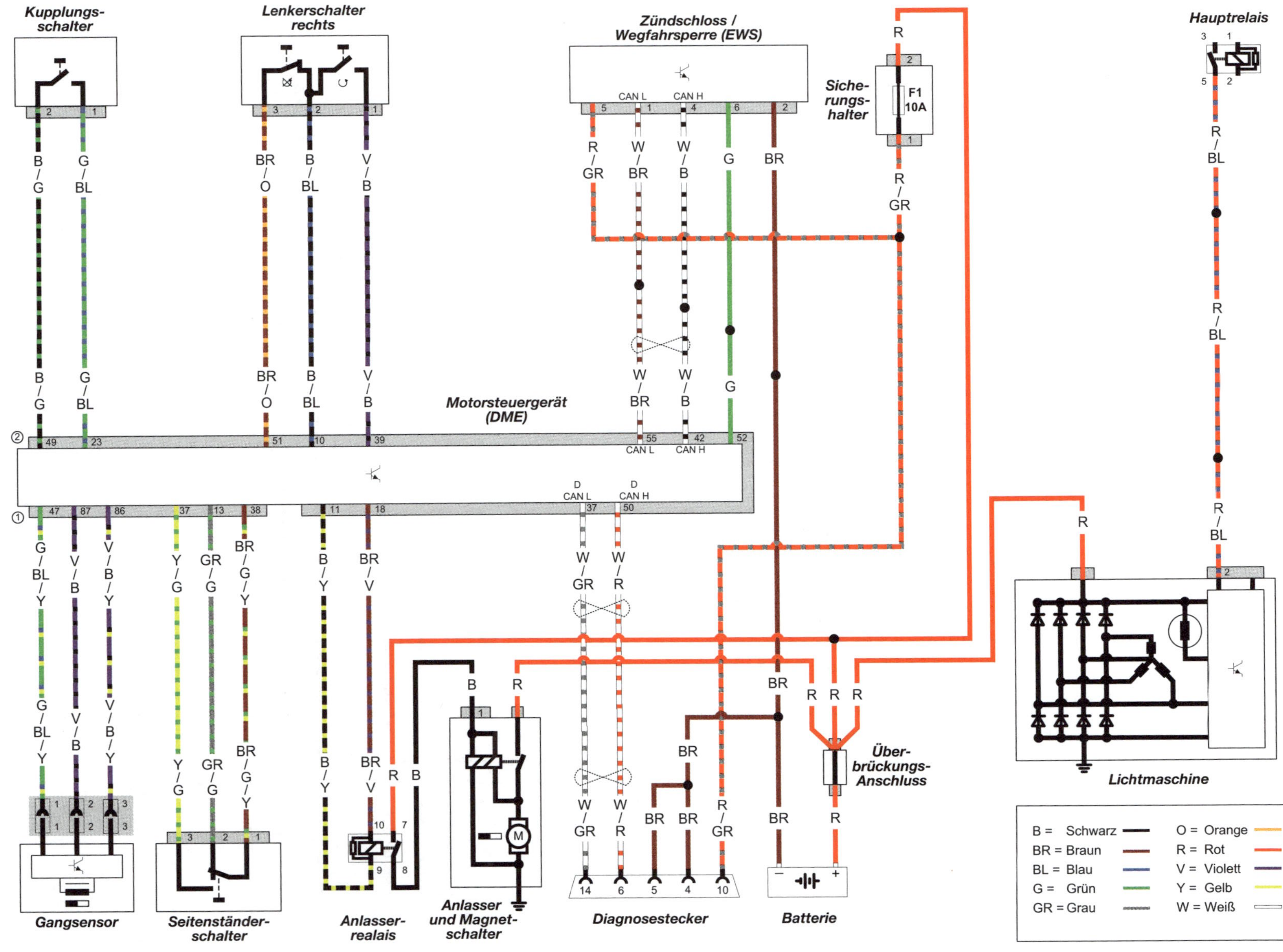

R nineT ab 2017, Pure, Racer, Scrambler, Urban G/S - Anlasser und Ladesystem

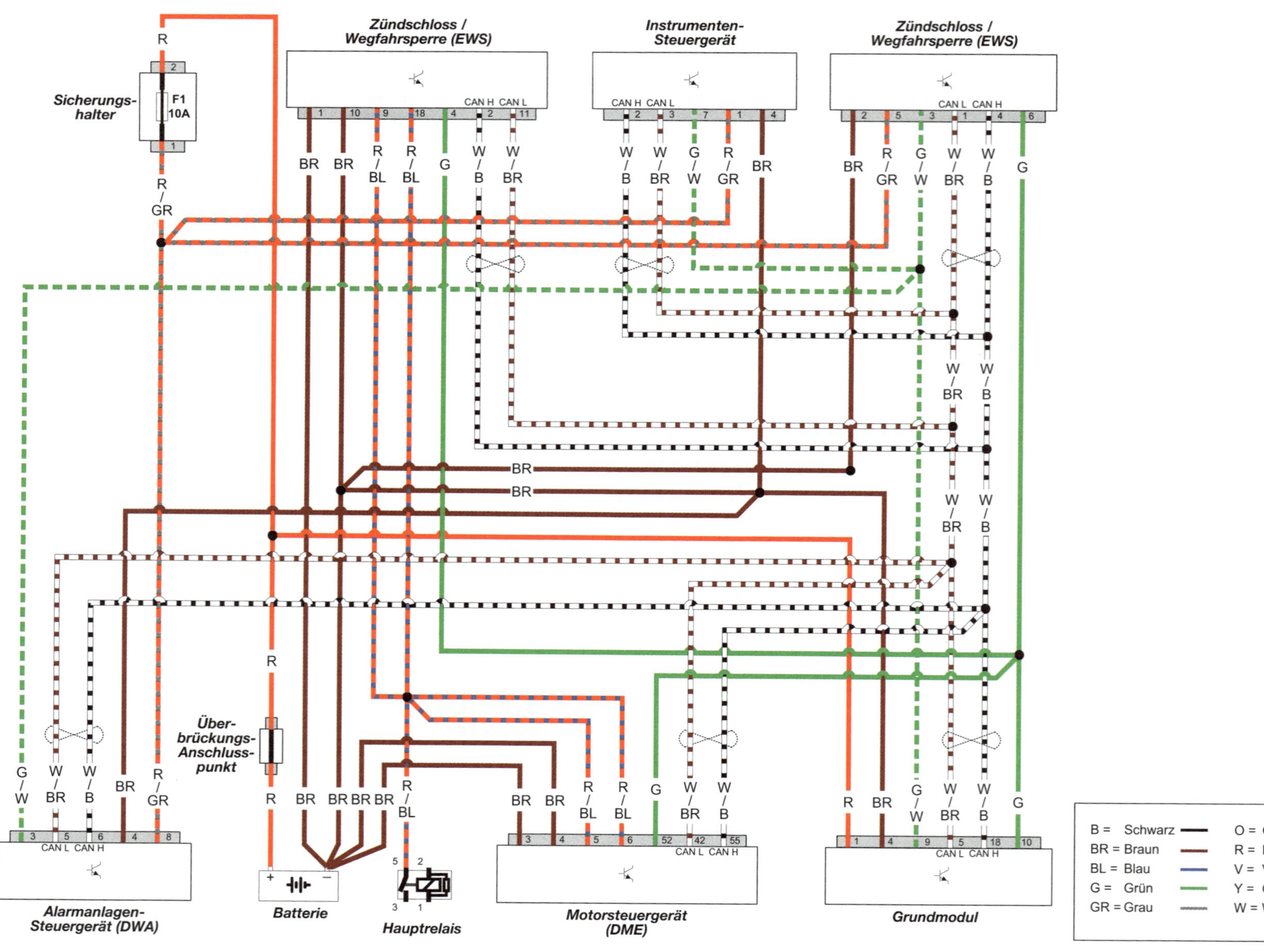

R nineT ab 2017, Pure, Racer, Scrambler, Urban G/S - Stromversorgung und Steuergeräte

Werkzeug- und Werkstatt-Tipps

Werkzeug-Kauf

Zur Wartung und Reparatur ist unbedingt ein Werkzeugsatz nötig. Obwohl die Anschaffung einer geeigneten Grundausrüstung zunächst etwas Geld kostet, macht sie sich schnell bezahlt, da man durch Eigenleistung Werkstattkosten spart. Bei steigender Erfahrung und Zutrauen kann zusätzliches Werkzeug beschafft werden, um große Reparaturen und Motorüberholungen durchführen zu können. Viele Spezialwerkzeuge sind teuer und werden nur selten benutzt, hierbei kann sich das Mieten lohnen bzw. der gemeinsame Kauf mit Freunden oder einem Club.

Eine Regel ist, besser gutes teures Qualitätswerkzeug zu kaufen, als billiges, welches schnell verschleißt und öfter erneuert werden muss – und dadurch die anfänglichen Ersparnisse schnell aufhebt.

Warnung: Um das Risiko zu vermindern, durch das Brechen schlechten Werkzeugs verletzt zu werden oder Bauteile zu beschädigen, muss immer auf stabile Qualität und die Erfüllung von Sicherheitsnormen geachtet werden.

Die folgende Werkzeugliste entspricht nicht den Wartungs- und Reparaturwerkzeugen des Herstellers und der Werkstätten, sondern stellt eine Empfehlung dar, welche Werkzeuge für einfache Arbeiten benötigt werden. Zusätzlich werden solche Dinge wie eine elektrische Bohrmaschine, eine Eisensäge, Feilen, Hämmer, ein Lötkolben und eine mit einem Schraubstock ausgerüstete Werkbank empfohlen. Obwohl nicht als Werkzeug klassifiziert, ist eine Sammlung von Schrauben, Muttern, Scheiben und Rohrstücken immer sehr nützlich.

Werks-Spezialwerkzeug

In unvermeidlichen Fällen ist die Benutzung von Spezialwerkzeug empfohlen. Wenn die Möglichkeit einer alternativen Verwendung besteht, ist diese beschrieben. Jedoch ist manchmal das Risiko einer Verletzung oder Beschädigung zu groß, sodass ein Spezialwerkzeug des Herstellers benutzt werden muss. Spezialwerkzeug ist normalerweise nur über den Motorradhandel zu bekommen und mit einer Werksnummer versehen. Einige der oft benutzten Werkzeuge, wie z.B. Rotorabzieher sind auch über den Zubehörhandel erhältlich.

Grundausstattung Wartungs- und Reparatur-Werkzeug

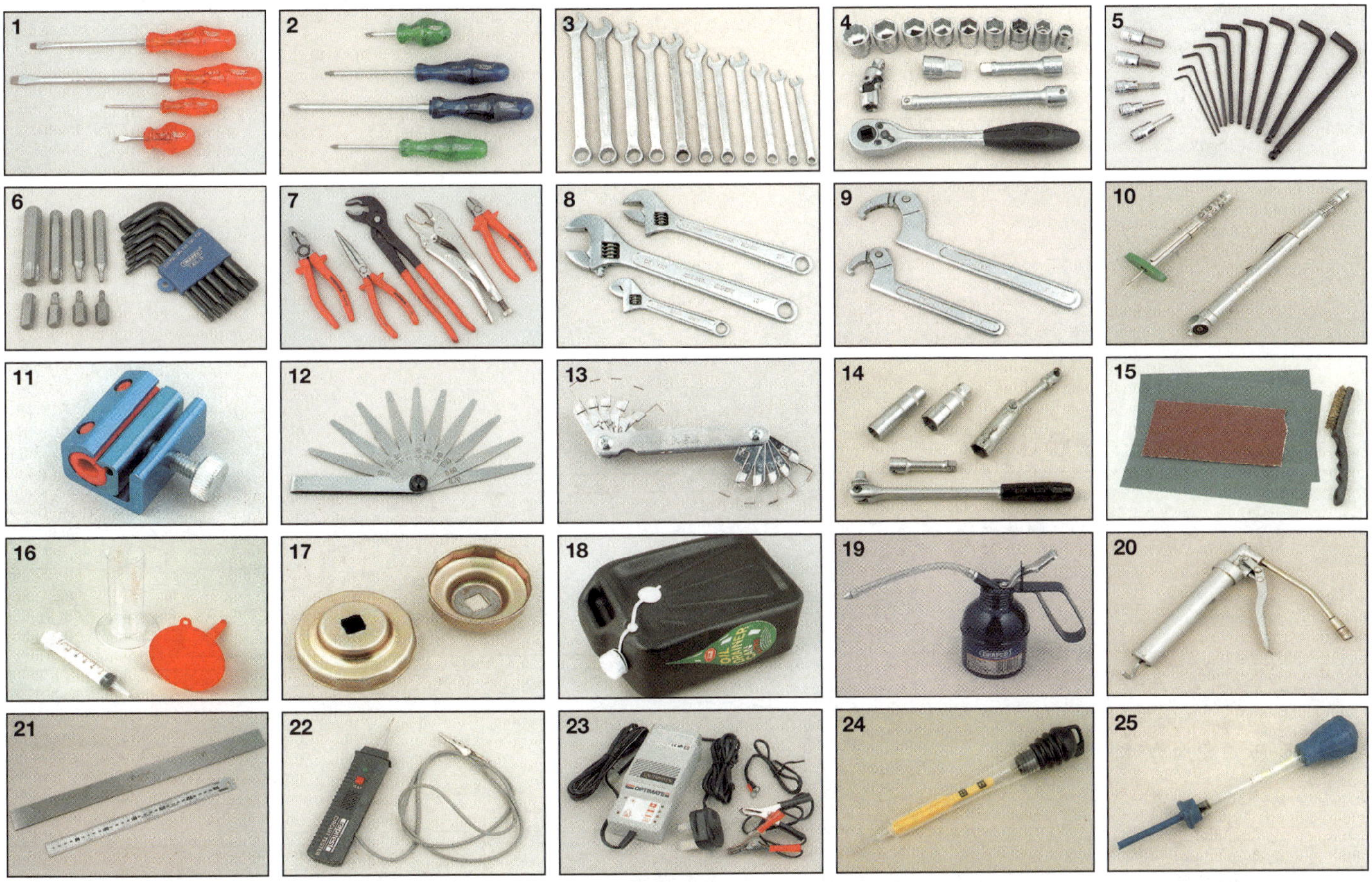

1 Schlitzschraubendrehersatz
2 Kreuzschraubendrehersatz
3 Gabel-/Ringschlüsselsatz
4 Steckschlüsselsatz mit 3/8 oder ½ Zollantrieb (Knarrenkasten)
5 Inbus-Schlüsselsatz oder Steckeinsätze
6 Torxschlüsselsatz oder -bits
7 verschiedene Zangen, Gripzangen
8 einstellbarer Rollgabelschlüssel
9 Hakenschlüssel (am besten einstellbar)
10 Profiltiefenmesser, Luftdruckprüfgerät
11 Bowdenzug-Öler
12 Fühlerlehre
13 Mess- und Einstellgerät für Zündkerzenelektroden
14 Zündkerzenschlüssel oder tiefer Knarreneinsatz
15 Drahtbürste und Schleifpapier
16 Trichter und Messbecher
17 Bandschlüssel
18 Öl-Auffangbehälter
19 Ölkanne mit Pumpe
20 Fettpresse
21 Stahllineal und Winkel
22 Durchgangsprüfer
23 Batterieladegerät
24 Hydrometer (zur Bestimmung der Batteriesäuredichte)
25 Frostschutztester (für wassergekühlte Motoren)

Werkzeug für Reparatur und Überholung

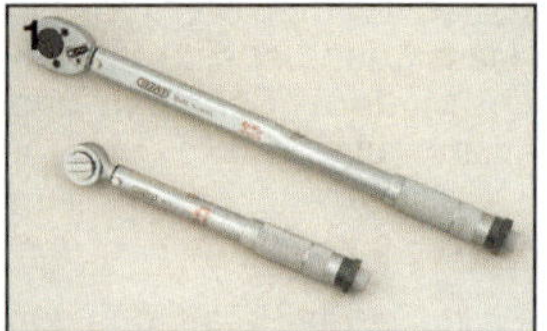

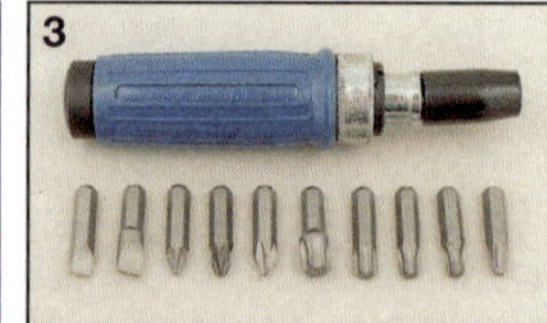

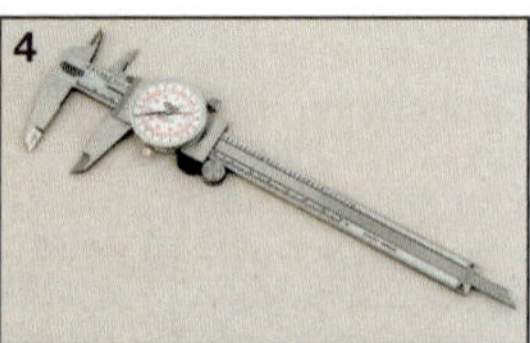

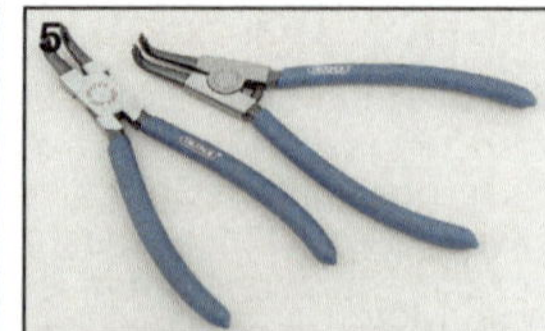

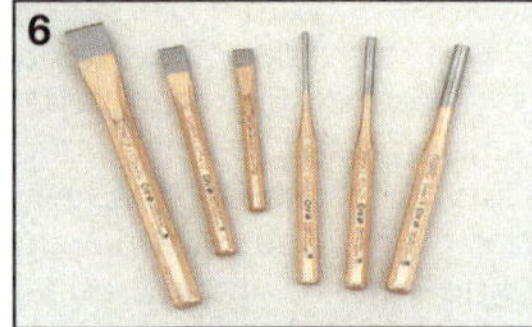

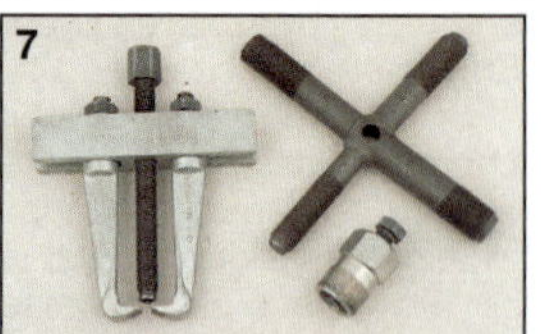

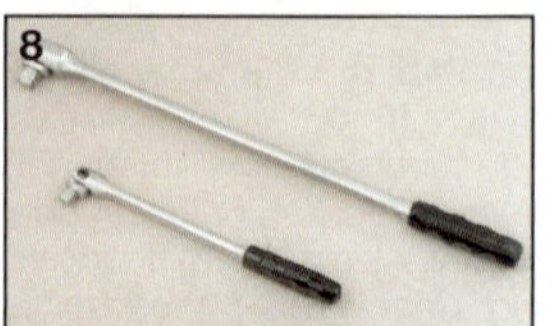

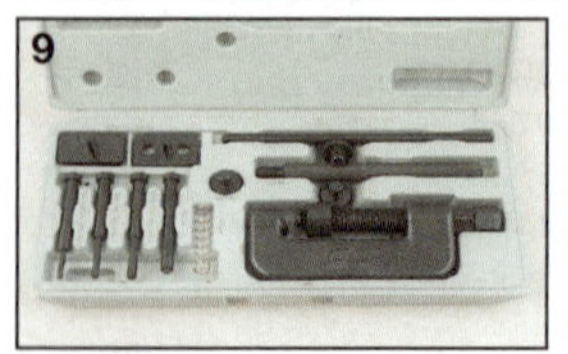

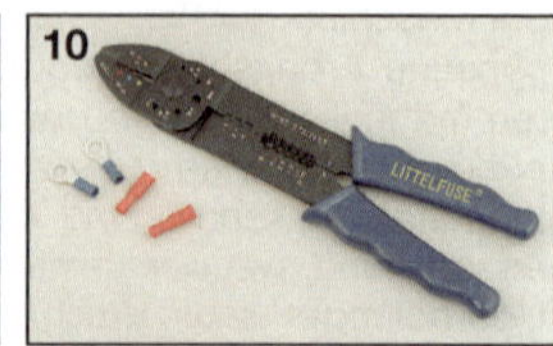

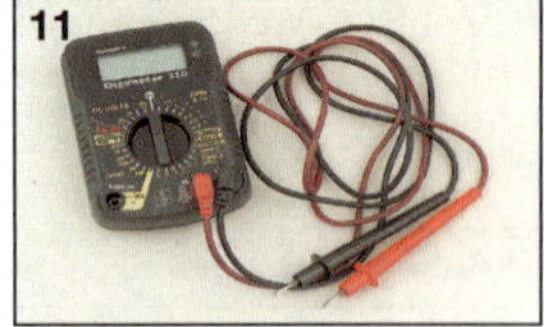

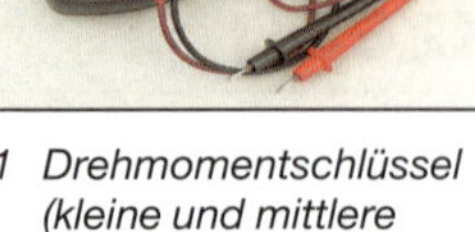

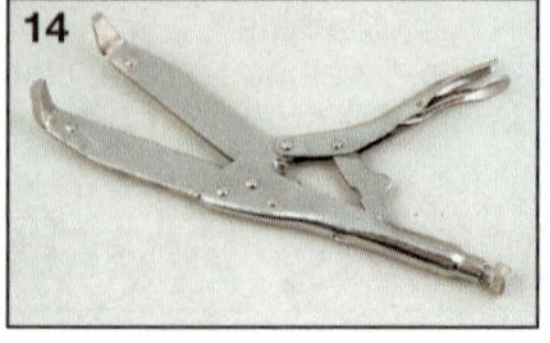

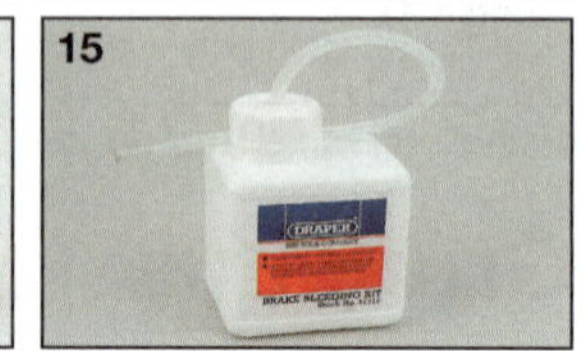

1 Drehmomentschlüssel (kleine und mittlere Ausführung)
6 Dorne und Meißel
11 Multimeter (für Volt, Ampere, Ohm)

2 Stahl-, Plastik- und Gummihammer
7 verschiedene Abzieher
12 Stroboskoplampe (für dynamische Zündungskontrolle)

3 Schlagschraubersatz
8 Gelenkgriff und Rohrverlängerung
13 Schlauchklemme

4 Schieblehre
9 Ketten-Trenn- und Montierwerkzeug
14 Kupplungs-haltewerkzeug

5 Seegerringzangen (für innen und außen)
10 Abisolierzange
15 Einpersonen-Bremsentlüftungssatz

Spezialwerkzeug

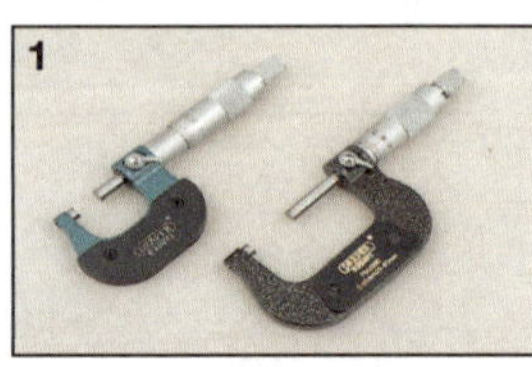

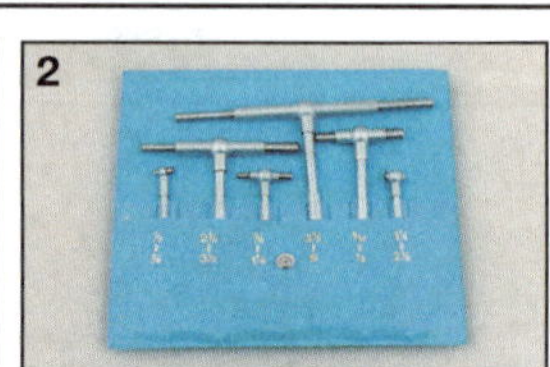

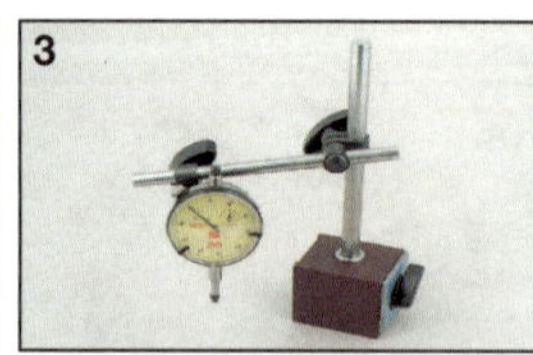

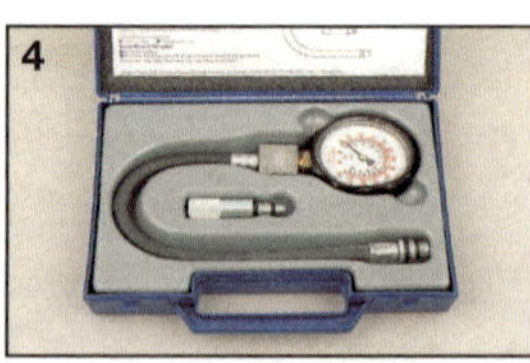

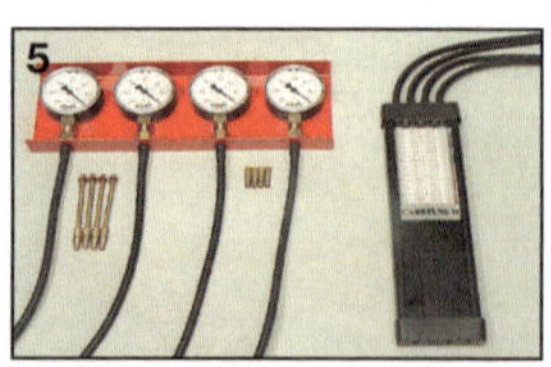

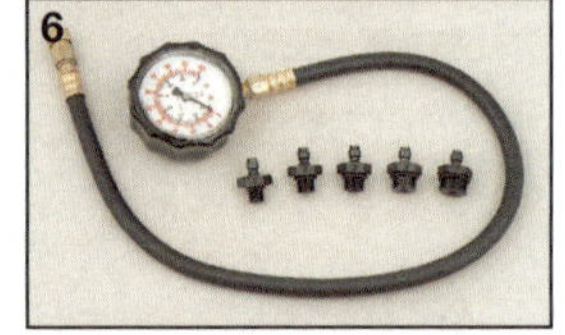

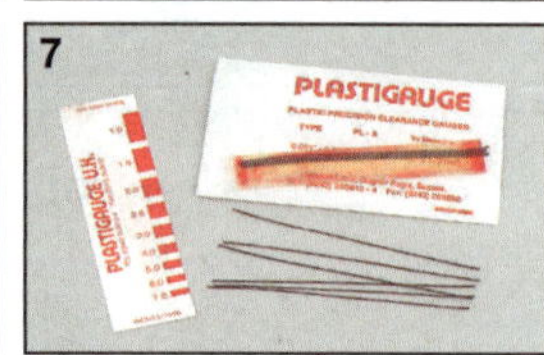

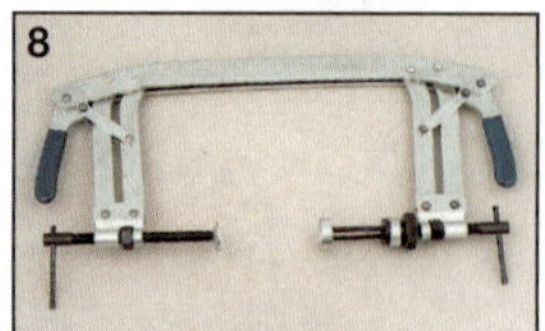

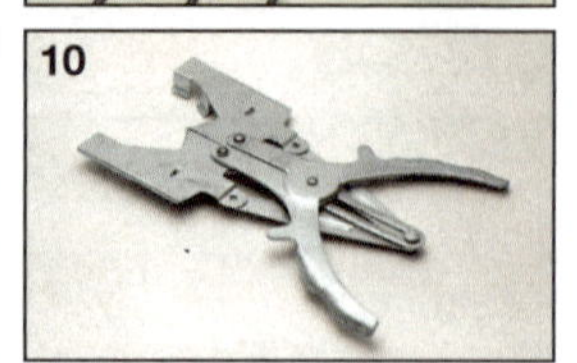

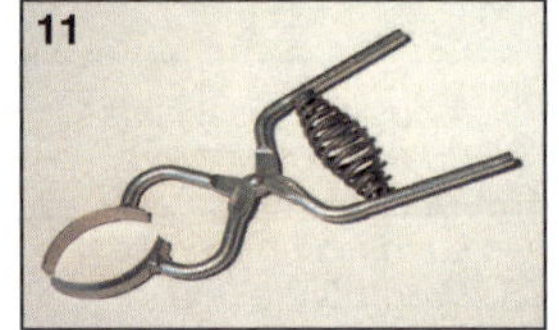

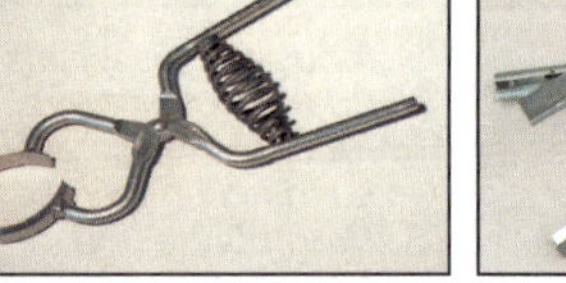

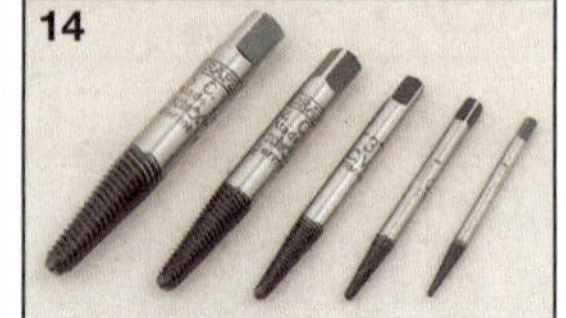

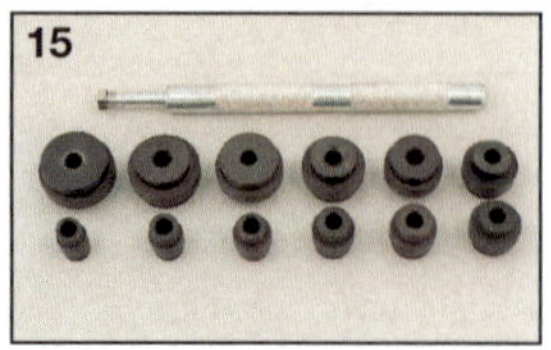

1 Mikrometerschrauben
6 Öldruck-Messgerät
11 Kolbenringklemme

2 Innenmessgeräte
7 Quetschmessstreifen für Lagerspielmessung
12 Zylinderhonsteine

3 Messuhr mit Halter
8 Ventilfederpresse
13 Bolzenausdreher

4 Zylinderkompressions-Messgerät
9 Kolbenbolzenauszieher
14 Linksausdrehersatz

5 Synchronisationsgerät
10 Kolbenringzange
15 Lagertreibersatz

1 Werkstatt
Ausrüstung und Einrichtung

Die Hebebühne

- Man kann sich die Arbeit an vielen Bauteilen des Motorrades erheblich erleichtern, wenn die Maschine mithilfe einer Hebebühne in eine günstige Arbeitshöhe gebracht wird. Die teuren hydraulischen oder pneumatischen Hebebühnen, wie man sie aus professionellen Werkstätten kennt, sind eine lohnenswerte Anschaffung, wenn man viele Reparaturen und Überholungen zu erledigen hat (siehe Abbildung 1.1).

1.1 Hydraulische Motorrad-Hebebühne

- Wenn das Motorrad angehoben wird, muss darauf geachtet werden, dass es gegen Herunterfallen gesichert wird. Die meisten Bühnen haben dazu eine einstellbare Vorderrad-Klemmung. Beim Einklemmen des Rades darf der Reifen oder die Felge nicht beschädigt werden, den besten Schutz bieten hier zwischengelegte Holzblöcke.
- Sichern Sie das Motorrad mit Spannriemen an der Bühne (siehe Abbildung 1.2). Wenn die Maschine nur einen Seitenständer besitzt und kippgefährdet ist, sollte sie auf einer passenden Stütze positioniert werden.

1.2 Mit z.B. an den Beifahrerfußrasten befestigten Spannriemen wird die Maschine vor dem Umfallen gesichert.

- Passende Stützen sind in unterschiedlichen Formen und Ausführungen im Fachhandel erhältlich. Zumeist wird die Maschine damit an der Hinterrad- oder Schwingenachse angeho-

1.3 Diese Stütze hebt das Motorrad an der Schwingenachse an.

1.4 Um Beschädigungen zu vermeiden, muss immer ein Stück Holz zwischen Wagenheber und Motor oder Rahmen liegen.

ben (siehe Abbildung 1.3). Um beide Räder zu entlasten, kann ein Wagenheber unter den Motor positioniert und das Vorderteil angehoben werden (siehe Abbildung 1.4).

Rauch und Feuer

- Beachten Sie genau das Kapitel »Sicherheit geht vor!« am Anfang des Buches. Gehen Sie sicher, dass ein Feuerlöscher zur Hand ist, der für brennbare Flüssigkeiten geeignet ist – versuchen Sie auf gar keinen Fall, brennendes Benzin oder Öl mit Wasser zu löschen!
- Sorgen Sie dafür, dass immer ausreichende Belüftung sichergestellt ist. Wenn keine Abgas-Absauganlage vorhanden ist, darf der Motor nur außerhalb der Werkstatt gestartet werden.
- Wenn Sie mit Kraftstoff hantieren, muss durch gutes Lüften dafür gesorgt werden, dass sich keine zündfähigen Gasgemische bilden können. Das Gleiche gilt beim Aufladen von Batterien. Rauchen Sie nicht, und verbieten Sie auch anderen Personen, in der Werkstatt zu rauchen.

1.5 Benutzen Sie zum Lagern von Kraftstoff nur vorgeschriebene Kanister.

Flüssigkeiten

- Wenn Sie den Tank entleeren müssen, darf der Kraftstoff nur in geeigneten und verschließbaren Behältern und Kanistern gelagert werden (siehe Abbildung 1.5). Lagern Sie Benzin niemals in Gläsern oder Flaschen.
- Benutzen Sie entsprechende Motoren-Entfetter oder schwer entflammbare Lösungsmittel, wie z.B. Petroleum, um Öl, Fett und Schmutz zu entfernen – benutzen Sie niemals Benzin! Tragen Sie bei diesen Arbeiten Gummihandschuhe, und benutzen Sie diese Reinigungsmittel nur draußen oder in sehr gut belüfteten Räumen.

Staub-, Augen- und Handschutz

- Schützen Sie Atemwege und Lunge mit Staubmasken vor dem Eindringen von Staubpartikeln. Manche älteren Brems- oder Kupplungsbeläge enthalten Krebs erregendes Asbest

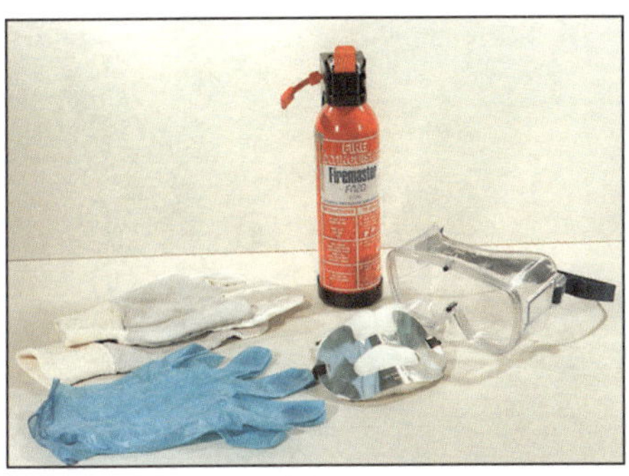

1.6 Ein Feuerlöscher, eine Schutzbrille, Staubmaske und Schutzhandschuhe sollten in der Werkstatt immer zur Hand sein.

– hantieren Sie auf jeden Fall sehr vorsichtig mit solchem Material. Schützen Sie Ihre Augen mit einer Schutzbrille vor Spritzern und Spänen (siehe Abbildung 1.6).
- Schützen Sie Ihre Hände mit Gummihandschuhen vor dem Kontakt mit Lösungsmitteln, Benzin und Öl. Alternativ kann vor Arbeitsbeginn eine spezielle Schutzcreme auf die Hände aufgetragen werden. Wenn Sie mit heißen Teilen oder Flüssigkeiten hantieren, müssen hierfür geeignete Handschuhe getragen werden.

Die Entsorgung alter Flüssigkeiten

- Alte Reinigungs- und Bremsflüssigkeit, Kraftstoff und Öl dürfen nicht ins Erdreich oder in Wasserabflüsse gelangen. Füllen Sie die entsprechenden Flüssigkeiten in geeignete Behälter, und bringen Sie sie zu dem Händler, von dem Sie sie erworben haben. Unter Vorlage einer Quittung sind Händler verpflichtet, altes Öl und Bremsflüssigkeit wieder zurückzunehmen. Schütten Sie unterschiedliche Flüssigkeiten nicht zusammen in einen Behälter, da sie nur getrennt wieder aufbereitet werden können. Öliger und fettiger Schmutz kann zusammen mit dem Altöl abgegeben werden, alte Ölfilter können ebenfalls beim Händler entsorgt werden.

2 Befestigungen
Schrauben und Muttern

Typen und Anwendungen

Schrauben

- Köpfe von Maschinenschrauben gibt es in den Ausführungen Sechskant, Torx und Vielzahn – alle in Innen- und Außenversionen (siehe Abbildungen 2.1 und 2.2). Vielzahn-Schrauben werden im Motorradbau sehr selten verwendet. Schlitz- und Kreuzschlitzköpfe werden nur bei kleinen Schrauben verwendet, die keiner großen Belastung ausgesetzt sind. Längenangaben bei Schrauben werden von unterhalb des Kopfes bis zum Ende gemessen (siehe Abbildung 2.11).

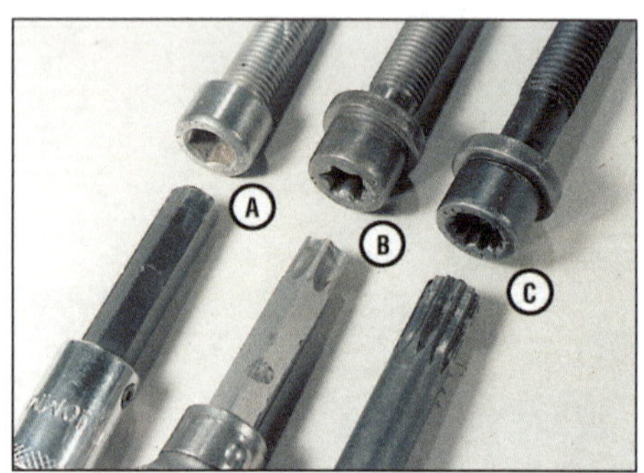

2.1 Innen-Sechskant (»Inbus«) (A), Torx (B) und Vielzahnschraubenköpfe (C) mit entsprechenden Werkzeugen

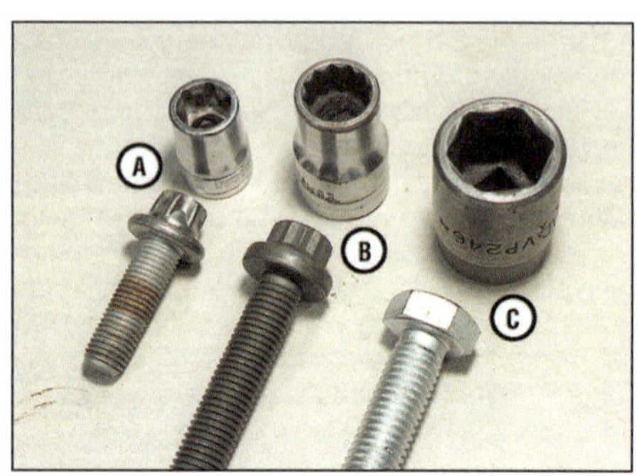

2.2 Außen-Torx (A), Zwölfkant- (B) und Sechskantschrauben (C) mit entsprechenden Steckschlüsseleinsätzen (»Nüssen«)

- Verschiedene Schrauben haben Zugfestigkeitsangaben auf ihren Köpfen. Je höher die Zahl, desto stabiler die Schraube. Hochfeste Schrauben tragen eine 10 oder höhere Zahl. Ersetzen Sie eine hochfeste Schraube niemals durch eine minderfeste.

Scheiben (siehe Abbildung 2.3)

- Unterlegscheiben werden zwischen Schraubenkopf und Bauteil gelegt, um Beschädigungen des Teils zu vermeiden und um die Last des Anzugsmoments zu verteilen. Spezielle Unterlegscheiben werden bei verschiedenen Gelegenheiten als Abstandhalter und Einstellscheibe eingesetzt. Kupfer- oder Aluminiumscheiben fungieren als Dichtungsringe, z.B. bei Ablassschrauben.

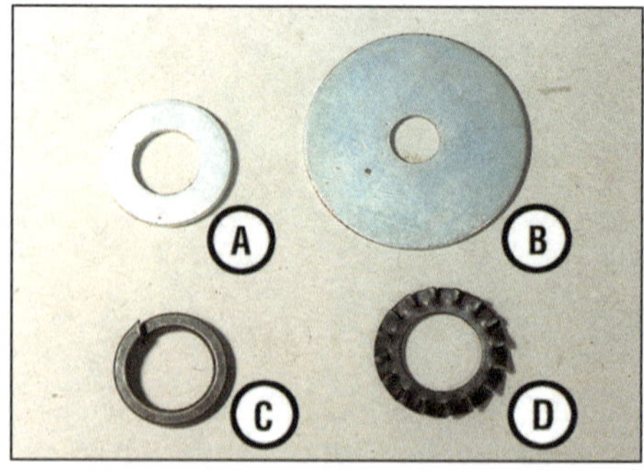

2.3 Unterlegscheibe (A), Kotflügelscheibe (B), Federring (C) und Sicherungsscheibe (D)

- Der offene Federring übt zwischen Schraube und Bauteil axialen Druck aus. Nach einmaligem Gebrauch muss er ersetzt werden. Wenn der Federring zusammen mit einer Unterlegscheibe verwendet wird, muss er zwischen diese und die Schraube gelegt werden.
- Sternförmige Sicherungsscheiben schneiden sich beim Linksherumdrehen in die Schraube und das Bauteil ein, um das Lösen der Schraube zu verhindern. Sie werden oft bei elektrischen Masseverbindungen am Rahmen verwendet.
- Konus- oder Fächerscheiben üben zwischen Schraube und Bauteil axialen Druck aus. Sie werden mit der flachen Seite auf das Bauteil gelegt, wenn sie abgeflacht sind, sind sie ermüdet und müssen ausgewechselt werden.
- Sicherungsbleche werden unter glatte Wellenmuttern gelegt, das Blech wird an einer oder mehreren Seiten der Mutter hochgebogen und gegen deren Sechskant gepresst, um ein Lösen zu verhindern. Ist das Blech nach mehrmaligem Gebrauch verschlissen, muss es ersetzt werden.
- Wellenscheiben werden eingesetzt, um Spiel auf Achsen aufzunehmen. Sie üben leichten Federdruck aus und verhindern das Hin- und Herschieben von Baugruppen, z.B. Kipphebeln auf ihren Wellen.

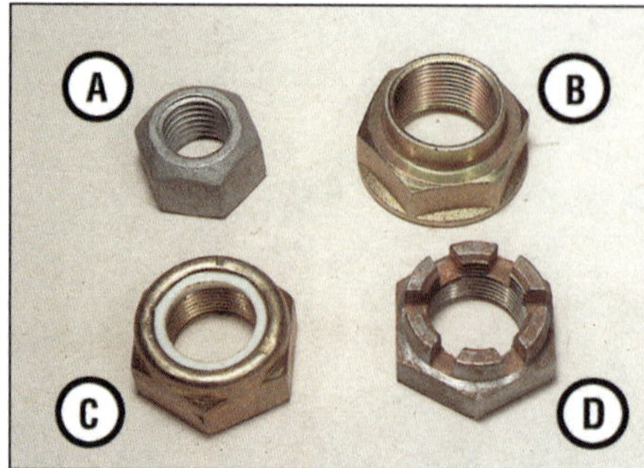

2.4 Sechskantmutter (A), Mutter mit Bund (B), selbstsichernde Mutter mit Nylon-Einsatz (C), Kronenmutter (D)

Muttern und Splinte

- Herkömmliche Muttern sind sechskantig (siehe Abbildung 2.4). Ihre Größenbezeichnungen richten sich nach dem Gewindedurchmesser und dessen Steigung. Hochfeste Muttern tragen auf einer Seite eine Zahl, die ihre Festigkeit angibt.
- Selbstsichernde Muttern haben entweder Nylon-Einsätze oder zwei Federstreifen, außerdem gibt es Muttern mit Bund, die sich mit einer Verzahnung sichern. Ihr aller Vorzug liegt darin, dass sie nicht durch Vibrationen zu lösen sind. Die Nylon- und Federausführungen können mehrmals universell eingesetzt werden und müssen erst ersetzt werden, wenn sie leichtgängig oder verschlissen sind. Die Bundausführungen müssen nach jedem Lösen ausgewechselt werden.
- Splinte werden zum Sichern von Kronenmuttern auf Achsen, aber auch gegen das Lösen normaler Sechskantmuttern eingesetzt, besonders an Radachsen und Bremsankern. Normale Splinte müssen wegen der Bruchgefahr nach jedem Gebrauch erneuert werden (siehe Abbildungen 2.5 und 2.6).

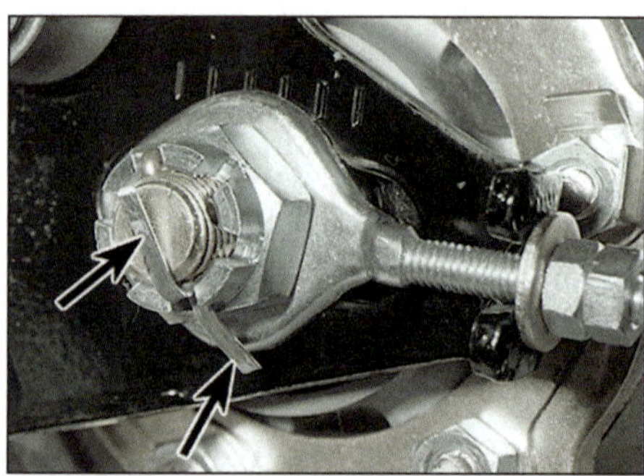

2.5 Biegen Sie Einwegsplinte bei Kronenmuttern wie gezeigt auseinander.

2.6 Biegen Sie Einwegsplinte bei normalen Muttern wie gezeigt auseinander.

Achtung: Wenn die Schlitze der Kronenmutter nach dem vorschriftsmäßigen Anziehen nicht mit der Splintbohrung in der Achse fluchten, muss sie so weit fester angezogen werden, bis der Splint durchgeführt werden kann – sie darf niemals gelockert werden.

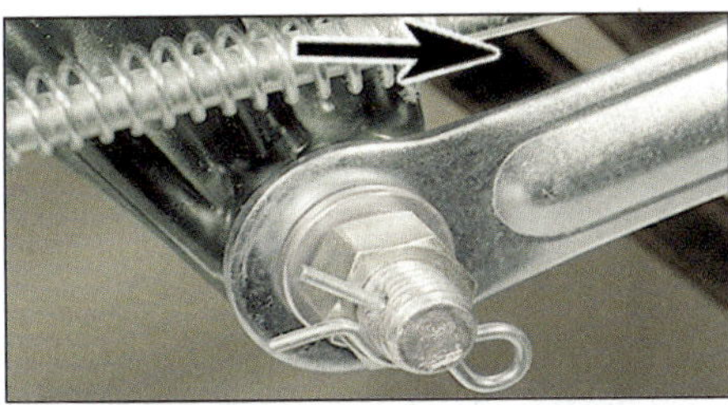

2.7 Federsplinte werden mit dem geschlossenen Ende in Fahrtrichtung (Pfeil) montiert.

- Federsplinte können öfter verwendet werden, solange sie nicht beschädigt sind. Installieren Sie Federsplinte immer mit dem geschlossenen Ende nach vorne (siehe Abbildung 2.7).

Sicherungsringe (siehe Abbildung 2.8)

- Sicherungsringe, die mit »Augen« zum besseren Aus- und Einbau versehen sind, werden auch Seegerringe genannt. Je nach Einsatzzweck auf Wellen oder in Bohrungen sitzen die Augen innen oder außen. Geschliffene Ringe können beidseitig verwendet werden, bei gestanzten Ringen (mit einer flachen und einer abgerundeten Seite) muss die flache Seite entstehenden Druck auf die Nut übertragen (siehe Abbildung 2.9).
- Benutzen Sie immer eine Seegerringzange zur Montage und Demontage, spannen Sie damit die Ringe nicht mehr als nötig. Drehen Sie die Ringe nach der Montage in ihrer Nut, um sicherzugehen, dass sie richtig sitzen. Wenn ein Sicherungsring auf eine Nutenwelle montiert wurde, muss die Öffnung mit einer Nut fluchten. So wird sichergestellt, dass die Enden gut gehalten werden (siehe Abbildung 2.10).
- Sicherungsringe können durch den Druck von Bauteilen verschleißen und dadurch locker in ihren Nuten sitzen. Da hierdurch die Gefahr des Herausspringens steigt, sollten Sie regelmäßig nach jedem Ausbau ersetzt werden.
- Drahtsicherungsringe werden normalerweise zur Sicherung des Kolbenbolzens in die Nuten des Kolbens gesetzt. Sie können mit einer Spitzzange oder einem kleinen Schraubendreher ausgebaut werden. Kolbenbolzen-Sicherungsringe dürfen auf keinen Fall mehrmals verwendet werden.

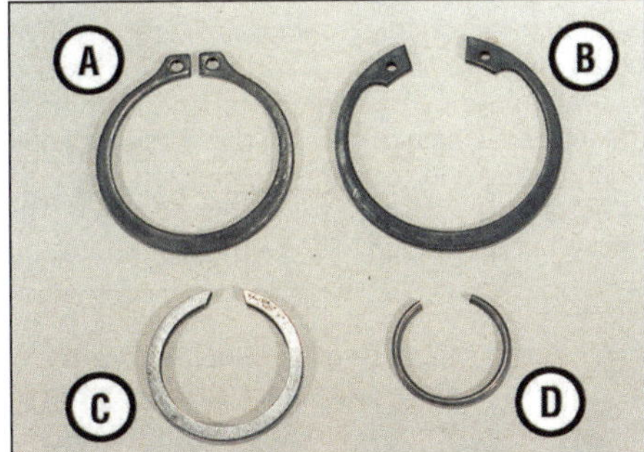

2.8 Wellen-Seegerring (A), Bohrungs-Seegerring (B), geschliffener Sicherungsring (C), Draht-Sicherungsring (D)

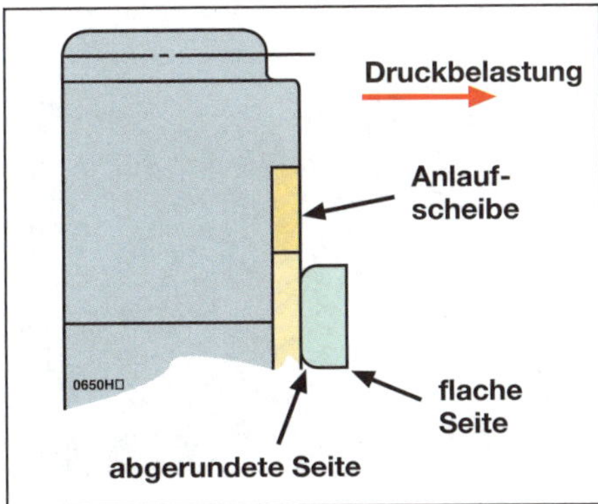

2.9 Korrekte Einbaulage eines gestanzten Sicherungsrings

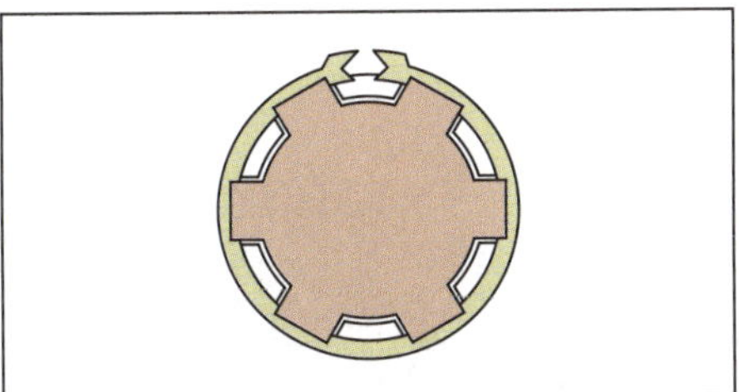

2.10 Die Öffnung des Sicherungsrings muss in einer Nut der Welle liegen.

Gewindedurchmesser und Gewindesteigung

- Der Durchmesser eines Gewindes wird außen an der Schraube oder des Bolzens gemessen. Fast alle Fahrzeughersteller benutzen heute metrische Gewinde nach ISO-Norm, eine M-6-Schraube hat einen Gewindedurchmesser von 6 mm. Diese Bezeichnung gilt auch für die entsprechende Mutter, hier muss der Durchmesser in den »Tälern« des Gewindes gemessen werden.
- Die Gewindesteigung bezeichnet den Abstand zwischen zwei Gewindegängen (siehe Abbildung 2.11). Sie wird in Millimetern angegeben, jedoch nur extra erwähnt, wenn sie von der Norm abweicht, d.h. eine M8-Schraube nicht wie üblich eine Steigung von 1,25 mm, sondern z.B. ein Feingewinde mit 1,0 mm Steigung hat – sie heißt dann M8 x 1,0. Mit zunehmendem Gewindedurchmesser wird auch die Steigung größer.

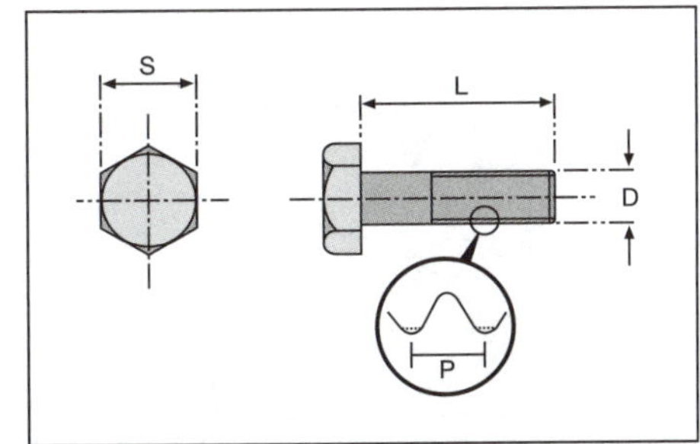

2.11 Schraubenlänge (L), Gewindedurchmesser (D), Gewindesteigung (P), Schlüsselweite (S)

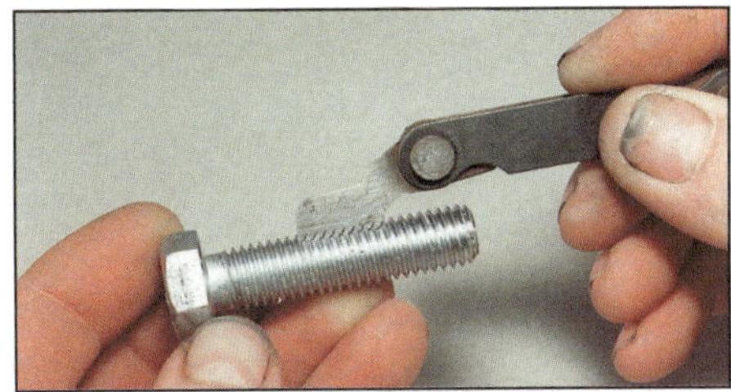

2.12 Mit einer Gewindelehre kann die Steigung bestimmt werden.

- Zu bestimmten Gewindedurchmessern, -steigungen und -festigkeiten gehören entsprechende Schraubenköpfe mit Schlüsselweiten in Millimetern (siehe Abbildung 2.11). Bei Unsicherheit können Gewindesteigungen mit Gewindelehren gemessen werden (siehe Abbildung 2.12).

Schlüsselweite	∅ Gewinde x Steigung
8 mm	M 5 x 0,8 mm
8 mm	M 6 x 1,0 mm
10 mm	M 6 x 1,0 mm
12 mm	M 8 x 1,25 mm
14 mm	M10 x 1,25 mm
17 mm	M12 x 1,25 mm

- Die meisten Schrauben und Bolzen haben Rechtsgewinde, d.h. die Schraube oder Mutter wird im Uhrzeigersinn festgezogen. Linksgewinde finden sich ganz selten an Stellen, wo die Drehrichtung des Bauteils die Verbindung lösen könnte, z.B. bei einigen Ritzelmuttern.

Standard-Anzugsdrehmomente

M5 (Schraube oder Mutter)	5 Nm
M6 (Schraube oder Mutter)	10 Nm
M8 (Schraube oder Mutter)	21 Nm
M10 (Schraube oder Mutter)	35 Nm
M12 (Schraube oder Mutter)	55 Nm
M6 (Schraube oder Mutter mit Bund)	12 Nm
M8 (Schraube oder Mutter mit Bund)	27 Nm
M10 (Schraube oder Mutter mit Bund)	40 Nm

Festsitzende Gewinde

- Durch Feuchtigkeit, Salz und elektro-chemische Korrosion zwischen unterschiedlichen Metallen können freiliegende Schrauben im Laufe

2.13 Bereits ein leichter Schlag auf den Schraubenkopf reicht oft aus, ein korrodiertes Gewinde zu lösen.

2.14 Ein Schlagschrauber setzt die Wucht des Hammers in eine Drehbewegung um.

der Zeit schwer zu lösen sein. Mit normalen Methoden wird man in diesen Fällen wahrscheinlich den Schraubenkopf zerstören. Wenn man merkt, dass sich eine Schraube oder Mutter nicht wie üblich durch ein Knacken löst und dann leicht ausbauen lässt, sollte die übliche Demontage sofort gestoppt werden, bevor etwas zerstört wird.

- Bereits ein leichter Schlag auf den Schraubenkopf kann Korrosion und Spannungen im Gewinde lösen (siehe Abbildung 2.13).
- Kriechöl (z.B. *Caramba* oder *WD40*) kann als Rostlöser an die Verbindung gesprüht werden und über Nacht einsickern. Formt man mit Plastilin eine »Wanne« um die Schraube oder Mutter, kann die Verbindung sogar geflutet werden.
- Aufgrund der öligen Umgebung haben innerhalb des Motorgehäuses befindliche Schraubverbindungen kaum Korrosionsprobleme. Doch kann auch hier ein Schlagschrauber die Arbeit erleichtern, wenn festsitzende Schrauben gelöst werden sollen (siehe Abbildung 2.14).
- Korrosion zwischen Metallen (z.B. Stahl und Aluminium) kann durch Erwärmung gelockert werden. Da sich Aluminium stärker ausdehnt als Stahl, reißt die Verbindung auf und die Bohrung (im Aluminium) erweitert sich. Hitzeempfindliche Teile wie Dichtringe und Gummistopfen müssen zunächst entfernt werden, dann kann man z.B. mit einem Heißluftgebläse den Bereich um die Schraube erwärmen (siehe Abbildung 2.15). Alternativ kann man das Bauteil auf einer elektrischen Herdplatte, in einem Backofen, in kochendem Wasser oder mit einem Bügeleisen erwärmen. Benutzen Sie keine offene Flamme! Tragen Sie Handschuhe, um Hautverbrennungen zu vermeiden.

2.15 Erwärmen Sie den Bereich um die Schraubverbindung gleichmäßig.

2.16 Mit einem am Rand angesetzten Meißel wird die Schraube oder Mutter gelockert.

Achtung: Beachten Sie immer, dass das Gehäuseteil, in dem die Schraube sitzt, viel empfindlicher und teurer ist als die Schraube selbst. Wenn die Schraube gelockert ist, sollte sie nicht mit Gewalt herausgedreht werden. Um das Gewinde zu schonen, muss die Schraube bei starkem Widerstand vorsichtig vor- und zurückgedreht werden, bis sie locker ist.

- Als nächste Möglichkeit kann man die Schraube mit Hammer und Meißel losklopfen (siehe Abbildung 2.16). Hierdurch wird die Schraube oder Mutter zerstört, doch wichtiger ist, dass man das Bauteil nicht beschädigt.

Abgebrochene Schrauben und Stehbolzen

- Wenn das Gewinde zugänglich ist, kann man versuchen, es mit einer selbstsichernden Gripzange zu drehen. Mit einem Stehbolzendreher, der normalerweise bei Zylinderstehbolzen verwendet wird, lassen sich meist bessere Ergebnisse erzielen (siehe Abbildung 2.17). Stehbolzen lassen sich auch mit zwei verkonterten Muttern lösen (siehe Abbildung 2.18).

2.17 Mit einem Stehbolzendreher können auch festsitzende Schraubengewinde gelöst werden.

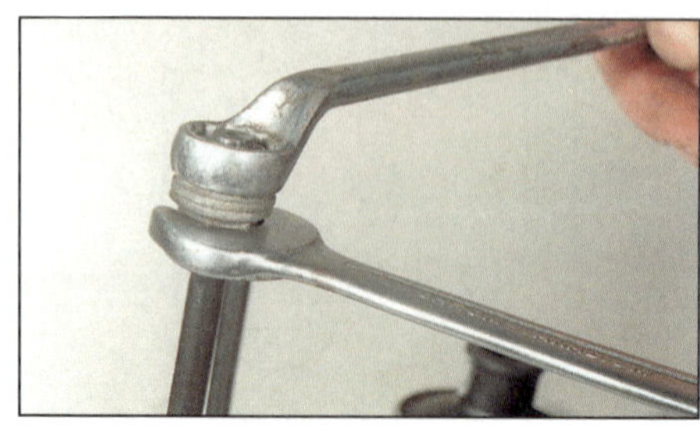

2.18 Nach dem Verdrehen zweier Muttern gegeneinander kann hiermit der Bolzen herausgeschraubt werden.

2.19 Achtung beim Vorbohren: nicht das weichere Gehäusematerial beschädigen.

- Eine bündig am Gehäuse abgerissene Schraube kann, wenn sie nicht allzu fest sitzt, nur mit einem Linksausdreher entfernt werden. Zunächst wird mit dem Körner in der Mitte des Gewindes eine Markierung geschlagen, aus der ein Bohrer nicht mehr abrutschen kann (siehe Abbildung 2.19). Wählen Sie den Bohrer etwa halb bis dreiviertel so groß wie der Innendurchmesser der Schraube, und bohren Sie ein dem Linksausdreher entsprechend tiefes Loch. Wählen Sie den größtmöglichen Linksausdreher, aber achten Sie darauf, die Wandung der Schraube oben nicht auseinanderzudrücken, da dadurch das Gewinde im Gehäuse beschädigt und das Herausdrehen erschwert wird.
- Drehen Sie den Linksausdreher links herum (gegen den Uhrzeigersinn) in die abgebrochene Schraube. Wenn er sich festgefressen hat, wird er automatisch den Gewinderest aus dem Gehäuse herausdrehen (siehe Abbildung 2.20).

Warnung: Linksausdreher sind sehr hart und können bei unvorsichtigem Umgang und in extrem festsitzenden Schraubenresten abbrechen. In diesem Fall sollte eine professionelle Werkstatt konsultiert werden.

2.20 Drehen Sie den Linksausdreher links herum in das Bohrloch, bis das Gewindestück herausgeschraubt ist.

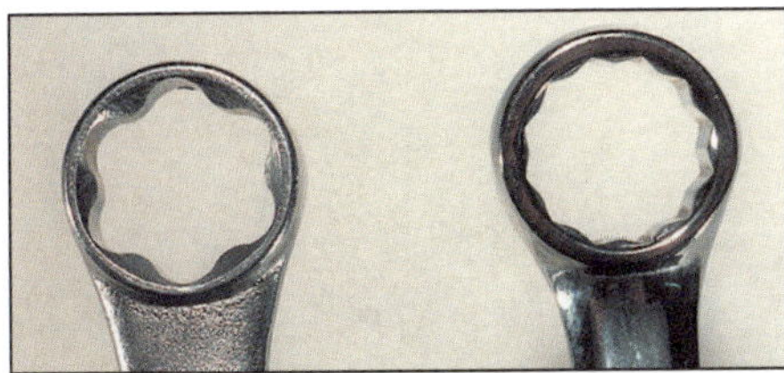

2.21 Besonders bei abgerundeten Köpfen sind Flächendruckschlüssel solchen mit Zwölfkant vorzuziehen.

- Alternativ, oder wenn das Gehäusegewinde zu stark beschädigt ist, kann die Schraube ganz herausgebohrt werden. Hierbei muss darauf geachtet werden, dass die Bohrung exakt zentriert und gerade sitzt und genau die vorgegebene Tiefe erreicht wird. Dann kann ein Übermaßgewinde eingebohrt oder ein Gewindeeinsatz (z.B. *Heli Coil*) hineingeschraubt werden. Bei Zweifel über die eigenen Fähigkeiten und in Anbetracht des Preises für ein neues Gehäuse sollte diese Arbeit gegebenenfalls einer Werkstatt überlassen werden.
- Schrauben und Muttern mit abgerundeten Sechskantköpfen sollten sehr vorsichtig mit exakten Ring- oder Steckschlüsseln gelöst werden. Diese sollten besser sechs als zwölf Kanten aufweisen. Als sehr gut haben sich auch Schlüssel erwiesen, die nicht die Kanten, sondern die Flächen der Köpfe belasten – sie werden u.a. unter dem Handelsnamen »Metrinch« vertrieben (siehe Abbildung 2.21)
- Schlitz- oder Kreuzschlitzschrauben werden häufig durch falsche Schraubendrehergrößen beschädigt, zudem können die Dreher auch verschlissen (abgerundet) sein. Inbus- und Torx-Schrauben sind dagegen kaum zu zerstören. Wenn die Schraube zugänglich ist, kann mann mit einer Eisensäge einen Schlitz in den Kopf sägen und sie mit einem passenden Schlitzschraubendreher lösen. Alternativ kann die Schraube mit Hammer und Meißel vorsichtig losgeklopft werden. Beschädigte Schrauben dürfen auf keinen Fall wieder eingesetzt und festgezogen werden.

Ein Klecks Ventileinschleifpaste auf der Schraube kann für den Schraubendreher das letzte Quäntchen Haftung bringen.

2.22 Zum Reinigen und Reparieren von Innengewinden muss ein passender (!) Gewindebohrer senkrecht (!) eingeschraubt werden.

2.23 Zum Nacharbeiten von Außengewinden wird ein Schneideisen aufgedreht.

Gewindereparatur

- Besonders in Aluminium kann ein Gewinde durch viel zu festes Anziehen, eingearbeiteten Schmutz oder auch Vibrationen lockerer Schrauben schnell zerstört werden. Das Gewinde kann komplett mit der Schraube herausfallen.
- Wenn ein Gewinde nur leicht beschädigt oder mit alter Schraubensicherungspaste verschmutz ist, kann es mit einem passenden Gewindebohrer repariert/gereinigt werden (siehe Abbildungen 2.22 und 2.23). Für Zündkerzengewinde gibt es spezielle Größen. Achten Sie darauf, dass der Bohrer den korrekten Durchmesser und die richtige Steigung hat, sonst wird das Gewinde zerstört. Das Gleiche gilt für Außengewinde. Hier kann mit einer passenden Gewindefeile oder einem Schneideisen nachgearbeitet werden (siehe Abbildung 2.24).
- Wenn um das beschädigte Innengewinde genügend Material vorhanden ist und eine größere Schraube eingesetzt werden kann, ist es möglich, das Loch passend zu vergrößern und ein größeres Gewinde einzuschneiden. Manchmal, z.B. bei Zündkerzen oder Ablassschrauben und bei wenig »Fleisch« um das Loch, ist dieser Schritt jedoch nicht möglich.
- Man muss dann auf Gewindeeinsätze zurückgreifen, die in das aufgebohrte defekte Gewinde eingesetzt werden und in die anschließend wieder Originalschrauben oder Zündkerzen einge-

2.24 Mit einer Gewindefeile können Außengewinde nachgebessert werden.

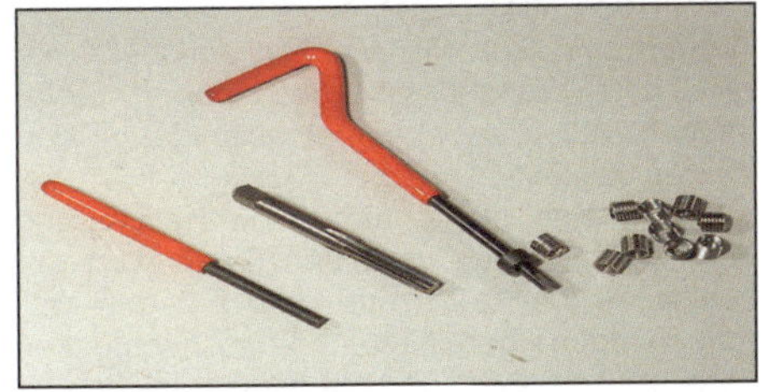

2.25 Dem Grund-Kit sind neben Gewindeeinsätzen auch die nötigen Spezialwerkzeuge beigefügt.

2.26 Bohren Sie zunächst das alte Gewinde auf (Lager und Dichtungen sollten besser abgedeckt sein).

2.27 Drehen Sie sorgfältig den Gewindeschneider hinein, . . .

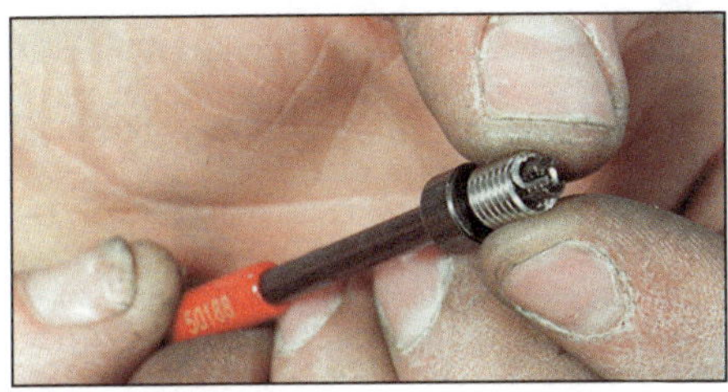

2.28 . . . setzen Sie den Einsatz in das Eindrehwerkzeug, . . .

2.29 . . . und schrauben Sie ihn in die Bohrung.

2.30 Brechen Sie zum Schluss die Lasche ab.

dreht werden können. Neben vielen anderen Einsätzen heißt das bekannteste Produkt »Heli Coil«. Eine Packung enthält einen Gewindebohrer, Einbauwerkzeuge und mehrere Einsätze (siehe Abbildung 2.25). Vergrößern Sie das Loch mit einem passenden Bohrer (siehe Abbildung 2.26), schneiden Sie vorsichtig das Gewinde ein (siehe Abbildung 2.27), und drehen Sie vorsichtig und mit leichtem Druck den Einsatz hinein (siehe Abbildungen 2.28 und 2.29). Wenn er viertel bis halbe Umdrehung vor dem Grund sitzt, wird das Werkzeug herausgezogen und mit der Stange die Eindrehlasche abgebrochen (siehe Abbildung 2.30).

- Es gibt Gewinde-Reparaturmittel auf Epoxidharzbasis. Sie sollten jedoch nur bei wenig belasteten Verbindungen eingesetzt werden.

Sicherungspaste und Dichtmasse

- Schraubensicherungspaste (bekannt unter dem Namen *Loctite*) wird an Verbindungen eingesetzt, wo durch Vibrationen Gefahr der Lockerung besteht, oder besonders sicherheitsrelevante Teile verloren gehen können. Außerdem wird sie verwendet, wo andere Schraubensicherungen, wie Bleche oder Splinte, nicht eingesetzt werden können.
- Vor dem Auftragen von Sicherungspaste müssen beide Gewinde sorgfältig von alten Resten gereinigt, entfettet und getrocknet werden. Es gibt zwei Arten von Schraubensicherungspasten: dauerfeste und lösbare (mittelfeste). Normalerweise wird mittelfeste Schraubensicherung verwendet, nur Zylinderstehbolzen werden oft mit dauerhafter Paste eingesetzt. Geben Sie einen oder zwei Tropfen auf die ersten Gewindegänge der einzusetzenden Schraube, setzen Sie sie ein, und ziehen Sie sie mit dem vorgeschriebenen Drehmoment fest. Geben Sie nicht zu viel Sicherungspaste auf das Gewinde, da sonst beim Ausbau ein Alugewinde mit herausgezogen werden kann.
- Es gibt Schrauben und Muttern, die mit einem trockenen Sicherungsmaterial überzogen sind. Diese Verbindungsteile müssen nach jeder Demontage ersetzt werden.
- Um Gewinde vor dem Korrodieren zu schützen, können sie mit Kupferpaste eingesetzt werden. Dieses empfiehlt sich besonders bei stark hitzebelasteten Teilen wie Zündkerzen, Krümmerflanschmuttern und Auspuffschrauben.

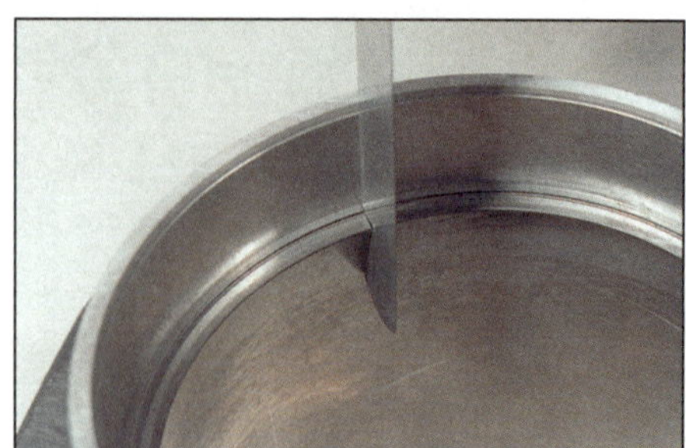

3.1 Fühlerlehren werden zum Ermitteln kleiner Spaltmaße benötigt. Ihr Maß ist auf einer Seite eingeätzt.

3 Messwerkzeuge und Messuhren

Fühlerlehren

- Fühlerlehren werden zum Ermitteln kleiner Spaltmaße und Spiele (z.B. Ventilspiel) benutzt (siehe Abbildung 3.1). Wo der Einsatz einer Messuhr unmöglich ist, kann man mit ihnen auch Seitenspiel von Wellen messen.
- Fühlerlehrensätze müssen vorsichtig behandelt und dürfen nicht verbogen oder beschädigt werden. In jedes Blatt ist auf einer Seite das entsprechende Maß eingeätzt. (Messen Sie das bei besonders billigen Fühlerlehren einmal nach!) Die Blätter sollten gegen Korrosion immer leicht eingeölt sein, damit sie nicht – im wahrsten Sinne – »aufblühen«.
- Wenn Sie irgendwo Spiel ermitteln wollen, gilt immer der Wert, bei dem das Blatt sich mit leichtem Druck durch die beiden Komponenten ziehen lässt. Es kann passieren, dass man manchmal zwei Fühlerlehren benötigt.

Bügelmessschrauben (Mikrometerschrauben)

- Mit einer Präzisionsmessschraube lassen sich Messgenauigkeiten von bis zu einem tausendstel Millimeter erzielen. Das empfindliche Gerät sollte immer in seinem Etui und nie lose im Werkzeugkasten aufbewahrt werden, da defekte Geräte falsche Messergebnisse zeigen, die eventuell teure Motorschäden nach sich ziehen können.
- Bügelmessschrauben werden zum Ermitteln von Außendurchmessern eingesetzt, es gibt sie in verschiedenen Messbereichen, normalerweise von 0 bis 25 mm, 25 bis 50 mm usw., immer in 25-mm-Schritten steigend. Zu großen Bügelmessschrauben gibt es austauschbare Zwischenstücke, um verschiedene Messungen durchführen zu können. Allgemein ist das größte benötigte Maß das des Kolbendurchmessers.
- Kleine Innendurchmesser können mit Innenmesslehren oder Dreipunkt-Innenmessschrauben ermittelt werden. Große Durchmesser, wie Zylinderbohrungen, lassen sich mit Messuhren oder Schnabelmessschrauben ermitteln. Alle diese Geräte sind sehr teuer, und es stellt sich die Frage, ob sich die Anschaffung für den Hobbyschrauber lohnt.

Bügelmessschrauben

Anmerkung: *Hier wird eine konventionelle mechanische Messschraube beschrieben. Einfacher abzulesen, aber auch erheblich teurer sind digitale Geräte.*

- Vor Beginn muss immer die Kalibrierung kontrolliert werden, d.h. das Gerät wird geschlossen (bei 0–25 mm) oder mit den entsprechenden (gereinigten!) Zwischenstücken versehen und auf Null-Maß gestellt (siehe Abbildung 3.2).

Beachten Sie hierzu die Bedienungsanleitung der Messschraube. Denken Sie immer daran,

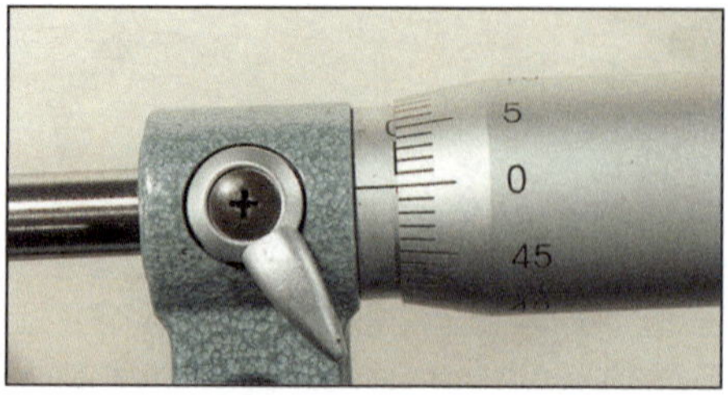

3.2 Kontrollieren Sie vor dem Gebrauch, ob die Messschraube auf Null kalibriert ist.

dass es sich hierbei um ein Präzisionsmessgerät handelt, das schonend behandelt werden muss.

- Achten Sie darauf, dass das zu messende Teil sauber ist. Drücken Sie den Amboss (1) gegen das Teil und drehen Sie die Trommel (2), bis die Spindel (3) das Teil an der gegenüberliegenden Seite leicht berührt (siehe Abbildung 3.3). Drehen Sie jetzt die Spindel mit der Ratsche (4) ein, bis sie überrutscht, schrauben Sie sie auf gar keinen Fall mit der Trommel fester – hierdurch kann das Instrument zerstört werden.
- Jetzt kann die Spindel mit dem Klemmhebel arretiert und die Bügelmessschraube vom zu messenden Teil genommen werden, dann wird das Ergebnis abgelesen. Zuerst wird die Grundmessung auf dem Schaft abgelesen, dann wird die Feinmessung auf der Trommel hinzugezählt. Anhand der Teilstriche auf dem Schaft werden in unserem Fall die ganzen und halben Millimeter abgelesen. Auf der Trommel sind die Hundertstelmillimeter-Markierungen zu sehen (je nach der Beschriftung auf dem Bügel und Genauigkeit der Messschraube können auch andere Werte abgelesen werden). Jede ganze Umdrehung bedeutet eine Veränderung um einen halben Millimeter. Der Teilstrich, der (direkt von oben betrachtet!) über der Linie liegt, zeigt einen Hundertstelmillimeter (0,01 mm) an. Zählen Sie das abgelesene Ergebnis zu der Schaftmessung hinzu.

In unserem Beispiel wird folgendes Messergebnis abgelesen (siehe Abbildung 3.4):

obere Schaft-Skala	2,00 mm
untere Schaft-Skala	0,50 mm
Trommel-Skala	0,45 mm
Messergebnis	**2,95 mm**

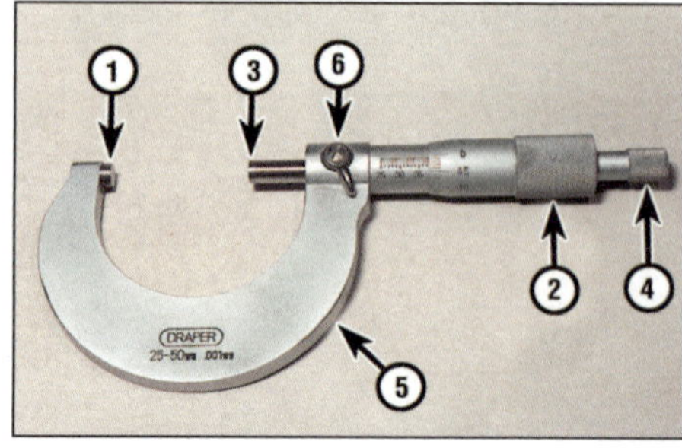

3.3 Bügelmessschrauben-Bauteile
1 Amboss, 2 Trommel, 3 Spindel, 4 Ratsche, 5 Bügel, 6 Feststellhebel

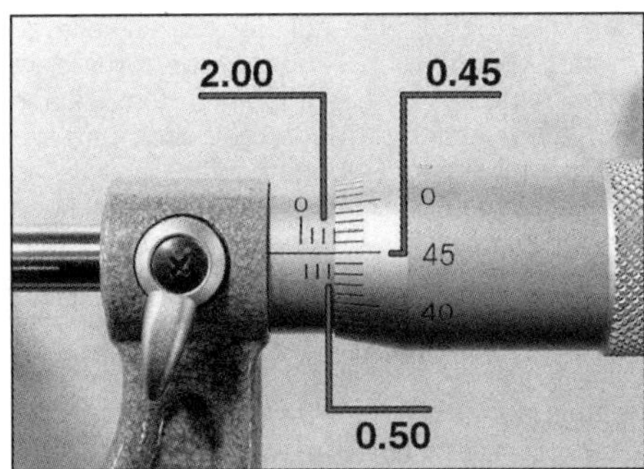

3.4 Das Messergebnis beträgt 2,95 mm.

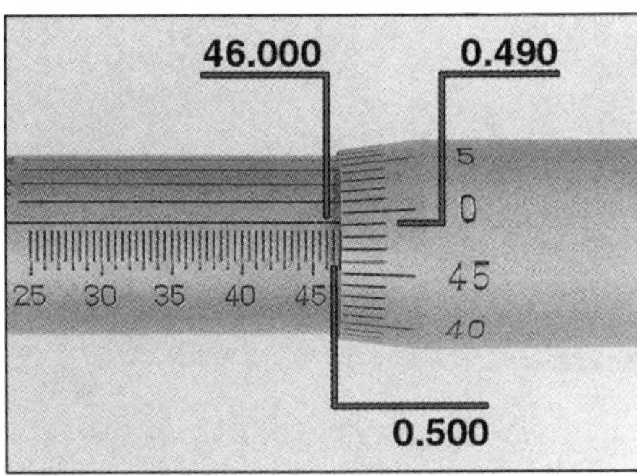

3.5 Auf dem Schaft und der Trommel werden 46,99 mm abgelesen, . . .

3.9 Spannen Sie den Bohrungsfühler in das Loch, und arretieren Sie ihn, . . .

- Einige Messgeräte haben eine Nonius-Skala auf ihrem Schaft, mit der es ermöglicht wird, auf tausendstel Millimeter genau zu messen. Zählen Sie zu dem oben abgelesenen Ergebnis den Wert hinzu, der mit einem Teilstrich auf der Trommel fluchtet. Anmerkung: Beim Ablesen des Nonius der 0,001-mm-Teilstriche muss genauestens von oben abgelesen werden. Drehen Sie die Messschraube gegebenenfalls zu sich hin. In unserem Beispiel wird folgendes Messergebnis abgelesen (siehe Abbildungen 3.5 und 3.6):

untere Schaft-Skala (große Striche)	46,000 mm
untere Schaft-Skala (kleine Striche)	0,500 mm
Trommel-Skala	0,490 mm
fluchtende Linie (Nonius)	0,004 mm
Messergebnis	**46,994 mm**

Innenmessgeräte

- Für das Ausmessen von Bohrungen benötigt man Innenmessgeräte. Da Messschrauben sehr teuer sind, kann man auf einen Satz verstellbarer Innenfühler zurückgreifen, die mit einer Bügelmessschraube vermessen werden.
- Mit Teleskop-Messlehren können z.B. Pleuelaugen und Kolbenbolzenbohrungen vermessen werden. Schieben Sie die saubere Lehre ein, spannen Sie sie auseinander, sichern Sie sie, und ziehen Sie sie aus der Bohrung (siehe Abbildung 3.7). Messen Sie das Ergebnis mit einer Bügelmessschraube (siehe Abbildung 3.8).
- Sehr kleine Bohrungen, wie Ventilführungen, können mit Bohrungsfühlern vermessen werden. Schieben Sie die saubere Lehre ein, spannen Sie sie so weit auseinander, bis sie leicht gleitet, sichern Sie sie, und ziehen Sie sie aus der Bohrung (siehe Abbildung 3.9). Messen Sie das Ergebnis mit einer Bügelmessschraube (siehe Abbildung 3.10).

Messschieber

Anmerkung: *Beschrieben werden hier konventionelle Nonius- und Uhren-Messschieber, Digital-Messschieber sind leichter abzulesen und kosten inzwischen nicht mehr viel.*

- Ein Messschieber arbeitet nicht so genau wie eine Bügelmessschraube, dafür ist er leichter

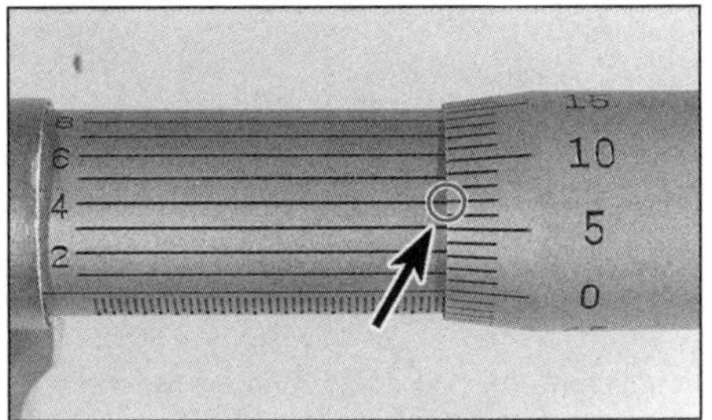

3.6 . . . dazu kommen 0,004 mm aufgrund der fluchtenden Linien.

zu bedienen und vielseitig für Außen-, Innen- und Tiefenmessungen einsetzbar. Für viele Messungen, wie z.B. Kupplungsbeläge oder Ventilfedern, reicht er völlig aus.

- Lösen Sie zunächst die Klemmschraube (1), und schieben Sie das Gerät soweit auseinander, dass die Schnäbel (2) über bzw. die Kreuzspitzen (3) in das zu messende Teil passen (siehe Abbildung 3.11). Schieben Sie das Gerät, eventuell mit der Feineinstellung (4), bis auf beiden Seiten leichter Kontakt entsteht, und ziehen Sie die Klemmschraube wieder an. Jetzt werden auf der festen Skala (6) als Grundmessung die ganzen Millimeter abgelesen, die links der Null auf der Schieberskala (5) liegen. Als Nächstes wird auf der Schieberskala der Strich identifiziert, der genau mit einem Strich auf der festen Skala fluchtet, jeder Strich steht normalerweise für 0,02 oder sogar 0,01 Millimeter. Addieren Sie den abgelesenen Wert zu der Grundmessung hinzu, und Sie haben das Messergebnis. In unserem Beispiel wird folgendes Messergebnis abgelesen (siehe Abbildung 3.12):

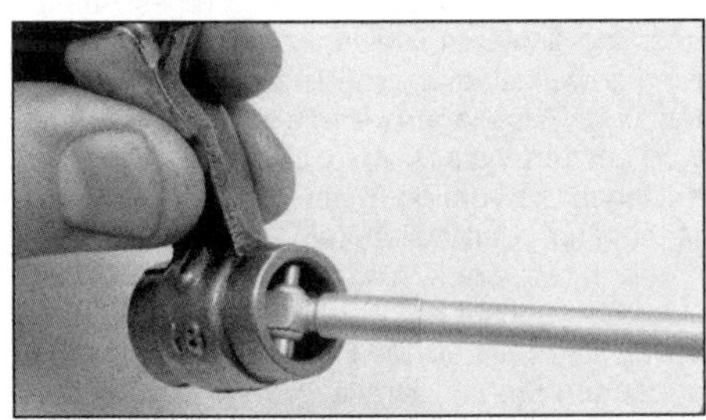

3.7 Spannen Sie die Teleskop-Messlehre in der Bohrung auseinander, arretieren Sie sie, . . .

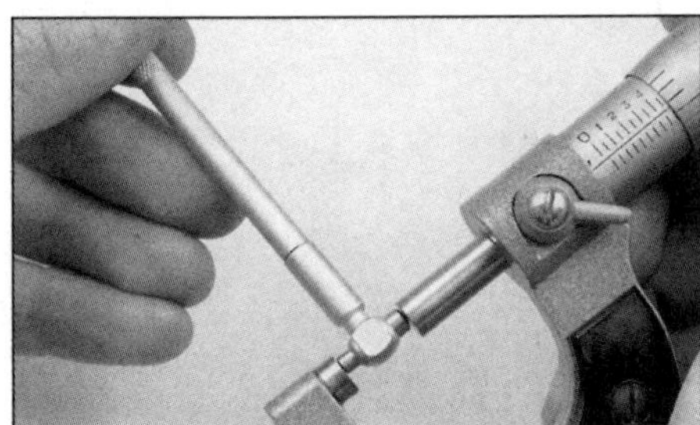

3.8 . . . und messen Sie das Ergebnis mit der Bügelmessschraube.

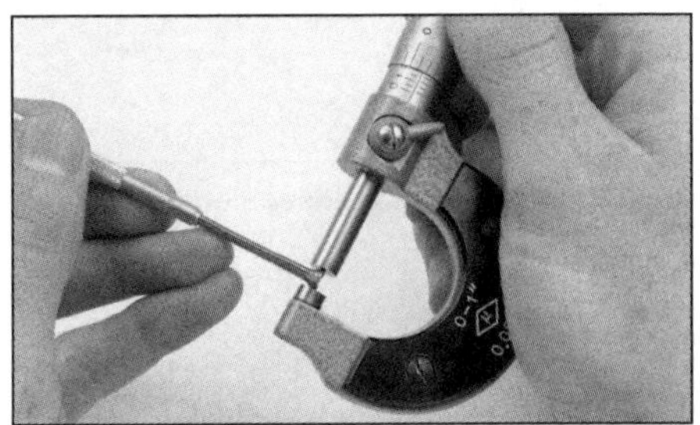

3.10 . . . messen Sie das Gerät dann mit einer Bügelmessschraube.

Grundmessung	55,00 mm
Feinmessung	0,92 mm
Messergebnis	**55,92 mm**

- Einige Messschieber sind zur Feinmessung mit einer Messuhr ausgerüstet. Achten Sie darauf, dass der Messschieber sauber sein muss. Schieben Sie ihn zuerst zusammen und kontrollieren Sie, ob die Messuhr auf Null steht, gegebenenfalls muss am Außenring nachgestellt werden. Lösen Sie zunächst die Klemmschraube (1), und schieben Sie das Gerät soweit auseinander, dass die Schnäbel (2) über bzw. die Kreuzspitzen (3) in das zu messende Teil passen (siehe Abbildung 3.13). Schieben Sie das Gerät, eventuell mit der Feineinstellung (4), bis auf beiden Seiten leichter Kontakt entsteht, und ziehen Sie die Klemmschraube wieder an. Jetzt werden auf der festen Skala (5) als Grundmessung die ganzen Millimeter abgelesen, die links der Schieberskala (6) erscheinen. Als Nächstes wird die Position der Nadel in der Uhr (7) ermittelt, jeder Teilstrich

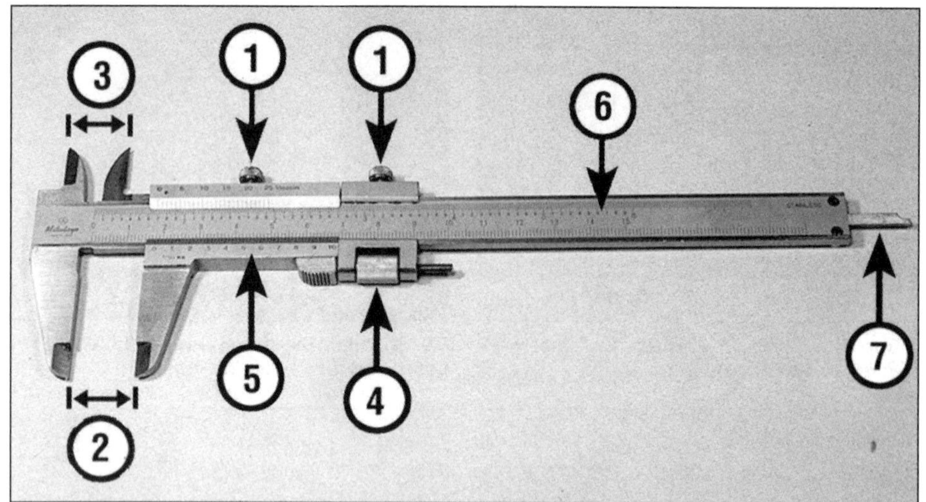

3.11 Bauteile eines Messschiebers (Nonius-Ablesung)
1 Klemmschraube
2 Außenmess-Schnäbel
3 Innenmess-Kreuzspitzen
4 Feineinstellung
5 Schieberskala
6 feste Skala
7 Tiefenmessdorn

entspricht hier 0,05 mm. Addieren Sie diesen Wert zu der Grundmessung, um das Messergebnis zu erhalten.

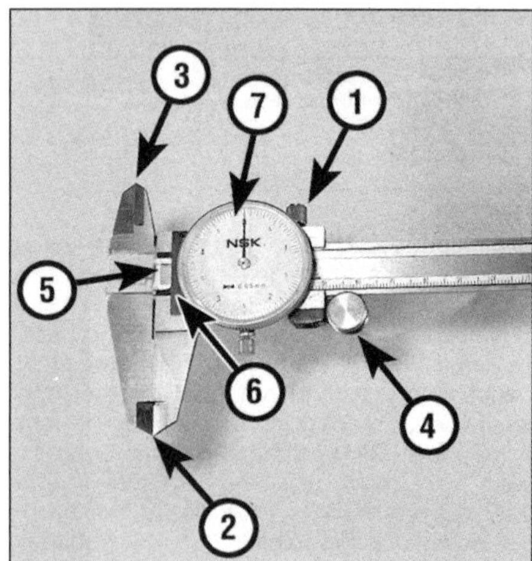

3.12 Das Messergebnis beträgt 55,92 mm.

3.13 Bauteile eines Messschiebers (Uhr-Ablesung)
1 Klemmschraube
2 Außenmess-Schnäbel
3 Innenmess-Kreuzspitzen
4 Feineinstellung
5 feste Skala
6 Schieberskala
7 Messuhr

In unserem Beispiel wird folgendes Messergebnis abgelesen (siehe Abbildung 3.14):

Grundmessung	55,00 mm
Feinmessung	0,95 mm
Messergebnis	**55,95 mm**

Quetschmessstreifen

- Die unter dem Markennamen Plastigauge bekannten Kunststoffstreifen werden zwischen zwei Oberflächen gepresst. Anschließend wird anhand ihrer Quetschbreite mit einer Skala das Spiel zwischen den Oberflächen ermittelt.
- Üblicherweise wird mit Quetschmessstreifen das Radialspiel in Gleitlagern von Kurbel- und Nockenwellenlagern sowie zwischen Hubzapfen und Pleuellagern ermittelt. Im Folgenden wird Letzteres als Beispiel beschrieben.
- Gehen Sie vorsichtig mit den Quetschmessstreifen um, damit sich keine verzerrten Messergebnisse zeigen. Schneiden Sie mit einem scharfen Messer einen Streifen davon ab, der etwas kürzer ist als die Breite der Lagerschale, und legen Sie ihn parallel zur Welle in das Lager oder auf die Welle (siehe Abbildung 3.15). Montieren Sie vorsichtig beide Lagerschalen, und setzen Sie das Pleuel zusammen. Ziehen Sie, ohne das Pleuel auf der Kurbelwelle zu drehen, die Schrauben oder Muttern mit dem vorgeschriebenen Drehmoment fest. Dann wird alles vorsichtig wieder gelockert und der Quetschmessstreifen begutachtet.
- Der Streifen wird mit der an der Packung befindlichen Skala verglichen und das entsprechende Lagerspiel abgelesen (siehe Abbildung 3.16). Entfernen Sie anschließend alle Messstreifenreste mit dem Fingernagel.

3.14 Das Messergebnis beträgt 55,95 mm.

> ***Achtung: Um ein korrektes Messergebnis zu erhalten, müssen alle vom Motorradhersteller vorgeschriebenen Anzugs-Drehmomente und -Reihenfolgen genauestens eingehalten werden.***

Messuhren und Verzugsmessung

- Mithilfe einer Messuhr können kleinste Bewegungen ermittelt werden. Typische Einsatzzwecke sind Messungen von Unrundlauf, Seitenspiel oder Kolbenpositionen zur Zündeinstellung bei Zweitaktmotoren. Zu einem Messuhr-Set gehört eine Vielzahl von Tastern, Adaptern und Befestigungsmöglichkeiten.

3.15 Der Plastigauge-Streifen wird längs auf die Lageroberfläche gelegt.

- Im Ruhezustand der Uhr muss die Nadel auf Null stehen, gegebenenfalls muss am Ring nachjustiert werden.
- Prüfen Sie, ob der Messbereich der Uhr für die zu erwartende Bewegung ausreicht. Die meisten Uhren haben neben der großen Feinmessanzeige mit 0,01- oder 0,001-mm-Einteilung einen kleinen Zeiger, der ganze Millimeter misst. Zählen Sie zuerst die ganzen Millimeter und dann die Hundertstel oder Tausendstel dazu.

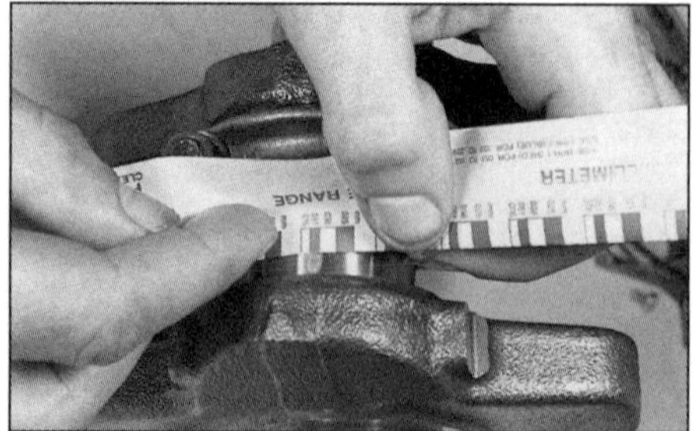

3.16 Messen Sie die Breite der gequetschten Messstreifen.

3.17 **Das Messergebnis beträgt 1,48 mm.**

3.19 **Hier wird das Axialspiel einer Welle vermessen.**

3.21 **Öldruck-Messuhr und Anschluss-Adapter (Pfeil)**

In unserem Beispiel wird folgendes Messergebnis abgelesen (siehe Abbildung 3.17):

Grundmessung	1,00 mm
Feinmessung	0,48 mm
Messergebnis	**1,48 mm**

• Wenn der Unrundlauf von Wellen ermittelt werden soll, muss die Welle in den V-förmigen Ausschnitten von stabilen Prismenblöcken liegen und die Messuhr an einem Stativ rechtwinkelig zur Welle montiert werden. Lassen Sie den Taster in der Wellenmitte aufliegen, und drehen Sie langsam die Welle. Beobachten Sie dabei die Anzeige (siehe Abbildung 3.18). Führen Sie ggf. an verschiedenen Stellen der Welle Messungen durch, und merken Sie sich den maximalen Schlag.

Anmerkung: *Das abgelesene Ergebnis stellt den totalen Unrundlauf der Welle dar. Einige Hersteller geben in ihren* Technischen Daten *den maximalen Wert zu einer Seite an, sodass das Ergebnis halbiert werden muss.*

• Das Seitenspiel (Axialspiel) einer Welle kann nach dem sicheren Befestigen der Messuhr am Gehäuse gemessen werden, der Taster wird dabei auf das Wellenende gesetzt. Dann wird die Welle mit der Hand hin- und hergedrückt und anhand der Bewegung des Zeigers das Spiel abgelesen (siehe Abbildung 3.19).

• Zur exakten Zündzeitpunktbestimmung bei mehrzylindrigen Zweitakt-Motoren wird eine Messuhr so platziert, dass der Taster durch das Zündkerzengewinde auf den Kolben zum Liegen kommt. Justieren Sie die Uhr im oberen Totpunkt des Kolbens auf Null, und beachten Sie die Betriebsanleitung.

Zylinder-Kompressions-messgerät

• Kompressionsuhren gibt es mit verschiedenen Anschlüssen: Entweder mit einem konusförmigen Gummi, das in die Kerzenbohrung gedrückt werden muss, oder mit passendem Gewinde zum Einschrauben – Letztere ist zu empfehlen. Der Messbereich der Uhr sollte bei Benzinmotoren bis 20 bar gehen.

• Nach dem Entfernen der Zündkerzen wird die Kompression bei drehendem, aber nicht laufendem Motor gemessen (siehe Abbildung 3.20). Führen Sie den Kompressionstest so durch, wie es in der Ausrüstung zur Fehlersuche beschrieben wird. Das Messgerät wird den Druck so lange halten, bis das Ventil per Hand geöffnet wird.

Öldruck-Messgerät

• Um den Öldruck des Motors zu ermitteln, wird ein Öldruck-Messgerät benötigt, die meisten von ihnen sind mit verschiedenen Adaptern ausgerüstet, sodass sie in alle Anschlussgewinde geschraubt werden können (siehe Abbildung 3.21). Wenn der vom Hersteller vorgesehene Anschluss an einer externen Öldruckleitung liegt, muss eine spezielle Ersatz-Ölleitung verwendet werden, um Ölmangel an verschiedenen Komponenten auszuschließen.

• Der Öldruck wird bei mit einer bestimmten Drehzahl laufendem Motor gemessen. Oftmals sind die vorgeschriebenen Werte sowohl bei kaltem als auch bei warmem Motor angegeben.

Haarlineale und Verzug

• Zur Kontrolle einer ebenen Dichtfläche auf Verzug muss ein Haarlineal oder ein Präzisions-Stahllineal über die Fläche gelegt und vorhandene Spalte mit einer Fühlerlehre vermessen werden (siehe Abbildung 3.22). Messen Sie diagonal zum Bauteil und zwischen Befestigungsbohrungen (siehe Abbildung 3.23).

• Kontrollieren Sie verschiedene Bauteile, wie Kupplungsreibscheiben auf einer ebenen Fläche (z.B. einem Spiegel), auf Verzug.

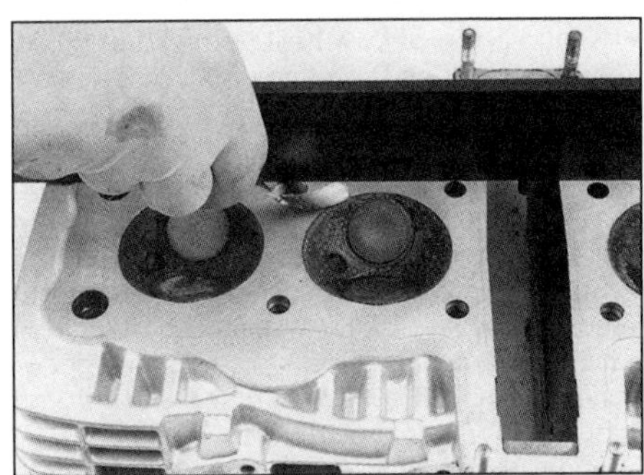

3.22 **Messen Sie mit einem Präzisionslineal und einer Fühlerlehre den Verzug der Dichtfläche.**

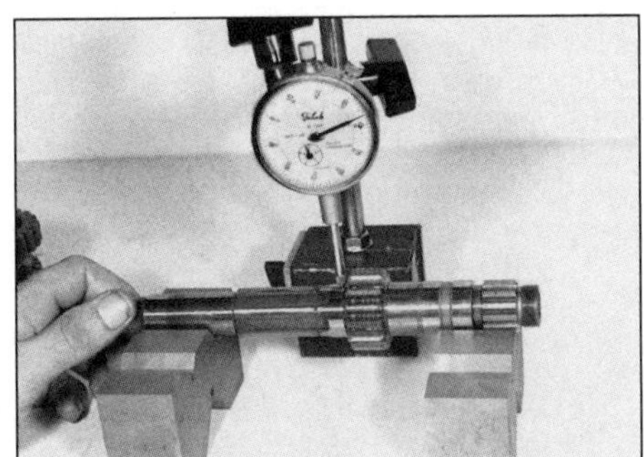

3.18 **Messen Sie den Unrundlauf der Welle mit einer Messuhr.**

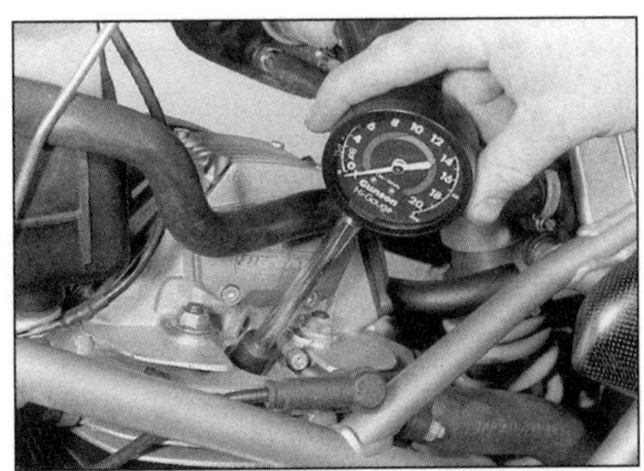

3.20 **Ein Kompressionstester mit Gummi-Konus muss kräftig in die Bohrung gedrückt werden.**

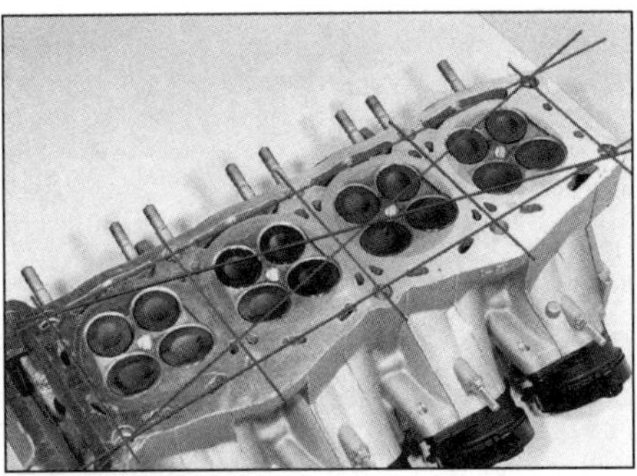

3.23 **Kontrollieren Sie die Dichtflächen in diesen Richtungen auf Verzug.**

4 Drehmoment und Hebel

Was ist das Drehmoment?

• Mit Drehmoment ist die Drehkraft gemeint, die auf eine Welle wirkt. Das Drehmoment wird bestimmt durch die Länge des Hebels und die auf dessen Ende wirkende Kraft. Die Maßeinheit 1 Nm (Newton pro Meter) bedeutet eine Kraft von einem Newton (ca. 100 g) auf einen ein Meter langen Hebel, ist der Hebel nur 10 cm lang, muss er schon mit 1000 g belastet werden.
• Die vom Hersteller angegebenen Drehmomente sollen sicherstellen, dass sich eine Verbindung weder lockert noch durch zu festes Anziehen Bauteile beschädigt werden. Sie beziehen sich auf die Belastung, die Zugfähigkeit und Größe des Gewindes und das Material, in dem es halten soll.
• Bei einem zu geringen Drehmoment besteht die Gefahr, dass die Verbindung sich im Betrieb löst, zu starkes Drehmoment kann die Verbindungsteile überlasten und beschädigen, sodass sie ab- oder ausreißen. Beachten Sie daher immer die Anzugsdrehmomente in den *Technischen Daten* des jeweiligen Kapitels oder die in diesen *Werkzeug- und Werkstatt-Tipps* angegebenen Standardanzugsdrehmomente.

Der automatische Drehmoment-Schlüssel

• Kontrollieren Sie die Kalibrierung und Funktionsfähigkeit des Drehmomentschlüssels (der für das verlangte Drehmoment ausgelegt sein muss). Oftmals sind auf dem Drehmomentschlüssel mehrere Maßeinheiten angegeben (Nm, kpm oder lbf/in und lbf/ft), verwechseln Sie die Maßeinheiten nicht!
• Stellen Sie den Schlüssel auf das verlangte Drehmoment ein (siehe Abbildung 4.1). Wenn Ihr Drehmomentschlüssel nicht die angegebene Maßeinheit aufweist, muss anhand von Tabellen umgerechnet werden. Wenn Hersteller eine Empfehlung aussprechen (8–10 Nm), sollte die Verbindung mit dem mittleren Wert angezogen werden. Genauso hätte man 9 Nm ± 1 Nm angeben können. Viele Drehmomentschlüssel können nach Einstellen des Wertes arretiert werden, sodass beim Anziehen der Wert nicht verändert werden kann.
• Setzen Sie die Schraube oder Mutter an, und ziehen Sie sie leicht fest. Das Gewinde muss sauber und frei von alten Sicherungskomponenten sein. Wenn nicht anders erwähnt, müssen die Gewinde trocken sein – unter bestimmten Umständen sind eingeölte oder mit Schraubensicherung versehene Gewinde nötig, dann sind entsprechende Drehmomente berücksichtigt.
• Ziehen Sie die Verbindung fest, bis der Drehmomentschlüssel mit einem Klicken automatisch auslöst und damit anzeigt, dass das gewünschte Drehmoment erreicht ist. Kontrollieren Sie ein zweites Mal die Festigkeit der Verbindung. Wird ein Bauteil mit unterschiedlichen Gewindedurchmessern befestigt, müssen immer zuerst die größeren Verbindungen mit den höheren Drehmomenten festgezogen werden.
• Nachdem die Arbeit mit dem Drehmomentschlüssel beendet ist, muss die vorhandene Arretierung gelöst und die Einstellung auf Null gestellt werden – legen Sie den Schlüssel nicht vorgespannt beiseite. Benutzen Sie keinen Drehmomentschlüssel zum Lösen von Verbindungen.

Anziehen mit Winkelmessscheibe

• Manche Hersteller schreiben vor, Schraubverbindungen nach dem Anziehen mit einem vorgegebenen Drehmoment noch um einen bestimmten Winkel nachzuziehen.

4.2 Die aufsetzbare Winkelscheibe wird auf Null arretiert, bevor die Verbindung entsprechend nachgezogen wird.

• Mit einer Winkelmessscheibe (siehe Abbildung 4.2) oder einem Winkelmesser kann der gewünschte Winkel bestimmt und entsprechend nachgezogen werden (siehe Abbildung 4.3).

Lockerungsreihenfolge

• Wenn mehrere Schrauben oder Muttern eine Komponente sichern, sollten sie alle gleichmäßig Schritt für Schritt gelöst werden, sodass nicht zum Schluss die gesamte Last auf einer Verbindung liegt und das Bauteil verbiegen oder verziehen kann.
• Wenn vom Hersteller eine Anzugsreihenfolge vorgegeben ist, müssen die Verbindungen entgegengesetzt gelöst werden. Ansonsten werden Verbindungen schrittweise von außen nach innen gelockert (siehe Abbildung 4.4).

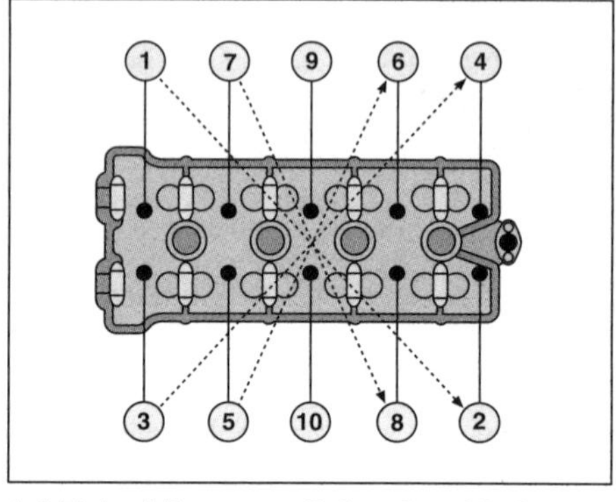

4.4 Beim Lösen von Schraubverbindungen muss Sie von außen nach innen arbeiten.

Anzugsreihenfolge

• Wenn mehrere Schrauben oder Muttern eine Komponente sichern, sollten alle gleichmäßig Schritt für Schritt angezogen werden, sodass nicht zu Anfang die gesamte Last auf einer Verbindung liegt und Dichtungen zerstört werden oder das Bauteil verbiegen oder verziehen kann. Besonders wichtig ist ein gleichmäßiges Anziehen bei großflächigen und festen Verbindungen wie Zylinderköpfen oder Motorgehäusen.
• Normalerweise wird vom Hersteller eine Anzugsreihenfolge entweder als Zeichnung oder auch direkt am Bauteil markiert, angegeben. Wenn nicht, wird in der Mitte begonnen und schritt- und kreuzweise nach außen gearbeitet

4.1 Stellen Sie den Drehmomentschlüssel auf das gewünschte Anzugsmoment ein, in diesem Fall auf 12 Nm.

4.3 Man kann den Winkel auch per Auge oder Geodreieck bestimmen.

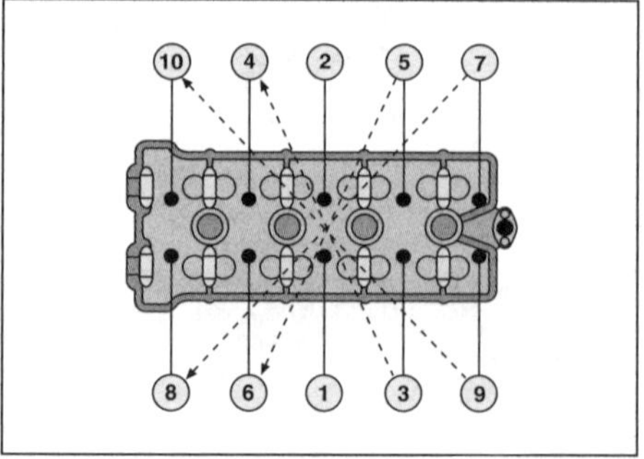

4.5 Typische Anzugsreihenfolge von Schrauben oder Muttern einer großflächigen Verbindung

(siehe Abbildung 4.5). Beginnen Sie mit handfestem Anziehen aller Verbindungen, setzen Sie dann den Drehmomentschlüssel an, und ziehen Sie alles schrittweise und über Kreuz fester, bis alle Anzugsdrehmomente stimmen. Nur so ist gewährleistet, dass die Verbindung hält und nichts beschädigt wird. Wichtige Verbindungen wie Zylinderköpfe haben oftmals zwei oder drei Anzugsschritte, bis alles endgültig festgezogen wird.

Der richtige Hebel

- Verwenden Sie Werkzeuge im richtigen Winkel. Ziehen Sie Schlüssel wenn möglich immer zu sich hin, wenn Verbindungen gelöst werden sollen. Wenn das nicht möglich ist, darf das Werkzeug nicht von der Hand umschlungen sein (siehe Abbildung 4.6) – der Schlüssel kann abrutschen oder die Verbindung sich plötzlich lösen, und Ihre Finger an scharfen Kanten gequetscht oder aufgerissen werden.

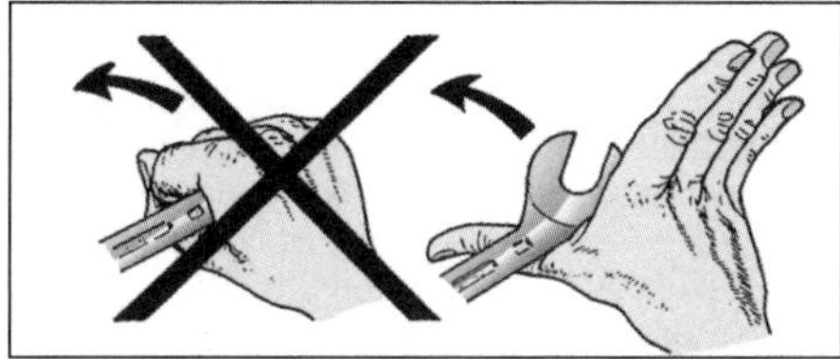

4.6 Wenn Sie den Schlüssel nicht zu sich ziehen können, drücken Sie ihn mit geöffneter Hand.

- Bei sehr festen Verbindungen kann eine Hebelverlängerung durch ein Rohr oder Stange helfen, sie zu lösen. Normalerweise sind Werkzeuge jedoch so ausgelegt, dass mit ihnen alle entsprechenden Verbindungen gelöst werden können. Wie Sie festgegangene Verbindungen lösen können, ist unter Punkt 2 beschrieben. Inbusschrauben und deren Gewinde können sehr leicht zerstört werden, wenn man einen Inbusschlüssel mit einem Rohr verlängert. Beim Anziehen sollten Verlängerungen generell nie benutzt werden, da man sich mit der eingesetzten Kraft leicht verschätzen kann.

5 Lager

Wälzlager – Aus- und Einbau

Treiber und Steckschlüsselnüsse

- Bevor man mit dem Ausbau eines Lagers beginnt, muss man sich vergewissern, in welche Richtung es demontiert wird. Einige Gehäuse haben angegossene Nuten oder Halteplatten. Überprüfen Sie Identifikations-Markierungen an den Lagern, und messen Sie ggf. ihre Einbautiefe im Gehäuse. Merken Sie sich die Einbaurichtung, wenn das Lager auf einer Seite abgedichtet ist.

5.1 Mit einem Lagertreiber, der nur den äußeren Ring berührt, wird das Lager eingetrieben.

5.2 Auch eine passende Nuss kann hierfür verwendet werden. Verkanten Sie das Lager nicht!

- Wälzlager können mit einem passenden Austreib-Werkzeug oder einer Steckschlüsselnuss, deren Durchmesser etwas kleiner als der Außendurchmesser des Lagers ist, aus dem Gehäuse geschlagen werden. Stützen Sie das Gehäuse rund um das Lager mit Holzblöcken ab, um es vor Verzug zu schützen. Nach ein paar Schlägen mit einem schweren Hammer auf den Treiber sollte das Lager aus dem Gehäuse fallen. Wenn der Zugang, z.B. bei Radlagern, erschwert ist, muss das Lager mit einem Treibdorn im Kreis herum ausgeschlagen werden, damit es nicht im Sitz verkantet.
- Mit der gleichen Ausrüstung können auch neue Lager eingetrieben werden. Stützen Sie auch hier das Gehäuse mit Holzblöcken ab. Setzen Sie das Lager senkrecht – und bei einseitiger Abdichtung richtig herum, die Beschriftung zeigt normalerweise immer nach außen – in die Bohrung, und treiben Sie es ein. Wird hierbei der Käfig, Dichtring oder innerer Lagerring berührt, ist das Lager zerstört (siehe Abbildungen 5.1 und 5.2).
- Kontrollieren Sie, ob der Innenring sich nach der Montage frei drehen lässt.

5.3 Dieser Lagerabzieher ist mit einer Trennvorrichtung versehen, die unter das Lager geklemmt wird.

Abzieher und Zughammer

- Wenn ein Lager auf eine Welle gepresst ist, kann man es meist nur mit einem Abzieher wieder herunterbekommen (siehe Abbildung 5.3). Gehen Sie sicher, dass die Abzieher-Arme sicher hinter das Lager greifen und nicht abrutschen können. Wenn kein Platz zum Abziehen ist, kann es manchmal nötig sein, das dahinter liegende Zahnrad zusammen mit dem Lager abzuziehen (siehe Abbildung 5.4).

5.4 Wenn hinter dem Lager kein Platz für die Abzieherarme ist, kann z.B. das dahinter liegende Zahnrad mit abgezogen werden.

Achtung: Gehen Sie sicher, dass sich die Spindel des Abziehers immer in der Mitte der Welle befindet und beim Anziehen nicht abrutscht. Achten Sie darauf, dass die Welle nicht beschädigt wird.

- Setzen Sie den Abzieher so an, dass die Spindel sich in der Mitte der Welle abdrückt und nicht abrutscht, wenn das Lager abgezogen wird.
- Wenn das Lager auf die Welle getrieben wird, darf der äußere Ring und der Käfig oder Dichtring nicht berührt werden. Mithilfe eines Steck-

5.5 Benutzen Sie zum Auftreiben des Lagers ein Rohr, das etwas größer ist als die Welle und nur den inneren Lagerring berührt.

5.6 Nach dem Einführen wird der Auszieher aufgespreizt, sodass er hinter den Innenring greift.

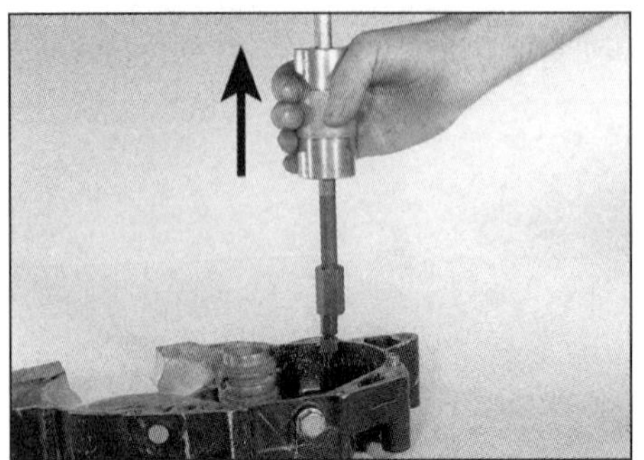

5.7 Dann kann ein Zughammer aufgeschraubt und durch dessen nach oben geschlagenes Gewicht das Lager ausgetrieben werden.

schlüssels oder passenden Rohrs, das nur den inneren Lagerring berührt, kann das Lager bis auf seinen Sitz geschlagen werden (siehe Abbildung 5.5).

- Lager, die in Sacklöchern stecken, können nicht ausgeschlagen werden. Hier wird ein Innenauszieher benötigt, der in das Lager gesteckt und dann aufgespreizt wird (siehe Abbildung 5.6). Dieser Auszieher wird zusammen mit dem Lager entweder mit einem Abzieher herausgezogen oder mit einem Zughammer herausgetrieben (siehe Abbildung 5.7).
- Es kann auch möglich sein, dass das Lager durch sein Eigengewicht aus dem Gehäuse fällt, nachdem dieses wie unten beschrieben erhitzt worden ist. Legen Sie das Gehäuse, um die Dichtfläche nicht zu beschädigen, so auf eine nicht zu harte Oberfläche, dass das Lager

5.8 Schlagen Sie das erwärmte Gehäuse mehrmals auf Holzblöcke, um das Lager herausfallen zu lassen.

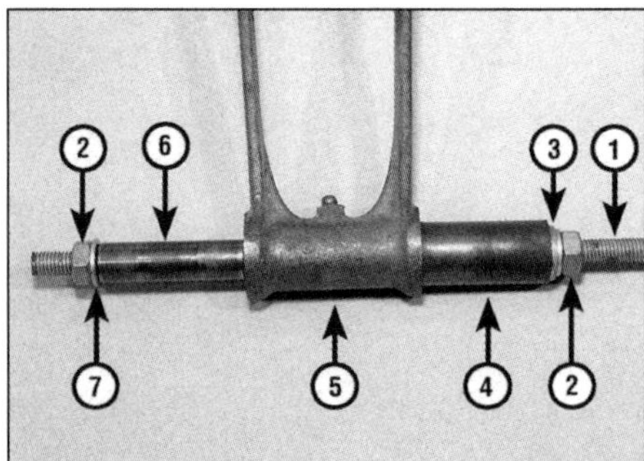

5.9 Hier soll eine Lagerbuchse gewechselt werden.

1 lange Schraube oder Gewindestange
2 Muttern
3 Scheiben mit größerem Außendurchmesser als Rohr-Innendurchmesser
4 Rohr mit zur Buchse passendem Durchmesser
5 Hebelarm mit Lagerbuchse
6 Rohr mit etwas kleinerem Durchmesser als Lagerbuchse
7 Scheibe mit etwas kleinerem Außendurchmesser als Lagerbuchse

nach unten herausfallen kann. Tragen Sie beim Erwärmen Handschuhe, und klopfen Sie dabei das Gehäuse regelmäßig auf die Oberfläche, um das Lager leichter herausfallen zu lassen (siehe Abbildung 5.8).

- Lager können genauso in Sacklöcher montiert werden, wie es oben beschrieben ist.

Einziehvorrichtungen

- Lager oder Buchsen, die z.B. in obere Pleuelaugen oder andere Hebel eingepresst sind, können nicht ohne Beschädigung des Bauteils aus-

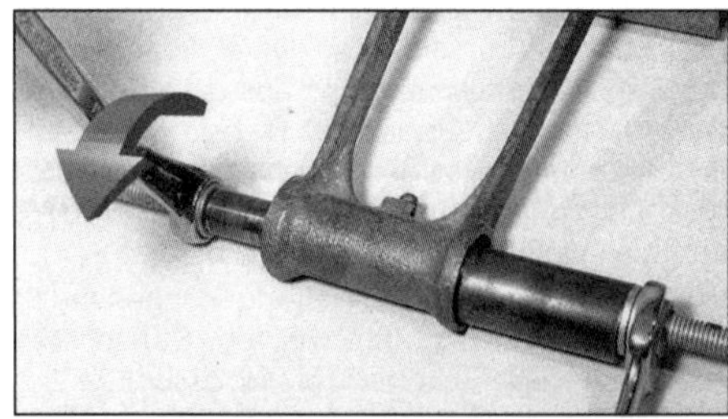

5.10 Hier wird die Lagerbuchse aus dem Hebel gezogen.

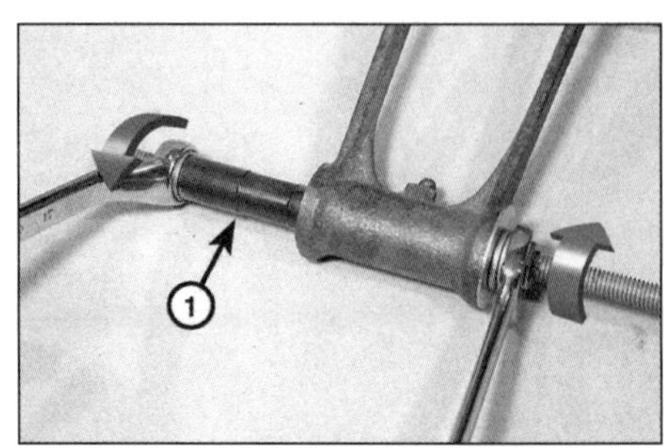

5.11 Die neue Lagerbuchse (1) wird in das Bauteil gezogen.

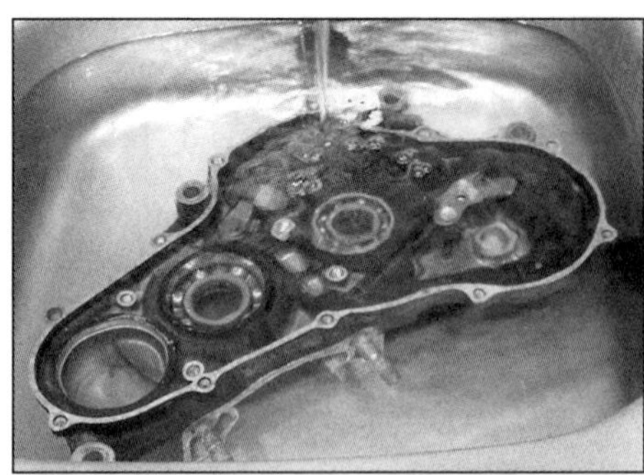

5.12 Passt das Teil in einen Topf, kann es in kochendem Wasser erwärmt werden. Schützen Sie danach die Stahlteile vor Rost!

geschlagen werden. Auch Gummibuchsen lassen sich schlecht durch Schläge aus- und eintreiben. Wenn man Zugang zu einer maschinellen Presse hat, kann man hiermit arbeiten, falls nicht, muss zum Aus- und Einziehen von Buchsen ein Werkzeug angefertigt werden.

- Man benötigt eine lange Schraube mit Mutter (oder eine Gewindestange mit zwei Muttern), ein Stück Rohr, das einen größeren Innendurchmesser als die Buchse hat, ein weiteres Stück Rohr mit einem kleineren Außendurchmesser als die Buchse und eine Reihe verschiedener Scheiben (siehe Abbildungen 5.9 und 5.10). Die Rohre müssen länger sein als die Buchse.
- Das gleiche Werkzeug, ohne Rohre, kann man zum Einziehen der Buchse benutzen (siehe Abbildung 5.11).

Ausdehnung durch Erwärmung

- Wenn der Lageraußenring fest im Leichtmetallgehäuse steckt, kann dieses erwärmt werden, um das Lager zu lockern. Aluminium dehnt sich bei Erwärmung mehr aus als Stahl, also darf auch das Lager warm werden. Es gibt verschiedene Möglichkeiten der Erwärmung, doch sollte man auf offene Brennerflammen verzichten, da das Material sich verziehen oder sogar schmelzen kann.
- Man kann das Teil in einem auf nicht mehr als 100 °C erwärmten Backofen oder in kochendem Wasser erwärmen (siehe Abbildung 5.12). Eine gezielte Erhitzung ist mit einem Heißluftgebläse, wie es zum Abbeizen verwendet wird, oder einem Bügeleisen zu erreichen (siehe Abbildung 5.13).

5.13 Die Umgebung des Lagers kann mit einem Heißluftgebläse erwärmt werden. Schützen Sie Dichtungen vor direkter Hitze!

Warnung: Bei all diesen Methoden müssen zur Vermeidung von Verbrennungen Handschuhe getragen werden.

- Beim Erhitzen des ganzen Gehäuses muss darauf geachtet werden, dass Kunststoffteile, wie Leerlaufschalter, beschädigt werden könnten – bauen Sie sie vorher aus.
- Bauen Sie unverzüglich nach dem Erhitzen das Lager aus. Sie werden merken, dass es sehr leicht auszutreiben ist oder gar von allein herausfallen wird.
- Auch zur Erleichterung des Einbaus neuer Lager kann das Gehäuse erhitzt werden. Die Motorradhersteller haben oft die Gehäuse entsprechend konstruiert und benutzen diese Methode bei der Motormontage.
- Zur leichteren Montage kann man das Lager auch über Nacht in die Kühltruhe legen, damit sie sich zusammenziehen. Empfohlen wird diese Methode z.B. bei den Lagerschalen, die in den Lenkkopf getrieben werden.

Lagertypen und Markierungen

- An Motorrädern findet man Gleitlagerschalen und Wälzlager (Nadellager, Kegellager und Kugellager) in verschiedenen Größen (siehe Abbildungen 5.14 und 5.15). Die Rollen (Kugeln, Kegel oder Nadeln) der Wälzlager sitzen meistens in Käfigen, doch gibt es auch offene Lager.
- Gleitlager werden normalerweise bei Kurbelwellen und Pleuelfüßen verwendet, da sie hohe Druckbelastung aushalten, auch die Fertigung des Kurbeltriebs wird dadurch erheblich erleichtert. Sie benötigen konstanten Öldruck, da sie sonst schnell fressen. Sie sind zumeist aus gesinterter (selbstschmierender) Phosphor-Bronze, um beim Motorstart, wenn erst Öldruck aufgebaut wird, Notlaufeigenschaften zu besitzen.
- Wälzlager besitzen einen inneren und einen äußeren Ring, zwischen denen Rollen oder Kugeln laufen. Sie benötigen konstante Schmierung mit Öl oder Fett, aber keinen Öldruck, und halten axiale Belastungen aus. Kugellager sind nur komplett als Bauteil zu montieren, die meisten Nadellager und Kegellager bestehen aus getrennt zu montierenden Innen- und Außenringen. Letztere halten hohe axiale Belastungen aus und werden deshalb oft in Lenkköpfen eingesetzt.
- Wälzlager sind im Gegensatz zu Gleitlagern Normteile, die bei bekannter Markierung (anhand derer das Maß, die Belastbarkeit und der Typ bestimmt werden können) im Fachhandel besorgt werden können (siehe Abbildung 5.16).
- Metallbuchsen bestehen üblicherweise aus Phosphorbronze, in Stoßdämpferaugen werden Gummibuchsen verwendet, in billigen Schwingenlagerungen fristen Plastikbuchsen ein kurzes Dasein.

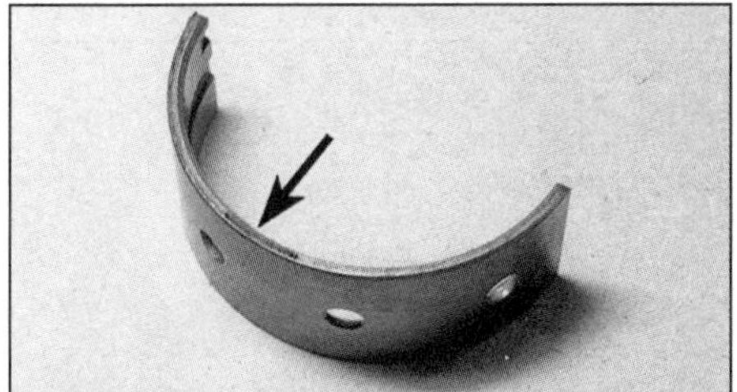

5.14 Gleitlager-Schalen gibt es glatt oder mit Nuten. Normalerweise sind sie mit Farb-Codes markiert.

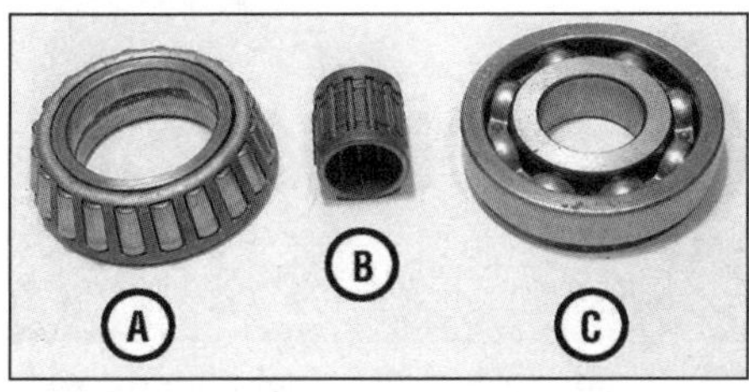

5.15 Kegelrollenlager (A), Nadellager (B) und Kugellager (C), alle mit Käfig

5.16 Typische Markierung eines Kugellagers

Fehlersuche bei Lagern

- Wenn sich ein Lageraußenring im Lagersitz gedreht hat, ist das Gehäuse beschädigt. Wenn noch nicht allzu viel Material abgetragen ist, kann man das Lager mit Spezialkleber einsetzen.

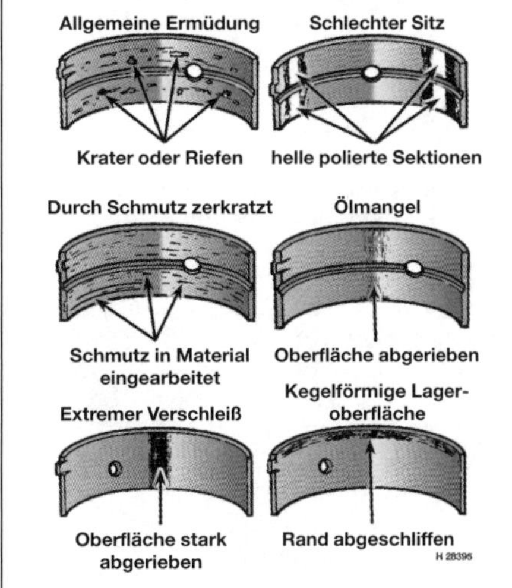

5.17 Typische Lager-Schäden

5.18 Diese Kugeln haben deutliche Abdrücke – das Lager ist defekt.

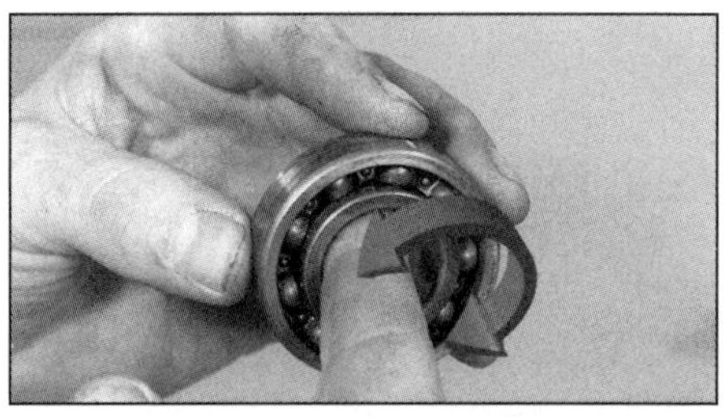

5.19 Halten Sie den äußeren Ring, und drehen Sie den inneren Ring dicht am Ohr.

- Gleitlagerschalen können durch Ölmangel, Korrosion oder Fremdteilchen im Öl beschädigt werden (siehe Abbildung 5.17). Kleine Teilchen werden in die Lageroberfläche eingearbeitet, während große Teile die Schale und die Welle zerkratzen. Wird das Motorrad viel auf Kurzstrecken eingesetzt, kann sich der Motor nur ungenügend erwärmen, und dadurch entstehendes Kondenswasser sorgt für mangelnde Schmierung und kann das Lager korrodieren lassen.
- Kugel- und Rollenlager können durch Überhitzung (bei Ölmangel) und eindringenden Schmutz zerstört werden, Kegelrollenlager drücken sich bei zu hoher Last ein. Wälzlager unterliegen auch bei vorschriftsmäßiger Benutzung einem gewissen Verschleiß. Wenn ein Wälzlager nicht auf beiden Seiten abgedichtet ist, kann es in Petroleum von alten Fettresten befreit und anschließend getrocknet werden, sodass bei einer Sichtinspektion schadhafte Kugeln, Käfige und Laufflächen entdeckt werden können (siehe Abbildung 5.18).
- Ein Kugellager kann auf Verschleiß kontrolliert werden, wenn man sich seinen Rundlauf genau anhört. Geben Sie dünnes Öl in das Lager, und drehen Sie den Innenring dicht am Ohr (siehe Abbildung 5.19). Es sollten keine Laufgeräusche festzustellen sein. Wenn es hakt oder rau läuft, ist es verschlissen.

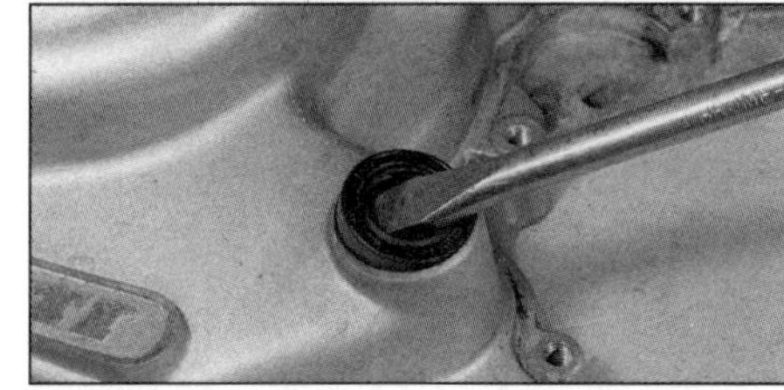

6.1 Dichtringe werden beim Aushebeln zerstört – verwenden Sie sie niemals wieder!

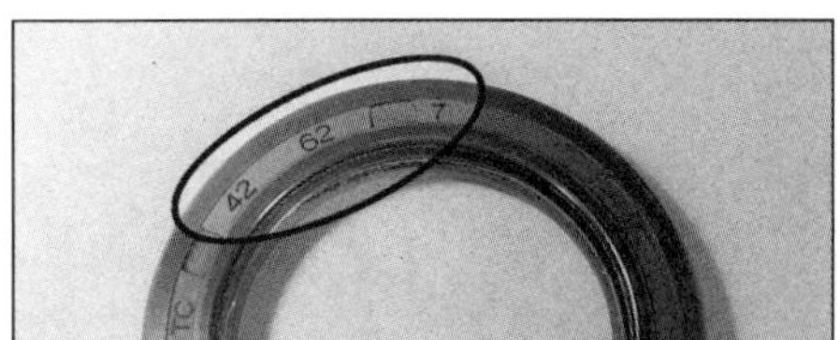

6.2 Diese Dichtring-Markierungen geben die Innengröße, die Außengröße und die Breite an.

6 Dichtringe

Aus- und Einbau

- Wellen-Dichtringe (auch »Simmerringe« genannt) sollten bei jeder Demontage der entsprechenden Baugruppe erneuert werden, da die Dichtlippen mit der Zeit verschleißen und das Material altert.
- Dichtringe können mit einem großen Schlitzschraubendreher aus ihrem Sitz gehebelt werden (siehe Abbildung 6.1). Achten Sie beim Ausbau darauf, dass der Dichtring nicht durch Seegerringe oder Draht gesichert ist.
- Neue Dichtringe werden normalerweise mit den markierten Seiten nach außen und der Federseite gegen die Flüssigkeit eingebaut. Sonderformen dichten z.B. Kurbelgehäuse von Zweitaktmotoren in beide Richtungen ab.
- Mit einem nur außen am Ring anliegenden Lagertreiber oder Steckschlüssel wird der neue Dichtring senkrecht an seinen Platz getrieben – Schläge auf die Dichtfläche zerstören den Ring.

Dichtringtypen und Markierungen

- Dichtringe sind normalerweise mit einfachen Dichtlippen ausgerüstet. Doppeldichtungen werden verwendet, wenn beidseitig Flüssigkeit oder Gas gegeneinander abgedichtet werden müssen.
- Dichtringe härten nach langer Zeit aus. Wenn das Motorrad lange gestanden hat, hilft nur ein Auswechseln aller Dichtringe.
- Dichtringe sind meistens Normteile. Doch außer den angegebenen Maßen (siehe Abbildung 6.2) sind sie aus für ihre Einsatzzwecke entsprechendem Material konstruiert.

7 Dichtungen und Dichtmasse

Dichtungs- und Dichtmassentypen

- Um das Austreten von Flüssigkeiten und Überdruck zu verhindern, werden Komponenten gegeneinander abgedichtet. Aluminium- oder Kupferdichtungen findet man häufig an Zylinderköpfen, die meisten Dichtungen sind aus Papier. Wenn die Dichtflächen der Gehäuse nicht beschädigt sind, können die Dichtungen trocken angesetzt werden, mit etwas Fett oder Dichtmasse können sie eventuell für die Montage in Position gehalten werden.
- Mit Silikondichtmasse können kleine Löcher oder Unregelmäßigkeiten ausgeglichen werden. Durch Zusammenziehen der Gehäuseteile wird Silikon zur Seite herausgepresst. Man kann zwar damit Papierdichtungen ersetzen, doch muss zuvor kontrolliert werden, ob die Dicke des Papiers nicht für bestimmte Bauteile wichtig ist. Silikon sollte nicht bei hohen Temperaturen oder Benzinberührung eingesetzt werden.
- Dauerelastische, anhärtende oder aushärtende Dichtmasse kann zusammen mit Dichtungen oder direkt zwischen Metall-Dichtflächen eingesetzt werden. Für bestimmte Zwecke werden bestimmte Dichtmassen benötigt: Dauerelastische Dichtmasse kann an fast allen Verbindungen eingesetzt werden, anhärtende Masse an rauen oder beschädigten Dichtungen, und aushärtende Dichtmasse wird an immer bestehenden Verbindungen oder bei hohen Temperaturen und hohem Druck verwendet.

Anmerkung: *Kontrollieren Sie zunächst, ob die verwendeten Papierdichtungen mit Dichtmasse imprägniert sind, bevor Sie zusätzliche Dichtmasse auftragen.*

- Überprüfen Sie, ob die ausgewählte Dichtmasse den Ansprüchen der Dichtung genügt, d.h. hohe Temperaturen oder Benzin aushalten. Einige Anbieter verkaufen Dichtmassen in verschiedenen Farben, sodass man für seinen Motor die unauffälligste aussuchen sollte.
- Geben Sie nicht zu viel Dichtmasse auf die Flächen, da sie sich nicht nur nach außen, wo sie abgewischt werden kann, sondern auch nach innen drücken kann, wo abgefallenes Material im Extremfall Ölkanäle verstopfen kann.

7.1 Wenn Hebellaschen vorhanden sind, kann hier vorsichtig mit einem Schraubendreher auseinander gehebelt werden.

7.2 Klopfen Sie mit einem weichen Hammer die Dichtungs-Umgebung ab – zerstören Sie keine Kühlrippen.

Viele Bauteile werden mit einer oder zwei Passhülsen zwischen den Dichtflächen zusammengefügt. Wenn eine Passhülse sich nicht entfernen lässt, darf sie nicht mit Zangen gegriffen werden, da sie dabei verbogen und zerstört wird. Legen Sie zur Stabilisierung eine eng sitzende Steckschlüsselnuss oder einen passenden Kreuzschlitzschraubendreher hinein, und greifen Sie die Hülse dann mit der Zange.

Öffnen einer Dichtverbindung

- Alter, Hitze, Druck und die Verwendung aushärtender Dichtmasse können dafür sorgen, dass zwei zusammenhängende Bauteile alleine mit Fingerkraft kaum wieder auseinander zu bekommen sind. Doch dürfen keine Hebel

7.3 Dichtungsreste können mit einem Dichtungsschaber, . . .

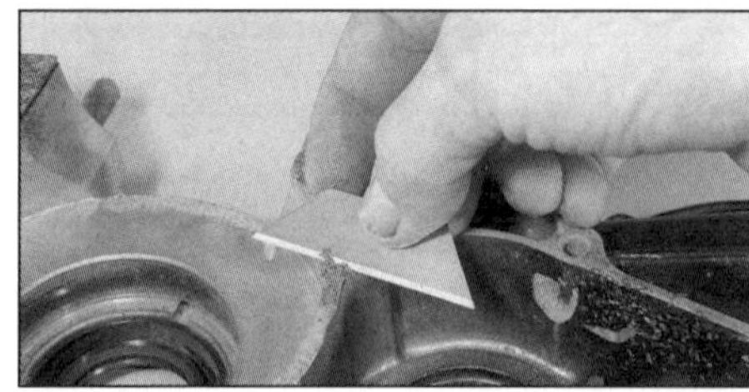

7.4 . . . einer Messerklinge . . .

7.5 . . . oder einem Spachtel entfernt werden.

7.6 Mit um eine Flachfeile gewickeltem feinen Schleifpapier wird die Dichtfläche gereinigt.

benutzt werden, wenn hierfür keine Hebelstellen vorgesehen sind (siehe Abbildung 7.1), da sonst die Dichtflächen beschädigt werden.

- Mithilfe eines Gummi- oder Kunststoffhammers (siehe Abbildung 7.2) oder aber eines Stahlhammers mit Holzstück wird in der Nähe der Dichtflächen gegen die Bauteile geklopft. Schlagen Sie nicht gegen filigrane Gussteile wie Kühlrippen, da sie abbrechen können. Zeigt diese Methode Erfolg, können die Gehäusehälften mit einem dazwischen geschobenen Holzstück auseinandergedrückt werden.

Achtung: Wenn die Verbindung sich gar nicht lösen lässt, kontrollieren Sie, ob wirklich alle Schrauben gelöst sind.

Entfernen alter Dichtungen

- Papierdichtungen lassen sich zumeist relativ rückstandsfrei entfernen. Übrig gebliebene Reste müssen vor dem Auflegen einer neuen Dichtung gründlich entfernt werden.
- Kratzen Sie alle Dichtungsreste sorgfältig und vorsichtig ab, hobeln Sie dabei kein Aluminium ab, und kerben Sie es nicht ein (siehe Abbildungen 7.3, 7.4 und 7.5). Hartnäckige Rückstände können mit Dichtungsentferner aus der Sprühdose entfernt werden. Zum Schluss der Reinigung müssen die Dichtflächen mit sehr feinem Schleifpapier (siehe Abbildung 7.6) oder einem Topfschwamm gereinigt werden.
- Alte Dichtmasse kann je nach Typ abgekratzt oder abgepult werden. Beachten Sie, dass es chemische Dichtungsentferner gibt, die die Arbeit erleichtern, doch müssen sie für die vorhandene Dichtungsmasse ausgelegt sein.

8 Ketten

Trennen und Verbinden von Antriebsketten

- Antriebsketten für größere Motorräder sind endlos, d.h. sie haben kein Schloss zum Öffnen. Soll die Kette gewechselt werden, muss die alte mit einem Kettentrenner geöffnet, und die neue nach dem Aufziehen ordentlich vernietet werden. Federclip-Schlösser dürfen nur im Notfall verwendet werden. Zum Trennen und Vernieten gibt es neben den gezeigten Werkzeugen eine Vielzahl anderer – lesen Sie vor dem Arbeiten deren Gebrauchsanweisungen.

8.1 Drücken Sie mit dem Kettentrenner den Bolzen durch die Kette, . . .

8.2 . . . entfernen Sie den Bolzen, nehmen Sie das Werkzeug ab, . . .

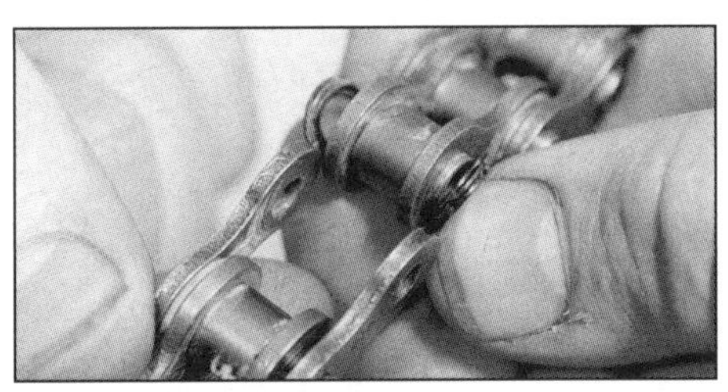

8.3 . . . und öffnen Sie die Kette.

- Drehen Sie die Kette, und suchen Sie das Nietschloss. Im Gegensatz zu den anderen Bolzen, die am Rand abgeplattet sind, sind seine Bolzen durch zentrale Schläge aufgespreizt (siehe Abbildung 8.9). Positionieren Sie das Schloss zwischen die Ritzel, und setzen Sie an einen Bolzen die Trennvorrichtung an (siehe Abbildung 8.1). Drücken Sie den Bolzen durch die Kette (siehe Abbildung 8.2). Achten Sie bei einer O-Ringkette auf die entsprechenden Dichtungen (siehe Abbildung 8.3). Führen Sie die Prozedur am anderen Bolzen durch.

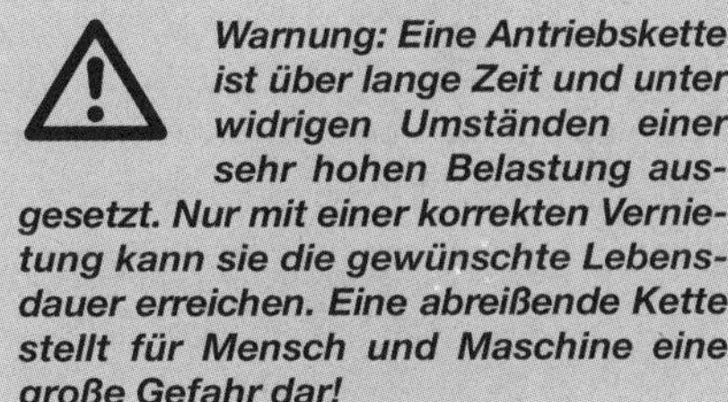

Warnung: Eine Antriebskette ist über lange Zeit und unter widrigen Umständen einer sehr hohen Belastung ausgesetzt. Nur mit einer korrekten Vernietung kann sie die gewünschte Lebensdauer erreichen. Eine abreißende Kette stellt für Mensch und Maschine eine große Gefahr dar!

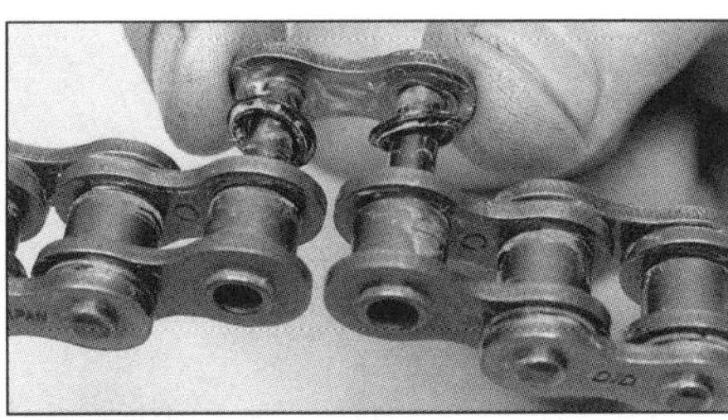

8.4 Drücken Sie das neue mit O-Ringen bestückte Schloss durch die Enden der Kette, . . .

8.5 . . . legen Sie neue O-Ringe über die Bolzenenden, . . .

8.6 . . . und legen Sie die neue Lasche auf.

Achtung: Bei großen und sehr harten Ketten kann es nötig sein, die Vernietung der Bolzen abzufeilen oder abzuschleifen, bevor sie sich durch die Kette drücken lassen.

- Überprüfen Sie, ob das neue Schloss in der Größe und Stärke der Kette entspricht – verwenden Sie niemals das alte Schloss wieder. Die Größen und Ausführungen der Ketten sind auf den Gliedern eingestanzt (siehe Abbildung 8.10).
- Legen Sie die Enden der Kette über das hintere Kettenrad. Legen Sie bei einer O-Ringkette je einen neuen O-Ring auf die Bolzen des Schlosses, und schieben Sie das Schloss

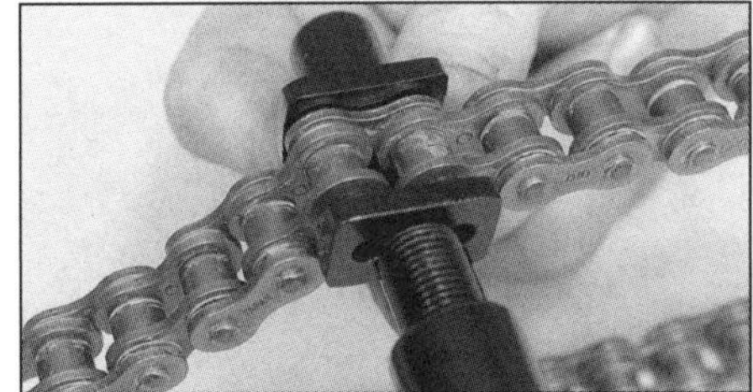

8.7 Mit einer solchen Klemme lässt sich die Lasche leicht in ihre Position schieben.

A

8.8 Mit dem Ketten-Verniet-Werkzeug wird pro Arbeitsgang ein Bolzen vollständig vernietet.

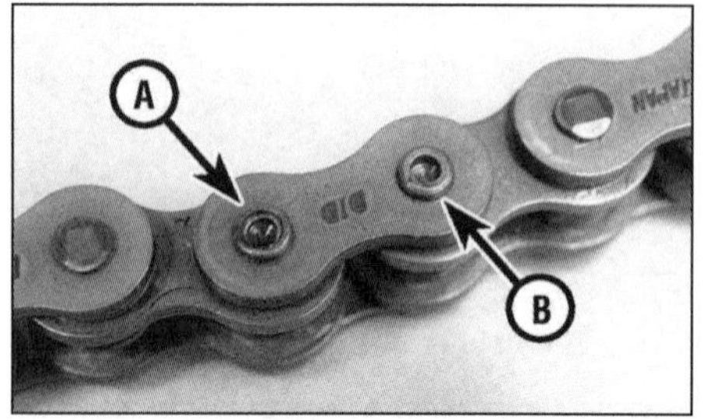

8.9 Korrekt vernieteter Bolzen (A), Bolzen noch nicht vernietet (B)

durch die beiden Kettenenden (siehe Abbildung 8.4). Legen Sie auf jedes Bolzenende einen neuen O-Ring und darüber die neue Lasche (siehe Abbildungen 8.5 und 8.6).

• Die Lasche lässt sich nicht mit der Hand aufschieben. Benutzen Sie entweder ein spezielles Werkzeug (siehe Abbildung 8.7), eine Zange oder Klemme, mit der Sie die Lasche über die Bolzen drücken können.

• Positionieren Sie das Verniet-Werkzeug der Anleitung entsprechend über dem Bolzen, und spreizen Sie ihn durch Einschrauben der Spindel auseinander (siehe Abbildungen 8.8 und 8.9). Wiederholen Sie die Prozedur am anderen Bolzen.

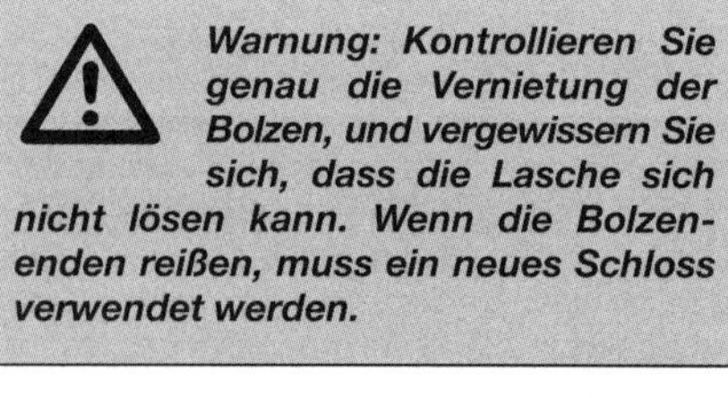

Warnung: Kontrollieren Sie genau die Vernietung der Bolzen, und vergewissern Sie sich, dass die Lasche sich nicht lösen kann. Wenn die Bolzenenden reißen, muss ein neues Schloss verwendet werden.

8.10 Typische Kettengröße und Typenmarkierung

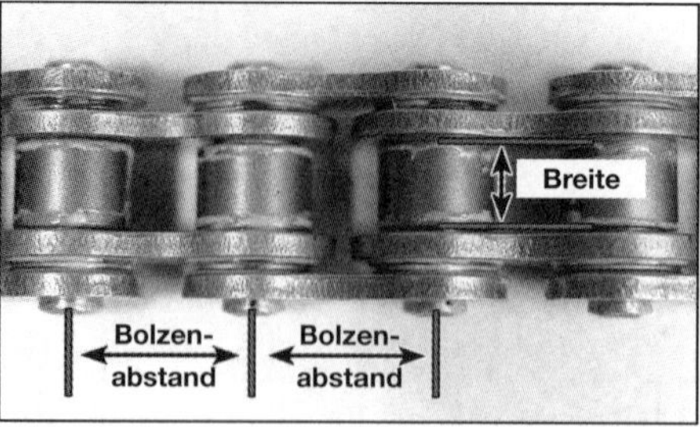

8.11 Maße zur Bestimmung der Kettengröße

Antriebsketten-Größen

• Die Kettengröße wird durch eine dreistellige Zahl angegeben, folgende Buchstaben stehen für den Kettentyp (siehe Abbildung 8.10). Die Typen sagen etwas über die Qualität und Stärke (Dicke der Laschen) aus, und ob es sich um eine O-Ring-Kette handelt.

• Die erste Ziffer gibt den Abstand der Bolzenmitten zueinander an (siehe Abbildung 8.11) – sie wird in Achtel-Zoll-Werten angeben:

Größenangabe beginnt mit 4 (z.B. 428):
Bolzenabstand = 4/8 (1/2) Zoll (12,7 mm)

Größenangabe beginnt mit 5 (z.B. 520):
Bolzenabstand = 5/8 Zoll (15,5 mm)

Größenangabe beginnt mit 6 (z.B. 630):
Bolzenabstand = 6/8 (3/4) Zoll (19,1 mm)

• Anhand der zweiten und dritten Ziffer kann die Breite der Rollen bestimmt werden, die ebenfalls in englischen Maßen angegeben ist, z.B. hat eine 525er Kette Rollen mit einer Breite von 5/16 Zoll (7,94 mm) (siehe Abbildung 8.11).

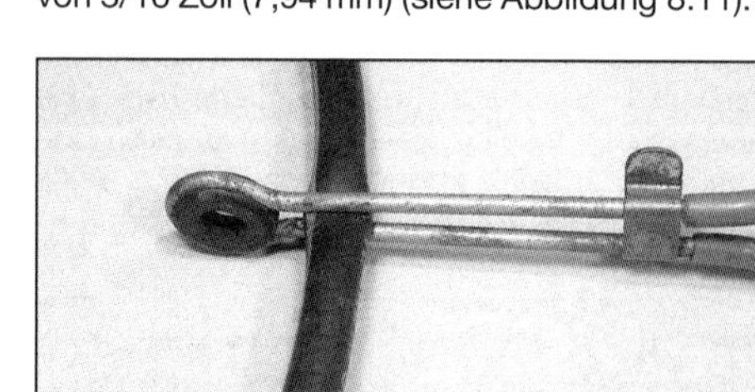

9.1 Schläuche können mit einer Bremsleitungsklemme, . . .

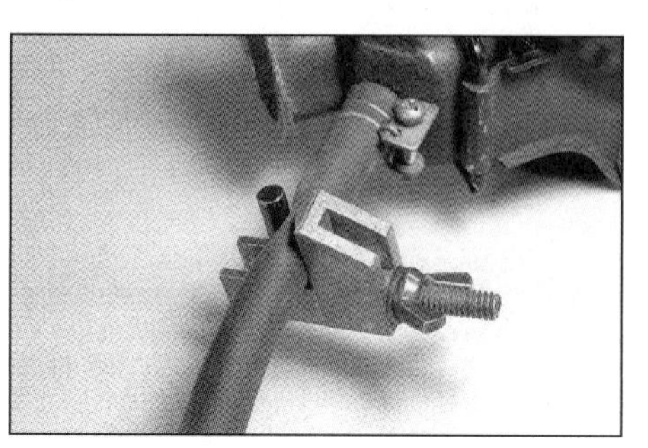

9.2 . . . einer Flügelmutter-Klemme, . . .

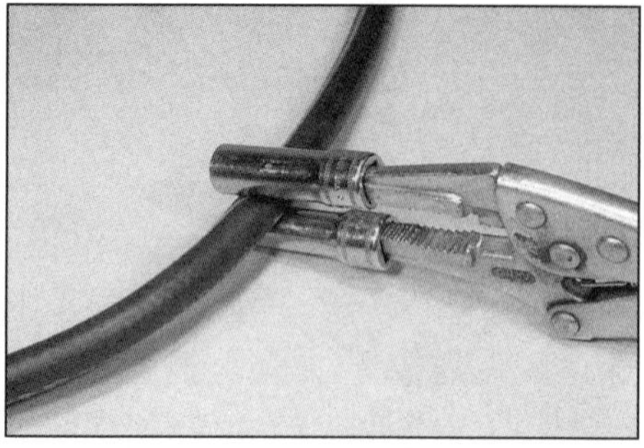

9.3 . . . auf einer Gripzange steckenden Nüssen . . .

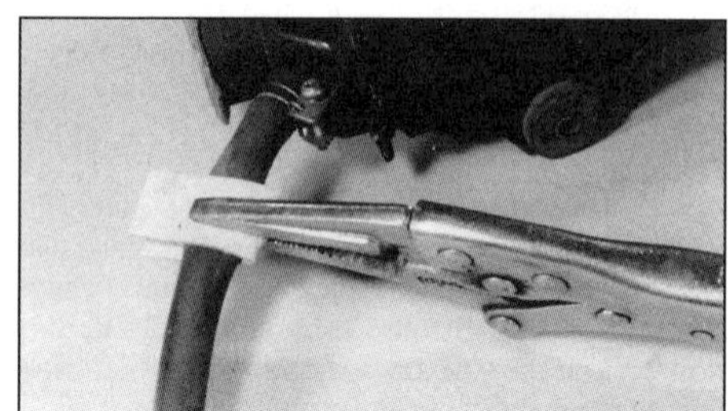

9.4 . . . oder unterlegter Pappe abgeklemmt werden.

9 Schläuche

Abklemmen zur Durchflussunterbrechung

• Dünne flexible Schläuche können abgeklemmt werden, damit man an bestimmten Bauteilen arbeiten kann. Welche Methode auch immer gewählt wird, das Schlauchmaterial darf nicht dauerhaft verbogen oder durch die Klemme beschädigt werden (vgl. Abb. 9.1–9.4).

Lösen und Aufschieben von Schläuchen

• Gehen Sie sicher, dass alle Klemmen und Schellen entfernt sind. Greifen Sie den Schlauch, und ziehen Sie ihn drehend vom Stutzen. Wenn der Schlauch im Laufe der Zeit ausgehärtet ist und sich nicht bewegt, schlitzen Sie ihn am Stutzen mit einem scharfen Messer längs auf, und ziehen Sie ihn dann ab.

• Widerstehen Sie der Versuchung, zur Erleichterung der Schlauchmontage die Anschlüsse mit Fett oder Seife einzuschmieren; es hilft zwar, doch kann dann am Stutzen auch Flüssigkeit leichter austreten. Besser ist es, das Schlauchende ggf. in heißem Wasser oder anderen Flüssigkeiten zu erwärmen und damit geschmeidig zu machen.

Diebstahlschutz

Einleitung

Ihr Fahrzeug kann eher gestohlen sein, als Sie zum Lesen diese Einleitung benötigen. Und es gibt kaum ein schlimmeres Gefühl, als zu der Stelle zurückzukehren, wo einmal Ihr Fahrzeug stand. Selbst wenn Sie ihre Maschine gegen Diebstahl versichert hatten, werden Sie nach dem ersten Schock noch die Unannehmlichkeiten bei der Polizei und der Versicherung zu spüren bekommen.

Fahrzeugdiebe unterscheiden sich in zwei Kategorien: Professionelle Auftrags- und Gelegenheitsdiebe. Profis sind auf bestimmte Marken und Modelle spezialisiert und suchen dann manchmal landesweit, um dieses Fahrzeug zu beschaffen. Gelegenheitsdiebe schauen dagegen nach leichten Zielen, die mit minimalem Aufwand und Risiko geknackt werden können. Während es unmöglich ist, die Maschine hundertprozentig gegen Profis zu sichern, kann man gegen die Gelegenheitsdiebe, die etwa die Hälfte aller Maschinen stehlen, einiges unternehmen.

Denken Sie daran, dass diese immer nach Gelegenheiten schauen – wenn also zwei ähnliche Fahrzeuge Seite an Seite parken, werden sie den Blick auf dasjenige richten, welches am wenigsten gesichert ist. Mit etwas Vorsorge kann man hier schon das Risiko eines Diebstahls deutlich reduzieren.

Ausrüstung

Es gibt für Motorräder reichlich spezielle Vorrichtungen zu kaufen, und die folgenden Texte fassen ihre Anwendungen und Plus- sowie Minuspunkte zusammen.

Wenn Sie sich für den für Ihre Zwecke optimalen Typ eines Sicherheitssystems entschieden haben, empfehlen wir Ihnen, einen oder mehrere der regelmäßig in der Motorradpresse durchgeführten Vergleichstests dieser Teile durchzulesen. In diesen Tests werden aktuelle Modelle verschiedener Hersteller in ihrer Sicherheit, ihre Bedienbarkeit und auf ihr Preis-/Leistungsverhältnis verglichen.

Keines dieser Sicherheitssysteme kann einen vollständigen Schutz gewährleisten. Es wird empfohlen, mit zwei oder mehr der unten beschriebenen Vorrichtungen die Sicherheit Ihrer Maschine zu erhöhen (ein Schloss, eine Kette plus eine Alarmanlage sind nahezu ideal). Je mehr Sicherheitsmaßnahmen am Motorrad vorhanden sind, desto geringer ist die Wahrscheinlichkeit, dass es gestohlen wird.

Die Kette und das Schloss müssen von guter Qualität und ausreichender Länge sein, um Ihr Motorrad an einen stabilen Gegenstand anschließen zu können.

Schloss und Kette

Plus: *Sehr flexibel einzusetzen; das Motorrad kann an nahezu alle immobilen Objekte angeschlossen werden. Bei manchen Ausführungen kann das Schloss einzeln als Bremsscheibenschloss eingesetzt werden (siehe unten).*

Minus: *Kann sehr schwer und unhandlich auf dem Motorrad zu transportieren sein, doch werden einige Typen mit Transportbeuteln geliefert, die man auf dem Rücksitz festschnallen kann.*

- Schwere Ketten und Schlösser sind eine ideale Sicherheitsvorrichtung (siehe Abbildung 1). Wenn das Motorrad geparkt wird, schließt man es mit der Kette an eine stabile und nicht zu entfernende Vorrichtung wie einen Laternenpfahl oder ein Geländer an. Hierdurch lässt sich die Maschine weder wegfahren noch mit einem Lieferwagen abtransportieren.
- Achten Sie beim Anlegen der Kette darauf, dass sie um den Rahmen oder die Schwinge verläuft (siehe Abbildungen 2 und 3). Legen Sie die Kette niemals nur um ein Rad; ein Dieb kann das Rad lösen und den Rest der Maschine abtransportieren. Versuchen Sie, die Kette so kurz wie möglich zu verlegen, um das Ansetzen von Werkzeugen zu erschweren, und halten Sie sie vom Boden fern, um das Auftrennen mit einem Meißel oder einem Beil zu verhindern. Positionieren Sie das Schloss so, dass der Schließzylinder nach unten zeigt, da es hierdurch für den Dieb schwierig wird, ihn zu erreichen.

Führen Sie die Kette durch den Rahmen und nicht nur durch ein Rad . . .

. . . und um einen stabilen Gegenstand.

Bügelschlösser

Plus: *Eine sehr effektive Abschreckung, mit der die Maschine an einem Mast oder Geländer gesichert werden kann. Die meisten Bügelschlösser werden mit einem Halter geliefert, der einen einfachen Transport ermöglicht.*

Minus: *Nicht so flexibel wie ein Kettenschloss.*

- Diese stabilen Schlösser werden ähnlich eingesetzt wie Kettenschlösser. Sie sind leichter als eine Kette samt Schloss, aber nicht so flexibel einzusetzen. Die Länge und die Form des Bügelschlosses beschränken das Einsatzgebiet (siehe Abbildung 4).

Wenn das Bügelschloss lang genug ist, kann die Maschine auch damit an einem festen Gegenstand gesichert werden.

Bremsscheibenschlösser

Plus: *Klein, leicht und sehr leicht zu transportieren. Die meisten Modelle sind im Werkzeugfach unterzubringen.*

Ein typisches Bremsscheibenschloss wird durch eines der Löcher in der Scheibe gesteckt.

Minus: *Schützt nicht vor dem Abtransport des Motorrades mit einem Lieferwagen. Das Vergessen des Schlosses kann beim Losfahren sehr unangenehm werden.*

- Diese Schlösser sind dazu konstruiert, in ein Loch in der Bremsscheibe gesteckt zu werden und das Rad beim Drehen zu blockieren (siehe Abbildung 5). Einige Ausführungen sind mit einer Alarmanlage ausgerüstet, die im abgeschlossenen Zustand durch Bewegung aktiviert wird. Diese wirkt nicht nur als Abschreckung gegen Diebe, sondern auch als Erinnerung an den Fahrer, das Schloss vor dem Losfahren herauszunehmen.
- Die Kombination aus einem Bremsscheibenschloss und einem Stück Drahtseil, das um einen Masten oder ein Geländer gelegt wird, bietet ein weiteres Sicherheitsplus (s. Abb. 6).

Alarmanlagen und Wegfahrsperren

Plus: *Einmal installiert, ist sie absolut mühelos zu bedienen. Manche Versicherungen bieten bei bestimmten Anlagen (und Auflagen) Rabatte.*

Minus: *Kann teuer und schwierig zu installieren sein. Kein System hindert den Dieb daran, das Motorrad mit einem Lieferwagen abzutransportieren.*

- Elektronische Alarmanlagen und Wegfahrsperren gibt es in unterschiedlichen Preisklassen. Es sind drei unterschiedliche Systeme erhältlich: reine Alarmanlagen, reine Wegfahrsperren und etwas teurere kombinierte Geräte (siehe Abb. 7).
- Eine Alarmanlage ist so konstruiert, dass sie ein Warngeräusch erzeugt, sobald am Motorrad herummanipuliert wird.
- Eine Wegfahrsperre schützt davor, dass das Motorrad ohne Schlüssel und/oder Codierung gestartet werden kann, indem sie die elektrische Anlage blockiert.
- Haben Sie sich für eine Anlage entschieden, sollten Sie die Einbaukosten beachten, wenn Sie die Montage nicht selbst erledigen können. Wenn das Motorrad nicht regelmäßig eingesetzt wird, muss auch der Stromverbrauch berücksichtigt werden, der bei allen Systemen über die Bordbatterie erfolgt. Eine von einer viel Strom verbrauchenden Anlage leer gesogene Batterie sorgt sowohl dafür, dass das Motorrad nicht gestartet werden kann, als auch dafür, dass die Alarmanlage nach einer gewissen Zeit nicht mehr funktioniert.

Ein mit einem Drahtseil kombiniertes Bremsscheibenschloss bietet zusätzlichen Schutz.

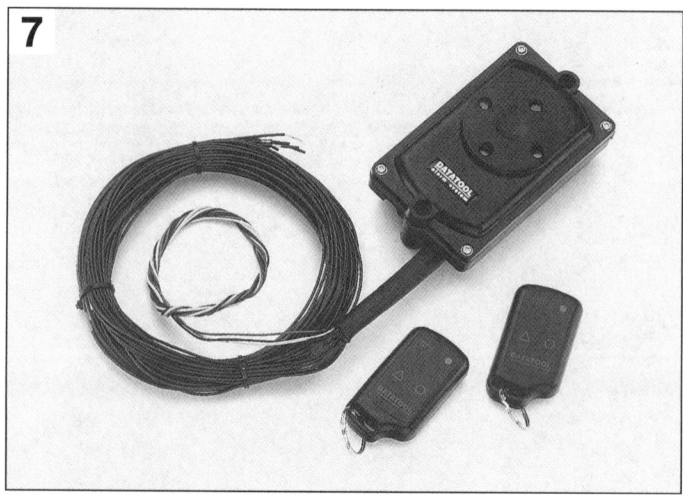

Ein typisches Alarm-/Wegfahrsperrensystem

Unverwechselbare Markierungen können überall angebracht werden – stets an einen gut sichtbaren Warnhinweis denken, der sehr abschreckend wirken kann.

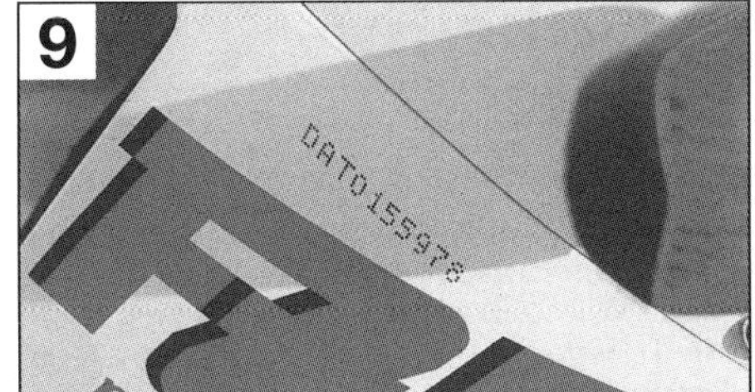

Verkleidungsteile können mit eingeätzten Markierungen versehen werden . . .

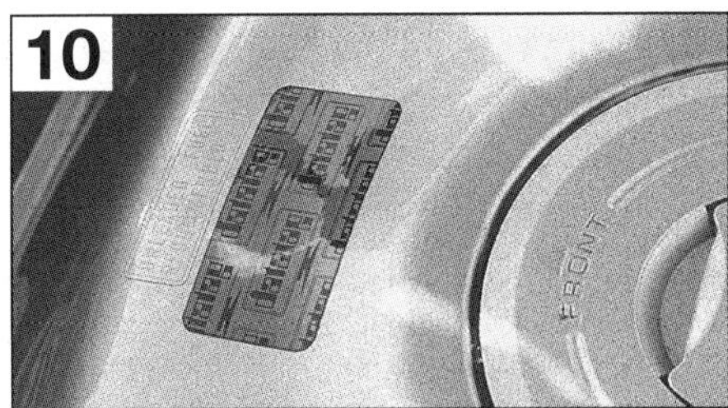

. . . auch hier stets den Warnhinweis des Herstellers des Diebstahlschutzes gut sichtbar anbringen.

Sicherungsmarkierungen

Plus: *Sehr billige und effektive Abschreckung. Manche Versicherungen bieten bei Sicherungsmarkierungen Rabatte im Teilkaskobereich.*

Minus: *Schützen nicht vor Gelegenheitsdieben, die einen Ausflug machen wollen.*

- Es gibt viele verschiedene Ausführungen an Sicherungsmarkierungen. Ideal ist es, so viele Teile am Motorrad wie möglich mit einer einzigen Nummer zu markieren (siehe Abbildungen 8, 9 und 10). Mit dem Satz wird ein Formular geliefert, auf dem Ihre persönlichen Daten und die Details des Motorrades eingetragen und in einem Register gespeichert werden. Dieses Register ermöglicht der Polizei, jeden rechtmäßigen Besitzer eines Motorrades oder Bauteils zu identifizieren, auch wenn alle anderen Formen der Identifikation entfernt sind. Bringen Sie immer einen gut sichtbaren Warnaufkleber zur Abschreckung am Motorrad an.

Bodenverankerungen, Radklemmen und Sicherungspfosten

Plus: *Eine exzellente Form der Sicherheit, die auch die entschlossensten Diebe abschrecken wird.*

Minus: *Schwierig zu installieren und evtl. teuer.*

- Während das Motorrad sich zu Hause befindet, ist es eine gute Idee, es sicher am Boden oder an der Wand zu verankern, selbst wenn es in einer gut gesicherten Garage steht. Zu diesem Zwecke werden eine Reihe verschiedener Bodenverankerungen, Radklemmen und Sicherungspfosten angeboten (siehe Abbildung 11). Diese Vorrichtungen werden entweder im Beton oder Stein verankert oder erhalten ein eigenes Fundament.

Zuhause bietet eine solide Bodenverankerung ein hohes Maß an Sicherheit.

Diebstahlschutz zu Hause

Ein großer Anteil der Motorräder wird beim Besitzer zu Hause gestohlen. Einige Dinge sollten beachtet werden, wenn die Maschine an ihrem Heimatstandort steht:

✓ Wenn möglich, sollte das Motorrad immer in der sicheren Garage stehen. Vertrauen Sie niemals dem serienmäßigen Garagenschloss. Bringen Sie am Tor einen zusätzlichen Schließmechanismus an, und denken Sie über eine Alarmanlage nach. Ein von einem Bewegungsmelder aktivierter Scheinwerfer ist auch für den eigenen Nutzen eine gute Investition.

✓ Sichern Sie das Motorrad immer am Boden oder an der Wand, auch wenn es in einer gut gesicherten Garage steht.

✓ Lassen Sie Ihr Motorrad nicht regelmäßig an der Straße stehen, versuchen Sie, es möglichst außer Sichtweite der Straße zu parken, wenn Sie keine Garage besitzen. Decken Sie ein frei stehendes Motorrad mit einer Plane ab, um seine Identität nicht sofort preiszugeben.

✓ Es ist nicht ungewöhnlich, dass ein Dieb einem Motorradfahrer nach Hause folgt, um herauszufinden, wo die Maschine abgestellt wird. Er wird dann später zurückkehren. Wenn Sie vermuten, dass Ihnen jemand folgt, sollten Sie zunächst zu einer Tankstelle, Eisdiele oder sonstigem fahren.

✓ Wenn Sie ein Motorrad verkaufen wollen, sollten Sie in der Anzeige nicht Ihre Adresse oder den Standplatz der Maschine angeben. Vereinbaren Sie mit Interessenten einen Treffpunkt abseits Ihrer Wohnung. Es ist bekannt, dass Diebe als potenzielle Käufer auftreten, um herauszufinden, wo die Maschine steht, und sie dann später »kostenlos« abholen.

Diebstahlschutz unterwegs

Genauso wichtig wie die Sicherheitsausrüstung an Ihrem Motorrad sind einige allgemeine Regeln, die beachtet werden sollten, wenn das Motorrad irgendwo geparkt werden soll.

✓ Parken Sie an einem belebten Platz.

✓ Benutzen Sie einen bewachten Autoparkplatz.

✓ Parken Sie nachts in einem beleuchteten Bereich, vorzugsweise direkt unterhalb einer Straßenlaterne.

✓ Lassen Sie das Lenkschloss einrasten – es bewirkt zwar nicht viel, sorgt aber dafür, dass die Versicherung zahlt.

✓ Sichern Sie das Motorrad mit einem zusätzlichen Schloss an einem stabilen unbeweglichen Gegenstand wie einer Laterne oder einem Geländer. Wenn dieses nicht möglich ist, sollten Motorräder »zusammengebunden« werden.

✓ Belassen Sie niemals Ihren Helm oder Gepäck auf dem Motorrad.

Schmiermittel und Flüssigkeiten

Speziell für den Einsatz an und in Motorrädern ist ein weiter Bereich an Schmiermitteln, Flüssigkeiten und Reinigungsmitteln entwickelt worden. Hier soll gezeigt werden, was es gibt, wofür es eingesetzt wird und welche Eigenschaften es hat.

Viertakt-Motoröl

- Motoröl ist zweifellos die wichtigste Komponente eines Viertaktmotors. Moderne Motorradmotoren stellen große Anforderungen an das Öl, weswegen dessen Auswahl sehr wichtig ist. Die Verwendung eines ungeeigneten Öls führt zu erhöhtem Motorverschleiß und kann mit einem ernsthaften Motorschaden enden. Bevor Sie Motoröl kaufen, müssen Sie beachten, welche Anforderungen der Motorradhersteller stellt. Hierbei wird sowohl eine Klassifikation als auch ein bestimmter Viskositätsbereich angegeben.
- Die Öl-Klassifikation wird durch die API-Rate (festgelegt durch das »**A**merican **P**etroleum **I**nstitute«) angegeben. Sie erscheint in Form von zwei Buchstaben, so z.B. als »SG«. Das S steht für »Spark«, d.h. fremdgezündete Motoren (die mit Benzin laufen). Der zweite Buchstabe liegt im Alphabet zwischen A und M und steht für die Leistungsfähigkeit des Öls. Je früher der Buchstabe, desto höher sind die Anforderungen an das Öl. Ein SG-Öl übersteigt also die Anforderungen eines SF-Öls.

Anmerkung: *Bei manchen Ölen ist eine zweite mit einem C beginnende Klassifikation angegeben, die für die Verwendung in Dieselmotoren (Compression Ignition = Selbstentzündung) steht und daher für den Einsatz in Motorrädern irrelevant ist.*

- Die »Viskosität« des Öls wird durch die SAE-Rate identifiziert (festgelegt durch die **S**ociety of **A**utomotive **E**ngineers). Alle modernen Motoren erfordern Mehrbereichsöle, und dort besteht die SAE-Rate aus zwei Nummern, hinter der ersten steht ein W, also z.B. 10W/40. Die erste Zahl steht für die Viskositätsrate des Öls bei niedrigen Temperaturen (W steht für Winter = getestet bei – 20 °C), die zweite Zahl steht für die Viskositätsrate des Öls bei hohen Temperaturen (getestet bei 100 °C). Je niedriger die Zahl, desto dünner das Öl. So steht ein 10W/40-Öl für einen besseren Kaltlauf als ein 15W/50-Öl.
- Neben dem Typ und der Viskosität gibt es drei unterschiedliche chemische Aufbauten des Motoröls. Man kann Öl auf mineralischer Basis, synthetisches Öl und ein Gemisch aus beiden Sorten – teilsynthetisch genannt – kaufen. Obwohl alle Öle eine ähnliche Viskosität und Klassifizierung haben, sind die Preise sehr unterschiedlich. Mineralöle sind die billigsten, Synthetiköle die teuersten Öle, teilsynthetische Öle liegen entsprechend dazwischen. Die Entscheidung liegt im Wesentlichen beim Besitzer, doch sollte bedacht werden, dass moderne Synthetiköle bessere Schmier- und Reinigungseigenschaften haben als traditionelle Mineralöle, und diese Eigenschaften auch länger behalten. Bedenken Sie, dass die Arbeitsumgebungen in einem modernen hochdrehenden Motorradmotor für ein Öl höchste Anforderungen bedeuten, und deswegen ein Synthetiköl empfehlenswert ist. Die Mehrkosten bei jedem Ölwechsel können langfristig viel Geld sparen, indem der Motorverschleiß verringert wird.
- Schließlich muss immer sichergestellt werden, dass das Öl für Ihr Motorrad geeignet ist. Motoröl ist normalerweise für Autos entwickelt worden und kann deswegen Additive oder Schmierstoffe enthalten, die in einem Motorradmotor mit Nasskupplung Kupplungsrutschen verursachen können.

Zweitakt-Motoröl

- Moderne Hochleistungszweitaktmotoren stellen hohe Anforderungen an ihr Öl. Um Klemmen oder Fressen im Motor zu vermeiden, ist es entscheidend, Qualitätsöle zu verwenden. Zweitaktöl unterscheidet sich stark von Viertaktöl. Das Öl schmiert ausschließlich die Kurbelwelle und den/die Kolben (Primärtrieb und Getriebe haben ihr eigenes Öl), dann muss es während der Verbrennung rückstandslos verschwinden.
- Die Japaner haben kürzlich ein Klassifizierungssystem für Zweitaktöle eingeführt, die JASO-Rate. Diese wird in Form von zwei Buchstaben, entweder FA, FB oder FC, angegeben. FA ist die niedrigste und FC die höchste Klassifikation. Stellen Sie sicher, dass das zu verwendende Öl den Empfehlungen des Herstellers entspricht.
- Neben dem Typ und der Viskosität gibt es drei unterschiedliche chemische Aufbauten des Zweitaktöls. Man kann Öl auf mineralischer Basis, synthetisches Öl und ein Gemisch aus beiden Sorten – teilsynthetisch genannt – kaufen. Die Preise sind sehr unterschiedlich. Mineralöle sind die billigsten, Synthetiköle die teuersten Öle, teilsynthetische Öle liegen entsprechend dazwischen. Die Entscheidung liegt im Wesentlichen beim Besitzer, doch sollte bedacht werden, dass moderne Synthetiköle bessere Schmiereigenschaften besitzen und sauberer verbrennen als traditionelle Mineralöle. Die Mehrkosten können langfristig viel Geld sparen, indem der Motorverschleiß verringert wird, die Leistung erhalten bleibt und Ablagerungen weitgehend vermieden werden.
- Wenn Sie einen Zweitaktmotor mit Getrenntschmierung besitzen, muss darauf geachtet werden, dass das Öl für den Betrieb in Pumpen geeignet ist. Viele Hochleistungszweitaktöle sind für Rennmaschinen konzipiert, bei denen sie direkt im Tank dem Benzin beigemischt werden. Diese Öle haben eine hohe Viskosität und sind nicht für Getrenntschmierungspumpen geeignet.

Getriebeöl

- Getriebeöl ist ein spezielles zähes Öl, das in Getrieben und Hinterradantrieben (bei Kardanwellen) eingesetzt wird und überall dort, wo hohe Reibkräfte und Temperaturen herrschen. Es ist in verschiedenen Viskositäten erhältlich.
- Bei allen Zweitaktmotoren werden das Getriebe und die Kupplung mit speziellem Öl geschmiert, welches entsprechend der Herstelleranweisung gewechselt werden muss.
- Obwohl bei den meisten Viertaktmaschinen der Motor, die Kupplung und das Getriebe mit der gleichen Ölversorgung geschmiert werden, gibt es auch Motorräder mit getrennt geschmierten Bauteilen und gegebenenfalls einer Trockenkupplung.
- Motorradhersteller empfehlen entweder ein Einbereichsgetriebeöl oder ein bestimmtes Motoröl, um das Getriebe zu schmieren.
- Getriebeöle sind speziell für ihren Einsatz zwischen Zahnflanken konzipiert. Die Viskosität dieser Öle ist durch eine SAE-Nummer angegeben, doch deren Messung unterscheidet sich von Motorölen. Als grober Hinweis gilt, dass ein SAE-90-Getriebeöl etwa die gleiche Viskosität wie ein SAE-50-Motoröl hat.

Kardanöl

- Bei mit einem Kardanantrieb ausgerüsteten Motorrädern hat dieser Endantrieb immer seine eigene Ölversorgung. Der Hersteller gibt hierfür eine Klassifizierung und eine Viskosität an.
- Diese Öle werden durch die Zahl hinter der API-Bezeichnung GL (für Gear Lubricant) klassifiziert, ein GL5-Öl ist besser als eines mit der Bezeichnung GL4. Stellen Sie sicher, dass Ihr Öl die vorgegebene Klassifikation zumindest einhält oder übertrifft und die korrekte Viskosität hat. Die Viskosität dieser Öle ist durch eine SAE-Nummer angegeben, doch deren Messung unterscheidet sich von Motorölen. Als grober Hinweis gilt, dass ein SAE-90-Kardanöl etwa die gleiche Viskosität wie ein SAE-50-Motoröl hat.
- Wenn die Benutzung eines druckfesten EP-Öls (Extreme Pressure) vorgeschrieben ist, muss Ihr Öl auch diesen Anforderungen entsprechen.

Gabelöl und Stoßdämpferflüssigkeit

- Konventionelle Teleskopgabeln arbeiten hydraulisch und erfordern dazu Gabelöl. Um die korrekte Funktion der Gabel sicherzustellen, muss das Gabelöl entsprechend der Herstelleranweisung ausgetauscht werden.
- Gabelöl ist in einer Vielzahl von Viskositäten erhältlich, welche durch die SAE-Rate zu identifizieren ist. Die Werte variieren von leichtem Öl (SAE 5) bis zu sehr dickem Öl (SAE 30). Wenn Sie Gabelöl kaufen, muss darauf geach-

tet werden, dass es den Herstelleranweisungen entspricht.

• Einige Schmiermittelhersteller produzieren auch eine Reihe hochwertiger Federungsflüssigkeiten, die Gabelöl ähnlich sind, aber hauptsächlich für den Einsatz im Wettbewerb bestimmt sind. Diese Flüssigkeiten können unterschiedliche Viskositätsraten haben, die nicht den SAE-Werten für normale Gabeln entsprechen. Im Zweifel müssen die Herstelleranweisungen beachtet werden.

Brems- und Kupplungsflüssigkeit

• Bremsflüssigkeit wird auch in hydraulischen Kupplungsbetätigungen eingesetzt und ist eine Hydraulikflüssigkeit, die einen sehr hohen Siede- und niedrigen Gefrierpunkt besitzt. Sie greift Gummi nicht, dafür aber Lack und Plastik stark an. Sie ist stark wasseranziehend (hygroskopisch) und altert daher durch Wasseraufnahme aus der Luft. Behälter sollten daher nicht offen stehen gelassen werden. Für den Rennsport ist Bremsflüssigkeit auf Silikonbasis erhältlich, auf die diese Eigenschaft nicht zutrifft, die aber Bremskomponenten aus anderem Material benötigt.

• Alle Scheibenbremsanlagen und einige Kupplungen werden hydraulisch betätigt. Um deren korrekte Funktion sicherzustellen, muss die Hydraulikflüssigkeit regelmäßig entsprechend der Herstelleranweisungen ausgetauscht werden.

• Brems- und Kupplungsflüssigkeit wird durch den DOT-Wert klassifiziert. Die meisten Motorradhersteller schreiben DOT-3 oder -4 vor. Diese beiden Flüssigkeiten basieren auf Glykol und können untereinander gemischt werden. DOT-4 übertrifft die Anforderungen von DOT-3. Es ist empfehlenswert, ein für DOT-3 vorgesehenes System mit DOT-4 zu befüllen – aber niemals anders herum, denn hierdurch wird die Bremswirkung beeinträchtigt.

• Einige Hersteller produzieren auch eine DOT-5-Hydraulikflüssigkeit auf Silikonbasis. Diese Bremsflüssigkeit darf nicht mit DOT-3- oder DOT-4-Flüssigkeit vermischt werden, da hierdurch die Wirkung des Hydrauliksystems stark beeinträchtigt wird.

Kühlmittel/Frostschutz

• Bei der Beschaffung von Kühlmittel oder Frostschutz muss unbedingt sichergestellt werden, dass es für einen Aluminiummotor geeignet ist und Korrosionsschutzmittel enthält, um das Verstopfen von Kühlmittelkanälen zu verhindern. Als allgemeine Regel gilt, dass die meisten Kühlmittel pur eingesetzt werden müssen und nicht verdünnt werden dürfen, und Frostschutz mit destilliertem Wasser verdünnt werden muss, um eine Lösung der gewünschten Stärke zu erhalten. Beachten Sie die Herstellerangaben auf der Flasche.

• Stellen Sie sicher, dass das Kühlmittel regelmäßig entsprechend der Herstellerangaben gewechselt wird.

Kettenschmiermittel

• Dieses wird zumeist als Spray angeboten, welches speziell für den Einsatz an Motorradketten entwickelt wurde. Es hat zum einen die Funktion, die Reibung zwischen der Kette und den Kettenrädern zu vermindern und zum anderen soll es einen Korrosionsschutz bilden. Der regelmäßige Einsatz von Kettenschmiermittel guter Qualität verlängert die Lebensdauer des Endantriebs und sorgt für einen minimalen Kraftverlust zwischen Motor und Hinterrad.

• Nach der Benutzung von Kettenspray muss einige Zeit gewartet werden, bis das Lösungsmittel verdunstet und das Schmiermittel eingezogen ist. Anderenfalls wird es durch die Fliehkraft wieder abgeschleudert und verschmutzt dabei noch die Felge. Achten Sie beim Einsatz von O-Ringketten darauf, dass das Spray dafür geeignet ist.

• Schmiermittel auf Silikonbasis pflegen und schützen Teile aus Gummi (Schläuche, Stopfen u.a.). Sie werden zur Schmierung von Schlössern und Scharnieren verwendet.

Entfetter und Reiniger

• Entfetter sind starke Lösemittel, um Fett und Ölschmiere zu entfernen. Sie sind in der Regel hochgiftig, können Lack und Kunststoffteile angreifen und sind entzündlich. Manche Lösemittel stehen außerdem in Verdacht, Krebs zu erregen. »Kaltreiniger« ist dagegen ein sanfter Entfetter auf Petroleumbasis, der wasserlöslich ist und daher abgewaschen werden kann, am besten über dem Ölabscheider einer Selbstwaschanlage.

• Es gibt viele verschiedene Reiniger und Entfetter, um Schmutz und Fett zu entfernen, wie es sich im normalen Einsatz ansammelt. Entfetter sind Lösungsmittel, die normalerweise als Spray oder als Flüssigkeit für den Einsatz in Spritzpistolen geliefert werden. Folgen Sie immer sorgfältig den Herstelleranweisungen, und tragen Sie eine Schutzbrille. Die meisten Lösungsmittel sind brennbar und dünsten giftige Gase aus – treffen Sie vor dem Einsatz entsprechende Vorkehrungen (siehe *Sicherheit geht vor!*).

• Für allgemeine Reinigungen können im Fachhandel erhältliche Reiniger und Entfetter benutzt werden. Diese Mittel müssen zumeist einige Zeit einwirken, bevor sie mit Wasser abgespült werden.

Bremsenreiniger ist ein Lösungsmittel, welches jegliche Öl-, Fett- und Schmutzreste aus Bremsenteilen entfernen kann. Es verdunstet schnell und bildet keine Rückstände.

Vergaserreiniger ist ein Spray, mit dem die hartnäckigen Rückstände und Gummiablagerungen entfernt werden können, wie man sie häufig in zu überholenden Vergasern findet. Es hinterlässt in der Regel einen leichten Ölfilm. Der Reiniger eignet sich nicht für elektrische Komponenten.

Dichtungsentferner ist zumeist ein Spray, mit dem hartnäckige Dichtungsreste beseitigt werden können, ohne dass die Gefahr besteht, die Gehäusefläche zu zerkratzen und damit die Dichtfläche zu beschädigen.

Unterbrecher-/Zündkerzen-Reiniger soll Ölfilm, Schmutz und Oxidation von Unterbrecherkontakten und Zündkerzenelektroden beseitigen. Er ist fett- und rückstandfrei. Er kann ebenfalls zur Reinigung von Vergaserdüsen verwendet werden.

Sprühöl

• Sprühöle gibt es in verschiedenen Ausführungen, und sie eignen sich auch zum Schmieren von Hebeln, Schaltern und freiliegenden Gelenken. Versuchen Sie ein Sprühmittel zu beschaffen, welches auf Trockenfilm basiert, da es eine trockene Oberfläche hinterlässt und nicht, wie Öl, Staub und Schmutz anzieht, wodurch die Verschleißrate wieder erhöht werden würde.

• Die meisten Sprühöle fungieren auch als Feuchtigkeitsverdränger und Schutzfilm in Schaltern und Kabelverbindungen oder als Rostlöser bei festen Schrauben.

• Kriechöl wird oft fälschlich als »Kontaktspray« bezeichnet, weil es auch Wasser verdrängen kann. Es ist zum schnellen Schmieren kleiner Lagerstellen und Konservieren von Maschinenteilen geeignet.

• Kontaktspray soll Oxidation von elektrischen Kontakten entfernen und sie gleichzeitig konservieren. Allerdings funktioniert das kaum, da Oxid nur mit Säure entfernt werden kann (solche Sprays gibt es), die Säure aber ihrerseits wieder das Metall angreift. Die üblichen sogenannten »Kontaktsprays« sind daher lediglich Kriechöle, von denen keine Reinigung der elektrischen Kontakte erwartet werden kann.

Fette

• Fette werden zum Schmieren von Gelenken und Lagern eingesetzt. Ein gutes Mehrbereichsfett ist für die meisten Anwendungen ausreichend, doch manche Hersteller schreiben den Einsatz spezieller Fette an Bauteilen wie Schwingen- und Anlenkhebellagerungen vor. Diese Fette können im Zubehörfachhandel erworben werden; die üblichen Spezialfette sind Molybdänfett, Lithiumfett, Graphitfett, Silikonfett und temperaturbeständige Kupferpaste.

Dichtmasse

• Dichtmassen können zusammen mit Dichtungen verwendet werden, um ihre Dichtigkeit zu verbessern. Oder sie werden direkt zum Abdichten zweier Metallflächen verwendet. Abhängig vom Typ härten sie entweder aus oder bleiben dauerelastisch.

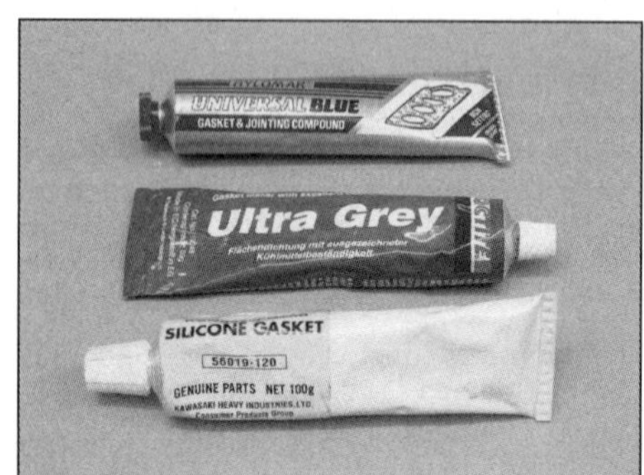

• Bei der Beschaffung von Dichtmasse muss sichergestellt sein, dass sie zur Verwendung an einem Verbrennungsmotor geeignet ist. Universaldichtstoffe aus dem Baumarkt können ähnlich aussehen, halten jedoch eventuell weder starke Hitze noch Kontakt mit Öl oder Kraftstoff aus (siehe *Werkzeug- und Werkstatt-Tipps* für weitere Informationen).

Schrauben-sicherung

• Diese Mittel werden zum Sichern von Gewinden in Positionen eingesetzt, wo sich Schrauben durch Vibrationen lösen können. Schraubensicherungsmasse kann im Fachhandel beschafft werden. Stellen Sie sicher, dass die Gewindegänge beider Komponenten vollständig sauber und trocken sind, bevor Sie das Mittel sparsam auftragen (siehe *Werkzeug- und Werkstatt-Tipps* für weitere Informationen).

Kraftstoff-Additive

• Mittel zum Schutz und zur Reinigung des Kraftstoffsystems gibt es in vielfältiger Auswahl. Diese Additive sind konzipiert, alle Ablagerungen in Vergasern und Einspritzanlagen zu entfernen und vor Verschleiß zu schützen, um das Kraftstoffsystem wirkungsvoll funktionieren zu lassen. Wenn ein Kraftstoff-Additiv verwendet wird, muss zuvor sichergestellt sein, dass es in Ihrem Motorrad eingesetzt werden kann, besonders wenn dieses mit einem Katalysator ausgerüstet ist.

• Sogenannte Oktan-Booster erhöhen die Klopffestigkeit des Treibstoffs. Sie können die Leistungsfähigkeit stark getunter Motoren verbessern, wenn diese mit einfachem Benzin betrieben werden – in Serienmotoren bringen sie nichts.

Wachse und Polituren

• Wachse und Polituren reinigen und konservieren lackierte Teile. Da es unterschiedliche Lackarten gibt, muss ausprobiert werden, ob die jeweilige Politur bzw. das Wachs dazu passt. Für Schutzflüssigkeiten, die kein Wachs, sondern Silikon oder Polymere enthalten, verspricht die Werbung einen vielfach längeren Schutz gegenüber Wachsen. In Tests konnte die längere Dauer des Schutzes jedoch nicht nachgewiesen werden.

Sicherheitscheck

Hauptuntersuchung

In Deutschland müssen Motorräder alle zwei Jahre zur Hauptuntersuchung nach § 29 der Straßenverkehrszulassungsordnung (StVZO). Diese Untersuchung wird im Volksmund als »TÜV« bezeichnet; das stammt noch aus der Zeit, als der Technische Überwachungsverein (TÜV bzw. TÜH) das Monopol auf Hauptuntersuchungen besaß. Das ist seit einigen Jahren nicht mehr der Fall. DEKRA und auch freie Sachverständige, die einer anerkannten Überwachungsorganisation wie KÜS oder GTÜ angeschlossen sind, dürfen die Hauptuntersuchung durchführen.

Gerade bei freien Sachverständigen hat dies seine Vorteile für den Fahrzeugbesitzer: Eine familiäre Atmosphäre, sehr kurze Wartezeiten und hohe Kompetenz unterscheiden diese kleinen Prüfbüros von den häufig anonymen und bürokratischen Prüfstellen der eingesessenen Organisationen.

TÜV/TÜH (alte Bundesländer) und DEKRA (neue Bundesländer) besitzen allerdings nach wie vor das Monopol für die Begutachtung von Änderungen am Fahrzeug, für die keine Gutachten vorliegen – etwa selbstgebaute Auspuffanlagen, Umbauten zum Gespann o.Ä.

Bei der Hauptuntersuchung werden Betriebs- und Verkehrssicherheit des Motorrades geprüft. Sachverstand des Prüfers vorausgesetzt – was leider nicht immer der Fall ist –, ist dies ein notwendiger Check im Interesse des Fahrzeugbesitzers. Doch unabhängig von dieser regelmäßigen Untersuchung sollte der Fahrer des Motorrades wissen, wo die sicherheitsrelevanten Baugruppen sitzen und sie selber prüfen können.

Wenn Sie ein gebrauchtes Motorrad kaufen möchten, so ist eine kürzlich durchgeführte Hauptuntersuchung (HU) keinesfalls eine Gewähr für den einwandfreien Zustand des Fahrzeugs. Motor, Getriebe und wesentliche Teile der Elektrik werden bei der HU nicht geprüft, und selbst wichtige Baugruppen wie Bremsen und Rahmen können von einem inkompetenten Prüfer falsch beurteilt worden sein.

Elektrik

Beleuchtung

Prüfen Sie die Funktion aller Leuchten am Motorrad: Stand-, Abblend-, Fern-, Rück- und Bremslicht, Letzteres bei Fuß- und Handbremse. Das Gleiche gilt für die Blinker und eventuelle Zusatzleuchten wie Breit- oder Zusatzscheinwerfer, Nebelschlussleuchte oder Warnblinker. Häufig wird die Instrumentenbeleuchtung nicht beachtet (übrigens auch nicht bei der HU), doch auch bei einer Nachtfahrt möchte man doch wissen, wie schnell man fährt.

Scheinwerfereinstellung

Im Gegensatz zu Autos wird bei der HU die Scheinwerfereinstellung bei Motorrädern nicht überprüft. Tun Sie das daher selbst im eigenen Interesse; weder ist es angenehm, andere Verkehrsteilnehmer zu blenden, noch nachts lediglich das Vorderrad oder die Baumwipfel zu beleuchten.
Stellen Sie in einer Werkstatt, die ein Prüfgerät für PKW besitzt, den Scheinwerfer Ihres Motorrades ein. Achten Sie dabei darauf, dass Sie das Motorrad mit dem üblichen Fahrgewicht belasten (1).

Batterie

Auch der Zustand von Batterie, Sicherungen, Regler und Lichtmaschine ist sicherheitsrelevant. Stellen Sie sich beispielsweise vor, auf der Überholspur der Autobahn geht schlagartig der Motor aus, weil es an Zündfunken fehlt, oder nachts in der gleichen Situation bleibt plötzlich das Licht weg.

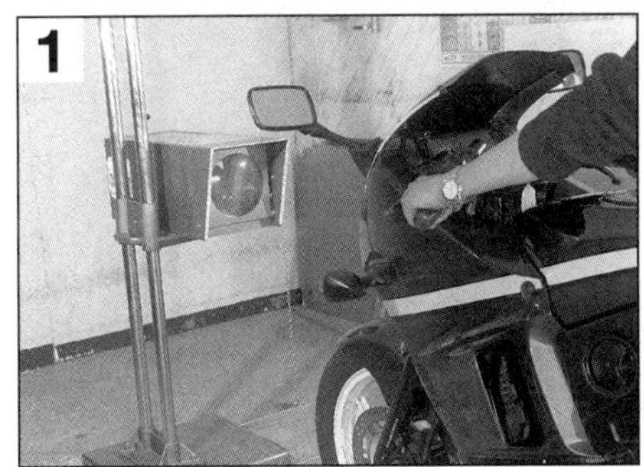

Prüfen der Scheinwerfereinstellung mit einem PKW-Prüfgerät

Auspuff und Antrieb

Auspuff

Auspuff und Schalldämpfer haben zugegebenermaßen wenig mit Sicherheit zu tun. Allerdings kann mit einer nicht genehmigten Änderung die Betriebserlaubnis des Fahrzeugs erlöschen, was bei einem Unfall – der noch nicht einmal selbst verschuldet sein muss – unangenehme Folgen haben kann: Fahren ohne Versicherungsschutz, eventuell Fahren ohne Führerschein (wenn das Motorrad serienmäßig leistungsbegrenzt und die Fahrerlaubnis darauf beschränkt war), Fahren ohne Betriebserlaubnis u.a. Stellen Sie also sicher, dass der angebaute Auspuff entweder serienmäßig oder eingetragen ist, dass die Anlage fest sitzt und keine Löcher oder Durchrostungen vorliegen.

Antrieb

Sehr viel mehr mit Sicherheit hat der Hinterradantrieb zu tun, obwohl er bei der HU nicht geprüft wird. Ist die Kette in ordentlichem Zustand und weist die richtige Spannung auf? Sind Ritzel und Kettenrad nicht übermäßig abgenutzt? Bei Kardanmaschinen: Ist der Hinterradantrieb öldicht? Ist die Mitnehmerverzahnung des Hinterrads in Ordnung? (Für diese Prüfung muss das Hinterrad ausgebaut werden.)

Steuerkopf und Federung

Steuerkopf

Entlasten Sie das Vorderrad, sodass es frei in der Luft steht. Schwenken Sie den Lenker langsam von Anschlag zu Anschlag. Ist der Lenker dabei schwergängig? Sind »Raststellen« zu spüren? Schlägt etwas am Tank an? Das alles darf nicht der Fall sein, andernfalls sind Lenkkopflager und/oder Anschläge neu zu justieren bzw. auszutauschen (2).
Fassen Sie die beiden Enden der Vorderachse mit den Fäusten und versuchen Sie, das Rad nach hinten und vorne zu drücken. Ein loses Lenkkopflager können Sie dabei an einem »Klacken« erkennen, wobei das Geräusch auch von einer ausgeschlagenen Telegabel kommen kann. Um sicher zu gehen, lassen Sie bei diesem Test eine zweite Person einen Finger an den Spalt zwischen Lenkkopf und unterer Gabelbrücke legen. Selbst ein kleines Spiel des Lagers lässt sich so feststellen (3).

Vorderradfederung

Bocken Sie das Motorrad ab und halten es mit der Vorderbremse fest. Drücken Sie nun mit dem Lenker die Telegabel zusammen. Sie darf dabei nicht stocken oder klemmen (4). Prüfen Sie die Enden der Tauchrohre auf Öldichtigkeit. Ölnebel oder gar -tropfen weisen auf undichte Simmerringe hin (5).
Prüfen Sie schließlich den Ölstand in den Telegabelrohren nach Anleitung.

Hinterradfederung

Lassen Sie das Motorrad in abgebocktem Zustand von einer zweiten Person festhalten. Drücken Sie das Heck nach unten. Die Hinterradfederung darf dabei nicht stocken oder klemmen. Das Heck darf nach dem Loslassen auch nicht nachschwingen (6).
Prüfen Sie das oder die hinteren Federbein/e auf Öldichtigkeit. Nur wenige Federbeine sind reparabel. Erkundigen Sie sich danach.
Fassen Sie das Hinterrad an, und versuchen Sie, es nach links und rechts zu drücken. Damit kann Spiel im Hinterradlager und im Schwingenlager festgestellt werden (9).
Bei Maschinen mit einem Zentralfederbein können die Lager der Anlenkhebel ausschlagen. Lassen Sie eine zweite Person das Hinterrad des Motorrads anheben, und beobachten Sie dabei mit einer Taschenlampe die Lagerstellen, um Spiel festzustellen (7, 8).

Um das Lenkkopflager zu prüfen, darf das Vorderrad nicht aufstehen, auch nicht so!

Prüfen von unzulässigem Spiel in Lenkkopflager und Telegabel

Bei gezogener Handbremse mit dem Lenker die Telegabel zusammendrücken.

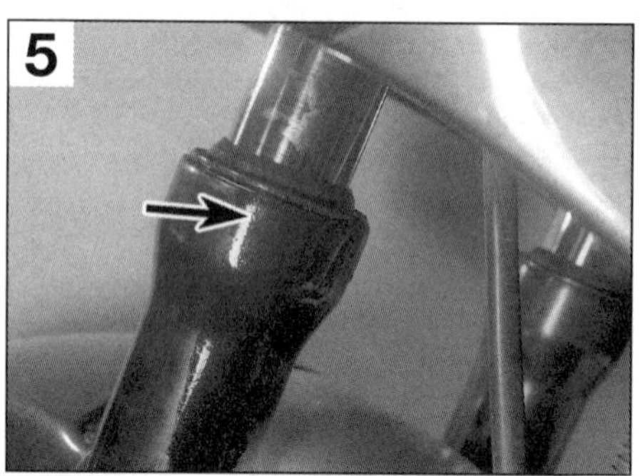

Bei undichten Simmerringen tritt Öl am oberen Ende des Tauchrohrs aus.

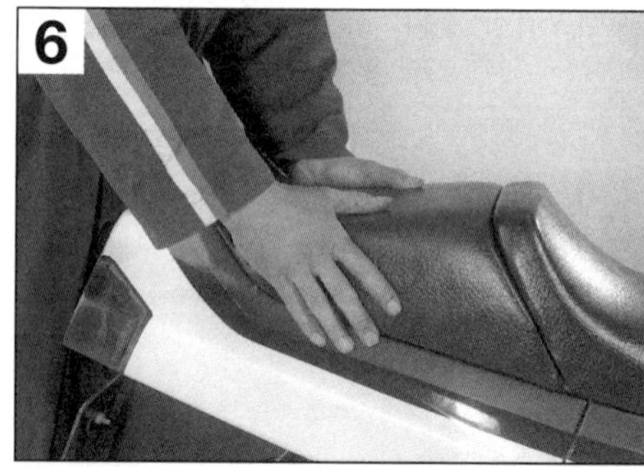

Herunterdrücken des Hecks zum Prüfen der Hinterradfederung

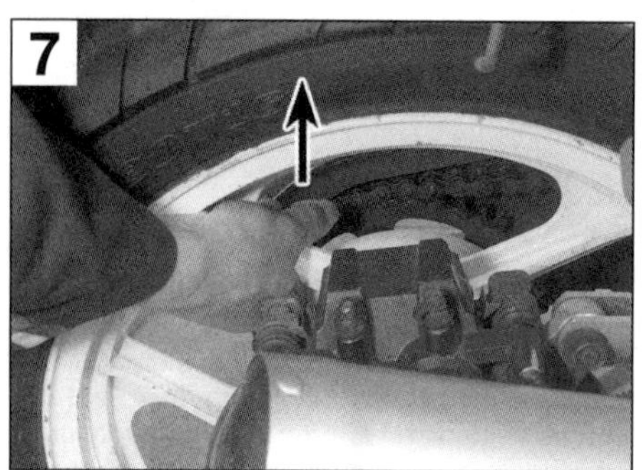

Anheben des Hinterrades, um Spiel . . .

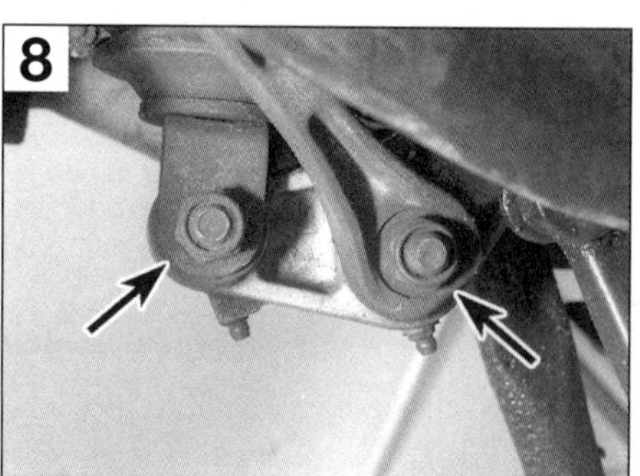

. . . in den Lagern der Federbein-Anlenkung aufzuspüren.

Hinterradschwinge nach links und rechts drücken, um unzulässiges Spiel in den Schwingenlagern festzustellen.

Bremsen, Räder und Reifen

Bremsen

Ziehen Sie bei angehobenem Rad die jeweilige Bremse, und lösen Sie sie wieder. Danach muss sich das Rad frei drehen lassen, ohne dass die Bremse klemmt. Leichte Schleifgeräusche dabei sind bei Scheibenbremsen normal.

Unterziehen Sie die Bremsscheibe einer Sichtprüfung. Sie darf im Bremsbereich keine Riefen und Absätze aufweisen, erst recht keine Risse.

Prüfen Sie die Belagstärke der Bremsbacken, wie im Handbuch beschrieben (10).

Betätigen Sie bei Trommelbremsen den Bremshebel bis zum Anschlag, und prüfen Sie den Winkel zwischen Bremsnockenhebel und Bremsstange bzw. -seilzug; er muss knapp unter 90° liegen (11).

Prüfen Sie bei hydraulischen Bremsen alle Schläuche und Leitungen bei betätigter Bremse auf Undichtigkeiten. Prüfen Sie den Pegel im Bremsflüssigkeitsvorratsbehälter.

Räder und Reifen

Prüfen Sie Gussräder auf Beschädigung und Risse, Drahtspeichenräder auf lose, verbogene und gebrochene Speichen. Lassen Sie das angehobene Rad frei drehen und prüfen es und den Reifen auf runden Lauf. Kontrollieren Sie, ob das Rad ausgewuchtet wurde und die Wuchtgewichte sich noch an ihren Plätzen befinden.

Fassen Sie das Rad, und versuchen Sie, es nach links und rechts zu drücken. Dabei darf kein Spiel der Radlager feststellbar sein (13). Prüfen Sie den Reifen auf Risse, Beschädigungen und Profiltiefe. In Deutschland muss das Profil an allen Stellen mindestens 1,6 Millimeter tief sein (14).

Stellen Sie sicher, dass Reifen mit den vorgeschriebenen Maßen und Herstellerbindungen montiert sind (siehe Angaben im Fahrzeugschein). Beachten Sie Laufrichtungspfeile an den Reifen-Seitenwänden (15).

Prüfen Sie den Festsitz aller Achsen- und Klemmfaustmuttern und das Vorhandensein vorgesehener Splinte (16).

Die Radflucht (Spur) können Sie am besten mit einer Spurlatte feststellen (17; siehe Beschreibung vorne im Buch).

Allgemeine Checks

Prüfen Sie den Festsitz aller wesentlichen Muttern von Verkleidung, Lenker, Sitzbank, Motor, Rahmen und Schutzblechen. Fußrasten und Haltegriffe dürfen nicht verbogen oder lose sein. An keiner Stelle darf der Rahmen Durchrostungen zeigen.

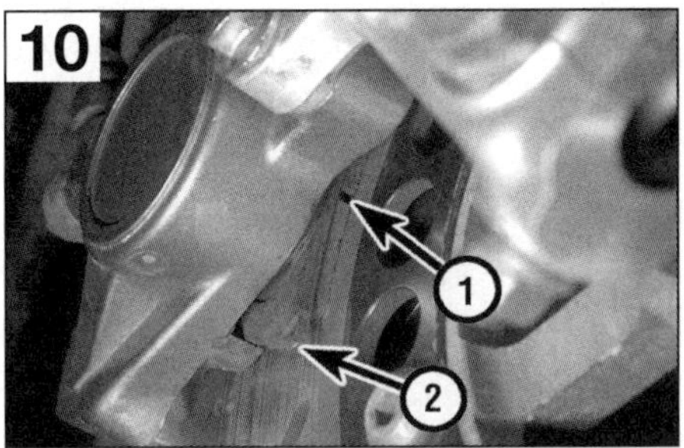

Der Verschleiß von Bremsbelägen kann meist ohne Abnahme der Bremssättel festgestellt werden. Die meisten besitzen Verschleißnuten (1) oder -markierungen (2).

Prüfen Sie an Trommelbremsen bei betätigter Bremse den Winkel zwischen Nockenhebel und Bremsstange bzw. -seilzug. Viele Bremsen besitzen einen Verschleißanzeiger.

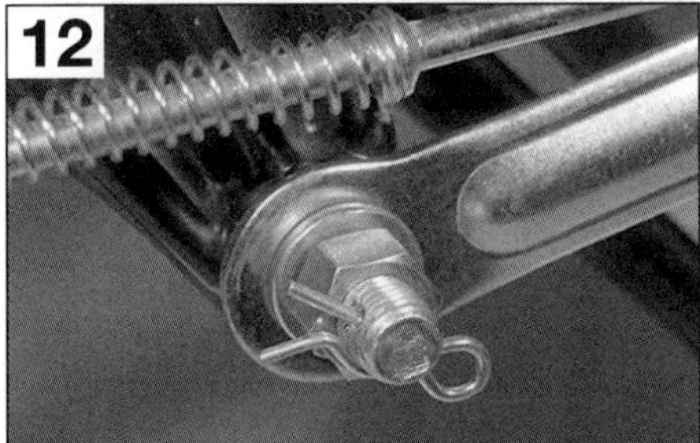

Die Verschraubung des Bremssattelhalters muss wie vorgeschrieben gesichert sein.

Prüfen Sie das Radlagerspiel, indem Sie das Rad nach links und rechts drücken.

Prüfen der Profiltiefe

Manche Reifen besitzen einen Laufrichtungspfeil an der Seitenwand.

Achsenmuttern, die als Kronenmuttern ausgeführt sind, müssen mit einem Splint gesichert werden.

Prüfen der Radflucht mit Spurstangen

A

Stilllegen

Es sind einige Dinge zu beachten, bevor man das Motorrad für längere Zeit stilllegt, etwa über den Winter. Das Fahrzeug abzustellen, ohne die beschriebenen Arbeiten auszuführen, bringt erhöhten Verschleiß und Schwierigkeiten beim »Ausmotten« mit sich.

1. Waschen und reinigen Sie das Motorrad gründlich. Führen Sie notwendige Reparaturen jetzt durch, da Sie nach dem Winter ja doch keine Lust dazu haben werden.
2. Fahren Sie das Motorrad warm. Legen Sie dazu an einem sonnigen Tag eine Tour von mindestens 20 Kilometer ein. Fahren Sie auf dem Rückweg an einer Tankstelle vorbei, tanken Sie randvoll und erhöhen Sie den Reifendruck um etwa 1 bar über den vorgeschriebenen Wert.
3. Stellen Sie das Motorrad an einem trockenen Platz ab, wo es längere Zeit stehen soll. Bocken Sie es so auf, dass kein Reifen den Boden berührt.
4. Führen Sie Motor-, Getriebe- und eventuell (bei Kardanmaschinen) Hinterradölwechsel durch. Das geht gut, weil der Motor jetzt noch warm ist. Altes Öl enthält aus Verbrennungsrückständen saure Bestandteile, die mit der Zeit Metall angreifen, daher sollte es nicht im Motorrad belassen werden.
5. Schmieren Sie die Antriebskette.
6. Verschließen Sie die Auspuffrohre mit Plastiktüten, oder stopfen Sie Lappen hinein, um Kondenswasser und damit Innenrost zu vermeiden (3).
7. Drehen Sie alle Zündkerzen heraus und füllen in jedes Loch etwa 20 ml (1 Esslöffel) frisches Motoröl. Legen Sie danach den höchsten Gang ein und drehen den Motor ein paar Mal mit dem Hinterrad durch. Das verteilt das Öl an die Zylinderwände und verhindert Rost. Schrauben Sie die Kerzen wieder ein (1).
8. Ölen Sie alle Bowdenzüge mit einer alten Spritze und Nähmaschinenöl (Beschreibung siehe vorne im Buch).
9. Schließen Sie die Benzinhähne, und entleeren Sie die Schwimmerkammern aller Vergaser, um Verharzung des Benzins zu vermeiden und um beim späteren Start gleich frisches Benzin aus dem Tank zur Verfügung zu haben (2).
10. Bauen Sie die Batterie aus (3) und stellen sie an einen kühlen, frostfreien, trockenen Ort (z.B. Keller). Laden Sie sie etwa alle vier Wochen mit einem Steckerladegerät einen Tag lang nach (Ladestrom max. 1/10 des Wertes der Batteriekapazität). Noch besser ist es, die Batterie ins Auto einzubauen (Parallelanschluss zur Autobatterie).
11. Konservieren Sie leicht rostende und Chromstellen des Motorrades mit Sprühöl oder Wachs.
12. Reinigen Sie den Luftfiltereinsatz und bauen ihn wieder ein.
13. Bedecken Sie das Motorrad mit einem alten Laken oder einem anderen Stoff. Plastikfolie ist nicht geeignet, weil sich darunter Kondenswasser bildet und das Fahrzeug rostet.

Etwas Motoröl in jedes Kerzenloch geben.

Die meisten Vergaser-Schwimmerkammern besitzen eine Schraube, mit der man das Benzin aus der Kammer ablassen kann.

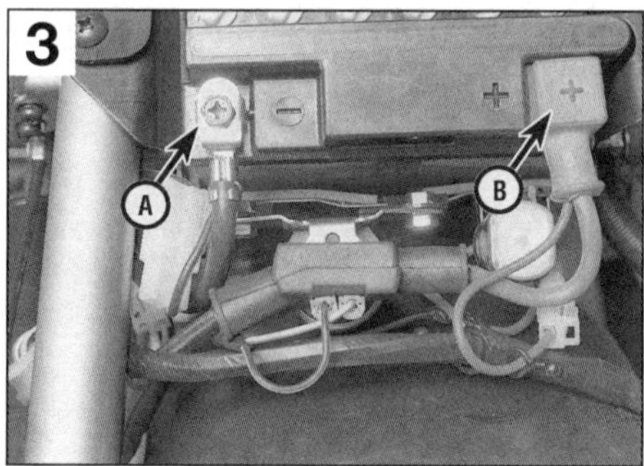

Batterie abklemmen, Minuspol (A) zuerst.

Inbetriebnahme

Haben Sie das Motorrad wie beschrieben gewissenhaft »eingemottet«, so ist der Start in die neue Saison kein Problem.

1. Bauen Sie die geladene Batterie wieder ein (Pluspol zuerst anschließen, Kupferpaste an den Polen nicht vergessen).
2. Wischen Sie überschüssiges Konservierungsöl und -wachs ab.
3. Kontrollieren Sie den Reifen-Luftdruck.
4. Entfernen Sie Plastiktüten bzw. Lappen von den Auspuffrohren.
5. Stellen Sie die Benzinhähne auf »ON« (bei normalen Hähnen) bzw. auf »PRI« (bei Unterdruck-Benzinhähnen), damit die Schwimmerkammern mit frischem Benzin gefüllt werden.
6. Ziehen Sie die Kupplung und befestigen Sie den Hebel mit einem Gummi am Handgriff. Nach längerer Standzeit können die Lamellen zusammenkleben (4).
7. Starten Sie den Motor und lassen ihn etwa eine Minute laufen. Stellen Sie dabei einen eventuellen Unterdruckbenzinhahn wieder auf »ON«.
8. Schalten Sie den Motor wieder aus und kontrollieren nach etwa einer Minute den Motorölstand. Bei Motoren mit Trockensumpf-Schmierung kann es nämlich sein, dass durch die lange Standzeit das Öl aus dem Öltank in den Motor gelaufen ist, sodass eine Kontrolle vor dem Laufenlassen ein falsches Ergebnis brächte. Lösen Sie den Kupplungshebel wieder.
9. Prüfen Sie die Funktion beider Bremsen. Vor allem müssen sie nach dem Bremsen die Räder wieder freigeben.

Das Motorrad ist jetzt bereit zur ersten Fahrt. Lassen Sie es langsam angehen, denn auch die Reflexe müssen erst wieder sitzen. Gute Fahrt!

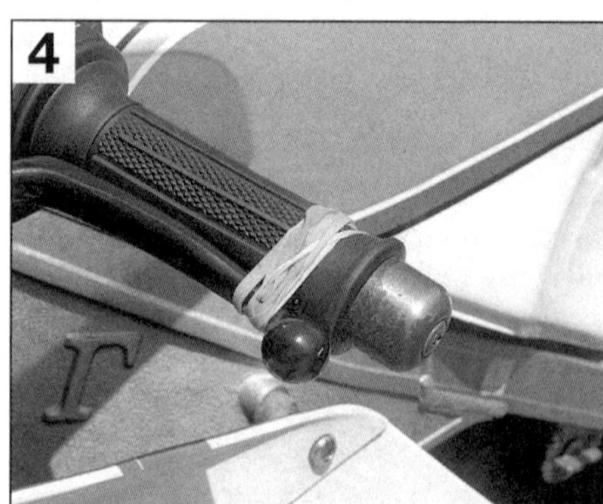

Der Kupplungshebel wird mit einem Gummi am Handgriff festgebunden.

Fehlersuche

(von Hans Hohmann)

In diesem Abschnitt sind die häufigsten Fehler am Motorrad zusammengestellt und ihre Behebung beschrieben. Dennoch kann es vorkommen, dass ausgerechnet die Ursache Ihrer Panne nicht beschrieben ist. Eine umfassende Darstellung der Technik aller Motorräder kann dieses Kapitel nicht leisten. Dazu sind eine Menge spezieller Bücher geschrieben worden.

Eine erfolgreiche Fehlersuche besteht aus etwas Grundwissen zusammen mit systematischer und logischer Vorgehensweise, nicht zu vergessen innerer Ruhe. Daher gibt es keine »mysteriösen Fehler«, sondern nur mangelnde Erfahrung oder mangelnde Systematik.

Beginnen Sie jede Fehlersuche mit der genauen Feststellung der Fehler-Symptome. Überlegen Sie, was es sein könnte; danach, was es noch sein könnte. Beginnen Sie dann mit systematischer Suche, Schritt für Schritt. Die beiden Schemata »Programmierte Fehlersuche« sollen Ihnen dabei helfen. Danach sind Baugruppe für Baugruppe mögliche Fehler erklärt.

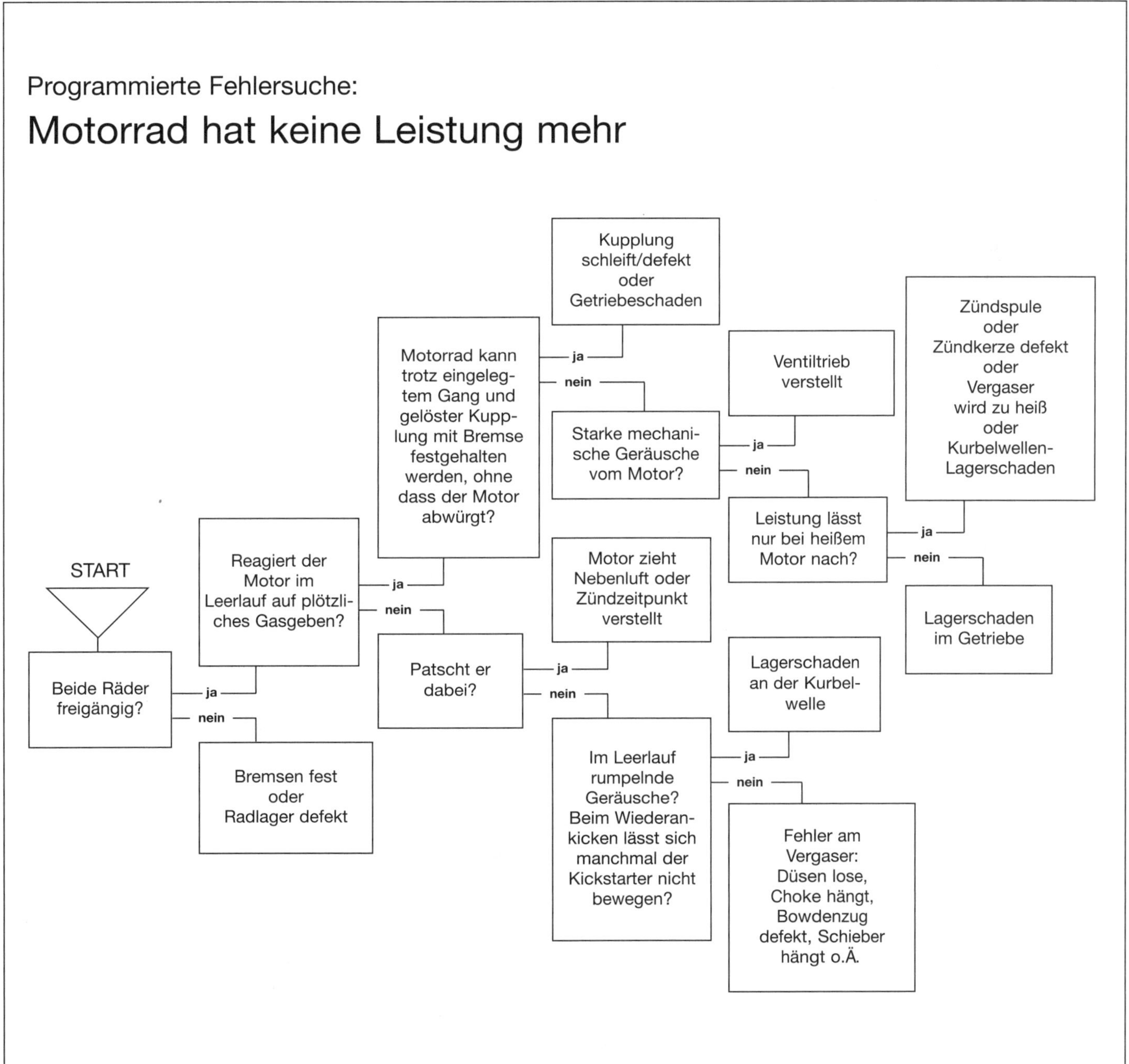

A

Programmierte Fehlersuche:

Motorrad springt nicht an

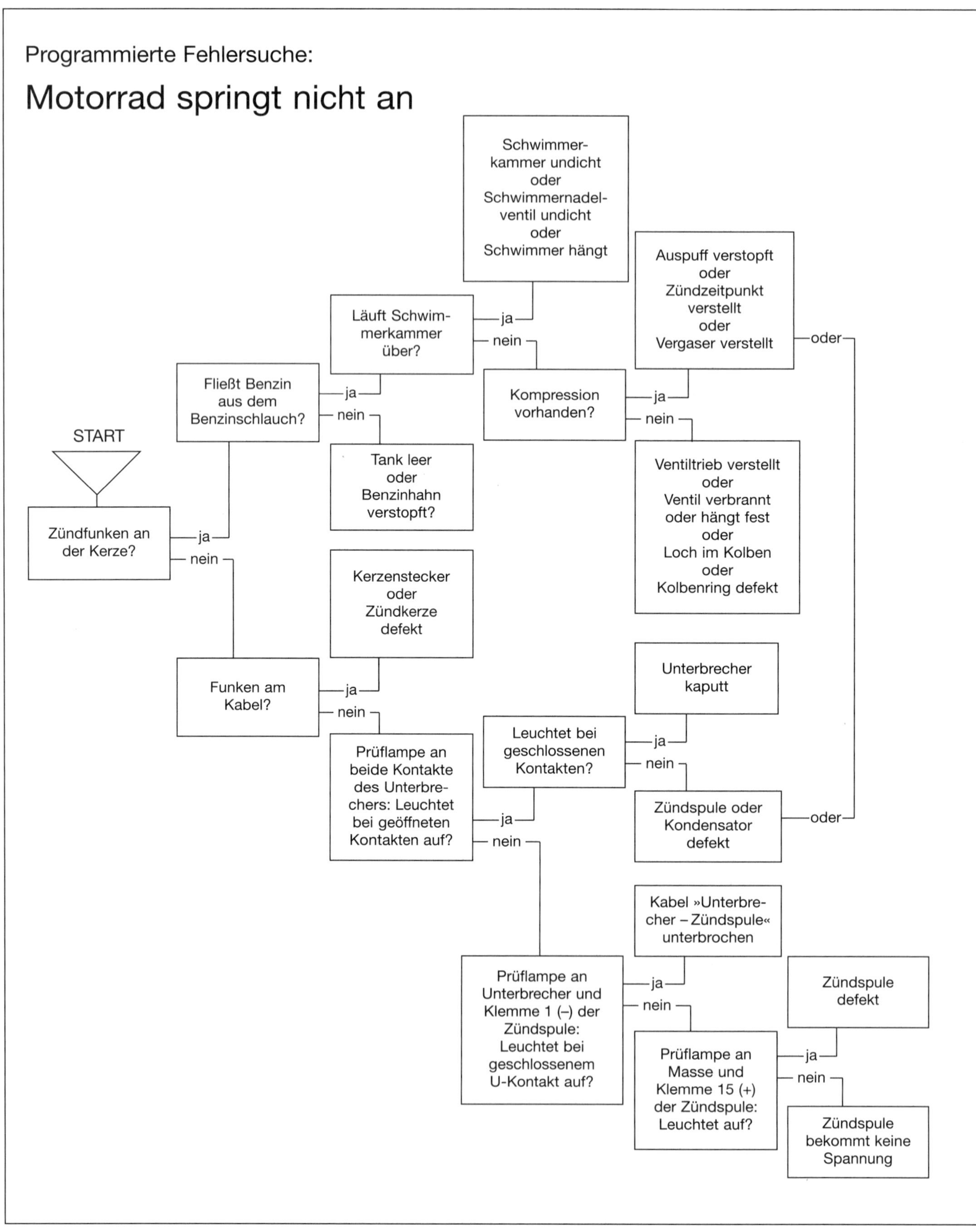

1 Anlasserprobleme

Anlasser dreht sich nicht:

- ☐ Killschalter umgelegt.
- ☐ Sicherung durchgebrannt. Prüfen Sie die Hauptsicherung am Anlasserrelais.
- ☐ Batterie leer. Prüfung: Zündung einschalten, Fernlicht an und Hupenknopf drücken. Funktioniert alles, so ist die Batterie voll. Wenn nicht, laden bzw. ersetzen.
- ☐ Leerlauf nicht eingelegt.
- ☐ Defekter Leerlauf-, Kupplungshebel- oder Seitenständerschalter. Schalter und Kabel prüfen.
- ☐ Zündschalter defekt. Mit Ohmmeter prüfen.
- ☐ Killschalter oder dessen Kabel defekt. Prüfen Sie beide auf elektrischen Durchgang in der »RUN«-Position.
- ☐ Anlasserknopf defekt. Mit Ohmmeter prüfen.
- ☐ Anlasserrelais defekt. Siehe Beschreibung vorne im Buch.
- ☐ Verkabelung gebrochen oder Kurzschluss. Prüfen Sie den Anlasserstromkreis mit einer Prüflampe durch.
- ☐ Anlasser defekt. Prüfen: Lösen Sie das Plus-Kabel vom Anlasser und schließen daran und an Masse eine Prüflampe an. Zündung einschalten und Anlasserknopf drücken. Leuchtet die Prüflampe auf, so ist der Anlasser defekt.

Anlasser dreht sich, aber Motor nicht:

- ☐ Anlasserfreilauf defekt. Ausbauen und reparieren.

Anlasser will sich drehen, Motor blockiert aber:

- ☐ Motorschaden. Hierfür kann einiges die Ursache sein: Kurbelwellenlager defekt, Kolbenklemmer, Steuerkette übergesprungen, Ventiltrieb defekt u.a.

2 Motor springt nicht an

Kein Benzinfluss zum Vergaser:

- ☐ Kein Benzin im Tank.
- ☐ Benzinhahn steht auf »OFF«.
- ☐ Bei Unterdruck-Benzinhahn: Unterdruck-Schlauch ist defekt oder nicht angeschlossen oder Membran im Hahn ist defekt. Benzinhahn als Notbehelf auf »PRI« stellen.
- ☐ Benzinfilter am Benzinhahn oder am Vergaser verstopft.
- ☐ Bei installierter Benzinpumpe: Pumpe defekt oder bekommt keine Spannung.
- ☐ Tankbelüftung verstopft. Die Belüftung befindet sich oft im Tankdeckel – freiblasen. Manchmal verschließen auch Tankrucksäcke die Belüftung.
- ☐ Benzinleitung verstopft. Das ist sehr unwahrscheinlich, weil ein Filter vorgeschaltet ist. Höchstens kann noch ein Stopfen von einer Reparatur darin stecken.

Kein Benzin im Brennraum:

- ☐ Schwimmerkammer ist leer und Schwimmer klemmt in oberer Stellung. Das kann nach langer Standzeit des Motorrads der Fall sein, wenn das Benzin aus der Schwimmerkammer verdunstet ist und harzige Rückstände zurückgeblieben sind.
- ☐ Düsen des Vergasers verstopft. Freiblasen.
- ☐ Wassertropfen vor der Hauptdüse. Das kann z.B. nach Wäschen oder langer Standzeit (Kondenswasser) vorkommen. Schwimmerkammer entleeren.
- ☐ Benzinpegel in der Schwimmerkammer zu niedrig. Schwimmer verbogen?

Motor »abgesoffen«:

- ☐ Schwimmernadelventil klemmt oder ist defekt. Freiblasen oder ersetzen.
- ☐ Schwimmer klemmt in unterer Stellung.
- ☐ Schwimmer verbogen.
- ☐ Choke-Mechanismus lässt sich nicht ausschalten. Prüfen und reparieren.
- ☐ Verstopfter Lufteinlass. Der Luftfiltereinsatz kann sehr dreckig oder nass sein, ein Lappen vor den Lufteinlass legen oder Ähnliches.

Kein Zündfunke:

- ☐ Zündschalter nicht an.
- ☐ Killschalter auf »OFF«.
- ☐ Sicherung durchgebrannt.
- ☐ Batterie leer.
- ☐ Anlasser verschlissen. Ein verschlissener Anlasser kann beim Starten so viel Strom ziehen, dass die Batteriespannung für einen genügenden Zündfunken nicht mehr ausreicht.
- ☐ Zündkerzen defekt. Dies kann sogar bei neuen Zündkerzen passieren.
- ☐ Zündkerzenkörper feucht und/oder dreckig. Der Zündfunken wandert dann draußen am Zündkerzen-Isolator gegen Masse. Kerze trocknen und säubern, auch den Stecker von innen.
- ☐ Kerzenstecker defekt. Haarrisse im Stecker lassen, vor allem bei feuchtem Wetter, den Funken im Stecker gegen Masse wandern.
- ☐ Zündkabel brüchig. Auch hier können Kriechfunkenstrecken gegen Masse entstehen.
- ☐ Zündkabel lose. Befestigen.
- ☐ Zündspule defekt. Bei einem Mehrzylindermotor ist es allerdings unwahrscheinlich, dass alle Zündspulen gleichzeitig kaputtgehen; er müsste dann zumindest auf einem oder zwei Zylindern zünden.
- ☐ Verkabelung im Zündstromkreis gebrochen oder Kurzschluss.
- ☐ Zündgeberspulen defekt. Spulen wie vorne beschrieben prüfen, evtl. ersetzen.
- ☐ Zündbox defekt. Prüfen – soweit möglich – und evtl. ersetzen.

Schwacher Zündfunke:

- ☐ Viele der vorgenannten Ursachen können auch einen zu schwachen Zündfunken hervorrufen. Beginnen Sie mit der Prüfung an den Kerzen: Elektrodenabstand korrekt?

Fehlende Kompression:

- ☐ Zündkerze(n) lose. Nachziehen bzw. defektes Gewinde im Zylinderkopf reparieren.
- ☐ Zylinderkopfdichtung defekt.
- ☐ Ventil schließt nicht. Das kann an einer falschen Ventileinstellung liegen oder an einem verbrannten oder verklemmten Ventil. Die Steuerkette kann auch übergesprungen sein.
- ☐ Verschleiß von Zylinder, Kolben und Kolbenringen.
- ☐ Kolbenringe klemmen im Kolben (Ölkohle) oder sind gebrochen.
- ☐ Loch im Kolben. Das passiert bei einer falschen Zündkerze mit zu niedrigem Wärmewert oder zu heißem Motor, etwa durch abgemagertes Gemisch.

3 Motor geht nach dem Starten wieder aus

Ursachen:

- ☐ Choke defekt oder falsch justiert. Ohne Choke springt ein kalter Motor unter Umständen an, läuft jedoch nicht weiter. Umgekehrt mag ein warmer Motor mit Choke anspringen, dann aber wegen Überfettung wieder ausgehen.
- ☐ Fehlfunktion der Zündung. Siehe »schwacher Zündfunke«.
- ☐ Vergaser falsch eingestellt. Falsche Leerlaufdrehzahl oder schlecht justierte Leerlaufgemisch- bzw. Leerlaufluftschraube kann die Ursache sein.
- ☐ Motor zieht Nebenluft. Prüfen Sie Ansaugstutzen und Zylinderkopfdichtung auf Risse und lose Teile.
- ☐ Benzinzulauf schlecht. Verstopfte Benzinfilter, Nachrüstfilter oder Wasser können den Benzinzulauf verringern, sodass der Motor nach kurzer Zeit wegen Benzinmangels ausgeht.
- ☐ Lufteinlassquerschnitt stark verringert. Das kann durch einen verstopften Luftfiltereinsatz oder einen vergessenen Lappen geschehen. Das Gemisch überfettet, und der Motor stirbt ab.
- ☐ Tankbelüftung verstopft. Die Belüftung befindet sich oft im Tankdeckel – freiblasen. Manchmal verschließen auch Tankrucksäcke die Belüftung.

4 Schlechter Motorlauf bei Standgas

Schwacher Zündfunke oder Fehlzündungen:

- ☐ Batteriespannung zu schwach. Batterie laden bzw. ersetzen.
- ☐ Defekte Zündkerzen, siehe »kein Zündfunke«.
- ☐ Defekte Kerzenstecker oder Zündkabel.
- ☐ Falscher Wärmewert der Zündkerze. Wird eine Kerze zu heiß, kann es zu Glühzündungen kommen, was oft kapitale Motorschäden nach sich zieht. Achten Sie streng auf den vorgeschriebenen Wärmewert. Siehe auch Zündkerzen-Vergleichstabelle am Schluss des Buches.
- ☐ Falscher Zündzeitpunkt. Prüfen Sie statischen und dynamischen Zündzeitpunkt und die Verstellung bei höheren Drehzahlen.
- ☐ Defekte Zündspule(n). Ein Zündspulendefekt kann nicht nur in totalem Ausfall bestehen, sondern sich auch in Fehlzündungen bemerkbar machen.
- ☐ Defekte Zündgeberspulen. Prüfen Sie sie, wie im Buch beschrieben.
- ☐ Defekte Zündbox. Prüfen durch Messen oder Austausch.

Benzin-Luft-Gemisch falsch:

- ☐ Motor zieht Nebenluft, siehe Punkt 3.
- ☐ Leerlaufgemisch falsch eingestellt. Leerlaufgemisch- bzw. Leerlaufluftschraube justieren.
- ☐ Vergaser nicht synchronisiert. Synchronisation wie vorne im Buch beschrieben.
- ☐ Leerlaufdüse oder Leerlaufsystem des Vergasers verstopft. Freiblasen.
- ☐ Luftfiltereinsatz fehlt oder ist beschädigt. Ersetzen. Achten Sie auch auf den korrekten Sitz des Luftfilterdeckels.
- ☐ Choke defekt oder falsch justiert. Prüfen Sie auch den Choke-Zug auf Leichtgängigkeit und nötiges Spiel.
- ☐ Schwimmerstand zu hoch oder zu niedrig. Einstellen.
- ☐ Benzintank-Belüftung verstopft. Reinigen.
- ☐ Ventilspiel falsch. Ventile neu einstellen (siehe vorne im Buch).

Niedrige Kompression:

- ☐ Siehe unter Punkt 2 »fehlende Kompression«.

5 Schlechte Beschleunigung

Ursachen:

- ☐ Siehe Ursachen unter Punkt 4.
- ☐ Vergaserschieber klemmt.
- ☐ Bremsen klemmen. Prüfen Sie die Freigängigkeit der Räder. Verbogene Radachsen und verzogene Bremsscheiben können die gleiche Wirkung hervorrufen.

6 Schlechter Motorlauf/ wenig Leistung bei hoher Geschwindigkeit

Schwacher Zündfunke oder Fehlzündungen:

- ☐ Siehe unter Punkt 4.
- ☐ Bei Motorrädern mit Unterbrecherkontaktzündung kann der Unterbrecherkondensator defekt sein. Prüfen durch Austausch.
- ☐ Isolierung von Zündkerzenstecker oder Zündkabel schlecht. Poröse Stecker und Kabel können bei hoher Drehzahl Kriechströme zur Masse leiten und damit Zündunterbrechungen bzw. Fehlzündungen hervorrufen.

Benzin-Luft-Gemisch falsch:

- ☐ Alle unter Punkt 4 beschriebenen Ursachen sind möglich – außer der zweiten (Leerlaufgemisch falsch) und der vierten (Leerlaufsystem verstopft).
- ☐ Hauptdüse des Vergasers hat sich losvibriert oder fehlt ganz.
- ☐ Hauptdüse hat die falsche Größe. Vielleicht hat ein Vorbesitzer eine kleine eingebaut, um vermeintlich Benzin zu sparen. Oder die Hauptdüse ist nach dem Luftdruck im Flachland gewählt, und Sie fahren in den Bergen.
- ☐ Düsennadel und Nadeldüse sind ausgeschlagen. Ersetzen Sie sie als Satz.
- ☐ Belüftungsbohrungen des Vergasers verstopft. Reinigen.
- ☐ Benzinzulauf schlecht. Verstopfte Benzinfilter, Nachrüstfilter oder Wasser können den Benzinzulauf verringern.
- ☐ Tankbelüftung verstopft. Siehe oben.
- ☐ Gummimembran am Vergaserschieber eingerissen (nur bei Gleichdruckvergasern). Erneuern.

Niedrige Kompression:

- ☐ Siehe unter Punkt 2 »fehlende Kompression«.

7 Klopfen und Klingeln

Ursachen:

- ☐ Ölkohleablagerungen im Brennraum. Nach hoher Laufleistung oder bei defekten Kolbenringen oder Ventilschaftdichtungen kann es dazu kommen. Die Kohle beginnt zu glühen und verursacht unkontrollierte Zündungen. Klopfen, Klingeln und kapitale Motorschäden sind die Folge. Zylinderkopf demontieren und Brennraum reinigen.
- ☐ Schlechtes Benzin. Benzin mit zu niedriger Oktanzahl kann zu Klopfen und Klingeln führen. Tanken Sie Superbenzin oder – z.B. im Ausland – erhöhen Sie die Oktanzahl durch Zugabe von Benzol.
- ☐ Wärmewert der Zündkerze falsch. Wird eine Kerze zu heiß, kann es zu Glühzündungen (Klopfen und Klingeln) kommen, was oft kapitale Motorschäden nach sich zieht. Achten Sie streng auf den vorgeschriebenen Wärmewert. Siehe auch Zündkerzen-Vergleichstabelle am Schluss des Buches.
- ☐ Zu mageres Benzin-Luft-Gemisch. Fehlender Luftfilter(einsatz), Nebenluft, niedriger Schwimmerstand, falsche Nadeldüsenstellung und zu kleine Hauptdüse können das Gemisch mit gefährlichen Folgen abmagern.

8 Überhitzung

Falsche Zündeinstellung:

- ☐ Defekte Zündkerzen, siehe Punkt 2.
- ☐ Zündkerzen mit falschem Wärmewert. Wird eine Kerze zu heiß, kann auch der Motor selbst durch Glühzündungen zu heiß werden, was oft kapitale Motorschäden nach sich zieht. Achten Sie streng auf den vorgeschriebenen Wärmewert. Siehe auch Zündkerzen-Vergleichstabelle am Schluss dieses Buches.
- ☐ Falscher Zündzeitpunkt. Einstellen.

Falsches Benzin-Luft-Gemisch:

- ☐ Leerlaufgemisch- bzw. Leerlaufluftschraube verstellt. Neu justieren.
- ☐ Hauptdüse zu klein.
- ☐ Luftfilter beschädigt oder fehlt.
- ☐ Motor zieht Nebenluft. Lassen Sie den Motor im Standgas laufen und sprühen dabei Starthilfe-Spray auf die Stellen an Ansaugstutzen und Zylinderkopfdichtung, wo Sie Nebenluft vermuten. Läuft darauf der Motor mit höherer Drehzahl, so zieht er Nebenluft. Ist die Drehzahl unverändert, so sind die Stellen dicht.
- ☐ Benzinstand im Schwimmergehäuse zu niedrig. Schwimmer nachstellen.
- ☐ Benzintankbelüftung blockiert.

Mangelnde Schmierung:

- ☐ Motorölstand zu niedrig. Prüfen und nachfüllen.
- ☐ Motoröl zu alt. Sehr altes Motoröl verliert seine Schmier- und Kühlwirkung. Wechseln Sie rechtzeitig Öl und Ölfilter.
- ☐ Motoröl von schlechter Qualität oder falscher Viskosität. Wechseln gegen eines der richtigen Sorte.

Ungewöhnliche Ursachen:

- ☐ Rippen des Kühlers sind verdreckt. Sehr stark zugesetzte Kühlrippen beeinträchtigen den Wärmetausch zwischen Fahrtwind und Kühler. Das kann zu Überhitzungen führen.

9 Kupplungsprobleme

Kupplung rutscht durch:

- ☐ Kein Spiel am Kupplungshebel (bei Seilzug-Kupplungen). Einstellen.
- ☐ Kupplungszug schwergängig, weil zu stark geknickt oder Seele aufgefasert. Ersetzen.
- ☐ Ausrückmechanismus verschlissen oder defekt. Reparieren.
- ☐ Flüssigkeitsstand im Ausgleichsbehälter zu hoch (bei hydraulischer Kupplungsbetätigung). Ausgleichen.
- ☐ Reibscheiben stark verschlissen. Erneuern als Paket.
- ☐ Kupplungsfedern gebrochen oder ermüdet. Ausmessen und als Satz erneuern.
- ☐ Kupplungsmitnehmer und/oder -korb verschlissen: Reibscheiben und Lamellen haben sich in die Mitnehmernuten eingearbeitet, sodass sie nicht mehr in den Nuten gleiten können. Mit Schlüsselfeile glätten oder bei starkem Verschleiß Teile ersetzen.
- ☐ Falsches Schmiermittel (bei Nasskupplung). Auch nicht vorgesehene Zusätze wie Molybdändisulfit können die Kupplung zum Durchrutschen bringen. Schmiermittel gegen das vorgeschriebene tauschen. Unter Umständen sind die Reibscheiben der Kupplung durch falsche Zusätze unbrauchbar geworden und müssen ersetzt werden.

Kupplung trennt nicht:

- ☐ Zu viel Spiel am Kupplungshebel (bei Seilzug-Kupplungen). Einstellen.
- ☐ Ausrückmechanismus verschlissen oder defekt. Reparieren.
- ☐ Flüssigkeitsstand im Ausgleichsbehälter zu niedrig (bei hydraulischer Kupplungsbetätigung). Ausgleichen.
- ☐ Luft im Betätigungssystem (bei hydraulischer Kupplungsbetätigung). Entlüften.
- ☐ Kupplungs-Sekundärzylinder defekt (bei hydraulischer Kupplungsbetätigung). Ein beschädigter Kolben kann im Zylinder feststecken und die Kupplung nicht mehr betätigen.
- ☐ Kupplungsfedern unterschiedlich stark. Passiert bei einer oder mehreren gebrochenen Federn.
- ☐ Verbranntes Motoröl steckt zwischen Lamellen und Reibscheiben. Das kann passieren, wenn die Kupplung unter hoher Last lange geschliffen hat. Motoröl wechseln.
- ☐ Fremdkörper sitzen zwischen Reibscheiben und Lamellen. Kupplung auseinander nehmen und reinigen.
- ☐ Motoröl-Viskosität zu hoch. Öl wechseln.
- ☐ Kupplungsmitnehmer und/oder -korb verschlissen: Reibscheiben und Lamellen haben sich in die Mitnehmernuten eingearbeitet, sodass sie nicht mehr in den Nuten gleiten können. Mit Schlüsselfeile glätten oder bei starkem Verschleiß Teile ersetzen.
- ☐ Stahllamellen der Kupplung verzogen und wellig. Das kann bei zu langem Schleifenlassen geschehen.
- ☐ Lose Kupplungsmutter. Dadurch sind Mitnehmer und Kupplungskorb nicht mehr zentriert, was eine mangelhafte Trennung der Kupplung verursachen kann. Symptom: Das Kupplungsspiel am Hebel ändert sich ständig. Reparieren.

10 Schaltprobleme

Schalthebel kehrt nicht in Mittelstellung zurück:

- ☐ Gebrochene oder verschlissene Schaltfeder. Erneuern.
- ☐ Schaltwelle verbogen oder festgefressen. Verbogene Schaltwellen sind oft Folge eines Sturzes auf den Schalthebel. Leichte Beschädigungen können an der ausgebauten Schaltwelle gerichtet werden.

Getriebe lässt sich nicht oder schwer schalten:

- ☐ Kupplung trennt nicht, siehe Punkt 9.
- ☐ Schaltwelle verbogen. Siehe oben.
- ☐ Schaltmechanismus verschlissen oder defekt. Reparieren.
- ☐ Schaltgabeln verbogen oder verschlissen. Reparieren bzw. ersetzen.

Herausspringen eines Ganges:

- ☐ Schaltmechanismus verschlissen oder defekt. Reparieren.
- ☐ Schaltklauen und -fenster der Getrieberäder verschlissen. Die Klauen weisen gegen ein Herausspringen eine Hinterschneidung von etwa 5° auf. Nach langer Laufzeit oder durch Härtefehler können die Klauen verschleißen. Entsprechende Getrieberäder ersetzen.
- ☐ Getrieberäder, -gleitbuchsen und -wellen verschlissen. Erneuern.
- ☐ Schaltwelle verbogen. Siehe oben.

Überspringen eines Ganges:

- ☐ Schaltmechanismus verschlissen oder defekt. Reparieren.

11 Ungewöhnliche Motorgeräusche

Klopfen und Klingeln:

- ☐ Siehe Punkt 7.

Kolbenklappern:

- ☐ Kolbenspiel zu groß. Das kann mehrere Ursachen haben: Bei einer Reparatur wurden zu kleine Kolben eingesetzt; Verschleiß nach langer Laufzeit; Schrumpfung der Kolben durch Überhitzung. Kolbenklappern ist ein hohes Klappergeräusch, das bei leichter oder gar keiner Last auftritt, vor allem, wenn gerade Gas gegeben wird. Zylinder aufbohren und Übermaßkolben einsetzen.
- ☐ Pleuel verbogen. Mögliche Ursachen: Motor überdreht; Starten des Motors mit Flüssigkeit im Brennraum (übergelaufener Vergaser); Beschädigung der Kurbelwelle bei einer Reparatur. Bei einem verbogenen Pleuel muss die Kurbelwelle ausgebaut und das Pleuel ersetzt werden.
- ☐ Verschleiß von Kolbenbolzen, Bolzenbohrung im Kolben oder oberem Pleuelauge. Ursache: Mangelnde Schmierung oder hohe Laufleistung. Verschlissene Teile ersetzen.
- ☐ Kolbenringe verschlissen, gebrochen oder festgeklemmt. Erneuern nach gründlicher Prüfung von Kolben und Zylinderbohrung.

Ventilklappern:

- ☐ Ventilspiel zu groß. Einstellen.
- ☐ Ventilfeder ermüdet oder gebrochen. Erneuern.
- ☐ Nockenwelle oder Zylinderkopf verschlissen oder beschädigt. Die Lagerstellen der Nockenwelle sind sehr empfindlich gegen mangelnde Schmierung, die bei zu niedrigem Ölstand vorkommen kann, aber auch bei hohen Drehzahlen bei kaltem Motor.
- ☐ Schlepphebel verschlissen. Starker Verschleiß eines Hebels und schnelle Änderung des Ventilspiels weisen auf einen gebrochenen Schlepphebel bzw. auf einen Verschleiß der Oberflächenhärte hin. Meist ist auch der zugehörige Nocken verschlissen. Teile erneuern.
- ☐ Verschlissener Nockenwellenantrieb. Eine lose oder gelängte Steuerkette, verschlissene Zahnräder u.a. können sehr unangenehme Geräusche machen. Erneuern Sie die Teile, bevor größerer Motorschaden die Folge ist.

Andere Geräusche:

- ☐ Pleuelfußlager verschlissen. Ein deutliches Klopfen aus dem Kurbelgehäuse, das schnell lauter wird. Ursache: Mangelnde Schmierung oder sehr hohe Laufleistung. Bei Verdacht auf diesen Fehler sollte der Motor sofort abgeschaltet werden, um noch stärkeren Schaden zu vermeiden (z.B. Pleuel-Abriss).
- ☐ Kurbelwellen-Hauptlager defekt. Dieser Fehler macht sich durch rumpelnde Geräusche und starke Vibrationen bemerkbar. Die Lagerschalen müssen erneuert und die Kurbelwelle eventuell überdreht werden.
- ☐ Kurbelwelle stark unrund. Eine verbogene oder verschränkte Kurbelwelle kann die Folge von Überdrehzahlen oder Schäden im Zylinderkopf sein. Auch ein plötzlich blockierendes Getriebe oder Hinterrad kann Verursacher sein, ebenso wie ein Schlag auf ein Kurbelwellenende, etwa beim Umfallen der Maschine.
- ☐ Motorhalterungen lose. Alle Schrauben und Muttern festziehen.
- ☐ Zylinderkopfdichtung defekt. Das Geräusch ist ein hohes Pfeifen vom Zylinderkopf, es kann aber auch jedes andere Geräusch sein, dass man mit ausströmendem Gas in Verbindung bringt. Meist ist die Leckstelle auch von einem Ölnebel umgeben. Wenn die Dichtung nach innen defekt ist, kann ein Überdruck im Kurbelgehäuse die Folge sein, wodurch einiges Öl aus der Kurbelgehäuseentlüftung gepresst wird. Ursache einer defekten Zylinderkopfdichtung kann sein: sehr hohe Laufleistung; Überhitzung; ungleichmäßiges Anziehen der Zylinderkopfschrauben. Dichtung schnellstmöglich ersetzen.
- ☐ Undichter Auspuff.

12 Ungewöhnliche Getriebe- und Endantriebsgeräusche

Kupplungsgeräusche:

- ☐ Zuviel Spiel in einzelnen Komponenten der Kupplung. Vermessen und nötigenfalls erneuern.
- ☐ Zahnrad des Primärantriebs verschlissen oder beschädigt. Erneuern.

Getriebegeräusche:

- ☐ Lager oder Buchsen verschlissen oder beschädigt. Vermessen und erneuern.
- ☐ Getriebezahnräder verschlissen oder beschädigt. Erneuern.
- ☐ Fremdkörper im Getriebe. Das kann Dreck oder Sand sein, aber auch Metallstücke von beschädigten Motorteilen. Öl ablassen und auf Fremdkörper untersuchen, nötigenfalls Getriebe inspizieren.
- ☐ Getriebe-/Motorölstand zu niedrig. Auffüllen.
- ☐ Schaltmechanismus defekt. Reparieren.

Endantriebsgeräusche:

- ☐ Ritzel lose. Festziehen, wenn Innenverzahnung und Abtriebswellenprofil noch in Ordnung sind. Sonst ersetzen.
- ☐ Abtriebskette zu lose. Eine lose oder stark verschlissene Kette kann beim Lauf an Gehäuse und Hinterradschwinge schlagen. Kette spannen oder ersetzen.
- ☐ Ölstand im Winkeltrieb zu niedrig. Auffüllen (Kardanantrieb).
- ☐ Kegelrad/Tellerrad schlecht justiert. Prüfen und einstellen (Kardanantrieb).
- ☐ Kegelrad/Tellerrad beschädigt oder verschlissen. Stets paarweise auswechseln (Kardanantrieb)!

13 Starker Auspuffrauch

Weißer Rauch:

- ☐ Rein weißer Rauch deutet auf verdampfendes Kondenswasser hin und hört kurz nach dem Kaltstart auf.

Blauer Rauch durch verbranntes Öl:

- ☐ Kolbenringe verschlissen oder gebrochen. Besonders trifft dies auf den Ölabstreifring zu. Kolben, -ringe und Zylinder vermessen und nötigenfalls erneuern.
- ☐ Zylinder riefig oder verschlissen. Auf nächstes Übermaß aufbohren und Übermaßkolben mit neuen Ringen einsetzen.
- ☐ Ventilschaftdichtungen verschlissen, beschädigt oder verhärtet. Erkenntlich an blauem Rauch, wenn der Gasgriff nach dem Beschleunigen schnell geschlossen wird, etwa beim Gangwechsel. Ersetzen.
- ☐ Ventilführungen verschlissen. Vermessen und ersetzen.
- ☐ Ölstand im Motor zu hoch. Messen und ausgleichen.
- ☐ Zylinderkopfdichtung nach innen defekt. Ersetzen.
- ☐ Defektes Rückschlagventil in der Kurbelgehäuseentlüftung. Ventil ersetzen.

Schwarzer Rauch durch zu fettes Gemisch:

- ☐ Luftfiltereinsatz verstopft oder nass. Erneuern.
- ☐ Hauptdüse zu groß oder lose. Ersetzen bzw. festziehen.
- ☐ Choke-Mechanismus defekt: Choke lässt sich nicht ausschalten. Reparieren.
- ☐ Benzinstand im Schwimmergehäuse zu hoch. Schwimmer nachbiegen.
- ☐ Schwimmernadelventil undicht. Reinigen oder erneuern.

14 Öldrucklampe leuchtet auf

Schmierungsmangel:

- ☐ Ölmangel im Motor. Auffüllen.
- ☐ Öl-Viskosität zu niedrig. Ölwechsel.
- ☐ Ölpumpe defekt. Reparieren.
- ☐ Ölansaugleitung verstopft. Reinigen.
- ☐ Lagerstellen der Nockenwelle verschlissen. Bei zu großen Lagerspalten kann sich kein Öldruck mehr aufbauen, die Lampe leuchtet auf. Nockenwelle und/oder Zylinderkopf ersetzen bzw. reparieren.
- ☐ Kurbelwellenlager verschlissen. Siehe oben. Hier genügt es oft, neue Lagerschalen einzubauen.
- ☐ Rückschlagventil klemmt offen. Dadurch kann sich an den Lagerstellen kein genügender Öldruck aufbauen. Ventil reparieren bzw. erneuern.

Elektrischer Fehler:

- ☐ Öldruckschalter defekt. Durchmessen (siehe vorne) und nötigenfalls erneuern.
- ☐ Verkabelung defekt. Prüfen Sie den Öldruckschaltkreis auf Kurzschlüsse, aufgescheuerte oder geknickte Kabel.

15 Schlechte Fahreigenschaften

Schlechter Geradeauslauf:

- ☐ Lenkkopflager zu straff eingestellt. Das verursacht Pendeln bei niedrigen Geschwindigkeiten. Neu justieren.
- ☐ Lenkkopflager verschlissen oder beschädigt. Nach zu straffem Einstellen oder nach einem Unfall kann dies die Folge sein. Das ist auch der Fall, wenn Strom über die Lenkkopflager fließen muß, etwa Masseleitung der Scheinwerfer. Neue Lager sollten geschmiert werden.
- ☐ Reifenluftdruck zu niedrig. Grundsätzlich gilt: besser zu hoch als zu niedrig.
- ☐ Reifen vorne und/oder hinten verschlissen. Abgefahrene Reifen können sich in Pendeln, instabilem Geradeauslauf und Kippeln bemerkbar machen. – Hinterradschwingenlager verschlissen. Erneuern.
- ☐ Verzogene Hinterradschwinge. Dies wird normalerweise nur nach einem Unfall auftreten. Schwinge richten oder erneuern.
- ☐ Radlager verschlissen oder defekt. Erneuern.
- ☐ Falsche Reifen. Manche Reifentypen oder -kombinationen sind einfach ungeeignet für das Motorrad, auch wenn sie noch reichlich Profil haben.

Motorrad zieht nach links oder rechts:

- ☐ Hinterrad aus der Spur. Ungleichmäßiges Anziehen der Kettenspanner stellt das Hinterrad schräg. Die gleiche Wirkung kann eine verbogene Radachse haben.
- ☐ Räder fluchten nicht. Auch ein verbogener Rahmen, Telegabel oder Hinterradschwinge kann das gleiche Ergebnis haben.
- ☐ Verdrehte Gabelbrücken. Schlaglöcher oder schlechte Wegstrecken können die Gabelbrücken gegeneinander verdrehen. Klemmschrauben der Gabelbrücken, Vorderradachse und Schutzblechhalter lösen, Lenker und Vorderrad gerade stellen und alle Schrauben, von unten beginnend, wieder anziehen.

Lenker vibriert oder schlägt:

- ☐ Reifen abgefahren oder nicht ausgewuchtet.
- ☐ Reifen nicht ordentlich montiert. An den Reifenflanken sind Linien aufvulkanisiert, die bei richtiger Montage überall den gleichen Abstand zum Felgenhorn haben müssen. Wenn nicht, sitzt der Reifen nicht richtig auf der Felgenschulter. Bei Schlauchreifen kann auch der Schlauch eingeklemmt sein.
- ☐ »Bremsplatte«. Nach starken Bremsungen mit blockierendem (Hinter-)Rad kann der Reifen am Aufstandspunkt abradiert sein. Er »hoppelt« dann und gehört ausgewechselt.
- ☐ Felgen verzogen oder beschädigt. Prüfen Sie sie auf Rundlauf.
- ☐ Hinterradschwingenlager verschlissen. Erneuern.
- ☐ Radlager defekt. Erneuern.
- ☐ Lenkkopflager zu lose. Neu einstellen bzw. erneuern.
- ☐ Lose Vorderradführung. Lose Schrauben und Muttern an Gabelbrücken, Schutzblech, Gabelstabilisator und Achse können zu Vibrationen im Lenker führen.
- ☐ Motoraufhängung lose. Ziehen Sie alle Muttern und Schrauben nach.

Schlechte Wirkung der Telegabel:

- ☐ Gabelöl-Pegel falsch. Bei zu geringem Ölstand ist mangelnde Dämpfung die Folge, das Rad schlägt nach. Zu viel Öl kann die Gabel steif machen und zu den Dichtringen herausdrücken.
- ☐ Falsches Gabelöl. Im Gegensatz zum Motoröl kommt es beim Gabelöl stark auf die Viskosität an. Wechseln Sie es im Zweifel gegen eines der vorgeschriebenen Sorte.
- ☐ Dämpfermechanik verschlissen. Dies passiert nur bei sehr hoher Laufleistung oder langer Fahrt mit verschlissenen Dichtringen. Die Gabel muss überholt werden.
- ☐ Weiche oder ermüdete Gabelfedern. Die Gabel taucht beim Bremsen extrem stark ein. Gabelfedern ersetzen.
- ☐ Verbogene oder korrodierte Standrohre. Beides kann zum Festklemmen der Gabel führen. Stand- und eventuell Tauchrohre müssen erneuert werden.
- ☐ Verkantete Gabel. Werden beim Festziehen der Vorderradachse die Gabelfäuste zusammengezogen, verkantet die Gabel und kann nicht mehr einfedern. Klemmfäuste lockern und mit gezogener Bremse Gabel ein paar Mal einfedern, damit sie sich wieder ausrichtet. Danach Klemmfäuste wieder anziehen.
- ☐ Defekt im Anti-Dive-Mechanismus, wenn vorhanden.

Telegabel stuckert beim Bremsen:

- ☐ Zu viel Spiel zwischen Stand- und Tauchrohren. Gabel überholen.
- ☐ Lose Lenkkopflager. Neu einstellen.
- ☐ Verzogene Bremsscheibe(n). Erneuern.

Schlechte Wirkung der Hinterradfederung:

- ☐ Federbeindämpfer verschlissen oder undicht. Erneuern.
- ☐ Weiche oder ermüdete Feder. Das Motorrad sinkt bei Beladung zu tief ein und verliert an Bodenfreiheit. Ersetzen durch stärkere bzw. neue Feder.
- ☐ Hinterradschwingenlager festgefressen. Erneuern.
- ☐ Lager der Umlenkhebel festgefressen. Erneuern.
- ☐ Verbogene Dämpferstange des Federbeins. Erneuern.

16 Ungewöhnliche Rahmen- und Federungsgeräusche

Geräusche von vorne:

- ☐ Gabelöl zu dünn oder zu wenig. Das kann ein »spritzendes« Geräusch verursachen und ist meist mit unkorrektem Gabelverhalten verbunden.
- ☐ Gabelfeder gebrochen. Dies macht ein klickendes oder schabendes Geräusch.
- ☐ Lenkkopflagerschalen gebrochen. Klickende Geräusche.
- ☐ Gabelbrücken lose. Festziehen.
- ☐ Zu viel Spiel zwischen Stand- und Tauchrohren. Klapperndes Geräusch.

Geräusch von hinten:

- ☐ Dämpferöl des Federbeins zu wenig. Das kann ein »spritzendes« Geräusch verursachen.
- ☐ Defektes Federbein mit innerer Beschädigung.

17 Bremsprobleme

Bremsen sind schwammig oder zeigen wenig Wirkung:

- ☐ Luft im Bremssystem. Entlüften.
- ☐ Bremsbeläge abgenutzt. Prüfen Sie die Stärke anhand der Verschleißmarken, und erneuern Sie sie nötigenfalls.
- ☐ Verölte Beläge. Beläge können bereits verölen, wenn sie mit Fingern auf der Belagfläche angefasst werden. Verölte Beläge können nicht mehr entfettet werden, sind unbrauchbar und durch neue zu ersetzen.
- ☐ Verglaste Beläge. Schlechtes Belagmaterial kann bei bestimmten Reibpaarungen verglasen, d.h. es bildet sich eine glasharte Schicht darauf, die nicht mehr bremst. Notbehelf: mit grobem Schmirgel oder Feile Glasschicht entfernen. Besser: Beläge ersetzen.
- ☐ Wasser im Bremssystem. Da Bremsflüssigkeit wasseranziehend ist, enthält sie nach einigen Jahren einen relativ hohen Wasseranteil. Das kann in Extremsituationen zu Dampfblasenbildung und damit nachlassender Bremsleistung führen. Bremsflüssigkeit erneuern.
- ☐ Manschette im Hauptbremszylinder verschlissen. Symptom: Bei leichtem Zug am Hebel ist zunächst ein Druckpunkt spürbar, doch dann gibt der Hebel nach und wandert langsam Richtung Griff. Hauptbremszylinder überholen.
- ☐ Kolbendichtung im Bremssattel undicht. Ersetzen und Sattel überholen.
- ☐ Hebel bzw. Bremspedal falsch eingestellt. Neu justieren.

Bremsen schleifen:

- ☐ Bremsscheibe(n) verzogen. Erneuern.
- ☐ Korrosion in den Bremssätteln: Kolben, Bohrungen, Bremsklötze. Überholen und reinigen.
- ☐ Kolbendichtung im Bremssattel beschädigt oder zu alt. Der Kolben kann klemmen und nicht mehr in die Ausgangsposition zurückkehren. Dichtung ersetzen.
- ☐ Bremsklotz beschädigt. Bruch oder abgelöster Belag verklemmen die Bremse. Erneuern.
- ☐ Radachse verbogen. Erneuern.
- ☐ Bremspedal/Hebel klemmt. Schmieren und leichtgängig machen.
- ☐ Bremse zu straff eingestellt. Das passiert nur bei gestängebetätigter hinterer Trommelbremse. Das Pedalspiel sollte bei normal beladenem Motorrad eingestellt werden, da sich bei Beladung die Bremse zuzieht.
- ☐ Bremssattelhalter verbogen. Das kann bei einem Unfall passieren. Gussteile austauschen, Schmiedeteile lassen sich wieder richten.
- ☐ Fehler im Anti-Dive-System (wenn vorhanden). Hier kann der zweite Hauptbremszylinder defekt oder die Kolbenstange zu lang sein.

Pulsierender Bremshebel/-pedal:

- ☐ Das Motorrad ist mit einem Antiblockier-System (ABS) ausgerüstet. Pulsieren ist dann normal.
- ☐ Bremsscheibe(n) verzogen. Erneuern.
- ☐ Radachse verbogen. Erneuern.

Scheibenbremsgeräusche:

- ☐ Bremsen quietschen. Mehrere Ursachen möglich: Schwingungsquietschen kann durch Benetzen der Rückseite der Bremsklötze mit Kupferpaste beseitigt werden; Reibpaarungsquietschen, liegt an der Art des Bremsbelages, neue Bremsklötze ausprobieren; verschmutzte Beläge durch Verglasung, Dreck, Öl u.Ä.
- ☐ Bremsscheibe verzogen. Das kann rhythmische Geräusche wie Quietschen, Schaben oder Klicken verursachen. Bremsscheibe erneuern.
- ☐ Bremsklötze zu klein. Es ist sehr unwahrscheinlich, dass falsche Bremsklötze eingebaut wurden, dennoch würde dies ein Klopfen beim Beginn jedes Bremsens hervorrufen.

Schütteln beim Bremsen:

- ☐ Ausgeschlagene Telegabeln und Lenkkopflager rufen ein Schütteln beim Bremsen hervor. Ursache prüfen und beseitigen.

18 Elektrikprobleme

Batterie schwach oder leer:

- ☐ Batterie zu alt und sulfatiert. Ersetzen.
- ☐ Batterie wurde lange nicht geladen. Tiefentladung, kurzfristig kann die Batterie zwar noch einmal zum Leben erweckt werden, aber ihre Lebensdauer ist drastisch verkürzt. Daher Batterien bei langer Stillstandszeit des Motorrads regelmäßig nachladen oder, noch besser, im PKW parallel zur PKW-Batterie anschließen.
- ☐ Säurestand zu niedrig. Destilliertes Wasser nachfüllen und Batterie nachladen.
- ☐ Pole korrodiert. Leitungen abnehmen, blank schaben, mit Kupferpaste benetzen und wieder anbauen.
- ☐ Batterie ständig entladen. Entweder liegt ein Kriechstrom vor, der auch bei ausgeschalteter Zündung die Batterie entlädt, oder Regler/Lichtmaschine sind defekt. Prüfen und reparieren.
- ☐ Ständige Stadtfahrten. Bei häufigen Fahrten mit niedriger Drehzahl kann es sein, dass die Batterie nicht genügend geladen wird.
- ☐ Verkabelung defekt. Suchen Sie im Ladestromkreis systematisch nach gebrochenen oder gequetschten Kabeln.

Batterie überladen:

- ☐ Regler defekt. Eine überladene Batterie erkennt man an starkem Gasen. Regler prüfen und erneuern.

Totaler Ausfall:

- ☐ Sicherung durchgebrannt. Prüfen Sie die Hauptsicherung und die Ursache für ihr Durchbrennen.
- ☐ Batterie leer. Ursache feststellen und beseitigen.
- ☐ Massekabel der Batterie lose. Prüfen Sie die Befestigung am Batteriepol und am Motor bzw. Rahmen.
- ☐ Zündschalter defekt. Durchmessen und evtl. erneuern.
- ☐ Verkabelung gebrochen. Systematisch mit Prüflampe prüfen.

Starker Lampenverschleiß:

- ☐ Vibrationsverschleiß. Bei starken Vibrationen von Motor oder Fahrwerk leben Lampen nicht lange. Versuchen Sie, durch Aufhängung in Gummilagern die Schwingungen fernzuhalten.
- ☐ Wackelkontakt. Durch einen »Wackler« wird die Lampe ständig an- und ausgeschaltet, was ihre Lebensdauer verringert.
- ☐ Überspannung. Durch einen defekten Regler kann Überspannung entstehen, was die Lampen schnell durchbrennen lässt.
- ☐ Falsche Lampe. Eine 6-Volt-Lampe in einem 12-Volt-Bordnetz lebt nicht lange.

Ausrüstung zur Fehlersuche

Kompressionsprüfung

Niedrige Kompression hat Auspuffqualm, hohen Ölverbrauch, schlechtes Startverhalten und mangelnde Leistung zur Folge. Ein Kompressionstest liefert wichtige Informationen zum Zustand des Motors und kann, regelmäßig durchgeführt, frühzeitig Schadensgefahren anzeigen.

Ein Kompressionstester ist zum Einschrauben in das Zündkerzenloch gedacht, eventuell mit einem Adapter versehen. Einschraubtester sind denen mit Gummiadapter vorzuziehen.

Vor dem Test überprüfen Sie bitte das Ventilspiel und justieren es nötigenfalls.

1 Fahren Sie das Motorrad warm bis zur Betriebstemperatur, schalten dann den Motor aus und schrauben die Zündkerzen heraus. Verbrennen Sie sich dabei nicht!

2 Schrauben Sie Adapter und Kompressionstester in das Kerzenloch von Zylinder 1 (siehe Abbildung 1).

Einschrauben des Adapters in das Kerzenloch, dann Aufschrauben des Kompressionstesters.

3 Stellen Sie bei Motorrädern mit Kickstarter den Killschalter auf »OFF«, drehen den Gasgriff ganz auf und treten dann den Motor einige Male durch, bis die Anzeige des Kompressionstesters nicht weiter steigt.

4 Bei Motorrädern mit elektrischem Anlasser hängt das Vorgehen von der Art der Zündung ab. Schalten Sie den Killschalter auf »OFF« und die Zündung an. Drehen Sie den Gasgriff ganz auf und drehen den Motor per Anlasser einige Sekunden durch, bis die Anzeige des Kompressionstesters nicht weiter steigt. Arbeitet der Anlasser nicht bei ausgeschaltetem Killschalter, schalten Sie die Zündung aus und machen bei Punkt 5 weiter.

5 Stecken Sie die Zündkerzen wieder in ihre Stecker und legen sie so auf den Motorblock, dass die Metallkörper der Kerzen Kontakt mit Masse haben (eventuell mit Blumendraht befestigen; siehe Abbildung 2). Das verhindert Beschädigung des Zündsystems, wenn der Motor

Alle Zündkerzen müssen beim Test gegen Masse geerdet sein.

durchgedreht wird. Platzieren Sie die Kerzen nicht in der Nähe der Kerzenlöcher, damit nicht unabsichtlich austretender Benzindampf entzündet wird.

Schalten Sie Zündung und Killschalter auf »ON«, drehen den Gasgriff ganz auf und drehen den Motor per Anlasser einige Sekunden durch, bis die Anzeige des Kompressionstesters nicht weiter steigt.

6 Lesen Sie die Anzeige des Testers ab und notieren Sie. Wiederholen Sie bei Mehrzylindermotoren den Vorgang bei allen Kerzenlöchern.

7 Vergleichen Sie die Werte mit denen in den *Technischen Daten*. Liegen sie im angegebenen Bereich und sind die Werte der verschiedenen Zylinder nicht sehr unterschiedlich, so ist der Motor in gutem Zustand. Andernfalls müssen Zylinderkopf und evtl. Kolben und Zylinder überholt werden.

8 Niedrige Kompression kann die Folge von zu viel Kolbenspiel, verschlissenen Kolbenringen, defekter Zylinderkopfdichtung oder undichten Ventilen sein.

9 Um zwischen undichten Ventilen und verschlissenen Kolben zu unterscheiden, geben Sie etwas Öl in das Kerzenloch, um kurzfristig die Kolbenringe abzudichten (siehe Abbildung 3).

Verschlissene Kolbenringe können kurzfristig durch etwas Motoröl abgedichtet werden.

Führen Sie dann erneut den Kompressionstest durch. Erreicht er deutlich höhere Werte, so sind Kolben/Ringe/Zylinder verschlissen. Im anderen Fall prüfen Sie Ventile und Zylinderkopfdichtung.

10 Weniger häufig ist eine hohe Kompression, die die Werte in den *Technischen Daten* übersteigt. Entweder hat ein Vorbesitzer wegen Leistungssteigerung die Kompression erhöht, oder es hat sich viel Ölkohle im Brennraum abgelagert. In diesem Fall sollte der Zylinderkopf abgenommen und gereinigt werden.

Batterietest

Warnung: Batteriegase sind explosiv (Knallgas). Halten Sie Feuer, offene Flammen und Funken von der Batterie fern, vor allem, wenn sie geladen wird.

Zur Prüfung brauchen Sie ein Voltmeter. Am besten ist eines mit Digitalanzeige (siehe Abbildung 4), da es auch zehntel Volt anzeigt. Halten Sie auch eine Stoppuhr bereit.

1 Die Batterie bleibt im Motorrad eingebaut. Sitzbank oder Seitendeckel abnehmen, damit Sie leicht an die Pole herankommen.

2 Messbereich am Voltmeter auf 20 Volt (Gleichspannung, DC) stellen. Prüfkabel an den Batteriepolen anklemmen. Die Anzeige wird nun je nach Ladezustand des Akkus zwischen 11 und 13,2 Volt betragen. Den abgelesenen Wert notieren.

3 Jetzt Zündung und Fernlicht anschalten (Motor bleibt aus!) und sofort das Messgerät beobachten. Die Spannung wird jetzt sinken, und es gibt drei Möglichkeiten:

- Die Voltzahl fällt um lediglich 0,3 bis 0,4 Volt ab und verändert sich dann kaum noch. Die Batterie ist intakt und geladen.

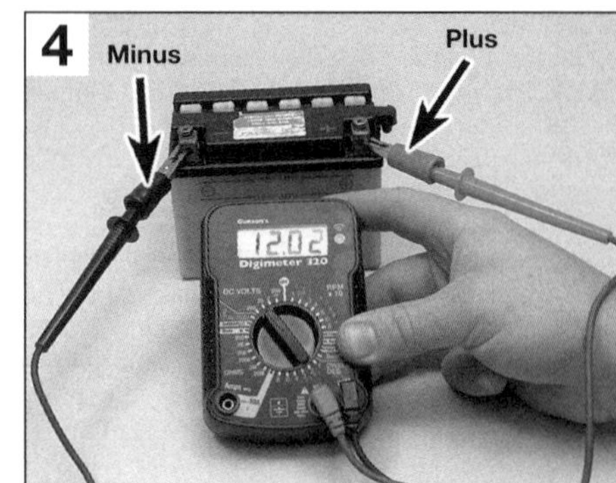

Digitalmultimeter, als Voltmeter geschaltet, beim Messen der Batteriespannung ohne Belastung.

- Die Spannung sinkt stärker als 0,4 Volt innerhalb von fünf bis zehn Sekunden (Stoppuhr!). Die Batterie ist tiefentladen, kann aber noch gerettet werden.
- Die Spannung bricht sofort nach Einschalten von Zündung und Fernlicht zusammen, sinkt also um mehr als 2 Volt. Mindestens eine Zelle der Batterie ist defekt. Erneuern.

Durchgangsprüfung

»Durchgangsprüfung« meint den Test einer elektrischen Verbindung auf ungehinderten Stromfluss. Sie kann unterbrochene Kabel, korrodierte Stecker u.Ä. aufspüren. Durchgang kann mit einem Ohmmeter, Durchgangsprüfer oder einer Prüflampe mit Batterie getestet werden (siehe Abbildungen 5, 6 und 7). Alle diese Instrumente sind mit eigener Stromquelle ausgestattet, daher erfolgt der Test bei

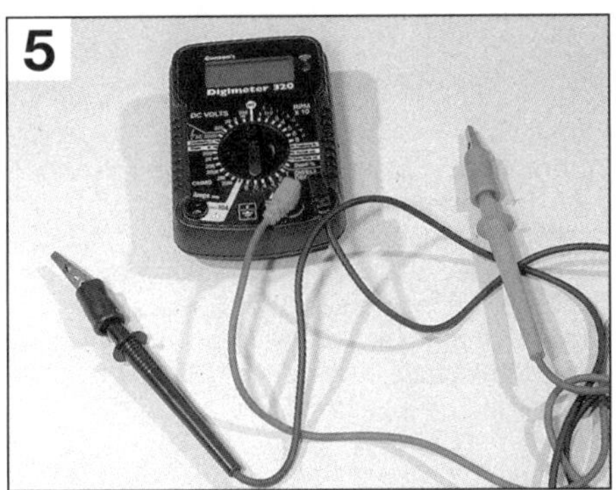

Ein Digitalmultimeter kann für alle elektrischen Tests verwendet werden.

ausgeschalteter Zündung. Klemmen Sie grundsätzlich vor jeder Durchgangsprüfung den Minuspol der Batterie ab.
Verwenden Sie ein Ohm- oder Multimeter, so schalten Sie den korrekten Widerstandsbereich ein und halten die Prüfspitzen aneinander. Die Anzeige muss Null sein. Bei getrennten Prüfspitzen muss das Gerät »unendlich« (bzw. bei manchen Geräten »1«, ohne Kommastelle) anzeigen.
Schalten Sie das Messgerät nach der Messung aus, um dessen Batterie zu schonen.

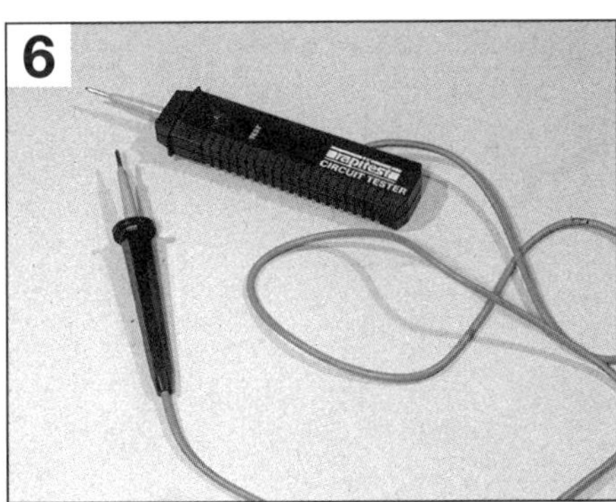

Durchgangsprüfer mit eigener Spannungsquelle

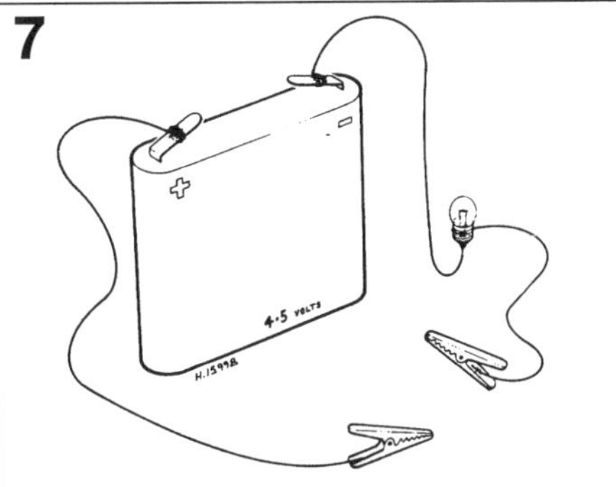

Selbstgebauter Durchgangsprüfer mit Batterie und Glühlampe in Reihenschaltung

Schalter-Test

1 Verfolgen Sie die Kabel eines Schalters zurück bis zu den ersten Steckern. Trennen Sie die Stecker, und untersuchen Sie sie auf Zustand und Sauberkeit.
2 Stellen Sie das Multimeter auf »OHMs x 10« (Widerstand in Ohm x 10) und verbinden die Prüfspitzen mit den Steckern (siehe Abbildung 8). Einfache An/Aus-Schalter besitzen nur zwei Kabel, während Schalter mit mehreren Stellungen, z.B. Zündschalter, entsprechend viele

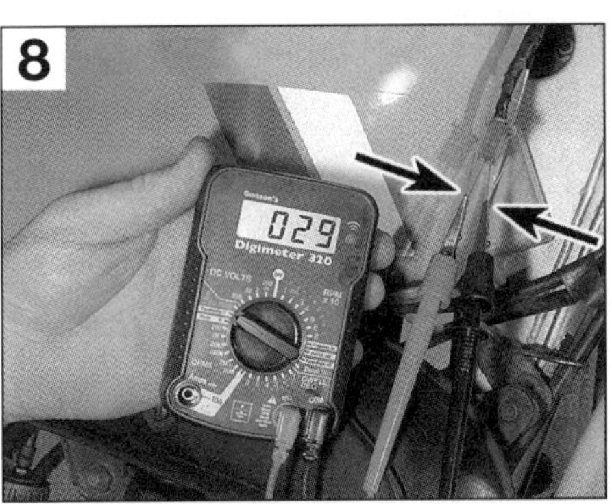

Durchgangsprüfer mit dem Ohmmeter am vorderen Bremsschalter

Kabel haben. Prüfen Sie anhand des Schaltbildes die korrekten Verbindungen zwischen den Kabeln bei verschiedenen Schalterstellungen. Durchgang (0 Ohm) sollte bei geschlossenem, kein Durchgang (unendlicher Widerstand) bei geöffnetem Schalter vorhanden sein.
3 *Hinweis:* Die Polung der Prüfspitzen spielt bei dem Test keine Rolle. Anders ist es bei der Prüfung von Dioden oder anderen Halbleitern.
4 Ein Durchgangsprüfer oder eine Batterie mit Prüflämpchen kann in gleicher Weise benutzt werden (siehe Abbildung 9). Bei Durchgang (Schalter an) muss das Lämpchen leuchten bzw. der Summer arbeiten.

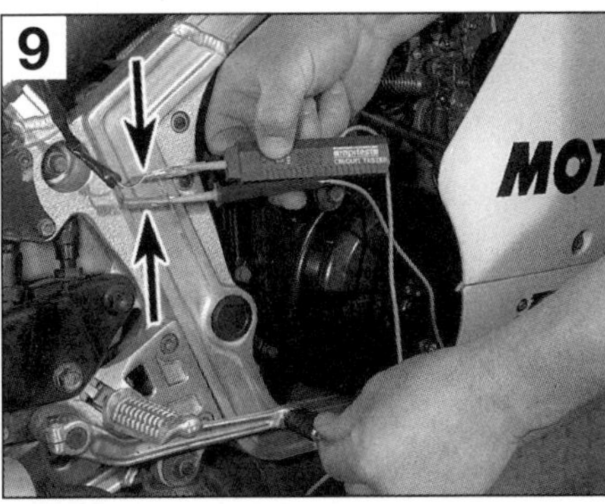

Test mit dem Durchgangsprüfer am hinteren Bremsschalter

Kabeltest

Viele elektrische Defekte werden von durchgescheuerten Kabeln oder losen Steckern verursacht. Auch korrodierte Anschlüsse oder Kabelklemmungen können Ursachen sein.

1 Ein Durchgangstest kann an einem Kabel durchgeführt werden, indem das Kabel an beiden Enden vom Bordnetz getrennt und mit den Prüfspitzen verbunden wird (siehe Abbildung 10).

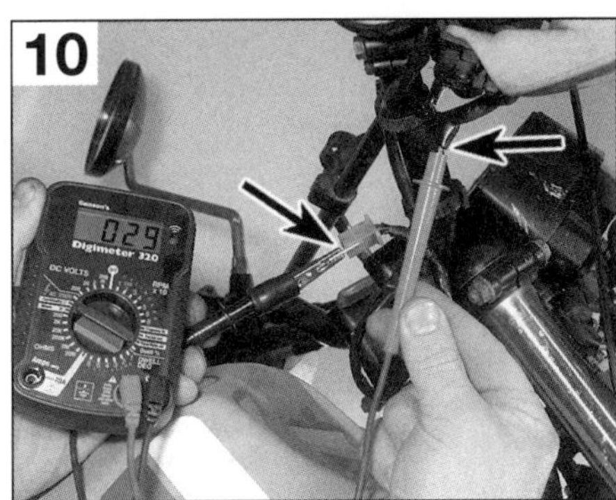

Durchgangsprüfer am vorderen Bremslichtschalter. Eine Prüfspitze durchsticht dabei den Isolationsmantel.

2 Die Prüfung erfolgt wie beim Schalter-Test (siehe oben).

Spannung messen

Oft muss festgestellt werden, ob die Bordspannung ein Bauteil überhaupt erreicht. Das kann mit einem Voltmeter erfolgen, einer Prüflampe oder einem Summer (siehe Abbildungen 11 und 12).
Ein Messgerät besitzt den Vorteil der genauen Spannungsmessung. Auch hier ist ein Digital-Voltmeter vorzuziehen, da es erstens Spannungswerte hinter dem Komma anzeigen kann und zweitens eine versehentlich falsche Polung der Prüfspitzen nicht durch Defekt des

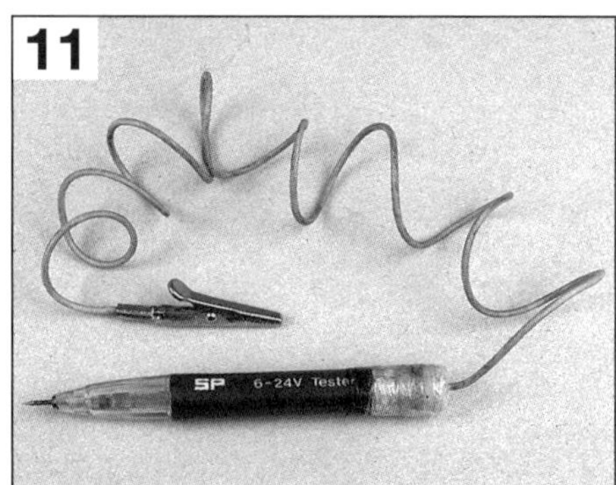

Eine einfache Prüflampe kann gut für Spannungsprüfung benutzt werden.

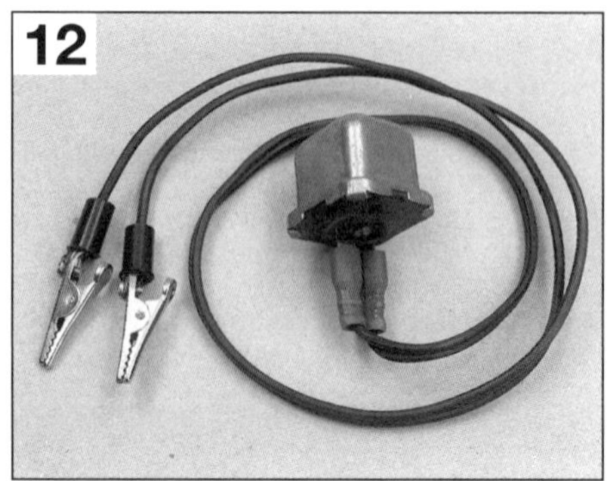

Summer statt Prüflampe

Gerätes, sondern lediglich durch ein Minus vor der Anzeige beantwortet. Bei Analog(Skala)-Geräten achten Sie dagegen peinlich auf die Polung der Prüfspitzen.
Spannung wird immer parallel zur Spannungsquelle gemessen, nie in Reihe.

1 Finden Sie zunächst den betreffenden Schaltkreis anhand des Schaltplans heraus. Sollten auch noch andere Bauteile von diesem Schaltkreis – d.h. von dieser Sicherung – betrieben werden, stellen Sie sicher, dass sie korrekt funktionieren. Trennen Sie sie nötigenfalls vom Schaltkreis, um Messergebnisse nicht zu verfälschen.

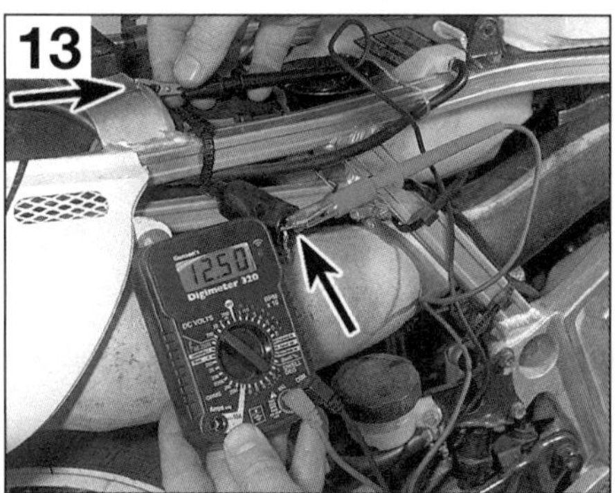

Spannungsprüfung mit dem Voltmeter an den Kabeln des Bremslichts

2 Stellen Sie das Multimeter auf Gleichspannung (DC), 20 Volt, und verbinden die schwarze negative) Prüfspitze mit Masse (Minus), etwa am Rahmen (siehe Abbildung 13). Nun können Sie mit der roten (positiven) Spitze Spannungstests durchführen, z.B. an Klemme 15 der Zündspule, an einem Stecker oder einer Lampe.
3 Verfahren Sie ähnlich, wenn Sie eine Prüflampe oder einen Summer benutzen (siehe Abbildung 14). Hier ist die Polung der Anschlüsse egal, lediglich bei einigen Summern ist sie vorgeschrieben. Beachten Sie, dass alte englische

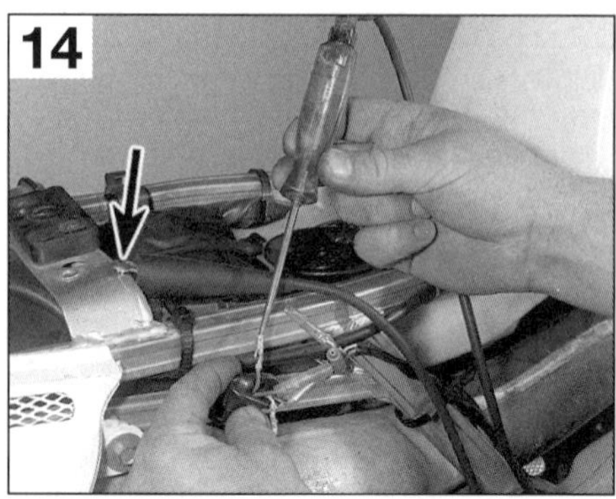

Spannungsprüfung an einem Kabel mit der Prüflampe – Lampe mit Masse verbunden

Motorräder meist nicht Minus, sondern Plus an Masse haben.
4 Können Sie keine Spannung feststellen, wo sie sein sollte, so arbeiten Sie sich systematisch den Schaltkreis zurück Richtung Sicherung. Erreichen Sie dabei einen spannungsführenden Punkt, so wissen Sie, dass zwischen diesem und dem Messpunkt davor die Unterbrechung liegen muss.

Masseverbindung prüfen

Masseanschlüsse sitzen entweder direkt am Rahmen oder Motor (z.B. Leerlaufschalter, Öldruckgeber u.a.) oder laufen über ein Massekabel, das seinerseits am Rahmen befestigt ist. Ursache schlechter Masseanschlüsse ist oft Korrosion, z.B. bei Birnen.
Bei Totalausfall der Elektrik prüfen Sie das Massekabel von der Batterie (Minuspol) zu Rahmen oder Motor. Lösen Sie nötigenfalls das Kabel, schaben Sie die Enden blank, streichen sie mit Kupferpaste ein und montieren es wieder.

1 Um den Masseanschluss eines Bauteils zu testen, benötigen Sie Messkabel mit Krokodilklemmen auf beiden Seiten (siehe Abbildung 15). Es ist gut, etwa fünf solcher Kabel in der Länge von je einem Meter in der Werkstatt zur Hand zu haben. Verbinden Sie mit diesem Kabel vorübergehend den Rahmen (Masse) des Motorrads mit dem Minusanschluss des Bauteils und prüfen seine Funktion.
2 Funktioniert das Bauteil nun, so ist sein Masseanschluss defekt. Prüfen Sie den Schaltkreis auf Unterbrechungen und korrodierte Anschlüsse.

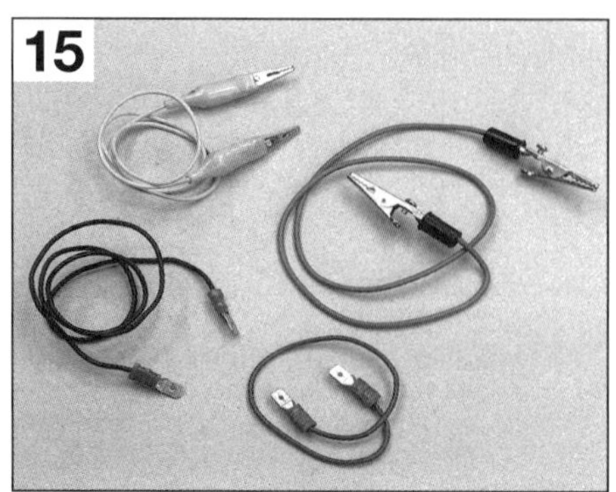

Einige Messkabel, die als Überbrückung verwendet werden können – oben zwei mit Krokodilklemmen.

Kurzschluss finden

Ein Kurzschluss besteht immer dann, wenn der Verbraucher in einem Stromkreis (Birne, Hupe o.Ä.) überbrückt wird, und der Strom, ohne dessen Widerstand zu passieren, ungehindert nach Masse fließen kann. Üblicherweise brennt dabei die Sicherung des Stromkreises durch.
Oft sind durchgescheuerte Kabel die Ursache, deren Scheuerstelle mit Masse (Rahmen, Motor o.Ä.) in Berührung kommt.

1 Bauen Sie alle Verkleidungsteile ab, die den Schaltkreis verdecken.
2 Schalten Sie alle Schalter des Schaltkreises aus, und entfernen Sie die Sicherung des Kreises. Verbinden Sie eine Prüflampe mit den beiden Anschlüssen der Sicherung. Sie darf nicht leuchten.
3 Bewegen Sie Schritt für Schritt alle Kabel des Schaltkreises, bis die Lampe aufleuchtet. So können Sie leicht die Stelle des Kurzschlusses feststellen.

Erklärung technischer Begriffe

A

ABE Allgemeine Betriebserlaubnis eines Fahrzeugs.
Asbest Natürliches Mineral in Faserform mit hoher Hitzebeständigkeit. Früher in Bremsbelägen und Dichtungen verwendet, heute wegen Krebsgefahr durch andere Materialien ersetzt.
ABS Antiblockier-System. Elektronisches oder mechanisches System, das das Blockieren von Rädern beim Bremsen verhindern soll.
Abzieher Spezialwerkzeug, das Lager oder Zahnräder von Wellen oder aus Gehäusebohrungen zieht.
Akkumulator Chemischer Stromspeicher, landläufig *Batterie* genannt.
Ampere (sprich: Ampehr) Einheit für Stromstärke. Abkürzung: A.
Amperestunden (Ah) Kapazität eines Akkumulators (Batterie).
Anlaufscheibe Unterlegscheibe zwischen zwei sich gegeneinander bewegenden Teilen auf einer Welle.
Anti-Dive Wörtlich: »Eintauch-Verhinderer«. In die Vorderradbremse integriertes System, das das Eintauchen der Telegabel beim Bremsen verhindern soll.
API American Petroleum Institute. Ein Qualitätsmaß für Viertakt-Motorenöle.
ATF Automatic Transmission Fluid. Dünnflüssiges Öl für Automatik-Getriebe, wird oft auch als Dämpferöl in Telegabeln verwendet.
Aufbohren Größerdrehen einer Bohrung, z.B. des Zylinders. Erfordert Übermaßkolben.
axial In Längsrichtung einer Achse wirkend.

B

bar Einheit für Luftdruck. Faustregel für Motorradreifen: 2,5 bar.
Batteriesäure Schwefelsäure bestimmter Dichte und Reinheit.
Benzin-Luft-Gemisch Das Gemisch aus Benzinnebel und Luft, das Vergaser oder Einspritzanlage erzeugen, und dessen Volumenverhältnis erfahrungsgemäß bei 1 : 14,7 liegen sollte, um optimal verbrennen zu können.
Blinkrelais Schalter, der unter Spannung automatisch und regelmäßig an- und ausschaltet. Mechanische und elektronische Bauformen.
Bowdenzug (Sprich: Baudenzug.) Flexibler Seilzug zur mechanischen Fernbetätigung. Beispiel: Gaszug, Kupplungszug, Chokezug. Besteht aus Hülle und Seele.
Buchse An beiden Enden offene Hülse, die im Maschinenbau meist als Lager dient.
Büchse An nur einem Ende offene Hülse, die im Maschinenbau als Verstärkung von Sacklöchern oder als Lager dient.

D

Diagonalreifen Reifen, bei dem die Karkassenfäden schräg zur Laufrichtung liegen.
Dichtring Wellendichtring für rotierende (manchmal auch lineare, siehe Telegabel) Bewegung. Auch: Simmerring (geschützte Bezeichnung der Firma Freudenberg).
Dichtung Flächendichtung zwischen Gehäusehälften, Deckeln oder anderen Maschinenbauteilen. Kann aus unterschiedlichen Materialien bestehen, je nach Einsatzzweck.
Diode Elektronisches Ventil. Lässt Strom nur in einer Richtung passieren. Halbleiterbauteil.
dohc (double overhead camshaft). Doppelte obenliegende Nockenwelle. Bauform der Ventilsteuerung.
Drehmoment Maß für die Kraft, mit der etwas (Kurbelwelle, Schraube) gedreht wird. Einheit: Newtonmeter (Nm), Kraft mal Hebelarm.

E

E-Starter Elektrischer Starter, Anlasser.
Einbereichsöl Öl mit nur einer Viskosität, z.B. SAE 50W.
Einspritzsystem Im Gegensatz zum Vergaser, der das Benzin durch Luftströmung passiv vernebeln lässt, spritzt die Einspritzung den Kraftstoff in exakter Menge in den Ansaugstutzen oder direkt in den Brennraum ein. Sehr aufwändig und teuer, aber genau und kraftstoffsparend.
Elektrodenabstand Spalt zwischen den Zündkerzenelektroden, der ab und zu nachgestellt werden muss. Meist 0,6 bis 0,8 mm breit.
Endloskette Antriebskette, deren Enden nicht zerstörungsfrei getrennt werden können.

F

Federkeil (Auch: Scheibenfeder.) Halbmondförmiger Metallkeil, der, in die Nut einer Welle gelegt, das darüber geschobene Bauteil (Zahnrad, Lichtmaschine) formschlüssig mit der Welle verbindet.
Federscheibe Gewellte Unterlegscheibe aus Federstahl, die Mutter bzw. Schraube am Losdrehen hindern soll.
Flüssige Schraubensicherung Flüssigkeit, von der ein paar Tropfen auf ein Gewinde gegeben und dann die Mutter/Schraube eingedreht wird. Die Flüssigkeit erhärtet unter Luftabschluss und sichert damit die Mutter/Schraube. Verbindung ist mit Schraubenschlüssel wieder lösbar.
Frostschutz Zusatz zum Kühlwasser, der den Gefrierpunkt senkt. Auf Alkohol- oder Glykol-Basis.
Fühlerlehre Auch: Ventillehre. Satz mit verschieden dicken Metallplättchen, die zur Bestimmung von kleinen Innenmaßen dienen.

G

Gabelbrücken Dreieckige Metallklemmen ober- und unterhalb des Lenkkopfs zur Aufnahme der Standrohre.
Gleichrichter Elektronisches Halbleiterbauteil (»Diodenplatte«) zum Umformen der von der Lichtmaschine gelieferten Wechselspannung in Gleichspannung.
Gleichstrom Stromfluss ohne Änderung der Polarität.
Gleitlager Lagerschalen aus bronzebeschichtetem Kupfer oder aus Sintermaterial. Funktioniert nur mit Öldruck: Die Welle gleitet auf einem dünnen Ölfilm in der Lagerbohrung ohne Materialberührung. Verwendung als Kurbelwellen- und Nockenwellenlager. Billig, schnell austauschbar und leise, aber empfindlich und mit hohem Reibwiderstand.

H

Halogenlampe Scheinwerferbirne besonderer Bauform, die mit Halogengas gefüllt ist, um den Niederschlag von verdampfendem Metall der Glühwendel an der Glaswand zu verhindern. Bauformen als H1-, H3- und H4-Birnen.

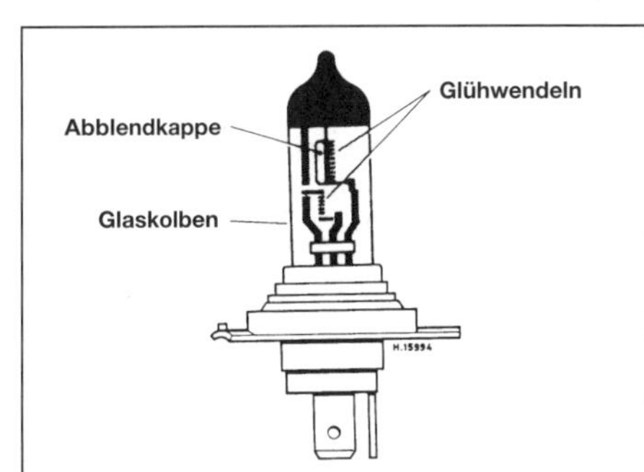

Halogen-Scheinwerferbirne

Hauptlager Lager der Kurbelwelle im Motorgehäuse.
Helicoil Spiralförmiger Gewindeeinsatz zur Reparatur ausgerissener Gewinde, wenn wenig Material vorhanden ist, sodass das Loch nur wenig ausgebohrt werden kann.

Einschrauben eines Helicoil-Gewindeeinsatzes in ein Zündkerzenloch

A

Hochspannung Spannung im Sekundärstromkreis des Zündsystems zur Produktion des Zündfunkens. Liegt zwischen 15.000 und 35.000 Volt bei sehr geringer Stromstärke. Unangenehm, aber nicht gefährlich.
Honen Überschleifen der Oberfläche eines Zylinders, wobei feine diagonale Riefen entstehen, in denen das Motoröl zur Kolbenschmierung haften kann.
Hydraulik Ein mit Flüssigkeit gefülltes System von Leitungen, um Druck zu übertragen. Üblich an (Scheiben-)Bremsen und manchen Kupplungen.
hygroskopisch Wasseranziehend. Trifft auf Bremsflüssigkeit zu.
Hypoidverzahnung Bauform eines Kegeltriebes (siehe Kegelrad), bei der Antriebs- und Abtriebsachse nicht in einer Ebene liegen, sodass die Zähne von Kegel- und Tellerrad in speziellen Kurven (Hypoidkurven) geschliffen werden müssen. Aufwendig und teuer, aber leise und belastbar. Benötigt spezielles Schmieröl (Hypoidöl).

I

IC Integratet circuit, integrierter Schaltkreis. Halbleiterbauteil.
Inbusschlüssel Schlüssel für Innensechskantschrauben.

K

Kabelbaum Durch Schutzschlauch zusammengefasste Kabel, die entlang einer Strecke im Motorrad verlegt sind, z.B. am Rahmen entlang.
Kardanwelle Welle, die mit einem Kreuz- oder Gleichlaufgelenk ihre Drehrichtung um einige Winkelgrade ändern kann. Wurde bei Motorrädern mit Wellenantrieb mit Einführung der Hinterradfederung nötig.
Katalysator Mit Edelmetall beschichtetes Bauteil im Auspuff, das auf chemisch-katalytischem Weg schädliche Abgasbestandteile (Stickoxide, Kohlenwasserstoffe u.a.) in unschädliche umwandeln soll. Wirkung und Nebenwirkungen sind umstritten.
Kegelrad Zusammen mit dem Tellerrad bildet es ein Getriebe, das Drehbewegungen um 90° umlenkt (siehe Abbildung).

Kegel- und Tellerrad zum Umlenken einer Drehbewegung um 90°

Kegelrollenlager Lager mit Innen- und Außenring, Kegelrollen als Wälzkörper. Hohe axiale und radiale Belastbarkeit. Verwendung als Lenkkopf-, Schwingen- und Radlager. Lagerspiel muss eingestellt werden.
Kickstarter Fußbetätigter Hebel zum Durchdrehen des Motors, um ihn zu starten.
Killschalter Not-Aus-Schalter, bei den meisten Motorrädern am rechten Lenkerende. Funktioniert als Kurzschluss- oder Zündunterbrechungs-Schalter. In Deutschland nicht vorgeschrieben.
km Abkürzung für Kilometer.
km/h Abkürzung für Kilometer pro Stunde. Geschwindigkeitseinheit.
Kolbenbolzen (Hohler) Bolzen als Verbindung zwischen Kolben und Pleuelauge. Darf weder im Pleuelauge noch im Kolben Klemmsitz haben. Oberfläche poliert und gehärtet.
Kompression Verringerung des Volumens und Erhöhung des Drucks im Brennraum durch den aufwärtsgehenden Kolben. Kompression wird als Verhältniszahl genannt, z.B. 1 : 10 = zehn Volumenteile Benzin-Luft-Gemisch werden auf ein Volumenteil zusammengepresst.
Kontermutter Mutter, die fest gegen eine andere geschraubt wird, um durch die dadurch hervorgerufene Spannung im Gewinde die zweite am Losdrehen zu hindern.
Kronenmutter Mutter mit zinnenartigen Zacken an einem Ende. Zusammen mit einem Querloch im zugehörigen Gewinde kann die Mutter mit einem Splint gegen Aufdrehen gesichert werden.
Kugellager Lager mit Innen- und Außenring, Kugeln als Wälzkörper. Häufigste Ausführung: Radialrillen-Kugellager. Kann fast nur radiale Kräfte aufnehmen.

L

Lager Mechanische Verbindung zwischen zwei sich gegeneinander bewegenden Maschinenteilen.
Läppen Materialabtrag mit äußerst feinem Schmirgelleinen (Läppleinen). Kurz vor dem Polieren.
LCD Liquid crystal display. Flüssigkristall-Anzeige. Bekannt von Armbanduhren, setzt sie sich langsam auch in Kraftfahrzeug-Instrumenten durch.
LED Light emitting diode. Leuchtdiode. Wird als verschleißfreier und stromsparender Ersatz für Kontrolllämpchen verwendet.
Lenkkopfwinkel, auch Steuerkopfwinkel, Winkel zwischen der gedachten Verlängerung des Lenkkopfs (nicht der Telegabel!) und der Horizontalen.
Lichtmaschine Stromgenerator im Kraftfahrzeug. Unterschiedliche Bauarten möglich.

M

Manschette Topfförmiger Gummiring, der in Bremszylindern für Dichtigkeit beim Betätigen sorgt.
Masse Bezeichnung des Minuspols am Kraftfahrzeug, der außer bei alten englischen Fahrzeugen am Rahmen (Masse) liegt.
Mehrbereichsöl Öle mit speziellen Legierungen, die die Schmierfähigkeit bei unterschiedlichen Temperaturen gewährleisten. Diese Eigenschaft wird in Viskositätsgrenzen ausgedrückt, z.B. SAE 20W50. D.h., dass das Öl bei niedrigen Temperaturen die Viskosität von 20, bei hohen von 50 besitzt.
Mikrometerschraube Messgerät für Längen, das durch feine Einteilung bis tausendstel Millimeter anzeigt. Verwendet zum Messen von Durchmessern, z.B. Kolben, Kolbenbolzen, Ventilschäften u.a.
Multimeter Elektrisches Messinstrument, das Spannung, Widerstand, oft auch Stromstärke und Kapazität messen kann.

N

Nachlauf Strecke vom Aufstandspunkt des Vorderrads zur Kreuzung der Verlängerung des Lenkkopfs mit dem Boden. Der Nachlauf bestimmt wesentlich die Handlichkeit (geringer N.) bzw. die Spurstabilität (großer N.).
Nadellager Lager mit nadelähnlichen Wälzkörpern. Kann hohe, aber nur radiale Kräfte aufnehmen. Verwendung als Pleuellager.
Nasse Zylinderlaufbuchsen Bauform eines wassergekühlten Motors, bei dem die Zylinderlaufbuchsen nicht in den Block eingeschrumpft sind, sondern direkt vom Kühlmittel umspült werden.
Nm Newtonmeter. Maßeinheit für Drehmoment (Kraft mal Weg).
Nylstop-Mutter Mutter mit einem Nylonring in einem Ende. Der Ring wird mit auf das Gewinde geschraubt und sichert die Mutter. Solche selbstsichernden Muttern sind höchstens zweimal zu verwenden.

O

O-Ring-Kette Antriebskette, bei der die Rollen gegen die Laschen mit O-Ringen (Gummi-Dichtringen) abgedichtet sind.
ohc (overhead camshaft). Obenliegende Nockenwelle. Bauform der Ventilsteuerung.
Ohm Einheit für elektrischen Widerstand.
Ohmmeter Widerstandsmessgerät.
ohv (overhead valve). Obenliegende Ventile. Bauform der Gassteuerung beim Viertaktmotor.
Oktanzahl Maß für den Widerstand eines Kraftstoffs gegen Selbstentzündung.
OT Oberer Totpunkt. Höchster Punkt der Kolbenbahn im Zylinder.

P

Pferdestärken (PS) Veraltete Einheit für Leistung. Heute ersetzt durch Watt (W). 1 PS = 0,36 kW.

Plastigauge Dünner Plastikstreifen zum Messen von Gleitlagerspiel.
Pleuel (auch: Pleuelstange) Verbindungsstange zwischen Kolben und Kurbelwelle.
Pleuelauge Obere Bohrung im Pleuel, in der der Kolbenbolzen sitzt.
Pleuelfuß Untere Bohrung im Pleuel, in der der Hubzapfen der Kurbelwelle sitzt.
Primärantrieb Antrieb der Kurbelwelle zum Getriebe.
Primärspannung Spannung im Primärstromkreis des Zündsystems. Bei Batteriezündungen 12 Volt, bei Hochspannungskondensatorzündungen (CDI) etwa 400 Volt bei relativ hoher Stromstärke. CDI-Primärspannung daher gefährlich.
PTFE Polytetrafluorethylen. Markenname: Teflon (Firma Dupont). Extrem gleitfähiger und reaktionsarmer Kunststoff. Kann nur in sehr aufwändigen Verfahren mit Metall verbunden werden.

R

radial Senkrecht zu einer Achse wirkend.
Radialreifen Reifen, bei dem die Karkassenfäden in Laufrichtung liegen.
Radstand Abstand zwischen den Senkrechten durch die Radachsen.
Regler Mechanisches oder elektronisches Bauteil im Kraftfahrzeug, das die von der Lichtmaschine gelieferte Spannung im Netz konstant hält, die Lichtmaschine vor Überlastung schützt und den Ladezustand der Batterie regelt.
Relais (Sprich: Relee.) Elektromagnetischer, fernsteuerbarer Schalter. Wird zur Schaltung von hohen Strömen eingesetzt.
Ruckdämpfer Gummiteile in der Hinterradnabe, die den Ruck plötzlicher Lastwechsel zwischen Kettenrad und Nabe dämpfen (siehe Abbildung). Manchmal werden auch rein metallische Ruckdämpfer konstruiert, z.B. in der Kupplung oder am Getriebeausgang (Knagge).

Gummi-Ruckdämpfer in der Hinterradnabe

S

SAE Society of Automotive Engineers. Standard für Flüssigkeits-Viskosität.
Schaltgabeln Gabelförmige Metallteile, die beim Schalten die Zahnräder auf den Getriebewellen hin und her schieben.
Schaltklauen Radiale Verbindungszapfen zwischen Getriebezahnrädern. Die Zapfenflanken sind schräg gefräst (hinterschnitten), damit sich der Eingriff unter Last nicht lösen kann.
Schieblehre Messgerät für Längen, das durch feine Einteilung bis hunderstel Millimeter anzeigt.
Schraubenfeder Spiralförmig gewickelte Feder in Zylinderform. Verwendung als Gabel- und Ventilfeder.
Seegerring Radial federnder Ring, der zur Sicherung eines Bauteils in eine Nut gesetzt wird.
Shim Stahlplättchen spezifischer Stärke, das bei direkt auf die Ventile wirkender Nockenwelle (oft bei dohc-Motoren) als Scheibe dazwischengelegt wird und das Ventilspiel bestimmt.
Sicherung Feiner Draht (Schmelzsicherung) oder Automat, der bei zu hohem Strom in einem Stromkreis (z.B. durch Kurzschluss) den Stromkreis unterbricht.
Simmerring Siehe Dichtring.
Spiel Strecke, mit der sich zwei Bauteile voneinander wegbewegen können, ohne auf Widerstand zu stoßen.
Standrohr Teil der Telegabel, der verchromt und poliert ist und in das Tauchrohr eintaucht.
Steuerkette Antriebsmöglichkeit der Nockenwelle. Billig, aber relativ verschleißanfällig.
Steuerkettenspanner Mechanische Spannvorrichtung, die die Längenausdehnung der Steuerkette ausgleicht.
Stirnräder Antriebsmöglichkeit der Nockenwelle: Zahnradkaskade zwischen Kurbel- und Nockenwelle. Teuer, aber genau und verschleißarm.
sv (side valve). Seitliche Ventile. Bauform der Gassteuerung beim Viertaktmotor (sehr alt).

T

Tauchrohr Teil der Telegabel, in den das Standrohr eintaucht.
Teflon Siehe PTFE.
Telegabel Häufigste Bauart der Vorderradführung und -federung, die aus Stand- und Tauchrohren besteht.
Tellerrad Siehe Kegelrad.
Thyristor Halbleiterbauteil mit hoher elektrischer Belastbarkeit. Verwendung als elektronischer, verschleißfreier Schalter.
Torx Speziell geformtes, sechskantiges Schraubenkopfprofil.
Transistor Halbleiterbauteil, in Zündboxen, Reglern und elektronischen Blinkrelais verbaut.
TWI Treadwear Indicator. Reifenverschleißmarke.

U

U/min. Alte Abkürzung für »Umdrehungen pro Minute«, Drehzahl. Heute: 1/min oder min^{-1}
Unterdruckuhren Messinstrumente, mit denen der Unterdruck in den Ansaugstutzen zwischen Vergaser und Zylinderkopf gemessen werden kann. Erforderlich zum Synchronisieren von Vergasern bei Mehrzylindermotoren.
Unwucht Unterschiedliche Masseverteilung auf dem Umfang eines rotierenden Teils (Rad, Kurbelwelle u.a.). Kann durch Gegengewichte ausgeglichen werden.
Upside-down-Gabel »Umgedrehte« Telegabel, bei der die Standrohre unten und die Tauchrohre oben sind.
UT Unterer Totpunkt. Unterster Punkt der Kolbenbahn im Zylinder.

V

Ventillehre Siehe auch: Fühlerlehre.
Viskosität Fließfähigkeit von Schmierstoffen. Die Viskosität von SAE 5 ist sehr hoch (dünnflüssiges Öl), SAE 90 ist sehr dickflüssig.
Volt Einheit für elektrische Spannung.

W

Watt Einheit für Leistung (W).
Wechselstrom Ständig und regelmäßig die Polung ändernder Stromfluss.
Welle Runder, sich drehender Stab im Maschinenbau.
Widerstand Elektrische Größe, gemessen in Ohm.
Winkel-Anzugsmoment Drehmoment, ausgedrückt in Winkelgraden.
Winkelgradscheibe Messscheibe mit einem Winkelkreis von 360°, mit der sich, auf ein Kurbelwellenende montiert, die Kolbenstellung in Winkelgraden der Kurbelwelle angeben lässt.

Z

Zahnriemen Flacher Antriebsriemen, dessen Innenseite gezahnt ist und damit in entsprechende Zahnräder eingreifen kann. Verwendung als Nockenwellenantrieb und (seltener) als Hinterradantrieb.
Zündreihenfolge Die Reihenfolge, in der Mehrzylindermotoren ihre einzelnen Zylinder zünden. Wird ab Zylinder Nummer eins gezählt.
Zündzeitpunkt Punkt in der Kolbenbahn kurz vor Ende des Verdichtungstakts, bei dem der Zündfunke das Gemisch entzündet. Wird in »Millimeter vor OT« oder in Winkelgraden der Kurbelwelle gemessen.

A

Umrechnungsfaktoren

Länge (Distanz)

Inches/Zoll (in) x 25,4 =
Millimeter (mm) x 0,0294 = in
Feet/Fuß (ft) x 0,305 =
Meter (m) x 3,281 = ft
Miles/Meile (M) x 1,609 =
Kilometer (km) x 0,621 = M

Volumen (Hubraum)

Cubic Inches (cu in) x 16,387 =
Kubikzentimeter (cm^3) x 0,061 = cu in
Englische (Imperial) Pints (Imp pt) x 0,568 =
Liter (l) x 1,76 = Imp pt
Englische (Imperial) Quarts (Imp qt) x 1,137 =
Liter (l) x 0,88 = Imp qt
Englische (Imperial) Quarts (Imp qt) x 1,201 =
US-Quarts (US qt) x 0,833 = Imp qt
US-Quarts (US qt) x 0,946 =
Liter (l) x 1,057 = US qt
Englische (Imperial) Gallons (Imp gal) x 4,546 =
Liter (l) x 0,22 = Imp gal
Englische (Imperial) Gallons (Imp gal) x 1,201 =
US-Gallons (US gal) x 0,833 = Imp gal
US-Gallons (US gal) x 3,785 =
Liter (l) x 0,264 = US gal

Masse (Gewicht)

Ounces/Unzen (oz) x 28,35 =
Gramm (g) x 0,035 = oz
Pound/Pfund (lb) x 0,454 =
Kilogramm (kg) x 2,205 = lb

Kraft

Ounces-Force (ozf; oz) x 0,278 =
Newton (N) x 3,6 = ozf; oz
Pounds-Force (lbf; lb) x 4,448 =
Newton (N) x 0,225 = lbf; lb
Newtons (N) x 0,1 =
Kilopond (kgf; kg) x 9,81 = N

Druck

Pounds-Force per Square-Inch (psi; lbf/in^2; lb/in^2) x 0,070 =
Kilopond pro Quadratzentimeter (kg/cm^3) x 14,223 = psi; lbf/in^2; lb/in^2
Pounds-Force per Square-Inch (psi; lbf/in^2; lb/in^2) x 0,068 =
Atmosphärendruck (at) x 14,696 = psi; lbf/in^2; lb/in^2
Pounds-Force per Square-Inch (psi; lbf/in^2; lb/in^2) x 0,069 =
bar x 14,5 = psi; lbf/in^2; lb/in^2
Pounds-Force per Square-Inch (psi; lbf/in^2; lb/in^2) x 6,895 =
Kilopascal (kPa) x 0,145 = psi; lbf/in^2; lb/in^2
Kilopascal (kPa) x 0,01 =
Kilogramm pro Quadratzentimeter (kg/cm^2) x 98,1 = kPa

Drehmoment (Kraftmoment)

Pounds-Force Inches (lbf in; lb in) x 1,152 =
Kilopond pro Zentimeter (kg/cm) x 0,868 = lbf in; lb in
Pounds-Force Inches (lbf in; lb in) x 0,113 =
Newtonmeter (Nm) x 8,85 = lbf in; lb in
Pounds-Force Inches (lbf in; lb in) x 0,083 =
Pounds-Force Feet (lbf ft; lb ft) x 12 = lbf in; lb in
Pounds-Force Feet (lbf ft; lb ft) x 0,138 =
Kilopondmeter (kg m) x 7,233 = lbf ft; lb ft
Pounds-Force Feet (lbf ft; lb ft) x 1,356 =
Newtonmeter (Nm) x 0,738 = lbf ft; lb ft
Newtonmeter (Nm) x 0,102 =
Kilopondmeter (kg m) x 9,804 = Nm

Vakuum (Unterdruck)

Inches Mercury (in. HG) x 3,377 =
Kilopascal (kPa) x 0,2961 = in. HG
Inches Mercury (in. HG) x 25,4 =
Millimeter Quecksilbersäule (mm HG) x 0,0394 = in. HG

Leistung

Brake Horsepower (bhp) x 0,7457 =
Kilowatt (kW) x 1,34 = bhp
Brake Horsepower (bhp) x 0,986 =
Pferdestärke (PS) x 1,014 = bhp
Pferdestärke (PS) x 0,7355 =
Kilowatt (kW) x 1,36 = PS

Geschwindigkeit

Miles per hour (mph) x 1,609 =
Kilometer pro Stunde (km/h) x 0,621 = mph

Kraftstoffverbrauch*

Miles per Imperial Gallon (mpg) x 0,354 =
Kilometer pro Liter (km/l) x 2,825 mpg (Imp)
Miles per US-Gallon (mpg) x 0,425 =
Kilometer pro Liter (km/l) x 2,352 = mpg (US)

* *Um von mpg auf Liter pro 100 Kilometer (l/100 km) umrechnen zu können, muss das Ergebnis aus mpg (Imp.) x l/100 km = 282 – bzw. aus mpg (US) x l/100 km = 235 betragen. Beispiel: Bei 31 mpg ergibt 282 : 31 = 9,1 l/100 km*

Temperatur

Grad Fahrenheit (°F) = (°C x 1,8) + 32;
Grad Celsius (°C) = (°F – 32) x 0,56

22.10c ... und befreien Sie den Stromanschluss.

22.11a Lösen Sie rechts die Schraube ...

5 Werden bei diesem Test weniger als 13 und mehr als 15 Volt gemessen oder verändert sich die Spannung nach dem Starten des Motors oder der Erhöhung der Drehzahl nicht, wird wahrscheinlich die Lichtmaschine oder der integrierte Regler defekt sein – lassen Sie das Ladesystem von einer BMW-Werkstatt überprüfen.

6 Der Aus- und Einbau der Lichtmaschine ist in Sektion 22 beschrieben.

22 Lichtmaschine

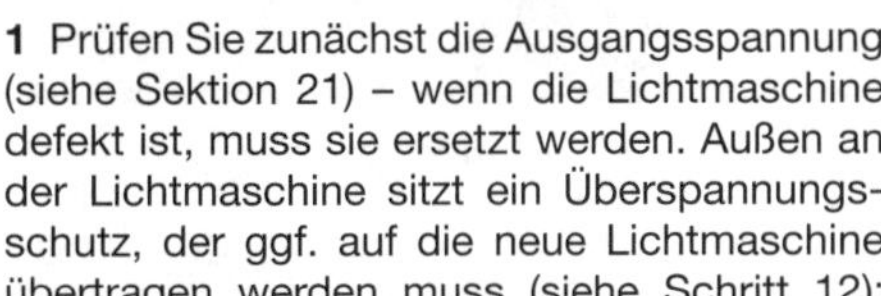

1 Prüfen Sie zunächst die Ausgangsspannung (siehe Sektion 21) – wenn die Lichtmaschine defekt ist, muss sie ersetzt werden. Außen an der Lichtmaschine sitzt ein Überspannungsschutz, der ggf. auf die neue Lichtmaschine übertragen werden muss (siehe Schritt 12); falls der Überspannungsschutz defekt ist, muss ein neuer montiert werden – beachten Sie dazu die Schritte, 3, 4, 5, 10 (nur Anschlusskappe, Mutter und Kabel) und 12.

Ausbau

2 Die Lichtmaschine sitzt zwischen den Streben des Frontrahmens oben auf dem Motor.

3 Entfernen Sie die Sitze/Sitzbank (siehe Kapitel 6).

4 Befreien Sie die Batterieanschluss-Abdeckung vom Sitzhalter, trennen Sie das Pluskabel und umwickeln Sie es mit Lappen (Abbildung 3.2).

5 Demontieren Sie den Tank (siehe Kapitel 3).

6 Entfernen Sie den Lichtmaschinen-Keilriemen (siehe Kapitel 1, Sektion 15).

7 Entfernen Sie die Schrauben der Riemenabdeckung – merken Sie sich ihre Positionen – und entnehmen Sie die Abdeckung (siehe Abbildung).

8 Lösen Sie die Muttern des ABS-Modulatorhalters und heben Sie die Modulator-Baugruppe etwas an, ohne dabei die Bremsleitungen zu beschädigen (siehe Abbildungen).

9 Befreien Sie den Kraftstoffverteiler und das Anlasserrelais aus ihren Halterungen (siehe Abbildung und Abbildung 19.3a).

10 Trennen Sie den Lichtmaschinenstecker, befreien Sie dann am Stromkabel-Anschluss die Kappe, lösen Sie Mutter und befreien Sie den Anschluss (siehe Abbildungen).

11 Lösen Sie die Befestigungsschrauben und manövrieren Sie die Lichtmaschine nach vorn heraus (siehe Abbildungen).

12 Falls eine neue Lichtmaschine montiert werden soll, muss die Schraube des Überspannungsschutzes gelöst und dessen Kabel vom Anschluss befreit werden, um beides auf die neue Lichtmaschine zu übertragen (siehe Abbildung).

Einbau

13 Der Einbau entspricht der umgekehrten Ausbaureihenfolge. Ziehen Sie die Befestigungsschrauben mit 18 Nm an. Installieren Sie

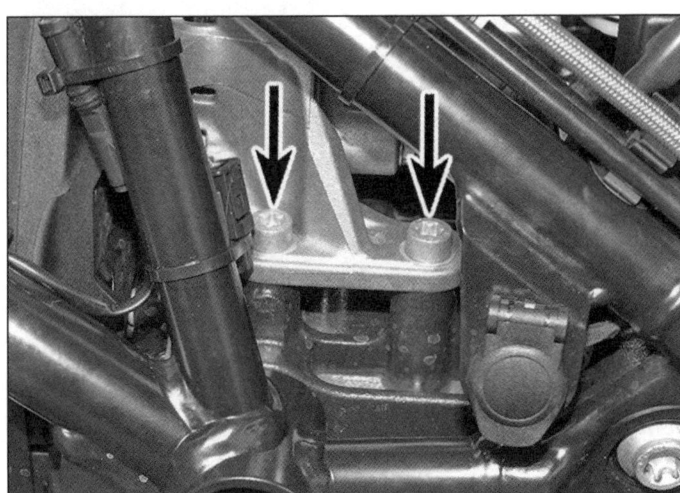

22.11b ... und links die zwei Schrauben.

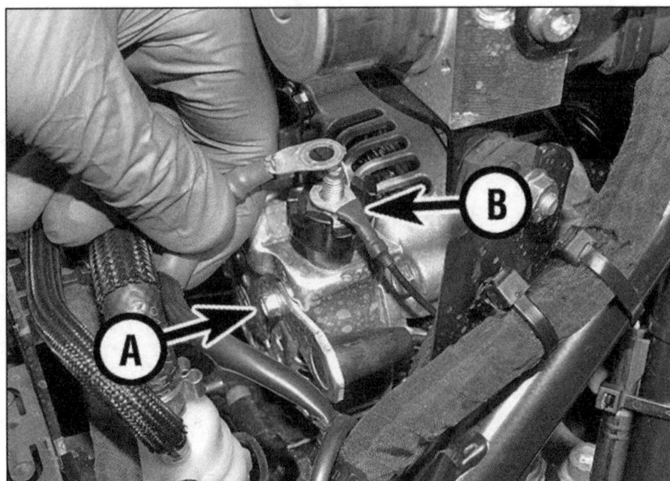

22.12 Überspannungsschutz-Schraube (A) und -Anschluss (B)

das Batteriekabel, ziehen Sie seine Mutter sorgfältig an und setzen Sie dann die Kappe auf. Auch der Stecker muss fest angeschlossen sein.

14 Montieren den Keilriemen und seine Abdeckung (siehe Kapitel 1, Sektion 15).

15 Montieren Sie die verbliebenen Komponenten in der entgegengesetzten Ausbaureihenfolge.

23 Schaltpläne

1 Die Schaltpläne bestehen aus zwei Sätzen: den ersten für die R nineT bis 2016 und den zweiten für alle anderen Modelle (R nineT ab 2017, Pure, Racer, Scrambler und Urban G/S).

2 Die Schaltpläne sind in separate Stromkreise unterteilt (Motorsteuerung, Lichtanlage, usw.), dabei sind einige Komponenten (Batterie, Zündschloss usw.) mehrfach (oft nur teilweise) aufgeführt. Interne Kabel-Anschlüsse sind mit einem schwarzen Punkt angezeigt.

3 Um die Identifikation zu erleichtern, sind die Anschlussnummern angegeben (siehe Abbildungen). Das Motorsteuergerät (DME) hat zwei Stecker-Blöcke, die mit 1 und 2 nummeriert sind (siehe Abbildung), zudem sind die Kontaktstifte innerhalb der Blöcke nummeriert. In den Schaltplänen sind die Blöcke mit einer 1 oder 2 im Kreis angezeigt.

4 Die den Zylindern des Motors zugeordneten Teile (Zündspulen, Einspritzdüsen, Sensoren usw.) sind mit »Zyl. 1« für den linken und mit »Zyl. 2« für den rechten Zylinder gekennzeichnet.

5 Der Can-Bus wird durch die *Anmerkungen* CAN L und CAN H angezeigt. Die Sicherungen sind entsprechend der Beschilderung auf dem Deckel der Sicherungsbox nummeriert. Gepunktete Linien um bestimmte Komponenten weisen auf alternative Ausstattungen oder optionale Komponenten hin.

6 Schlüssel für BMW-Systeme:

ABS – Antiblockiersystem
ASC – Automatische Stabilitätskontrolle
DME – Digitale Motorelektronik (Motorsteuergerät)
DWA – Diebstahlwarnanlage
EWS – Elektronische Wegfahrsperre
GM – Grundmodul (nur bei R nineT ab 2017, Pure, Racer, Scrambler und Urban G/S)
OBD – On-Board-Diagnose
ZFE – Zentrale Fahrzeug-Elektronik (nur bei R nineT bis 2016)

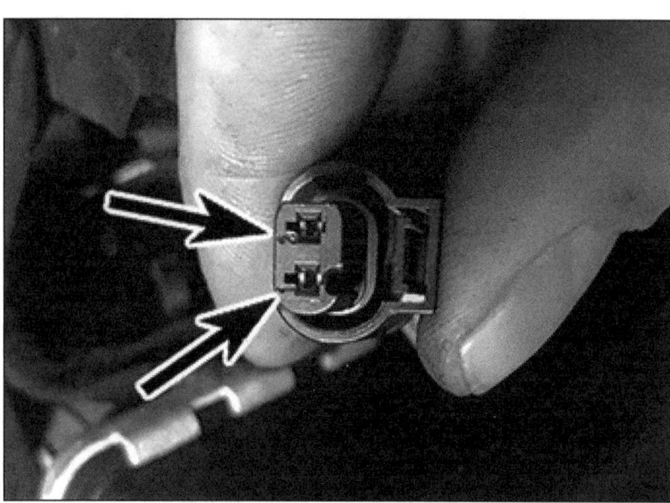

23.3a Anschlussnummern sind oft in den Stecker eingegossen.

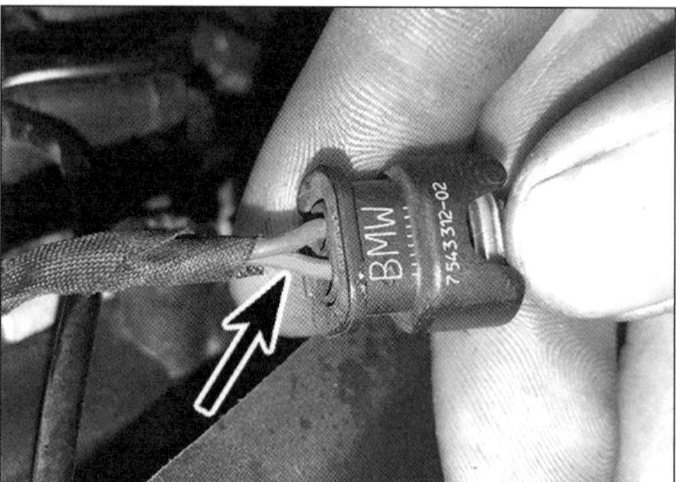

23.3b Kabel können einfarbig oder mehrfarbig sein.

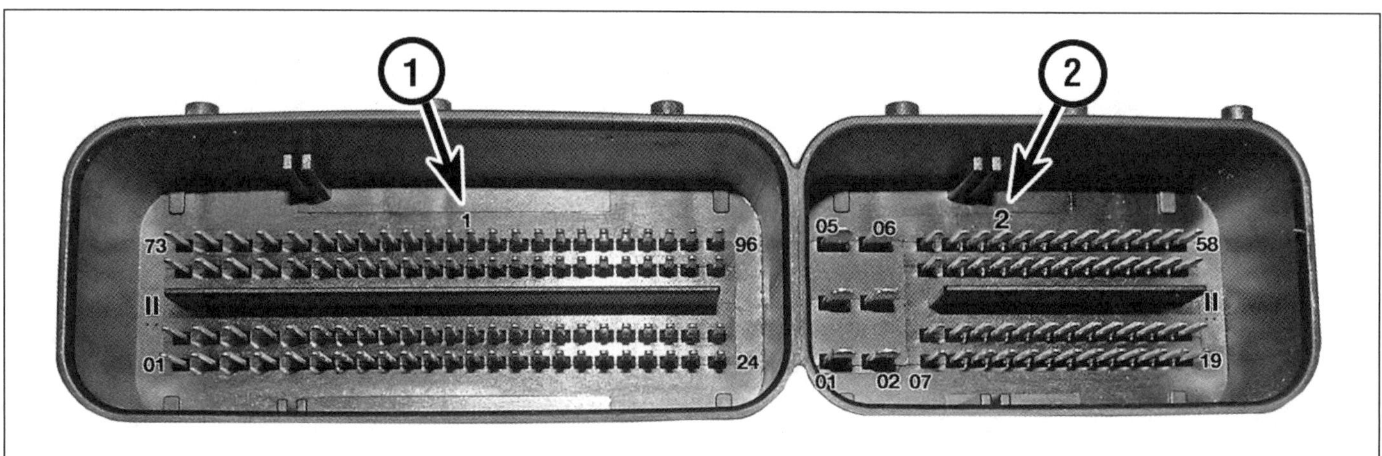

23.3c Die Stecker des Motorsteuergeräts sind nummeriert. Die Nummern der Stifte sind am Ende der Stift-Reihen angegeben.